中国安全生产年鉴

CHINA'S WORK SAFETY YEARBOOK

(2012)

煤 炭 工 业 出 版 社
·北 京·

图书在版编目（CIP）数据

中国安全生产年鉴．2012/国家安全生产监督管理总局组织编写．--北京：煤炭工业出版社，2013

ISBN 978-7-5020-4342-1

Ⅰ．①中… Ⅱ．①国… Ⅲ．①安全生产—中国—2012—年鉴 Ⅳ．①X93-54

中国版本图书馆 CIP 数据核字(2013)第 235756 号

煤炭工业出版社　出版
（北京市朝阳区芍药居 35 号　100029）
网址：www.cciph.com.cn
煤炭工业出版社印刷厂　印刷
新华书店北京发行所　发行
*
开本 889mm×1194mm $^{1}/_{16}$　印张 $28^{3}/_{4}$　插页 38
字数 848 千字
2013 年 12 月第 1 版　2013 年 12 月第 1 次印刷
社内编号 7170　定价 168.00 元

编辑委员会成员

编辑部成员

（以姓氏笔画为序）

王玉　田园　曲光宇　向仁军　杨乃莲　张晓学
张晓蕾　廖永平

特约撰稿人名单

（以姓氏笔画为序）

丁宁　丁仕华　马俊　马欣妮　王宝　王博
王小拾　王天祥　王政新　王海贵　牛军　牛金杰
牛俊生　邓大伟　付强　白秋艳　白雪松　丛红军
包培忠　冯晓建　毕湘薇　曲毓良　朱江雄　朱宝颖
任锦彪　华钢　刘波　刘恒　刘卫东　刘伟光
刘松林　刘建红　刘洪波　刘衢立　齐俊良　许文
孙愉　孙友和　杜红岩　李华　李洋　李浩
李猛　李旋　李永红　李亚南　李运强　李茂军
李彦平　李跃平　李维升　李朝贵　杨万利　杨宝玉
杨艳群　杨琳琳　吴凡奎　吴学海　吴顺勇　宋佳森
宋超英　张刚　张军政　张志斌　张国顺　陈鸣
陈博　陈春杰　范宝链　卓腾飞　季普东　周华
周建昀　郑晓辉　赵鹏　赵玉辉　赵兴灿　赵春健
赵歌今　胡亚　胡力军　胡文婷　胡敏优　柳志国
饶爽　饶祥林　姚佳　贺建生　袁杨　柴世清
党志慧　徐克生　高丽兰　郭成刚　郭俊琦　郭新平
唐亮　唐陶　黄昊　黄经攀　黄爱兴　黄捷芬
龚世平　常红涛　崔筠　韩平　韩晓鹏　傅翔
强少辉　颜志华　薛芳跃

2012 年 1 月 13 日，全国安全生产电视电话会议在北京召开

2012 年 1 月 14—15 日，全国安全生产工作会议在北京召开

2012 年 9 月 18 日，第六届中国国际安全生产论坛暨安全生产及职业健康展览会在北京开幕

2012 年 11 月 14 日，首届中美安全生产与职业健康对话会议在北京举行

2012 年 11 月 24—25 日，2012 年应急管理国际研讨会在北京举行

2012 年 11 月 29 日，危险化学品安全生产监管部际联席会议第五次全体会议在北京召开

蒙古伊泰集团有限公司

蒙古伊泰集团有限公司是以煤炭生产、经营为主业，以铁路运输、煤制油为产业延伸，以房地产开发等非煤产业为互补的大型现代化能源企业。公司位居中国企业500强第237位、全国煤炭企业百强第19位和内蒙古自治区煤炭企业50强前列，是铁路部门早批确定的运输大客户。

目前，公司资产总额超过700亿元。公司下属内蒙古伊泰煤炭股份有限公司、内蒙古伊泰准东铁路有限责任公司、内蒙古伊泰呼准铁路有限公司、内蒙古伊泰煤制油有限责任公司、中科合成油技术有限公司、内蒙古伊泰置业有限责任公司等48家直接和间接控股公司，其中内蒙古伊泰煤炭股份有限公司为煤炭行业早批B+H股上市公司。

公司现有大中型生产矿井14座，在建矿井2座，总生产能力超过5000万吨/年。煤矿全部实现了综合机械化开采，采区回采率达到80%以上。公司生产的煤炭具有低灰、特低磷、特低硫、中高发热量等特点，是天然的“环保型”优质动力煤。公司一直不断加大安全投入，所有矿井都按要求完善了井下安全避险“六大系统”，安全生产得到了有效保障。2005年以来，公司连续8年煤炭生产实现了零死亡，安全成绩处于世界领先水平。

公司现已建成全长132.44公里的准东电气化铁路、124.18公里的呼准电气化铁路、26.8公里的酸刺沟煤矿电气化铁路专用线和122公里的曹羊公路。公司在秦皇岛、京唐港、曹妃甸港口设有货场和转运站，在北京、上海、广州、南京等地设有销售机构，形成了完整的产、运、销体系。作为中科合成油技术公司的控股股东，伊泰集团与中科院山西煤化所合作完成了煤间接液化自主知识产权技术的中试，并通过了国家863项目验收。2006年5月，经内蒙古自治区有关部门核准，以该技术为依托的煤基合成油品示范生产线（核准48万吨，一期工程年产16万吨）开工建设，2009年3月联动试车、投料出油。2010年6月，装置实现了安全、稳定、长周期、满负荷运行。2012年,项目累计生产各类油品及化工品17.2万吨，超过了设计产能，率先成为我国“十一五”煤化工示范项目中达产的项目。“十二五”期间，公司将按照国家进一步完善煤炭深加工示范项目的政策要求，在鄂尔多斯和新疆建设总规模达到“千万吨”级的煤制油基地。

按照多元发展的思路，伊泰集团现已在非煤领域形成房地产开发等互补产业。

伊泰置业公司是伊泰集团旗下专业从事房地产投资、开发和经营的企业，成立于2006年，开发面积已超过500万平方米。项目从内蒙古鄂尔多斯市、呼和浩特市开始，正逐步拓展到海口、成都、北京等多个大中型城市。目前，伊泰置业已晋升为国家一级房地产企业，成为伊泰集团新的经济增长点。

伊泰集团在内蒙古自治区和鄂尔多斯市有关部门的关怀和支持下，认真贯彻落实科学发展观，坚持“四个不变”办企原则，即：坚持加强党对企业的领导，集团公司党委是领导核心不变；坚持合法经营，照章纳税，两个文明协调发展的方向不变；坚持依靠广大职工，充分尊重广大职工的主人翁地位的宗旨不变；坚持为地方和国家的社会主义建设积极做出贡献的思想不变，各项事业取得了快速发展。集团公司董事长张双旺、总经理张东海先后被评为全国劳动模范。

华润（集团）有限公司

以人为本 安全发展

创建环保安全的工作环境，是员工体面工作的基本诉求

与您携手改变生活，健康的食品、安全的环境，是高品质生活的基本要素

华润（集团）有限公司（以下简称华润集团）归属国家国有资产管理部门直接管理，是一家管理科学、营运稳健、资本雄厚、整合能力强、整体效益高的多元化大型企业集团，是53家国有重点骨干企业之一。目前下设7大战略业务单元（SBU）、19家一级利润中心，实体企业有2300多家，在职员工近40万人。华润集团的多元化业务具有良好的产业基础和市场竞争优势，其中零售、啤酒、电力、地产、燃气、医药已建立行业领先地位。

在香港拥有5家上市公司，其中3家（华润创业、华润电力、华润置地）位列香港恒生指数成分股，在内地拥有6家上市公司。2012年，华润集团位列《财富》全球500强第233位。截至2012年末，华润集团总资产9393亿港元，实现销售收入4046亿港元。

晋能集团有限责任公司

晋能有限责任公司（以下简称“晋能集团”）是2013年5月25日经山西省有关部门批准，由省国有资产管理和11个市国部门出资，在原山西煤炭运销集团有限公司与山西国际电力集团有限公司的基础上合并重组组建的以煤炭生产、电力、贸易物流、新能源、燃气、多元等产业为一体的现代综合能源集团，资产总额1650亿元。

董事长、党委副书记刘建中
在集团公司煤矿井下现场指导工作

晋能集团将坚决遵循山西省提出的“高碳资源低碳发展、黑色煤炭绿色发展、资源型产业循环发展”目标，按照“板块化运营、专业化管理、市场化服务”的原则，通过战略主导、资本运作和风险管控，依托上市公司通宝能源，做实企业优良资产，做优集团融资平台，努力培育企业核心竞争力，打造山西综合能源基地的企业航母。到“十二五”末，晋能集团将实现煤炭产量超1亿吨、煤炭贸易量超3亿吨、发电装机超1000万千瓦、焦炭产量超1000万吨、新能源发电装机超200万千瓦，营业收入超2500亿元、利税超200亿元、利润超100亿元。

近年来，晋能集团紧紧围绕山西省“实施转型跨越，再造一个新山西”的重大战略部署和作为国家综改试验区的大好机遇，按照“12345”发展思路和发展目标（即“1”：立足一个切入点，依托地方优势，依靠地方政府支持，融入地方经济发展体系，反哺、服务和发展地方经济。“2”：走资源整合与资本运作双轮驱动、协调发展的路子。“3”：发展现代化煤炭生产产业、专业化贸易物流业和板块化多元产业。“4”：推进体制机制、主体业务、产业结构、管理体系四个转型。“5”：把煤炭产量、物流营销量、营业收入、利润、职工人均收入五大指标作为衡量企业发展的“仪表盘”。），坚持“三步走”战略步骤，以发展三大产业为主线，以推进重点项目建设为抓手，以强化内部管控为重点，奋力负重赶超，奋发转型跨越，主要经济指标连年创新高。

集团公司领导刘平、王平虎与其他参会人员参观三元王庄煤业掘进面水害培训现场

进入“十二五”，晋能集团以科学发展观为统领，深化企业体制机制改革，建立健全现代企业制度，着力建立“区域化公司、专业化管理、市场化服务”的管理体制和机制，不断增强企业实力和核心竞争力。建设学习型企业，实施人才素质提升工程，努力提高企业管理水平，培育以“融入、聚力、务实、创新”为核心的优秀企业文化。集团坚持安全第一，坚定“办大矿、办现代化矿井、办安全高效矿井”办矿理念、“六大阶段性目标”办矿标准和“三个五”工作要求，狠抓煤矿安全生产管理，做强现代化煤炭产业。充分发挥集团独特的贸易经销优势和物流网络体系，以信息化平台建设为支撑，以物联网技术应用为核心，做实专业化的煤炭贸易物流产业。高起点、高标准，按照“板块化、园区化、循环化、差异化”的思路，建设形成与煤炭生产、贸易物流两大主业互为补充，板块化、链式发展的多元产业。

近年来，在山西省转型跨越发展战略鼓舞下，阳煤集团抢抓机遇，追求跨越，形成了煤炭和煤炭化工两大主导产业，铝电、装备制造、建筑地产、贸易服务四大辅助产业强劲发展的产业格局。目前集团拥有阳泉股份、山西三维、太化股份和阳煤化工四个上市公司在内的567个分、子公司，总资产1262亿元，位列中国企业500强第93 位，中国煤炭企业100强第10位。

2012年，集团公司面对世界经济危机加剧、国内经济持续下行等重重挑战，紧紧围绕“收入、投资、安全、利润、效率”五大目标，齐心协力、逆势突击，保持了蓬勃强劲的发展势头，全年企业营业收入达到1686亿元，煤炭产量6520万吨，地面单位全面杜绝了重伤及以上人身事故，煤矿百万吨死亡率为0.116，90%的煤矿稳定实现瓦斯零超限。

阳煤集团始终把安全工作作为一项重点工作，通过安全生产实践，创造性地提出了煤矿“1·4·2”安全管理模式：

“1个传承”——继承和发扬集团公司安全生产实践中形成的行之有效的传统管理手段和方法。

“4个方面8项重点工作”——强化通风和抽采“两个能力”建设，建立隐患排查信息反馈、瓦斯地质预测预报“两个系统”，加强顶板构造、瓦斯构造“两构管理”，开展零打碎敲事故和矿井运输“两个专项整治”。

“2个基础保障”——安全管理体制机制和安全科技装备创新，干部队伍和员工队伍技能素质提升。

“十二五”期间，阳煤集团将完成投资1000亿元以上，建成亿吨煤炭基地，建成“山西较大、中国五强”煤炭化工企业，打造晋东百万吨铝工业循环基地，打造山西大型地产开发企业，建设山西较大的煤机化机制造企业，建成山西较大综合贸易商社，提前实现“双千亿”目标，并实现企业的“全面安全、本质安全、持久安全”。

集团公司党委书记、董事长赵石平（左五）在一矿现场调研矸山治理情况

集团公司总经理裴西平(左二)在井下调研

黑龙江龙煤矿业控股集团有限责任公司

HEILONGJIANG LONGMAY MINING HOILING GROUP CO.,LTD.

龙煤集团是2004年12月，经黑龙江省有关部门批准，通过重组鸡西、鹤岗、双鸭山、七台河四个国有重点矿区优良资产，组建而成的省属国有大型煤炭企业集团。龙煤控股集团下设12个子公司，其中龙煤股份公司是集团较大的控股子公司，下设9个分子公司。集团现有煤炭地质储量50.9亿吨，可采储量29亿吨，主要煤种有焦煤、1/3焦煤、气煤、肥煤等，煤质特低硫、低磷、低灰、高发热量，是国内三大焦煤生产基地之一。产品主要供应东三省冶金、电力、化工、建材等行业，部分销往东南沿海地区和出口国外。现有42个生产矿井，核定年生产能力5703万吨；3座在建矿井，建成后将年新增产能420万吨；18个选煤厂，年入洗能力3300万吨。目前，集团总资产774.4亿元，净资产182.5亿元，资产负债率76.4%；在册职工25.15万人，离退休职工17.9万人，集体工11.3万人，因工死亡遗属4.3万人，职工和家属近200万人。2012年在全国500强企业排名242位，全国煤炭百强中产量排名16位、营业收入排名20位。

龙煤集团组建以来，累计生产原煤4.23亿吨，年均5300万吨；实现利润78亿元，年均9.7亿元；上缴税费316.6亿元，年均39.5亿元；固定资产原值541.4亿元，比组建前增加297.8亿元。2012年职工人均收入达到4.27万元，比组建前提高3.2万元；国有资产保值增值率为107.4%。同时，积极履行社会责任，累计投入13.9亿元支持全省三年公路建设；投入8.1亿元支持棚户区改造和采煤沉陷区治理；承担了四个煤城大量的城市供热、供水、供电、供燃气等公共服务责任，为全省经济社会发展做出了重要贡献。

龙煤集团作为国有老矿区，开发时间少则几十年、多则上百年，企业用人多、包袱大，且所属煤矿地质复杂、井深巷远、资源不足、灾害严重，推进经济发展和保障安全生产的任务异常艰巨。2012年，龙煤集团深刻吸取历次重大事故教训，紧紧围绕安全发展的战略方向和工作重心，深层次研究煤矿安全生产问题，多角度强化安全生产管理，全方位落实安全生产各项措施。在认真总结历史经验和教训基础上，进一步理清发展思路，将战略重心转移到安全发展上来，通过创新安全理念、加大安全投入、突出灾害治理、落实安全责任、强化基础建设等措施，扭转了安全生产被动局面。三年间（2010—2012年），发生安全生产事故33起，死亡44人，百万吨死亡率分别为0.41、0.19和0.18，比全国煤矿平均水平分别低0.34、0.37和0.19，全集团连续三年消灭3人及以上事故，安全生产状况保持基本稳定。

一、抓思路，确立了“强基固本、安全发展”总体战略

（一）明确方向

（二）深入宣传

（三）强化考核

二、抓投入，实施三大工程建设，打牢安全发展基础

（一）突出瓦斯治理工程

（二）注重长远发展后劲

（三）提高采掘装备水平

（四）强化地质保障工作

三、抓瓦斯，强化灾害治理，坚决遏制重大事故发生

（一）健全瓦斯防治规章制度

（二）强化区域防突工作

（三）加大灾害治理攻关

（四）加强防冲、防透水、防火等灾害治理。

四、抓管理，形成上下联动多层覆盖的安全监管格局

（一）强化专职安监队伍职能

（二）强化安全生产动态管理

（三）强化班组现场安全管理

（四）落实干部下井带班规定

（五）发挥党政工团作用

五、抓责任，构建了安全生产责任和追究管控体系

（一）明确责任

（二）建立制度

（三）考核激励

（四）强化追究

六、抓队伍，为推动安全发展提供强有力的组织保障

（一）狠抓各级干部思想作风建设

（二）加强各级领导班子配备

（三）强化安全生产岗位领导力量

推进科技进步　强化文化引领
努力开创公司安全发展的新局面

山东百年电力发展股份有限公司

公司举行“全国安全文化建设”示范企业揭牌仪式

公司举行“4·7”安全警示暨安全文化手册发布仪式

山东百年电力发展股份有限公司，是由华电国际电力股份有限公司控股的大型股份制发电企业。公司于2000年10月30日成立，前身为山东龙口发电厂，全国早批国家和地方集资兴建的大型坑口电厂，山东电网骨干电厂。原有6台机组，装机容量110万千瓦，分三期建成。现有4台机组，装机容量88万千瓦。为“上大压小”扩建2×60万千瓦机组，原一期工程两台11万千瓦机组分别于2007年12月7日、2012年12月19日关停。多年来，公司牢固坚持“安全第一，预防为主，综合治理”的工作方针，以机制建设为重点，以科技进步为先导，以文化建设为手段，强化责任落实，下移管理重心，加强隐患排查治理和安全质量监管，保持了生产安全、效益稳定的良好局面。截至2012年底，公司累计发电1342亿千瓦时，实现利税72亿元；实现连续安全生产5185天，连续14年未发生安全事故，位居行业领先水平。公司荣获全国安全文化建设示范企业、安全生产标准化一级企业等荣誉称号。

以机制建设为重点，着力夯实安全生产管理基础

多年来，公司密切跟踪行业安全管理动态，结合实际情况，逐步摸索建立了独具特色的安全生产管理机制。推行“01234”安全管理模式，即以安全生产“零违章、零事故、零伤害”为目标，实行安全生产“一票否决制”，建立健全安全生产保证和监督两大体系，全面构建公司、分场、班组三级安全、技术监督网，着力推行公司、分场、班组、个人四级管控模式。全面落实安全生产责任，建立健全安全生产目标考核奖惩和责任追究机制，公司总经理、各生产单位、生产班组和全体职工，每年逐级签订《安全生产责任书》，构筑起“一级对一级负责、层层承担责任、人人履行安全职责”的安全责任体系。坚持每日召开生产调度会，每周一召开生产系统例会，每周四召开安全员及外包工程管理安全例会，每月召开公司月度安全分析会和“三级安全监督网”例会，全面跟踪掌握安全生产情况，并以“会议纪要”、“例会督办单”等形式，指导和监督责任落实，将安全生产“五个到位”落到实处。健全运行保障机制，加强制度标准体系建设。制订实施了77个安全生产管理标准、40项应急救援预案，涵盖了安全生产的各个层面、各个环节。各单位建立了安全检查、缺陷记录、职工安全教育培训、特种作业人员管理、事故处理和特种设备管理等基础管理台帐。健全安全生产监督考核机制，安全监察员和质量监督员每天深入大修和生产现场，发现违章现象，及时下达“整改通知单”，严格考核，限期整改，保障了公司安全制度、安全标准的全面落实。

山东百年电力发展股份有限公司全景

以科技进步为先导，着力提高设备健康和安全运行水平

多年来，公司高度重视设备综合治理，坚持向科技要安全、要效益，不断加大安全技改投入，全力夯实安全生产的设备基础。先后组织实施了机组的增容改造、高过高再更换、滑销系统改造、DEH改造、DCS改造、发电机励磁系统改造、220千伏断路器更换等重大技改项目，解决了汽缸跑偏、发电机失磁、发电机转子过热等重大设备缺陷，取得了显著的安全效益。在煤价大幅上涨、煤种变化大、机组调峰多等困难的市场条件下，公司设备可靠性逐年提高，一二类障碍率逐年下降，安全生产稳定，经济效益平稳，为公司可持续发展打下了良好基础。建立了隐患排查常态工作机制，结合季节性安全大检查、“安全生产月”活动、安全性综合评价等工作，定期对设备、系统进行全面排查，了解设备健康状况，建立和完善隐患档案，对存在问题安排整改。严格缺陷闭环管理，实现大缺陷不过天、小缺陷不过班。利用月度安全分析例会和每天的安全生产调度会，对重大缺陷逐条研究、及时安排处理，确保机组健康运行。高度重视运行管理和运行操作，严格执行操作规程和“两票三制”等规章制度，组织开展万次操作无事故、机组小指标竞赛等活动，培养和强化职工的安全操作意识，规范操作行为，杜绝违章指挥、违章操作和违章作业，确保机组安全稳定运行。

以安全文化建设为手段，着力提升企业本质安全水平

公司坚持以人为本，大力推进安全文化建设，通过开展培养、教育、启发、关爱等一系列人性化安全活动，营造了“生命至尊、安全至重”的浓厚氛围，促进了干部职工安全行为规范、公司本质安全水平提升。在总结多年安全生产实践的基础上，提炼形成了“以人为本提素质、重心下移抓基层、关口前移强基础”为核心的“基石”安全文化，发布实施了《安全文化手册》，充分发挥安全文化内化于心、外化于行的作用，组织开展文化宣贯和活动，加强分场、班组安全文化建设，促进安全文化落地生根。在2013年5月9日召开的全国安全生产宣传工作会议暨安全文化建设现场会上，公司荣获2012年度“全国安全文化建设示范企业”，受到国家安全监管部门的隆重表彰。积极开展多层次多形式的安全培训活动，启动中层管理干部、班组长安全管理能力训练营，开展“防止人身伤亡措施”、“现场紧急救护及职业病预防”等专项教育培训，坚持每周四组织班组安全学习，强化班组技术讲课学习、技术问答、默画系统图、事故预想、反事故演习，通过抓好各级人员安全培训工作，巩固三级安全网络的支撑。组织开展安全生产“月度之星”评选和年度“公司、分场级技术能手”选拔竞赛活动，通过对先进典型的选树、奖励和动态管理，充分调动生产一线员工的工作积极性，营造了“比、学、赶、帮、超”的良好氛围，有力地促进了公司安全管理工作。公司多次组队参加国家和省市安全技术大赛、安全科普知识竞赛，均取得良好成绩，连续6年荣获全国“安康杯”优胜单位称号，树立了公司良好形象，也为公司的安全生产工作奠定了坚实的人才保障。

公司组织安全讨论活动

公司举行安全文化知识竞赛

公司开展安全签名活动

公司举行“安全生产月”启动仪式暨安全警示教育大会

辽宁铁法能源有限责任公司

团结向上的公司领导班子

辽宁铁法能源有限责任公司位于辽宁省北部调兵山市境内，是一个以煤炭生产为主，集电力、建筑建材、煤机制造、商贸物流、煤层气开发利用、化工等为一体，跨行业、跨区域、跨所有制，多元发展的大型能源企业。是全国500强、全国煤炭工业100强、辽宁省100强企业之一；是中国煤炭行业AAA级企业，全国煤炭行业企业文化示范基地；企业信誉等级AAA级。先后荣获中国煤炭工业“金石奖”、全国“五一劳动奖状”、中国煤炭工业优秀企业、中国煤炭工业科技创新先进企业、煤炭工业科技进步十佳企业、全国守合同重信用企业等荣誉，多次获得国家科技进步三等奖、全国煤炭工业科技进步一、二、三等奖等奖项。采掘机械化装备水平位于全国同行业先进行列，薄煤层全自动化开采等技术达到了国内乃至世界领先水平。

铁法能源公司成立于2009年1月，其控股子公司铁煤集团成立于1999年10月，2002年实施了债转股。公司前身铁法矿务局始建于1958年，至今已经有50余年的开发建设历史。矿区本部由铁法、康平、康北三个煤田组成，累计探明工业储量22.97亿吨。截至2012年末，剩余工业储量16.8亿吨。域外在内蒙古和山西控制煤炭资源地质储量50多亿吨。公司的煤炭资源总量达70亿吨以上，为做强做久煤炭主业奠定了坚实基础。

多年来，铁法能源公司认真贯彻落实科学发展观，坚持文化领企、科技兴企、人才强企战略，坚持走依托煤、延伸煤、超越煤的发展之路，加快建设平安铁能、富裕铁能、和谐铁能、绿色铁能和长久铁能。目前，子公司铁煤集团共有38个下属单位。其中生产矿井11个，本部8个矿核定生产能力2185万吨/年，域外5个矿设计生产能力3760万吨/年。非煤产业方兴未艾，形成了建筑施工、矿山建设、煤机制造、交通运输等一批“拳头”产业。

2012年，铁法能源公司商品煤产量2290万吨，商品煤销量2276万吨，营业收入245亿元，实现利润6亿元，上缴税金20.5亿元，企业资产总额达到339亿元。

展望未来，铁法能源公司将坚持以科学发展观为统领，以深化改革开放为主导，以加大创新为动力，发挥资源、装备、管理、技术和人才等各方面优势，抓住机遇，乘势而上，着力调整优化产业结构，深入转变内部经营机制，加速走出去发展步伐，不断增强企业核心竞争力，实现经济总量和企业效益同步增长、企业发展和员工生活统筹兼顾，科学发展，造福员工，回报社会。

大兴煤矿外景

小康煤矿外景

铁煤集团小青煤矿

矿长、书记现场检查

矿领导关爱员工

铁煤集团小青煤矿投产于1984年12月，核定生产能力为250万吨/年，现有员工3678人。近年来，先后获得了辽宁省先进煤矿、辽宁省安全质量标准化一级矿井、全国煤炭工业特级安全高效矿井、全国煤炭工业双十佳煤矿、全煤五精管理样板矿、全国安全文化示范企业等荣誉称号。

矿容矿貌

安全发展持续稳定。进一步健全规章制度执行监督问责机制，严格落实《七条规定》，按照《煤矿领导带班下井及安全监督检查规定》，制定、完善干部带班、跟班计划和管理制度；推行技术员以上管理人员岗位达标竞赛活动，对连续两个月排名末尾的管理干部，进行离岗培训；实现了“班前→沿途→现场→班后”的全程安全警示教育，提高了员工的安全素质；细化了三违跟踪、事故责任追究、隐患付费等安全管理制度；严格控制了超能力，超定员，超强度生产。特别是狠抓了“三三整理、安全确认、手指口述”三项制度落实，使事故隐患得到了有效治理。

打造和谐班组

经营管理精准精细。按照“事先有预算、事中有控制、事后有考核”的原则，严格把住材料计划、审批、采购、发放和监督检查关，实行了“三类一定额”材料计划提报制度、ERP网上批料管理办法，最大限度控制了新材料的投入；强化成本的动态管控，开展双增双节、回收复用等活动，大大降低吨煤成本；通过分采、分运、分提、分洗、分储、分销”六种方法来实现煤质的全程管控，实现提质增收。

班组全程管理

标准化建设成效显著。以规范员工操作技能为切入点，坚持“稳步提高、逐项达标”原则，狠抓工作质量、工程质量、设备质量、环境质量的管理，从设计入手，在动态中建设，抓细节管理。通过强化制度落实、严格工程质量，由“形象型”向“实用型”、“朴素型”深化，在管理上突出工程质量的提高，在责任上突出“标准化工作终身负责制”的落实。打造“五精”现场、铸造了一个个品牌工程。

家庭式区队班组建设初见成效。开展了以“爱”为主题，以“和”为目标，以“孝悌忠信礼义廉耻”为内涵的家庭式区队班组建设工作，打造像家庭一样和谐温馨的区队班组，员工间亲如兄弟姐妹，充分发挥主人翁作用，实现区队班组自主管理。涌现了“全国煤矿十佳班组长”、全国“五一劳动奖章”获得者郝忠权等一批班组安全建设先进模范人物。获"全国煤矿十佳班组长"光荣称号郝忠权，不仅到全国各地煤炭企业作巡回事迹报告，还受到了国家领导人的亲切接见。

刨煤机工作面

乌江公司构皮滩发电厂

构皮滩发电厂位于贵州省余庆县构皮滩镇，是乌江水电开发有限责任公司在乌江干流开发的第五个梯级电站，水库控制流域面积43250平方公里，总库容64.51亿立方米，调节库容29.02亿立方米，电站装机容量为5×600兆瓦，多年平均发电量96.82亿千瓦时，是中国华电集团公司已投产的大型水力发电厂，同时也是贵州省大型的发电厂。电厂首台机组于2009年7月31日投产，是中国华电集团公司水电装机突破1000万千瓦的标志性机组，同年12月30日五台机组全面实现投产发电。

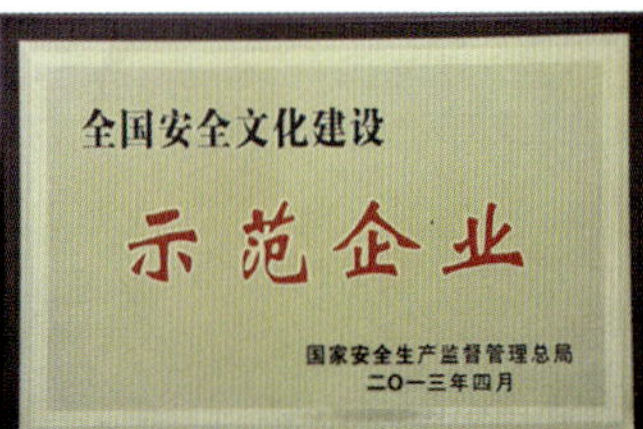

近年来，构皮滩发电厂在中国华电集团公司、乌江公司（贵州公司）的正确领导下,坚持可持续价值思维理念，以安全生产为中心，坚持科技兴企，不断完善电厂安全生产管理体系，建立了安全生产长效机制。注重安全工作到位和做实，确保了安全生产的可控在控，实现了人员、设备、环境和管理的和谐统一。注重管理创新、机制创新、技术创新，推行卓越绩效管理与“5S+5P”管理模式，推进班组管理规范化、标准化建设，极大地提升了人员素养，强化了班组管理基础。注重安全文化建设，凝练了以臻善之道为核心的安全文化体系，树立了“安全是第一幸福、安全是第一责任、安全是第一价值”的安全理念，制定了“以人为本、安全第一、人人重视、预防为主”的安全方针，明确了“零缺陷 零漏洞 零违章 零隐患 零事故”的五零目标，建立了“到位、做实、优化”三位一体的安全管理机制，完善了以“保障、监督、考核激励、培训发展、环境营造”为构架的安全管理体系，形成了以星级企业创建、安全性评价、危险源辨识与风险预控、反违章管理、“两票三制”管理、安全检查、班前班后会、安全日活动、安全分析会等多元化的管理方法，积极实施亲情管理，开展文化落地，向员工灌输和渗透企业安全理念，营造浓厚的安全生产氛围，为企业健康发展带来了生机与活力。

通过全厂上下勇争先进、誓创标杆，着力筑牢企业安全基石，着力提升企业管理水平，着力推进本质安全型企业建设，实现了企业综合竞争力的全面发展。企业先后荣获全国大型水电厂劳动竞赛先进单位、“安康杯”竞赛优胜单位、全国安全文化建设示范企业等荣誉称号。

华北科技学院

华北科技学院是国家安全生产监督管理部门直属的一所本科院校。学校始建于1984年，其前身是北京煤炭管理干部学院分院，1993年经原国家教委批准改建为华北矿业高等专科学校，面向全国招生，1997年，被原国家教委确定为“全国示范性普通高等工程专科重点建设学校”，1998年合并了原有色金属管理干部学院，2002年经国家教育部门批准升格为本科院校，并更名为华北科技学院。

学校占地面积约 800 亩，建筑面积近45万平方米。教学科研仪器设备总值约1.4亿元。建有省部级重点实验室3个，省级实验教学示范中心1个。计算机网络、多媒体等现代教育技术应用广泛，是中国教育科研网城市节点单位。图书馆现馆藏图书99万余册，电子图书百余万种，中外文报刊 1600 余种，各类中外文全文数据库 20 多个，建立了较完备的文献保障体系。

学校现有教职工1000余人，其中中国工程院院士1人（外聘），专任教师800余人，教授、副教授约占教师总数的45.2%，具有博士、硕士学位的教师约占教师总数的81.7%。享受国务院政府特殊津贴专家13人，国家级有突出贡献的中青年专家 1人，国家级安全生产专家 4人。

学校具有工程硕士（安全工程领域）专业学位研究生培养资格，开设37个本科专业及相关专科专业，涉及工、理、文、法、经济、管理、教育、艺术等八大学科，已经形成以全日制本科教育为主，研究生教育、专科教育、成人学历教育、安全培训、函授教育并存的多学科、多层次、多形式的办学体系。安全技术及工程、采矿工程为省级重点学科，安全工程、采矿工程、自动化3个本科专业被教育部列为特色专业建设点，电工电子实验中心是河北省实验教学示范中心。全日制在校生16000余人，毕业生初次就业率始终保持在80%以上，本科毕业生考研录取率稳定在15%左右，特别是安全工程专业，考研录取率接近30%。

学校正门

学校致远楼

学校博观楼

矿井灾害防治重点实验室

学校面向素质教育、面向安全生产、面向煤矿行业开展科学研究。现有煤矿安全人机工程重点实验室，煤矿瓦斯、水害预防基础研究重点实验室和河北省矿井灾害防治重点实验室等 3个省部级重点建设实验室。年引进科研经费5000余万元。升本以来，签订各类科研合同800多项,合同经费达2.7亿元，年平均增幅70%以上。安全学科在瓦斯、水害防治等研究方向形成了一定的特色和优势，安全管理、安全文化、安全法学、安全监测监控等方面的研究全面展开，为学校安全科技办学特色提供了强有力的支撑。

1985年建在学校的中国煤矿安全技术培训中心，具有煤矿和非煤矿山安全生产两个一级培训资质，常年开展煤矿安全监察实务、矿井灾害防治和矿山救护等类型的安全培训，年培训规模5000人次。

煤矿瓦斯水害预防基础研究重点实验室
（瓦斯爆炸模拟室）

学校与联合国开发计划署、国际劳工组织等保持着长期稳定的工作联系，与美国北卡罗来纳大学、加拿大凯普澜诺大学、越南河内地矿大学等高等院校通过多种形式联合培养专业人才。在校留学生100余人，是河北省在校外国留学生人数较多的院校之一。

学校以“自立立人、兴安安国”为校训，形成了“团结、勤奋、求实、创新”的校风，“严谨治学，教书育人”的教风和“勤学、善思、力行、创新”的学风。

我们将努力把学校建设成为以工为主，以安全科技为特色，工、管、文、理、经、法等学科相结合的多科型现代大学；建设成为安全生产领域培养高级专门人才和解决关键科技问题的先进教育培训基地。

学校图书馆

聚文化之力 谋本质之安

华电潍坊发电有限公司

东风吹来满眼春。走进华电潍坊发电有限公司，犹如在如诗如画的美景中徜徉，无处不散发着浓郁的文化气息，无处不显示出深厚的文化底蕴。

安全文化是企业文化的重要组成部分。华电潍坊发电有限公司高度重视企业安全文化建设，形成了"防微杜渐，警钟长鸣"的安全核心理念，实现了安全从制度管理到文化管理的提升，加快了本质安全型企业建设进程。公司安全文化建设工作得到了集团公司、华电国际、山东分公司以及潍坊市各级领导的高度重视和充分肯定。公司先后荣获全国"五一劳动奖状"、"全国精神文明建设工作先进单位"、全国"安康杯"竞赛优胜企业、全国安全文化建设示范企业等荣誉称号。

公司领导合影

优秀的安全文化，是企业实现本质安全的引擎和航标。华电潍坊发电有限公司坚持以文化心，建塑特色安全文化，谱写出人一机一环高度统一、和谐发展的新篇章。

公司领导高度重视安全文化建设，专门制定了《安全文化建设示范企业创建活动实施方案》，成立了以总经理为组长的安全文化建设领导小组，下设办公室，全权负责安全文化建设的组织领导和协调管理。先后通过座谈讨论、问卷调查、理念征集等方式，对企业安全文化进行整合提炼，在继承优秀传统文化，融合现代企业安全管理理念的基础上，以保障职工人身安全为关键，以改善职工作业环境、提高职工安全意识、增强职工安全技能为目标，形成了以"防微杜渐，警钟长鸣"为核心理念，以"平安潍电、幸福家园"为安全愿景，以"持续动力、安全发展"为安全使命，以"生命无价、安全第一"为核心价值观，以"四不伤害"为基本安全道德，以"本质安全、可控在控"为安全目标的安全文化理念体系。

为把安全文化理念灌输给每一位职工，实现安全文化建设从理论到实践的落地，公司每年都组织开展"安康杯"安全知识竞赛、安全演讲、安全承诺签名、安全漫画征集等形式多样的活动，并充分利用广播、电视、报纸、网络等媒体，大力推广，深入宣贯，使其融之于心，践之于行。充分发挥人文环境的熏陶作用，高标准建设了安全文化长廊，建立了独具特色的"灯杆文化"和"楼梯文化"，在道路两侧、生产现场悬挂了上百幅安全警示牌，在机房、楼梯上布置了上千条安全标语，运用漫画形式图解典型现场违章和典型安全工作要求，放置在生产现场主要通道上；选取行业内部发生的典型事故案例制作成事故警示牌，放置在事故易发区域；将安全禁令、安全规定要求、严禁的常见违章操作行为，制作成图板悬挂在走廊、楼道内，随时教育提醒警示；在班组工作室设计制作了安全文化园地，在《安全文化手册》中留出亲情寄语空白页，精心布置亲人的安全嘱托，父母的安全忠告、妻子的安全企盼、孩子们的安全祝福，表达了家人对亲人的关爱和大家对安全的美好祝愿，使职工在潜移默化中受到安全文化的熏陶、教育和启迪。

文化理念是灵魂，制度管理是保证。华电潍坊发电有限公司始终坚持狠抓各级安全生产责任制的落实，充分发挥制度管理的最佳效能。

深入推进安全标准化建设，制定完善了《反违章管理标准》、《设备检修标准化安全措施》等几十项安全管理制度，修订完善了各类应急预案200多项，形成了覆盖企业安全管理方方面面的"制度网"，确保了安全生产每一环节都有章可循，有据可依。公司2013年1月被评为全国"安全生产标准化一级企业"。创新安全管理模式，深入开展安全性评价，创造性地实施了主业、多产、后勤"三维"安全性评价，将安全触角延伸到了每一个岗位，每一户家庭。狠抓安全责任制落实，强调"一把手"是安全生产第一责任人，人人是自己分管工作的安全第一责任人，层层落实安全生产目标责任。每年初，公司与部门、部门与班组、班组与职工逐级签订安全生产目标责任书，全体职工签订《安全承诺书》，形成了一级抓一级、一级对一级负责的安全责任机制。

创新实施机组30天"无非停"管理办法、"挂号、消号"缺陷管理办法以及"日检查通报、周整改分析、月总结评比"的安全监督机制，充分利用安全性评价、季节性安全大检查、"安全活动月"等机会，严格排查整改各类安全隐患，全面提升了安全管理水平。公司4号机组先后荣获全国火电大机组竞赛一等奖、全国火力发电可靠性评价金牌机组，并创造了319天华电集团公司同类型机组连续运行纪录。严格执行《安全生产工作奖惩规定》，把安全列入职工绩效考核的重要内容，直接与月度奖金挂钩，并作为年底评选先进的必备条件，以责论处，重奖重罚，促进了安全管理由“他律”到“自律”的转变。

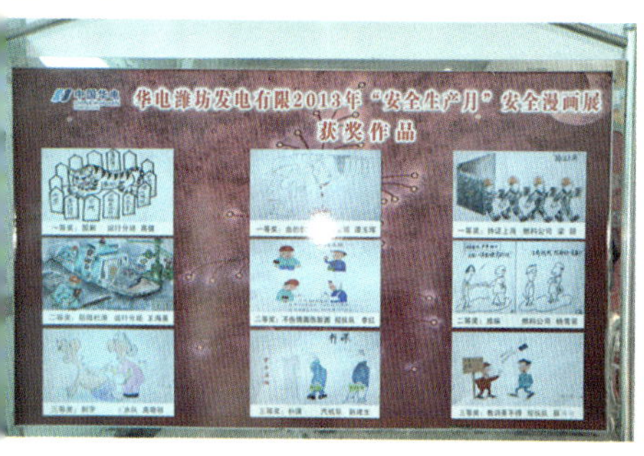

管理关口前移，形成监督有力的安全责任文化。公司从人员管理、设备管理和作业环境治理三个方面入手，建立了全员安全责任体系和责任追究体系。在人员管理方面，通过学习事故案例，开展安全生产大讨论，通过安全理念宣贯，晓之以理、动之以情，引导员工由“要我安全”向“我要安全”转变。通过多层次技术比武、周安全日活动学习、季度安全技能认证考试等手段，建立健全人员安全档案，强化技术培训和安全培训，提升员工技术素质和安全素养，由“我要安全”向“我会安全”转变。在设备治理方面，公司采用FAM系统中缺陷管理流程，对设备缺陷实现闭环管理;对影响机组安全稳定运行的疑难问题和隐患建档立案，组织技术人员开展课题攻关，确保了设备健康水平的进一步提升。在作业环境治理方面，结合集团公司《作业环境本质安全管理规定》及《生产现场安全设施标准化配置标准》要求，对生产现场区域的楼梯、孔洞盖板、吊装孔、地面管道等区域绘制了防止踏空线、防止阻塞线、防止绊倒线、防止碰头线等各种警示线，对现场仪表的上下限和正常运行区间用不同色带进行标识，确保安全警示牌、管道介质流向、色环标志清晰明确，通道界线醒目规范，创造出有利于人员安全作业的良好环境。

实现管理闭环，形成可控在控的安全执行文化。在认真执行上级关于安全管理要求的基础上，公司运用计算机网络技术开发应用了

“两票”系统、工作任务闭环管理、燃料掺配掺烧网站、检修管理网站，确保各项工作信息化、实时在线化，做到有始有终在线监控确保闭环。内部不安全事件处理，组织责任人及时分析，相关人员吸取经验教训，严肃责任追究，严格奖惩考核，坚持“四不放过”原则，实现设备、人员、安全生产管理的可控、在控。吸取其他单位发生的事故教训，举一反三对照自己进行排查、整改，把他人“亡羊”的教训，变成自己“补牢”的行动，培养忧患意识和开放思维，做到未雨绸缪、预防在先，扎牢企业自身安全的“篱笆”，避免重蹈别人的覆辙，从根本上杜绝“事故后现象”的发生。

当安全从理念上升到品格的时候，安全工作就真正落到了实处。华电潍坊发电有限公司狠抓职工安全教育，全面提升职工安全文化素养，夯实了安全思想基石。

强化教育培训。不断完善公司安全教育体系，以“安全技能培训认证考试”为载体，持续加强安全教育培训，坚持定期教育和专项培训有机结合，每年初制定《安全综合培训计划》，整体规划，统筹部署，职工的安全技能不断提升。公司所有作业人员、特种作业人员全部获得了上岗资格。

完善学习制度。建立公司、车间、班组三级学习网络，公司每月召开安全分析会，车间每周组织安全生产大讨论，班组每周二下午开展安全学习，每日利用开工会、收工会部署安全任务，实现了安全教育的常态化和规范化。制定实施《领导干部安全活动定点联系班组》制度，领导干部每月至少参加一次班组安全日活动，带领职工共同学习安全文件，深入探讨各类事故通报，吸取教训，举一反三，切实强化了职工安全意识。

创新教育平台。以职工技能运动会、“十佳技能比武”等活动为载体，积极开展技术比武、岗位练兵、事故演习，定期组织消防、防汛等应急演练，经常性地举办各类安全培训班、知识讲座、安全生产大讨论、安全格言警句征集等安全文化活动，职工安全素质不断提升。

针对外来相关方人员安全素质差，人员流动性大的特点，专门设立外来人员培训教室，以漫画图解、图板展示、事故案例视频、幻灯片演示等形式，讲解安全规程、制度，常见事故案例、典型违章等，用直观视觉强化教育效果，促使外来相关方人员掌握安全基本知识和技能，保证外包工程施工人员的安全。

在主要生产班组学习室内安装了安全培训视频系统，发挥视频培训系统实时性、可视化、持续强化的特点，利用每个班组可单独设置播放内容的功能特点，收集编制各种安全学习资料，将安全理念、事故案例、规程制度、先进典型、安全会议精神等内容向职工进行全方位实时播放，强化了培训效果。

大力开展运行规范化岗位技术培训，利用仿真机培训中心全方位训练运行岗位人员操作技能，提高运行人员应急事故处理能力，积极参加各类运行岗位技能大赛，先后取得中央企业职工技能大赛火电机组集控运行值班员决赛金牌，集团公司第四届集控运行技能大赛600MW组比赛中获得第一名的好成绩，涌现出大批人才，目前公司拥有“全国技术能手”1人、“全国青年岗位能手”1人、“中央企业技术能手”6人、“全国电力行业技术能手”2人、“华电集团技术能手”10人。保证了职工安全素质、技术素质的全面提升，促使职工实现从“要我安全”到“我要安全、我会安全、我保安全”的自觉转变。

安全是企业发展的基础，文化是企业发展的灵魂。如今，华电潍坊发电有限公司的安全文化犹如春之娇花，已成怒放之势，正不断推动着企业迈向更广阔的征程！

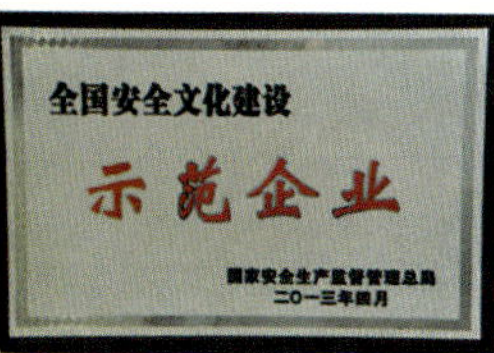

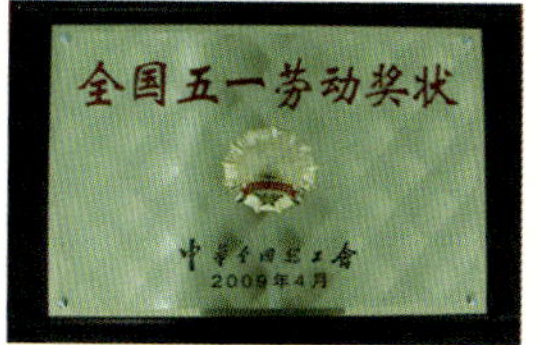

辽宁北票煤业有限责任公司

团结奋进的领导班子

北煤集团办公楼

千山矿业公司办公楼

天宝耐火材料厂

页岩油厂远景

九道岭煤业公司

北票煤业有限责任公司是2001年由原来北票矿务局破产后、为安置原北票矿务局下岗职工而组建的股份制企业。2011年11月8日成立辽宁北煤矿业集团，集团注册资本总和4.2亿元。集团所属企业现有职工8783人，资产15亿元。

11年来，企业已由煤炭资源枯竭的北票老矿区发展成为北票老矿区、九道岭新区、油页岩新产业区三个生产经营基地，产品结构已由单一煤炭产品发展成为煤炭、页岩油、铁矿粉三种主导产品。销售收入已发展为企业成立之初的9倍，达到14.7亿元；上缴税金已达到企业成立之初的30倍，达到2.8亿元。保证了近8800多人的稳定就业和稳定收入，维护了社会稳定。

北煤集团母公司为北票煤业有限责任公司，有六个控股子公司。集团所属企业经营范围为：原煤开采、洗选；油页岩采炼；铁矿采选；矿山设备加工制造；技术咨询服务等。

北煤集团母公司北票煤业有限责任公司公司下设冠山煤矿、三宝煤矿、台吉四井、台吉竖井、台吉一井、选煤厂、铁路运输部、机电总厂、精密铸造厂等九个生产经营单位，现有职工6098人。

北煤公司以煤炭开采、洗选为主业。生产的原煤，煤种以低硫、低磷的气煤和1/3焦煤为主，发热量一般在（18800～28500千焦）之间。可根据市场需要加工成冶炼、动力用煤等各种洗煤产品，深受市场欢迎。企业有较强地机械加工能力，生产洗选、通风、脱水、除尘、建材等五大系列40多种定型产品。能生产各种材质、不同规格的耐磨耐高温铸件等。

2012年，北煤公司实现收入6.6亿元，上缴税金达到1.1亿元。从2008年起连续三年跨入全国煤炭百强企业，先后获得中国煤炭企业信用评价AAA级信用企业等多项荣誉称号。

北煤集团成员企业北票北塔油页岩综合开发利用有限公司位于辽宁省北票市北塔乡吻喇吐噜村。主要从事页岩油生产与销售，始建于2008年6月，2010年9月建成投产，2012年生产页岩油3.2万吨，实现收入1.5亿元，上缴税金1400万元。为拓展融资渠道，加快后续项目建设，2011年6月8日，在朝阳市政府主持下，北票煤业有限责任公司与浙江海亮集团有限公司签订了股权转让协议，通过部分股权出让融资，取得了项目建设所需资金。目前油页岩6万吨二期技改扩能工程已完成投资8600多万元，完成工作量1.1亿元。加热炉、干馏炉和框架制作安装工程已经基本完成。工程完工后将达到10万吨生产能力，收入达到5.5亿元。

北煤集团成员企业北票天宝耐火材料有限公司坐落三宝街，是专业生产耐火制品的综合性企业，是东北三省及内蒙古地区较大的耐火材料专业化生产公司之一。2012年生产定型耐火制品1.2万吨，不定型耐火材料5000吨。年产值达1200万元。

北煤集团成员企业辽宁九道岭煤业有限公司坐落在义县九道岭镇。生产能力核定为120万吨/年。主要生产开采原煤，煤种为长焰煤和气煤。拥有资产5亿元，有员工1,643人。

多年来，九道岭煤矿连续被省、市、县政府授予"重点保护企业"、锦州市"十强企业""安全生产先进单位"；被辽宁省煤炭工业管理部门、辽宁煤矿安全监察部门、省煤炭行业管理部门评定为"安全质量标准化一级矿井"和"先进煤矿"等荣誉称号。

北煤集团成员企业内蒙敖汉千山矿业有限公司是以油页岩开采和铁矿采选为主的企业。现有员工483人。2012年生产油页岩146万吨，铁精粉2.2万吨，实现收入6,400万元。

北煤集团成员企业北票北煤工程监理有限公司和北票矿山安全检测检验有限公司是专业技术服务企业。经营范围为矿山建设安装及配套工程，一般工业民用建筑安装工程监理和矿山设备检测检验。具有相应资质，得到国家有关部门的认证，可以对外开展技术服务。

阜新矿业集团有限公司

阜新煤田开发于1897年。阜矿集团成立于1949年1月，是我国早批建立起来的重要能源生产基地之一。全公司现有18个子公司、23个分公司和其他单位以及1个集体企业性质的多种经营总公司。全民在职职工5.5万人。

从成立至今，阜矿集团从小到大，已发展成为一个以煤为主、多种经营的综合性大型经济实体，现累计生产煤炭7亿余吨，上缴税费82亿元，为国家经济建设做出了重要贡献。特别是近年来，阜矿集团以科学发展观为统领，以安全生产为中心，盯住产品生产、煤炭销售、成本管理、项目开发与建设四个重点，狠抓各项工作的落实，使整体工作不断取得新的进展。2011年，企业在安全生产的前提下，实现总收入210亿元，比2010年增收73.6亿元。上缴税费18亿元，比2010年增加5亿元。

未来几年，阜矿集团将继续以科学可持续发展为主题，以安全生产为中心，以推动产业结构调整和加快域外资源开发为主线，以建设大公司、大集团为目标，积极应对市场变化，不断强化内部管理，提高科技含量与管理创新能力，提升企业的经济总量、综合实力、经济运行质量和职工收入水平，努力构建平安、富裕、持续、和谐的新型矿区。到“十二五”末期，全公司煤炭总产能要达到5000万吨，实现企业总收入300亿元以上。

恒大煤业公司

五龙煤矿

清河门煤矿

海州露天煤矿

艾友煤矿

建设中的内蒙古白音华煤矿

机械制造公司为彩屯矿安装煤柱仓

井下机组

金山电厂

☆以安全生产为中心

☆以推动产业结构调整加快域外资源开发为主线

☆以建设大公司、大集团为目标，积极应对市场变化

杭州萧山国际机场有限公司

公司董事长、党委书记沈坚深入机务部工作现场跟班调研

公司总经理方春林进行节前安全检查

机场公司第三届安全生产知识竞赛

杭州萧山国际机场有限公司作为机场运营管理的主体，党委和经营班子始终以安全为最高宗旨，把安全作为机场发展的生命线，坚持“安全第一，预防为主”的工作方针，认真贯彻上级对于安全工作的总体要求，围绕着机场“改革转型，管理创新”的总体思路，总结以往多年安全管理经验，融合国内外先进安全管理理念，形成了自成特色的安全管理方法，保持了机场安全态势的持续平稳。通航12年来，未发生等级事故，机场不安全事件万架次率五年滚动值持续下降。

公司坚持安全发展，摆正安全与生产、服务、效益的关系，各级各部门职责明确，党政工团齐抓共管。公司领导坚持现场调研、检查、办公，解决安全问题。每年，通过细化、量化安全指标，逐级签订责任书，配套相应的安全绩效考核，与部门、领导、员工绩效奖挂钩，强化安全责任的落实。与驻场单位建立联席会议制度，每年召开会议，并就安全运行、应急处置等进行沟通、协作，提高机场整体保障能力。主动接受行业主管部门安全监管，建立与民航浙江监管局联系会议制度，5年来召开了16次会议，双方分析、应对机场安全形势，沟通、解决存在的具体问题，更好地推进了机场安全管理工作。

为满足生产持续增长对安全管理提出的更高要求，公司加快与国际先进机场管理理念接轨，组织各级管理人员到香港机场学习交流。引入“风险控制”、“闭环管理”、“过程管理”理念，实行内部安全审计制度，从体系上考虑和解决安全问题，从整个机场的组织、环境、流程的薄弱环节来全面科学评估安全风险。公司切实贯彻行业规章，建立健全安全管理规章制度，并按照民航统一部署，建设运行了机场安全管理体系（SMS）和航空安保体系（SeMS），逐步确立起机场安全管理的长效机制。在安全文化上，从管理层到每位员工践行“规范行为、控制风险、持续安全”的安全理念，通过“安全生产月”、“安康杯”以及各种创建、评比、竞赛等活动，不断传播安全理念，使之成为自身的行为和习惯贯穿到日常工作之中。

每年召开杭州空港联席会议，公司领导、民航和省、市、区相关部门领导以及杭州空港成员单位领导共同参会

公司开展员工意外伤害自救互救培训

公司举行“安全生产月”咨询服务活动

机场开展航空器防风系留应急演练

公司开展消防业务大比武

公司在安全上不吝人、财、物等资源的投入，提高安全裕度。在人力资源配置上，近年来新增人员全部充实到生产保障一线，结合二期投运和运输生产增长，仅2012年就新增编制内员工296人，从员工入职开始，各类安全、技能培训贯穿其工作的始终。在设施设备上，除二期建设外，每年安排数千万元资金用于机场运行、安防、消防、应急等设备的投入，采取新的技术、手段，提高物防、技防能力，降低设施设备因素引发的安全风险，提升安全裕度。

公司在应急管理上构建了应急指挥协调、消防救援、医疗救护三位一体的布局，设立应急指挥中心，健全应急协调处置机制，完善预案体系，并不断强化演练，2012年全年共组织各类演练135次，检验了预案，锻炼了队伍。根据机场应急救援保障等级，2012年新增消防车4辆、救护车2辆、除雪车2辆、手扶式扫雪机10台、排水强泵10台等大型应急设备。

机场发展离不开安全，只有坚持安全发展观，牢固树立安全理念，机场才能持续发展、和谐发展。2013年，随着二期工程的竣工投用，杭州萧山国际机场已跨入双跑道、多航站楼、多机坪运行的新时代，设施规模和运行环境发生了较大变化，对安全管理提出了更高的要求。为此，公司以“提升运行品质”为抓手，制定了具体的实施方案，计划用三年时间，进一步完善机场安全管理体系，努力实现机场持续安全，科学发展。

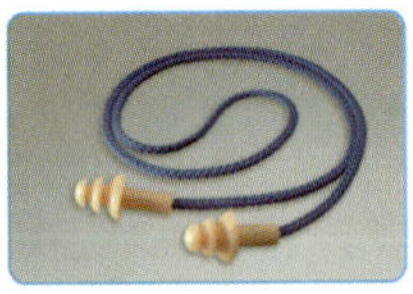

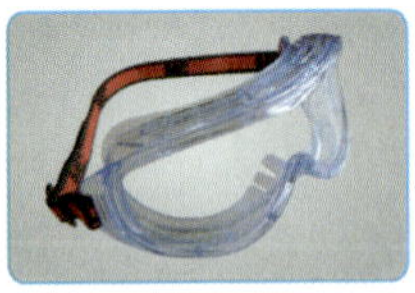

编辑说明

一、《中国安全生产年鉴（2012）》是由国家安全生产监督管理总局组织各省、自治区、直辖市和国务院有关部门编写的。它全面反映了2012年全国安全生产工作的深刻变化和所取得的成绩。《中国安全生产年鉴》是一本资料性的工具书，是政府有关部门、企业和安全科技人员以及大专院校有关专业师生和相关专业人员有关安全生产的重要参考用书。

二、本年鉴共分十七部分，即全国安全生产工作综述，安全生产法律、行政法规和国务院重要文件，党和国家领导人关于安全生产工作的讲话，国家安全生产监督管理总局负责人关于安全生产工作的讲话，安全生产综合监督管理，煤矿安全监察，安全生产应急管理，工会劳动保护，相关行业或领域安全生产工作，各省、自治区、直辖市及计划单列市安全生产工作，主要产煤省（自治区、直辖市）煤矿安全监察工作，重点中央企业安全生产工作，安全生产协会、学会工作，重特大事故案例，国务院、国务院办公厅和国务院安委会文件，有关部门规章、文件和地方性规章及文件，安全生产大事记，全国事故与职业病统计资料。

三、有关事故及职业病统计资料部分，以国家安全生产监督管理总局等有关部门发布的数据为准。

四、本年鉴的编辑和出版工作是在全国和地方有关部门的大力支持下共同完成的。谨向为本年鉴提供稿件和资料的单位和有关同志表示衷心的感谢。

五、在编辑和出版过程中，出现的一些错误和不足之处，敬请读者批评指正。

始终把人民生命安全放在首位

（代序言）

党中央、国务院高度重视安全生产。习近平总书记、李克强总理等中央领导同志作出重要指示，强调要始终把人民生命安全放在首位，严守发展决不能以牺牲人的生命为代价这条红线，全面提升安全生产水平，大力推动安全发展。这些重要指示为安全生产工作指明了努力方向，提供了强大精神动力。

始终把人民生命安全放在首位，是落实科学发展观、实现中国梦的必然要求。科学发展观的核心是以人为本。以人为本首先要尊重、珍惜和保证人的生命安全。中国梦归根结底是人民的梦，发展的根本目的在于让人民过上更加幸福美好的生活。发展不能以牺牲人的生命为代价，这是我们必须牢牢坚守、不可逾越的一条红线。

始终把人民生命安全放在首位，是践行党的宗旨理念、向党和人民负责的必然要求。坚持全心全意为人民服务的根本宗旨，秉持立党为公、执政为民的崇高执政理念，最基本的一项要求，就是必须把人民群众的生命安危放在心上，摆在头等重要位置。必须进一步强化政治意识，自觉从践行党的群众路线，保持党和人民群众血肉联系的政治高度，来认识安全生产的极端重要性，增强抓安全生产工作的自觉性。

始终把人民生命安全放在首位，是提升治国理政能力，保障社会和谐稳定的必然要求。目前我国安全生产领域矛盾突出，困难和问题很多。能否搞好安全生产，保证社会的和谐稳定，是对我们治国理政能力的严峻考验，也是检验地方各级领导工作能力的一项重要标准。

始终把人民生命安全放在首位，也是加快经济转型，打造中国经济“升级版”的必然要求。经济转型升级既要以安全为前提，也需要安全生产来促进。我们要从有利于维护人民生命安全的立场出发，来确定经济转型升级的战略方向和重点任务，减少采掘业、重化工等高危行业在经济构成中的比重，淘汰不具备安全生产条件、破坏资源、污染环境的小矿小厂。同时，也要通过严格安全准入、厉行安全监督检查、严肃事故责任追究等所形成的安全生产倒逼机制，把经济结构调整、行业淘汰落后产能、企业技术进步、生态环保，以及加强劳动用工管理、改善劳动者待遇等方面的工作提升到一个新水平。

在党中央、国务院的正确领导和各方面的共同努力下，近年来我国安全生产保持了总体稳定、趋向好转的发展态势，事故总量、重特大事故逐年减少。但形势依然严峻，重特大事故尚未有效遏制。安全生产工作任务艰巨繁重。我们要把思想统一到党中央、国务院安全生产决策部署上来，进一步振奋精神，坚定信心，发奋工作，努力实现事故总量、重特大事故和四项相对指标“三个继续下降”。到2020年要实现全国安全生产形势的根本好转，与党的十八大提出的全面建成小康社会的宏伟目标相适应。

强化“红线”意识。牢固树立以人为本、生命至上的思想观念，把人民生命安全真正摆在首位；牢固树立科学发展、安全发展的思想观念，正确处理好安全生产与经济发展、企业扩张、利润增长的关系，严守发展决不能以牺牲人的生命为代价这条红线；牢固树立综合治理、标本兼治的思想观念，把安全生产同转变发展方式、调整经济结构、推进产业升级和城镇化建设等有机结合起来，加快建立长效机制。

强化监管责任。把维护人民群众的生命财产安全，作为我们的最高职责。在落实企业安全生产主体责任的同时，全面落实安全监管部门综合监管、行业主管部门直接监管和地方政府属地监管责任。指导督促地方政府严格实行安全生产行政首长负责制，建立党政同责、一岗双责、齐抓共管的安全生产工作格局。

强化依法治理。建立健全安全生产法律、法规和标准体系。加大执法力度，深入抓好安全生产领域“打非治违”工作，严格落实对非法违法关闭取缔、上限处罚、停产整顿、追究法律责任“四个一律”执法措施。按照“全覆盖、零容忍、严执法、重实效”的要求和“四不两直”（不发通知、不打招呼、不听汇报、不用陪同和接待，直奔基层、直插现场）方法，加强检查督查，推动各类企业、各基层单位对存在的安全隐患进行大排查大治理。加大事故查处和责任追究力度。做到一矿（厂）出事故，万矿（厂）受教育。

强化安全科技和教育培训。加快实施安全科技“四个一批”（一批当前急需的科研课题、一批可转化为现实安全保障能力的科研项目、一批先进适用技术、一批重点示范工程）。以农民工、班组长和企业负责人“三项岗位”为重点，加大安全培训力度。加强“安全科学与工程”学科建设，加强安全人才培养，把安全生产建立在依靠科技进步和提高劳动者素质的可靠基础上。加快建设更加高效的安全生产应急救援体系，提升应对处置重特大事故灾难的能力。

强化煤矿等重点行业领域的工作。在全国煤矿深入开展“保护矿工生命，矿长守规尽责”活动，落实《煤矿矿长保护矿工生命七条规定》，切实做到“铁规定、刚执行、全覆盖、真落实、见实效”。加快落实煤矿安全治本攻坚七条措施，努力从根本上解决问题。整顿关闭不具备安全生产条件的非煤小矿山。开展危化品企业提升本质安全水平活动。推动烟花爆竹减量退出。加大治理超载超限、酒后驾驶等道路交通严重非法行为的力度。加强工厂、酒店、饭馆等作业场合以及人员密集场所火灾隐患的排查治理。

强化安监队伍自身建设。以党的群众路线教育实践活动为契机，聚焦作风，对准“四风”，紧紧抓住执法不严格、作风不扎实这一突出问题，采取切实措施，加大整改力度，切实加强安监队伍思想政治建设、作风建设和业务能力建设，大力提高坚守红线、促进安全发展的能力，敢于负责担当、从严执法的能力，纠正“四风”、善抓落实的能力，治本预防和监管方式创新的能力，更好地履行党和人民赋予的神圣职责，为落实“以人为本”的科学发展观，实现中国梦，做出我们应有的贡献。

杨栋梁

2013 年 10 月 22 日

目　次

第五部分　安全生产综合监督管理

第六部分　煤矿安全监察

第七部分　安全生产应急管理

第八部分　工会劳动保护

第九部分　相关行业或领域安全生产工作

第十部分　各省、自治区、直辖市及计划单列市安全生产工作

第十一部分　主要产煤省（自治区、直辖市）煤矿安全监察工作

第十二部分　重点中央企业安全生产工作

第十三部分　安全生产协会、学会工作

第十四部分　重特大事故案例

第十五部分　国务院办公厅、国务院安委会文件，有关部门规章、文件和地方性法规、规章及文件

第十六部分　安全生产大事记

第十七部分　全国事故与职业病统计资料

第一部分

全国安全生产工作综述

2012年全国安全生产工作综述

安全生产事关人民群众生命财产安全，事关改革开放、经济发展和社会稳定大局，事关党和政府形象和声誉，历来受到党中央、国务院的高度重视。党的十八大报告强调要“强化公共安全体系和企业安全生产基础建设，遏制重特大安全事故”。中央领导同志多次作出重要批示，强调要实施安全发展战略，加强安全生产监管，防止重特大事故发生。2012年，国务院安委会召开了3次全体会议，研究部署安全生产工作。以国务院、国务院办公厅和安委会的名义，就加强道路交通安全、深入开展“安全生产年”活动、集中开展“打非治违”专项行动、做好金属非金属矿山整顿工作、组织开展安全生产督查检查等，先后下发了多个重要文件，指导和推动了全国安全生产工作。

一、2012年安全生产工作取得了积极进展

2012年，在党中央、国务院的正确领导下，各地区、各部门和各单位认真贯彻党中央、国务院安全生产决策部署，以“一树立、三坚持、三强化”（牢固树立科学发展安全发展理念；坚持预防为主，坚持落实责任，坚持依法治理；强化科技支撑，强化应急处置，强化基础建设）为重点，以“打非治违”为抓手，持续深入开展“安全生产年”活动，安全生产工作得到进一步加强和改进，全国安全生产继续保持了稳定好转的发展态势。

2012年安全生产取得了积极进展和显著成效。

（一）事故起数和死亡人数“双下降”

据国家安全监管总局调度统计，2012年全国发生各类事故336988起，死亡71983人，同比分别下降3.1%和4.7%。

（二）较大以上事故明显减少

其中一次死亡3～9人的较大事故同比减少243起，降幅14.7%；一次死亡10～29人的重大事故同比减少11起，降幅15.7%；一次死亡30人以上的特大事故同比减少2起。

（三）工矿商贸各行业事故普遍下降

与2011年相比，2012年全国工矿商贸事故起数和死亡人数分别下降约13.6%和12.7%，其中煤矿事故分别下降约35%和30%，金属与非金属矿山事故分别下降15.4%和12.4%，危险化学品事故分别下降33.3%和22.7%，烟花爆竹事故分别下降17.3%和22.6%，建筑施工事故分别下降7.1%和7.5%，列在“工矿商贸其他”项下的冶金机械等事故同比分别下降12.4%和10%。

（四）交通运输等行业领域安全生产工作取得较好成绩

与2011年相比，2012年道路交通事故起数和死亡人数分别下降3.1%和3.8%，水上交通事故分别下降9.4%和4.8%，铁路交通事故分别下降6.2%和6.7%。农业机械事故分别下降2.7%和33.9%。火灾事故分别下降3.2%和25.5%。渔业船舶事故死亡人数下降8.4%。

（五）大部分地区安全生产状况比较稳定

全国各省（区、市）和新疆生产建设兵团，事故起数和死亡人数均比上年下降。32个省级统计单位中，有21个单位事故起数和死亡人数双下降，14个单位重特大事故下降，其中北京、内蒙古、上海、海南、青海、新疆生产建设兵团6个单位没有发生重特大事故，天津、江苏、安徽、福建、广西、西藏、重庆、宁夏、新疆9个单位的工矿商贸领域没有发生重特大事故。

（六）反映安全生产整体水平的各项相对指标进一步趋好

其中亿元GDP事故死亡率降幅18%，工矿商贸十万从业人员事故死亡率降幅13%，道路交通万车死亡率降幅11%，煤矿百万吨死亡率降幅34%。

（七）安全生产控制指标实施情况较好

年度指标实施进度低于控制目标2.7个百分点。工矿商贸6个行业和道路交通、水上交通、铁路交通、民航飞行、农业机械、渔业船舶、消防等行业领域和32个省级统计单位，事故死亡人数下降幅度均完成了控制目标任务。

二、2012年安全生产重要工作

2012年，各地区、各部门和各单位认真贯彻党中央、国务院安全生产决策部署，以"一树立、三坚持、三强化"为重点，以"打非治违"为抓手，持续深入开展"安全生产年"活动，突出抓了以下7个方面的主要工作：

（一）深入贯彻国务院《意见》，大力推动安全发展

《国务院关于坚持科学发展安全发展促进安全生产形势持续稳定好转的意见》（国发〔2011〕40号）下发后，各地区、各部门采取一系列有效措施，认真贯彻落实。北京、天津、吉林、黑龙江、福建、江西、贵州、甘肃、宁夏、青海等省区市政府，公安、交通、建设、铁路等部门，都制定了具体实施意见。江苏省提出了在全国率先实现安全生产状况根本好转的安全发展目标；云南省把安全生产纳入评价考核市县经济发展水平的"前置"指标；重庆市积极推进安全保障型城市示范建设；河南省将"安全河南"创建列入省委年度工作要点和十项民生工程；广东省、安徽省坚持实行党政领导干部安全生产"一岗双责"和重大事故"一票否决"；湖北省所有市州安委会主任均由政府一把手担任；新疆维吾尔自治区建立了地州市政府"一把手"安全生产履职考核制度。各级安监机构与宣传、广电部门和工会、共青团等密切配合，以"科学发展、安全发展"为主题，组织开展了第11个全国"安全生产月"和"安全生产万里行"活动，举办了第六届中国国际安全生产论坛暨展览会。在全国广泛开展了安全发展示范城市、安全文化示范企业和安全社区创建活动，进一步形成了有利于加强安全生产、推动安全发展的社会舆论氛围。

（二）周密部署、严格监督，落实"安全生产年"各项工作措施

各地区、各部门按照《国务院办公厅关于继续深入扎实开展"安全生产年"活动的通知》要求，紧密结合各自实际，做出安排部署。一些省区还有针对性地确定了"隐患排查治理体系建设年"、"安全生产基层基础年"等年度工作主题，进一步丰富了"安全生产年"活动内容。7月，以国务院安委办的名义向各省、自治区、直辖市政府和新疆生产建设兵团领导班子发出了32份工作建议函，一省一策，提出针对性意见建议。9月，国家安全监管总局和相关部委局的16名部级领导同志带队，分别深入各地进行督促检查。党的十八大期间，国家安全监管总局、国家煤矿安监局抽调100名干部组成20个组，深入重点产煤地区，按照"两覆盖"（安全检查覆盖所有煤矿，安全教育覆盖所有矿长）的要求开展监督检查。公安、交通、住建、工信、农业等部门，也都结合实际组织开展了一系列监督检查活动。北京市以防范煤矿、化工事故为重点，开展了迎党的十八大安全生产保障行动。辽宁省开展了百日安全大检查。山东省对安全生产不放心的企业实行驻厂督导、紧盯死守。广西壮族自治区在《广西日报》上公告安全防范的重点单位、部位和重大隐患。这些措施，都有力推动了工作落实。

（三）加大依法治理力度，深入开展"打非治违"专项行动

按照《国务院办公厅关于集中开展安全生产领域"打非治违"专项行动的通知》要求，各省、自治区、直辖市都成立了"打非治违"专项行动领导小组和工作机构，建立了联席会议制度和联合执法机制。一些地方的党委政府主要负责同志提出要用铁的面孔、铁的手腕、铁的标准来严厉打击安全生产领域非法违法行为。内蒙古自治区建立非法

违法举报奖励制度；黑龙江省采取省、市、县三级联动方式加大执法和打击力度。10月下旬以来，在全国开展了“打非治违”专项行动“回头看”工作，继续保持依法打击治理的高压态势。2012年全国共打击典型的非法违法行为144万余起，责令10.2万多家企业停产整顿，依法关闭非法违法单位4.2万多家。因非法违法所造成的较大以上事故比例由2011年的72%，下降到2012年的44%。

（四）依法做好事故查处和责任追究工作

各地配合监察部、司法部、国家安全监管总局和最高人民检察院、最高人民法院，对2010年3月至2012年3月结案的140起重特大事故责任追究落实情况，进行了专项督查。对2012年全国发生的57起重大事故实行了挂牌督办。2012年查处结案重大事故59起（含2011年发生的事故36起），累计追究处理987人，其中移送司法机关追究刑事责任274人，给予党纪政纪处分697人。2011年发生的由国务院调查处理的4起特别重大事故已全部查处结案，共追究处理164人，其中追究刑事责任34人，给予党纪政纪处分130人。2012年发生的两起特别重大事故即将结案。

（五）突出煤矿安全重中之重，切实做好各个重点行业领域安全生产工作

各级煤矿安全监察机构以防范治理瓦斯、水害、火灾等为重点，加大监察执法力度。落实中央领导同志批示精神，召开现场会，对神华集团安全生产经验进行了总结推广。加强煤矿事故分析、通报、警示工作，做到“一矿出事故，万矿受教育”。积极推动煤炭行业结构调整和煤炭资源整合重组。全国2012年关闭减少625家小煤矿。山西省30万吨以下煤矿已经全部退出。

国家安全监管总局会同相关部门提出了金属非金属矿山整顿工作意见，现场总结推广了北京密云等地小矿山整顿关闭工作经验。会同发展改革委、财政部等，就进一步加强尾矿库监督管理工作做出部署，下达危险病库隐患治理专项资金3.64亿元，下达闭库专项资金17.92亿元。开展了危化品领域提升本质安全水平专项行动，组织了国家储备石油库安全专项检查，深入开展氯酸钾、礼花弹安全等专项治理，加强烟花爆竹流向信息化管理。继续搞好煤气企业、有限空间作业等安全专项整治，推进隐患排查治理体系建设。深入贯彻《中华人民共和国职业病防治法》，在石棉开采加工、木质家具制造等职业危害严重领域开展了粉尘与有毒物质治理。

各级安监机构积极配合公安、交通部门，认真贯彻《国务院关于加强道路交通安全工作的意见》，开展道路交通安全大检查和长途客车、旅游包车专项整治，加快推进道路交通动态监管系统建设，已建成省级动态监控平台31个，约97%的重点车辆安装了卫星监控装置。配合建设部门，开展预防起重机械、脚手架坍塌等事故的专项整治。配合农业部门，推动“平安农机”、“平安渔业”建设。配合公安消防部门，积极推进街道乡镇消防安全“网格化”管理，深入开展“清剿火患”专项检查。

（六）加强基础建设，推动建立安全生产长效机制

国家安全监管总局2012年出台了15部安全生产规章，修订制定了54部安全生产和煤炭行业标准。研究确定了一批重点攻关的科研课题，一批可转化为现实安全保障能力的科研项目，一批先进适用技术和一批重点示范工程。与国家发展改革委联合发布了安全监管监察能力建设规划，首次争取中央投资组织实施了县级安全生产监管部门执法能力建设工程。会同财政部开展了中央企业安全生产保障能力建设，中央财政投资20亿元支持了31个救援队伍和19个培训演练基地建设。加快国家和区域矿山救援队伍建设进度，7个国家级矿山救援队即将挂牌，14个区域矿山救援队已完成设备招标采购。2012年全国矿山、危化等应急救援队伍抢救遇险被困人员1.8万余人。国务院安委会下发了《关于进一步加强安全培训工作的决定》，2012年培训“三项岗位”人员（生产经营单位主要负责人、安全管理人员、特种作业人员）568万人次，培训安全监管监察人员8.8万人次。经过积极争取，国家出台了《企业安全生产费用提取和使用管理办法》等经济政策。中央财政对煤矿整顿关闭、安全技术改造和瓦斯治理等继续给予政策扶持。

各地在安全生产基础工作和长效机制建设方面都做出了积极探索。目前各省、自治区、直辖市都出台了《安全生产条例》等地方性法规。湖北省政府下发了关于加强安全生产基层基础工作的指导

意见，明确了安全生产“双基”工作的标准和要求。河北省深化企业安全生产承诺活动。浙江省、上海市建立企业安全生产信用档案，把安全绩效与项目审批、信贷、保险等挂起钩来。福建省扎实推进企业安全生产达标创建工作，到2012年底全省煤矿、非煤矿山、化工等13个行业已全面达标。湖南省在75%的乡镇开展了安全生产示范创建活动，绝大多数示范乡镇2012年实现了工矿商贸零事故死亡。

（七）加强自身建设，提升履职能力

安全监管监察系统认真贯彻张德江同志关于安全监管监察人员要坚定“一个信念”（走中国特色社会主义道路）、树立“三个理念”（科学发展、安全发展，立党为公、执政为民，以人为本、预防为主）、提高“三个能力”（监管监察、事故处置、宣传教育）、守住“一条底线”（清正廉洁、干净干事）的指示精神，切实加强各级领导班子和安监队伍思想政治建设、业务能力建设、作风和党风廉政建设，深入开展创先争优活动。涌现出了一大批先进模范人物，进一步增强了安监队伍的凝聚力和战斗力。

经过努力，实现了国务院安委会2012年初确定的年度工作奋斗目标，完成了国务院领导提出的下半年全国安全生产“三项目标任务”（事故总量和死亡人数下降、重大事故下降、特别重大事故低于去年）。事故起数和死亡人数“双下降”；较大、重大和特别重大事故明显减少，其中一次死亡3～9人的较大事故同比减少243起，一次死亡10～29人的重大事故同比减少13起，一次死亡30人以上的特别重大事故同比减少2起；工矿商贸各行业事故全线下降，其中煤矿事故起数和死亡人数分别下降35%和30%，石化、电力、冶金、机械等行业事故也显著下降；交通运输等行业领域安全生产工作取得较好成绩；大部分地区安全生产形势比较稳定；反映安全发展水平的四项相对指标进一步降低，其中亿元GDP事故死亡率降幅18%，工矿商贸十万就业人员事故死亡率降幅13%，道路交通万车死亡率降幅11%，煤矿百万吨死亡率降幅34%；安全生产控制指标实施情况较好，年度指标进度低于控制目标2.7个百分点。

三、2012年安全生产工作特点

2012年工作成绩的取得，也标志着本届政府安全生产工作任务的圆满完成。五年来，各地区、各部门和各单位坚决贯彻落实党中央、国务院的决策部署，始终坚持把安全生产作为深入贯彻落实科学发展观的重要内容，紧紧抓住影响和制约安全生产工作的突出矛盾和问题，强化管理和监督，持续打击非法违法行为，大力推进安全生产专项整治，全国安全生产形势呈现出“三个大幅下降、一个明显提升”的特点：

一是事故总量大幅下降，全国各类事故起数和死亡人数分别下降33.4%和29.1%，实现连续5年“双下降”。

二是重特大事故大幅下降，重大事故起数和死亡人数分别下降27.8%和29.5%，特别重大事故下降66.7%和72.2%。

三是主要相对指标大幅下降，亿元GDP事故死亡率、工矿商贸十万就业人员事故死亡率、道路交通万车死亡率、煤矿百万吨死亡率，分别下降66%、46%、51%和75%。

四是安全生产整体水平明显提升，各省（区、市）的事故死亡人数下降幅度均超过10%。

通过不断实践、不断探索、不断总结，深化了对安全生产规律的认识，丰富完善了许多行之有效的措施办法，探索积累了许多宝贵经验。概括起来就是“六个必须坚持”：

一是必须坚持科学发展、安全发展，用科学发展观统领安全生产工作全局，把安全生产纳入经济社会发展的总体战略布局，同步规划、统筹部署、协调推进。

二是必须坚持选好“抓手”、强化实效，通过持续开展“安全生产年”活动，每年都明确工作思路和总体要求，一年一主题，年年有突破。

三是必须坚持预防为主、防治结合，坚持从零做起，狠抓基础性、苗头性、倾向性问题，加大隐患排查治理力度，从根本上掌握安全生产工作的主动权。

四是必须坚持突出重点、标本兼治，突出重点行业领域，综合运用法律、经济、科技和行政手段，集中力量组织攻坚，着力构建安全生产长效机制。

五是必须坚持依法治理、科技支撑，加大安全生产执法监管力度，大力推进安全生产科技进步和人才培养，为安全生产提供有力支撑和保障。

六是必须坚持齐抓共管、形成合力，注重发挥各级安委会及其办公室的综合协调作用，充分依靠各方面力量，形成全社会支持、参与和监督安全生产工作的良好局面。

四、存在的主要问题和差距

虽然近年来的安全生产工作取得了显著成绩，积累了许多宝贵的经验，但是也要清醒认识到安全生产领域仍然存在一些问题，工作还存在一定的差距，安全生产形势依然严峻。

（一）安全生产存在的问题依然突出

尽管全国生产安全事故连年大幅下降，但2012年各类事故总量仍然偏大，事故仍然多发频发，事故起数和死亡人数仍处于高位，尤其是重特大事故时有发生，有时甚至出现反复，亿元GDP事故死亡率、煤矿百万吨死亡率分别是发达国家的5倍、10倍左右。同时，非法违规行为屡禁不止，许多安全隐患尚未消除，职业病在一些行业还比较严重，给人民生命财产和身体健康造成严重损害。这反映出一些地方和行业领域，以及从业人员还存在安全意识不强，安全生产责任不落实、“打非治违”措施不严、隐患排查治理不彻底、安全监管不到位等突出问题。必须保持清醒头脑，克服麻痹思想，以对党和人民高度负责的精神，切实采取针对性措施，进一步加强和改进安全生产工作。

（二）安全生产面临的挑战仍然严峻

安全生产工作虽然取得了积极的进展，但与党中央、国务院的要求和人民群众的期望相比还存在较大差距，集中表现为“四个不适应”：一是安全基础总体薄弱与经济社会持续健康发展要求不适应。一些地区特别是基层单位安全生产工作进展不平衡，安全欠账还较多，技术装备落后，管理方式粗放，保障安全的根基不牢固。二是部分企业生产方式相对落后与安全发展要求不适应。许多中小企业生产条件差，技术装备落后，安全标准偏低，小矿山、小作坊、小经营厂点还大量存在，安全隐患突出，安全生产压力很大。三是一些高危行业员工技能素质偏低与安全生产的要求不相适应。高危行业生产生活环境差，专业技术人员严重缺乏，一线艰苦岗位从业人员绝大部分为农民工，因违规操作造成的事故频繁发生。四是监管监察力量不足与繁重的监管任务不适应。特别是乡镇、街道等监管力量单薄，难以满足安全监管工作需要。必须增强忧患意识，迎难而上，积极研究应对破解措施，切实推动安全生产工作有效开展。

（三）经济社会持续健康发展对安全生产工作提出了更高要求

今后几年将是我国深化改革开放、加快转变经济发展方式的攻坚时期，也是努力实现全国安全生产状况根本好转的关键阶段。一方面，随着经济持续增长，新型工业化、信息化、城镇化、农业现代化进程进一步加快，各类生产经营建设活动日益频繁，诱发生产安全事故的各类不确定因素会不断增多，我国处于事故易发多发特殊时期的状况短期内不会改变，安全生产工作的艰巨性、复杂性将长期存在。另一方面，随着社会发展进步，人民群众在追求幸福生活的同时，更加热切地期盼能够平安健康地享有改革发展的成果，对安全生产的期望和要求会越来越高。必须以改革创新精神，积极谋划安全生产工作新思路、新举措，为经济社会持续健康发展提供安全保障。

第二部分

安全生产法律、行政法规和国务院重要文件

中华人民共和国国务院令

第 617 号

《校车安全管理条例》已经2012年3月28日国务院第197次常务会议通过，现予公布，自公布之日起施行。

总理 温家宝

二〇一二年四月五日

校车安全管理条例

第一章 总 则

第一条 为了加强校车安全管理，保障乘坐校车学生的人身安全，制定本条例。

第二条 本条例所称校车，是指依照本条例取得使用许可，用于接送接受义务教育的学生上下学的7座以上的载客汽车。

接送小学生的校车应当是按照专用校车国家标准设计和制造的小学生专用校车。

第三条 县级以上地方人民政府应当根据本行政区域的学生数量和分布状况等因素，依法制定、调整学校设置规划，保障学生就近入学或者在寄宿制学校入学，减少学生上下学的交通风险。实施义务教育的学校及其教学点的设置、调整，应当充分听取学生家长等有关方面的意见。

县级以上地方人民政府应当采取措施，发展城市和农村的公共交通，合理规划、设置公共交通线路和站点，为需要乘车上下学的学生提供方便。

对确实难以保障就近入学，并且公共交通不能满足学生上下学需要的农村地区，县级以上地方人民政府应当采取措施，保障接受义务教育的学生获得校车服务。

国家建立多渠道筹措校车经费的机制，并通过财政资助、税收优惠、鼓励社会捐赠等多种方式，按照规定支持使用校车接送学生的服务。支持校车服务所需的财政资金由中央财政和地方财政分担，具体办法由国务院财政部门制定。支持校车服务的税收优惠办法，依照法律、行政法规规定的税收管理权限制定。

第四条 国务院教育、公安、交通运输以及工业和信息化、质量监督检验检疫、安全生产监督管

理等部门依照法律、行政法规和国务院的规定，负责校车安全管理的有关工作。国务院教育、公安部门会同国务院有关部门建立校车安全管理工作协调机制，统筹协调校车安全管理工作中的重大事项，共同做好校车安全管理工作。

第五条 县级以上地方人民政府对本行政区域的校车安全管理工作负总责，组织有关部门制定并实施与当地经济发展水平和校车服务需求相适应的校车服务方案，统一领导、组织、协调有关部门履行校车安全管理职责。

县级以上地方人民政府教育、公安、交通运输、安全生产监督管理等有关部门依照本条例以及本级人民政府的规定，履行校车安全管理的相关职责。有关部门应当建立健全校车安全管理信息共享机制。

第六条 国务院标准化主管部门会同国务院工业和信息化、公安、交通运输等部门，按照保障安全、经济适用的要求，制定并及时修订校车安全国家标准。

生产校车的企业应当建立健全产品质量保证体系，保证所生产（包括改装，下同）的校车符合校车安全国家标准；不符合标准的，不得出厂、销售。

第七条 保障学生上下学交通安全是政府、学校、社会和家庭的共同责任。社会各方面应当为校车通行提供便利，协助保障校车通行安全。

第八条 县级和设区的市级人民政府教育、公安、交通运输、安全生产监督管理部门应当设立并公布举报电话、举报网络平台，方便群众举报违反校车安全管理规定的行为。

接到举报的部门应当及时依法处理；对不属于本部门管理职责的举报，应当及时移送有关部门处理。

第二章　学校和校车服务提供者

第九条 学校可以配备校车。依法设立的道路旅客运输经营企业、城市公共交通企业，以及根据县级以上地方人民政府规定设立的校车运营单位，可以提供校车服务。

县级以上地方人民政府根据本地区实际情况，可以制定管理办法，组织依法取得道路旅客运输经营许可的个体经营者提供校车服务。

第十条 配备校车的学校和校车服务提供者应当建立健全校车安全管理制度，配备安全管理人员，加强校车的安全维护，定期对校车驾驶人进行安全教育，组织校车驾驶人学习道路交通安全法律法规以及安全防范、应急处置和应急救援知识，保障学生乘坐校车安全。

第十一条 由校车服务提供者提供校车服务的，学校应当与校车服务提供者签订校车安全管理责任书，明确各自的安全管理责任，落实校车运行安全管理措施。

学校应当将校车安全管理责任书报县级或者设区的市级人民政府教育行政部门备案。

第十二条 学校应当对教师、学生及其监护人进行交通安全教育，向学生讲解校车安全乘坐知识和校车安全事故应急处理技能，并定期组织校车安全事故应急处理演练。

学生的监护人应当履行监护义务，配合学校或者校车服务提供者的校车安全管理工作。学生的监护人应当拒绝使用不符合安全要求的车辆接送学生上下学。

第十三条 县级以上地方人民政府教育行政部门应当指导、监督学校建立健全校车安全管理制度，落实校车安全管理责任，组织学校开展交通安全教育。公安机关交通管理部门应当配合教育行政部门组织学校开展交通安全教育。

第三章　校车使用许可

第十四条 使用校车应当依照本条例的规定取得许可。

取得校车使用许可应当符合下列条件：

（一）车辆符合校车安全国家标准，取得机动车检验合格证明，并已经在公安机关交通管理部门办理注册登记；

（二）有取得校车驾驶资格的驾驶人；

（三）有包括行驶线路、开行时间和停靠站点的合理可行的校车运行方案；

（四）有健全的安全管理制度；

（五）已经投保机动车承运人责任保险。

第十五条 学校或者校车服务提供者申请取得校车使用许可，应当向县级或者设区的市级人民政府教育行政部门提交书面申请和证明其符合本条例第十四条规定条件的材料。教育行政部门应当自收到申请材料之日起3个工作日内，分别送同级公安机关交通管理部门、交通运输部门征求意见，公安机关交通管理部门和交通运输部门应当在3个工作日内回复意见。教育行政部门应当自收到回复意见之日起5个工作日内提出审查意见，报本级人民政府。本级人民政府决定批准的，由公安机关交通管理部门发给校车标牌，并在机动车行驶证上签注校车类型和核载人数；不予批准的，书面说明理由。

第十六条　校车标牌应当载明本车的号牌号码、车辆的所有人、驾驶人、行驶线路、开行时间、停靠站点以及校车标牌发牌单位、有效期等事项。

第十七条　取得校车标牌的车辆应当配备统一的校车标志灯和停车指示标志。

校车未运载学生上道路行驶的，不得使用校车标牌、校车标志灯和停车指示标志。

第十八条　禁止使用未取得校车标牌的车辆提供校车服务。

第十九条　取得校车标牌的车辆达到报废标准或者不再作为校车使用的，学校或者校车服务提供者应当将校车标牌交回公安机关交通管理部门。

第二十条　校车应当每半年进行一次机动车安全技术检验。

第二十一条　校车应当配备逃生锤、干粉灭火器、急救箱等安全设备。安全设备应当放置在便于取用的位置，并确保性能良好、有效适用。

校车应当按照规定配备具有行驶记录功能的卫星定位装置。

第二十二条　配备校车的学校和校车服务提供者应当按照国家规定做好校车的安全维护，建立安全维护档案，保证校车处于良好技术状态。不符合安全技术条件的校车，应当停运维修，消除安全隐患。

校车应当由依法取得相应资质的维修企业维修。承接校车维修业务的企业应当按照规定的维修技术规范维修校车，并按照国务院交通运输主管部门的规定对所维修的校车实行质量保证期制度，在质量保证期内对校车的维修质量负责。

第四章　校车驾驶人

第二十三条　校车驾驶人应当依照本条例的规定取得校车驾驶资格。

取得校车驾驶资格应当符合下列条件：

（一）取得相应准驾车型驾驶证并具有3年以上驾驶经历，年龄在25周岁以上、不超过60周岁；

（二）最近连续3个记分周期内没有被记满分记录；

（三）无致人死亡或者重伤的交通事故责任记录；

（四）无饮酒后驾驶或者醉酒驾驶机动车记录，最近1年内无驾驶客运车辆超员、超速等严重交通违法行为记录；

（五）无犯罪记录；

（六）身心健康，无传染性疾病，无癫痫、精神病等可能危及行车安全的疾病病史，无酗酒、吸毒行为记录。

第二十四条　机动车驾驶人申请取得校车驾驶资格，应当向县级或者设区的市级人民政府公安机关交通管理部门提交书面申请和证明其符合本条例第二十三条规定条件的材料。公安机关交通管理部门应当自收到申请材料之日起5个工作日内审查完毕，对符合条件的，在机动车驾驶证上签注准许驾驶校车；不符合条件的，书面说明理由。

第二十五条　机动车驾驶人未取得校车驾驶资格，不得驾驶校车。禁止聘用未取得校车驾驶资格的机动车驾驶人驾驶校车。

第二十六条　校车驾驶人应当每年接受公安机关交通管理部门的审验。

第二十七条　校车驾驶人应当遵守道路交通安全法律法规，严格按照机动车道路通行规则和驾驶操作规范安全驾驶、文明驾驶。

第五章　校车通行安全

第二十八条　校车行驶线路应当尽量避开急弯、陡坡、临崖、临水的危险路段；确实无法避开的，道路或者交通设施的管理、养护单位应当按照标准对上述危险路段设置安全防护设施、限速标志、警告标牌。

第二十九条 校车经过的道路出现不符合安全通行条件的状况或者存在交通安全隐患的，当地人民政府应当组织有关部门及时改善道路安全通行条件、消除安全隐患。

第三十条 校车运载学生，应当按照国务院公安部门规定的位置放置校车标牌，开启校车标志灯。

校车运载学生，应当按照经审核确定的线路行驶，遇有交通管制、道路施工以及自然灾害、恶劣气象条件或者重大交通事故等影响道路通行情形的除外。

第三十一条 公安机关交通管理部门应当加强对校车行驶线路的道路交通秩序管理。遇交通拥堵的，交通警察应当指挥疏导运载学生的校车优先通行。

校车运载学生，可以在公共交通专用车道以及其他禁止社会车辆通行但允许公共交通车辆通行的路段行驶。

第三十二条 校车上下学生，应当在校车停靠站点停靠；未设校车停靠站点的路段可以在公共交通站台停靠。

道路或者交通设施的管理、养护单位应当按照标准设置校车停靠站点预告标识和校车停靠站点标牌，施划校车停靠站点标线。

第三十三条 校车在道路上停车上下学生，应当靠道路右侧停靠，开启危险报警闪光灯，打开停车指示标志。校车在同方向只有一条机动车道的道路上停靠时，后方车辆应当停车等待，不得超越。校车在同方向有两条以上机动车道的道路上停靠时，校车停靠车道后方和相邻机动车道上的机动车应当停车等待，其他机动车道上的机动车应当减速通过。校车后方停车等待的机动车不得鸣喇叭或者使用灯光催促校车。

第三十四条 校车载人不得超过核定的人数，不得以任何理由超员。

学校和校车服务提供者不得要求校车驾驶人超员、超速驾驶校车。

第三十五条 载有学生的校车在高速公路上行驶的最高时速不得超过80公里，在其他道路上行驶的最高时速不得超过60公里。

道路交通安全法律法规规定或者道路上限速标志、标线标明的最高时速低于前款规定的，从其规定。

载有学生的校车在急弯、陡坡、窄路、窄桥以及冰雪、泥泞的道路上行驶，或者遇有雾、雨、雪、沙尘、冰雹等低能见度气象条件时，最高时速不得超过20公里。

第三十六条 交通警察对违反道路交通安全法律法规的校车，可以在消除违法行为的前提下先予放行，待校车完成接送学生任务后再对校车驾驶人进行处罚。

第三十七条 公安机关交通管理部门应当加强对校车运行情况的监督检查，依法查处校车道路交通安全违法行为，定期将校车驾驶人的道路交通安全违法行为和交通事故信息抄送其所属单位和教育行政部门。

第六章　校车乘车安全

第三十八条 配备校车的学校、校车服务提供者应当指派照管人员随校车全程照管乘车学生。校车服务提供者为学校提供校车服务的，双方可以约定由学校指派随车照管人员。

学校和校车服务提供者应当定期对随车照管人员进行安全教育，组织随车照管人员学习道路交通安全法律法规、应急处置和应急救援知识。

第三十九条 随车照管人员应当履行下列职责：

（一）学生上下车时，在车下引导、指挥，维护上下车秩序；

（二）发现驾驶人无校车驾驶资格，饮酒、醉酒后驾驶，或者身体严重不适以及校车超员等明显妨碍行车安全情形的，制止校车开行；

（三）清点乘车学生人数，帮助、指导学生安全落座、系好安全带，确认车门关闭后示意驾驶人启动校车；

（四）制止学生在校车行驶过程中离开座位等危险行为；

（五）核实学生下车人数，确认乘车学生已经全部离车后本人方可离车。

第四十条 校车的副驾驶座位不得安排学生乘坐。

校车运载学生过程中，禁止除驾驶人、随车照管人员以外的人员乘坐。

第四十一条 校车驾驶人驾驶校车上道路行驶前，应当对校车的制动、转向、外部照明、轮胎、安全门、座椅、安全带等车况是否符合安全技术要求进行检查,不得驾驶存在安全隐患的校车上道路行驶。

校车驾驶人不得在校车载有学生时给车辆加油，不得在校车发动机引擎熄灭前离开驾驶座位。

第四十二条 校车发生交通事故，驾驶人、随车照管人员应当立即报警，设置警示标志。乘车学生继续留在校车内有危险的，随车照管人员应当将学生撤离到安全区域，并及时与学校、校车服务提供者、学生的监护人联系处理后续事宜。

第七章 法律责任

第四十三条 生产、销售不符合校车安全国家标准的校车的，依照道路交通安全、产品质量管理的法律、行政法规的规定处罚。

第四十四条 使用拼装或者达到报废标准的机动车接送学生的,由公安机关交通管理部门收缴并强制报废机动车;对驾驶人处2000元以上5000元以下的罚款,吊销其机动车驾驶证;对车辆所有人处8万元以上10万元以下的罚款,有违法所得的予以没收。

第四十五条 使用未取得校车标牌的车辆提供校车服务，或者使用未取得校车驾驶资格的人员驾驶校车的，由公安机关交通管理部门扣留该机动车，处1万元以上2万元以下的罚款，有违法所得的予以没收。

取得道路运输经营许可的企业或者个体经营者有前款规定的违法行为，除依照前款规定处罚外，情节严重的，由交通运输主管部门吊销其经营许可证件。

伪造、变造或者使用伪造、变造的校车标牌的，由公安机关交通管理部门收缴伪造、变造的校车标牌，扣留该机动车,处2000元以上5000元以下的罚款。

第四十六条 不按照规定为校车配备安全设备，或者不按照规定对校车进行安全维护的，由公安机关交通管理部门责令改正，处1000元以上3000元以下的罚款。

第四十七条 机动车驾驶人未取得校车驾驶资格驾驶校车的，由公安机关交通管理部门处1000元以上3000元以下的罚款，情节严重的，可以并处吊销机动车驾驶证。

第四十八条 校车驾驶人有下列情形之一的，由公安机关交通管理部门责令改正，可以处200元罚款：

（一）驾驶校车运载学生，不按照规定放置校车标牌、开启校车标志灯，或者不按照经审核确定的线路行驶；

（二）校车上下学生，不按照规定在校车停靠站点停靠；

（三）校车未运载学生上道路行驶，使用校车标牌、校车标志灯和停车指示标志；

（四）驾驶校车上道路行驶前，未对校车车况是否符合安全技术要求进行检查，或者驾驶存在安全隐患的校车上道路行驶；

（五）在校车载有学生时给车辆加油，或者在校车发动机引擎熄灭前离开驾驶座位。

校车驾驶人违反道路交通安全法律法规关于道路通行规定的，由公安机关交通管理部门依法从重处罚。

第四十九条 校车驾驶人违反道路交通安全法律法规被依法处罚或者发生道路交通事故，不再符合本条例规定的校车驾驶人条件的，由公安机关交通管理部门取消校车驾驶资格，并在机动车驾驶证上签注。

第五十条 校车载人超过核定人数的，由公安机关交通管理部门扣留车辆至违法状态消除，并依照道路交通安全法律法规的规定从重处罚。

第五十一条 公安机关交通管理部门查处校车道路交通安全违法行为，依法扣留车辆的，应当通知相关学校或者校车服务提供者转运学生，并在违法状态消除后立即发还被扣留车辆。

第五十二条 机动车驾驶人违反本条例规定，不避让校车的，由公安机关交通管理部门处200元罚款。

第五十三条 未依照本条例规定指派照管人员随校车全程照管乘车学生的，由公安机关责令改正，可以处500元罚款。

随车照管人员未履行本条例规定的职责的，由学校或者校车服务提供者责令改正；拒不改正的，给予处分或者予以解聘。

第五十四条 取得校车使用许可的学校、校车服务提供者违反本条例规定，情节严重的，原作出许可决定的地方人民政府可以吊销其校车使用许可，由公安机关交通管理部门收回校车标牌。

第五十五条 学校违反本条例规定的，除依照本条例有关规定予以处罚外，由教育行政部门给予通报批评；导致发生学生伤亡事故的，对政府举办的学校的负有责任的领导人员和直接责任人员依法给予处分；对民办学校由审批机关责令暂停招生，情节严重的，吊销其办学许可证，并由教育行政部门责令负有责任的领导人员和直接责任人员5年内不得从事学校管理事务。

第五十六条 县级以上地方人民政府不依法履行校车安全管理职责，致使本行政区域发生校车安全重大事故的，对负有责任的领导人员和直接责任人员依法给予处分。

第五十七条 教育、公安、交通运输、工业和信息化、质量监督检验检疫、安全生产监督管理等有关部门及其工作人员不依法履行校车安全管理职责的，对负有责任的领导人员和直接责任人员依法给予处分。

第五十八条 违反本条例的规定，构成违反治安管理行为的，由公安机关依法给予治安管理处罚；构成犯罪的，依法追究刑事责任。

第五十九条 发生校车安全事故，造成人身伤亡或者财产损失的，依法承担赔偿责任。

第八章　附　　则

第六十条 县级以上地方人民政府应当合理规划幼儿园布局，方便幼儿就近入园。

入园幼儿应当由监护人或者其委托的成年人接送。对确因特殊情况不能由监护人或者其委托的成年人接送，需要使用车辆集中接送的，应当使用按照专用校车国家标准设计和制造的幼儿专用校车，遵守本条例校车安全管理的规定。

第六十一条 省、自治区、直辖市人民政府应当结合本地区实际情况，制定本条例的实施办法。

第六十二条 本条例自公布之日起施行。

本条例施行前已经配备校车的学校和校车服务提供者及其聘用的校车驾驶人应当自本条例施行之日起90日内，依照本条例的规定申请取得校车使用许可、校车驾驶资格。

本条例施行后，用于接送小学生、幼儿的专用校车不能满足需求的，在省、自治区、直辖市人民政府规定的过渡期限内可以使用取得校车标牌的其他载客汽车。

中华人民共和国国务院令

第 619 号

《女职工劳动保护特别规定》已经2012年4月18日国务院第200次常务会议通过，现予公布，自公布之日起施行。

总理 温家宝

二〇一二年四月二十八日

女职工劳动保护特别规定

第一条 为了减少和解决女职工在劳动中因生理特点造成的特殊困难，保护女职工健康，制定本规定。

第二条 中华人民共和国境内的国家机关、企业、事业单位、社会团体、个体经济组织以及其他社会组织等用人单位及其女职工，适用本规定。

第三条 用人单位应当加强女职工劳动保护，采取措施改善女职工劳动安全卫生条件，对女职工进行劳动安全卫生知识培训。

第四条 用人单位应当遵守女职工禁忌从事的劳动范围的规定。用人单位应当将本单位属于女职工禁忌从事的劳动范围的岗位书面告知女职工。

女职工禁忌从事的劳动范围由本规定附录列示。国务院安全生产监督管理部门会同国务院人力资源社会保障行政部门、国务院卫生行政部门根据经济社会发展情况，对女职工禁忌从事的劳动范围进行调整。

第五条 用人单位不得因女职工怀孕、生育、哺乳降低其工资、予以辞退、与其解除劳动或者聘用合同。

第六条 女职工在孕期不能适应原劳动的，用人单位应当根据医疗机构的证明，予以减轻劳动量或者安排其他能够适应的劳动。

对怀孕7个月以上的女职工，用人单位不得延长劳动时间或者安排夜班劳动，并应当在劳动时间内安排一定的休息时间。

怀孕女职工在劳动时间内进行产前检查，所需时间计入劳动时间。

第七条 女职工生育享受98天产假，其中产前可以休假15天；难产的，增加产假15天；生育多胞胎的，每多生育1个婴儿，增加产假15天。

女职工怀孕未满4个月流产的，享受15天产假；怀孕满4个月流产的，享受42天产假。

第八条 女职工产假期间的生育津贴,对已经参加生育保险的,按照用人单位上年度职工月平均工资的标准由生育保险基金支付;对未参加生育保险的,按照女职工产假前工资的标准由用人单位支付。

女职工生育或者流产的医疗费用，按照生育保险规定的项目和标准，对已经参加生育保险的，由生育保险基金支付；对未参加生育保险的，由用人单位支付。

第九条 对哺乳未满1周岁婴儿的女职工，用人单位不得延长劳动时间或者安排夜班劳动。

用人单位应当在每天的劳动时间内为哺乳期女职工安排1小时哺乳时间；女职工生育多胞胎的，每多哺乳1个婴儿每天增加1小时哺乳时间。

第十条 女职工比较多的用人单位应当根据女职工的需要，建立女职工卫生室、孕妇休息室、哺乳室等设施，妥善解决女职工在生理卫生、哺乳方面的困难。

第十一条 在劳动场所，用人单位应当预防和制止对女职工的性骚扰。

第十二条 县级以上人民政府人力资源社会保障行政部门、安全生产监督管理部门按照各自职责负责对用人单位遵守本规定的情况进行监督检查。

工会、妇女组织依法对用人单位遵守本规定的情况进行监督。

第十三条 用人单位违反本规定第六条第二款、第七条、第九条第一款规定的，由县级以上人民政府人力资源社会保障行政部门责令限期改正，按照受侵害女职工每人1000元以上5000元以下的标准计算，处以罚款。

用人单位违反本规定附录第一条、第二条规定的，由县级以上人民政府安全生产监督管理部门责令限期改正，按照受侵害女职工每人1000元以上5000元以下的标准计算，处以罚款。用人单位违反本规定附录第三条、第四条规定的，由县级以上人民政府安全生产监督管理部门责令限期治理，处5万元以上30万元以下的罚款；情节严重的，责令停止有关作业，或者提请有关人民政府按照国务院规定的权限责令关闭。

第十四条 用人单位违反本规定，侵害女职工合法权益的，女职工可以依法投诉、举报、申诉，依法向劳动人事争议调解仲裁机构申请调解仲裁，对仲裁裁决不服的，依法向人民法院提起诉讼。

第十五条 用人单位违反本规定，侵害女职工合法权益，造成女职工损害的，依法给予赔偿；用人单位及其直接负责的主管人员和其他直接责任人员构成犯罪的，依法追究刑事责任。

第十六条 本规定自公布之日起施行。1988年7月21日国务院发布的《女职工劳动保护规定》同时废止。

附录：

女职工禁忌从事的劳动范围

一、女职工禁忌从事的劳动范围：

（一）矿山井下作业；

（二）体力劳动强度分级标准中规定的第四级体力劳动强度的作业；

（三）每小时负重6次以上、每次负重超过20公斤的作业，或者间断负重、每次负重超过25公斤的作业。

二、女职工在经期禁忌从事的劳动范围：

（一）冷水作业分级标准中规定的第二级、第三级、第四级冷水作业；

（二）低温作业分级标准中规定的第二级、第三级、第四级低温作业；

（三）体力劳动强度分级标准中规定的第三级、第四级体力劳动强度的作业；

（四）高处作业分级标准中规定的第三级、第四级高处作业。

三、女职工在孕期禁忌从事的劳动范围：

（一）作业场所空气中铅及其化合物、汞及其化合物、苯、镉、铍、砷、氰化物、氮氧化物、一氧化碳、二硫化碳、氯、己内酰胺、氯丁二烯、氯乙烯、环氧乙烷、苯胺、甲醛等有毒物质浓度超过国家职业卫生标准的作业；

（二）从事抗癌药物、己烯雌酚生产，接触麻醉剂气体等的作业；

（三）非密封源放射性物质的操作，核事故与放射事故的应急处置；

（四）高处作业分级标准中规定的高处作业；

（五）冷水作业分级标准中规定的冷水作业；

（六）低温作业分级标准中规定的低温作业；

（七）高温作业分级标准中规定的第三级、第四级的作业；

（八）噪声作业分级标准中规定的第三级、第四级的作业；

（九）体力劳动强度分级标准中规定的第三级、第四级体力劳动强度的作业；

（十）在密闭空间、高压室作业或者潜水作业，伴有强烈振动的作业，或者需要频繁弯腰、攀高、下蹲的作业。

四、女职工在哺乳期禁忌从事的劳动范围：

（一）孕期禁忌从事的劳动范围的第一项、第三项、第九项；

（二）作业场所空气中锰、氟、溴、甲醇、有机磷化合物、有机氯化合物等有毒物质浓度超过国家职业卫生标准的作业。

国务院关于加强道路交通安全工作的意见

国发〔2012〕30号

各省、自治区、直辖市人民政府，国务院各部委、各直属机构：

为适应我国道路通车里程、机动车和驾驶人数量、道路交通运量持续大幅度增长的形势，进一步加强道路交通安全工作，保障人民群众生命财产安全，提出以下意见：

一、总体要求

（一）指导思想。以邓小平理论和“三个代表”重要思想为指导，深入贯彻落实科学发展观，牢固树立以人为本、安全发展的理念，始终把维护人民群众生命财产安全放在首位，以防事故、保安全、保畅通为核心，以落实企业主体责任为重点，全面加强人、车、路、环境的安全管理和监督执法，推进交通安全社会管理创新，形成政府统一领导、各部门协调联动、全社会共同参与的交通安全管理工作格局，有效防范和坚决遏制重特大道路交通事故，促进全国安全生产形势持续稳定好转，为经济社会发展、人民平安出行创造良好环境。

（二）基本原则。

——安全第一，协调发展。正确处理安全与速度、质量、效益的关系，坚持把安全放在首位，加强统筹规划，使道路交通安全融入国民经济社会发展大局，与经济社会同步协调发展。

——预防为主，综合治理。严格驾驶人、车辆、运输企业准入和安全管理，加强道路交通安全设施建设，深化隐患排查治理，着力解决制约和影响道路交通安全的源头性、根本性问题，夯实道路交通安全基础。

——落实责任，强化考核。全面落实企业主体责任、政府及部门监管责任和属地管理责任，健全目标考核和责任追究制度，加强督导检查和责任倒查，依法严格追究事故责任。

——科技支撑，法治保障。强化科技装备和信息化技术应用，建立健全法律法规和标准规范，加强执法队伍建设，依法严厉打击各类交通违法违规行为，不断提高道路交通科学管理与执法服务水平。

二、强化道路运输企业安全管理

（三）规范道路运输企业生产经营行为。严格道路运输市场准入管理，对新设立运输企业，要严把安全管理制度和安全生产条件审核关。强化道路运输企业安全主体责任，鼓励客运企业实行规模化、公司化经营，积极培育集约化、网络化经营的货运龙头企业。严禁客运车辆、危险品运输车辆挂靠经营。推进道路运输企业诚信体系建设，将诚信考核结果与客运线路招投标、运力投放以及保险费率、银行信贷等挂钩，不断完善企业安全管理的激励约束机制。鼓励运输企业采用交通安全统筹等形式，加强行业互助，提高企业抗风险能力。

（四）加强企业安全生产标准化建设。道路运输企业要建立健全安全生产管理机构，加强安全班组建设，严格执行安全生产制度、规范和技术标准，强化对车辆和驾驶人的安全管理，持续加大道路交通安全投入，提足、用好安全生产费用。建立专业运输企业交通安全质量管理体系，健全客运、危险品运输企业安全评估制度，对安全管理混乱、存在重大安全隐患的企业，依法责令停业整顿，对整改不达标的按规定取消其相应资质。

（五）严格长途客运和旅游客运安全管理。严格客运班线审批和监管，加强班线途经道路的安全适应性评估，合理确定营运线路、车型和时段，严格控制1000公里以上的跨省长途客运班线和夜间运行时间，对现有的长途客运班线进行清理整顿，整改不合格的坚决停止运营。创造条件积极推行长途客运车辆凌晨2时至5时停止运行或实行接驳运输。客运车辆夜间行驶速度不得超过日间限速的80%，并严禁夜间通行达不到安全通行条件的三级以下山区公路。夜间遇暴雨、浓雾等影响安全视距的恶劣天气时，可以采取临时管理措施，暂停客运车辆运行。加强旅游包车安全管理，根据运行里程严格按规定配备包车驾驶人，逐步推行包车业务网上申请和办理制度，严禁发放空白旅游包车牌证。运输企业要积极创造条件，严格落实长途客运驾驶人停车换人、落地休息制度，确保客运驾驶人24小时累计驾驶时间原则上不超过8小时，日间连续驾驶不超过4小时，夜间连续驾驶不超过2小时，每次停车休息时间不少于20分钟。有关部门要加强监督检查，对违反规定超时、超速驾驶的驾驶人及相关企业依法严格处罚。

（六）加强运输车辆动态监管。抓紧制定道路运输车辆动态监督管理办法，规范卫星定位装置安装、使用行为。旅游包车、三类以上班线客车、危险品运输车和校车应严格按规定安装使用具有行驶记录功能的卫星定位装置，卧铺客车应同时安装车载视频装置，鼓励农村客运车辆安装使用卫星定位装置。重型载货汽车和半挂牵引车应在出厂前安装卫星定位装置，并接入道路货运车辆公共监管与服务平台。运输企业要落实安全监控主体责任，切实加强对所属车辆和驾驶人的动态监管，确保车载卫星定位装置工作正常、监控有效。对不按规定使用或故意损坏卫星定位装置的，要追究相关责任人和企业负责人的责任。

三、严格驾驶人培训考试和管理

（七）加强和改进驾驶人培训考试工作。进一步完善机动车驾驶人培训大纲和考试标准，严格考试程序，推广应用科技评判和监控手段，强化驾驶人安全、法制、文明意识和实际道路驾驶技能考试。客、货车辆驾驶人培训考试要增加复杂路况、恶劣天气、突发情况应对处置技能的内容，大中型客、货车辆驾驶人增加夜间驾驶考试。将大客车驾驶人培养纳入国家职业教育体系，努力解决高素质客运驾驶人短缺问题。实行交通事故驾驶人培训质量、考试发证责任倒查制度。

（八）严格驾驶人培训机构监管。加强驾驶人培训市场调控，提高驾驶人培训机构准入门槛，按照培训能力核定其招生数量，严格教练员资格管理。加强驾驶人培训质量监督，全面推广应用计算机计时培训管理系统，督促落实培训教学大纲和学时。定期向社会公开驾驶人培训机构的培训质量、考试合格率以及毕业学员的交通违法率和肇事率等，并作为其资质审核的重要参考。

（九）加强客货运驾驶人安全管理。严把客货运驾驶人从业资格准入关，加强从业条件审核与培训考试。建立客货运驾驶人从业信息、交通违法信息、交通事故信息的共享机制，加快推进信息查询平台建设，设立驾驶人“黑名单”信息库。加强对长期在本地经营的异地客货运车辆和驾驶人安全管理。督促运输企业加强驾驶人聘用管理，对发生道路交通事故致人死亡且负同等以上责任的，交通违法记满12分的，以及有酒后驾驶、超员20%以上、超速50%（高速公路超速20%）以上，或者12个月内有3次以上超速违法记录的客运驾驶人，要严格依法处罚并通报企业解除聘用。

四、加强车辆安全监管

（十）提高机动车安全性能。制定完善相关政策，推动机动车生产企业兼并重组，调整产品结构，鼓励发展安全、节能、环保的汽车产品，积极推进机动车标准化、轻量化，加快传统汽车升级换代。大力推广厢式货车取代栏板式货车，尽快淘汰高安全风险车型。抓紧清理、修订并逐步提高机动车安全技术标准，督促生产企业改进车辆安全技术，增设客运车辆限速和货运车辆限载等安全装置。进一步提高大中型客车和公共汽车的车身结构强度、座椅安装强度、内部装饰材料阻燃性能等，增强车辆行驶稳定性和抗侧倾能力。客运车辆座椅要尽快全部配置安全带。

（十一）加强机动车安全管理。落实和完善机动车生产企业及产品公告管理、强制性产品认证、注册登记、使用维修和报废等管埋制度。积极推动机动车生产企业诚信体系建设，加强机动车产品准入、生产一致性监管，对不符合机动车国家安全技术标准或者与公告产品不一致的车辆，不予办理注册登记，生产企业要依法依规履行更换、退货义务。严禁无资质企业生产、销售电动汽车。落实和健全缺陷汽车产品召回制度，加大对大中型客、货汽车缺陷产品召回力度。严格报废汽车回收企业资格认定和监督管理，依法严厉打击制造和销售拼装车行为，严禁拼装车和报废汽车上路行驶。加强机动车安全技术检验和营运车辆综合性能检测，严格检验检测机构的资格管理和计量认证管理。对道路交通事故中涉及车辆非法生产、改装、拼装以及机动车产品严重质量安全问题的，要严查责任，依法从重处理。

（十二）强化电动自行车安全监管。修订完善电动自行车生产国家强制标准，着力加强对电动自行车生产、销售和使用的监督管理，严禁生产、销售不符合国家强制标准的电动自行车。省级人民政府要制定电动自行车登记管理办法，质监部门要做好电动自行车生产许可证管理和国家强制性标准修订工作，工业和信息化部门要严格电动自行车生产的行业管理，工商部门要依法加强电动自行车销售企业的日常监管。对违规生产、销售不合格产品的企业，要依法责令整改并严格处罚、公开曝光。公安机关要加强电动自行车通行秩序管理，严格查处电动自行车交通违法行为。地方各级人民政府要通过加强政策引导，逐步解决在用的超出国家标准的电动自行车问题。

五、提高道路安全保障水平

（十三）完善道路交通安全设施标准和制度。加快修订完善公路安全设施设计、施工、安全性评价等技术规范和行业标准，科学设置安全防护设施。鼓励地方在国家和行业标准的基础上，进一步提高本地区公路安全设施建设标准。严格落实交通安全设施与道路建设主体工程同时设计、同时施工、同时投入使用的“三同时”制度，新建、改建、扩建道路工程在竣（交）工验收时要吸收公安、安全监管等部门人员参加，严格安全评价，交通安全设施验收不合格的不得通车运行。对因交通安全设施缺失导致重大事故的，要限期进行整改，整改到位前暂停该区域新建道路项目的审批。

（十四）加强道路交通安全设施建设。地方各级人民政府要结合实际科学规划，有计划、分步骤地逐年增加和改善道路交通安全设施。在保证国省干线公路网等项目建设资金的基础上，加大车辆购置税等资金对公路安保工程的投入力度，进一步加强国省干线公路安全防护设施建设，特别是临水临崖、连续下坡、急弯陡坡等事故易发路段要严格按标准安装隔离栅、防护栏、防撞墙等安全设施，设置标志标线。加强公路与铁路、河道、码头联接交叉路段特别是公铁立交、跨航道桥梁的安全保护。收费公路经营企业要加强公路养护管理，对安全设施缺失、损毁的，要及时予以完善和修复，确保公路及其附属设施始终处于良好的技术状况。要积极推进公路灾害性天气预报和预警系统建设，提高对暴雨、浓雾、团雾、冰雪等恶劣天气的防范应对能力。

（十五）深入开展隐患排查治理。地方各级人民政府要建立完善道路交通安全隐患排查治理制度，落实治理措施和治理资金，根据隐患严重程度，实施省、市、县三级人民政府挂牌督办整改，对隐患整改不落实的，要追究有关负责人的责任。有关部门要强化交通事故统计分析，排查确定事故多发点段和存在安全隐患路段，全面梳理桥涵隧道、客货运场站等风险点，设立管理台账，明确治理责任单位和时限，强化对整治情况的全过程监督。切实加强公路两侧农作物秸秆禁烧监管，严防焚烧烟雾影响交通安全。

六、加大农村道路交通安全管理力度

（十六）强化农村道路交通安全基础。深入开展“平安畅通县市”和“平安农机”创建活动，改善农村道路交通安全环境。严格落实县级人民政府农村公路建设养护管理主体责任，制定改善农村道路交通安全状况的计划，落实资金，加大建设和养护力度。新建、改建农村公路要根据需要同步建设安全设施，已建成的农村公路要按照“安全、有效、经济、实用”的原则，逐步完善安全设施。地方各级人民政府要统筹城乡公共交通发展，以城市公交同等优惠条件扶持发展农村公共交通，拓展延伸农村地区客运的覆盖范围，着力解决农村群众安全出行问题。

（十七）加强农村道路交通安全监管。地方各级人民政府要加强农村道路交通安全组织体系建设，落实乡镇政府安全监督管理责任，调整优化交警警力布局，加强乡镇道路交通安全管控。发挥农村派出所、农机监理站以及驾驶人协会、村委会的作用，建立专兼职道路交通安全管理队伍，扩大农村道路交通管理覆盖面。完善农业机械安全监督管理体系，加强对农机安全监理机构的支持保障，积极推广应用农机安全技术，加强对拖拉机、联合收割机等农业机械的安全管理。

七、强化道路交通安全执法

（十八）严厉整治道路交通违法行为。加强公路巡逻管控，加大客运、旅游包车、危险品运输车等重点车辆检查力度，严厉打击和整治超速超员超载、疲劳驾驶、酒后驾驶、吸毒后驾驶、货车违法占道行驶、不按规定使用安全带等各类交通违法行为，严禁三轮汽车、低速货车和拖拉机违法载人。依法加强校车安全管理，保障乘坐校车学生安全。健全和完善治理车辆超限超载工作长效机制。研究推动将客货运车辆严重超速、超员、超限超载等行为列入以危险方法危害公共安全行为，追究驾驶人刑事责任。制定客货运车辆和驾驶人严重交通违法行为有奖举报办法，并将车辆动态监控系统记录的交通违法信息作为执法依据，定期进行检查，依法严格处罚。大力推进文明交通示范公路创建活动，加强城市道路通行秩序整治，规范机动车通行和停放，严格非机动车、行人交通管理。

（十九）切实提升道路交通安全执法效能。推进高速公路全程监控等智能交通管理系统建设，强化科技装备和信息化技术在道路交通执法中的应用，提高道路交通安全管控能力。整合道路交通管理力量和资源，建立部门、区域联勤联动机制，实现监控信息等资源共享。严格落实客货运车辆及驾驶人交通事故、交通违法行为通报制度，全面推进交通违法记录省际转递工作。研究推动将公民交通安全违法记录与个人信用、保险、职业准入等挂钩。

（二十）完善道路交通事故应急救援机制。地方各级人民政府要进一步加强道路交通事故应急救援体系建设，完善应急救援预案，定期组织演练。健全公安消防、卫生等部门联动的省、市、县三级交通事故紧急救援机制，完善交通事故急救通信系统，加强交通事故紧急救援队伍建设，配足救援设备，提高施救水平。地方各级人民政府要依法加快道路交通事故社会救助基金制度建设，制定并完善实施细则，确保事故受伤人员的医疗救治。

八、深入开展道路交通安全宣传教育

（二十一）建立交通安全宣传教育长效机制。地方各级人民政府每年要制定并组织实施道路交通安全宣传教育计划，加大宣传投入，督促各部门和单位积极履行宣传责任和义务，实现交通安全宣传教育社会化、制度化。加大公益宣传力度，报刊、广播、电视、网络等新闻媒体要在重要版面、时段通过新闻报道、专题节目、公益广告等方式开展交通安全公益宣传。设立“全国交通安全日”，充分发挥主管部门、汽车企业、行业协会、社区、学校和单位的宣传作用，广泛开展道路交通安全宣传活动，不断提高全民的交通守法意识、安全意识和公德意识。

（二十二）全面实施文明交通素质教育工程。

深入推进"文明交通行动计划"，广泛开展交通安全宣传进农村、进社区、进企业、进学校、进家庭活动，推行实时、动态的交通安全教育和在线服务。建立交通安全警示提示信息发布平台，加强事故典型案例警示教育，开展交通安全文明驾驶人评选活动，充分利用各种手段促进驾驶人依法驾车、安全驾车、文明驾车。坚持交通安全教育从儿童抓起，督促指导中小学结合有关课程加强交通安全教育，鼓励学校结合实际开发有关交通安全教育的校本课程，夯实国民交通安全素质基础。

（二十三）加强道路交通安全文化建设。积极拓展交通安全宣传渠道，建立交通安全宣传教育基地，创新宣传教育方法，以学校、驾驶人培训机构、运输企业为重点，广泛宣传道路交通安全法律法规和安全知识。推动开设交通安全宣传教育网站、电视频道，加强交通安全文学、文艺、影视等作品创作、征集和传播活动，积极营造全社会关注交通安全、全民参与文明交通的良好文化氛围。

九、严格道路交通事故责任追究

（二十四）加强重大道路交通事故联合督办。严格执行重大事故挂牌督办制度，健全完善重大道路交通事故"现场联合督导、统筹协调调查、挂牌通报警示、重点约谈检查、跟踪整改落实"的联合督办工作机制，形成各有关部门齐抓共管的监管合力。研究制定道路交通安全奖惩制度，对于成效显著的地方、部门和单位予以表扬和奖励；对发生特别重大道路交通事故的，或者一年内发生3起及以上重大道路交通事故的，省级人民政府要向国务院作出书面检查；对一年内发生两起重大道路交通事故或发生性质严重、造成较大社会影响的重大道路交通事故的，国务院安全生产委员会办公室要会同有关部门及时约谈相关地方政府和部门负责同志。

（二十五）加大事故责任追究力度。研究制定重特大道路交通事故处置规范，完善跨区域责任追究机制，建立健全重大道路交通事故信息公开制度。对发生重大及以上或者6个月内发生两起较大及以上责任事故的道路运输企业，依法责令停业整顿；停业整顿后符合安全生产条件的，准予恢复运营，但客运企业3年内不得新增客运班线，旅游企业3年内不得新增旅游车辆；停业整顿仍不具备安全生产条件的，取消相应许可或吊销其道路运输经营许可证，并责令其办理变更、注销登记直至依法吊销营业执照。对道路交通事故发生负有责任的单位及其负责人，依法依规予以处罚，构成犯罪的，依法追究刑事责任。发生重特大道路交通事故的，要依法依纪追究地方政府及相关部门的责任。

十、强化道路交通安全组织保障

（二十六）加强道路交通安全组织领导。地方各级人民政府要高度重视道路交通安全工作，将其纳入经济和社会发展规划，与经济建设和社会发展同部署、同落实、同考核，并加强对道路交通安全工作的统筹协调和监督指导。实行道路交通安全地方行政首长负责制，将道路交通安全工作纳入政府工作重要议事日程，定期分析研判安全形势，研究部署重点工作。严格道路交通事故总结报告制度，省级人民政府每年1月15日前要将本地区道路交通安全工作情况向国务院作出专题报告。

（二十七）落实部门管理和监督职责。各有关部门要按照"谁主管、谁负责，谁审批、谁负责"的原则，依法履行职责，落实监管责任，切实构建"权责一致、分工负责、齐抓共管、综合治理"的协调联动机制。要严格责任考核，将道路交通安全工作作为有关领导干部实绩考评的重要内容，并将考评结果作为综合考核评价的重要依据。

（二十八）完善道路交通安全保障机制。研究建立中央、地方、企业和社会共同承担的道路交通安全长效投入机制，不断拓展道路交通安全资金保障来源，推动完善相关财政、税收、信贷支持政策，强化政府投资对道路交通安全投入的引导和带动作用，将交警、运政、路政、农机监理各项经费按规定纳入政府预算。要根据道路里程、机动车增长等情况，相应加强道路交通安全管理力量建设，完善道路交通警务保障机制。地方各级人民政府要研究出台高速公路交通安全发展的相关保障政策，将高速公路交通安全执勤执法营房等配套设施与高速公路建设同步规划设计、同步投入使用并给予资金保障，高速公路建设管理单位要积极创造条件予以配合支持。

国务院

2012年7月22日

第三部分

党和国家领导人关于安全生产工作的讲话

张德江副总理在全国安全生产电视电话会议上强调　坚持科学发展安全发展　全面促进安全生产形势持续稳定好转

（2012 年 1 月 13 日）

2012 年 1 月 13 日，国务院召开全国安全生产电视电话会议。中共中央政治局委员、国务院副总理、国务院安全生产委员会主任张德江在会上强调，要深入贯彻落实科学发展观，认真贯彻落实党中央、国务院的决策部署，坚持以人为本，深入扎实开展“安全生产年”活动，以科学发展安全发展为总要求，以进一步减少事故总量、有效防范和坚决遏制重特大事故为工作目标，切实把各项责任落实到位，把各项政策措施落到实处，全力以赴做好安全生产各项工作，全面促进全国安全生产形势持续稳定好转，以安全生产的新成效迎接党的十八大胜利召开。

张德江指出，2011 年，在党中央、国务院的正确领导下，各地区、各部门和各单位继续深入开展“安全生产年”活动，坚持“三深化、三推进”，经过不懈努力，全国安全生产继续保持了总体稳定、持续好转的发展态势，各项安全生产指标均明显下降。与 2010 年相比，全国各类事故起数和死亡人数分别下降 4.3% 和 5%，重大事故起数和死亡人数分别下降 8.1% 和 7.2%，特别重大事故起数和死亡人数分别下降 63.6% 和 61.2%；亿元 GDP 事故死亡率、工矿商贸十万就业人员死亡率、道路交通万车死亡率、煤矿百万吨死亡率分别下降了 13.9%、11.7%、12.5% 和 24.7%，工矿商贸领域事故死亡人数首次降到万人以下、煤矿事故死亡人数首次降到 2000 人以下。但各类事故总量依然较大，重特大事故时有发生，非法违法生产经营建设屡禁不止、安全管理和监督不到位、隐患治理整顿和应急处置不力等问题在一些地方、行业和企业还不同程度存在，安全生产形势仍然严峻。

张德江强调，2012 年要深入扎实开展以“科学发展、安全发展”为主题的“安全生产年”活动，认真贯彻落实《国务院关于坚持科学发展安全发展促进安全生产形势持续稳定好转的意见》，重点抓好“一树立、三坚持、三强化”。要牢固树立科学发展安全发展理念，夯实安全生产的思想基础，实现安全与发展的有机统一。要坚持预防为主，切实抓好隐患排查治理，继续深化重点行业领域安全专项整治，全面推进隐患排查治理体系建设。要坚持落实责任，强化企业主体责任、政府部门监管责任和属地管理责任，把各项安全要求落实到每个岗位和员工。要坚持依法治理，加快推进安全生产法等法律法规的制修订工作，持续依法严厉打击非法违法行为，规范生产经营建设秩序，并加大职业危害防治力度，维护从业人员安全健康权益。要强化科技支撑，全面实施“十二五”安全生产规划和安全科技规划，加大安全专项投入，加快研发和推广应用先进适用的安全科技成果。要强化应急处置，完善安全生产应急预案，健全应急救援协调联动机制，加强和改进突发事件新闻发布工作。要强化基础建设，制定完善安全标准规范，加强职业安全培训，健全安全监管体系，打造一支作风扎实、业务精通、严格执法、廉洁奉公的安全监管监察队伍。

张德江强调，各地区、各部门和各单位要高度重视做好春节和全国“两会”期间的安全生产工作，深入组织开展安全大检查，强化对人员密集场所、文化娱乐场所、大型集会活动以及烟花爆竹经营、燃放等安全管理，切实加强“春运”各项安全保障工作，确保人员出行安全，确保人民群众过一个安康、幸福、和谐、欢乐的节日。

马凯国务委员在全国煤矿安全生产经验交流现场会上的讲话(摘要)

（2012 年 7 月 19 日）

经国务院批准，我们在宁夏银川召开全国煤矿安全生产经验交流现场会，主要任务是，认真贯彻落实党中央、国务院关于加强煤矿安全生产的一系列重要决策部署，学习交流推广神华集团等煤矿企业安全生产的先进经验和做法，推动煤炭工业科学发展、安全发展，促进全国煤矿安全生产形势持续稳定好转。

神华集团是我国乃至全球最大的煤炭生产企业。经过多年的探索和努力，神华集团煤矿安全生产达到世界先进水平，去年煤炭产量 4 亿吨，百万吨死亡率降到 0. 018，与美国基本持平，与全国平均水平 0. 564 相比，仅为全国水平的 1/30，其中神华宁煤集团连续三年实现零死亡，是了不起的成绩。温家宝总理、张德江副总理对神华集团加强煤矿安全生产的做法给予高度评价和充分肯定，要求总结推广神华集团经验，促进全国煤矿安全生产工作。今天上午，与会同志实地考察了神华宁煤集团的几个煤矿和地面设施，看到了井下先进的生产技术装备，学习了科学的安全管理体系，感受到浓厚的安全文化氛围，确实留下了深刻印象，进一步坚定了我们抓好煤矿安全生产的信心。

神华集团加强煤矿安全生产工作的经验，体现在先进的理念、科学的管理、领先的技术、过硬的队伍、优秀的文化等方方面面，最根本、最核心之处在于：他们始终坚持科学发展、安全发展的理念，以对广大矿工生命安全高度负责的使命感和责任感，全面落实安全生产主体责任，正确处理安全与速度、质量、效益的关系，坚持把安全放在各项工作的首位，作为企业生存发展壮大的前提、基础和保障，构建了一整套科学严密的安全风险预控体系，实现了全员、全方位、全过程的有效管理，走出了一条安全发展的良性循环之路。神华集团的做法和经验遵循安全生产的一般规律，有效解决了当前煤矿安全生产面临的许多共性问题，符合我国煤炭行业安全、可持续发展的客观实际，具有广泛的适用性。煤矿企业规模有大小、实力有强弱、资源条件有差异，不可能完全照搬照抄神华经验，但神华集团能做到，其他煤矿企业经过不懈努力也应该能做到，只要牢牢把握其精髓，真正掌握其先进理念和方法，结合实际，勇于创新，就一定能够不断创造出新的更多的经验，一定能够把煤矿安全生产搞上去。

刚才，宁夏回族自治区主席王正伟同志向大家介绍了宁夏经济社会发展情况和安全生产管理工作的做法，神华集团董事长张喜武同志系统介绍了构建安全风险预控管理体系等经验；神华宁煤集团董事长王俭同志介绍了基层单位加强煤矿安全生产工作的具体做法；国家安全监管总局局长杨栋梁同志就学习推广神华集团“五个一”经验提出了意见，对下半年煤矿安全生产工作作了部署，讲得都很好。下面，我就学习借鉴神华经验，进一步做好全国煤矿安全生产工作，讲三点意见。

一、各方齐心协力，我国煤矿安全生产工作取得明显成效

煤炭是我国能源主体，煤矿安全生产关系煤炭工业持续发展和国家能源安全，关系数百万矿工生命财产安全，影响广泛，社会高度关注，是全国安全生产工作的重中之重。党中央、国务院历来高度重视煤矿安全生产工作。胡锦涛总书记、温家宝总理等中央领导同志多次作出重要指示，并亲自深入井下视察煤炭生产、慰问一线矿工。张德江副总理经常深入煤矿企业考察调研，研究解决煤矿安全生产中的重大问题。国务院近年来制定出台了一系列加强煤矿安全生产的政策措施，大力推动煤矿企业兼并重组和瓦斯防治工作，部署深入开展“安全生产年”活动和“打非治违”等专项行动。各地区、各部门、各单位认真贯彻落实中央的决策部署，狠抓安全责任和措施的落实，严格安全管理和监督，扎实推进煤矿安全生产各项工作，取得积极进展。

一是进一步加强煤矿安全生产法规制度建设。组织修订《安全生产法》和《煤矿安全监察条例》，颁布实施30多个煤炭生产技术和安全标准，完善了《煤矿安全规程》，制定了一系列严格安全责任落实、目标考核和行政问责的规章制度。各地区也结合实际制定了一系列地方性法规和保障措施，基本建立起与实际工作需要相适应的煤矿安全生产法律法规和制度保障体系。

二是深入开展煤矿“打非治违”专项行动。成立专门组织实施机构，分阶段细化工作方案，组织开展重点执法、专项执法和检查督导，严厉打击无证无照、证照不全等非法违法生产经营建设以及抗拒执法等行为。至7月中旬，全国煤矿共打击治理各类非法违法和违规违章行为77021起，责令停产、停建2157家，对规范煤矿安全生产行为，强化安全管理，遏制事故发生起到了积极作用。

三是大力强化煤矿瓦斯综合防治工作。坚持综合治理与开发利用相结合，大力落实财政补贴、税费减免、上网电价优惠等扶持政策措施，加大瓦斯抽采利用力度，加强示范工程建设，建立瓦斯防治能力评估制度，严格落实综合防突措施，瓦斯防治工作取得重大进展。上半年，全国瓦斯抽采量、利用量同比分别增长21.6%和34.8%，瓦斯事故起数和死亡人数分别下降56.1%和54.5%。

四是深入推进小煤矿整顿关闭和煤炭资源整合。持续加大小煤矿整顿关闭力度，对无证无照非法生产的煤炭企业依法予以关闭取缔，对存在重大安全隐患的坚决责令停产整顿。同时，积极开展煤炭资源整合，鼓励优势企业对小煤矿进行兼并重组和技术改造，扩展优势产能，建立小煤矿正常退出机制，取得明显成效。去年以来，全国实施兼并重组和技术改造煤矿1818个，依法取缔关闭矿井491个，淘汰落后产能4716万吨。

五是积极推动煤矿安全科技进步。将煤矿安全科技纳入国家主体科技计划，建立15个国家重点实验室，深入开展煤矿关键技术与装备攻关。积极开发推广薄煤层机械化开采成套技术，强制淘汰落后生产工艺和装备，加快推进煤矿安全避险系统建设。目前，所有国有重点煤矿和大部分地方煤矿建成了监测监控、人员定位、压风自救、供水施救和通信联络系统，有3801处煤矿已建成或正在建设紧急避险系统。

六是切实加强煤矿安全基础能力建设。充分利用国债资金及安全费用提取使用等相关政策，不断加大煤矿安全投入，深入开展煤矿安全质量标准化达标创建，全面加强安全宣传教育和培训，加快矿山应急救援基地和队伍建设。截至目前，已连续8年累计投入国债资金240亿元，带动地方和企业投入1262亿元，全国90%以上的生产矿井实现安全质量标准化，培训煤矿安全班组长17.2万人，建成专职矿山救护队伍2.7万人。

通过各方面共同努力，在近年来国民经济持续快速发展、煤炭产量连年大幅增长的情况下，煤矿安全生产实现了持续稳定好转，取得了“三个持续下降、一个明显提升”的突出成绩。一是事故总量持续下降。在“十一五”事故起数和死亡人数连年大幅下降的基础上，2011年同比分别下降14.4%和19%，今年上半年同比又下降28.2%和

26.3%。二是较大以上事故持续下降。2011年较大事故起数和死亡人数同比分别下降22.7%和20.3%，重特大事故起数和死亡人数分别下降12.5%和34.5%；今年以来（截至7月15日），较大事故起数和死亡人数同比分别下降20.3%和21.7%，重大事故同比起数持平，死亡人数下降4.9%，没有发生特别重大事故。三是煤矿百万吨死亡率持续下降。继2009年降到1以下，2011年降到了0.564，今年上半年进一步降到0.356，同比下降30.2%。四是企业安全生产整体水平明显提升。2011年全国9万吨及以上煤矿中，有1046处实现连续安全生产1000天以上、产能7.24亿吨，分别占全国矿井数量及产量的7.6%和20.6%。这些成绩来之不易，是党中央、国务院正确领导的结果，也是各级政府、各有关部门和各煤炭企业共同努力奋斗的结果，凝结着同志们的心血和汗水。特别是广大煤矿职工，年复一年长期奋战在条件艰苦的井下生产一线，为经济社会发展作出巨大贡献。借此机会，我代表国务院，向大家并通过你们向广大煤矿职工表示衷心的感谢和诚挚的慰问！

二、正视差距问题，进一步增强做好煤矿安全生产工作的紧迫感和责任感

当前，我国正处于工业化和城镇化的加速发展时期，也是生产安全事故易发多发的特殊时期，对这一基本国情必须要有清醒的认识。要看到，我国煤矿安全生产工作与发达国家相比，整体上还有较大差距，事故总量仍然过大，重特大事故仍时有发生，安全形势依然严峻。2011年，全国煤矿发生事故1201起、死亡1973人，平均每天至少发生3起、死亡5人；全年发生重大事故20起、死亡307人，同比分别上升11.1%和4.4%，还发生1起死亡43人的特别重大煤与瓦斯突出事故。今年以来（截至7月15日），全国煤矿共发生较大以上事故40起、死亡268人。煤矿事故多发，固然有我国煤矿地质条件复杂、灾害威胁严重、随着矿井开采延深安全管理难度不断加大等客观因素，但也充分暴露出煤矿安全管理中存在的一些突出问题。概括起来，主要有以下几个方面：

（一）对非法违法行为打击治理不彻底。随着“打非治违”专项行动的深入开展，非法违法生产经营建设行为有所遏制，但仍然是导致重特大煤矿事故的主要原因，反映出一些地方“打非治违”态度不坚决、措施不得力、执法不够严，致使一些煤矿置国家三令五申于不顾，超层越界开采、停产整顿却私自偷采、关闭取缔后又死灰复燃等严重违法违规行为禁而不绝。

（二）煤矿整顿关闭工作不得力。经过多年的艰苦努力，一大批不符合条件的小煤矿得到整合关闭，有力促进了煤矿安全生产。但随着这项工作深入推进，难度越来越大，目前已进入攻坚阶段，一些地方和部门存在畏难情绪，工作不主动，推动力度不够，致使整顿关闭收效与预期差距较大，上半年不符合条件的小煤矿全国仅关闭62处，不到全年计划的1/10。目前小煤矿数量占全国煤矿总量的76.4%、产量仅占35%，但事故起数和死亡人均占70%以上，一些不符合条件的小煤矿仍是隐患集中区和事故重灾区。

（三）安全生产基础不扎实。一些地方煤矿企业安全投入不足、技术装备水平较低、从业人员素质低下，特别是生产一线绝大部分是农民工，缺乏系统的安全培训，往往既是事故的肇事者，又是受害者。即使一些国有大矿也存在生产布局不合理、现场管理不规范、专业技术人员匮乏等突出问题，违章指挥、违规作业、违反劳动纪律行为，以及超能力、超定员、超强度生产现象大量存在。

（四）安全监督管理不到位。一些地方煤矿安全管理体制不顺、监管力量不足，监督监察不深入不细致、不敢抓不敢管，甚至纵容袒护、失职渎职。有的监管监察人员工作流于形式，以罚代管、一罚了之，对发现的问题和隐患未能跟踪督促整改。

这些问题务必引起我们的高度重视。要充分认识到，我国是一个能源生产和消费大国，经济社会快速发展对能源的需求总体上将持续增加，煤炭在我国能源结构中的主体地位在未来相当长的时间内难以改变，制约煤矿安全生产形势好转的不利因素将长期存在。今年以来，随着国民经济增速调整放缓，我国宏观经济形势相对趋于宽松，多年来煤炭供需持续偏紧的状况得到一定程度缓解，给煤矿安全生产带来新的机遇和挑战。一方面，要紧紧抓住当前供需趋缓的有利时机，运用市场倒逼机制，调整煤炭产业结构，加快推进煤矿企业兼并重组，加快淘汰落后产能，为煤炭行业长治久安打好基础。

另一方面，也要看到煤炭市场趋缓、价格下降、效益下滑，可能导致企业安全投入减少，影响隐患治理和技术改造进度，安全保障能力受到削弱，更容易导致事故发生；我们既要看到有利时机、顺势而为，又要充分估计新形势带来的新情况、新问题，及早谋划、积极应对，带着对广大矿工兄弟的深厚感情，带着对抓好煤矿安全生产的重大责任和使命，切实尊重广大矿工的劳动价值、改善他们的工作环境、保障他们的生命安全，使他们在创造物质财富、为社会提供光和热的同时，能够幸福安康地享有经济发展和社会进步的成果，这是各级政府、各煤矿企业义不容辞的神圣职责。

三、借鉴神华经验，全面加强煤矿安全生产各项工作

当前和今后一个时期的煤矿安全生产工作，要继续全面贯彻落实党中央、国务院的重要决策部署，大力实施安全发展战略，以“打非治违”专项行动为抓手，以瓦斯防治和整顿关闭为重点，以提高安全保障能力为主攻方向，认真学习借鉴和推广神华经验，切实把“安全第一、预防为主、综合治理”方针落实到煤矿生产经营建设的全过程，把安全生产责任落实到地方各级政府、部门和煤矿企业，把安全风险预控等措施落实到企业的每一个班组岗位，努力实现减少事故总量、遏制重大事故反弹、防止特别重大事故发生的目标。重点要抓好以下七项工作：

要着力抓好安全生产责任落实。一是确保煤矿企业的主体责任落实到位，特别是切实落实企业主要负责人和实际控制人的责任，该投入的资金一分不能少，该执行的法规制度必须严格到位，该治理整顿的毫不动摇，要诚实守信，对职工的生命安全负全责，切实做到不安全绝不生产，生产必须确保安全。二是确保政府和部门的监管责任落实到位，要注重从政策层面鼓励、引导和支持企业加强煤矿安全生产工作，注重解决深层次问题；严格做好对企业的监督检查和安全执法，禁止以任何理由和借口，放松监管、放宽标准、放任违法违规生产和建设。三是确保安全目标考核和责任追究落实到位，按照管理权限严格控制安全指标，重奖重罚，决不含糊。要健全完善生产安全事故认定办法，对发生的每一起事故都要依法依规一查到底，防止以“病亡”、“意外”等理由逃避责任追究，对充当不法煤矿“保护伞”的要坚决依法严惩。

要着力开展“打非治违”专项行动。要把煤矿“打非治违”作为现阶段安全生产工作重点，采取坚决果断措施，重拳出击，有力推进，务求实效。打击非法违法要重点强化县乡政府和有关部门的责任，严格监管执法；治理纠正违规违章要重点强化企业的责任，促使企业加强安全管理。要对前一阶段工作不力、措施不实的地区和煤矿企业进行督导，没有完成既定目标任务的必须“补课”。要紧紧抓住煤矿专项行动实施方案所明确的14种违法违规行为，严格落实“四个一律”措施，一项项检查，一项项过关。要通过开展专项监察、异地监察、重点执法和集中整治等各种行之有效的方式，促进专项行动深下去、打击准、治理严，确保取得实效。针对不同地区的实际情况，特别是任务重和事故多发地区，可适当延长专项行动时间。同时要注重形成打非治违的常态化和制度化，保持高压态势，常抓不懈。对于边打击治理、边事故不断的地区和企业，要倒查原因、厉行问责，追究有关部门的责任。经过这次专项行动，地方各级政府对本地区所有运营的煤矿都要登记在案，一个不漏，对不在册的、无证无照的一律取缔，对不符合条件的要全部取消，不留死角，不留后患。这是检验“打非治违”专项行动成效的起码要求。专项行动后，仍然存在非法生产经营的，要从严追究当事人、监管部门和有关领导的责任。

要着力加强瓦斯防治和抽采利用。瓦斯既是煤矿安全的第一“杀手”，又是丰富而宝贵的清洁能源。要牢固树立“瓦斯事故可防可控”的理念，认真落实“先抽后采、以风定产、监测监控”方针，坚持标本兼治、综合治理，做到地面与井下抽采并举、治用同步。在瓦斯抽采方面，要强化专业技术力量，严格标准规范，建立抽采系统，落实技术措施，切实做到先抽后采、不抽不采、抽采达标。在瓦斯利用方面，在大力督促落实已有扶持政策的同时，各有关部门要以更加积极的态度、更大的支持力度，尽快研究制定更加有力有效的政策措施，推动煤层气产业规模化发展，实现以用促抽、以抽保安。在瓦斯治理方面，要强化煤与瓦斯综合防突措施，加强通风管理，健全瓦斯监测监控系统，一旦瓦斯超限，立即停产停电撤人。要严格控制高瓦斯和煤与瓦斯突出矿井新建项目，对现有煤与瓦斯突出矿井经评估后不具备瓦斯防治能力的，必须实施停产整顿或兼并重组，直至依法实施关闭。

要着力推进煤矿整顿关闭攻坚。要结合转变经济发展方式，坚定不移推进煤炭产业结构调整，加快推进小煤矿整顿关闭，坚决关闭取缔无证无照等非法矿井。对规模小、安全保障能力低的合法煤矿，要借鉴山西、河南、重庆、宁夏等地的经验，拿出兼并重组的决心、诚意和优惠政策，联合优势企业，大力推进煤矿兼并、重组和改造，拓宽整顿关闭的路子。这对地方经济和企业发展是互利共赢的好事。希望各地区特别是小煤矿集中的中南、西南地区，因地制宜，探索实行一地一策、一矿一策，制定和落实好小煤矿整顿关闭的时间表和政策措施。有关部门要研究制定相关鼓励政策，确保完成今年625处的关闭目标，并力争用3年左右的时间，使小煤矿的比重基本趋于合理。对这项工作，各地政府在态度上要坚定不移，要学习借鉴宁夏回族自治区党委政府与神华集团密切合作、互利共赢的成功做法，切实解放思想，着眼长远，全力做好本区域煤矿兼并重组和整顿关闭工作。

要着力提高煤矿安全保障水平。一要多方筹措资金，舍得进一步加大安全投入，同时，严格执行新修订的安全费用提取使用政策，做到提足用好、专款专用，持续改善安全技术装备。二要加快完善煤矿安全科技创新体系，深入开展瓦斯、突水、火灾和职业危害防治等关键技术及装备研发，抓好安全科技成果推广转化应用，大力推进薄煤层机械化改造，积极运用物联网等信息技术，提高煤矿安全自动化和智能化水平。三要深入开展煤矿安全质量标准化建设，将达标条件作为安全评价的重要内容，加强考核推动，促进煤矿实现达标升级，提高安全管理和技术水平。四要加强煤矿安全教育培训，大力发展职业教育，鼓励高等院校招收煤矿主体专业学生，积极培养工人技师；做好新招员工特别是农民工岗前培训。煤矿企业要通过提高工资待遇、改善作业环境等吸引专业技能人才，为煤矿安全生产提供智力支持。

要着力加强应急救援能力建设。加快国家和区域矿山应急救援队建设，7个国家矿山救援基地和14个区域矿山救援基地要确保于今年底和明年上半年建成。要抓紧研究制定相关标准，加快推进煤矿安全避险“六大系统”建设，完善煤矿企业应急预案体系，做到每一个重要岗位都要有处置方案，每年至少举办一次应急演练，要把应急处置知识纳入新招员工岗前培训内容，确保所有作业人员熟练掌握井下避灾路线、自救互救知识及技能。严格落实现场带班人员、班组长和调度人员在遇到险情时，第一时间组织停产撤人的直接决策权和指挥权。要完善现场救援专家会商制度，充分发挥专家学者的专业特长和技术优势，为科学快速应急救援提供决策支持。

要着力强化安全监管监察。按照权责一致的原则，进一步理顺煤矿安全监管、执法监察和行业管理体制，既要防止留有空白，又要防止多头执法、重复执法，切实增强安全监督管理效能。健全完善监管监察工作机制，对涉及煤矿安全生产的重大问题逐级挂牌督办、整改评估、公告通报和约谈警示，促进有关部门和煤矿企业建立安全风险预控体系，加强科学化、规范化的安全管理。要切实加强干部队伍建设，严明纪律，廉洁执法，敢于碰硬，勇于解决影响煤矿安全生产的难点问题。加强安全文化建设，强化舆论宣传和社会监督，依法维护和落实企业职工安全生产知情权、参与权与监督权，形成全社会共同关心、支持煤矿安全生产的良好氛围。

最后，我再强调一下，当前正值主汛期和台风活跃期，洪涝、滑坡、泥石流等灾害容易引发道路交通、矿山等安全事故。各地区、各部门和各单位务必高度重视，按照中央统一部署，牢牢抓住“打非治违”这个现阶段安全生产工作的“牛鼻子”，继续深化煤矿、非煤矿山、烟花爆竹、危险化学品、铁路和水上交通、建筑施工、民爆物品、冶金及消防等行业领域的安全专项整治，狠抓道路交通安全工作，加强综合监管、行业监管和执法监察，严肃事故查处和责任追究。要深刻吸取近年来汛期发生的重特大事故教训，强化极端天气防范应对措施，遇重大险情要提前停产撤人，严防自然灾害引发生产安全事故。

安全生产事关全局、责任重大。我们要在以胡锦涛同志为总书记的党中央领导下，以邓小平理论和“三个代表”重要思想为指导，深入贯彻落实科学发展观，坚持以人为本、安全发展，以总结推广神华经验为契机，扎实工作、超前防范，全面加强煤矿安全生产工作，进一步促进安全生产形势持续稳定好转，为党的十八大胜利召开创造良好的社会环境。

第四部分

国家安全生产监督管理总局负责人关于安全生产工作的讲话

国家安全生产监督管理总局局长骆琳在全国安全生产工作会议上的讲话(摘要)

(2012年1月14日)

1月13日下午国务院召开的全国安全生产电视电话会议上，张德江副总理充分肯定了2011年安全生产工作取得的成绩，深刻分析了面临的严峻形势，对2012年工作作出了全面部署，提出了明确要求。这次全国安全生产工作会议的主要任务就是认真学习贯彻张德江副总理的重要讲话精神，把思想和行动统一到党中央、国务院关于加强安全生产工作的重大决策部署上来，深入贯彻落实科学发展观，坚持以人为本、安全发展的理念，全面贯彻《国务院关于坚持科学发展安全发展促进安全生产形势持续稳定好转的意见》(国发〔2011〕40号，以下简称《意见》)，深入扎实开展"安全生产年"活动，有效防范和坚决遏制重特大事故，继续减少事故总量，全力促进全国安全生产形势的持续稳定好转。

根据国家安全监管总局党组集体研究的意见，我讲三个方面的问题。

一、在党中央、国务院正确领导和各方面共同努力下，2011年安全生产工作取得了积极进展和明显成效

2011年，党中央、国务院继续采取一系列重大举措全面加强安全生产工作。《中共中央国务院关于加强和创新社会管理的意见》将全面加强安全生产工作纳入加强和创新社会管理的大格局之中。国务院制定印发了《意见》。胡锦涛总书记在党的十七届六中全会上重申了"思想认识上警钟长鸣、制度保障上严密有效、技术支撑上坚强有力、监督检查上严格细致、事故处理上严肃认真"的总体要求；在中央经济工作会议上强调"要全面排查和消除交通、煤矿、建筑施工、危险化学品、城市消防等重点行业和重点领域的安全隐患，有效防范和坚决遏制重特大事故发生"。温家宝总理多次主持召开国务院常务会议，专题研究部署以交通、煤矿、建筑施工、危险化学品为重点全面排查和消除安全隐患，部署开展高速铁路及其在建项目安全大检查，审议通过《安全生产"十二五"规划》，听取"7·23"甬温线铁路交通事故等特别重大事故调查情况汇报。张德江副总理2011年初主持召开国务院安委会全体会议和全国安全生产电视电话会议，就统筹安排"十二五"时期安全生产工作和扎实做好2011年工作作出了全面部署；2011年下半年又两次主持召开国务院安委会全体会议，分析工作进展情况，研究解决突出矛盾问题，部署有关重点工作，有力地指导推动了安全生产工作。

在党中央、国务院的高度重视和正确领导下，经过各部门、各地区和各单位共同努力，2011 年全国安全生产继续保持了总体稳定、持续好转的发展态势，总体上实现了“十二五”时期安全生产工作的良好开局。

——事故总量和死亡人数持续下降。据国家安全监管总局调度统计，2011 年全国发生各类事故 347728 起、死亡 75572 人，同比分别减少 15655 起、3980 人，下降 4.3% 和 5%。工矿商贸领域事故死亡人数首次降到 1 万人以下，其中煤矿事故死亡人数首次降到 2000 人以下。

——防范遏制重特大事故取得明显成效。全国一次死亡 3 ~9 人的较大事故同比减少 98 起、403 人，分别下降 5.7% 和 5.9%。一次死亡 10 人以上的重特大事故同比减少 13 起、325 人，分别下降 15.3% 和 22.6%；其中一次死亡 30 人以上的特别重大事故同比减少 7 起、251 人，分别下降 63.6% 和 61.2%。通过有效防范和全力救援，全国没有发生一次死亡 50 人以上的事故。

——反映安全发展水平的各项主要指标进一步趋好。各项主要指标同比降幅均在 10% 以上，其中亿元 GDP 生产安全事故死亡率由 0.201 降到 0.173，降幅 13.9%；工矿商贸十万就业人员事故死亡率由 2.13 降到 1.88，降幅 11.7%，道路交通万车死亡率由 3.2 降到 2.8，降幅 12.5%；煤矿百万吨死亡率由 0.749 降到 0.564，降幅 24.7%。

——重点行业领域安全生产状况普遍改善。工矿商贸事故起数和死亡人数同比分别下降 7.3% 和 8.6%，其中煤矿分别下降 14.4% 和 18.9%，金属与非金属矿山分别下降 13.7% 和 16.6%，危险化学品事故死亡人数下降 5.2%，烟花爆竹分别下降 12.9% 和 22.6%，建筑施工分别下降 4.5% 和 4.9%，冶金机械建材等工商贸其他分别下降 4.8% 和 1.3%。道路交通分别下降 4% 和 4.4%，水上交通分别下降 10% 和 11.6%，铁路交通分别下降 5.7% 和 4.2%，消防火灾分别下降 5.4% 和 8.2%。农业机械事故死亡人数下降 20.1%，渔业船舶事故死亡人数下降 10.7%。民航没有发生运输飞行事故。

——大部分地区安全生产形势比较稳定。全国 32 个省级统计单位中，有 24 个单位事故起数和死亡人数双下降，21 个单位重特大事故起数下降或持平，其中内蒙古、安徽、青海、新疆生产建设兵团 4 个单位没有发生重特大事故，北京、天津、河北、上海、浙江、福建、江西、湖北、广东、海南、西藏、宁夏 12 个单位的工矿商贸领域没有发生重特大事故。

——安全生产控制指标实施情况良好。年度控制指标实施进度低于控制目标 4 个百分点。工矿商贸领域的煤矿、金属与非金属矿山、危险化学品、烟花爆竹、建筑施工，以及生产经营性道路交通和水上交通、消防火灾、铁路交通、农业机械、渔业船舶等行业领域事故死亡人数，均在控制目标以内。全国 32 个省级统计单位事故死亡人数均在控制考核指标之内。

一年来，各地区、各部门和各单位认真贯彻落实党中央国务院关于加强安全生产工作的决策部署，按照“三深化、三推进”的总体要求，突出抓了以下 8 个方面的工作：

（一）加强组织领导，加大宣传教育力度。各地区、各部门和各单位认真贯彻《中共中央国务院关于加强和创新社会管理的意见》，把安全生产纳入社会管理总体布局，在安排部署经济建设、社会建设等工作的同时，对安全生产工作作出部署。北京市委、市政府联合制定下发了关于进一步加强首都安全生产工作的实施意见。重庆市建立了党政领导班子安全生产工作联席会议制，并深入推进安全保障型城市创建活动。河南省颁布了“安全河南”创建纲要。江苏省积极开展安全监控体系和安全生产责任网、监督网和保障网“三网”建设。广东、山东、山西、四川等省严格实行安全生产“一岗双责”和重特大事故“一票否决”。第 10 个“安全生产月”活动期间，各地区以“安全责任、重在落实”为主题，开展了形式多样的宣传教育活动。在各地党委政府的重视和推动下，安全社区、安全文化示范企业、安全诚信企业创建工作取得新进展，目前全国已有 1280 个街道和乡镇启动了安全社区建设工程，229 个单位被命名为全国安全社区，85 家企业被命名为安全文化示范企业。

（二）深化企业主体责任落实，切实加强安全生产管理和监督。各地区、各部门深入贯彻《国务院关于进一步加强企业安全生产工作的通知》（国发〔2010〕23 号）精神。交通、建设、工业和信息化、铁道、水利、农业、电力、民航等国家主管部门结合行业特点，就加强安全管理和监督作出了具体规定。上海市建立健全了国有企业领导安全生产履职考核制度。安徽省将企业负责人绩效考核中的安全生产权重提高到50%。吉林、江西、陕西等省建立健全了企业安全生产警示约谈、黄牌警告等制度。河北省坚持企业安全生产承诺制度。新疆维吾尔自治区探索建立安全监管、工商、信贷、保险等相关部门参加的企业安全诚信约束联动机制。各地区认真贯彻落实国家安全监管总局和国务院国资委《关于进一步加强中央企业安全生产分级属地监管的指导意见》(安监总办〔2011〕75号),切实加强对中央企业、省属企业在地方所属单位安全生产的监督管理。国务院安委会和安委办先后组织开展了5次全国范围的检查督查,向事故多发、问题突出的地区和企业发出了210份安全隐患整改通知函和78份警示通报。国家安全监管总局继续实施安全生产情况日报告、周调度、月通报、季发布、年考核制度,加强调度运行调节,先后约谈了13个地方政府和7个大型企业负责人,共同研究加强和改进安全防范的措施。各类企业尤其是中央企业的安全生产主体责任意识进一步增强,安全生产总体水平有新的提高。

(三)深化依法监管,严厉打击非法违法行为,严肃事故调查处理和责任追究。国务院安委会部署在全国范围内集中开展了打击非法违法生产经营建设行为(以下简称“打非”)专项行动。各地区和有关部门明确了本地区、本行业领域依法打击的重点。贵州省将区域内非法违法行为细化为90小项,分别明确了97项依法惩处的办法措施。湖南省针对烟花爆竹生产转包分包等典型非法违法行为组织开展专项执法。黑龙江省把煤矿安全执法向依法惩治习惯性违法违章行为拓展延伸。内蒙古、云南、甘肃等省(区)进一步健全完善了联合执法机制,依法加大打击力度。全国查处各类非法违法行为共计455.97万起,其中无证或证照不全从事生产经营建设行为48.43万起。因非法违法所造成的重特大事故比例,由2010年的72%下降到61%。

健全完善、认真执行事故查处督办制度。国务院安委会和地方各级安委会层层挂牌督办,依法严格事故查处,并及时予以公告,接受社会监督。国务院安委会办公室在做好重大事故查处挂牌督办的同时,针对存在的突出问题,制定了对非法违法较大事故、瞒报谎报事故查处实行跟踪督办的办法。该项制度建立以来,共督办非法违法较大事故35起。国家安全监管总局共接到事故举报4444件,其中核查证实的占42.9%,并对谎报瞒报事故的相关责任人依法予以严惩。北京、吉林、湖北、湖南、江苏、山东等省(市)对国务院安委会挂牌督办的查处事项严肃认真负责,及时沟通反馈并发布公告。国务院事故调查组2011年查处了13起特别重大事故(包括2010年发生的9起和2011年发生的4起),目前已办理结案9起,共有107名涉嫌犯罪人员被移送司法机关追究刑事责任,217名责任人受到党纪政纪处分,其中受到撤销职务以上处分的70人。严格按照“科学严谨、依法依规、实事求是、注重实效”的原则,扎实深入开展了“7·23”甬温线特别重大铁路交通事故的调查处理并全文公布了事故调查报告。2011年全国事故查处结案率为94.1%,累计追究处理4799人,其中移送司法机关追究刑事责任808人,给予党纪政纪处分3991人。

(四)深化重点行业领域安全专项整治,认真排查治理隐患。各地区、各重点煤炭企业认真贯彻张德江副总理在全国煤矿瓦斯防治电视电话会和现场会上的重要讲话精神,按照国务院办公厅转发的国家发展改革委、国家安全监管总局《关于进一步加强煤矿瓦斯防治工作的若干意见》(国办发〔2011〕26号),全面落实瓦斯抽采利用各项政策措施。2011年全国煤矿瓦斯抽采量同比提高22.7%,利用量同比提高32.5%,煤矿瓦斯事故起数和死亡人数分别下降17.9%和14.7%。煤矿特别重大事故发生周期在2011年内延长至390天,创出1988年以来的最好记录。深入开展非煤矿山安全专项整治,查处无证勘探开采等非法违法行为6200多起,关闭取缔非法和不具备安全生产条件的矿点6500多处。各地区运用中央预算内投资和中央财政专项资金,加大尾矿库隐患综合治理力度。对安全防护距离不够的1057户化工企业进行了搬迁,基本完成了危险工艺自动化控制改造。全国烟花爆竹生产企业由约7000户减少到5000户,礼花弹生产企业由300户减少到95户,现存企业全部完成了改造提升。开展了冶金煤气、有限空间作业和工业粉尘等专项整治。联合组织开展了职业病防治督查和专项整治。各级安全监管部门积极会同相关部门，深入开展道路交通、水上交通、建筑施工、农机、渔船、消防等行业领域，以及针对城市轨道交通、电梯和承压设备、校舍校车、京沪高铁沿线等方面安全隐患的专项整治。

按照国务院第165次常务会议和国务院安委会的要求，从2011年7月下旬开始，我们部署在以铁路、公路、桥梁为重点的交通运输领域，以煤矿为重点的矿山领域，以危险化学品为重点的工业领域，以在建住房项目为重点的建筑领域，全面组织开展了安全隐患排查治理攻坚战。天津等省（区、市）对排查出的隐患进行清理分类，严格执行重大隐患治理挂牌督办和整改效果评价制度。广西壮族自治区制定出台了隐患排查治理条例等地方法规。国家安全监管总局及时召开现场会，总结推广了北京顺义等地建立隐患排查治理体系、推动隐患排查治理规范化信息化的经验做法。2011年国家安全监管总局共接到群众举报安全隐患13835件，其中核查证实7779件，查实率58.9%。全国工矿、交通运输行业领域共排查出安全隐患881.28万项，其中重大隐患16630项，已整改销号14951项，整改率89.9%；已列入治理计划的1601项，落实治理资金约55.98亿元。

（五）大力推进安全生产科技进步，不断提高应急救援能力。组织开展了第五届安全生产科技成果奖评审，评选出一批安全生产优秀科研成果、先进适用技术和装备。大力推广应用矿山井下救生舱等安全避险设施，目前全国已建成429处井下安全避险“六大系统”示范矿井。浙江省采取资金扶持政策，鼓励化工企业自动化改造、尾矿库在线监控等技术推广。大力推进交通运输动态监管系统建设，国家投入2055万元，带动地方投入67亿元，目前全国“两客一危”车辆（即旅游包车、三类以上的班线客车和运输危险化学品、烟花爆竹、民用爆炸物品的道路专用车辆）卫星定位装置安装率达到90%；将水上交通动态监管试点范围扩大到沿海15个省（区、市），海洋运输船舶和60马力以上机动渔船防撞自动识别系统安装率分别达到60%和40%。加快安全生产“金安”信息化工程建设，启动了安全生产远程监管监察和事故处置系统建设试点工作。

安全生产应急管理体系进一步健全。列入统计的所有中央企业（54户）和占87%的市（290个）建立了应急管理机构。中央预算内基本建设投资14亿元，7个国家矿山应急救援队和基地建设工作全面启动，14个区域基地建设取得积极进展。在中央国有资本经营预算内设立了安全生产保障能力建设专项资金，2011年安排9.55亿元，用于14家中央企业所属15支应急救援队伍、11个培训演练基地建设。成功举办了第五届国际矿山救援大会暨第三届中国国际安全生产应急管理论坛及展览会。2011年全国矿山、危化、消防、水上等应急救援队伍共参与事故救援41万余起，抢救遇险被困人员近12万人（119635人）。通过及时救援，有效遏制重特大事故近10起。

（六）大力推进企业安全生产标准化建设，夯实安全生产基础。国务院安委会印发了《关于深入开展企业安全生产标准化建设的指导意见》（安委〔2011〕4号），分行业制定了实施方案。2011年总局制定颁布了153项安全生产和煤炭行业安全标准、40项安全达标评定标准，进一步建立健全了安全生产标准规范体系。国家安全监管总局会同全国总工会、共青团中央联合部署开展群众性岗位达标活动，组织开展了班组安全建设工作；总结推广了有关地区、企业的先进经验和有效做法；举办了38期安全生产标准化专题培训班，培养了一批企业标准化建设的骨干力量。福建省自我加压，将企业达标时限提前了一年。辽宁等省（市）将达标创建活动与行政许可等挂钩。各中央企业充分发挥技术、人才和基础建设方面的优势，率先做好达标创建工作。

2011年全国各类培训机构累计培训高危行业“三项岗位”人员561.6万人次、班组长178万人次、农民工1322.2万人次，进一步夯实了企业安全生产基础。印发了《安全生产人才中长期发展规划(2011—2020)》（安监总培训〔2011〕53号），“安全科学与工程”学科已被列为工学门类一级学科。落实对口单招政策，2011年煤矿主体专业招生人数同比增加45%。加强安全生产职业资格工作，全国取得注册安全工程师执业资格人数达16.9万人，取得安全评价师执业资格人数达1.77万人。

（七）大力推进长效机制建设，做好安全规划、法制和政策等方面的工作。国务院审议通过并发布实施了《安全生产“十二五”规划》，明确了“十二五”时期安全生产工作的奋斗目标、主要任务、重点工程和保障措施。国家安全监管总局就“十二五”时期的煤矿等重点行业领域安全生产、安全文化建设、安全教育培训、安全科技、应急管理、尾矿库治理、中央企业安全保障能力、监管监察能力建设等，制定和编制了12部专项规划。各地区重视抓好区域安全生产规划工作，有20个区域规划被列为省级重点专项规划。各有关部门和各中央企业也都在相关行业、企业发展规划中设置了安全生产专篇专章。《安全生产法》的修订工作取得积极进展，修订后的《危险化学品安全管理条例》、《职业病防治法》已经发布施行。国家安全监管总局制定出台了《危险化学品重大危险源监督管理暂行规定》等34个部门规章和规范性文件。在相关部门的大力支持下，煤矿安全技术改造和瓦斯治理示范矿井建设、煤层气抽采利用、购置安全生产专用设备所得税优惠、安全风险抵押和责任保险制度、安全生产事故社会应急救援补偿等经济政策进一步落实和完善，中央财政对煤矿整顿关闭、安全改造和瓦斯治理、中央企业安全保障能力建设等继续给予资金扶持。

（八）大力推进安全监管监察队伍建设，深化创先争优活动。通过创建学习型党组织和“五型机关”，开展纪念中国共产党成立90周年系列活动，以及评选表彰先进、组织先进事迹报告团巡回演讲等，把以“争做安全发展忠诚卫士，创建为民务实清廉安监机构”为主题的创先争优活动推向深入。人力资源社会保障部与国家安全监管总局部署开展了全国安全生产监管监察系统先进集体和先进工作者评选活动。开展多层次、多形式的安全监管监察业务培训，运用视频系统对县级安全监管局长进行了集中培训。建立了安全生产工作创新奖评选制度，在各地区、各单位上报的120多个项目中，有30项成果获得首届安全生产理论和实践应用创新奖。加强预防和惩治腐败体系建设，坚持反腐倡廉“警示教育周”制度，在煤矿安全监管监察领域开展了“深化执政为民教育、规范安全执法行为、整治突出问题”活动，促进了严格执法、公正执法、科学执法和廉洁执法。

长期以来，全国安全监管监察、系统广大干部职工以贯彻落实党和国家安全生产方针政策、维护人民群众生命财产安全、推动我国经济社会科学发展安全发展为己任，忠于职守、勤于事业，脚踏实地、埋头苦干，付出了艰辛努力，作出了应有的贡献。这次会议上受到表彰的先进集体和先进个人，是安全监管监察队伍和安全生产工作战线的优秀代表，是我们学习的榜样。我代表国家安全监管总局党组，向受到表彰的单位和个人表示热烈的祝贺和亲切的慰问；并向安全监管监察系统以及全国安全生产工作战线上的同志们，表示衷心的感谢和崇高的敬意！

回顾总结一个时期来的安全生产工作实践，我们感到以下5条是需要在今后的工作中正确把握和自觉坚持的：一是必须用科学发展观统领安全生产工作全局，增强坚持科学发展、安全发展的自觉性和坚定性；二是必须保持工作的稳定性和连续性，持之以恒狠抓落实，扎实推进安全生产长效机制建设；三是必须切实加强法制建设，依靠严密有效的法规制度和严格执法，把安全生产进一步纳入规范有序高效进行的轨道；四是必须树立和强化创新意识，尊重基层的首创精神，大力推动安全生产工作和事业的创新发展；五是必须保持良好的精神状态，始终坚忍不拔、坚定不移地做好安全生产工作。在形势相对稳定的时候，要看到差距和问题，认清安全生产的长期性、艰巨性和复杂性，始终保持清醒头脑，自觉做到警钟长鸣、常抓不懈；在出现暂时困难的时候，要看到安全生产工作取得的积极进展，认清我国经济社会科学发展、安全发展的必然趋势，进一步坚定做好安全生产工作的信心和决心。

2011年安全生产工作虽然取得了积极进展和明显成效，但与党中央、国务院的要求和人民群众的期望相比还存在较大差距。事故总量仍然较大，重特大事故时有发生，安全生产形势依然严峻。尤其是相继发生了4起特别重大事故和68起重大事故，造成人民生命财产的重大损失和严重的社会影响。全国32个统计单位中有6个单位事故总量同比有所上升，11个单位重特大事故起数同比上升。全年工作起伏波动较大。第一、第二季度相对稳定，第三季度交通运输重特大事故多发，进入第四季度后工矿商贸、交通运输、消防火灾、校车等事故集中反弹。10月发生重特大事故14起，为2008年以来重特大事故发生最多的月份。张德江副总理在全国安全生产电视电话会议上的重要讲话，深刻分析了原因，指出主要是安全发展理念尚未牢固树立，没有做到发展以安全为前提和基础；非法违法行为屡禁不止，一些地方和单位“打非”态度不坚决，措施不得力；安全管理和监督存在漏洞；隐患治理整顿和应急处置不力等；职业危害防治相对薄弱。张德江副总理的分析符合实际，切中要害，一定要引起我们的高度重视，并在下一步工作中切实加以解决。

二、认真学习贯彻国务院《意见》，进一步增强做好安全生产工作、推动科学发展安全发展的自觉性和坚定性

2011 年 11 月 30 日，国务院印发了《关于坚持科学发展安全发展促进安全生产形势持续稳定好转的意见》。这是继 2004 年《国务院关于进一步加强安全生产工作的决定》（国发〔2004〕2 号，以下简称《决定》）、2010 年《国务院关于进一步加强企业安全生产工作的通知》（以下简称《通知》）之后，以国务院名义印发的关于安全生产工作的又一重要文件。认真学习领会、全面贯彻落实《意见》精神，是当前和“十二五”时期安全生产工作的首要任务。

（一）深刻认识《意见》的出台背景和重大意义。《意见》是在“十一五”时期安全生产工作取得显著成效，“十二五”开局之年全国安全生产继续保持稳定好转的发展态势，但形势依然严峻、安全发展任务艰巨繁重的背景下出台的。《意见》的制定和出台，充分体现了党中央、国务院对安全生产工作的高度重视和对人民群众生命财产安全的高度负责，通篇贯穿着以人为本的科学发展观和执政为民的崇高执政理念，是近年来全国安全生产工作丰富实践的科学总结与概括，是与国务院 2004 年《决定》相继承，与 2010 年《通知》相补充，与《安全生产“十二五”规划》相配套，从全局和整体上推进加强安全生产工作的纲领性、规范性文件。

（二）切实理解把握《意见》的丰富内涵。《意见》高度概括和集中表述了近年来党和国家关于加强安全生产工作的大政方针和主要举措，进一步明确了现阶段安全生产工作的指导思想和基本原则，全面系统提出了加强和创新安全生产工作、促进安全发展的一系列重大政策措施。《意见》充分体现了“五个统一”：一是继承与创新的统一。既重申了国务院 2004 年《决定》、2010 年《通知》的基本精神，又适应新形势对安全生产工作的新要求，明确提出了一系列新思路、新举措。二是理论与实践的统一。既深刻阐述了坚持科学发展、安全发展的重要意义，丰富了安全生产理论，又针对目前安全生产领域存在的突出矛盾问题，提出了具有很强现实针对性、切实管用的对策办法。三是近期与长远的统一。既指出了各行业领域近期必须切实抓好的重点工作，又明确了安全生产的中长期任务和奋斗目标，对“十二五”乃至更长一个时期的安全生产工作都有着重要的指导作用。四是宏观与微观的统一。既有宏观战略和总体思路的要求，又强调了安全生产法制建设、责任落实、基础管理和安全保障能力建设等关键环节的工作。五是治标与治本的统一。既重视解决目前一些地方和单位存在的安全生产责任不落实、监管不严、执法治理不力、违法违规行为屡禁不止等矛盾问题，又注重把加强安全生产与加快转变经济发展方式紧密结合起来，致力于解决影响制约安全生产的深层次问题，从根本上提高安全保障能力和安全生产水平。

（三）充分认识《意见》在安全生产理论和实践上的创新发展。《意见》深刻阐述了坚持科学发展、安全发展的丰富内涵、基本要求和主要任务，明确提出实施安全发展战略，强调要始终把安全生产摆在经济社会发展和政府工作重中之重的位置，把安全真正作为地方和企业发展的前提和基础，努力促进安全生产与经济社会同步协调发展；强调要把坚持科学发展、安全发展这一重要思想和理念落实到生产经营建设的每一个环节，使之成为衡量各行业领域、各生产经营单位安全生产工作的基本标准，有助于把科学发展、安全发展真正落到实处。

《意见》在强调落实以往各项行之有效对策措施的基础上，进一步建立健全了一系列加强安全生产的新制度、新举措。包括地方政府行政首长安全生产第一责任人制度和政府领导班子成员安全生产“一岗双责”制度，高危行业建设项目审批安全生产行政许可前置制度，企业全员安全培训制度，加强公路客运特别是卧铺客车、校车安全监管制度，非煤矿山主要矿种最小开采规模和最低服务年限制度，建设项目职业危害防护设施“三同时”制度，政府引导带动、各方共同承担的安全生产投入制度，企业安全生产失信惩戒制度，安全生产绩效考核奖惩制度，把安全生产纳入社会主义精神文明和党风廉政建设、社会管理综合治理体系之中的相关工作制度，安全生产政务公开和接受监督制度等。

同时，明确提出了一系列具有长远意义的安全生产重点建设和发展任务，如安全生产隐患排查治理体系建设、企业安全生产标准化建设、应急救援队伍和基地建设、专业化的安全监管监察队伍建设、安全文化建设、安全产业发展等。所有这些都具有很强的针对性和可操作性。

（四）紧紧抓住《意见》主题，在推动实施安全发展战略上做出切实努力。贯彻落实国务院《意见》，一定要紧紧抓住坚持科学发展、安全发展这个主题和基本精神，更加自觉地用科学发展观统领安全生产工作全局，更加旗帜鲜明地坚持安全发展、唱响安全发展，推进安全发展战略的贯彻实施，总体带动安全生产工作。

一是要自觉遵循安全发展原则，把安全发展贯穿到经济社会发展的全过程。要真正做到在谋划发展思路时，尊重发展规律，把是否能够保障安全作为衡量经济发展方式是否真正转变到位的主要标准；在制定发展目标时，要充分考虑安全生产因素，不以牺牲安全谋求发展，把安全生产作为考核一个地区经济发展、社会管理、文明建设成效的硬性指标；在推进发展进程中，要始终强调安全这一发展前提，充分运用安全生产严把准入、严格监管、严肃责任追究所形成的“倒逼”机制，自觉调整和改革经济运行的管理模式和工作机制，努力推动安全生产与经济社会的同步协调发展。

二是要促进地方各级领导统筹好安全生产与经济社会发展的关系，推动落实安全发展规划。按照《意见》精神和《安全生产“十二五”规划》要求，把安全发展真正纳入社会主义现代化建设的总体布局，纳入地方经济社会发展、行业企业改革发展的规划，抓紧分解落实规划目标任务，加快企业安全保障、政府监管和社会监督、安全科技支撑、法律法规和政策标准、应急救援、宣教培训等“六大体系”建设，把发展真正建立在企业和全社会安全保障能力持续增强、人民群众的生命安全和身体健康得到切实保障的基础之上。

三是要研究完善安全生产策略举措，努力解决影响制约安全发展的各种矛盾问题。针对目前高危行业和社会公共安全基础薄弱、非法违法生产经营建设行为屡禁不止、违规违章等隐患严重，以及经济增长和发展方式相对粗放、高危行业产业布局结构不合理、安全生产领域官商勾结和腐败现象多发等深层次矛盾问题，探索采取更加行之有效的办法。尤其要围绕《意见》明确提出的各项制度措施的贯彻落实，研究提出切实可行的具体办法。

四是要更加自觉地争做安全发展的忠诚卫士和有力促进者。维护和推动安全发展，是安全监管监察系统和安全生产工作战线的职责所在。全系统、全战线各级领导同志和广大干部职工，要认清肩负的神圣职责，进一步增强责任感、使命感和紧迫感；要树立安全生产工作只有起点、没有终点的思想观念，戒骄戒躁、从零起步，更加奋发有为地做好安全生产各项工作，全力推进科学发展、安全发展。

三、突出重点、狠抓落实，扎实抓好2012年安全生产各项工作

2012年是实施“十二五”规划承上启下的重要一年，也是认真贯彻实施国务院《意见》和《通知》，坚持科学发展、安全发展，促进全国安全生产形势持续稳定好转的关键之年。新的一年里，安全生产工作既要面对经济持续快速发展的背景下在大型公共安全基础设施建设、高技术条件下高危行业安全准入、高速交通运输安全风险监控等方面带来的新情况新问题，又要切实解决好长期以来存在的非法违法生产经营建设、工矿企业超强度超能力超定员、交通运输单位超载超限超速等突出问题，以及结构性、区域性的矛盾问题，工作任务艰巨繁重。同时，更要看到做好2012年安全生产工作的有利因素，进一步增强信心和决心。相信只要我们坚定不移地贯彻执行党中央、国务院关于加强安全生产工作的重大决策部署，紧紧依靠各地区、各部门和各单位的共同努力，充分发挥全系统全战线的积极性、主动性和创造性，深入开展以科学发展、安全发展为主题的“安全生产年”活动，不断深化、拓展和落实安全生产“三项行动”、“三项建设”，就一定能够夺取2012年安全生产工作的新进展和新成效。

全国安全生产电视电话会议明确了2012年安全生产工作的总体要求，即全面贯彻落实党的十七大和十七届三中、四中、五中、六中全会和中央经济工作会议精神，以邓小平理论和“三个代表”重要思想为指导，深入贯彻落实科学发展观，认真贯彻落实国务院《意见》精神，坚持以人为本，以科学发展、安全发展为总要求，以深入扎实开展“安全生产年”活动为载体，以预防为主、落实责任、依法治理、应急处置、科技支撑、基础建设为主要措施，以进一步减少事故总量、有效防范和坚决遏制重特大事故为工作目标，加大落实力度，切实把各项责任落实到位，把各项政策措施落到实处，全力以赴做好安全生产各项工作，促进全国安全生产形势持续稳定好转，以安全生产的新成效迎接党的十八大胜利召开。

2012 年全国安全生产控制考核指标已经国务院安委会全体会议研究确定。主要指标包括：各类事故死亡人数下降幅度不低于 2.1%；工矿商贸事故死亡人数下降幅度不低于 2.6%，其中煤矿事故死亡人数下降幅度不低于 2.6%；较大事故起数下降幅度不低于 3.2%，重大事故起数下降幅度不低于5%，特别重大事故起数实行零控制。全国安全生产工作会议之后将以国务院安委会文件下达，各地区要尽快把相关指标分解落实下去。

按照张德江副总理重要讲话的要求，2012 年全国安全生产工作要紧紧围绕“一个树立、三个坚持、三个强化”来进行，在加大各项责任和政策措施力度上狠下功夫，突出抓好以下重点工作：

（一）牢固树立科学发展、安全发展理念，着力凝聚共识，推动实施安全发展战略。利用各种方法途径，大力宣传贯彻国务院《意见》、《通知》和《安全生产“十二五”规划》。以“科学发展、安全发展”为主题，组织开展好全国第 11 个“安全生产月”系列活动。通过广泛深入的宣传教育，使党中央、国务院坚持科学发展安全发展、促进安全生产形势持续稳定好转的重大决策部署和各项政策措施深入人心。继续开展安全文化示范企业、安全社区、安全保障型城市创建活动和校园安全文化建设。搞好换届改选后各级政府分管领导和安全监管监察系统主要领导干部安全培训，使之成为践行科学发展安全发展理念、实施安全发展战略的带头人。认真实施全国《安全生产“十二五”规划》和 12 部专项规划及相关行业规划，推动实现安全与发展的有机统一。

（二）坚持预防为主，着力排查治理隐患，深化重点行业领域的安全整治。要把排查治理隐患作为坚持预防为主、有效防范遏制事故的治本之策，毫不松懈地抓下去。

要把煤矿安全始终摆在重中之重的位置上。认真贯彻全国煤矿瓦斯防治现场会精神，严格执行煤矿瓦斯防治“十条禁令”和加强煤矿安全监管监察“十项要求”，强力推行抽采达标，严格落实两个“四位一体”综合防突措施，开展煤矿瓦斯防治能力评估，依法整顿关闭不具备瓦斯防治能力的矿井，严肃查处瓦斯和粉尘超限等违规违章现象。加强兼并重组、整合技改矿井安全监管。开展煤矿防治水专项督查。继续抓好井下安全避险“六大系统”建设。加快小煤矿机械化改造。推行煤矿风险预控管理体系。认真推广有关地区、煤炭企业安全生产工作经验，提升煤矿安全整体水平。

会同有关部门抓紧制定全面加强道路交通安全工作的政策措施。贯彻落实《道路旅客运输企业安全管理规范》，加强对运输企业的安全监管。推动长途客运、危化品运输、校车等车辆全面安装使用卫星定位装置，加快建立省、市、县三级动态监管平台。继续实施公路安全保障工程，加强对事故多发路段安全隐患的排查治理。继续严厉整治超速、超载、超员、酒后驾驶、疲劳驾驶、非营运车辆载人等非法违法行为。

切实抓好其他重点行业领域安全整治。以治理井下工程非法外包、以采代探等严重隐患问题为重点，深化非煤矿山安全整治。继续实施金属非金属地下矿山采空区监测监控、露天矿山高陡边坡安全监测监控技术、尾矿库在线监控等科技示范工程建设。加强石油天然气勘探开采安全管理，健全完善、严格执行相关规程标准，严防井喷失控、硫化氢中毒、海上溢油及输送管网泄漏燃烧等事故。认真贯彻新修订的《危险化学品安全管理条例》，突出抓好重点监管品种、重点危险工艺、重大危险源的安全监管。将安全生产作为危险化学品项目审批的前置条件，严格控制危险化学品建设项目。组织开展地下危险化学品输送管道设施安全整治，抓紧解决城区内危险化学品企业的搬迁转产或关闭问题。深化烟花爆竹“三超一改”、违法分包转包、违规使用氯酸钾和礼花弹专项整治。加强冶金机械建材等工商贸企业的安全监管，开展冶金煤气、受限空间作业、高温液态金属吊运等安全专项整治。加强安全监管部门与有关部门的协调配合，深化建筑施工安全整治，认真整治借用资质和挂靠、违法分包转包、以包代管，以及严重忽视安全生产、赶工期抢进度等突出问题。深入排查治理高速铁路、城市轨道交通安全隐患。深化渡口渡船、渔业船舶、农业机械安全专项整治。深入实施社会消防安全“防火墙”工程。深化人员密集场所安全整治，严防拥挤踩踏事故。

（三）坚持落实责任，着力强化和落实企业安全生产主体责任，不断加强政府安全监管。继续深入贯彻落实国务院《通知》，通过严格安全生产行政许可、严格领导干部现场带班、实施分类指导重点监管、跟踪落实整改措施，以及警示约谈、黄牌警告、责任追究等行之有效的方法途径，促使企业履行安全生产主体责任，建立自我约束、持续改进的企业安全生产长效机制。加强对企业主要负责人和实际控制人履行安全生产职责情况的监督考核。加强企业安全生产诚信建设，尽快建立与银行、证券、保险、担保等挂钩的企业安全生产失信惩戒制度。

严格落实地方政府行政首长安全生产第一责任人的责任，建立健全政府领导班子成员安全生产“一岗双责”制度。强化安全生产绩效考核，严格实行“一票否决”。完善和落实企业安全生产分级属地管理制度，总结推广各地区加强中央企业安全监管的成功经验和有效做法。健全完善煤矿整顿关闭、危险化学品安全监管、烟花爆竹安全监管、道路交通安全、职业病防治、重特大事故责任追究沟通协调等安全生产工作联席会议制度，完善协商和决策机制，进一步加强部门之间的配合协作，更好地履行安全生产综合监管、专业监管、行业管理和指导等职责。继续坚持和完善安全生产指标控制以及通报、发布、考核制度，每季度在《人民日报》等媒体公告各省（区、市）控制指标实施情况，并向省级党委、政府主要负责同志进行通报沟通。

（四）坚持依法治理，着力打击非法违法行为，进一步规范生产经营建设秩序。加快修订《安全生产法》等法律法规。加强安全生产法制宣传，增强企业和社会公众安全生产法律意识。针对无照无证和证照不全进行生产、已关闭小矿小厂死灰复燃、拒不执行停产整顿指令等典型违法行为，继续集中开展“打非”专项行动。搞好日常执法、重点执法和跟踪执法，健全完善联合执法。在坚持和完善区域内、行业内联合执法机制的同时，针对危险化学品运输、长途客运安全监管等难点，探索建立跨地区、跨行业的联合执法机制。加强对地方政府特别是县乡“打非”工作的监督检查，督促落实停产整顿、关闭取缔、依法处罚和依法严肃追究法律责任“四个一律”措施。鼓励媒体和群众举报非法违法问题。抓紧建立非法违法企业、重特大事故企业在媒体公示的黑名单制度，逐步建立全国安全生产信息联网查询系统。

按照“四不放过”和“科学严谨、依法依规、实事求是、注重实效”的原则，严肃认真地做好事故调查工作，主动公开事故调查有关事项，自觉接受社会监督。认真执行事故查处挂牌督办和非法违法、瞒报谎报事故查处跟踪督办制度，严肃安全生产党纪国法。结合事故查处和责任追究，深挖非法违法行为背后的腐败行为和“保护伞”，改善安全生产执法环境。

（五）强化科技支撑，着力推广先进适用技术，全面提升安全保障能力。做好百项先进适用技术、千项新型适用产品的推广应用工作，继续抓好矿山井下安全避险、煤矿瓦斯高效抽采与利用、尾矿库在线监测监控、危险化学品重大危险源监控预警等安全技术示范工程。加大安全生产科研攻关力度，突出抓好列入国家科技支撑计划的重点科研项目，尽快在事故预防预警、防治控制、抢险处置和执法监管等方面，推出一批具有自主知识产权的科技成果。整合优化安全科研资源，尽快建成一批安全技术创新中心、安全工程专业技术中心和国家级安全科研重点实验室，建立以企业为主体、以市场为导向、产学研用相结合的安全生产技术创新体系。继续发布相关行业领域落后安全技术装备淘汰目录。抓紧出台实施关于促进安全产业发展的指导意见。加强安全生产领域国际交流合作，积极引进国外先进技术和成功经验。在继续对煤矿安全技术改造、尾矿库治理等实行扶持政策的同时，进一步修订完善企业安全费用制度，扩大安全生产专用设备所得税优惠范围，发挥经济政策的导向作用，引导企业加大投入、加快推进安全生产科技进步。

（六）强化应急处置，着力加强队伍和装备建设，进一步提升应急救援能力。建立健全省、市、重点县三级安全生产应急管理机构。加快建立协同应对重特大生产安全事故的应急联动机制，提高应急救援效率。抓紧国家矿山应急救援队和区域矿山应急救援队建设，2012 年要能够承担起服务区域内重特大、复杂矿山事故的应急救援任务。健全应急预案体系，加强各类预案之间的衔接，增强预案的针对性和可操作性。指导督促高危企业、人员密集场所、中小学校等，定期开展预案演练，提高对突发事故的应急处置、自救互救能力。认真组织开展重大危险源普查登记、分级分类、检测检验和安全评估，加快建立国家、省、市、县四级重大危险源动态数据库和分级监管系统。进一步加强安全监管监察部门与气象、地震、海洋等部门之间的配合协调，建立防范自然灾害引发事故灾难的协调联动和预警机制。

（七）强化基础建设，着力推进企业安全生产达标创建，搞好安全培训工作。加强监督指导，总结推广先进经验，确保各行业安全生产达标创建工作按计划推进。坚持从基础环节抓起，推广煤炭等行业加强班组安全建设经验，明确班组和岗位安全规范，搞好岗位达标和专业达标，落实企业领导干部现场带班等制度，夯实企业安全生产基础。结合安全监管信息化“金安”工程二期建设，用3年左右时间，在全国各地基本建立能够适时反映企业隐患排查治理和安全生产状况、便于实施政府动态监管的综合信息网络。进一步加强高危行业“三项岗位”人员和班组长、农民工安全培训。严肃查处特殊工种岗位无证上岗、农民工未经培训就下井进厂作业等违法违规行为。加强“安全科学与工程”学科建设，办好安全工程类高等教育和职业教育。抓紧建设一批中小学安全基础教育示范基地。

（八）加强职业危害防治，着力落实监管职责，把职业卫生工作纳入依法开展的轨道。认真贯彻新修订的《职业病防治法》，按照中央编办《关于职业卫生监管部门职责分工的通知》（中央编办发〔2010〕104号）规定，积极划转、理顺和落实职业卫生监管职责，抓紧建立专业监管队伍和技术支撑机构。建立健全职业病危害项目申报、职业卫生许可、建设项目职业卫生“三同时”等规章制度，完善职业卫生法规标准体系。加大职业卫生培训工作力度。继续以职业病危害严重的煤炭、石棉、石英砂、金矿、木制家具等行业为重点，深入开展专项治理，强化职业病危害源头控制。进一步密切安全监管部门与卫生、人力资源社会保障部、工会等部门的协调配合，全面建立健全职业病防治协作机制。

（九）加强安全监管监察队伍建设，着力深化创先争优活动，提升安全监管监察能力。健全完善安全监管和执法体系，尤其要加强县级和乡镇安全监管力量建设，完善委托执法制度。以打造一支作风扎实、业务精通、严格执法、廉洁奉公的安全监管监察队伍为目标，进一步加强思想政治建设，开展向先进模范学习活动，大力弘扬艰苦奋斗、无私奉献精神；加强业务能力建设，利用离岗学习、选送参训、委托培养、视频讲座、岗位练兵等多种方法和途径，开展安全监管监察业务培训，提升专业能力；加强党风廉政建设，搞好巡视督导和执法监督，维护安全监管监察队伍执法为民的良好形象。积极推广首届安全生产理论和实践创新成果，不断提高安全生产工作科学化水平。全面实施安全生产监管监察能力建设规划，启动重点建设项目，争取2012年中央投资5亿元，带动地方相同额度投资，支持1000个重点县级安监机构的装备和能力建设。继续申报和争取安全监管监察特殊岗位津贴，努力改善基层执法人员的工作和生活条件。坚持把严格要求与关心爱护更好地结合起来，不断提高我们这支队伍的凝聚力、创造力和战斗力。

今年“双节”同在1月，节日安全防范任务相对集中。第一季度全国和各地都要召开“两会”。我们一要高度重视、加强领导。全系统各级干部要进一步转变作风，关口前移、重心下移，精心组织、严密实施，把节日和重点时段安全防范工作做扎实，确保今年工作良好开局。二要突出重点、严密防范。紧紧盯住煤矿、道路交通、烟花爆竹、化工等重点行业，紧紧盯住可能发生群死群伤事故的场所，加强监督检查，必要时要派出专人现场盯守，务必把防范措施落到实处。三要完善预案，加强值班值守。各级安全监管监察机构要严格执行值班制度，24小时有领导带班。一旦发生紧急情况，要立即启动预案，严防事故损失扩大。通过扎实细致的工作，让全国人民过一个安全祥和的新春佳节，确保新的一年工作良好开局。

2012年安全生产工作任务艰巨繁重，安全发展任重而道远。我们要在党中央、国务院的统一领导下，坚持科学发展、安全发展，继续紧紧依靠各级党委、政府和相关部门，依靠广大人民群众，依靠全系统和全战线所有同志，齐心协力、顽强拼搏，有效防范和坚决遏制重特大事故，进一步减少事故总量和职业病危害，全力促进全国安全生产形势持续稳定好转，以安全生产工作的新成效迎接党的十八大胜利召开！

国家安全生产监督管理总局局长杨栋梁在全国煤矿安全生产经验交流现场会上的讲话(摘要)

（2012 年 7 月 19 日）

这次会议很重要，是国务院领导同志批准召开的，主要任务是交流推广神华集团煤矿安全生产经验，充分发挥先进典型的示范引路作用，大力推动煤炭工业的科学发展和安全发展，努力实现下半年“事故总量继续下降、重大事故由升转降、特别重大事故要保持零纪录”三项目标任务。马凯国务委员莅临会议并将作重要讲话，我们一定要认真学习、深刻领会，抓好贯彻落实。

刚才，宁夏回族自治区主席王正伟同志介绍了宁夏经济社会发展情况，令人鼓舞和振奋。神华集团董事长张喜武同志介绍了神华集团安全生产工作情况。下面我讲三点意见。

一、准确把握安全生产形势，进一步增强做好煤矿安全生产工作的责任感、使命感和紧迫感

近年来，各地区、各部门和各单位认真贯彻党中央、国务院关于加强安全生产工作的决策部署，持续深入开展“安全生产年”活动，促使全国安全生产继续保持了总体稳定、持续好转的发展态势。特别是在煤矿安全方面，我们遵照中央领导同志的一系列重要指示精神，按照全国煤矿瓦斯防治现场会、全国安全生产电视电话会议等的部署和要求，紧紧依靠产煤地区各级党委、政府和各重点煤炭企业，深入开展煤矿瓦斯治理攻坚战，强力推进整顿关闭和兼并重组，加快安全技术改造，加强班组安全基础建设，全面提升煤矿安全管理水平和安全保障能力。全国煤矿事故死亡人数由 2002 年高峰时的近 7000 人，降到去年的 2000 人以内，下降幅度达 70% 以上；煤矿百万吨死亡率由 2002 年的 4.94 降到去年的 0.564，下降幅度接近 90%。今年上半年煤矿安全形势继续向好。1 ~ 6 月全国煤矿事故起数和死亡人数同比分别下降 28.2% 和 26.3%，没有发生一次死亡 30 人以上的特别重大事故。

煤矿安全生产工作虽然取得了显著成效，但形势依然严峻。一是重大事故尚未有效遏制。上半年全国煤矿先后发生 7 起重大事故、死亡 98 人，同比增加 1 起、18 人，分别上升 16.7% 和 22.5%。二是瓦斯灾害仍然严重。今年以来发生的较大以上煤矿事故中，瓦斯事故仍占 36.8%。三是小煤矿安全问题突出。多数小煤矿基础薄弱，生产技术工艺和装备落后，管理水平较低，安全保障能力不足。一些小煤矿瓦斯抽采弄虚作假，安全培训走过场，安全管理以包代管，导致事故多发。四是非法违法、违规违章行为屡禁不止。有的非法违法生产矿井，该关不关，该停不停，最后酿成大祸。7 月 4 日，湖南耒阳茄莉冲煤矿发生透水事故，造成 16 人受困，其中有 8 人获救、4 人遇难，尚有 4 人失踪，是一个非法违法生产的典型。该矿违法越界开采，没有落实防治水措施，并在事故发生后瞒报，贻误抢险救援。五是部分地区煤矿安全生产尚未摆脱被动局面。这些地区固然存在着煤矿地质条件复杂、瓦斯灾害严重等客观现实，但也反映出办矿水平低，监管不严，瓦斯和水害防治不力等主观因素和工作上的差距。

造成部分地区煤矿事故多发、全国煤矿安全生产形势依然严峻的原因是多方面的，归根到底还是认识不足，重视不够。一些基层干部和一些企业负责同志没有牢固树立以人为本的科学发展观和安全发展的科学理念，不能正确处理安全生产与发展经济、提高效益的关系，没有把人民群众的生命财产安全真正摆在首要位置上；一些地方经济发展方式转变比较迟缓，煤矿整顿关闭和兼并重组力度不够，区域内煤炭产业结构不合理，安全发展、可持续发展能力不足；一些煤炭企业安全生产责任主体意识淡漠，安全生产工作消极被动，安全投入不足，防范治理措施不落实。对我国煤矿安全生产的特殊性、复杂性和长期性、艰巨性，必须要有足够的认识，必须始终保持清醒的头脑。要坚决贯彻落实党中央、国务院关于加强煤矿安全生产工作的重大决策部署，贯彻落实张德江副总理、马凯国务委员的一系列重要指示，特别是马凯国务委员在这次会议上的重要讲话精神，牢固树立安全生产工作只有起点、没有终点的思想观念，坚持从零做起、常抓不懈，更加认真负责、扎实有效地抓好煤矿安全生产工作。

二、认真把握神华经验的实质和要点，在落实煤炭企业安全生产主体责任上狠下功夫

神华集团作为煤炭行业的龙头企业之一，为我国煤炭工业的改革发展和安全生产作出了突出贡献。2005 年以来，全集团累计生产原煤 22 亿吨，煤矿百万吨死亡率 0.02，两次实现一周年零死亡。所属的神东公司两次实现生产亿吨煤无死亡，神宁公司连续 3 年实现零死亡。全集团 52 处生产矿井中，有 12 处实现开建以来零死亡，6 处实现 10 年以上无死亡，25 处安全周期超过 1000 天。2011 年全集团煤矿百万吨死亡率为 0.018，约为全国水平（0.564）的三十分之一，达到世界先进产煤国家水平。

神华集团经过多年实践，在煤矿安全生产方面探索和积累了许多宝贵经验。这些经验可以概括为“五个一”：树立一个理念，即事故可防可控的理念，坚决破除煤矿灾害不可控制、事故难以避免的陈旧观念和错误认识。在此基础上，他们还提炼出了一系列富有生命力的安全管理理念，如“从零开始，向零奋进”、“无人则安，人少则安”、“瓦斯超限就是事故”等。这些科学理念为煤矿安全发展奠定了坚实的思想基础。构建一套体系，即安全风险预控管理体系。他们运用系统原理，对人、机、环、管各个环节的不安全因素进行全面辨识、分析、评估和管控，使各类危险因素始终处于动态受控状态。探索一条途径，即安全高效现代化矿井建设新途径。在矿井生产布局上，他们把工作面走向延长到6000 米，面长拓展到 400 米，同时采用大断面、多通道的巷道布置方式，满足了以风定产的要求；采用无轨胶轮化运输，提高了运输效率，有效防范了轨道运输跑车掉道等事故；采用地面钻孔直接向井下供电，满足了采区长距离供电要求。在矿井装备和信息化建设上，煤机实现了电气系统的自我调节和机械故障的自动诊断；支架实现了电液控制系统双向自动控制和成组顺序控制；胶带运输和辅助生产系统全部实现自动化；井上下变电所、风机房、水泵房等实现了自动控制和无人值守；全部生产矿井建立了较为完善的监测监控和人员定位系统，所有固定设备均实现了远程控制、监测和诊断，全部生产过程及设备控制均可以在地面调度室完成。这些新技术及现代化装备的使用，大大提升了煤矿安全保障能力。打造一支队伍，即素质过硬的员工队伍。他们建立健全了公开竞聘、“三推三考”制度，使大批人才脱颖而出。加强员工培训，加强班组建设和班组长的培养，下大力气打造矿长团队，为安全发展提供了人才保障。培育一种文化，即具有神华特色的安全文化。他们不断丰富和创新企业安全文化，使安全生产宣教活动更加富有人情味和感召力，倡导和形成“树生命至上的安全观、做安全幸福的神华人”的新风尚。

要抓住以下四个要点，把神华经验真正学到手。

第一，要学习神华集团强烈的安全生产主体责任意识。神华集团主要负责同志和各级领导班子，对煤矿职工具有深厚的感情和强烈的责任意识。他们把煤矿工人的生命安全问题切实放在了心上，把坚定贯彻执行党和国家安全生产方针政策和法律法规，做到“办煤矿不死人”，作为煤炭企业应承担的职责和企业领导干部应尽的本分，并为此而不遗余力、尽职尽责，真正体现了以人为本的科学发展观，体现了全心全意为人民服务的根本宗旨，体现了社会主义企业造福人民、奉献社会的崇高境界。学习神华经验，首先要学这一条。

第二，要学习神华集团安全生产工作勇于创新的精神。他们瞄准世界先进水平，在矿井改造重组、采场布置、重型装备推广使用、信息技术应用、专业化服务管理、人才培养和使用、安全文化建设等方面，采取了一系列创新措施，因地制宜地采用了一系列新技术、新工艺、新装备、新材料和新措施，极大地提高了劳动效率和安全生产水平。学习神华经验，就是要站在当今时代煤矿安全发展的制高点上，加快推广应用先进技术和装备，依靠科技进步改变煤矿安全面貌。

第三，要学习神华集团在安全生产上严格的管理。神华集团建立健全了严密、严格的安全生产风险预控管理体系，解决了因规定不具体而“严不起来”、因操作性不强而“落实不下去”的问题，使安全措施在系统运行过程中得到执行，隐患在系统运行过程中得到消除，实现了岗位自主管理和风险超前防范，把煤矿安全生产纳入了系统化、规范化和标准化轨道。

第四，要学习神华集团安全生产工作的体制机制。为适应加强安全生产、促进企业安全发展的需要，神华集团不断深化企业内部改革，建立健全了责权分明、高效运作的安全生产管理体制，企业主要负责同志亲自动手抓，班子成员分工负责形成合力，确保安全生产各级责任落实、各项指令畅通。他们健全完善激励约束机制，把安全生产与企业全员经济利益挂钩，所占权重最高达到60%；对所有生产矿井安全生产状况实现动态排序，厉行考核奖惩。所有这些，都值得我们认真学习和借鉴。

需要指出的是，学习神华经验，必须跳出“神华资源条件好，别人学不来”这种认识上的误区。神华集团既有资源条件相对较好的神东矿区，也有资源条件相对较差的乌海、宁夏、新疆等矿区。一些矿井的瓦斯、水、火等灾害严重，有的矿井煤层厚度只有0.9米。这些条件差的矿区，在被神华集团兼并重组后，安全状况很快改观。这表明资源条件固然是影响安全生产的重要因素，但不是决定性因素，决定性因素还在于人。有了新的理念和正确的方法，再加上脚踏实地抓落实，就一定能搞好安全生产。

三、采取切实措施加强煤矿安全生产，有效防范遏制重特大事故发生

下半年煤矿安全生产面临严峻挑战。进入汛期和夏季之后，暴雨、飓风、洪水、泥石流等影响安全生产的自然灾害因素增多，防范遏制重特大事故的任务十分艰巨。近来煤炭库存增加，价格下跌，煤炭企业效益滑坡，有可能减少安全投入，放松安全管理，推迟重大隐患治理、安全技术改造和技术装备更新，削弱企业安全保障能力；市场需求下降，也不利于煤矿均衡生产和安全生产。同时更要看到，“打非治违”、隐患排查、专项治理等重点工作进展不平衡，在一些地方和单位，不少工作仍停留在一般性的安排部署和空泛号召上，许多法规制度并没有得到认真切实的贯彻执行，大量隐患问题长期存在，严重威胁安全生产。必须注意防止盲目乐观和麻痹思想、厌战情绪，进一步加大力度，狠抓落实，把党中央、国务院关于加强煤矿安全生产工作的重大决策部署落到实处，把安全发展战略和一系列方针政策落到实处，把“打非治违”和各项重点工作任务落到实处，努力完成马凯国务委员在国务院安委会全体会议上提出的下半年安全生产三项目标任务，实现事故总量继续下降、重大事故由升转降、特别重大事故保持零纪录，促进全国安全生产形势持续稳定好转。

要在地方党委、政府的统一领导下，切实加强煤矿安全监察、安全监管、煤炭行业管理部门与相关部门的配合协作，突出抓好以下6项重点工作：

（一）继续抓好煤矿资源整合和小煤矿整顿关闭工作，着力提升煤矿安全生产整体水平。抓住煤炭市场供大于求的时机，进一步转变煤矿发展方式，推动淘汰落后产能。一要继续积极推动煤矿整顿关闭。学习北京、广东、河北、山东、安徽等地淘汰落后产能、优化煤炭产业结构的经验，加快小煤矿退出步伐。凡不符合煤炭产业政策、不具备安全保障能力的煤矿，特别是发生较大以上事故、拒不停产整顿等严重违法违规的煤矿，要坚决关闭取缔。特别是湖南、云南、贵州、四川等小煤矿数量多的地区，要加大关闭力度。全国今年至少要关闭625处小煤矿。二要积极推动煤炭企业兼并重组。学习推广山西经验，以安全保障能力、机械化水平、资源回收率等为标准，严格控制、减少办矿主体，坚决扭转区域内煤矿“多小散乱”顽疾，加快形成以大基地、大集团、大煤矿为主的新型煤炭工业格局；学习借鉴宁夏积极寻求与大型煤炭企业合作、重组整合改造本地煤炭企业的做法，从根本上提升煤炭产业安全发展水平。督促指导参与兼并重组的各方履行安全生产主体责任，加大投入，加强安全管理。三要积极推动煤矿技术改造，借助现代化技术装备提升煤矿安全生产水平。加快推动小煤矿机械化改造和信息化管理，煤炭生产机械化程度要力争达到100%，安全生产信息监控要实现矿、县、市、省四级联网。切实加强对这类煤矿的安全监管，严格按程序、按标准组织实施技改工程，严防以整合技改为名违法违规组织生产，严防在整合技改过程中发生事故。

（二）切实履行煤矿安全生产主体责任，严格企业安全管理。煤矿能否实现安全生产，关键在企业，特别是企业的一把手。必须把企业安全生产的主体责任和一把手第一责任人的责任落到实处。作为煤炭企业，首先必须严格遵守和执行安全生产法律法规、规章制度与技术标准，做到依法依规开展生产经营活动。其次是必须加大安全投入，只要安全上有需要，企业就必须无条件地予以保证，否则就要无条件地停止一切生产经营活动。在此基础上，还要健全安全管理机构，加强安全管理，加强班组安全建设，使企业的一切生产经营活动都建立在安全的基础上。作为企业主要负责人，包括实际控制人，要切实承担安全生产第一责任人的责任，保证党和国家关于加强安全生产的各项方针政策落到实处，带头执行包括现场带班在内的各项管理制度，切实保障煤矿各项安全防范措施落实到位。因安全生产主体责任不落实或落实不到位而发生事故的，要从严追究第一责任人的责任。

（三）加大安全监管监察执法力度，严厉打击煤矿各类非法违法生产经营建设行为。在煤矿领域要继续开展好“打非治违”专项行动，把各项措施进一步抓细抓实。要继续严厉打击煤矿安全领域无证无照生产、不具备安全条件擅自生产、超层越界、关闭取缔后死灰复燃，以及未批先建、批小建大等非法违法行为。要本着实事求是、依法依规的原则和要求，关闭取缔一批非法生产经营和建设的煤矿；按规定上限处罚一批非法生产经营建设的煤矿和责任人；停产整顿一批存在非法违法和严重违规违章行为的煤矿生产经营建设单位；严格追究一批触犯安全生产法律法规的单位和人员，公布一批“黑名单”煤矿，曝光一批典型案例，坚决遏制非法违法导致事故多发的势头。要鼓励群众举报安全生产领域非法违法、违规违章行为和各类重大隐患问题，对群众举报属实的予以奖励，对媒体揭露的非法违法问题，要一查到底，追责到底。要加大事故查处力度，严肃追究有关责任人的责任。

（四）加强瓦斯、水、火等重大隐患治理，有效防范和坚决遏制煤矿重特大事故。各地区、各重点煤炭企业对于本地区、本企业瓦斯、水、火等灾害严重的矿井，尤其是处于整合技改状态的矿井，实施重点监控，落实重大隐患挂牌督办、跟踪监管、整治效果评价等制度。积极推广北京市顺义区建立隐患排查治理体系和神华集团建立风险预控管理体系的经验，定期进行安全生产风险分析和灾害风险评估，及时对瓦斯、水、火等隐患进行自我排查、自我评估、自我治理。坚持“先抽后采、监测监控、以风定产”的瓦斯治理方针，建立完善“通风可靠、抽采达标、监控有效、管理到位”的瓦斯综合防治工作体系，落实瓦斯防治工作“十条禁令”和两个“四位一体”的综合防突措施，年产9万吨以下的煤与瓦斯突出煤矿一律实施停产整顿评估，坚决防范煤矿重特大瓦斯事故的发生。要大力开展煤矿防治水专项治理，加强煤矿防治水基础工作，排查整治水害隐患，做到水害治理“十个一律”，有效防范和坚决遏制重特大水害事故的发生。要加强煤矿火灾治理，严格落实各项防灭火措施，杜绝煤矿火灾事故。

（五）强化科技支撑，依靠科技进步，提高煤矿及各行业企业的安全生产水平。认真学习贯彻胡锦涛总书记、温家宝总理等中央领导同志在全国科技创新大会上的重要讲话精神，强化企业安全科技创新的主体地位，加快建立以企业为主体、市场为导向、产学研用紧密结合的安全生产技术创新体系，真正使企业成为安全生产技术创新决策、研发投入、科研组织、成果转化的主体。要坚持自主创新研发与吸收引进先进技术相结合，加大对安全生产新技术、新装备、新工艺、新材料的推广使用力度，尽快提高科技对安全的支撑能力。要继续抓好矿山井下安全避险、煤矿瓦斯高效抽采与利用、重大危险源在线监控与预警等安全技术示范工程和列入国家科技支撑计划的重点科研项目，尽快在事故预防预警、防治控制、抢险处置和执法监管等方面，推出一批具有自主知识产权的科技成果。要重视和加强安全科技人才的培养和使用，建设一支能够满足和引领煤矿安全发展的高素质人才队伍。积极开展安全生产领域全方位、多层次、高水平的国际交流与合作，引进国外先进技术和成功经验。

（六）加强汛期安全防范工作，坚决防范因自然灾害引发事故灾难。包括煤矿在内的各行业领域，都要深刻吸取历年汛期事故多发的教训，采取切实措施抓好汛期安全生产工作。一要实行严厉的汛期安全生产责任制。各地区、各单位都要建立健全横向到边、纵向到底、责权一致、奖惩严明的汛期安全生产责任体系和责任制度，并加强督促、严格执行。对违反制度、失职渎职的，要依法予以严惩。二要制定科学的安全防范措施。各地区、各单位必须在认真分析汛情和相关情况的基础上，研究制定符合实际、切实可行的汛期安全防范措施。特别强调，出了事故后，有关地区和单位的领导同志一定要第一时间赶到现场，全力救人，科学施救，防止事故扩大。三要对汛期安全隐患进行全面彻底的排查治理。结合“打非治违”专项行动第二阶段的工作，对存在地下或地表水患的矿井，存在溃坝垮坝危险的尾矿库，存在倒塌危险的建筑物，存在山洪泥石流袭击隐患的施工工地，存在山体滑坡、路面坍塌隐患的危险路段等，进行一次全面彻底的排查和治理，落实除险加固和安全防范措施。四要切实加强对重大危险源和重点单位、要害部位的安全监控。地方各级安全监管、煤炭行业管理部门及各驻地煤矿安全监察机构要关口前移、重心下移，配合相关部门，派出专门人员对水患严重矿井、存在隐患的尾矿库、水库、大坝、桥梁、危险品储运单位等实行定点监控、跟踪监管，严防死守。出现强降雨天气时，煤矿、非煤矿山等井下作业要一律停产撤人。五要加快建设河北开滦、山西大同、黑龙江鹤岗、安徽淮南、河南平顶山、四川芙蓉、甘肃靖远等7支国家矿山应急救援队和各个区域性矿山应急救援队伍，提高事故救援和应急处置能力。

煤矿安全关系重大，任务艰巨。我们要深入贯彻落实科学发展观，认真贯彻党中央、国务院关于加强安全生产工作的一系列部署和要求，贯彻马凯国务委员在这次会议上的重要讲话精神，不负重托，不辱使命，进一步强化如履薄冰、如临深渊的忧患意识，继续认真负责地做好煤矿安全生产工作；要认真学习借鉴神华经验，紧密结合各自实际，在以往工作的基础上，再研究和采取一些更加行之有效的对策措施，以煤矿和全国安全生产工作的新进展、新成效，迎接党的十八大胜利召开！

国家安全生产监督管理总局局长杨栋梁在全国非煤矿山整顿关闭暨“打非治违”工作推进会议上的讲话（摘要）

（2012年9月19日）

这次会议是经国务院领导同志同意召开的，主要任务是贯彻落实国务院领导同志重要指示精神，深刻分析当前安全生产严峻形势，深入探讨矿山安全生产工作的规律和特点，交流推广北京市密云县等地区矿山整顿关闭和“打非治违”工作的好思路、好做法，学习借鉴煤矿整顿关闭的成功经验，部署开展金属非金属矿山整顿关闭攻坚战，推动产业结构优化和经济发展方式转变，提升矿业安全生产水平，促进全国安全生产形势持续稳定好转。

刚才，北京市委副书记、代市长王安顺同志介绍了北京市安全生产工作的基本情况。北京市这些年经济社会又好又快发展，经济实力不断提升，经济结构不断优化，民生不断改善，城乡面貌发生了深刻的变化，安全生产形势一年比一年好。我们要学习北京市的成功经验。

在上午的会议上，我们看了两个专题片，听了北京市安全监管局和北京市密云县、陕西省潼关县关于非煤矿山整顿关闭和“打非治违”工作的介绍。他们的经验十分可贵，应该借鉴、学习，在全国推广。

关于整顿关闭和“打非治违”工作，王德学同志明天还要作出部署。我先讲四点意见。

一、深刻认识开展金属非金属矿山整顿关闭攻坚战的重大意义

近年来，各地区、各有关部门和单位按照国务院的部署，紧密结合各自实际，采取得力措施，认真做好整顿和规范矿产资源开发秩序、矿产资源开发整合、金属非金属矿山安全专项整治等工作，使非煤矿山安全生产基础有了很大改善，安全生产状况逐年好转。

在充分肯定成绩的同时，必须清醒认识非煤矿山安全生产领域存在的差距和问题。目前我国约有9万余座金属非金属矿山，其中95%为小型矿山。这些小矿山大部分没有正规设计，开采工艺落后，装备水平低下，安全保障能力严重不足；一些小矿山无证无照或证照不全，千方百计逃避打击、治理，继续非法违法进行生产和经营，干扰破坏正常的矿产资源开发秩序和市场经济秩序；一些小矿山名义上“五证”齐全，事实上以探代采、超层越界开采、违规排放等问题严重，隐患丛生；一些业主安全生产法律意识淡漠，安全投入没有保证，安全培训走过场，安全防范措施不落实，安全管理混乱，广大矿工的安全和健康权益得不到保障；从业人员安全素质和安全技能亟待提升，普遍缺乏能够适应安全生产要求的管理人员、技术人员和岗位操作人员，违规违章现象严重，由此导致坍塌、冒顶片帮、中毒窒息、坠罐跑车、淹井、爆炸、尾矿库溃坝等事故多发，给人民群众生命财产造成严重损失。

为尽快解决金属非金属矿山“多、小、散、差”问题，更好地把握非煤矿山安全生产主动权，最近，国家安全监管总局党组和局长办公会作了认真研究，并与国家发展改革委、国土资源部等部门进行了深入的沟通和协商，基本达成共识，就是要学习借鉴煤矿整顿关闭工作经验，在全国范围内组织开展一场金属非金属矿山整顿关闭攻坚战，大体上用3年多的时间，取缔关闭2万座非法违法、不符合国家和地方产业政策、安全保障能力低下的小矿山，基本解决非煤矿山事故多发问题，总体提升我国矿山安全保障能力和安全发展水平。经请示国务院领导同志，我们代拟了《国务院办公厅关于做好金属非金属矿山整顿关闭工作的通知（讨论稿）》，在这次会议上进一步征求大家的意见。

能不能打好这场攻坚战，关键在于我们的思想认识，特别是各级领导干部的思想认识和态度。我们一定要从深入贯彻落实科学发展观、加快转变经济发展方式的战略高度，从坚决维护人民群众生命财产安全的政治高度，充分认识开展金属非金属矿山整顿关闭攻坚战的重大意义。

（一）整顿关闭是调整矿业结构、加快转变经济发展方式的迫切需要。科学发展观要求我们，必须从依赖资源和能源的粗放型发展，转变为依靠科技创新、管理创新和劳动力素质的提高，走内生增长、科学发展的路子。我国煤矿和非煤矿山一向“多、小、散、差”。前几年煤矿打了两个攻坚战，一个是小煤矿整顿关闭攻坚战，一个是瓦斯治理攻坚战。尤其煤矿整顿关闭攻坚战，取得了非常显著的成绩。全国煤矿从10万家减少到1万家，年度事故死亡人数从七八千人降到去年的不到两千人，今年预计继续大幅减少。如果不是整顿关闭了近9万家小煤矿，不会取得这样的成绩。现在非煤矿山也是9万多家，每年事故起数和死亡人数占比重很大。必须学习借鉴煤矿做法，通过整顿关闭，合理减少矿山企业的数量，适度提高矿业集中度，扭转粗放型发展、粗放型增长的现状。

（二）整顿关闭是搞好安全生产、有效防范和遏制非煤矿山各类事故的迫切需要。科学发展观要求我们，必须统筹人与自然的关系，把发展建立在劳动者生命和健康得到切实保障的基础上，实现人与自然的和谐发展。整顿关闭有助于整体提升矿山企业安全生产水平，更好地保护矿工的生命安全和健康。目前全国非煤矿山和煤矿有几百万名矿工在辛勤地工作着。地方各级政府、各有关部门和企业一定要关爱矿工生命，一定要痛下决心，坚决整顿关闭那些不符合安全生产条件的矿山，逐步从源头上、根本上解决非煤矿山安全生产问题。

（三）整顿关闭是保护矿产资源、保护生态环境的迫切需要。矿产资源不可再生，非常紧缺。我国人均占有资源很有限，随着经济持续快速发展，我国矿产资源对外依存度逐年升高。因此，对矿产资源一定要珍惜、保护，要为子孙后代着想。小型金属非金属矿山和小煤矿的资源回采率、利用率很低，浪费很大，对生态环境的破坏也很严重。一些采石场把山挖得千疮百孔，破坏了植被，造成地表塌陷、山体滑坡等环境灾难。从保护环境、保护资源这个角度，我们也要打好这场攻坚战。北京市密云县、陕西省潼关县在整顿关闭金属非金属矿山方面，探索和创造了很成功的经验，具有很好的示范引路作用。密云县和潼关县的两个电视片拍得不错，非常有说服力，要推荐给主流媒体，向全国宣传推广。要想打胜这一仗，就必须像北京市这样抓，像密云县和潼关县这样抓。

二、切实把握金属非金属矿山整顿关闭攻坚战的总体要求和原则，抓住重点、有序推进

总体上讲，金属非金属矿山整顿关闭工作就是要以继续降低非煤矿山事故总量、坚决遏制重特大事故为目的，以“关闭、整合、整改、提升”为手段，依法取缔和关闭无证开采、不具备安全生产条件和破坏生态、污染环境等各类矿山尤其是小矿山，全面提高矿山规模化、机械化、标准化、信息化、科学化水平和安全保障能力，促进全国非煤矿山安全生产形势持续稳定好转。

整顿关闭工作必须把握好以下原则：一是依法依规。凡不符合国家法律法规的矿山，无论其所有制形式如何、规模大小，都应当依法予以整顿关闭；整顿关闭工作的所有举措，也必须符合国家现行的法律法规，在法律法规规定的框架内进行。二是淘汰落后。整顿关闭就是要淘汰落后的矿业产能，总体提升矿业安全生产水平。一个矿区里哪个矿山该关、哪个矿山该留，哪个矿山应该成为兼并主体、哪个矿山应该成为被兼并对象，首先要看依法生产经营情况，再就是要看生产力水平。必须保护先进、淘汰落后、关小扶大，鼓励规模大和技术、管理、装备水平高的矿山整合兼并其他矿山。北京市房山区引进作为北京市建材行业龙头企业的金隅集团，对属地7个小矿山进行整合，建成年产400万吨的矿山，其经验值得学习推广。三是标本兼治。关闭取缔是重要的治本手段，但不是唯一的手段。9万家矿山关掉2万家后，剩下的7万家要进一步加强管理，加快科技进步，坚决走管理强矿、科技强矿的道路，建立长效机制，实现长治久安。四是稳步推进。整顿关闭是一项政策性很强的工作。要加强调查研究，针对新情况、新问题，及时制定或调整对策措施，把工作抓实抓细。要妥善解决工作中出现的矛盾和问题，确保社会和谐稳定。

整顿关闭工作必须抓住重点：一是存在严重非法违法行为的矿山。凡是没有依法取得采矿许可证、工商营业执照、安全生产许可证等证照，擅自从事矿产资源开采的；关闭后擅自恢复生产的；存在以探代采、越界开采等违法行为，且拒不整改的；违反建设项目安全设施、污染治理设施“三同时”规定，拒不执行安全环保监管指令、逾期未完善相关手续的；采矿许可证和安全生产许可证过期作废的等，都要纳入整顿关闭之列。二是隐患严重、限期停产整顿后仍不具备安全生产条件的矿山。对那些存在重大隐患且整改无望的；技术装备落后、安全生产和环境保护得不到保障的；小型露天矿山无正规设计、不执行规定的安全技术措施的；发生较大以上生产安全责任事故或次生较大以上突发环境事件的，要坚决整顿关闭。三是技术落后、安全保障能力低下的矿山。凡不符合矿产资源规划和矿业权设置方案，不符合国家或地方政府规定的有关矿种最小开采规模的；使用国家或地方政府明令淘汰的落后工艺、技术和装备，在规定期限内未整改的，以及独立选矿厂无同定合法矿石来源的矿山企业，都要认真整顿或依法关闭。

抓住整顿关闭工作的这三个重点，然后有规划、有步骤地稳步推进。要深入研究，完善政策，有序推进。这里面有很多难点问题，比如产业转型、升级换代、关闭补偿、职工安置、矿区稳定等。还有一些非法违法的矿山企业，背后可能有“保护伞”，甚至有个别政府官员参股入股。所有这些问题，都要充分考虑到，都要研究采取切实妥当的政策措施，都要攻坚克难、予以解决，扎实有效地把整顿关闭工作向前推进。

三、加强领导，落实责任，务求实效

这场金属非金属矿山整顿关闭攻坚战能不能打好，能不能达到预想的效果，关键看领导，看地方各级党委和政府能不能真抓实干。根据《安全生产法》和相关法律法规，这场攻坚战由县级以上地方人民政府负责组织实施。特别是县级党委、政府，最贴近实际，最贴近现场，最了解情况，一定要重视发挥其重要作用。各地区要建立健全政府统一领导、有关部门共同参与的联合执法机制。可以参照煤矿整顿关闭工作的做法，建立金属非金属矿山整顿关闭工作联席会议制度，发展改革、工业和信息化、公安、国土资源、环境保护、工商管理、电力监管、安全监管等部门共同参与，定期研究和协商解决工作中出现的问题。

矿山企业要切实履行安全生产主体责任，积极配合、认真做好整顿关闭工作。要从长远利益、整体利益和大局利益出发，看远一些，不要为了眼前利益给矿工生命带来伤害，给环境和资源带来破坏，该作出牺牲的时候，一定要作出牺牲。

安全监管系统各级干部要进一步强化责任意识，在金属非金属矿山整顿关闭攻坚战和安全生产工作中尽职尽责，忠于职守，不辱使命，扎扎实实推动工作。

现在非煤矿山有9万多家，初步确定的目标是到2015年关闭2万家以上，争取多关一些。具体关闭计划将分解到各省（区市）。各地区要尽快把关闭任务逐级分解下达到市、县、乡镇政府，督促指导地方各级政府结合实际，制定切实可行的工作方案，明确主攻方向、阶段性任务、攻坚关键点以及进度要求，认真组织实施；要把整顿关闭纳入地方各级政府工作目标和政绩考核内容，加强监督检查，厉行考核奖惩，确保落到实处。此外，煤矿也要深入整顿关闭，今年至少要关掉625家，可能还要更多一些。最近煤矿连续发生了重特大事故，大多是一些不符合安全生产条件的小煤矿非法违法生产造成。所以，煤矿整顿关闭攻坚战不能停，还要继续打，非煤矿山也要打响。关键是要狠抓落实。任何一件工作，部署很容易、规划也容易，最难的是落实。有的地区或单位接二连三发生同类事故，问题就出在不落实上。不落实没有任何意义，抓不出效果不叫真本事。因此，安全生产工作必须严字当头、狠抓落实，落到实处、抓出效果，方显出真本领、真水平。

四、全面做好当前安全生产工作

在党中央、国务院的坚强正确领导和各地区、各有关部门和单位的共同努力下，今年以来全国安全生产形势持续稳定好转，各项指标同比都呈下降趋势，其中1—8月煤矿百万吨死亡率为0.356，同比下降30%。但是与党和国家的要求、人民群众的期待相比，与先进国家相比，还有很大的差距，重特大事故仍然时有发生，全国安全生产形势依然严峻。

今年还有100多天，在这期间还要召开党的十八大，安全生产工作面临严峻挑战。整顿关闭是标本兼治、治本和预防并重的重大举措。在抓整顿关闭攻坚战的同时，对其他方面的工作特别是“打非治违”、隐患排查治理等重点工作，不能有丝毫的放松。各级干部特别是安全监管监察系统的同志，一定要认清严峻形势，增强忧患意识，要有如履薄冰、如临深渊、如利剑高悬之感，更加小心谨慎、认真负责地做好工作。

一是扎实推进“打非治违”专项行动。最近，国务院安委会组织了16个督查组，由副部长级领导同志带队，对各地区进行了督查。在“打非治违”专项行动最关键的第三阶段，发生了四川省攀枝花市西区正金工贸有限责任公司肖家湾煤矿“8·29”特别重大瓦斯爆炸事故，暴露出“打非治违”工作在有些地区不落实，特别是在有些企业根本不落实。肖家湾煤矿“8·29”事故就是严重非法违法、违章违规所造成，性质非常恶劣，竟然把瓦斯传感器装到了新鲜风口。有的煤矿人为地调低瓦斯传感器的灵敏度，瓦斯超标后就不能报警。这是犯罪行为。这次肖家湾煤矿事故发生后，刑事拘留了14个人，一定要严厉追究法律责任，坚决打击这种犯罪行为。“打非治违”工作搞了这么长时间，这些问题还大量存在，特别是在煤矿和道路交通、建筑施工、非煤矿山这些重点行业，非法违法、违规违章行为伸手可抓，举目可见。所以，“打非治违”专项行动一定要毫不动摇、持之以恒地抓下去。

二是切实抓好隐患排查治理。安全生产工作，一定要坚持预防为主，不要等出了事故才去抓、才重视。发生事故之前是有征兆、有隐患的，关键是能不能把隐患排查出来，能不能及时地整改。肖家湾煤矿的做法非常恶劣，制造了一个假密闭，有关部门来检查，巷道很规范，发现不了什么问题；等检查人员走了，再把假密闭打开，里边是超层越界、乱采滥挖，全都是独头多头开采，通风不规范，甚至是微风，本来是低瓦斯矿，瓦斯聚集成了高瓦斯矿，这些独头多头开采的巷道好比一个个的瓦斯罐，加上电路管理混乱，造成瓦斯爆炸。一系列隐患大量存在，却不能够及时发现、及时整改，这怎么得了！所以，对待安全隐患，我们一定要多尽一份责任，多做一份工作，多操一点心，这样就会减少一些事故，减少一些矿工生命的伤亡。一定要把保护矿工的生命，保护劳动者的生命，作为我们的最高职责，这是科学发展观以人为本的核心所要求的，是立党为公、执政为民的重要体现。在事故隐患排查上，我们要下苦功夫，方法都是常规的，关键是看认真不认真、负责不负责。

三是加强节日安全防范。国庆节快到了，各地区、各有关部门和单位要认真落实国务院安委会办公室即将印发的通知精神，高度重视、认真做好节日期间的安全生产工作。要深刻吸取以往发生的事故教训，结合节日和季节特点，采取有针对性的措施，切实加强煤矿、非煤矿山、道路交通、水上交通、建筑施工、危险化学品、烟花爆竹、公共聚集场所、消防、旅游等行业领域的安全防范工作，对高危企业、重点单位、要害部位等要紧盯死守，严防节日期间发生事故。要加强值班值守工作，坚持24小时领导带班值班制度，一旦发生事故或紧急情况，要立即启动应急预案，有关领导同志要及时赶赴现场组织抢险和处置，最大限度减少事故损失和社会影响。

四是推动安全监管监察系统工作到位。总体上看，我们的安全监管监察队伍是一支很好的队伍，这些年来，大家为维护人民群众生命财产安全、扭转我国安全生产落后面貌，付出了艰苦努力，做了大量深入细致、卓有成效的工作，对此必须充分肯定。但是也要看到存在的差距和不足，经常地总结、分析和检查我们的工作，进一步解决工作不到位、不落实问题，不断提升安全监管监察工作的效率效能。一个地方出了事故，安全监管监察部门要带头认真总结教训，查找需要改进、提高和完善的地方。安全监管监察工作很辛苦，特别是在基层工作的同志，风险很大，责任很大。因忙于工作，有的同志父母有病不能及时探望和照顾，有的得了重病没能及时检查和治疗，有的累倒在工作岗位上。这样的例子很多、很感人，要大力宣传弘扬。特别是县、乡（镇）安监干部，直接面对监管对象，工作困难最多，也最辛苦。安全监管监察系统各级领导要从政治上、思想上、工作上、生活上关心他们，支持他们，帮助他们解决实际问题，调动和保护他们的积极性，鼓励他们尽职尽责做好工作。

总之，我们要坚持以科学发展观统领全局，认真贯彻落实党中央、国务院关于加强安全生产工作的一系列决策部署和要求，坚持科学发展、安全发展，牢记使命、尽职履责，认真负责地做好金属非金属矿山整顿关闭攻坚战和安全生产各项工作，促进全国安全生产形势持续稳定好转，迎接党的十八大胜利召开！

国家安全生产监督管理总局局长杨栋梁在国家安全监管总局学习党的十八大精神报告会上的讲话（摘要）

（2012年12月7日）

党的十八大于11月8—14日在北京隆重召开。会议取得了圆满成功，标志性的成果有三个：一是胡锦涛同志代表十七届中央委员会向大会作的报告，得到代表们的一致通过和高度评价，这也是未来相当长一个时期指导全党全国工作的纲领性文件；二是通过了党章修正案，把科学发展观作为党的指导思想写进党章；三是选举产生了以习近平同志为总书记的新的中央领导机构，平稳有序、成功地实现了新老交替。这三个成果，得到全党、全军和全国各族人民的衷心拥护。

中央要求全党要认真贯彻党的十八大精神，各级领导干部要带头宣讲党的十八大精神。国家安全监管总局党组作了安排，党组每个成员都要宣讲。今天我主要讲三个问题：一是党的十八大的主要精神；二是以党的十八大精神为指导，分析判断当前的安全生产形势；三是贯彻落实党的十八大精神，明确努力方向和重点任务，推动全国安全生产形势持续稳定好转。

一、党的十八大的主要精神

党的十八大是在我们国家处在全面建设小康社会的决定性阶段召开的。学习贯彻好会议精神至关重要，我们要把学习贯彻党的十八大精神作为当前首要的政治任务和一个长期学习的过程。党的十八大的主要精神思想深刻、内涵丰富、博大精深，我把他概括为八个要点。

第一，要深刻把握会议主题。胡锦涛同志的报告深刻论述了党的十八大主题，就是：高举中国特色社会主义伟大旗帜，以邓小平理论、“三个代表”重要思想、科学发展观为指导，解放思想，改革开放，凝聚力量，攻坚克难，坚定不移沿着中国特色社会主义道路前进，为全面建设小康社会而奋斗。这个主题是我们党根据当今世情、国情、党情发生一系列变化这种大背景下深入研究、集思广益提出来的，实际上回答了四个核心问题。一是旗帜问题，就是要高举中国特色社会主义伟大旗帜，毫不动摇地以邓小平理论、“三个代表”重要思想、科学发展观为指导，坚持和发展中国特色社会主义，牢牢把握我国发展进步的正确方向。二是奋斗目标问题，党的十八大提出为全面建成小康社会而努力奋斗，强调要在未来五年打下具有决定意义的基础，到2020年如期实现全面建成小康社会的目标。三是道路问题，道路决定前途，就是要毫不动摇地走中国特色社会主义道路，不为任何风险所惧，不为任何干扰所惑，坚定不移地走下去。四是精神状态问题，就是要解放思想，改革开放，凝聚力量，攻坚克难，毫不动摇地推进改革开放，永不僵化、永不停滞，信心百倍战胜前进道路上的一切困难和风险。这四个核心问题非常明确地回答了我们党将举什么旗、走什么路、以什么样的精神状态、朝着什么样的目标继续前进，关系到我们党前进的方向，关系到党的生命和形象，关系到党和国家的长远利益、前途和命运。抓住这个主题，就抓住了党的十八大报告的灵魂，就抓住了精神实质。

第二，要深刻把握十年成就。党的十八大报告回顾和总结了十年来取得的辉煌成就。在全党、全国各族人民共同努力下，我们取得了社会主义现代化建设的一个又一个胜利。经济、政治、文化、社会和生态文明建设都取得了显著成绩。报告概括了“三个大台阶”：一是社会生产力、经济实力、科技实力上了一个大台阶；二是人民生活水平、居民收入水平、社会保障水平上了一个大台阶；三是综合国力、国际竞争力、国际影响力上了一个大台阶，向历史交出了一份精彩的答卷。过去十年，我国经济保持了年均10.7%的增长，同期世界经济平均增长率只有3.9%。2002年我国国内生产总值大致是10万亿，2011年为47万亿，经济总量从十年前的世界第六位升至第二位。居民收入是一个标志性的指标，城镇居民可支配收入从十年前的7700元增长到2011年底的21810元，农民现金纯收入从2400元增长到7700元，得到明显提高。十年取得的成就是伟大的，是对我们过去十年发展道路的正确性和科学性的验证。回顾总结十年的成就，进一步加深了我们对这一发展道路的理解，也进一步坚定了我们解放思想、与时俱进、沿着中国特色社会主义道路坚定不移地阔步前进的决心和信心。

第三，要深刻把握科学发展观。党的十八大把科学发展观和马列主义、毛泽东思想、邓小平理论、“三个代表”重要思想一同确立为党必须长期坚持的指导思想，并写入党章。这是本次大会一个历史性的决策，也是一个历史性的贡献，实现了我党指导思想的又一次与时俱进。科学发展观的第一要义是发展。我国还处在社会主义初级阶段，只有发展才能解决面临的一系列问题，所以邓小平同志讲发展是硬道理。我们必须推动发展，在发展中破解难题。科学发展观的核心是以人为本，人就是人民群众，本就是根本利益，以人为本就是一切为了人民、一切依靠人民。为什么要发展，发展的目的是什么？发展为了人民，目的就是不断满足人民日益增长的物质文化需要。科学发展观的基本要求是全面、协调、可持续发展，不仅仅是某个方面、某个部分或某个阶段的发展。基本方法就是统筹兼顾，做到五个统筹：一是区域之间的统筹，东部、中部和西部地区差距不能太大，要协调发展，所以始终强调西部开发战略，中部崛起，东部地区支持中、西部地区发展；二是一二三产之间的统筹，农业、工业、服务业必须协调发展，不能只发展工业，农业要始终抓住不放，现代服务业要大力发展扶持；三是经济和社会发展的统筹，科学发展观要求我们不能单纯发展经济，还要发展社会事业，不能一条腿长、一条腿短，一手软、一手硬，假如单纯发展经济，社会事业欠账多，社会就会不稳定，必须做到经济社会同步发展；四是人与自然的统筹，人的发展、人的需求必须与自然相协调，不能以破坏生态环境为代价盲目发展；五是国内和国外的统筹，国内和国际两个市场、两种资源要统筹好，只注意国内的发展，忽视了国际上的变化，也不符合科学发展观的要求。

现实情况与科学发展观的要求还有差距，为此中央提出加快转变发展方式，强调要坚持以科学发展为主题，以加快转变经济发展方式为主线，把调整结构作为主攻方向。怎么转变发展方式呢？拉动经济不能再单纯依靠发展工业，要协调发展工业、农业和服务业，特别是服务业的比重要提上来，从主要依靠工业拉动转变为一、二、三产协调拉动。工业自身也要转变，要走新型工业化道路，这是方向，不能只靠投资拉动这种粗放的方式，要做到投资、消费和出口“三驾马车”协调拉动。我们现在仍以投资为主，消费比较薄弱。消费对经济的拉动是最终的拉动。要提高居民消费水平，就要增加居民收入，改进分配制度。居民收入上不去，消费就上不去。收入分配和消费直接相关。我们在研究增长的同时，必须研究收入分配问题。人民的收入不断增长，但是和经济的增幅相比还是慢的。所以党的十八大提出要改革分配制度，进一步加大在就业、医疗、教育、住房等方面的政府投入，充分体现了以人为本。另外，还要从依靠资源、能源的消耗，转变到依靠科技进步、劳动者素质的提高和管理创新，这些都是科学发展观的要求。

针对这些问题，党的十八大报告提出了“四个更加自觉”的要求：必须更加自觉地把推动经济社会发展作为第一要义，必须更加自觉地把以人为本作为核心，必须更加自觉地把全面协调可持续作为基本要求，必须更加自觉地把统筹兼顾作为根本方法。这“四个更加自觉”是我们贯彻落实科学发展观的实践要求，必须切实把握好。

第四，要深刻把握中国特色社会主义道路。坚持和发展中国特色社会主义是贯穿党的十八大报告的一条主线，也是我们学习贯彻党的十八大精神的一个聚焦点和着力点。中国特色社会主义道路坚持不易，发展更不易，不发展也不可能更好地坚持。党的十八大报告在深入总结中国共产党成立90年实践经验的基础上，第一次明确阐述了中国特色社会主义道路、理论体系、制度的基本内涵和相互关系，强调中国特色社会主义道路是实现途径，中国特色社会主义理论体系是行动指南，中国特色社会主义制度是根本保障，三者统一于中国特色社会主义伟大实践，是党领导人民在建设社会主义长期实践中形成的最鲜明特色。报告同时提出，新的历史条件下夺取中国特色社会主义新胜利要做到八个坚持：坚持人民主体地位，坚持解放和发展生产力，坚持改革开放，坚持维护社会公平正义，坚持走共同富裕的道路，坚持促进社会和谐，坚持和平发展，坚持党的领导。这八个基本要求，既涉及生产力和生产关系，又涉及经济基础和上层建筑，全面回答了在社会主义初级阶段怎样坚持和发展中国特色社会主义这个重大问题，是对我们党坚持和发展中国特色社会主义新鲜经验的科学总结，也是我们党探索共产党执政规律、社会主义建设规律、人类社会发展规律取得的重大理论成果。我们一定要深刻把握、透彻领会、自觉贯彻。

第五，要深刻把握小康社会宏伟目标。党的十八大报告提出了两个“翻一番”，即：到2020年也就是中国共产党成立一百周年的时候，国内生产总值（GDP）要比2010年翻一番。GDP是衡量一个国家、一个地区在一定时间内创造了多少新的财富，是世界各国认可的、唯一的一个通用指标，由四部分构成：第一块是政府的总税收，第二块是总收入，也就是劳动者报酬，第三块是固定资产折旧，第四块是企业的净利润，这四块是实实在在的真金白银。所以说到2020年实现GDP翻一番的目标，非常艰巨。另一个目标是居民收入翻一番。

改革是发展的最大动力。实现这个目标，最终还是要靠改革。报告里面用了“五个加快”，即：加快完善社会主义市场经济体制，加快推进社会主义民主政治的制度化、规范化、程序化，加快完善文化管理体制和文化生产经营机制，加快形成科学有效的社会管理体制，加快建立生态文明制度。我们一定要坚持改革创新精神，更加自觉、更加坚定地推进改革开放，把各项目标任务贯彻好、落实好。

第六，要深刻把握“五位一体”的总布局。党的十八大报告强调，我国社会主义初级阶段的基本国情没有变，人民日益增长的物质文化需求同落后生产力的主要矛盾没有变，我国是世界上最大发展中国家的地位没有变。这三个“没有变”，决定了我们要改革、要发展，就必须牢牢立足于社会主义初级阶段这一基本国情。在此背景下，报告提出了经济建设、政治建设、文化建设、社会建设和生态文明建设的“五位一体”总布局。

党的十八大报告将生态文明建设摆到了重要位置。目前我国发展过程中面临着越来越多的问题，其中最突出的是资源和环境问题，资源和环境对发展的约束作用越来越大，人民群众对良好生态环境的要求越来越迫切。比如石油，我国石油对外依存度已上升到56.7%，重要矿产资源对外依存度也在快速上升，我国年均缺水量达536亿立方米，2/3的城市缺水，耕地面积已接近18亿亩红线；环境污染突出，环境状况总体恶化趋势还没有得到根本遏制，一些重点流域水污染严重，部分城市灰霾现象凸显，环境群体性事件增多；生态系统退化，全国水土流失面积占国土面积37%、沙化土地面积占18%，90%以上的草原不同程度退化，地面沉陷面积扩大，生态系统破坏带来的自然灾害频发。一些地方资源破坏、环境污染非常严重。我们国家能不能持续发展、能不能给子孙后代留下一部分资源、留下一个较好的生态环境，这些都是我们必须考虑和解决的问题。所以我们一定要站在中国特色社会主义全面发展和中华民族永续发展的高度，增强生态危机意识，把生态文明建设放在突出地位，融入经济建设、政治建设、文化建设、社会建设各方面和全过程，坚持节约资源和保护环境的基本国策，坚持节约优先、保护优先、自然恢复为主的方针，着力推进绿色发展、循环发展、低碳发展，形成节约资源和保护环境的空间格局、产业结构、生产方式、生活方式，从源头上扭转生态环境恶化趋势，为人民创造良好生产生活环境，为全球生态安全作出贡献。

第七，要深刻把握党的建设有关要求。党的十八大报告强化了党的建设这一内容，提出了改革开放以来历次党代会报告中最多的、最突出的要求。指出我党现在面临执政、改革开放、市场经济、外部环境“四大考验”，精神懈怠的危险、能力不足的危险、脱离群众的危险、消极腐败的危险，更加尖锐地摆在全党面前。形势的发展、事业的开拓、人民的期待，要求我党必须加强党的自身建设，才能满足全面建成小康社会这一伟大目标和任务的要求。强调要坚持中国特色反腐倡廉道路，坚持标本兼治、综合治理、惩防并举、注重预防方针，推动预防腐败体系建设，要求干部清正、政府清廉、政治清明。新的党中央领导机构选出后，高度重视党风廉政建设，要求全党同志必须警醒起来，强调腐败问题发现一起、查处一起，不管涉及到谁，不管级别多高，绝不姑息。最近中央政治局作出了《关于改进工作作风、密切联系群众的八项规定》：一是改进调查研究，二是精简会议活动，三是精简文件简报，四是规范出访活动，五是改进警卫工作，六是改进新闻报道，七是严格文稿发表，八是厉行勤俭节约。这八条规定体现了从严治党的指导思想，具有重要现实意义和很强的针对性。党中央已经作出表率，我们一定要认真贯彻落实。

第八，要以旗帜鲜明的立场和坚定明确的态度，拥护党的十八大。学习贯彻党的十八大精神，首先要有一个立场、一个态度，这是最关键的。国家安全监管总局党组和全国安全监管监察系统广大干部职工，坚决拥护党的十八大精神，拥护新党章，拥护以习近平同志为总书记的新的中央领导机构。习近平总书记在记者见面会上讲，我们的人民是伟大的人民，我们的人民热爱生活，人民对美好生活的向往就是我们的奋斗目标。这个讲话非常真挚、感人肺腑，抒发了对民族负责、对人民负责、对党负责的高尚情怀，体现了对人民的深厚感情和崇高责任。在11月30日参观“复兴之路”展览时，习近平同志说，每个人都有理想和追求，都有自己的梦想，实现中华民族伟大复兴，就是中华民族近代以来最伟大的梦想，实现中华民族伟大复兴是一项光荣而艰巨的事业，需要一代又一代中国人共同为之努力。空谈误国，实干兴邦。我们这一代共产党人一定要承前启后、继往开来，把我们的党建设好，团结全体中华儿女把我们的国家建设好，把我们的民族发展好，朝着中华民族伟大复兴的目标继续前进。在12月4日首都各界纪念宪法公布30周年的大会上，习近平总书记说，依法治国是党领导人民的基本方略，依法治国首先是依宪治国，宪法是根本大法，依法执政首先是依宪执政，宪法是公民必须遵循的行为规范，而且是保护公民权益的有力武器。要使宪法深入人心，走入人民群众，成为人民的自觉行动。习近平总书记三次讲话，动之以情，晓之以理，示之以法，内涵丰富，掷地有声，在全党、全国各族人民中引起了强烈的反响。我们一定要把思想统一到党的十八大精神上来，坚决拥护党的十八大精神，拥护以习近平同志为总书记的党中央。

二、用党的十八大精神分析当前安全生产形势

党的十六大以来，全国安全生产工作取得了显著进展，概括起来有四个特点。

一是思想认识逐步提高。全党和全社会都已经认识到安全生产关系到人民群众的生命财产安全，关系到改革发展稳定的大局，关系到党和国家的形象；认识到加强安全生产，是坚持以人为本、立党为公、执政为民的迫切需要，是构建和谐社会的迫切需要。安全发展从科学理念，逐步上升为指导原则、战略举措。各地区、各级领导都把安全生产工作摆上了十分重要的位置，提到了重要日程，思想认识越来越深化，工作越来越到位。

二是安全生产法治环境显著改善。这些年我们先后制定出台了14部涉及安全生产的法律、19部行政法规、100多部规章。各地区也都出台了大量安全生产方面的地方性法规。基本建立了以安全生产法为主，以相关法律法规为分支的安全生产法律体系，确保了我们在推动安全生产工作时有法可依、有章可循。

三是队伍建设得到加强。全国所有省（区、市）、市（地）级政府和96.8%的县级政府设立了安全监管部门。安全监管监察队伍得到了不断充实，现在全系统已有大约8万人。在国家安全监管总局历任党组的团结带领下，大家以坚决维护人民群众的生命财产安全、尽快扭转我国安全生产的相对落后面貌为己任，发奋努力，尽职尽责，得到了各级党委、政府的充分肯定和广大人民群众的广泛认可。

四是安全生产状况逐步改善。“十一五”期间、2011年和今年（截至目前），都实现了三个下降：一是事故总量和死亡总人数大幅度下降，每年减少事故死亡近万人；二是较大以上事故（包括重特大事故）起数明显下降；三是亿元GDP死亡率、煤矿百万吨死亡率、工矿商贸就业人员10万人事故死亡率和道路交通万车死亡率等相对指标明显下降。今年煤矿表现比较好，事故总起数下降30%，死亡人数下降30%，成绩非常显著。从2002年煤矿事故死亡接近8000人，减少到去年的1973人，今年到目前为止1200人多一点。下一步还要继续努力，争取尽快下降到千人以内，煤矿百万吨死亡率降到0.25。即使降到了0.25，我们仍然是发达国家的十倍。由此可见，我国安全生产工作的努力和进步空间还是很大的。

这些成绩的取得，是党中央、国务院坚强正确领导的结果，是张德江同志、马凯同志等中央领导同志亲力亲为率领大家大力推动的结果，是国家安全监管总局历届领导班子和各地区、各部门各级领导干部职工共同努力的结果，这个成绩必须予以充分肯定。同时也要看到，我国还处于社会主义初级阶段，特别是工业化、城镇化进程正在加快推进，经济发展方式还比较落后，产业结构还不尽合理，仍处于事故的易发多发时期，防范遏制各类事故尤其是重特大事故发生的任务仍然非常艰巨，安全生产形势也依然严峻。主要存在以下差距和问题：

一是重特大事故时有发生。去年发生了72起重特大事故，今年1—11月发生了58起，重特大事故仍然太多。

二是事故总量和死亡人数偏高。2011年全国发生约35万起事故，共造成7.5万多人死亡，总量还是过大。

三是非法违法违章违规行为仍然很突出。即使在“打非治违”专项行动全面开展的高压态势下，有些企业仍然无视法律法规，非法生产、顶风作案。四川省攀枝花市西区正金工贸有限责任公司肖家湾煤矿“8·29”特别重大瓦斯爆炸事故就暴露出这方面的问题。该矿矿主制造假石门，欺骗监管监察部门，把瓦斯传感器装在新鲜风口，瓦斯超标不可能报警也不可能断电，更不可能停产撤人。黑龙江省七台河市福瑞祥煤炭有限责任公司“12·1”透水事故中，该矿超层越界、私挖滥采导致透水。贵州省盘南煤炭开发有限责任公司响水煤矿“11·24”重大煤与瓦斯突出事故中，该矿严重违反相关规定，区域防突措施不落实。

四是基础工作比较薄弱。部分地区、部分单位对安全生产的认识不到位，另外科技支撑、法律法规体系建设、教育培训、特别是责任体系建设等都还有很多薄弱环节。

对这些问题我们一定要正视，既要看到已经取得的成绩，又要看到存在的问题，保持清醒头脑，树立忧患意识，不能盲目乐观。

三、以党的十八大精神为指导，明确安全生产工作的努力方向和重点任务

党的十八大提出到2020年我国要全面建成小康社会。这一宏伟目标实现之时，我们也应当实现安全生产状况的根本好转。《国务院关于进一步加强安全生产工作的决定》（国发〔2004〕2号）提出了我国安全生产状况稳定好转、明显好转和根本好转三个阶段性目标。国务院这个部署和要求，完全符合党的十八大精神，与党的十八大提出的宏伟目标是统一的、匹配的。经过努力，前两个阶段目标已经基本达到，我们需要下更大力气，实现安全生产状况根本好转。如果说，到2020年我国向全世界宣布小康社会全面建成的时候，我们的事故总量没能继续大幅度下降，重特大事故没能得到有效遏制，亿元GDP事故死亡率等相对指标没有降到预定目标，高危行业和全国安全生产状况没有实现根本好转，我们就无法向党和人民交代。

明年我们工作的基本思路是，在党的十八大精神指导下，高举中国特色社会主义伟大旗帜，以科学发展观为统领，继续以“一树立、三坚持、三强化”为总体要求，以“打非治违”为得力抓手，以务实作风为保证，持续深入扎实地开展“安全生产年”活动，不断强化公共安全体系和企业安全生产基础建设，有效防范、坚决遏制重特大事故，促进全国安全生产状况持续稳定好转，努力实现根本好转，为全面建成小康社会创造良好的安全生产环境。具体讲有以下六条。

第一，强化“打非治违”，重在依法治理和长效机制建设。张德江同志要求，“安全生产年”活动要继续扎实开展，“打非治违”行动要长期抓，每年确定一个开展工作的侧重点。“打非治违”要重在依法治理。对非法违法行为，如果我们不能严格执法，那后果就会十分严重。因此必须加大执法力度，坚持有法必依、执法必严，非法违法行为发现一起、查处一起，落实“四个一律”的打击治理措施。要建立“打非治违”制度化、常态化机制，促使各类企业依法依规搞好安全生产，形成规范的安全生产法治秩序。

第二，强化基础建设，重在落实企业主体责任和治本。必须紧紧抓住企业这个安全生产主体责任，推动企业履行主体责任，严格执行安全培训、安全投入和技术改造、隐患排查治理、班组和现场安全管理等制度。安全生产工作不落实，主要是在一些企业不落实，在企业的最基层不落实。因此必须立足岗位，使企业每一个岗位、每一个员工、每一个动作、每一个环节、每一分钟都严格按照安全生产制度规程和要求办事。深入开展安全生产标准化创建活动，提升企业安全保障能力。要抓好正反两方面典型，发挥典型的指导引路作用。要按照党的十八大“强化公共安全体系”的要求，统筹规划，加快推进安全责任、安全法律法规和政策、安全科技和信息、宣教培训、应急救援体系建设。做好安全生产宣传教育工作。重大决策、事故处理情况和典型事例要向社会公开，接受社会的监督、人民群众的监督和新闻媒体的监督。

第三，强化煤矿安全管理，重在瓦斯治理和关闭小煤矿。煤矿安全是安全生产工作的重中之重。全国大约有五百万煤矿工人，一年生产近40亿吨的原煤，这支产业大军是任何一个产业无法比拟的。煤矿工人很辛苦，模范先进人物很多，管理方面的先进经验也很多。我们要大力宣传煤炭工业的重要地位，大力宣传煤矿工人的奉献精神和特别能战斗精神，改变社会上存在的“一说煤矿就是矿难”、“一天到晚出矿难”的误解和错误印象。要更加关爱煤矿工人的生命安全，把矿工当兄弟、当亲人，尽心尽力做好工作，全力保障矿工生命安全。同时还要抓好职业健康，防范和治理尘肺病等职业病危害。要以对煤矿工人和煤炭工业负责的态度，认真抓好瓦斯治理和小煤矿整顿关闭工作。严格执行高瓦斯、高突矿井安全生产规程标准，加大煤层气抽采利用力度，严格执行瓦斯防治工作“十条禁令”，坚决防范和减少瓦斯事故。随着小煤矿整顿关闭攻坚战的持续进行，阻力会越来越大。我们一定要坚定信心，攻坚克难，坚决打好这一仗。要充分利用法律、经济和行政等多种手段，让不具备安全生产条件或安全保障能力低下、不符合产业政策的小煤矿退出市场。要探索建立多部门协调一致的煤矿开发准入制度，强化煤矿开发前的预探和风险评估工作，搞清楚地质情况再建矿，做到关口前移、严格准入。

贯彻落实《国务院办公厅转发安全监管总局等部门关于依法做好金属非金属矿山整顿工作意见的通知》（国办发〔2012〕54号）精神，借鉴煤矿整顿关闭工作经验，组织实施非煤小矿山整顿关闭攻坚战，力争用三年左右时间，基本解决我国矿业布局“多、小、散、差”和非煤矿山事故多发问题。

第四，强化隐患排查治理，重在整改和预防。明年要采取硬措施，定出铁的纪律，在隐患整改和预防上下真功夫。要认真落实重大隐患治理挂牌督办制度，做到治理措施、责任、资金、时限和预案“五到位”，在整改上狠下功夫，提高整改率。要运用科学技术和信息化手段，及时发现、切实监控和有效治理各类安全隐患。要突出重点，把隐患排查治理与煤矿、非煤矿山、道路交通、危险化学品、建筑施工、烟花爆竹、建筑施工等重点行业领域安全专项整治结合起来，增强针对性和实效性，重在治理各行业领域的重大隐患和突出问题，防范重特大事故。

第五，强化应急管理，重在预警和科技支撑。按照建设更加高效的安全生产应急救援体系的要求，抓紧7个国家级、14个区域矿山应急救援基地和队伍建设。加快建立预警和应急联动机制，提高应对处置重特大事故的能力。

安全生产保障能力的提升，安全监管工作的到位，说到底还是要靠科技创新。目前安全科技欠账较多。明年我们将大力推进安全生产科技创新。我们初步选定了七八个课题，正在组织力量进行调研分析、制定措施。安全科技“四个一批”项目任务已经布置下去，组织了专门班子在开展工作。安全科技方面有几个事情必须做：一是顶层设计，要从全国的角度，搞一个总体规划；二是搭建平台，充分发挥科技平台的作用，最大化地利用安全生产科技资源；三是要有专项基金支持；四是加快推进“四个一批”项目。我们正在联合全国著名科研院所和大学，整合资源，集中力量办大事。

第六，强化队伍建设，重在转变作风和反腐倡廉。要实现安全生产状况根本好转的目标，队伍建设是保证，领导干部是关键。习近平总书记的重要讲话和中央关于改变作风的八项规定都提出了明确要求，要求坚持党要管党、从严治党，切实解决自身存在的贪污腐败、脱离群众、形式主义、官僚主义等问题；要求说短话、开短会、改进文风、改进会风。我们一定要深刻理解，认真贯彻落实。要进一步转变作风，树立良好形象。坚持实事求是、求真务实，说真话、说实话、说心里话，有喜报喜、有忧报忧。要紧紧依靠地方党委和政府，依靠各个行业和部门，依靠安全监管监察系统基层的广大干部职工。我们安全监管监察系统基层的同志很辛苦，一定要支持和关心他们，为他们排忧解难，调动他们的积极性。

今年还剩下不到一个月的时间。岁末年初一向事故多发，是防范遏制重特大事故的关键期，必须倍加警觉。希望大家进一步增强责任感、使命感和紧迫感，继续认真做好各项工作，确保岁末年初全国安全生产形势的基本稳定，确保今年各项任务的胜利完成。

国家安全生产监督管理总局副局长杨元元在全国安全生产工作会议上的讲话（摘要）

（2012年1月15日）

在大家的共同努力下，为期一天半的全国安全生产工作会议圆满完成了预定的任务，达到了预期目的。1月9日下午，国务院安委会召开全体会议；1月13日下午，国务院召开全国安全生产电视电话会议，中共中央政治局委员、国务院副总理张德江同志发表了重要讲话，充分肯定了全国安全生产工作取得的成绩，对2012年的工作进行了全面部署。在1月14日上午的大会上，骆琳同志代表国家安全监管总局党组作了工作报告，回顾总结了2011年安全生产情况，分析了面临的形势，明确了2012年安全生产工作的思路和目标任务，部署了9个方面的重点工作；赵铁锤同志对煤矿安全工作进行了总结和部署。1月14日下午，与会代表结合学习张德江副总理的重要讲话和骆琳、赵铁锤同志的报告，紧密结合本地区、本部门和本单位的实际，联系一个时期以来的工作实践，进行了分组讨论。大家一致认为，我们这次会议安排紧凑，主题鲜明，内容丰富，重点突出，认真贯彻落实会议精神，必将对做好2012年安全生产工作产生有力的推动作用。会上有6个单位的负责同志作了大会发言，介绍了他们的经验体会和下一步工作打算，值得学习借鉴。

下面我对会议进行总结，并对春节前后的安全生产工作提几点要求。

一、认真学习和深刻领会会议重要文件，切实把思想和认识统一到会议精神上来

近日来，连续召开了国务院安委会全体会议、全国安全生产电视电话会议和全国安全生产工作会议等三个会议，共出台了10多份重要文件材料，内容十分丰富，大家一定要认真研读。特别是要重点研读张德江副总理的重要讲话、骆琳同志的工作报告和赵铁锤同志的讲话，以及《国务院关于坚持科学发展安全发展促进安全生产形势持续稳定好转的意见》（国发〔2011〕40号，以下简称《意见》），切实深刻领会，融会贯通，掌握精神实质，把思想和认识统一到会议精神上来，统一到会议部署的重点工作和要求上来。

（一）要统一对坚持科学发展、安全发展重要性的认识，切实推动安全发展战略的有效实施。国务院《意见》开宗明义，首先强调了坚持科学发展、安全发展的重大意义，指出坚持科学发展、安全发展是对安全生产实践经验的科学总结，是解决安全生产问题的根本途径，是经济发展、社会进步的必然要求。我们一定要把思想和认识统一到中央对坚持科学发展、安全发展重要性的科学判断上来，从实施安全发展战略的高度，把安全发展作为科学发展的重要组成部分，真正纳入社会主义现代化建设的总体布局；统筹安全生产与经济社会发展的关系，把安全生产纳入地方经济社会发展规划，把发展真正建立在全社会安全保障能力持续增强、人民群众生命财产安全和身体健康得到切实保障的基础之上。要深入探索和把握工业化、城镇化快速发展进程中安全生产的规律特点，主动适应转变经济发展方式带来的新变化，针对目前存在的突出矛盾和问题，采取更加有效的对策措施，更加奋发有为地做好安全生产工作，实现安全与发展的有机统一。张德江副总理1月14日接见安全监管监察先讲集体、先进个人及部分与会代表时提出的在安全生产工作中要坚定中国特色社会主义道路的信念、树立“三个意识”的思想，就是要求我们站在更高的层次对待安全生产工作，并在此基础上加强“三个能力”，守住“一条底线”，我们的安全生产工作就一定能做好。我们要坚定不移地推进安全生产长效机制建设，推进科学发展、安全发展，有效推动安全发展战略的实施。

（二）要统一对安全生产面临形势的认识，切实增强抓好安全生产工作的紧迫感、责任感和使命感。关于当前的安全生产形势，张德江副总理作了深刻的分析，一个显著特点就是：持续改进的安全生产状况与依然严峻的安全生产形势并存。这一局面可能还要持续较长的时间。从事故统计来看，自2003年开始，连续9年实现了事故总量和各项相对指标的逐年下降，近几年的下降幅度都较大。重特大事故虽有反复，但总体也呈现下降趋势；事故死亡人数从高峰时的近14万人，降到了2011年的7.5万人左右，重特大事故起数从高峰时的近140起降到了2011年的70余起。这些数字充分说明了安全生产状况持续稳定好转，安全生产工作取得了显著成效。上述成绩的取得，主要得益于中央关于加强安全生产工作重大决策部署的正确指引，得益于全国上下一以贯之、常抓不懈的工作部署，得益于关口前移、重心下移的工作方式转变，得益于部门联动、联合执法工作机制的完善，也得益于安全生产法规制度的规范作用和安全监管监察队伍能力的不断提升。

尽管取得了很大的成绩，但是安全生产工作的压力一点也没有减轻，新时期的安全生产形势依然存在着以下四个新特点：一是随着人民群众安全生产意识的不断强化，人们对安全生产的关注程度提高了，而对发生生产安全事故的容忍程度降低了，客观上使生产安全事故对社会的影响和震动得到了进一步放大。二是随着人民群众物质生活条件的改善，人们对安全生产的期望值进一步提高，要求体面劳动、活得更有尊严，也加大了安全生产工作的压力。三是随着大众传媒的现代化，传播手段和方式越来越先进，人们参与安全生产工作的渠道越来越广泛，一些小事故也有可能被炒作成大事件，这对我们正确引导事故事态的发展提出了新的更高的要求。四是从现实情况看，安全生产工作中确实存在事故总量仍然较大、重特大事故时有发生、安全基础薄弱、非法违法现象严重、防范和监管不到位等突出问题。对此，我们一定要有清醒的认识，始终坚持从零抓起，通过扎实有效的工作推动安全生产形势持续稳定好转。

（三）要统一对安全生产工作总体思路的认识，切实增强做好安全生产工作的主动性和自觉性。近年来全国安全生产状况之所以能够保持持续稳定好转的发展态势，与我们的工作思路明确、措施得力有很大关系。要想继续保持这一良好发展态势，就必须坚持业已形成的工作思路和措施，并结合新情况不断加以完善。按照张德江副总理的重要讲话和骆琳局长的工作报告要求，2012 年应当着重从三个方面加以把握：一是把握好工作的方向。贯彻落实好国务院《意见》精神，并把各项要求细化分解落实到位，是今后相当长时间内安全生产工作的主线和重要准则，把握住了这一点，就等于把握住了安全生产工作的方向。二是以深入扎实开展“安全生产年”活动为载体，把握好工作的连贯性。今年继续开展“安全生产年”活动，落实张德江副总理提出的“一树立、三坚持、三强化”的工作要求，紧密结合各地区的实际，通过一些行之有效的措施，推动安全生产形势进一步稳定好转。三是以实施安全发展战略为主旋律，把握好安全生产工作的舆论导向。安全发展从理念上升为战略，是中央关于加强安全生产工作的重大理论提升和实践推动。我们在思想上和认识上必须积极适应这一重大转变，从安全发展战略的高度来重新审视我们对安全生产的重视程度和工作力度。我们一定要善于谋大局、谋全局，更加主动自觉、扎实有效地抓好各项工作的落实。

（四）要统一对安全生产工作重点的认识，准确理解和把握安全生产工作的着力点。骆琳同志在工作报告中强调 2012 年要突出抓好 9 个方面的重点工作（即实施安全发展战略、排查治理隐患、强化责任落实、打击非法违法、强化科技支撑、强化应急处置，强化基础建设、加强职业危害防治、加强安监队伍建设），这是多年来安全生产工作实践的经验总结，也符合现阶段我国安全生产的规律特点。只要我们认真地抓下去，找准着力点，加大工作力度，积小胜为大胜，全国安全生产状况就一定能够持续稳定好转，并实现根本好转的目标。

二、紧密结合各地区、各有关部门工作实际贯彻落实会议精神，力争在一些重点工作的落实上取得新的突破

要紧密结合各地区、各有关部门的实际，研究制定贯彻落实会议精神的具体措施和办法，并把相关工作任务分解落实到安委会各成员单位，分解落实到各有关企业，确保会议部署切实得到贯彻落实。在此基础上，要有选择地抓一些对全盘工作有重要推动作用的大事，力争取得新突破，以此推动安全生产工作整体水平的快速提升。

在实施安全发展战略方面，要在树立战略思想、确定战略目标、采取战略措施上加大工作力度。通过加大宣传力度，着力营造氛围，推动强化安全生产意识和普及安全发展理念，使全社会始终坚持把安全生产摆在重中之重的位置，坚决做到不安全不生产。要把到 2020 年实现安全生产状况的根本好转作为安全发展的战略目标，细化分解各年度控制考核指标，加强对地方政府和企业的考核和监督，扎实做好各项工作，一年一个台阶、一步一个脚印地朝着安全生产状况根本好转的目标迈进。同时，要结合经济社会发展的规律和特点，推动安全生产工作的创新发展，确保安全发展战略在全社会得到有效实施。

在安全生产法制建设方面，要集中力量抓好安全生产根本大法《安全生产法》的修订工作，按照张德江副总理提出的要求，谋大局、抓根本、治源头，并以此为依据抓好相关配套法律法规的修订工作。各地区也要集中力量抓好安全生产条例的修订制定工作，强化行政执法，努力把安全生产纳入法制轨道。《职业病防治法》已于 2011 年 12 月 31 日由全国人大常委会议审议通过，要认真抓好学习宣传和贯彻落实工作。国家安全监管总局已经据此制定修订了“一个规定”和“四个办法”，分别用以落实用人单位责任、规范职业病危害申报、技术服务机构管理、“三同时”和职业健康监护方面的工作，很快将颁布实施。各单位要以学习贯彻《职业病防治法》为契机，按照会议精神，认真抓好职业病的预防工作。

在落实安全生产责任方面，要继续抓住贯彻落实《国务院关于进一步加强企业安全生产工作的通知》（国发〔2010〕23 号，以下简称《通知》）不放松，把《通知》明确由企业承担的各项责任落实到位。2012 年要适时对国务院《通知》贯彻落实情况组织一次监督检查，对落实较好的地方政府和企业提出表扬。在此基础上，要以贯彻落实《国务院关于坚持科学发展安全发展促进安全生产形势持续稳定好转的意见》（国发〔2011〕40 号）为契机，进一步强化地方政府及有关部门的安全生产监管责任，重点研究如何严格落实地方行政首长安全生产第一责任人的责任和政府领导班子成员安全生产“一岗双责”制度，采取一些切实管用的措施，把地方政府和有关部门的安全监管责任落实到位。

在安全保障能力建设方面，要在落实《安全生产“十二五”规划》上下功夫，研究制定好具体的专项规划和区域规划，加强对规划的宣传贯彻，分解目标任务，抓紧启动重点工程，落实好规划实施的各项保障措施；要在探索建立中央、地方、企业和社会共同承担的安全生产长效投入机制上下功夫，确保企业有持续足额的安全生产投入；要在建立安全技术创新体系上下功夫，加快推进安全生产关键技术及装备的研发，在事故预防预警、防治控制、抢险处置等方面尽快推出一批科技成果，并积极推广应用；要在制定淘汰落后的产业政策上下功夫，加快淘汰不符合安全标准、职业病危害严重、危及安全生产的落后技术工艺和装备，促进企业加快提升安全装备水平；要在建立安全人才培养和从业人员培训的长效机制上下功夫，加快培养安全生产急需人才和高素质的员工队伍。

另外，还要认真研究打击非法违法行为、隐患排查治理、应急救援体系建设、安全文化建设、安全基础建设等方面的工作，结合各地区实际情况，采取有力措施，抓好工作落实，力争取得新的突破。

三、切实抓好春节前后的安全生产工作，为经济社会平稳较快发展创造良好环境

春节将至，各类活动较多，各方面的工作千头万绪、任务较重。我们一定要保持清醒的头脑，安排好各项工作，确保春节前后安全生产形势稳定，确保人民群众度过一个欢乐、祥和、幸福的春节。针对春节前后的特点，再强调以下几个方面的工作：

一要加强对交通运输企业、重点路段的监督检查，严防超员、超速、疲劳驾驶和无证无照经营等违法违规行为。根据客流量和冬季气候特点，强化车站、码头、机场的安全检查，防止乘客携带易燃、易爆、剧毒等危险物品进站上车（船、飞机），确保人民群众出行安全。

二要加强人员密集场所的安全管理，针对冬春季节火灾易发、高发等特点，加强高层建筑、在建工程、地下工程、石油化工等领域及学校、医院、社会福利机构、宾馆饭店、商场、网吧、娱乐场所等的消防安全管理，严防火灾事故。严格大型集会、烟花燃放等活动的审批管理，严格制定并落实各项安全保障措施，严防拥挤、踩踏等伤亡事故。

三要进一步强化煤矿安全监管监察，加大对已关闭矿井、技改矿井、新建矿井和停产整顿矿井的监控力度，严防节日期间抢任务、突击生产，严禁超能力、超强度、超定员生产，严查非法违法生产行为。继续抓好金属非金属矿山特别是井工开采矿山、尾矿库、排土场等的巡查、监控，严防尾矿库垮坝、排土场坍塌及炮烟中毒等事故发生。加强石油天然气企业作业现场安全管理，严防油气井井喷失控、油气泄漏、平台倾覆等重特大事故。

四要全面加强烟花爆竹和危险化学品安全管理。要从生产、经营、运输、储存、经销和燃放等各个环节着手，全面加强烟花爆竹安全监管。继续抓好危险化学品专项整治工作，强化危险化学品运输安全监管，严防危险化学品丢失、泄漏、污染和爆炸等事故发生。

五要以预防坍塌、高处坠落事故为重点，进一步强化建筑施工安全专项整治；全面加强对冶金、有色、建材等行业领域的安全监管；加强城乡各项基础设施的安全检查和故障抢修，确保节日期间供电、供水、供暖、供气设备设施安全运转。

六要高度重视节日期间的值班值守工作。严格执行领导干部到岗带班和关键岗位 24 小时值班制度，所有值班人员必须坚守岗位，尽职尽责，严格落实企业现场带班人员、班组长和调度人员在遇到险情时第一时间下达撤人命令的决策权和指挥权，严防因处置不当、不及时造成伤亡事故。严格执行事故信息报告制度，全面做好生产安全事故和其他紧急突发事件的信息及时准确上报和妥善处置工作。

七要做好应对各类事故的应急准备工作。进一步健全完善部门间的预报预警、协调联动工作机制，及时将自然灾害预报预警信息通知到企业。进一步完善应急预案，加强应急演练，抓好应急组织机构、救援队伍、装备、物资等应急资源的落实。加强冬季防火、防煤气中毒、烟花爆竹燃放等方面的安全教育，增强群众安全意识，提高其自我保护能力和逃生能力。

八要认真做好节日期间停产和节后复产企业的安全监管工作。督促煤矿、非煤矿山、危险化学品等高危行业企业制定并严格落实节日期间停产检修作业和节后复产时的安全保障措施，严格执行复产验收制度，对未经验收的高危行业企业一律不准恢复生产，对擅自复产的要严肃查处。

“十二五”时期的起步之年开局良好，但安全生产面临的形势依然严峻，我们肩负的任务和使命仍然艰巨和繁重。我们一定要保持清醒头脑，切实增强紧迫感、责任感和使命感，扎实做好安全生产各项工作，为经济社会的平稳较快发展创造良好的安全生产环境，以优异的成绩迎接党的十八大胜利召开。

国家安全生产监督管理总局副局长赵铁锤在全国安全生产工作会议上的讲话（摘要）

（2012 年 1 月 14 日）

按照国家安全监管总局党组的安排，下面我就认真学习贯彻张德江副总理在全国安全生产电视电话会议上的重要讲话精神，落实骆琳同志所作的工作部署，进一步做好煤矿安全生产工作，讲两个方面意见。

一、继续深化“安全生产年”活动，2011 年煤矿安全生产工作取得明显成效

2011 年，在党中央、国务院的坚强领导下，各地、各有关部门和煤矿企业认真学习贯彻党的十七届五中、六中全会和中央经济工作会议精神，按照国家安全监管总局党组的统一部署，以深入贯彻落实《国务院关于进一步加强企业安全生产工作的通知》（国发〔2010〕23 号，以下简称《通知》）为准则，以强化企业安全生产主体责任为重点，继续深入开展“安全生产年”活动，狠抓“三深化”、“三推进”，强力推进安全生产领域“打非治违”，深入开展隐患排查整治和安全质量标准化建设，大力推动整顿关闭、瓦斯治理攻坚战向纵深发展，进一步强化安全基础管理，煤矿安全生产工作取得明显成效，实现了“十二五”时期的良好开局。

一是实现了煤矿事故总量、较大事故、重特大事故和百万吨死亡率“四个大幅下降”。2011 年，在煤炭产量持续增长的情况下，全国煤矿发生事故 1201 起、死亡 1973 人，同比减少 202 起、460 人，分别下降 14.4% 和 19.0%；较大事故同比减少 25 起、105 人，分别下降 21.7% 和 20.3%；重特大事故同比减少 3 起、182 人，分别下降 12.5% 和 34.2%；煤矿百万吨死亡率同比下降 24.7%。

二是历史性地实现了“四个首次”。煤矿事故死亡人数继 2007 年降到 4000 人以下、2009 年降到 3000 人以下，2011 年首次降到了 2000 人以下；煤矿百万吨死亡率继 2007 年下降到 2 以下、2009 年下降到 1 以下，2011 年首次下降到了 0.564；自 1988 年以来，特别重大事故起数首次减少到 1 起，发生周期首次延长至 390 天，创造了 23 年来的最好成绩，煤矿安全生产工作再上新台阶。

三是部分地区煤矿安全和煤矿企业安全生产工作创出新水平。2011 年，北京市（0 死亡）、河南省（减少 232 人、下降 86.6%）、新疆生产建设兵团（减少 12 人、下降 80%）、江苏省（减少 6 人、下降 60%）、宁夏回族自治区（减少 8 人、下降 53.3%）、山西省（减少 70 人、下降 48.6%）等统计单位死亡人数同比下降幅度均在 40% 以上。据初步统计，北京京煤集团（产量 870 万吨）、山西潞安集团（6189 万吨）、吉林吉煤集团（3218 万吨）、山东兖矿集团（3875 万吨）、山东鲁能集团（6352 万吨）、中国平煤神马集团（4756.64 万吨）、河南郑煤集团（2253.97 万吨）、安徽国投新集能源股份公司（1534 万吨）、甘肃靖远煤业集团（1045 万吨）、神华宁煤集团（7012.61 万吨）、内蒙古自治区伊泰集团（6300 万吨）、汇能集团（3200 万吨）等一批大型煤矿企业集团（合计产量 4.5 亿吨、占全国总产量的 12.9%），2011 年实现了零死亡；全国超过 1000 处煤矿实现了安全生产 1000 天以上，创出了历史最好水平。

四是煤矿安全保障能力明显提升。全国 14 个大型煤炭基地建设稳步推进，其煤炭产量已占到全国的 88%，千万吨级企业达到 47 家、产量占全国的 63.24%，产业集中度明显提高；煤矿整顿关闭和资源整合成效明显,平均单井规模由 9.6 万吨/年提高到 20 万吨/年，国有重点煤矿采煤、掘进机械化程度分别达到 90% 和 80%，产业结构进一步优化，生产力水平不断提高，安全保障能力明显提升。

过去的一年，全国煤矿安全监管监察系统深刻认识和准确把握新时期安全生产工作的规律特点，始终坚持以人为本、安全发展的理念，始终坚持从零开始，突出重点、强化责任，重点抓了以下 8 个方面工作：

（一）认真贯彻落实国务院《通知》精神，在落实煤矿企业安全生产主体责任上取得新成效。我们全面贯彻中央领导同志关于做好安全生产工作的一系列重要指示精神，认真落实国务院《通知》要求，推动各地、各部门持续深化“安全生产年”活动，督促煤矿企业健全安全管理机构，严格执行领导干部带班下井制度，加强煤矿安全生产过程管理，全面落实安全生产主体责任。重庆市实施信息化监管，对煤矿企业落实安全生产主体责任进行实化细化量化考核；甘肃省强化制度建设，出台《安全生产监督管理责任规定》和《生产经营单位安全生产主体责任规定》两个地方政府规章，以立法方式明确各方责任；山西省煤炭工业厅要求省内建设煤矿实行建设单位与施工单位领导“双带班下井”制度；山东省煤炭工业局对煤矿企业实行安全风险抵押、安全考核和安全奖惩三项制度，把企业一把手年度安全考核与任职资格挂钩。兖矿集团构建全员、全过程、全方位风险预控管理模式，实施“511”工程，全面加强安全生产自主管理。在各地、各有关部门的强力推动下，煤矿安全生产主体责任意识进一步增强，企业安全管理水平得到进一步提高。

（二）加强煤矿安全监管监察执法，在严厉打击非法违法生产经营建设行为上取得新成果。我们进一步完善执法计划，创新执法方式方法，不断强化“三项监察”和监督检查。各地成立了“打非治违”工作领导小组，明确工作重点，加强联合执法，强化责任追究和舆论监督，严厉打击煤矿非法违法生产经营建设行为（以下简称“打非”）。黑龙江、福建、四川、宁夏等省（区）和新疆生产建设兵团扎实推进“打非治违”行动，严厉打击煤矿超能力、超强度、超定员组织生产等违法违规行为；青海省部署开展专项行动，清查全省所有煤矿企业，依法查处非法违法行为；山东煤矿安监局鲁中分局实施煤矿安全监察“九步工作法”和“十闭合机制”；吉林煤矿安监局强化内部执法监督，进一步严格执法程序，规范执法行为，提高执法水平，全省煤矿百万吨死亡率首次降到 1 以下。2011 年，全国煤矿安监机构共监察矿井 2.3 万矿次，实施经济处罚 7.5 亿元，因非法违法所造成的较大以上事故起数减少 23 起、下降了 38.3%，死亡人数减少 244 人、下降了 41.1%，非法违法生产经营建设行为得到有效遏制。

（三）不断深化煤矿瓦斯防治，在加强安全预防能力上取得新提高。我们认真贯彻落实张德江副总理在全国煤矿瓦斯防治工作电视电话会、现场会上的重要讲话精神，严格按照国务院办公厅转发的国家发展改革委、国家安全监管总局《关于进一步加强煤矿瓦斯防治工作的若干意见》（国办发〔2011〕26 号）要求，始终坚持“超前预防”的方针，以煤矿瓦斯防治为重点，深入开展隐患排查整治攻坚战；深入开展防治煤与瓦斯突出专项监察，组织对瓦斯灾害严重的中、西南地区进行重点督查。各地不断建立完善工作机制，采取有针对性的措施，进一步强化瓦斯防治基础。安徽省实施重大隐患整治技改贴息和补助政策，扎实推进隐患排查治理；陕西省出台“四关闭”、“三整顿”、“四处罚”、“一停建”等硬措施，强力推进煤矿瓦斯防治工作；新疆维吾尔自治区出台全国首部隐患排查治理条例和配套实施办法，开展“整治隐患、防范事故”百日安全专项行动及“回头看”，确保全疆煤矿安全生产；湖南煤矿安监局通过调整督查范围、采取“黑名单”、事故预警、小煤矿退出“倒逼”机制、加强横向部门协调、制定规划和执法计划等六大措施，加强瓦斯综合整治；贵州省安全监管局、贵州煤矿安监局对全省在建高瓦斯、煤与瓦斯突出矿井安全设施设计重新进行审查，分级负责，严格把关，源头治理。2011 年，全国煤矿瓦斯事故在连续多年大幅度下降的基础上，事故起数和死亡人数又同比减少 26 起、92 人，分别下降了 17.9% 和 14.7%。

（四）积极推动煤炭产业结构调整，在发挥大型煤矿企业安全技术优势上取得新突破。我们认真贯彻落实《国务院关于进一步加强淘汰落后产能工作的通知》（国发〔2010〕7 号）和《国务院办公厅关于加快推进煤矿企业兼并重组的若干意见》（国办发〔2010〕46 号）要求，始终坚持严格安全准入，把淘汰落后产能、推进煤炭产业结构调整作为提升煤矿安全生产水平的主要途径，分解落实了“十二五”期间各地淘汰落后产能的目标和任务。各地坚持充分发挥大型煤矿企业安全生产技术与管理优势，坚持市场机制与政策引导、政府推动相结合，坚持发展先进生产力与淘汰落后产能相结合，加快推进企业兼并重组和煤矿整合技改。内蒙古自治区出台新政策，大幅压减煤矿企业数量，推进全区煤矿整合技改工作，鄂尔多斯市规定生产规模低于 300 万吨/年的煤矿企业将全部退出；河北省决定并筹资 4 亿元，用于奖励和补助关闭小煤矿；山西省依托煤炭资源优势，形成多元发展模式，30 万吨/年以下的小煤矿全部淘汰，保留矿井全部实现机械化，进一步优化结构；河南省积极淘汰落后产能，提高煤炭生产集约化程度和生产力水平，有力促进了煤炭工业健康发展。经过各方面的共同努力，全国又关闭不具备安全生产条件的小煤矿 429 处、淘汰落后产能 4272 万吨/年。2011 年，全国小煤矿共发生事故 833 起、死亡 1391 人，同比减少 137 起、311 人，分别下降了 14.1% 和 18.3%；小煤矿百万吨死亡率由 1.414 下降到 1.104，下降了 21.9%。

（五）狠抓基层基础工作，在提高煤矿安全生产管理水平上取得新提升。我们深入开展以岗位达标、专业达标和企业达标为主要内容的煤矿安全质量标准化建设，会同中华全国总工会开展煤矿班组安全建设巡回演讲活动，推典型、送经验，掀起了煤矿班组安全建设热潮；我们大力实施“两个万名培训工程”，强化技术管理和现场管理，进一步夯实煤矿安全基层基础。云南省制定下发标准化建设实施意见，深入开展煤矿企业达标创建活动；江西省采取抓规划、抓配套、抓基层、抓培训、抓推进、抓考评等“六抓”措施，推进本地区煤矿安全质量达标创建；神华集团制定实施了《区队班组建设指导意见》和区队班组建设三年滚动规划；宁煤集团创建了“四五六”煤矿班组安全管理新模式，积极开展实际操作培训基地建设；中国平煤神马集团组建大学生采煤班，成功探索了集“高素质人才、高科技装备、高标准管理、高效率团队”于一体的现代煤矿“四高”班组成长之路。2011 年，全国有 7257 处生产煤矿达到了省级以上安全质量标准化标准，达标率 90.7%，特别是中央企业和国有重点煤矿的生产矿井已全部达标；全国共培训煤矿“三项岗位人员”78.6 万人次、总工程师 8172 人、班组长 17.2 万人，进一步提高了企业职工素质。

（六）大力实施“科技兴安”战略，在煤矿安全保障能力建设上取得新推进。我们不断健全完善煤矿安全科技支撑体系，先后出台了《煤矿井下紧急避险系统建设管理暂行规定》（安监总煤装〔2011〕15 号）等规章标准，组织召开了煤矿井下安全避险“六大系统”建设推进会；全面推广广西百色煤矿机械化经验，大力推动中小型煤矿机械化上台阶；积极申报“十二五”国家科技支撑计划项目，组织开展科技攻关。按照国务院《通知》要求，全国国有重点煤矿已经全部完成了除井下紧急避险系统外的其他五大系统建设；国有地方煤矿和小煤矿基本建成了监测监控、压风自救、供水施救和通信联络四大系统；全国已建成 259 对安全避险“六大系统”示范矿井，完成了“六大系统”建设的阶段性目标任务。北京市结合首都建设世界城市的战略部署，开展了以“科技兴安、装备强安、文化创安”三大示范工程建设为主要内容的“京西煤矿安全生产保障行动”，全市煤矿历史性地实现了新中国成立以来的零死亡；广西壮族自治区强力推行小煤矿机械化、信息化和标准化建设；右江矿务局建设机电一体化联合技术研发中心，研制出超千米煤矿探水雷达设备，成功运用现代科技手段有效防范和治理水害事故，大幅提升了煤矿安全保障能力。

（七）加大政策治本力度，在煤矿安全生产长效机制建设上取得新成绩。我们既立足当前，切实解决影响煤矿安全生产的突出问题，又着眼长远，认真研究政策性、治本性举措，着力构建煤矿安全生产长效机制。2011 年，发布实施了《煤矿安全生产“十二五”规划》（安监总煤装〔2011〕187 号），提出“十二五”期间煤矿安全生产工作指导思想、规划目标、主要任务和重点工程；研究出台了《煤矿安全风险预控管理体系规范》（AQ/T 1093—2011），进一步规范了煤矿隐患识别、排查和治理工作；发布实施了《煤矿瓦斯等级鉴定暂行办法》（安监总煤装〔2011〕162 号）和《煤矿瓦斯抽采达标暂行规定》（安监总煤装〔2011〕163 号），进一步严格了瓦斯鉴定的程序、标准，完善了抽采达标的评判方法；发布实施了《煤矿建设安全规范》（AQ 1083—2011），全面规范煤矿建设行为。陕西省出台煤矿安全“十必须十禁止”制度，建立黄、橙、红安全生产警示预报机制，加强事故预防与生产过程控制；河南省接连出台规范性文件，创新行政一把手负责制、煤矿事故先行问责、事故上限处罚、重大隐患治理关口前移等机制；辽宁省发布《辽宁省煤矿安全生产监督管理条例》，首次通过立法保障煤矿职工安全。2011 年，全国共发布煤炭行业标准 113 项，落实煤矿安全改造资金 126 亿元，争取国拨资金 6000 万元用于“十二五”科技研发。

（八）严肃煤矿事故查处，在用事故教训推动安全生产工作上取得新进展。各级煤矿安全监察机构依法组织并会同监察、工会、公安等部门，按照“四不放过”和“科学严谨、依法依规、实事求是、注重实效”的原则，严肃查处煤矿事故。认真落实挂牌督办制度，严格执行事故通报、约谈、分析和跟踪督导“四项制度”，规范和推动煤矿事故调查处理，坚持用事故教训推动工作。2011 年，各级煤矿安全监察机构共组织查处煤矿事故 1132 起，按期结案率达到 97%；特别是对 20 起重大事故和 12 起非法违法或瞒报较大事故，全部进行了挂牌督办或跟踪督办。江苏、湖北等省建立健全较大以上事故挂牌督办、重大事故约谈等制度规定，强化事故查处工作；贵州省将事故查处情况纳入专项行动督查内容，确保事故查处工作依法、公正、透明开展；山西煤矿安监局制定煤矿隐瞒事故分类举报核查制度，分清任务，明确职责。同时，我们指导协助地方政府积极开展事故抢险救援，分别在河南省义煤集团千秋煤矿“11·3”冲击地压事故和黑龙江省七台河市勃利县恒太煤矿“8·23”透水事故中成功救出 65 人和 22 人。

与此同时，全国煤矿安全监察监管系统以创建学习型党组织和“五型机关”为载体，深入开展以“争做安全发展忠诚卫士，创建为民务实清廉安监机构”为主题的创先争优活动，引导广大党员干部学先进、赶先进、作贡献、当表率，队伍的凝聚力和执行力明显增强，执法效率效能不断提高。

上述成绩和进展，是党中央、国务院正确领导的结果，是地方各级党委、政府高度重视，各级煤矿安全监察监管机构、煤炭行业管理部门和广大煤矿企业不懈努力的结果，是社会各界大力支持的结果。借此机会，向多年来一直关心和支持煤矿安全生产工作的各有关方面表示衷心的感谢！向为推进煤矿安全生产持续稳定好转付出辛勤劳动的同志们致以诚挚的问候！

回顾一年来的工作实践，我们深刻体会到：

——牢固树立以人为本、安全发展的理念，为做好煤矿安全生产工作提供了重要保障。只有牢固树立以人为本、安全发展的理念，始终把人的生命安全放在第一位，紧紧围绕科学发展主题和加快转变经济发展方式主线，加快推进煤炭产业结构调整，推动实施煤矿企业兼并重组，不断提高整体办矿水平，把发展速度、质量、效益与安全有机统一起来，才能实现煤矿安全生产与经济社会同步协调发展。

——严格落实企业主体责任，抓住了煤矿安全生产工作的关键环节。只有全面深入贯彻国务院《通知》精神，狠抓“三深化”、“三推进”，通过构建安全生产长效机制，加强安全管理，加大安全投入，强化技术装备，严格安全监管，严肃责任追究，多出硬招、实招，严厉打击非法违法行为，督促企业做到不安全不生产，才能不断提高煤矿安全保障能力。

——强化基层基础工作，提高了煤矿安全生产管理水平。只有坚持抓基层、打基础，强基固本，把安全生产工作的着力点放在现场、区队和班组，把“超前预防”的指导方针实实在在地贯彻到各级领导干部和职工思想中，积极开展煤矿安全质量标准化达标创建活动，狠抓班组安全建设“五落实”，不断强化安全培训，进一步提高从业人员安全意识和技能，不断改善煤矿安全生产条件，才能全面提高煤矿安全生产管理水平。

——大力实施“科技兴安”战略，为做好煤矿安全生产工作提供了有力支撑。只有进一步完善以企业为主体、市场为导向、产学研用相结合的煤炭科技创新体系，深化煤矿瓦斯防治，加强技术攻关、煤矿重大成套装备研制和新技术推广，加快推进煤矿井下安全避险“六大系统”建设，全面推广中小型煤矿机械化，才能为煤炭工业安全发展注入强大动力。

——切实加强队伍建设，为做好煤矿安全生产工作提供了组织保证。只有扎实深入开展创先争优活动，坚持一切从零开始，不断探索创新监察执法方式方法，持续加大监察执法工作力度，严把煤矿安全准入关口，严格事故查处和责任追究，打造一支政治坚定、业务精通、作风过硬、执法有力的煤矿安全监管监察队伍，才能更好地履行好党和人民赋予的神圣职责。

二、认真贯彻落实党中央、国务院重大决策部署，更加扎实深入地做好2012年煤矿安全生产工作

虽然2011年的工作取得了明显成效，但我们清醒地认识到，目前我国正处于工业化、城镇化快速发展进程中，处于事故易发多发的特殊时期，安全发展理念不牢固、隐患治理不彻底、非法违法行为比较突出、安全生产基础还比较薄弱、重大事故尚未得到有效遏制、安全监管监察还有薄弱环节等问题，在个别地区和企业依然存在，煤矿安全生产任务艰巨而繁重。2012年，是实施安全生产“十二五”规划承上启下的重要一年。做好煤矿安全生产工作，对于促进全国安全生产形势持续稳定好转，为党的十八大召开营造安全稳定的环境，意义十分重大。1月13日下午，张德江副总理在全国安全生产电视电话会议上全面部署了安全生产工作。骆琳同志在刚才的工作报告中，再次强调了煤矿安全生产的重中之重地位，提出了更加明确的要求。为此，我们要清醒认识做好煤矿安全生产工作的极端重要性，牢固树立“安全生产工作始终坚持从零开始”的理念，坚决把思想统一到党中央、国务院的重大决策部署上来，进一步坚定信心，增强政治意识、大局意识、责任意识和忧患意识，做到思想上防麻痹、工作上防松懈、事故上防反弹，切实做好2012年煤矿安全生产工作。

遵照党的十七届六中全会、中央经济工作会议和国务院安委会全体会议、全国安全生产电视电话会议精神，2012年煤矿安全工作总体要求是：以邓小平理论和“三个代表”重要思想为指导，深入贯彻落实科学发展观，牢固树立以人为本、安全发展的理念，认真贯彻落实国务院《通知》和《关于坚持科学发展安全发展促进安全生产形势持续稳定好转的意见》（国发〔2011〕40号）精神，以科学发展、安全发展为总要求，以深入扎实开展“安全生产年”活动为载体，以落实责任、“打非治违”、瓦斯防治、整合技改、科技支撑、基础管理为主要措施，全面抓好安全生产“三项行动”和“三项建设”，有效防范和坚决遏制重特大事故，促进全国安全生产形势持续稳定好转，以煤矿安全生产的新成效迎接党的十八大胜利召开。

新的一年里，我们要突出抓好以下8个方面重点工作：

（一）更加注重严格安全监管监察执法，进一步落实煤矿企业主体责任。各地、各有关部门要严格执行加强煤矿安全监管监察工作“十项要求”，加强安全生产日常执法、重点执法和跟踪执法，全面落实煤矿安全生产责任制，督促企业严格安全管理，规范生产经营行为，深化和推动主体责任的落实到位。一要严格安全监管。各地要健全完善安全生产责任制，切实履行属地管理职责，加强日常监管，增强工作的执行力和公信力。二要严格监察执法。认真落实执法计划，扎实开展“三项监察”，继续推广集中监察、解剖监察、示范监察、异地监察等好做法，不断改进安全监察方式方法，提高执法水平。三要督促落实企业主体责任。煤矿企业法人代表、实际控制人要切实承担安全生产第一责任人的责任，依法依规加强安全生产，持续加大安全投入，健全安全管理机构，严格执行规章制度，定期向煤矿安全监管监察部门通报安全生产情况，及时解决重大问题，切实做到不安全不生产。

（二）更加注重严厉打击非法违法生产经营建设行为，进一步规范煤矿安全生产秩序。要坚持在地方各级人民政府统一领导下，把“打非治违”作为有效防范和坚决遏制煤矿事故的重大举措，坚持不懈地抓紧抓实、抓出实效。一要健全“打非”机制。进一步完善和落实地方政府统一领导、相关部门共同参与的联合执法机制，形成“打非”工作合力。二要突出“打非”重点。以无证、证照不全或过期，关闭后又擅自生产，超层越界开采，以及新建技改、资源整合、兼并重组煤矿为重点，严厉打击非法违法生产经营建设行为。三要强化“打非”措施。综合运用经济、法律和行政等手段，进一步落实停产整顿、从重处罚、关闭取缔、严格问责的“四个一律”强力措施；对问题突出的地方和企业要加强诫勉约谈、警示通报、挂牌和跟踪督办，并将非法违法煤矿向社会公开曝光，接受社会监督。

（三）更加注重以瓦斯防治为重点的专项整治，进一步深化隐患排查治理。要牢固树立“隐患就是事故”的预防理念，深入开展隐患排查治理，全面推进与规范生产经营建设相结合、与强化科学管理相协调的隐患排查治理体系建设，切实做到防患于未然。一要建立健全煤矿瓦斯防治三项制度。健全完善煤矿企业瓦斯防治能力评估、重大瓦斯隐患挂牌督办和瓦斯零超限目标管理等三项制度，坚持将瓦斯防治作为煤矿安全生产的重中之重，将防突作为瓦斯防治的重中之重，认真落实煤矿瓦斯防治“十条禁令”，加大煤与瓦斯突出防治力度，全力做好瓦斯抽采达标，坚决落实两个“四位一体”综合防突措施等重点工作。二要加大煤矿水害、火灾和冲击地压等灾害防治工作。督促煤矿企业强化矿井水害、火灾和冲击地压等防治工作，凡未按规定制定灾害防治计划、未落实防范措施的，必须依法责令停产整顿，暂扣相关证照，严防事故发生。三要大力推行煤矿安全风险预控管理体系。认真贯彻执行《煤矿安全风险预控管理体系规范》，建立完善隐患排查治理信息管理体系，制定科学严谨的隐患排查标准，建立清晰明确的责任制度，强化监测监控、预报预警，及时发现和消除安全隐患。

（四）更加注重加大煤炭产业结构调整力度，进一步提高煤矿本质安全水平。要认真贯彻落实中央经济工作会议精神，推进研究制定煤炭开发强度和生产能力“双控制”的相关政策措施，进一步推动淘汰落后产能，从源头上提高煤矿企业安全生产水平。一要积极推动煤矿整顿关闭。按照煤炭开发与经济发展、安全生产、节约资源、环境保护等相协调的原则，积极淘汰不符合煤炭产业政策、矿产资源规划和矿区总体规划的煤矿，以及存在煤与瓦斯突出、自然发火、冲击地压、水害威胁等重大隐患，经论证在现有条件下难以有效防治的煤矿等，进一步优化煤炭产业结构。二要积极推动企业兼并重组。按照尽量减少开发主体的要求，督促指导参与煤矿兼并重组的各方，明确主体、落实责任，加强管理、加大投入，提高防范事故能力。三要积极推动煤矿整合技改。严格履行技改审批手续，按程序、按标准组织实施技改工程，从源头上提高安全准入门槛。

（五）更加注重强化基层基础工作，进一步提升煤矿安全生产管理水平。要深入开展煤矿安全质量标准化建设，强化以班组为核心的现场安全管理，加强安全教育培训，不断提高煤矿安全管理水平，强化安全基层基础。一要全面推进煤矿安全质量标准化达标升级工程建设。未达标矿井要停产整顿，已达标矿井要巩固提高，实现岗位、专业和企业动态达标。二要认真抓好煤矿班组安全建设。进一步加大新典型、新经验的推广力度，把企业安全生产责任、各项安全管理措施、安全防范技能、企业安全文化建设、党和政府对煤矿工人的关怀落实到班组，进一步夯实安全生产基层基础。三要强化安全教育培训工作。进一步完善煤矿安全培训体系，着力提高全员培训、技能培训、重点岗位培训质量，加快建立一批煤矿安全教育培训示范基地，提高全员安全素质和技能。四要强化煤矿职业危害防治工作。要牢固树立“瓦斯超限是事故，粉尘超标也是事故”的新理念，加强现场检查，督促企业严格执行《职业病防治法》，认真落实职业危害防护设施“三同时”制度，切实加大预防整治力度，切实保障煤矿职工生命安全和健康。

（六）更加注重强化科技支撑作用，进一步提升煤矿安全保障能力。大力实施“科教兴安”战略是实现煤炭工业科学发展、安全发展的必由之路。必须坚定地依靠先进适用的技术装备，依靠高素质人员，实现煤矿企业安全发展。一要继续深入推进煤矿井下安全避险“六大系统”建设。加大监督检查力度，督促企业按照规定的进度要求完成建设完善任务。二要深入开展煤矿安全关键技术研发和推广应用。组织好国家“十二五”规划科技支撑项目“深部及中小煤矿灾害防治关键技术研究与示范”的实施工作，加快瓦斯、水害和冲击地压防治技术示范矿井建设，积极推广广西右江矿务局等采用雷达探水设备加强水害防治的成功做法，大力推广应用新技术、新工艺、新设备。三要加快推进小型煤矿机械化改造。充分发挥政策导向扶持和典型经验示范带动作用，大力推广“百色经验”，认真落实《关于推进小型煤矿机械化的指导意见》（安监总煤行〔2010〕178 号），2012 年底前小型煤矿采煤机械化和掘进装载机械化程度分别达到 45% 和 70% 以上。

（七）更加注重健全完善规章制度，进一步推进煤矿安全生产长效机制建设。要把短期应对措施与长期制度建设结合起来，致力于健全完善有效管用的规章制度，促进煤矿企业提高安全生产管理水平。一要建立规范有序的制度保障体系。积极探索建立完善煤矿安全生产激励约束、督促检查、交流执法、行政问责、区域联动等规章制度，增强指导性、针对性和可操作性，不断加强和改进煤矿安全生产工作。二要健全完善事故调查处理工作机制。严格执行事故通报、约谈、分析和跟踪督导“四项制度”，真正做到用事故教训推动工作。三要继续完善有关规定标准。进一步研究制定或修订《煤矿安全质量标准化考核标准》、《煤矿班组安全建设规定》、《煤层气开采安全规程》等标准和规范，适时启动《煤矿安全规程》的修订工作。同时，督促煤矿企业足额提取、规范使用安全费用，研究制定小煤矿机械化改造政策措施等，不断健全完善相关经济政策。

（八）更加注重加强能力建设，进一步提高安全监管监察执法效能。要深入开展创先争优活动，不断增强全系统党员干部的宗旨意识、大局意识、责任意识，更好地履行党和人民赋予的神圣职责。一要加强业务能力建设。坚持工作重心下移，深入实际，深入基层，加强调查研究，在全系统树立良好的读书风气、学习风气、研究风气，不断提高执法素质和履职能力。二要提高监管监察效率效能。强化执法考核与监督指导，坚持监察执法与宣传教育相结合，与指导地方煤矿安全监管工作相结合，进一步规范执法行为。三要加强党风廉政建设和作风建设。认真贯彻落实党中央、国务院和中央纪委关于党风廉政建设的有关规定，不断强化党风廉政建设“一岗双责”，做到严格执法、公正执法、科学执法、廉洁执法。

新春佳节将至。希望各地、各有关部门和各煤矿企业认真贯彻落实全国安全生产电视电话会议和全国安全生产工作会议精神，切实加强领导、落实责任、细化措施，搞好停工停产检修、复工复产验收、值班值守等工作，确保节日期间煤矿安全，确保广大人民群众过一个欢乐、祥和、平安的节日。

让我们在党中央、国务院的坚强领导下，按照国家安全监管总局党组的统一部署，深入贯彻落实科学发展观，大力实施安全发展战略，振奋精神、坚定信心，突出重点、狠抓落实，以更大的决心、更有效的措施、更扎实的工作，促进全国安全生产形势持续稳定好转，以煤矿安全生产的新成效迎接党的十八大胜利召开。

国家安全生产监督管理总局副局长王德学在全国非煤矿山整顿关闭暨“打非治违”工作推进会议上的讲话(摘要)

（2012 年 9 月 20 日）

这次会议按照既定的任务，开得非常成功。昨天上午，国务院安委会副主任、国家安全监管总局局长杨栋梁同志作了重要讲话，传达贯彻了党中央、国务院领导同志近期关于加强安全生产工作的一系列重要批示指示精神，全面分析了全国特别是金属非金属矿山（以下简称矿山）领域安全生产面临的严峻形势，站在深入贯彻落实科学发展观、实施安全发展战略、促进矿业经济更好更快发展和矿山安全生产形势持续稳定好转、维护广大人民群众尤其是矿工根本利益的高度，深刻阐述了做好矿山整顿关闭和“打非治违”工作的重大意义，明确提出了整顿关闭和“打非治违”工作的总体要求、指导原则，强调要进一步增强紧迫感、责任感和使命感，下大气力、同心协力、真抓实干，坚决打好矿山整顿关闭攻坚战。杨栋梁同志的重要讲话高屋建瓴、主题突出、思路清晰、目标明确、要求严格，指导性强、针对性强、操作性强，为我们做好矿山整顿关闭和“打非治违”工作乃至整个安全生产工作明晰了重点、指明了方向。我们要认真学习领会，坚决贯彻落实。

在这次会议上，北京市密云县、陕西省潼关县、湖南省花垣县、辽宁省葫芦岛市连山区 4 个县（区）政府全面介绍了在矿山整顿关闭和“打非治违”方面的经验，其中密云县和潼关县还制作了电视专题片；北京、河北、江西、湖北、重庆 5 个省（市）安全监管部门从不同的侧面介绍了矿山整顿关闭和“打非治违”工作经验；中国五矿集团公司、北京金隅集团公司 2 个单位从企业层面介绍了配合地方政府“打非治违”、推进整治整合和企业内部坚持“治违纠错”、隐患排查治理等方面的工作经验。大家还实地参观了密云县矿山整顿关闭现场和整合整改提升后的矿山企业。与会同志普遍反映，这次会议开得适时、开得必要、开得成功。大家一致认为：杨栋梁同志的重要讲话通篇贯穿了科学发展观和安全发展理念，有高度、有深度、有力度，是我们打好矿山整顿关闭攻坚战、深化“打非治违”、做好矿山安全生产工作的重要指南；北京市及其密云县和中国五矿集团公司等地区、单位的经验可信、可学、可鉴。大家一致表示：要坚决贯彻落实杨栋梁同志重要讲话精神，认真学习借鉴先进地区、单位的经验，结合实际，创造性地工作，坚定信心、迎难而上，坚决打好矿山整顿关闭攻坚战，深化“打非治违”，全面加强矿山领域安全生产工作，促进矿山领域安全生产形势持续稳定好转乃至根本好转。会议达到了统一思想、增强信心、明确任务、推动工作的目的。

根据会议安排，下面我就认真贯彻落实杨栋梁同志重要讲话精神，打好矿山整顿关闭攻坚战，深化“打非治违”工作以及整个矿山安全生产工作再讲四点意见。

一、通过多年努力，矿山安全生产工作取得了积极进展

在原国家安全监管局 2001 年提出开展非煤矿山安全生产整治活动的基础上，2002 年 4 月，原国家安全监管局、公安部、监察部、国土资源部、工商总局、环保总局等六部门联合印发了《关于加强非煤矿山安全整治工作的意见》（安监管管一字〔2002〕29 号），全国矿山安全整治工作全面拉开序幕。2003 年 10 月，六部门再次联合制定并印发了《深化非煤矿山安全生产专项整治方案》（安监管管一字〔2003〕152号）。各地区、各有关部门和单位认真贯彻落实六部门的工作部署，针对矿山安全生产实际，结合《国务院关于全面整顿和规范矿产资源开发秩序的通知》（国发〔2005〕28号）和国土资源部等12个部门联合印发的《关于进一步推进矿产资源开发整合工作的通知》（国土资发〔2009〕141号）精神，切实加强领导、落实责任，采取坚决措施，坚持不懈地开展了矿山安全整治工作。

党的十六大以来，在党中央、国务院的坚强领导下，各有关部门通力合作，各地区、各有关单位积极配合、扎实工作，紧紧围绕打击非法违法行为、提升安全保障能力、排查治理安全隐患、强化基层基础建设、提高安全管理水平，针对不同阶段矿山安全生产特点，开展了一系列安全专项整治活动。2004年，在小型露天采石场强力推进了中深孔爆破技术和分台阶开采工艺，彻底整治了“一面墙”开采；2005年，以实施安全生产许可制度为契机，严格了矿山建设项目安全设施“三同时”监管，努力提高安全准入条件；2007年，开展了地下矿山机械通风专项治理，强制推行井下机械通风，防范炮烟中毒事故；2008年，吸取山西省襄汾县新塔矿业公司“9·8”特别重大尾矿库溃坝事故教训，按照国务院的统一部署，针对尾矿库事故多发的严峻形势，继续贯彻落实国家安全监管总局、国家发展改革委、国土资源部、环保总局联合印发的《开展尾矿库专项整治行动工作方案》（安监总管一〔2007〕112号），中央财政投入资金22亿元，对全国153座尾矿库进行了集中治理，地方各级政府和企业也累计投入100多亿资金，用于各类危、险、病尾矿库整治。同时，在2008年的“隐患治理年”中，开展了大规模的安全生产百日督查专项行动，矿山安全整治进一步向纵深发展。2009年，抓住地下矿山提升系统治理和安全生产标准化建设两大重点，实施了强基固本“五个一百”工程，强化了矿山安全生产基层基础工作，进一步夯实了中小型矿山和尾矿库安全基础，改善了安全生产条件。2010年以来，相继集中开展了“打非治违”、实施矿山领导带班下井制度、加强安全避险“六大系统”建设、推行安全适用的矿山开采及尾矿充填新技术、新工艺、新装备等工作。

回顾矿山安全整治工作的十年历程，今天我们欣喜地看到，党和国家的高度重视和各方面的不懈努力得到了回报，矿业经济的发展水平有所提高，矿山领域安全生产工作取得了明显成效，主要表现在以下四个方面：

一是矿山数量逐步减少，“五化”水平有所提升。全国矿山数量由2002年的12.3万座减少到2011年底的7.8万座（不含1.2万个尾矿库），减少了37%。特别是，北京市矿山数量从2002年的1100多座减少到目前的33座，减少了97%；浙江省矿山数量从2002年的6500多座减少到目前的1000座左右，减幅高达84%；广东省、福建省、江苏省和河北省的减幅也分别达到81%、75%、72%和63%。在这次会议上交流的4个县（区）中，通过专项整治和整顿关闭，北京市密云县矿山由166座减少到5座，减少了97%；陕西省潼关县矿山由980座减少到100座，减少了90%；湖南省花垣县矿山由1227座减少到204座，减少了83%；辽宁省葫芦岛连山区矿山由240座减少到75座，减少了69%。从整体上看，矿山企业的规模化、机械化、标准化、信息化、科学化水平有了一定提升。

二是技术装备水平逐步提高，安全保障能力有所提升。由于大多数矿山采用了机械凿岩、机械破碎、机械铲装，露天矿山告别了手工作业，加上分层台阶开采和中深孔爆破技术的应用，安全生产条件发生了很大变化；地下矿山全部建成机械通风系统，安全避险“六大系统”也正在建设完善；尾矿库排洪、排渗系统和安全监测监控设施不断完善，三等以上尾矿库全部实行在线安全监测，矿山整体安全保障能力得到改善。

三是安全基础工作逐步加强，安全生产水平有所提升。通过安全整治，矿山安全管理基础不断夯实，矿山企业负责人、安全管理人员和从业人员的安全教育培训得到加强，安全素质和技能得到提高。矿山安全生产标准化建设稳步推进，截至目前，全国已有近2万座矿山达到了安全生产标准化等级，企业安全生产整体水平稳步提升。

四是事故总量逐步下降，安全生产形势有所好转。2011年，全国矿山共发生事故871起、死亡1060人，与2002年的1634起、死亡2052人相比，分别下降了46.7%和48.3%；前面提及的浙江、广东、福建、江苏、河北5省死亡人数下降幅度分别达到86.6%、65.7%、64.5%、85.7%、69.2%。尤其是北京市，自2008年以来矿山领域已经连续4年实现了零死亡事故。2011年，全国矿山发生重大事故1起,与2002年持平;发生较大事故30起，比2002年的91起下降2/3。从2008年9月8日至今，全国矿山已经连续4年多未发生特别重大事故。今年1—8月，事故起数和死亡人数与去年同期相比，下降了28.8%和25.1%。截至目前，北京、天津、内蒙古、辽宁、吉林、黑龙江、上海、江苏、浙江、安徽、福建、江西、山东、河南、湖北、湖南、广东、海南、四川、贵州、云南、重庆、西藏、陕西、青海、甘肃、宁夏、新疆、新疆生产建设兵团29个统计单位连续11年未发生特别重大事故，广西连续10年未发生特别重大事故;北京、天津、吉林、黑龙江、上海、江苏、安徽、福建、广东、海南、云南、西藏、重庆、甘肃、青海、宁夏、新疆、新疆生产建设兵团18个统计单位连续11年未发生重大事故;浙江、江西、广西3个统计单位连续10年未发生重大事故;湖北、四川、贵州、陕西4个统计单位连续5年未发生重大事故。

这些成绩来之不易，主要得益于党中央、国务院的高度重视和坚强领导，得益于地方各级党委、政府的有力推动，得益于相关部门的通力协作和联合执法，得益于各级安全监管部门的辛勤工作，得益于广大矿山企业的不懈努力。

总结党的十六大以来矿山安全生产工作尤其是整顿关闭和“打非治违”工作，有以下几点体会:一是必须坚决按照党中央、国务院的决策部署和指示要求，尤其是按照科学发展观和安全发展理念去推动工作;二是必须提高认识、高度重视、加强领导、落实责任;三是必须严格执法、联合执法、标本兼治、综合治理;四是必须痛下决心、坚定信心、真抓实干、真整真治、真关真打;五是必须把整顿关闭、“打非治违”与转变矿山发展方式、调整产业结构紧密结合;六是必须着力强基固本，推动科技强安，构建长效机制。

总结北京市及其密云县和陕西省潼关县等地经验，有以下三个重要方面值得我们认真学习借鉴:

一是领导重视、认识到位。安全生产工作历来存在“急、难、险、重”的特点，压力大、责任重，需要“一把手”的高度重视和强力支持，而整顿关闭和“打非治违”工作更是如此，更是啃硬骨头，将斩断非法违法企业的非法利益链。北京市及其密云县各级党委、政府多次召开专题会议研究部署矿山整顿关闭和“打非治违”工作，明确“科学决策、责任到位、疏堵结合、政策扶持”的原则，努力推动建设安全、绿色、和谐矿山(区)，实现了到2010年底北京市矿山数量减少90%以上的工作目标。陕西省潼关县委、县政府牢固树立正确的政绩观，站在科学发展、安全发展的高度，打响了黄金矿业领域“打非治违”、整顿关闭的大战役，提出“不要乱开要秩序、不要差矿要生态、不要非利要安全”的经济社会发展新思路，并努力付诸实施，收到了显著效果。湖南省花垣县在2010年发生锰矿区“7·20”重大透水事故后痛定思痛，在矿山全面停产、全县财政收入下降的情况下，县委、县政府下定决心在矿山领域全面开展整顿关闭和整治整合工作，按照“一个整合区域、一个采矿权、一个法人主体、一套相适应的开发利用方案”的原则，全县矿山生产系统由1227个减少到204个，优化了资源配置、保障了安全投入、改善了安全条件、改善了安全管理、提升了安全水平。

二是真打真治、落实到位。安全生产工作来不得半点虚假，没有脚踏实地、狠抓落实的精神，就不可能抓好整顿关闭和“打非治违”工作。由于长期以来矿业开发作为主导产业，北京市远郊区县的矿山整顿和“打非治违”工作一度也困难重重，但各级党委、政府和相关部门迎难而上，把严厉打击与政策引导相结合，全市矿山数量从最多时的1606家减少为目前的33家。陕西省潼关县黄金矿业集中整治行动声势浩大，由于县委、县政府的坚强决心、坚决推进和各部门责任的落实，真正做到“山上封洞子、山口设卡子、山下砸碾子”，彻底封堵非法坑口880个、拆除工棚1720间、捣毁“三小”提金1508处，遣散务工人员3500人，整治行动取得决定性胜利。辽宁省葫芦岛市连山区对杨钢钼矿区违法承包的214个坑口依法强制收回，组建矿业集团公司，真正实现了一个主体统一开发建设。

三是机制创新、巩固到位。非法违法行为的隐蔽性和反复性表明，只有研究、探索完善的机制，才能确保整顿关闭和“打非治违”的成果得到巩固。小秦岭地区先后进行了大大小小20多次的黄金矿业秩序整治，但前打后冒、刚整又乱，变成了“牛皮癣”。陕西省潼关县这次整顿关闭工作实现了历史性的突破，一条重要经验就是建立联合执法机制予以保障。潼关县从国土、公安、整顿、黄金、安全监管、环保六个部门抽调60名干部，专门组建了潼关县矿山综合执法局，由县政府直接领导，实行半军事化管理，配发6台专用车辆，对矿区进行24小时不间断巡查，成为了打击非法生产、整治矿业秩序的一支专门力量。江西省十分注重安全生产制度建设，在整顿关闭的基础上，相继制定了采掘施工、地质勘探、外包工程等重点环节的安全监管制度，防范非法违法行为的反弹。河北省出台了关于进一步加强尾矿库监督管理工作的相关规定，要求省内各有关部门对新设立尾矿库严格审查和核准备案，全方位提高尾矿库准入标准，巩固了尾矿库专项整治成果。

二、保持清醒头脑，深刻认识矿业经济安全发展面临的突出问题

在看到成绩的同时，我们还要清醒地看到，矿业经济安全发展中还存在一些突出问题，不同地区、不同矿种、不同矿山企业的安全发展水平还不平衡，一些中西部欠发达地区矿山的安全状况严重制约着矿业经济的健康发展和可持续发展。

（一）矿山数量仍然过多，事故总量依然偏大。

据初步统计，目前全国矿山（含尾矿库）仍有9万多座，其中，云南、贵州、四川三省矿山数量均超过5000座。

2011年全国矿山事故死亡人数仍在1000人以上，其中有9个省（区）死亡人数超过50人，这9省（区）的事故起数和死亡人数分别占全国矿山总量的61%和60%，甚至有的省矿山事故死亡人数近百人。今年以来，全国矿山较大事故多发，截至9月20口已发生26起、死亡92人，与去年同期相比大幅上升。

（二）矿业经济发展方式没有根本转变，企业“多、小、散、差”的问题没有根本解决。

具体表现在：一是矿山企业结构不合理，小型采石、黏土矿山占80%；二是矿山企业集约化程度不高，一些矿区小矿“遍地开花”，矿区范围零点零几平方公里、年生产能力千吨左右的矿山依然存在；三是缺乏安全保障的落后工艺、技术、装备仍在部分小矿山普遍存在，淘汰落后产能的任务相当繁重；四是大量小矿山从业人员文化素质低，安全教育培训严重滞后，安全基础管理、专业技术管理尤其是现场管理十分薄弱乃至混乱；五是一些小矿山的应急救援能力低下，应对事故灾难和抵御各类灾害的水平亟待提高。

总之，矿山数量多、开采规模小、产业集中度低、办矿标准差、安全无保障的问题在一些地区还普遍存在，个别地区甚至十分严重。大量事实证明，矿山企业小必差、散必差、乱必差；散必出事、乱必出事、差必出事。“多、小、散、差”是发生矿山事故的土壤和温床，如此就不可能实现矿山的本质安全。近些年来矿山领域发生的2001年广西南丹“7·17”井下特别重大透水事故（死亡81人）、2004年河北沙河“10·17”井下特别重大火灾事故(死亡70人)、2008年山西襄汾“9·8”特别重大尾矿库溃坝事故（死亡281人）等重特大事故，无不证明了这一点。

（三）非法违法生产经营建设现象仍很严重，事故比例仍居高位。

2010年全国矿山共发生较大事故43起、死亡179人（其中非法违法生产建设的有25起、死亡99人，占较大事故总起数和死亡人数的58.1%和55.3%）；2011年发生较大事故30起、死亡124人（其中非法违法生产建设的有11起、死亡53人，比例仍然占到36.7%和44.2%）。今年以来，截至9月20日，全国矿山共发生较大事故26起、死亡92人（其中非法违法生产建设的有8起、死亡31人，各占1/3左右）。

这些非法违法行为形式多样：一是非法盗采国家矿产资源的“五无”矿山（无合法审批手续、无采矿许可证、无安全生产许可证、无正规设计、无竣工验收)，雇几个民工就上山采矿。特别是一些未炸毁填实的取缔关闭矿井死灰复燃。二是以资源勘探的名义非法采矿，近年来以探代采的事故有抬头的趋势。三是越界开采。有些是历史原因造成的，但究其根源，主要还是由于矿业集中度低，一个矿体多个开采主体造成的。四是违法建设和投入生产。近期基建矿山连续发生多起较大事故和环境污染事件。调查发现，项目未批先建、未经安全验收即投入生产、安全环保手续不全而长期违规生产等问题，在一些地区还很严重。五是严重违规违章引发事故。这类事故有两个共性问题值得我们认真研究解决：一个是外包施工队伍的安全管理，另一个是盲目施救导致事故扩大。

三、各方齐心协力，下大气力打好矿山整顿关闭攻坚战

（一）认清严峻形势，明确工作目标。

当前，矿山企业仍存在不少突出问题，矿山安全生产形势依然严峻，今年以来发生了1起重大事故、与去年同期持平，发生了26起较大事故、同比大幅上升。在7月3日召开的国务院安委会全体会议上，马凯国务委员要求各地区、各部门和各单位深刻认识安全生产工作对保障经济发展和社会和谐稳定的重要意义，切实增强责任感和紧迫感，采取更加坚决有力的措施，狠抓工作落实，确保全年安全生产形势持续稳定好转，并明确提出了下半年安全生产“三项目标任务”。作为重点行业领域的矿山方面，要努力为实现全国安全生产工作目标作出贡献。

为此，我们初步提出：2012—2015年，要通过整顿关闭和“打非治违”，减少矿山2万座以上。其中：今年关闭5130座，实现今年矿山事故死亡人数下降至1000人以内，重大事故起数不超过去年，特别重大事故继续保持零记录的目标；确保到2015年关闭矿山2万座以上，力争事故死亡人数降到700人左右，较大事故起数和死亡人数下降50%左右，杜绝重特大事故。

（二）准确把握矿山整顿关闭总体要求和工作原则，搞好相关工作的有机结合。

有关矿山整顿关闭及“打非治违”的总体要求和工作原则，杨栋梁同志已阐述得十分透彻、明确、到位，要认真贯彻落实。我们认为，关闭矿山不是最终目的，关键是要通过整顿关闭和“打非治违”，彻底转变一些矿山以牺牲矿工生命、浪费宝贵资源、破坏生态环境、败坏社会风气为代价的不科学、不安全、不健康、不协调、不可持续的发展方式，真正走上科学发展、安全发展之路。

一要把转变发展方式和调整产业结构与整顿关闭、“打非治违”紧密结合。北京市密云县和陕西省潼关县等地的经验充分证明，只有转变矿业经济发展方式，大力调整产业结构，坚持依法办矿、依法管矿、依规建矿和节约发展、清洁发展、安全发展、集约发展，矿山整顿关闭成果才能得到巩固，矿山企业安全管理水平才能得到提升，非法违法行为才能得到根治，矿业经济才能实现科学健康可持续发展。下步工作中，一定要从更高层次上搞好相互结合，通过整顿关闭和“打非治违”，推动矿业经济发展方式转变和产业结构调整；通过转变发展方式、调整产业结构，促进矿山整顿关闭和“打非治违”。

二要把强化行政许可与整顿关闭、“打非治违”紧密结合。完善矿山企业安全生产许可制度是巩固整顿关闭成果和促进“打非治违”工作不断深化的重要行政手段。我们要不断提高矿山企业安全准入门槛、淘汰落后生产能力，研究探索矿山建设项目安全核准制度，加紧推进矿山淘汰落后工艺、技术、装备，通过强化行政许可的手段，从源头上卡住不具备安全生产条件的各类矿山尤其是小矿山企业，遏制非法违法生产经营建设行为，切实提高办矿标准和产业集中度。

三要把企业重组、资源整合与整顿关闭、“打非治违”紧密结合。多年实践证明，规模出人才、规模出技术、规模出管理、规模出安全、规模出效益。要通过引进优势企业，发挥本地区大中型优势企业的辐射带动作用，加大对小矿山的重组和资源整合力度，创建一批大型矿山企业集团，真正把小矿合起来、并起来、联起来、带起来，把非法的和其他该关闭取缔的关闭取缔掉，提高矿业经济的整体安全发展水平。

四要把隐患排查治理与整顿关闭、“打非治违”紧密结合。为扎实推动全国隐患排查治理工作，国务院安委会办公室今年6月印发了《关于实行安全生产事故隐患排查治理情况月通报的通知》（安委办〔2012〕23号），要求各省（区、市）建立和完善安全生产事故隐患排查治理信息统计工作体系，切实加强信息统计和报送工作，真实反映隐患排查治理工作进展情况，加大对隐患排查和治理情况的跟踪督导力度，确保隐患排查整治工作取得明显成效；同时，决定从今年7月起，对全国安全生产事故隐患排查治理情况实行月通报。目前已经印发了两期通报，从了解的情况看，还存在一些问题：一是一些地区底数还没摸清，责任还没落实；二是一些重大隐患的整改不到位，整改率不高；三是一些重大隐患没有列入治理计划，挂牌督办制度没有落实。在矿山整顿关闭、“打非治违”和今后工作中，各地区要高度重视隐患排查治理体系建设，全面推进隐患排查治理工作，彻底整改各类隐患尤其是重大隐患，并健全完善工作制度、体制、机制和政策措施，狠抓工作落实，促进隐患排查治理的制度化、规范化、常态化。

五要把加强安全生产标准化建设与整顿关闭、“打非治违”紧密结合。要在矿山整顿关闭、“打非治违”工作中，大力推进安全生产标准化建设。对保留、整合、重组、扩能的矿山，要按照统一部署，全面开展对标达标、逐个定级、晋档升级工作，努力实现矿山企业技术标准化、质量标准化、作业标准化、建设标准化、管理标准化，力求使更多的矿山企业达到一、二级安全生产标准化水平。

总之，我们要针对当前矿山领域安全生产状况，坚持标本兼治、重在治本、综合治理。要特别注重解决深层次矛盾和问题，注重解决源头性、根本性问题。要学习借鉴煤矿“三步走”的经验，以整顿关闭、资源整合、管理强矿为抓手，努力夯实矿山企业安全基础、提高安全保障能力，构建矿山安全生产长效机制，实现矿山领域长治久安。

（三）全面按期完成整顿关闭任务，切实减少矿山数量。

各地区、各有关部门和各类矿山企业要深入贯彻落实科学发展观，大力实施安全发展战略，按照杨栋梁同志讲话的总体要求，变长痛为短痛，大力依法取缔和关闭无证开采、不具备安全生产条件和破坏生态、污染环境等各类矿山尤其是小矿山，确保到2015年底，全国关闭矿山和尾矿库2万座以上。一要通过严厉打击非法违法开采行为，对证照不全等5类矿山依法予以取缔关闭；二要通过深入开展隐患排查治理，对限期停产整改后仍不具备安全生产条件的10类矿山依法予以关闭；三要通过进一步推进资源整合、淘汰落后，对一个矿体存在多个开采主体等5类矿山限期予以关闭。

2012—2015年矿山关闭计划将分解到各省、自治区和直辖市。各地区要结合本地区国民经济和社会发展规划以及安全生产规划，组织制定本地区2012—2015年矿山整顿关闭工作计划和方案，并于2012年底前报送国家安全监管总局备案。工作方案应针对本地区实际，抓住影响矿山安全生产工作的突出问题，明确矿山整顿关闭工作目标、方法步骤和配套的政策措施，细化关闭矿山的范围和对象，将整顿关闭任务指标逐年分解到地方各级人民政府，落实到每个矿山企业，并严肃认真地实施、脚踏实地地工作、有声有色地推进，务必全面按期超额完成整顿关闭任务。

四、抓住有利契机，全面提升矿山企业安全生产水平

各地区、各有关部门尤其是各类矿山企业要抓住矿山整顿关闭攻坚战和深化“打非治违”工作的有利契机，全面推进矿山安全生产各项工作，不断提升矿山企业和整个矿山领域的安全生产水平。

（一）加强组织领导、落实工作责任。

开展矿山整顿关闭攻坚战及深化“打非治违”工作，是杨栋梁同志和国家安全监管总局党组站在新的历史起点上，经请示国务院领导同志同意，提出的一项新的重大举措。各地区、各有关部门和单位要提高认识，高度重视矿山整顿关闭和“打非治违”工作，强化组织领导，扎实推进工作。一要成立领导小组、设立专门机构，统一领导和协调推进本地区、本单位整顿关闭和“打非治违”工作。要确立牵头部门，协调相关部门，同步推进工作；要加强工作调度，及时掌握并公布进度；要掌握工作动态，及时研究解决整顿关闭和“打非治违”工作中出现的新情况、新问题。二要明确职责分工、层层落实责任。有关部门要按照条块结合的原则，分别或联合制定具体落实措施，上下同步、层层负责、做好工作。三要建立健全政府统一领导、相关部门共同参与的矿山整顿关闭联合执法机制，形成联合执法合力，开展联合执法行动，加大联合执法力度，确保依法推进。四要抓住重点地区、重点矿种、重点企业，加强指导推动。五要注重监督检查，加强工作考核，将矿山整顿关闭工作任务完成情况纳入领导干部政绩考核指标，实行“一票否决”。对不认真履行职责，工作中互相推诿，导致不能按计划完成矿山整顿关闭工作任务的，要严肃追究相关责任人的责任。同时，要充分发挥新闻媒体的作用，利用公告、公示等形式，公开接受社会监督。

（二）真打真治真关、务求取得实效。

一要明确工作重点。对未依法取得采矿许可证、工商营业执照、安全生产许可证等证照，擅自从事矿产资源开采的5类非法违法矿山，要严格按照关闭标准坚决取缔关闭；对10类不具备安全生产条件的矿山，要下达停产指令，限期整改，逾期仍不达标的也要坚决予以关闭；对需要逐步淘汰或整合的5类矿山，要制定规划，限期整改提升，逾期未能整合或整改后仍不达标的矿山，也要实施关闭。同时，通过深入开展排查和监督检查，发现未列入整顿关闭计划的非法违法及不具备安全生产条件的矿山，也要按照这一基本原则予以处理。

二要下大气力推动工作。各地区、各有关部门要克服畏难情绪、松劲情绪、抵触情绪，科学谋划、精心操作，求真务实、敢抓敢干，冲破阻力、攻坚克难，按照关闭计划和工作方案，对列入整顿关闭计划的矿山，该停产整顿的要坚决停产整顿，该关闭的要坚决关闭，该取缔的要坚决取缔，严禁走过场、留死角、搞浮夸。对拒不执行限期停产整改指令的，要依法从重处罚，严肃追究直接责任者和有关人员的责任；对纳入资源整合范围、拒绝整合的，各有关部门不得对其办理相关证照延期换证手续，并提请地方人民政府依法予以关闭。同时，要强化政策引导、鼓励、保障和扶持工作。各级安委会办公室和安全监管部门要发挥综合协调作用，建立信息通报和协作行动机制，确保整顿关闭和“打非治违”工作有效开展。对决定关闭的矿山，公告期结束后应由县级以上地方人民政府组织有关部门实施关闭。各有关部门要按照工作职责，严格对照关闭标准，认真落实吊销所有证照、拆除设备设施、炸毁矿井井筒、拉倒矿井井架、清好露天场地、妥处相关人员等各项标准和要求，确保关闭到位。矿山关闭工作完成后，县级以上地方人民政府要组织有关部门实施验收。

三要搞好整合整治整改工作。在矿山整顿关闭工作中，一定要做到整顿、整合、整改工作同步推进。对个别局部秩序混乱的地区，要彻底整顿；对符合整合条件的，要促进企业兼并重组、实施资源整合；对存在各类隐患的，要全面彻底整改。各地区、各相关部门要研究提出鼓励措施，吸引鼓励优势企业参与兼并重组和资源整合工作，带动本地区矿山企业整体安全生产水平的提升。

（三）建立长效机制、深化“打非治违”。

一要更加合理设置矿权。新建矿山要坚持一个矿体原则上只设置一个开采主体，对现有存在多主体开采情况的，要鼓励规模大和技术、管理、装备水平高的矿山作为主体进行整合。对于开采范围之间最小距离小于300米的现有小型露天采石场，要坚决推动整合。

二要完善最小开采规模和最低服务年限标准。据了解，目前全国有10多个省（区、市）制定了主要矿种最小开采规模和最低服务年限标准。各地区都要结合本地区淘汰落后产能计划研究制定这项政策，通过完善政策、提高门槛，推动矿山企业逐步走向规模大型化、技术高新化、装备现代化、管理科学化、发展持续化的道路。在国家层面上，国家安全监管总局将配合国土资源部选择主要矿种进行研究，力争出台相关政策要求。

三要探索建立小型矿山正常退出机制。在矿山整顿关闭和企业重组、资源整合工作中，要研究出台相关鼓励政策，建立小型矿山正常退出机制，促进矿山企业关小扶大、做优做强。对被关闭矿山企业缴纳的安全风险抵押金等资金，经有关部门核准后，要及时返还；拟关闭的矿山企业已经向国家缴纳采矿权价款的，要区分不同情形依法妥善处理。

四要继续保持“打非治违”的高压态势。面对矿山严峻的安全生产形势和“多、小、散、差”的现状，我们要充分认识“打非治违”工作的长期性、艰巨性、反复性，坚持时间服从质量、形式服从效果，建立更加行之有效的体制机制，完善相关政策措施，做到领导力度不减、组织力量不变、工作持续不停，继续保持严厉打击非法违法生产经营建设行为的高压态势，严格防止“前打后出”、防止出现反弹、防止死灰复燃。要抓住重点地区、主要矛盾、突出问题和薄弱环节，重拳出击、重点治乱；要加强用典型经验指导工作，用事故教训推动工作；要坚持做到“四个一律”，并对非法违法行为穷追猛打，深挖严打非法违法行为背后的“保护伞”，推动“打非治违”深入开展，常抓不懈。

（四）夯实基层基础、提升管理水平。

一要强化安全基础条件建设。各地区要结合实际，抓住矿山安全生产的重点和难点，特别要针对小型矿山在治本方面下功夫。2009年国家安全监管总局印发了《关于进一步加强中小型金属非金属矿山（尾矿库）安全基础工作改善安全生产条件的指导意见》（安监总管一〔2009〕44号），明确提出了中小型金属非金属地下矿山、露天矿山和尾矿库的安全生产基本条件，各地区、各企业要认真贯彻执行。要坚持严格执行建设项目安全设施“三同时”制度，加大安全投入，不断提高安全生产的基础和硬件条件；要精细化、重细节、攻难点、抓关键；要采取法律、经济、行政等手段，多管齐下，切实解决影响中小型矿山安全生产的深层次矛盾和突出问题。

二要强化安全生产标准化建设。当前的重点还是要选取典型、树立标杆，提高矿山特别是大量中小型矿山企业安全生产标准化建设的普及率。安全生产标准化建设不能走过场、图形式，挂一个牌匾就万事大吉了。要强调持续巩固、持续改进、持续提升。要通过有效途径和手段，强制不达标企业限期整顿，经整改仍不达标的要依法责令关闭退出。

三要强化员工队伍建设。要十分重视矿山特别是中小型矿山企业从业人员安全教育培训工作，通过全员培训、技能培训、岗位培训、重点培训，提高企业管理人员和从业人员尤其是特种作业人员的安全意识和基本技能，提高员工队伍安全素质。国家安全监管总局正在研究起草关于进一步加强安全培训工作的意见，全力推动安全教育培训工作。各地区、各有关部门和各类矿山企业要根据本地区、本行业、本企业的安全生产特点，采取形式多样的安全教育培训方式，使培训工作真正落到基层、落到岗位、落到人头。要加强监督检查，对企业安全培训不足、职工不具备安全生产基本知识和技能要求的，要依法严肃查处。

四要强化法规制度建设。各地区、各有关部门要不断健全完善涉及矿山安全的相关法规规章，尤其要加强企业安全管理规章制度建设，强化执法监督检查，提高法规制度的执行力，真正用法规制度管人、管事、约为，使其真正执行起来、落实下去，见到实实在在的效果。

五要强化班组建设。矿山班组是矿山企业和整个矿业经济的细胞，是安全生产的基石。要坚持关口前移、重心下移，学习借鉴煤矿领域“白国周班组管理法”的经验，落实班组长的安全管理责任、落实班组安全员的工作责任、落实每一位从业人员的岗位责任，切实筑牢安全生产第一道防线，减少和杜绝“三违”现象，及时发现和解决存在的问题，防范事故发生。一些地方实施矿山“万名班组长安全培训工程”，受到了企业好评。各地区、各有关部门和各类矿山企业都要结合实际，采取行之有效的措施，突出现场、突出管理、突出落实，充分发挥班组对安全生产的基础保障作用。

六要强化安全文化建设。富有矿山特色的安全文化建设，在营造安全氛围、宣传安全法制、培育安全意识、树立安全理念、强化安全行为方面具有不可替代的作用。各类矿山企业要采取职工喜闻乐见的形式，寓教于文、寓教于乐、寓教于形，时时处处传递出“人人关爱生命、关注安全、关心健康”的文化讯息，引导和强化员工遵章守纪、杜绝“三违”的自觉性、主动性、习惯性，强化事故防范意识和能力。各地区、各有关部门要大力推动，注重发挥相关文化团体的作用，搞好专群结合，建设矿山安全文化，通过不懈努力，铸牢矿工的安全思想防线。

（五）推进科技进步、实现科技强安。

科技创新是实现本质安全的重要保障。要突出矿山领域的安全更新工程，强制淘汰落后安全技术装备，做好“百项”先进适用技术、“千项”新型适用产品的推广应用工作。最近，为了深入贯彻落实全国科技创新大会精神，进一步推进安全科技工作，国家安全监管总局决定实施安全科技“四个一批”工程，即抓紧攻关一批安全科研课题、推出一批可转化的科技成果、推广一批先进适用关键技术、建设一批安全技术示范工程。矿山领域一要抓中小型矿山安全生产先进适用技术的推广应用，继续推进露天矿山中深孔爆破、机械铲装、机械二次破碎等技术，加快推广应用安全高效的民用爆破器材；继续完善尾矿库在线安全监测技术和设备，真正发挥预测预警作用，并大力推进创建无尾排放、干式排放矿山。二要抓科研成果的应用转化，充分利用“十一五”安全科技攻关成果，加快露天矿山高陡边坡和排土场的监测预警，加快地下采空区的探测监控，尽快将科研成果转化为法规标准规定、转化为现实安全保障能力。三要抓安全生产关键技术和装备的研发，特别是超大规模深井开采安全科技。目前地下矿山开采深度最深的达到1500米，正在建设的地下矿山生产规模达到年产1500万吨，正在进行可行性研究的达到年处理能力3600万吨，这些超大规模深井开采矿山的地热、通风、岩爆、提升等问题亟需科技支撑。国家安全监管总局正在组织产、学、研联合科技攻关，企业更要从自身需求出发积极开展相关科研工作。

（六）加强应急管理、提高救援能力。

目前，全国拥有400多支矿山专业救援队伍、2.5万专业救援人员，其中有7个国家矿山应急救援队，加上正在建设的区域矿山应急救援队和中央企业应急救援队伍，已基本形成布局全国的矿山救援体系。下一步，一要重点加强矿山基层应急救援体系的完善，所有矿山企业必须建立专兼职应急救援队伍，没有能力建立专职队伍的，要与周边区域性应急救援基地或专业救护组织签订应急救援服务协议。二要健全完善企业安全生产应急预案，针对矿山实际和安全生产特点编制专项应急预案，并定期组织演练。三要加强救援装备建设，购置或研发先进、可靠、高效的救援装备特别是高精尖装备，以满足救援需要。四要加快矿山井下安全避险“六大系统”的建设。按照《国务院关于进一步加强企业安全生产工作的通知》（国发〔2012〕23号）要求，明年6月底要完成矿山井下安全避险“六大系统”的建设并发挥作用。从目前了解的情况看，一些企业还存在畏难、观望、拖延的态度，紧急避险系统的建设滞后。要加强督促指导，务必按期建成安全避险“六大系统”并发挥作用。

总之，我们要按照这次会议的部署，只争朝夕、苦干实干，尽早打响矿山整顿关闭攻坚战，持续深化“打非治违”工作，务求快见成效、早见成效、大见成效。同时，国庆节临近、党的十八大即将召开，我们要高度重视、切实做好这一时段的安全生产工作。让我们抓住机遇、开拓进取、勇往直前，以更加饱满的工作热情、更加坚定的工作态度、更加扎实的工作作风做好矿山乃至整个安全生产工作，不断推出新举措、不断开创新局面、不断取得新成效，为党和国家及人民作出更大的贡献！

国家安全生产监督管理总局副局长孙华山在《国务院安委会关于进一步加强安全培训工作的决定》宣贯视频会议上的讲话（摘要）

（2012年12月20日）

这次会议主要任务是，安排部署《国务院安委会关于进一步加强安全培训工作的决定》（安委〔2012〕10号，以下简称《决定》）宣贯落实工作，推动安全培训工作再创新发展。刚才，人力资源社会保障部农民工工作司、辽宁省安全监管局、山东煤矿安监局、中石化安全环保局、国家安全监管总局培训中心5个单位作了很好的发言；彭建勋同志就煤矿安全培训工作提出了明确要求，我完全同意。希望大家结合本地区、本单位实际，认真学习、抓好落实。下面，我谈三点意见。

一、以党的十八大精神为指导，充分认识加强安全培训工作的重要性和紧迫性，切实增强贯彻落实《决定》的自觉性

《决定》是国务院安委会出台的关于安全培训工作的第一份规范性文件，也是层次最高、内容最全面、措施最系统的有关安全培训的规范性文件。《决定》以科学发展观为统领，坚持继承与创新的统一、治标与治本的统一、宏观与微观的统一，体现了党中央、国务院关于安全生产的决策部署，体现了以人为本、关注民生的执政理念，体现了“安全第一，预防为主，综合治理”的工作方针，体现了标本兼治、重在治本的总体要求，是指导全国安全培训工作的纲领性文件，必须认真抓好贯彻落实。

作为搞好安全生产、推进安全发展的重要治本之策，党中央、国务院对安全培训工作始终给予高度重视。“十一五”以来，在党中央、国务院的坚强正确领导下，各地区、各有关部门认真贯彻落实国务院《关于进一步加强企业安全生产工作的通知》(国发〔2010〕23号)和《关于坚持科学发展安全发展促进安全生产形势持续稳定好转的意见》(国发〔2011〕40号)精神，坚持把安全培训工作与安全生产各项工作同研究、同部署、同考核、同落实，在全国安全生产形势保持持续稳定好转的同时，安全培训工作也不断取得显著进步。一是法规制度建设进一步加强。国家安全监管总局出台了46个部门规章和规范性文件、104个培训大纲和考核标准，实施了7项安全培训法律制度，建立了“统一规划、归口管理、分级实施、分类指导、教考分离”的工作机制。二是基础建设进一步加强。截至目前，全国共有安全培训机构3741家、专职教师2万余人。争取中央财政和中央企业配套资金投入约10亿元，启动了32个培训示范基地建设；成立教材编审委，启动了6类84种教材的编写工作；建立煤矿“三项岗位”人员网络考试平台，17个省(区、市)启动运行了安全培训考试信息管理系统。三是创新发展进一步加强。中共国家安全监管总局党组印发了《关于进一步深化“十二五”时期安全监管监察干部教育培训改革的意见》(安监总党〔2011〕11号)，建立了视频讲座培训机制，加强了对市(地)、县、乡级政府分管领导同志的安全培训；建立10个煤矿警示教育基地，推广了虚拟现实、案例式、互动式等先进的教学方式方法。四是安全监督检查进一步加强。国家安全监管总局印发了《关于进一步加强安全培训监督检查工作的意见》(安监总培训〔2012〕57号)，各地区普遍加大了查处安全培训违法违规行为的力度，以检查促培训的机制初步形成。五是安全培训规模进一步扩大。仅今年以来就培训2278.9万人次，其中培训高危企业主要负责人、安全管理人员和特种作业人员等“三项岗位”人员568.7万人次，班组长200.4万人次，农民工1509.8万人次，培训安全监管监察干部8.8万人次，实施了煤矿万名总工程师和万名班组长培训工程。这些成绩的取得，为加强安全生产全员管理，落实安全生产岗位责任，确保各项安全保障措施的全面落实提供了重要的人才支撑。实践反复证明，安全发展，以人为本；以人为本，教育先行。我们必须把安全培训放在十分突出的地位，致力于提高全民的安全文化素质，不断扩大安全培训的规模、提高质量和水平，始终把安全培训作为实施安全发展战略的内在要求，作为强化企业安全生产基础建设、落实企业安全生产主体责任的基石和关键，作为提升安全监管监察效能的重要保障。

当前，全国安全生产面临新的机遇和挑战，安全培训工作面临更加繁重的任务。今年以来，在党中央、国务院的正确领导下，经过安全生产战线广大干部职工的共同努力，全国安全生产状况继续保持稳定好转的势头。1—11月，全国各类事故起数和死亡人数同比分别下降7.4%和11.4%，其中较大事故起数和死亡人数同比分别下降18.6%和19%；重点行业领域安全生产状况持续好转，其中煤矿事故起数和死亡人数同比分别下降35.8%和31%。但安全生产形势依然严峻，事故总量仍然很大，重特大事故尚未得到有效遏制，特别是8月26日包茂高速陕西省延安市境内发生了死亡36人的特别重大交通事故，8月29日四川省攀枝花市西区正金工贸有限责任公司肖家湾煤矿发生了死亡48人的特别重大瓦斯爆炸事故，教训极为深刻。

安全生产事关人民群众生命财产安全，事关改革开放和社会稳定，事关国民经济可持续发展，事关全面建成小康社会的宏伟目标。加强安全生产，推进安全发展，既是贯彻落实科学发展观的必然要求，是转变经济发展方式的重要内容和保证，也是全面建成小康社会的重要内涵。以转变经济社会发展方式为主线，必须坚持安全发展；以人为本，必须时刻把人民群众的生命安全和职业健康放在首要位置。党的十八大明确要求“强化公共安全体系和企业安全生产基础建设，遏制重特大安全事故”。各级安全生产教育和培训工作者要充分认识安全培训在安全生产工作中的重要地位和作用，充分认识所肩负的光荣使命，进一步增强责任感、紧迫感，以为党分忧、为国尽责、为民奉献的精神，以更有效的举措、更扎实的工作，进一步做好安全培训工作，为全国安全生产事业作出积极贡献。

做好安全培训工作，必须认真落实《决定》。

一要通过落实《决定》，进一步发挥安全培训在安全生产中的支撑作用。当前，安全培训工作取得了一定成绩。但是，与贯彻落实科学发展观、推进安全发展的要求相比，还有较大差距。一是思想认识不够到位。不少地方和企业存在重安全硬件建设、轻安全培训的问题，只重形式、不重实效，对安全培训工作研究少、投入少、检查少。二是企业主体责任不够落实。不培训、假培训、低标准培训的问题较为严重，一些大企业外协工培训不到位。三是培训针对性不够强。有的偏重课堂讲授，实操训练不多；有的为挣钱而办班，不严格执行培训大纲；有的考核不严肃，对培训质量缺乏约束。四是培训基础不够扎实。欠发达地区培训机构偏少，优质培训资源不足与资源浪费现象并存；培训信息化建设总体滞后，培训市场仍须规范。五是培训执法力度不够大。培训检查的频度、深度和力度不到位，处罚和问责少。总之，安全培训对安全生产的支撑作用发挥得还不够充分，加强安全培训的任务还十分繁重。必须通过贯彻落实《决定》，推动全国安全培训工作再上一个新台阶，为实现安全生产状况的根本好转、推进安全发展提供更有力的素质和文化支撑。

二要通过落实《决定》，推动安全培训事业的科学发展、创新发展。《决定》明确要求全面加强安全培训基础保障能力建设，这是加强安全培训的前提条件。各地区、各有关部门必须按照《决定》的要求，把加强安全培训基础保障能力建设作为安全生产的基础工作，以科学发展观为指导，以创新发展为动力，着力培育一批高质量的安全培训基地，建设一支高素质的安全培训人才队伍，壮大一批高标准的安全培训机构，为加强安全培训工作奠定坚实基础。

三要通过落实《决定》，实现安全培训的规范化和科学化，切实提高安全培训的质量和水平。安全培训既要扩大规模，更要提高质量。要通过规范化、科学化的培训，确保每一位通过培训的人员学有所成、学有所用，每一位经过培训的安全生产领导干部都成为优秀的安全发展带头人，每一位经过培训的“三项岗位”人员都成为安全发展的忠诚卫士，每一位经过培训的职工都成为安全生产规程规章的认真实践者、落实者。唯此，才能够真正做到预防为主，为实施安全发展战略提供可靠的人才保证。

二、深入学习，准确把握《决定》的精神实质和主要内容

贯彻落实好《决定》的部署要求，关键是要宣传好、学习好、领会好《决定》的精神实质和主要内容，切实做到6个“准确把握”。

第一，准确把握安全培训工作的总体思路。可以概括为“一个树立”、“两个坚持”、“三个细化”、“五个落实”，实现安全培训内容规范化、方式多样化、管理信息化、方法现代化和监督日常化。树立一个工作意识，即“培训不到位是重大安全隐患”；坚持两个工作理念，即依法培训、按需施教；完善细化三个责任体系，即企业的安全培训主体责任、政府及有关部门的安全培训监管和安全监管监察人员培训职责、安全培训和考试机构的培训质量保障责任；落实五项制度，即高危企业从业人员准入制度、“三项岗位”人员持证上岗制度、企业职工先培训后上岗制度、师傅带徒弟制度，安全监管监察人员持证上岗和继续教育制度。

第二，准确把握安全培训的工作目标。可以概括为“四个100%”和“两个明显提高”。“十一五”以来，全国年均培训2000万人次左右。2011年高危企业主要负责人、安全管理人员、特种作业人员持证上岗率分别达到99.2%、96.1%、98.3%；班组长、农民工培训合格上岗率分别为84.0%、93.6%，安全监管监察人员持证上岗率为95%。应该说，近年来通过各地区、各有关部门和单位的共同努力，安全培训成效很大，但距离党和政府的要求和法律法规的规定还有一定差距。因此，《决定》明确提出了“十二五”期间“四个100%”和“两个明显提高”的工作目标。“四个100%”，即“三项岗位”人员100%持证上岗，以班组长、新工人、农民工为重点的企业从业人员100%培训上岗，安全监管监察人员100%执证上岗，安全培训教师100%更新知识。“两个明显提高”，即安全培训基础保障能力和安全培训质量得到明显提高。

第三，准确把握《决定》的核心内容。《决定》共分为7个部分、27条，内容丰富，规定具体，重点突出。一是细化完善了企业安全培训主体责任体系。提出企业要健全落实以“一把手”负总责、领导班子成员“一岗双责”为主要内容的安全培训责任体系。针对近年来一些大企业外协工和农民工培训不到位、中资境外企业安全培训缺位等问题作出规定：劳务使用单位要确保劳务派遣工与本企业职工接受同等安全培训；境内投资主体要指导督促境外中资企业依法加强安全培训工作；安全生产技术研发、装备制造单位要与使用单位共同承担新工艺、新技术、新设备、新材料培训责任。二是强化依法培训的理念，全面系统梳理了安全培训工作五项法律制度，也就是"持证上岗"和"先培训后上岗"方面的五项制度。三是更加注重新技术、新手段在安全培训领域的应用。为了增强培训效果，保障安全培训质量，注重网络技术、信息技术等新技术、新手段的应用。如开发国家安全培训网和有关行业网络学习平台，实行网络培训学时学分制，利用视频、电视、手机等手段拓展远程培训形式；加强安全培训管理信息化建设，开发安全培训信息管理系统，建立安全培训示范视频课程体系等。四是更加注重实际操作培训和现场安全培训。坚持按需施教的理念，突破办班才是培训的观念，更注重实践和实效。明确提出要制定特种作业人员实训大纲和考试标准，建立安全监管监察人员实训制度，并组织开发特种作业各工种仿真实训系统。五是更加严格安全培训责任追究。明确提出实行更加严格的"三个一律"：对应持证未持证或者未经培训就上岗的人员，一律先离岗、培训持证后再上岗；对存在不按大纲教学、不按题库考试、教考不分、乱办班等行为的安全培训和考试机构，一律依法严肃处罚；对各类生产安全责任事故，一律倒查培训、考试、发证不到位的责任。

第四，准确把握《决定》的创新点。一是提出安全培训不到位是重大安全隐患。统计资料表明，90%以上事故是由人的不安全行为引起的。加强安全培训是减少生产安全事故和伤亡人数的投入最少、见效最快、也最长远的源头性举措。二是提出推广"手指口述"等安全确认法。"手指口述"是通过心想、眼看、手指、口述，帮助员工确保按规程作业，主要应用于危险性较大的工种、行业。三是归纳了"持证上岗"和"先培训后上岗"五项法律制度。其中，由《安全生产法》确立的"三项岗位"人员持证上岗制度和企业职工先培训后上岗制度是核心。四是要求企业健全完善以"一把手"负总责、领导班子成员"一岗双责"为主要内容的安全培训责任体系，具有很强的针对性和实用性。

第五，准确把握《决定》规定的13项制度。除了上述五项法律制度和"三个一律"制度外，还提出了7项工作制度，包括专职安全培训教师上岗和企业领导干部上讲台、网络培训学时学分考核、高危企业班前安全培训和现场安全确认、安全培训过程管理和质量评估、将安全培训纳入监察执法计划、绩效考核、经费保障等制度。这13项制度大多数是新提出来的，具有较强的系统性、针对性、可操作性。各地区、各有关部门要准确把握工作定位，以制度规范培训的每一个环节，由抓微观向抓宏观转变，由办培训为主向管培训、管考试、监督培训为主转变，不断提高制度的执行力。

第六，准确把握安全培训工作的重点任务。可以概括为"一个工程、八项建设"。即，中小企业安全培训援助工程，安全培训大纲和教材建设、安全培训师资队伍建设、培训机构建设、远程安全培训网建设、培训信息管理系统建设、实际操作培训体系建设、示范视频课程体系建设、考试体系建设。这些重点工作任务对于实现安全培训工作目标意义重大。各地区、各有关部门要按照定人、定事、定时限、定标准的原则认真抓好落实，不断提高安全培训工作的科学化、规范化水平。

三、扎实做好《决定》宣贯工作，不断开创安全培训工作新局面

国务院安委会《决定》的各项要求，是对全国安全培训工作者的极大鼓舞和巨大鞭策。各地区、各有关部门和单位要认清形势，以高度的责任心和紧迫感，认真负责地学习好、宣传好、贯彻好、落实好《决定》，以更加坚定的信念、更大的决心、更强有力的措施、更加努力的工作，扎实抓好安全培训各项工作的落实，着力做到"五个切实"。

一是切实抓好学习宣传。地方各级政府及有关主管部门、各企业要通过互联网、报刊、电视、广播、简报等多种媒体和多种形式，加大宣贯力度、拓展宣贯广度、延伸宣贯深度，加强舆论引导和舆论监督，将《决定》迅速传达贯彻到各地区、各有关部门和所有企业及职工，使"安全培训不到位是重大安全隐患"的理念深入人心，努力形成全社会更加支持安全培训工作的良好氛围。要深入开展安全培训下基层、进乡镇、入厂矿活动，各级安委会办公室要抽调安全监管监察干部和安全培训教师，深入基层免费宣讲《决定》，做到高危行业企业全覆盖。要把解读《决定》作为当前和今后一个时期各类安全培训的重要内容。国务院安委会办公室将组织力量，编印《决定》学习读本，供大家参考使用。

二是切实加强领导。做好安全培训工作，重点在落实，关键在领导。各单位主要负责同志和班子成员要率先学习好、领会好《决定》精神，把安全培训工作纳入实施安全发展战略的总体布局，把安全培训工作摆上重要议事日程，明确专门机构和人员，确保思想到位、组织到位、措施到位，将《决定》贯彻落实情况作为检验一个企业、一个地区及一个行业领域安全生产工作是否得到加强的重要标准。安全监管监察部门要加强对安全培训的政策研究、宏观指导和组织协调，充分发挥好牵头抓总、协调各方的作用。安全培训机构要充分发挥自身优势，狠抓《决定》的贯彻落实，形成齐抓共管的强大合力。

三是切实制定配套办法措施。各地区、各有关部门要在制度配套上狠下功夫，抓紧制定落实《决定》责任分工方案并抓好组织实施。要结合实际，实施有效的安全培训工作绩效考核和责任追究制度。要充分认识企业在安全培训工作中的主体地位和基础作用，进一步深化企业安全培训工作，不断提升企业本质安全水平。各地区、各有关部门和单位要把思想和行动统一到《决定》精神上来，坚定不移地抓好各项政策措施的贯彻落实工作，确保《决定》所提出的工作要求贯彻到位、执行有力、成效明显。

四是切实加强监督检查。对《决定》中的各项重点工作，要列出工作进度表，明确责任人、完成时限、进度安排，定期检查。要密切关注《决定》的贯彻落实情况，及时开展专项监督检查和工作指导，认真研究、协调解决贯彻实施中出现的突出问题。要督促企业逐一落实《决定》中的每一项要求，对违反相关要求的，要依法依规严肃追究有关人员的责任。要注重典型引路，认真总结推广贯彻落实《决定》的好经验、好做法，以点带面推动工作。各省级安委会、国务院有关主管部门及各有关中央企业要于明年2月底前将学习宣传贯彻《决定》的实施方案和落实情况报送国务院安委会办公室。国务院安委会办公室将于明年3月底前适时对各地区贯彻落实《决定》情况进行专项督查，并公开通报进展情况。

五是切实抓好结合。一要与推动党的十八大精神的贯彻落实相结合。要进一步加强安全培训制度建设，全面检查安全培训中存在的突出问题，牢固树立科学发展、安全发展理念，确保人民生命财产安全。二要与总结今年安全培训工作相结合。要以学习贯彻《决定》为契机，认真总结今年安全培训工作，统筹谋划好明年的工作思路和对策，突出抓好对安全培训工作具有长远影响的几件大事、实事。三要与推动安全生产“十二五”规划的贯彻实施相结合。要调动方方面面的积极性和能动性，注重协调配合，形成工作合力，进一步建立完善安全培训体系。

2013年是全面贯彻落实党的十八大精神的开局之年，是实施“十二五”规划承前启后的关键一年，也是安全培训工作上水平、上台阶的重要一年。让我们在党的十八大精神的指引下，高举中国特色社会主义伟大旗帜，以邓小平理论、“三个代表”重要思想和科学发展观为指导，切实强化《决定》的学习宣传、贯彻落实工作，抓住机遇，开拓创新，扎实工作，努力开创安全培训工作新局面，为全国安全生产状况持续稳定好转和根本好转作出新的更大贡献！

国家安全生产监督管理总局副局长付建华在全国煤矿安全生产专题视频会议上的讲话（摘要）

（2012 年 9 月 4 日）

近期全国煤矿连续发生 7 起较大以上事故，特别是 8 月 29 日四川省攀枝花市正金工贸有限责任公司西区肖家湾煤矿特别重大瓦斯爆炸事故，导致 45 人遇难、1 人失踪，给人民群众生命财产造成重大损失。党中央、国务院领导同志高度重视，要求我们切实加强和改进煤矿安全生产工作。这次专题视频会议的主要任务就是认真贯彻落实温家宝总理和马凯国务委员的重要批示精神，动员各地区、各有关部门以及广大煤矿企业迅速行动起来，采取切实有效措施，坚决遏制煤矿重特大事故反弹的势头，确保安全生产。

国家安全监管总局局长杨栋梁同志高度重视煤矿安全生产工作，亲自出席今天的专题视频会议，稍后还要作重要讲话，请大家务必抓好贯彻落实。按照会议安排，下面我先讲两个方面意见。

一、认真吸取近期几起事故的深刻教训

刚才，彭建勋同志通报了吉林白山、四川攀枝花、江西萍乡 3 起重特大事故情况。此外，福建龙岩、重庆奉节、新疆昌吉、安徽淮北等地近期也先后发生了 4 起较大煤矿事故。短短一周多的时间内，全国煤矿相继发生 4 起较大事故、2 起重大事故和 1 起特别重大事故，教训极其深刻。这其中的原因是多方面的，有安全发展意识不强的原因，在“打非治违”方面行动迟缓，重生产、重发展，轻安全，也有安全生产基础薄弱，生产力水平低下等深层次原因，更有企业安全投入不足、现场管理混乱的问题。

一是非法违法生产问题十分突出。今年以来发生的 10 起重大以上煤矿事故中，非法违法事故就有 7 起。四川攀枝花肖家湾煤矿非法越界组织生产，为提高煤炭产量，同时布置多个头面，以掘代采，矿井没有形成完善的通风系统，作业面局部通风机通风，风量不足，甚至微风、无风作业，弄虚作假，布置虚假采煤工作面，蓄意隐瞒违法违规生产真相。陕西榆林瑞丰煤矿在技改期间长期越界非法组织生产，采用房柱式采煤方法，且随意增大仓房、缩小房柱尺寸，造成大面积冒顶，且事故发生后瞒报，拒不配合抢救及调查，性质十分恶劣；重庆奉节红合煤矿在安全专篇未经批复的情况下，违法建设，边技改边生产，且未安装瓦斯监测传感器，发生瓦斯爆炸事故。

二是拒不执行瓦斯治理的相关规定。一些煤矿企业对瓦斯治理相关规定置若罔闻，不执行、不落实。四川攀枝花肖家湾煤矿生产区域没有按规定安装瓦斯监测传感器，瓦斯浓度超限时不能报警断电。吉林白山吉盛煤矿在瓦斯涌出量大幅增加的情况下，未及时分析原因，未进行突出危险性鉴定，在发生煤与瓦斯突出、瓦斯超限并达到爆炸界限的情况下，没有及时撤出作业人员，导致事故发生，造成大量人员伤亡。江西萍乡高坑煤矿违规采用已明令禁止的单体支护炮采放顶煤工艺，在回采工作面违规设置专用瓦斯巷，且不按规定安装瓦斯监测传感器，造成瓦斯积聚和爆炸。

三是煤矿技术管理严重缺失。湖北宜化集团公司控股的贵州省黔西南州普安县安利来煤矿没有根据地质情况变化及时调整支护方式，且锚杆的数量和长度不足，造成大面积多段冒顶，导致 58 人被困，险些酿成特别重大事故；山西吕梁暖泉煤矿大面积冒顶事故的原因也是如此。从近期发生的几起煤矿瓦斯事故看，部分小煤矿回风系统严重失修，断面小、阻力大，有的甚至根本无法通行，有的矿井在井下违规采用辅助扇风机供风。部分矿井技术管理严重缺失，肖家湾煤矿、辽宁大黄二矿在整个抢险救灾过程中没有提供一张与实际开采情况相符的图纸，严重影响了抢险救援工作的开展。

四是淘汰落后产能态度不坚决。四川、重庆、云南、贵州、湖南、湖北、江西、辽宁、黑龙江等省（市）小煤矿数量众多、灾害严重、机械化和管理水平低下，且相当数量的小煤矿不符合煤炭产业政策，而一些地方却以地方经济发展需要等为由，以低标准的技改提升、兼并重组，逃避关闭退出，淘汰落后产能工作进展缓慢。今年淘汰煤炭落后产能任务较重的省（区、市）目前工作进展缓慢，有的甚至没有制定落实淘汰落后产能计划的工作安排，部分省（区、市）很可能完不成今年的淘汰落后产能计划。

五是现场管理以包代管。一些小煤矿违法承包、以包代管，甚至存在家庭承包，根本谈不上班组建设和管理。一些煤矿企业如重庆奉节红合煤矿领导没有下井带班，下井的领导也没有严格执行带班制度。四川、贵州省相当数量的小煤矿不按规定安装人员定位系统，近期发生事故的矿井也没有严格执行出入井登记等管理制度，发生事故后难以核清井下实际人数，增大了抢险救援的难度。一些煤矿安全培训流于形式，从业人员不了解基本的避险知识，造成伤亡扩大。

面对如此严重的问题，我们必须采取断然措施，认真加以解决。

二、扎实做好当前煤矿安全生产工作

今年全国煤矿安全生产形势总体稳定好转，事故起数和死亡人数与去年同期相比有较大幅度的下降。但近期煤矿事故频发，任其发展下去，势必导致工作上的被动，甚至会造成安全生产形势的逆转。因此，我们要充分认识当前安全生产形势的严峻性，进一步统一思想、坚定信心，增强责任感、使命感和紧迫感，扎实做好当前煤矿安全生产工作。

第一，扎扎实实推进“打非治违”专项行动。严重的非法违法行为是造成重特大事故频发的主要原因，“打非治违”专项行动就是针对重特大事故的教训而部署开展的，是解决当前煤矿安全生产问题的重要手段和有力措施。当前，“打非治违”的核心问题是“真打”与“假打”的问题，是真落实还是走过场的问题。从近期事故暴露出的问题看，很多地方“打非治违”工作态度不坚决、力度不大，或绕着问题走。“真打”还是“假打”，仅看工作总结和统计数字是不够的，要看真实的“打非”案例，要看大额处罚了几个企业，停产整顿和依法提请关闭了几个煤矿，是否有效地遏制了因非法违规生产而造成的事故。地方各级人民政府要切实加强对“打非治违”工作的领导，对辖区内煤矿立即组织开展安全大检查，排查重大安全隐患。煤矿安全监管部门要组织联合执法，集中打击一批非法违法煤矿，把“四个一律”的要求落到实处。煤矿安全监察机构要将“打非治违”与重点监察、安全许可等有机结合，扎实推进“打非治违”专项行动。

第二，狠抓煤矿瓦斯治理和水害防治。今年全国发生重大以上煤矿事故10起、死亡179人，其中瓦斯和水害事故占9起、164人，事故起数和死亡人数都占90%以上。有效防范和坚决遏制煤矿重特大事故，关键在瓦斯治理和水害防治。

要下大力气推进“通风可靠、抽采达标、监控有效、管理到位”的瓦斯综合治理工作体系，在狠抓高瓦斯和煤与瓦斯突出矿井瓦斯治理的同时，不能忽视低瓦斯矿井的通风管理问题。要对重大隐患立即开展“四个重点排查”：排查矿井通风系统是否健全完善（发生事故的矿井都存在通风系统不完善特别是回风系统断面小、阻力大等问题）；排查矿井开采布局是否合理（发生事故的矿井都不同程度地存在多头作业、以掘代采行为）；排查应抽采瓦斯矿井是否建设抽采系统并真正投入运行（从2011年瓦斯等级鉴定汇总分析看，全国进行瓦斯抽采的矿井只占应抽采矿井的36%）；排查矿井安全监控系统是否运行正常（普遍存在“重硬件、轻运行”的问题，近期发生瓦斯事故的四川肖家湾煤矿、重庆红合煤矿、辽宁冠山煤矿、山西玉泉煤业公司均未在开采区域安装瓦斯监测传感器）。

要继续做好9万吨及以下煤与瓦斯突出矿井防突能力评估工作，做到“四个必须”：必须先停止生产建设后评估，坚决打击停而不整、假整顿真生产等行为；必须严格标准，对降低标准的严肃追究责任；必须由省级部门负责，不得擅自下放权限；必须明确整改期限，不能无限期地评估，对于整改期满仍不合格的，由煤炭行业管理部门提请政府依法予以关闭。

水害严重的地区要学习借鉴福建、内蒙古鄂尔多斯、湖南株洲等地的经验，由地方政府组织、统一聘请机构对本地区矿井水文地质条件进行普查，全面掌握矿井水文地质基础资料。有条件的大型煤矿要采用物探等先进的探查技术与装备，探明周边水文地质情况。所有煤矿必须严格落实“有掘必探”的规定，不探不得建设，不探不得掘进和生产。

第三，认真落实今年淘汰落后产能计划。淘汰落后产能是当前提高煤矿安全保障能力的有效手段。关闭退出、技改提升、兼并重组是淘汰落后产能的三个途径。分析近年来各地区煤矿安全生产情况，凡是事故多发省（区、市），基本都是小煤矿数量多的省份，“关闭越早越主动、煤矿越多越担心”正逐步成为各地区的共识。所以，要完成今年淘汰625处小煤矿的目标任务，必须以关闭退出为主，严格按标准控制技改提升、兼并重组小煤矿的数量，对不具备技改提升、兼并重组条件的小煤矿要坚决关闭退出，绝对不能以低水平的技改提升、兼并重组取代关闭退出。

要大力推进“五类小煤矿”关闭退出：不具备瓦斯防治能力的落后小煤矿；达不到最低标准化等级，经整改仍逾期未达标的煤矿；资源枯竭、长期技改不竣工、边技改边生产的矿井；发生较大以上事故的小煤矿；因不具备安全生产条件被责令停产整顿后擅自从事生产的煤矿。

对今年淘汰煤炭落后产能工作，各地区要抓好“五个落实”：一是目标要落实。每个省（区、市）关闭多少家，兼并重组多少家，整合技改多少家，每个市（地）、县有多少家，要有具体名单，并向社会公告。二是时间要落实。上半年时间进度有欠账的，后几个月一定要加快进度。三是责任要落实。要明确谁负责组织和实施关闭，具体责任一定要到位，落实到人头。四是政策要落实。各地区要结合实际研究安置政策、补贴政策，我们和国家能源局将为各地区积极争取政策支持。五是保障措施要落实。我们将定期公布进度，加强考核。

第四，强化现场管理。各有关部门要深入推进煤矿安全质量标准化活动，强化现场管理，对达标后安全管理滑坡的煤矿要降级、摘牌，责令停产整顿。未按要求淘汰木支护的煤矿，不得参与安全质量标准化的评审。对回风系统长期失修导致通风严重不畅、未按规定安装瓦斯传感器的煤矿，一律要责令停产整顿。要继续加大对煤矿企业执行领导带班下井制度情况的监督检查。

各煤矿企业要重视顶板管理工作，加强矿井地质勘探和矿压观测，采掘工程支护必须严格按设计施工；严格执行发现重大险情、事故征兆及雨大立即撤人制度；认真落实煤矿领导带班下井制度，基建煤矿必须做到施工、建设单位“双带班”。

第五，严肃煤矿事故查处。各级煤矿安全监察机构要严肃查处煤矿事故，严格追究责任。对近期发生的较大以上事故，要加快事故调查处理进度。对非法违法生产导致的事故，要依法按照有关规定上限予以处罚。对存在瞒报、谎报、迟报、逃匿等行为的事故，要依法从严、从重、从快处理。对近期几起重大涉险事故，也要严肃查处，认真分析原因，深刻吸取教训。

要建立健全社会监督机制，对人民群众和新闻媒体举报的重大隐患和瞒报事故线索，要组织力量，及时认真核查。核查属实的，要给予奖励，并严肃查处。要充分发挥新闻媒体等舆论监督和引导作用，加大对煤矿安全相关法律法规和“打非治违”等重大行动的宣传力度，及时曝光非法违法企业。

我们一定要认清当前煤矿安全生产形势的严峻性，始终保持清醒头脑，强化工作措施，把国家安全监管总局党组的统一部署和杨栋梁局长在今天专题视频会议上的讲话要求贯彻落实到基层和现场，坚决遏制煤矿重特大事故反弹的势头，促进全国煤矿安全生产状况进一步稳定好转。

国家安全生产监督管理总局纪检组组长赵惠令在全国安全监管监察系统党风廉政建设工作会议上的讲话（摘要）

（2012 年 3 月 29 日）

这次全国安全监管监察系统党风廉政建设工作会议的主要任务是：深入贯彻落实十七届中央纪委七次全会、国务院第五次廉政工作会议和全国安全生产电视电话会议、全国安全生产工作会议精神，总结 2011 年反腐倡廉工作，交流经验做法，研究部署今年的工作任务。骆琳、郝明金同志还将在会议上发表讲话，我们要认真学习领会，坚决贯彻落实。受国家安全监管总局党组的委托，我将党组关于进一步推动全系统党风廉政建设和反腐败工作的意见报告如下：

一、2011 年党风廉政建设和反腐败工作的回顾

去年，按照国家安全监管总局党组的部署和要求，各单位切实加强反腐倡廉工作，取得了明显成效。一是积极服务安全发展工作大局。纪检监察部门紧紧围绕落实安全发展政策措施，加强对贯彻执行党中央、国务院关于安全生产重要决策部署情况的监督检查，积极参加安全生产大检查、安全专项整治和事故调查处理等重点工作，对发现的问题及时提出整改措施。二是惩防体系建设稳步推进。制定出台《中共国家安全生产监督管理总局党组贯彻执行〈关于实行党风廉政建设责任制的规定〉实施办法》等一批规章制度，组织开展了《党员领导干部廉洁从政若干准则》执行情况专项检查，反腐倡廉制度不断完善。深入组织开展以“牢记宗旨、执法为民”为主题的“警示教育周”活动，举办了王茂俊等先进事迹报告会和反腐倡廉书画摄影展览，拍摄并组织播放警示片《警声》，认真组织开展“一查两找”，增强了党员干部廉洁自律意识。深入贯彻落实《建立健全惩治和预防腐败体系 2008—2012 年工作规划》牵头任务，严肃查处安全生产失职渎职行为和事故背后的腐败问题，中央纪委办公厅通报了我们的经验做法。三是巡视和监督工作进一步强化。对四川等 6 个省级煤矿安监局和华北科技学院、煤炭总医院等单位进行了巡视，并督促落实整改意见。加强对选拔任用干部四项监督制度落实情况的监督检查，普遍开展领导干部任前廉政谈话，各级纪检监察部门派员参加干部考察工作，确保用人上风清气正。四是根据马馼同志的批示精神，在煤矿安全监管监察领域开展“深化执政为民教育、规范安全执法行为、整治突出问题”活动取得初步成效。对 2009 年以来的煤矿安全许可、监管监察执法和中介机构监管情况进行了清理核查，对发现的监管不力、执法不严、行政处罚不规范、行政许可程序不明确等问题，认真采取整改措施，规范了重要权力运行。深入排查廉政风险点，建立完善了一批规章制度，加强廉政风险防控管理，增强了党员干部廉政风险防范意识。据统计，活动开展以来，全系统共有 140 多名党员干部主动上交礼金、有价证券、笔记本电脑等款物，共计折合人民币 128.41 万元。五是安全评价机构监管和从业行为专项治理取得阶段性成果。全系统共发现内部管理、过程控制和机构监管等方面的违规问题 1026 个，依法撤销、注销了 10 家甲级、73 家乙级安全评价机构的资质，另有 67 家被通报批评或限期整改，进一步规范了安全中介机构监管行为和安全评价市场秩序。六是政风行风建设进一步加强。开展政风行风教育，努力塑造安全执法队伍良好形象。北京市安全监管局、北京煤矿安监局，四川省安全监管局、四川煤矿安监局和湖南省安全监管局等单位在当地行风评议中被评为第一名。

过去的一年，在党中央、国务院和中央纪委、监察部的坚强领导下，按照国家安全监管总局党组的部署和要求，各单位结合实际、狠抓落实，推动了反腐倡廉工作的深入开展，为促进全国安全生产形势持续稳定好转提供了有力保障。但是，随着经济体制的深刻变革、社会结构的深刻变动、利益格局的深刻调整和思想观念的深刻变化，各种社会矛盾进一步显现，各种腐朽思想的影响仍然存在，腐败现象滋生蔓延的土壤在短时期内还难以清除，党风廉政建设和反腐败斗争还面临不少新情况和新问题。尤其我们安全监管监察系统承担着安全生产行政审批、安全执法、事故调查处理、中介机构监管、安全培训等重要职责，掌握着一定的权力。如果这些权力得不到有效监督和制约，就必然会产生一些腐败问题，必然会毁掉一批干部，必然会影响安全监管监察公信力，从而影响安全发展这个大局。我们必须充分认识党风廉政建设和反腐败斗争的长期性、艰巨性、复杂性，切实把党风廉政建设和反腐败工作摆在更加重要的位置抓紧抓好，带好队伍、维护形象、增强公信力，推动安全生产工作。

二、2012 年党风廉政建设和反腐败工作重点任务

2012 年是我国实施“十二五”规划承上启下的重要一年，也是坚持科学发展安全发展、促进全国安全生产形势持续稳定好转的关键之年，做好党风廉政建设各项工作，对于推动安全发展战略实施，迎接党的十八大胜利召开，意义和责任都很大。今年党风廉政建设和反腐败工作的总体要求是：坚持以邓小平理论和“三个代表”重要思想为指导，深入贯彻落实科学发展观，按照十七届中央纪委七次全会、国务院第五次廉政工作会议精神和全国安全生产电视电话会议、全国安全生产工作会议的部署要求，重点做好以下七项工作。

（一）坚持围绕中心、服务大局，着力促进安全发展重大决策部署的贯彻落实。今年，要紧紧围绕继续深入扎实开展“安全生产年”活动，落实安全生产“一树立、三坚持、三强化”中心任务，抓好四个方面的监督检查。一是加强对贯彻落实党中央、国务院有关安全生产政策措施情况的监督检查。协助相关部门，着力推动《国务院关于坚持科学发展安全发展促进安全生产形势持续稳定好转的意见》（国发〔2011〕40 号）和《国务院办公厅关于继续深入扎实开展“安全生产年”活动的通知》（国办发〔2012〕14 号）的贯彻落实，确保政令畅通。二是加强对贯彻执行国家安全监管总局党组重要决策部署情况的监督检查。着力加强对重点行业领域安全专项整治、规范生产经营建设秩序等重要工作开展情况的监督检查，增强安全监管监察执行力和公信力。三是加强对安全生产重点工程建设项目实施和资金使用情况的监督检查。着力加强对国家、区域矿山应急救援队建设和安全生产监管监察能力建设“十二五”规划中执法能力、信息系统、技术支撑能力等 11 项重点工程实施情况的监督检查，突出项目初审、投资监管和招标投标等关键环节的廉政风险防控。同时，要加强对安全生产技术改造国债资金管理使用情况的监督检查，防止利益冲突，严明纪律。对无视法纪、违规操作，为自己或他人谋取私利等违纪违法行为，要发现一起、查处一起。四是加强对党的政治纪律执行情况的监督检查。加强政治纪律教育，引导党员干部讲政治、顾大局、守纪律，自觉在思想上政治上行动上同以胡锦涛同志为总书记的党中央保持高度一致。严格执行党的政治纪律，对违反政治纪律的要严肃处理。

（二）加快推进惩防体系建设，进一步提高反腐倡廉科学化水平。贺国强、何勇同志多次明确指出，建立健全惩治和预防腐败体系，是新形势下反腐倡廉建设的重点任务，在党风廉政建设和反腐败工作中处于基础性、全局性、战略性的重要地位。今年是落实《建立健全惩治和预防腐败体系 2008—2012 年工作规划》的最后一年，我们要加大力度、加快惩防体系建设步伐。一要初步建成具有安全监管监察系统特色的惩防体系基本框架。以有效预防腐败为核心，建立完善反腐倡廉工作机制制度，努力形成与科学发展安全发展要求相适应、与安全监管监察工作相促进、与党员干部队伍实际情况相符合的惩防体系。二要按照中央纪委的安排，研究制订安全监管监察系统惩防体系建设《2013—2017 年工作规划》。三要认真做好国家安全监管总局牵头和协办工作。根据中央纪委今年反腐倡廉任务分工意见，国家安全监管总局承担一项牵头任务，即：严肃查处玩忽职守、失职渎职造成重特大事故和瞒报、谎报事故的行为及其背后隐藏的腐败问题。三项协办任务：一是坚决克服官僚主义、形式主义、弄虚作假、心浮气躁等不良风气，严禁搞劳民伤财的“形象工程”和沽名钓誉的“政绩工程”；二是加大查办案件工作力度，严肃查办发生在领导机关和领导干部中贪污受贿、失职渎职的案件，严肃查办发生在工程建设、房地产开发、土地管理和矿产资源开发等领域的案件；三是深入推进工程建设领域突出问题专项治理，加强工程建设项目质量安全管理。我们要认真履行牵头职责，完善工作机制，圆满完成中央纪委交办的牵头任务，并认真做好其他三项协办工作。

（三）深化改革创新和制度建设，推进源头治理工作。主要抓好以下五点：一是要突出安全监管监察系统特点，以制约和监督权力为中心，建立完善廉政风险防控机制。研究制定《关于加强廉政风险防控的实施意见》，组织开展廉政风险排查，研究制定风险防范措施，规范安全许可、安全执法、事故调查处理、中介机构监管、安全培训和干部选拔任用、财务管理等重要权力运行，有效预防腐败问题发生。二是深化行政审批制度改革，严格依法设定和实施审批事项，进一步清理、减少和规范行政审批。严格审批程序，强化对审批权力的监督制约。深化政务公开，推进行政审批公开透明运行，自觉接受社会监督。三是继续加强行政机关和国有企业事业单位财务管理，从严控制出国出境、车辆购置运行、公务接待“三公”经费，确保今年零增长。强化审计监督工作，坚决清理“小金库”。四是健全政风行风建设工作机制，落实政风行风建设责任，树立安全监管监察队伍良好形象。五是加强调查研究，分析研究党风廉政建设工作的特点、规律和对策，提交一两份有分量的调研报告，用以指导和推动全系统党风廉政建设和反腐败工作。

（四）加大巡视力度，强化监督工作。今年拟对4个省级煤矿安监局和4个直属事业单位进行巡视。在巡视工作中，要着力抓好以下四点：一要以加强对领导班子及其成员特别是党政主要负责人的监督为重点，通过对贯彻执行党的路线方针政策、贯彻落实安全发展重要政策措施、坚持民主集中制、廉洁勤政、作风建设和干部选拔任用等方面情况的检查，推动领导班子和干部队伍建设。二要将巡视了解范围延伸到被巡视单位所属二级单位。对省级煤矿安监局的了解面，要覆盖地方纪检监察机关、组织部门和相关企事业单位等。三要把发现问题、解决问题、形成长效机制贯穿于巡视工作的全过程。对去年巡视过的8个单位，督促落实整改意见。四要把巡视结果作为领导干部考核、奖惩、选拔任用的重要依据。在搞好巡视工作的同时，要加强对重大决策、重要干部任免、重大项目安排和大额度资金使用情况的监督，防止决策失误、权力失控、行为失范。加强对拟提拔干部的廉政考察，防止“带病上岗”、“带病提拔”。

（五）加大查办违纪违法案件工作力度，切实发挥惩戒治本功能。安全监管监察机构是监督监察和执法部门，廉政风险和面临的诱惑陷阱很多。近几年，先后发生过一些单位领导干部甚至是主要领导干部的腐败案件，严重损害了安全监管监察队伍形象，教训是深刻的。据不完全统计，去年，各省级安全监管局共受理信访举报206件（次），给予党纪政纪处分的有13人，其中，司法机关作出刑事处罚后交我们作党纪政纪处分的2人，地方纪检监察机关作党纪政纪处分的1人，地方监察机关提出行政问责建议后移交我们作处分决定的6人，我们调查处理的4人。全国煤矿安监系统共受理信访举报242件（次），给予党纪政纪处分的19人，其中，司法机关作出刑事处罚后交我们作党纪政纪处分的13人，监察部提出行政问责建议后移交我们作处分决定的4人，公安机关调查后移交我们作党纪政纪处分的1人，根据地方检察机关移交案件线索，由驻总局纪检组监察局调查处理的1人。今年以来，全国煤矿安监系统共受理信访举报68件（次），司法机关作出刑事处罚后交我们作党纪政纪处分的6人，被地方纪检监察机关或检察机关立案调查待处理的8人。驻总局纪检组监察局查办案件2件、涉及2人。这些案件主要有四个特点：一是处级以上领导干部案件比例较高，占处分人数的60%以上。二是涉案性质以贪污受贿和失职渎职为主，约占处分人数的90%。三是主要发生在安全监管执法、行政审批、事故调查处理、中介机构监管、安全培训等重点领域，尤其是行政处罚、建设工程核准和煤矿建设项目安全设施“三同时”审批等关键环节，约占处分人数的90%。四是查处生产安全责任事故时带出来的案件较多，占处分人数的70%以上。这些情况表明，违纪违法案件在全系统仍时有发生，我们查办案件工作尚待加强。因此，今年要加大力度，使查办违纪违法案件工作有一个新的突破。一要突出办案重点。严肃查办违纪违法党员干部特别是领导干部中发生的以权谋私、权钱交易、收受贿赂和失职渎职案件，严肃查办安全执法、行政审批、中介机构监管过程中发生的违纪违法案件，严肃查办事故背后的腐败案件和为非法违法生产经营建设行为充当“保护伞”的案件。二要加强信访举报和案件初核工作。对群众来信来访和举报要“件件有着落”，对实名举报的，要“事事有回音”。对有可查性的一定要认真核查，涉及副司局级以上领导干部的，由驻总局纪检组监察局牵头核查；涉及处级干部的，各单位必须调查并上报结果。三要落实责任。贺国强、何勇同志多次强调，坚决查办违纪违法案件，捍卫党纪国法尊严，维护社会公平正义，是我们纪检监察干部特别是领导干部的天职。作为纪检监察干部，有案不查是失职，不会办案就是不称职。对瞒案不报、压案不查、虚于应付的纪检组长、纪委书记和监察室主任，要调整工作岗位。问题严重的，要追究纪律责任。四要完善办案工作机制。针对各单位纪检监察干部人员少、力量分散等情况，根据办案工作需要，统一组织协调，从各直属单位抽调人员查办案件。要加强煤矿安监局与安全监管局纪检监察力量的协调配合，加强与地方纪检监察机关和地方检察机关等单位的协调配合，增强办案合力。五要发挥办案的治本功能。做好案件剖析工作，对典型案例要及时通报，充分发挥办案的惩戒和警示作用。

（六）坚持教育和治理并重，切实解决安全生产领域反腐倡廉突出问题。要着重抓好以下四项工作：一是继续在全国安全监管监察系统组织开展“警示教育周”活动。今年的警示教育，要组织党员干部认真学习贯彻胡锦涛总书记在十七届中央纪委七次全会上的重要讲话精神，对照保持党的纯洁性各项任务要求，从思想、作风、廉洁自律等方面，认真查纠问题。各单位要紧密结合本单位实际和以往开展警示教育经验，自主开展一些教育活动，确保教育活动解决问题、取得实效、逐年深化。二是做好煤矿安全监管监察领域“教育、规范、整治”活动的总结和检查验收工作，进一步巩固活动成果。三是深入治理领导干部在廉洁自律方面存在的突出问题。重点整治领导干部违规收受礼金、有价证券、支付凭证、商业预付卡等问题。四是组织开展执法监察和效能监察。重点解决安全执法中不作为、乱作为、违规违法处罚等现象和问题。

（七）切实加强纪检监察干部队伍建设。由于国家安全监管总局党组高度重视，全国安全监管监察系统纪检监察干部队伍建设不断得到加强，为深入推进反腐倡廉建设作出了贡献。但面对新形势新任务，对纪检监察干部的素质和能力要求越来越高。纪检监察干部必须加强学习，不断提高思想政治素质和业务能力。要强化业务培训，办好今年在北戴河举办的新任纪检组长和纪检监察干部业务培训班。还要注意在实践中尤其在办案工作实践中锻炼干部。增长才干。各单位要把工作业绩突出、作风正派的同志，选拔到纪检监察岗位上来，选好配强纪检监察干部。要加强对纪检监察干部的管理和监督，关心他们的成长进步。纪检监察干部要更加严格要求自己，牢固树立监督者更要接受监督的意识，自觉接受组织、党员干部、人民群众和新闻舆论的监督，做一个忠诚可靠、服务人民、刚正不阿、秉公执纪的好干部。

三、真抓实干，确保各项任务落到实处

今年的党风廉政建设和反腐败工作任务很重。我们要以高度的政治责任感、扎实的工作作风，认真组织实施，确保各项工作取得实效。

第一，认真落实党风廉政建设责任制。要强化党风廉政建设责任意识，各单位党政主要负责同志要切实把反腐倡廉工作摆到重要位置来抓。领导班子其他成员要认真落实“一岗双责”制，做到管人与管事相结合、管业务与管党风廉政建设相结合。纪检组长（纪委书记）要协助党政主要负责同志组织协调反腐倡廉工作，下气力抓出成效。按照国家安全监管总局党组制定的党风廉政建设任务分工意见，各司局对承担的牵头或协办任务，要明确时间进度、工作要求和具体措施，一项一项抓好落实。年底将结合干部考核工作，组织开展年度检查。对抓党风廉政建设和反腐败工作不力的，单位发生违法违纪问题较多的，要对该单位党政主要领导同志和纪检组长（纪委书记）追究责任。

第二，注重解决突出问题。要结合本单位实际，认真解决干部群众关注的突出问题，不断深化反腐倡廉工作。从我们系统的实际看，安全执法、行政审批、事故调查处理、中介机构监管、安全培训、干部提拔任用等是问题的多发领域。我们要紧紧盯住这些领域和环节，加强管理，加强监督，加强对这些领域出现问题的查办力度。

第三，严格把握政策。要牢固树立围绕中心、服务大局意识，自觉把党风廉政建设工作尤其是办案工作放到安全监管监察中心大局中去思考、谋划、部署和推进，确保查处的每一起案件都取得良好的政治、社会和纪律效果，经得起历史的检验。要坚持原则、秉公办事，依法依纪办案，严禁对被调查人员逼供、污辱或体罚等，切实保障被调查人员的合法权益，坚决杜绝冤假错案。要准确把握政策，严格按照“事实清楚、证据确凿、定性准确、处理恰当、手续完备、程序合法”的要求，审慎稳妥调查处理案件，充分体现“惩前毖后、治病救人”的方针，尽可能地挽救干部。但对严重违纪违法的，只要发现，就要一查到底，严肃处理，绝不姑息。

第四，大兴求真务实之风。一切从实际出发，不唯上、不唯书、只唯实。要深入实际、深入基层、深入群众，到一线去了解真实情况，找准问题症结，提出有针对性的政策措施。根据本单位实际，有什么问题就解决什么问题，什么问题突出就重点解决什么问题。对我们系统中发生的违法违纪问题要彻查严办，但从我们掌握的情况看，对安全生产影响较大的、带有普遍性的问题，还是我们队伍中的一些同志责任心不强、作风不实、执法不严、监管不力的问题，要采取有效措施，加大问责力度，切实把安全生产各项要求落到实处。要集中精力抓落实，在发现问题、解决问题上下功夫，在查办案件、强化监督上下功夫，在查找廉政风险点、建章立制上下功夫。力戒形式主义和假大空的东西，一步一个脚印地推进各项工作。

总之，深入推进党风廉政建设和反腐败工作，任务艰巨、责任重大。让我们紧紧围绕安全发展中心大局，突出重点、真抓实干，进一步推动反腐倡廉建设深入开展，为全国安全生产形势持续稳定好转作出贡献，以新的工作实绩迎接党的十八大胜利召开。

国家安全生产监督管理总局总工程师黄毅在全国安全生产宣传工作会议暨安全文化建设现场会上的讲话（摘要）

（2012 年 5 月 10 日）

在各位代表的共同努力下，这次会议圆满完成预定的各项议程，马上就要结束了。这次会议尽管时间比较短，但主题明确、议题集中、内容充实、安排紧凑，大家普遍反映启发比较大，收获也比较大。这次会议的收获，可以概括为“三个一”，就是听了一个很好的报告、学到了一个很好的典型、看了一部很好的影片。

一是听了一个很好的报告。大家普遍认为，杨元元同志代表国家安全监管总局党组作的重要讲话，站在实施安全发展战略的高度，实事求是地总结了安全生产宣传和安全文化建设工作，既肯定了成绩，又分析了问题，同时对面临的形势任务进行了客观、深刻地分析，使大家进一步认识到安全生产宣传以及安全文化建设工作面临的新任务，增强了责任感、紧迫感、使命感。大家表示，要认真学习领会杨元元同志的讲话精神，结合本地区的实际，切实抓好贯彻落实。

二是学到一个很好的典型。大家通过会上听、现场看，全方位、立体性地学习考察了金川集团股份有限公司的安全文化建设经验，都感到深受启发、深受教育。大家认为，“金川经验”的实质就是把以人为本、科学发展、安全发展的理念纳入企业的发展战略之中，创造性地形成了“五阶段、四层次”的安全文化建设模式，科学地揭示了安全管理中的规律特点，只有把制度、标准、管理上升到文化的层次，内化于心，才能成为人的自觉行为。大家表示，要认真学习借鉴“金川经验”，结合自身的实际情况，不断探索加强安全文化建设的途径、方法和机制、模式。刚才在会上发言的单位介绍了好经验、好做法，也都很有借鉴意义。

三是看了一部很好的影片。会议之前，我们举行了电影《安监局长》首映式。大家都觉得该影片很生动、真实、很有感染力，充分展现了以王茂俊为代表的安全监管监察人员的时代风采，都感到很受教育，同时也进一步看到了在执法过程中，只有向这些先进模范人物学习，才能够自觉地为党分忧、为国尽责、为民奉献。

大家表示要把这次会议的精神带回去，认真地贯彻落实，推动本地区、本单位的安全生产宣传工作和安全文化建设，从而为进一步促进安全生产形势持续稳定好转，加快实施安全发展战略，提供有力的精神动力和舆论支持。我认为，贯彻落实好这次会议精神，要着重于“四个弘扬”，实现“四个推动”。

一、弘扬主旋律，推动安全发展战略的实施

随着深化改革、扩大开放，人们的价值取向多元化、思想意识多样化的倾向日趋加重、日趋明显。但我们是中国共产党执政的社会主义国家，必须用党的先进思想、共同的价值观来引领群众、凝聚人心。正如马克思讲，统治阶级的思想在每一个时代都是占有统治地位的思想。我们应该旗帜鲜明、理直气壮地弘扬主旋律、弘扬社会主义的主流价值观。安全生产宣传工作的主旋律就是安全发展，要唱响“安全发展”，以“安全发展”来凝聚人心，形成安全发展的合力。早在 2005 年 8 月，胡锦涛总书记在视察基层时就提出了安全发展这个概念；党的十六届五中全会把安全发展纳入国家“十一五”经济社会发展规划纲要的指导原则；在党的十七大上，胡锦涛总书记又强调要坚持安全发展，强化安全生产的管理和监督，有效遏制重特大事故；党的十七届三中全会上再次强调，能否实现安全发展，是对我们党执政能力的重大考验；2011 年国务院印发了《关于坚持科学发展安全发展促进安全生产形势持续稳定好转的意见》（国发〔2011〕40 号，以下简称国务院《意见》），第一次提出了实施安全发展战略；今年温家宝总理在《政府工作报告》中强调要实施安全发展战略，加强安全生产监管，防止重特大事故发生。从“安全生产”到“安全发展”，这是一个很大的飞跃，扩展了安全生产的内涵和外延。从“安全发展的理念”到“安全发展的战略”，这又是一个重大飞跃，使“安全发展”从一种理念变成一种行动纲领。我们在宣传安全发展战略、弘扬安全发展这个主旋律的工作当中，就应该把握好以下四个要点：

第一，安全发展是科学发展的应有之义。胡锦涛总书记在中央政治局第三十次集体学习会上明确指出，把安全发展作为一个重要理念纳入社会主义现代化建设的总体战略，是我们对科学发展观认识的深化。安全发展的最终指向是发展，而这种发展是安全的发展，符合科学发展观的第一要义——发展；安全发展的本质是安全，是维护人民的生命健康权益，符合科学发展观的核心——以人为本；安全发展讲的是全面、协调、可持续地发展，符合科学发展观全面、协调、可持续的基本要求；安全发展强调的是安全与发展的统一，是速度、效益、质量与安全的统一，符合科学发展观统筹兼顾的基本方法。因此，安全发展本身就是科学发展观的应有之义。

第二，安全发展内涵揭示了社会主义生产的根本目的。国务院《意见》对安全发展的内涵作了科学、准确的阐述，明确指出，安全发展就是要把经济社会的发展建立在安全保障能力不断提升、人民群众生命健康权益切实得到保障的基础之上，从而使人民群众能够平安幸福地享有经济社会发展的成果，能够体面的劳动，能够活得更有尊严。这就是安全发展的科学内涵，也是社会主义生产的目的。

第三，安全发展战略是推进安全生产事业全面发展的行动纲领。实施安全发展战略，是中央在正确分析、判断现阶段安全生产规律特点的基础上作出的重大战略决策。我们目前正处在工业化、城镇化快速发展的时期，处在生产安全事故易发、多发的特殊时期，既要解决制约安全生产深层次的问题，还要面对新形势、新任务、新挑战，根本出路就在于坚持科学发展、安全发展。

第四，实施安全发展战略既有理论意义，又有实践意义。安全发展战略的提出，为我们探索、建立安全生产理论体系提供了坚实基石。在安全发展理念的指导下，在总结探讨安全生产规律特点的基础上，要逐步形成具有中国特色的安全生产的理论体系，所以说有理论意义。安全发展的实践意义就是，安全发展战略已构成一个完整的系统，有战略目标、战略原则、战略体系、战略工程、战略措施，我们目前正在研究安全发展战略的总体构架。随着安全发展战略的实施，必将大力推动整个安全生产工作，提升安全保障能力和水平。

二、弘扬法治精神，推动“打非治违”专项行动深入开展

我们是社会主义法治国家，“依法治国”是重大治国方略，但是在一些地区和行业领域法治意识淡漠，有法不依、有章不循、执法不严等问题还较为突出。党的十七大报告就明确提出，要广泛深入地开展法治宣传教育，大力弘扬法治精神，形成自觉学法、守法、用法的社会氛围。具体到安全生产领域，弘扬法治精神就显得更加迫切。长期以来，在计划经济体制下，往往注重通过行政手段、行政命令来加强安全监管，而且在人们意识里，一提到违法犯罪往往就想到杀人放火、抢劫强奸、贪污受贿，而对那些违反安全生产法律法规的行为，则不认为是违法，即使情节严重的不认为是犯罪，这就是安全生产法治意识淡薄的体现，使得一些安全生产基本法律制度得不到认真贯彻执行，使得安全生产领域非法违法、违规违章的行为屡禁不止，成为导致事故多发的一个重要原因。近年来我们连续开展“打非”专项行动和安全生产执法行动，但非法违法生产经营建设的问题始终未得到根本解决，今年以来全国发生的较大以上事故中，有70%是由于非法违法行为导致的。为此，国务院决定利用6个月左右的时间，集中开展安全生产领域“打非治违”专项行动，召开电视电话会议进行了动员部署，国务院办公厅专门印发了通知。这就需要加强安全生产宣传工作，大力弘扬法治精神，把宣传教育贯穿于“打非治违”专项行动的整个过程，推动工作深入，确保取得实效。要着重抓住以下三个要点：

第一，广泛深入地宣传“打非治违”专项行动的方针及总体要求。这些体现在马凯国务委员在电视电话会议上提出的明确要求，就是要抓住“两大任务”：一个是“打非”，打击非法违法；一个是“治违”，治理违规违章。坚持“三个原则”：依法依规的原则，要依法依规进行打击治理；统筹兼顾的原则，不能只靠“打非治违”来解决安全生产的所有问题，要统筹兼顾；标本兼治的原则，既要治标，更要治本，着力建立安全生产工作的长效机制。抓住“四个重点”：即重点行业、重点地区、重点单位、重点问题，重拳出击。实现“五项目标”：使非法行为得到遏制，违规现象得到治理，监管责任得到强化，主体责任得到落实，法治秩序得到完善。

第二，广泛深入地宣传安全生产法律知识。要结合“六五”普法，继续学习宣传以《安全生产法》为核心的安全生产法律法规知识，努力营造有利于安全生产的舆论氛围。要动员全社会的监督机制举报各类非法违法、违规违章行为，使这些行为如过街老鼠一样人人喊打，无处藏身。最近国家安全监管总局与财政部联合印发了《安全生产举报奖励办法》（安监总财〔2012〕63号），扩大了奖励的范围，提高了奖励的等级，各地区要充分利用这项政策，积极鼓励、奖励安全生产举报行为，形成有效的监督机制。

第三，结合典型案例开展安全生产宣传。近年来发生的特别重大事故中，无一例外都存在着非法违法、违规违章的行为。许多安全生产规程、标准都是对这些事故血的教训的总结借鉴，被称为“血铸的条文”。要结合这些典型案例，以案说法，进行宣传、剖析、教育，使大家更加清楚地认识到，安全生产的规程、标准都是用血的代价换来的，必须认真执行，否则就要受到严厉的惩罚。要结合即将开展的“安全生产月”、“安全生产万里行”、安全咨询日等活动，进行典型案例的宣传教育。

目前，“打非治违”专项行动的第一个阶段已经顺利展开，各地区都制定了具体的实施方案，采取有效措施，推动专项行动深入开展。从事安全生产宣传工作的同志们一定要以卓有成效的工作，为“打非治违”专项行动提供精神动力、思想保障和有利的舆论支持，从而使这项行动能够真正见到成效，非法违法、违规违章行为能够得到遏制，安全生产法治秩序能够不断完善。如果每个企业都能够做到依法依规生产经营，每一个员工都能够做到遵章守纪，很多事故都是可以避免的。因此，要把弘扬法治精神作为安全生产宣传工作以及安全文化建设的一项重要内容，坚持不懈地抓下去。

三、弘扬安全文化，推动《安全文化建设“十二五”规划》的实施

2011 年国家安全监管总局印发了《安全文化建设“十二五”规划》（安监总政法〔2011〕172 号），这次会上又就《关于大力推进安全文化建设的指导意见（稿）》征求大家意见，目的就是要进一步推进安全文化建设。从理论研究到示范创建，安全文化已呈现出方兴未艾的发展趋势，日益显示了文化在推进安全生产工作中不可替代的作用，也显示了安全文化的生命力。各地区、各有关部门和单位要认真贯彻落实党的十七届六中全会精神，在现有工作的基础上，学习借鉴先进典型的经验，把安全文化建设推向一个新的阶段。

第一，深刻认识弘扬文化的重要意义。文化是民族的血脉，是我们共有的精神家园，是兴国之魂。我们通常讲，没有文化的军队是愚蠢的军队，那么没有文化的民族就是不可救药的民族。历史上，几次大的文化变革都推动了历史的发展。兴起于 13 世纪，活跃于 16 世纪的欧洲文艺复兴，实质上是一场思想解放的伟大文化运动，最终推动了工业革命，有些历史学家把这场文艺复兴作为由封建社会进入资本主义社会的分界点。我国以“五四运动”为标志的新民主主义革命，也是由新文化运动所推动的。所以说，文化的发展必然促进人们的思想解放，也必然推动时代的发展。

第二，把握安全文化的本质内涵。安全文化仍然属于文化教养、文化素质、文化修养的范畴，主要是通过教化，把人培养成具有现代社会所要求的安全情感、安全价值观和安全行为表现的人。安全文化建设就是要培养一种社会公德，其目的是随着文化的长久浸润和积淀，使人们形成安全第一的意识、生命至上的价值观、遵纪守法的思维定式、遵章守规的习惯方式和自觉行动，这就是安全文化的本质内涵，即“内化于心，固化于制，外化于行”。“内化于心”就是安全文化所要达到的目的，只有“内化于心”，才能使制度、标准、管理规程变成每个员工的自觉行动，从“要他安全”到“他要安全”、“他会安全”，其结果是许多隐患都可以排除，许多事故都可以得到防范。要深刻认识安全文化的本质内涵，通过深入开展安全文化建设，真正培养每一个员工自觉遵章守纪的意识。

第三，始终着眼于建设。这是安全文化建设需要遵循的重要原则。安全文化建设的过程就是“内化于心”的过程，就是使安全意识不断强化的过程，就是使“以人为本，关爱生命”的安全文化不断得到弘扬的过程，关键在于建设。《安全文化建设“十二五”规划》和即将印发的《关于大力推进安全文化建设的指导意见》，都着眼于建设，提出一些重点工作任务、重点工程和必要的保障措施。各单位在推进安全文化建设中，一定要准确把握安全文化的本质特征、内涵，以及着眼于建设的指导原则，立足实际，常抓不懈，形成各具特点、特色鲜明的安全文化建设模式。灿烂的安全文化之花，必然结出丰硕的安全发展之果，“金川经验”就是很好的佐证和诠释。

四、弘扬职业道德，推动安全监管监察能力建设

道德的力量也是一种文化的力量。弘扬职业道德，对于推进安全监管监察队伍建设至关重要。电影《安监局长》很感人，很多情节包括主人公讲的话乃至最后他给县委书记发的短信，都是真实的，该主人公的原型是河南省漯河市源汇区安全监管局原局长王茂俊，在他身上就集中体现了安全监管监察人员应该具有的职业道德，我将其概括为四句话、十六个字：忠于职守、任劳任怨、执法为民、甘于奉献。

第一，忠于职守。安全监管监察事业是拯救人的生命的事业，是党和人民赋予的神圣职责，安全监管监察人员必须忠诚于安全生产事业，恪尽职守，真正为国尽责。王茂俊同志就是这样做的，牺牲在自己的工作岗位上，为安全生产事业鞠躬尽瘁、死而后已。安全监管监察系统还有一批像王茂俊同志这样的先进典型，他们都是忠于职守的典范。

第二，任劳任怨。安全监管监察任务非常繁重，面临的执法环境有时非常险恶、错综复杂，威胁利诱、抗拒执法等现象时有发生。安全监管监察人员必须要有任劳任怨的精神，没白天没黑夜，连续作战，不怕苦不怕累，这是要任劳；每次事故发生后，社会上对安全监管监察部门总有指责之声，甚至在事故查处中有关部门还要追究安全监管监察人员的责任，不是失职就是渎职，这是要任怨。任劳任怨，这非常贴切地反映了安全监管监察系统的特点。

第三，执法为民。安全监管监察人员是为了维护人民的生命健康权益而履行职责、严格执法，就要做到理直气壮、无私无畏、六亲不认、刚直不阿、执法如山，真正实现执法为民，王茂俊同志在这方面就树立了光辉的榜样。

第四，甘于奉献。从事安全监管监察工作，没有奉献精神是不行的。过去经常讲，安全监管监察工作是"五加二"、"白加黑"，星期六是保证没休息，星期日是休息没保证，基本处于这样的状态。更重要的是，目前全国安全生产形势依然严峻，不确定因素还较多，每一个安全监管监察人员的心理压力都非常大，每天都提心吊胆，怕晚上接到电话，担心出事故，始终处于高度紧张的工作环境和状态。这就需要一种无私奉献、勇于奉献的精神。

面对艰巨复杂的安全监管监察工作任务，必须建立一支政治强、业务精、作风硬、形象好的安全监管监察队伍。国家安全监管总局始终高度重视队伍建设，突出重点、常抓不懈，并开展了"争做安全发展忠诚卫士，创建为民务实清廉安监机构"活动。今年国家安全监管总局、国家发展改革委联合制定印发了《安全生产监管部门和煤矿安全监察机构监管监察能力建设规划（2011—2015年）》（发改投资〔2012〕611号），加大中央财政投入和支持，进一步健全完善基层安全监管监察部门有关装备、设施，进一步提升安全监管监察执法能力，完善现代化办公的信息系统，这些都是加强硬件建设，很有必要。同时，要大力加强安全监管监察队伍的软件建设，加强思想道德建设，加强作风培养，大力弘扬职业道德，弘扬社会主义核心价值观，培养像王茂俊同志那样行为高尚、道德高尚、具有高度社会责任感的安全监管监察人员。在这方面，安全生产宣传工作及安全文化建设就承担着不可替代的作用，要大力宣传和弘扬安全监管监察系统先进模范人物的先进事迹、先进思想、先进精神和高尚的道德情操，为广大安全监管监察人员树立标杆、旗帜和典范。同时，要认真学习贯彻张德江副总理在今年全国安全生产工作会议期间接见先进代表时提出的要求，坚定"一个信念"（坚定走中国特色社会主义道路的信念），强化"三个理念"（科学发展、安全发展，立党为公、执政为民，以人为本、预防为主的理念），提高"三个能力"（监管监察、事故处置、宣传教育能力），守住"一条底线"（坚持清正廉洁、干净干事），以先进模范人物为榜样，大力弘扬职业道德，不断提高安全监管监察队伍的素质和能力。

各地区、各有关部门和单位要认真传达贯彻这次会议特别是杨元元同志讲话精神，传达学习"金川经验"等先进典型，分析本地区、本单位前一阶段安全生产宣传工作、安全文化建设的总体状况，针对存在的主要问题，研究制定具体的措施，突出抓好即将开展的"安全生产月"系列活动，真正使安全生产宣传工作及安全文化建设迈上一个新台阶，发挥更大的作用，推动安全发展战略的全面贯彻实施，切实履行安全监管监察职责，促进全国安全生产形势持续稳定好转，真正做到为党分忧、为国尽责、为民奉献。

第五部分

安全生产综合监督管理

安全生产宣传工作

国家安全生产监督管理总局政策法规司

2012年，各地区、各部门和各单位认真贯彻党中央、国务院关于安全生产工作的重要决策部署，坚持科学发展、安全发展，以“一树立、三坚持、三强化”为重点，认真宣传贯彻国务院《关于进一步加强企业安全生产工作的通知》（国发〔2010〕23号）和《关于坚持科学发展安全发展促进安全生产形势持续稳定好转的意见》（国发〔2011〕40号）文件精神，围绕落实安全生产责任、开展“打非治违”专项行动、深化安全专项整治、提高安全科技保障能力、加强应急处置、推进职业病防治、强化安全基础建设等重点工作，不断完善安全宣教工作体系，持续开展一系列宣传教育活动，大力推进安全文化创建，有力促进了国务院确定的事故总量继续下降、重大事故由升转降、特别重大事故低于去年“三项目标任务”的实现，反映安全发展水平的主要相对指标，亿元GDP事故死亡率、工矿商贸十万就业人员事故死亡率、道路交通万车死亡率、煤矿百万吨死亡率同比分别下降18%、13%、11%和34%，“安全生产年”活动各项任务圆满完成。

一、扎实推进安全生产重要思想理论和政策措施的宣贯工作

加强党的“十八大”精神的学习宣传，坚持用“十八大”精神的新思想新观点新论断指导推动安全生产工作理论与实践创新。总局党组在中央国家机关工委的指导下，创新形式，首次在人民网直播中心组学习，增强了学习效果，扩大了社会影响；全国安全监管监察系统通过专家授课、专题学习、重点解读、集中研讨等多种方式深入学习宣传。加强安全生产决策部署的宣传，以学习推进科学发展、安全发展为主线，以开展“打非治违”专项行动为重点，通过在新华网、人民网等主流媒体做客访谈、建立专门宣传组织机构、制定宣传工作方案、开设专题专栏、狠抓典型带动等方式，不断加强安全生产重大政策措施的宣传贯彻，促进落实到位。

二、广泛开展贴近基层的安全宣传教育精品活动

创新工作机制，深入组织开展了以“科学发展、安全发展”为主题的第11个“安全生产月”和第14个“安全生产万里行”活动。联合新华网首次举办安全发展高峰论坛和现场访谈对话，推出了20家“安全生产责任感、幸福感企业”，通过企业代表发表了《安全发展（北京）宣言》。在央视、央广持续播放安全生产公益宣传广告。举办了首个“安全文化周”活动。各地区面向基层群众开展了具有鲜明特色的宣教活动。宁夏将公众安全教育工程纳入自治区政府年度10项民生计划，广东举办了第六届粤港澳安全生产知识竞赛，安徽举办了安全生产网络知识竞赛，山东在省电视台播出了“安全山东”大型公益文艺演出，四川举办了微电影安全公益视频作品大赛，海南在出租车、公共汽车滚动播放安全警示语。湖北组建了安全文化宣传办公室，福建在全国率先建立安全生产慈善基金，重庆明确宣教经费在企业安全生产费用中的提取比例不低于10%，广西在各市积极推设安全宣教机构试点等，为开展安全宣教工作提供了有力保障。

三、不断深化推动安全文化繁荣发展的各类创建活动

以国务院安委会办公室名义印发了《大力推进安全文化建设的指导意见》，修订了《全国安全文化示范企业评价标准》。各地区开展了具有区域和行业特色的安全文化创建活动。全国已累计创建省级安全文化示范企业1895家、命名国家级236家，涉及13个行业领域；启动全国安全社区建设1589个、建成360个、命名国际安全社区64个，惠及人口超过1.2亿。辽宁、山东、河南、天津等地通过采取与安责险或工伤保险费率、考核奖励挂钩的激励政策，推进示范企业创建。启动了黑龙江大庆、山东东营、浙江杭州等10个安全发展示范城市试点。江西、陕西、湖南等地开展了安全文化示范县乡创建工作。各地相继建成了一批安全宣传教育基地、场馆、街道公园，推出了一批影视、动漫公益宣传片，对强化社会公众的安全意识和安全法制观念发挥了重要作用。

四、弘扬主旋律的安全生产正面宣传成效明显

在国务院新闻办召开新闻发布会，集中发布了党的“十六大”以来安全生产工作取得的重大进展和突出成效，组织主管媒体开展采访专题行，中央主流媒体积极配合、广泛宣传，扩大了安全监管监察机构的社会影响。安全生产、职业健康等协会，组织会员单位深入开展典型经验交流活动。中国安全生产报、中国煤炭报推出重大专题，长篇连续报道；总局政府网站、中国安全生产杂志、劳动保护杂志等主管媒体分别开辟专栏集中报道。组织媒体深入挖掘报道一大批安全监管监察战线上的模范人物和先进事迹，弘扬忠于职守、执法为民、无私奉献的主旋律。河南、山西等地充分利用社会资源，拍摄了《生命监管》、《大爱执着》等一批反映安全监管监察工作的优秀影视作品；云南、内蒙古、甘肃、新疆等地开展巡回宣讲、专题报告；贵州、青海、西藏和新疆建设兵团等组织专题培训，选树和宣传安全监管监察人员忠诚履职的精神风貌。

五、进一步强化以网络媒体为重点的安全生产舆论引导工作

针对媒体格局发生的新变化，总局召开了专题视频会，对重点强化安全生产舆论引导等工作进行了部署。进一步加强与中央主流媒体、行业媒体及新浪、搜狐、腾讯等主流门户网站的沟通联系，给予积极配合支持。增加了人员、资金和设备投入，加强舆情监测与分析，2012年编制各类安全生产舆情报告230期。积极主动加强舆论监督，通过网络向社会发布了国务院安委会挂牌督办通知56份、国务院安委办跟踪督办通知20份，全文公开发布了已查处的特别重大事故调查报告，在人民日报、工人日报、中国安全生产报等媒体分批发布了安全生产控制考核指标实施情况和50个安全生产“黑名单”，公开透明、事实清楚，有效遏制了一些妄意猜测和不良炒作。网络运用和管理能力不断增强，北京、上海、河北等地安监局建立了官方微博，江苏省安监局向社会公开招聘新闻发言人助理，陕西省煤监局成立了以主要负责人为组长的宣传工作领导小组，加强了新兴媒体下的安全宣传教育和舆论引导。

规 划 科 技 工 作

国家安全生产监督管理总局规划科技司

2012年，在国家安全监管总局党组的正确领导下，在国家安全监管总局和国家煤矿安监局各司局，指挥中心、各直属单位及各级安全监管监察机构的大力支持下，认真贯彻落实全国安全生产工作会议精神和《国务院关于进一步加强企业安全生产工作的通知》、《国务院关于坚持科学发展安全发展促进安全生产形势持续稳定好转的意见》要求，以建立有效防范事故长效机制为目标，着力做好《安全生产"十二五"规划》实施、监管监察基础保障能力建设、安全科技"四个一批"项目组织落实、信息化建设与应用、专业服务机构监管等重点工作。

一、认真组织落实《安全生产"十二五"规划》

《安全生产"十二五"规划》（以下简称《规划》）顺利实施。一是建立了由1个总体规划、12个专项规划和省市县三级规划构成的全国安全生产规划体系。协调推动32个省区和15个副省级城市制定发布了安全生产"十二五"专项规划，其中列入省级重点规划18个，较"十一五"增加14个，80%的市和60%的县发布了安全生产"十二五"专项规划，较"十一五"分别提高了30%和40%。二是以国务院安委会1号文件印发了《国务院安委会关于落实安全生产"十二五"规划主要目标和任务工作分工的通知》，将《规划》主要目标和任务分解落实到各地区和国务院有关部门；印发了《国家安全监管总局办公厅关于落实安全生产"十二五"规划主要目标和任务内部工作分工的通知》，明确了总局和煤监局机关各司局（单位）内部工作分工。三是争取将"全国每亿元国内生产总值生产安全事故死亡人数"与"全国每十万工矿商贸企业就业人员生产安全事故死亡人数"两项指标和有关工作要求纳入了《2012年国民经济社会发展计划》。四是印发了《国务院安委会关于"十二五"规划实施情况的通报》。组织编印了《规划》读本、宣贯手册和《全国安全生产"十二五"规划汇编》。

二、大力加强监管监察基础保障能力建设

一是与国家发改委联合印发了《安全生产监管部门和煤矿安全监察机构监管监察能力建设规划（2011—2015年）》（以下简称《能力建设规划》），明确了建设目标、主要任务、建设内容、投资估算和渠道以及保障措施，确定了监管监察执法、信息、实训考核、应急指挥、支撑5类11项重点工程。二是争取国家发改委将安全监管监察基础保障能力建设纳入了国民经济社会发展计划中央投资重点安排领域重大基础设施建设范畴，在中央预算内投资计划中增设了"监管监察能力建设"科目，开辟了稳定的中央投入渠道。三是落实中央基本建设投资10.9亿元，同上年比增加1.318亿元。首次由中央投资4亿元，为1000个县级安全监管部门配置装备10万台（套）；落实了5亿元用于14个区域矿山应急救援队项目；落实了国家安全监管总局自身建设项目投资1.9亿元，为26个省级煤监局配备监察执法专业装备和个体防护服装11088台（套），安排省级煤监局和国家安全监管总局直属单位综合支撑条件建设项目24个。四是印发了《国务院安委会关于做好安全生产监管部门和煤矿安全监察机构监管监察能力建设规划（2011—2015年）实施工作的通知》；与国家发改委联合印发了《关于做好安全生产监管部门和煤矿安全监察机构监管监察能力建设规划（2011—2015年）2012年实施工作通知》，进一步明确了规划实施的责任主体和2012年度目标任务，细化了重大工程建设条件、资金筹措渠道、基本建设程序、规划实施质保体系等有关工作要求；印发了《安全监管部门及支撑机构工作条件建设基本配置标准》和

《国家安全监管监察执法综合实训基地工作条件建设标准》；组织开展了11项重点工程的总体设计和前期工作；组织编制了国家安全监管监察综合执法实训基地（华北、中南、西南）3个建设项目可研报告并报国家发改委。五是提出了2013年中央专项、中央补助地方、国家安全监管总局部门自身建设三类建设项目的申报规模，向国家发改委投资司作了专题汇报，并完成了投资计划的审查和前期工作的审批。六是会同应急救援指挥中心等部门和单位，加快国家和区域矿山应急救援队项目建设进度；完成了国家陆地搜寻基地等重点工程竣工验收；研究制定了《煤矿安全监察执法装备管理办法》、《政府投资项目后评价管理暂行办法》、《2012年工程建设领域突出问题专项治理方案》等9个管理文件，规范项目管理。

三、强力推进安全科技“四个一批”项目实施

一是成立了国家安全监管总局科技工作领导小组，加强对全国安全科技创新工作的统一领导。二是出台了国家安全监管总局《关于加强安全科技创新工作的决定》，明确了安全科技创新工作的目标任务，提出了以防范事故、提高安全科技保障能力为目标，集中相关科技研发机构、人才、资金和时间，加快实施“一批安全生产科研攻关课题、一批可转化的安全生产科技成果、一批可推广的安全生产先进适用技术、一批安全生产技术示范工程建设”。组织实施了第一批69个项目，印发了《落实安全科技“四个一批”项目职责分工方案》，明确了安全科技项目承担单位和主管司局责任分工及完成时限；编制了项目科技攻关课题任务书，成果转化、先进适用技术推广和示范工程实施方案；会同国家煤矿安监局科技装备司组织召开了安全科技“四个一批”项目推进会议。三是争取科技投入2.65亿元（其中国拨资金1.15亿元），用于“十二五”国家科技支撑计划3个项目20个课题。发布了国家安全监管总局2012年度安全生产重大事故防治关键技术重点科技项目663个，引导企业投入安全科研资金27.35亿元。四是与工业和信息化部联合印发了《关于促进安全产业发展的指导意见》，明确了安全产业发展的指导思想、基本原则、发展目标和重点任务；组织遴选并命名51项安全生产先进适用技术、564项安全生产新型实用产品和27家安全生产科技创新型中小企业；组织申报了科技部、财政部实施的科技惠民计划先进科技成果27项；参加了工业和信息化部等18个部委联合开展的全国淘汰落后产能工作。五是完成了安全生产科技支撑体系4个国家级安全科技中心、32个省级中心共92个专业实验室建设竣工验收和复核认定；印发了《国家安全监管总局关于进一步发挥省级安全生产技术中心实验室支撑作用的指导意见》，指导省级中心实验室围绕事故预防和监管监察任务发挥好技术支撑作用。六是推动总局与中国航天科技集团公司、中国航天科工集团公司、中国电信集团公司三大央企集团签署科技战略合作协议，开创了“政产学研用”合作新模式、新机制；配合科技部完成了国家安全监管总局直属单位2012年科技基础资源调查工作。七是筹办了第六届中国国际安全生产论坛安全科技分论坛；会同国家煤矿安监局科技装备司开展了以“科学发展、安全发展”为主题的科技活动周活动。

四、加快推进安全生产信息化建设与应用

一是争取政策支持，将“安全生产监管信息化工程”纳入国家发改委《“十二五”国家政务信息化工程建设规划》，并列为15个国家重要信息系统建设项目之一。二是组织开展并完成了《安全生产监管信息化工程需求分析报告》。成立了信息化建设工作组和专家组，开展需求分析调研和报告编制工作。经征求国家安全监管总局、国家煤矿安监局各司局和监管监察系统，以及国务院办公厅电子政务办公室、监察部等9个部门的意见建议和专家组评审，形成了需求分析报告并报国家发改委审核。三是经争取，国家发改委和财政部批复将国家安全监管总局矿山安全生产物联网技术应用项目列为七个国家物联网重大应用示范工程之一。四是推进统计、执法、监管等19个已建业务系统应用。印发了《国家安全监管总局办公厅关于开展安全生产业务信息系统试点应用工作的通知》，召开了全国安全生产信息系统试点和应用推进工作视频会，选择条件成熟、基础较好的省市安监局和煤监局开展试点工作。五是印发了《国家安全监管总局办公厅关于进一步加强安全监管监察国家电子政务网络建设和应用工作的通知》，提出了安全生产专网建设、内网应用迁移和新建以及续建系统相关要求；组织编制了《全国安全生产监管监察机构代码编制规则》等4个有关安全监管信息数据交换的技术规范标准。

五、进一步发挥专业技术服务机构防范事故作用

一是组织安标国家中心对3471家企业生产的矿用安标产品进行了专项检查和产品抽检，按规定共撤销12家企业37个产品、暂停340家企业2075个产品、注销165家企业767个产品的安全标志。二是印发了《关于开展深化安全评价检测检验机构监管和从业行为专项治理活动的通知》，依法撤销、注销了10家甲级、73家乙级安全评价机构的评价资质，对67家安全评价机构进行了通报批评和限期整改，对14家安全评价机构进行了经济处罚。三是会同国家煤矿安监局科技装备司制定并印发了《煤矿在用安全设备检测检验目录（第一批)》，对煤矿在用通风机、排水系统、提升机系统等13大类在用设备检测项目、周期、标准作出规定。四是印发了《关于加强煤与瓦斯突出矿井鉴定机构监管的通知》，加强检查力度，着力提高煤与瓦斯突出鉴定矿井机构资质准入门槛和技术保障能力。五是严格甲级安全评价和监测检验机构资质审批，经过严格的审查审核程序，批准了21家单位的安全评价甲级资质。六是印发了《国家安全监管总局办公厅关于2011年9月以来安全评价报告等信息网上公开情况的通报》，推进安全生产检测检验机构管理信息系统和特种劳动防护用品安全标志管理信息平台建设，完善网上公开、查询、审批等制度。七是组织编写了《2011年度安全评价机构发挥技术支撑作用统计分析报告》和《2011年度矿用产品安全标志发挥技术支撑作用统计分析报告》。

非煤矿山安全监督管理工作

国家安全生产监督管理总局监管一司

2012年，在国家安全监管总局党组的正确领导和各地区、各有关部门及广大非煤矿山企业的共同努力下，我国非煤矿山安全生产形势总体上保持了稳定好转态势，除了较大事故起数略有上升外，事故总起数和死亡总人数是非煤矿山安全生产历史上最少的一年。全国共发生事故737起、死亡929人，同比分别减少134起、131人，下降15.4%和12.4%。其中发生较大事故34起、死亡124人，事故起数同比增加4起、上升13.3%，死亡人数同比持平；发生重大事故1起、死亡13人，事故起数同比持平，死亡人数同比减少10人、下降43.5%；未发生特别重大事故。与2007年相比，全国非煤矿山事故起数、死亡人数分别减少1124起、1259人，下降60.4%和57.5%；较大事故起数、死亡人数分别减少45起、177人，下降57.0%和58.8%。

一、深入开展非煤矿山“打非治违”专项行动，启动金属非金属矿山整顿关闭攻坚战

按照国务院关于“打非治违”专项行动的统一部署，国家安全监管总局下发了《非煤矿山领域“打非治违”专项行动工作方案》（安监总办〔2012〕64号)，各地区也制定了非煤矿山“打非治违”专项行动实施方案，并召开视频会和片区会进行动员部署。开展专项行动以来，全国非煤矿山领域共组织8万余个检查组，检查企业19万余家，共打击非法违法行为32万余起，责令或限期整改违法行为22万余起，责令停产、停业、停止建设企业8000余家。

2012年9月，国务院安委办在北京市密云县召开了全国非煤矿山整顿关闭暨“打非治违”工作推进会议，动员部署并全面启动金属非金属矿山整顿关闭攻坚战。国务院办公厅转发了国家安全监管总局等9部委《关于依法做好金属非金属矿山整顿工作的意见》，并批准建立了金属非金属矿山整顿工作部际联席会议制度。各地区以省人民政府、安委会等名义，出台了整顿关闭工作实施方案，将整顿关闭任务分解落实到了相关地市。一些省区根据整顿关闭涉及的内容，在与国家对口的9部门基础上又增加了水利、林业、监察等部门，共同推进整顿关闭工作；一些省区在实施方案中明确了重点矿种最低开采规模、最短服务年限或地质勘查程度。据统计，2012年，全国共取缔关闭非法违法或不符合安全生产条件的非煤矿山5000余座，基本完成了工作任务。

二、全面推进非煤矿山安全标准化建设，金属非金属地下矿山安全避险“六大系统”建设取得一定成绩

2012年，国家安全监管总局制定发布了《石油行业安全生产标准化导则》等10个标准，以及《石油行业地球物理勘探安全生产标准化评分办法》等9个专业评分办法；研究制定金属非金属矿山选矿厂、地质勘探单位安全生产标准化规范和评分办法。各地区、各单位把安全生产标准化建设工作作为提升非煤矿山企业本质安全水平的重要抓手，采取政策扶持、奖惩激励、典型示范等有效措施，全力推进非煤矿山安全标准化建设工作。有的省还出台了地质勘探单位安全标准化建设标准。各地把安全标准化建设与行政许可、日常监督检查、整顿关闭工作相结合，提高安全标准化建设的质量。截至2012年底，全国共评审认定非煤矿山一级安全标准化企业33家、二级1402家、三级25929家，扣除12958座黏土矿尚未开展安全标准化工作外，一、二、三级安全标准化企业分别占持证矿山总数的0.07%、3.08%、56.96%，全国安全标准化达标企业占非煤矿山企业总数的60.11%。

各地区金属非金属地下矿山安全避险“六大系统”建设正在稳步推进，一些省区组织召开专题会议，对“六大系统”建设规范的内涵进行宣贯解读，并研究解决“六大系统”建设有关技术和管理方面的问题；还有的省选择基础条件好、管理水平高的矿山作为示范矿井，由省专项资金给予扶持，率先完成建设任务，为其他矿山树立了样板。截至2012年底，全国金属非金属地下矿山已全部建成安全避险“六大系统”的有1795家，占地下矿山总数的25.09%；“六大系统”中各系统的建成情况分别为：通信联络系统4768家、占66.65%，压风自救系统4117家、占57.55%，供水施救系统4034家、占56.39%，监测监控系统3390家、占47.39%，人员定位系统2409家、占33.67%，紧急避险系统1799家、占25.15%。

三、继续加大非煤矿山安全生产投入，强化危险病尾矿库的治理工作

国家安全监管总局联合国家发展改革委等5部委下发了《关于进一步加强尾矿库监督管理工作的指导意见》（安监总管一〔2012〕32号），提出了严格安全、环保准入，严厉打击非法违法行为，推广从源头上解决尾矿库安全问题的充填法采矿、一次性筑坝技术等对策措施；并会同国家发展改革委员会、财政部，继续安排中央财政资金，努力解决危、险、病尾矿库隐患综合治理和中央下放地方政策性关闭破产有色金属尾矿库的闭库治理问题。近年来，国家发展改革委员会和财政部已累计下拨专项资金22.06亿元。2012年，国家安全监管总局会同国家发展改革委员会启动了无主尾矿库隐患治理工作，确定了790个无主尾矿库隐患综合治理项目，共需资金49.6亿元，由各级财政分担，其中中央财政按规定比例的支持资金达到14.8亿元；会同国务院南水北调办公室提出治理水源地尾矿库安全隐患的政策措施，确定安排3.64亿元资金，治理丹江口库区的22座尾矿库安全隐患；经报国务院同意，会同国家发展改革委员会等6部门，起草了《深入开展尾矿库综合治理行动方案》，提出了“十二五”时期后三年深入开展尾矿库综合治理行动的具体工作措施。各有关地区和企业高度重视尾矿库安全生产工作，继续加大对尾矿库安全监管、治理工作力度，强化汛期安全管理和隐患排查，2012年全国尾矿库未发生死亡事故。

此外，继续推进中央企业安全生产保障能力建设工作。2012年，中央财政对16支应急救援队伍和8个应急培训演练基地给予支持资金10.17亿元。近年来，中央财政已累计对31支应急救援队伍和19个应急培训演练基地给予支持资金19.72亿元。

四、加强对重点地区的安全监督检查，推动企业开展事故隐患排查治理工作

针对2012年上半年较大事故多发的情况，国家安全监管总局及时组织召开相关地区非煤矿山安全生产形势分析会，剖析事故案例，分析事故原因，提出防范措施，并对发生3起以上较大事故的

5个地区的政府、安全监管部门和相关企业进行约谈，督促其做好事故防范工作；下发了关于加强矿山提升运输安全管理和金属非金属矿山选矿厂安全生产工作的规范性文件，对预防提升运输和选矿厂事故提出要求；组织6个检查组，对12个省区金属非金属矿山安全生产、尾矿库防汛及“打非治违”专项行动开展情况进行了抽查，对发现的问题督促其整改；组织7个检查组，分别对海洋和陆上石油天然气安全生产工作进行了督导。同时，强化事故督导、挂牌督办和群众举报核查工作，对较大以上事故进行了跟踪督导，对大量群众举报进行了核查。有的地区实行非煤矿山重点区域监控制度，对非煤矿山事故多发县和重点监控县，实行重点监控、重点检查、重点解剖，取得了明显效果；有的地区以采矿方法、设备设施、作业环境等方面的事故隐患为重点进行治理，从本质上改善了矿山安全生产条件；一些中央企业投入巨额资金，用于排查治理事故隐患，有效提升了企业安全生产水平。

五、注重非煤矿山安全生产法律法规和标准制度建设，进一步促进非煤矿山安全科技工作

根据新情况、新问题，在原修订稿的基础上，对《中华人民共和国矿山安全法（送审稿）》又作了进一步修订；完成了《非煤矿山外包工程安全管理暂行办法（送审稿）》的修改工作，待进一步完善和审议后发布；完成了《金属非金属矿山危险性较大设备设施检测检验规定》、《非煤矿山建设项目安全设施与竣工验收办法》、《陆上石油天然气安全生产监督管理规定》等部门规章起草工作；完成了《锰渣库安全技术规程》等23个安全标准的起草工作。完成了编制《非煤矿山安全生产法律法规和标准体系建设框架》工作，提出了制（修）订非煤矿山安全生产法律法规19部、标准85项的意见。

2012年，确定了非煤矿山安全科技“四个一批”13个项目，其中攻关项目5项、转化项目2项、推广项目2项、示范工程4项，并组织召开推进会，全面启动了项目实施工作。同时，在推动企业使用先进适用技术和装备方面也取得了积极进展。其中已安装在线监测系统的三等以上尾矿库440座、占三等以上尾矿库总数的85.44%，采用一次性筑坝的尾矿库有880座；在露天矿山中，使用机械铲装的占84.02%、液压锤二次破碎的占76.84%、中深孔爆破技术的占76.02%、非电引爆系统的占51.13%等。这些技术和装备的应用，对预防和减少非煤矿山伤亡事故、提高企业安全生产水平发挥了巨大作用。

六、严格安全准入，认真履行非煤矿山建设项目安全设施“三同时”和安全生产许可职责

为进一步规范非煤矿山建设项目安全设施“三同时”审查工作，制定印发了金属非金属矿山、石油天然气长输管道建设项目安全设施预评价报告、安全专篇、验收评价报告编写提纲，并组织指导各级安全监管部门认真做好“三同时”审查工作。2012年，国家安全监管总局对27个建设项目安全专篇进行了审查批复，对15个建设项目进行了竣工验收；各地区安全监管部门对7261个建设项目安全专篇进行了审查，对5550个建设项目安全设施进行了竣工验收。同时，认真履行安全生产许可证审核颁发和海洋石油中介机构安全资质审查工作，国家安全监管总局共审核颁发了130个中央非煤矿山企业安全生产许可证，对33家海洋石油中介机构的资质进行了换证审查，其中注销1家、限期停业整改7家。在推进安全信息化管理工作方面，开发并在部分地区开展了“非煤矿山安全生产许可证统一配号系统”、“安全生产标准化评审管理系统”、“采掘施工企业和地质勘探单位查询系统”的试点工作。

2012年，非煤矿山安全生产工作取得了很大成绩。但是，非煤矿山安全基础薄弱、准入门槛较低、开采装备落后，以及“多、小、散、差”的问题依然存在。截至2012年底，全国非煤矿山为79851座（含持证58432座、未持证11286座、在建10132座）；其中持证金属非金属矿山为55879座，在持证金属非金属矿山中的小型矿山为53100座，其所占比例为95.03%；全国共有尾矿库12273座，其中持证尾矿库为6319座、占51.49%，在持证尾矿库中的三等以上尾矿库仅占8.15%。这些数据反映，非煤矿山仍然偏多，特别是小矿山仍居高不下；而尾矿库的数量上升，比2011年增加了377座，且小型尾矿库过多，四等、五等尾矿库比例达90%以上。非煤矿山安全生产薄弱环节主要表现为：一是地下矿山事故多发。地下矿山数量占金属非金属矿山总量的比例仅为

10%左右，但事故起数、死亡人数均占事故总量的一半以上，比2011年分别上升了7.5%和7.7%，较大事故起数和死亡人数的比例逾金属非金属矿山总数的2/3。二是基建矿山和矿产资源坑探工程的安全监管工作薄弱。在2012年的34起较大事故中，有15起发生在基建矿山和坑探工程施工过程中，其中5起事故的施工单位不具备相应的施工资质。三是非法违法问题仍很突出。虽然非法违法造成的较大事故同比有所减少，但死亡人数仍占较大事故死亡人数的35.5%。

监管二司安全监督管理工作

国家安全生产监督管理总局监管二司

2012年以来，监管二司在国家安全监管总局党组的正确领导下，紧紧围绕贯彻落实国务院《关于进一步加强企业安全生产工作的通知》（国发〔2010〕23号）、《关于坚持科学发展安全发展促进安全生产形势持续稳定好转的意见》（国发〔2011〕40号）（以下简称意见）文件精神和“安全生产年”各项工作部署，紧抓事故预防，强化综合监管，加强部门联动，深入开展“打非治违”专项行动，完成了各项工作任务。现将2012年重点工作完成情况总结如下：

一、加强综合指导协调，牵头起草印发了国务院第一个关于加强道路交通安全工作的指导意见

一是会同公安部等七部门对全国10个重点省区道路交通安全工作进行了实地调研，形成调研报告上报国务院领导同志。二是在此基础上，牵头起草并以国务院名义印发了第一个加强道路交通安全工作的综合性指导意见，并推动全国29个省制定出台了具体实施方案。三是起草了落实国务院《意见》重点工作的分工方案，把75项工作落实到25个行业部门，推动相关部门落实了出台驾驶人培训新办法、卧铺客车暂停生产和夜间停驶、打击客车非法改装等一系列工作措施。四是会同公安部等部门设立了“全国交通安全日”，并通过媒体宣传、印发读物、专家解读等方式对国务院《意见》开展了密集宣传，初步实现了家喻户晓，提高了全民道路交通安全意识。

二、加强部门协调联动，推动道路交通等重点行业领域“打非治违”和专项整治取得新进展

一是指导协调18个行业部门和32家中央企业制定了“打非治违”专项行动方案，并与相关行业领域专项整治相结合共同推进。二是联合相关部门分别开展了“道路客运安全年”活动、建筑施工防坍塌专项整治、“十八大”消防安全保卫战、水上交通安全专项整治以及校车、水库大坝、民爆器材、旅游安全等安全专项整治。三是联合开展了一系列督查检查，对重点省区开展了五轮道路交通安全大检查、对16个重点省区开展了建筑施工专项督查、对17个重点省区开展了水上交通安全督查。四是通过专项整治，各地共查处道路交通违法行为13万起，整改火灾隐患1900多万处，整改建筑施工隐患73万处，整改水上运输企业隐患7.2万处。全国道路交通事故、建筑施工坍塌事故、火灾、水上交通事故死亡人数同比分别下降12.1%、14.5%、41.9%和14.4%。

三、大力推动动态监控系统应用，依靠科技防控事故的能力得到增强

一是按照国务院23号文件要求，会同交通运输、公安部门推动全国25万辆“两客一危”车辆全部安装了GPS卫星定位装置，国家、省、地市、企业四级监控平台实现了全部联网，2012年因超速和疲劳驾驶违法行为导致事故起数和死亡人数同比分别下降17%和14%。二是会同农业部联合推动全国75.9%的60马力以上机动渔船安装了防碰撞自动识别系统，船舶碰撞较大以上事故同比减少了34%。三是配合质检总局全面推进大型起重机械安装安全监控系统试点工作，研究制定了《起重机械安全监控管理系统》国家标准，在14家中央企业开展了试点工作，并召开了现场会进行了总结推广。

四、深入开展企业安全生产标准化工作，进一步提升企业安全管理水平

一是会同电监会联合召开电力企业安全生产标准化推进会，印发了达标评级标准，全年共有82家发电企业被评为一级安全生产标准化企业。二是与交通运输部联合开展了以“平安工地”为载体的建筑施工标准化创建工作，联合对117个公路和水运项目“平安工地”创建情况进行了督查，评选了部级“平安工地”示范项目69个，进一步扩大了示范效应。三是与国家国防科技工业局联合印发了标准化建设实施方案，起草了评审办法和细则，拟于2013年在军工企业全面开展考核评级工作。四是推动重点行业领域建设项目严格履行“三同时”备案程序。完成了89个军工建设项目、122个电力建设项目和17个码头港口建设项目安全评价报告的备案工作，安全评价机构专家共查出7000多条安全隐患，提出了1800多条整改意见。

五、大力推进平安创建工作，推动重点行业领域安全生产基层基础工作

一是会同公安部等5部门连续第七年在全国开展“平安畅通县市”创建活动，明确了58项量化评价指标，联合对全国30个省市的117个县进行了检查验收。二是会同农业部连续第三年在全国开展“平安农机”示范县创建活动，联合对全国30个省市的105个县进行了检查验收。三是会同农业部做好第二批全国“文明渔港”创建考核工作，研究制定了创建方案和考核标准，并联合对9个省的20个渔港进行了检查考核，评选出17个“全国文明渔港”。通过一系列平安创建活动，推动重点行业领域安全生产基层基础工作得到进一步加强。

六、进一步健全完善重大事故督导督办制度，提高各地事故调查工作实效

一是以国务院安委会办公室名义印发了重大事故查处挂牌督办工作通知，进一步规范了调查程序、沟通机制、调查时效、信息公开、整改落实等工作。二是严格执行重大事故现场督导规定，会同有关部门先后对32起重大事故进行了现场督导，及时印发了事故通报和挂牌督办通知书。对78起较大建筑施工事故进行了跟踪督办。三是在重大事故挂牌督办过程中，先后召开40多次事故调查工作汇报会和协调会，听取事故调查处理情况，协调解决异地事故调查工作中的问题，共纠正了8起重大事故调查组组成不规范问题，对10起调查报告退回补充调查，提出198条审核意见被相关地区采纳。2012年以来，共完成33起重大事故调查报告的审核工作，按程序向地方政府下发了审核意见。四是对重大事故多发的湖南省和发生较大建筑施工事故的8家中央企业进行了约谈，切实用事故教训推动安全生产工作。

七、全力做好特别重大事故调查处理工作，及时研究制定了针对性防范措施

一是完成了“7·22”、“8·24”和“10·7”3起特别重大事故结案工作，并在国家安全监管总局政府网站全文发布了事故调查报告。二是全力做好包茂高速陕西延安“8·26”特别重大道路交通事故的调查处理工作，集中一个月时间完成了陕西、内蒙古、河南三地现场调查工作，并于11月底召开了事故调查组全体会议，审议通过了事故调查报告。三是针对“8·26”事故暴露出的大客车夜间疲劳驾驶问题，会同公安部、交通运输部联合召开全国道路交通安全紧急电视电话会议，部署各地严格执行凌晨2时至5时长途客车停止运行或实行接驳运输的规定。同时，我们对北京、河北、陕西、内蒙古大客车夜间停驶执行情况进行了暗查。通过此项制度的实施，有效遏制了大客车夜间重大事故的发生。

八、完成了国务院领导同志重要批示件的办理工作

一是落实国务院领导同志关于轨道交通问题的两次重要批示精神，组织发改委、住建部等四部门召开座谈会，研究进一步加强轨道交通建设和运营安全的针对性措施，向国务院上报了专题报告。二是落实国务院领导同志关于湖南大客车严重超载问题的重要批示精神，组织有关部门赴湖南进行了调查，起草了专题报告上报国务院，并向全国道路运输企业下发了警示通报。三是贯彻落实国务院领导同志关于总结重庆道路交通安全工作经验的重要批示精神，牵头组织公安、交通等部门赴重庆进行了调研，形成了经验材料，在相关媒体进行了宣传报道。

九、认真学习党的十八大精神，做好“创先争优”和党风廉政建设各项工作

研究制定了六项学习制度，组织全司同志对党的十八大精神进行了认真学习，结合工作实际抓好贯彻落实。开展了以“创新综合监管方式方法，全力预防重特大事故”为主题的“创先争优”活动，扎实推进安全生产综合监管工作。进一步完善了党风廉政建设“一岗双责”和“责任区”制度，深入开展警示教育周“一查两找”活动，制定了整改落实措施。

危险化学品和烟花爆竹安全监督管理以及非药品类易制毒化学品监督管理工作

国家安全生产监督管理总局监管三司

2012年，根据国家安全监管总局党组确定的工作目标和重点工作任务，以推动危化品和烟花爆竹安全生产形势持续稳定好转为目标，以继续深入贯彻落实国发〔2010〕23号、国发〔2011〕40号等重要文件精神为核心，以深化“打非治违”专项行动为抓手，以全面开展安全生产标准化为主线，以推动企业安全生产主体责任为重点，规范行政许可，突出重点强化监管和隐患排查治理，强化源头治本，强化法规标准建设，强化科技进步，强化基础建设，狠抓落实，创新监管思路，改进监管工作，有力促进了全国危化品和烟花爆竹行业领域安全生产形势持续稳定好转，非药品类易制毒化学品监管工作取得新进展。

2012年全国共发生危化品事故44起，死亡99人，同比起数减少22起，死亡人数减少29人，分别下降33.3%和22.7%。其中：一般事故36起，死亡48人，同比起数减少14起，下降28%，死亡人数减少18人，下降27.3%；较大事故7起，死亡22人，同比起数减少8起，下降53.3%，死亡人数减少25人，下降53.2%；重大事故1起，死亡29人，同比起数持平，死亡人数增加14人，死亡人数上升93.3%；未发生特别重大事故。2012年全国共发生烟花爆竹生产经营事故67起、死亡127人，同比减少14起、37人，分别下降17.3%和22.6%，死亡人数为全年控制指标（162人）的78.4%。其中，较大事故4起、死亡22人，同比减少12起、53人，分别下降75%和70.7%；重大事故1起、死亡28人，同比起数持平、死亡人数增加18人；未发生特别重大事故。

一、认真开展危化品和烟花爆竹行业领域“打非治违”专项行动

（一）制定工作方案，明确工作重点

根据《国务院办公厅关于集中开展安全生产领域“打非治违”专项行动的通知》（国办发明电〔2012〕10号）要求，制定并印发了危化品和烟花爆竹行业领域“打非治违”专项行动工作方案，指导地方各级政府及其相关部门组织开展“打非治违”专项行动，重点打击两个行业领域非法建设、生产、经营行为；督促两个行业企业全面开展治违工作，危化品企业重点治理“三违”行为，烟花爆竹企业重点治理“三超一改”和转包、分包行为。

（二）指导重点地区联合开展“打非”行动

一是指导湖南、江西建立湘赣交界区域烟花爆竹“打非治违”联动机制；继续指导河南、安徽发挥豫皖两省交界区域烟花爆竹“打非”工作联动机制作用。二是对重点地区“打非治违”专项行动进行督导，指导北京周边七省区市严厉打击和查处危化品道路运输非法违法行为。三是进一步明确烟花爆竹“打非”工作法律依据，加大“打非”力度。会同公安部与最高法院、最高检察院联合印发了《关于依法加强对涉嫌犯罪的非法生产经营烟花爆竹行为刑事责任追究的通知》（安监总管三〔2012〕116号），进一步明确了对非法生产、经营、运输、储存烟花爆竹等违法行为的性质以及立案追诉、定罪量刑的依据和标准。

（三）督促各地开展“回头看”活动

根据国务院安委办的部署和国家安全监管总局党组的要求，认真组织开展了危化品和烟花爆竹行业领域“打非治违”专项行动“回头看”活动，督促工作落实不到位的地区和企业“补课”，推动“打非治违”工作制度化、规范化。由司领导带队，对6个地区“回头看”活动进行督导调研。

二、以安全生产标准化为主线，继续推动企业落实安全生产主体责任

（一）规范危化品企业标准化达标创建工作，提升标准化工作信息化水平

一是制修定危化品安全生产标准化评审标准和评审办法，规范危化品安全生产标准化达标创建工作，更加注重企业标准化达标工作质量。二是组织开展危化品标准化一级企业创建工作。印发了《国家安全监管总局办公厅关于大力培植危险化学品安全生产标准化一级企业的通知》。三是完成了加油站和小型化工企业安全生产标准化建设方案，明确了目标任务、实施方法等相关工作要求，提高安全生产标准化工作的针对性和实用性。四是依托“金安”工程，组织国家安全监管总局通信中心开发并启用了危化品安全生产标准化信息系统，以信息化手段提高标准化工作效率和水平。指导通信中心举办了12期安全生产标准化信息系统管理人员培训班。五是规范和加强安全生产标准化培训工作。制定了《危化品从业单位安全生产标准化评审人员培训大纲及考核要求》，指导化学品登记中心和中国化学品安全协会完成了评审人员培训考核任务。

（二）积极推进烟花爆竹企业标准化工作

组织各地开展烟花爆竹企业安全生产标准化宣贯培训，指导重点地区安全监管人员和评审人员掌握烟花爆竹企业标准化评审标准主要内容，正确运用评审标准指导企业开展标准化工作。

（三）指导和规范危化品企业隐患排查治理工作

制定了《危化品企业隐患排查治理导则》，督促指导危化品企业认真开展隐患排查治理工作，及时排查消除隐患，提升企业防范事故能力。

（四）指导有关中央企业提高危化品安全管理水平

综合分析近年来央企危化品事故，召开中央企业危化品安全管理工作会议，督促指导中央企业深刻吸取事故教训，认真落实事故防范措施；推广应用HAZOP等先进技术，提高本质安全水平；全面开展安全生产标准化工作，提升安全管理水平。

三、规范行政许可工作，狠抓源头管理，严格安全准入

（一）部署开展3年专项行动，着力提升危化品领域本质安全水平

联合发改委、工信部、住建部印发了《关于开展提升危化品领域本质安全水平专项行动的通知》，在全国范围内组织开展为期3年的专项行动，从规划布局、安全设计、设计诊断、自动化监控改造、城区化工企业搬迁、落实企业主体责任等方面入手，积极推动解决制约危化品领域安全发展的深层次问题，提升本质安全水平。

（二）规范安全许可工作，从设计和验收环节严把安全准入关

一是强化危化品安全许可工作。督促指导各地区规范许可工作程序，严格危化品建设项目安全设计审查，严把危化品生产、经营安全许可准入条件，严守危化品建设项目竣工验收安全审查关。二是规范烟花爆竹安全许可工作。印发国家安全监管总局文件（安监总管三〔2012〕100号），对各地贯彻落实总局新修订的《烟花爆竹生产企业安全生产许可证实施办法》（总局令第54号）提出要求，在政府网站发布54号令的解读文章，指导各地掌握新规章的新变化与新措施。

（三）加强化工园区安全管理

制定了《关于进一步加强化工园区安全管理的指导意见》（安委办〔2012〕37号），指导各地进一步完善化工园区一体化安全管理，提高化工园区安全水平。

四、进一步强化重点监管，遏制重特大事故发生

（一）完善危化品“两重点一重大”安全监管措施

一是组织化学品登记中心开展第二批重点监管危险化工工艺和重点监管危化品的论证工作。二是调度各地涉及首批重点监管的危险化工工艺企业自动化控制改造进展情况，督促落后地区加快改造收尾工作进度。三是指导各地加强涉及“两重点一重大”企业的安全监管，将“两重点一重大”的

监管要求纳入行政许可条件，提高建设项目准入门槛，加快推进老企业技术改造，提升高危企业本质安全水平。

（二）组织开展国家储备石油库专项检查

贯彻落实国务院关于大连中石油“7·16”输油管道爆炸等事故防范措施的批复要求，会同发改委、公安部、工信部、住建部、环保部、国资委等相关部门在全国范围内组织开展了石油储备库安全专项检查，全面排查石油库安全隐患，确保国家石油储备安全。配合住建部修改完善国家标准《石油库设计规范》，提高我国石油库建设标准。

（三）继续深入开展氯酸钾专项治理

一是年初印发了《国家安全监管总局办公厅关于2011年烟花爆竹药物安全抽检工作情况的通报》（安监总厅管三〔2012〕25号），公布2011年烟花爆竹药物安全抽检结果，要求并督促相关省（区、市）安全监管部门对违规企业进行处罚。二是组织开展2012年度氯酸钾抽检工作。

（四）部署黑火药和引火线专项治理

组织开展了黑火药、引火线调查摸底，全面掌握了全国黑火药、引火线生产现状、需求情况和各环节存在的突出问题。会同烟花爆竹安全监管部际联席会议成员单位研究了拟在全国开展的黑火药、引火线专项治理工作，组织召开了重点地区座谈会，会同公安部治安局初步拟定了《黑火药和引火线专项治理工作方案（草案）》。

（五）加强烟花爆竹生产经营旺季安全监管

针对烟花爆竹旺季安全生产特点，制定了《烟花爆竹生产经营旺季安全监管重点工作安排》，组织召开了烟花爆竹生产经营旺季安全监管工作视频会议。印发了《国家安全监管总局关于认真做好烟花爆竹生产经营旺季安全生产工作的通知》（安监总管三〔2012〕125号），再次明确旺季重点工作措施。

（六）做好党的十八大期间危化品和烟花爆竹安全监管工作

结合重点地区督导调研安排，在党的十八大期间，对陕西、湖北、江西、上海、浙江、宁夏等重点地区危化品和烟花爆竹安全监管工作进行督导。

五、加强安全监管法制、机制建设，为安全监管提供保障

（一）进一步完善安全生产法规体系建设

今年以来，已经制定了6项部门规章、拟定2项部门规章草案。一是基本完成新修订的《危险化学品安全管理条例》配套部门规章制修订工作。今年以来，已制定修订并发布了5项危化品部门规章，包括《危险化学品输送管道安全管理规定》（总局令第43号）、《危险化学品建设项目安全监督管理办法》（总局令第45号）、《危险化学品登记管理办法》（总局令第53号）、《危险化学品经营许可证管理办法》（总局令第55号）、《危险化学品安全使用许可证实施办法》（总局令第57号）；组织起草了《化学品物理危险性鉴定与分类管理办法》。二是完成了《烟花爆竹安全生产许可证实施办法》修订工作，完成了《烟花爆竹经营许可实施办法（修订草案修订稿）》并报送政法司审查。三是每项部门规章发布后，及时在国家安全监管总局政府网站上发表解读文章。四是制定部门规章实施配套文件文书。已经印发了《危险化学品重大危险源备案文书》、《危险化学品安全生产许可文书》、《危险化学品登记文书》和《国家安全监管总局办公厅关于危险化学品经营许可有关事项的通知》等配套文件。五是会同有关部门，指导化学品登记中心完成了《危险化学品目录（草稿）》。

（二）积极推动危化品和烟花爆竹安全生产行业标准体系建设

一是组织化学品分标委完成了《光气及光气化产品生产装置安全评价细则》、《光气及光气化产品生产安全规程》等4项化学品安全国家标准及《氯碱装置安全设计规范》等3项化学品安全行业标准的申报工作。二是组织中国石油和化工勘察设计协会牵头开展《危化品建设项目安全设施设计专篇编制导则》的修订工作。三是会同国家标准委员会等单位完成了《烟花爆竹作业安全技术规程》（GB 11652—2012）的修订颁布工作，开展了《烟花爆竹安全与质量》（GB 10631）等标准的修订工作；组织制定了《礼花弹生产安全条件》安全标准。四是指导全国安全生产标准化委员会烟花爆竹分标委落实开展行业标准制订工作计划，组织召开了分标委会议，组织审查了《烟花爆竹用单基火药粉》、《烟花爆竹装卸作业规程》等6个烟花爆竹安全生产行业标准。

（三）完善危化品安全监管部际联席会议制度、区域联控联动机制和专业协作机制

一是召开危化品安全监管部际联席会议第五次全体会议，研究进一步加强和改进危化品安全监管工作5项议题，明确了各项议题落实分工。二是完善北京等7省市危化品道路联控机制，召开工作会议研究建立信息共享平台。三是召开电石生产重点地区安全监管协作组工作会议。

（四）进一步健全完善烟花爆竹安全监管部际联席会议制度

一是组织召开了烟花爆竹安全监管部际联席会议第二次全体会议，总结了联席会议成立以来的工作情况，研究加快烟花爆竹流向管理信息化，加强烟花爆竹包装标识管理和市场监管，开展黑火药和引火线专项治理，加快《烟花爆竹安全与质量》等国家标准修订工作。二是依托联席会议建立了烟花爆竹旺季联合督查工作机制。会同公安部等5部门联合印发《关于做好2012年春节期间烟花爆竹安全监管工作的通知》（安监总管三〔2012〕13号）；对北京市烟花爆竹安全工作进行专项督查，确保了北京春节期间烟花爆竹各环节的安全形势稳定。会同公安部等部门对2013年春节期间全国烟花爆竹安全监管工作、首都周边烟花爆竹安全监管工作进行专题部署。三是推动地方烟花爆竹安全监管联动机制建设，全国已有24个省（区、市）建立了省级烟花爆竹安全监管联席会议制度。

六、推进安全生产科技进步，提升本质安全水平

（一）组织开展新课题研究，积极推广应用危化品安全生产新技术

一是推荐有关化工园区作为示范化工园区，参与中欧高危行业职业安全健康合作项目。二是积极推动安全科技危化品“四个一批”项目开展。三是组织安科院和化学品登记中心开展“高含硫油品加工安全技术”、“对化工园区进行定量风险评价和安全容量分析”、“基于风险的危化品生产、储存装置外部安全距离标准”等3项课题研究工作。四是组织相关单位开展化学品管理战略对策研究。五是起草了《化工生产过程安全管理指导意见》、《化工（危化品）生产装置设计一般安全规定》、《化工企业泄漏管理制度建设方案》、《危险与可操作性分析（HAZOP分析）应用导则》、《氯碱行业安全准入条件》和《化工企业保护层分析应用导则》等加强企业安全管理的文件。

（二）积极推动烟花爆竹生产机械化进程

一是鼓励引导烟花爆竹生产机械研发和推广。指导湖南、江西烟花爆竹生产企业与军工、机械制造、研发企业合作，研究开发烟花爆竹自动化生产机械设备。将烟火药自动混合机和爆竹自动装药机列入国家安全监管总局公布的《安全生产新型实用装备（产品）指导目录（2012年版）》及第一批安全科技“四个一批”项目中的可转化安全科技成果和安全生产技术示范工程。二是组织开展烟花爆竹生产机械设备研发和应用情况调研摸底，掌握了烟花爆竹生产机械设备研发和应用现状。三是加强烟花爆竹生产机械推广应用的安全管理工作。认真总结近年来烟花爆竹生产机械设备研发、应用的经验和教训,起草《国家安全监管总局关于切实加强烟花爆竹生产机械化安全管理工作的通知》。

（三）加强烟花爆竹流向信息化管理

一是建立起全国统一的烟花爆竹流向管理信息系统。在礼花弹流向信息化管理的基础上，会同公安部组织各级安全监管、公安机关以及烟花爆竹企业开展信息系统建设工作，实现了对烟花爆竹生产、经营、运输、燃放全过程的监管。二是强化烟花爆竹产品买卖合同管理。会同公安部、工商总局联合印发了《关于印发烟花爆竹安全买卖合同（示范文本）的通知》（安监总管三〔2012〕94号），严格规范烟花爆竹买卖合同格式，并将按示范文本签订的合同作为公安机关开具《烟花爆竹道路运输许可证》的有效材料之一，严禁无合同购买、销售烟花爆竹。

七、严肃事故查处，以事故教训促进工作

通过现场督导、事故通报、挂牌督办、跟踪督导和事故单位约谈等方式，加大事故查处力度，督促有关地区和企业深刻吸取教训，制定有针对性的防范措施，以事故教训促进安全生产工作。一是做好事故查处挂牌督办工作。挂牌督办了危化品、烟花爆竹重大事故的调查处理各1起；跟踪督办了3起较大非法违法危化品、烟花爆竹事故的查处工作；完成了2011年发生的4起烟花爆竹较大非法违法事故跟踪督办和结案。二是实行事故现场督导和跟踪督办。及时派员现场督导事故处置和调查，指派专人跟踪督办事故的调查处理工作。三是及时

通报安全生产形势和典型事故案例。完成了2011年全年和2012年上半年危化品、烟花爆竹事故情况分析报告，编印了《中央企业危险化学品2010—2011典型事故案例》、《全国危险化学品典型事故汇编（2008—2011）》；召开了中央企业危化品安全生产工作会议，通报了近年来中央企业危化品生产安全事故教训，督促企业落实各项防范措施；印发了河北克尔化工有限责任公司"2·28"重大爆炸事故通报、2起较大烟花爆竹事故情况通报，提出了针对性防范措施。四是严格落实事故单位约谈制度。就有关事故约谈了有关中央企业安全管理部门负责人。

八、不断加强非药品类易制毒化学品监管工作

（一）加强对非药品类易制毒化学品监管工作的指导

为进一步加强非药品类易制毒化学品监管，在认真分析总结几年来非药品类易制毒化学品监管工作的基础上，制定了《关于进一步加强非药品类易制毒化学品监管工作的指导意见》，并起草了指导意见的解读文章。

（二）积极组织参与"6·26"国际禁毒日活动，认真组织开展督查和整治行动

一是开展国际禁毒日宣传活动，发表了国家安全监管总局领导署名文章；配合安全生产报刊发了安全监管部门参与"6·26"国际禁毒日活动的专版报道。二是认真组织开展督查，组织有关省局开展案件查处和执法检查。三是认真组织参与全国易制毒化学品专项整治行动，印发了国家安全监管总局《关于积极参与全国易制毒化学品专项整治行动的通知》，对上海等6个地区开展整治行动进行了督导。

（三）大力推进信息系统应用和建设

一是继续完善非药品类易制毒化学品管理信息系统，组织开展了信息系统二期建设。选择4个省（市）24个安全监管机构、50多家非药品类易制毒化学生产经营企业，开展了信息系统二期软件试运行。二是跟踪和督促各地非药品类易制毒化学品有关报表的填报情况。

九、进一步加强基础工作

（一）积极开展危化品安全管理国际合作

一是开展加强光气安全生产措施研究。二是基本完成国家安全监管总局与陶氏化学第二期合作项目计划。今年以来，对合作项目试点企业进行了中期评估，组织召开了现场会。组织有关单位编制了《化工企业泄漏管理制度建设方案》、《危险与可操作性分析（HAZOP分析）应用导则》等安全生产行业标准。三是推进化工工艺安全管理方面的合作项目。四是参与中欧合作项目，对2家试点园区进行了调研，向专家组提出了合作需求建议。

（二）开展重点地区督导调研工作

按照2012年初工作方案，由司领导带队对陕西等11个地区危化品和烟花爆竹安全监管工作进行了督导调研。

（三）强化高校化工行业安全生产人才培育工作

针对典型危化品和化工事故暴露出的高校化工专业毕业生安全生产知识欠缺问题，会同教育部召开了高等学校化工安全复合型人才培养工作座谈会，提出我国化工行业安全发展对化工专业人才的需求建议，指导高等学校化工安全复合型人才培养工作。

监管四司安全监督管理工作

国家安全生产监督管理总局监管四司

2012年，监管四司紧紧围绕国家安全监管总局党组一系列工作部署，认真贯彻落实国务院《关于进一步加强企业安全生产工作的通知》（国发〔2010〕23号）、《关于坚持科学发展安全发展促进安全生产形势持续稳定好转的意见》（国发〔2011〕40号）文件精神，顺利完成了年初确定的各项工作，取得了良好成效，有效地遏制了各类事故发生，使工贸行业安全生产形势保持持续好转。

全国工贸行业共发生事故1463起，死亡1612人，同比减少212起、199人，与去年相比分别下降12.7%和11.0%；较大以上事故40起，死亡154人，同比起数持平，死亡人数减少13人，同比下降7.8%。

重点抓了以下五方面的工作：

一、抓“打非治违”专项行动，安全事故大幅度减少

（一）深入开展“打非治违”专项行动

一是按照国务院及总局关于深入开展“打非治违”专项行动的工作部署，制定工贸行业“打非治违”专项行动工作方案。着重抓好煤气作业、交叉检修作业、有限空间作业、高温熔融金属、粉尘作业等高风险作业环节和容易发生火灾、爆炸危险区域的专项治理工作，督促各地加强现场监督检查，重点检查冶金企业在规章制度和操作规程中贯彻落实国家有关安全生产标准规程的情况，特别是检查企业在涉及交叉作业、检维修作业及对外承包等方面的制度和责任划分落实情况，以防范重特大生产安全事故发生。二是对安徽省合肥市兴达制罐厂“5·8”较大非法爆炸事故进行跟踪督办，对群众来信举报河北津西钢铁集团和河南省禹州市苌庄乡钧州耐火材料厂瞒报事故情况进行了认真核查，对核查属实的4起瞒报事故进行了严肃处理。三是在2011年开展以冶金煤气为重点的专项治理基础上，2012年组织开展了“千家煤气企业素质提升工程”，先后在河北、山西、云南、山东、江苏、辽宁、湖北、广东等8个省组织开展了9期专题现场培训班，对煤气冶金企业安全管理人员、煤气现场监测人员、煤气区域生产管理人员、煤气防护人员等进行安全操作技能培训，共现场培训823家企业、1242名煤气作业人员。四是针对2011年以来有限空间作业和铝镁制品机加工所产生金属粉尘爆炸事故多发的情况，在2012年下半年结合“打非治违”专项行动，采取有力措施，在全国范围深入开展有限空间作业和铝镁制品机加工粉尘作业专项治理，对全国32个省级单位分为16个组进行交叉检查，有效遏制了事故多发的状况。

（二）做好事故跟踪督办工作，注意规律性研究

一是对2012年发生的38起较大事故进行了跟踪，详细了解事故过程和原因，分析存在的问题。对其中2起影响较大事故进行了现场督导，指导地方做好事故善后及调查处理工作。二是对2011年发生的陕西省西安市“11·14”液化石油气泄漏爆炸以及2012年发生的辽宁省鞍钢重型机械有限责任公司“2·20”爆炸、浙江省温州市“8·5”金属粉尘爆炸和山西省晋中市“11·23”液化石油气泄漏爆炸等4起重大事故进行现场督导和挂牌督办，其中前3起事故已结案。三是针对中央企业2012年年初事故多发的情况，与国务院国资委联合印发了《关于切实加强中央企业安全生产工作的通知》（安监总管四〔2012〕36号），分析存在的薄弱环节和突出问题，提出了具体工作措施。四是建立钢铁企业安全监管工作信息平台。利用国家安全监管总局“金安”工程专网平台下的安全生产短信发布系统，把钢铁等冶金企业有关事故情况和工作要求，以短信及时传达到各监管机构和钢铁等冶金企业，做到“一企有事故，万企受教育；一地有事故，各地有警示”。

（三）严格安全生产准入管理

根据国家安全监管总局第36号令的规定和总局领导的批示精神，对鞍钢朝阳鞍凌、攀钢西昌钒钛和首钢京唐涉及焦化、燃气、制氧等项目的“三同时”工作进行了审查；对首钢迁钢、中国铝业公司等冶金、氧化铝项目、中国第一重型机械集团公司发展国家重大技术装备战略规划及中期总体技术改造项目、广州汽车集团股份有限公司自主品牌乘用车项目的“三同时”工作进行了备案。委托陕西省安监局办理了韩国三星电子株式会社存储芯片项目安全设施“三同时”审查工作。

二、抓企业安全生产标准化建设，落实企业安全生产主体责任

通过各级的共同努力，工贸行业企业安全生产标准化建设已基本建立了政策法规体系、考评标准体系、考评管理体系和信息化管理体系，克服了工贸行业没有法规和行政许可抓手的困难，由点带面，已全国铺开。截至2012年底，一级、二级、三级达标工贸企业共计96136家，比2011年增加85737家，增长824.4%。其中，一级达标企业共计396家，比2011年增加313家；二级、三级达标企业共计95740家，比2011年增加85424家；正在申请一级、二级、三级达标的工贸企业共计40674家，比2011年增加17744家；还有5万多家

中小企业实现了地方通用标准达标。

（一）及时总结推广示范城市的成功经验和做法

2012 年 3 月在山东诸城召开了全国安全生产标准化建设现场推进会，总结推广各地，特别是 5 个示范城市安全生产标准化建设工作的先进经验和好的做法，同时研究解决存在的突出问题，发挥示范地区和典型企业的示范引领作用，全面推进安全生产标准化建设。

（二）进一步完善标准体系

在 2011 年印发 23 项工贸企业标准化评定标准的基础上，2012 年完成了石膏板、酒类、饮料、调味品、服装生产和酒店业企业等 6 项安全生产标准化评定标准的起草工作。与国家烟草专卖局联合印发了《关于做好烟草企业安全生产标准化建设工作的通知》（安监总管四〔2012〕66 号）文件，明确了烟草企业安全生产标准化评定标准及工作要求，有力地推动了烟草行业的企业安全生产标准化建设工作。

（三）制定《工贸行业企业安全生产标准化建设实施指南》

为进一步规范和指导企业安全生产标准化工作，针对在标准化建设过程中不断发现的新情况和新问题，组织编制了《工贸行业企业安全生产标准化建设实施指南》，于 8 月分别在南京、武汉、哈尔滨和昆明举办了 4 期宣贯班，共培训各级安全监管人员近千人。

（四）加强评审管理，建立工贸行业考评体系

一是建立工贸行业企业安全生产标准化达标信息管理系统，举办专题宣贯视频会。2012 年 6 月开始，实现了工贸行业企业安全生产标准化建设网上申报、评审受理、公告发布和证书管理等有关工作流程的信息化管理。二是加强培育评审单位和专家评审队伍。2012 年全国一级评审单位有 4 家，经考核发证的一级企业评审员和评审专家 1095 人；二、三级评审单位 1429 家，评审人员 19941 人，分别比 2011 年增加 1072 家、13985 人，为全国工贸行业企业标准化建设提供有力的技术支持。三是严格把好一级企业申请的准入关，提高一级企业的创建质量，指导帮助各地开展二、三级企业标准化评审工作。

（五）推进小微企业标准化建设工作

小微企业占工贸企业的大部分，量大面广，基础薄弱，是标准化建设推进的难点。为推进小微企业标准化创建，实行立足创新，分类指导，帮助指导各地制定小微企业通用考评标准，简化评审程序，注重实效，减轻企业负担，把重点放在现场安全管理和岗位达标上。

（六）加强监督检查和指导服务

司领导经常带队到各省（区、市），深入基层，深入企业，了解标准化建设开展情况，研究解决困难的措施办法。5 月在上海、西安、长沙、长春分片召开现场交流会，对各地工作开展落实情况进行督促检查。8 月在辽宁抚顺召开了全国工贸行业安全生产标准化一级评审单位和部分典型企业座谈会，指导督促评审组织单位和评审单位加强组织管理，强化业务培训，不断提升评审人员的素质和能力。对 2011 年各地开展安全生产标准化以及安全隐患排查治理体系建设（简称“两项建设”）的情况进行了认真梳理，总结各地的好做法好经验，分析存在的主要问题，对下一步工作提出了明确要求，并通报全国，把各项工作引向深入，推动“两项建设”上水平。

（七）推动工贸行业安全科技创新

一是在推进标准化建设过程中，增加企业安全投入，与企业技术改造相结合，改造落后的安全工艺技术装备，改善不规范的作业环境。二是加快工贸行业信息化管理系统建设。三是推动与大型企业和院校合作，建立科技研发实验室。四是按照国家安全监管总局关于加强安全科技创新的工作部署，抓好“四个一批”相关项目的落实。

三、抓隐患排查治理体系建设，转变传统安全监管方式

通过建立安全隐患排查治理体系，促进企业由被动接受安全监管向主动开展安全管理转变，由政府为主的行政执法排查隐患向企业为主的日常管理排查隐患转变，实现隐患排查治理常态化、规范化、制度化，推动安全监管从传统方式转变到数字化、信息化的现代管理手段上来，真正把握事故防范和安全生产工作的主动权。

（一）制定实施方案，全国推广北京市顺义区的经验

在及时总结推广北京市顺义区成功经验和做法的基础上，2012 年 1 月起草印发了《国务院安委

会办公室关于建立安全隐患排查治理体系的通知》（安委办〔2012〕1号），对如何建立安全隐患排查治理体系提出了具体要求。同时，督促指导各省（区、市）制定工作实施方案。

（二）树典型，创示范

一是2012年3月在山东省诸城市召开了现场推进会，推广各地安全隐患排查治理体系建设的经验和做法。二是在全国各地确定了52个样板示范地区，创新方式方法，积累经验，以工作创新解决不断出现的新情况和新问题，以点带面，全力推进。

（三）制定《安全生产事故隐患排查治理体系建设实施指南》

编制了《安全生产事故隐患排查治理体系建设实施指南》，于8月组织了4期宣贯班。整理汇编并印发了顺义区6大类47小类企业共6150项安全隐患排查治理查报标准，供各地借鉴应用。

（四）做好顶层设计，建立信息化管理系统

一是为满足国家、省、市三级安全监管部门间业务数据共享和交换需求，保障各级各部门业务信息系统间数据互联互通的有效性和及时性，监管四司会同通信信息中心组织起草印发了《隐患排查治理数据规范（试行）》等4项指导性技术文件。二是抓好重点示范样板地区联网共享工程实施工作。组织有关单位和专家就安全隐患排查治理信息系统建设和重点示范样板地区联网共享工程等工作进行了多次研究，制定了安全隐患排查治理信息系统建设和重点示范样板地区联网共享工程实施方案，实现了北京市顺义区等10个重点示范样板地区与总局的数据交换与共享。

四、抓法规标准制修订，加快建立工贸行业安全监管法规标准体系

一是完成了《工贸企业有限空间安全管理与监督暂行规定（送审稿）》、《工贸企业安全生产标准化建设暂行规定（送审稿）》，已经经过国家安全监管总局局长办公会议审议原则通过。完成了《有色金属企业安全生产监督管理规定（征求意见稿）》、《食品企业安全生产监督管理规定（征求意见稿）》的起草工作。完成了《有色金属企业安全生产监督管理规定（征求意见稿）》、《食品企业安全生产监督管理规定（征求意见稿）》的起草工作。

二是把握安全监管重点环节，加快制修订行业安全标准。组织完成了《干法熄焦安全技术规程》、《建材行业安全生产术语》、《新型干法水泥企业安全技术规程》、《建材行业窑炉维修安全技术规程》、《石膏板生产企业安全技术规程》、《有限空间作业安全技术规程》、《造纸企业安全技术规程》、《啤酒生产企业安全技术规程》和《棉纺织生产企业安全技术规程》等9项安全生产行业标准的起草工作。

职业安全健康监督管理工作

国家安全生产监督管理总局职业安全健康监督管理司

2012年，职业安全健康监督管理司在总局党组的领导下，在相关司局及相关事业单位的支持配合下，围绕安全生产工作总体要求，按照“贯彻一部法律、落实一个规划、突出两个重点、加强三个基础、抓好六项工作”的工作思路，扎实做好职业卫生监管工作，较好地完成了全年的工作任务。

一、认真做好《中华人民共和国职业病防治法》和《国家职业病防治规划（2009—2015年）》的宣贯工作

一是以“防治职业病，爱护劳动者”为主题，认真组织了《中华人民共和国职业病防治法》宣传周活动，通过开展多形式、多载体的广泛宣传活动，积极营造全社会关注职业病防治的良好氛围。二是举办了职业病防治工作图片展，介绍了党中央、国务院关于加强职业病防治工作的方针政策、《中华人民共和国职业病防治法》和《国家职业病防治规划（2009—2015年）》要点、国家安全监管总局落实《中华人民共和国职业病防治法》主要措施、职业病防治基本知识等方面的内容。三是组织召开了《中华人民共和国职业病防治法》宣贯视频会，邀请了全国人大法工委副主任信春鹰同志对新修改的《中华人民共和国职业病防治法》进行了解读。四是印制了《中华人民共和国职业病防治法》单行本及宣传挂图各1万套发放给各省安全监管部门。

二、着力做好职业卫生法规规章建设

一是出台了《工作场所职业卫生监督管理规定》、《职业病危害项目申报办法》、《用人单位健康监护监督管理办法》、《职业卫生技术服务机构监督管理暂行办法》、《建设项目职业卫生"三同时"监督管理暂行办法》等5部国家安全监管总局规章（简称"一规定、四办法"），为用人单位落实职业病预防主体责任、规范安全监管部门的职业卫生监督检查行为等提供了法律依据。二是按照国务院法制办的要求，做好相关条例的起草工作。将《使用有毒物品作业场所劳动保护条例》和《尘肺病防治条例》合并修订为《放射性、高毒、高危粉尘作业劳动保护条例（草案）》，从法规层面提出放射性、高毒物质及高危粉尘职业病危害预防与控制的措施与办法。三是制定与部门规章配套的规范性文件。根据《中华人民共和国职业病防治法》及《建设项目职业卫生"三同时"监督管理暂行办法》的规定，组织编制了《建设项目职业病危害风险分类管理目录（2012年版）》，对可能存在职业病危害的主要行业进行了简明扼要的分类，对用人单位和职业卫生技术服务机构开展建设项目职业病危害评价工作起到了积极的指导作用。四是会同卫生部、人力资源社会保障部和全国总工会等三部门对《防暑降温措施暂行办法》进行了修订，以四部门名义印发了《防暑降温措施管理办法》。五是组织起草了《用人单位使用有毒物品职业卫生安全许可证管理暂行办法（征求意见稿）》、《职业病危害事故报告和调查处理办法（征求意见稿）》、《建设工程职业卫生监督管理办法（征求意见稿）》，这三个征求意见稿将在进一步征求意见修改完善的基础上按程序报批。

三、认真组织职业健康技术标准制修订工作

一是完成了《石材加工工艺防尘技术规范》、《印刷企业防尘防毒技术规范》、《汽车制造企业职业危害防护技术规程》等11项行业标准的制修订工作，已经发布并于2012年9月1日起施行。二是2012年新立项的《职业病危害评价通则》、《建设项目职业病危害预评价导则》、《建设项目职业病防护设施设计专篇编制导则》、《建设项目职业病危害控制效果评价导则》等11项技术标准也已通过司务会讨论及防尘防毒分标委会审查，并报送安标委审查。

四、积极推进职能划转和机构队伍建设工作

通过召开监管工作会议、开展调研督导、召开座谈会等方式，推动指导各地加快职能划转和机构队伍建设。截至2012年底，全国已有26个省（自治区、直辖市）按照《中华人民共和国职业病防治法》和中央编办《关于职业卫生监管部门职责分工的通知》（中央编办发〔2010〕104号）精神划转了职能，占81.25%，按照上述精神已划转职能的地级市243个（含11个开发区），占53.6%，县（区、县级市）1541个（含96个开发区），占47.6%。各级职业卫生监管人员总数4790人，为做好职业卫生监管工作奠定了基础。

五、认真组织职业病危害专项治理

一是组织深化了石英砂加工、木质家具制造、石棉矿山及制品、金矿开采等4项治理工作，并紧密结合"打非治违"专项行动，督促企业抓好关键环节和重点岗位的治理，强化监督检查，依法取缔了一批非法生产建设项目，停产整顿了一批存在严重违法违规行为的企业，整改了一批影响劳动者身体健康的职业病危害隐患，集中关闭了一批整改无望的企业，四个行业领域的职业病危害专项治理成果得到进一步巩固。据统计，深化治理阶段共检查企业9020家，发现问题或隐患32546项，责令当场改正13340项，责令限期改正19206项，共提请关闭企业289家，责令停产整顿632家，取缔非法企业108家。二是组织开展了水泥生产企业、石材加工企业及使用有机溶剂的IT制造企业等领域职业病危害现状调研检测工作，对北京、山东、广东等省市的40家水泥生产、石材加工企业和重庆、四川、江苏、上海、广东、陕西等6省市的36家IT制造企业进行了调研检测，总结分析了上述领域职业病危害状况和存在的问题，提出了相应对策措施，为下一步开展专项治理工作奠定了基础。

六、积极开展职业卫生培训工作

一是举办职业卫生监管人员培训班。分别在黑龙江哈尔滨、云南昆明举办了《中华人民共和国职业病防治法》、“一规定、四办法”宣贯培训班和职业卫生业务培训班，对省级安全监管局分管领导和职业卫生监管处室工作人员进行了培训。二是继续推进职业健康“百千万”培训工程，与省级安全监管部门共同组织完成了石棉矿山、石棉制品制造及石英砂加工企业主要负责人和职业卫生管理人员的职业健康培训工作。三是赴广东、四川、重庆、贵州等省市开展了职业卫生培训工作调研，召开座谈会，了解职业卫生培训工作开展情况，听取基层安全监管部门、企业对职业卫生培训工作的意见建议。

七、着力加强职业卫生技术支撑体系建设

一是组织召开了全国职业卫生技术服务机构监督管理工作座谈会，国家安全生产监管总局副局长杨元元同志出席会议并作了重要讲话。会议宣贯了国家安全监管总局 50 号令和总局印发的相关规范性文件精神，通报了甲级机构资质延续和乙级机构资质换证工作总体情况，交流了职业卫生技术支撑体系建设工作经验，发布了《职业卫生技术服务机构规范执业倡议书》，分析了形势和任务，对下一步工作进行了安排和部署。二是配合办公厅研究推动职业卫生支撑体系建设工作，对总局有关事业单位、社团组织职业卫生技术支撑职能提出建议意见。赴辽宁、江苏、安徽、浙江、江西、湖南、重庆、四川等省市安监部门以及所属技术支撑机构进行考察调研，总结经验、分析问题、研究措施，指导和推动安监部门尽快建立健全职业卫生技术支撑体系，鼓励各地积极探索建立适应本地区特点的技术支撑体系。

八、认真做好职业卫生专家队伍建设

一是印发了《关于加强职业卫生专家队伍建设的指导意见》，指导各地建立健全职业卫生专家库，提高监管工作的科学性、规范性和公正性。二是完成国家安全监管总局职业卫生专家库建设工作，从各地推荐的 962 名专家中经过多次筛选，遴选出 198 名专家，在向社会公示的基础上，发布了国家安全监管总局首批职业卫生专家名单。三是加强专家日常管理，组织专家开展了职业病防治法宣传、职业卫生“三同时”、技术服务机构资质认可、职业卫生监管调研等有关技术咨询及技术审查活动。

九、切实做好职业卫生技术服务机构监管

一是建立健全职业卫生技术服务机构管理程序和制度。下发了《国家安全监管总局关于印发职业卫生技术服务机构资质认可条件评审项目标准及认可工作程序的通知》，明确了职业卫生技术服务机构甲级资质认可工作程序、甲乙两级机构资质认可条件、技术评审项目、判定标准以及职业卫生技术服务机构业务范围划分。下发了《关于加强职业卫生技术服务机构资质管理的通知》，对资质管理有关工作做出制度性的安排，保证该项工作规范有序开展。二是做好技术服务机构换证工作。对 2012 年资质到期的 20 家甲级机构进行了资质延续考核认可，换发了国家安全监管总局印制的甲级资质证书。组织已经调整职业卫生监管职责的省（区）安全监管部门开展了乙级机构年检续展及换证工作，黑龙江、新疆等 16 个省（区）已完成换证工作，共有 528 家乙级机构换发了国家安全监管总局统一印制的资质证书。三是有序推进职业卫生技术服务机构资质认可工作。启动了 2012 年度甲级机构资质认可工作，国家安全监管总局职业安全卫生研究中心等 11 家机构已经按照有关规定和程序提出了申请。制定下发了《关于部分地区 2012 年度职业卫生技术服务机构乙级资质认可控制数量的函》，核定了 2012 年乙级资质认可控制数量 22 家，13 个省级安监局、7 个省级煤监局率先开展了乙级资质认可工作。在辽宁等 14 个省（区）所辖的 29 个设区的市（地、州）开展了职业卫生技术服务机构丙级资质认可试点工作。四是做好技术服务机构能力提升工作。组织开展了 2012 年职业卫生检测能力实验室间比对，各省级职业危害检测与鉴定实验室、各甲级职业卫生技术服务机构及部分乙级机构共 88 家单位参加了比对。五是规范了技术服务机构专业技术人员培训考核工作。印发了《职业卫生技术服务机构专业技术人员培训考核办法》，编写了《建设项目职业病危害评价》和《职业病危险危害因素检测》两本培训教材及法律法规文件汇编，制定了培训考试大纲，建立了考试题库。举办了第一期专业技术人员培训班，在全国范围内遴选了评价、检测、卫生工程、法律法规等专业领域的 14 名专家授课，15 家机构的 412 人参加

了培训，411 人参加闭卷考试，及格率为 84.2%。六是开展职业卫生技术服务相关研究工作。组织开展了职业卫生技术服务机构现状和需求分析研究，提出了职业卫生技术服务机构发展总量、区域布局的规划建议。针对职业卫生技术服务市场价格混乱等情况，开展了职业卫生技术服务价格（收费）标准课题研究。

十、认真做好建设项目职业卫生“三同时”工作

一是按照《建设项目职业卫生“三同时”监督管理暂行办法》的要求，认真做好建设单位报送的建设项目职业卫生“三同时”材料的受理、审查、备案和批复等工作。组织专家对 48 个建设项目职业病危害预评价报告进行了审核，对 6 个建设项目职业病防护设施设计专篇进行了审查，对 29 个建设项目的职业病防护设施进行了竣工验收，对 35 个建设项目职业卫生“三同时”备案申请出具了备案文件。二是进一步完善了建设项目职业卫生“三同时”有关程序。制定了《建设项目职业卫生“三同时”审查工作规则》，明确了建设项目职业卫生“三同时”材料受理、技术审查、备案和批复、档案管理等各环节的程序和责任，并对工作中应注意的问题和廉政建设提出了相关要求。结合工作实际，简化了职业病危害一般的建设项目职业卫生“三同时”备案程序。对建设项目职业病危害预评价报告审核、职业病防护设施设计审查和竣工验收批复形式进行了变更，由总局文件批复形式改为许可文书形式。三是加强对中央企业落实建设项目职业卫生“三同时”情况的督导检查，与中国黄金集团公司、中国船舶工业集团总公司、中国电子科技集团公司等十余家中央企业相关负责人进行了沟通，针对其职业卫生“三同时”工作存在的问题提出了要求。

十一、认真做好监督执法工作

一是组织开展了职业病危害治理交叉检查工作。下发了《关于开展职业病危害治理交叉检查工作的通知》，组织 28 个地区分成 14 个组，对重点行业领域职业病危害治理及职业卫生执法检查工作开展情况进行了交叉检查。通过交叉检查，发现并责令整改了一批职业卫生问题和隐患，促进了地方之间的交流和学习，提高了监管人员的职业卫生执法水平。二是积极做好职业病危害项目申报工作。完成了申报系统的修改和部分功能的完善工作，下发了《关于贯彻落实〈职业病危害项目申报办法〉进一步加强职业病危害项目申报工作的通知》，对申报表格、申报程序以及新老申报系统的前后衔接等做了进一步的明确和说明。截至 2012 年底，全国职业病危害申报企业数量为 37 万多家，比上年增加了 18 万家。三是做好个体防护用品使用监管工作。选择在矿山开采、水泥生产、石材加工、石英砂加工、石棉及制品、木质家具制造、制鞋及箱包加工、机械制造等职业病危害严重的行业领域组织开展了个体防护用品使用情况专项调研。对河北、黑龙江、上海、安徽、江西、山东、重庆、贵州等 8 个省市的 106 家企业进行了调查，并对 37 家企业使用的防护用品进行了抽样检测，在此基础上对个体防护用品调研有关情况进行了总结分析，基本掌握了个体防护用品使用和监管现状。四是做好职业病危害事故处理工作。分别对广州市职业性 1，2 - 二氯乙烷中毒事件、白银市乐富化工有限公司“2·16”中毒事故等 8 起职业病危害事故进行了调查、跟踪或处理。

十二、认真开展职业卫生安全许可试点工作

对河北省、江苏省、重庆市职业卫生安全许可证试点工作情况进行了调研，听取试点省份对职业卫生安全许可证试点工作情况汇报，掌握了试点省份工作开展情况，了解了试点工作中存在的问题，总结了试点工作经验，为下一步做好职业卫生安全许可证发放工作奠定了基础。

十三、积极做好其他工作

一是做好职业病防治工作部际联席会议相关工作。配合卫生部召开了联席会议第三次全体会议，总结了 2011 年工作，研究安排了 2012 年工作。二是配合卫生部做好全国职业健康状况调查等相关工作。三是按照中日职业卫生合作项目工作计划安排，做好相关工作。四是与环境保护部科技标准司沟通协调，联合起草了《关于推进环境与健康工作的合作备忘录》，并举行了签约仪式，进一步密切了两个部门间的协作。五是做好 2012 年度人大代表建议、政协提案的分办工作，并及时对提案进行了答复。六是成功举办了国际安全生产论坛职业健康分论坛，来自国内外 180 名代表参加了分论坛，参与了安全生产中欧对话和中美对话的相关工作。

安全培训教育工作

国家安全生产监督管理总局人事司

2012年，紧紧围绕贯彻落实党中央、国务院及国家安全监管总局党组关于加强安全培训工作的决策部署，牢牢把握安全培训工作面临的历史机遇，找准位置，发挥优势，大力加强安全生产培训教育工作，在推动安全培训责任落实、安全培训法规制度建设、安全培训监督检查等方面，取得了新进展新成效。

一、深入贯彻落实国务院23号和40号文件精神，全面推动安全培训责任落实

一是明确工作任务。年初，孙华山副局长组织召开了由国家安全监管总局人事司、国家煤矿安监局行管司、应急指挥中心及有关直属事业单位负责人参加的座谈会，听取2012年安全教育培训和安全人才重点工作汇报。随后按照会议要求，对2012年重点工作进一步修改完善，明确总体要求、工作目标和重点任务。二是开展培训专项督查。6月5—22日，国家安全监管总局组织15个安全培训专项督查组，分别对31个省（区、市）和新疆建设兵团（西藏自查）安全培训情况进行专项督查，听取各省（区、市）和132个市、县有关部门安全培训工作汇报，检查企业104家，培训机构94家，召开312个座谈会，发放调查表1000多份，随机考核了2000多人次。孙华山副局长主持召开督查专题汇报会，对督查工作给予充分肯定。三是下发《关于进一步加强安全培训监督检查、严防“三违”行为的通知》，督促各地强化执法检查、抓正反两方面典型，进一步促进安全培训工作。四是开展分片培训调研。为贯彻落实国家安全监管总局局长办公会议精神，9月中旬，人事司建立联系点制度，再次组织开展了由7名司领导带队安全培训调研组，每个组2~3个省，重点了解各地对6月全国安全培训专项督查有关问题整改落实情况，搜集了大量培训资料（其中知识读本104本、培训教材455本、多媒体课件52个）。五是召开动员会。人事司组织召开了由培训中心和中国煤矿安全技术中心处长以上干部25人参加的会议，徐绍川司长传达国务院和杨栋梁局长对安全培训工作提出的新要求，布置了近期做好《国务院安委会关于进一步加强安全培训工作的决定》起草、开展分片调研、培训演练基地、信息化建设等工作。六是做好农民工等相关工作。完成了国家安全监管总局2012年农民工工作总结及2013年重点工作安排报告，及时答复国务院农民工办《关于进一步解决农民工问题的若干意见（代拟稿）》修改意见，以及全国人大常务会议关于劳动合同法执法检查报告及评议意见的处理意见，并参加联络员会议和第六次农民工督查；参加了中欧高危行业职业安全健康项目管理座谈会；答复了杨健委员关于城市“蜘蛛人”安全的政协提案。

此外，与国家煤矿安监局行管司共同开展“安全生产格言警句征集出版”活动。改革创新典型案例以及党的十七大以来领导干部境外培训总结报告和成果案例。

二、深入贯彻落实温家宝总理及杨栋梁局长在视频会议上的讲话精神，把思想和行动统一到领导讲话精神上来

一是认真学习温家宝总理关于安全培训是当前安全生产工作三件大事之一的重要指示精神，以及杨栋梁局长在全国视频会议对安全培训工作提出的新要求，把思想和行动统一到领导讲话精神上来。二是人事司专门召开了培训务虚会，贯彻落实温家宝总理及杨栋梁局长有关安全培训工作的指示精神。建立与总局培训中心周例会制度，加强工作协调和调度，切实推进工作落实。三是孙华山副局长主持召开局长业务办公会，专题研究我司起草的关于进一步加强安全培训工作的汇报材料，经进一步修改完善后，形成向孙华山副局长报告材料。四是国家安全监管总局第 27 次局长办公会审议通过了关于进一步加强安全培训工作汇报。会同综合处完成关于贯彻落实季度视频会议精神切实加强企业安全培训工作对策措施的报告，确定年底前重点工作，制定分解实施方案。五是在深入广泛调研的基础上，研究起草了关于进一步加强安全培训工作的决定，先后两次征求国家安全监管总局、国家煤矿安监局以及应急指挥中心、省级安全监管监察部门意见和建议。随后按照国家安全监管总局领导的要求，又征求了国务院安委会成员单位意见和建议，经反复修改完善，形成送审稿，并上报国家安全监管总局领导和国务委员马凯。六是印发了《国务院安委会关于进一步加强安全培训工作的决定》（安委〔2012〕10 号）（以下简称《决定》），从落实党的十八大精神、贯彻科学发展观、实施安全发展战略的高度，进一步强调了安全培训工作的重要地位和作用，提出了新形势下加强安全培训工作的总体思路、工作目标和一系列政策措施。七是为认真学习好、宣传好、贯彻落实好《决定》精神，研究提出七条建议，报经总局领导同意。以国务院安委办名义下发了《关于做好〈决定〉宣传贯彻工作的通知》（安委办〔2012〕55 号）；筹备召开了宣贯视频会议，依托主流媒体发布了答记者问；确定提纲，启动编写《决定》知识读本。

三、完善法规标准制度，推进安全培训法规标准制度建设

一是完成修订《安全生产培训管理办法》（以下简称《办法》）工作。2012 年 3 月 1 日起实施。配套印发《关于实施〈办法〉有关事项的通知》（安监总厅培训〔2012〕50 号），对相关问题做出明确规定和说明。二是以国家安全监管总局文件下发了《关于进一步加强安全培训监督检查工作的意见》（安监总培训〔2012〕57 号），规范培训内容，建立监督检查制度，明确方式方法，并提出具体工作要求。三是会同监管四司，研究制定冶金行业企业主要负责人和安全生产管理人员培训大纲和考核标准。已广泛征求意见，目前正在进一步修改完善。四是修订了《一级安全培训机构认定标准》，制定了《安全培训教师培训大纲和考核标准》，均已形成送审稿。五是在广泛征求意见基础上，进一步修改完善《安全生产资格考试与颁证工作暂行规定》。

四、突出重点，抓好市（地）领导干部安全生产专题和监管监察人员以及中央企业安管人员执法资格等重点培训班

一是按照中组部关于 2012 年抽调地方领导干部专题研究班部署和要求，人事司分别于 5 月和 9 月在国家行政学院和中国浦东干部学院各举办 1 期市（地）领导干部安全生产专题研究班，共培训 108 名分管市（地）安全生产领导和省级安全监管监察部门负责人。认真总结了专题研究班情况，并上报国家安全监管总局领导和中组部干部教育局，同时提出明年继续举办 2 期培训班计划。二是举办了 3 期市（地）级安全监管局局长研究班、1 期煤矿安全监察分局负责人研究班、2 期监管监察执法资格培训班、2 期援助新疆执法资格培训班、1 期援助西藏专题业务培训班，合计培训 875 人。三是为贯彻落实《中华人民共和国安全生产法》、《安全生产行政许可条例》等有关法律规定，举办了 4 期中央企业安管人员安全资格班，总计培训 527 人。孙华山副局长主持召开了两次部分中央企业负责人座谈会，就央企贯彻落实国务院 23 号文件和 40 号文件精神，推进安全标准化建设等方面进行了座谈，国家安全监管总局和国家煤矿安监局、应急指挥中心及有关事业单位负责人参加座谈会。四是为进一步扩大培训覆盖面，有效缓解工学矛盾，围绕安全生产重点、难点和热点问题，遴选 10 个专题，邀请专家、学者，利用系统网络，举办了 6 期视频专题讲座，总计培训 1.5 万余人次。

五、积极选派领导干部到中央党校等“一校四院”学习培训

一是按照深入贯彻落实科学发展观和大规模培训干部的要求，提高领导干部理论素养和党性修养，全年共选派 26 名司局级以上领导干部参加中央党校等“一校四院”学习培训。完成了厅局级干部党性教育培训效果调查问卷的答复。向中组部报送了干部教育培训师资库推荐人选（闪淳昌、罗音宇、张兴凯），报送了国家安全监管总局 2012 年干部教育培训工作总结。二是按照中组部、国家机关工委司局级干部选学工作要求，结合实际，制定方案，下发通知，组织国家安全监管总局和国家煤矿安监局机关及在京直属事业单位 52 名司局级领导干部参加选学，每人应参加必修课 8 学时，选修课40～60学时，实际完成必修课416学时，选修课2504学时。进行了认真总结并上报中央国家机关工委。三是按照中组部要求，上报了国家安全监管总局、国家煤矿安监局机关和应急指挥中心119名司局级领导干部信息，组织参加中国干部网络学院学员在线学习。四是以国家安全监管总局党组名义下发了关于总局党校2012年春季、秋季招生工作的通知，以办公厅名义下发了关于总局党校春季和秋季干部进修班学员入学有关事项的通知，各省级煤矿安全监察机构，总局和煤监局机关、应急指挥中心及直属事业单位、有关社团组织118名处级党员干部参加了培训。

六、做好依托央企建设培训演练基地和加强安全培训基地、教材、教师队伍等建设

一是培训演练基础建设工作。为掌握11家培训演练基地建设进展情况，交流、协调解决建设过程中存在一些问题，组织召开2011年已支持的11家培训基地建设座谈会，部分监管部门培训处长及培训中心40多名负责人参加会议；会同监管一司，确定了2012年32家央企培训演练基地规划名单，组织开展了演练基地项目申报和专家评审会议，22家基地均通过评审，建议财政部优先支持11家，财政部批复支持8家。参加了规划司在湖南和北京召开的安全监管监察综合实训基地可行性研究报告论证会。二是开展培训机构复审检查工作。组织召开了2012年培训机构终审会议，对2012年1月21日资质到期的83家和2010年限期整改的3家机构复审和整改情况进行审定，经审定和公示，决定保留83家机构资质、取消3家机构资质。下发了《关于开展2012年一级安全培训机构资质复审工作的通知》（安监总厅培训〔2012〕162号），开展了2012年一级安全培训机构复审检查。三是加强教材建设。制定了“十二五”安全培训教材建设规划。以总局办公厅名义下发了《关于推荐使用“三项岗位”人员安全资格培训教材的通知》（安监总厅培训函〔2012〕141号）；会同国家安全监管总局培训中心和华北科技学院组织编写《煤矿安全监管监察知识读本》等9本、金属非金属矿山主要负责人和安管人员等（4本）以及特种作业人员（51本）等系列教材，会同国家安全监管总局培训中心和有关中央企业，组织编写了高危行业企业职工应知应会安全知识读本；完成了11个重大事故案例汇编教材的编制工作，并免费发放各有关单位；会同信息研究院，初步编写了煤矿、危险化学品等7个行业领域事故警示教育片；组织召开《非煤矿山安全生产监督管理知识读本》和《烟花爆竹安全生产知识读本》审定会，推进教材建设工作。四是开展教师大赛评选活动。开展第一届安全培训教师讲课大赛和安全培训优秀课件征集评选活动，对145名教师和686个课件进行了专家评审。举办1期培训机构负责人和6期培训机构师资班，分别培训75人和970人。

七、加快推进安全培训信息化建设

一是7月在成都召开了部分省局安全培训信息化建设座谈会，25名专家和技术人员参会，交流经验和做法，研究全国安全培训信息管理系统建设方案。二是起草了《安全培训信息化管理数据交换标准（稿）》、《全国安全培训信息管理系统框架结构（稿）》和《国家安全教育培训网改版方案》，修改完善了《关于加强安全监管监察系统干部网络在线教育培训工作的意见》，并广泛征求意见和建议，目前正在修改完善中。三是多次召开会议讨论研究，会同国家安全监管总局培训中心及北京佳尔科技信息公司，研发了全国安全培训信息数据采集系统，该系统主要涉及安全监管监察系统干部、高危行业企业主要负责人和安管人员、特种作业人员以及安全培训教师等基础信息采集。四是会同国家安全监管总局培训中心加强信息化顶层设计，总体目标是：建设一个网络学院（全国安全培训考试网络学院）和两个系统（全国安全培训考试系统、全国安全培训管理系统）。五是下发关于开展安全培训基本信息采集工作的通知。12月1日组织召开了各省、自治区、直辖市及新疆生产建设兵团安全监管局，各省级煤炭行业管理部门、煤矿安全培训监管部门和煤矿安全监察局培训处长及有关培训机构120多人参加的座谈会，认真学习了党的十八大精神，部署《决定》宣传贯彻工作，研究讨论《全国安全培训信息化建设总体方案》，安排部署全国安全培训基本信息采集工作，组织信息采集软件培训。六是会同国家安全监管总局培训中心与中石化、燕山石化及其培训中心积极沟通，研究起草了合作协议，共建国家安全监管总局教育培训基地，推动安全培训信息化建设。

八、加大安全培训宣传力度，用典型推动工作

上水平、上台阶

2012年以来围绕“打非治违”专项行动，以及防止和减少“三违”行为，开展系列安全培训专题报道。一是7月5日，法制网、《法制日报》分别对国家安全监管总局加强安全培训督查、严防“三违”行为相关工作进行了报道。随后，人民网、中国网、法制网、凤凰网等主流网站，搜狐、网易、东莞时间网等门户网站纷纷进行转发，收到较好宣传效果。二是7月至10月人事司会同《中国安全生产报》和《中国煤炭报》，连续集中刊发了30篇安全培训工作相关报道。其中，《中国安全生产报》连续24期刊发宣传报道稿，包括安全培训工作系列报道4篇、“安全培训见闻录”专栏报道20篇；《中国煤炭报》刊发煤矿安全培训报道6篇，包括煤炭行业安全培训工作综述1篇、煤炭企业安全培训纪实5篇。三是对《决定》开展了系列宣传报道。

九、做好华北科技学院等相关工作

一是编报了华北科技学院分省分专业招生计划和招生章程。二是开展了成人高等教育事业发展有关问题的调研，2012年招生计划拟在2011年基础上增加600人，达到4600人。三是向国务院学位办报送了华北科技学院安全工程领域工程硕士专业学位研究生试点培养工作实施方案，首年批准招收20人。

国际交流与合作

国家安全生产监督管理总局国际合作司

2012年，国际交流与合作工作坚持围绕中心、服务大局，紧紧围绕安全生产中心工作和“一个树立、三个坚持、三个强化”的主线，不断深化安全生产对外开放和国际合作，积极学习借鉴国外先进技术、经验、法规和标准，提高外事管理和服务水平，重点做了以下几个方面的工作。

一、加强与国外相关政府部门和国际组织、地区组织和民间的交流与合作，服务安全生产中心工作

（一）充分发挥政府间对话和工作组机制作用，围绕安全生产中心工作，推进双边交流合作

落实第四轮中美战略经济对话和中美安全健康备忘录精神，成功举行了首届中美安全生产与职业健康对话，建立了中美安全健康高层对话机制；成功召开了第三届中欧安全生产对话会议，交流了中欧安全生产与应急救援政策、法规和经验；推动国家安全监管总局与加拿大劳工部、俄罗斯联邦环境、技术与核能监督总局分别签署了中加、中俄安全健康合作备忘录，奠定了合作基础；召开了第十八次中德经济合作联委会煤炭工作组会议，促进了双方在煤矿安全方面的合作。通过政府间对话和工作组机制，交流了经验和做法，探讨了合作意向，增进了解和互信，搭建了重要平台，促进了双方的安全健康工作。

（二）加强与国际劳工组织等国际组织的交流与合作，组织参与国际组织重要活动

孙华山副局长访问了国际劳工组织瑞士总部，进一步推动了国家安全监管总局与国际劳工组织的沟通与合作；组织撰写了国际劳工组织《职业安全与卫生及工作环境公约》（第155号）和《化学品安全公约》（第170号）的履约报告，阐述了近年来我国政府在安全生产方面采取的重大举措以及取得的重要进展，回应了国际劳工组织专家委员会的关切；与国际劳工组织合作举办了“4·28世界安全生产与健康日”纪念活动，宣传了我国安全生产方针、政策、措施和成效以及科学发展、安全发展理念，促进安全文化建设，得到了国际社会的高度赞扬；派员参加了国际劳动监察协会年会、国际社会保障协会东亚地区年会和东盟10+3职业安全与健康会议；组织参加了国际救援组织国际矿山救援竞赛，取得优异成绩；与世界银行开展了道路交通安全合作。

（三）加强与港、澳、台地区的联系与合作

成功举办了第二十届海峡两岸及香港、澳门地

区职业安全健康学术研讨会，集中展示并分享了两岸四地在职业安全健康领域的新技术、新方法、新理论和新经验，促进两岸四地在职业安全健康方面的交流与合作。

（四）加强与国外相关行业协会和大型跨国企业的合作，扩大了安全生产领域民间交流

通过共同举办专题研讨会、互访交流等形式，加强了与美国安全委员会、美中联合工作安全委员会、智利安全生产协会等机构的交流与合作；与陶氏化学公司开展危险化学品安全管理示范合作项目，与塞拉尼斯公司开展了危险化学品工艺安全管理项目，与拜耳公司开展加强光气安全生产措施研究项目。

二、成功举办了第六届中国国际安全生产论坛暨展览会等重大国际性活动

（一）成功举办了第六届中国国际安全生产论坛暨展览会

9月18—20日，第六届中国国际安全生产论坛暨安全生产及职业健康展览会在北京举行，国务委员兼国务院秘书长马凯出席并发表重要讲话。马凯对论坛暨展览给予高度评价，并强调：要牢固树立“以人为本、安全发展”的理念，坚决贯彻“安全第一，预防为主，综合治理”的方针，把保障人民群众生命财产安全放在首位，大力实施安全发展战略，认真落实各项安全生产措施，有效防范和坚决遏制各类生产安全事故，促进安全生产形势持续稳定好转。国家安全监管总局局长杨栋梁出席并发表主旨演讲。本届论坛暨展览主题鲜明，内容丰富，专业性强，层次高、规模大、技术新，全面展示了我国安全生产和职业健康事业的快速发展所取得的显著成效，大力宣传了“科学发展，安全发展”理念，交流探讨了国内外安全生产先进经验和做法，展示和推广了安全生产先进适用技术和装备，得到了与会代表特别是国际代表的广泛参与和高度认可，达到了预期目的，取得了丰硕成果。来自国内外的85名政府官员及专家、学者在主论坛和6个分论坛发表演讲。来自30个国家和地区以及国际组织的500多名代表参加了大会。来自15个国家和地区的281余家单位参加展览，展览面积22000多平方米，20000余人次专业观众参观展览，论坛和展览的规模均创历届之最。

论坛期间，还举行了多场重要外事活动。杨栋梁局长会见加拿大劳工部雷特部长，孙华山副局长分别会见国际劳工组织、国际社会保障协会和国际劳动监察协会官员、俄罗斯联邦环境、技术与核能监督总局克拉内斯赫副局长并签署合作备忘录，欧盟就业、社会事务和机会均等总司司长古斯·雷切尔、美国安全委员会主席麦肯特，黄毅会见欧盟社会对话司司长席尔瓦，这些活动有力地推动了国家安全监管总局与国外相关政府部门、国际组织和社会团体的交流与合作。

（二）成功举办了第十届中国国际煤炭会议

4月17—18日，第十届中国国际煤炭大会在北京举行。来自全球25个国家约600名政府官员、企业家和专家学者参加了本届会议，并围绕煤炭工业安全、健康、可持续发展，中国与世界煤炭工业展望，国内外主要煤炭企业发展潜力，煤炭市场贸易等议题进行了充分交流和研讨；同时还有来自国内外煤炭生产、贸易、流通领域的25家企业展示其最新产品、技术及创新成果。通过会议的举办，进一步推进了我国煤炭产业结构优化升级和转变煤炭工业发展方式，促进了我国煤矿安全生产形势持续稳定好转，为实现煤炭工业科学发展、安全发展和可持续发展作出积极贡献。

另外，还成功举办了2012中国国际煤炭发展高峰论坛暨展览会等重要会展活动。通过举办论坛和展览等重要国际性活动，充分发挥国际论坛及会展平台的作用，促进了我国安全生产领域的国际交流，借鉴引进了国外安全生产先进实用技术和管理经验，促进了安全生产长效机制建设。

三、精心组织开展引智培训工作，提高培训效果和质量，促进安全人才和监管监察队伍建设

一年来，围绕安全生产中心工作，认真组织开展了智力引进和出国培训工作，积极邀请国外安全生产领域高层次专家来华授课、讲学，开展培训和交流，突出抓好出国培训的实效性和针对性。按照孙华山副局长的指示和要求，对今年的出国培训工作进行改进，采取由各业务司局牵头组织的模式，不断完善出国培训工作组织实施体制，取得了很好的效果。通过不懈的努力，全年共派出境外培训团组19批，计413人次。其中审批类项目团组7个，计156人次；审核类项目团组12个，计257人次，项目完成率和人员成行率均创历年最好水平，培训的质量和效果得到有效提升。另外，还重点邀请了

欧盟、美国、澳大利亚、国际劳工组织的高级专家和学者60多人次来华直接培训安全监管监察人员、企业安全管理人员、企业班组长和培训教师1000多人次。通过引智培训，为全国安全监管监察系统培训了一批管理干部和专业技术人员，为学习借鉴国际先进理念和经验，不断提升安全监管监察队伍能力和水平，加速推动安全生产工作创新发展发挥了积极作用。

四、认真组织实施政府间国际合作项目，促进安全保障能力的提升和安全管理水平的提高

（一）全面完成中澳煤矿安全合作示范项目

项目实施4年来，将澳大利亚气体监控系统、通风模型软件、能量隔离和闭锁系统、安全健康管控体系、矿井注氮灭火技术等17项先进技术设备或管理经验成功引入示范矿——河北冀中能源张矿集团宣东煤矿进行示范；在宣东矿完成束管监测系统安装调试及相关软件培训，安装了三维地质模型软件并建成三维地质模型；示范矿宣东矿学习借鉴澳经验，创新安全管理模式，初步建成了安全健康管控体系，结合宣东矿三级隐患排查实践，使煤矿企业隐患排查治理科学化、制度化、规范化；组织澳大利亚专家先后19批86人次深入宣东矿，开展调研和员工培训，针对不同层级的员工，开展针对性重点培训，分批次、分层级培训矿长、高层管理人员和班组长404人次；组织煤矿安全监管监察人员、煤矿管理人员和基层技术人员、区队长、班组长8批141人次赴澳进行培训；在峰峰集团梧桐庄矿建设了“地下实训基地，地上虚拟培训”的综合立体培训系统，中澳煤矿安全培训示范中心项目一期建成试运行，提高了培训实效性。经过4年的努力，中澳煤矿安全合作示范项目顺利完成，成果丰硕，成效显著，提高了示范企业的安全健康管理水平，提高了煤矿安全监管监察人员和企业管理的人员的素质，提升了我国煤矿安全培训水平，为我国煤矿安全形势的持续稳定好转做出了积极贡献。

（二）稳步推进中欧高风险行业职业安全与健康合作项目

建立了项目组织机构和管理机制，成立了项目领导小组和办公室，明确了项目主要任务和责任分工，制定了项目总体实施计划和方案，召开了项目启动会议和发布会，初步确定了项目试点培训中心和试点企业，建立了中方专家库，聘请中欧专家开展了中欧安全法规政策对比研究和培训需求分析，项目实施进入加快推进阶段。

（三）为期两年中美煤矿安全合作项目顺利完成

两年来，中美双方重点开展了在煤矿通风、防尘、应急救援和紧急避险等4个方面的交流与合作，组织了5批40人次赴美交流学习，召开了4次技术研讨会，组织中美专家对试点矿进行现场咨询和指导，举办了中美煤矿安全合作十周年总结交流活动，开展了项目评估。通过这些活动，学习借鉴了美国在“一通三防”、井下紧急避险设施建设、应急救援和煤尘防治等方面的先进理念和技术，提高了试点矿的安全管理和技术水平，在促进我国煤矿井下安全避险“六大系统”建设、煤矿瓦斯防治和“一通三防”工作、我国煤矿安全水平和矿山应急救援能力提高等方面发挥了重要作用。

（四）继续实施中日加强职业卫生能力建设项目

组织6批45人次赴日进行职业健康监管、尘肺病诊断和局部通风装置设计研修；在北京和苏州举办培训班或讲座4期，300余人次参加培训；邀请日方专家6人次来华授课与讲座；在试点地区苏州市开展了现场调研，召开了尘肺病预防研讨会；组织实施了《职业卫生监管人员培训手册》和《企业职业卫生管理人员培训手册》的编写工作，在日方专家的指导下，启动了工业通风实验室建设；提高了职业健康监管人员专业素质，加强职业健康能力建设。

（五）中日煤矿安全技术培训项目

组织召开了“项目龙煤专题培训成果总结交流会”和“项目赴日培训学员成果交流会”，促进项目成果的总结与推广；派员赴日商谈了项目合作计划，确定项目将再延续3年；组织日方专家赴黑龙江、吉林开展2012年度在华煤矿安全技术培训的现场考察，并商谈了培训事宜。下半年以来由于中日关系紧张，项目赴日培训等活动推迟。

（六）儿童食品企业安全生产项目顺利完成

在试点省份云南和贵州举办了2期工贸行业安全监管培训班，召开项目总结交流会，提高了试点省份安全监管人员素质和试点企业安全保障能力，促进工贸（食品）行业安全标准化建设。

五、组织开展中外安全健康法规对比研究和国外重点专题调研，为安全生产重要决策提供参考和支持

一是完成中英安全法律法规对比研究第二阶段工作。对英国安全行政许可和职业健康法规进行梳理，翻译了英国《职业安全健康管理条例》、《危险物质控制条例》、《工伤、职业病和涉险事件报告条例》、《行政许可制度政策声明》等法规和制度；组织专家组赴英国进行了实地考察和调研，深入研究了英国的安全健康行政许可制度和职业安全监管体制；完成了《中英安全行政许可对比研究》和《中英职业安全健康监管体制对比研究》专题报告，提出了完善我国职业安全健康体制和行政许可制度的建议和意见，促进了我国职业安全健康监管体系建设。

二是孙华山副局长率队赴赞比亚专题调研考察了中资企业安全生产工作。通过调研和考察，了解赞比亚中资企业安全生产情况，为研究探索加强境外中资企业安全监管的新模式、新方法、新思路，实施有效监管提出了针对性的意见和建议，促进了境外中资企业安全监管工作。

三是配合国家安全监管总局继续深入开展“安全生产年”活动，定期编印《安全生产国际交流与合作通讯》、安全生产《国外要闻》，重点介绍国外风险评估及隐患排查治理经验、重特大事故案例、安全生产监管监察方法以及先进适用的安全技术，及时掌握国外安全生产最新动态和发展趋势，为安全生产重要决策提供参考和支持。

六、进一步加强外事管理工作，不断提高服务总局中心工作的水平和能力

2012 年以来，国际合作司认真贯彻中央和国务院的外交外事工作方针政策，落实国家安全监管总局党组对外事工作的要求，强化外事管理，着力提高外事工作服务于国家外交大局，服务于安全生产中心工作的效果和水平。

一是贯彻落实党中央、国务院关于《因公出国审批人员管理规定》等有关文件精神，印发了《关于加强因公出国人员审批管理工作的通知》，进一步完善了国家安全监管总局系统因公出国人员审批管理机制，明确职责，简化程序，提高效率。二是加强国家安全监管总局系统因公出国人员审批审核，严格管理。全年共审批 100 个团组，817 人次，其中本系统 392 人次，没有突破计划控制指标。派出团组和人员严格遵守外事纪律，做到了“去有明确任务，回有收获报告”。三是严格执行各项外事管理制度，提高外事服务能力和水平。进一步完善出国（境）人员信息化管理系统，升级了电子护照申办系统和签证办理系统。组织编写了总局外事工作规程，整理了总局外事工作大事记。在电子护照申办及签发工作中做到“零差错”，保证申办护照和签证及时准确。四是及时收集和整理了境外中资企业安全生产情况报告，了解和掌握境外中资企业安全生产情况。五是加强对出国成果的总结、应用和推广，及时收集整理出国考察培训报告。六是及时向外交部、科技部和国家外专局等部门报送领导干部出访、国际科技合作和引智培训等方面有关统计数据和总结报告。

第六部分

煤矿安全监察

安全监察工作

国家煤矿安全监察局安全监察司

2012年以来，安全监察司围绕国家安全监管总局、国家煤矿安监局确定的中心工作，按照总局党组统一部署，团结协作、扎实工作，主要完成了以下几方面重点任务。

一、加强煤矿安全监察执法，注重提升执法效能

一是进一步完善煤矿安全计划监察工作机制。将国务院有关安全生产工作部署，全国安全生产工作会议精神，国家安全监管总局、国家煤矿安监局年度工作要点有关要求纳入省局、分局年度执法计划。

二是指导各省局修改完善了2012年监察执法工作计划。

三是通过组织召开了煤矿安全监察执法座谈会。交流了各地监察执法工作中的好经验好做法，并围绕“打非治违”、整顿关闭、隐患排查、基础管理、创新执法等主题进行了广泛深入的探讨，对今后一个时期进一步做好煤矿安全监察执法工作提出了意见和建议。

四是组织开展了专项监察执法。组织山西、内蒙古等18个省局组成了6个异地检查组，对重庆、黑龙江等6个省开展了异地专项监察执法；组织开展了对山西、河南省进行了煤矿防治水重点督查。

五是通过印发《国家安全监管总局　国家煤矿安监局关于进一步加强煤矿安全监管监察工作的通知》（安监总煤监〔2012〕130号），提出了督促煤矿企业及时消除重大事故隐患、确保安全监管监察执法指令得到落实、严厉打击煤矿非法违法生产建设行为、落实煤矿建设“八个不得”措施、安全生产许可证颁发管理“六个必须”、监管监察执法工作“五个坚持”等具体工作要求。

二、严格煤矿建设项目审核，安全监察

一是严把准入关，认真做好安全核准、设计审查和竣工验收工作，提升在建煤矿安全保障能力。把国家新近出台的瓦斯治理政策措施、“六大系统”建设和安全质量标准化建设等相关要求纳入安全核准、安全设施设计审查和竣工验收工作中，并从严要求，达不到规定的一律不予通过。全年共开展重大煤矿建设项目安全核准17项，对以前未通过安全核准的4个项目进行复核，并向有关部委反馈核准意见；开展大型煤矿建设项目安全设施设计审查与竣工验收47项（其中直接组织审查和验收项目8项，其余项目委托相关省级煤监机构负责）。

二是不断完善建设项目相关安全标准，推进长效机制建设。按照《防治煤与瓦斯突出规定》、《煤矿防治水规定》以及国家对煤矿井下安全避险“六大系统”建设、瓦斯抽采和瓦斯等级鉴定提出的新要求以及近两年出台的相关标准、规定等，对

《煤矿建设项目安全设施设计审查与竣工验收报告书》中的部分表格内容进行了修改，并增加了露天煤矿建设项目安全设施设计审查和竣工验收表，指导、要求各级煤监机构及时将国家新的要求纳入煤矿建设项目安全监察工作当中。同时积极推进《煤矿初步设计安全专篇编制导则》、《煤矿建设项目安全评价实施细则》等安全标准的出台。为贯彻落实国务院领导同志对煤矿建设施工安全工作的重要批示精神，我司会同有关部委人员对山西、贵州两省煤矿建设施工安全情况进行了重点调研，起草了调研报告，并组织召开了煤矿建设施工安全工作研讨会，起草了加强煤矿建设施工安全工作的具体措施办法，形成了《关于加强煤矿建设安全管理的规定（征求意见稿）》。

三是强化煤矿建设安全标准的贯彻实施。组织建设、施工单位和煤监系统认真学习和宣传贯彻《煤矿建设安全规范》，委托建设协会开展宣贯培训，对大型煤矿企业、重点施工单位的安全、技术负责人，主要监理、设计等单位主要负责人、技术负责人，省级煤矿安全监察机构相关业务人员等进行重点培训，共举办5期培训班，培训500多人。同时，组织编写并印发了《煤矿建设安全规范读本》。有力推进了《煤矿建设安全规范》的贯彻实施。

四是积极开展煤矿“打非治违”专项行动。起草印发了《煤矿“打非治违”专项行动实施方案》（安监总煤监〔2012〕65号），专门抽调人员参与国家安全监管总局“打非治违”专项行动工作组的工作。抽调人员参与对安徽、江苏、贵州等省的督查。

五是组织开展煤矿建设项目安全专项监察（煤安监监察〔2012〕11号），并对监察情况进行汇总分析，此次专项监察，各省局及所属分局共监察建设项目1152处，占项目总数的20.6%，共查出隐患或问题8171条，责令停止建设施工矿井140处，责令停产整顿6处，责令停止联合试运转3处，停止采掘作业工作面146个，行政处罚4681.4万元，下达执法文书3249份，有力打击和整治了煤矿建设项目非法违法、违规违章施工行为。

六是组织对部分重点产煤省（市）进行了异地专项监察执法，起草印发了《国家煤矿安全监察局关于组织对部分重点产煤省（市）进行异地专项监察执法的通知》（煤安监监察〔2012〕16号），此次异地监察执法共检查了13个地市，抽查煤矿38处，责令停产整顿15处，暂扣安全生产许可证5处，停止采掘作业工作面10个，发现安全隐患495条，行政罚款85.5万元。

三、进一步做好煤矿企业安全生产许可证颁发管理工作

一是通报各省局2011年安全生产许可证颁发管理工作情况。在组织各省局总结分析2011年煤矿企业安全生产许可证颁证管理工作的基础上，下发了《国家煤矿安全监察局关于2011年煤矿企业安全生产许可证颁发管理工作情况的通报》（煤安监监察〔2012〕10号）。

二是总结推广各省局2011年安全生产许可证颁发管理先进经验。在各省局上报的煤矿企业安全生产许可证颁发管理工作分析报告的基础上，编印了《2011年煤矿企业安全生产许可证颁发管理分析报告汇编》，并发放到各级煤矿安全监察机构，供学习借鉴。

三是启动对中央企业延期申办和申请领取煤矿安全生产许可证的审查工作。

四是组织开展煤矿企业安全生产许可证专项监察。印发了《国家煤矿安全监察局办公室关于开展煤矿企业安全生产许可证持证条件专项监察的通知》（煤安监司办〔2012〕24号），组织各省级煤矿安全监察局开展煤矿企业安全生产许可证持证条件专项监察。

五是进一步加强煤矿安全许可信息化工作。为进一步修改完善安全生产许可证数据库，组织国家安全监管总局通信信息中心对数据库进行了软件升级，完善了煤矿基本信息的填报内容。组织各省局数据库填报人员召开了信息填报座谈会，对填报人员进行了操作培训，现场演示了数据库升级改造的主要内容，提出了填报要求。督促有关省局和分局认真落实有关工作要求，促进了数据库和煤矿安全监察信息系统建设工作按期完成。

四、继续深化煤矿整顿关闭

一是督促指导各地做好煤矿整顿关闭工作。先后对6个省（市）进行了煤矿整顿关闭工作检查、督导、调研，认真分析存在的问题，着重提出解决问题的办法和建议。

二是筹备召开3个重要会议：（1）8月的全国淘汰煤炭行业落后产能工作会议（与国家能源局联合召开）。会议进一步落实2012年工作任务，推进全国煤矿整顿关闭、资源整合、兼并重组工作发挥了重要作用。（2）12月在北京召开了辽宁等9个重点省（市）煤矿整顿关闭工作座谈会。会议进一步落实了相关省（市）2012年整顿关闭任务，科学合理地提出了这些省（市）明年的工作计划。（3）与国家能源局召开2012年全国煤炭行业落后产能工作会。总结全国2012年煤矿整顿关闭、整合升级、兼并重组、淘汰落后产能工作，提出2013年工作目标任务和相应政策措施。

三是总结推广有关省（区、市）煤矿整顿关闭工作经验。先后两次给有关产煤省（区、市）发函催报各相关省（市、区）2012年煤矿整顿关闭总结材料，准确地全面地掌握全国煤矿整顿关闭工作进展情况，总结经验与好的做法，找出问题，研究对策措施，提出2013年相关工作计划。以国务院安委办〔2012〕21号文转发了《安徽省经济和信息化委员会安徽煤矿安全监察局关于进一步深化煤矿整顿关闭工作意见的通知》（皖政办〔2012〕40号），为推进全国煤矿整顿关闭工作提供了借鉴。收集了河北、山西、安徽和河南4省煤矿整顿关闭工作先进经验材料，到山西、河北两省进行了先进经验调研，深入市、县、矿，核查研究，总结，提出了四省各具特色、可操作性强的先进经验材料，并以国家煤矿安监局名义与国家能源局联合印发，供各地学习借鉴。

四是完善政策措施，制定“十二五”煤矿整顿关闭工作以奖代补资金政策。多次同财政部、国家能源局的有关部门协商，联合下发了《财政部 国家能源局 国家煤矿安全监察局关于支持煤炭行业淘汰落后产能的通知》（财建〔2012〕818号），对小煤矿关闭退出、升级改造和兼并重组三类淘汰煤炭落后产能煤矿实行中央财政奖励政策。这一政策必将为“十二五”全国煤矿整顿关闭工作发挥重要促进作用。

五、认真搞好调查研究工作

一是对陕西、甘肃开展了煤矿安全生产专题调研督导。5月，组织有关人员赴陕西、甘肃两省，对煤矿顶板管理、治理非防爆农用三轮车下井、煤矿“打非治违”专项行动、监察执法计划执行和考核等情况进行了专题调研督导，督导结束后，呈报了调研报告。

二是赴山东调研煤矿企业安全生产诚信建设和隐患排查治理情况，并形成调研报告。

事故调查工作

国家煤矿安全监察局事故调查司

2012年以来，事故调查司认真学习党的十八大精神，深刻领会“强化公共安全体系和企业安全生产基础建设，遏制重特大安全事故，保障人民生命财产安全”新要求的深刻内涵。认真贯彻落实年初“三个重要会议”以及党中央、国务院关于加强安全生产工作的一系列重要批示指示精神，以国务院《关于进一步加强企业安全生产工作的通知》（国发〔2010〕23号）和《关于坚持科学发展安全发展促进安全生产形势持续稳定好转的意见》（国发〔2011〕40号）为准则，按照“一树立、三坚持、三强化”的要求，认真落实国家安全监管总局党组和国家煤矿安监局2012年工作要点，紧紧围绕继续深入开展“安全生产年”活动和“打非治违”专项行动重点工作要求，进一步细化分解《事故调查司2012年工作要点》，明确领导班子和处室责任工作任务分工，突出“严肃事故调查，加强执法监督和推进煤矿职业安全健康”三项中心任务，以事故调查处理结案为主线，以事故警示教训推动煤矿安全生产工作为主要抓手，以有效防范和坚决遏制重特大事故为目标，严格执行“四项制度”，团结协作、埋头苦干，较好地完成了全年各项重点工作任务和领导交办事项，为迎接党的十八大胜利召开营造良好的安全生产环境、促进全国煤矿安全生产形势持续稳定好转做出了应有贡献。现将2012年主要工作情况汇报如下：

一、依法依规严肃查处事故，切实落实事故责任追究

一是组织协调有关单位，完成了2011年云南省曲靖市师宗县私庄煤矿“11·10”特别重大煤与瓦斯突出事故的结案工作。该事故造成43人死亡，直接经济损失达3970万元，事故调查认定该事故为一起非法违法组织生产责任事故，对32名事故责任人进行了党纪、行政责任追究，对19人移交司法机关追究刑事责任，对该矿罚款10892万元，目前对该矿已实施关闭。

2012年四川省攀枝花市西区肖家湾煤矿“8·29”特别重大瓦斯爆炸事故发生后，事故调查司立即组织5人，赶赴事故现场参与指导抢险救援，同时积极协调有关部门筹备召开了事故调查组全体会议并组织事故调查工作。由事故调查司牵头的技术组已完成技术鉴定报告，查清了事故发生的时间、地点、经过、类别、性质、直接经济损失、直接原因及技术方面的间接原因。目前，由监察部牵头的管理组已初步提出了有关责任人员的处理建议，形成了管理报告（初稿）。

二是完成了16起煤矿重大事故的审核、批复结案工作。这16起已结案的重大事故共处理责任人383人，移送司法机关追究刑事责任126人，经济处罚1.36亿元。同时，对2012年以来（截至12月2日）发生的70起较大事故进行了跟踪督导，及时分析事故原因。截至目前已有31起较大事故完成了结案批复工作。

三是加强对结案事故处罚意见的落实和跟踪。配合监察部、公安部、司法部、最高人民法院、最高人民检察院参与了重特大生产安全事故责任追究落实情况专项检查，督促地方政府切实把处罚意见落实到位。

二、加大事故挂牌督办和跟踪督办力度，及时派员参加事故抢险救援工作

一是针对今年以来发生的15起重特大事故和9起迟报、瞒报、谎报较大、重大事故，分别派50多人次赴事故现场参与事故处理和抢险救援督导工作。同时共分别下发《重大生产安全事故查处挂牌督办通知书》、《非法违法较大生产安全事故查处跟踪督办通知书》和《瞒报、谎报较大生产安全事故查处跟踪督办通知书》24份，明确专人进行督办，严格要求各省局按“督办办法”要求加强协调，加快进度。

二是为深入贯彻落实监察执法座谈会精神，进一步规范和强化执法监督工作，加大对事故的督办协调力度，督促有关单位加快对煤矿重大事故的结案，事故调查司组织开展执法监督工作情况调研，深入河北、河南、山东、四川、山西、辽宁、湖南等省局和所属的10余个分局调研，进行全面摸底分析，起草了《关于执法监督工作的调研报告》，在此基础上，组织召开座谈会，研究起草了《加强煤矿安全监察执法监督工作的指导意见》，待进一步修订完善后按程序下发。

三是认真办理群众举报来信。共办理群众举报来信27件，分别向有关单位发出了核查通知并加强督办。对已下发核查通知尚未上报核查结果的省煤监局进行了催办，收到19件反馈核查报告，其中核查属实1件。

三、严格执行事故后通报、约谈、分析和跟踪督导“四项制度”，坚持用事故教训推动工作

一是为深刻吸取事故教训，实现杨栋梁局长提出的“一矿出事故，万矿受教育；一地出事故，全国鸣警钟”，建立了《煤矿事故警示信息发送制度》，截至目前已分别13次向各级煤矿安全监管监察机构、行业管理部门主要负责人以及所辖煤矿企业主要负责人和分管负责人共1.9万多人累计下发了近25万条《事故警示信息通报》。

二是针对一些地区瞒报、谎报、迟报事故现象和同类事故反复发生的特点，分别9次向全国下发事故通报，对23起煤矿典型事故有关情况和暴露出的主要问题进行了通报，提出了针对性措施和工作要求。在日常工作中，坚持日跟踪、周汇总，对85起较大及以上事故进行了跟踪分析。

三是在党的十八大召开前夕，按照付建华局长创新会议形式的指示，筹备组织召开了《全国煤矿事故分析暨警示教育会》，用动画模拟的方式，重点剖析了14起典型事故，与会人员反响热烈，起到了良好警示效果。同时要求各省以这种方式，对所有煤矿开展警示教育，对所有煤矿企业负责人要达到全覆盖。目前这项工作已在全国普遍开展，引起了热烈反响，收到了较好的效果。

四是采取“请上来”和“走下去”的方式，对贵州、湖南、云南、甘肃、重庆、黑龙江等部分事故多发地区，以及同类事故频繁发生的典型事故有关负责人采取座谈等方式进行10多次约谈，分析事故原因，提出了进一步加强和改进煤矿安全生产工作的意见。针对甘肃省张掖市宏能煤业公司花草滩煤矿“9·6”坠井事故，按照领导指示起草发出了《关于责令黑龙江龙煤矿山建设有限公司第二十二工程处停止施工进行整顿的通知》。

五是及时总结分析事故原因，提出对策建议。做好每周调度会及季度、年度事故分析工作，查找事故原因，研究事故特点规律和新情况、新问题，提出针对性地防范措施。组织完成了《2011年全国煤矿事故分析报告》、《2011全国各省煤矿事故分析报告汇编》及《2012年季度煤矿事故分析报告》。对2012年较大及以上煤矿事故进一步跟踪、分析、统计，着手为汇编《2012年全国煤矿事故分析报告》、《2012全国各省煤矿事故分析报告汇编》作了前期准备。对2011年云南省曲靖市师宗县私庄煤矿“11·10”特别重大煤与瓦斯突出事故、2012年四川省攀枝花市西区肖家湾煤矿“8·29”特别重大瓦斯爆炸事故，利用现代科学技术，制作了三维事故案例分析动画模拟视频演示，提高了事故分析深度和质量。

四、加强煤矿职业危害防治，推进煤矿职业安全健康工作

一是贯彻落实新修订的《中华人民共和国职业病防治法》，组织召开了煤矿职业健康工作研讨会，讨论了《煤矿职业危害因素检测、建设项目职业病危害评价机构监督管理办法（讨论稿）》，研究部署下一步煤矿职业安全健康工作；组织开展了煤矿作业场所粉尘危害防治专项监察，总结分析了煤矿作业场所粉尘危害防治取得的工作进展和面临的问题，起草上报了《煤矿作业场所粉尘危害防治专项监察总结报告》。

二是根据《国家安全生产监督管理总局2012年立法计划》，组织修订了《煤矿作业场所职业危害防治规定（试行）》。充分征求各级煤矿安全监察机构、煤矿企业和职业卫生专家的意见和建议，多次召开由部分省煤监局和科研单位人员参加的修订工作会议，形成了《煤矿工作场所职业病危害防治规定（送审稿）》。

三是研究制定了煤矿建设项目职业病防护设施设计审查和竣工验收规范。赴重庆、福建、内蒙古开展了关于煤矿建设项目职业卫生“三同时”等相关工作调研，征求各级煤矿安全监察机构、煤矿企业和职业卫生专家的意见和建议，召开由部分省局和科研单位人员参加的规范制定工作会议，形成了《煤矿建设项目职业病危害防护设施设计审查规范（送审稿）》和《煤矿建设项目职业病危害防护设施竣工验收规范（送审稿）》。

四是配合国家安全监管总局职业健康司，起草下发了《国家安全监管总局关于贯彻落实〈职业病防治法〉认真做好职业卫生监管工作的通知》、《国家安全监管总局关于印发职业卫生技术服务机构资质认可条件、评审项目标准及认可工作程序的通知》、《职业卫生技术服务甲级机构跨省（区、市）开展职业卫生技术服务备案管理办法》等文件。

五是办理完成了全国人大常委会办公厅交由国家安全监管局办理的3274号《关于进行全国生产安全卫生普查的建议》、6090号《关于强化煤炭系统职业病防治技术行业指导的建议》提案答复工作以及其他有关单位的答复意见函；向山东等省明确了关于煤矿职业卫生职能划转的有关问题；起草了局领导在煤矿职业卫生师资培训班上的讲话材料；参加了国家安全监管总局办公厅举办的《中华人民共和国职业病防治法》及五个部门规章宣贯培训班等。

五、认真开展煤矿安全专项督查，为党的十八大创造安全稳定环境

10月下旬至11月下旬，按照国家安全监管总局和国家煤矿安监局统一部署，事故调查司组织两个组分别赴煤矿数量多、灾害重的湖南、云南两省开展煤矿安全专项督查，切实推动地方煤矿“打非治违”、瓦斯治理、隐患排查、事故警示教育等工作的开展。深入基层、深入企业、深入井下，查处隐患，推动工作。在做好专项督查的同时，积极开展调查研究，研究新情况，发现新问题，分析深层次原因，提出下一步煤矿安全生产工作意见和建议。

六、开展水害专项治理，推进煤矿防治水工作

一是针对2012年上半年，煤矿水害事故多发的状况，认真分析事故原因，及时制定方案，下发通知，在全国开展防治水专项治理活动。组织协调四个业务司组成4个防治水专项督查组对山西、河南、吉林、黑龙江、湖南、贵州、四川、重庆等8个省市开展了防治水重点督查，有力促进了防治水工作。

二是落实防治水“十个一律”。5月防治水专题视频会后，组织2期培训班，结合事故案例，学习《煤矿安全规程》和《煤矿防治水规定》，提升防治水人员技术和工作水平；与技装司联合举办了煤矿水害防治技术经验交流会，积极推广先进适用的防治水技术和装备；对内蒙古鄂尔多斯市普查煤矿采空区经验进行调研总结，完成了调研报告；下发通知推广广西右江矿务局防治水经验等。

三是开展全国煤矿水文类型划分结果统计分析。为摸清全国煤矿受水害威胁的基本情况，对各地上报的煤矿水文类型划分结果进行统计分析。通过开展矿井水害类型划分，督促企业加强防治水基础工作，建立健全矿井地质勘探、水文地质报告和设计方案以及基础图纸、台账等资料，配备防治水专业技术人员、专用探放水设备和专职探放水工。

七、扎实开展“创先争优”活动，不断加强队伍建设和廉政建设

一是扎实开展“五型”机关创建。事故调查司党支部结合自身实际，创建了“事故调查司创先争优园地”，按照国家安全监管总局党组要求，着力加强机关自身建设，切实抓好学习型、实效型、服务型、和谐型、廉洁型“五型”机关创建活动。积极开展“强组织、增活力，创先争优迎十八大”主题实践活动，着力引导广大党员履职尽责创先进、争优秀；着力增强党组织的创造力、凝聚力、战斗力，使全司始终保持积极向上、奋发有为的精神状态和工作作风。

二是认真学习贯彻有关廉政建设、作风建设的文件精神和规定、要求，落实党风廉政建设责任制。积极开展反腐倡廉“警示教育周”活动，学《中国共产党党员领导干部廉洁从政若干准则》、守《中国共产党党员领导干部廉洁从政若干准则》，通过正面典型激励、反面典型警示，认真开展“一查两找”，召开了专题民主生活会。结合事故调查司工作职责，签订事故调查廉政承诺书，加强对事故调查期间的廉政要求，做到了廉洁从政，树立了良好形象。

三是坚持学习，提高履职能力。结合事故调查司工作专业性强、政策法规要求高的特点，坚持集中学习与日常学习相结合、政治学习与业务知识学习相结合、书本学习与调查研究相结合，全面提升履职能力和业务工作水平。全司同志讲党性、重品行；抓学习、促提高；抓重点、求实效；抓落实、聚合力；互相帮助，相互促进，工作努力，氛围和谐，有力地推动了全司各项工作的开展。

通过一年来的工作，在国家安全监管总局党组和国家煤矿安监局的正确领导下，煤矿事故调查处理工作有了新进展，取得了一定的成效，但工作还存在一定差距和薄弱环节，有待进一步加强。如少数省安委办与煤监局在事故挂牌、跟踪督办工作的协调配合方面需进一步理顺；一些煤矿重大事故甚至较大事故调查报告完成后，在沟通协调及行文程序上时间偏长，影响事故按期结案，影响事故处理的时效性；煤矿职业安全健康工作发展不平衡，部分省级机构相关体制机制有待进一步理顺。

科技装备工作

国家煤矿安全监察局科技装备司

2012年，国家煤矿安监局科技装备司以落实国务院23号和40号文件精神为准则，以“一树立、三坚持、三强化”为统领，全面推进安全生产“三项行动”和“三项建设”，深入开展“打非治违”专项行动；以进一步减少瓦斯事故总量、遏制煤矿重特大瓦斯事故为目标，强力推进以“三个三”为重点的煤矿瓦斯综合防治措施的落实；以构建煤矿安全科技支撑体系为重点，强力推进煤矿安全技术进步；以煤矿安全避险“六大系统”建设为突破，强力推进煤矿保障能力建设；以完善煤矿安全规章标准为抓手，强力推进煤矿企业规范生产，为实现煤矿安全生产形势持续稳定好转提供了保障。2012年，全国煤矿发生瓦斯事故72起、死亡350人，同比减少47起、183人，分别下降39.5%和34.3%。其中，发生较大瓦斯事故29起、死亡144人，同比分别下降32.6%和38.2%；发生重大瓦斯事故6起、死亡111人，同比分别下降45.5%和32.3%；发生1起特别重大事故、死亡48人，同比起数持平、多死亡5人。重点完成以下几个方面的工作。

一、强力推进以“三个三”为重点的煤矿瓦斯综合防治措施落实

（一）强力推进建立完善煤矿瓦斯防治能力评估、重大瓦斯隐患挂牌督办和瓦斯零超限目标管理三项制度

一是积极推动、配合管理部门开展企业瓦斯防治能力评估。以国家安全监管总局、国家煤矿安监局、国家能源局名义联合下发了《关于切实做好9万吨及以下煤与瓦斯突出矿井停产整顿工作的通知》，落实停产整顿和开展瓦斯防治能力评估工作。结合“打非治违”工作部署，开展全国煤矿瓦斯防治专项监察，组织召开了9万吨及以下煤与瓦斯突出矿井停产整顿有关工作汇报会，作为重点检查内容纳入煤矿安全专项督查。全年共发生9万吨及以下突出矿井较大以上瓦斯事故6起、死亡58人，同比减少3起、65人，分别下降33.3%和52.8%。二是强力推进瓦斯重大隐患排查治理。把瓦斯重大隐患排查与煤矿安全质量标准化和瓦斯综合治理工作体系建设相结合，督促落实瓦斯重大隐患排查治理和挂牌督办制度。针对7—8月煤矿瓦斯事故相对多发的形势，下发《关于报送重大瓦斯隐患排查治理情况的通知》，督促各地开展以矿井通风系统、矿井采掘部署、“两个四位一体”落实和瓦斯监测监控为重点的“四个重点排查”。三是督促煤矿企业建立瓦斯零超限目标管理制度。认真贯彻落实国办发26号文件精神，建立完善瓦斯超限立即停产撤人，并比照事故处理查明超限原因，落实防范措施等相关制度。组织召开了“建立煤矿瓦斯零超限目标管理制度暨美国通风考察成果交流现场会”，组织调研了各地煤矿企业瓦斯零超限目标管理制度建立完善和落实情况，研究起草了《建立瓦斯零超限目标管理的指导意见（初稿）》。

（二）强力推进瓦斯抽采达标、等级鉴定和防突规定等三个规章落实

一是认真落实《防治煤与瓦斯突出规定》。强力推进煤与瓦斯突出矿井落实“两个四位一体”防突措施，特别是落实开采保护层、预抽煤层瓦斯等区域性防突措施。研究起草了《煤与瓦斯突出矿井防突工作承诺报告制度(初稿)》，督促煤矿企业按照区域防突措施先行、局部防突措施补充的原则，制定防突方案，落实防突责任制，并将防突方案及进展情况定期向煤矿安全监管部门和煤矿安全监察机构报告。全年发生较大以上煤与瓦斯突出事故15起、死亡99人，同比减少8起、少死亡124人，分别下降了34.8%和55.6%。二是认真落实《煤矿瓦斯抽采达标暂行规定》和《煤层气地面开采安全规程（试行)》。强力推进抽采达标，督促煤矿企业落实抽采达标责任、规划和计划，加强抽采系统建设，建立完善瓦斯抽采达标自评估体系和管理考核等制度。三是认真落实《煤矿瓦斯等级鉴定暂行办法》。会同有关部门认真开展煤矿瓦斯等级鉴定，严格标准、程序，确保鉴定结果真实可靠；加强矿井瓦斯等级动态管理，督促瓦斯等级升级矿井及时强化措施，超前防范；完成了2011年全国瓦斯等级鉴定情况汇总分析工作，编辑印发了2011年度全国煤矿矿井瓦斯等级鉴定资料汇编，据统计，在10874处确定了瓦斯等级的矿井中，煤与瓦斯突出矿井1141处，占10.5%；高瓦斯矿井1754处，占16.1%。

（三）强力推进煤矿瓦斯防治的严格准入、有序退出和瓦斯综合防治工作体系建设三项机制落实

一是督促煤矿建设单位及时开展瓦斯防治能力评估，对经评估不具备瓦斯防治能力的企业，不得新建高瓦斯和煤与瓦斯突出矿井；督促在建煤矿企业及时组织开展瓦斯等级鉴定，并依据鉴定结果修改安全设施设计并严格落实。二是严格执行瓦斯防治的“十条禁令”，积极督促有关地区尽快建立健全不具备瓦斯防治能力小煤矿的有序退出机制，以9万吨及以下煤与瓦斯突出矿井停产整顿和瓦斯防治能力评估为抓手，不断加大不具备防治瓦斯灾害能力又不能整改达标的小煤矿整顿关闭工作力度。

三是督促各地认真贯彻落实“十二五”煤矿瓦斯综合治理工作体系建设总体规划，下发了《进一步加强健全煤矿瓦斯综合治理工作体系建设工作机制的通知》，紧密结合安全质量标准化、瓦斯隐患排查治理和挂牌督办等工作，加快推进综合治理工作体系建设。截至年底，全国共建成工作体系达标县（市、区）180 个和达标矿井 2684 个。

二、强力推进以“四个一批”为重点的煤矿安全科技装备支撑保障工作

（一）组织实施煤矿安全科技“四个一批”项目

配合总局规划司下发了《国家安全监管总局关于加强安全生产科技创新工作的决定》，成立煤矿安全科技“四个一批”领导小组和项目办公室，组织开展了项目遴选、专家审查和项目任务书的编制工作，第一批煤矿安全科技“四个一批”共有 33 项、占到 48%。组织制定了实施方案、召开了项目启动会，开展了项目落实情况的调研，在成都召开落实情况座谈会，督促有关单位认真组织实施。

（二）加强煤矿关键技术科技攻关与安全装备监察

一是组织申报了国家“十二五”科技支撑计划项目“深部及中小煤矿灾害防治关键技术研究与示范”课题任务书，并获得科技部正式批复；组织编写课题实施方案，组织召开了项目启动会暨实施方案审查会；制订了《国家科技支撑计划管理实施细则（试行)》，印发了《国家科技支撑计划管理办法汇编》。二是完成了 2013 年度国家科技支撑项目和 863 项目申报工作，共选出 6 个项目作为公共安全及其他社会事业领域的科技支撑项目和 1 个 863 项目，已经通过了入库评审。三是加强冲击地压防治技术基础工作，摸清我国煤矿冲击地压灾害的分布与发展趋势、防治现状与存在问题，组织起草了《防治煤矿冲击地压规定（草稿)》。四是加强了煤矿安全装备监察工作。开展煤矿设备专项监察，重点检查了空气压缩机、斜井（巷）提运人等设备设施，据上报统计，共抽查矿井 126 个，查出安全隐患 321 条，下达执法文书 124 份，行政罚款 249 万元。对三批《禁止井工煤矿使用的设备及工艺目录》执行情况进行了普查，据各省上报统计，前两批已淘汰 93%，第三批已淘汰 45%。五是与国家安全监管总局规划科技司联合下发了《煤矿在用安全设备检测检验目录（第一批）的通知》，对 13 种煤矿安全设备的检测检验提出了明确要求。

（三）加快推进煤矿安全科技成果转化和推广应用

一是围绕关键技术和煤矿重大灾害防治，相继召开了单一煤层防治煤与瓦斯突出技术研讨会、煤矿防治水害技术经验交流会、煤矿紧急避险关键技术研讨会等。二是参与组织了安全生产规划科技装备现场会、第六届中国国际安全生产及职业健康展览会煤矿安全装备及监测监控系统专业展区布置和煤矿安全科技周活动。以“科学发展、安全发展”为主题，举办了煤矿安全科技活动周以煤矿冲击地压防治技术、易自燃煤层综合防灭火技术为主要内容的四场安全科技专题讲座。三是大力推进煤矿安全避险“六大系统”建设。印发了《关于煤矿井下紧急避险系统建设管理有关事项的通知》，修改完善了《煤矿可移动硬体救生舱通用技术条件》AQ 标准；组织开展了“六大系统”建设督查和专项检查。据统计，生产矿井已全部完成压风、供水、通信和监测监控四大系统，大部分地方和乡镇建设完成了人员定位系统，672 个煤矿建设完成了紧急避险系统，另有 3951 个矿井正在建设。

（四）加快推进煤矿安全改造及瓦斯综合治理示范工程建设

一是争取国家发改委对 2012 年煤矿安全改造项目和瓦斯治理示范工程项目的支持，共安排煤矿安全改造项目 459 个，下达专项资金 23.3 亿元，带动地方政府和煤矿企业投入 75.0 亿元，同时确定了 19 个瓦斯治理示范工程项目，总投资 29.5 亿元，中央预算内投资 6.9 亿元。二是会同国家发展改革委组织开展了 2013 年煤矿安全改造项目和瓦斯治理示范工程项目的审报和审核工作，共申报煤矿安全改造项目 570 个，总投资 185.6 亿元，申报煤矿瓦斯治理示范矿井建设项目 19 个，总投资 55.4 亿元。三是会同国家安全监管总局、国家能源局对 26 个省（市、自治区）从煤矿瓦斯治理与利用、煤矿安全改造和示范矿井建设和淘汰落后产能等方面组织开展了煤矿安全综合督查。

（五）大力推进煤矿安全技术管理工作

一是组织召开了全国煤矿总工程师座谈会，就进一步强化企业安全生产基础建设，健全以总工程师为核心的技术管理体系，促进煤矿安全科技创新等做了交流和部署。二是组织建立了煤矿总工程师技术交流平台，加强与各省局和有关煤矿企业总工程师的安全技术交流、信息交流。三是有序推进现有煤矿安全监察信息化应用工作，制定了《推进煤矿安全监察信息化应用工作的方案》，开展了煤矿企业安全生产许可证网上申报审批试点、煤矿安全监察执法应用试点；落实了推进任务职责分工，建立了旬例会制度。

三、进一步推进法规标准修订完善和宣贯落实

（一）开展配套法规标准的制修订

一是开展了煤矿安全重要规章标准制定工作，作为严格煤矿安全生产准入的一项重要措施，制定了《煤矿瓦斯抽采达标能力核定办法》，并提交行管司纳入煤矿生产能力核定办法；对《煤矿安全规程》部分条款进行了修订，完成了报批稿。启动了《防治煤与瓦斯突出规定》部分条款的修订，完成了修订征求意见稿。二是启动了《煤矿安全规程》全面修订调研工作。成立了前期调研办公室，制定了工作方案和前期调研方案，下发了《关于对修订〈煤矿安全规程〉征求意见的通知》。三是加强标准制修订组织管理。审查并下达了煤炭行业标准制修订项目计划，对各有关单位标准制修订工作进行了跟踪落实，全年共完成了《煤矿矿井风量计算方法》等89项煤炭行业标准制修订工作；组织召开了煤炭行业标准化工作座谈会暨2013年煤炭行业标准制修订计划项目协调会，审议了《行业标准制修订管理细则（征求意见稿）》，研究了进一步加强行业标准制定相关措施。四是加大标准工作保障力度。认真研究全国安全生产标准化技术委员会煤矿安全分技术委员会换届工作，指导各分标委会完成了换届工作。落实了2012年煤炭行业标准制修订工作补助经费150万元，有力支撑了煤炭行业标准工作的顺利开展。

（二）加大法规标准宣贯培训力度

一是重点对国务院40号文、国办发26号文和《煤矿瓦斯等级鉴定暂行办法》、《煤矿瓦斯抽采达标暂行规定》、《煤矿瓦斯防治工作"十条禁令"》等进行培训，推进瓦斯防治政策法规的落实。二是组织编印了《煤矿瓦斯防治政策法规汇编》，系统收录了47个行政法规和规范性文件；组织编辑了《煤矿瓦斯防治标准汇编》。三是出版《煤矿井下安全避险"六大系统"建设指南》，举办了首发式；组织6期"六大系统"建设培训班，培训934人；分别到中煤、河北等企业或片区进行"六大系统"建设政策、规范和标准的宣讲。

四、圆满完成领导交办的各项工作

（一）积极参加各种调研督查、专项检查和事故调查

一是深入开展调查研究，配合国务院应急办开展了瓦斯防治和抽采利用政策专题调研，形成了调研报告，并对拟出台的政策进行了认真研究，提出了建设性意见。二是积极派员参加了国务院安委办、国家安全监管总局、国家煤矿安监局和国家能源局组织的各类煤矿安全综合督查、专项督查等，在为期一个月的煤矿安全专项督查中科技装备司牵头组织了两个督查组、派员参加了一个督查组；跟随领导对湖南省开展了为期半个月的专项督查。三是积极参加事故救援和调查，派员参加了肖家湾煤矿"8·29"瓦斯爆炸等多起事故的救援和调查，在湖南耒阳"7·4"煤矿透水事故中成功救援出8名矿工。

（二）认真完成批办任务

一是通过与代表积极沟通，并组织相关单位及科研院所专家进行专题论证，认真完成了2项"两会"建议和提案的答复和4项会办意见。二是出色完成了到国家信访局挂职任务，挂职的同志办信量创前七批挂职干部之冠，受到中共中央组织部和国家信访局的表扬。三是做好相关法规草案征求意见回复工作。对《中华人民共和国特种设备安全法（草案）》等6个草案提出修改意见，依程序向人大法工委或国务院法制办进行了反馈。对国家发展和改革委员会《煤炭工业发展"十二五"规划2012年度实施方案（征求意见稿）》等提出了修改建议并回复。

五、深入开展"创先争优"活动，推进党风廉政建设工作

（一）深入开展"创先争优"活动

一是认真贯彻落实国家安全监管总局党组《关于进一步深化创先争优活动的意见》要求，制定了活动方案，明确了加强党的执政能力和先进性建设的活动主线和"深入落实科学发展观，构建煤矿瓦斯治理长效机制"的活动主题，以"争做

安全发展忠诚卫士，创建为民务实清廉安监机构”和“五型机关”建设为重要载体，组织签订了“创先争优”党支部公开承诺书和个人承诺书。二是将创先争优活动与践行科学发展观活动以及做好司内各项工作紧密结合起来，做到相互促进、相互支撑，今年我司党支部被评为“创先争优先进基层党组织”。三是加强理论武装和业务知识学习，创建学习型支部。把学习型党支部建设与推动各项实际工作结合起来，深入分析煤矿瓦斯防治面临突出矛盾和问题，从源头上巩固和深化煤矿瓦斯治理工作。

（二）强化党风廉政建设

一是认真开展好第三个反腐倡廉“警示教育周”活动，以答题等形式组织全体党员进行了党纪政纪有关条规的学习，召开了以“一查两找”为重点的专题组织生活会。二是以“保持队伍纯洁、促进个人廉洁”为主题，支部书记给全司党员干部讲了一次生动的党课。三是突出反腐倡廉工作重点环节，抓住煤矿安全改造项目审查、新技术装备的推广应用和强制推行井下“六大系统”建设等重点环节，明确提出了“三严格、三不准”，并纳入科技装备司党风廉政建设规定。

行业安全基础管理指导工作

国家煤矿安全监察局行业安全基础管理指导司

一、2012 年主要工作

一年来，按照国家安全监管总局、国家煤矿安监局的总体部署，国家煤矿安全监察局行业安全基础管理指导司认真贯彻落实党中央、国务院重大决策部署和中央领导同志批示指示精神，继续深入开展“安全生产年”活动，围绕国家安全监管总局、国家煤矿安监局工作要点和“打非治违”专项行动，结合自身工作职责，细化分解了 40 项重点工作以及其他工作，进一步强化煤矿安全基层基础建设，取得了一定成效。

（一）总结好、学习好、宣传好和推广好“神华经验”

为落实中央领导同志关于“神华经验”的重要批示精神，在国家安全监管总局、国家煤监局领导高度重视和亲自带领下，按照“总结好、学习好、宣传好、推广好”的要求，成立了总结推广“神华经验”工作组和联合调研组，赴神华宁煤、神东等公司煤矿进行专题调研，总结形成了神华集团煤矿安全生产经验，以国务院安委会文件的形式下发通知，在全国安全生产领域进行学习推广。7 月 19—20 日，以国务院名义在宁夏银川召开了全国煤矿安全生产经验交流现场会，国务委员兼国务院秘书长马凯同志出席会议并做重要讲话，相关部（委、局）负责同志，主要产煤省（区、市）政府领导和有关部门主要负责人，56 家煤炭企业主要负责人等 300 余人参加了会议，共有 30 多家中央和地方新闻单位首发 35 条新闻，并被 80 多家网站转载，其中人民日报及内参分 5 期分别刊登报道，营造了学习、宣传、推广神华经验浓厚氛围。

（二）深入研究、持续推进煤矿安全质量标准化创建工作

一是加强标准工作，先后组织了 6 次座谈会，起草制定了《煤矿安全质量标准化基本要求及评分办法》和《煤矿安全质量标准化考核评级办法》，经广泛征求社会意见、国家煤矿安监局局长办公会研究，最终完成了送审稿。二是召开汇报会，交流经验，分析问题，督促指导各地深化安全达标，2010 年、2011 年连续两年达标率同比增长约 30%。三是组织约谈，督促标准化工作滞后的云南、甘肃、陕西、黑龙江和湖北五省，提高达标质量、加快达标进度，并致函湖北省政府，解决了省标准化主管部门不明等问题。四是开展互检活动，组织 18 个检查组交叉对 26 个产煤省（区、市）煤矿安全质量标准化工作进行了检查，对检查中发现问题的煤矿做了降低或取消标准化等级的处理，其中 71 处煤矿被取消等级，77 处煤矿被降

级，进一步促进达标企业持续改进，不断提高达标水平。五是按照有关规定，通过审核、抽查、公示程序，评选公布了394处国家级煤矿安全质量标准化煤矿（2011年度）、40处标准化滑坡煤矿、1046处安全生产1000天以上井工煤矿（截至2011年底）、26家煤炭产量超过1000万吨且事故零死亡的煤矿企业（2011年度）。六是推进信息化建设，在国家安全监管总局政府网站开辟了煤矿安全质量标准化专栏，实现资源共享、管理透明化，为下一步启用和推广做准备。

（三）强化煤矿“打非治违”专项行动，及时掌握煤炭行业管理信息

下发通知，建立煤矿“打非治违”专项行动定期信息报送制度；每周派员参加国家安全监管总局和国家煤矿安监局“打非治违”例会，督促指导各地煤炭行业管理部门深入开展“打非治违”行动；联合能源局，赴内蒙古、陕西、黑龙江、吉林、辽宁、云南、贵州等地开展煤炭安全生产建设秩序“打非治违”行动；以公安部、国土资源部、国家安全监管总局、国家煤矿安监局四家联合下发了《非法制贩爆炸物品和违法采矿专项治理工作实施方案的通知》，严厉打击非法行为；以公告形式，通报了一批非法违法行为，吊销矿长安全资格证13人，安全质量标准化矿井被取消或降级的煤矿41处，违规使用木支护的煤矿233处，未执行煤矿领导带班下井制度的煤矿16处。

（四）进一步规范和加强煤矿班组安全建设

一是在广泛调研和座谈研讨的基础上，组织起草了《煤矿班组安全建设规定（试行）》，并征求中华全国总工会意见和同意，以国家安全监管总局、国家煤矿安监局和中华全国总工会的名义联合发文，在中国安全生产报、中国煤炭报、国家安全监管总局政府网站等新闻媒体上进行学习宣传贯彻，推动煤矿班组安全建设制度化、规范化。二是组织煤矿优秀班组长及分管班组安全建设的负责同志分两批、共31人赴美国学习考察班组建设，收获很大，起到了很好的示范作用。三是调研指导河北冀中能源集团加强班组长培训、提高班组长总体素质的做法，宣贯《煤矿班组安全建设规定（试行）》等。四是赴山西大同，对国投塔山煤矿“人人都是班组长”班组安全建设进行调研总结，形成经验材料。

（五）规范管理、定期通报煤矿领导带班下井制度执行情况

下文通报了2011年度煤矿领导带班下井制度执行情况，公布了15起较大以上事故中未带班的查处情况，建立了煤矿领导带班下井制度事故查处与定期通报制度；国家安全监管总局副局长、国家煤矿安监局局长付建华同志在中国安全生产报、中国煤炭报上就《通报》答记者问，在国家安全监管总局政府网站等媒体进行了宣传报道，在社会上引起较好的反响，推动了煤矿领导带班下井制度的落实。

（六）继续强化中央企业煤矿安全监管工作

汇总、编印《2011年度中央企业煤矿安全生产年度报告》，组织召开中央企业煤矿安全生产工作座谈会和联络员会议，督促指导中央企业煤矿开展“打非治违”专项行动，总结交流经验，推广神华经验和风险预控管理，督促中央企业煤矿建立隐患排查治理体系，特别是组织参观了中国煤炭科工集团重庆研究院关于煤矿瓦斯灾害治理的技术装备和瓦斯、煤尘爆炸的模拟试验，起到了很好的警示教育，进一步加强了中央企业煤矿安全监管工作。

（七）研究加强煤矿生产能力核定、小煤矿机械化、顶板管理、千米深井安全管理等工作

一是会同发展改革委员会，召开座谈会，组织专家研究修订了《煤矿生产能力核定管理办法》、《煤矿生产能力核定标准》和《煤矿生产能力核定资质管理办法》，经下发通知和网上公示，广泛征求社会意见，进一步修改完善。二是为从政策上引导、鼓励和支持小型煤矿实施机械化改造，起草了《关于进一步推进小型煤矿机械化工作的有关措施》，正积极与能源局协商研究，尽快出台实施，实现“十二五”规划的目标任务。三是加强顶板管理，调查统计了2009年以来全国煤矿顶板事故情况，从加强科技进步，推广先进技术装备、工艺，淘汰落后装备、设施等方面，研究制定加强煤矿顶板管理的有关规定，提高煤矿安全保障能力。四是下发通知对千米深井有关情况进行调查摸底，为下一步开展专题调研做准备。

（八）加强煤矿安全培训工作

一是制定法规标准，颁发实施了《煤矿安全培训规定》（总局52号令），制定了《煤矿探放水

工培训大纲和考核标准》(AQ),修订煤矿企业主要负责人、安全生产管理人员和4个特殊工种考试题库,进一步规范培训工作。二是加强基础管理,13本“三项岗位人员”培训教材初稿已形成,出版了《露天煤矿安全技术培训统编教材(修订版)》和安全生产格言警句,经报送、审查、公示、公布了125名优秀教师、33个优秀课件和28个典型事故案例,建立了《中央和省属煤矿企业高层管理人员安全资格培训信息库》,16个省(区、市)建成了煤矿特种作业人员网络考试平台,推进“教考分离”。三是突出安全培训,突出抓好“三项岗位人员”和“两项万名工程”,将瓦斯防治内容纳入煤矿安全培训内容,今年全国共培训、复训“三项岗位人员”81.2万人,其中:主要负责人1.9万人,安全管理人员14.4万人,特种作业人员63.1万人,煤矿矿长1.8万人;举办2期煤矿企业高层管理人员安全资格培训班,共培训、复训相关人员359人;培训总工程师9571人,约占应培训人数的50%;举办了《煤矿建设安全规范》宣贯培训班。四是推进示范基地,通过各省推荐、材料初审、现场评审等程序,命名了15家煤矿安全教育培训示范基地,并召开了煤矿培训基地建设座谈会,统一授牌,组织现场参观,起到了典型示范作用。五是强化监督检查,国家安全监管总局、国家煤矿安监局组织了15个督查组,对31个省(区、市和新疆建设兵团)安全培训情况进行了专项检查,指出问题,提出整改建议。

(九)完成领导交办的其他重要工作

一是会同有关部门和人员,赴冀中能源集团张家口公司宣东煤矿进行安全生产调研,形成调研报告,推进中澳合作示范项目顺利实施。二是赴晋陕蒙等地现场调研并召开座谈会,分析研究煤炭经济运行下行对煤矿安全生产的影响,制定相应对策措施。三是针对中煤集团连续发生“4·10”较大透水事故、“5·6”较大运输事故,会同事故调查司约谈了中煤集团,分析事故原因,吸取教训,采取措施,强化煤矿安全生产管理。四是深入基层督导调研,派员赴上海、河南、湖北、湖南、黑龙江、宁夏、内蒙古、辽宁、四川、重庆、山西等地开展安全生产督查检查,特别是在十八大期间的煤矿专项督查中,我司派出8名同志参加督查,圆满完成任务。五是完成行管司承办的4项全国人大代表提案的答复工作。六是协调电监会,调研山西煤炭企业煤矿供电电源及自备应急电源建设情况,帮助基层解决难题。

(十)加强党建和反腐倡廉工作

一是深入开展“基层组织年”活动,2012年行管司党支部届满到期,通过召开党员大会,经机关党委批准,选举产生了新一届党支部委员会;贯彻落实党的十七届六中全会和党的十八大会议精神,认真学习中国特色社会主义理论体系,采取集体学习、领导宣讲、上党课、专题研讨等形式,重点开展了党的政治纪律教育,理想信念教育、党性党风党纪教育和从政道德教育,政治品质和道德品行教育,示范教育、警示教育和岗位廉政教育,形势政策教育等五项活动,总结上报了2012年党建工作和2013年党建工作安排。二是扎实开展创先争优活动,圆满完成了动员部署、学习培训、主题党日活动、警示教育周、学习实践活动整改落实、公开承诺、领导点评、完善机制、评选表彰等重点工作任务,并对三年来活动情况进行了系统总结,达到了提高党员素质、加强基层组织、推进安全基础工作的功效。三是加强党风廉政建设,制定2012年反腐倡廉建设实施方案,总结汇报了党风廉政建设进展情况,集中开展了警示教育周活动,签署廉政承诺书,举办党风廉政专题党课,观看近年来安全监管监察系统内的先进典型和反面案例专题片等活动,出台了廉政短信提示教育制度,并在《政工之窗》、《纪检监察简报》、党建信息管理网等宣传报道,取得了良好成效。四是召开民主生活会,对照《廉洁准则》和总局党组安全执法人员“九条纪律”以及我司廉政建设“六不准”等制度规定,开展党风廉政建设自查自纠活动,查找问题和差距,找出努力方向,制定改进措施,严防违规违纪发生。

二、煤矿安全基础工作面临的形势和问题

(一)部分煤矿企业安全生产基础还比较薄弱

近年来,全国各地、各有关部门和煤矿企业高度重视煤矿安全基础工作,也涌现出一批好的典型经验,在安全质量标准化、班组安全建设、隐患排查等方面取得了较好成效,安全管理、技术管理、现场管理水平得到了较大提升。但是,全国煤矿安全基础依然薄弱,受地质条件影响,地区之间、企业之间差异较大、发展还不够平衡,特别是云、

贵、川、渝、湘、鄂和黑等六省市，小煤矿数量多、安全基础差、达标率低、机械化程度低、事故多发。到2011年底，全国有512处生产煤矿不达标，均被责令停产整顿；从已报送小型煤矿机械化规划的8个省份来看，除客观条件不具备实施机械化的矿井外，采掘机械化程度分别只有4%和15.2%，与“十二五”规划的目标要求还有较大差距。

（二）部分煤矿企业主体责任落实还不够到位

一些煤矿企业安全发展意识不强，没有正确处理好安全与生产、效益、发展的关系，盲目下任务、抢速度、赶时间，致使安全责任、安全投入、技术装备、安全管理等落实不到位。一些老国有煤矿随着开采深度的不断增加，开采条件恶化和地质灾害加剧的势头明显，煤矿顶板、瓦斯、防突、防冲和热害等管理难度加大。一些煤矿领导带班下井制度执行不严格、不到位，2012年1—11月，全国83起较大及以上煤矿事故中，应带班而未按规定带班的有12起，占较大以上事故总起数的14.5%。

（三）部分煤矿企业人员安全素质还有待提高

全国煤矿人才队伍发展不够平衡，神华、原国有重点煤矿企业等一大批现代化矿井的一线操作人员大多是大中专学生，但众多的小煤矿一线工人基本都是农民工，缺乏煤矿基本知识和安全技能，不少小煤矿安全监控系统形同虚设，不会管理、使用和维护。全国在建煤矿项目较多，高素质技术管理人才和高技能工人等专门人才紧缺，一些煤矿建设项目以包代管、层层转包，队伍流动性大。特别是，一些主业非煤的企业大量进入煤炭开采领域，没有专业人才、专业队伍和工作经验，造成煤矿安全培训工作任务重、压力大。

第七部分

安全生产应急管理

安全生产应急管理工作

国家安全生产应急救援指挥中心

2012年是实施“十二五”规划承上启下的重要一年，各地区、各有关部门和单位认真贯彻党中央、国务院有关安全生产应急管理的部署和要求，树立和深化科学发展安全发展理念，以建设更加高效的应急救援体系为主要任务，以强化政府部门监管责任和落实企业主体责任为重点，坚持预防为主和依法治理，强化科技支撑、应急处置和基础建设，努力提高事故防范和应对能力，工作取得了积极进展。

一、安全生产应急救援队伍体系建设成效明显

各地区、各有关部门和单位认真贯彻落实《国务院关于进一步加强企业安全生产工作的通知》（国发〔2010〕23号）和《国务院关于坚持科学发展安全发展促进安全生产形势持续稳定好转的意见》（国发〔2011〕40号）文件精神，加大了资金、政策扶持力度，全面推进应急救援队伍体系建设，初步形成了国家（区域）、地方、企业救援队相结合的应急救援队伍体系。

（一）国家矿山应急救援队基本建成

国家矿山应急救援队（以下简称国家队）建设基本完成，区域矿山应急救援队（以下简称区域队）建设顺利推进。国家安全监管总局将7支国家队和14支区域队建设作为重点工作努力推进。

组织部署力度加大。国务院安委会办公室印发了《关于加快推进国家矿山应急救援队项目建设工作的通知》（安委办〔2012〕8号），明确国家队项目建设目标责任、装备招标原则、任务时间节点、资金管理方式、项目质量要求和组织领导工作；国家安全监管总局印发《关于加快推进国家和区域矿山应急救援队建设的意见》（安监总应急〔2012〕50号），从规范建设内容、提高建设质量、提升救援能力等方面提出了具体要求，规范了国家队和区域队配套建设项目。国家安全监管总局领导同志亲自抓，国家队建设工作督导组办公室“每天一碰头、每周一例会”，指导协调解决相关问题。组织召开了全国安全生产应急管理工作会议暨国家队示范建设现场会、国家队项目建设工作会、国家队建设工作推进会、区域队项目建设工作会、区域队项目建设工作推进会等专门会议进行部署和安排，落实了责任分工，统一协调行动。

装备招标采购加快。采取倒排工期的方式，制定了国家队项目建设招标阶段的工作计划，将招标阶段工作细化分解成23项重点任务。国家安全监管总局协调商务部、发展改革委、财政部等有关单位，按照“联招、分签、统监”的招标原则，组织招标代理机构、国家队和区域队以及各方面专家，编制审查了招标文件，召开6次国际国内开标评标会议，对340余家厂商的多次投标文件进行了评审，完成了7个国家队项目国内公开招标和国际公开招标工作，签订了35种305台（套）设备采购合同（总价73848万元）；组织完成了14个区域队建设项目招标工作，采购装备30种404台（套）（总价53161万元）。招标采购的装备均达到初步设计确定的目标要求，其中排水泵、钻机、起重机等装备，代表了目前矿山事故救援装备的国际最高水平。7个国家队的依托企业已配套建设各类装备866台（套）、基础设施7.72亿元、规章制度160余项，总人数已达到2809人。

队伍管理日益加强。印发了《国家矿山应急救援队管理办法》（安监总应急〔2012〕131号），规范了国家队的管理和运行，为有效发挥国家队作用奠定了基础。在国家队"六加一"（即一套建设标准、一套制度规范、一套应急预案、一套教育训练教材、一套示范演练科目、一套基础设施，加上自身建设特色）示范建设的前期工作基础上，编制了《国家矿山应急救援开滦队"六加一"试点成果汇编》，为国家队和区域队配套建设提供了借鉴；进而提炼编制了《国家矿山应急救援队内务规范》、《国家矿山应急救援队训练与考核大纲》、《国家矿山应急救援队训练教材》等，将试点成果进一步标准化、制度化。

实训演练基地和矿山医疗救护项目建设前期工作顺利开展。完成了国家矿山应急救援实训演练基地项目初步设计，编制了国家矿山医疗救护体系建设项目建议书，为加强完善国家队实训演练设施、加快落实国家队"四队一组"队伍体系建设规划、提升矿山事故医疗院前急救能力奠定了基础。

（二）中央国有资本经营预算支持的央企救援队伍建设稳步推进

2012年中央企业应急救援队伍建设项目申报和评审如期完成。国家安全监管总局会同财政部，组织29家中央企业46支应急救援队伍编报了项目申报材料，召开专项资金项目专家评审会，落实中央国有资本经营预算安全生产保障能力建设专项资金101790万元，支持了有关中央企业的16个应急救援队伍装备配置项目和8个培训演练基地装备配置项目。

2011年度专项资金支持的15个中央企业应急救援队伍项目基本按照项目管理和时间进度的要求推进，基本完成招标采购任务。相关危险化学品、油气田、隧道施工、水上交通应急救援队伍和危险化学品应急救援技术指导中心都在加快建设，中国石油、中国石化、中国黄金、中铁工、中外运长航、中国有色、中国华能等单位下属救援队伍采购的救援装备陆续到位。中国有色红透山矿业公司投资1960万元完善了应急救援队基础设施；中国黄金海沟和金星公司分别投资1199万元、824万元完善了基础设施，补充选拔了37名年轻救护队员。

（三）4个重点项目完成竣工验收或初步验收

国家陆地搜寻与救护平顶山基地项目通过竣工验收。国家投入资金3741万元全部到位，带动依托单位投资近2亿元，加强了基地的基础设施和配套建设，提升了基地搜寻与救护能力。

矿山应急救援装备项目完成了竣工验收，应急指挥中心装备项目和国家安全生产应急平台项目完成了初步验收。矿山救援信息系统、高温浓烟演练系统等工程均已完成。根据需要补充建设了应急指挥中心保密视频会议系统、机房环境监测系统、应急值守装备以及部分安全生产应急救援模型，组织开展了应急平台的软硬件联调联试、使用操作培训、平台软件系统第三方评测、系统安全测评等，完成了全部装备和建设工程的单项和初步验收。

（四）地方和企业救援队管理推陈出新、实力不断加强

创新化工园区应急管理和救援队伍建设工作取得新的进展。广东省惠州大亚湾化工园区安全生产应急管理创新试点工作顺利推进，制定印发了园区创新试点方案和实施细则，深入开展管理和技术交流研讨，初步形成了加速推进应急救援基地建设、完善园区应急管理制度标准、优化配置园区各类应急资源、健全园区应急预案体系、开展园区应急管理培训演练、借鉴国外先进应急管理经验等6项意见。2012年，惠州大亚湾化工园区危险化学品应急救援基地首期3000万元已落实到位，完成了规划设计方案招投标工作。江西省在乐平等9个重点化工园区及重点危险化学品企业建立了骨干危险化学品应急队伍。

地方应急救援队建设和服务不断完善。贵州省安全监管局指导协调荔波县安全监管局与青利集团股份有限公司荔波分公司矿山救护队整合，充分发挥矿山救护队作用，更好地为全县的矿山服务。江西省依托省煤炭集团公司，整合所属丰城矿务局、萍乡矿务局、乐平矿务局和花鼓山等煤矿的矿山救护队，成立了江西省矿山救护总队，人员编制500

余人，形成了该省区域性专业矿山救援队伍。广东省出台了《进一步加强矿山救援服务工作的指导意见》，加强救援队费用管理和工作考核。黑龙江省出台了《地方骨干专业应急救援队伍建设指导意见》和《关于加快地方安全生产骨干专业应急救援队伍建设有关问题的通知》，明确各支队伍的建设任务和相关部门职责分工。贵州省加强煤矿企业所属矿井矿山救护队伍建设，强化派队驻矿服务。

企业兼职应急救援队伍建设不断加强。云南、广西和贵州省加强和推进煤矿兼职救护队建设，制定了煤矿兼职救护队建设标准，系统开展全省煤矿兼职救护队员培训工作。北京市编制了《矿山、危险化学品企业专兼职应急救援队伍建设管理导则》，进一步提高专兼职应急救援队伍应急能力。中粮集团有兼职应急人员 8300 余人，各单位以安保队伍为骨干全部建立了义务消防队。国电集团现有专兼职抢险救援队伍 495 个，人数 2.1 万余人。

矿山应急救援队伍质量标准化和资质认定工作深入开展。国家安全监管总局矿山救援指挥中心组织开展各省级救护队质量标准化互检考核工作，完成了安徽、江西、山西、陕西等 4 省（区）8 支救护队资质认定、晋级、变更资料的审查及现场核查工作。严格培训证书管理，全年共办理救护队指挥员证书 570 个，发放救护队员证书 9990 个。

矿山救护队在国内外矿山救援技术竞赛中表现优秀。国家安全监管总局与中华全国总工会、团中央、宁夏回族自治区政府联合举办了第九届全国矿山救援技术竞赛，全国 25 个省（区、市）和新疆生产建设兵团的 30 支救援队共 270 名救护指战员参加了竞赛。在第八届国际矿山救援技术竞赛中，国投新集能源集团救援队代表队获呼吸器操作第一名，中国平煤神马集团救援队获团体最佳专业奖。

二、安全生产应急管理体制机制法制建设进一步完善

（一）安全生产应急管理机构建设稳步推进

安全生产应急管理机构逐步建立健全。国家安全监管总局将应急机构建设情况纳入地方安全监管机构编制统计工作中，90.69% 的市级安全监管部门已建立应急机构，达到 302 个，河北等 20 个省（区、市）和新疆生产建设兵团的市级安全生产应急管理机构已全部成立，重庆市所属各区（县）、北京市所属 2 个区以及新疆生产建设兵团所属各师的安全生产应急管理机构也已全部成立。37.92% 的县级安全监管部门已建立应急机构，达到 1081 个。交通运输部成立了路网监测与应急处置中心，强化全国公路网运行监测和应急保障能力。

一些安全生产应急管理机构职能建设得到加强。河北省安全生产应急救援指挥中心（救援训练基地）项目获得批复，仅省财政预算就达 2.9 亿元。江苏省全省 1288 个乡镇（街道）中有 1261 个建立安全监管机构并明确了应急管理职能，机构人员编制总数 3217 名，比去年增加 552 名。湖南省安全生产应急救援指挥中心被省委、省政府授予“湖南省人民满意的公务员集体”荣誉称号。《安徽省“十二五”突发事件应急体系建设规划》中将省安全生产应急救援指挥基地项目列为重点建设项目。广东省各地市安全生产应急管理机构参公管理建设取得了积极进展，其省属企业都成立了企业董事长为组长的应急领导小组。

（二）应急联动机制进一步完善

国家安全生产应急救援联络员会议制度的作用更加显著。国家安全监管总局进一步深化了同环境保护部、中国气象局、国家海洋局、中国地震局、总参作战部应急办等部门和单位的应急联动机制，密切了与国家减灾委、国家防总、国家核事故应急协调委、国土资源部等单位或组织的联系。农业部与交通运输部、中国电信和中国气象局等单位建立了水上安全管理、海上救助、灾害预警、通信服务等合作机制，为渔民提供及时的气象预警和避险信息服务，协调专业海上救助力量开展渔业海难救助工作。公安部交通管理部门与中国气象局建立信息沟通机制，及时获取天气预报和气象灾害预警，提前做好道路交通应急准备。国家旅游局加强了与国家安全监管总局、交通运输部、公安部、中国气象局等部门的合作，不断提升交通安全、旅游气象等重点环节的应急处置水平。

各地区的应急机制不断建立健全。江西省、江苏省建立了安全生产应急救援工作联络员联系制度，海南省安委办与省军区、省委宣传部等 42 个单位建立了省生产安全事故灾难应急联动机制。北京市安全监管局与市公安局消防局建立危险化学品突发事件应急救援联动机制，正推进与民防局建立应急移动通信指挥系统联动合作机制。广东省加强

珠三角、粤东、粤西、粤北等区域性安全生产应急联动，推动建立产业聚集区应急联动机制。

（三）应急管理政策法规工作得到加强

党中央、国务院继续采取一系列重大举措推进安全生产应急管理工作。党的十八大提出“加强和创新社会管理”、“强化公共安全体系和企业安全生产基础建设，遏制重特大安全事故”、“加快形成源头治理、动态管理、应急处置相结合的社会管理机制”等新举措新目标，深化了安全生产应急管理工作是社会管理和公共服务重要内容的内涵。2012年国务院工作报告要求健全突发事件应急管理机制，实施安全发展战略，加强安全生产监管，防止重特大事故发生。

立法工作成效显著。正在修订的《中华人民共和国安全生产法》和《中华人民共和国矿山安全法》中都进一步充实了应急管理有关规定。应急管理立法工作有突破，上海、重庆、山西、安徽、四川5省市发布了突发事件应对法的实施办法；颁布实施了《河北省安全生产应急管理规定》、《湖北省生产安全事故报告和调查处理办法》、《广州市突发事件危险源和危险区域管理规定》等地方政府规章。铁路、道路和消防等重点行业立法工作加快，修定出台了《铁路交通事故应急救援和调查处理条例》；《国务院关于加强道路交通安全工作的意见》（国发〔2012〕30号）中完善了道路交通事故应急救援机制，《交通运输突发事件应急管理规定》正式施行；公安部修订了《消防监督检查规定》（公安部令第120号），吉林省、苏州市和合肥市、无锡市修订或制定了本地消防条例，促进了消防法的实施；山东省出台了《核事故应急管理办法》。国家安全监管总局出台了《关于加强科学施救提高事故灾难应急救援能力的指导意见》（安监总应急〔2012〕147号），从强化应急信息化建设提高科学决策能力、强化队伍装备建设提高科学施救能力、完善应急工作机制提高科学指挥能力、夯实基层基础工作提高综合保障能力等4个方面提出14项措施，指导提升科学施救能力。河南省出台《关于加强安全生产应急管理工作的意见》（豫政〔2012〕55号），以省政府名义对安全生产应急管理工作全面作出安排。广东省出台《危险化学品重大危险源监督管理暂行规定》实施细则及配套的安全评估指南、检验检测指南等技术管理文件，开展危险化学品重大危险辨识、安全评估、分级和备案工作。

标准制修订工作稳步推进。国家安全监管总局完成了《矿山救护队队徽》、《矿山救护队队旗》和《矿山救援防护服》等3项安全生产行业标准报批前期工作，正在修订《矿山救护队质量标准化考核规范》。国资委根据中央企业驻在国的实际，不断完善与国际安全标准相衔接的安全生产标准体系和安全规章制度，提升风险预警、安全防范、应急处置和法律保障等能力。大唐集团公司制定了《安全生产危急事件管理工作规定》。

三、安全生产应急救援技术装备水平稳步提高

国家安全监管总局开展了应急救援新技术、新成果的研发和推广应用。在安全科技“四个一批”项目中列入了应急救援领域科研攻关课题2项、可转化的安全科技成果2项、技术示范工程1项。组织开展了2012年重大事故应急救援关键技术科技项目的征集，经过筛选、论证和推荐，煤矿灾区探测技术、井下灾害处置技术、危险化学品事故快速处置技术等35个项目中，16项入选《2012年安全生产重大事故防治关键技术科技项目》，8项成功申报国家科技支撑计划备选项目。开展重大矿山事故钻孔救援关键技术及配套装备应用研究，对矿山事故钻孔救援技术研究和王家岭事故应急救援案例进行了分析与研究，编写了《重特大煤矿事故应急救援案例选编》和《2008—2012年煤矿事故成功救援案例一览表》，指导矿山救护队救援装备建设。

救援装备总体投入增加明显。2012年，各地通过省级安监机构投入的救援装备支出合计15981万元，较2011年下降16.3%。其中，黑龙江省投入4015万元，重庆市投入3376.1万元，甘肃省投入3250万元。此外，湖北省安全监管局为湖北省（武钢）非煤矿山救护队争取装备建设经费4000余万元，资金已全部到位。纳入统计的69家央企投入的救援装备支出合计281018.5万元，较2011年增加70%。不同行业企业支出情况很不均衡，其中，中国移动通信集团公司投入39472万元，中国石油化工集团公司投入38036万元，国家电网公司投入33401万元，中国电信集团公司投入32000万元，中国石油天然气集团公司投入26470万元，中国中煤能源集团公司投入14224万元，中国海洋石油总公司投入11552万元。

安全生产应急专家管理制度逐步健全。出台了《国家安全生产应急专家组管理办法》，规范了应急管理专家各项工作制度，为各地作出了示范。贵州省以政府办公厅的名义成立省生产安全事故灾难应急救援专家组。国资委在石油化工、煤炭、建筑施工等行业组建了中央企业应急管理专家组，为中央企业应急管理工作提供智力支持。

应急信息统计分析和总结评估工作有序开展。每天及时整理值班信息，每季度统计分析各地区、各有关企业应急管理工作情况，印发《全国安全生产应急管理工作情况统计分析报告》和《全国矿山救援情况统计分析报告》，完成《2011年安全生产事故灾难应对工作总结评估报告》和《2008年以来4起矿山事故抢险救援典型案例汇编》，为应急工作提供依据。

四、安全生产应急救援保障工作得到进一步强化

（一）应急平台体系建设取得阶段性进展

国家安全生产应急平台的建设和应用取得突破。开发了综合管理、应急保障、模拟演练、监测预警、辅助决策、指挥调度等应用系统，开展了国家安全监管总局应急平台与北京、湖北两省市及开滦、大同、平顶山等3支国家队应急平台的互联互通工作，整合“金安专网”和因特网有关资源信息，充实了应急管理和应急资源数据库，基本实现互联互通和信息共享、动态监控、快速响应的要求。通过建章立制，规范了国家安全监管总局应急指挥大厅、应急指挥中心移动卫星通信应急指挥车的使用和管理事项。

有关地区和企业的安全生产应急平台建设稳步推进。一是加强规划和技术规范指导。国家安全监管总局印发了《关于进一步加强安全生产应急平台体系建设的意见》，对“十二五”期间省、市安全生产应急平台体系建设和信息共享、互联互通等工作，提出了明确要求。印发了应急平台分类编码、交换共享、通信技术、信息安全等10个标准规范，指导省、市级应急平台建设。二是加大投入和应用开发力度。2012年省级安全监管机构投入应急平台建设支出合计12735.148万元，其中，甘肃省投入5735万元，吉林省投入1200万元，陕西、四川省投入1000万元。广东省组织开展国家安全监管总局安全生产信息化系统试点，启动事故隐患排查治理信息系统和互联共享系统建设，地市级安全生产应急平台建设稳步推进。江苏省级安全生产应急平台建设已启动，南京、无锡、常州、连云港、苏州、泰州已基本建成。三是央企投入加大。纳入统计的69家中央管理企业应急平台建设支出合计196010.94万元，其中，国家电网公司9.544亿元，中国核工业集团27348.266万元，中国中煤能源集团公司9090.51万元，中国海洋石油总公司7867.86万元，中国石油化工集团公司7074.76万元，华润（集团）有限公司5424万元。中石化着手组织中国石化应急指挥信息系统的建设工作。中石化、中石油、中海油三大油应急联动平台正在开发。中海油推进部分二级、三级单位应急管理信息系统与总公司互联互通，上海分公司春晓油田建设了中海油第一个海上三维数字应急信息平台。

有关部门因地制宜建设了应急信息系统。交通运输部指导各地加快组建省级路网中心，建立省级统一的路网运行监测平台，推进部省两级路网管理与应急处置平台建设，积极构建部省联网、资源共享的信息指挥平台体系，提升路网的运行监测、应急处置和出行服务能力。旅游部门着力提升信息化水平，北京市旅游委投入2000余万元建立了旅游安全应急指挥平台，吉林省旅游局投入49.5万元建设了旅游应急平台，福建省旅游局在星级饭店建设了自动报警系统、应急报告系统等。

（二）应急资源工作得到明显加强

在全国部署开展安全生产应急资源普查，收集整理各地安全生产监管监察部门及有关部门、重点行业（领域）有关中央企业、有关社会组织所掌握的应急队伍、专家、救援装备、应急物资等应急资源，为加强安全生产应急平台体系建设、完善安全生产应急资源数据库、改进应急物资储备工作、提供可靠应急保障等奠定基础。北京、山西、云南、辽宁等地安全监管部门和中国石油集团公司制定出台了安全生产应急物资储备管理办法。北京市2012年投入近50万元更新市级危险化学品应急物资库储备物资，计划在2013—2015年投入2237.4万元，为市级安全生产应急救援队伍补充配备应急物资装备。贵州省财政投入1500万元对省级安全生产应急物资储备中心和11个省级煤矿应急物资储备点对排水设备进行补充。厦门市建立了应急物资库体系，并纳入应急平台信息管理。

（三）应急财税和政策支持力度不断加大

财政部联合国家安全监管总局出台了《企业安全生产费用提取和使用管理办法》（财企〔2012〕16号），增大了企业安全生产费用在应急管理领域的使用范围。山东煤监局联合省人力资源和社会保障厅出台了《山东省矿山救援队伍劳动保障权益保护暂行规定》（鲁煤监协调〔2012〕75号），提高了全省矿山救援队伍劳动权益保障水平。新疆生产建设兵团通过项目贴息补助约220万元，督促引导危险化学品企业落实企业应急装备建设主体责任。旅游系统不断丰富完善了旅游保险产品体系，旅游统保示范项目保费规模达到1.25亿元，项目偿付和保障能力进一步提高。各地积极推动建立与旅行社责任保险统保示范项目配套的旅游团意外保险，逐步推动建立覆盖旅游各环节风险的保险体系。

五、预案管理和宣教培训工作进一步强化

2012年，各地通过省级安全监管机构投入的应急预案及演练、应急培训支出合计3037万元，其中重庆市支出1243万元。纳入统计的69家中央管理企业支出合计47899.43万元，其中，国家电网公司投入10412万元，中国石油化工集团公司投入7041.11万元，中国建筑材料集团有限公司投入3275.24万元。

（一）应急预案质量有所提高

政府部门应急预案修订全面展开。工业和信息化部、住房和城乡建设部、铁道部、卫生部、质检总局、国家安全监管总局、国家电监会、中国民航局、国家海洋局等部门的专项预案和部门预案均已完成了修订。国家安全监管总局建立了全国31个省级安全监管部门应急预案基础台账，地方各级安全监管系统都已经开始按照《地方安全监管机构应急预案框架指南》修订预案，安徽省生产安全事故应急预案基本实现“简明化、图表化、程序化”，北京市针对该市常见的氯、氨和汽油等68类危险化学品编制了《常见危险化学品突发事件分类应急处置预案》，印发《北京市属地人民政府与重大危险源企业“一对一”生产安全事故应急预案编制和管理导则》和生产经营单位现场处置方案编制指南，有力指导落实属地责任和企业责任。

企业应急预案修订深入开展。国家安全监管总局研究修订了《生产经营单位生产安全事故应急预案编制导则》，已报送国家标准委审核；组织11个省级安全监管局和12家中央企业编制推广799个重点岗位应急处置方案范本，涵盖了危险化学品、煤矿、非煤矿山、电力电网、建筑施工、冶金、危化品运输、机械制造、烟花爆竹等9个重点行业领域，指导企业将应急预案延伸到重点岗位，提高处置方案的针对性、实用性。大多数企业也结合实际普遍对本单位应急预案进行了修订。中国石油136家所属单位应急预案均修订完成；中国石化采用虚拟现实技术、三维模拟技术、最坏场景分析技术等手段研究和制定典型场景应急预案模板，解决企业应急预案和实际应急行动“两张皮”现象；中海油总公司建立中国海油应急预案电子上报和报备系统，修订颁布了《危机管理预案（2012）》，编制了《现场应急处置方案编制指南》。

应急预案管理制度逐步完善。环境保护、电力监管部门均完善了应急预案管理办法实施细则。全国已有31个省级安全监管部门制定了应急预案管理办法实施细则或有关规范性文件，将重点行业（领域）企业应急预案纳入高危行业企业安全生产准入条件。江西省专门对高危行业企业生产安全事故应急预案管理制定了暂行规定。

预案备案工作得到强化。天津出台了《生产安全事故应急预案备案工作程序规定（暂行）》，进一步了规范辖区内各级、各类生产经营单位应急预案备案管理工作。河南省编制了应急预案评审备案“五表一库”六种台账，通过备案推动企业应急管理工作的开展。广州市、汕头市分别将预案备案作为安全生产标准化考评、企业年度安全生产责任制考核的重要内容，辽宁、安徽、青海、内蒙古、山东等地组织开展了应急预案执法检查工作，各地围绕预案管理开展了形式多样的工作，带动了应急管理工作全面发展。

（二）应急演练工作持续深化

据不完全统计，2012年全国共开展安全生产应急演练57万余次（其中现场演练近45万次，桌面演练近13万次），参演人员915万余人次，分别同比增长21.7%、6.8%，应急演练制度化、实战化程度也有大幅提高。国家安全监管总局研究起草了《生产安全事故应急演练评估指南》，在“安全生产月”期间组织开展了“应急预案演练周”活动，在哈尔滨举办了应急预案演练周活动启动仪式暨哈尔滨商业大学消防应急演练活动，推动应急演练进学校、进基层。各省级安全监管监察机构、有关中央企业结合实际，以“应急预案演练周”活动为推手，不断创新演练内容和形式，组织开展了一系列演练活动。甘肃省下发了《关于加强安全生产应急演练工作的通知》（甘安监应急〔2012〕360号），将安全生产应急演练工作纳入了年度整体工作考核。国家安全监管总局与重庆市政府联合举办了2012年重庆市重大事故灾难综合应急演练，利用重庆市安全生产应急平台，采取“一主两分”三大板块同时进行的模式，把应急指挥部搬到了应急指挥平台上，对信息化环境下的事故应对工作进行了探索。中南六省开展应急救援区域联动演练。中国石化集团公司举行了该公司演练现场最复杂的2012年海上联合应急演习，提高了海上突发事件应急能力。

（三）应急管理培训宣教工作有序推进

国家安全监管总局制定了《安全生产应急管理人员培训及考核规范》行业标准（AQ/T 9008—2012），编写和出版了《矿山医疗救护》、《矿工自救互救知识读本》和《电力企业应急管理》等3本教材，2012年，举办了全国矿山救护大中队指挥员培训班6期，共570人，复训班15期，共921人；举办了2期社会组织灾害响应高级研修班，共91人。国家旅游局举办了《旅游突发事件报送系统》培训班，编制出版了《旅游突发事件应急手册》和《旅游安全管理培训系列丛书》。

国家行政学院会同公安部、民政部、卫生部、国资委、国家安全监管总局等单位以“加强应急能力建设：创新与合作”为主题，共同举办了2012年应急管理国际研讨会，深入探讨了围绕应急管理协调联动、应急保障能力建设、风险评估与突发事件预警、应急预案与演练、企业应急管理、应急技术与应急产业等问题。广泛开展“六五”普法活动和《安全生产应急管理“十二五”规划》宣贯工作，增强了守法意识，明晰了工作思路，加强了各级应急规划的衔接。举办了全国安全生产应急管理通讯员培训班和安全生产应急管理优秀宣传作品评选活动，带动各地宣教工作深入开展。

六、事故灾难救援和预警防范工作成效明显

（一）应急值守和监测预警工作进一步加强

坚持和完善24小时值班制度。及时掌握和处理生产安全事故信息、自然灾害预报预警信息，对重特大生产安全事故在第一时间作出反应、第一时间派人赶赴现场，积极协助和指导救援工作。上海市安全监管系统专门完善了生产安全事故信息报告和应急处置工作规范，江苏省不少市、县的应急值守系统还与公安110、消防119及其他部门值守系统联网。

加强突发事件监测预警工作。自然灾害预警及时有效，全年没有发生因自然灾害引发的较大以上生产安全事故。国家旅游局大力推进旅游安全信息提示预警制度建设。民航局空管建立运行风险实时监测系统，加强了运行风险的评估。安徽省突发事件预警信息发布系统初步建成，重点行业生产经营危险场所监控图像可以实时上传和监察预警。北京市吸取教训制定了《预防和应对极端天气引发生产安全事故应对措施》，确保预警信息发放、预防和应急处置工作落到实处。无锡市对生产安全事故监测预警信息化系统进行了升级，苏州市对构成危险化学品重大危险源的157家企业全部实现了自动化监管。

（二）事故灾难和自然灾害救援工作成效明显

2012年，全国矿山、危险化学品、消防、海（水）上应急救援队伍共参与救援612138起，抢救遇险被困人员181349人。其中，煤矿、非煤矿山、危险化学品救援队伍分别参与事故救援1306起、1213起、11665起，抢救遇险被困人员2226人、1697人、17875人，经抢救生还646人、299人、1076人。在贵州安利来煤矿“7·26”冒顶事故救援中，由于处置得当、抢救及时，58名遇险矿工全部获救，避免了一起特别重大事故。

积极参加地震抢险救援。云南彝良“9·7”地震发生后，四川、云南23支共622名矿山救护队员第一时间赶赴灾区，抢救和疏散受灾群众628人，搜寻12名遇难人员遗体，抢运财物价值达1000余万元，温家宝总理在救灾现场亲切接见了部分救护队指战员。

积极处理中资企业在国外的事故。商务部会同有关部门和驻外使领馆，指导中资企业妥善处置了马来西亚阿勃克煤矿矿难、俄罗斯特罗伊茨克电厂

吊车倒塌、尼泊尔上塔马克西电站项目引发山火等多起境外生产安全事故。

（三）积极参加“打非治违”、隐患排查治理专项行动

各级安全生产应急管理系统组织矿山、危险化学品和其他应急救援队伍开展预防性安全检查和隐患排查工作，共出动173465队次、793852人次，查出隐患568667项，协助企业整改558033项，整改率达到98.13%。黑龙江、福建、湖北等地在全省推广北京市顺义区等地深入开展安全隐患排查治理、有效防范事故的先进经验和做法，推动实现省、市、重点县和高危行业大中型企业互联互通、资源共享，提高应急管理综合水平和快速响应能力。

第八部分

工会劳动保护

工会劳动保护工作

中华全国总工会劳动保护部

2012年，工会劳动保护工作认真贯彻落实党的十七届六中全会和中央经济工作会议精神，按照全总十五届六次执委会议和全国安全生产工作会议工作部署，以及中华全国总工会“面对面、心贴心、实打实服务职工在基层”活动要求，坚持以维护职工安全健康合法权益为宗旨，以强化广大职工对劳动安全卫生工作的群众监督为主线，以农民工相对集中的煤炭、建筑等高危行业和非公有制中小型企业为重点，以“安康杯”竞赛活动为载体，广泛组织职工开展隐患排查治理活动，加大对劳动安全卫生工作的参与和群众监督力度，着力推动解决侵害职工安全健康合法权益的突出问题，为维护职工安全健康合法权益，推动全国安全生产形势稳定好转作出了积极贡献。

一、加大政策立法参与力度

积极参与《中华人民共和国安全生产法》修订工作，对涉及的安全生产工作机制、企业负责人在安全生产工作中的职责、工会和职工在安全生产工作中的法律地位等问题进行深入研究，提出了工会的修改意见。发挥职业病防治工作部际联席会议作用，对《职业病防治工作部际联席会议2011年工作计划执行情况的报告》以及涉及职业健康状况调查、加强无证无照家庭式作坊职业卫生监管治理长效工作机制建设、国家职业卫生标准工作提出意见建议。参与了《防暑降温措施暂行办法》修订工作，并与国家安全监管总局、卫生部、人力资源和社会保障部共同下发了《防暑降温措施管理办法》。参与《职业病目录》、《职业病危害因素》、《职业病诊断与鉴定管理办法》修订工作，对职工群众关心、社会反映强烈的问题，提出了工会的修改建议。与国家安全监管总局、国家煤矿安监局联合起草下发了《关于进一步加强安全生产群众监督工作的指导意见》，从认真落实群众安全生产知情权、完善安全生产群众监督工作机制、广泛开展群众性安全生产活动、加强对群众监督工作的组织领导等方面，对全员、全方位、全过程加强安全生产和职业健康工作提出了具体要求。会同国家安全监管总局、国家煤矿安监局制定下发了《煤矿班组安全建设规定（试行）》，从组织建设、班组长管理、现场安全管理、班组安全培训、班组安全文化建设、表彰奖励等方面对煤矿班组安全建设作出了规定。

二、发挥工会组织在职业病防治工作中的重要作用

深入贯彻落实《中华全国总工会关于加强工会参与职业病防治工作的意见》，加大推广“工会参与职业病防治工作模式”力度，中华全国总工会制定下发了《关于工会参与职业病防治工作情况统计的通知》，指导各省市总工会对参与职业病防治工作的总体情况和基础数据进行研究分析。加

强对各地推广应用“工会参与职业病防治工作模式”的检查指导，中华全国总工会劳动保护部调研组分别于7月下旬和10月中旬赴陕西、云南和广西开展职业病防治工作调研，听取了陕西省总工会、云南省总工会、广西壮族自治区总工会、西安市总工会、咸阳市总工会、红河州总工会、桂林市总工会开展职业病防治工作的情况汇报，实地检查了黄陵矿业有限公司一号煤矿、西北一棉纺织股份有限公司、西安印钞有限公司、云南铝业公司、云南锡业公司、蒙自矿冶公司、桂林航天电子有限公司、华美滑石开发有限公司等企业落实《职业病防治法》及开展职业卫生群众监督工作的情况，深入一线听取了职工和基层工会干部对职业病防治工作的建议。在调研的同时，组织9个省市总工会进行了互检和学习交流。召开了有黑龙江、上海、江苏、广东、四川、云南、陕西和广西等省市总工会劳动保护部负责人参加的推广“工会参与职业病防治工作模式”座谈会，交流了各地开展职业病防治工作的经验做法、分析了“模式”推广过程中遇到的困难和问题，研究了进一步推进工会参与职业病防治工作的措施。发挥中华全国总工会劳动保护顾问组专家的作用，组织专家为广东省总工会、遵义市工会参与职业病防治工作提供技术指导服务，并将遵义市总工会作为全总职业病防治工作对口帮扶联系点。各地工会结合自身实际，积极推进工会参与职业病防治工作模式。四川省和福建省总工会分别会同相关部门下发了在职业危害严重的行业、企业推行职业病防治专项集体合同的通知，四川省明确了在职业危害严重的煤矿、非煤矿山、危化、建筑等行业的企业全面实施职业病防治专项集体合同，提出了以防治尘肺病为突破口，实现三年全覆盖的目标；福建省要求在职业危害严重的矿山开采、石材加工、制鞋、化工、蓄电池制造等行业和相关重点企业建立职业病防治集体协商和集体合同制度；河北省总工会为了使“模式”推广工作有的放矢，组织开展了全省职业安全卫生情况专项调研，省总工会主要领导亲自带队，深入一百多家企业进行现场调查，摸清了全省职业安全卫生总体状况，为深入推广“模式”提供了科学决策依据；广西壮族自治区总工会将“模式”推广工作列入对各市的重点考评工作当中，与全区14个市总工会签订协议，明确任务，落实责任，确保“模式”推广工作在全区有效开展。

三、深入开展全国“安康杯”竞赛活动

6月12日，中华全国总工会和国家安全监管总局在京联合召开全国“安康杯”竞赛表彰暨经验交流电视电话会议。中华全国总工会副主席、书记处第一书记王玉普，国家安全监管总局局长杨栋梁出席会议并讲话。中华全国总工会副主席、书记处书记张鸣起主持会议并宣读了《中华全国总工会关于向全国“安康杯”竞赛优胜单位颁发全国五一劳动奖状和全国工人先锋号的决定》，授予连续五年以上取得安全生产突出成绩，获得全国“安康杯”竞赛优胜企业荣誉称号的唐山市公共交通总公司等10家企业“全国五一劳动奖状”；授予获得全国“安康杯”竞赛优胜班组称号的天津电力城西供电分公司电缆工区运行班等10个班组“全国工人先锋号”。国家安全监管总局副局长、国家煤矿安监局局长付建华宣读《中华全国总工会、国家安全生产监督管理总局关于表彰2011年度全国“安康杯”竞赛先进集体和优秀个人的决定》，授予1805家企事业单位2011年度全国“安康杯”竞赛优胜单位称号，授予1095个班组2011年度全国“安康杯”竞赛优胜班组称号，授予186个竞赛组织单位2011年度全国“安康杯”竞赛优秀组织单位称号，授予259名个人2011年度全国“安康杯”竞赛优秀组织者称号，授予42家单位为全国“安康杯”竞赛“示范单位”称号，授予66名个人“安康企业家”称号。公安部政治部主任蔡安季、铁道部副部长胡亚东、卫生部副部长陈啸宏、团中央书记处书记贺军科、中国民用航空局副局长李军、国家煤矿安监局副局长李万疆等领导出席会议并为获奖代表颁奖。山西潞安矿业（集团）有限责任公司董事长李晋平，福建厦门建安集团有限公司工会主席孙碧禄同志作大会经验交流。中华全国总工会机关有关产业及部门负责同志，国家安全监管总局、卫生部、国家煤矿安监局等有关司局负责同志，北京市总工会、安监局负责同志以及全国各地、各条战线荣获全国“安康杯”竞赛先进集体及优秀个人代表200余人在北京主会场参加了会议。

2012年，全国“安康杯”竞赛以“弘扬企业安全文化，加强班组安全管理”为竞赛主题，全面推进安全文化建设，广泛开展形式多样的安全文

化活动，引领职工积极参加企业安全生产民主管理和民主监督等实践活动，加大了非公有制企业及外来务工人员集中行业竞赛活动的组织力度，积极发挥街道（社区）、工业园区、经济技术开发区等区域经济圈的作用，通过建立独立赛区吸引更多的各种经济类型企业参加到活动中来，截至2012年底，参赛企业和职工数分别达到38.4万家和9470万人。着力加强安全生产基础工作，结合“安康杯”竞赛活动，开展了全国班组安全建设与管理优秀成果展示和比赛活动、职工安全卫生知识普及教育活动、组织参赛企业职工开展群众性安全生产检查及事故隐患和职业危害源点排查活动。全国十七个省市组织参加了班组安全建设成果展示活动，上报优秀成果132项。加大“安康杯”竞赛活动学习交流力度，组织全国30个省市开展了全国“安康杯”竞赛互检活动，全国“安康杯”竞赛组委会办公室带队分别对青海、内蒙古、广西3省的“安康杯”竞赛活动进行了检查指导。为推动全国“安康杯”竞赛工作深入开展，及时传递竞赛活动中好的经验，交流好的做法，推动并指导各参赛单位的竞赛工作，恢复并编发了32期全国“安康杯”竞赛活动简报。

四、深入开展安全生产隐患排查治理活动

2011年11月，中华全国总工会下发了《关于组织职工开展安全生产隐患排查治理工作的意见》（以下简称《意见》），对隐患排查治理工作提出了明确要求。为掌握各地开展安全生产隐患排查治理工作的情况，了解近年来各级工会组织在隐患排查治理方面的新进展、新经验，准确把握《意见》实施过程中存在的问题，进一步做好群众性安全生产基础工作。2012年，中华全国总工会对开展职工安全生产隐患排查治理工作进行调查研究作出了部署，下发了调研提纲，对调研内容提出了具体要求。中华全国总工会劳动保护部和各省市工会劳动保护部门纷纷成立专题调研组，深入基层、深入企业，通过召开座谈会、走访职工、个案访谈和问卷调查等形式，了解企业在建立健全隐患排查治理工作制度、事故隐患和职业危害档案、落实隐患整改措施、建立事故隐患举报奖励制度等方面的情况，中华全国总工会以及河北、内蒙古、辽宁、吉林、黑龙江、上海、江苏、浙江、安徽、福建、江西、湖北、湖南、广东、云南、四川、陕西、甘肃、青海等省市总工会形成了调研报告，摸清了问题，理清了进一步做好隐患排查工作的思路。12月3—5日，中华全国总工会在江苏常州召开组织动员职工开展隐患排查治理工作座谈会，江苏省、浙江省、上海市及部分地市、企业工会劳动保护工作负责同志分别介绍了2012年组织职工开展安全生产隐患排查治理工作情况。与会代表到江苏省电力公司常州供电公司、中国南车戚墅堰机车车辆工艺研究所有限公司进行调研，听取了企业工会在隐患排查治理、班组安全建设方面的工作汇报，与会代表对常州企业工会的积极探索和取得的成绩给予了充分肯定。

五、在职工伤亡事故和严重职业危害事件调查处理中充分发挥工会组织的重要作用

配合国家相关部委先后完成黑龙江省伊春市河南航空“8·24”特别重大空难事故、河南省信阳市“7·22”特别重大客车燃烧事故、滨保高速天津“10·7”特别重大道路交通事故和云南省曲靖市私庄煤矿“11·10”特别重大瓦斯爆炸事故结案工作。中华全国总工会先后派员参加国务院包茂高速陕西延安“8·26”特别重大道路交通事故和国务院四川省攀枝花市西区肖家湾煤矿“8·29”特别重大瓦斯爆炸事故调查处理工作，坚持“四不放过”原则，严查事故原因，分清事故责任，切实发挥工会的监督和维权作用。指导广东省总工会对广州市1,2—二氯乙烷急性职业中毒事件、东莞市黄江正己烷中毒事件、广东顺安达太平货柜有限公司群发性疑似职业病事件和新疆维吾尔自治区总工会对南方航空公司乌鲁木齐飞机维修站氮气制造车间急性中毒事件开展调查处理，敦促当地妥善解决相关问题。

六、劳动保护基础工作得到进一步加强

一是加强工会劳动保护队伍建设。按照中华全国总工会颁发的《工会劳动保护监督检查员管理办法》，对全国工会劳动保护监督检查员进行了重新登记、任命和实绩考核，并对考核结果进行了通报。通过考核，基本掌握了工会劳动保护监督检查员队伍的总体情况和开展工作的情况。按照《特聘煤矿安全群众监督员管理办法》，对新聘的21179名特聘煤矿安全群众监督员进行了登记注册。中华全国总工会、国家煤矿安监局在全国煤矿企业井下一线特聘煤矿安全群众监督员近9.5万名。二是加强劳动保护宣传教育。全国各省（区、市）普遍组织开展了职工安全卫生知识普及教育活动，参加活动的企业有14万家，职工5000多万人。与国家安全监管总局联合开展了全国《中华人民共和国职业病防治法》知识竞赛活动，全国31个省市800余万职工参加了知识竞赛。落实全国煤矿班组安全建设推进会精神，会同国家煤矿安全监察局，组织全国煤矿班组安全建设推进会表彰的30名优秀班组长和特聘煤矿安全群众监督员赴美国考察，拓宽了视野，开阔了思路。组织开展了向企业和班组送安全文化活动，编辑出版了10万册《噪声危害及防护知识职工普及读本》、3千套“班组安全建设光盘”和1万套“十个一活动宣传画”，免费发放给生产一线的职工。深入煤矿企业，与有关专家、学者和工程技术人员共同对《特聘煤矿安全群众监督员工作实用手册》进行了修订，并免费向煤矿企业职工发放2万册。这些活动的开展有力提升了广大职工的劳动安全卫生知识水平和技能。

七、深入企业开展“面对面、心贴心、实打实服务职工在基层”活动

按照中华全国总工会关于开展“面对面、心贴心、实打实服务职工在基层”活动的意见和活动实施方案的要求，劳动保护部工作组在中华全国总工会副主席、书记处书记张鸣起同志的带领下，分两个阶段在重庆市开展了服务职工活动。工作组先后走访慰问了巫山县松林汽车维修公司、奉节县港行运输公司、江北区新洁净清洗技术服务有限公司、万盛区南桐矿业公司、南川区裕华玻璃制瓶有限公司5家企业，召开了企业经营者、工会干部和职工座谈会16次，与50名职工进行了面对面的交流，发放职工劳动安全卫生知识普及读物及维权书籍近千册。工作组深入到中小企业、非公有制企业、改制企业、生产经营困难企业和劳动密集型企业，了解掌握企业生产经营、劳动关系变化、安全生产及职业病防治、职工生产生活和权益实现等方面的情况。工作组紧紧围绕“两个普遍”工作要求，突出工会劳动保护特点，对地方和基层工会进行了有针对性的指导服务，对南铜矿业集团推广工会参与职业病防治工作模式，新洁净保洁公司加强高空作业特殊岗位劳动保护工作等问题进行了具体指导，为基层工会开展工作、履行职责提供了有力支持。

八、配合国家相关部门开展安全生产监督检查等一系列活动

按照国务院安全生产委员会的统一部署，中华全国总工会副主席、书记处书记张鸣起带队的国务院安委会第十二督查组于9月13—21日对西藏自治区和甘肃省的安全生产工作和“打非治违”专项行动情况进行了督查。期间，督查组听取了西藏自治区、甘肃省人民政府和甘肃省甘南州政府、白银市政府和夏河县政府关于安全生产工作的情况汇报，实地检查了国电集团西藏分公司羊八井电厂、华泰龙矿业公司、中石油西藏拉萨市分公司功德林加油站、祁连山安多水泥股份公司、拉卜楞寺、华羚干酪素蛋白股份公司、中石油甘肃甘南销售分公司恒达加油站、银光化工集团公司和靖远煤业公司等9家企业单位，查阅了相关单位的文件档案资料，并与两省区政府交流反馈了督查意见。从两省区安全生产工作的总体情况、存在的主要问题和改进工作的意见、建议等方面向国务院安委会提交了督查报告。8月27—29日，会同国家安全监管总局、国家煤矿安监局、中国共产主义青年团中央委员会和宁夏回族自治区人民政府在宁夏回族自治区石嘴山市举办第九届全国矿山救援技术竞赛，中华全国总工会副主席、书记处书记张鸣起出席开幕式并致辞。10月18日，为激励广大职工开展形式多样的应急救援技术演练，提高职工的应急救援技术，中华全国总工会授予获得第九届全国矿山救援技术竞赛前两名的集体，神华宁夏煤业集团救护总队和山西焦煤汾西矿业集团救护大队“全国五一劳动奖状”荣誉称号；授予获得此次竞赛前两名的个人，神华宁夏煤业集团矿山救护队阿祖林和山西焦煤汾西矿业集团矿山救护大队靳晓军“全国五一劳动奖章”荣誉称号。此外，配合国家安全监管总局、卫生部等有关部门开展了“安全生产月”、“安全生产万里行”、“职业病防治法宣传周”等大型活动，扩大工会劳动保护工作的社会影响，促进全国安全生产和职业病防治形势稳定好转。

第九部分

相关行业或领域安全生产工作

道路交通运输安全工作

公安部交通管理局

2012年，全国公安交通管理部门按照公安部党委的统一部署，认真贯彻落实《国务院关于加强道路交通安全工作的意见》（国发〔2012〕30号，以下简称国务院《意见》）精神和国务院安委会全体会议、全国安全生产工作会议精神，坚持安全发展、科学发展，在地方各级党委、政府的领导下，与相关部门密切协作，充分发挥联席会议作用，全面加强道路交通安全工作，保持了全国道路交通安全形势的总体平稳。

一、全国道路交通安全基本情况

2012年，全国共发生涉及人员伤亡的道路交通事故20.4万起，造成59997人死亡、22.4万人受伤，同比分别下降3.1%、3.8%和5.5%；发生一次死亡10人以上重特大道路交通事故25起，同比减少2起；道路交通事故万车死亡率为2.5，同比降低0.3。分析全年道路交通事故主要有以下特点：

（1）生产经营性道路交通事故下降。全国生产经营性道路交通事故起数、死亡人数同比分别下降9.1%和10.3%。其中，客运车辆事故死亡人数同比下降17.7%。

（2）超速行驶、疲劳驾驶导致的事故明显下降。超速行驶、疲劳驾驶导致的事故死亡人数分别下降15%和28.2%，其中超速行驶导致的事故死亡人数同比减少1286人，占减少总量的54.6%。

（3）高等级公路、城市快速路事故总量下降。高速公路和二级公路事故下降，高等级公路事故下降4.2%，城市快速路事故下降28.6%。

（4）私家车肇事数量增多。私家车肇事导致事故起数、死亡人数分别上升5.5%和6.5%。私人机动车肇事的事故起数、死亡人数已分别占到机动车肇事总数的68.7%和58.8%，比2011年分别上升6.4%和6.2%。

（5）新驾驶人肇事增长幅度大。1年以下驾龄驾驶人肇事明显增多，造成伤亡事故起数、死亡人数同比分别上升22.6%和25.7%，死亡人数已占机动车驾驶人肇事总数的15.4%，比2011年高出3.7%。

（6）乡村道路、一般城市道路事故总量、高速公路重特大事故上升。乡道上发生的交通事故起数、死亡人数分别上升9.1%和13.9%。一般城市道路事故起数、死亡人数分别上升3.3%和4.8%。25起一次死亡10人以上事故中8起发生在高速公路，同比增加2起。

（7）正面碰撞、剐撞行人及坠车事故上升明显。正面碰撞和剐撞行人事故总量最大，造成死亡人数分别上升10.8%和22.4%。坠车事故造成的事故起数、死亡人数分别上升10.4%和25.7%。

二、主要工作措施

（一）加强源头管理，创新和完善监管监督

机制

一是深入开展平安畅通县市创建活动。以全国道路交通安全工作部际联席会议名义制定下发了《2011年度平安畅通县市评价指标体系及其考核评价标准和办法》，组织对各地创建情况进行明察暗访，共抽查县市72个、实地检查乡镇政府（街道办事处）146个、运输企业185个和公路隐患路段286处。二是部署开展“道路客运安全年”活动。联合相关部门加强道路客运源头管理，消除道路客运安全隐患，强力推进客车安装、使用安全带，有效降低事故伤害后果。针对长途客运重特大事故暴露出的问题，积极向政府建议并协调相关部门采取调整客运班线发班时间、夜间停运等措施，降低长途客运疲劳驾驶和夜间运行安全风险。全国近一半的省份采取了夜间停运措施。三是建立健全事故隐患曝光机制和责任倒查机制。深入剖析每起重大以上事故，组织媒体向社会曝光。针对事故暴露出来的客运车辆严重超员、超速、疲劳驾驶等问题，及时通报交通运输部门倒查运输企业责任并反馈整改情况。四是进一步强化驾驶人教育管理。交通运输部、公安部联合印发了《关于进一步加强客货运驾驶人安全管理工作的意见》和《机动车驾驶培训教学与考试大纲》，规范驾驶培训机构教学行为，提高大中型客货车驾驶人培训考试要求，强化客货运驾驶人日常教育管理。公安部门推出了17项严格驾驶人培训考试和教育管理的措施，实现全部地市科目二场内道路考试计算机自动评判、成绩实时上传，67个地市科目三实际道路考试应用智能科技评判手段，全国60%驾校推广应用了计时培训系统。五是进一步健全车辆安全性能监管机制。针对大中型客货车车身结构强度等安全质量问题，加强车辆生产质量监督管理。修订了国家标准《机动车运行安全技术条件》，集中开展了大中型客货车安全技术状况清理，建立了违规车辆产品信息通报及查处机制。

（二）加强秩序管控和动态管理，组织开展六大专项整治活动

一是持续深入开展“三超一疲劳”专项整治。从2011年11月到2012年3月，组织全国开展为期5个月的集中整治超速超员超载和疲劳驾驶专项行动。期间，全国因“三超一疲劳”违法行为导致的交通事故同比均分别下降10%以上。二是坚持开展酒驾常态化整治。2012年，各地继续将酒驾作为工作重点，在保持城市整治力度不减的基础上，将整治范围向农村道路、城乡结合部延伸，依法严肃查处酒驾行为，始终保持对酒驾、醉驾违法犯罪活动查缉的高压态势。全年共查处酒后驾驶50.4万起，其中查处醉酒驾驶6.5万起。三是组织开展旅游客运隐患集中整治。针对旅游客车事故多发问题，部门联合部署从7月15日至10月31日，在全国集中开展旅游包车客运安全专项整治行动。四是组织开展涉牌涉证违法行为集中整治。从8月20日至年底，全国共查处使用伪造或变造机动车牌证违法行为2.4万起，使用其他机动车牌证违法行为1.8万起，不按规定悬挂或者故意遮挡机动车号牌违法行为45.7万起，查获无牌无证机动车29.4万辆，非法拼组装、报废机动车1.1万辆。五是组织开展交通信号灯设置及使用问题的排查整治。自11月1日至12月31日，共排查交通信号灯10万余组，整改存在问题的信号灯4800余组，重新安装信号灯1108组。六是组织开展深化“牵手平安行”活动。7月10日，公安部召开电视电话会议，部署全国公安机关开展深化“牵手平安行”活动，主动牵手相关部门、运输企业、驾驶人以及广大交通参与者，全面排查治理安全隐患。全国共排查长途客车137万台、旅游包车24万台、校车19.7万台、危化品运输车33万台，排查1000公里以上班线1万余条，停运隐患班线1146条，调整班线2688条。共有29个总队、495个支队、2499个大队建立了信息发布平台，发布信息2亿余条。

（三）加强全民宣传教育和文明创建，营造全社会参与的文明交通风尚

一是推进“文明交通行动计划”深入实施。中央文明办、公安部印发了《2012年推进实施“文明交通行动计划”指导意见》，表彰了一批全国文明交通示范单位、社区、学校、行政村及文明交通驾驶人、志愿者，组织开展了文明交通宣传作品评选，评选出公益广告、专题片、挂图等8类共160个优秀宣传作品下发各地。各地聘请专家、学者、优秀志愿者、优秀驾驶人代表组成宣讲团，深入客货运输企业、社区、农村、学校开展“文明交通大讲堂”巡回宣讲活动。二是深化拓展文明交通示范公路创建活动。公安部将京哈、京沪、京

台、京港澳、连霍、沪昆等6条主干高速公路作为全国示范创建路，组织各地开展文明交通示范公路创建活动。经过创建，公路科技应用水平得到提升，安全设施得到改善，宣传氛围显著增强，通行秩序明显好转，创建公路百车违法率由创建前的12%下降至5%。三是强化重点驾驶人宣传教育和提示服务。各地将客货运驾驶人作为宣传重点，组织民警深入运输企业，与客货运驾驶人结对子、交朋友，实行“户籍化”管理，定期开展面对面的宣传教育。对发生涉及人员伤亡的客货运交通事故，及时通过交通安全手机短信平台，将事故原因、警示等信息发送到所有客货运驾驶人。同时，通过建立交通安全网站、交警官方微博，依托执法服务站、高速公路服务区等，广泛开展交通安全阵地宣传，曝光典型事故案例，及时向客货运驾驶人提供交通安全出行提示服务。据不完全统计，全国共开通交警官方微博近4万个，发布警示信息2400余万条。四是广泛开展媒体宣传。央视新闻频道刊播与交警相关的新闻报道820条，中央电视台和中央广播电台共播出公益广告40余则。各地参与策划主办的专题电视栏目528个，全国地级市（除西藏）均开通了交通广播频道（频率）。五是积极开展首个“全国交通安全日”主题宣传活动。11月18日，国务院正式批准确定每年12月2日为“全国交通安全日”。公安部会同中央文明办、教育部、交通运输部、司法部、安监总局联合下发通知，部署各地广泛开展“遵守交通信号，安全文明出行”主题宣传活动。当日，在央视新闻频道、社会与法频道策划播出了专题节目，中央电视台、中央人民广播电台等媒体推出了数十小时的高频次报道和主题公益宣传，中国青年报等媒体推出“全国交通安全日”专题调查，社会知名人士、网友等通过新浪微博等新媒体带动7万多网友发出70余万条微博。全国各地开展多项交通安全教育、体验、参与活动，受众广，影响大，取得良好的社会效果。

（四）加强道路交通应急管理，提升恶劣天气条件下保畅通、保安全、防事故能力

一是完善应急预案。针对冬季降雪冰冻雾霾恶劣天气频繁、夏季汛期强降雨天气较多的情况，修订下发《应对低温雨雪冰冻雾霾恶劣天气交通应急管理工作预案》。各地结合实际，建立了区域、部门、警种交通应急管理协作机制，健全完善交通应急管理工作预案。二是加强应急预警。公安部与中国气象局建立信息沟通机制，每日两次沟通气象信息，及时获取每日天气预报、未来三天或一周天气预报、气象灾害预警和汛期等专题气象分析预测信息，下发《公路天气交通影响预警通报》30多期，指导各地提前做好应急准备。三是加强区域协作。建立了包括交通应急管理工作在内的区域警务协作机制，各地开展了跨区域、跨地区及双边、多边的警务协作，深化拓展了合作方式和内容。四是加强视频调度。公安部先后召开90多次视频调度会，研究部署、现场协调恶劣天气及汛期交通应急管理工作，指导各地公安交通管理部门科学采取管控措施，通过警车带道、分段放行、间隔放行、分车型放行、分流绕行等措施，最大限度保障道路安全畅通。

（五）加强道路交通事故救援和调查处理，推进落实监管主体责任

一是加强重特大交通事故指导。发生一次死亡10人以上重特大道路交通事故后，公安部及时启动应急机制，与国家安全监管总局、交通运输部协调配合，共同赶赴事故现场，指导相关地区、有关部门开展事故救援、调查和处理工作。二是加强道路交通事故应急救援。各地公安机关与交通运输、安监、卫生、环保等部门和公路经营、抢险救援、清障施救、保险等单位，联合建立了交通事故应急处置机制，根据交通事故情况，共同开展应急救援、现场勘查、事故处理、事故清障、环境监测、事故赔偿、善后处理等工作，全力做好交通事故应急处置。三是加强事故调查整改和责任追究。针对事故暴露出的问题，及时通报有关部门落实行业监管责任，倒查运输企业，严格查处和追究相关领导和人员的责任，并督导倒查整改情况。2012年，及时有力查处了浙江、安徽、山东、河南、贵州等地发生的多起客运车辆严重违法问题，以及部分地区严肃查处非法违规生产经营导致的重大责任事故。

水上交通运输安全工作

交通运输部安全监督司

2012年，交通运输系统在党中央、国务院的领导下，以科学发展观为指导，坚持“安全第一，预防为主，综合治理”方针，认真贯彻落实党中央国务院关于加强安全生产的一系列重大决策部署，以深入扎实开展“安全生产年”活动、“打非治违”专项行动为载体，以落实安全生产“两个主体责任”为重点，全面加强交通运输安全生产工作，实现了交通运输安全生产形势的持续稳定好转。2012年，交通运输系统共组织水上搜救1954次，出动船艇7316艘次、飞机352架次，成功救助遇险人员16392人次，搜救成功率96.7%。2012年，全国发生水上运输船舶事故270件，死亡失踪277人，同比分别下降9.4%和4.8%。

一、结合行业实际，认真贯彻落实党中央国务院重大决策部署

为深入贯彻落实国务院安委会全体会议、全国安全生产电视电话会议等重要会议和中央领导批示指示精神，交通运输部多次召开党组会、部务会、部安委会以及全行业电视电话会议，学习领会党中央国务院关于安全生产工作的重要决策部署，研究制定贯彻落实措施，扎实推进交通运输安全生产各项工作。交通运输部结合行业实际，印发了《交通运输部关于贯彻落实安全生产“十二五”规划主要目标和任务工作分工方案的通知》、《交通运输部关于贯彻落实国务院关于坚持科学发展安全发展促进安全生产形势持续稳定好转意见重点工作分工方案》、《交通运输部关于贯彻落实〈国务院关于加强道路交通安全工作的意见〉的通知》、《交通运输系统继续深入扎实开展“安全生产年”活动方案》等文件，进一步细化、分解和落实了国务院有关安全生产工作的重要部署。同时，交通运输部加强对各地落实国务院和部关于安全生产决策部署情况的督促检查，结合不同时段安全生产工作的实际需要，部领导多次带队督查，赴全国多个重点地区检查指导安全生产工作，确保各项工作落实到位。

二、完善法规制度，为推进安全发展提供制度保障

交通运输安全生产法制更加完善，2012年修订了《国内水路运输条例》，起草了《道路危险货物运输管理规定》和《港口危险货物安全管理规定》，规范道路运输、港口领域的危险化学品管理。加快了《交通运输安全生产监督管理办法》、《交通运输重大事故隐患排查挂牌督办办法》、《交通运输安全生产责任追究办法》、《交通运输安全生产“黑名单”制度》等规章制度的研究起草工作，不断完善安全生产法规制度体系。

交通运输安全管理体制更加完善，成立了交通运输部路网监测与应急处置中心，强化全国公路网运行监测和应急保障能力，积极推进海事系统转制改革，加快海事队伍正规化建设。各地也结合各自具体情况，不断健全安全生产监管机构。

交通运输安全管理机制更加完善。针对琼州海峡客滚运输需求高，安全监管难度大等问题，交通运输部牵头与广东、海南、广西等地人民政府成立琼州海峡客滚运输安全整治协调领导小组，协力打造琼州海峡平安航区。进一步完善了安全生产约谈机制，交通运输部针对湖南省上半年连续发生交通运输重大生产安全事故，对湖南省交通运输厅及有关单位进行了诫勉谈话，督促、指导其认真吸取事故教训，落实整改措施。各级部门和单位也积极探索和完善多部门联合执法、跨区域联合执法等机制，加强沟通协调，形成监管合力。

三、严格安全监管，集中开展“打非治违”专项行动

根据国务院有关工作部署，交通运输部成立了

以部领导为组长的“打非治违”专项行动领导小组，周密制定行动方案，在全行业集中开展“打非治违”专项行动，并多次召开全行业电视电话会、专题会，研究部署“打非治违”专项行动，及时研究解决行动中遇到的难题。为巩固专项行动成果，在行动结束后，部又组织开展了“打非治违”专项行动“回头看”活动，持续保持高压态势，坚决遏制非法违法行为多发的态势。据初步统计，自专项行动开展以来，交通运输系统各部门、各单位共组织执法力量29.4余万人次，打击非法违法、治理纠正违法违章行为共计35.6万余起，非法违法行为的多发态势得到有效遏制。

四、突出重点领域，坚决防范重特大事故发生

针对道路运输、水上交通、工程建设、危险化学品运输等事故风险高、监管难度大的重点领域，交通运输部积极采取有效措施，强化安全监管，有效防范和坚决遏制了重特大事故发生。

（一）以“道路客运安全年”为载体，强化道路运输安全监管

联合公安部、国家安全监管总局在全国范围组织开展“道路客运安全年”活动，全面加强了道路客运安全管理。2012年以来，在道路运输领域开展了旅游客运包车安全专项整治行动，启动了“安全带－生命带”专项行动，制定并完善了长途客运车辆夜间凌晨两点至五点停车休息或接驳运输制度，继续大力推进道路安全告知制度，有效整顿了道路客运市场秩序，提高社会公众乘车安全意识和自我安全保护能力。

（二）以提高安全防范能力为重点，强化水上交通安全监管

2012年，继续以“四区一线”重点水域、“四客一危”重点船舶、渡口渡船等为重点，落实安全责任，强化安全监管。召开了全国渡运安全监管现场会，全面总结了自2005年开展渡口渡船安全管理专项整治活动以来的经验和教训，对进一步强化渡船渡口管理进行了周密部署。针对近年来水上交通安全的新形势、新特点，建立了水上通航安全形势分析工作机制，集中开展了船舶配员与船员证书专项检查活动，继续强化水上水下通航安全管理、加快构建砂石运输船舶长效管理机制，有效地减少事故隐患，提升了安全风险防范能力。

（三）以深化“平安工地”建设为主线，强化工程建设领域安全监管

启动了平安工地达标考核评价工作，认真总结“平安工地”建设活动开展以来的经验和成效，推进“平安工地”建设活动长效化、制度化。根据国务院有关部署，结合行业实际，开展了高速公路预防施工起重机械和支架脚手架等坍塌事故专项整治行动。深刻吸取湖南省炎汝隧道爆炸事故和夜间事故多发的教训，加强了施工现场民爆物品安全监管，督促施工单位完善隧道洞口出入门禁制度，强化夜间施工安全管理。继续大力推广公路桥梁和隧道工程施工安全风险评估制度，并积极研究开展其他危险性较大工程建设项目的风险评估工作。

（四）以贯彻落实《危险化学品安全管理条例》为契机，强化危险品运输安全监管

交通运输部与国家安全监管总局联合下发了《关于明确港口危险化学品安全监督管理若干问题的通知》，明确了港口危化品安全管理职责。大力推广港口码头大型安检仪的应用，强化危险品运输安全检查，严厉打击非法夹带危险化学品等行为。

五、落实企业责任，积极推进企业安全生产标准化

为落实企业安全生产主体责任，提升企业安全水平，交通运输部积极推进交通运输企业安全生产标准化工作。制定了《交通运输企业安全生产标准化考评管理办法》、《交通运输企业安全生产标准化达标考评指标》等规章制度，完成了交通运输企业安全生产标准化管理信息系统的开发和建设，并在部分省份进行了试点应用，编制了交通运输企业安全生产系列培训大纲和教材，启动了基层相关人员的培训和考试工作。

六、强化保障能力，大力提升装备设施水平

交通运输部指导各地整合现有资源，加快组建省级路网中心，建立省级统一的路网运行监测平台，推进部省两级路网管理与应急处置平台建设，积极构建部省联网、资源共享的信息指挥平台体系，提升路网的运行监测、应急处置和出行服务能力。进一步优化了全国重点营运车辆联网联控平台的功能，强化了卫星定位装置的安装和使用，对未按照规定安装卫星定位装置或未接入全国联网联控系统的重点营运车辆，暂停了营运车辆资格审验。加强公路长大桥隧的运营监控，推广桥隧管理信息系统的应用，提升桥隧养护和管理信息化水平。推

进公路安全保障工程、危桥改造工程、干线公路灾害防治工程，从国省干线向市、县、乡和农村公路延伸，进一步完善了公路安全警示标志和安全防护设施、强化急弯、陡坡、临崖、临河等危险路段的整治。

七、加强队伍建设，不断提高从业人员安全技能

为进一步提高从业人员安全技能，交通运输部不断完善队伍建设制度，会同公安部联合下发了《关于进一步加强客货驾驶人安全管理工作的意见》，进一步明确了客货运输驾驶员队伍从业资格准入、聘用程序、继续教育培训和退出机制等要求。继续大力推进素质教育工程，举办多期客运驾驶员、危险品运输从业人员、工程建设安全和质量管理人员等教育培训班。加大了安全培训力度，继续实施交通运输安全监管队伍轮训制度，组织开展安全监管人员安全培训，提高安全监管队伍专业知识和技能。充分发挥行业专家的决策支持作用，成立了中国海事专家委员会、水上通航安全专家委员会，吸收行业专家参与水上交通重大安全事项决策，提升安全监管科学化决策水平。

八、加强安全科研，着力构建安全风险管理体系

交通运输部集中行业科研力量，研究了安全风险管理理论、风险辨识、风险评估、风险控制等技术，用风险管理的理念和方法对安全管理在现有认识上进行深化、思路上进行优化、制度上进行完善、管理方法上进行改进。把安全控制措施贯穿于建设管理、运输服务、应急防控等各个环节，对风险突出环节进行了梳理，逐步推广安全风险管理理念，把安全风险防范落实到各层级、各主体、各岗位。实现从事后到事前、从开放到闭环、从个人到系统、从局部到全局的转变，推动安全管理方式由事故管理向风险管理和系统管理转变。

九、培育安全文化，努力营造良好氛围

2012 年，交通运输部组织全行业开展了第十一个“安全生产月”活动，围绕“科学发展、安全发展”主题，开展了交通运输生产安全事故警示周、安全知识宣传咨询日、应急演练周等丰富多彩的活动，推进“安全生产月”活动进基层、进车间、进班组、进场站。组织部机关及直属单位开展科学发展安全发展知识竞赛活动，促进有关人员的安全知识和技能的提高。在公路水路工程建设领域，开展了为期半年的“本质安全”学术大讨论活动，有效地推动了对“本质安全”理念、内涵、外延及实现途径的理解和认识。

十、突出重点时段，全力做好安全保障工作

为确保“两会”、党的“十八大”期间交通运输安全稳定，交通运输部高度重视、精心准备，召开了全行业“保安全、促稳定，加强行业管理”电视电话会议等多个重要会议，对有关工作进行了周密部署，切实为“两会”、党的“十八大”等营造安全稳定的交通运输环境。在春运、五一、十一黄金周等重要节假日期间，部针对节假日客流特点，特别是今年中秋、国庆双节叠加，以及在国庆期间首次实行高速公路小汽车免费通行政策带来的客流爆发式增长，统筹调配运力，强化路网运行保障，确保群众安全便捷的出行。在暑期、汛期、冬季等安全生产重点时段，交通运输部科学制定应急预案，加强预警预防，强化应急值守，安排救助车辆、船艇、飞机处于待命备战状态，确保发生险情及时救助，最大限度降低灾害造成的生命财产损失。

铁路交通运输安全工作

铁道部安全监察司

2012 年，全路认真贯彻落实国务院关于加强安全生产一系列工作部署，始终坚持科学发展、安全发展的理念，创新安全管理思路，推进安全风险管理。通过整治安全设备隐患，设备安全基础持续加强，加大规章制度的修废补建，全路技术规章体系基本建立，规章制度建设进一步规范，突出高铁和客车安全重点，运输生产过程得到有效控制，强化职工培训工作，职工队伍素质得到提高，高度重视应急处置建设，各类突发事件的应急处置预案得到完善，应急处置水平不断提高，全年实现了安全基本稳定。

一、认真开展“打非治违”专项行动

铁道部党组认真贯彻落实《国务院办公厅关于集中开展安全生产领域“打非治违”专项行动的通知》精神，2012 年 4 月至 9 月，在全路广泛深入开展了“打非治违”工作。起草下发《关于集中开展铁路安全生产领域“打非治违”专项行动的通知》（铁安监函〔2012〕477 号）和《关于印发铁道部安委会办公室“打非治违”专项行动办公室工作方案的通知》（铁安监电〔2012〕22 号），明确铁路“打非治违”专项行动方法、步骤和 28 项重点内容，成立专项行动办公室，召开“打非治违”专题会议，对专项行动进行部署安排。及时汇总全路专项行动进展情况，定期向国务院安委办报送信息、总结。每周编发《打非治违动态》简报，通报各安全监管办工作情况，指导各阶段工作，使专项行动有序开展。活动期间，全路打击非法违法、治理纠正违规违章行为 6932 起，取消 15 条专用线危险货物运输，取消 47 家铁路危险货物托运人资质。抽查 97 个建设项目、316 个火工品库，查处火工品运输管理不严格、存放不规范、日常管理不到位等一批突出隐患。广铁安全监管办先后 3 次与湖南省有关地方政府协调、沟通，对京广线朱亭桥河道非法淘金进行整治，通过联合调查、现场督办，将 60 余条非法采金船全部吊运移出河道，彻底整治了非法淘金现象。《法制日报》、《人民铁道报》对铁路“打非治违”专项行动进行了多次报道。铁道部编发的 19 期《打非治违动态》简报，有 4 期被国务院安委办转发。集中行动结束后，按照国务院安委会要求，又组织开展“打非治违”专项行动“回头看”活动。通过专项行动，解决了一批长期威胁铁路运输安全的违法违规生产经营建设问题，铁路运输安全环境得到较大改善。

二、组织开展阶段性安全大检查活动

为保证关键时期安全稳定，铁道部党组组织开展了三次大型的安全大检查活动：一是组织开展了春运安全大检查。春运期间，部党组成员分片包保，下到春运第一线，对春运期间的安全管理、运输秩序、旅客乘降组织进行检查调研，提高了广大干部职工迎战春运的工作热情，实现了春运期间的安全稳定。二是组织开展了安全基础建设大检查。在“7 · 23”事故发生一周年前期，铁道部党组成员带队，对 18 个铁路局、3 个专业运输公司的安全管理工作进行了全面的检查调研，共检查发现各类安全问题 995 个，指导各单位限期整改期限和责任部门。三是组织开展了防洪安全大检查。面对全年极端天气频发、降雨强度大、登陆台风多、受灾范围广、应对难度大的实际，铁道部实时组织了防洪安全大检查，全面开展隐患检查评估，针对排查出的安全隐患，通过加大防洪资金投入，树立全员防洪、全天候防洪、全覆盖防洪的理念，全年防洪取得了显著成绩。

三、在全路全面推行安全风险管理

为认真贯彻党中央、国务院关于安全生产工作的总体部署，尽快扭转“7 · 23”事故发生后铁路安全的被动局面，稳定铁路安全形势，在铁路既有安全管理的基础上，全面引入了风险管理的理念和方法，围绕运输生产全过程，从人员素质、设备质量、管理制度、环境影响等方面，全面推行安全风险管理，促进铁路安全管理规范化、系统化、科学化。铁路行业推行安全风险管理的总体思路是，深入贯彻落实科学发展观，坚持“安全第一、预防为主、综合治理”方针，落实“三点共识”、“三个重中之重”要求，全面加强管理基础、过程控制和应急处置，构建全面、全员、全过程的安全风险控制体系，从源头上消除安全隐患，确保运输安全持续稳定，推动铁路安全管理步入规范、高效、有序、可控的良性运行轨道，全面提升铁路安全工作水平。铁路行业推行安全风险管理的主要内容包含安全管理基础工作、安全生产过程控制和应急处置、安全管理责任落实、安全文化建设等方面。铁路行业推行安全风险管理的重点是强化安全管理基础。铁道部充分发挥政府安全监管与行业管理职能，加强对铁路局安全管理工作的检查与督导，分析评判各铁路局的安全态势，促进铁路局安全管理水平的提升。铁路局作为安全管理的责任主体，对全局推行安全风险管理进行全面规划、系统研究，动员各级组织、各个部门、各个单位共同推进安全风险管理。基层站段作为安全生产的落实主体，切实抓好规章制度、岗位职责、作业标准、作业流程以及人员配备等具体工作的落实，实现对作业过程中安全风险的有效控制。铁路行业推行安全风险管理的关键是实现对安全生产过程的有效控制。广泛开展学标、对标、达标活动，扎实推进安全标准化建设。把安全生产过程中出现的任何非正常情况，都作为安全风险因素，以铁路惯性事故和倾向性问题为重点，分系统、分层次、分岗位，建立健全规章制度及应急处置办法，纳入工作标准和流程，铁路非正常情况的应急处置体系基本建立。对安全生产中重大设备隐患、惯性事故和严重违章等安全风险进行专项整治，研究制定安全风险防范对策，集中人力、物力、财力，严格落实整治方案，从安全措施上加强防范，从管理源头上加以根治。在推行安全风险管理的过程中，重点考核各级干部日常安全履职情况、管理过程和履职质量，严格实行干部责任追究制，对发生的每件事故和险情，追根溯源地查找管理责任，严肃追究相关管理部门和有关人员的责任。注重安全风险管理推进过程中的安全文化建设。切实发挥企业安全文化对安全工作的引领和推动作用，在职工作业场所推行安全格言、安全寄语和安全承诺揭挂，设置和规范安全标志、标识，潜移默化，感染熏陶，增强干部职工安全风险意识。积极推进铁路安全文化建设示范企业创建，精心组织“安全生产月”活动，深入开展安全生产劳动竞赛等全员性安全生产创建活动，促进广大干部职工主动发现并解决问题、有效防范安全风险。发挥报刊、电视、网络等新闻媒体作用，广泛深入地宣传铁路安全生产重大政策措施、典型经验和显著成效。抓好爱路护路对外宣传教育，提高安全生产舆论引导能力，增强人民群众对铁路安全发展的认同感和安全信任感，推动全社会重视、支持、理解铁路安全生产工作，为铁路抓好安全生产营造良好的舆论环境。坚持以人为本、严爱结合，切实关心职工、尊重职工，千方百计解决一线职工的生产生活困难，增强企业的凝聚力、向心力，营造敬业爱岗、快乐工作、共保安全的浓厚氛围，形成推动安全风险管理、夯实安全基础的强大力量。

四、开展安全风险专项整治活动

全路围绕年初确定的 9 项安全风险控制重点，大力开展安全专项整治。对所有客车径路设备都进行了全面整修，更换钢轨 502.81 公里、失效枕木 25 万余根，整修道岔 3 万余组。整治 122 台客运机车和 152 辆客车的轴承，更换动车组轴承 10936 套，整修客车车窗 1.4 万辆，开展了客车防火及制动故障的专项整治，更换动车组车顶高压绝缘子 120 列。集中整治了 505 座/1600 处隧道埋入杆件施工缺陷。全路新增 36 个重点装车站的 39 台动态轨道衡和 12 个主要编组站的 19 台超偏载检测装置。全路完成道口平改立 269 处，新建人畜通道 352 处。全路强力整治违法违章上道作业顽症，严格了天窗点外作业要求，取消了正线施工点前慢行，进一步明确了施工后旅客列车的放行条件，认真组织修订了营业线施工管理办法。

五、突出高速铁路安全管理

一是牢固树立安全第一思想，积极调整铁路安全发展思路。“7·23”事故发生后，全路认真贯彻落实党中央、国务院的部署，深刻吸取事故教训，深入反思查摆在贯彻落实安全第一、安全发展方面存在的深层次问题，突出强化高铁安全管理，严格高铁建设标准、工期和新线开通条件，适当降低新建高铁初期运营速度，优化高铁调度台设置，强化高铁专业管理，集中整治高铁设备质量问题，改进高铁设备维修管理模式，规范高铁设备准入，健全高铁规章制度体系，强化高铁人才培训，整治高铁运营环境，加强应急和防灾能力建设，提升了高铁安全管理水平。二是切实整改高铁安全隐患，稳定铁路安全形势。“7·23”事故发生后，国务院组织开展了高铁安全大检查，共发现 359 项问题，铁道部下发了《关于公布国务院高铁安全检查组提出问题的整改任务分工的通知》（铁安监〔2011〕152 号），2012 年底前已全部销号解决。对存在问题的列控系统软件全部进行了升级改造，组织实施了 1043 个车站的通信防雷补强工作，对存在质量安全隐患的 54 组 CRH380BL 动车组由厂家进行了召回，消除隐患后恢复上线运行，保证了高铁运营安全。三是持续加强设备安全基础。通过规范工程招投标、严格执行工程项目建设工期，严把新建铁路的静态验收、联调联试、运行试验、工程初验和安全评估等环节，严格落实新线验收标准和开通运营条件，全年新开通的京广高铁京武段、哈大、汉宜、合蚌、龙漳线初期运营安全平稳有序。通过健全铁路产品技术标准，严格高铁新研发产品鉴定评审程序，规范完善公开透明的物资采购机制，加强铁路专用设备准入管理和行政许可认证管理，确保了主要行车设备的运行稳定可靠。四是规章制度建设进一步规范。制订形成了《铁路主要技术政策》，建立了高铁技术标准体系、装备标准体系、管理标准体系和客运专线技术管理、无砟轨道线路维修、信号联锁试验等各项专业规章，修订了动车组司机、动车组机械师和基础设施维护等高铁主要行车工种的作业标准、作业流程，并纳入标准化管理体系。五是高铁职工队伍素质得到提高。加强重点岗位人员的准入管理，明确规定了动车组机务运用、高铁接触网检修等10类高铁关键专业技术岗位的任职资格条件，严格人员选拔与任用。深入实施高技能人才战略，采取与高校共建、实行订单式培养等方式，着手培养一批熟练掌握专业技能、具备良好操作能力与应急处置能力的高技能人才队伍。六是应急处置建设不断完善。对高铁行车设备、列车运行、现场作业、外部环境等运输生产过程的动静态监测进行完善。加强对运输生产非正常状态情况分析，包括对非正常状态下行车等安全风险的识别、研判，实现及时预警和有效处置。修订完善了《高速铁路突发事件应急预案》，加强铁路专业救援队伍建设，强化应急救援实战演练，全面提升高铁应急救援能力，做到应急有备、处置高效。

民航交通运输安全工作

中国民航局航空安全办公室

2012年，在党中央、国务院的正确领导下，民航全行业广大干部职工认真贯彻落实中央领导同志对民航工作的重要指示、批示精神和国务院安全生产工作部署，以科学发展观为指导，坚持“安全第一，预防为主，综合治理”方针，切实落实安全生产主体责任，深入开展人员资质能力建设，着重提升安全监管效能，健全完善安全管理体系，不断夯实安全保障基础，保持了行业总体平稳向好的安全态势。

2012年，民航全行业完成运输飞行617万小时、278万架次，同比分别增长10.3%、9.0%。通用飞行53万小时，107万架次，同比分别增长-2.3%、13.6%。未发生运输飞行事故，发生通用航空事故1起，事故万架次率同比下降83.0%。发生运输航空事故征候261起，其中严重事故征候11起，人为责任原因严重事故征候万时率0.008，同比下降50.3%。8月以来未发生人为责任原因严重事故征候，行业整体安全品质和裕度显著提升。自2010年8月25日至2012年12月31日，运输航空连续安全飞行29个月、1355万小时。南航连续安全飞行超过1000万小时，获得“飞行安全钻石奖”和“保证飞行安全先进单位”荣誉称号，厦航获得“飞行安全二星奖”。

在严峻复杂的国内外反恐和空防形势下，民航连续实现第十个“空防安全年”。成功处置了“6·29”暴力恐怖劫机事件，先后查获“8·16”、“9·5”等企图突破安全防线的事件，妥善处置了“8·29”等31起虚假恐怖信息威胁事件。民航圆满完成党的“十八大”、“两会”、亚欧博览会等重大会议和国家重要活动期间的安全保障任务，确保了空防安全，得到了中央领导同志的充分肯定和广大乘机旅客的赞誉。

一、着重落实安全生产责任

民航全行业认真贯彻落实民航工作会议暨安全工作会议的总体部署，在把握实现航空安全的8个关系上狠下功夫，创新思路、多措并举，狠抓安全主体责任落实。民航各地区管理局及监管局与辖区企事业单位签订《航空安全责任书》，明确安全任务和目标，加强和改进持续监察，督促落实安全主体责任。民航华北局与辖区监管局签订《安全监管绩效责任书》，对安全监管过程及结果加强管理。民航中南局在湖南地区机场进行安全绩效管理试点，对突出问题和关键环节设定控制指标，实现过程监督。企事业单位细化安全指标，把安全主体责任落实到各安全管理岗位和生产运行岗位，并加大安全绩效考核力度，确保安全领导责任和岗位责任落地。

结合国务院“打非治违”专项活动，民航全面开展安全大检查。4—9 月查出安全隐患 12899 项，完成整改 10938 项，其中挂牌督办的 3 项重大事故隐患，均得到有效整改。6 月 29 日，国务院调查组首次向社会公布民航事故调查报告，相关责任人被问责，警示全行业要严格落实安全生产责任。

二、全面开展人员资质能力建设

扩大飞行人员资质排查范围，对飞行检查委任代表、模拟机教员和副驾驶进行专项技术检查，共检查 11077 人，其中 237 人不合格。加强飞行人员健康管理，对运输航空公司 45 岁以上机长进行头颅核磁共振、颈动脉超声和脑电图专项检查。对签派员进行理论水平和操作实务抽查，合格率为 89%。开展机务维修人员资质考试，重点检查航空器现场维护的放行人员、发动机试车和孔探人员。组织发动机孔探大赛，积极营造维修人员钻研业务、提高技能的良好氛围。检查管制单位持照管制员 5159 人，合格率为 98.8%。检查机场专业人员 37253 人，持证率 94.7%；检查航油供应人员 4493 人，持证率 97.3%。对上述检查不合格的人员，组织开展补充训练和重新检查。

民航各企事业单位加大安全投入，狠抓安全管理人员和生产一线人员培训工作。落实国家安全监管总局、国务院国资委和中国民航局关于加强管理人员安全培训工作的要求，2067 名企事业中高级安全管理人员接受了培训。出台《民用运输机场高级管理人员资质培训规定》，对机场高级管理人员资质做出规范。中航油开展油库负责人安全专题培训，取得了较好的效果。

三、切实加强安全监管力度

进一步加强宏观调控，突出对安全的要求，重点监控航空公司飞行小时和专业人员的配备情况，强化机队配置计划管理，2012 年净增飞机 180 架，比计划少引进 54 架，有效地控制了增长速度。新组建成立温州、丽江、喀什监管局和阿克苏运行办，进一步加强了行业安全监管力量。不断完善安全监管绩效考核标准和方法，初步实现对监管局监管工作过程的量化考核。监管单位严格执行年度监察计划，检查 4 万多次，对违规违章行为实施了行政处罚。继续推进飞行标准监督管理系统（FSOP）的使用，完成了飞标监察员和委任代表的培训。山西安监局安全监管技术平台开始试运行，增强了科技对民航安全管理的支撑作用。

针对 2012 年上半年国航连续发生多起违规违章事件，安全形势严重滑坡的情况，中国民航局派出工作组开展安全整顿。在安全管理、加班包机及总量控制等方面采取了措施，组织开展安全管理体系（SMS）专项审核，评估危险源识别和风险防控能力，查找安全管理体系中的薄弱环节，督促其切实落实主体责任，加强薄弱环节管理，提高安全运行裕度。针对海航管理违章、空勤人员大面积严重违反休息期管理规定的问题，采取了削减飞行总量、限制加班包机等多项处罚措施，对 153 名飞行和乘务人员进行了行政处罚。

针对安全运行中出现的新问题，出台了《关于加强客舱安全管理工作的意见》，要求航空公司正确处理安全与服务的关系。制定了《航班备降工作规则》，对备降机场规划与机位安排、航空公司运控管理、空中交通服务保障等方面提出要求。开展净空超高障碍物、锂电池航空运输、鸟击及外来物防范（FOD）等专项治理。检查出新增超高障碍物 688 处，对净空保护区存在超高建筑的绵阳、普江、呼和浩特等机场采取了运行限制措施；通过 FOD 督查整治，一些机场航空器轮胎扎伤事件数量下降明显。校飞中心对京沪、京广和京哈等主要航路和 7 个地区民航频率无线电干扰实施空中监测，及时查处无线电干扰源 26 个，保障了飞行运行环境。

四、稳步推进安全体系建设

民航进一步完善安全规章体系。颁布和修订《航空人员体检合格证管理规范》、《民用机场建设管理规定》等 5 部规章和《民用航空器事故征候标准》、《锂电池航空运输测试规范》等 32 个标准。下发《多人制机组驾驶员执照训练和管理办法》、《民用运输机场高级管理人员资质培训规定》等 31 个规范性文件。

安全管理体系建设稳步推进。截至 2012 年，183 个机场、386 家维修单位和 133 家空管运行单位通过 SMS 审定。按计划完成了川航、南京禄口机场的 SMS 审核试点。修订《机场普遍安全审计检查单》，优化了安全审计方案，完成第一轮剩余19个机场的安全审计工作。制定《民用机场持续安全审计指南》和《机场持续安全审计检查单》，完成了8个机场的持续安全审计试点工作。启动航空公司航空保安审计试点。空管建立运行风险实时监测系统，加强了运行风险的评估和监控。

2012年，航空安全信息系统共收到13284条事件信息，同比增加43%，实现了1268家单位、9338个用户安全信息的及时传递，充分发挥了收集、调查、分析、预警、预防为一体的系统功能，为行业趋势分析、决策提供依据，实现了安全关口前移。完成“8·24”伊春特大可控飞行撞地事故、津巴布韦“11·28”货机浦东机场冲出跑道事故和多起严重不安全事件的调查，作为航空器制造国参与印尼鸽航“5·7”新舟60飞机坠海事故调查。积极开展国际交流合作，与独联体航空委员会签订《民用航空器事故调查合作谅解备忘录》。

五、注重夯实安全保障基础

加强新技术研究与运用。按照“基于性能的导航（PBN）”实施规划，完成56个机场PBN飞行程序设计，其中13个机场实施了“区域导航（RNAV）”程序，39个机场实施了“所需导航性能—进近（RNP APCH）”程序，4个机场实施了“要求授权的所需导航性能（RNP AR）”程序。九寨黄龙机场在全国首次使用公共的RNP AR飞行程序，提高了安全品质和裕度，创造了显著的经济效益。制定《飞机平视显示器（HUD）发展应用路线图》，明确实施计划。按照山航和首都航的运行统计，飞机使用HUD和增强飞行视景系统（EFVS）技术，飞行超限和人为操作错误显著降低。制定《中国民航ADS－B实施规划》，完成成都至拉萨航线ADS－B实验验证并投入运行，结束了该航线46年没有监视手段的历史。航科院首次运用真机（B737）成功完成跑道拦阻系统（EMAS）试验，并通过行业审定，打破了国际垄断，健全完善了新技术研发、验证、应用相结合的新模式。

适航审定能力不断加强。按照中央领导同志关于加强适航攻关的指示要求，成立民航牵头的七部委适航攻关领导小组，制定适航攻关工作方案，明确了工作任务和目标。编制完成大型客机适航审定能力建设纲要，加入国家大飞机发动机适航审定专家组。加强了上海、沈阳适航审定中心和航油航化审定中心专业队伍建设。ARJ21－700飞机进入试飞审定阶段，进行了32个科目，179小时的审定试飞；推进与美国FAA对该型号飞机的影子审查。继续加强对C919、Z15、Y12F等航空器及发动机的型号合格审定。按照中美双边适航协议，首次对等开展B787飞机型号合格认可。

建筑施工安全生产工作

住房和城乡建设部工程质量安全监管司

2012年，全国住房城乡建设系统求真务实，团结拼搏，建筑安全生产工作取得了一定成效，安全生产形势持续稳定好转。回顾一年工作，主要在以下方面取得了积极进展。

一、完善规章制度

2012年，住房和城乡建设部结合住房城乡建设系统实际，制定印发了《关于贯彻落实〈国务院关于坚持科学发展安全发展促进安全生产形势持续稳定好转的意见〉的通知》（建质〔2012〕6号）；组织修订了《建筑施工企业主要负责人、项目负责人及专职安全生产管理人员管理规定》，拟以部门规章形式印发；组织编写了《施工企业安全生产管理规范》，现已开始实施；研究提出了《中华人民共和国安全生产法》、《中华人民共和国特种设备安全法》等重要法律法规的修改意见，及时反馈相关部门。各地住房城乡建设部门不断完善建筑安全生产管理制度，如北京市住房城乡建设委组织启动了《北京市建设工程施工现场管理办法》的修订工作；天津市城乡建设交通委启动开展了《天津市建设工程施工安全管理条例》的立法工作。

二、开展专项整治

2012年，住房城乡建设部按照国务院安委会的统一部署，持续开展了建筑施工领域“打非治违”专项行动，及时印发了《关于集中开展建筑施工领域“打非治违”专项行动的通知》（建办质〔2012〕17号）和《住房城乡建设部办公厅关于进一步深化建筑施工领域“打非治违”专项行动集中开展“回头看”活动的通知》（建办质电〔2012〕22号）。据统计，全国住房城乡建设部门共检查在建工程项目44880个（次），查处非法违法建筑施工行为17304起，下发隐患整改通知书6767份，停工整改项目2160个（次）。各地住房城乡建设部门积极推进建筑施工领域“打非治违”专项行动，如贵州省住房城乡建设厅成立厅长牵头的领导小组，并将专项行动开展情况列入年终安全目标考核内容，确保取得实效；河南省住房城乡建设厅制定实施方案，全省共组织安全检查887次，查处非法违法行为2062起。

三、加强监督检查

2012年，住房城乡建设部组织开展了对全国30个省（市、区）保障性安居工程的质量安全大检查，共抽查180个工程，总建筑面积约249万平方米。结合建筑安全生产形势，印发了《关于对北京市怀柔区北房镇在建工地“2·22”塔吊倒塌事故的通报》（建质电〔2012〕1号）和《住房城乡建设部关于湖北省武汉市“9·13”施工升降机坠落事故的通报》（建质电〔2012〕17号），分阶段组织开展了对北京、广东、湖南、吉林、新疆、河北、山西等地区的专项检查。各地住房城乡建设部门持续开展建筑安全生产监督检查，如广东省住房城乡建设厅共组织6次安全专项检查，累计检查工地10830个，发现隐患7114项；广西壮族自治区住房城乡建设厅在建筑起重机械安全专项检查中，共检查建筑起重机械1650台，下发隐患整改通知书108份。

四、注重事故查处

2012年，住房城乡建设部严格执行安全事故通报及查处督办制度，坚持每月通报全国房屋市政工程生产安全事故情况，坚持每起较大及以上事故发生后通报企业的名称及法定代表人、项目经理、项目总监的姓名，依照规定对29起较大及以上事故下发了查处督办通知书，要求省级住房城乡建设部门认真做好调查处理工作。各地住房城乡建设部门依法依规严肃查处事故责任企业和人员，如浙江省住房城乡建设厅共暂扣49家施工企业安全生产许可证，收回133人安全生产考核合格证书；内蒙古自治区住房城乡建设厅共吊销20人执业资格注册证书，将6家施工企业清出本地区建筑市场。

五、夯实工作基础

2012年，住房城乡建设部设立并委托有关单位完成了涉及建筑安全生产管理及安全生产关键技术的6项课题的研究，为完善建筑安全生产管理制度做了很好的储备。还组织建立了建筑施工安全专家库，通过各地住房城乡建设部门的推荐，共选取165名入库专家，下一步将充分发挥专家在政策咨询、课题研究、监督检查等工作中的作用。各地住房城乡建设部门积极推进建筑安全生产基础建设，如吉林省住房城乡建设厅加强建筑安全培训，全年累计培训“三类人员”10183人、特种作业人员14235人；江苏省住房城乡建设厅扎实开展“安全生产月”活动，通过多种形式和渠道，宣传普及建筑安全生产知识。

通过积极开展上述工作，建筑安全生产形势持续稳定好转：一是事故起数和死亡人数“双下降”。2012年，全国共发生房屋市政工程生产安全事故487起、死亡624人，比2011年同期相比分别下降17.32%和15.45%。二是部分地区事故起数和死亡人数同比下降。2012年，全国有18个地区的事故起数和死亡人数同比下降，其中河北（起数下降68%、人数下降40%）、辽宁（起数下降59%、人数下降79%）、江苏（起数下降48%、人数下降31%）、北京（起数下降39%、人数下降32%）、山东（起数下降39%、人数下降26%）、广东（起数下降34%、人数下降48%）等地区下降幅度较大。三是11个地区没有发生较大及以上事故。11个地区为黑龙江、福建、广西、海南、四川、重庆、云南、西藏、陕西、青海和宁夏。

建筑安全生产工作虽然取得了一定的成效，但是形势仍然比较严峻。地区不平衡的情况仍然存在，少数地区的事故起数和死亡人数同比上升。模板脚手架坍塌事故和起重机械伤害事故呈多发态势。2012 年还发生了一起重大生产安全事故，即湖北省武汉市东湖风景区东湖景园还建楼 C 区 7－1 号楼工程“9·13”事故，造成了 19 人死亡，给人民生命财产带来重大损失，造成了不良的社会影响。下一步仍需继续采取有效措施，控制和减少伤亡事故的发生，全面提升全国建筑安全生产管理水平。

消防安全工作

公安部消防局

2012 年，在党中央、国务院的正确领导下，各地区、各部门认真贯彻实施《中华人民共和国消防法》和《国务院关于加强和改进消防工作的意见》（国发〔2011〕46 号，以下简称国务院 46 号文件），坚持“预防为主、防消结合”方针，全面加强消防工作和队伍建设，着力提升公共消防安全水平，消防安全工作取得了明显成效。

一、全国火灾形势保持总体稳定

各地结合国务院部署的“打非治违”专项行动，深入开展行业、系统消防安全检查，发动社会单位自查，全面排查整治火灾隐患，着力解决本地区消防安全突出问题，各级政府共挂牌督办重大火灾隐患 31.8 万处。北京、山西、黑龙江、浙江、湖北、广西、广东、四川、陕西等省（自治区、直辖市）开展人员密集场所、石油化工企业、建筑消防设施、在建工程施工工地等消防安全专项治理。公安部会同教育部、国家工商总局、国家质检总局等部门持续开展建筑外保温材料、校舍消防安全、消防产品等专项整治，特别是全国公安机关和消防部门从 6 月至 11 月集中力量开展党的十八大消防安全保卫专项行动，共督促整改火灾隐患 1981 万余处，有效改善了社会消防安全环境。2012 年，全国未发生特大火灾，重大火灾起数降至历史新低。

二、消防安全责任制进一步落实

31 个省（自治区、直辖市）政府全部出台贯彻国务院 46 号文件实施意见，认真落实本地区“十二五”消防规划和年度计划，将消防安全纳入政府目标责任、社会管理综合治理等工作，完善消防工作协调和经费保障机制，及时研究解决消防安全重大问题。河南、江西等省政府出台了消防安全责任制实施办法，天津、河北、安徽、湖南、青海、新疆等 17 个省（自治区、直辖市）逐级签订消防工作责任书，江苏省推行“消防安全指标体系”考核，切实落实政府、部门消防安全责任。公安部提请国务院出台《消防工作考核办法》（国办发〔2013〕16 号），召开国务院 46 号文件宣传贯彻会议，多次派工作组赴各地督导检查。

三、消防安全管理创新积极推进

各地贯彻落实中央综治办、公安部、民政部、国家工商总局、国家安全监管总局联合出台的《关于街道乡镇推行消防安全网格化管理的指导意见》，在 8597 个街道、33796 个乡镇建立消防安全网格化管理组织和工作机制。深入推进社会消防安全“防火墙”工程，探索建立火灾高危单位消防安全评估制度，对 40 余万家重点单位实施消防安全“户籍化”管理。全国基本建成“96119”火灾隐患投诉举报中心，并有效发挥作用。辽宁、吉林、福建、广西等省（自治区）颁布地方消防法规，江苏、海南、重庆、云南等省（直辖市）出台高层建筑防火等管理规定，北京、上海、广州、深圳市等大城市制定并实施更加严格的地方消防标准，强化高危场所、重点区域消防安全管理。公安部会同住房城乡建设部探索建立建设工程消防质量终身负责、消防设计技术审查与行政审批分离、消防安全不良行为公示等制度，并在 9 个省（直辖市）开展了试点工作。

四、消防工作社会化迈出新步伐

各地按照国家有关规定，因地制宜发展壮大政府专职消防队、消防文员和企事业单位专职消防队、志愿消防队等消防力量，河北、山东、安徽、浙江等省出台了专职消防队伍管理办法，全国新增政府专职消防队员和消防文员4.5万余人。公安部会同人力资源社会保障部建立注册消防工程师制度，引导发展社会消防专业技术人才队伍。全国评比达标表彰工作协调小组批准设立“119消防奖”，公安部组织开展了评选表彰活动。各地落实《全民消防安全宣传教育纲要》，普及公安部、教育部等5部门发布的《消防安全常识二十条》，将消防知识纳入义务教育、科普教育、公务员和职业培训等内容，深化进学校、社区、企业、农村、家庭等“五进”活动，广泛开展“119消防日”宣传、消防志愿服务，推动全民消防素质进一步提高。

五、公共消防基础建设明显加强

各地科学编制和严格落实城乡消防规划，优化消防安全布局，加强公共消防设施建设，夯实城乡防御火灾基础。2012年，全国新增市政消火栓8万余个，公安消防站403个、消防车5900余辆、灭火救援器材188万余件（套）。内蒙古自治区“十二五”期间将投入20亿元、福建省近3年投入10亿元、辽宁省每年投入3亿元，新建一批公共消防设施、添置现代化消防装备。上海市连续两年将加强居民防火工作列为市政府头号实施项目，投入2.5亿元改造居民住宅消防设施。云南省将15个消防重大建设项目纳入桥头堡战略规划。湖南、宁夏、广西、贵州、西藏、甘肃等省（自治区）将新农村消防建设纳入扶贫项目，实施村寨防火改造。吉林省基本实现“一镇一个消防站一台消防车、一村一台消防泵一支志愿消防队”的建设目标。

六、灭火和应急救援能力显著提升

公安部深入推进打造现代化公安消防铁军工作，组织消防部队开展重特大火灾和特殊灾害事故处置专业化训练和实战演练。省市县三级全部依托公安消防部队组建综合应急救援队，并根据辖区灾害特点组建建筑倒塌、山岳、水域、地震等专业救援队1467个，基本建成6个国家陆地搜寻与救护基地。各级公安消防部队坚持政治建警、从严治警，打造过硬队伍，提升依法履职水平，圆满完成党的“十八大”、全国“两会”、中国—东盟博览会、中国—亚欧博览会等重大消防安保任务。云南省、贵州省、四川省公安消防部队在云贵交界5.7级地震应急救援中充分发挥专业优势，抢救遇险群众517人。2012年，公安消防部队共扑救火灾和处置灾害事故74.9万起，营救遇险人员14.3万人，火灾扑救以外的救援救助占出警总数的60%。辽宁省沈阳市公安消防支队启工中队被国务院、中央军委授予“英勇善战的消防铁军”荣誉称号。

当前，消防工作形势总体向好，但仍滞后于经济社会快速发展，处于火灾多发、易发期。随着城镇化建设加快，人员密集和易燃易爆场所、高层地下和大跨度大空间建筑增多，用火用电用油用气增加，火灾发生几率和防控难度加大，稍有不慎就可能发生火灾。一些地区、部门和单位消防安全责任落实不到位，城乡、区域消防工作发展不平衡，社会消防管理机制尚不健全，区域性和行业性消防安全问题突出，公众消防安全意识同现代社会安全要求不相适应，公共消防安全基础仍比较薄弱。

工业和通信业安全生产工作

工业和信息化部安全生产司

2012年，工业和信息化部认真贯彻落实党中央、国务院关于安全生产工作的一系列重要决策和部署，积极深入开展“安全生产年”活动和“打非治违”专项行动，以安全准入、标准、规划、信息化建设等为抓手，进一步加强工业、通信业安全生产工作。民爆行业全年未发生死亡生产安全事故，通信业发生事故2起、死亡4人，全年安全生产形势较为平稳。

一、加大工业安全生产指导力度

（一）推动安全产业发展

按照《国务院关于坚持科学发展安全发展促进安全生产形势持续稳定好转的意见》（国发〔2011〕40号）将安全产业作为国家重点支持的战略产业的要求，与国家安全监管总局联合下发了《关于促进安全产业发展的指导意见》，从安全技术装备工艺、应急救援设备、安全监控信息管理系统等方面明确了安全产业发展方向。

（二）加强安全标准建设

发布了52项工业安全生产领域行业标准和4项民爆行业国家标准，包括《民用爆炸物品生产、销售企业安全管理规程》、《还原棕BR（C. I. 还原棕1）生产安全技术规范》（HG 30000—2012）、《电子废弃物的运输安全规范》（YS/T 765—2012）等，对企业的安全生产具有指导意义。

按照国务院安委会工作部署，组织开展了危险化学品罐车、校车、长途客车等车辆安全标准的研究和制修订工作，编制发布了《专用校车安全技术条件》、《专用校车学生座椅系统及其车辆固定件的强度》、《道路运输液体危险货物罐式车辆紧急切断阀》等安全标准，其他的也正在积极制定中。

（三）加大安全技术改造工作力度

根据国务院和安委会有关工作部署，加大安全技术改造支持力度。在《工业转型升级投资指南》中设立了安全生产技术改造专篇，明确将9个重点行业的110项工艺技术、装备纳入技术改造支持范围；《国家发改委和工信部办公厅关于开展2013年产业振兴和技术改造专项有关工作的通知》中专门明确：对于安全生产方面的项目，在同等条件下予以优先支持。

（四）淘汰落后产能工作有序推进

落实国务院《关于进一步加强淘汰落后产能工作的通知》要求，将安全生产作为重要因素纳入淘汰落后产能工作，淘汰了大量条件差、难以满足安全生产要求、职业危害严重的企业，生产能力、设备设施，从根本上消除了相关安全隐患。2012年，全国各地工信部门在淘汰落后产能专项工作中，共组织关闭80余家安全隐患突出的小企业。

（五）信息化促进安全生产

开展信息化促进工业安全生产示范推广工作，重点抓了安全生产动态监测监控、安全隐患排查、安全事故应急管理、危险品运输监控等11个方面的100个示范推广项目。

近两年来，探索高危行业安全监管新模式，深入开展民爆行业生产经营动态监控信息系统建设，对全国工业炸药、雷管生产情况进行在线信息采集及视频监控。2012年重点开展了现场混装炸药车视频监控系统的研发和推广应用，实现民爆生产过程视频监控全覆盖，一期工程圆满完成。2012年6月，在“信息化与工业化融合成果展览会”上，展示了信息化促进工业行业安全生产工作及在民爆行业安全监管方面取得的成绩。

二、加强民爆行业安全监管

全年民爆行业未发生死亡事故，安全生产形势总体稳定。

（一）组织开展专项安全督查

为促进民爆行业安全生产形势持续稳定，为党的十八大召开创造良好的生产安全和社会公共安全环境，组织了40余个安全生产督查组，以部重点督查、部省联合督查和省际交叉检查等方式对全国20个省（区、市）进行了专题安全生产督查，重点检查了民爆安全监管体系运行、民爆生产销售企业生产线及库房的安全管理和企业现场管理等。督查中，共同讨论并现场向省级管理部门及企业下发了近百份书面督查意见，同时责成省级管理部门跟踪监管安全隐患的整改进程。

针对督查中反映出的问题，还研究起草并发布了安全督查通报，从落实属地安全监管责任、强化企业现场基础安全管理、提高安全监管效能等方面提出了明确的要求和工作意见。

（二）专题督查工业雷管安全生产基础条件建设工作

按照《关于加强工业雷管安全生产基础条件建设的指导意见》（工信部安〔2012〕431号）提出的安全目标和技改要求，通过采取召开专题督查会议、组织现场实地核查、督促省级管理部门组织安全检查等方式，对全国26个省（区、市）的41家雷管生产企业进行了工业雷管生产线安全生产基础条件建设专题督查，全面摸底排查了全国工业雷管安全生产基础条件和安全生产情况，落实了一批突出安全问题和安全隐患的整改，推动了各省加快实施本地区工业雷管生产线本质安全化升级和安全技改专项的步伐。与去年相比，完全实现人机隔离、自动化装填的雷管生产线由8条增加到了41条，新增33条，同时90%以上的雷管生产线已经实施或正在实施技术改造和安全条件升级，雷管生产线的整体基础条件得到较大改善，本质安全生产水平得以提升。

（三）组织开展“打非治违”专项行动

根据国务院办公厅的统一部署，向全行业组织部署了民爆行业“打非治违”专项行动，明确提出了行动总体要求、行动范围、重点内容、行动四个阶段工作安排等。在工业和信息化部统一部署和安排下，各级民爆安全监管部门迅速动员部署，监督辖区内民爆生产、销售企业开展了“打非治违”自查自纠行动，同时，各级民爆安全监管部门（省、市、县）均对辖区内的民爆企业组织了一次以上的专项安全检查，重点查处了企业超能力生产销售、违章作业及违反劳动纪律等行为。

（四）研究提出强化安全监管的对策意见

一是为进一步加强民爆行业重点环节安全监管的针对性，提升工业炸药生产线本质安全水平，在去年工作基础上，组织行业专家拟定并发布了《关于提升工业炸药生产线本质安全生产水平的指导意见》（工信部安〔2012〕301号），提出了工业炸药生产“丨二五”期间总体安全目标、整线安全保障能力和产品安全性方面的强制要求、加强现场混装车安全管理的相关规定以及配套的安全监管措施等内容；二是针对当前行业安全形势和存在的问题，组织起草了《2011年以来民爆行业安全生产形势分析》，研究提出了强化民爆安全体系建设、严格企业现场管理、推进生产线本质安全化进程、严格安全源头管控等四项加强行业安全管理的对策意见；三是按照国务院安委会的统一部署，为进一步促进民爆企业生产经营活动和安全管理工作规范化、标准化，提升企业整体安全生产水平，组织行业专家研究起草了《民用爆炸物品企业安全生产标准化管理通则》，就民爆企业实施安全标准化的目标、规范现场安全管理、严格相关准入条件及突出强调风险管控等方面提出了明确要求。

（五）加强民爆产品质量管理

一是编制并发布了《2011年民爆行业质量抽检情况报告》，通报了去年对现场混装炸药产品的质量抽检情况，深入分析了当前行业质量工作中存在的问题，部署了下一步加强行业质量管理的工作重点和相关措施；二是组织民爆产品质量检测机构，就近年来的工作进展和存在的问题进行专题研讨，形成了加快运用市场机制健全民爆产品检验制度、积极与国际先进标准接轨、系统提升民爆质量检测能力等加强民爆行业质量管理的对策意见，并着手研究起草《关于进一步加强民爆行业质量管理的通知》；三是研究制定相关措施加大推动民爆企业开展产品质量及售后服务公开承诺活动。现已有50余家民爆生产企业签署了《民爆器材产品质量及售后服务承诺书》，并正式向社会公示及承诺。

（六）健全完善民爆行业安全应急体系

根据《民爆行业生产安全事故应急预案及编制导则》的要求，督导各级安全监管部门、各民爆企业根据实际情况，对原有的应急预案进行修订完善。全国各省级民爆行政主管部门均已编制完成了新要求下的省级民爆行业生产安全事故应急预案，并通过了工信部组织的核议。同时，70%以上的市县级民爆生产安全事故应急预案已与地方政府综合应急预案相衔接，部、省、市（县）、民爆企业的“四级”应急预案体系得到了进一步的健全完善。

（七）研究制定《民用爆炸物品进出口管理办法实施细则》

为进一步贯彻落实《民用爆炸物品进出口管理办法》的有关规定，组织制定了《民用爆炸物品进出口管理办法实施细则》，对民爆进口的申报、审查及审批的相关程序和要求进行了明确和细化，简化了民爆物品进出口审批的流程，提高了民爆进出口审批业务的工作效率。

（八）推动行业技术进步

通过对民爆行业的综合调研分析，从产品适应性及生产工艺、装备制造、原辅材料等各个层面进行分析，梳理出制约我国民爆器材与技术发展的关键技术瓶颈，形成了研究报告及《民爆关键技术目录》初稿。《民爆关键技术目录》具有全局性、方向性、前瞻性、关键性，对加强行业技术创新、转型升级、改变发展方式，积极与国际接轨，促进民爆技术及产品向高质量、节能、安全、环保、高附加值方向发展具有指导意义。

三、通信行业安全管理工作

（一）完善安全生产规章制度和标准规范

为规范通信建设企业和人员的建设行为，组织制定了《通信建设工程安全生产操作规范》，针对通信建设工程各专业安全生产薄弱环节和事故易发环节，制定安全操作规范，提出了应急救援预案；组织编制了《通信工程建设标准强制性条文》，汇总了现行通信工程建设标准中直接涉及人民生命财产安全、人体健康、环境保护和公众利益的技术条款570条，并在行业内广泛组织宣贯，有效保证了工程建设中安全生产。

（二）增强从业人员安全生产责任意识

为强化企业安全生产主体责任意识，提高从业人员生产安全事故防范能力，结合“安全生产月”活动，组织了对通信管理局、电信企业、设计和施工等单位负责人的通信建设领域安全生产宣贯培训会，宣贯安全生产法律法规，讲解通信工程建设强制性标准、通信工程安全生产操作规范等。以提高从业人员安全生产素质为抓手，在全国范围开展通信建设工程企业主要负责人、项目负责人和专职安全生产管理人员的安全生产培训和考核工作，截至目前已培训安全生产“三类”人员6万余人。

（三）开展“打非治违”，彻底排查安全隐患

部署各电信运营企业按照“打非治违”行动方案的要求，加强领导、落实责任，及时治理纠正非法违规行为，排除通信建设工程安全生产隐患；各省通信管理局分别成立了专项行动领导小组，对本地区的安全生产“打非治违”专项行动进行了部署，同时积极配合有关部门开展联合执法，结合通信建设领域中突出问题专项治理和通信工程质量监督工作，督促本地区电信企业集中整治安全生产隐患问题。针对企业自查自纠和各省通信管理局检查的情况，工信部组织联合检查小组对部分省份的通信建设工程开展了安全生产“打非治违”专项行动和质量监督联合检查工作，围绕事故多发、危险源集中的工程建设项目进行了重点抽查，对发现的问题及时通报，并督促企业及时整改。

农业安全生产工作

农业部安委会办公室

2012年，农业部按照党中央、国务院关于加强安全生产工作的一系列要求部署，深入贯彻落实科学发展观，紧紧围绕农业农村经济社会发展中心工作，全面落实“安全第一、预防为主、综合治理”方针，狠抓政策措施落实，着力构建长效机制，农业安全生产工作取得了明显成效，保持了农业安全生产的平稳态势。

一、农业安全生产基本情况

2012年，全国农业安全生产形势总体平稳，农机、渔业行业没有发生特别重大事故，重大事故得到有效遏制。

2012年，全年累计发生国家等级公路以外的农机事故2091起，死亡692人，受伤943人，直接经济损失2240.64万元，同比分别下降2.65%、33.9%、14.12%、3.24%。累计发生渔业船舶水上事故323.5起，死亡（失踪）352人。其中，生产安全事故264起，死亡（失踪）187人，同比分别增加10起、减少18人；水上交通事故19.5起，死亡（失踪）86人，同比分别减少11.5起、53人；自然灾害事故40起，死亡（失踪）79人，同比事故起数持平，死亡（失踪）减少1人；渔政船和远洋渔船特殊船舶事故零发生。

2012年，农业部安全生产工作得到国务院安委会的充分肯定。农业部安全生产委员会办公室被全国“安全生产月”活动组委会办公室授予“科学发展安全发展知识竞赛”优秀组织奖；部属单位中国兽医药品监察所被全国“安全生产月”活动组委会办公室评为“2012年全国安全生产月先进单位”。

二、开展的主要工作

（一）切实加强组织领导

农业部高度重视安全生产工作，始终将安全生产工作摆在重要位置，精心部署，扎实推进。部安委会多次组织召开会议，印发了 30 多个文件，第一时间传达贯彻党中央、国务院关于安全生产工作的方针政策、工作部署和指示精神；先后组织开展了“安全生产大检查”、“安全生产月”、“打击非法违法生产经营建设行为专项行动”等工作；加强安全生产监管，将安全生产工作列入部内相关司局绩效管理核心指标体系，进一步强化责任意识和危机意识。各级农业部门结合工作实际，精心组织，周密安排，扎实推进，落到实处。

（二）深入开展“打非治违”专项行动

督促指导各级农业部门认真开展执法专项行动，不断深化农机、渔业等重点行业领域安全生产“打非治违”专项行动。农机部门在全国集中开展了违规发放拖拉机牌证专项治理工作和打击农机非法违法生产经营、治理纠正违规违章行为专项行动，严厉打击农业机械无牌行驶、无证驾驶、未检验作业等行为，有效治理违规发放牌证、瞒报谎报事故等非法违规行为，全年共出动农机执法人员 30 余万人次，打击非法违法、治理纠正违规违章行为 58 万余起，清理了一批违规牌证，排查各类安全隐患 9.8 万余处，整改率达 97.8%。渔业部门以春夏雾季、休渔开捕前后、冬汛期间及重大节假日等时段为重点，切实加大对“三无”及套牌渔船、安全设施配备情况、渔船船员持证情况、渔船和船用产品生产企业资质情况等的检查力度，指导基层政府、渔业部门和生产经营单位开展行业自查，组织各省渔业部门和农业部黄渤海区、东海区、南海区渔政局开展交叉检查，严格查处渔船超航区、超抗风等级航行作业、违章载客，以及不按规定实施法定检验、进出港签证、配备安全设施和职务船员等行为，累计排查隐患 14000 多项，整改率达 98% 以上。

（三）深入开展安全生产大检查

在敏感时段、关键农时、重要节假日，农业部都及时组织部属单位开展多种形式的安全生产大检查，对重点单位、重点部位、重点环节进行有针对性的督查，深入排查事故隐患，狠抓突出问题治理整改，有效防范和遏制了重特大事故发生。农机、渔业、农垦等部门结合行业实际，开展了多次针对性、实效性强的隐患排查治理活动，取得了明显成效。各级农业部门不断加大自查力度，有效防范了事故发生。

（四）积极开展宣传教育培训

农业部以形式多样、突出重点、注重实效为原则，组织开展了“安全生产月”、“防灾减灾日”、“科学发展安全发展知识竞赛”等一系列安全生产公益科普宣教活动。部安委办在 5·12 防灾减灾日当天，组织机关干部观看了防灾减灾宣传片，帮助大家提高风险防范意识和自救互救技能。农机、渔业、农垦等行业根据自身特点，组织开展了“农机安全宣传咨询日”、“送安全避碰知识上船入户”、“农垦安全生产摄影展”等各类安全宣传活动 4 万余次，发放各类安全宣传资料 500 余万份，参与的农民机手、农渔民累计超过 1000 万人。各级农业部门通过网络、报纸、明白纸等多种形式，开展了丰富多彩的宣教活动，有效提升了农民群众的安全生产意识和生产操作技能。

（五）深入开展平安创建活动

渔业系统对首批 45 个“全国平安渔业示范县”进行了挂牌表彰，启动了新一轮“文明渔港”创建工作，确定并公布了 17 个“全国文明渔港”。农机系统深入开展“为民服务创先争优”农机安全监理示范窗口和示范标兵创建活动，共创建 105 个示范窗口和 203 个岗位标兵。部系统各单位以开展“平安单位”创建活动为载体，健全安全管理制度，落实安全保卫责任制，提高人防、物防、技防水平，强化消防安全消除隐患、扑救初火、疏散逃生、宣传教育“四个能力”建设，进一步加强危险化学品、出租房屋和建筑施工场所管理，确保安全稳定。

水利安全生产工作

水利部安全监督司

按照党中央、国务院和水利部党组关于安全生产工作的各项决策部署，2012年水利安全生产工作以牢固树立科学发展安全发展理念，坚持预防为主、落实责任、依法治理，强化科技支撑、应急处置、基础建设（简称“一树立、三坚持、三强化”）为重点，围绕水利中心工作，继续深入扎实开展“安全生产年”活动，不断完善水利安全生产规章制度、加大监督检查和隐患排查治理力度、加强安全生产基础工作，全面落实水利安全生产各项责任与措施。在水利投资大幅增长、大规模水利建设全面展开的情况下，全年未发生重特大生产安全事故，实现了年初确定的目标，水利安全生产形势保持了持续稳定向好的态势。

一、树立科学发展安全发展理念，推进水利安全生产工作

2012年5月，全国水利安全监督工作会议召开，陈雷部长、矫勇副部长出席会议并讲话，全面总结了水利安全生产工作的成绩和经验，对新时期水利安全生产工作做了全面部署，提出了明确要求。1月、4月、7月和10月，矫勇副部长4次主持召开水利部安全生产领导小组全体会议，传达贯彻全国安全生产电视电话会议和国务院安委会全体会议精神，部署安排水利安全生产各项工作和“打非治违”专项行动。制定印发了《关于贯彻落实〈国务院关于坚持科学发展安全发展促进安全生产形势持续稳定好转的意见〉进一步加强水利安全生产工作的实施意见》（水安监〔2012〕57号），提出了做好“十二五”时期水利安全生产工作的目标要求、主要任务和重点内容；并制定了贯彻落实上述实施意见重点工作分工方案（办安监〔2012〕124号），将安全生产责任落实到部安全生产领导小组各成员单位。制定印发了《关于贯彻落实国务院安委会全体会议精神进一步加强水利安全生产工作的通知》（水安监〔2012〕330号）、《2012年水利安全生产工作要点》（办安监〔2012〕18号）、《2012年上半年水利安全生产工作总结和下半年重点工作安排意见》（水安〔2012〕1号）和《水利部贯彻落实安全生产“十二五”规划的实施意见》（办安监函〔2012〕75号）等一系列文件和通知。

二、坚持预防为主，狠抓水利生产安全事故隐患排查治理工作

为及时消除事故隐患，水利部采取有力措施，多次组织开展安全生产检查活动，加强隐患排查治理工作。2月印发了《关于开展水利安全生产督导调研的通知》（水明发〔2012〕7号），安排部署第一季度水利安全生产大检查和督导调研活动，加强两节、两会期间安全生产保障。3月印发了《关于开展汛前水利安全生产检查的通知》（水安监〔2012〕119号），以水利工程建设和运行、农村水电、勘测设计和水文测验等为重点，安排部署为期3个月的汛前水利安全生产检查活动。在各地各单位自查抽查的基础上，6月组织10个检查组，对1个流域机构和19个省份进行了重点检查，绝大多数生产安全事故隐患得到了及时治理。根据国务院安委办《关于加强2012年国庆节期间及节后安全生产工作的通知》（安委办明电〔2012〕22号）精神，9月下旬印发了《关于切实加强国庆节期间及节后水利安全生产工作的通知》（水明发〔2012〕31号）。为吸取10月10日陕西引汉济渭工程中铁十八局项目部生活区员工宿舍重大火灾事故教训，水利部迅速印发了《关于立即开展水利安全生产再检查的通知》（水明发〔2012〕35号），要求各地各单位针对秋冬季火灾事故隐患增多的特点，组织开展水利安全生产再检查，及时消除事故隐患。同时，印发了《关于做好部直属单位安全生产自查和进行重点检查的通知》（安监〔2012〕3 号），组织检查组对水利部直属单位水利安全生产工作进行了重点抽查。

三、深入开展“打非治违”专项行动，进一步规范水利安全生产秩序

根据全国集中开展安全生产领域“打非治违”专项行动电视电话会议精神，水利部制定了《水利安全生产领域“打非治违”专项行动实施方案》，印发了《关于开展水利安全生产领域“打非治违”专项行动的通知》（水明发〔2012〕12 号），并建立了“打非治违”半月报制度，在全行业开展“打非治违”专项行动。以水利工程建设、水库水电站大坝、农村水电、河道采砂等领域为重点，水利行业共组织开展“打非治违”专项行动 16317 次，查处非法违规生产经营建设行为 14025 起。在各地区、各单位广泛开展“打非治违”专项行动的基础上，9 月印发了《关于开展水利安全生产检查和安全生产领域“打非治违”等专项行动重点督查的通知》（水明发〔2012〕29 号），组织 11 个督查组，由水利部建管司、安监司、水电局等司局及 7 个流域机构领导带队，对 20 个重点省份和部在京直属单位开展“打非治违”专项行动进行督查，针对督查中发现的具体问题，对 16 个省份下发了整改通知。印发了《关于贯彻落实国务院安委会全体会议精神进一步做好第四季度水利安全生产工作的通知》（水明发〔2012〕38 号），部署安排水利安全生产领域“打非治违”专项行动“回头看”工作，巩固“打非治违”成果，进一步规范了水利安全生产秩序。

四、强化制度建设，构建水利安全生产长效机制

2012 年水利部加快了水利安全生产相关法规标准的建设步伐，开展了《水库大坝安全管理条例》修订专题研究等相关准备工作；组织开展了《水利安全生产监督管理规定》等规章制度和《水利工程施工安全管理导则》、《水利工程施工安全防护设施技术规范》等安全技术标准的研究制定工作；落实水利建设项目“三同时”制度，积极督促相关单位出台了《水利水电建设项目安全评价管理办法（试行）》；推进水利安全生产标准化建设，组织制定了水利安全生产标准化评审管理暂行办法和水利工程项目法人、水利水电施工企业、水利工程管理单位 3 个安全生产标准化评审标准，在水利生产经营单位推行安全生产标准化管理。加强水利安全生产工作目标考核，研究制定了流域机构、省级水行政主管部门安全生产监督管理工作考核实施方案和评分标准，开展了流域机构和省级水行政主管部门安全监管考核评价试点工作。

五、强化宣传教育，增强水利安全发展意识

为加强水利安全生产文化建设，水利部印发了《关于贯彻落实〈国务院安委会办公室关于大力推进安全生产文化建设的指导意见〉进一步加强水利安全生产文化建设的实施方案》（办安监〔2012〕434 号）。6 月份部署开展了水利“安全生产月”活动，制定了 2012 年水利“安全生产月”集中宣传活动方案，组织开展了“全国水利安全生产知识网络竞赛”、“水利安全生产有奖征文”等活动，在中国水利报、水利部网站开设水利安全生产宣传专栏，营造水利科学发展安全发展的良好氛围。网络知识竞赛活动共有全国 31 个省（区、市）和 10 个直属单位的 3415 家企业参赛，33.8 万人次在网页答题；有奖征文活动共收到 24 个省（自治区、直辖市）、7 个流域机构和部分直属单位的投稿 1550 篇。水利部安全监督司被中宣部、国家安全监管总局等七部委授予了“2012 年全国安全生产月优秀组织单位”荣誉称号。针对安全监督管理人员和一线从业人员，进一步加大行业水利安全生产基础知识、水利施工安全、安全事故应急预案编制与救援、水利安全生产标准化等相关业务知识培训力度，2012 年组织举办了全国水利安全监督局处长培训班和新疆、西藏水利安全生产监督管理培训班。进一步规范和加强水利施工企业负责人、项目负责人和专职安全管理人员（以下简称“三类人员”）的培训和考核管理，2012 年举办“三类人员”培训班 34 期，累计培训 2803 人，经审查合格累计发证 5228 人。

六、水利生产安全事故

2012 年水利行业共发生 15 起生产安全死亡事故，死亡 22 人，其中发生较大事故 2 起，死亡 6 人；未发生重特大生产安全事故。与 2011 年发生的 14 起死亡事故、死亡 26 人（其中，较大事故 3 起，死亡 13 人）相比，事故起数上升 1 起，死亡人数下降 4 人。按照“四不放过”的原则，对 2011 年水利生产安全事故情况和 2012 年发生的 2

起较大事故进行了通报，并督促各地深刻吸取安全事故教训，进一步做好水利安全生产工作。

林业安全生产工作

国家林业局发展规划与资金管理司

2012年，国家林业局认真贯彻落实党中央、国务院关于加强安全生产工作的一系列决策部署和中央领导同志重要指示，紧紧围绕林业中心工作，以建设生态文明、促进绿色增长、实现科学发展为主题，以改善生态、改善民生为主线，坚持“科学发展、安全发展”的理念，全面加强林业安全生产工作，林业安全生产形势继续保持了良好态势。

一、高度重视安全生产责任的落实

国家林业局党组高度重视林业安全生产工作，局领导在各个会议上多次强调林业安全生产工作，及时传达、贯彻和落实中央领导同志的重要指示和国务院有关安全工作的决策和部署。结合林业工作实际，国家林业局及时印发《国家林业局关于切实做好2012年春节期间安全生产工作的通知》（林规发〔2012〕14号）、《国家林业局办公室关于加强2012年国庆节期间及节后安全生产工作的通知》（办规字〔2012〕154号）等文件，按照国务院的要求，就安全生产工作及时作出部署和安排，向各级林业主管部门和各有关单位提出明确要求。一是要提高思想认识，加强责任落实。从深入贯彻落实科学发展观、促进经济社会和谐发展的高度，加强组织领导，周密部署安排，抓好工作落实，确保不发生大的生产安全事故。要求进一步落实安全生产行政首长负责制和企业法定代表人负责制，落实企业安全生产主体责任和相关部门监管责任，完善和落实各项安全生产制度，做到职责明确、责任到人、工作到位。二是要加强安全检查，强化隐患治理。时刻敲响“隐患就是事故”的警钟，深刻吸取煤矿、道路交通等行业的事故教训，加强安全生产的检查，查找工作漏洞，堵住事故隐患。三是要立足林区冬、春季生产的实际，加强监督管理，坚决杜绝林区交通的“三超一疲劳”等严重违法违规行为，加强对各类运输工具的安全检查，加强对重点企业、重点地区、重点路段的监督检查。监督有关企业和单位对索道、漂流、探险等森林旅游设施设备进行彻底的安全检测和检修，确保运行安全。

各级林业主管部门坚持做到思想认识到位，责任落实到位，防范措施到位，检查监督到位。各省（区、市）林业厅（局）和四大森工集团都成立了以主要负责同志为组长的安全生产领导小组，建立了“主要领导负总责，分管领导协同抓，职能部门具体抓”的工作责任制，一级抓一级，层层落实安全生产责任制。坚持做到“六个不变”，即“安全第一”的思想不变，企业法人作为安全生产第一责任人的职责不变，行之有效的安全管理规章制度不变，强化安全生产工作的力度不变，安全生产一票否决的原则不变，充分调动职工的积极性参与安全生产管理的方式不变，切实把安全生产管理工作落到实处。一是坚持安全生产例会制度。各企业按照要求，普遍建立了安全工作例会制度，定期研究安全生产管理工作的重大举措；分析安全生产形势，及时协调解决安全生产的重大问题。二是层层建立责任制落实机制。年初，为层层落实责任，切实做到职责清楚、任务明确、责任到人、工作到位，各级林业行政主管部门和基层单位，按照《国务院关于特大安全事故行政责任追究的规定》，逐级分解落实林业安全生产责任，普遍签订了安全生产责任状，形成了一个比较完善健全的安全生产管理网络和运行机制，使各级领导和职工都明确自己的安全责任和管理目标，建立自我约束机制，保证了安全生产工作的平稳运转。

二、认真搞好隐患排查和专项整治

根据国务院部署和要求，国家林业局下发了《国家林业局办公室关于集中开展安全生产领域“打非治违”专项行动的通知》（办规字〔2012〕85号）、《国家林业局关于贯彻落实国务院防汛抗洪救灾专题会议精神，切实做好林业防灾救灾工作的紧急通知》（林规发〔2012〕188号）等文件。按照有关要求，各级林业主管部门依法依规、多管齐下、重拳施治、严格问责，通过集中严厉打击林区各类非法违法生产经营建设行为，坚决治理纠正违规违章行为，及时发现和整治安全隐患，有效防范和坚决遏制非法违规行为导致的重特大安全事故，“打非治违”专项行动取得实效。在9号“苏拉”、10号“达维”台风登陆前夕，国家林业局发出紧急通知，要求林业各基层单位密切关注风情、雨情、水情、灾情，按照地方党委、政府的统一部署，提前转移群众，做好防范应对工作，确保人民群众生命财产安全；指导林区群众落实防灾减灾各项措施，加强对林区住房、通信、供电、供气、给排水等基础设施的隐患排查和故障抢修；对林区道桥、水坝、道路两侧和土壤松弛的坡堤、森林旅游步道等容易发生次生灾害的区域进行加固处理，灾害天气期间，采取间断分流、封禁限行等措施，加强对种苗等林业生产设施的避险和保护，妥善做好灾害自救和救助工作。

各省（区、市）林业厅（局）和东北、内蒙古林业森工集团都成立了“打非治违”专项行动领导小组，制定了行动方案，利用广播、电视、网络、报纸、简报、手机短信等媒体，大力宣传“打非治违”专项行动。宁夏林业局共出动“打非治违”专项行动宣传车326次，散发传单2.3万余份，林区群众受教育面达80%以上。辽宁省林业厅共组织检查组56个，组织人员800人次，检查重点生产经营单位和场站379处。江西省林业厅针对林业行业领域非法违法生产经营建设中较为突出的问题和行为，把木竹生产经营加工、林木采伐、营造林生产、森林防火、森林旅游领域中非法违法生产经营建设行为和违规违章行为作为打击重点，仅南昌市查处无证加工、非法经营企业33家，非法收工木材企业7家，查处台账不合格企业20家，行政处罚金额48万余元。大兴安岭地区行署除将煤矿、交通、消防、非煤矿山等9个行业列为重点范围外，根据林区实际，将木材生产加工纳入到重点治理范围，开展联合执法集中整治。内蒙古根河林业局修订了《根森公司安全生产奖惩办法》，加大对事故责任人的处罚力度。

三、积极推动和加强安全标准化管理

根据《中华人民共和国标准化法》、《林业标准化管理办法》和国家标准化工作的有关规定，结合林业发展现状和林业安全生产实际，针对需要解决的关键问题和薄弱环节，从人身安全和环境安全出发，积极制定或修订了有关林业安全方面的国家标准或行业标准。获得批准的有关林业安全方面的国家标准和行业标准有5项：《园林机械　坐骑式草坪割草机　安全技术要求和试验方法》（GB 26508—2011）、《园林机械　以汽（柴）油机为动力的步进式草坪割草机　安全技术要求和试验方法》（GB 26509—2011）、《森林工程　林业架空索道　使用安全规程》（LY/T 1133—2012）、《森林火灾名称命名方法》（LY/T 2014—2012）、《便携式储能灭火水枪》（LY/T 2081—2012）。这些林业安全标准的制订实施，对促进和实现林业安全生产标准化，促进安全生产管理规范化，提高生产效率，改善林业职工生产条件，奠定了坚实的技术基础。内蒙古森工集团下属的一些林业局也积极修订了一批有关劳动安全的管理标准和办法。

四、加强安全宣传教育和安全文化建设

各级林业主管部门和各单位以“科学发展、安全发展”为主题，组织开展了全国第11个“安全生产月”系列活动。紧紧围绕中心和主题，着力凝聚共识，优化宣传资源，加大宣传力度，加强舆论引导和社会监督，推进安全文化建设，并始终把安全培训作为全年安全管理的重点工作。结合林业生产实际情况，各地在林业生产淡季有计划、有组织、集中精力分批分期对从事生产的特种作业人员进行培训、复审及换发证工作，加强特种作业人员管理，使持证上岗率达100%。对新上岗工人，坚持开展已经制度化的三级安全生产教育；对转岗工人进行岗位培训。真正做到了提高全员的安全意识和提高全员防范事故的能力。

五、不断提升应急管理水平

各级林业主管部门和各有关单位积极研究制定了一系列安全生产相关规章和制度，依法推进安全生产应急管理工作，从制度上保证了安全生产应急管理和应急救援工作的顺利开展。抓好危险源的排查与分析，突出重点，制定了林业生产重大事故、火灾事故、防御暴雨洪水、台风等灾害的专项预案；不断完善林业生产安全重大事故和自然灾害引发灾难事故的应急预案体系；加强各类预案之间的衔接，增强预案的针对性和可操作性。通过举办林业安全生产应急管理培训，提高企业经营管理人员、安全生产从业人员的应急知识，掌握应急处置技术，提高安全生产应急管理和应急处置能力。指导督促高危企业、人员密集场所、中小学校等，定期开展预案演练，提高对突发事故的应急处置、自救互救能力。加快各级应急救援骨干队伍和企业专业、义务应急救援队伍的建设，进一步明确了相关部门、单位、人员的责任，提高了应急救援和处置突发事故的能力。

特种设备安全监察工作

国家质检总局特种设备安全监察局

2012年，在国务院安委会的正确领导和国家安全监管总局的积极指导与大力支持下，国家质检总局特种设备局不断加大特种设备安全监察与节能监管工作力度，以“抓质量、保安全、促发展、强质检”为方针，以保障“十八大”期间特种设备安全为重点，以事故死亡率下降9%为目标，创新发展，真抓实干，稳中求进，较好地完成了各项工作任务目标。主要工作情况如下：

一、圆满完成“十八大”等重点时段安全保障任务

全系统组织开展了“十八大”、春节、国庆等重点时段特种设备安全保障工作。针对“十八大”安全保障，国家质检总局研究制定保障工作方案和应急预案，共组织20余个督查组对全国特种设备安全工作进行督查；北京联合周边省市建立联动机制，“十八大”期间，华北五省（市）实行专人值守及“每日一报”制度，出动执法人员14233人次，共检查使用单位10527家、特种设备31229台(套)，及时发现并消除安全隐患1180个，实现了北京及周边地区特种设备零事故的目标，圆满完成了安全保障任务。

二、扎实开展“打非治违”和质量安全风险排查整治专项行动

根据国务院安委会和国家质检总局的工作部署，全系统开展了“打非治违”和质量安全风险排查整治专项行动，严厉打击了翻新改造报废气瓶、在液化石油气瓶中掺混二甲醚、违规拼装电梯和无证制造大型游乐设施等非法活动。并继续组织开展对特种设备持证生产单位、检验检测机构和授权鉴定评审机构的监督抽查，国家质检总局还直接组织了对国家重点工程的特种设备安装无损检测工作的监督和抽查。2012年，全系统共出动特种设备执法监督检查人员115.3万人次，检查生产、使用等单位52.6万家，出具安全监察指令书14.2万份，吊销许可证221张，暂停许可证942张，消除了一批安全隐患。

三、逐步构建多元共治的工作格局

通过构建多元共治工作格局，地方政府、有关部门、行业组织、相关企业的责任进一步清晰。国务院安委会继续向地方分解下达了特种设备事故相对控制指标，监察部将质量安全纳入政府绩效管理工作要点，部分省份已将特种设备安全与节能工作纳入到地市政府的绩效考核指标。国家质检总局联合教育部下发了《关于加强中小学特种设备安全工作的意见》，各地不断加强与安监、公安、工信、铁道、住建、交通、教育、旅游等相关部门的协作，共同制定特种设备监管制度，联合开展执法检查、隐患排查、应急救援，特种设备安全“一岗双责”制度稳步推进。全系统注重发挥行业组织的管理作用，行业自律和监督机制进一步健全。各地采取有效措施，督促生产、使用单位落实安全主体责任，并扎实开展“三进”、“质量月”、“电梯安全周”等活动，畅通信访、“12365”、公众留言等投诉举报渠道，社会监督的效果进一步显现。

通过以上措施，齐抓共管、多元共治的工作格局初步形成。

四、不断探索、推进并实施风险管理

全系统树立风险管理理念，制定风险管理制度，开展风险分析，形成风险分析报告，加强应急救援工作，完善特种设备应急预案，组织开展应急演练，提高了应急处置能力。及时应对和妥善处置了“1·29”北京西单自动扶梯事故、“5·26”广西桂林尧山客运索道乘客滞留事故、“11·23”山西寿阳火锅店液化石油气泄漏燃烧爆炸等突发事件，严厉打击了河南荥阳无证制造大型游乐设施行为，有效防控系统性、区域性风险。另外，全系统开展了工作风险和队伍风险警示教育活动，查找风险项目，确定防范措施，落实防范制度。

五、有效提升监管措施针对性

全系统稳步推进使用单位分类监管，全国20个省600多家企业开展了特种设备使用环节分类监管和使用安全标准化试点，18个省制定了特种设备使用管理规范及地方标准；继续开展按设备按区域分类监管试点工作，完成大型起重机械安装安全监控管理系统前期示范试点和试验工作，在公共交通领域推行电梯维保制度改革和安全责任保险，推动地方政府建立老旧电梯更新改造机制，推进电梯维保整治、应急救援、制造企业负责维保等工作，探索将故障远程监测、电子标签、条码管理等物联网技术应用于电梯、气瓶安全监管，提升了监管措施的针对性与效能。

六、持续夯实安全监察工作基础

继续完善了特种设备法规标准体系、动态监管体系、安全责任体系、风险管理体系、绩效评价体系和科技支撑体系等6个工作体系建设；《特种设备安全法（草案）》已通过全国人大常委会第一次审议；国家质检总局颁布了《锅炉安全技术监察规程》等9个安全技术规范，地方不断推进地方法规规章及标准的制修订工作，建立健全安全监察工作制度。全系统注重队伍能力建设，大力开展安全监察和检验检测人员业务培训，组织开展了检验机构报检窗口“为民服务，创先争优”考核评议活动，评选出81个“优秀服务窗口单位”和120名“服务标兵”。

七、全面完成国务院安委会下达的事故控制指标

一年来，通过全系统共同努力，全国未发生重大、特大事故，未出现重大负面影响事件，特种设备安全状况总体上处于较为平稳的态势。2012年全国共发生各类特种设备事故228起，死亡292人，受伤354人，与2011年相比，事故总起数减少47起，下降17.09%；死亡人数减少8人，下降2.67%；受伤人数增加22人，上升6.63%。特种设备万台死亡率为0.517，与2011年相比，下降13.11%，实现了国务院安委会下达的事故死亡率低于0.56和下降9%的工作目标。

电力安全监管工作

国家电力监管委员会安全监管局

2012年，国家电监会按照党中央、国务院关于安全生产工作的总体部署，不断完善电力安全监管法规标准，进一步健全安全监管工作机制，强化安全责任落实，强化隐患排查治理，强化电网安全监管，强化电力建设、水电站和燃煤电厂贮灰场安全监管，大力推进电力行业安全标准化创建工作，加强电力应急管理工作，广泛开展电力安全宣传教育培训，积极做好“十八大”电力安全保障工作，有效应对自然灾害，保持了电力安全生产形势的总体平稳，为国民经济发展和社会稳定提供了安全可靠的电力供应。

一、电力安全监督管理工作总体情况

2012年，全国发生电力人身伤亡责任事故49起，死亡86人，同比事故起数增加5起，死亡人数增加18人。其中，电力生产人身伤亡事故33起，死亡39人，同比事故起数增加3起，死亡人数增加1人；电力建设人身伤亡事故16起，死亡47人，同比事故起数增加2起，死亡人数增加17人。2012年，全国发生较大以上电力人身伤亡事故10起，死亡42人，同比事故起数增加5起，死亡人数增加20人。因自然灾害引发电力人身伤亡事故5起，死亡（失踪）65人，同比起数增加4起，死亡（失踪）增加50人。发生境外较大以上人身伤亡事故1起，死亡6人。

2012年，发生电力安全事故1起、自然灾害导致的电力安全事故1起，两起事故均为较大电力安全事故；发生直接经济损失100万元以上的一般设备事故6起；发生电力安全事件33起。

二、2012年电力安全监管重点工作

（一）制定修改完善电力安全监管规章和标准

2012年是《电力安全事故应急处置和调查处理条例》（国务院599号令）颁布的配套规章文件制修订工作最繁重的一年，国家电监会抓紧完善与条例相衔接的规章制度体系，为依法依规安全监管奠定基础。一是修订《电力安全生产监管办法》（电监会2号令）和《水电站大坝运行安全管理规定》（电监会3号令），明确电力监管机构和电力企业职责，完善电力安全监管工作机制，目前已提交政法部审核。二是完善《电力安全事故应急处置和调查处理条例》配套规章，印发《电力安全事件监督管理暂行规定》、《关于做好电力安全信息报送的通知》、《电监会电力安全事故调查处理程序规定》，编制《单一供电城市电力安全事故等级划分标准》，规范电力安全事故事件信息报送工作和调查处理程序。三是制定《电力二次系统安全防护评估规范》、《风电、光伏和燃气电厂二次系统安全防护补充技术规定》、《核电站二次系统安全防护补充技术规定》，建立健全二次系统安全评估机制，提高电力二次系统安全防御能力，防范对电力二次系统的攻击侵害及由此引发的电力安全事故。四是修订并印发了《供电企业可靠性评价实施办法》和《火力发电厂可靠性评价实施办法》，进一步规范电力可靠性评价工作，促进供电企业和火力发电厂可靠性管理水平的提高。五是印发《关于加强风电安全工作的意见》，从风电场设计、建设、并网、运行、调度和监管等方面提出监管意见，加强风电安全的全过程监管，促进风电安全健康发展。六是会同中电联制定并印发了国家标准《电力安全工作规程》，《1000兆瓦等级超超临界机组运行导则》、《±800千伏直流换流站运行导则》、《±800千伏直流架空输电线路运行规程》、《1000千伏继电保护及电网安全自动装置运行管理规程》，加强电力设备设施安全管理，规范安全生产操作程序，防范电力安全事故的发生。

（二）完善安全生产协调工作机制

为加强电力安全生产工作的协调指导和沟通协调，2012年，国家电监会进一步健全和完善电力安全监督管理组织体系和工作机制，有效提高监管效能。一是调整了全国电力安全生产委员会成员，成立电力安全生产领导协调小组，协调指导电力安全生产监督管理重大问题。二是召开了全国电力安全生产工作会议、全国电力安全生产委员会（扩大）会议和电监会系统安全监管工作会议，研究部署今年电力安全生产和监督管理工作，将《2012年电力安全监管工作方案》的各项任务落到实处。三是加强发电企业电力安全属地监管，印发《关于进一步加强发电企业安全生产属地监管的意见》，明确发电企业监管职责范围和工作机制。文件下发后，四川和云南电监办就界河上的水电项目监管主体进行了明确，做到跨省发电企业安全监管工作不缺位、不越位。四是编制印发《电监会重大突发事件应急响应工作制度》，规范电监会系统突发事件应急响应工作人员职责和工作程序，进一步提高电监会系统电力突发事件应急响应能力；6月26日，组织电监会有关部门和派出机构开展了2012年电监会系统重大突发事件应急演练。五是强化与国务院相关部门的沟通协调工作机制，与中国民航局联合制定了《民用运输机场供用电安全管理规定》，进一步加强重要用户供用电安全工作。

（三）圆满完成党的“十八大”电力安全保障工作

“十八大”保电是2012年安全监管工作的重中之重，国家电监会及早安排部署，健全组织体系、开展安全检查、抓好措施落实、强化应急处置，全面加强电力安全生产、电力设施保护、重要用户保电以及电力应急处置能力，通过与派出机构和电力企业的共同努力，实现了“十八大”电力安全保障工作的万无一失。一是加强“十八大”保电工作的组织领导，成立保证“十八大”电力安全工作领导小组，制定《保证“十八大”电力安全工作方案》，组织召开了“十八大”保电工作动员会议，对全国“十八大”保电工作做出部署。二是组织开展以华北区域为重点的全国范围的“十八大”安全专项督查、检查，认真查找安全风险和问题，督促企业落实各项保电措施。10 月，国家电监会吴新雄主席在北京实地督查党的“十八大”保电工作，要求企业严格要求、严密措施、严肃责任，确保党的“十八大”保电工作万无一失。三是加强“十八大”期间的应急值守，针对保电实施阶段华北、东北地区因雷雪灾害造成的多条输电线路跳闸事件，督促企业加强对重点设备的特巡和检查维护，积极抢修受损设备，确保电力系统运行安全和人民群众供暖需求。

（四）不断加强电网安全监管工作

我国电网近年来发展迅速，电网结构日趋复杂，系统运行特性深刻变化，电网安全稳定运行存在诸多风险和问题，为认真梳理我国大电网安全风险，国家电监会组织开展了全国范围的电网安全专项调研，深入分析和梳理电力系统中存在的主要风险、安全隐患和问题，防范大面积停电事故发生。一是在全国电网安全专项调研基础上印发了《2012 年电网安全专项调研报告》，分析电网风险、提出防范措施，督促企业加强电力安全工作，切实保证电网安全。二是组织召开电力二次系统安全防护工作会议，印发《电力二次系统安全防护工作情况通报》，总结五年来电力二次系统安全防护工作，分析面临的形势和存在的问题，部署下一阶段工作任务，促进电力二次系统安全防护体系不断完善和持续改进。三是印度大停电发生后，及时印发了《关于加强电网运行管理防范大面积停电事故的紧急通知》，并派员赴印度进行印度电网大面积停电考察，编写了《印度电网大面积停电情况考察报告》，制定了《关于加强电力安全工作防范电网大面积停电的意见》，召开电网安全工作座谈会，要求企业落实文件要求，深刻吸取国外大停电事故教训，进一步加强电网安全监督管理，防范电网大面积停电事故的发生。

（五）积极推进电力安全生产标准化达标工作

按照国务院统一部署，大力推进标准化达标评级工作，制定制度标准，开展评审培训，进行达标评级，标准化达标评级取得积极成效。一是全面推进发电企业标准化达标工作，年底前完成了近百家一级标准化发电企业审查工作，并按计划大力推进各地区发电企业二、三级标准化达标评级工作。二是制定印发了电网企业和电力工程建设项目安全生产标准化规范及达标评级标准，会同国家安全监管总局召开了电网企业安全生产标准化工作电视电话会议，明确了工作目标、工作原则和工作安排，为下一步加快推进电网企业和电力工程建设项目标准化评级工作打下基础。三是进一步完善标准化达标评级管理，印发了《关于电力安全生产标准化达标评级有关事项的补充规定》，理顺发电企业标准化达标工作，明确多元化电力企业、委托运行等情形下发电企业标准化达标主体，促进标准化达标创建工作顺利进行。印发《关于依法依规开展并网安评和标准化工作的通知》，加强并网安评和标准化管理，规范并网安评和标准化达标评级行为。四是组织开展了电力安全生产标准化评审机构推荐和相关培训工作，分期分批对从事发电、电力建设和电网标准化现场评审员和电力企业专责人员进行了培训。

（六）认真组织电力行业隐患排查治理工作

为有效解决安全生产中存在的突出问题，国家电监会开展了电力行业隐患排查治理工作。制定了加强重大电力设备隐患排查整改监管工作的 13 项措施，开展了重大设备隐患信息统计分析，建立重大电力设备隐患排查治理工作定期报告制度和重大设备隐患信息共享机制，编发了多期关于电力“家族性”缺陷、主要输电设备可靠性运行情况分析等内容的电力安全生产简报。印发了《关于加强电力设备（设施）安全隐患管理工作的指导意见》和《电力安全隐患监督管理暂行规定》，明确了安全隐患分级分类标准、认定原则和监督管理手段，从设备设计选型、采购招标、驻厂监造、安装验收、运行检修、改造管理等环节，提出了设备全寿命隐患管理指导性意见。加强隐患排查工作的监督检查，在四川省开展电网、发电企业和电力建设项目的电力安全隐患排查治理安全专项监管核查工作，查找分析企业在隐患排查治理制度建设、责任落实、信息报告等方面存在的问题，促进了隐患排查治理工作的深入有效开展。

（七）强化电力建设安全监管工作

为有效遏制电力建设人身伤亡事故，电监会认真开展全国电力建设安全专项监管工作，组织了全国电力建设项目安全大检查，编制《电力建设施工安全专项监管报告》，通报电力建设施工中存在的问题，并提出监管意见。印发了《关于开展电力工程建设领域预防施工起重机械脚手架等坍塌事故专项整治工作的通知》，开展了电力工程建设领域预防施工起重机械等坍塌事故专项整治工作。制定《电力建设防灾避险防止重大人身伤亡事故专项工作方案》，集中开展电力建设项目防灾避险防止重大人身伤亡事故专项行动，预防和遏制电力建设施工重大人身伤亡事故的发生。

（八）继续深化电力应急管理工作

继续加强应急管理的软、硬件建设，健全工作制度，加强工作交流，完善平台功能，不断提高电力行业应急处置能力。一是配合中央气象台完成了中国气象局部际联动平台的建设和开通工作，增强电力行业自然灾害预警能力；对云南等地质灾害频发地区电力系统遭受地质灾害情况开展调研工作，组织制定《关于加强电力行业地质灾害防范工作指导意见》，落实各项防范措施。二是会同公安部组织召开电力行业反恐怖防范标准编制工作组会议，编制电力行业反恐怖防范标准，目前已完成《电力行业反恐怖方法标准（试行）》（电网部分、发电厂风电场部分、水电工程部分），送国家反恐怖工作协调领导小组会签。三是在四川、重庆等地会同地方政府和电力企业开展电网大面积停电联合应急演练；对深圳4·10停电事件应急处置工作开展专项评估，进一步提高电力企业应急处置能力。四是会同国家安全监管总局编制了《电力企业安全生产应急管理》教材，为应急培训打好基础。五是加强应急队伍建设，南方电监局2012年组建了国内首批50支升级电力应急救援队伍，实现了从无到有的历史性跨越。

（九）做好电力安全生产科技成果评审表彰工作

2012年，国家电监会按照国务院批复要求，在电力安全生产科技成果申报推荐的基础上，做好电力安全生产科技成果评审表彰工作。一是建立健全电力安全科技评审工作组织机构，成立了电监会安全生产科技成果评审委员会和6个评审专业小组，具体负责成果评审工作。二是进行了电力安全专家委员会的换届工作，重新推荐了电力安全专家委员会及专家小组成员，增加了相关专业小组，更好地为电力安全生产科技成果评审及相关电力安全监管工作服务。三是组织开发了电力安全生产科技成果项目管理和网络评审系统，开展了近百名专家参与的电力安全生产科技成果网络初期评审、6个专业组的中期现场评审和电力安全生产科技成果评审委员会的最终评审工作，评审出获奖成果30项。并于7月会同国家安全监管总局对电力安全生产科技获奖成果进行联合表彰，进一步发挥科技进步和管理创新对安全生产监督管理工作的支撑作用。

（十）认真组织开展电力行业“安全生产月”活动

高度重视第十一个“安全生产月”活动，提前部署，精心组织，成效显著，国家电监会安监局在全国安全生产月活动组织委员会开展的“科学发展安全发展”知识竞赛中获得优秀组织奖；国家电监会山西电监办被国务院安委会授予“2012年全国安全生产月活动先进单位”荣誉称号。一是印发了《关于电力行业开展“安全生产月”活动的通知》，召开“安全生产月”活动启动仪式，周密部署“安全生产月”的各项活动，并组织了在生产现场向电力职工赠送电力安全专业图书活动。二是开展以《电力安全事故应急处置和调查处理条例》和《电力安全工作规程》为主要内容的电力安全生产知识网络竞赛，参与人数达17万，答题次数达百万次，广泛宣传了国家安全生产法律法规和标准。三是举办“科学发展、安全发展”主题征文活动，收到近400篇投稿，营造了有利于安全生产的氛围。

国防科技工业安全生产工作

国家国防科技工业局安全生产与保密司

2012年，国家国防科工局坚持在国务院安委会和国家安全监管总局的正确指导下，以“科学发展安全发展”为指导，结合军工系统实际，狠抓“打非治违”专项行动、军工安全生产“四项重点工作”、安全生产标准化建设和重点型号安全保障，不断完善安全生产监督管理长效机制。2012年，军工系统共发生武器装备科研生产死亡事故3期，死亡人数3人，死亡人数同比下降50%，且未发生较大以上生产安全事故，保证了人民群众生命财产安全和武器装备科研生产任务的顺利进行，安全生产形势持续稳定向好。

一、进一步强化军工系统安全生产组织领导

根据新形势、新变化，经国防科工局党组审议通过，经局领导批示同意，于9月重新调整了国防科技工业安全生产委员会的组织结构、职责职能和人员构成，并要求各军工集团公司、各省级国防科技管理部门结合自身情况，修改完善各层级安委会的职责职能，进一步强化军工系统安全生产组织领导和监督管理。

二、强力推进四项重点工作

国家国防科工局紧密结合国防科技工业实际，扎实推进“安全闭环管理、杜绝违章作业、开展班组达标、签订零死亡责任状”四项重点工作，将四项重点工作执行率作为军工单位的重要考核指标，要求必须全部做到百分之百，并以安全闭环管理为核心，以新技术、新材料、新工艺、新设备“四新”安全管控为重点，以安全技术交底为抓手，加强风险辨识与分析，严把安全技术的“源头关”和“接口关”，严格制定科研、生产、运输、存储、试验、销毁等各阶段和各环节安全技术要求的交付程序，切实增强高技术条件下的风险预防能力，进一步遏制生产安全事故发生。2012年，全系统共签订零死亡责任状60余万份，覆盖率达到100%。

三、突出抓好重点型号安全管理

2012年，武器装备重点型号多、重大专项任务多，特别是“神舟九号”、“天宫一号”、“北斗”、“蛟龙”、“辽宁号”航母等具有重大国际影响力的型号陆续完成发射任务或定型交付部队，安全生产任务非常艰巨。国家国防科工局安全生产工作始终以围绕中心、服务大局为宗旨，将危险源辨识、风险评估作为开展型号研制和重大试验的前置程序和必要条件，逐级落实责任，加大安全管控力度，有力地保障了上述重点型号任务的完成。

四、扎实推进安全生产标准化建设

按照国务院安委会要求，国家国防科工局会同国家安全监管总局印发了《军工系统安全生产标准化建设实施方案》（科工安密〔2012〕269号）和《军工系统安全生产标准化考核评级办法》（科工安密〔2012〕1097号）两个重要的规范性文件；10月至11月完成了标准化考评培训工作，培训评审专家2000余人。12月对各地方国防科技工业管理部门和军工集团公司上报的25家评审机构和6个行业标准进行审核备案，为“十二五”期间全系统军工单位全部达标奠定了基础。

五、深入开展“打非治违”专项行动

按照国务院部署和局领导批示，结合军工特点，研究提出了20项重点检查内容，印发了《关于军工系统集中开展安全生产“打非治违”专项行动的通知》和《关于做好“打非治违”专项行动信息报送工作的通知》，按时向国务院安委办上报工作总结。各地方国防科技工业管理部门、各军工集团按要求，全面开展了宣传动员和检查督察工作。4—9月开展专项行动期间，对50多家军工单位进行了检查，共查出各类隐患300余项，并组织

上报信息200余条；各地方国防科技工业管理部门、各军工集团公司组织各类检查上千次，共查出各类隐患20000余项，投入整改资金5亿多元。结合“打非治违”专项行动“回头看”活动和“十八大”安全检查，国防科工局组织专家，于9—12月，对北京、山西、黑龙江、辽宁、陕西、云南和安徽等地区的13家军工单位进行安全生产专项检查。

六、继续开展交叉检查和“安全生产月”活动

为防范重特大生产安全事故发生，督促重点工作开展，国家国防科工局印发了《关于组织军工系统开展安全生产交叉检查的通知》（科工安密〔2012〕329号）。于4—6月，组成11个检查组，由集团公司主管副总经理带队，分别对重庆、湖南、河南、辽宁、黑龙江、贵州、湖北、上海、陕西、广东和江苏等11个省（区、市）的32家军工单位进行交叉检查。同时，按照国家安全监管总局等七部委的统一部署，国家国防科工局印发了《关于印发2012年国防科技工业“安全生产月”活动方案的通知》（科工安密〔2012〕330号），严密组织、广泛宣传、狠抓落实，积极开展检查整改及应急演练工作。国家国防科工局荣获2012年全国“安全生产月”先进单位。

七、不断加大安全投入

2012年，国家国防科工局继续加大安全技术改造投入力度，共安排专项资金30多亿元用于安全生产条件建设，比2011年增加近70%；同时，在财政部和国家安全监管总局的大力支持下，在《企业安全生产费用提取和使用管理办法》（财企〔2012〕16号）中增加了“武器装备研制生产与试验”行业类别，拓宽了军工行业的适用范围，提高了费用提取标准，为解决军工单位安全生产长期投入不足创造了条件。我局印发了《转发财政部安全监管总局关于印发〈企业安全生产费用提取和使用管理办法〉的通知》（局综安密〔2012〕35号），对费用提取、使用、管理作出了明确规定。各军工集团公司结合实际，也加大了投入力度，全系统本质安全水平有了明显提高。

八、加强事故应急管理

根据国家关于应急管理的新规定、新要求，以及国防科技工业管理体制变化情况，修订完成《国防科技工业武器装备科研生产重特大安全事故应急预案》，并要求各军工集团公司、各省级国防科技管理部门结合自身情况，做好各层级重特大生产安全事故应急预案的修订和对接工作，以进一步提高国防科技工业重特大生产安全事故应急响应能力。

第十部分

各省、自治区、直辖市及计划单列市安全生产工作

北京市安全生产工作综述

2012年，北京市共发生道路交通、生产安全、火灾、铁路交通、农业机械死亡事故982起，死亡1073人。其中：事故起数同比增加5起，上升0.51%，死亡人数同比减少16人，下降1.47%。各项事故指标均在年度目标范围内，事故死亡人数占国务院安委会下达年度控制指标的93%。北京市共发生一次死亡3人以上较大事故17起，死亡62人，同比减少3起23人，分别下降15.1%和27.1%，占年度控制指标的73.9%，控制在年度目标范围内。其中：发生道路交通较大事故14起，死亡49人，同比减少4起13人；发生生产安全较大事故2起，死亡10人，同比增加1起5人；发生火灾较大事故1起，死亡3人，事故起数同比持平，死亡人数减少15人。危险化学品、非煤矿山连续3年未发生死亡事故。

各相对指标控制在年度目标内。亿元地区生产总值生产安全事故死亡率0.06，工矿商贸10万从业人员死亡率为0.98（国务院安委会下达控制指标为1.4），煤矿百万吨死亡率为0.41（国务院安委会下达控制指标为1.8），各类相对事故指标控制在年度控制考核指标以内。道路交通万车死亡率为1.77（国务院安委会下达控制指标为1.7），小幅超标。

北京市安全生产重点工作情况如下。

一、加强安全生产法规制度建设

围绕新修订的《北京市安全生产条例》和北京市委、市政府已经出台的政策措施，积极推进规章、标准和规范性文件的制修订，完善相关配套措施。向市人大常委会申报了《北京市危险化学品安全管理办法》等地方法规立法规划项目，向市政府法制办申报了《北京市安全生产事故隐患排查治理办法》等市人民政府规章立法意向。在积极争取立法资源的同时，强化行政规范性文件和安全标准的制修订工作，相继制发了《关于特种作业操作证申领有关问题的通知》《关于危险化学品经营许可有关工作的通知》等5件规范性文件和《地下有限空间作业安全技术规范》1项地方标准。会同市委督查室、市政府督查室和市监察局，对北京市部分区县和部门贯彻落实《进一步加强首都安全生产工作的实施意见》落实情况进行了专项督查，这是近年来第一次针对市委、市政府重要文件开展的督查活动，对于今后如何推动重要文件的贯彻落实提供了好的经验。

二、深化重点行业领域的安全生产监管工作

继续深化京西煤矿安全生产保障行动，组织召开了2012年煤矿安全生产重点工作推进会，督促京煤集团制定了具体的实施方案，严格按照确定的实施方案推进各项工作的落实。非煤矿山整顿关闭暨“打非治违”工作取得新成效，国家安全监管总局召开了全国推进会，推广北京市安全生产工作经验。深入推进危险化学品安全生产标准化工作，所有参评单位均已完成标准化体系建设和自评员培训工作，危险化学品集中管理体系建设总体方案已获市政府批准，各项工作有序推进。职业卫生监管

方面，通过职业病防治法宣传周活动等形式，认真做好新修订的《中华人民共和国职业病防治法》的宣贯工作；积极推进职业卫生专家支撑体系、职业卫生技术支撑体系、职业卫生培训体系的建设工作；升级改造了职业病危害项目申报系统，为职业卫生监管工作提供信息支持。组织、督促、指导各相关行业部门开展有限空间作业大比武活动，进一步提升了一线作业队伍安全技能和安全意识。加强执法检查，制定了安全生产重点执法检查计划，实施“双十”行动，即市安委会办公室牵头组织10项执法行动，行业监管部门组织10项执法行动，进一步规范了安全生产秩序。

三、深入开展“打非治违”专项行动

市政府办公厅印发了《关于集中开展安全生产领域打非治违专项行动的通知》，制定了专项行动方案并认真组织实施。全市共排查发现违法建设620.9万平方米，累计拆除487.2万平方米，拆除率达到78.5%。共查处在建违法建设160.4万平方米，已拆除154.1万平方米，拆除率为96.1%。共对157.5万平方米在建违法建设实施了断水、断电等措施。出动检查人员54.6万人次，检查企业38万家，打击各类非法违法、治理纠正违规违章行为38.9万起，其中责令改正、限期整改行为199614起，责令停产停业停止建设6420家，没收违法所得、非法生产设备3249起，关闭非法违法企业5433家，行政拘留2269人，罚款10560.419万元。

四、不断强化安全生产综合监管机制

印发了《关于进一步加强本市安全生产综合监管工作的意见》，探索建立了综合协调、监督指导等4种综合监管模式，完善了调查评估、约谈和函告等12项安全生产综合监管工作制度。制定了《关于明确首都机场区域安全生产监管职责分工的意见》，解决了该地区存在的安全生产监管职责不清问题。会同市交通委、市商务委等部门组织开展了轨道交通运营与建设、交通运输单位、燃气使用单位、再生资源回收、人员密集经营场所、地下空间经营、电力生产供应等单位的安全生产联合检查。充分发挥“12350”举报投诉电话作用，广泛调动全社会力量加强对安全生产的监督，受理举报投诉4087件，办结率达96.8%。

五、强化科技支撑和应急处置工作

组织开展科技需求征集、科技成果遴选、科技创新成果推广应用等工作，向北京市科委推荐了《涉氯涉氨场所泄漏监测预警技术研究》等5个研究项目，征集了25家科研机构、高校和企业的科技成果，其中30个项目列入国家安全监管总局安全生产重大事故防治关键技术重点科技计划。“京安”工程建设初步完成，实现与“金安”工程对接。隐患自查自报系统推广应用工作全面展开，全市累计共有40152家企业完成上报，发现一般隐患113118项，完成整改92700项，整改率达到81.95%。全面推进物联网应用示范工程建设，组织做好危险化学品等5个行业领域的42家企业物联网接入、物联传输网络建设、预警调度平台建设、保障体系建设等工作。对全市矿山、危险化学品生产企业和油库专兼职应急救援队伍开展了专业培训，组织开展了2012年度北京市安全生产综合、专项应急演练，检验了市级安全生产应急救援队伍实战能力。

六、依法开展事故调查处理

共查处生产安全事故和非生产安全事故6起，共向司法机关移送追究刑事责任8人，行政罚款54万元。修订了《北京市生产安全事故统计报告制度》、制定了《北京市生产安全事故调查处理信息公开若干规定》。积极推进事故查处工作的信息化建设，先后开发了生产安全事故调查处理文书档案管理和事故统计上报及分析两套系统，实现了事故统计的“当日报告、当日统计”。

七、深入开展安全生产标准化达标创建工作

召开了全市安全生产标准化推进大会，对全面推进安全生产标准化工作进行了部署。成立北京市安全生产标准化建设专家委员会，建立了标准化专家库，建设标准化信息管理平台。完成了《北京市政府办公厅于进一步推动企业安全生产标准化建设工作的指导意见》等3个指导性文件的起草工作以及基本标准和工业企业二级通用评审标准的修订工作，确定了工业企业二级标准化评审机构推荐程序。

八、加强安全生产宣传教育和培训工作

组织开展第11个北京市安全生产月活动，举行了安全生产月宣传咨询日暨“护航”联合行动第二战役启动仪式，举办了第六届北京安全文化论坛，深入开展安全社区和安全文化示范企业创建活动。印发《北京市京外特种作业操作证登记管理办法》和《北京市特种作业人员违章行为登记管理办法》，进一步加强了对特种作业人员作业的监管。抓好高危行业主要负责人、安全生产管理人员、班组长、农民工安全生产培训，落实持证上岗要求，全年培训29万余人次。

九、圆满完成党的十八大安全生产保障任务

把党的十八大安全生产保障工作确定为年度工作的重中之重，制定方案，明确工作内容和工作节奏，进行了部署，把具体工作进行了分解细化。一是深入开展安全生产“护航”行动，强化重点区域、重点部位和重点行业安全生产监督检查，依法严惩非法违法行为，有效防范和坚决遏制重特大事故发生。二是启动“十八大”安全生产保障专项执法检查行动。采取统一部署、市区联动、部门联合的方式，统筹整合安全监管执法力量，运用集中战役、专项战役等模式，对重点地区、重点行业（领域）开展执法检查。三是加大新闻报道力度。组织北京日报等主流媒体，对十八大安全生产专项执法进行深入报道，对违法企业进行曝光，有效震慑企业违法行为。四是组织开展督导检查活动，采取实地检查、听取汇报、明察暗访等形式，会同有关部门对各区县和部门工作开展情况进行督导检查，督促各项措施的落实。

十、加强安全生产队伍建设

广泛开展以“争做安全发展忠诚卫士，创建为民务实清廉安监机构”为主题，以“三进两促”活动为载体，深入推进创先争优活动。以迎接建党91周年为契机，组织开展了书法摄影比赛、共产党员献爱心、评选表彰先进党组织和优秀共产党员等活动，涌现出了一批先进模范人物，进一步增强了安监队伍的凝聚力和战斗力。通过持续深入地开展“三进两促”活动，建立健全了机关结对、领导干部下基层调研等联系群众制度，解决了党员干部在思想作风、学习作风、工作作风和生活作风等方面存在的突出问题，打造了一支政治素质过硬、思想作风顽强、业务素质优秀、领导和实践能力较强的党员干部队伍。

天津市安全生产工作综述

2012年，天津市共发生各类死亡事故858起、死亡990人，同比事故起数增加9起、上升1.06%，死亡人数减少38人、下降3.7%。占全年控制指标的95.8%，比控制指标少43人。其中：发生生产安全死亡事故61起、死亡75人，同比减少12起、5人；道路交通死亡事故745起、死亡848人，同比增加6起、减少60人；火灾死亡事故25起、死亡40人，同比增加11起、23人；铁路交通死亡事故23起、死亡23人，同比增加1起、1人；农业机械死亡事故4起、死亡4人，同比增加3起、3人。天津市共突出强化了以下7个方面工作。

一、强化安全生产组织领导，层层落实安全生产责任制

一年来，天津市委、市政府领导同志在统筹全市经济发展的同时，始终高度重视安全生产工作。中共中央政治局常委、原市委书记高丽同志多次在会议上对安全生产工作提出要求；市长黄兴国多次对安全生产工作作出批示；副市长王治平先后10次主持召开安委会会议、安全生产工作会议，听取专题汇报，并多次带队调研、检查安全生产工作。市委、市政府领导坚持在会议上讲安全、在调研中查安全、在工作中抓安全，2012年对安全生产工作批示达325次，有力地加强了对安全生产工作的领导，增强了各级对安全生产工作的重视程度。全市层层开展了安全生产签约活动，16个区县政府和17个市政府有关部门的主要负责同志向市政府递交了安全生产责任书。组织考核了33个区县、部门以及55家国有集团公司2011年安全生产责任目标落实情况，安全生产责任制得到有效落实。

二、深入开展安全生产大检查，确保了市十次党代会和十八大期间安全生产形势稳定

2012年以来，按照国务院安委会和天津市委、市政府的部署要求，分别组织开展了两节、两会、党代会等重点时期安全生产大检查活动。特别是4月份以来，全市采取了有力的打击措施、严格的监管手段和有效的执法监督，深入开展了“打非治违”专项行动，严厉打击了各类非法违法行为，有效确保了市十次党代会和十八大期间安全生产形势稳定。特别是10月份以来，全市积极开展了“打非治违”专项行动“回头看”工作，进一步巩固了专项行动成果，促进了安全生产工作的落实。全市各级各部门共组成检查组77263个，出动执法人员446419人次，检查企业361012个，责令改正、限期整改、停止违法行为220960起，责令停产、停业、停止建设2424家，暂扣或吊销有关许可证、职业资格770个，关闭非法违法企业899家。

三、坚持分兵把口，不断深化开展重点行业领域专项整治

天津市各级、各部门、各单位分别组织力量开展了重点行业领域专项整治活动。特别是蓟县“6·30”重大火灾事故发生后，全市在危险化学品、建筑施工、道路交通、人员密集场所、特种设备等5个重点行业领域开展了安全生产专项整治活动，切实治理了一批安全隐患。共排查出各类安全隐患292768项，已整改281643项，整改率96.2%。市安监局结合危险化学品企业专项整治工作开展，对全市A类、B类危险化学品企业进行全面检查，逐个工艺、逐项工序、逐台设备进行全面督查，同时对全市国资系统企业及重点工贸行业企业持续开展拉网式检查，共检查企业6429家，查出各类安全隐患21020项，已整改19684项；市建交委聚焦高难深大项目、地铁轨道交通工程、社会保障性住房项目等生命线工程，先后开展了3个百日大检查活动，累计检查工程5740项，下达责令整改通知书1786份，对235个项目给予责令暂停施工的处理；市公安消防局突出对高层、地下建筑、中小学校、“三供”单位、易燃易爆场所、火灾高危场所等重点部位火灾隐患的治理，共检查单位22.2万余家，督改火患27.9万余件，“三停”1305家，临时查封2318家，罚款3631余万元；市交通港口局组织执法力量，重点对无证无照、超员超载、非法运营以及非法从事内河水路运输、水上作业等行为进行了集中治理，共检查企业4956家，查处非法违法、违规违章行为14688起，处罚罚款1229.6万元；市公安交管局针对涉牌涉证、“三超一疲劳”、酒后驾驶、违法停车等交通违法行为，开展了静态交通秩序百日整治等多次专项行动，共查处各类交通违法行为为505.3万起；市质监局强化特种设备安全风险排查整治，共检查特种设备使用单位和气瓶充装单位6148家，设备37816台套，发现隐患5200项，下达《特种设备安全监察指令书》2661份。

四、全面推进安全生产基层基础建设工作

2012年天津市突出推进乡镇、街道安全监管能力建设，市安监局成立了6个推动组，对全市16个区县的243个乡镇街道以及工业园区进行安全生产工作推动，督促基层安全监管机构、人员、装备的落实，通过一个时期的推动，各区县特别是乡镇街道一级安全监管水平有了显著提升。积极开展安全社区、安全文化示范企业和企业安全班组的创建工作，共创建38个国家级安全社区，4家国家级安全示范企业，评选出876个天津市安全生产优秀班组。全市安监系统不断加强执法队伍建设，滨海新区推行政府雇员制，以解决执法力量不足的问题；宁河县组建了执法监察大队，以弥补乡镇、园区监管工作的不足；津南区不断充实执法硬件装备，统一配备了执法箱，提高了基层执法效率。

五、大力推进重点行业企业安全生产标准化达标工作

2012年天津市各有关部门继续把大力推进重点行业企业安全生产标准化达标工作作为2012年工作的重点，深入开展以岗位达标、专业达标和企业达标为内容的安全生产标准化建设。138家A类危险化学品企业中已有130家达到三级安全标准化水平，1500余家B类危险化学品企业中已申请1006家，通过评审114家。全市工贸企业中已完成一级企业达标12家，二级企业达标并审核公告85家，三级企业达标42家。

六、扎实开展安全生产宣传教育活动

结合2012年“安全生产月”活动，利用多种宣传手段，广泛开展了安全生产咨询日、安全生产普法知识竞赛等一系列宣传活动，并深入街道、乡镇、社区、工地开展安全生产知识类影视片集中展映活动350余场。向社会发放宣传挂图29237套，光盘1922套，安全生产系列手册55688册，参加普法知识竞赛人数达30余万人次，有奖征文768篇，培训三项岗位人员13万余人。

七、认真做好事故调查处理工作

按照"四不放过"的原则，加强对事故查处工作的跟踪监督，确保事故查处严肃认真，责任追究落实到位。市、区两级安全监管部门对发生事故单位到期应结案46起，实际已结案41起，结案率89.1%，给予经济处罚共计503.622万元，受到行政处分的有57人，对20名涉嫌重大责任事故犯罪人员已立案侦查。蓟县"6·30"重大火灾事故结案报告已上报国务院安委会办公室审核通过。

回顾2012年工作，全市上下认真贯彻落实市委、市政府的工作部署，扎实推进各项安全生产工作的落实，在实现全市国民经济又好又快发展的同时，实现了安全生产形势的稳定好转，在全国处于较好水平，生产安全事故总量和死亡人数逐年减少，天津市的事故总数由2008年的1230起，死亡1371人，下降至2012年的858起，死亡990人，分别下降30.2%和27.8%，每年天津市的安全生产控制考核指标均在国家下达的范围之内，下降幅度在全国也属前列，全市安全生产形势总体保持平稳，安全生产工作取得了较大进展。但是安全生产工作仍然存在一些问题和薄弱环节，主要表现为以下3个方面：一是"两个主体"责任在部分地区和部分生产经营单位还落实不到位。致使隐患排查治理不彻底，安全生产工作存在死角和盲区。二是民营中小企业事故多发。民营中小企业存在安全生产条件差、安全生产制度不健全、管理不规范、安全生产投入不足、人员素质不高等问题，导致事故时有发生。三是基层安全监管工作仍然薄弱。面对日益繁重的安全监管工作，基层安全监管部门还存在机构不完善、监管力量不足等问题，乡镇街道问题更加突出。针对存在问题，天津市将在今后工作中下大力度解决。

河北省安全生产工作综述

一、安全生产总体情况

2012年1—12月份，河北省共发生各类生产安全事故10328起，同比下降0.7%；死亡2886人，同比下降3.3%。

从重点行业情况看，全省煤矿发生事故23起，同比下降36.1%，死亡38人，同比下降28.3%；金属与非金属矿事故20起，同比下降13%，死亡26人，同比持平；建筑施工事故30起，同比下降52.4%，死亡46人，同比下降47.1%；道路交通事故5248起，同比下降0.9%，死亡2503人，同比下降3.8%；消防火灾事故4745起，同比下降0.3%，死亡16人，同比持平；危险化学品事故1起，同比减少83.3%，死亡29人，同比上升190%；烟花爆竹事故4起，死亡7人，去年同期未发生烟花爆竹事故。

从较大以上事故情况看，全省共发生较大事故16起，同比下降36%，死亡71人，同比下降31.1%；重大事故1起死亡29人，去年同期全省未发生重大生产安全事故。未发生特别重大事故。

从控制指标完成情况看，事故死亡人数，工矿商贸及煤矿、金属与非金属矿、建筑施工、道路交通、火灾、铁路交通和农业机械事故死亡人数、较大事故和重大事故起数等均在控制进度目标以内。烟花爆竹、危险化学品事故死亡人数超出全年控制目标。

从各地区安全生产情况看，张家口、秦皇岛、唐山、廊坊、保定、邢台、邯郸等7个市事故起数、死亡人数双下降；衡水、沧州两市事故死亡人数下降。

二、安全生产重点工作

（一）"打非治违"专项行动取得显著成效

河北省各级按照国务院和省委、省政府的统一安排，迅速行动，广泛动员，周密部署，狠抓落实，"打非治违"专项行动全面展开、强力推进。省安委会和省安委办按照"狠抓三个层面、突出两个重点、强化两个保障措施"的工作思路，加强工作协调，开展专项督查，强化舆论宣传，营造了"打非治违"的强大声势。全省安监系统充分发挥主力军作用，停休节假日，以超常规的精神状态，全力打好"打非治违"攻坚战。从4月中旬开始，河北省组织上万名执法人员和专家、2000多个执法队，在全省14个重点行业领域，开展了历时8个多月的"打非治违"专项执法行动，全省共检查生产经营建设单位40.5万家次，查处隐患和问题51.8万条，实施经济处罚2.7亿元。

（二）煤矿关闭整合重组步伐加快

在前几年大量关闭小煤矿的基础上，2012年又公告关闭矿井37处，淘汰落后产能234万吨，完成国家下达关闭淘汰任务的370%和390%，提前3年完成了国家下达的"十二五"（166处）关闭目标。全省剩余煤矿269处，其中地方小煤矿190处，开滦集团、冀中能源集团等整合主体已基本完成了150处地方小煤矿的接管，初步实现了国有大型企业对被兼并重组煤矿的安全、生产、经营的实质管理，基本上实现了以国有大型煤矿企业为主办矿格局的既定目标。督导企业建立健全瓦斯防治各项制度，实现了瓦斯"零事故""零死亡"。张家口市出台多项政策制度，健全完善了24个煤矿安全监管机构，配备了286名专职监管人员。邯郸市动手早、起步快，提前完成了关闭整合任务。邢台市实施了严格的驻矿监管措施，向地方煤矿派驻政府工作人员397人。河北省发改委争取中央预算资金3.5亿元，专项用于50个煤矿安全改造项目。

（三）全省尾矿库实现安全度汛

在汛前对全省2543座尾矿库进行了拉网式排查，对614座"头顶库"进行了"会诊式"检查，共查出隐患1767条，责令停产整顿25座，先后组织转移病、危、险库下游群众2.3万人。2012年汛期，面对数十年一遇的"7·21"强降水灾害，全省上下严防死守，经受住了严峻考验，实现了全省尾矿库未溃一坝、未死一人。在全省开展了尾矿库治理攻坚战，重点治理"头顶库"、无主库和有主但无能力治理的尾矿库。大力推广尾砂胶结充填技术，20家尾矿库被选定为全省充填试点。

（四）职业危害监管力度不断加大

组织开展了职业病危害专项治理活动，全省共关闭不符合职业卫生基本条件企业1336家，完成职业病危害因素申报企业2.9万家，居全国前列。发放职业卫生安全许可证79家，对297个建设项目进行了职业卫生"三同时"审查，对2.5万企业主要负责人、4.8万职业卫生管理人员、70余万劳动者进行了职业卫生培训。

（五）危险化学品企业监管进一步强化

认真吸取河北克尔化工有限责任公司"2·28"重大爆炸事故教训，在全省范围组织开展危险化学品生产企业安全生产专项整治，对所有危险化学品生产企业、建设项目开展全面检查，对不符合安全生产条件的依法暂扣或吊销安全生产许可证。大力推动危险工艺自动化控制改造，全省采用危险化工工艺的245家危险化学品生产、使用企业，已有233家完成了自动化控制改造，其余12家已完成了改造设计，正在积极进行改造工作。

（六）其他重点高危行业领域安全监管持续强化

组织开展了冶金企业较大风险作业岗位安全专项整治，全省冶金企业共辨识出较大风险设备200余种、各类危险有害因素5000余种，排查整改隐患70余万条。以"道路客运安全年"为载体，以长途客车、旅游客车、卧铺客车和县级客运企业为重点，深入开展了道路客运安全专项整治；深入开展道路安全设施生命防护工程，以客货运车辆为重点，开展了集中整治超速、超员、超载、疲劳驾驶违法行为的"三超一疲劳"专项行动。开展了以防坍塌、防高处坠落事故为重点的建筑施工专项整治，加强了对在建工程项目涉及的深基坑、高大模板、脚手架、起重机械设备等施工部位和环节的重点检查治理工作。深入开展了以人员密集场所和高层、地下建筑为重点的消防专项整治，开展以社会消防安全主体责任落实、消防安全"四个能力"建设、"清剿火患"战役和党的"十八大"消防安全保卫战为主要内容的火灾隐患排查整治。特种设备、农业机械等行业领域也按照年初的工作部署，深入开展了"打非治违"专项行动，深化了专项整治，加强了安全监管。

（七）应急救援体系更加完善

在全省范围内开展了安全生产综合监管和应急资源普查，完成了各高危行业企业、重大危险源和监护铁路道口的电子地图标注工作。组织了应急演练周活动，共举办各种演练1万余次。省安全生产应急救援指挥中心（训练基地）建设项目取得积极进展，计划2013年2月份正式开工建设。石家庄市开展了"重大危险源企业进行驻厂督导监管"和"包企业、促管理、保安全活动"。沧州市加强应急救援联动机制建设，对专家队伍、消防和救护机构、专业抢救队伍进行了整合。衡水市成立了应急救援指挥中心，人员装备全部到位。唐山、秦皇岛、承德等地分别举办了全市规模的安全生产应急演练。省农业厅加强了草原防火和渔业海上安全救援体系建设和演练。省公安厅、省文化厅、省卫生厅、省教育厅、省交通运输厅、省旅游局等部门针对影院剧场、医院、学校、车站、景区景点等重点人员密集场所，开展了多种形式的消防应急演练活动。承德市持续推进了重大危险源监控系统建设，已有489家重大危险源和重点企业安装了视频监控系统。

（八）教育培训、科技支撑体系不断完善

建立充实了安全培训师资库和专家库，建成了微机培训考试点90个，培训企业主要负责人和安全管理人员6.9万人，特种作业人员12.2万人，其他从业人员80万人次。修改完善了河北省安全评价、检测检验机构监督管理工作办法，积极推进省职业危害检测与鉴定实验室、省非煤矿山与重大危险源监控实验室科学化、规范化建设，这两个省级实验室正发挥着越来越大的作用。强力推进安全生产标准化建设。建立健全了安全生产标准化评定标准体系和考核体系，对1000余名评审人员和专家进行了资格培训，培育76家标准化典型企业。机械、轻工、纺织、烟草、商贸行业共创建标准化企业1880余家，位于全国前列。沧州市组织开展了安全标准化“1112”创建活动，标准化企业居全省首位；推行了专家查隐患机制，对辖区内重点企业进行了全面“体检会诊”。唐山市组织全市执法人员分期分批开展驻企监管培训活动。

（九）安全文化氛围日益浓厚

组织开展了“安全生产月”“安全生产燕赵行”等活动，全社会高度关注、积极支持、广泛参与、共同监督安全生产的意识更加强烈。唐山市投资20万元制作播放安全生产电视公益广告。承德市组织12个县区政府的主要领导在《承德日报》发表署名文章，交流探讨安全生产工作，在全市企业组织开展了“安全公约大家唱”活动，定期播出电视安全公益广告和安全生产专题节目，组织开展安全文艺大篷车活动，在全市巡回演出56场。《河北安全生产》杂志办刊水平和影响力获得大幅提升，发行量近17万份，宣传触角深入到基层、班组，为河北省宣传安全生产工作开辟了新阵地。

（十）事故调查处理工作进一步加强

严格落实事故备案和查处挂牌督办制度，2012年省安委会挂牌督办事故10起，已办结8起，其余2起正在办理过程中。向社会公开了事故及事故隐患举报特服电话“12350”，并在网上公开举报信箱，省安监局受理各类事故举报103件，查实的有效事故举报20件，兑现举报奖励22.5万元。严肃事故查处和责任追究，全省有128人被追究事故责任，其中，移送司法机关追究事故责任25人，给予党纪处分15人，政纪处分42人，按照单位内部规定处理35人，通报批评18人，诫勉谈话3人。

山西省安全生产工作综述

2012年，山西省发生各类生产安全事故9475起，死亡2507人，继续保持了“双下降”的态势；亿元GDP死亡率、工矿商贸10万从业人员死亡率、道路交通万车死亡率比上年分别下降9.61%、13.21%、11.35%，煤炭百万吨死亡率0.091，继续保持全国领先水平（全国百万吨死亡率0.374）；连续3年没有发生特别重大事故。对山西省安全生产工作经验和取得的成就，新华社、人民日报等主流媒体都做了宣传报道，马凯副总理、国家安全监管总局杨栋梁局长等领导也给予了充分肯定。

一、省委、省政府坚强领导，各级党委、政府高度重视

山西省委、省政府主要领导逢会必强调安全，并提出许多重要理念，诸如安全生产是一个重大的政治问题、现实的经济问题、基本的民生问题、重

要的社会问题，发展是第一要务、安全生产也是第一要务，抓经济发展是政绩、抓安全生产也是政绩等。省政府连续5年下发1号文件安排安全生产工作。2012年省政府共召开常务会议、安委会议和电视电话会议13次，专题研究部署安全生产工作。李小鹏省长履新第二天就深入煤矿对安全生产进行调研，近期发生的几次事故都在第一时间赶赴一线现场指挥，1月1日亲自主持召开“12·25”事故现场会，并多次听取事故调查处理情况汇报。各级党委政府都建立了党政一把手负总责、行政一把手担任安委会主任、其他副职按照分工抓安全的工作体系，把安全生产摆在了重要位置。

二、强化政府监管，层层落实责任

省政府与11个市政府和省有关部门签订了安全目标责任书，各级、各部门把考核指标和工作目标层层分解，落实到基层政府、部门和企业。同时，各级、各部门不断完善挂牌责任制实施细则，落实了挂牌责任人的安全责任。坚持实行五人监管包保制度，并实施监管部门、分管领导和具体监管人员监管责任“三落实”制度，进一步强化了政府部门安全监管。

三、全面落实企业安全主体责任，提升企业安全生产水平

在重点行业推行了企业法定代表人承诺制，在高危行业推行了安全责任保险制度。充分发挥煤矿“六大员”、非煤矿山“五大员”，以及其他企业“三大员”作用，加强现场安全管理。大力推进标准化建设，到2012年底，全省273座煤矿生产矿井全部达标，非煤矿山和尾矿库1783家企业达标，达标率81.6%；危险化学品2405家企业达标，生产企业达标率83%；冶金等工贸行业1389家企业达标，规模以上企业达标率80%；建筑施工特级企业全部通过安全认证。

四、强化监督检查，不断深化安全生产专项整治

连续4年开展了覆盖20个行业的专项整治，排查各类生产经营单位35万多个，关闭取缔非法窝点3.8万个，投入隐患治理资金70多亿元。2012年的整治工作，分3个阶段，组织了集中整治行动和2个“百日安全生产活动”。省安委办派出7个督查组，由各部门副厅（局）长带队，不间断地进行督查。省级行业主管部门进行了垂直督导和重点抽查，全省煤矿整治分12个督导组，分别由副厅级领导带队，对全省煤矿逐一排查评估，取得了良好效果。2012年全省共成立检查组8万多个，检查各类企业40多万个（次），发现和治理隐患72万多条，其中重大隐患303条，落实隐患治理资金7700多万元。

五、强化基层基础，安全保障能力进一步提高

一是基层建设取得新进展。全省95%的乡村（镇、街道、社区）通过了安全乡村基本标准达标验收，有14775个乡村建成了“安全乡村”，占全省乡村总数（30397个）的48.6%。二是安全生产“十二五”规划实施良好。把规划的目标任务分解到各部门，并跟踪督促落实。积极推进科技强安战略，推广了一大批先进实用技术。三是宣传教育工作有新成效。组织了安全生产月等主题活动，通过“安全文化剧目巡回展演”、报告会、新闻发布会等多种方法途径，广泛宣传安全发展科学理念，安全生产的群众基础进一步巩固。四是培训力度不断加大。全年培训高危企业负责人、安全管理人员26283人，特种作业人员37546人，培训“六大员”5000余人，其他从业人员（包括农民工在内）40多万人，有效提高了从业人员安全技能。五是应急管理水平有新提高。有序推进大同矿山救护队和汾西救护队等重点队伍建设，全省组织开展应急演练3152次。

六、强化监管执法，“打非治违”专项行动取得明显成效

根据国务院安排，各级各部门坚持以联合执法为手段，以打击非法违法采矿为重点，加大巡查、突查、夜查、抽查和督查力度，采取停产整顿、关闭取缔、从重处罚和从严问责的“四个一律”打击治理措施，对非法违法行为进行了严肃查处。省政府召开5次专题会议，布置打击非法违法采矿活动，对37个重点县、152个重点乡和589个重点村实施了全程跟踪、全程监控、重点打击。专项行动以来，全省共打击非法违法行为96331起，责令停产、停业、停止建设企业3744家，关闭取缔非法违法窝点4786个。

七、严格考核，强化安全责任追究

各级、各部门不断完善安全生产目标责任考评办法，严格实行日报告、周调度、月通报、半年发布、年终考核制度，在全省大考核中坚持安全

"一票否决"，通过从严考核，使各级、各部门更加重视安全生产工作。严格查处各类生产安全事故，2012 年全省共查处事故 93 起，追究刑事责任 59 人，党纪政纪处分 413 人。对 3 起社会影响大的较大事故，提高了事故调查等级，由省政府组织成立调查组进行调查处理。通过严格问责，使广大干部对安全生产工作更加尽职尽责。

内蒙古自治区安全生产工作综述

一、全区安全生产总体形势

2012 年，内蒙古自治区圆满完成了国务院下达和自治区政府确定的各项目标任务。主要表现在以下 4 个方面：一是事故总量和死亡人数实现"双下降"。2012 年全区发生各类生产安全事故 11712 起，死亡 1566 人，同比分别下降 23.49% 和 6.40%。二是重特大事故得到有效遏制。全区连续两年没有发生一次死亡 10 人以上重特大事故。三是反映安全发展水平的 4 项主要指标进一步趋好，下降幅度较大。其中：亿元 GDP 生产安全事故死亡率为 0.098，同比下降 42.35%；煤炭百万吨死亡率为 0.031，同比下降 40.00%；工矿商贸 10 万从业人员死亡率为 4.2，同比下降 6.38%；道路交通万车死亡率为 2.4，同比下降 7.69%。四是控制指标实施良好。工矿商贸领域的煤矿、非煤矿山、危险化学品、烟花爆竹、建筑施工，以及生产经营性的道路交通、农牧业机械、铁路交通、消防火灾等行业（领域）的事故死亡人数，均在控制目标之内。

二、主要工作开展情况

（一）强化法制建设，规范安全生产行政行为

一是认真落实行政许可，实行政务公开。切实贯彻执行《行政许可法》，对本单位行政许可事项进行清理，切实按照所确定的工作程序及时受理企事业所申请办理的业务，确保公正透明、优质高效。二是健全完善安全生产法律法规政策体系。完成修订《内蒙古自治区安全生产条例》的前期调研和广泛征求意见工作，并向自治区法制办提交了《关于对修订的〈内蒙古自治区安全生产条例（送审稿2）〉征求意见情况的说明》及《内蒙古自治区安全生产条例（送审稿2）》。三是编制行政执法计划。编制了《内蒙古自治区安全生产监督管理局2012 年度安全生产行政执法工作计划》。

（二）强化安全生产责任制，建立健全安全生产考核体系

为实现安全生产责任目标，内蒙古自治区采取了一系列强化措施。一是层层签订安全生产责任状。各级政府与有关地区和部门签订安全生产责任状，将年度各类事故单项控制指标分解落实到各地和各部门，督促各地、各部门按照"横向到边、纵向到底"的要求，层层落实安全责任，做到了政府领导责任、部门监管责任和企业主体责任"三落实"。特别是自治区政府与各盟市和各有关部门一把手就十八大前安全生产工作签订了责任状。二是加强责任目标的跟踪考核。按年度对盟市和部门下达安全生产控制考核指标，按年度进行考核，并和各类评先、干部业绩考核等方面挂钩，强化各级领导干部的责任意识。实践证明，通过建立控制考核指标体系并适时进行考核、兑现奖惩，效果非常突出和明显。三是健全安全责任预警系统。对一定时段内事故指标超限的地区、部门或企业，实行诫勉谈话制度，加大事故责任的追究力度，举一反三、警钟长鸣，扭转安全生产形势的被动局面。四是定期研究和解决安全生产工作中的突出问题。2012 年上下半年均召开了全区安全生产工作会议，对半年和年度安全生产工作进行总结，全面部署工作；共召开了 6 次安委会全体（扩大）会议和多次危化、矿山、冶金八行业等专业性安全工作会议，研究、部署和协调各个阶段、各个行业的安全生产工作。

（三）加大安全生产宣传教育力度，努力提高公民安全意识

2012年，内蒙古自治区安全宣传教育工作取得了长足进步。一是媒体宣传力度明显增强，对企业法人代表安全承诺、企业班组安全建设、应急救援演练、领导下基层联系点等重要工作在自治区主要新闻媒介进行了大篇幅的宣传报道。二是以“全国安全生产月”活动为契机，在自治区首府和各盟市所在地开展安全知识竞赛、安全书画摄影展览、应急救援演练等大型宣传、咨询日活动。三是组织开展“安全生产咨询服务”“安全生产知识竞赛”“科技周”和安全图书下基层等一系列宣传活动，大力宣传安全生产法律法规、安全科技知识、安全管理和安全文化等。通过形式多样的宣传教育活动，提高了公民的安全意识，增强了基层单位和企业安全生产的主动性和积极性。四是安全文化建设示范企业创建工作稳步推进。2012年经过专家组现场验收评选命名了7家自治区安全文化建设示范企业，并选送了3家企业参加国家级示范企业评选。

（四）加强安全培训，夯实安全生产基础

2012年，内蒙古自治区安全生产培训工作水平得到明显提升。在逐步建立和完善安全培训各项制度、标准的同时，逐步改善培训机构的办学条件，提高培训质量，全面推进各类安全培训工作，取得了较好的成效。一是加强安全资格培训工作。2012年，全区共完成企业主要负责人、安全管理、特种作业等三类人员持证上岗培训75502人（次）；盟市、旗县区政府分管领导、安全执法人员和企业负责人更新知识培训2901人（次）。二是加强安全培训机构建设，全区已验收认证具有安全培训资质的培训机构共61家，安全培训基地建设已形成规模，培训面覆盖全区。同时加大培训机构专项执法检查力度，对重点培训机构实施监督检查，检查覆盖面达到100%。三是安全培训“教考分离”实现大的突破。全区电工、焊工、登高架设等3个特殊工种资格操作安全培训全面实现了教考分离和计算机网络考试考核。

（五）抓重点行业（领域）专项整治和隐患排查

2012年先后组织开展了5次全区安全生产大检查，在煤矿、非煤矿山、危险化学品及烟花爆竹、道路交通、建筑施工、铁路、民航、人员密集场所、冶金等重点行业（领域）开展了安全整治。先后排查生产经营单位67713家，共排查一般隐患223108项，重大隐患1186项，经复查，90%以上的隐患已整改到位。在春节、“两会”“复产”“双节”和十八大召开前后等时段，开展了安全生产专项督查，确保了重点时段无重大生产安全事故和有影响的安全问题。

（六）狠抓标准化建设，提升企业本质安全水平

根据自治区的产业特点，围绕岗位达标、专业达标和企业达标的要求，在煤矿、非煤矿山、危险化学品和冶金等工贸行业都制定了自治区级的企业标准化建设工作规划。同时结合行政许可和“打非治违”等工作一并实施，在抓基层班组安全创建过程中具体落实，收到了明显成效。全区危险化学品生产企业已完成标准化达标343户，达标率为71%；危险化学品经营企业已完成标准化达标3160户，达标率为94%；非煤矿山企业已完成标准化达标1442户，达标率为72%；冶金等工贸行业完成标准化达标625户。

（七）加强应急救援体系建设，推进应急救援基础工作

2012年以来，全区进一步建立健全了应急管理机制，完善了各类安全生产应急预案，积极创造条件开展应急演练，提升应急救援能力。一是加强应急指挥机构建设，全区12个盟市均成立了安全生产应急救援指挥机构，安全生产应急救援指挥体系初步完善。二是加强应急预案管理工作，规范应急预案和评审专家的管理，安全生产应急预案管理体系基本形成。推进开展了开发区（工业园区）和12个自治区重点企业应急预案编制备案工作，并对非煤矿山、危险化学品生产企业和冶金企业的应急预案工作进行了执法检查。三是积极开展应急演练。筹备了全区“赛罕区党政机关大楼火灾事故应急救援演练”观摩活动。指导了20个重点应急演练项目演练活动，对呼和浩特市大型办公楼、大型商场、高层住宅、大型酒店等人群密集场所重大火灾事故应急疏散救援演练和内蒙古石油销售系统应急救援演练观摩活动进行了现场指导。四是逐步加强应急救援队伍和管理制度建设，安全生产应急管理工作逐步走向规范。

（八）积极稳妥推进职业卫生安全监管工作

2012年以来，全区进一步建立健全了应急管

理机制，完善了各类安全生产应急预案，积极创造条件开展应急演练，提升应急救援能力。一是加快职业卫生监管机构建设。二是制定出台相关制度、规定，规范职业卫生监管工作。三是着手开始办理职业卫生行政许可。四是开展了职业卫生机构年检续展换证工作。从2012年7月开始，对自治区卫生厅已批准的建设项目职业病危害评价（乙级）、职业病危害因素检测与评价、放射卫生防护检测与评价职业卫生技术服务机构，开展年检续展及换证工作。五是开展金矿粉尘危害专项治理，加强职业卫生申报工作。

（九）实施企业法人代表安全生产承诺制度建设工作

企业法人代表安全生产承诺制度建设工作是2012年的重点推广工作之一。年初专门召开了“安全生产承诺工作暨安全隐患排查治理体系建设工作会议”，先后印发了《企业法人代表安全生产承诺制度建设工作方案》《企业法人代表安全生产承诺书》及配套的《企业法人代表安全生产承诺兑现标准》，并组织开展了多次企业承诺建设专项检查督查。一年来，各盟市普遍重视，认真组织、稳步推进，取得了初步成效。一是制定了方案，明确了任务。12个盟市及各旗县区安委会均成立了承诺建设工作的组织领导机构和日常办事机构，分别制定了本辖区、本行业承诺活动的方案，为全区安全生产承诺工作的顺利开展提供了有力保障。二是动员部署、落实责任。各地均组织召开了贯彻落实承诺制度建设的专题会议，对承诺活动进行了动员部署，要求重点行业领域规模以上企业率先开始承诺建设工作。三是大力宣传，营造氛围。通过多种形式开展了具有声势的宣传报道，进一步营造了安全生产承诺的浓厚舆论氛围。四是积极承诺，稳步推进。全区已有1826户重点行业领域规模以上企业完成安全生产承诺书签署工作，已建有200个示范班组。

（十）切实加强举报案件和事故调查处理，严格事故责任追究

一是组织查处举报投诉案件工作。2012年，共受理31起举报投诉。其中，涉及生产安全事故7起，非法违法生产经营11起，安全隐患8起，其他类型举报5起。现共结案22起，其余9起案件正在查处中。对调查属实的5起举报投诉，都责令属地监管部门给予涉案企业及有关人员严肃惩处，对于实名举报人都给予了答复。二是开展事故调查处理及较大事故查处挂牌督办工作。2012年内蒙古自治区安监局参与了国务院“8·26”特大道路交通事故的调查处理工作。分别对17起较大生产安全事故实施了挂牌督办，其中，工矿商贸事故12起，道路交通事故5起。通过电话督办、实地督办、审核事故调查报告、提出处理意见建议等方式对挂牌事故的查处情况进行督查。

（十一）深入开展“打非治违”专项行动

按照国务院关于集中开展安全生产领域“打非治违”专项行动和“回头看”活动的要求，自治区各级政府高度重视，及时动员部署，取得了明显成效。一是切实加强组织领导。自治区成立了以王波副主席为组长的“打非治违”工作领导小组。各地区、各有关部门均召开专题会议，认真研究部署，成立了以主要领导同志或分管领导同志为组长的“打非治违”工作领导小组。二是进一步完善细化方案。以内政办发电〔2012〕33号印发了自治区《“打非治违”专项行动工作方案》，各盟市和有关厅局结合当地实际和行业特点，突出重点，抓住关键，有针对性地制定“打非治违”专项行动具体实施方案，细化目标任务，明确工作重点，强化保障措施。三是加强宣传和信息报送。各地区、各有关部门充分利用广播、电视等媒体，采取组织新闻采访，制作展板等多种形式，对“打非治违”专项行动进行广泛宣传报道，形成良好的社会舆论氛围。各地区、各有关部门也都按照要求，建立了调度统计和信息通报制度，为及时了解各地区、各有关部门和单位专项行动开展情况，掌握工作进度，推动工作开展打下了良好基础。四是强化责任考核和社会监督。各地区结合实际，进一步明确所属各部门工作责任，强化目标考核，确保“打非治违”各项工作落到实处、取得实效。各地区、各有关部门进一步畅通社会监督渠道，建立健全举报奖励制度，切实强化社会监督、舆论监督和群众监督，推进群防群治。坚持有举必查，查实必惩，对查处的重大非法违法、违规违章行为和非法违法生产经营企业通过主流媒体曝光。五是认真组织企业开展自查自纠，全面排查非法违法、违规违章行为，“打非治违”专项行动取得显著成果。自专项行动开展以来，全区共组织各类检查组2322

个，出动检查人员 325094 人次，检查企业 151590 个，打击非法违法、责令改正、限期整改、停止违法行为 275820 起，没收非法生产经营设备 121 台（件），责令停产、停业、停止建设的企业 3224 家，暂扣或吊销有关许可证、职业资格证 1399 个。工作中采取部门执法与联合执法、集中打击与长效治理相结合的方式，不断深化专项行动，较好地实现了取缔非法、纠正违法、保护合法的目的。

辽宁省安全生产工作综述

一、全省事故控制指标完成情况

（一）事故总量

2012 年辽宁省安全生产形势持续保持总体平稳的态势。全省发生各类事故 14442 起，死亡 2569 人，同比分别上升 23.8% 和下降 4.1%。非煤企业、道路交通、铁路交通、农用机械等行业领域事故起数和死亡人数双下降。

（二）较大以上等级事故情况

辽宁省发生较大以上事故 38 起，死亡 188 人，事故起数同比减少 18 起，死亡人数同比减少 39 人，分别下降 32.1% 和 17.2%。2012 年全省未发生特别重大事故。

（三）安全生产控制指标情况

2012 年，国务院安委会给辽宁省下达的控制指标为各类事故死亡人数 2632 人。其中，工矿企业事故死亡人数 452 人（煤矿 65 人，非煤矿山 387 人），道路交通事故死亡人数 2038 人，消防火灾事故死亡人数 36 人，铁路交通死亡人数 70 人，农业机械死亡人数 36 人。2012 年，全省各类事故死亡 2569 人，占全年控制指标的 97.6%。全年没有突破国务院安委会下达的控制指标。

二、2012 年安全生产主要工作情况

（一）加强安全生产目标管理考核工作，认真开展事故调查处理

继续实行安全生产目标管理。辽宁省政府对 16 个市、县政府和 20 个省中直部门下达 2012 年安全生产目标管理责任书。辽宁省安监局加强对各市每月事故考核指标控制情况和每季度工作目标完成情况的跟踪考核，并在《辽宁日报》上通报。年底严格考核，实施安全生产一票否决。

依法查处重大事故。省安监局会同省公安厅、省监察厅、省总工会等部门组成事故调查组，对鞍钢集团重型机械有限公司铸钢厂“2·20”重大爆炸事故、大连市保税区“4·7”重大道路交通事故调查处理，事故调查报告已经省政府批复结案。省安委会办公室对沈阳市辽宁麒贺燃气工程有限公司“5·20”中毒事故、大连市长兴岛“5·25”事故两起事故查处进行挂牌督办。

（二）加强安全生产法制建设工作，促进社会管理创新

根据省领导的指示，省安监局正在开展《辽宁省民用机场净空安全保护规定》的立法工作，计划 2013 年出台。《辽宁省铁路无人看守道口安全管理规定》列入 2013 年省政府立法论证计划。省安监局 2012 年度安全监管执法工作计划报经省政府批准和国家安全监管总局备案，并得到认真贯彻执行。积极探索引入保险机制防范事故风险，重新修订了辽宁省安全生产责任保险试点工作方案，全面部署在非煤矿山等重点行业推行安全生产责任保险工作。

大力推进安全文化建设。省安监局印发了《辽宁省安全文化建设“十二五”规划》《关于推进企业安全文化建设的指导意见》，贯彻省政府令第 264 号的规定，所有企业都要开展安全文化建设。结合辽宁省开展安全文化建设示范企业创建情况和国家安全监管总局下发的评定标准，提出 2012—2015 年工作目标、计划、要求，将企业安全文化建设纳入对市级政府目标考核项目。2012 年又有 35 家企业被命名为安全文化建设示范企业，20 个街道被命名为全国安全社区，大连市金州新区全城区被命名为全国安全社区。183 个街道、乡镇正在开展安全社区建设。

（三）开展“打非治违”专项行动，依法规范生产经营建设行为

按照国务院和省政府的统一部署，全省集中开展了安全生产领域“打非治违”专项行动。各市和省中直重点行业监管部门下发了“打非治违”专项行动方案，部署本地区、本行业领域深入开展专项行动。

2012年，全省各地区、各有关部门共组成检查组25330个，有262832人次参加此次专项行动，检查各类生产经营单位（场所）135498家，下达执法文书71273份，打击各类非法违法、治理纠正违规违章行为3985986起，责令停产停业整顿企业（场所）2462个，暂扣或吊销许可证184个，关闭非法违法单位（场所）718个，行政拘留7594人，经济处罚2634.6万元。共查出各类事故隐患253783项，现已完成隐患治理251535项，治理率为99.1%；其中，排查重大隐患1134项，完成治理1111项，治理率为97.9%，共投入治理资金6.53亿元。煤矿、非煤矿山、建筑施工、道路交通、水上交通、消防等重点行业领域隐患排查治理工作均取得了重大进展。持续开展的“打非治违”专项行动，有力确保了“五一”“十一”黄金周和党的十八大期间安全生产形势的平稳。省安监局获得“党的十八大安保维稳工作先进集体”荣誉称号，评为全省安全生产目标管理先进单位、省直机关目标绩效考核优秀单位。

（四）深入开展安全生产大检查，全面排查治理各类事故隐患

一是开展百日安全生产大检查。按照省政府和国务院安委会有关确保“两节”“两会”安全生产工作的部署，从2011年12月中旬至2012年3月底，组织各地区、各有关部门深入开展百日安全生产大检查行动，对各地区、各行业领域开展百日安全生产大检查情况进行了专项督查。二是开展汛前及汛期安全生产大检查。省安委会先后两次下发文件，组织各地区、各有关部门严格落实防汛责任，全面开展汛前及汛期隐患排查治理工作。三是结合“打非治违”专项行动，全面推进隐患排查治理。组织企业全面开展自查自纠，严厉打击各类安全生产非法违法行为，全面排查治理各类事故隐患。四是加强国庆节及十八大期间安全生产工作。组织各地区、各有关部门在国庆节前对水上交通、铁路、民航、旅游景区，以及游乐设施、人员密集场所消防安全等进行重点排查，及时整改存在的隐患和问题，落实节日及十八大期间各项安全保障措施。

（五）推进企业安全生产标准化建设，提高企业安全生产管理水平

省安监局制定下发非煤矿山、危险化学品、冶金工贸等行业及铁路监护道口安全标准化建设实施方案，印发了企业安全生产标准化自评员培训大纲暨考试标准。全省共举办各类标准化培训班77期，培训企业6575户，培训人数13173人。沈阳市被确定为全国安全生产标准化建设试点城市。2012年，全省3021家非煤矿山企业、711家危险化学品生产企业完成安全生产标准化达标，超额完成年初目标；冶金、机械等工贸行业4394户企业完成安全生产标准化达标，完成全年指标的105%。按期完成铁路监护道口安全标准化建设任务。

（六）做好安全生产规划和科技工作，大力提升安全保障和应急救援能力

省安监局下发了辽宁省安全生产“十二五”规划主要目标和任务分工方案，进一步明确全省安全生产“十二五”规划实施的责任主体和重点工作。正式启动了县级安全监管部门执法能力建设项目，计划投资1680万元，用于42个县区级安全监管部门购置装备。开展了省安全生产专家推荐、筛选、审核工作。职业危害检测检验实验室取得省质监局实验室资质认定计量认证证书。完成25家省外甲级资质安全评价机构备案工作和2家检测检验机构审批。

安全生产应急管理体系进一步健全。不断加强应急预案管理，省安监局修订非煤矿山、危险化学品等6个应急预案。全省投入6842万元全面推进省、市应急信息平台建设。3月3日抚顺市清原县锦宇隆矿业有限公司发生冒顶事故，由于施救方案科学，组织指挥有力，现场救援得当，被困井下的4名矿工被成功救出，其中3人生还，1人在事发时已死亡。事故应急救援工作得到了省委、省政府的充分肯定。

（七）严格实施安全生产许可证，从源头上消除事故隐患

全年新发非煤矿山安全许可证246个，延期安全生产许可证2321个，变更安全生产许可证495个，注销安全生产许可证197个。备案非煤矿山

"三同时"安全预评价报告122个，审查批复建设项目初步设计《安全专篇》150个，竣工验收建设项目安全设施141个。全省共批准132项危险化学品建设项目安全许可，批准新设立危险化学品生产企业28家，变更许可证82个，批准许可证延期429个，注销安全生产许可证161个；全省新批准甲种经营许可证41个，变更178个，换证315个，重新申请17个，注销经营许可证52个；共换发烟花爆竹经营（批发）许可证82个。

（八）完成职业卫生监管职责划转

按照省编办《关于进一步明确职业卫生监管部门职责分工的通知》（辽编办发〔2011〕231号）精神，省安监局与省卫生厅联合印发了关于职责划转的公告，并履行了职责交接手续，完全承接了职业卫生监管工作。14个市和2个省管县都完成了职能交接。在基层推荐、遴选的基础上，公示145名职业卫生专家名单。各级安全监管部门督促企业完成职业病危害申报，已完成职业病危害申报14182家。不断加大对职业病危害企业摸底排查，深入开展职业危害专项整治行动，促使企业建立防尘防毒系统，完善防护措施，有效治理粉尘高毒危害。

（九）深入开展安全生产宣传教育和培训工作，提高全社会安全意识

围绕宣传国务院《国务院关于坚持科学发展安全发展、促进安全生产形势持续稳定好转的意见》和《辽宁省企业安全生产主体责任规定》，各地广泛组织开展学习宣传贯彻活动。全省"安全生产月"活动紧紧围绕"科学发展、安全发展"主题，组织开展了安全生产月咨询宣传日活动、安全生产知识竞赛活动、"安全生产月"好新闻评选活动、履行安全生产主体责任承诺活动、安全文化建设和安全社区创建活动、警示教育周、应急演练周等。"安全生产月"期间，协调辽宁日报、辽宁广播电视台、东北新闻网等主流媒体，对"安全生产月"大型活动进行宣传报道；拍摄制作"安全生产月"主题公益广告，连同滚动字幕在辽宁卫视黄金时段播出一个月；设计制作"企业安全生产承诺书"邮资明信片，以省安监局梁彦局长名义向企业主要负责人发出履行主体责任公开信。2012年6月10日省安委会与沈阳市安委会共同举办了"安全生产月"咨询日活动，同日，全省各地也举办了"安全生产月"咨询活动。沈阳、大连、鞍山、葫芦岛4个市被评为2012年全国"安全生产月"活动先进单位，获得国家安全监管总局的表彰。

加强安全生产培训。开展了安全生产培训机构资质审核，组织指导培训机构开展企业各类人员的培训工作。全省共培训考核主要负责人55324人，安全生产管理人员83576人，特种作业人员104557人。完成了616人次安全评价师的初次登记，28人次的变更登记。举办注册安全工程师继续教育培训班4期，培训430人，为505人办理注册安全工程师初始注册、延续注册、变更注册手续。配合国家安全监管总局，举办了冶金、建材企业煤气从业人员安全素质提升培训班，培训167人。

（十）加强铁路道口安全监管，做好安全生产综合监管工作

根据全省铁路道口工程项目预算，2012年下达了两批道口建设工程项目。共安排项目136个，总金额268.36万元。针对特殊时段，群众出行相对集中，铁路道口交通流量大的特点，组织开展了两次道口安全大检查活动，对全省各市316处道口开展督查和夜查，对检查中发现的监护员作业不规范和严重违纪问题下发通报，及时进行整改。

做好安全生产综合监管工作。与省交通厅、公安厅联合组织开展"客运安全年"活动，突出"安全带工程"，在高速公路客运车辆上推行使用旅客安全带，确保"一客一带"。与省交通厅、省公安厅共同组织开展了全省道路交通集中整治专项行动。组成督查组对各市、绥中县开展专项行动情况进行了督查。针对全省城镇燃气安全管理工作涉及部门和环节多，监管职能交叉、燃气安全问题突出等现状，根据赵化明副省长指示，经过大量的调研和协调，省安委会下发了《关于加强城镇燃气安全管理工作的意见》，明确了相关部门的监管责任及有关单位的主体责任，进一步完善了城镇燃气安全管理工作机制。

吉林省安全生产工作综述

2012年，吉林省实现连续8年事故总量和死亡人数“双下降”。工矿商贸、道路交通、火灾、铁路交通、农业机械5类事故共发生8675起，比2011年减少2760起，下降24.1%；死亡1618人，比2011年减少死亡人数57人，下降3.4%，占全年控制考核指标的97.4%。

全省工矿商贸事故发生116起，比2011年减少3起，死亡167人，比2011年多死亡11人，分别下降2.5%和上升7.1%；道路交通事故发生2817起，比2011年减少822起，死亡1388人，比2011年减少37人，分别下降22.6%和2.7%；火灾事故发生5660起，比2011年减少1932起，死亡3人，比2011年减少26人，分别下降25.4%和89.7%；铁路交通（路外）事故发生65起，比2011年减少15起，死亡59人，比2011年减少6人，分别下降18.8%和9.2%；农业机械事故发生17起，比2011年增加12起，死亡1人，比2011年增加1人，分别上升240%和100%。

全省发生一次死亡10～29人重大事故2起，与2011年事故起数持平，占全年控制考核指标的100%，死亡32人，减少死亡2人，下降5.9%。发生一次死亡3～9人较大事故22起，比全年控制指标少9起，占全年控制考核指标的71%，死亡81人，比2011年减少6起，减少死亡22人，分别下降21.4%。

全省亿元地区生产总值生产安全事故死亡率0.135，比2011年减少0.024，下降15.1%；工矿商贸10万从业人员生产安全事故死亡率2.133，比2011年增加0.502，上升31.6%；道路交通万车死亡率3.384，比2011年减少0.293，下降8%；煤矿百万吨死亡率1.36，比2011年增加0.48，上升54.5%。

2012年吉林省安全生产重点工作情况如下。

一、扎实开展“隐患排查治理体系建设年”活动，强化安全生产责任落实

2012年，全省安全生产工作以贯彻《国务院关于坚持科学发展安全发展促进安全生产形势持续稳定好转的意见》和《吉林省人民政府关于坚持科学发展安全发展促进安全生产形势持续稳定好转的实施意见》为统领，强化责任落实、隐患治理、专项整治、安全生产准入、科技支撑和安全基础建设，有效防范和坚决遏制重特大事故，继续降低事故总量和较大事故。吉林省政府将2012年确定为“隐患排查治理体系建设年”，印发了《吉林省人民政府办公厅关于印发吉林省继续深入扎实开展“安全生产年”活动实施方案的通知》，省安委会制定了《2012年省安委会工作指导意见》和《2012年吉林省安全生产综合监管工作要点》，全省深入开展了“隐患排查治理体系建设年”活动。

（一）各级党委、政府加强对安全生产工作的决策部署

2012年，省委、省政府常务会议和省政府召开的13次专题会议，对安全生产工作进行了研究部署。省委专门召开全省市（州）委书记汇报会，专题研究安全稳定工作。全省各地、各部门把安全生产作为一项重大的政治责任，加大措施，有效推进了安全生产工作。省政府制定了《吉林省人民政府关于坚持科学发展安全发展促进安全生产形势持续稳定好转的实施意见》（吉政发〔2012〕8号）。组织召开了5次省安委会会议及全体（扩大）会议和全省安全生产工作紧急视频会议，对年度和重点时期的安全生产工作进行部署安排，推进全省安全生产工作深入开展。各地、各部门把安全生产工作作为一项重大的政治责任，坚持党委、政府齐抓共管，加强组织领导，在政策制定、资金投入、人力配备、装备建设等方面给予大力支持，开展安全生产大检查、专项督查和联合执法，推进安全生产隐患排查治理、“打非治违”和“安全生产百日提升”活动。

（二）完善细化目标责任制考核方案，严格安

全生产目标责任考核

一是2012年初，省政府办公厅印发了《吉林省人民政府办公厅关于2011年安全生产工作目标责任制考核情况的通报》。省安委会通报表彰奖励了2011年全省安全生产工作成绩突出单位。印发了《吉林省贯彻落实国务院关于坚持科学发展安全发展促进安全生产形势持续稳定好转意见重点工作分工方案》，与市（州）政府、17个省直部门签订了2012年《安全生产工作目标责任状》。二是下达了2012年全省安全生产控制考核指标。完善细化了2012年度安全生产目标责任制考核方案及实施细则和相关的考核台账和相关表格。按照安全生产"一岗双责"和"管行业必须管安全"的原则规定，对牵头单位、责任部门逐条逐项予以分解落实，为考核工作提供依据。三是向省政府及绩效考核主管部门总结汇报了2010年、2011年安全生产目标考核情况，提出了2012年安全生产工作目标责任制考核继续实行"单独考核，单独表彰"的建议，加大和强化了安全生产目标考核比重及作用。四是根据《吉林省安全生产工作目标责任制考核办法》，组成省政府安全生产工作目标责任制考核领导小组，组织10个督查组对2012年向省政府递交《安全生产工作目标责任状》的9个市（州）政府、长白山管委会、17个省直部门和14户中省直企业安全生产工作目标责任制完成情况进行了全面考核，并将考核情况在全省安全生产视频会议上进行了通报。

（三）强化生产安全事故查处和责任追究力度

一是省安委会制定了《吉林省较大生产安全事故查处挂牌督办办法》，对重点地区事故情况进行通报。对较大以上事故下达了事故查处挂牌督办通知书。对事故多发地区进行专项督查。二是2012年对舒兰市天源煤业有限责任公司"1·6"较大窒息事故、蛟河市丰兴煤矿"4·6"重大透水事故进行了调查处理。成立了白山市吉盛矿业有限公司一井"8·13"重大瓦斯爆炸事故调查组，完成了《吉林省白山市吉盛矿业有限公司一井"8·13"重大瓦斯爆炸事故调查报告》。下发了《关于延边州汪清县龙腾能源开发有限公司"2·22"冒顶片帮事故的通报》《关于柳河县长兴石膏矿业有限责任公司"3·9"爆破事故和中国黄金集团夹皮沟矿业公司"3·11"高处坠落事故的通报》，提出了有针对性的措施。对吉林成大弘晟能源有限公司"2·17"瞒报事故进行了督导，并对查处工作提出了具体意见。

全省查处工矿商贸企业生产安全事故117起。按期结案率达100%。追究行政责任109人、追究刑事责任27人。对事故责任单位罚款2293.3万元，对事故责任个人罚款197.83万元。

二、扎实推进全省隐患排查治理体系建设，深入开展安全生产领域"打非治违"专项行动

（一）全面推进安全隐患排查治理体系建设

一是深入贯彻落实《国务院安委会办公室关于建立安全隐患排查治理体系的通知》精神，省政府办公厅印发了《吉林省安全隐患排查治理体系建设工作方案》，确定了三年规划目标和五项重点工作任务。二是制定下发了《关于做好隐患排查治理体系建设第二阶段工作的通知》《2012年推进全省安全隐患排查治理体系建设工作分工方案》《2012年推进全省安全隐患排查治理体系建设重点工作进度计划表》《2012年全省安全隐患排查治理体系建设试点工作协同推进意见》，确定了长春市和蛟河市以及市级试点的17个县（市、区）。建立了省直部门和试点地区联络员制度和周调度制度。三是认真分析总结了全省近几年来企业分类监管和安全生产标准化达标活动的经验，提出将隐患排查治理体系建设与安全生产标准化工作进行有机融合。研究制定了《生产经营单位安全生产分级评定标准》和《企业事故隐患自查标准》编制说明书，指导开展标准编制工作。组织制定了全省各行业61类标准1万余条。四是认真学习借鉴北京、天津、珠海等地成功经验，结合吉林省实际，制定了全省《企事业单位安全生产分类分级管理办法》和《企事业单位隐患自查自报管理办法》，在各试点单位参照运行。五是进一步明确了各行业主管部门和属地安全监管职责，在调查摸底，逐户摸清情况的基础上，建立了13.9万家企业数据库。通过建立数据台账，逐户落实监管部门，避免出现监管死角。

（二）强化措施，认真开展"打非治违"专项行动

一是深入开展"打非治违"专项行动和"回头看"行动。在全省10个重点行业（领域），集中开展了严厉打击13类非法违法生产经营建设行

为，坚决治理纠正违规违章行为专项行动。二是切实加强对“打非治违”专项行动工作的组织领导。省安委会明确分工、落实责任、严格要求，确保专项行动深入扎实开展。督促指导各地区、重点行业领域主管部门按照国家和省政府要求及时制定具体工作方案。各地区成立了组织机构，并召开专题会议进行动员部署，建立和完善保障机制措施，严格按照规定的重点任务、方法步骤和目标要求组织实施。三是坚持每周调度各地区、各重点行业领域隐患排查、行政执法信息和工作动态、进展等情况，每月、每阶段总结上报专项行动全面开展落实情况。通过设立举报电话、电子邮箱等方式，畅通社会监督渠道，鼓励群众举报非法违法经营建设行为，为“打非治违”活动营造良好的氛围。四是以煤矿、非煤矿山、道路和水上交通、建筑施工、消防、危险化学品、烟花爆竹、民用爆炸物品、冶金等高危行业和领域为重点，突出对行业（领域）非法违法经营建设行为的打击，集中执法力量查处了一批严重非法违法行为。全年全省各地共组织检查组 23135 个，组织检查人员 140692 人次，共查处非法违法行为 66.05 万起，暂扣证照 5678 个，责令停产停业整顿停止建设 990 户，关闭非法违法企业 142 户，行政拘留 1111 人，追究刑事责任 121 人，罚款 9782 万元。开展建设项目安全设施“三同时”清理整顿，排查企业 506 户、重大项目 734 个，各级安全监管部门对 38 个未履行“三同时”手续的项目下达了整改通知。

三、切实加强重点行业领域安全监管，继续深入开展隐患排查治理和专项整治

一是全省各地、各部门以“治大隐患、防大事故”为目标，继续加强煤矿、非煤矿山、危险化学品和烟花爆竹、道路交通、建筑施工、消防等行业领域安全监管工作。全省排查治理事故隐患生产经营单位 69182 家，排查一般隐患 188085 项，已整改 187675 项，整改率为 99.78%。排查重大隐患 2 项，下达了重大安全隐患整改挂牌督办通知书。排查重大危险源 431 处，监控率达 99.5%。二是进一步加大煤矿安全监管力度。深入开展隐患排查治理，全年全省各地组织煤矿检查组 559 个，排查治理事故隐患煤矿企业 221 家，排查一般隐患 9005 项，已整改 8978 项，整改率为 99.7%。在各产煤市（州）、县（市、区）的共同努力下，关闭小煤矿 13 处（其中，白山市 4 处，吉林市 2 处，延边州 3 处，通化市 2 处，长春市 1 处，辽源市 1 处），完成计划的 130%；同时关闭省属国有煤矿 4 处。对矿界相邻的具备资源整合条件的小煤矿，牵头召开省煤矿整推组联席会议研究，实施资源整合 8 处（其中，白山市 6 处，吉林市 2 处）矿井。三是继续强化非煤矿山安全监管，深入开展隐患排查治理。对受地质灾害影响的 7 座尾矿库进行了重点检查，提出了具体的整改意见，下达了整改指令，并跟踪了整改落实情况。2012 年全省排查金属非金属矿山和石油天然气开采企业事故隐患 7509 项，已整改 7478 项，整改率为 99.59%。四是进一步加强危险化学品和烟花爆竹安全监管，深入开展隐患排查治理。2012 年全省组织排查危险化学品和烟花爆竹事故隐患 38071 项，已整改 37977 项，整改率为 99.75%。五是强化冶金机械等行业安全监管，深入开展隐患排查治理。组织全省各地区之间互查，同行业企业组织专家互查，冶金煤气、有限空间作业、铝镁加工企业、液氨（氯）企业建立健全安全管理制度和岗位操作规程 2800 余个，设置警示标志 5200 个，配备防护和检测检验设备 1700 余台套。下达整改指令 2491 个，实施经济处罚 30 余万元。2012 年全省组织排查冶金机械等行业事故隐患 17768 项，已整改 17743 项，整改率为 99.86%。六是加强交通运输安全监管，深入开展隐患排查治理。在全省 6351 千米国省公路（7 条国道、20 条省道）、2250 千米高速公路选取 410 处监控点。开展全省集中整治统一行动 35 次，各地组织开展区域统一行动 129 次，全省检查道路运输、水上运输、公路养护施工、铁路运输、航空公司、机场和油料企业 2084 家，排查一般安全隐患 8644 项，已整改 8595 项，整改率达 99.43%。七是加强建筑施工安全监管，深入开展隐患排查治理。全省各级住房城乡建设系统累计组织检查 497 次，组织检查人员 2980 人次，排查企业 2143 家，排查事故隐患 4410 项，已整改 4378 项，整改率达 99.27%。八是加强消防安全监管工作，深入开展隐患排查治理。2012 年全省组织检查人员密集场所 21345 家，排查事故隐患 38008 项，已整改 37986 项，整改率达 99.18%。九是加强其他行业安全监管，深入开展隐患排查治理。

四、强化执法监督，继续规范行政审批工作

一是编制了年度执法工作计划，对贯彻实施《吉林省较大生产安全事故查处挂牌督办办法》进行了责任确认和分工。二是印发了《关于印发〈2012年全省建设项目安全设施"三同时"专项治理整顿方案〉的通知》《关于贯彻落实〈危险化学品建设项目安全监督管理办法〉的通知》，明确了工作目标任务、范围重点、方法步骤和整治措施等。经省政务公开协调办公室对审批权限、申报条件、材料目录、审批流程等内容进行了公示。三是加强安全生产许可证管理，依法注销非煤矿山和危险化学品108家企业的过期安全生产证。四是进一步减少了审批环节，压缩了审批时限，对现有审批事项进行了清理和核对，提出了保留、取消、暂停、下放和调整等意见，将煤炭生产许可证等4项涉及煤矿的审批纳入政府政务大厅办理。

五、强化基础建设，深入推进安全生产标准化达标创建工作

一是继续推进安全质量标准化矿井建设和"六大系统"建设。2012年全省210处煤矿（矿井）质量标准化达到一级标准的有29处，其中乡镇煤矿5处；达到二级标准的有12处，其中乡镇煤矿11处；达到三级标准的有57处，其中乡镇煤矿56处。全部达标煤矿占正常生产煤矿（107处）的91.59%。质量标准化资格被取消或降级未达标煤矿有9处，占正常生产煤矿（107处）的8.41%。全省正常生产煤矿有13处高瓦斯煤矿（矿井）基本完成"六大系统"建设，其余矿井已完成"五大系统"建设任务。二是继续推进非煤矿山安全生产标准化创建工作。2012年，全省非煤矿山生产企业710户全部达标。其中，二级60户、三级650户。扎实推进金属非金属地下矿山安全避险"六大系统"建设，总结推广了通化县金属非金属地下矿山安全避险"六大系统"建设的经验，全省确定了4个地区18座示范矿井，并在6月底以前完成建设任务并投入使用。2012年全省已有70%的地下矿山完成安全避险"六大系统"建设任务。三是继续推进危险化学品和烟花爆竹企业标准化达标创建工作。全省危险化学品生产经营企业共有2056户达到安全生产标准化三级以上水平（其中二级标准化企业11户），比去年新增1838户。对131户安全距离不足的加油站完成了阻隔防爆技术改造工作。全省1户烟花爆竹生产企业和102户烟花爆竹经营（批发）企业全部达到标准化三级水平。四是扎实推进冶金、机械等工贸行业安全生产标准化创建工作。召开8次专题会议，5次专题调研，进一步研究、部署、调度、推进安全生产标准化创建工作。培训了146人二、三级标准化评审人员。确定了21个评审单位。全省冶金工贸等行业创建全省冶金等工贸企业安全生产标准化达标共计455户，其中，一级30户，二级172户，三级253户。

六、实施"十二五"规划，加强安全生产规划、科技工作

一是省政府办公厅印发了《吉林省安全生产"十二五"规划》，对落实吉林省安全生产"十二五"规划主要目标和任务进行了分工。组织完成了38个县级安全监管部门执法专业装备建设项目申报工作。二是按照国家安全监管总局印发的《安全生产先进实用技术和新型实用装备（产品）指导目录》，组织推广安全生产重大事故防治关键技术科技项目。组织开展了2012年安全生产重大事故防治关键技术科技项目征集工作，推荐了20个申报项目参加国家安全监管总局遴选。推进隐患排查体系项目建设，对73个市（州）、县（市、区）的信息化装备建设项目，按照程序实行了政府采购。三是加强了安全生产中介机构和专家组的管理。组成检查组，对各安全评价、检测检验机构专项治理情况进行了检查验收，对全省安全服务机构监管和从业行为专项治理情况进行了通报，建立了安全评价和检测检验机构发挥技术支持作用情况的统计报告制度。

七、加强安全生产应急管理工作，进一步推动应急预案演练

一是开展了安全生产应急队伍、专家、救援装备、应急物资等应急资源普查工作。对应急预案编制和评审工作进行了指导，推广了辽源市安监局应急预案评审做法，长春、吉林、辽源、延边州等4个地区综合应急预案已经备案。中石油吉林销售公司、轨道客车、吉煤集团等8户中省直企业完成了应急预案评审工作，正在按照时限要求履行备案手续。二是确定了2012年应急演练项目计划，制定了应急演练周活动方案，认真组织做好应急预案演练各项工作。结合实施全年应急演练计划，在应急预案演练周活动中，研究确定了41项综合和专项应急演练项目，落实了演练内容、形式、时间、地点和具体负责人。由省安监局领导带队，组成9个组对各地区应急演练项目进行了指导。全年按计划进行了75项应急演练。三是积极推进全省危险化学品和矿山救护队建设。深入延边、白山等地区和吉煤集团，开展情况调研，进一步了解掌握全省矿山和危险化学品救护队队伍建设、装备建设及体制机制建设等基本情况，研究提出全省应急救援体系建设意见。制定了通化矿山救护队和白山矿山救护队的装备建设意见，对延边州研究建设非煤矿山救护队的问题，提出了具体指导意见。四是做好重点时段的预警预报工作。对做好汛期应急准备和防范工作提出了明确要求，确保在重点时段24小时信息传递畅通，及时发布了3个预警预报。

八、继续加强职业卫生监管工作，开展职业病危害专项整治

一是调整理顺职业卫生监管工作职责，推动职业卫生监管职能划转后相关工作。继续完善职业卫生监管机构建设，全省9个市（州）安监局均成立了内设职业卫生监管机构。全省60个县（市、区）中有43个成立了专门机构，占72%，其他17个县（市、区）在相关科室加挂了职业卫生监管科牌子或配备专人负责此项工作。二是进一步组织指导企业做好职业危害申报工作，对全省重点行业714家企业职业健康基本情况进行了通报。加大监督检查力度，健全重点行业企业基础台账，推动全省职业病危害申报工作。2012年，经企业申报并通过审查备案的企业为8873家，接触职业病危害人数176551人，职业病人数6648人。三是组织开展了石英砂加工、木制家具制造、石棉矿山及制品、金矿开采等4个领域的职业病危害专项治理工作。在企业自查的基础上检查250家企业，发现问题和隐患737项，责令当场改正305项，限期改正432项，罚款4万元。责令停产整顿1家，关闭1家。四是组织开展了全省《职业病防治法》知识竞赛活动，收到答卷45万份，比上年增加15万份。通报表扬了长春市安监局等5个优秀组织单位、辽源市安监局等20个优胜单位、25名优秀组织者。五是开展创建了职业健康规范企业活动，开展了职业病危害因素检测和现状评价，加强了对存在职业病危害的已经投产运行的建设项目的管理。

九、进一步加强安全生产宣传教育培训工作，大力推进安全文化建设

一是深入宣传贯彻《国务院关于坚持科学发展安全发展促进安全生产形势持续稳定好转的意见》和《吉林省人民政府关于坚持科学发展安全发展促进安全生产形势持续稳定好转的实施意见》。二是大力宣传全省“打非治违”专项行动、隐患排查治理体系建设、全省安全生产大检查、安全生产百日提升行动，重点报道了各地、各部门、企业的经验做法和工作成效。三是突出做好“安全生产月”各项组织和宣传工作。省委宣传部等7个部门联合印发了《2012年吉林省“安全生产月”活动方案》，明确了目标和任务，提出了具体要求。四是大力推进安全文化建设。宣传推广中国石油吉林油田公司实施“六个转变”、推动培训模式创新和吉煤集团开展“凝心、聚力、铸魂、塑形”的文化建设的经验做法。五是制定了《2012年安全生产培训工作要点》和《2012年安全生产培训计划》，落实培训责任，规范培训行为，加强培训指导，增强培训的计划性、针对性和实效性，促进培训质量不断提高。六是全面加强安全生产培训机构建设，全省各级各类安全培训机构已达56个，其中，二级6个，三级13个，资质有效期内的四级37个。初步形成了布局比较合理、培训项目齐全的培训网络。全省各类培训机构已有培训教师473人，其中，专职教师246人，兼职教师227人，初步形成了适应培训工作需要的教师队伍。七是进一步规范培训、考核、发证、收费等工作，不断加强安全培训管理。积极推进特种作业人员考试平台建设，已在12个考试点建立了考试联网系统并与省和国家级考核联网。八是扎实推进各类人员和企业全员岗位培训。注重安全监管干部和执法监察人员业务培训。

十、严格规范权力运行，切实加强安全监管系统党风廉政建设工作

一是组织召开全省安全监管系统党风廉政建设工作会议，总结部署党风廉政建设和反腐倡廉工作。全省各级安监局落实党风廉政建设责任制，层层签订党风廉政建设责任书，加大督查考核力度。二是贯彻落实省政府第五次廉政会议精神，按照“改革限权、依法确权、科学配权、阳光示权、全程控权”的要求，规范安全监管行政权力的运行。

三是深入开展“体察民情，关爱生命”“五讲、双安全”主题教育、反腐倡廉“警示教育周”“走进企业，服务项目”活动。全省安全监管系统在警示教育周期间组织了8个方面200余项活动。

黑龙江省安全生产工作综述

2012年，黑龙江省共发生各类事故6192起，同比持平；死亡1517人、伤3512人、直接经济损失16645.6万元，同比减少112人、190人和3611.5万元，分别下降6.9%、5.1%和17.8%。各类事故死亡人数控制在国家下达指标以内。

一、省委、省政府抓安全生产工作情况

黑龙江省省委书记吉炳轩同志、省长王宪魁同志和副省长张建星同志对安全生产工作作出重要批示145次。先后组织5次全省综合检查和多次专项督查，有力地保障了党的十八大等重要敏感时期安全生产。2012年2月9日，黑龙江省政府办公厅印发《黑龙江省安全生产“十二五”规划》，列入省政府重点规划实施，配套制定实施安全生产科技、文化等一系列子规划。7月1日，省政府下发《关于坚持科学发展安全发展促进安全生产形势持续稳定好转的实施意见》（黑政发〔2012〕44号），要求按照“撤一建一”原则、独立设置安全监管机构和执法机构。9月28日，省安委会制定《黑龙江省安全生产重大事项督办办法》，确定了督办事项范围、工作程序、办理要求和责任追究规定。10月19日第80次省政府常务会议审议通过，11月17日印发《黑龙江省生产安全事故调查处理办法》，上收了事故调查处理权限，明确了调查处理授权。省政府对市（地）和中省直单位、龙煤集团进行了考核奖励，对全年未发生一次死亡3人以上较大煤矿事故、未超出全年控制指标的龙煤集团分公司，以及连续安全生产1000天以上的龙煤集团双鸭山分公司东荣二矿、东荣三矿、安泰煤矿，七台河分公司桃山煤矿、胜利煤矿给予奖励。

二、煤矿安全生产工作情况

制定《黑龙江省煤矿企业瓦斯防治能力评估实施细则》（黑煤瓦斯办发〔2012〕8号），部署煤矿企业瓦斯防治能力评估工作。批复整合方案16个、整合技改项目核准和设计审批61处，完成项目联合试运转和竣工验收矿井14处。下发《关于做好2012年煤炭行业淘汰落后产能工作的通知》（黑煤规划发〔2012〕164号）和《关于加快推进淘汰煤炭落后产能工作有关事宜的通知》（黑煤规划发〔2012〕353号），7处淘汰矿井指标全部达到国家淘汰标准。下发《集中开展煤矿“打非治违”专项行动实施方案》，明确28项重点打击内容。开展煤矿安全检查23次，查出安全隐患520余项，督促整改442项，整改率达98%；责令停产整顿矿井（工作面）2处。龙煤集团投入资金10.46亿元，开工141项瓦斯治理工程项目，新建风井4个，对8个煤矿进行地面瓦斯抽采系统新建和改造，增加抽采能力4210立方米/分钟，对11处矿井进行技术改造，落实4个首批薄煤层综采工作面，建成4个日产万吨综采工作面。

三、非煤矿山安全监管情况

2012年2月27日，下发《关于进一步加强非煤矿山安全监管工作的通知》（黑安监发〔2012〕26号），强化安全生产许可证动态监管、建设项目“三同时”管理、安全生产标准化和安全避险“六大系统”建设、重大隐患排查治理等工作要求。2012年11月2日，下发《关于取消采水、采土、采砂企业安全生产许可的通知》（黑安监发〔2012〕207号），取消危险性较小的采水、采土、采砂企业安全许可制度，公告注销1202个采水、采土、采砂企业安全生产许可证。制定12份非煤矿山月报表，加强非煤矿山统计工作，动态掌控非煤矿山安全监管情况。全面推进安全避险“六大系统”建设，建立“六大系统”建设情况月报制度，明确推进计划、责任人和完成时限，纳入各市（地）年度考核指标和执法计划。强化油田输油气管道占压清理，先后清理占压243处、26万平方

米。结合大庆油田公司所属51个单位安全生产许可证延期工作，组织专家对61个重点生产作业场所进行抽查，发现整改隐患和问题113项。开展非煤矿山专项检查，发现隐患和问题177项，下达整改指令13份，责令停止建设矿山4户。开展许可证颁发情况专项检查，重点抽查7个市（地），检查并责令整改问题37项。2012年4月12—24日，以查处无证无照、证照不全和未履行“三同时”手续擅自生产建设为重点开展非煤矿山“打非治违”专项检查，共检查生产和基建地下矿山42个、尾矿库56座、露天矿山342个，发现隐患和问题420项，下达整改指令241份，暂扣安全生产许可证26个，实施罚款31.1万元。2012年7月18—20日，按照国务院安委办要求，省安监局会同省国土厅和环保厅对穆棱市宏旭石墨有限公司非法采矿行为进行查处，罚款55万元。2012年9月5—20日，开展非煤矿山隐患排查治理专项检查，排查生产和基建地下矿山37户、尾矿库39座、露天矿山531户、油田服务企业29户，发现整改隐患和问题1209项，责令停产、停建企业31户，取缔非法采石场16户。

四、危险化学品和烟花爆竹安全监管情况

4月18日，制定《黑龙江省危险化学品建设项目安全监督管理实施意见》（黑安监发〔2012〕60号）和《黑龙江省〈危险化学品生产企业安全生产许可证实施办法〉的实施意见》（黑安监发〔2012〕61号），进一步明确许可权限和实施程序。下发《黑龙江省提升危险化学品领域本质安全水平专项行动实施方案》，进一步明确各相关部门职责任务，提升危险化学品领域本质安全水平。下发《关于加强危险化学品生产领域退出企业安全监管的通知》，加强退出企业监管。组织召开了3次标准化评审组织工作会议，培训评审人员113人和企业自评员433人，自评企业252家，通过审核201家（其中，二级11家，三级190家），达标率80%。烟花爆竹经营企业自评104家，审核公告达到标准化三级企业93家，达标率89%。深入开展危险化学品和烟花爆竹领域“打非治违”专项行动，全省组织各类检查组1576个，组织检查人员8086人次，检查企业5923个，打击非法违法、治理纠正违规违章行为4373起，没收违法所得、非法生产设备9起，罚款154.5万元。省安监局会同省发改委等9部门对全省9座一、二级石油库开展安全专项督查，发现隐患和问题179项，监督整改148项，另31项制定整改计划。59个在役重点监管危险化工工艺装置，全部完成了自动化控制改造工作。组织“神华杯”全国危险化学品安全法规知识竞赛活动，全省参与安全法规知识宣讲活动和受教育人员达3万余人次，共收集上缴答题卡14494份。下发《关于加强全省烟花爆竹安全监督管理工作的通知》，组织省公安厅、质监局、工商局、交通厅开展烟花爆竹旺季安全专项督查，共发现整改隐患和问题41项。开展烟花爆竹批发经营企业网上实际操作培训，完成21户烟花爆竹批发经营企业基础设施升级改造。

五、重点行业领域安全监管

省安监局、公安厅和交通厅制定下发《黑龙江省道路运输企业安全生产管理办法（试行）》（黑交发〔2012〕347号），对道路运输企业安全生产责任、安全管理、驾驶人员管理、车辆管理、监督管理等内容进行明确规范，推动落实道路交通运输企业主体责任。下发《全省开展道路客运安全年活动方案》，开展部门联合检查，查处非法营运车辆及违规车辆1339台，长途客运车辆450余台，停运整改256台不按期日检、月检的长途客车。印发《全省交通运输企业安全生产标准化考评管理办法和达标考评指标的通知》，分别对16类企业安全生产达标考评指标进行了量化。全省有315家道路运输企业通过安全生产标准化考核验收。印发《黑龙江省工贸企业有限空间作业专项治理实施方案》和《黑龙江省镁铝制品机加工企业安全生产专项治理实施方案》，开展两项治理工作，检查企业769户，建立健全安全管理制度和岗位操作规程1700余个，设置警示标志5200个，配备防护和检测检验设备800余台套，发现隐患和问题2405个，下达整改指令491个，实施经济处罚19.85万元。省消防总队开展清剿火患战役，检查社区2437个、村屯9078个、社会单位961916家，发现火灾隐患860万余处；启动社会消防安全网格化管理和社会单位户籍化管理，全省890个街道、439个乡镇全部完成网格划分任务，全省1.1万余家消防安全重点单位的“户籍化”档案建设已完成。省住建厅组织检查建筑工程1128项，发现安全隐患和问题3416项，下发整改通知单603份。

省工信委开展全省军工行业和民爆行业全面安全大检查，查出各类问题和隐患累计235个，下达整改通知45份。

六、职业健康安全监管

全省13个市（地）和农垦总局、森工总局全部完成职能划转。2012年4月5日，制定下发《建设项目安全设施职业病防护设施“三同时”审查综合管理办法（试行）》（黑安监发〔2012〕48号），对安全设施“三同时”和职业病防护设施“三同时”实行统一管理，统一审查，统一批复。把金矿开采、医药和农药制造企业纳入重点治理范围，开展2次专项治理检查行动，检查企业26家，发现隐患和问题99项。扎实推进职业危害因素申报工作，全省累计申报职业危害因素企业17425家，位列全国第5位。开展万户企业网上《职业病防治法》知识竞答活动，79197人参加网上答题，点击数量超过10万次。2012年全省各级职业健康监管机构执法检查企业4372家次，发现隐患和问题14419项，下达整改指令3577份，责令停产整改981家，关闭取缔51家，处罚210多万元，与卫生、工商、人力和社会保障、总工会、公安等部门开展联合执法207次，开展专项执法545次。作为4个试点省份之一，组织哈尔滨市和黑河市110家企业开展职业健康统计工作。

七、行政执法情况

省安监局编制了涵盖5部分、47份检查表、6000余条检查项目的《安全监管执法检查手册》，提高了安全监管执法质量和效率。2012年3—11月份，开展了以工商贸企业、非煤矿山企业、危险化学品和烟花爆竹企业为重点的3个阶段安全生产执法行动，全省共检查各类企业4979家，查出各类隐患9557项，下达责令限期整改指令书2219份，对668家存在非法违法行为的企业进行了通报，并在省安全生产信息网公开曝光。全省核实“12350”举报投诉案件135起，罚款299万元，对83人实施奖励，奖励金额32万元。2012年8—9月份，对47家生产经营单位和11家安全培训机构开展了安全培训专项检查，发现各类隐患和问题186项，罚款22.8万元。2012年度，全省安全监管系统共实施行政处罚4763起，其中，经济处罚1895起，罚款4113.65万元，同比增长15.76%，责令停产停业398起，暂扣和吊销许可证184起。

八、应急管理情况

制定《黑龙江省矿山救援基地建设方案》和《省级矿山救援基地装备计划》，投入1.1亿元用于省矿山救援鹤岗、鸡西、双鸭山、七台河、一五一基地5个省级矿山救援基地救援装备建设。印发《黑龙江省地方骨干专业应急救援队伍建设指导意见》，完成了对16支骨干队伍建设方案的专家评审和批复，规划总投资1.25亿元，累计投入建设资金5803.5万元，占总投资的46%。编制《黑龙江省安全生产应急平台建设初步方案》《黑龙江省市（地）级安全生产应急平台规划方案》《黑龙江省安全生产应急平台体系建设指导意见》，投入2515万元用于省、市两级应急平台建设，10个市（地）指挥大厅和硬件部分已建设完成。开展重点行业领域应急演练，全年共演练4835次，参演人员达78万余人。

九、安全生产基础工作

下发《落实安全生产“十二五”规划主要目标和任务工作分工》，推进“十二五”规划落实。组织申报全国“2012年安全生产重大事故防治关键技术科技项目”，11项技术被列为关键技术科技项目。开展全省安全科技活动周活动和安全科技知识百题竞赛活动，收到答卷6544份。26项劳动防护用品地方标准，进入报批程序。加强基层执法能力建设，争取国家第一批建设专项资金2080万元，支持52个县级安全监管部门配备执法装备。省安监局与省财政厅协商，将2500万元隐患排查治理专项资金调整为安全生产监督管理专项补助资金，进一步加强安全监管基础建设。除抚远县外，全省134个县（市、区）全部独立设置安全监管机构；县（市、区）执法机构由65个增加到120个；全省安全监管机构人员由1334人增加到2202人，执法机构人员由470人增加到1074人，安全监管和执法机构人员增长82%。

十、安全生产宣传教育和安全文化建设

2012年4月18日，下发《关于开展2012年黑龙江省“安全生产月”活动的通知》。2012年5月30日，召开全省“安全生产月”活动动员部署视频会议。6月1日，在《黑龙江日报》刊登张建星副省长《扎实开展“安全生产月”活动促进全省安全生产形势持续稳定好转》署名文章。6月

10日，在大庆市首次异地举办，并采取省电视台同步直播、直播间与现场互动的方式直播省安全生产宣传咨询日活动。6月18日，在哈尔滨商业大学举办全国安全生产月应急预案演练周启动仪式，国家安全生产应急救援指挥中心副主任王志坚等领导出席，由16支救援队伍参与，700余人参演，2000余人观摩。“安全生产月”期间，印发40万份《致全省广大人民群众的一封信》，在省政府电子屏上循环滚动播放安全生产有关情况；在黑龙江卫视、黑龙江经济等频道的黄金时段播发安全生产公益广告和安全生产字幕；东北网制作了“安全生产月”专题网页，《龙江安全》开设专栏全面宣传报道“安全生产月”活动。2012年1月9日，制定印发《黑龙江省安全文化建设“十二五”规划》。大庆油田有限责任公司第二采油厂和龙煤集团双鸭山分公司东荣二矿被命名为全国安全文化建设示范企业。3月21日，印发《关于深入推进全省安全社区建设的通知》，确定全省15家试点单位。将《都市安全》改版为《龙江安全》，更富龙江特色。累计在省内主要媒体刊发安全生产稿件381篇，其中，有关“打非治违”专项行动和“安全生产年”报道稿件109篇，在《黑龙江日报》要闻版报道安全生产80篇。省安全生产信息网向省政府网站报送信息数和采用数均位列省直机关52个统计单位第一位。省安监局与《中国安全生产报》联合开展了走基层活动，在牡丹江、佳木斯、鸡西、七台河等地进行采访，连续发稿20余篇。省安监局与省委组织部联合开展县级新任分管领导干部培训和市（地）安监局长境外公共危机处理专题培训。全省举办培训班1720期，培训“三项岗位”人员近8万人，培训安全监管人员755人。

十一、推进安全生产责任保险工作

2012年3月28日，召开了全省安全生产责任保险推进会议，明确了推进安全生产责任保险的范围和目标，在全省煤矿企业、非煤矿山企业、危险化学品生产经营企业、烟花爆竹经营企业中全面推进，利用1~2年时间，使确定的重点行业企业参保率达到70%，到“十二五”末参保率达到100%。13个市（地）全部启动，共962家企业参加保险，缴纳保费664万元，总保额24亿元，出险91件，总出险金额264万元。

上海市安全生产工作综述

2012年，上海市共发生各类事故7075起，死亡1226人，与上年相比分别下降14.86%和4.40%。发生一次死亡3~9人的较大事故13起，死亡48人，与上年相比分别下降7.14%、12.73%。发生生产安全事故293起、死亡248人，与上年相比分别下降12.28%、4.98%。安全生产指标总体控制在国务院下达的指标范围内，各类事故死亡人数占全年控制指标的96.56%，较大事故起数占全年控制指标的84.62%，未发生重大及以上生产安全事故和造成严重社会影响的生产安全事故。亿元国内生产总值生产安全事故死亡率为0.06，与上年相比下降7.69%；工矿商贸10万从业人员死亡率为2.29，与上年相比下降4.98%；道路交通万车死亡率为3.5，与上年相比下降7.89%，全市安全生产形势总体稳定受控。

一、健全法制机制

（一）安全生产法制建设

积极推进《上海市安全生产条例》配套规定制定。2012年10月22日，上海市政府第155次常务会议审议通过《上海市安全生产事故隐患排查治理办法》（沪府令第91号），11月20日予以公布，2013年1月1日起施行，进一步强化了生产经营单位事故隐患排查治理的主体责任；明确了各有关监管部门的监管责任，细化了监管措施；规范了政府年度督办计划的编制、报送、实施以及治理效果的评估核查；完善了法律责任，加大了有关违法行为的处罚力度。2012年11月23日，市政府办公厅转发市安委会制定的《上海市较大以上生产安全事故查处督办办法》，明确了上海市较大及以上事故的督办主体、督办时限、结案报送等程序，强化了市安全生产委员会及其办公室对事故调查处理工作的指导和监督，进一步加强了上海市较大及以上生产安全事故的查处力度。2012 年 6 月 4 日，市政府办公厅转发市安监局制定的《上海市禁止、限制和控制危险化学品目录（第一批）（试行）》，规定了 139 种全面禁止、170 种中心城区禁止的危险化学品，并对 159 种危险化学品在经营、使用、运输环节提出了区域化管控要求，推进了危险化学品品种、区域、交易、物流、信息的全面管控。市财政局、市安监局转发《财政部、国家安全监管总局关于印发〈企业安全生产费用提取和使用管理办法〉的通知》，进一步明确了上海市安全生产费用提取和使用的适用范围和有关备案程序规定。市安监局印发《关于做好安全生产风险抵押金缴纳工作的通知》，进一步明确了上海市安全生产风险抵押金的适用范围和缴纳程序；制定了《关于规范行使行政处罚自由裁量权的意见》，编制了《安全生产行政处罚法律依据指引》，进一步规范了安全生产行政执法人员自由裁量权的行使。

（二）安全监管机制建设

增补市交通港口局、市卫生局、市环保局为市安委办副主任单位，进一步加强安委会（办）的专项协调能力。按照 2011 年 12 月 31 日新修订实施的《职业病防治法》相关规定，2012 年 7 月 1 日起市安全监管部门正式承接建设项目职业卫生“三同时”审查、职业卫生技术服务机构资质认定等两项职业卫生监管职责，以确保相关工作平稳过渡。认真编制安全生产执法计划，规范安全生产行政执法的内容和要求，做到监察行为规范、内容标准。启动危险化学品行业安全生产信用体系建设试点，制定《上海市危险化学品企业安全生产信用建设实施意见》，完成 11 项信用制度和标准设计，建立危险化学品生产企业安全生产信用档案，推动建立“记录规范、结果公开、信息共享、惩戒联动”的安全生产信用体系。

二、安全生产监管情况

（一）危险化学品安全管控

落实全市危险化学品安全监管联席会议制度，2012 年 8 月 22 日召开 27 个成员单位参加的第一次全体会议，加强道路运输、水上运输、民用燃气、油气加注站、饮用水水源地的安全保障和联合管控，深化协同监管机制。完成 122 家非工业园区危险化学品生产储存企业布局调整，减少危险化学品生产、使用、储存量 39.36 万吨。制定《关于开展危险化学品集中交易平台（市场）试点工作的指导意见》，启动上海金石湾危险化学品交易中心试点工作，推进危险化学品经营单位集中经营、集约化管理。督促涉及重点监管危险化工工艺的 93 家企业的 192 套化工装置实施自动化控制系统改造，完成 206 家重大危险源单位的分级备案，完成 245 家使用危险化学品从事化工和医药生产的企业调查。执行各项危险化学品行政许可和备案，共完成 231 个危险化学品建设项目安全审查，新颁发、延期、变更危险化学品安全生产许可证 251 张（累计 463 家）、经营许可证 1574 张（累计 6535 家）。全面推广危险化学品安全责任保险，至年底累计投保企业 3163 家，累计保费 4406 万元，生产、储存企业和构成重大危险源的使用单位基本覆盖。

（二）职业卫生监管工作

制定《上海市职业病防治预防环节监管三年行动计划（2013—2015 年）》。完成 100 个建设项目职业卫生“三同时”审查。累计完成 1.33 万余家企业职业危害申报备案，以及 1402 家木质家具制造企业、213 家箱包制造企业、170 家制鞋企业、镁铝制品企业职业危害专项整治。启动了 1703 家汽车维修企业专项整治，开展了 IT、石英砂和石棉制品企业摸底调研，完成了 68 家头部、眼面部、呼吸护具类特种劳动防护用品生产单位年检工作，查处了一批危害劳动者身体健康的信访举报和违法行为。

（三）事故查处、救援情况

全年全市安全监管部门共查处生产安全事故 293 起（其中 4 起较大事故），建议给予行政处分 11 人，移送追究刑事责任 4 人。对事故责任单位罚款 3079.57 万元，占全部罚款的 76.4%。制定《上海市安全监管系统生产安全事故信息报告和应急处置工作规范》，开展 11 条危险化学品长输管线和青草沙水库水域防化学品污染应急措施研究。编印《上海市危险化学品应急救援典型事故案例分析评估汇编》，修订《上海市生产安全事故灾难专项应急预案》《上海市处置危险化学品事故应急预案》，全年共组织审核 11 个市级专项和部门应急预案，审核企业应急预案 8889 份。全市共举行各类应急演练3000多次，参演人数超过10万人。

(四) 安全生产执法情况

在全市范围内组织开展安全生产大检查，始终保持安全生产执法检查高压态势。全年共检查生产经营单位15.70万余家，检查36.75万余次。查出隐患并要求整改330630项，实际完成整改319828项，整改率96.7%。实施行政处罚1119次，其中，对生产经营单位处罚916次，对主要负责人处罚203次。实施罚款1032次，其中，事故罚款407次，监督监察罚款625次。全年罚款金额4030.57万元，实际收缴罚款4034.11万元。

(五) 安全生产各项基础工作

安全生产培训方面，全年共培训农民工31.94万人，完成预定目标的106.47%；修订《上海市区（县）安全生产教育培训考试中心管理办法》；启动8家特种作业实操考试教考分离试点基地建设；全年培训发证特种作业人员14.8154万人次，生产经营单位负责人2.1394万人次、安全生产管理人员3.2833万人次，危险化学品企业负责人2933人次、危险化学品企业安全生产管理人员5412人次、危险化学品安全生产其他从业人员2.569万人次；完成注册安全工程师继续教育6806人次，受理各类注册1856人次。安全生产宣传教育方面，在新浪网、东方网开通“上海安监”政务微博，吸引粉丝近5万人；策划安全生产专题报道27次；组织开展《上海市安全生产条例》宣贯600余场，受众人员超过10万人；向本市50万企业法定代表人发放《上海市人民政府致各企业法定代表人的公开信》，宣传落实企业主体责任；举办以“特大型城市安全生产执法与监管体系构建”为主题的京、津、沪、渝四个直辖市安全论坛和华东六省一市首届职业安全与健康工作研讨会，推动本市安全生产工作水平的提升。安全生产标准化建设方面，至年底全市有4家企业完成安全生产标准化一级典型示范企业试点；630家危险化学品企业通过安全生产标准化达标，其中，生产企业424家，储存企业75家，使用企业119家，经营企业12家；697家工贸企业通过安全生产标准化达标，其中，一级达标102家，二级达标528家，三级达标67家。安全生产规划科技工作方面，推进市安全生产“十二五”规划项目落实，10项重点工程28个项目中有7个重点工程17个项目已经启动，投入资金14.37亿元；启动2012年度市级信息化项目“上海市安全生产行业监管业务信息系统”和“上海市行业单位安全生产诚信共享系统”建设；完善“危险化学品生产许可证审查”“危险化学品经营许可证审查”“建设项目安全和职业卫生审查”网上审批系统，实现相关行政审批事项的外网受理、内网办理和外网反馈；实施危险化学品建设项目职业卫生“三同时”审查与安全“三同时”审查并联审批，实现一门受理、同步审查、一口对外；建成安全生产电子监察系统，实现行政审批流程的实时监控、预警纠错、绩效评估、责任追究。安全社区建设方面，全市累计15个区县的79家街镇启动安全社区创建工作，其中“上海市安全社区”60家、“全国安全社区”34家，加入“国际安全社区网络成员单位”21家。

三、综合监管责任落实情况

(一) 推进安全生产责任落实

在落实政府监管职责方面，积极发挥市安委会办公室综合协调职能，通过安全生产责任书签约、安全生产控制指标分解下达、安全生产履职考核、综合督查抽查等多种方式，落实安委会成员单位、区县政府安全生产监管职责，努力形成安全生产分工协作、齐抓共管的工作格局。在落实企业安全生产主体责任方面，继续落实行业（系统）安全生产责任签约制度，深化对从业人员的安全告知、安全承诺与践诺活动，将责任层层落实到单位、班组和员工；加强企业领导干部和安全生产管理人员安全培训；严格落实行业（系统）、重点监管单位履职考核制度，加大安全生产考核力度。

(二) 重大事故隐患治理

全市全年共排查隐患330630条，完成整改319828条，整改率96.7%。对8项市级挂牌督办治理和1项市级重点协调推进的重大事故隐患项目实施挂牌督办，并基本完成整改。其中，陈海公路道路交通重大事故隐患项目对陈海公路西段（三双公路至北沿公路，全长24.3千米）中央分隔带和机动车非机动车分隔带增设波形护栏，改造任务基本完成。燃气管网安全供气运行重大隐患项目累计实施燃气隐患管网改造153千米，超额完成149千米的年度改造目标。西上海集团和上汽集团内部加油站危害京沪高铁安全运行隐患项目完成加油站阻隔防爆装置安装，重大事故隐患基本消除。危险化学品企业布局调整项目年内完成122家企业布局调整，减少危险化学品生产、使用、储存39.36万余吨。上海嘉定燃气有限公司封浜供应站危害沪宁城际铁路安全运行隐患项目确定了封浜供应站整体搬迁方案，于2012年10月破土动工，将于2013年3月完成新址建造，实施整体搬迁。北方商城消防安全重大事故隐患项目共清退53家商户，拆除违章建筑88间，“三合一”现象得到根治。新中动力机厂出租厂房重大消防安全隐患项目累计清退出租房屋340余间，拆除全部违章建筑，消除安全隐患。上海市中心周边地区地下管网运行重大安全隐患项目经严格制定实施周边道路和地下管网的保护和应对措施，周边地下管线和道路因建设施工所受的影响总体处于可控状态，变形已趋于稳定，对地下管网的影响基本消除。金缅实业有限公司出租厂房重大消防安全隐患项目整改后，存在的重大火灾隐患得以消除。

（三）深化“打非治违”专项行动

深入贯彻《国务院办公厅关于集中开展安全生产领域“打非治违”专项行动的通知》（国办发明电〔2012〕10号）要求，制定印发《上海市集中开展安全生产领域“打非治违”专项行动实施方案》（沪府办发〔2012〕31号），2012年4—9月份集中开展专项整治，重点打击道路交通、水上交通、建筑施工、消防、烟花爆竹、危险化学品、冶金、民用爆炸物品等具有行业和领域特点的非法违法生产经营建设行为，以及无证、证照不全从事生产经营建设等共性非法违法生产经营建设行为。11—12月份，组织开展为期两个月的“回头看”活动。全市共打击非法违法、治理纠正违规违章行为94.84万余起，检查企业22.84万余家次，责令停产停业、停止建设962家，暂扣或吊销有关许可证、职业资格证177个，关闭非法违法企业220家，罚款6.62亿余元。

江苏省安全生产工作综述

一、安全生产工作概况

2012年，江苏省安全生产形势呈现出“三下降，一提升”的良好发展态势。一是事故总量持续下降。全省共发生各类事故18555起，死亡5351人，事故起数和死亡人数分别比上年下降0.84%和3.01%，连续11年实现了“双下降”。二是较大以上事故明显下降。一次死亡3人以上较大事故起数和死亡人数分别比上年下降2.22%和19.7%，一次死亡10人以上重大事故起数和死亡人数分别比上年下降66.67%和63.16%。连续11年杜绝了特别重大事故。三是主要相对指标明显下降。亿元GDP事故死亡率、工矿商贸10万从业人员事故死亡率、道路交通万车死亡率和煤矿百万吨死亡率分别比上年下降13.16%、9.07%、7.52%和24.74%。四是安全生产整体水平显著提升。重点行业领域安全状况持续改善，各市安全生产控制指标实施情况较好。2012年10月份，国家安全监管总局局长杨栋梁来检查指导时，对江苏省安全生产工作给予了“标准高、要求严、工作实、调子低”的评价。

二、安全生产重点工作

（一）明确职责、全员参与，着力筑牢安全生产责任网

完善目标考核责任体系。在江苏省政府与各市政府及省相关部门签订目标管理责任书的基础上，分别采用1000、100分制办法实施考核，并加大重点和源头治理工作分值。对上年度发生重大事故的3个市实行“一票否决”；对发生事故的煤矿企业主要负责人扣除风险抵押金20万元，完成考核指标的奖励76万元；对获得优秀、良好等次的市和省有关部门，按照规定予以奖励，不合格的予以通报批评，推动责任落到实处。

强化联动工作机制。2012年中秋节、国庆节期间，针对小型客车免费通行后全省公路车流量更大、安全风险更多的实际，建立了由公安、安监、交通运输、气象部门和高速公路经营管理单位参与的“一路多方”管理和应急处置协调机制，在交通流量同比骤增57.3%的情况下，事故起数和死

亡人数同比分别下降67.8%和69.1%，未发生一起较大以上交通事故。

严格事故责任追究。将所有事故分级分类按权限严肃查处。按时完成较大事故挂牌督办事项，对2011年挂牌督办的23起较大事故已全部按期结案，48人追究刑事责任，99人受到党纪政纪处分，54人受到行政处罚。同时，对事故案例组织学习讨论，做到一企出事故，万企受教育。

（二）依法依规、严密布控，着力筑牢安全生产监督网

健全监督体系。提出进一步加强乡镇安监队伍建设标准和模式，统一执法车辆、着装和标志，并召开现场推进会，较好地解决了机构不健全、执法不规范、队伍欠稳定等问题。全省所有乡镇（街道）做到了安监机构全覆盖，其中单独设置的机构和人员总数分别比2011年增加179个、390人，平均每个乡镇（街道）安监机构达3.4人，94个县（市、区）建立监察大队，79个重点乡镇建立监察中队，基本形成了省、市、县、乡四级监察执法架构。完善"强镇扩权"试点单位的安监机制，保障了乡镇行政管理在新的运行模式下安监职能不弱化、能力不降低。

推进依法治理。在"打非治违"专项行动及"回头看"活动中，依法责令停产、停业、停建1047家，清理无照经营5525户，关闭企业73家，取缔非法窝点、作坊22处，实施行政处罚1.3亿多元。江苏煤监局全面推行解剖式监察，实现井上井下全覆盖、立体化，有力地遏制了非法违法生产经营行为。

深化源头预防。根据国务院安委会部署和省委、省政府"四项排查"要求，多次开展重点行业领域安全专项整治和隐患排查治理，全面推行企业建立隐患自查自报系统，全省44个县（市、区）完成了隐患排查治理信息系统联网建设。2012年下半年以来，实施盖边沉底的拉网式安全隐患排查治理后，较大事故起数和死亡人数减幅明显，为党的十八大胜利召开营造了安全稳定的环境。

（三）夯实基础、强化防范，着力筑牢安全生产保障网

强化政策、规章保障。贯彻国务院40号文件精神，经省政府讨论通过，分别以省政府及办公厅名义印发了《关于坚持科学发展全面提升全省安全发展水平的意见》及重点工作分工方案。

加大安全投入。省政府首次设立5000万元安全生产专项资金，各市设立500万～1000万元以上的专项资金，直接带动安全投入6亿多元。大力推行安全生产费用足额提取使用和企业安责险制度，全省共提取安全生产费用280多亿元，比2011年增加101亿元，企业安责险投保达4亿多元，进一步提高了企业的抗风险能力。

力推企业安全达标建设。截至2012年底，全省安全生产标准化达标企业达13575家，其中，煤矿、危险化学品、烟花爆竹经营企业全部达标。职业病危害防治工作取得新进展，全省申报企业总数突破4万家，同比上升50%以上；组织223家木质家具企业，参与许可证试点工作，已发证162家。

提升应急水平。加快建设省级应急救援综合基地，在所有化工大型企业成立应急救援队伍，配备必需救援器材，在全省55个化工集中区分别建成专业消防队，使应急响应和联动处置能力大幅提升。

加强安全培训和文化建设。建成省和各市培训考试考核中心，培训企业主要负责人和安全管理人员27.2万余人、生产经营单位特种作业人员31.4万余人。每季度召开一次新闻通气会，每季度在省电台、每半年在江苏卫视组织一次专访和专题新闻报道，首次在江苏卫视滚动播放安全生产公益广告，不断增强了全民的安全生产意识。

浙江省安全生产工作综述

2012年，浙江省安全生产总体形势持续保持稳定态势，连续第九年实现生产安全事故起数、死亡人数和直接经济损失三项指标"零增长"。2012年，全省共发生各类事故23366起、死亡5710人、直接经济损失37784.7万元，同比分别下降4.3%、5.3%和6.8%。

一、认真学习贯彻国务院《意见》精神，深化科学发展安全发展理念

浙江省委、省政府始终把安全生产工作摆在更加突出的位置，坚持安全发展不动摇、防控事故不放松。国务院《关于坚持科学发展安全发展促进安全生产形势持续稳定好转的意见》（国发〔2011〕40号，以下简称《意见》）下发后，浙江省高度重视，省政府办公厅随即下发《关于认真学习贯彻国务院〈关于坚持科学发展安全发展促进安全生产形势稳定好转的意见〉的通知》，把学习、贯彻《意见》作为全省安全生产工作的重中之重来抓，并将贯彻落实《意见》相关工作纳入年度安全生产目标管理责任制考核。为加大宣贯力度，省安委办利用报纸、电视、广播、网络等多种媒体，对《意见》进行深度解读，并且制作《意见》宣传挂图，印制《意见》学习读本，分发各地、各部门和单位进行宣传，在全社会掀起了学习宣传《意见》的热潮。与此同时，为深入贯彻《意见》，省政府办公厅印发了《浙江省贯彻落实国务院坚持科学发展安全发展促进安全生产形势持续稳定好转意见的重点工作分工方案》，将相关工作任务分解落实到部门各单位，进一步促进《意见》各项工作措施落到实处。

二、进一步完善安全生产考核指标体系，强化安全生产责任落实

根据国务院安委会年初下达给浙江省的安全生产各项考核控制指标，结合浙江省实际，省安委会办公室研究制定了2012年度安全生产考核控制指标，经省政府领导审定后以省安委会文件下达了相关考核指标。在2012年2月底全省安全生产工作会议上，省政府主要领导与各市、省级有关部门和省属企业主要负责人签订了2012年安全生产目标管理责任书，进一步明确和落实了安全生产责任制。省安委会办公室积极督促、指导各地、各部门结合各自的实际，按照分级管理和属地管理的原则，层层签订安全生产目标管理责任书，将安全生产责任制逐级延伸到乡镇、村级组织和企业。为使考核指标落到实处，省安委会办公室将相关安全生产管理指标进一步细化、量化和分解，并将机构队伍建设、安全投入、科技创新等重点工作作为加分项，促进各地进一步采取有效措施抓好安全生产工作。另外，还完善了安全生产控制考核指标实施进度情况"月通报、季发布、年考核"的制度，每月通报全省事故情况，每季度分析发布全省安全生产形势，让各级党委、政府和省级有关部门主要领导及时了解本地区、本行业的安全生产情况，积极研究和调整安全生产工作对策，努力减少事故发生。

三、加强安全生产管理创新，积极推进事故防范创新体系试点工作

浙江省在全省范围内开展重点行业（领域）安全生产事故防范创新体系建设的试点工作。省安委会办公室印发了《关于推进安全生产事故防范创新体系建设试点工作的意见》，积极探索生产安全事故防控的有效途径，全面提高事故防范的组织协调能力、风险防控能力和科学治理能力，建立和完善安全监管长效机制，重点解决多层次、多边界、多主体安全责任的分解和落实，防控和杜绝区域性、行业性、集中性、重复性的生产安全事故发生。根据浙江省安全生产工作的实际情况，在全省范围内开展18个项目的试点工作，其中有9个区域性项目（杭州市以建设工地、工程车、电梯为重点，宁波市以城市轨道交通、地下燃气和油品管网为重点，温州市以住宿与生产、储存、经营合用场所消防安全为重点，湖州市、嘉兴市以危旧桥梁、内河水上交通等为重点，绍兴市以印染行业中毒窒息事故预防和化工企业事故联锁自控为重点，金华市以电镀行业为重点，衢州市以农村消防安全为重点，舟山市、台州市以渔业船舶、船舶修造为重点，丽水市以烟花爆竹“打非”和在用尾矿库监管为重点）和9个行业性项目（高速公路智慧交通、民爆物品、学生交通安全、农机安全、旅游客车、商场和超市促销活动、农村电力安全、水利建设工程、地质勘探等）。省安委会办公室成立了由相关省级部门人员参加的试点工作指导组，并召开了指导组全体成员会议，分析、解决试点工作推进过程中存在的问题和难点，进一步统一思想，理清思路，合力推动安全生产事故防范创新体系建设试点工作深入开展。各地、各有关部门和单位结合本地、本单位工作实际，建立试点工作领导组织，制定工作实施方案，精心组织实施，做到定人、定职、定责、定效；并针对安全生产事故防范创新体系建设工作中存在的突出矛盾和问题，大胆探索，努力攻坚克难，不断创新安全管理机制，在安全生产监管“理念、主体、方式、环节、手段和制度”等方面开展创新管理，初步取得了成效，部分地区和相关重点行业领域事故有较大幅度下降。

四、继续深入扎实开展“安全生产年”活动，进一步加强隐患排查治理工作

为认真贯彻落实国务院办公厅和省政府办公厅《关于继续深入扎实开展“安全生产年”活动的通知》精神，省安委办制定并相继下发了《2012年浙江省工贸行业涉及可燃爆金属粉尘企业安全生产专项整治工作方案》《2012年非煤矿山隐患排查治理方案》《2012年浙江省危险化学品隐患排查治理工作方案》《2012年烟花爆竹隐患排查治理实施方案》等，同时指导、协调道路交通、海洋与渔业、建筑施工、民爆器材等高危行业制定隐患排查整治专项方案，督促企业落实安全生产主体责任，扎实推进隐患排查治理工作，有效消除事故隐患，预防和减少各类生产安全事故的发生。2012年3月份，省安委会办公室在宁波召开了全省事故隐患排查治理现场会，参观学习了宁波地区在隐患排查整治中探索出的经验和成果，并对下一阶段事故隐患排查治理重点工作作出部署，进一步推进全省事故隐患排查治理体系建设。据不完全统计，2012年浙江省共排查生产经营单位72.7万家，查处一般事故隐患153.2万项，已整改150.4万项，整改率为98.2%。另外，浙江省继续实施重大事故隐患挂牌督办制度，省安委会办公室公布了2012年度23家省级工矿商贸企业重大事故隐患整改名单，省安监、公安、交通运输等三部门共同公布了2012年度16处道路交通事故黑点（段）、84处临水临崖高落差危险路段，省政府办公厅公布了第十批20家省级重大火灾隐患整改单位。省安委会办公室会同省级有关部门督促各地、各有关责任部门和单位制定重大事故隐患整改工作方案，落实责任人员和整改资金，确保隐患按时整改到位。

五、深刻吸取事故教训，进一步推进“打非治违”专项行动

根据国务院和省政府的工作部署，浙江省各地、各部门、各行业制定下发了“打非治违”专项行动实施方案，成立了工作领导小组，深入开展“打非治违”专项行动。为深刻吸取温州市瓯海区“8·5”粉尘爆炸重大事故教训，省政府立即组织召开了全省安全生产电视电话会议，全面部署深化“打非治违”专项行动开展全省安全生产大检查大整治活动。根据省政府办公厅《浙江省人民政府办公厅关于深化打非治违专项行动开展全省安全生产大检查大整治活动的通知》（浙政办发明电〔2012〕197号）要求，省安监局组织了8个检查组，对县乡基层政府深化“打非治违”专项行动开展全省安全生产大检查大整治活动情况进行了两次检查。检查组共检查了40个县（市、区）、70个乡镇、116个村居、300多家企业，提请当地政府关闭了10多家非法生产经营的加工点和小企业；向6个县（市、区）政府发函，督促其深入开展“打非治违”专项行动。2012年9月下旬，省安委会办公室牵头组织了省级有关部门对各市及其有关部门开展“打非治违”工作情况进行督查。10月下旬以来，省安监局再次组织检查组对各市开展“打非治违”工作“回头看”，确保各项工作措施取得实效。据不完全统计，全省共组织118136个检查组、419957人次赴企业开展检查，共检查企业408812家次，查处非法违法行为80万余起，责令停产整顿5924家，暂扣或吊销许可证或职业资格2570个，关闭非法违法单位3335家。

六、强化工作措施，推进企业安全生产主体责

任落实

一是扎实推进企业安全标准化、规范化建设。根据国务院安委会《关于深入开展企业安全生产标准化建设的指导意见》要求，结合浙江省标准化工作实际，省安委会办公室下发了《浙江省安全生产委员会办公室关于加强企业安全生产标准化评审工作管理的指导意见》，有序地推进了安全生产标准化达标工作。全省安全生产标准化达标企业共8058家，其中，一级达标企业5家，二级达标企业657家，三级达标企业3813家，地方达标企业3583家。通过对全省各地安全生产标准化推进工作现状的分析，有计划地推进了标准化示范县区建设，逐步扩大了安全标准化的覆盖面。萧山、鄞州、长兴等3个县（区）被确定为省级安全标准化示范县区建设试点，杭州微光电子股份有限公司等11家企业被确定为省级标准化示范企业。各市结合工作实际，选择一些县、区或乡镇开展标准化建设试点，围绕落实安全生产主体责任、提升企业本质安全水平等工作重点，激励企业搞好安全标准化建设。针对浙江省量大面广、安全生产条件较差的中小企业，各地结合实际情况大力推进中小企业的安全规范化工作，进一步提高企业安全生产管理水平。浙江省安监、质监、建设、电力等有关部门积极协商，在已出台相关行业地方标准的基础上，加快了有关行业安全管理标准的制定，提高了安全生产规范化程度，控制和减少了生产过程中的不安全因素。

二是全力推进企业安全生产诚信体系建设。根据省发改、公安、安监等十二部门联合下发的《关于开展企业安全生产诚信机制建设的指导意见》，省安监局按照积极推进、稳步实施的原则，进一步加强了企业安全生产诚信体系的建设。各级发改、经信、国土资源、银行、社保、财政、工商、质监、电监电力、建设、公安、消防等部门的密切协作配合，推动了安全生产考评结果在相关监管工作中的应用，督促企业自觉履行安全生产主体责任。2012年2月份，由省安监局向省公共联合征信平台报送的2011年涉及省安监局的安全生产许可信息，被省信用办纳入企业信用档案，并在“信用浙江”网站公布。这批信息主要涉及危险化学品安全生产行政许可、危险化学品经营行政许可、烟花爆竹经营（批发）行政许可、矿山安全生产行政许可、安全培训机构行政许可、安全评价机构和检验检测机构行政许可等6项行政许可类信息，数据总量达1000多条。

三是积极开展安全生产行政执法。为严格规范行政执法，严肃查处各类安全生产非法违法行为，提升执法水平，有效预防和减少各类生产安全事故的发生，省安监局督促各地安监部门制定《2012年度安全生产行政执法工作计划》，要求各级安监部门明确执法目标和重点，深入开展安全生产执法活动。各级安监部门把企业主体责任的落实情况作为安全生产执法检查的重点，严格查处违反“三同时”规定的建设项目以及不按规定进行安全培训或无证上岗等非法违法行为。2012年，全省安全监管系统共检查各类企业近13万家、实施行政处罚3744次、罚款1亿元、责令停产停业488家、提请关闭12家、暂扣许可证6家。

七、深入开展安全生产宣传培训教育，积极推进安全文化建设

省宣传、安监、公安等七部门积极开展了以“科学发展，安全发展”为主题、形式多样、内容丰富的第十一个“全国安全生产月”活动。省安委会办公室牵头组织开展了安全生产月咨询日、安全生产知识竞赛、安全生产摄影比赛、安全生产宣传图版网上展评、安全生产合理化建议征集、事故应急预案演练、安全生产培训等多种形式的活动；加强与主流媒体沟通合作，继续在《浙江日报》开办安全生产宣传专栏专题，强化安全生产宣传；与电视台密切合作，在黄金时段播出安全生产公益宣传广告，进一步提高全民安全意识。各地、各部门和单位把“安全生产月”活动与深入开展“安全生产年”各项工作相结合、与提升安全生产监管服务能力相结合，与着力解决当前安全生产难点热点问题相结合，进一步强化工作措施，加强工作考核，不断创新安全生产管理体制和运行机制。省安监局还积极开展安全文化示范企业建设活动，经国家安全监管总局考评、审定，浙江奥康鞋业股份有限公司、宁波欧琳厨具有限公司被国家安全监管总局授予“全国安全文化建设示范企业”荣誉称号，通过选树企业安全文化建设先进典型，进一步推进浙江省企业安全文化建设规范、有序、健康发展，促进企业落实安全生产主体责任，提高安全管理水平。

浙江省各级安全监管部门积极开展安全生产知识培训教育活动，制定了全年的培训计划，抓好安全生产全员培训工作，尤其是加强对外来务工人员和农民工的培训。据统计，全省共培训生产经营单位主要负责人、安全生产管理人员、特种作业人员和农民工等各类从业人员达520多万人次。随着地方政府换届工作的完成，浙江省各级安监部门安全监管人员调整幅度较大，一大批新人补充进安监队伍，为确保安全生产监管执法工作积极有效地实施，浙江省把开展安全生产监管执法人员专业法律上岗培训作为一项重点工作来抓，认真组织对各市、县（市、区）、乡镇（街道）监管执法人员进行取证培训。2012年7月份，浙江省还组织举办了一期新任分管县长（市长、区长）安全生产专题培训班。

八、积极实施科技兴安，提升安全生产保障水平

一是全面推进安全信息化建设。按照《浙江省安全生产信息化"十二五"专项规划》的要求，省安监局把握好当前与长远、局部与整体、基础与应用的关系，对项目开发先后顺序、信息系统框架体系作出科学统筹安排。经过前期的研发和投入，建成了较为先进的中心机房和硬件平台，开发了行政许可管理、安全培训考核等业务信息系统，开展了电子政务方面的应用。经过努力，全省"企业安全生产基础数据库"项目初步建设完成，并有序推进了企业安全生产基础数据入库工作。

二是积极推进安全生产先进适用技术。继续在全省矿山企业大力推广中深孔爆破技术和液压破碎技术，同时在危险化学品生产企业大力推进自动化紧急停车系统和事故联锁自控系统的应用。省安委会办公室还认真做好道路和水上交通安全动态监管试点工作，积极协调、配合有关部门在客运车辆、危险化学品运输车辆中，积极推广应用行车记录仪和GPS定位装置，促进重点车辆运营安全；支持和推进渔船安全救助信息和防碰撞系统建设，实现渔船日常动态的实时监控和跟踪数据综合查询，提高渔船出海作业的救助和防碰撞能力。

三是充分应用重大危险源监管信息平台。浙江省严格按照《浙江省重大危险源登记备案管理办法（试行）》及《浙江省开展重大危险源登记备案工作方案》，充分利用重大危险源监管信息系统平台，抓紧、抓实重大危险源登记备案工作。各地安全监管部门利用重大危险源监控信息系统平台，不断完善重大危险源档案，督促企业定期开展安全检测，落实专人监控，进一步强化了重大危险源的监管力度。全省已注册重大危险源企业642家，重大危险源698个，全部纳入重大危险源监控信息系统。

安徽省安全生产工作综述

2012年，安徽省各类事故死亡3194人，同比下降了2.4%。较大、重大事故明显减少。全年较大事故起数和死亡人数分别下降18.2%和5.6%。工矿商贸各行业事故下降。全年工矿商贸事故起数和死亡人数同比分别下降13.8%和12.8%。其中：煤矿降幅分别为22.6%和12.5%；列在"工矿商贸其他"项下的冶金、机械等8个行业，事故起数和死亡人数同比分别下降27.7%和26.2%；火灾事故分别下降6.7%和5.7%；反映安全生产水平的主要相对指标全面下降，亿元GDP事故死亡率、工矿商贸10万从业人员事故死亡率、道路交通万车死亡率、煤矿百万吨死亡率分别比上年下降13.6%、17.8%、6.5%、18.5%。安徽省突出抓了以下10个方面的工作。

一、认真贯彻落实党中央、国务院和省委、省政府关于安全生产工作的重要决策部署

安徽省委、省政府一直高度重视安全生产工作，把安全生产纳入各级党委政府重点工作，纳入全省经济社会发展的总体规划，统筹部署和推进，并作为政府目标管理和干部政绩业绩考核的重要内容，严格执行安全生产"一票否决"制度。各级政府及其部门实行"一把手"负总责、分管领导具体抓、其他领导各负其责的安全生产"一岗双责"制。省政府安委会定期研究部署安全生产工作，省委书记张宝顺、省长李斌等省领导对安全生产工作作出的重要指示和批示达80多次，省政府领导经常深入基层检查指导安全生产工作。坚持科技兴安，坚持淘汰落后，坚持推进企业安全生产标准化，坚持严厉的“打非治违”，坚持严肃的安全问责，有力地推动了安全生产各项工作，实现了安全生产与经济社会发展的协同并进。

二、落实全年工作目标任务，扎实开展“安全生产年”活动

按照省政府安委会《关于继续深入扎实开展“安全生产年”活动的实施意见》要求，各地、各部门认真落实安全生产各项措施和安全生产责任制。省政府安委会与各市、省直管县政府签订了2012年安全生产目标管理责任书。加强对安全生产控制指标实施进展情况的监督检查，进行月分析、季通报，定期在全省主要新闻媒体公告全省安全生产形势，通报各地指标控制情况，分析查找问题，提出改进工作的意见和措施。省政府办公厅印发了安全生产工作要点，对36项重点工作逐项分解落实到省有关部门，并确定了牵头责任单位和协同配合责任单位，有力推动了工作的落实。

三、集中开展“打非治违”专项行动，严厉打击非法违法生产经营建设行为

按照《省政府办公厅关于集中开展安全生产领域“打非治违”专项行动实施方案》要求，认真组织开展“打非治违”专项行动，省政府成立以分管负责同志为组长，省有关部门和单位为成员的专项行动领导小组，突出煤矿、非煤矿山、道路交通、水上交通、建筑施工、消防、危险化学品、烟花爆竹、民爆物品、冶金等重点行业领域，明确14项重点内容，确定专项行动责任单位。省政府安委会先后组织12个督查组，对全省各地、各行业和领域开展“打非治违”专项行动工作情况进行督促检查。

为有效防范和坚决遏制重特大事故发生，促进全省安全生产形势持续稳定好转，为党的十八大胜利召开创造良好的安全生产环境，根据《国务院安委会关于进一步深化“打非治违”专项行动集中开展“回头看”活动的通知》，全省共组织专项行动检查组34927个，检查企业89904家，打击非法违法、治理纠正违规违章行为464816起，其中，责令停产、停业、停止建设企业2545家，关闭非法违法企业417个，处罚罚款6255.6万元。

四、加强安全生产检查督查，深入排查治理事故隐患

全省组织开展了元旦和春节、“两会”“五一”、汛期、中秋节、国庆节、十八大期间等重点时段的安全生产检查，突出重点行业领域、重点地区、重点单位、重点部位和场所，广泛开展安全隐患排查治理。为深刻吸取重大事故教训，坚持抓重点、攻难点，2012年4月12日，省政府召开全省道路交通安全工作紧急电视电话会议，部署开展全省道路交通安全集中开展隐患整治专项行动；8月16日，省政府办公厅又发出《关于进一步加强水上交通安全管理工作的紧急通知》，部署开展全省水上交通安全隐患排查治理专项行动。为建立隐患排查治理长效机制，在全省开展安全隐患排查治理体系建设试点工作，安排阜阳、芜湖、马鞍山三市为省级试点地区，全省道路交通客运企业为试点行业。推动各地在县（市、区）、乡镇，以及煤矿、非煤矿山、危险化学品和冶金有色等重点行业（领域）企业开展隐患排查试点，逐步建立安全隐患排查治理体系，“隐患就是事故”的观点引进高度重视和认同。全省工矿企业排查一般隐患93543项，已整改92339项，整改率98.7%；排查重大隐患36项，已整改34项，整改率94.4%。全省交通运输等重点行业企业和单位排查一般隐患164909项，已整改163025项，整改率98.8%；排查重大隐患98项，已整改92项，整改率93.8%。

同时，强化监管措施，积极推进重点行业安全整治。制定实施全省非煤矿山行业对标检查和隐患排查整治行动方案，组织全省非煤矿山企业开展“逐矿逐企”对标改造、对标整治、对标提升。对霍邱重点矿区、东至香隅化工园区的生产和建设企业，组织专家逐个进行安全评估和安全可靠性论证，对查出的问题逐项落实整改措施。对涉及三光气及其光气化产品的企业实施重点监管。稳步推进33家烟花爆竹生产企业有序退出工作，强化豫皖省界区域烟花爆竹“打非”工作联动机制。

五、宣传贯彻《中华人民共和国职业病防治法》，职业卫生监管工作取得明显成效

通过学习贯彻新的《中华人民共和国职业病防治法》，全省有115万人次参加省安监局网上职业卫生法规知识竞赛。省政府办公厅下发了《安徽省人民政府办公厅关于加强职业病防治监督管理工作的通知》，使各级政府更加重视职业病防治工作，全省16个市和69个县（市、区）安监局增加了新的职业卫生监管职能，有15个市和78个县（市、区）安监局设立了职业卫生监管机构；对原卫生部门审批的57个职业卫生技术服务机构换发了国家安全监管总局统一印制的资质证书，新批了一家职业卫生技术服务机构；全省审核（审查、验收）职业卫生“三同时”项目327个；全省共申报职业病危害企业15958家，申报数居全国第9位，重点行业职业病危害治理取得了新进展。

六、抓好安全生产标准化达标创建，切实提高企业本质安全水平

分解落实2012年煤矿、非煤矿山、危险化学品、烟花爆竹、建筑施工、冶金有色等重点行业实现达标创建工作目标，加强安全标准化分级考核评价和达标创建工作监督检查，企业本质安全水平不断提高。《工贸行业规模以下企业安全生产标准化基本要求》正式颁布实施，这是安徽省安全生产领域制定的首个地方标准，有力地推动了规模以下企业达标创建工作。达到三级以上安全生产标准化的企业已有2862家，其中有14家矿山和尾矿库通过国家安全监管总局认定为安全生产标准化一级企业。全年全省认定安全生产标准化一级矿山9家、尾矿库5家，标准化二级矿山15家、尾矿库6家，标准化三级矿山346家、尾矿库44家。全省1488家生产矿山和尾矿库（不含砖瓦黏土开采企业）累计已有1097家达到标准化三级及以上水平，达标率73.7%。危险化学品安全标准化二级企业100家，三级企业230家。烟花爆竹企业通过三级标准化共94家，其中，生产企业38家，批发企业56家。工贸企业安全生产标准化达标企业二级126家，三级1215家。

七、依靠科技支撑，推进安全保障和应急救援能力建设

加强基层执法能力建设，争取国家第一批建设专项资金1800万元，支持45个县（区、市）安全监管部门配备执法装备，对池州、淮南、利辛、和县重大危险源监控进行扶持，对淮南、合肥中盐、庐江非煤矿山、芜湖融汇、铜陵矿山救护大队5个应急救援大队工作给予支持，对全省26个县（区）安监局配备尾矿库监管专用车辆，同时还对50个县配备了安全监管专用车辆，进一步改善了县级安监局执法装备水平。全年重点支持省、市挂牌整治的高危行业及其他行业的重特大安全事故隐患技改项目为48个，其中，贴息项目为32个，补助项目为16个。项目总投资金额为86953.7万元，其中，自筹资金46265.8万元，中央和地方补助1407万元，银行贷款37023万元，为加强安全监管基础建设提供了长期有力保障。同时，应急救援工作取得积极进展。国家应急救援淮南队建设接近完成，国家旅游应急救援黄山队建设有序推进，项目通过了中央国资项目专项资金评审。省辖市应急救援管理机构基本健全，对省级非煤矿山应急救援预案进行了实地演练，新批准成立了庐江、霍邱2支矿山应急救援队。

八、严肃事故查处，加大安全生产责任追究力度

为确保较大以上事故的严肃处理和按期结案，省政府安委会制定了《较大事故查处挂牌督办办法》，制定了《安徽省生产安全事故查处挂牌督办通知书》和《安徽省生产安全事故查处跟踪督办通知书》，进一步明确了督办责任、程序和时限。对全年发生一次死亡3人以上36起较大事故进行了挂牌督办，按程序解除了29起。督促各市查清事故原因、认定事故性质、分清事故责任，提出对责任者的处理意见，按期完成事故调查处理工作。全年全省共查处事故271起（其中，一般事故271起，较大事故36起，重大事故2起），建议处分163人［其中，处分国家公职人员102人（其中，副县级干部5名），企业主要负责人61人］，追究刑事责任24人，行政处罚695次。依法追究有关人员的党纪、政纪、经济和法律责任，通过事故教训来推动安全生产工作。

九、加强宣传教育和文化建设，提升安全生产的履职能力

全省“安全生产月”活动主题鲜明，亮点纷呈，召开了新闻媒体通气会，实现“媒体联动”，举行了的“安全生产宣传咨询日”活动，人民网安徽频道、安徽卫视和新安晚报进行了专访，起到了很好的宣传效果。开展咨询活动3500余场，群众参与咨询活动300余万人次，发放宣传资料800多万份，开展演讲比赛和知识竞赛300余场，通过电信、移动、联通发送安全短信超过150万条，营造了关注安全、关爱生命的氛围。广泛开展安全文化示范企业、安全社区的创建活动，表彰了首批全省安全文化示范企业36家。与省政府法制办联合举办行政执法资格认证培训班，省、市、县三级安全监管部门和乡镇政府累计共有6997人参加安全生产行政执法培训，6500多人取得执法资格。2012年全省培训163374人，其中，生产经营单位主要负责人44313人，安全生产管理人员33272人，特种作业人员85789人。

十、加强作风建设和党风廉政建设，不断增强安全监管队伍的凝聚力和战斗力

进一步加强作风建设，着力宣传典型，大力弘扬安全监管队伍吴刚、姚俊、宣明星同志的先进事迹，激发了全省安全监管系统干部职工无私奉献、勤奋敬业的奋斗精神。在优化服务环境，深化行政审批改革中，实行窗口“首席代表制”。选派1名业务熟练、综合素质强的副处级干部到窗口工作。使现有的8项行政许可项目全部进入省政务中心办理。按照“简化审批程序、减少审批环节、提高审批效率”的原则，发挥行政审批职能归并优势，最大限度地为监管对象提供方便。对涉及省安监局的8项行政审批项目进行了认真清理，逐项汇制了行政审批流程图，并在省政府信息公开网和省安监局门户网站进行公示，方便群众办事，进一步巩固省安监局效能建设成果，全面落实首问负责制、限时办结制、岗位责任制、一次性告知制、行政执法责任制、服务承诺制，强化效能监督检查，从省安监局局长到普通办事员每个办公室门外均设立了人员去向牌，群众办事一目了然。在党风廉政建设工作中，大力开展“争做安全发展忠诚卫士，创建为民务实清廉安监机构”主题实践活动，树立先进典型，弘扬新风正气，推动安全生产工作；通过开展“以人为本，执政为民”主题教育活动，进一步增强宗旨意识，改进工作作风，提高办事效率；通过建立干部谈话提醒制度、考核制度、述职述廉制度，做到防微杜渐，“红灯”亮在“违规”前；通过办好《廉政之窗》、召开处级干部述职述廉大会，增强党员干部廉洁自律意识和法制观念，提高用党的纪律约束和规范自己行为的自觉性，为安全监管工作提供政治和纪律保证。围绕“责”“权”“廉”3个方面把廉政监督贯穿于安全监管工作的始终，特别是在招投标、隐患贴息项目等群众关心关注的问题上，纪检监察部门全过程参与，加强监督。建立纪检监察工作网络，实现监督管理重心下移、关口前移，促进监管人员依法履职，廉洁自律，干净做事，筑牢拒腐防变“防火墙”。并公布举报电话、投诉信箱，接受群众和社会监督及舆论监督。

福建省安全生产工作综述

2012年，福建省发生各类事故13519起、死亡2755人、受伤11457人、直接经济损失14187万元，同比分别下降12.9%、8%、16.8%和10.5%。发生较大事故51起、死亡189人，减少10起、38人，分别下降16.4%和16.7%。发生重大事故2起，同比增加1起。亿元GDP事故死亡率0.13，下降18.7%；工矿商贸10万从业人员事故死亡率1.22，下降10.3%；道路交通万车死亡率2.91，下降11.8%；煤矿百万吨死亡率0.499，继续处于全国小煤矿先进行列。各项指标均控制在国务院安委会下达的目标范围内，连续7年全面下降。从行业领域来看，工矿商贸事故起数和死亡人数分别下降11.9%和9%，其中，烟花爆竹、危险化学品没有发生死亡事故，火灾事故起数和死亡人数分别下降10.1%和15.9%，道路交通事故起数和死亡人数分别下降13.7%和7.7%，水上交通事故起数和死亡人数分别下降50%和20%，铁路交通事故起数和死亡人数分别下降34.4%和5.4%，农业机械事故起数和死亡人数分别下降3.4%和7.7%，渔业船舶事故死亡人数下降31.3%。从区域情况来看，各设区市、平潭综合实验区事故死亡人数均下降，福州市、漳州市、莆田市和平潭区下降幅度超过10%；三明市、平潭区没有发生较大以上事故，全省有20个县（市、区）没有发生工矿商贸死亡事故，58个县（市、区，不含高速公路）没有发生较大事故。

2012年，福建省主要抓了以下10个方面的工作。

一、认真谋划安全发展战略举措

为深入贯彻落实国务院2011年40号文件精神，福建省政府常务会议研究出台了《关于坚持科学发展安全发展促进安全生产形势持续稳定好转的实施意见》（闽政〔2012〕13号），福建省政府办公厅下发了《实施意见主要工作分工方案》（闽政办〔2012〕106号）。《关于坚持科学发展安全发展促进安全生产形势稳定好转的实施意见》共6个方面25条，在全面传承国务院40号文件精神基础上，突出责任落实和安全标准化建设、安全投入、应急救援体系建设等重点工作，要求各级政府主要领导任安委会主任、安全标准化建设覆盖所有行业、市县两级政府必须建立安全生产专项资金和宣教中心、县级安监机构设置为政府工作部门、明确乡镇安监机构、配备专职人员、强化应急管理等。各级各部门根据国务院和省政府关于推动实施安全发展战略的决策部署，迅速行动，强化措施，狠抓落实，扎实推进福建省安全发展进程。各级政府均结合本地实际，细化制定了具体实施意见，对本地区科学发展安全发展的目标定位、推进措施、重点工作、职责分工等提出了明确要求，莆田、南平、龙岩市、县两级政府均设立了安全生产专项资金，其他市、县正在推进中。

二、强化安全生产目标责任落实

福建省政府根据国务院安委会下达的年度安全生产控制目标，紧密结合福建省实际，认真进行细化分解，将安全生产标准化建设，市、县两级政府安委会主任调整，设立安全生产专项资金，以及县、乡、村安监机构建设等重点工作纳入目标责任范围，同2012年安全生产控制目标一起，于年初向各设区市政府、平潭综合实验区管委会和30个省单列考核单位下达。各责任单位逐级分解下达，落实到基层政府、单列考核单位和重点企业，纳入各级干部政绩业绩考核范围，实现了安全生产目标责任的全覆盖。切实加强目标责任的跟踪管理和监控约束，强化预警通报、重点整治、挂牌督办、半年督查和年终考评等措施的落实，确保了年度各项指标的有效管控。经综合评定，4个设区市政府评为先进单位，5个设区市（含平潭区）评为达标单位，其中，3个设区市政府被授予工作创新奖，1个设区市政府因发生重大事故取消评比资格。30个省单列考核单位中，12个评为先进，11个评为优良，1个评为创新奖，6个评为达标。

三、推进“一岗双责”完善落实

坚持利用履职点评、责任追究、挂牌督办等措施，强化安全生产“一岗双责”落实，督促各级各部门按照“属地管理、分级负责”和“谁主管、谁负责”的原则，统筹经济社会发展与安全生产，建立健全领导干部安全生产责任制，认真落实主要领导、副职领导、综合监管和行业管理责任，落实政府监管责任和属地管理责任。市、县、乡三级政府安委会主任全部实现了由行政正职担任。泉州市政府领导全部担任安委会主任、副主任，建立了15个安全生产专项整治工作小组，组长分别由市政府分管领导担任；龙岩市按照“一岗双责”规定，建立了宣传教育培训、小煤矿关闭和兼并重组、安全生产预警、隐患排查整改、平安交通县乡创建等五项长效机制；省教育厅、交通运输厅明确厅领导每人包干挂钩一个设区市学校、交通安全。全社会安全生产组织领导不断加强，齐抓共管的合力持续增强。

四、全面开展安全生产标准化建设

各级各相关部门根据省政府安委会的统一部署，坚持把安全标准化建设作为抓好本质安全源头的关键，采取典型示范、现场指导、通报评比、约谈督促等各项措施，全面推进安全标准化建设。福州市、宁德市出台了小微企业和个体工商户安全标准化考评办法；漳州市、龙岩市出台了达标企业奖励政策；泉州市把安全标准化建设作为政府的一项“法定作业”加以推进；省住建厅建立企业自评、属地考评和层级考评相结合的考评机制；省海洋与渔业厅把推进标准化建设活动与“平安渔业示范县”创建有效互动。截至2012年底，全省有95.4%的企事业单位和94.5%的个体工商户实现达标，20个县（市、区）和8个工贸园区实现整体达标。其中矿山、危险化学品、烟花爆竹、机械、烟草等14个行业全面达标，安全生产标准化建设进展情况走在了全国前列。

五、深化道路交通安全综合整治

为深刻吸取重大道路交通事故教训，结合贯彻落实国务院《关于加强道路交通安全工作的意见》（国发〔2012〕30号）精神，经省委常委会、省政府常务会议研究，决定围绕人、车、路、环境等各个环节，在全省开展道路交通安全综合整治“三年行动”和3个月集中整治大会战。省政府先后出台了《加强道路交通安全工作的九条措施》（闽政办〔2012〕136号）和《道路交通安全综合整治“三年行动”和集中整治大会战实施方案》（闽政办〔2012〕137号），并成立了以苏树林省长任组长、4位省政府领导任副组长、省直相关部门主要领导为成员的整治领导小组，2012年8月3日，苏树林省长亲自主持召开全省道路交通安全综合整治会议并作全面部署。各级政府均成立了整治领导小组及办公室，抽调了900多人集中办公。经过努力，全年道路交通事故死亡人数下降7.7%（大会战期间，死亡人数同比下降27.9%、较大事故死亡人数下降19%），553处省级督办公路隐患路段全部整治完毕，完成国省道安保工程3000千米、农村安保工程6350千米，排查道路安全隐患5.23万处，摸排无牌车辆13万多辆。国务院安委会办公室充分肯定福建省做法并将综合整治实施方案转发全国各地学习借鉴。

六、加强重点行业领域专项治理

各级各相关部门在抓好道路交通安全综合整治的同时，根据年初全省安全生产工作会议部署，持续深化矿山、危险化学品、消防、建筑施工、渔业生产等安全专项整治。煤矿方面，严格落实煤矿领导带班下井制度，健全矿井通风、提升、供电、排水等系统，完成了4家关闭任务，依法查处7起事故，追究事故责任54人；非煤矿山方面，在全国率先实行县乡领导政府和相关部门负责人挂钩尾矿库安全工作制度，完成地下矿山“六大系统”139座；危险化学品方面，开展提升本质安全三年行动，全面完成涉及危险工艺企业自动化控制系统改造，推广中石化森美标准化建设经验；建筑施工方面，深入开展施工模板工程、外脚手架和建筑起重机械等3个专项整治；消防方面，继续深入开展“清剿火患”战役，督促整改火灾隐患70多万处，挂牌督办重大火灾隐患1275处；渔业方面，60马力（1马力=735.49875W）以上的9263艘渔船全部安装了自动识别防碰撞系统，大大降低了事故发生概率。

七、扎实开展“打非治违”专项行动

各级各部门根据国务院、省政府“打非治违”专项行动电视电话会议精神和工作要求，以及苏树林省长“‘打非治违’要严、要狠，措施要实，要有针对性和可操作性，不要形式，只要效果”的批示精神，突出重点行业、重点地区和关键环节，强化联合执法和集中整治，采取停产整顿、关闭取缔、从重处罚和厉行问责等“四个一律”和及时通报、曝光公布、严厉处罚、挂牌督办、取缔关闭、严肃追究等“六个一批”的打击治理措施，扎实开展“打非治违”专项行动。其中，在打击非法违法采矿行为方面，要求对不具备安全生产条件、发生事故和存在违章违规行为的矿井，100%依法严肃查处。全年共排查发现无证非法开采矿山（点、硐）1598个，通过采取没收炸药、切断电源、摧毁设备、炸封井硐、拆除工棚、遣散员工、刑事追责等措施，全部依法予以关闭取缔，移送司法部门追究刑事责任131人，党政纪处分73人。2012年，全省共出动检查人员19.9万人次，检查企业14.9万家，打击非法违法、治理违规违章行为237.9万起，行政拘留5329人，移送追究刑事责任115人。国务院安委会督查组通过督查后认为，福建省“打非治违”工作行动迅速、措施有力、工作扎实、成效明显。

八、加大安全生产宣教培训力度

省政府建立了安全生产宣传教育联席会议制度，分管副省长担任联席会议总召集人，并主持召开第一次联席会议，研究部署安全生产宣传教育工作。各级各部门紧密结合实际，充分发挥报刊、广播、电视、网络等新闻媒体作用，开辟专版专栏、开播公益宣传广告，切实加大道路交通安全综合整治、“打非治违”、学校、消防、海洋渔业等安全生产知识的宣传教育力度。省政府安办、安监局认真谋划安全生产宣传教育各项工作，分别组织开展了事故警示教育周、安全文化周、宣传咨询日、应急预案演练周、“安康杯”竞赛和“海西安全发展行”等系列宣传教育活动，举办安全生产新闻发布会或政府网专访6场次，网站发布安全生产信息6244条，在福建电视台播出安全专题节目22期、“12350”短信宣传平台发送宣传短信15万条。漳州市、龙岩市出台了加强安全生产宣传教育工作意见；泉州市出台了创建安全发展城市实施方案，率先开展创建安全发展城市试点工作；永春县举办了首届“安全文化节”，在全国率先建立安全生产慈善基金400多万元；新罗区中小学安全教育基地被命名为全国安监系统唯一的“科普教育基地”。同时，认真抓好以安全监管人员、“三项岗位”人员和农民工为主的全员培训，全年受训人员达20多万人次。

九、从严查处生产安全事故

省安监局会同省监察厅、高院、检察院等部门，再次对各地落实较大生产安全事故责任追究情况进行了检查督查。在此基础上，各级各相关部门根据有关规定，认真落实事故查处挂牌督办制度，按照“四不放过”和依法依规、实事求是、注重实效的原则，严肃认真地调查处理每一起生产安全事故。全年省级挂牌督办生产经营性较大事故36件，移送司法机关29人，纪律处分73人，处罚单位33家。相关部门根据省政府批复意见，依法严肃查处了沈海高速公路霞浦段“6·20”和宁德市寿宁县“7·24”两起重大道路交通事故，追究刑事责任2人，党政纪处理33人，处罚单位2家。

十、加强安监机构队伍建设

针对新一轮机构改革中部分县级安监机构可能降格的问题，各级各相关部门进一步加大协调督促力度，着力提升基层安监部门的地位和作用。经过努力，所有设区市安监局均设置为政府工作部门，县级安监局全部设置为正科级的政府工作部门或政府直接管理的机构。厦门、泉州、莆田等地加强村（居）安全雷管员队伍建设，仅泉州市就配备村（居）安监人员2824名、投入专项津贴614.4万元；积极推进基层安全监管监察装备能力建设，中央支持福建省28个苏区、老区县级安监局装备能力建设经费1120万元、省级配套269万元，已按“统招分签”的原则，每县拨付资金46万元，装备正在招标采购中。

江西省安全生产工作综述

2012年，江西省发生生产安全事故7117起、死亡1691人，同比少1102起、少105人，分别下降13.41%和5.85%，人数首次降到1700人以内；事故总死亡人数为控制指标的92.0%；全力保持党的十八大、全国全省“两会”等重要时段安全平稳，全省安全生产继续保持总体稳定、持续好转的发展态势。

一、着力推动安全责任落实

省级层面开展6次综合督查或督导调研，督办10起较大事故，发出15份重大安全隐患整改督办函，多次约谈事故单位和属地政府负责人，核查3起重大事故责任追究落实情况，注销139家停产、转产危险化学品企业安全生产许可证，以及28家未取得矿山工程施工承包资质的外包采掘施工安全生产许可证。同时，依法严肃查处各类事故，工矿商贸领域发生的148起事故结案128起，追究107家责任单位、300名责任人的责任，其中，移送司法机关16人，党纪严重警告以上处分8人，政纪记大过以上处分27人，其他党纪、政纪处分32人；责令关闭企业3家，停产整顿56家。

二、着力营造安全发展氛围

精心组织“安全生产月”活动，220多万名群众参加活动，萍乡市安监局、上饶市安监局、浔阳区安监局、南昌大学荣获全国安全生产月活动先进单位称号；成功举办江西省安全生产十年成就摄影展，扎实推进创建安全工业园区、安全社区、安全文化建设示范企业、安全校园、安全乡镇、安全发展示范城市活动；联合举办全省重点骨干企业负责人安全生产专题研修班；全面推进安全培训工作，累计培训103万人次；成功推出《生命守护神》音乐录影带，是“生命之歌”第二届全国安全歌曲大赛推出的第一部音乐电视作品。南昌市争取中央补助、地方配套4100多万元，全面推进中核南昌安全生产培训演练基地建设。

三、着力提升安全保障能力

江西省新建、改建、扩建符合危险工艺的60家生产企业自动联锁装置安装率达100%，原涉及危险工艺改造的72家企业改造完成率达100%；

非煤矿山露天采石场中深孔爆破推广率达84.53%、地下矿山机械通风实现率达100%，99家企业开展“六加一”系统建设。积极推动42个县安全监管执法装备配备。启动江西省工业安全工程技术研究中心建设，承办第十六届全国安科院（所）长联席会议。强化安全中介机构监管，发挥技术支撑作用。江西省编写的《钨矿山地下开采安全规范》国家标准，被全国有色金属标准化技术委员会授予技术标准优秀奖三等奖。成功处置大广高速公路“9·16”隧道塌方事故，16名被困工人全部获救；江西省矿山救护总队荣获第九届全国矿山救援技术竞赛团体优秀奖。

四、着力强化监管执法工作

扎实开展“打非治违”专项行动，累计查处安全生产领域非法违法、违规违章行为47.36万起，责令停产、停业、停止建设进行整顿的单位2262家，暂扣或吊销有关许可证、职业资格证1146个，关闭345家，行政拘留336人，移送司法机关追究刑事责任39人。景德镇市加大非法小煤窑打击力度，实现连续6年“零开采、零死亡”目标；萍乡市制定实施《烟花爆竹生产企业高温期间安全监管预警机制》，严格落实有关停产规定；上饶市建立基层排查、联席会议、联合执法、督查问责、宣传教育和举报奖励机制，推动“打非治违”规范化。

五、着力深化安全专项整治

突出重点行业领域，持续排查治理隐患，深入推进专项整治，排查工矿、交通运输行业领域企业7.18万家（次），其中，一般隐患14.57万项，整改14.11万项，整改率达96.84%；重大隐患356项，整改297项，整改率达83.43%。深化创建“平安农机”示范县活动，上高县、东乡县、崇义县荣获2012年全国“平安农机”示范县称号；抚州市制定实施《重大安全隐患排查治理管理办法》，规范隐患排查治理工作；赣州市组织安全生产监察专员，对县（区）进行一对一监督监察；九江市扎实推进隐患排查治理体系建设，促进安全形势稳定好转。

六、着力提高本质安全水平

实行非煤矿山企业安全生产责任保险费率激励机制，促进安全生产与保险业良性互动；严格执行新建化工项目进园入区政策，新建项目全部进园入区。深入开展安全生产标准化创建活动，其中，非煤矿山、危险化学品、工贸三大行业企业达到一级5家、二级279家；全面实施非煤矿山“万名班组长安全培训”工程，累计培训2万余人；编写的《金属非金属矿山班组长安全管理读本》系列教材，被全国安全生产教育培训教材编审委员会作为指定教材；成立江西省安全生产标准化技术委员会。吉安市露天矿山企业达标率80%；新余市将标准化建设情况，纳入县级安监局年度目标和行业管理部门绩效管理考核内容。

七、着力保障职工健康权益

省级层面理顺职业卫生监管体制，成立江西省职业危害检测检验中心；5个设区市调整职业卫生监管职能，8个设区市安监局单设相应机构；开展《职业病防治法》宣贯活动，发放宣传材料3000余套；开展全省职业卫生先进企业创建活动和重点行业职业病危害专项治理，抓好工作场所职业病危害项目申报，截至2012年底，全省网上申报且完成备案企业7931家。鹰潭市切实加强职业卫生监管，危险化学品、非煤矿山企业普遍开展职工职业健康体检。

八、着力提升监管监察效能

大力弘扬敬畏生命、科学监管、风清气正、力学笃行江西安监精神，统筹推进创先争优、干部作风集中整治、警示教育周等活动，十八大召开期间全面推行“三三”工作制，着力树立起安监部门为民、务实、清廉的良好形象，共同确保了全国、全省“两会”和党的十八大召开期间等重要时段安全生产平稳有序。宜春市按照“统一形象、统一保障、统一制度、统一文档”的要求，扎实推进乡镇安监站标准化建设。

山东省安全生产工作综述

2012 年，山东省共发生各类事故 17345 起，死亡 4219 人，同比分别下降 1.1% 和 4.5%，连续 11 年实现“双下降”，各项事故控制指标均在国务院安委会下达的指标以内，实现了全省安全生产形势总体稳定好转的目标。

一、工矿商贸企业的安全监管工作更加有力

在非煤矿山领域，山东省安监局制定了贯彻省政府办公厅 67 号文件的实施意见，进一步规范了地下矿山的《安全生产许可证》核发、技术人员配备、外包工程施工队伍核准和备案等重大事项。建立了汛期领导干部包矿安全监督责任制，各市政府对辖区内的所有地下矿山明确了 484 名县级包矿领导干部，在 2012 年汛期强降雨过程中，包矿领导干部发挥了重要作用。加强了基建矿山的安全监管，各地对明确由安监部门监管的 128 家基建矿山，全部进行了停产整顿，并对照《基建矿山基本安全条件检查表》进行检查验收。2012 年，各地配合省安监局对 60 多家地下矿山企业、100 多个独立生产系统开展了诊断性安全检查。数字化矿山建设进展较快，地下矿山安全避险“六大系统”试点工作取得成效，7 家矿山企业完成了试点建设任务。在危险化学品领域，认真贯彻《危险化学品安全管理条例》，组织开展了《山东省危险化学品安全管理办法》的起草工作。狠抓了化工企业检维修作业环节的监督管理，督促企业严格执行重大检维修作业报告制度，严格落实动火、进入受限空间等危险作业安全规范。强化“两重点一重大”企业的安全监管，对企业的生产装备、工艺技术的安全可靠性、自动化控制水平等安全生产条件进行系统检查，责令 300 家企业进行了停产停业整顿。开展石油库专项整治，对全省 76 个一、二级石油库进行了安全检查。强力推进“化工生产、储存装置设计安全诊断”活动，有 889 套完成了安全诊断，其中有 412 套化工装置完成了整改。在烟花爆竹和冶金等工商贸领域，加强了烟花爆竹合法生产、批发企业的监督管理，督促企业利用烟花爆竹生产淡季，抓紧改造库房和厂房，改善企业的安全生产状况。在重要时期，县（市、区）安监局向辖区内的生产企业派驻安全督导员，每天向上级报告安全生产情况。同时，配合公安、工商、质监等部门严厉打击非法违法生产经营烟花爆竹行为，全省共取缔非法生产经营业户 403 家。加强了冶金企业的监督检查，对全省 543 家冶金企业的高炉、焦炉、转炉、煤气柜、煤气发生炉等重点设备、关键环节进行了全面检查和治理。开展了工贸企业有限空间作业和铝镁制品机加工企业安全生产专项治理，排查治理隐患 1.3 万处。在职业健康工作中，省编办下发了《关于进一步明确职业卫生监管职责分工的通知》（鲁编办〔2012〕142 号），明确了安监部门在职业健康工作中的职责。狠抓了职业卫生培训工作，共培训企业负责人和职业卫生管理人员 2733 人。在黄金开采、石英砂加工、木质家具及人造板制造、石棉制品等行业开展了职业危害治理，停产整顿企业 35 家。在铁矿、制鞋、蓄电池等行业开展了职业病危害摸底抽样检测工作。

二、安全生产法制和执法监察水平进一步提高

为贯彻落实国发〔2011〕40 号文件，2012 年 4 月 6 日山东省政府下发了《关于贯彻落实国发〔2011〕40 号文件，推进科学发展安全发展的意见》。起草了省政府规章草案《山东省生产经营单位安全生产主体责任规定》，待省政府常务会议研究同意后即颁布实施。省安监局会同省财政厅联合下发了《山东省安全生产举报奖励试行办法》。省安监局开展的企业安全生产主体责任、经济功能区安全监管调研报告分别获得省政府研究室政府系统优秀调研成果二等奖和三等奖。制定了 2012 年度安全生产地方标准制修订项目计划，共立项 31 项，由省安标委负责的 8 项地方标准已发布实施。推进安全生产责任保险试点工作，全省保额达到 7500

万元。2012 年，全省安监执法监察队伍共执法检查生产经营单位 32 万家（次），实施行政处罚 3.6 万次，经济处罚 5727 万元。组织开展了劳动防护用品、基建矿山停产整顿、地下非煤矿山提升系统等 6 次专项执法检查。制定了《执法监察仪器装备基本配置标准》和《行政处罚案卷制作标准》。加强举报核查工作，全省共受理群众举报 1833 件。认真做好事故调查处理工作，省政府组织调查组对 2012 年发生的 3 起重大事故全部进行了调查处理。省安监局将 2008—2011 年发生的 62 起较大以上事故编写成《事故案例选编》。

三、确保重点、重要环节的安全生产监管工作

一是保持重要敏感时期的安全生产形势稳定。加强了省十次党代会期间的安全监管工作，从 2012 年 5 月 15 日开始至党代会结束，全省安监系统干部职工全部坚守岗位；省安监局组织 8 个督导组，对全省 17 个市的安全监管工作进行了全面督查。全力做好党的十八大召开期间安全监管工作，从 2012 年 10 月 11 日开始到十八大闭幕，全省安监系统干部职工停止了休假和外出考察，对列入关闭计划的小非煤矿山及所有烟花爆竹生产企业，全部进行停产整顿。上述两个期间，全省工矿企业没有发生死亡事故。按照省委、省政府的统一部署，省安监局作为省维稳信访第十七督导组组长单位，对菏泽市维稳工作进行了督导，督导期间菏泽市安全生产形势确保稳定。二是扎实开展“打非治违”专项行动。按照国务院的统一部署，2012 年 4—12 月份，在全省开展了安全生产领域“打非治违”专项行动，成立了由副省长张建国任组长的省政府“打非治违”领导小组，在省安监局设立了“打非治违”办公室。全省共集中打击非法违法生产经营建设行为 16.6 万起。三是健全完善隐患排查治理机制。重点抓督促企业严格落实定期自查自评自纠自报隐患制度。全省已有 3190 家重点工矿企业开展隐患自查自纠，共自查自纠隐患 1 万多处。省政府安委会在 10 个重点领域排查确认了 100 处重大隐患。

四、安全文化建设进一步深化

一是推进安全文化建设。2012 年 2 月份省安监局向省政府报送了《关于进一步加强安全文化建设，提高全民安全生产意识和素质建议的报告》，省长姜大明和副省长张建国作出重要批示，要求用安全文化助推安全生产。建立了省安全文化建设联席会议制度，明确了 15 个成员单位的安全文化建设职责和任务。在《中国安全生产报》开辟了“安全山东”专刊，宣传报道山东省安全生产工作。二是扎实开展第十一个“安全生产月”活动。2012 年 6 月 2 日在泰安市举行了全省“安全生产月”活动启动仪式，国家安全监管总局副局长杨元元、全国总工会副主席张鸣起和山东省副省长张建国出席了启动仪式，并参加了安全宣传咨询活动。在山东电视台举办了生命之歌——“安全山东”大型公益文艺晚会。开展了全省安全文化书画摄影作品征集展评活动，共收集书法绘画摄影作品 495 幅。三是推进企业安全文化建设和安全社区创建工作。省安监局会同省委宣传部和省总工会联合命名了 42 家省级安全文化建设示范企业。启动了省级安全社区创建评定工作，制定了《省级安全社区申报评定管理办法》，成立了省安全生产管理协会安全社区工作委员会，命名了 109 个省级安全社区。

五、安全生产基层基础工作进一步强化

一是狠抓企业安全标准化创建和班组安全建设。截至 2012 年底，全省已有 8542 家工矿商贸企业通过了三级以上安全标准化审核。省安监局会同省总工会、团省委组织开展了安全生产优秀班组评选表彰活动，评选表彰了 100 个“优秀班组”“十佳班组”“十佳班组长”，其中，“双十佳”班组和班组长由省总工会分别授予“工人先锋号”和“富民兴鲁劳动奖章”称号，符合团省委要求的 7 个十佳班组和 3 个十佳班组长由团省委和省安监局授予“山东省青年安全生产示范岗”和“山东省青年安全生产标兵”称号。二是加强了应急管理工作。加强企业应急预案备案工作，已有 2.3 万家企业进行了备案。在全省开展了“应急预案演练周”和地下开采矿山停产撤人演练活动，共举行各类演练 2.7 万场次，参加演练人员近 70 万人次。加强区域性应急救援队伍建设，全省已建立专兼职矿山救援队伍 245 支，危险化学品救援队伍 1198 支。积极开展应急管理示范点创建活动，在工矿商贸领域培育了 696 个应急管理示范点。认真做好灾害性天气预警预防工作，利用省安监局平台发布短信预警及宣传提示信息 74 期、共 8.77 万人次。三是积极做好安全规划和安全科技工作。组织有关部门和专家认真编制了《山东省“十二五”安全生产发展规划》，以省政府办公厅名义印发实施。狠抓培训机构师资管理，对全省1580名教师进行了集中培训。2012年12月份，省安监局举办了新任市、县（市、区）安监局局长专题培训班。全省共培训“三项岗位人员”28万人。推进科技兴安工作，设立了山东省安全生产科技成果奖，并组织了首届安全生产科技发展计划项目的评审工作，有76项科技项目列入年度计划。山东省第一次把安全生产新产品、新技术列入2012年度山东省科技发展计划，并纳入“山东省科学技术奖”评选范围。

河南省安全生产工作综述

一、全省安全生产工作概况

2012年，河南省事故总量从2002年的60029起、7868人，减少到2012年的10775起、2044人，分别下降82.1%和74.0%，年均下降15.8%和12.6%，事故总量从全国第5位下降到第15位，亿元生产总值死亡率、工矿商贸10万从业人员死亡率、道路交通万车死亡率等指标控制明显好于全国平均水平。2012年全省生产安全事故起数和死亡人数持续下降，其中重大以上事故起数和死亡人数同比分别下降33.33%和39.62%，自2007年以来首次避免了特别重大事故，煤炭行业自新中国成立以来首次避免了重大事故。

二、创新安全生产理念

2012年，河南省始终将消除思想隐患摆在突出位置，深入学习宣传贯彻国务院40号文件，安全理念不断创新，重视程度全面提高，组织领导进一步加强。河南省委、省政府全面落实安全生产行政首长负责制和副职“一岗双责”，主要领导协调解决煤矿兼并重组、事故责任追究等重大问题，对煤矿兼并重组、“打非治违”等重点工作不间断强调要求，推动了安全生产决策部署的贯彻落实。

在省委、省政府的高度重视和正确引领下，全省上下对安全生产的认识水平和工作标准得到全面提升：一是确立了“生命至上、安全第一、责任如山”这个基本理念，使河南省对安全生产的思想认识提升到一个新境界；二是牢固树立了“事故可防可控”理念，使河南省安全生产工作标准提高到一个新层次；三是创新完善了安全生产事前问责制度，使安全生产贯彻执行力提高到一个新水平。在此基础上，河南省确立了“三提三减一避免”（全面提高全民安全意识，全面提高从业人员安全技能，全面提高监管人员执法水平；减少事故起数，减少伤亡人数，减少财产损失，避免重特大事故）的工作总目标，进一步明确了安全生产工作重心和努力方向。

三、突出煤矿监管重点

2012年，河南省坚持将源头预防作为推进煤炭产业科学发展安全发展的重要抓手，按照“三真、三到位”（真投入、真管理、真控股，团队到位、方案到位、措施到位）标准，强力推进煤矿兼并重组，全省煤炭领域的产业结构、企业布局、资源配置、技术装备、人员素质、现场管理全面改观，为全面实现煤矿安全生产形势根本好转奠定了基础。在2011年避免特别重大事故的基础上，2012年全省煤矿杜绝了重大煤矿事故，煤炭百万率死亡率控制在0.064，接近发达国家水平。

四、打非治违和专项整治持续高压

2012年，河南省坚持将隐患排查治理和“打非治违”有机结合，从严强化企业查改违章责任和政府属地打非责任，加大联合执法、联动执法力度，并主动将“打非治违”专项行动延长到年底，推动隐患排查治理和“打非治违”活动的经常化。全年全省共查处非法违法行为138870起，无证或证照不全25948起，有效地防范和遏制了事故的发生。国务院安委会对河南省“五查四打三追究”（五查：企业周巡查、乡村月排查、县级月检查、市级季抽查、省级季督查；四打：分级执法、全面打，联动执法、重点打，联合执法、集中打，文明执法、有效打；三追究：依法依纪追究企业违法违规责任、依法依纪追究职能部门或单位履职不到位责任、依法依纪追究政府组织领导不力责任）做法给予充分肯定。

五、安全河南创建全面推进

2012 年，河南省为全面贯彻科学发展安全发展战略，全面启动了安全河南创建，狠抓企业安全标准化达标和安全文化建设，狠抓化工园区建设和矿山整合重组，狠抓村镇基层管理和常识普及，狠抓城市规划布局和综合管控提升，在全社会营造了科学发展安全发展浓厚氛围，推动了几层隐患排查常态开展，提升了安全监管监察能力，初步形成了全民动员、全社会设防的公共安全防范体系。2012 年，66 个示范县（市、区）和 1966 个示范村镇避免了较大以上生产安全事故，1635 个示范社区和 2866 个示范企业未发生意外伤亡事故。安全河南创建得到了中央常委张德江同志的充分肯定，并获得全国首届安全生产理论与实践创新一等奖。

六、安全发展长效机制逐步完善

2012 年，河南省坚持用领导方式转变促进安全监管检查方式转变，积极建立健全安全发展六大长效机制。围绕全民安全宣传教育长效机制，重点实施了认知、常识、技能、形势、法制五项教育和阵地建设、文化示范、素质提升、培训体系、理论创新五大工程。围绕源头治理长效机制，重点强化了建设规划、产业规划、工艺技术、产品质量和项目论证等环节安全把关。围绕隐患排查治理长效机制，重点强化了企业自查、部门检查、政府督查和责任追查。围绕“打非治违”长效机制，重点强化了分级执法、联合执法、联动执法、文明执法。围绕应急救援长效机制，重点强化了完善预案、建设基地、应急演练、资源共享、联防联动等方面。围绕激励约束长效机制，重点加大了政治待遇、物质奖励和精神鼓励等方面激励力度。

湖北省安全生产工作综述

一、安全生产总体情况

2012 年，湖北省安全生产形势持续稳定好转，具体表现为“三个全面下降、三个明显好转”。“三个全面下降”：一是事故总量全面下降。全省发生各类事故 11631 起，死亡 2319 人，同比分别下降 24.45% 和 5.96%，比全国平均水平多下降 21.3 个百分点和 1.2 个百分点。发生重大事故 1 起，死亡 19 人，同比分别下降 80.00% 和 76.54%。二是主要相对指标全面下降。亿元 GDP 生产安全事故死亡率、工矿商贸 10 万从业人员生产安全事故死亡率、道路交通万车死亡率、煤矿百万吨死亡率等四项主要相对指标同比分别下降 39.88%、10.48%、11.68% 和 28.89%。其中，亿元 GDP 生产安全事故死亡率、道路交通万车死亡率两项指标好于全国平均水平。三是主要考核指标全面下降。全省各类事故死亡人数比控制数少 131 人，重大事故起数比控制数少 3 起。各市州事故死亡人数均未突破控制指标。“三个明显好转”：一是重点行业领域安全生产形势明显好转。工矿商贸、道路交通、火灾和铁路交通均实现事故起数、死亡人数“双下降”。二是大部分地区安全生产形势明显好转。18 个统计单位中，有 13 个市州和高速公路事故起数和死亡人数“双下降”，鄂州、潜江、天门、林区 4 个地区没有发生较大以上事故。三是重要时段安全生产形势明显好转。“两节”“两会”和十八大等重要时段安全生产形势平稳。

二、安全生产重点工作

（一）扎实推进“安全生产年”活动，强化基层基础建设

坚持把贯彻落实《国务院关于坚持科学发展安全发展促进安全生产形势持续稳定好转的意见》（国发〔2011〕40 号）和《省人民政府关于加强全省安全生产基层基础工作的意见》（鄂政发〔2011〕81 号）重要文件精神作为“安全生产年”活动的主线，加强监督检查，夯实基层基础，推动安全发展。一是加强基层安全保障能力建设。督促湖北省市（州）、县（市、区）将安委会主任调整为政府主要领导担任。争取中央财政资金 1680 万

元，支持42个重点防控县级安监部门执法装备建设。启动全省安全监管执法人员统一着装工作，推动落实了市、县两级安全监管执法人员执法津贴补助。二是加强企业安全生产标准化建设。提请湖北省政府办公厅出台了《关于深化企业安全生产标准化建设的指导意见》（鄂政办发〔2013〕3号）。2012年，非煤矿山、工贸、危险化学品等行业的310家企业达到安全生产标准化二级水平，全省累计有77家工贸企业达到一级水平。三是积极改进安全生产目标考核。目标考核内容更加突出政府加强组织领导、部门履行监管职能、企业落实主体责任等方面的定性定量考核。年底，分优秀、合格、不合格3个档次，首次在《湖北日报》公告了2012年全省安全生产责任目标考核结果，在全省和全国安全生产战线引起了强烈反响。四是加强安全生产应急救援体系建设。启动武钢非煤矿山救援队建设并完成部分项目建设任务，协调推进了襄阳、武当山两个应急救援基地建设。开展了全省矿山应急救援综合应急演练，组织恩施州建始县矿山救护队代表湖北省参加全国矿山救援技术比武并取得了良好成绩。

（二）扎实推进安全专项整治，强化“打非治违”

一是抓好重点行业安全专项整治。以煤矿、非煤矿山、道路交通、危险化学品、建筑施工、烟花爆竹、公共聚集场所消防安全等行业领域为重点，着力治理安全生产薄弱环节。结合煤矿瓦斯、水害治理，危、险、病尾矿库治理，城镇人口密集区域危险化学品企业搬迁等工作，积极推广运用先进适用技术和装备，实施“科技兴安”战略。全省共有近100家非煤矿山建设了安全避险“六大系统”，22座三等以上尾矿库已有10座建成在线监测监控系统并投入运行。在全省44家非煤矿山企业试点应用地下矿山充填采矿技术。湖北三鑫金铜股份有限公司井下安全避险“六大系统”建设成果在全国工业与信息化融合成果展览会上受到中央领导同志赞扬，中央电视台进行了专访。二是扎实开展“打非治违”专项行动。坚持政府统一部署、部门协作联动、县乡靠前推进，开展了为期近10个月的“打非治违”专项行动。积极会同经信、公安、交通运输、质监、煤监等部门开展联合执法，严厉打击非法违法，治理违规违章，共责令2126家单位停产停业或停止建设，暂扣或吊销有关证照859个，取缔关闭958处非法生产经营窝点，对974名责任人实行了行政拘留，有力保障了十八大和省第十次党代会期间的安全稳定。三是强化事故查处和责任追究。提请湖北省政府出台《湖北省生产安全事故报告和调查处理办法》（省政府令第354号），对事故查处实行“一明确，两上收”（明确规定事故调查组由安监部门牵头负责，将非法生产经营造成的较大事故和谎报瞒报的较大事故调查处理权限上收到省级部门），对非法违法行为产生了强大震慑力。湖北省安委会对21起较大事故实行了“说清楚”，对1个市级政府进行了约谈，对10起较大事故调查处理实行挂牌督办。全省因生产安全事故受到党纪政纪处分76人，移送司法机关追究刑事责任33人。依法依规牵头查处武汉市“9·13”建筑施工重大事故，及时在主流媒体通报了责任追究情况。

（三）扎实推进安全管理创新，强化隐患排查治理体系建设

坚持以创新为动力，不断改进和创新安全管理，多项创新举措取得明显成效并在全国领先。组织开展了隐患排查治理“两化”（标准化、数字化）体系建设试点。通过隐患排查治理与信息化管理高度融合，建立健全企业对照标准自查自改，监管部门全面覆盖、实时监控的工作机制，国家安全监管总局主要领导给予了充分肯定。5个试点市、县已有6623家生产经营单位纳入“两化”体系运行系统，实现了隐患排查治理活动常态化、规范化。2012年5个试点地区实现了较大事故为零。对重大隐患实施分级挂牌督办及公告制度，做到治理责任、措施、资金、期限和应急预案“五落实”，整改情况纳入年度目标考核内容。试点建设安全监管网格化体系。对基层安全生产实行定格、定人、定责的“三定”管理。恩施州采取政府购买服务的方式，在全州2513个行政村配备了3048名村级安全员，重点加强对农村“红白喜事”用车和村民集中外出务工、务农乘车出行的安全教育管理，制止、报告非法采矿和非法制造烟花爆竹等行为，2012年实现了10年来首次无重大事故。实施旅游客运车辆“三统一”管理，取缔旅游客运车辆挂靠营运，统一车辆标志、统一专段号牌、统一实行公司化经营，并建立导游兼职安全员制度，

得到了国家安监、公安、交通运输、旅游四部委的充分肯定。

（四）扎实推进源头准入，强化安全生产监察执法

一是严格企业安全条件准入。严格执行“三同时”制度，强化高危行业建设项目安全核准。会同发改、建设、国土等部门建立信息共享、监管联动机制，实施省级重大投资项目（建设项目安全生产预评价报告备案、建设项目职业病危害预评价审核决定书）并联审批，严格落实企业现场审查和项目专家评审制度。二是强化安全生产执法监察。狠抓源头监管、日常监察、专项执法、事故查处，强化全方位、全过程的安全监管。省、市、县三级安监部门全部落实了执法计划“双报审”规定（报同级政府审批、报上一级安监部门备案），全年共监督监察69901个生产经营单位，监督监察复查率138%，实施行政处罚1056次，依法查处了一批非法违法案件。三是落实安全生产相关经济政策。督促煤矿、非煤矿山等高危行业提取企业安全生产费用，按规定专项用于安全生产。大力推进安全生产责任险，累计承担责任保险限额78.86亿元。

（五）扎实推进实施《职业病防治法》，强化职业卫生监管

一是加强职业卫生机构队伍建设。全省16个市、州安监局增设了职业卫生监管科室，52%的县级安监部门增设了职业卫生监管科（股）。对全省37家职业卫生技术服务机构开展了资质年检续展和换证考核，在全省遴选了126名职业卫生专家。二是抓好职业病危害项目申报工作。督促用人单位落实职业卫生主体责任，定期通报各地职业病危害申报进度，全省15083家企业完成职业病危害申报工作，数量居全国第6位，提前完成了全年目标任务。三是加强职业病危害治理。重点治理金矿开采、电子制造、汽车制造、船舶修造、水泥制造等5个行业，治理行动将于2013年9月底结束。四是加强职业卫生执法检查。围绕《职业病防治法》宣贯、职业病危害申报、职业卫生“三同时”等工作，开展了木制家具、石英砂、石棉制品等8个行业的专项执法检查。完成建设项目职业病危害预评价16项，职业病危害控制效果评价与防护设施竣工验收9项，为启动职业卫生行政许可做好了准备。

（六）扎实推进安全生产宣传教育，强化安全文化建设

始终将宣传教育作为安全生产基础性工作紧抓不放，不断提高从业人员乃至全社会的安全生产意识和素质。一是开展安全生产主题宣教活动。积极会同各级宣传、工会、公安、团委、卫生等部门，扎实开展了第十一个“安全生产月”、安康杯竞赛、职业病防治法宣传周、安全生产楚天行、安全文化下乡、安全生产法律法规知识网络竞赛等活动，大力宣传安全发展理念，不断扩大安全生产社会影响。实施党政领导干部安全管理能力提升工程，会同组织部门将安全生产形势讲座纳入省、市两级党校教学课程。二是加强安全生产教育培训。全年共培训企业安全管理人员、特种作业人员、农民工等各类从业人员23.84万人次，同比增长30.85%。三是开展安全文化示范创建活动。评选命名26家省级安全文化建设示范企业，武汉钢铁集团公司烧结厂等4家企业被评为全国安全文化建设示范企业。启动28个安全社区建设，10个社区纳入全国安全社区备案。评选14项安全生产创新成果。

湖南省安全生产工作综述

2012年，湖南省累计发生各类生产安全事故12995起（道路交通事故包括未涉及人员伤亡的事故，下同），同比多发生471起（按同口径统计），上升3.8%，其中，道路交通事故增加585起，农业机械事故增加42起，分别上升7.2%和144.8%；事故死亡2595人，同比少死亡242人，下降8.5%。工矿商贸事故起数和死亡人数分别下降21.4%和27.5%，其中，煤矿事故死亡人数下

降45.8%，非煤矿山事故死亡人数下降10.2%，烟花爆竹事故死亡人数下降38.3%。消防火灾事故起数和死亡人数分别下降1.5%和26.7%。亿元GDP事故死亡率0.118，工矿商贸10万从业人员事故死亡率1.5，道路交通万车死亡率2.3，煤矿百万吨死亡率1.67，分别下降18.1%、28.6%、16.4%和46.8%。全省有13个市、州事故死亡人数同比下降，其中郴州市、湘西自治州、衡阳市、娄底市降幅超过20%，有13个市、州较大事故起数下降或持平，其中张家界市、岳阳市、郴州市、衡阳市、湘西自治州同比减少3起以上。

一、较大与重大事故概况

2012年，全省发生较大事故57起，死亡236人，同比减少14起、62人，分别下降19.7%和20.8%。其中，道路交通34起，煤矿9起，非煤矿山3起，水上交通3起，建筑业1起，消防火灾1起，其他领域共6起。发生5起及以上较大事故的市、州是永州市（6起）、衡阳市（6起），长沙市（5起）、邵阳市（5起）、娄底市（5起）、怀化市（5起）。

2012年，全省发生重大生产安全事故5起，死亡71人，同比减少1起，少死亡15人；其中发生在工矿商贸领域的重大事故2起，为历年来最少。5起重大事故分别是：1月3日，沪昆高速公路中方县境内发生重大交通事故（外省过境车辆），13人死亡；2月16日，耒阳市宏发煤矿发生重大运输事故，15人死亡；5月19日，炎汝高速八面山隧道发生重大爆炸事故，20人死亡；5月27日，泸溪县沅江水域发生重大水上交通事故（跨辰溪和泸溪两县水上事故），11人死亡；10月5日，沅江市发生重大水上交通事故，12人死亡。2012年全省没有发生特别重大生产安全事故。

二、安全生产基础状况

2012年，湖南省高危行业结构调整和整治整合力度加大，涉危企业数量减少，安全生产基础状况改善。到年底，共有高危行业生产经营单位4.07万家，比上年减少600余家。

煤矿整顿关闭和瓦斯治理持续推进。年底全省共有煤矿矿井981对，同比减少10对；其中，煤与瓦斯突出矿井267对、减少1对，高瓦斯矿井149对、减少9对，有煤尘爆炸危险性矿井274对、增加22对，煤层自燃倾向性矿井320对、增加7对。

非煤矿山整治整合不断深入。年底全省持有安全生产许可证的非煤矿山3241座，同比减少117座。其中：地下矿井485座、增加48座，露天及其他矿山2756座、减少165座；大型矿山39座、增加10座，中型矿山156座、增加20座，小型矿山3046座、减少147座。尾矿库658座，其中危、险、病库占31.8%，同比下降10.2个百分点。

烟花爆竹整顿提升步伐加快。年底全省共有烟花爆竹生产企业2488家，同比减少17家；经营单位2.01万家，同比减少200余家。

危险化学品行业总体稳定。年底全省共有危险化学品生产企业515家，同比减少6家；经营单位8900家，同比增加100余家。

道路和水上交通安全监管压力显著加大。全省年末机动车保有量833.4万辆，同比增长12.6%；其中，家用轿车141.5万辆，营运客车12.8万辆，营运货车39.2万辆，分别增加27.3%、10.3%和3.2%，低速货车维持18.6万辆不变。机动车驾驶人890.6万人，同比增长15.4%；其中驾龄不满1年的133.6万人，占11.5%。新增公路通车里程1605千米，高速公路通车里程3969千米，省道通车里程37301千米，县道通车里程30952千米，乡村公路通车里程157343千米。各类运输船舶8263艘、减少473艘，渡口2881道、减少20道，持证船员17390人、增加9256人（过去多数船员未持证）。

建筑施工企业增加，各类在建项目减少。年底全省共有建筑施工企业4480家（含劳务企业），同比增加367家，其中，特级资质企业维持11家不变，一级资质企业1150家、增加90家，二级资质企业1023家、增加132家，三级资质企业2104家、增加121家。在建项目9322个，同比减少2188个。

民用爆炸物品生产企业3家，比去年减少1家，经营单位维持18家不变。

特种设备数量明显增加。2012年底全省共有在用特种设备175918台，同比增加23830台；压力管道5126千米，同比增加199.5千米；气瓶502万只，同比增加3.7万余只。

三、2012年安全生产重点工作

（一）切实加强对安全生产的组织领导

湖南省委常委会、省政府常务会先后7次听取了安全生产工作汇报，省政府召开了5次专题会议部署安全生产工作。省委书记周强、省长徐守盛高度重视安全生产，做了一系列重要指示和批示，并调研督导安全生产工作。省委常委“稳增长、促和谐”督查活动将安全生产作为重点内容，省政府党组成员集中开展安全生产专项督查。分管安全生产的副省长盛茂林和省委、省人大、省政府、省政协其他领导都切实加强了对安全生产工作的领导。全省各级党委、政府及其相关部门对安全生产工作给予了高度重视、大力支持，各级各方面齐抓共管安全生产的格局得到进一步强化。

（二）深入开展“打非治违”专项行动

把“打非治违”作为全年安全生产工作的奠基之举，2012年初省政府统一部署，在所有重点行业领域集中深入开展“打非治违”专项行动，年中按照国务院“四个一律”的要求，加大“打非治违”力度，强化打击治理措施。对30个安全生产重点县、市、区采取省直部门包干、驻点督导的办法，收到了明显成效。株洲县黄龙港非法淘金、临湘市烟花爆竹分线承包和多股东生产、醴陵市烟花爆竹非法生产、巴陵公司“厂中村”、长炼北干道输油管线隐患整治等大批老大难问题得到逐步解决。全省共排查企业26.8万家（次），取缔非法企业7156家，抓捕犯罪嫌疑人1305人，责令停产6425家，治理违规违章32.6万起，对规范安全生产秩序、有效遏制事故发生，起到了源头治本作用。

（三）扎实推进重点行业领域专项整治

牢牢抓住安全基础差、事故多发的重点行业领域，积极推进隐患治理整顿。煤矿整顿关闭和瓦斯治理、非煤矿山整治整合和尾矿库治理、烟花爆竹整合提升及消防安全整治成效明显，事故大幅下降，特别是耒阳市和花垣县等地矿山安全整治取得阶段性成效。持续开展“道路客运安全年”活动，从严整治“三超一疲劳”和酒驾，深入开展校车整治，扎实推进水上安全综合整治，组织开展民爆物品和重点工程安全专项整治，全面启动城市工业灾害防治工作，加强职业危害专项治理，各行业领域专项整治不断深化，安全状况进一步改善。

（四）广泛开展全民安全教育

安全生产列入各级党委（党组）中心组学习的重要内容，各级安监部门主要负责人或班子成员讲课400多堂，近2万名党政干部和企业负责人接受安全教育。精心组织第十一个“安全生产月”活动，免费编印发放《青少年遇险自救安全知识读本》5万余册，《职工职业安全健康卫生权利宣传画》7.2万张，发送城市工业灾害防治公益短信590多万条；组织开展应急演练1400余次，参演人数13万余人，观摩人数达200多万人；开展“安康杯”安全生产知识竞赛活动，收到参赛答题卡183.2万份，广播电台听众达100多万人。编印安全知识年画630万张，免费发放到千家万户。深入开展“万名班组长安全培训工程”和“百千万职业卫生培训工程”，加强安全生产与职业卫生技能培训，全年培训企业负责人和安全管理人员9.6万人，特种作业人员5.4万人，企业班组长4.2万人。

（五）大力夯实安全基层基础工作

全面推进安全生产标准化建设，全省771对煤矿矿井达到三级以上标准，2486家非煤矿山、356家危险化学品生产企业、1527家烟花爆竹企业、1138家工贸企业通过安全标准化评审认定。75%的乡镇参与安全生产示范乡镇创建活动，累计343个乡镇通过省级安全生产示范乡镇验收，绝大多数省级示范乡镇实现了工矿商贸事故零死亡。安全生产示范县创建活动全面启动，首批3个省级示范县（区）通过验收。在非煤矿山、危险化学品、烟花爆竹、冶金等工贸企业率先探索推行安全生产责任保险制度，到年底参保企业已超过1万家，归集保费5100多万元。大力推进“科技强安”，矿山安全避险“六大系统”建设、露天矿山中深孔爆破、煤矿瓦斯高效抽采利用、尾矿库在线监测监控、烟花爆竹机械化生产、道路交通动态监控等安全技术工程稳步推进。

（六）努力推进安全监管能力建设

认真落实湖南省安监局、省委组织部联合下发的《关于加强安全生产监督管理部门领导班子和干部队伍建设有关问题的通知》精神，着力加强安监部门领导班子建设，优化安监队伍素质结构。各级安全生产监督管理相关部门职能进一步理顺，机构、队伍得到新的完善和加强。认真抓好国家重点支持中西部地区县级安监部门执法装备建设项目对接和资金落地，按照国家统一标准搞好地方配套，大力提高安监机构执法装备水平。积极争取地方财政加大安全生产投入，重点支持尾矿库等安全隐患治理、应急救援体系建设、安全生产示范创建和安全生产信息化建设，管好用好每一分财政资金。大力加强安监部门思想作风和业务能力建设，深入开展“创学习型机关、建专业型安监”活动，巩固政风行风建设，提高依法行政水平，打造为民、务实、清廉的安监队伍。湖南省安监局被评为省直文明标兵单位。

（七）加强安全生产应急管理

湖南省政府审定《湖南省矿山应急救援基地和队伍建设方案》，召开安全生产应急管理专题会议，全面启动6大省级应急救援基地、10支区域性救护队、20支基层救护队建设。高度重视企业应急救援能力建设，完善应急预案体系和协作联动机制，开展应急演练，加强应急教育培训，安全生产应急管理水平进一步提高。年内安监部门启动省级安全生产应急救援预案7次，启动市级预案63次，出动应急救援97队次、712人次，抢救生还38人。

（八）落实事故调查和责任追究

完善落实“四不放过”和依法依规、实事求是、注重实效的事故调查处理原则，加大跟踪督办力度，严肃事故查处，严格责任追究。年内全省共立案查处生产安全事故235起（不包括一般和较大道路交通事故），其中，一般事故213起，较大事故17起，重大事故5起。已经结案192起，共追究责任人员602人，其中，给予党纪政纪处分533人，追究刑事责任69人；被追责人员中，科级干部130人，处级干部17人。另有1292人因道路交通事故被追究刑事责任。沪昆高速公路“1·3”重大道路交通事故，耒阳市宏发煤矿“2·16”重大运输事故，泸溪县“5·27”重大水上交通事故，以及2011年10月16日发生在永顺县境内的重大道路交通事故，已完成调查并经省政府和国务院安委办批复结案（另行公布），炎汝高速八面山隧道“5·19”重大爆炸事故、沅江市“10·5”重大水上交通事故仍在调查中。

四、存在的主要问题

事故总量仍然较大，少数行业领域事故多发；高危行业企业散小差的状况没有根本改变，企业安全基础薄弱，各类隐患还很突出，职业病防治任重道远；部分高危企业经营管理人员和从业人员安全素质与安全发展不适应的矛盾突出，安全监管的难度越来越大；生产安全事故呈多行业领域扩散趋势，一些地方政府和相关部门特别是县、乡基层的安全监管能力不适应等。

广东省安全生产工作综述

一、2012年全省安全生产总体情况

2012年，广东省各地、各部门认真贯彻落实党中央、国务院和省委、省政府重大决策部署，切实加强安全生产工作，各类事故总量、伤亡人数全面下降，确保了全省安全生产形势的持续稳定。广东省安全生产形势呈现4个特点：一是全省安全生产形势总体稳定。事故总量保持下降趋势，2012年全省共发生各类事故34375起，死亡6438人，受伤29324人，事故起数、死亡人数和受伤人数同比分别下降2.8%、3.7%和6.3%，继续保持了8年来的下降趋势。二是重点行业（领域）事故同比呈全面下降趋势。全省发生工矿商贸企业生产安全事故484起，死亡512人，同比分别下降6.9%和4.3%；火灾事故8051起，死亡96人，同比分别下降0.7%和16.5%；道路交通事故25719起，死亡5714人，同比分别下降3.3%和2.7%，水上交通事故41起，死亡33人，同比分别下降19.6%和8.3%；铁路路外事故45起，死亡41人，同比分别下降26.2%和26.8%。渔业船舶领域生产安全事故造成死亡（或失踪）22人，同比下降48.8%；农业机械事故没有发生造成人员死亡的事故。三是较大以上事故有所控制，2012年共发生一次死亡3~9人的较大事故96起，死亡354人，事故起数减少3起、少死亡28人，分别下降

3.0%和7.3%。发生重大事故2起，事故起数比上年同期减少1起，少死亡7人。四是控制指标进度情况不平衡。22个地区中，7个市各项控制指标均在控制指标内，7个地区有1项指标超标，5个地区2项指标超标，3各地区3项控制指标超标。

二、2012年安全生产重点工作

（一）全面落实安全生产“一岗双责”

2012年，广东省各地、各有关部门和单位贯彻落实《中共广东省委、广东省人民政府关于进一步加强安全生产工作的意见》，全面实行地方党政领导干部安全生产“一岗双责”制度，初步形成了全省各级党政主要领导负总责，副职领导各负其责的安全生产“一岗双责”责任体系。一是安全生产领导格局全面提升。2012年初，省安委会对组成人员进行了调整，省长朱小丹担任省安委会主任，省各相关单位主要领导为安委会成员，全省21个地级以上市和121个县（市）区结合换届工作，全面做到了由同级党委常委、常务副市（县、区）长分管安全生产工作，全面强化了全省安全生产工作的领导。二是进一步明确安全生产工作职责。在全省安全生产工作会议上，第一次由各市市长代表本级党委政府、省各有关部门的主要负责人与省政府签订安全生产责任书，提高了各地、各部门党政领导班子，特别是主要负责人对安全生产责任的认识。2012年初，经省政府同意，省安委会印发了《广东省安委会组成单位及相关部门安全生产工作职责》，进一步明确了部门安全生产工作职责，为落实省直各部门安全生产职责打下了基础。三是加强干部培训教育工作，提高党政领导干部安全生产履职能力。省委组织部、省安监局组织了21个地级市，以及各县（市、区）分管安全生产工作的常委、常务副职近200人，进行了为期5天的脱产培训，切实提升了各级党委、政府领导、决策、指导和协调安全生产工作的水平。同时，利用各市（县、区）党委理论学习中心组等平台，为各级党政领导干部宣讲安全生产“一岗双责”，进一步加深了各级党政领导对“一岗双责”制度内涵的理解，增强了贯彻落实制度的自觉性和积极性。提高了各地、各部门安全生产工作水平。四是认真组织开展2011—2012年安全生产责任制考核工作。按照省委、省政府的部署要求，省安委会办公室对各地各部门党政领导班子和领导干部2011—2012年安全生产履职情况进行了考核，共有7个地方党政领导班子、5个部门领导班子和60名党政领导干部获得了优秀。五是进一步完善安全生产“一岗双责”责任体系。经省政府同意，省安委会先后出台了《广东省地级以上市、顺德区党委政府研究解决安全生产重大事项备案制度》和《广东省安全生产诫勉约谈制度》，进一步完善了安全生产“一岗双责”责任体系。加强了对各地安全生产工作的跟踪指导力度。

（二）促进企业安全生产主体责任落实

积极贯彻落实国务院安委会《关于深入开展企业安全生产标准化建设的指导意见》和《关于建立事故隐患排查治理体系的通知》要求，大力推进企业安全生产标准化和事故隐患排查治理体系建设，不断促进企业安全生产主体责任落实，推动全省企业本质安全水平的提升。一是全面实施《广东省关于深入开展企业安全生产标准化建设工作的意见》。各地、各部门深入推进重点行业领域生产经营单位的安全生产标准化达标工作。截至2012年末，全省标准化达标企业累计达17195家，比2011年增长236%。二是制定一系列规范性文件，规范企业生产经营行为。广东省在全国率先出台了《关于加强化工园区安全生产工作的指导意见》，对规范全省化工园区安全生产提出了统一标准。印发实施了《关于建立安全隐患排查治理体系的实施方案》，并指导协调省地方标准计划项目的制定工作，推动企业生产经营行为进一步规范。三是推动隐患排查治理长效机制的建设。各地大力推进隐患排查治理体系建设，开展企业隐患排查治理信息系统建设及应用试点，促进企业自我规范、自我约束、自我管理，落实企业主体责任。推动隐患排查治理信息体系建设，稳步推进隐患排查治理工作规范化、常态化。

（三）扎实开展安全生产领域“打非治违”专项行动

按照国务院的统一部署，广东省从2012年4月中旬开始，全面组织开展安全生产领域“打非治违”专项行动。一是加强领导，周密部署。广东省政府专门成立了由分管安全生产工作的副省长刘志庚任组长、有关省直部门主要领导为成员的“打非治违”领导小组，全面负责协调领导全省专项行动。并且出台了多份指导性文件，明确了开展“打非治违”工作的重点范围、重点内容、实施步骤、工作要求等，部署深入开展“打非治违”工作。二是广泛发动群众。不断加大“打非治违”专项行动宣传力度，宣传安全生产法律法规和安全生产事故隐患辨识要点，鼓励群众举报，完善奖励制度，积极发动群众加入到专项行动中来，营造良好氛围。三是打建结合，注重源头治理。广东省各市结合“三打两建”工作，一手抓“打”，重拳出击，严打非法违法生产经营建设行为，严惩相关责任人，着力深挖根除非法违法行为背后的“保护伞”；一手抓“建”，深入分析研究非法违法生产经营行为深层次的客观原因，采取有效措施，狠抓源头管理，努力消除非法违法生产经营行为滋生的土壤。四是加强督促检查。广东省组织了 14 个督查组，分赴各地开展专项督查。广东省政府召开“打非治违”专项行动督查情况汇报会，专门听取 14 个督查组汇报，分析查找工作中存在的薄弱环节，研究部署继续加强“打非治违”工作。五是狠抓“回头看”，巩固“打非治违”工作成果。结合国务院安委会的要求，组织了“打非治违”和“回头看”行动，巩固“打非治违”专项行动工作实效。

（四）着力开展隐患排查和专项整治工作

广东省各地、各有关部门，针对重点地区、重点行业领域、重点地区、重点部位，不断加大隐患排查治理工作力度，深入开展专项整治行动，不断提升安全生产工作水平。道路交通方面，围绕贯彻落实《国务院关于加强道路交通安全工作的意见》不断加大道路交通安全整治工作，开展“防事故、保安全”专项整治行动，持续保持对“三超一疲劳”和酒驾、毒驾行为的打击力度。规范长途班线客车市场经营行为，切实落实客运驾驶员防疲劳驾驶措施、客运车辆动态监控措施和客运站场安全管理措施，坚决遏制运输车辆超限超载违法行动，及时消除各类事故隐患。消防方面，深入开展“清剿火患”活动，及时消除了一批火灾隐患。深入推动消防安全网格化管理制度，已有 30% 的镇街基本达到网格化管理建设要求。危险化学品方面，重点是对在建化工及危险化学品建设项目进行全面安全检查，认真查找建设项目安全设施“三同时”监管的问题和事故隐患，严厉打击各类未经批准的在建危险化学品建设项目。建筑施工方面，继续深入开展深基坑、高支模、建筑起重机械和建筑消防四类专项整治，对重点地区、重点企业和重点施工环节开展监督检查，督促和指导建筑施工企业和建筑监理企业全面落实安全生产主体责任，自觉遵守建筑安全法律法规，认真排查整改事故隐患，确保建筑施工安全。

（五）突出重点时段，确保十八大期间安全生产形势的稳定

广东省安委会印发了《广东省安全生产“百日行动”工作方案》，明确了 6 项工作任务，并将“百日行动”情况纳入 2011—2012 年度安全生产责任制考核。广东省安委会办公室还制定了省安委会办公室领导分片督导工作制度，确保相关工作的实效。各地、各部门按照省委、省政府的部署，组织开展安全生产“百日行动”，防范和遏制重特大生产安全事故发生。广东省 11 个地区在“百日行动”期间没有发生较大以上事故，全省没有发生重大以上事故，确保了十八大期间全省安全生产形势的基本稳定。

（六）切实加强职业危害防控工作

认真落实新修订的《职业病防治法》，广东省安监局、卫生厅、人力资源和社会保障厅密切配合，切实加大了工作场所职业卫生监管力度。一是开展重点行业（领域）职业病危害专项整治行动，确保从业人员免受、少受职业病危害。二是加强职业病危害项目申报管理，2012 年，全省完成申报备案的企业共计 5.2 万家，申报企业总数量居全国第一位。三是及时妥善处理职业病危害事件，加大了对侵害从业人员健康权益的用人单位的惩处，维护了从业人员的健康权益。

（七）落实安全生产“十二五”规划，提高安全生产保障能力

继续推进广东省安全生产“十二五”规划的实施，推动各项重点工程和项目的尽早启动，组织好省安全生产“十二五”规划重点项目立项前期工作，组织开展全省安全生产“十二五”规划中期检查工作，确保为各项安全监管任务提供关键性技术支撑作用的重点工程项目顺利推进。一是大力实施“科技强安”，推动安全科技创新，加大对安全生产科研项目和先进科研应用的扶持力度，以科技手段提升安全水平。二是全面启动重大危险源评

估与备案，并初步建立了全省重大危险源数据库，加大了对重大危险源的监控力度。三是积极推进安全生产应急管理能力建设，推动应急预案管理工作，积极组织开展各行业应急演练活动，加快启动省级矿山应急救援基地建设。四是规范安全生产中介服务机构监管工作，扶持中介服务机构做强做大，发动社会力量共同做好安全生产工作。五是继续加大安全生产专项资金的投入，2012 年，省财政预算安排了 1.05 亿元作为安全生产专项资金，提升了安全生产保障能力。

（八）围绕“安全生产月”活动，推动安全文化建设

广东省各地紧紧围绕全国第十一个“安全生产月”确定的“科学发展、安全发展”的主题，积极开展安全发展示范城市、安全文化示范企业、安全校园、安全社区等创建活动，通过组织开展安全咨询日、安全文化下基层、安全论坛等形式，加大宣传教育力度，加强安全文化建设，提高全民安全素质。积极宣传项德启同志先进典型事迹，弘扬了安全监管基层战线敬业乐业、无私奉献的职业精神，为安全监管系统树立了学习的榜样。

（九）认真抓好事故调查处理工作

进一步加强事故调查处理工作，发挥事故调查处理的警示作用，严肃惩处事故责任单位和责任人。2012 年，共发生了 2 起重大生产安全责任事故，省政府依法成立了调查组开展事故调查，这 2 起事故调查报告已报国务院安委会办公室审核同意，广东省政府批复结案。加强了对各地开展较大事故调查处理工作的督办，共督办 71 起，提高了各地事故调查处理工作的水平。2012 年以来，全省共查处结案较大以上生产安全事故 67 起（含 2011 年发生、2012 年结案的事故），共追究相关责任人 246 人，其中，移送司法机关 59 人，党政纪处分 74 人，经济处罚 68 人。

广西壮族自治区安全生产工作综述

一、全区安全生产总体情况

2012 年，在广西壮族自治区党委、政府的高度重视和正确领导下，经过各地区、各部门、各单位和全社会的共同努力，全区安全生产继续保持了总体稳定、持续好转的发展态势。事故总起数、死亡人数同比分别下降 12.60%、3.18%，自 2003 年起连续 10 年实现“双下降”；较大事故同比分别下降 4.82% 和 13.35%，自 2009 年起连续 4 年杜绝了特别重大事故发生。近 10 年来，重大、特别重大事故是全国最少的几个省（市、区）之一。多数行业领域安全状况稳定，煤矿事故死亡人数下降 60.61%，未发较大以上事故；金属与非金属矿同比分别下降 11.27% 和 13.79%；烟花爆竹分别下降 40.00% 和 70.83%；生产经营性道路交通分别下降 13.46% 和 14.44%；铁路交通死亡人数下降 9.76%。大部分地市安全生产状况稳定，全区 14 个地级市除贵港市外，13 个市事故起数同比下降。自 2004 年起国家实行安全生产控制指标制度以来，连续 9 年较好地完成了国务院安委会下达的安全生产控制指标，每年都比较圆满地完成了自治区党委、政府确定的安全生产工作目标任务，为全区经济社会快速发展创造了良好的安全生产环境。广西壮族自治区安全生产工作取得的成绩得到了自治区党委、政府的充分肯定。同时，也得到了国家安全监管总局领导的好评，杨栋梁局长 2012 年到广西壮族自治区视察调研时称赞“广西连年创造性地开展安全监管工作，为全国作出了示范，在全国是属于做得好的、做得扎实的、实现持续稳定好转的省市区之一”。

二、2012 年安全生产重点工作

（一）各级、各部门高度重视安全生产工作

自治区党委、政府继续采取一系列重大举措全面加强安全生产工作。彭清华书记到任一个多月来先后做了 7 次重要批示、指示，主持召开了自治区党委常委会议，研究部署做好全国“两会”期间社会稳定和安全生产等工作。马飚主席 2012 年做了 36 次重要批示、指示，召开了 3 次政府常务会议，研究解决安全生产重大问题。黄道伟常务副主

席等自治区领导主持召开了10多次政府专题会议，研究部署安全工作。陈刚副主席分管安全生产工作后，即到广西壮族自治区安监局调研，看望安监干部职工，听取安全生产工作汇报，并带队检查车站、机场春运安全生产工作。自治区相继出台《关于开展以环境倒逼机制推动产业转型升级攻坚战的决定》《关于坚持科学发展安全发展促进安全生产形势持续稳定好转的实施意见》《关于建设项目安全准入的实施意见》等安全生产的重要规章、文件和措施，进一步加强安全生产工作。

（二）抓安全隐患大排查大整治，着力防大事故治大隐患

按照开展以环境倒逼机制推动产业转型升级攻坚战的要求，在全区范围内组织开展了两次安全生产大排查大整治行动。牵头修订了《广西壮族自治区实施〈危险化学品安全管理条例〉办法》，并在全区范围内组织开展了危险化学品环境风险和安全隐患等排查整治。坚持实施区、市、县、乡、村五级隐患整治制度，自治区重点督查整改的16项重大隐患均已基本完成或已消除。坚持自治区安委会按季度组织成员单位形成了7个督查组、开展了4次综合性安全生产督查。针对突出问题和特殊时段，多次不定期组织开展煤矿、非煤矿山、尾矿库、危险化学品、烟花爆竹等专项检查、督查。

（三）抓安全生产领域“打非治违”，着力解决安全生产源头问题

坚持把非法违法、违规违章作为最严重的隐患，持续深入抓好“打非治违”工作及“回头看”活动。全区出动执法人员150499人次，检查企业84452家，关闭非法违法企业458家，责令停产停业、停止建设1585家，暂扣或吊销有关许可证、职业资格1740个，没收违法所得、非法生产设备649起，责令改正、限期整改、停止违法行为80762起。

（四）抓重点行业领域专项治理，着力夯实高危行业领域防范重特大事故的基础

煤矿：突出抓好“一通三防”和水害防治工作，杜绝较大以上事故发生。非煤矿山：重点开展安全隐患大排查、尾矿库防汛度汛和闭库等工作。通过媒体公布全区550座尾矿库的安全管理责任主体及市、县政府监管责任，接受全社会监督。危险化学品：重点加快推动危险化学品企业“进区入园”，共17家危险化学品企业完成搬迁。强化危险化学品“两重点一重大”安全监管措施，共53家涉及危险化工工艺的企业完成了报警联锁、紧急泄压、紧急停车和自动控制系统改造，1070处大型易燃易爆罐区、作业场所加装了可燃、有毒气体检测报警仪。烟花爆竹：重点抓好烟花爆竹生产经营企业安全监管和“三超一改”等专项整治行动。吊销发生死亡事故的2家烟花爆竹生产企业安全生产许可证，注销生产许可证30家、经营（批发）许可证17家，取缔非法生产爆竹窝点229处。职业卫生：重点抓好《职业病防治法》宣贯及市县（区）职业卫生职能划转，全区职业卫生监管工作已走上正轨并全面开展。道路交通：认真落实国发〔2012〕30号文件，开展以客运隐患专项整治为重点的交通运输隐患排查治理；认真落实有关凌晨2时至5时长途客运车辆限制通行的规定，出台禁止该时段长途客车在广西壮族自治区境内运行的规定。水上交通：重点督导推动北海非法海上游、渡口渡船等安全专项整治工作。消防：开展人员密集场所、三合一、多合一场所的消防安全隐患排查治理工作和清剿火灾隐患回头看行动。建筑施工：开展以预防高处坠落、施工坍塌、建筑起重机械伤害三类事故为重点的建筑施工安全专项整治，组织住建、铁路、道路交通运输、水利等部门深入排查治理在建工程的安全隐患。

（五）抓安全生产重大项目建设，着力推动安全生产“十二五”规划实施

《广西安全生产“十二五”规划》经广西壮族自治区人民政府常务会议通过，列为广西壮族自治区重点专项规划。《广西安全生产“十二五”规划》确立的8项工程总投资27亿元，目前进展比较顺利：广西壮族自治区矿山抢险排水救灾中心建设项目已基本完成，其他项目的项目建议书已编制完成，2013年推动的技术中心等项目资金来源基本已确定。

（六）抓科技创新和标准化工作，着力提升企业安全生产保障能力

煤矿：大力推进煤矿“三化”和安全避险“六大系统”建设。全区有15处矿井已实现机械化采煤，35处矿井全面达到自治区级以上安全质量标准化矿井，安全监控系统等“五大系统”已基本按要求建设完善，紧急避险系统的井下永久避

难硐室正在设计和施工。非煤矿山：加大措施，强力推进安全标准化工作。已达标2288家，持证矿山达标率为99%。已有18家持证地下开采矿山完成了安全避险“六大系统”建设，持证的5座三等尾矿库全部安装了在线监测系统。危险化学品：稳步推进安全标准化和安全监管信息化建设。314家企业通过了三级以上安全生产标准化考评，250家处于城市人口密集区的加油站安装了阻隔防爆材料，3931辆危险货物道路运输车辆安装了GPS。烟花爆竹：着力推进生产企业“五化”改造。推进烟花爆竹工厂化改造，整体推倒重建或整体搬迁企业10家，完成工房、库房、生产线、总仓库区改造建设企业50家；培育4家二级企业、11家三级企业推进标准化二级、三级示范建设；在10家企业中推进机械化改造试点。冶金等八大行业：努力推动安全生产标准化工作。已有8家企业获一级标准化企业，11家企业获二级标准化企业，456家获三级标准化企业。道路交通：推广应用卫星定位装置，已有20494台车辆安装符合标准的车载终端，完成了自治区级和大部分市级道路交通动态监控平台建设。

（七）抓重要时段重大活动安全防范，着力保障安全稳定

一是提前发出通知。明确安全防范的重点行业、单位、部位和必须认真排查治理的重大隐患，在主流媒体上公告，逐一落实监管单位及负责人。二是提前派出督查组奔赴各地督促检查。第九届中国—东盟博览会前夕，联合组成7个督查组对“两会一节一论坛”活动重要场馆、南宁市区及周边矿山、危险化学品企业、人员密集场所、道路交通隐患路段进行全面检查督查。十八大召开时期，对不能确保绝对安全的47对煤矿、1437座非煤矿山、120家危险化学品企业、143家烟花爆竹厂实施停产停业、强化监控的措施。三是强化值班值守。十八大召开前后，自治区安监局领导班子成员轮流带班值班一个月，吃住在办公室；派出5个工作组深入重点市、县蹲点督导一个月，严防死守。通过强化各项措施，2012年的重大节假日、重大活动均实现安全平稳，维护经济发展和社会稳定大局。

（八）抓事故查处，着力用事故教训推动工作

开展事故责任追究专项检查，坚持“四不放过”的原则和“依法依规、实事求是、注重实效”的要求全面清理2010年3月份以来全区158起较大以上生产安全事故的查处情况。认真组织查处了河池市2010年“5·24”道路交通、南宁市2010年“7·11”铁路隧道坍塌、合山煤业公司2011年“7·2”矿井溃浆溃水、贵港市2012年“3·11”水上交通等4起重大事故并结案。重点督办了全州县2011年“11·22”非法盗采、苍梧县2011年“11·26”非法盗采、合浦县2011年“11·23”非法烟花爆竹爆炸、平乐县2011年“10·2”非法烟花爆竹爆炸等4起较大事故并结案。成立了由自治区安监局、监察厅共同牵头的由安监、监察、公安、交通运输等部门参加的自治区督查组，对东兰县2012年“10·26”道路交通较大事故、大化县2012年“12·28”道路交通重大事故进行了督查、调查处理。

（九）抓安全生产宣传教育培训，着力提升全社会安全意识

以“科学发展、安全发展”为主题开展全区第十二个“安全生产月”集中宣传教育活动，开展了4项全国性安全生产活动（安全生产咨询日活动、警示教育周活动、应急演练周活动、安全文化周活动）和5项全区性安全生产活动（警示教育巡讲活动、新闻记者巡访活动、公益广告大赛活动、法律书画大赛活动、有奖征文大赛活动）。部署开展了第三届全区安全生产好新闻评选活动。分批专题培训全区已取得执法资格的安全生产监管人员；举办3期市、县（区）安监局长专题业务培训班，共培训市、县（区）安监局长、副局长、纪检组长、业务骨干702人；组织市、县安监局窗口首席代表首问责任人到局驻区政务服务中心窗口跟班培训，确保新一轮下放的安全生产行政审批事项平稳过渡、顺利交接。

（十）抓安监机构和队伍建设，着力提高安监队伍战斗力

一是全面加强局机关全员学习培训。坚持每周五下午集体学习制度。通过各种方式加强培训，深入学习培训法律法规，让干部职工及时掌握和更新业务知识。二是不断加强安监机构和队伍建设。新增职业健康监管机构和人员编制已得到批复，成立了由9个专业组、368名专家组成的第二届全区安全生产专家组，重点推动各地加强安全生产执法队

伍建设。三是应急管理工作得到进一步强化。14个地市均依托企业组建了安全生产应急救援队伍；投资5000万元建设广西壮族自治区矿山抢险救灾排水中心，填补了广西壮族自治区大型强排水应急水泵和车载救援钻机的空白；列入国家安全生产应急救援区域队的华锡中队得到中央财政支持2300万元，补充完善应急装备，增强了应急救援力量。四是落实中央、自治区扩权强县工作部署，开创性做好行政许可权限下放工作。按“能放则放”和“尽可能多放”的原则将非煤矿山、烟花爆竹、危险化学品企业安全生产许可证核发等90%以上行政许可项目委托下放给市、县安监局实施。

海南省安全生产工作综述

一、安全生产基本情况

——安全生产四项指标全部下降。2012年，海南省发生各类生产安全事故2523起，死亡553人，受伤2373人，直接经济损失6413.66万元，与2011年相比分别下降1.02%、2.98%、4.55%和0.70%。

——重特大事故得到遏制。2012年，海南省没有发生一次死亡10人以上的重特大生产安全事故，得到国务院安委会的通报表扬。

——安全生产控制指标实施情况良好。2012年，各类事故死亡人数控制指标实施进度低于控制目标3.06个百分点，工矿商贸、道路交通、火灾、铁路交通、农业机械等行业领域均在控制目标内，各市、县和洋浦经济开发区的事故死亡人数均在控制目标内；发生一次死亡3～9人的较大事故13起，低于国务院安委会下达的全年控制指标3起，占全年控制指标的81.25%。

——交通运输等重点行业领域事故死亡人数稳中有降。2012年道路交通事故死亡人数同比下降3.59%，其中生产经营性道路交通事故死亡人数下降15.17%，渔业船舶事故死亡人数下降9.09%，火灾、铁路交通、水上交通事故死亡人数持平。

——工矿商贸各行业事故下降。全省工矿商贸事故死亡人数同比下降2.74%，其中危险化学品行业没有发生事故，金属与非金属矿山事故死亡人数下降20%，工商贸其他行业事故死亡人数下降34.78%。

——大部分市、县安全生产状况稳定。在全省19个市、县（区）中，有14个单位的事故死亡人数同比下降或持平，其中五指山市、白沙县、洋浦经济开发区的事故死亡人数同比下降均在21%以上。万宁、屯昌、昌江、乐东、琼中、陵水、保亭、白沙、洋浦9个单位没有发生较大事故。

——反映安全生产整体水平的各项相对指标进一步趋好。其中亿元GDP事故死亡率降幅17.4%，工矿商贸10万从业人员事故死亡率降幅7.2%，道路交通万车死亡率降幅5.8%。

二、安全生产主要工作

2012年，海南省各市、县，各部门，以及各单位以整治“庸懒散贪”为抓手，深入基层，强化督查，推动各项工作落实。

（一）推动安全生产责任落实

实行“一市县一方案”和“一部门一方案”的差异化考核，充分运用考核结果，采取媒体公告考核排名、对不达标单位负责人约谈并责成在会上表态发言、实行评优评先“一票否决”等措施，推动政府属地管理、部门行业监管和企业主体责任的落实。18个市、县和洋浦经济开发区的行政“一把手”担任安委会主任，并与乡镇（街道）、部门和重点企业签订责任书；18个省有关部门明确安全监管机构，指定专门监管人员，逐级签订安全生产责任书；全省重点企业层层签订责任书，高危行业企业主要负责人签订安全生产承诺书，基本形成“横向到边、纵向到底”的责任体系。

（二）推动重点行业安全监管

海南省安委会办公室牵头，相关部门参与，在“四区二线”（四区是指洋浦经济开发区、老城经济开发区、东方工业园区和琼州海峡，二线是指东环铁路和天然气长输管道，七大行业领域是指道路交通、建筑施工、水上交通、海洋渔业、危险化学品、旅游和消防）、七大行业和博鳌亚洲论坛年会、党的十八大期间，组织开展7次全省性安全督查，通过深入一线、明察暗访查找问题，向市、县政府，有关部门和企业发出安全督查整改通知书316份，抄送市、县党政“一把手”，要求企业主要负责人签收，召开会议专题听取整改情况汇报，督促整改问题和隐患3380项。洋浦、东方、老城三大工业园区组织专家进行隐患排查，海口、文昌、澄迈、临高等市、县组织清理琼州海峡碍航渔网，东环铁路沿线市、县组织开展空中漂浮物和非法采砂专项治理，天然气长输管道沿线市、县全面清理占压现象，有效防范重特大事故的发生。特别是针对道路交通安全形势严峻的实际，分片区深入开展调查研究，召开全省道路交通安全工作会议，落实道路交通安全管理10条措施，实现道路交通事故持续下降，得到了国务院安委会的肯定和推广。

（三）推动事故隐患排查治理

继续开展安全生产“隐患治理年”活动，海南省安委会统一部署，各市、县，各部门组织力量，深入道路交通、建筑施工、水上交通、海洋渔业、危险化学品、旅游、消防等重点行业领域，运用听取汇报、召开座谈会、查阅资料、查看现场、邀请专家参与排查等方法，全面开展隐患排查治理。对排查出来的隐患，省安委会下达整改令、专门听取治理情况汇报，各市、县，各部门挂牌督办、跟踪督办，各企业积极开展自查自纠、及时落实整改，推动了隐患排查治理的深入开展。全省共排查治理隐患14.5万项，整改率达98%。

（四）推动“打非治违”专项行动

海南省成立“打非治违”专项行动领导小组，制定“打非治违”工作方案，对全省“打非治违”专项行动进行部署。各市、县，各部门制定实施方案，将道路交通、水上交通、建筑施工、海洋渔业、危险化学品、非煤矿山、烟花爆竹、旅游、消防等行业领域作为重点，严厉打击非法违法行为。海口市政府领导带队开展执法行动，三亚市每月开展一次联合执法，儋州市取缔非法营运三轮车800多辆，万宁市通过举报奖励取缔烟花爆竹非法生产经营储存点70处，公安、交通、安监、旅游等部门联合整治道路客运，查处客车超员2720起。全省共出动2.9万人次，查处非法违法、治理纠正违规违章行为11万起，“打非治违”取得明显效果。

（五）推动安全生产宣传教育

海南省安委会制定全省安全生产宣传教育方案，采取分层、分类、分批的方式，开展全省安全生产大宣传、大培训、大教育。精心组织“安全生产月”活动，多渠道投放公益广告，举办专题文艺晚会，组织领导干部和安监队伍培训班，深入市、县和企业开展专题讲座。各市、县，各部门结合实际举办业务培训，各企业有针对性开展全员培训。全省共开展各类宣传活动1.26万场次，举办培训班2.69万场次，参加人员达110多万人次，不断提高全民安全意识。

（六）推动安全生产应急演练

继续完善省级“两重一高”（即重大隐患、重大危险源和高风险点）信息督导平台建设，海口、三亚、澄迈3个市、县的信息监管平台建成使用。各市、县，各部门，各企业按照省安委会的统一部署，组织开展“应急演练周”活动，海口、三亚、澄迈、陵水、昌江等市、县开展道路交通、危险化学品、非煤矿山、建筑施工、旅游、消防等行业的应急演练观摩活动，住建、交通、消防等部门积极开展专业应急演练。全省组织开展应急演练186场次，参加人员13.5万人次，取得良好效果，做到一手抓预防、一手抓应急管理。

重庆市安全生产工作综述

一、2012 年安全生产形势

2012 年，重庆市生产安全事故总量在连续 8 年大幅下降的趋势下，继续呈现出“三下降、两向好”的良好态势。“三下降”即事故起数、死亡人数、较大事故起数持续下降。全市共发生各类生产安全事故 1374 起，死亡 1539 人，同比分别下降 4.8% 和 7.1%；共发生较大事故 29 起，同比下降 27.5%。“两向好”即多数行业、多数区县形势稳定向好。从行业看，农用机械、渔业船舶 2 个行业“零死亡”，非煤矿山、工商贸、消防、煤矿、烟花爆竹、一般道路、铁路、高速公路 8 大行业事故死亡人数同比大幅下降。从区县看，26 个区县事故总量同比下降，41 个区县事故总量在控制指标内，31 个区县未发生较大以上事故，35 个区县在年度安全生产目标考核中荣获优秀等次。

二、2012 年安全生产工作情况

2012 年，全市各级部门深入开展安全生产“基层基础巩固年”活动，全面落实企业主体责任，持续深化安全生产基层基础建设，扎实推进安全监管规范化和企业安全生产标准化建设，主要体现为“五个新成效”。

一是安全监管能力建设取得新成效。全市所有区县全部设立安监执法大队和应急中心，所有乡镇（街道）和工业园区均规范设立安监办，1100 多个村居建立安全生产监管站。煤矿、交通、建筑等 15 大行业监管能力建设任务全面完成，共配备执法车 494 辆、其他装备 1617 套，新增机构 98 个、编制 492 名。重点行业领域安全生产联席会议作用得到充分发挥，事故查处分级挂牌整改、跟踪督办、警示通报、诫勉谈话和现场分析制度全面落实。培训区县乡镇领导、市级行业部门领导 1260 人，培训基层安全监管人员 1.5 万余人次，监管人员素质能力明显增强。

二是企业主体责任落实取得新成效。第一、二批 1.8 万余家企业全面完成评估定级，并逐步向车间、班组和岗位延伸；第三批拓展企业 5516 家，已完成评估定级 5457 家，其中 A、B 级企业达到 2.1 万余家，占总量的 89%。全面启动 1637 家工贸企业达标创建工作，评价验收达标企业 524 家，非煤矿山、危险化学品生产企业安全标准化率达 100%，28 家烟花爆竹生产经营企业完成达标验收。完成国家职业卫生安全许可试点工作，创建职业健康规范化管理企业 220 家。安全生产激励约束、督促检查、行政问责等制度进一步健全完善，分级监管和重点监管全面实行。

三是安全保障能力建设取得新成效。新安装道路防护栏 1300 千米，累计完成 1.3×10^4 千米。营运车辆全部安装 GPS 监控设备，58 个二级以上客运站、52 个危险化学品码头、14 个旅游客运码头、8 个客运港口、4 个旅游景点泊位、5 个集装箱码头全部实现视频联网监控。新建高速公路固定测速系统 150 套。推广船舶防撞自动识别系统和船载 GPS 终端安装，改造短途客船 405 艘、渡口 140 座、渡改桥 10 座，整治危桥 50 座。煤矿安全监测监控应急避险系统建成 124 个、累计建成 226 个。850 家危险化学品从业单位纳入全过程动态监控信息系统管理，首批 15 类 33 家危险工艺的化工装置全部安装集散控制系统和紧急停车系统。

四是安全专项整治取得新成效。深化安全隐患排查整治，全年共排查生产经营单位 14.5 万家，覆盖率为 99.2%；排查一般隐患 41.2 万项，整改 40.5 万项，整改率为 98.2%；排查重大隐患 72 条，整改 66 条，整改率为 91.6%。道路交通专项整治排查各类道路运输企业和单位 12.5 万家，查处各类交通违法行为 523.8 万起；煤矿专项整治排查一般隐患 4.2 万余处，整改率达 100%；检查非煤矿山 1944 个，排查一般隐患 2.2 万余处，隐患整改率达 100%；消防专项整治排查整改火灾隐患和违法行为 26.9 万余处，整改销案重大火灾隐患 2700 余件。危险作业专项整治查处非法违法行为

5243起，排查一般隐患5570项，整改5393项，整改率为96.8%。扎实开展“打非治违”专项行动，全市共组织检查组1.7万余个，检查8.6万余次，排查非法违法行为170.1万起，责令改正19.8万起，吊销执照2.3万余家，取缔关闭2081家，行政拘留1874人，刑事处罚237人。平安校园建设排查中小学校8000余所，校车5000车次，查处各类交通违法行为3800起。

五是安全文化建设取得新成效。积极推进厂长专业化、管理人员资格化、从业人员职业化，分行业、分层次开展安全管理和操作技能培训443期，培训企业主要负责人、管理人员、执法人员、特种作业人员等4.1万余人；全面推行企业“三项人员”持证上岗制度，举办各类考试4573场，考试各类人员19.9万人。深入开展“安全生产月”“安康杯”“文明交通行动计划”等活动，在中央和市级媒体上发布新闻2500余条。建成“12350”举报投诉热线并投入使用。认真做好市人大评议市政府安全生产工作。全面深化安全社区创建活动，共创建国家安全社区5个，认证重庆市安全社区100个、安全文化示范企业49个。

2012年安全生产工作取得了显著成效，但全市安全生产形势依然严峻。一是事故总量依然偏大，较大事故和重特大涉险事故高发，重大事故出现反弹。全市共发生事故1374起，死亡1539人，平均每天发生事故3.8起，死亡4.3人；发生较大事故29起，平均每月发生2.9起、死亡11.5人。二是安全生产问题依然突出。部分重点行业和地方监管措施疲软，责任落实层层衰减；安全监管点多、面广、线长，监管队伍力量不足、素质不高，安全投入不到位；“打非治违”手段不多、力度不够，非法违法生产经营建设行为屡禁不止；科技兴安措施应用不够，安全保障能力仍然滞后，隐患治理整顿不及时、不彻底；全民安全意识不强。三是安全生产工作要求更高。安全生产与经济社会发展和人民群众期待还有较大差距，推动科学发展、安全发展还面临不少困难和问题。

四川省安全生产工作综述

一、2012年安全生产基本情况

2012年，四川省共发生各类伤亡事故17600起，死亡3493人，受伤人数12193人，直接经济损失54062万元。与去年同期相比，事故起数减少593起，下降3.26%，死亡人数减少141人，下降3.88%，受伤人数减少2853人，下降18.96%，直接经济损失减少1294万元，下降2.34%。其中：发生较大事故81起，死亡303人，同比减少10起、54人，分别下降10.99%和15.13%；发生重大事故3起，死亡41人，同比增加1起、12人，分别上升50.00%和41.38%；发生特别重大事故1起，死亡48人。纳入国家考核的四项相对指标均同比持续下降，亿元国内生产总值生产安全事故死亡率0.15，下降14.00%；工矿商贸10万从业人员生产安全事故死亡率2.20，下降12.53%；道路交通万车死亡率2.35，下降11.43%；煤矿百万吨死亡率3.047，下降5.64%。全省21个市（州）中18个市（州）生产安全事故总量下降，其中，自贡、德阳、内江等3个市（州）没有发生较大以上事故，道路交通、工矿商贸、铁路交通、火灾等重点行业（领域）事故总量下降。

二、2012年安全生产重点工作

（一）认真宣传贯彻国发40号文件

认真学习把握《国务院关于坚持科学发展安全发展促进安全生产形势持续稳定好转的意见》（国发〔2011〕40号）的深刻内涵，根据国务院的新要求并针对全省安全生产工作存在的突出问题，广泛开展调研，多次征求相关部门意见，在反复论证的基础上，出台《四川省人民政府关于坚持科学发展安全发展　促进安全生产形势持续稳定好转的实施意见》（川府发〔2012〕35号），进一步强化责任落实和安全保障能力建设，严格落实安全绩效考核和责任追究，建立完善激励约束机制。

（二）组织开展“打非治违”专项行动

按照国务院安委会和四川省政府“打非治违”专项行动的工作部署，全省各地、各有关部门紧紧围绕“突出重点、全面推进、严格执法、严打强治”的“打非治违”专项行动工作要求，紧密结合煤矿、道路交通、非煤矿山、危险化学品、烟花爆竹等重点行业（领域）安全生产专项治理，制定实施方案，建立联动机制，加强协调督促，以政府部门“打非”推动企业主动“治违”、主动治理隐患，用严厉打击非法违法生产经营建设行为，督促企业经常性地排查治理隐患、主动纠正违规违章行为，“打非治违”专项行动初步呈现出部门“打非”制度化、企业“治违”常态化的工作特色，初步形成“打非”与“治违”、“打非治违”与隐患治理互动互进的工作局面。

2012 年，全省共组织各类督查检查组 9.8 万个，参加人员 48.3 万人次，受检企业 18 万家；打击各类非法违法、治理纠正违规违章行为 108.6 万起，对非法违法、违规违章行为警告 5.6 万次，责令改正、限期整改、停止违法行为 30.3 万起，没收违法所得、非法生产设备 1466 起，责令停产、停业、停止建设 2736 家，暂扣或吊销有关许可证、职业资格证 3743 个，关闭非法违法企业 384 家，行政拘留 1499 人，移送追究刑事责任 828 人，处罚罚款 1.97 亿元。

（三）全面开展安全生产大检查

四川省创新督促检查方式方法，坚决贯彻落实国务院安委会和省委、省政府的要求部署。省政府安委会组织了由 12 个省政府安委会有关成员单位主要负责人带队的安全生产综合督查组，省安监局组织了 12 个专项督查组、11 个煤矿暗访督查组，深入市、县两级和重点企业，开展“拉网式”安全生产大检查，并制定规范的安全生产检查督查工作流程，明确安全检查督查的内容、方式及工作标准，明确检查人员的隐患排查责任，严格落实检查责任倒查制，对检查发现的问题采取强有力的整改措施，确保取得实效。同时，要求各市、县两级全面开展安全生产大检查，特别是对辖区内的所有煤矿开展安全大检查，县级检查率达 100%，市级抽查率达 20%，形成“市包县”“县包矿”、领导包片、责任到人、事故倒查的工作机制。2012 年，全省开展隐患排查治理的生产经营单位达 15.2 万家，排查出一般事故隐患 26.8 万项，整改率 99.2%；排查出重大隐患 481 项（其中省级挂牌督办的 36 项），已整改销号 471 项，整改率 97.9%，累计落实隐患治理资金 98331.4 万元。

（四）开展以煤矿为重点的安全生产大整顿

攀枝花市肖家湾煤矿“8·29”特别重大瓦斯爆炸事故发生后，立即组织对辖区内所有煤矿企业开展安全生产大检查大整顿，要求全省小煤矿全部停产整顿。印发《煤矿安全专项督查方案》，对不符合《四川省小煤矿安全生产基本要求》等 16 类问题矿井和存在无证、证照不全、过期生产等 31 种行为的矿井，一律停产整顿或依法暂扣安全生产许可证。要求各市（州）紧急行动起来，以县（市、区）为单位，采取切实有效措施，强化煤矿安全监管工作。并以此为契机，关闭取缔一批安全问题突出、资源枯竭或落后产能、不符合国家产业政策规定的非煤小矿山、小化工、烟花爆竹、小冶金、小火电等企业和小工业作坊以及非法改装和加工报废车辆窝点等。同时，配合省经济和信息化委、省能源局、国土资源厅研究制定煤矿整顿关闭、兼并重组工作方案和社会主义新矿山的建设标准。

（五）扎实推进安全社区和安全质量标准化建设

四川省以“规范化建设”为核心、以“长效机制建设”为重点，在安全生产示范乡镇建设的基础上，通过基层建设单位、社区居民、志愿者队伍等多方的共同努力，积极推进安全社区建设。2012 年相继制定了《四川省安全社区创建评定办法（暂行）》和《四川省省级安全社区评定标准（试行）》等标准，在全国具有示范性指导意义。全年已启动 116 个国家级、225 个省级安全社区创建工作，分别完成全年目标任务的 232% 和 112.5%，建成国家级安全社区 5 个。

在煤矿、非煤矿山、危险化学品、烟花爆竹、公共聚集场所等重点行业（领域），四川省积极研究制定企业安全生产标准化建设工作指导意见，全面推进企业标准化建设工作。截至 2012 年底，全省安全质量标准化应达标煤矿企业 483 个，达标煤矿 437 个，达标率 90.05%；金属非金属矿山应达标企业 2129 个，达标 1693 个，达标率 79.52%；机械、冶金、有色、建材、电力、烟草等工贸行业达标企业 431 个。

（六）强化安全宣传教育培训

一是以“安全生产天府行——重访重灾区活动”“安全生产万里行活动——宜宾段”“宣传贯彻《职业病防治法》宣传周”等活动为重点，贴近群众生产、生活实际，通过现场咨询、成果展示、专题讲座、演讲比赛、知识竞赛、发放宣传品等多种形式，突出与广大群众的互动交流。积极宣传党和国家安全生产方针政策、法律法规，普及安全生产知识，提高群众安全意识和安全防护能力，活动取得明显成效。仅“安全生产月”活动期间，全省各级、各部门、各单位主要领导参加活动近4000人次，开展咨询活动720余场次，举办演讲比赛和知识竞赛200余场次，发放宣传资料1000万余份，制作展板31000余个，参与群众达370余万人次。四川省有53967人参与了“全省职业安全健康知识竞赛”答题，占全国83.68%。二是从2012年12月下旬开始，每周在《华西都市报》开设专栏，积极宣传安全生产方针政策、法律法规，普及安全生产知识，努力提高人民群众安全意识和安全防护能力。三是以“规范管理、教考分离”为重点，抓住安全培训的师资、教材、教学、考试等关键环节，加强全省安全培训机构规范化建设和管理，进一步规范安全培训行为，提高培训质量，全年组织全省各级培训各类人员119.91万人次，比2011年增长12%，四川省安监局矿山安全技术培训中心经国家安全监管总局批准，成为全国15个煤矿安全培训示范基地之一。

（七）强化科技兴安

积极开展专业检查、剖析式检查，制定专业化、科学化的治理方案，帮助基层、企业发现和处理隐患，指导对安全生产的监督与管理。充分发挥四川安全技术中心、四川省安全科学技术研究院等事业单位的专业技术优势，积极探索技术服务县乡基层政府、中小企业的新模式，已建立了攀枝花、内江、广元、凉山、南充、宜宾、泸州、巴中、广安等市（州）级分中心，在泸州市各县区以及盐边、双流、什邡等县设立了工作站，与筠连县、高县、盐边县政府签订了促进安全发展技术合作协议，服务政府、服务企业，解决安全管理和安全技术力量薄弱的突出问题，积极推动安全生产技术服务体系建设。同时，紧密结合安全生产工作实际，开展安全生产科学技术研究。组织完成《极薄煤层小煤矿提高抽采瓦斯效果关键技术研究》和《低渗透煤层瓦斯地质规律研究》等课题。《水电站建设卷扬机提升系统安全技术研究》通过了四川省科技厅专家鉴定，获得国家专利和国家安全监管总局科学技术进步三等奖。

（八）积极开展事故警示教育

按照国家安全监管总局和四川省政府有关做好政府信息公开工作和《关于规范四川省煤矿企业安全生产事故调查处理的意见》的要求，四川省进一步规范煤矿生产安全事故调查处理工作，及时向社会公布调查进展和处理结果。同时，通过事故警示通报、现场会、事故警示教育片等形式，分析事故原因，总结和吸取事故教训。特别是攀枝花市肖家湾煤矿“8·29”特别重大瓦斯爆炸事故发生后，及时制作事故警示教育光碟，发放到各产煤市（州）、县（市、区）、煤矿，组织观看学习；筠连县永兴煤矿“11·27”较大煤与瓦斯突出事故发生后，省委书记王东明、省长蒋巨峰和副省长刘捷相继作出重要批示，四川省安监局（四川煤监局）及时组织学习贯彻，并会同监察厅、宜宾市政府在筠连县召开了宜宾市生产安全事故警示教育现场会，《四川日报》等媒体对吸取事故教训作出追踪报道，有力有效推动了全省安全生产工作。

（九）加强职业卫生监管监察工作

一是积极推进职能划转和机构队伍建设工作。截至2012年底，全省21个市（州）级和131个县（市、区）级安全监管部门已按照《职业病防治法》的要求划转了职能；5个煤监分局明确了负责职业卫生工作的分管负责人和具体监察室。全省各级职业卫生监管监察人员总数达190余人。二是全面推进建设项目职业卫生“三同时”工作。省安监局印发了《关于规范四川省建设项目职业卫生“三同时”分级分类监督管理工作的通知》（川安监〔2012〕252号），督促指导用人单位依法开展建设项目职业病危害预评价、防护设施设计、控制效果评价等工作，依法组织实施建设项目职业卫生“三同时”的审核、审查、竣工验收和备案工作，从源头上控制和减少职业病危害。三是稳步推进职业卫生技术支撑体系建设。按照“统筹规划、合理布局、整合资源、完善装备、保障执法、支撑有力”的原则，2012年，省安监局发布了首批137名职业卫生专家名单。同时，对经审查通过的机构换发新的资质证书，在省安监局网站予以公布，并分4期对全省专职从事职业卫生评价与检测的持证人员，进行继续教育暨换证考核工作。截至2012年底，由卫生部门移交至安全监管部门的职业卫生服务乙级机构共63家。

（十）进一步提升应急救援能力

按照省委、省政府统一部署，参与“四川省2012年“5·12”防灾救灾综合实战演练”，锻炼应急救援队伍，提升应急救援水平。在攀枝花市肖家湾煤矿“8·29”瓦斯爆炸事故和达州市万源市永盛煤矿“9·9”瓦斯事故抢险救援中，省安监局立即反应，迅速调集应急救援队伍，共派出2400余人次参加事故抢险救援。在云南省彝良县5.7级地震中，全体矿山救援指战员接到命令后第一时间奔赴灾区，出色地完成了任务，受到了温家宝总理的高度肯定。

贵州省安全生产工作综述

一、2012年全省安全生产总体情况

（一）全省生产安全事故总体情况

2012年，贵州省全年共发生各类生产安全事故1613起，死亡1301人，同比减少407起，减少387人，分别下降20.1%和22.9%，比控制考核指标少365人。其中：较大事故60起，死亡239人，同比减少33起，减少148人、分别下降35.5%和38.2%，比控制考核指标少34起；重大事故4起，死亡65人，同比减少2起、减少27人，分别下降33.3%和29.3%。

（二）各行业领域生产安全事故情况

工矿商贸事故196起，死亡296人，同比减少158起，减少250人，分别下降44.6%和45.8%，比控制指标少264人。其中：煤矿事故58起，死亡117人，同比减少87起，减少162人，分别下降60%和58.1%，比控制指标少83人；非煤矿山事故25起，死亡34人，同比减少29起，减少35人，分别下降53.7%和50.7%，比控制指标少26人；建筑业事故53起，死亡74人，同比减少3起，减少7人，分别下降5.4%和8.6%，比控制指标少26人；工商贸其他事故60起，死亡71人，同比减少39起，减少46人，分别下降39.4%和39.3%。道路交通事故1360起，死亡931人，同比减少206起，减少89人，分别下降13.2%和8.7%，比控制指标少39人。铁路运输事故46起，死亡38人，同比减少41起，减少12人，分别下降47.1%和24%，比控制指标少20人。农业机械事故11起，死亡5人，同比起数增加1起，上升10%，人数减少5人，下降50%；消防火灾死亡31人，同比减少23人，下降42.6%，比控制指标少59人。烟花爆竹、危险化学品、渔业船舶、水上交通、其他水上行业领域未接到事故报告。

（三）安全生产四项指标完成情况

2012年，全省亿元GDP事故死亡率0.191，同比下降35.5%；工矿商贸10万从业人员事故死亡率2.877，同比下降43.4%；道路交通万车死亡率2.617，同比下降21.2%；煤矿百万吨死亡率0.646，同比下降60.6%，首次降到了1以下。安全生产四项指标提前三年完成了贵州省安全生产“十二五”规划目标。

二、2012年安全生产重点工作

（一）深入开展安全生产年活动

贵州省政府、省安委会及有关部门先后出台了《省人民政府关于坚持科学发展安全发展促进安全生产形势持续稳定好转的实施意见》《2012年全省安全生产工作要点》《贵州省继续深入扎实开展“安全生产年”活动实施方案》《贵州省煤矿事故摘帽工作方案》等一系列文件，提出了“将全省各类事故死亡人数控制在1600人以内（国务院安委办下达给贵州省控制考核指标为1666人），其中，道路交通控制在970人以内（其中生产经营性400人，奋斗目标920人），煤矿事故控制在200人以内（国务院安委办下达指标为289人）”

的奋斗目标，以及两年摘掉煤矿事故死亡人数全国“第一”帽子的工作任务。省政府与9个市、州政府和省安委会有关成员单位签订了2012年度目标责任书，强化了目标管理和考核，先后组织开展了元旦、春节、全省及全国“两会”、省“党代会”和党的十八大期间安全生产大检查和隐患排查，以及节后复产复工验收、全省安全生产综合检查督查等一系列专项检查，有效推进了“安全生产年”活动深入开展。

（二）严厉打击非法违法生产经营建设行为

2012年4月17日，国务院安委会召开全国安全生产领域“打非治违”专项行动视频会议后，贵州省随即召开了全省“打非治违”专项行动视频会议进行动员部署。省政府办公厅印发了《贵州省集中开展安全生产领域“打非治违”专项行动实施方案》（黔府办发电〔2012〕81号），将国家确定的9个重点行业领域扩大为12个重点行业领域（增加了特种设备、尾矿库、有色金属3个行业领域），细化了66种非法违法、违规违章形式，制定了89项打击措施。成立了贵州省“打非治违”专项行动领导小组，设立了专项行动办公室，建立了“打非治违”责任追究制，以及周例会制度、统计制度、信息报送制度、隐患台账制度、跟踪督办制度、月通报制度等。专项行动以来，全省先后组织检查组8万多个，71万人次，检查企业21万个（次），查处非法违法、违规违章行为为72万起，治理事故隐患52万项，关闭非法违法企业（窝点）333处。同时，为积极营造专项行动社会氛围，发表“打非治违”相关文章320篇（条），编发简报105期、动态143期。2012年10月份，国务院安委会决定将“打非治违”延长到年底后，贵州省安委办印发了《贵州省深入开展安全生产“打非治违”专项行动“回头看”活动实施方案》（黔安办〔2012〕88号）等文件，确保领导重视不减弱、组织机构不撤销、人员力量不弱化、执行制度不走样、各项工作不落后。2012年12月份，贵州省安委办组织了9个督查组到9个市、州开展“回头看”专项督查。

（三）突出狠抓煤矿安全生产工作

一是研究制定了《关于深化煤矿瓦斯治理实现“五零”目标意见》，明确了牢固树立“三个”理念（瓦斯防治重在治本、瓦斯事故可防可控和瓦斯超限就是事故理念），以瓦斯治理“四个”转变（措施型向工程型转变、局部向区域转变、单一向综合转变、平面向立体转变）推动实现瓦斯防治“五零”目标（零超限、零爆炸、零燃烧、零窒息、零突出目标）为重点的瓦斯防治中长期工作措施。《关于深化煤矿瓦斯治理实现“五零”目标意见》已由贵州省政府办公厅进行了转发。二是根据国家能源局印发的《关于下达2012年度煤矿瓦斯事故控制指标、煤矿瓦斯抽采利用目标、地面煤层气开发利用目标的通知》精神，贵州省安监局、贵州煤监局研究制定了《关于调整2012年度全省煤矿瓦斯抽采指标并下达利用指标和瓦斯事故奋斗目标的通知》，将瓦斯抽采指标由国家的16.8亿立方米调整为17.5亿立方米，利用指标由国家的5.65亿立方米调整为6.3亿立方米；将瓦斯事故起数、死亡人数由国家的19起、65人调整为不超过16起、60人，并及时分解下达到各市（州）和有关煤矿企业。截至2012年12月31日，全省累计完成瓦斯抽采量19.2亿立方米（占全国的1/5），瓦斯利用量5.8亿立方米；全年全省煤矿共发生瓦斯事故18起，死亡91人，同比减少7起，少死亡22人，分别下降28%和19.5%，圆满完成了国家下达的指标。三是扎实推进了全省101处9万吨/年突出矿井停产整顿和瓦斯防治能力的评估工作。2012年，贵州省参加瓦斯防治能力评估的煤矿企业（集团公司）110家共1100处煤矿，未进入集团公司的煤矿共有400余处。四是组织开展了煤矿井下安全避险“六大系统”专项检查，将6对煤矿紧急避险系统建设示范矿井项目纳入省“十大民生工程”管理，安排补助资金190万元。同时2012年10月15—16日和11月1—2日，省政府分别在盘县和金沙县召开全省煤矿紧急避险系统建设工作现场会和安全生产监控系统信息化建设工作现场会，进一步总结、推进煤矿井下紧急避险系统建设和安全生产监控系统信息化建设等工作。五是进一步加大煤矿整改关闭工作力度。对2012年发生事故的水城矿业集团有限责任公司幺公营煤矿、林东矿业集团阳和煤矿、铜仁市沿河县新生煤矿3家煤矿按照相关程序实施了关闭，并对已作出关闭决定的黔南州福泉市谷坝煤矿、安顺市西秀区宏发煤矿、黔西南州普安县能通煤矿的关闭情况进行了跟踪督促，确保关闭到位。截至2012年12月

31 日，全省生产矿井 723 处，生产能力 15034 万吨/年，其中达到省三级质量标准化矿井 699 处。六是建立了“部门主导，重点整治，执法同步”的煤矿安全监管监察“三位一体”执法工作机制，得到了国家安全监管总局的肯定，并作为典型经验在全国予以推广。一年来，全省各级组织开展煤矿安全“三位一体”执法整治检查工作组 157 组次、1917 人次，检查各类煤矿 693 矿次，排查治理安全隐患 8667 项。同时，严格开展煤矿安全监察执法检查。全省煤监系统计划开展煤矿安全监察执法 958 矿次，实际开展 1509 矿次，完成全年计划的 157.5%；排查煤矿一般安全事故隐患 15353 项，到期整改率 96.8%；排查重大安全事故隐患 185 项，到期整改率 90.8%。实施行政处罚责令停产（停建）整顿 167 矿次，暂扣安全生产许可证 127 矿次。

（四）扎实推进重点行业和领域专项整治

2012 年，全省各级、各部门以隐患排查治理为重点，进一步深化了道路交通等重点行业领域的安全专项整治。

道路交通：一是认真落实《国务院关于加强道路交通安全工作的意见》和省委道路交通安全专题会议要求，深刻吸取贵州省发生的重大道路交通事故教训，与省公安厅、交通运输厅联合开展了“道路客运安全年”活动，以及酒驾、涉牌涉证、校车、旅游包车和农村客运车辆安全等系列专项整治行动。二是配合开展了贵州省客运车辆及危险化学品运输车辆道路交通安全综合管理平台建设工作，建立了道路交通恶劣天气气象预警协调机制。三是进一步完善农村交通安全防控网络。依托乡镇安全监管队伍、专职交通安全员加强对农村机动车和驾驶人的管理，依法制止交通违法行为，维护农村公路交通秩序，确保道路安全畅通。目前，金沙、余庆等地已初步建立起由交警、派出所民警、乡镇干部和交通协管员共同组成农村道路交通安全专门管理队伍。四是贯彻落实省政府《关于进一步加强全省公路交通安全隐患排查治理的通知》精神，切实深化了全省公路交通安全隐患排查治理工作。2012 年，全省共排查出公路危险路段 2435 处，其他安全隐患路段 1284 处，并将 3656 条交通安全隐患信息录入隐患排查治理系统。

非煤矿山和尾矿库：认真贯彻落实《国务院办公厅转发安全监管总局等部门关于依法做好金属非金属矿山整顿工作意见的通知》精神，加快推进非煤矿山整顿关闭，出台了《贵州省 2012 年非煤矿山安全生产专项整治和关闭方案》和《关于印发贵州省非煤矿山最小开采规模和最低服务年限及安全生产管理制度（试行）的通知》，全年全省共依法关闭非煤矿山 501 家。深入开展了非煤矿山专项整治，重点督促企业加强地下矿山防透水，防中毒窒息，防冒顶、片帮，防坠罐跑车，防火灾，防采空区塌陷，防爆破事故等“七防”工作，开展了露天矿山采场、排土场边坡专项整治等专项行动。2012 年，全省 60% 的非煤矿山和尾矿库达到三级以上安全生产标准化水平，30% 的大中型非煤矿山和三等以上尾矿库达到二级以上安全生产标准化水平。

危险化学品和烟花爆竹：推动了危险化学品集中交易市场和烟花爆竹产业园区的建设，配合地方政府推进了城市区域内安全距离不符合要求企业的搬迁工作。加强对“两重点一重大”安全监管，基本完成了重点监管的危险工艺自动化控制改造，完成了全省危险化品重大危险源摸底备案工作，全省共备案 88 个危险化品重大危险源。深入开展了烟花爆竹生产、经营企业“三超一改”和生产销售旺季专项整治，查处安全隐患 4327 处，危险化学品安全隐患 6787 处。开展了氯酸钾和礼花弹专项治理，为所有县级监管部门和生产、批发企业配备氯酸钾快速检测试剂。2012 年，通过实施整顿提升改造工作，全省已有 847 家危险化学品企业通过三级安全生产标准化评审考核。

冶金等工贸行业：制定下发了《关于加快县域经济发展 做好冶金等工贸企业建设项目安全设施“三同时”监督管理工作的通知》，进一步规范细化了贵州省地方各级安监部门关于冶金等工贸企业新（改、扩）建项目安全监管的职责分工和工作方法。确定贵阳市、遵义市作为冶金工贸行业隐患排查治理体系建设试点城市。认真开展了有限空间作业和铝镁制品机加工企业等专项安全治理，查处非法违法行为 295 起。2012 年，全省有 390 家工贸企业完成了安全生产标准化评审工作。

职业卫生方面：严格执行产生职业病危害的新建、改建、扩建工程建设项目和技术改造、技术引进项目职业卫生“三同时”审查制度，全年完成职业病危害评价报告审查120个，职业病防护设施竣工验收项目22个。以“防治职业病，爱护劳动者”为主题，组织开展了2012年《职业病防治法》宣传周活动。组织开展了各市（州）职业卫生交叉检查及职业卫生专项督查活动、省际交叉检查、职业病危害专项治理和煤矿作业场所粉尘危害防治专项监察，共检查企业413家，发现问题1371项，提请关闭13家，依法取缔非法31家。选取瓮福磷矿作为试点单位，探索开展了贵州省职业病危害在线监控系统试点建设。继续深入开展了职业病危害项目申报工作。截至2012年12月31日，全省已申报职业病危害企业12512家，劳动者总数697797人，其中农民工300155人，占劳动者总数43%。

此外，积极配合有关部门，开展了建筑施工、铁路交通、水上交通、消防、特种设备、电力、教育、旅游、民航等行业和领域的安全生产专项整治和隐患治理。一年来，全省各级、各部门共检查各类生产经营单位、场所106552家，排查一般隐患563094项，整改率99.3%；重大隐患250处，整改率92.8%。

（五）加强安全生产应急救援管理工作

组织编写了《贵州省生产安全事故应急预案》，修编了《贵州省矿山事故应急预案》《贵州省冶金事故应急预案》《贵州省尾矿库事故应急预案》《贵州省危险化学品事故应急预案》等4个应急预案。组队参加了全国第九届矿山救援技术竞赛，取得了团体第四名、综合体能团体第二名、医疗急救团体第三名的好成绩。指导8个市（州）及大型企业开展了煤矿瓦斯事故、透水事故，危险化学品泄漏事故，烟花爆竹事故，自然灾害等多种形式的演练，总参演人数达4000余人次。同时，加强专兼职救护队建设，共举办专、兼职指战员培（复）训89期，参培人员11096人次，有效提升了救援队伍的素质和能力。全省有专职救护队40支，煤矿兼职救护队301支，专兼职救护队员达12000余名，有力地保障了事故抢险救援工作的顺利进行。2012年，在普安县安利来煤矿“7·25”冒落事故的救援中，经过97小时的努力，58名被困人员全部获救，创造了贵州省安全生产救援的成功范例。

（六）加强安全生产宣传和教育培训工作

一是以“科学发展、安全发展”为主题，在全省范围内组织开展了第十一个“安全生产月”活动，共发放宣传咨询221万余份，公益宣传短信80万条，受教育人数160余万人，53.1万人参加了危险化学品安全法规知识竞赛，实现了“以月促年”。二是开展安全培训和持证情况专项检查，检查36家安全培训机构，对存在违法和不规范的培训机构依法进行相应处罚。三是进一步加大了教育培训力度。一年来，全省共培训、复训各类生产经营单位主要负责人4422人、安全生产管理人员8201人、特种作业人员77274人、煤矿企业总工程师1004人、安全培训机构教师873名，完成注册安全工程师初始注册、延续注册和变更注册共488名。

（七）全面推进“科技兴安”战略

一是深入实施《贵州省“十二五”安全生产专项规划》，成立了能力建设规划实施工作领导小组，组织编制了《贵州省安全生产监管部门和煤矿安全监察机构能力建设规划（2011—2015年）实施方案》，估算总投资为72260万元。《贵州省安全生产监管部门和煤矿安全监察机构能力建设规划（2011—2015年）实施方案》已经贵州省政府同意并报国务院安委办备案。二是充分利用煤矿安全专项技改资金的引导作用，大力推进重点工程项目实施。2012年，共安排煤矿安全专项技改资金（含煤调基金）9000万元，引导总投资80720万元；完成了43个县级安全监管部门监管能力建设，项目计划投资2580万元。三是有效发挥中介机构技术支持的作用。2012年，贵州省安全评价机构共完成安全评价项目648项，检测检验报告1514个，指出重大隐患1117条，为政府提供技术支撑保障2023人次，为企业提供技术服务5757人次。四是开展了深化安全评价检测检验机构监管和从业行为专项治理工作。全年共抽查安全评价机构10家、检测检验机构2家，查出问题57条，对4家存在问题的机构给予经济处罚21万元，并取消1家评审资格。组织对省内14家安全评价机构（其中涉煤8家）进行年度考核，其中，给予通报批评2家、警告1家。此外，组织300人参加了国际安全生产论坛暨展览会和国际煤炭发展论坛暨煤矿科技展览会。

(八）严格安全生产行政许可

在对行政强制事项认真进行梳理的同时，进一步规范了行政许可管理。一年来，先后制定了《行政许可工作守则》《行政许可事项审批程序》《行政许可事项审批问责制》《行政许可审批工作时限》《行政许可首问责任人工作职责》《行政许可首问责任和服务接待制度》等工作制度。截至2012年12月31日，全省共颁发煤矿主要负责人安全资格证、非煤矿矿山主要负责人安全资格证14186个。同时，贵州省安监局、贵州煤监局全年各类行政许可共受理404件，发证312件。其中：煤矿受理374家（含新办证、延期、安全设施设计），核准286家；非煤矿山受理4家，核准4家；危险化学品生产企业受理14家，核准10家；烟花爆竹生产企业受理5家，核准5家；烟花爆竹经营企业受理2家，核准2家；安全培训机构受理1家，核准1家；矿山救护队受理4家，核准4家。

（九）严格事故查处和责任追究

及时通报了2012年发生的8起煤矿较大和重大事故，对其中6起煤矿较大事故进行了挂牌督办，依法公告了4起煤矿较大事故的调查处理情况。联合贵州省监察厅对2009年以来全省发生的较大煤矿事故责任追究落实情况进行了专项检查。同时，按照“一矿出事故，万矿受教育”的要求，认真开展煤矿警示教育，将2012年以来全国发生的14起典型煤矿事故的动画演示刻制成光碟，发放到每一个煤矿企业。2012年，全省发生的60起较大事故、4起重大事故均按要求进行了严肃查处，到期结案率达100%；查处煤矿事故53起，到期结案率达100%，共处理相关责任人368名、关闭煤矿6处。

（十）强化安全生产社会监督

2012年，贵州省安监局、贵州煤监局共办理建议提案5件，其中，人大建议2件，政协提案3件。同时，接待群众来访189人次，受理来信176件（含其他6件），办理行政复议案件4件。对核查属实的70件进行了处理，实际兑现举报奖励6人（次），发放奖金6000元。

（十一）加强安全监管监察队伍建设

一是严格落实党风廉政建设责任制，细化分解7项36条党风廉政建设任务分工，层层签订目标责任书，并下发了《党风廉政建设责任制考核办法》；梳理筛选出84项制度编制成《惩防建设制度体系》；制定了《贵州省安全监管局　贵州煤矿安监局廉政风险点及防控措施指导》，界定4类48个廉政风险点，对应采取32项防控措施；明确了党政正职“五个不直接分管”，即党政正职不直接分管行政审批（许可）、财务、人事、工程建设招投标、物资采购。二是组织开展了警示教育周活动，收集近年来发生在全省安全监管监察系统的受贿、渎职案例汇编成教育学习读本，发送廉政格言警句3000余人次；开展了谈心谈话活动，省安监局谈心谈话172人次，收到意见建议70余条。开展廉政文化建设进机关活动，出台了《廉政文化建设进机关实施意见》，订阅《画说职务犯罪》读本，并在贵州省安全生产信息网上开设廉政建设专栏。三是加强监管监察业务培训。全年开展组织业务和执法培训364人（次），376人次参加了国家安全监管总局专题视频讲座，67人参加了国家安全监管总局组织的煤矿安全避险“六大系统”专题培训班。一年来，全省2个集体、2名个人获得人社部和国家安全监管总局联合表彰，6个集体、70名个人获得国家安全监管总局表彰，22个集体、100名个人获得贵州省安监局表彰。截至2012年12月31日，贵州省、市、县三级安监机构编制达2797名（行政编制1019名），实有人员2453人；乡镇安监站（办）人员编制5126名，实有人员4419人。

云南省安全生产工作综述

一、全省安全生产状况

2012年，云南省安全生产形势稳定好转。全省各类生产安全事故起数和死亡人数同比大幅下降，没有发生特别重大事故。亿元GDP死亡率、煤矿百万吨死亡率、工矿商贸10万从业人员死亡率、道路交通万车死亡率都以两位数幅度下降。工矿商贸、道路交通、消防等重点行业领域事故明显下降。16个州(市)事故死亡人数均在控制指标内。

二、安全生产责任落实

云南省政府将安全生产工作列为2012年20项重要工作之一并由督查室重点督查。在全省县域经济发展争先进位评价考核中，将安全生产纳入“四项前置指标”之一，实行安全生产“一票否决”。省政府下发了《云南省安全生产“十二五”规划》《关于以三项行动三项建设为主题深入开展安全生产年活动的通知》《关于集中开展安全生产领域“打非治违”执法专项行动的实施意见》等重要文件。按照省政府《关于进一步加强安全生产工作的决定》要求，云南省各级政府进一步健全安全生产“一岗双责”制度，落实政府主要领导任安委会主任、常务副职分管安全生产，其他领导负责分管行业领域安全生产工作的要求。各级各部门逐级对口签订了安全生产目标责任，并兑现了奖惩。安全监管部门及时向有关部门和下级政府通报安全生产形势，向工作不落实的地区和部门发出督办通知，对较大以上事故责任单位进行诫勉谈话，对重大隐患和较大事故调查工作挂牌督办，典型事故开展现场警示教育，有效促进了安全生产责任的落实。

三、“打非治违”专项行动

2012年，云南省集中开展了为期9个月的打击非法违法生产经营建设行为（“打非治违”）专项行动。省政府印发了实施意见，成立了由分管副省长任组长的领导小组，召开专题电视电话会议部署。工信、公安、国土、住建、交通、安监、质监、煤监等8个省级部门分片包干，省安委办、省政府督查室联合督查，各级各部门突出重点地区、重点企业、重点问题，采取“四个一律”措施(对非法生产经营建设和经停产整顿仍未达到要求的，一律关闭取缔；对非法违法生产经营建设的有关单位和责任人，一律按规定上限予以经济处罚；对存在违法生产经营建设行为的单位，一律责令停产整顿，并严格落实监管措施；对触犯法律的有关单位和人员，一律依法严格追究法律责任)，重拳打击非法违法和违规违章行为。据不完全统计，全省组织“打非治违”执法专项行动督查检查组67946个，组织检查人员371582人次，打击非法违法、治理纠正违规违章行为742513起，取缔关闭非法违法生产企业906家，责令停产停业企业3973家，行政拘留402人，移送司法机关追究刑事责任118人，罚款5887万元。通过“打非治违”专项行动，云南省因非法违法生产导致的较大事故比例明显下降，由2011年的42起下降到2012年的26起，下降了38.1%。

四、重点行业领域安全专项整治

全省各级政府和安委会全体成员单位认真履行责任，开展了以煤矿、非煤矿山、危险化学品、道路交通、建筑施工、重点建设项目6个行业领域为重点的专项整治工作。煤矿突出抓了“一通三防”和水害防治工作，淘汰落后产能66处，关闭煤矿19个。非煤矿山开展了以完善通风系统为重点的地下矿山专项整治，以分台阶开采、机械化铲装和中深孔爆破为重点的露天矿山专项整治，矿山非法制贩爆炸物品和违法采矿专项治理。危险化学品开展了重点危险工艺、重点监管危化品、重大危险源“两重点一重大”专项整治。烟花爆竹开展了“三超一改”专项整治和整合工作。道路交通开展了驾驶员队伍、路面行车秩序、危险路段“三项整治行动”和以“大排查、大整治、大培训”为主题的“客运安全年”活动。建筑施工开展了以预防坍塌、高处坠落等事故为重点的建筑施工安全专项整治和轨道交通建设、铁路、公路、水电等重点建设工程专项整治。公安消防部门开展了民用高层建筑消防安全专项整治和消防“清剿火患”战役。教育部门继续实施了校舍安全工程。农业部门开展了“平安农机”创建活动。质监、铁路、民航、电力等有关部门也都有针对性地开展了行业领域的专项整治。

五、安全标准化建设

2012年，全省所有煤矿井下安全“六大系统”除紧急避险系统以外的“五大系统”已建设完成，正常生产的939处煤矿矿井达到三级以上安全质量标准化矿井。146座非煤地下矿山完成安全避险“六大系统”建设，24座三等尾矿库全部安装在线监测系统，安全标准化达标非煤矿山企业3926户。2620户危险化学品企业通过三级以上安全生产标准化考评，45户涉及危险化工工艺的生产企业完成自动化改造，116户烟花爆竹生产经营企业完成三级标准化创建工作。冶金、有色等工贸行业351户企业达到三级以上标准化。50户发电企业开展了安全标准化达标工作。完成建筑施工安全质量标准化工地创建50个，铁路建设项目安全质量标准化工地创建20个，水电建设项目安全质量标准化达标工地创建19个。

六、“保安全、冲万亿、促稳定”安全监管专项行动

围绕确保十八大期间全省安全生产和省委、省政府“稳增长、冲万亿、促跨越”目标，省安委办组织开展了“保安全、冲万亿、促稳定”安全监管专项行动。按照省政府《关于切实加强煤矿安全生产工作的紧急通知》要求，对年产3万吨及以下的煤矿矿井，年产9万吨及以下的高瓦斯矿井、煤与瓦斯突出矿井、按照煤与瓦斯突出管理的矿井进行重点监控。安全监管部门组织机关三分之二干部下基层、进企业，对重点地区、重点行业派驻工作组共派出督查组8批210人次，驻厂工作组6个，督查检查生产经营单位305户，查处隐患387个，整改368个，整改率95.1%。从9月份开始，全省安全监管系统实行“零报告”制度，每天县（市、区）向州（市），州（市）向省报告生产安全事故情况。

七、全国安全生产万里行云南段活动

2012年6月29日—7月4日由中共中央宣传部、国家安全监管总局、公安部、国家广播电影电视总局、中华全国总工会、共青团中央、中华妇女联合会共同主办的2012年“安全生产万里行”（以下简称“万里行”）活动在云南省曲靖市启动，国家安全监管总局党组书记、局长杨栋梁，云南省委常委、常务副省长李江出席出发仪式，仪式由副省长和段琪主持。由人民日报、新华社、中央人民广播电台、中央电视台，以及云南电视台、云南人民广播电台、云南日报等中央、省级18家新闻媒体组成的“万里行”采访团深入曲靖、昭通两地，通过举行报告宣讲会、召开座谈采访会、实地考察、现场采访等方式，集中开展安全生产新闻采访和报道，大力宣传“科学发展、安全发展”理念，广泛传播安全文化知识。

八、安全生产书画摄影展

2012年6月，由省委宣传部、省安监局、省总工会、省文联共同主办，云南铜业（集团）有限公司和云南建工集团有限公司协办的云南省安全生产书画摄影展在省博物馆举办。国家安全监管总局党组成员、总工程师黄毅、云南省人大常委会副主任程映萱、省政协副主席罗黎辉及主承办单位主要负责人出席了开幕式，省安监局党组书记、局长段丽元在开幕式上做了重要讲话。本次书画摄影展，共收到省内外安全生产工作者书画摄影作品3535件，作品主题鲜明，内涵丰富、贴近生活，以艺术表现形式大力宣传安全生产法律法规和方针政策，热情讴歌广大安全生产工作者不畏艰险、爱岗敬业、开拓创新的精神风貌，记载了应急抢险救援的生动场面，记录了安全生产工作的点滴瞬间，具有较好的思想性、教育性和较高的艺术赏析价值。展出期间，参观人数达到5万余人次，社会反响热烈，大力营造了“关爱生命、关注安全”的良好社会氛围。

九、事故应急救援

2012年，全省安全生产应急救援机构累计完成各种应急救援任务1488起，成功救出遇险人员842人，生还695人。在昭通市彝良县“9·7”地震灾害和镇雄县“1·11”山体滑坡救援工作中，安全生产应急救援队伍发挥了抢险救灾的重要作用。安全监管部门与气象等部门建立了预警工作机制和24小时情况通报制度，全年发出极端天气预警76次。

十、生产安全事故查处

2012年，全省各类生产安全事故查处按期结案率95.89%，其中较大事故按期结案率90%，重大事故按期结案率100%，对全省发生的80起较大事故进行了挂牌督办。2012年，累计追究处理相关责任人88人，其中，给予党纪政纪处分72人，移送司法机关追究刑事责任16人。

西藏自治区安全生产工作综述

一、2012年安全生产总体情况

2012年，西藏自治区共发生各类生产安全事故921起，占控制指标的76.30%，同比下降23.45%；死亡356人，占控制指标的72.36%，同比上升5.64%。

二、2012年安全生产工作开展情况

（一）统筹安排，全面部署

自治区先后召开了全区安全生产工作会议、3次区安委会全体会议、4次专题会议和2次全区安全生产电视电话专题会议，制定下发了《西藏自治区人民政府贯彻国务院关于坚持科学发展安全发展促进安全生产形势持续稳定好转的实施意见》（藏政发〔2012〕59号）等一系列文件，及时认真贯彻落实党中央、国务院和西藏自治区党委、政府关于加强安全生产工作的一系列决策部署及重要会议精神，切实抓好组织实施，推动工作落实。

（二）进一步健全完善安全生产控制指标分解、监控、考核体系

一是严格落实责任。及时将自治区安全生产控制指标分解下达到七地（市）行署（政府），并按照行业职责分工又分解落实到18家区（中）直部门，同时要求各地（市）再分解落实到辖区内的县（市、区）政府，建立健全了区、地（市）、县（市、区）三级安全生产目标责任考核体系，落实政府监管责任主体、行业监管和属地管理原则。二是健全机制，严格奖罚。在2012年初召开的全区安全生产工作会议上，西藏自治区人民政府兑现了2011年度七地（市）及18家区直（中）单位安全生产目标责任奖罚。年底为严格目标考核奖罚，确保考核公开、公平、公正，自治区组织5个考评组分赴七地（市）、18家区（中）直单位进行了2012年度安全生产目标责任书考评，确保目标责任书落到实处，建立健全了安全生产激励约束机制。三是进一步强化动态监控。在坚持安全生产形势通报制度、事故查处督办制度、重大隐患挂牌督办制度的同时，不断完善“月通报、年考核”制度，坚持每季度把各地（市）安全生产形势和控制指标执行情况及时通报给地（市）、县（市、区）两级党委、政府的主要领导、分管领导和政府安委会成员单位，对安全生产形势严峻的地（市）和行业主管部门及时发出预警通知，强化日常监控督办。

（三）深入集中开展“打非治违”专项行动

按照《国务院办公厅关于集中开展安全生产领域“打非治违”专项行动的通知》（国发明电〔2012〕10号）和《西藏自治区人民政府办公厅关于集中开展安全生产领域“打非治违”专项行动的通知》（藏政办发〔2012〕50号）精神，及时组织各地（市）、自治区相关部门从2012年6月起，对辖区和行业部门内各类非法违规行为进行了依法打击和整治。期间全区企业共自查自纠非法行为121起，查处“三违”行为325起，对非法行为制定了整改方案，限期整改，违规行为整改率达86%。排查隐患9455处，整改8869处，整改率达93.8%；排查治理重大事故隐患43处，整改销号33处，整改率76.7%，列入治理计划重大事故隐患9处，责令“三停”单位128家，行政处罚120多万元，关闭取缔非法生产经营单位21家，行政拘留25人。

（四）突出重点，全力深化各项专项整治活动

一是深化道路交通安全整治活动。为坚决遏制住道路交通事故多发频发的势头，以“压事故、

保安全、促稳定”为目标，自治区先后组织开展了道路交通“双下降”专项整治、迎十八大道路交通安全百日大整治、道路客运安全年、道路客运隐患整治等多项专项整治行动；相关行业主管部门认真履行职责，强化路面管控，全区共设置公安综合检查站、公安交通安全服务站59个，严厉打击各类道路交通非法违法行为；制定下发了《西藏自治区道路交通运输车辆安全生产卫星定位监控系统管理办法（试行）》，加快全区各级监控平台、分控中心与总控中心建设，完成了全区4553辆“两客一危”运输车辆车载终端的安装工作，开通了全区交通管理信息发布平台，完成了道路交通管理综合应用平台和区、地（市）公安交通管理机关业务装备配备建设，科技监管监控能力进一步增强。自开展各类专项整治行动以来，共检查登记7座以上客运旅游车辆110万辆、货车78万辆，查处各类违法行为10万余起；检查运输企业118家，检查车辆225万台/次，查处违法违章车辆1.6万台/次，整改隐患39处，累计培训5881人次；治理公路1990千米，改造桥梁20座。二是深化建筑施工安全专项整治。以预防坍塌、高空坠落、物体打击、触电、起重机械、工地火灾事故为重点，积极开展建筑施工领域安全专项整治。共组织各类检查12次，检查各类施工现场400个、检测建设施工现场起重设备117台/次，提出各类整改建议和意见2760余条，现场整改率达90%以上，确保了全区建筑施工领域安全形势的稳定。三是深化消防火灾安全专项整治。进一步巩固深化“清剿火患”战役成果，深度实施“四个类区”消防安全网格化、户籍化管理，深入开展“三个专项”治理活动，全面清剿“七个专业”火灾隐患，有效消除整治了一大批火灾隐患和消防违法违规行为。全年共检查单位77012（家、次），发现火灾隐患或违法行为119306处，督促整改118127处；责令“三停”单位817家，拘留227人，全面净化了社会消防安全环境，被评为全国“清剿火患”战役排查整治工作成绩突出公安消防总队。四是深化矿山安全专项整治。积极推进安全生产标准化和隐患排查治理体系及地下矿山安全避险“六大系统”建设；组织矿山、冶金等工贸行业安全检查17次，建立了矿山企业隐患排查分级分类机制，强化整改落实；组织开展了全区矿山企业拉网式安全检查。共组织矿山检查组20多个，深入矿山排查隐患330多处，关闭整顿矿山企业4家，下发整改通知书70多份，提出整改建议240多条，全区矿山企业安全生产秩序进一步规范。五是深化危险化学品安全专项整治。加大了对“私自出售、储存成品油”和“违规运输易燃易爆品”的打击力度，没收非法储存、销售汽（柴）油690升，收缴、销毁超大号打火机6箱，检查、排查危险化学品运输、客运车辆600余台次，成功打掉7处非法制售“醇基液态燃料”黑窝点，收缴、销毁醇基液态燃料34吨；同时深入开展易制毒化学品领域的专项治理活动，进一步摸清了西藏自治区易制毒化学品生产、经营单位的基本情况，为易制毒化学品领域的深入整治奠定了基础，有效维护了社会的和谐稳定。

（五）积极推进安全生产标准化和隐患排查治理体系建设工作

制定下发了《西藏自治区企业安全生产标准化建设实施方案》，进一步明确了工作任务、实施办法、工作分工、工作要求及相关优惠政策，积极推进全区安全生产标准化建设工作，已完成7家矿山企业标准化试点工作，并在山南地区隆子县召开了矿山企业标准化试点暨授牌仪式现场会。根据《国务院安委会办公室关于建立隐患排查治理体系的指导意见》要求，自治区隐患监测监控平台现已基本建成，拉萨、日喀则、山南、那曲、阿里地（市）监控平台已建成，5家试点矿山企业监测监控平台和尾矿库在线监测系统也已基本建成。地下矿山企业安全避险“六大系统”试点工作正积极推进，1家试点企业已建成试运行。

（六）积极开展生产安全事故调查处理

根据《自治区安委会关于印发〈西藏自治区较大生产安全事故查处挂牌督办办法〉的通知》（藏安委〔2012〕3号）、《西藏自治区人民政府办公厅关于对迎“十八大”道路交通安全百日大整治行动期间道路交通事故责任追究的通知》（藏政办发电〔2012〕606号）和《生产安全事故报告和调查处理条例》（国务院令第493号）的规定要求，对已经发生的28起较大事故逐起下发了督办通知，各地（市）、相关部门已按督办通知要求上报事故调查报告，并进行了备案审批；加大了对“十八大”期间较大道路交通事故的责任追究力度，严肃追究处理了相关责任人员；完成了2011

年昌都地区昌都县“12·6”和2012年林芝地区波密县“6·16”两起重大道路交通事故的调查处理工作，以事故教训推动安全生产工作。

（七）切实加强安全生产宣传教育培训力度

以宣传贯彻国发〔2012〕40号、藏政发〔2012〕59号文件精神为主线，相关行业主管部门认真组织开展了以“以人为本、安全发展、科学发展”为主题的全国第十一个“安全生产月”咨询日、《职业病防治法》宣传周、消防“11·9”、道路交通安全日等宣传活动，协调安排7家区安委会成员单位负责人做客西藏人民广播电台，解答安全生产相关法律法规，起到了良好的社会宣传效果。组织开展了全区安全监管系统执法人员和《职业病防治法》专题业务培训班、高危行业主要负责人、安全生产管理人员及特种作业人员安全教育培训考核，全区安全生产管理水平得到进一步提升。全年共组织矿山、危险化学品行业主要负责人、安全员资格培训和特种作业人员培训共3期，其中非煤矿山400多人次、危险化学品100多人次、特种作业80多人次。

（八）积极推进安全监管保障能力建设

积极协调落实《国家发展改革委　国家安全监管总局关于印发安全生产监管部门和煤矿安全监察机构监管监察能力建设规划（2011—2015年）的通知》（发改投资〔2012〕611号）中涉及西藏安全监管系统的项目资金；制定下发了《西藏自治区“十二五”时期安全生产规划》（藏政发〔2012〕58号），明确了“十二五”期间全区安全生产工作的目标任务；积极推进自治区安监局综合业务用房建设工作，积极申报西藏自治区安全监管系统安全生产应急救援指挥中心建设项目，加快推进地（市）安监局综合业务用房建设。在林芝地区组织筹备召开了首次全国安全监管系统和部分中央企业支援西藏自治区安全监管系统工作座谈会，国家安全监管总局相关司局及直属事业单位负责人、21个省（市）安监局领导和11个中央企业负责人出席了会议，在基础设施建设、交通执法车辆、专业监管装备、信息系统建设、应急救援能力建设、安全科学研究、专业人才培养、监管队伍建设、安全宣传教育等9个方面提出了一系列的援助措施，达成支援意向约30个，项目18个，资金约2000万元，初步搭建起了支援西藏自治区安全监管系统工作的平台和交流协调机制，为构建对口支援西藏自治区安全监管系统长效机制打下了坚实基础。

陕西省安全生产工作综述

2012年，陕西省各类生产安全事故起数和死亡人数分别同比下降3.56%和5.53%；较大事故起数和死亡人数同比下降均在14%以上。亿元GDP死亡率、煤矿百万吨死亡率、工矿商贸10万从业人员事故死亡率和道路交通万车死亡率等相对指标持续下降。

2012年，陕西省重点做了以下工作。

一、大力实施科学发展战略，“安全生产、平安生活”的安全理念不断深入人心

按照国务院和陕西省政府关于坚持科学发展、安全发展，促进安全生产形势持续稳定好转的意见和要求，陕西省以实施“131久安工程”为载体，以加强安全生产目标责任体系建设为着力点，以加强安全生产监管监察能力、安全生产法律法规体系和安全文化“三项建设”为抓手，以实现过程控制和企业精细化管理为目标，坚决遏制重特大生产安全事故发生。各级政府坚持把安全生产工作列入经济社会发展的总体规划，把“企业安全生产、群众平安生活”作为最大的民生和民心工程来抓，安全发展的理念在全社会达成共识，安全发展不断深入人心。

二、健全各项制度，安全生产责任得到有效落实

针对陕西省安全生产管理中存在的薄弱环节和突出问题，切实加强了政府的属地管理责任、行业的安全监管责任和企业的安全主体责任落实。建立了《陕西省安全生产通报制度》和《陕西省安全生产警示预报制度》，每月对各市安全生产主要工作任务、控制指标完成情况和整体工作情况进行评估，每季度进行一次排名通报，推动各市（区）安全责任不断落实；制定出台了《陕西省城市公共经营场所安全管理若干意见》和《陕西省烟花爆竹燃放管理规定》，严格落实煤矿安全“十必须十禁止”、非煤矿山“六必须六禁止”、道路交通“30条”等规定，不断强化各行业安全管理；印发了《陕西省生产经营单位安全生产主体责任规定》，明确了企业是安全生产的第一责任人，要对企业的安全全面负责，从而有效推动安全生产各项制度有效落实，安全生产各项工作有序开展。

三、强化安全措施，煤矿等重点行业领域的安全能力不断提高

煤矿方面，强制淘汰硐式、房柱式采煤方法，扎实推进小煤矿托管和机械化改造，严格落实瓦斯、水患和大面积冒顶等预防措施，全省关闭小煤矿66处，淘汰落后产能423万吨，煤矿生产安全事故和死亡人数同比分别下降50%以上，百万吨死亡率0.073，比全国平均水平低80%。非煤矿山方面，重点推进小采石场整治和地下矿山“六大系统”建设，共关闭整合注销矿山314处，完成紧急避险等“六大系统”建设170家。道路交通方面，深入开展“两客一危”集中整治，严格落实9座以上长途卧铺旅游客车零时至5时落地休息制度，在26076辆客运班车、8417辆危险化学品运输车辆安装了GPS或行驶记录仪，分别占总数的80%以上；积极推广武功县建立农机、交警合署办公，成立农机交警中队的乡镇道路安全管理经验，切实加强对农村低速货车、拖拉机载人等违法行为的治理。危险化学品、烟花爆竹方面，广泛开展液化气储配站、天然气加气站等部位及配套设施的安全专项整治，全面完成36家企业自动化改造任务。采取“以奖代补”方式，积极推进烟花爆竹整顿提升，基本完成180家生产企业涉药工序机械化改造。消防方面，切实加大城乡接合部、城市公共经营场所等重点部位预防火灾整治力度，全面部署并开展了消防安全网格化管理，消防救援能力不断加强。职业危害方面，完成职业危害申报备案企业4492家，职业健康业务知识培训、执法资质考核和专家库建设等工作进展良好。建筑施工、民爆、冶金等其他行业领域也都结合自身实际，积极开展安全专项整治行动，进一步增强了企业安全生产能力。

四、强化监管措施，“打非治违”和隐患排查治理效果显著

紧紧围绕“打非治违”工作，坚决遏制重特大事故发生。省、市、县政府分别结合实际，制定并严格落实“打非治违”实施方案，强化了工作措施。2012年6月，陕西省政府在渭南市潼关县召开了“打非治违”现场会，总结推广了“潼关经验”，要求各地市着重在“打非治违”管理体制、运行机制、方法手段等方面谋求创新，有效打击非法违法生产经营建设行为。截至2012年底，全省共组织“打非治违”检查3.5万批次，查处17万余起非法违法、违规违章生产行为，责令改正、限期整改和取缔非法生产行为3万余起；责令停产、停业、停止建设2147家，暂扣或吊销有关许可证、职业资格5765个；关闭非法违法企业2277家；实施经济处罚5454万元。坚持对隐患排查治理进行省、市、县三级安委会挂牌督办。2012年全省共排查一般隐患17余处，整改率99.46%；其中，排查重大隐患199处，已整改销号186项，整改率93.46%，累计落实治理资金704289.9万元。

五、加强基础建设，安全监管能力和企业本质安全不断增强

争取资金对全省45个县的安全监管监察装备进行统一配置。大力推进以精细化管理为主要内容的安全生产标准化建设，全省256处生产煤矿全部开展了安全标准化达标活动，476家非煤矿山、1687家危险化学品、22家烟花爆竹、16家机械制造和轻工企业已基本实现达标。全年培训企业主要负责人、安全生产管理、特种作业人员和农民工近16万人，基本实现高危行业领域从业人员持证上岗。狠抓安全监管系统政风行风和反腐倡廉建设，深入开展争先创优和“三问三解”活动，安全监管部门的服务意识进一步增强。

六、加强应急预案演练，应急救援能力不断增强

依托中省骨干企业建立了7支省级应急救援队伍，增强了应急抢险队伍的力量；完成了省级应急平台数据中心及机房配套工程建设和综合应用系统开发工作；建立了“横向到边、纵向到底”的生产安全事故应急预案体系，应急预案覆盖率达到

100%；依法加强了对生产经营单位应急预案工作的监督管理和检查，修订完善了4个部门专项预案，对28家中省和大型企业制定的应急预案编制情况进行了审查和备案；开展了省、市、县、企业四级响应的陕西省原油集输站重大闪爆事故应急救援演练活动，增强了全省应对突发事件的能力。

七、加强安全宣传教育培训工作，全社会安全意识不断提高

依托以“安全发展、科学发展，安全生产、平安生活”为主题的第十一个“安全生产宣传月”活动和安全生产咨询日活动，广泛开展了安全展板宣传、安全咨询、安全知识竞赛等活动，大力宣传了近年来国家和省加强安全生产的一系列安排部署、安全生产好的经验和做法，取得了广大人民群众对安全生产的支持，提高了全社会安全生产意识。加强安全培训，全年共培训领导干部和安全监管人员467人；培训生产经营单位主要负责人和安全生产管理人员24579人，培训特种作业人员49870人、企业班组长22303人；培训农民工75062人，基本实现高危行业领域，从业人员100%持证上岗。

2012年，陕西省虽然在安全生产各项工作中取得了一定成效，但仍然存在事故总量偏高、基础建设薄弱，安全责任不落实等问题，下一步陕西省将以党的十八大精神为指针，以促进经济社会科学发展、安全发展为目标，以保障人民生命财产安全为根本出发点，认真做好八项工作：一是强化制度建设，促进安全生产责任制落实；二是强化“打非治违”和隐患排查治理工作，促进长效机制建设；三是强化煤矿和非煤矿山安全管理，促进瓦斯治理和整合关闭；四是强化安全生产专项整治，促进道路交通等重点行业领域安全生产；五是强化企业精细化管理，促进安全标准化水平不断提高；六是强化安全宣传和文化建设，促进全民安全素质不断增强；七是强化应急管理体系建设，促进预警预测和应急救援能力提升；八是强化基层责任、基础建设和基本素质，促进安全监管能力和企业本质安全水平提升。

甘肃省安全生产工作综述

一、2012年全省安全生产总体情况

（一）三项指标持续下降

甘肃省各类生产安全事故死亡1639人，同比减少98人，下降5.6%；受伤3386人，同比减少241人，下降6.6%；直接经济损失17427.7万元，同比减少2814.4万元，下降13.9%。但生产安全事故起数，同比增加3402起，上升82.9%，主要是消防火灾事故统计口径变化所致，同口径相比事故起数仍呈下降趋势。

（二）大部分市州和行业领域安全生产状况较为稳定

除白银市外，其他13个市州各类生产安全事故死亡人数未超出年度控制指标。除煤矿外，其他行业领域生产安全事故死亡人数未超出年度控制指标。

（三）全省安全生产指标控制情况较好

全省各类生产安全事故死亡人数、较大事故起数和重大事故起数控制在国家下达的年度控制指标之内。2012年是近年来全省生产安全事故死亡人数减少最多的一年。同比，2009年少死亡39人，2010年少死亡46人，2011年少死亡40人，2012年少死亡98人。

二、2012年安全生产重点工作

（一）政策保障措施进一步完善

2012年，先后出台了《甘肃省人民政府关于坚持科学发展安全发展促进安全生产形势持续稳定好转的实施意见》《甘肃省人民政府关于进一步加强安全生产基层基础工作的意见》《甘肃省安全生产委员会关于进一步加强中央在甘企业和省属企业安全生产分级属地监管的意见》等指导全省安全生产工作的政策措施。出台了《甘肃省校车安全管理办法》等行业领域管理办法，修订了《甘肃省安全生产责任制考核办法》《甘肃省安全生产预警制度》《甘肃省安全生产委员会工作规则》《甘肃省安全生产委员会成员单位工作职责》《甘肃省安委会办公室关于大力推进全省安全生产文化建设的实施意见》等一系列制度，安全生产长效机制进一步建立。

（二）“一岗双责”制度得到较好落实

按照甘肃省政府要求，各市州、县区政府主要领导均担任了安委会的主任，明确了政府领导班子成员安全生产工作责任。各行业主管部门落实相应的安全监管责任，将安全工作纳入行业的整体发展规划并组织实施，通过严格安全生产行政许可，实施分类指导，落实重点监管、跟踪整改以及警示约谈、黄牌警告、责任追究等有效措施，进一步加大了对主管行业领域安全工作的监督和管理。企业普遍健全完善了安全生产管理责任体系、保障责任体系、岗位责任体系和相应的激励约束机制，主体责任进一步靠实。同时，全省实行目标管理全覆盖，层层签订了安全生产目标责任书，定期组织督查检查，严格“一票否决”，持续加大了上级政府对下级政府、上级管理部门对下级管理部门、管理部门对企业的检查考核力度。甘肃省安监局会同监察厅对全省安全生产“一岗双责”责任制落实情况进行专项督查，甘肃省安委办对33个县区政府主要领导人、市州政府对其他县区政府主要负责人进行了座谈，有效促进了安全生产责任落实。

（三）“打非治违”专项行动成效显著

各市州政府成立了“打非治违”专项行动领导小组和工作机构，明确了工作重点，落实了责任任务。结合各行业领域实际，全省制定并实施了18个“打非治违”行动专项方案，严厉打击非法违法生产经营建设行为。甘肃省安委会及时召开“打非治违”工作座谈会和联席会议，梳理查找薄弱环节，研究制定对策措施，进一步推动了工作落实。省安监局制定“抓落实，查隐患，保安全三十条措施”，要求机关业务处室全年下基层执法检查不少于100天。2012年4月份以来，省安监局会同有关部门，坚持每季度对全省“打非治违”专项行动进行阶段督查，始终保持高压态势，对重大非法违法行为，实行跟踪督办，确保问题整改到位、责任追究到位、行政执法到位。11月份，全省部署了“打非治违”和“回头看”行动，开展了为期40天的专项整治，进一步加大打击力度，确保了“打非治违”行动实效。全年两批共公告停产整顿企业421家，关闭取缔313家。

（四）专项整治取得新进展

以瓦斯、水、火隐患治理和小煤矿整顿关闭为重点，认真开展煤矿安全生产专项治理，公布关闭了7家不具备安全生产条件的煤矿。2012年9月份，煤矿两起事故发生后，全省对30万吨以下所有煤矿采取停产整顿措施，向30万吨以上矿井派驻县处级干部，督促其开展隐患排查治理。在非煤矿山领域，对地下矿山企业集中开展“防中毒窒息、防透水”和“防跑车、防坠罐”专项整治，截至2012年底，有140户地下矿山已配置超前探水钻机，并实现机械通风，70户企业完成矿井绞车、钢丝绳等危险性较大设备设施检测检验工作；在露天矿山落实“用机械、先剥离、分台阶、控边坡”治理措施；中央财政支持治理的18座尾矿库治理工程基本完成，65座无主尾矿库治理项目已通过国家安全监管总局、国家发展改革委的评审。危险化学品行业实施工艺装置改造工程，30户重点监管企业全部完成了自动化系统改造，40多户工艺技术落后、本质安全水平低、不符合产业政策的企业被淘汰出局。实施烟花爆竹防伪标签管理，严格流向监控。深入开展道路与水上交通“五整顿、三加强”工作，打击非法营运，治理超限超载行为，加强对客运、校车和危险化学品运输的安全监管，“两客一危”车辆全部安装了定位装置，实现了实时监控。建筑施工行业深入开展以深基坑、高支模、脚手架和建筑起重机械设备等为重点的建筑安全专项整治工作，不少隐患得到治理。加大对“城中村”“三合一”“多合一”建筑区域的隐患整改，人员密集场所消防安全管理进一步加强。机械、轻工、纺织、烟草、商贸、电子、水利、铁路、民航、电力、林业、农牧、旅游、教育等行业认真开展专项整治行动，积极整改安全隐患，行业整体安全水平不断提升。强化对职业病危害的监管，进一步完善重点行业企业职业病预防措施。

（五）安全标准化建设上了新台阶

各企业积极推进以岗位达标、专业达标、企业达标为主要内容的安全生产标准化建设。全省煤矿企业中已有117户生产企业通过标准化验收。非煤矿山企业中有3户达到标准化一级，18户达到标准化二级，1143户达到标准化三级；危险化学品和烟花爆竹生产企业标准化三级以上达标率达到100%，10户危险化学品企业达到标准化二级。冶金等工贸行业中有3户达到标准化一级，61户达到标准化二级，234户达到标准化三级。企业班组建设进一步加强，作业现场管理措施进一步落实，安全管理水平不断提高。

（六）安全保障能力进一步提升

积极督促企业落实《企业安全生产费用提取和使用管理办法》，对安全生产的投入持续加大。2012年，安排下达省级安全监管能力建设资金1亿元，推进了市州应急救援指挥平台和15个省级应急救援基地建设，应急救援保障体系进一步完善。省级煤矿与非煤矿山、非矿山与重大危险源监控、职业危害检测与鉴定、劳动防护用品安全检测等实验室建成运行或正在建设。建立了省级安全生产专家库，聘请专家164人，为安全生产监管工作提供了智力保障和技术支持。完成了全省尾矿库安全信息管理系统建设，加强了对尾矿库的安全监控。强化对用人单位职业卫生的监管，全省已有3074家企业完成职业病危害项目申报。企业积极推广应用新材料、新工艺、新技术，安全保障能力有了进一步提高。

（七）"双基"建设迈出新步伐

各市州、县区和有关部门认真贯彻省政府《关于进一步加强安全生产基层基础工作的意见》，加强和支持安全监管机构和队伍建设，市级执法大队统一升格为副县级建制，执法人员力量得到了充实。国家第一批支持的42个重点防控县专业执法装备建设项目得到落实，基层安监部门专业执法装备水平得到有效提高。大部分市州、县区足额落实了安全生产专项资金，安全生产基层基础建设得到了保障。

（八）宣传教育工作有了新气象

围绕"科学发展、安全发展"主题，构建安全文化参与体系，开展宣传咨询日、专家下基层、知识竞赛、青年安全示范岗、"安全陇原行"等活动，提高群众安全文化素质；构建安全文化培训体系，培训企业主要负责人、安全管理人员近1.6万人次，特种作业人员8.5万人次，市州、县区分管领导和安监局局长210人次；构建安全文化交流体系，派出各市州和部分县区分管领导参加国家安全监管总局组织的专题培训班，邀请国家安全监管总局职业健康司、规划科技司、国家安科院、河北省安监局的领导和专家来甘肃省进行依法行政工作专题讲座，促进了甘肃省安监队伍素质建设；构建安全文化舆论引导体系，通过新闻发布会、"阳光在线"直播、网站和媒体发布安全生产信息，通报重大事故查处督办情况，回应社会和公众关注的热点问题，正确引导社会舆论。成功举办全国安全文化建设现场会，甘肃省作为安全文化创建工作先进单位介绍了经验，金川公司、靖煤集团被评为全国安全文化示范企业。

青海省安全生产工作综述

一、2012年安全生产工作总体情况

2012年，青海省实现了各类事故起数和死亡人数、较大事故起数和死亡人数、工矿商贸事故起数和死亡人数3个方面的显著下降，全年共发生各类事故585起，死亡633人，分别下降13.58%和4.81%，较大事故18起，死亡72人，分别下降10.31%和15.29%，工矿商贸事故起数和死亡人数下降17.65%和19.51%，道路交通事故起数和死亡人数也有所下降。全省指标控制情况良好，各项指标连续第9年控制在国务院安委会下达的指标范围内。

二、2012年安全生产重点工作

（一）领导重视，目标责任明确

青海省委、省政府领导高度重视安全生产工作，省委、省政府主要领导和分管领导同志分别多次作出重要批示，要求各地区、各相关部门采取切实有效措施，狠抓重点地区、重点行业和领域的安全生产工作，严防重特大安全事故的发生。省政府常务会议专题听取安全生产工作汇报，分析安全生产形势，安排部署阶段性安全生产工作。省安委会

两次召开全体会议、一次召开全省电视电话会议，省安委会办公室多次召开部分成员联络员会议和相关行业联席会议，及时安排部署全省阶段性重点工作，通报各行业领域安全生产工作进展情况，研究解决在隐患排查、“打非治违”、专项整治、交通管理等方面存在的问题，进一步提高了安全监管工作效能。同时，积极督促各级党委和政府领导提高对安全生产工作的重视，定期研究或听取安全生产工作汇报，组织召开安全生产相关工作会议，对年度和阶段性安全生产作出安排部署，及时研究解决安全生产工作中的重大问题，并从经济和社会发展的全局出发，不断加强对安全生产工作的领导。监督指导全省各级安全监管部门树立安全发展理念，认真履行监管职责，加大与其他相关部门和单位的协调、沟通，形成了安全监管的合力，不断加强和改进安全生产工作，预防和控制生产安全事故的发生，避免和减少事故造成的人员伤亡、财产损失以及产生的不良社会影响，推动了安全生产工作的健康稳定发展。

（二）治理深化，安全秩序规范

认真贯彻落实国务院办公厅、青海省政府办公厅关于深化“安全生产年”活动和集中开展打非治违专项行动的统一安排部署，研究制定工作方案，明确工作目标和任务，在全省范围内分别开展了安全生产专项整治和“打非治违”专项行动。一是根据国务院关于继续深化“安全生产年”活动的总体要求，省政府办公厅印发了《关于深化“安全生产年”活动实施意见的通知》，从落实企业安全生产主体责任、政府和部门监管责任、安全生产专项整治、严厉打击非法违法行为和强化目标责任考核等方面进行了安排部署。二是研究制定了《青海省集中开展重点行业和领域安全生产专项整治实施方案》，以交通运输、建设施工、煤矿、非煤矿山、危险化学品及烟花爆竹、民用爆炸物品、农业机械、特种设备、消防等 9 个行业领域为重点，制定专业整治方案，规范整治内容，明确整治责任，为确保专项整治行动取得实效提供了保障。从 2012 年初开始，各相关部门结合本行业领域实际，分别开展了“道路客运安全年”和“工程建设领域预防施工起重机械脚手架等坍塌事故专项整治”等行动；针对中秋节、国庆节及党的十八大期间安全生产工作的特点，及时下发了《关于迅速开展安全生产隐患再排查再整改确保全省安全生产形势持续稳定的通知》和《关于切实做好中秋国庆及党的“十八大”期间安全生产工作的通知》，要求各地区和相关部门从抓安全生产工作的薄弱环节入手，提高安全生产责任意识，切实做好安全生产工作，确保中秋节、国庆节及党的十八大期间全省安全生产形势稳定；先后 3 次组织省、市、区安全监管局、公安消防、建设、质监等部门对青洽会国际展览中心进行安全检查，对检查中发现的安全隐患提出限期整改要求，并对存在的安全隐患实行跟踪督办，确保了青洽会的成功召开；会同相关部门、地区开展全省道路交通安全专项大检查和大用户、高危用户供用电安全隐患治理情况专项检查，对兰新铁路青海境内第二双线、西宁机场二期工程、海湖新区热电联产项目、黄南州扎毛水库工程等重点工程的安全生产情况进行专项检查。三是按照国务院和青海省政府电视电话会议的统一安排部署，成立以省委常委、副省长、省安委会主任为组长，省级 16 个行业领域主管部门负责人为组员的省政府“打非治违”专项行动领导小组，制定印发《“打非治违”专项行动办公室工作方案》和《青海省集中开展安全生产领域“打非治违”专项行动实施方案》，并先后组织 3 次召开了“打非治违”专项行动领导小组成员单位联络员会议和中央驻青及省管企业“打非治违”专项行动专题会议，总结前一阶段“打非治违”专项行动工作，协调解决专项行动中存在的突出问题，安排部署了下一阶段专项行动工作。根据国务院安委办第五督导调研组 2012 年 7 月份在青海省督导调研期间提出的继续深入开展“打非治违”、确保安全生产形势持续稳定好转的意见建议和要求，及时印发了《关于进一步做好“打非治违”专项行动第三、四阶段工作的通知》，对加强执法检查，严格落实责任，全面落实“四个一律”工作措施及严格信息统计报送等方面进行了安排部署。针对国务院安委会第二督查组 2012 年 9 月份督查青海省时提出的问题，按照省政府领导的指示精神，省安委会办公室立即分别向相关地区、部门和单位下达了《督办通知》，要求按照国务院安委会督查组指出的问题，采取切实有效的措施，认真对照整改，各类隐患要逐项整改验收。同时要求认真开展一次安全大检查，举一反三，全面细致地查找安全隐患，制定切实有效的对策措施，坚决防范生产安全事故的发生，确保两节及十八大期间安全生产形势稳定。同时，加大对全省集中开展安全生产领域“打非治违”专项行动的督查力度，制定下发了《关于对全省集中开展安全生产领域“打非治违”专项行动进行督查的通知》，明确督查时间，确定了督查内容及任务分工，组织3个综合督查组、14个专项督查组到各地区开展督查工作，督促落实专项行动责任制。各地区、各相关部门累计组织督查检查组393个，组织督查人员1466人（次），其中，省级督查覆盖率达60%以上，州（地、市）级督查覆盖率达70%以上，县级督查覆盖率达85%以上；各企业结合实际，制定专项行动自查自纠实施方案，全面开展自查自纠工作，严格落实整改方案、责任、时限、措施和资金，有针对性地开展了专项行动，全省组织开展安全生产自查自纠企业17347家，排查治理安全隐患52066条。通过深化“安全生产年”活动和集中开展“打非治违”专项行动，共关闭取缔企业47家（建筑施工28家、煤矿4家、非煤矿山4家、消防11家），处理事故责任人66人。全省有6项工程获得“AAA级安全文明标准化诚信工地”称号；89项工程获得“省级建筑施工安全质量标准化示范工地”称号；7项工程获得部级公路水路工程“平安工地”称号，11项工程获得省级公路水路工程“平安工地”称号；所有煤矿生产矿井、50%金属非金属矿山实现安全标准化达标，234家危险化学品生产经营单位、5家电力企业安全标准化达标。

（三）宣传深入，舆论环境良好

结合深入开展“安全生产年”活动的要求和年度安全生产中心工作，以“安全生产月”为契机，组织开展了安全生产月宣传咨询日、“义海杯”青海省安全生产月活动书法展、安全生产守护生命广播有奖征文等活动，并利用网站、媒体、短信等多种渠道，加大对安全生产法律法规、重点工作部署和安全知识、技能的宣传力度，为企业提供安全技术服务，接受社会监督，提升了安全生产工作的社会影响力。全省各级安委会成员单位和有关企业共有1600余家单位20余万人参与了咨询日活动，各咨询现场共布置咨询台1600多个，悬挂横（条）幅4000多条，展出各种宣传展板（图片）近85000块，发放各种宣传资料30万余份，安全生产专家接待咨询群众近12000多人（次），向手机、小灵通用户发送与安全生产有关的短信、警句16万余条，大力营造了浓厚的“安全生产月”活动氛围和人人“关爱生命、关注安全”的社会氛围。同时，着眼加强安全文化建设，创新了安全宣传方式方法。一是在青海广播电视台经济频道、青海电视台本省气象预报前播放时长为1分钟的突出“科学发展、安全发展”为主题的安全生产公益性广告。二是在青海广播电视台新闻综合广播举办以“我要安全”为主题的《安全生产　守护生命》全省性广播有奖征文活动。征集作品150篇，评选出获奖作品21篇，并编印成册2000册，发放给相关单位。三是举办“义海杯”青海省安全生产月活动书法展作品征稿活动，共征集书法作品300余件，评选出入展作品123件，评选出获奖作品30幅。四是组织开展了安全知识“高原行”和“六进”（进企业、进工地、进牧区、进学校、进社区、进农村）等系列活动。五是在认真总结安全生产宣传暨创建安全文化建设工作成就的基础上，持续开展企业安全文化建设创建活动，青海桥头铝电股份有限公司在安全文化建设工作中发挥了示范带头作用，荣获全国安全文化建设示范企业荣誉称号。

（四）管理加强，应急工作推进

一是以预案修订、备案、演练、宣传、培训环节为重点，不断加强应急预案管理，规范建立生产经营单位和部门单位安全生产应急预案备案登记制度，共备案登记各类预案122份，整理归档往年报备省安监局的各类预案65份。二是结合全省安全生产应急管理实际，研究制定了青海省安全生产《事故灾难应急管理规划》和《安全生产应急救援队伍管理规定》，编制印发了《安全生产应急管理执法检查表》，从应急预案体系、机构建设、物资储备、救援队伍、教育培训、平台建设和重大危险源管理等7部分17个分项进行了分解细化，并对12家中央驻青及省管企业建立完善应急值班值守、预案管理、教育培训、应急演练和风险管理等规章制度情况进行了监督检查，促进了应急管理法规制度的落实。三是组织召开了全省安全生产应急管理工作会议，制定印发了《2012年全省安全生产应急管理重点工作安排》等规范性文件，总结了“十一五”以来全省安全生产应急管理工作，分析研究了当前安全生产应急管理形势，安排部署了今后一个时期安全生产应急管理工作。四是制定印发了《关于加强2012年安全生产应急演练工作的通知》，协调落实专项经费20万元，在西宁特殊钢集团焦化分公司成功举办了青海省危险化学品泄漏事故应急演练，并监督指导西宁中油燃气公司等单位的应急演练11场（次），州（地、市）安监局及重点行业企业演练260场（次）。五是采取监督检查、达标考核、典型宣传、通报交流等方式，加强省级区域性救援队伍、部门单位和企业专兼职救援队伍建设。监督指导青藏铁路公司、机场公司、省电力公司、省汽车运输集团公司、西宁中油燃气公司建立专兼职救援队伍共4485人。果洛、海东等地区安监局分别依托果洛德尔尼铜矿、民和祁连山水泥有限公司建立了矿山救护队，有效补充了区域性救援力量薄弱、专业救援队缺乏的问题。

（五）服务深化，职能转变顺利

一是按照省政府2012年工业“双百”行动实施方案，对《青海省2012年“双百”项目进展表》中所列的95个重点项目开展了安全评价等技术服务工作。二是起草印发了《关于加强全省重点项目建设安全生产服务工作的通知》，从加强组织领导、提高工作效率、改进服务方式、规范中介行为、强化工作责任等5个方面采取有力措施，全力做好全省重点项目建设涉及的安全生产服务工作。三是研究制定了《关于深入贯彻落实〈青海省支持小型和微型企业发展的若干政策措施〉的实施意见》，从14个方面制定优惠政策，着力支持小微企业健康发展。《关于深入贯彻落实〈青海省支持小型和微型企业发展的若干政策措施〉的实施意见》的实施有效简化了办事程序，减少了审批环节，缩短了办事时限，减免了相关费用，减轻了企业负担，节约了企业办事成本，方便企业就近办事，为小微企业健康发展起到积极促进作用。四是根据省政府办公厅《关于向西宁经济技术开发区、柴达木循环经济实验区、海东工业园区下放省级部门行政审批权（第一批）的通知》要求，研究下发了《关于贯彻落实省政府办公厅〈关于向西宁经济技术开发区、柴达木循环经济实验区、海东工业园区下放省级部门行政审批权（第一批）的通知〉的通知》，要求西宁、海东、海西等地区安监局尽快与各园区管委会衔接，做好烟花爆竹经营（零售）行政许可审批事项的移交工作。同时，要求积极协助园区管委会抓紧对行政审批人员开展培训，组织安全生产执法人员学习相关法律法规，指导园区执法人员熟悉行政审批事项，加强园区安全监管工作，进一步规范审批流程，提高审批效能。

宁夏回族自治区安全生产工作综述

一、2012年安全生产总体情况

2012年，宁夏回族自治区共发生生产安全事故4224起，比上年下降13.58%；死亡488人，下降5.43%；发生较大事故12起，下降33.33%；发生重大事故2起，未发生特别重大事故。反映安全发展水平的四项相对指标均进一步趋好。

2012年全区安全生产的新成绩，是在过去几年良好工作基础上取得的。2008年以来，全区经济社会快速发展，生产总值增长2.6倍，规模以上工业增加值增长2.2倍，城镇化率由45%提高到51%，通车里程增加约20%、高速公路增加近50%，机动车保有量翻番达到150余万辆，煤炭产量翻番达到8500万吨。全区安全生产工作经受住了巨大压力和挑战，主要指标始终保持下降态势。2012年与2008年相比，事故起数下降28%，死亡人数下降26%。其中，工矿商贸事故起数、死亡人数均下降32%；道路交通事故起数下降19%，死亡人数下降23%。特别是煤矿事故起数和死亡人数下降均高达80%，百万吨死亡率领先全国、接近发达国家水平，国务院在宁夏回族自治区召开了煤矿安全现场会。

二、2012年安全生产重点工作

（一）狠抓责任落实，“大安全”工作格局基本形成坚持工作“一岗双责”和考核“一票否决”，着力推进自治区人民政府关于安全生产监管责任、生产经营单位主体责任“两个规定”的落实，各市县政府均已制定并严格遵守责任分工规定，经信、水利、农牧、交通、建设、教育、旅游等部门成立行业安委会或安全生产领导小组，加强了对部门内部和系统安全生产工作的统筹；将企业主体责任落实在17个方面，强化企业“治违”和查治隐患责任，作为行政执法的必查内容，加大对事故企业负责人的追责力度，企业依法开展生产经营和建设的主动性明显提高，安全生产部门监管、属地管理和企业主体“三大责任”得到进一步落实，全区“党委政府领导、安委会统筹协调、部门依法监管、企业全面负责、社会广泛参与”的“大安全”工作格局基本形成。

（二）狠抓专项整治，重点行业领域安全形势稳步好转

坚持把道路交通作为控压事故伤亡的着力点，不懈开展“大教育、大排查、大整治”活动，道路交通事故起数、死亡人数比上年分别下降3.86%、5.37%。坚持把煤矿、人员密集场所作为防范群死群伤事故的重中之重，强化日常监管和重点治理，煤矿安全继续保持良好势头，事故起数、死亡人数均下降57.14%；消防工作成效显著，火灾事故总量下降22.95%，未造成人员死亡。坚持将危险化学品、火工品作为预防事故危害的重点领域，着力推行自动化控制，不断完善全生命周期管理，危险化学品领域事故起数下降66.67%，死亡人数与上年持平；非煤矿山事故起数和死亡人数分别下降50%和75%。在强力实施重点行业领域安全生产集中行动的同时，建筑施工、烟花爆竹、水利设施、特种设备、农业机械、教育旅游、民航铁路、电力运行等行业领域也深入组织开展了“打非治违”和隐患排查治理。2012年，全区共查处非法违法生产经营建设行为49574起，停产整顿企业（单位）1200家，关闭取缔企业336家；排查各类隐患42490项，整改42000项，整改率达98.8%。

（三）狠抓本安建设，企业安全生产基础不断加强

一是树标杆，发挥典型经验的引领作用。针对不同行业和生产规模，总结安全管理先进经验，组织开展危险化学品企业学宁化、煤矿企业学宁煤、中小企业学埃肯活动。二是强审查，发挥安全准入的关口作用。严格许可程序条件，规范安全设施“三同时”审查，全年审查审批“三同时”项目124项，行政许可40项，促进了企业生产安全水平的提高。三是抓达标，发挥安全标准化的规范作用。积极推进企业安全生产标准化工作，规范企业安全管理，完善企业安全设施，全区三级以上安全标准化企业累计达到300余家，神华宁煤集团所属矿井全部达到标准化二级。四是推改造，发挥科技兴安的提升作用。全区涉及危险化工工艺及重大危险源的30户企业完成了远程监控、自动化控制和自动联锁装置改造，电石、铁合金、硅钙等在产矿热炉超过50%强制安装了循环冷却水泄漏失压自动报警装置，58%在产密闭电石炉安装了DCS自动化控制系统，达不到安全距离要求的30余家加油站完成了防爆阻隔技术改造。

（四）狠抓制度建设，安全生产长效机制逐步建立

2012年，各级政府和部门着眼长治久安，普遍加强了安全生产立法立规、建制建标工作。在政府规章上，全国首部《有限空间作业安全生产监督管理办法》颁布施行。在管理制度上，非煤矿山许可证实施细则、爆破作业安全管理规定、建筑工程安全管理规程及安全操作技术规程、农村瓦斯及农业机械等5项安全制度规范和水利工程安全检查导则、交通运输安全评价办法、中小学安全管理规范等一大批安全规范开始发挥作用。在安全标准上，有限空间作业安全、煤矿巷道沥青路面施工等地方标准制定出台。在经济政策上，宁夏回族自治区安监局和经信委、科技厅联合出台了推进企业安全生产技术改造和安全生产科技支撑工作的意见。全区安全生产管理向制度化、规范化、标准化迈出坚实步伐。

（五）狠抓宣教培训，公众安全意识明显提升

公众安全教育工程全面启动，以演一场戏、赠一本书、讲一堂课、设一个专栏、开展一次竞赛“五个一”活动为载体深入推进。全国首部安全生产舞台剧《平安是福》巡演20余场，观众达12000余人次；《公民安全生产生活知识读本》首印10万册，全部免费发放至社区乡镇，3年内可达到户均1本；安全生产知识专家讲师团巡讲20

余场，企业听课人员近4000人次；设置安全宣传专栏4000个，印制12万套预防硫化氢中毒宣传画发放全区；成功举办了安全生产知识有奖竞赛和有限空间作业技能竞赛活动。《平安宁夏》电视专栏累计播出105期，收视率进入宁夏电视台前三位。全年培训各类特种作业人员17797人、企业负责人和安全管理人员14067人。国务院安委办在全国推广了宁夏回族自治区实施公众安全教育工程的经验。

（六）狠抓应急管理，事故应急能力水平有效提升

以"一案三制"为抓手，切实加强安全生产应急救援体制机制、宣传教育、预案演练、组织队伍、处置能力等方面建设。制定了《宁夏回族自治区安监局生产安全事故应急预案备案程序》和《宁夏回族自治区安全生产应急预案备案编号规则》。积极开展安全生产应急预案和应急资源数据库的建设工作，全区27个市、县安监局均已开通使用应急预案和应急物资数据库，录入生产应急单位信息248家，录入应急物资装备和应急预案信息共计226条。深化与气象、公安消防交警、交通等有关部门的预警和应急协作，发布预警信息11份，制定了《宁夏回族自治区安监局与宁夏回族自治区气象局关于建立气象预警工作机制的协议》。积极推进安全生产应急保障能力建设，建立了《宁夏回族自治区危险化学品生产单位信息台账》等15个安全生产应急信息台账。大力加强应急管理宣教培训工作，组织开展了"5·12"防灾减灾应急知识宣传、应急管理专题培训和"应急演练周"活动，全年开展各类事故应急演练2000余次，参演人数近10万人。

（七）狠抓责任追究，事故警示推动作用效果显著

认真贯彻落实事故挂牌督办制度，依法依规开展事故调查，严格进行责任追究，形成了以事故教训推动工作的良性机制。2012年，按照"四不放过"和"科学严谨、实事求是、依法依规、注重实效"的原则牵头组织调查了6起较大以上事故，结案的4起事故共追究刑事责任7人，移交公安机关处理2人，行政处罚38人，处罚事故责任单位9家，起到了有力的震慑和警示作用。

（八）狠抓职业卫生，监管力度进一步加大

积极协调争取，经自治区编办批准成立了职业卫生监督管理处，理顺了监管体制。逐步加大作业场所职业卫生监督执法力度，全年检查企业20家，查出隐患120处。积极开展职业危害分布情况调研，扎实推进职业危害项目申报和职业卫生宣教培训等工作，为全面履行监管工作创造了条件。

（九）狠抓自身建设，安全监管履职能力稳步提高

扎实开展作风、制度、能力"三项建设"和"风清气正发展环境"活动，围绕"清简放建治"，大力清理制度事权，简化审批流程，委托下放审批事项，健全管理制度，完善监督机制，自治区安监局80%的审批事权下放市县。抓紧实施监管能力建设工程，在初步解决基层执法车辆短缺问题的基础上，全面启动了县级安全监管能力标准化建设，加快了检测检验装备和个人防护用品的配备。继续全员轮训安全生产执法人员，积极启动信息化建设。不断加强党的建设、惩防体系建设和勤政廉政建设，安监系统工作作风明显转变，社会形象明显改善，年度效能考核和政风行风测评位次显著提升。

在充分肯定成绩的同时，我们也清醒地认识到，全区安全生产既要面对解决多年积累安全欠账的压力，又要面临工业化、城市化"双加速"带来的未知风险的挑战，形势依然严峻，任务十分艰巨。突出表现在以下方面：

一是安全生产基础仍不牢固。公共领域安全问题尚未引起足够重视，事故呈上升态势；企业设防标准和安全管理水平普遍不高，标准化达标率只有20%；安全文化建设相当滞后，职工和公众的安全意识及避险能力不足，"我要安全"的社会氛围尚未形成。

二是企业主体责任还未落实到位。一方面，缺少法律法规层面上的有效实现途径；另一方面，也有不少企业片面追求经济效益，忽视安全投入和管理，安全生产欠账较多，安全生产各项要求落实到岗位和作业人员尚存死角。

三是安全监管方式急需改进。随着经济总量的扩大、经济活动形态的多样化，单纯依靠阶段性运动式大检查和人盯防经验式监管，已经无法满足形势发展的需要。

四是安全监管体系尚不健全。部门行业内监管职责不够明晰，"一岗双责"要求还未完全落实到

位。县级安监机构混岗混编现象较为普遍，乡镇街道基本没有延伸，执法和责任主体难以确定。

新疆维吾尔自治区安全生产工作综述

一、2012年安全生产总体情况

2012年，新疆维吾尔自治区（含兵团）共发生各类生产安全事故12542起，死亡2321人，受伤5606人，直接经济损失17857.77万元，同比分别上升17.99%、下降3.13%、下降8.55%和上升26.30%。发生一次死亡3～9人较大事故58起，死亡238人，同比减少15起、50人，分别下降20.55%和17.36%。发生一次死亡10人以上重大事故1起，死亡11人，同比减少2起、27人。

二、2012年安全生产重点工作

（一）安全生产责任制

自治区主要领导对安全生产工作的高度重视和严格要求，有力推动了安全生产责任制的有效落实。自治区人民政府制定了《关于坚持科学发展安全发展促进安全生产形势持续稳定好转的实施意见》，进一步强化了科学发展安全发展的重要战略定位，确定了坚持安全发展的目标任务、政策措施。先后召开6次全区安全生产电视电话会议和安委会全体会议，安排部署、督促落实了各阶段安全生产工作任务。强化对各级政府“一把手”安全生产履职情况的考核，推动了属地管理责任的落实。各部门积极改进和创新工作方法，完善工作机制，加强联合执法，安全生产监管和服务的力度进一步加大。

（二）安全生产目标管理

自治区认真分析研究安全生产重点、难点问题，结合新形势新任务，将全年安全生产工作细化为90项具体内容。各地进一步分解细化目标任务，增强了目标管理责任书的针对性，丰富了考核内容，考核细则更具操作性。严格落实月通报、半年自查、年终考核制度，加强安全生产目标管理的全过程控制，各级安全生产工作持续改进、不断提高。在政府安全生产专项资金方面，全区8个地州市、72个县市区，共设立安全生产专项资金1.0508亿元，使用了6972.35万元。

（三）安全生产专项整治

自治区深入开展安全生产领域“打非治违”专项行动，针对每一阶段工作进行认真安排部署、督促落实。突出道路交通、消防、矿山、危险化学品、建筑施工等重点行业领域，突出城乡接合部、“三合一”场所等重点部位区域和重点时段，加强监管执法，保持高压态势。县乡政府有效发挥了“打非治违”主力军作用，按照“四个一律”要求严厉打击了一批非法违法生产经营建设行为。“打非治违”专项行动共处理非法违法、治理纠正违规违章行为近36万起，责令停产停业821家，关闭非法违法企业250家。

（四）重大活动安全防控

在亚欧博览会和党的十八大期间，自治区专门开展了“严格检查、严厉执法、严防事故”专项行动，组织5个督查组对各地事故防控措施落实情况进行了持续三个月的不间断督查检查。公安、安监、交通、旅游、质监等部门全面加强对道路交通、危险物品、人员密集场所、特种设备的安全管控，大力整治安全隐患，防范遏制事故。乌鲁木齐市等地采取专人蹲守和动态巡检相结合，对重点区域、重点单位实行安全生产网格化管理，确保了亚欧博览会和十八大期间的安全稳定。

（五）安全生产隐患排查治理

全区各地、各部门和各单位持续加大隐患排查治理力度，自治区人民政府对6项重大事故隐患进行了挂牌督办，各地挂牌督办了近千项事故隐患。据统计，全区共排查各类隐患45613项，整改率达到96.2%，累计落实隐患治理资金6414万元。突出抓好试生产的危险化学品建设项目、涉及“两重点一重大”危险化工工艺生产装置、重大危险源和易燃易爆危险作业场所以及烟花爆竹生产企业的安全专项治理和检查工作，发现隐患和问题

4819项，落实整改4765项，整改率98.8%。组织开展金属非金属地下矿山隐患排查治理活动，对地下矿山和采掘施工队伍逐一进行全面隐患排查，组织6个非煤矿山工作组对塔城地区、吐鲁番地区、哈密地区、乌鲁木齐市的11个企业及南北疆2个石油天然气主产区进行隐患排查治理抽查，查处各类隐患150项。开展工贸行业受限空间作业、铝镁制品机械加工企业专项治理工作，共检查企业743家、受限空间作业3473处，查处隐患1586项。逐级挂牌督办重大隐患治理，自治区挂牌督办了6项重大隐患，把隐患排查治理工作不断推向深入。

（六）安全生产执法检查

深入开展安全生产大检查活动，2012年全区共组织检查组9760个（次），组织检查人员60403人（次），检查企业45648家（次），查处非法违法行为近36万起，责令停产停业821家，暂扣或吊销有关证照664个，关闭非法违法企业250家，行政拘留133人，移送司法机关追究刑事责任12人。

（七）生产安全事故查处

加强事故查处跟踪督办工作，自治区督办14起典型事故，推动了事故调查和责任追究落实。加强事故举报管理，对13起举报案件进行了核查。组织2011年事故单位的负责人、安全管理人员共185人进行了事故警示培训。2012年，全区依法查处生产安全事故85起，应结案件77起，罚款963.22万元，处理责任人员239人，其中，给予13人行政处分（科级5人，其他8人），移送司法机关追究刑事责任3人。

（八）安全生产科技工作

印发《〈自治区安全生产“十二五”规划〉分解落实的实施意见》，将“十二五”期间全区安全生产目标和建设任务分解落实到各地、各有关部门。积极推进“十二五”规划实施，自治区安全监管装备配备进展顺利，自治区安全生产综合基地地面附着物拆迁顺利完成，建设完善了劳动防护用品检测、矿山在用设备检测、矿物质分析等实验室。编制了《自治区安全生产科技“十二五”规划》。高等院校向社会培养输送安全技术与工程专业技术人才500多名，安全生产科技人才数量和水平得到不断提升。组织自治区第三届安全生产科技论文评选，从336篇安全科技论文中评选出获奖论文90篇。在非煤矿山推广中深孔爆破和机械通风技术。克拉玛依市对重点建设项目施工安全实现了远程监控，乌鲁木齐市天山区建成安全监管信息系统，提高了监管效率。

（九）安全生产基层基础建设

积极推进安全生产基层建设。制定实施安全社区建设推进方案。乌鲁木齐市、克拉玛依市、石河子市按照自治区要求积极试点，其他地区确定了试点单位，着力加强安全社区组织、制度、设施和队伍建设，积累了安全社区建设经验。昌吉州、阿勒泰地区总结推广安全生产示范县乡村建设经验，全面加强了县乡村安全生产基层基础建设。

（十）安全生产服务月活动

围绕自治区党委确定的三个主题周活动，组织开展了“安全生产服务月”活动。各级安全监管部门改进工作作风，主动服务经济社会发展大局，深入基层、企业面对面开展安全生产服务，着力加快重点项目审批，及时协调解决企业在安全生产方面的困难和诉求，得到企业广泛好评。

（十一）安全生产标准化建设

煤监部门将生产矿井安全质量标准化纳入煤矿安全许可条件。安监部门在阿克苏、哈密地区分别召开现场会，总结推广安全标准化建设经验。全区680家矿山、危险化学品和工贸企业达到安全标准化三级以上水平，70%的建筑施工现场达到安全标准等级。

（十二）安全生产监管能力建设

编制完成《自治区安全生产监管能力建设规划实施方案》，分解落实了安全监管能力建设任务。自治区安排500万元专项资金，支持各地安全监管能力建设。投资1680万元为42个重点县配备了监管专业装备。8个地州市和72个县市区共设立安全生产专项资金1.05亿元。乌鲁木齐市在街道、社区分别设立了专项资金。

（十三）安全生产应急救援

依托有实力的大型企业，组建了11支危险化学品应急救援骨干队伍。建立了27支煤矿专业救援队伍。吐鲁番、阿勒泰、哈密、塔城等地建立了6支非煤矿山救护队。自治区在八钢成功举办了危险化学品重大事故应急演练。据统计，全区开展安全生产应急演练18977次。

（十四）安全生产宣传教育

加大与自治区主要媒体的合作力度，组织记者深入开展“安全生产月”“打非治违”和“三严”专项行动、亚欧博览会等专题专栏宣传报道。7家主流新闻媒体深入阿克苏、巴州、哈密、吐鲁番等地进行实地采访报道。各地围绕“科学发展、安全发展”主题策划了一系列新闻、专题、公益广告等不同类型的宣传节目。开展第十一个“安全生产月”系列活动，举办了主题咨询日、安全生产天山行、巡回演讲、安全知识竞赛、安全文化周、应急演练周和警示教育周活动，数千名选手参加“安全在我身边”演讲比赛活动，120余万人聆听了巡回宣讲。2012年，自治区安监局荣获全国安全生产月活动优秀组织单位称号，乌鲁木齐市、哈密地区、伊犁州安监局荣获全国安全生产月活动先进单位称号。组织开展企业安全文化建设调研，研究起草了自治区安全文化建设示范企业创建标准。组织企业开展安全文化示范创建活动，有4家企业获得全国安全文化建设示范企业称号。

（十五）安全生产培训工作

在清华大学举办新疆维吾尔自治区厅级干部安全生产专题培训班，培训厅级领导42人。继续开展县、市领导干部安全生产专题培训，89名县、市长参加培训。将职业卫生知识纳入安全生产培训，全区2900余人接受了职业健康知识培训。举办安全监管业务培训，培训了219名监管人员。加强企业负责人、安全管理人员、特种作业人员培训考核发证工作，全区共培训考核14.5万余人。督促企业落实“三级”安全教育制度，加强农民工安全教育培训工作，从业人员安全意识和安全技能不断提高。

新疆生产建设兵团安全生产工作综述

一、2012年安全生产基本情况

2012年，在新疆生产建设兵团统计范围内发生17起生产安全死亡事故，死亡26人。兵团统计范围内工矿商贸行业生产安全事故起数、死亡人数双下降，非煤矿山、烟花爆竹、冶金等行业未发生死亡事故，在全国32个省级统计单位中排序较好。完成了年初兵团确定的各项安全生产目标和任务。

二、2012年安全生产主要工作

（一）认真开展了“安全生产年”各项活动

按照兵团安全生产暨消防安全电视电话会议的安排，深入开展了“安全生产年”活动，14个师及兵直单位制定了具体方案，安委会各成员单位确定了本行业开展工作的具体内容，兵团与师、直属单位和安委会成员单位签订了安全生产目标责任书，并进行了严格地考核。制定下发了兵团2012年煤矿、非煤矿山、危险化学品、烟花爆竹、应急救援等行业安全生产监察执法工作计划，完成率100%。开展了“安全生产月”活动，举办安全文化周、生产安全事故警示教育周、安全生产应急演练活动，悬挂横幅5600多条，制作宣传板报2900多块，张贴宣传海报7500余幅，出动宣传车辆480余辆，举办事故、消防、地震、火灾等应急演练18场次。举办各类安全生产培训班126期，累计培训各类人员5790余人。全年召开了4次安委会全体委员会议和4次联络员会议，组织安全生产大检查5次。在“十八大”胜利召开的关键时期，对兵团安全生产情况进行了全面检查，在“两节”“两会”、自治区、兵团等重大活动、重要会议等敏感时期，及时开展安全生产检查工作，确保了节假日期间的安全和第二届“亚欧”博览会、党的“十八大”的胜利召开。

（二）全面开展隐患排查治理和“打非治违”专项行动

持续保持对煤矿安全生产“高压态势”，严厉打击无证无照和证照不全、超层越界等非法违法、违规违章行为，对非煤矿山开采，危险化学品生产、经营、使用，烟花爆竹销售，有限空间作业，特种人员持证等情况，生产经营单位的“三超”行为、“三违”现象进行隐患排查和集中整治。公安（消防）部门对人员密集场所、易燃易爆、“三合一”“多合一”、高层建筑等单位和场所严格落实火灾隐患整改治理专项行动。农机部门开展了“平安农机”示范团（场）创建活动。建设行业开展了创建“安全文明工地”和“安全生产标准化示范工程”活动。交通行业开展了“道路客运安全年”活动，与29个单位签订了安全生产责任书。水利部门加强了水库、堤防等重点部位及防汛安全。财务部门将安全生产经费纳入部门预算，优先安排重点行业、领域隐患排查治理和专项整治工作。教育部门以“打非治违”为重点，加强了校车、校舍、校园周边等环节的综合安全管理。商务部门强化了成品油市场、大型商贸活动和商贸领域的安全监管。卫生部门加强了对医疗安全、食品安全、饮用水安全、消毒涉水产品安全的监管力度。监察部门抽查了7个师（市）安全生产责任追究情况，对有关师进行了问责。工会、团委连续多年开展了“安康杯”和“青年安全生产示范岗”创建活动。旅游、质监、人社等部门分别加强了旅游车辆景点、特种设备、外来务工人员的安全监管工作。2012年6月至2012年底，建设局、交通局等6部门分别牵头开展了行业专项检查。全年共检查各类生产经营单位13972家次，排查一般隐患28297项，已整改27975项，整改率98.86%。排查重大隐患218项，已整改销号183项，整改率84%。查处非法生产经营建设场所19处，处罚违法违章行为3437人次，依法换（颁）发《安全生产许可证》215家。农业机械、独立核算运输企业、火灾等事故起数、死亡人数均在行业控制指标范围之内。

（三）加大科技资金投入，提升安全保障能力

——加大科技支撑。一是“金安”工程一期顺利完工，视频会议系统运行正常，事故统计报表、隐患排查上报、职业危害申报等实现网上报送和办理。二是煤矿企业“六大系统”中“五大系统”在全国范围内提前建设完成，井下紧急避险系统率先在新疆境内示范推广，3处矿井已建成使用。在生产工艺方面，大倾角机械化开采煤技术试行良好。三是危险化学品生产单位生产工艺、重点设施设备安全监控实现闭锁联动，重点场所、部位实现检测监控联网管理。四是非煤矿山采取大边坡梯级开采和中深孔爆破工艺，矿石二次破碎均实现机械化。五是烟花爆竹生产严禁使用高氯酸钾作为生产原料。六是客运和危险化学品运输车辆全部安装使用具有卫星定位功能的行车记录装置，并实现联网监控。七是学校出入口、油库（加油站）、炸药库、商场、人员密集和生产作业储存场所实现远程实时监控管理。八是重点师完成安全生产考试试题库建设，兵团二级安全生产培训机构实现联网机考。

——加大资金投资。一是国家安全监管总局在兵团投资近400万元的省级矿山安全实验室、非矿山安全与重大危险源监控实验室、职业危害检测与鉴定实验室建成并通过验收。二是积极争取中央资金2011万元，投资建成了国家区域矿山应急救援基地。三是争取中央资金1000万元，重点对25个团（场）安监部门执法监察进行了装备。四是兵团投资2000万元用于煤矿等重点行业企业安全技术改造。五是国家安全监管总局投资237万元，对煤监执法监察进行了装备。六是14个师均在年度财务预算中，安排监管监察经费，优先保障安全生产监管监察设备和日常监管支出，2012年，一、八师分别安排资金300万元、500万元极大地改善和满足了监管监察需求。

（四）开展企业安全达标，夯实基层基础工作

制定企业安全标准化达标实施方案，召开了安全标准化示范推动会和煤矿安全生产现场经验交流会，开展岗位达标、专业达标、技术达标、企业达标活动。7家危险化学品企业和2家冶金等工贸企业达到了安全标准化二级，12家非煤矿山、44家危险化学品、8家烟花爆竹和20家冶金等工贸企业达到了安全标准化三级，所有煤矿生产矿井全部达到了安全标准化三级，6支矿山救援队、2支危险化学品救援队通过了行业标准化验收，在国家组织的安全生产许可证执法检查、矿井达标和救援队省级互检中，得到了考核组的好评，2012年7月份，在第九届全国矿山救援技术竞赛活动中，兵团矿山救援代表队取得了集体综合、集体单项、个人单项等6个项目优秀奖，在全国30个省级参赛单位中居第12位。通过开展企业安全标准化建设活动，企业的安全生产基层基础工作得到了进一步提高。一是机构、人员、各项制度、规定、操作规程更加健全完善，更加符合企业生产和安全的要求。二是各级领导、生产经营管理者的责任更加明确，管理更加具体。三是各类设备、设施维修维护更加及时，检测检验仪器仪表更加安全可靠有效。四是

安全投入更有保障。五是“三违”现象大幅下降，广大职工干部安全意识普遍提高。

（五）突出“一岗双责”，强化了主体责任

兵团安全生产委员会由原来20个成员单位增加到25个，明确了各成员单位的安全监管职责。14个师、5个直属机构将安全生产纳入经济社会发展中进行考核评价，将考核结果作为评价领导班子、领导干部工作实效、执政水平的重要标准和干部评先评优、提拔重用的重要条件。各师师长、团长任安委会主任，每半年至少召开一次安全生产专题会议，听取安全生产汇报及建议，研究部署安全生产工作，会议有记录、有安排、有检查、有整改、有总结。各企业严格遵守和执行安全生产法律法规、规章制度与技术标准，层层落实到每个环节、每个岗位和每个职工，主要负责人、实际控制人带头执行现场带班制度，在现场及时解决安全生产中遇到的突出问题，在检查中，高危行业企业领导带班率达100%，做到了不安全不生产。

（六）加强了安全人才和监管监察队伍建设

兵、师两级安全生产执法监察队伍和应急救援指挥中心组建完成，监察执法人员到位率95%，全部人员经专业培训持证上岗。兵团及14个师安全生产培训机构23家，中介服务机构4家，兵师团安全监管监察人员851人，注册安全工程师326人、注册助理安全工程师1124人，安全培训专兼职教师597人，监督管理、执法监察、应急救援、安全培训、中介服务一体化的安全生产监管监察框架体系已经形成。2012年实施了“人才兴安”战略和走出去、请进来的学习交流方式，安全培训与行政学院、干部学院、技师学院实现了联合办学、委托办学。煤矿企业变招工为招生，引进高素质工人，从源头上消除人的安全隐患，人才培养占安全生产“十二五”规划目标71%，坚持5年选送师分管安全生产工作领导参加国家行政学院安全生产专题研讨班，选送师安监局局长参加专业知识培训班，形成安全培训长效机制。六、七师还积极与对口援建省安监部门沟通联系，互派人员，相互学习，建立起长期良好的合作关系。

（七）加大对事故调查处理和责任追究的力度

每季度在兵团日报上发布安全生产情况公告。对发生事故单位严格按照“四不放过”和科学严谨、依法依规、实事求是、注重实效的原则，对事故责任者依法进行责任追究。对较大事故实行挂牌跟踪督办制度。对发生较大以上事故或超过控制指标或30天内连续发生2起一般事故的师和单位实行了约谈或问责，其中师级1人，团处级2人。对安全生产隐患较多，责任制不够落实，造成较大经济损失的2个师分管领导进行了警示，2012年发生的生产安全事故，均按期批复结案，结案率达到100%。

2012年安全生产虽然取得了较好的成绩，但还存在许多不足，主要表现在以下方面：一是科学发展安全发展理念还没有牢固树立；二是违法及“三违”现象在部分行业（领域）依然存在，个别师连续发生较大、重大事故；三是安全管理和监管存在漏洞；四是隐患排查治理不彻底，应急救援和处置能力不强；五是职业危害监管还很薄弱。

深圳市安全生产工作综述

一、2012年安全生产工作概况

2012年，深圳市安全生产总体形势继续保持持续稳定好转，各项工作取得了积极进展和明显成效。2012年全市共发生各类安全事故2277起，死亡542人，受伤1296人，直接经济损失1980.61万元。其中，道路交通事故死亡476人，工矿商贸事故死亡65人，火灾事故死亡1人。与2011年度同期相比，事故起数下降27.51%，死亡人数下降7.51%，受伤人数下降9.75%，直接经济损失下降16.86%。较大生产安全事故累计发生4起，未发生重大及以上生产安全事故。安全生产各项指标均未超出省政府下达的控制任务。在广东省委、省政府2011—2012年度安全生产责任制考核中，深圳市委、市政府领导班子和市领导王荣、许勤、戴北方、吕锐锋、王小毛、陈彪、张文等同志均获得优秀等次，得到了广东省委、省政府的通报表扬。

二、2012 年安全生产重点工作

（一）健全安全生产“一岗双责”责任体系

2012 年，深圳市政府调整和加强了市安委会的组织领导，由市长许勤担任主任，市直各有关部门主要负责人担任成员，并发文明确由常务副市长吕锐锋分管安全生产，各区（新区）也均落实了由区政府（管委会）常务副职和各街道排名第一副职分管，各成员单位原则上均由“一把手”担任成员。同时，吸收供水、供电、供气等城市生命线工程和核电、机场、铁路等重点单位为市安委会成员单位。市安委会出台了《深圳市党政领导班子和领导干部安全生产责任制考核暂行办法》和 2011—2012 年度考核方案，明确了安全生产“一岗双责”责任制考核的内容、方式、结果形成和运用等原则。修订出台《深圳市党政部门安全管理工作职责规定》，督促各部门按照“谁主管，谁负责”和“管生产必须管安全”的原则，依法履行行业安全生产监管责任，继续落实和完善“市安委会综合协调、统筹指导、督查监察，各级各部门各司其职、各负其责”的安全生产监管格局。

（二）完善安全生产法规制度建设

市政府出台了《深圳市工业和商贸企业安全生产主体责任规定》（深府令第 244 号），明确了工商贸企业的安全生产主体责任，包括企业应当建立 9 大类安全生产制度、企业主要负责人、安全生产分管负责人的职责，以及工商贸企业安全生产培训教育、安全生产投入、现场作业安全、事故隐患排查治理、应急救援等内容。市人大常委会修订出台了《深圳经济特区道路交通安全违法行为处罚条例》，进一步加大了道路交通监管处罚力度。出台了《深圳市生产安全事故调查处理工作规范》（深安〔2012〕10 号），对事故调查组的组成、事故调查工作程序、事故调查组工作职责、事故调查取证、事故调查报告撰写、事故调查报告批复和落实、事故调查后勤保障等方面进行了规定。

（三）深入开展安全生产“百日行动”

2012 年，按照国务院安委办和广东省安委办的统一部署，深圳市组织各区各部门集中开展安全生产领域“打非治违”专项行动，重点做好执法、检查、综合整治工作。全市累计出动 31.6 万多人次，检查企业 15.1 万家次，责令改正、限期整改、停止违法行为 3.5 万起，责令停产停业停止建设 1436 起，关闭违法企业 1785 家，行政拘留 582 人，移送司法机关追究刑事责任 430 人，维护了正常的安全生产秩序。开展安全生产“百日行动”，强化隐患排查治理，提高排查频次和整治力度，落实企业安全生产责任。组织督察小组，到各区、各重点行业监管部门开展“百日行动”专项督察。

（四）着力开展泥头车专项整治行动

2012 年“10·17”泥头车安全事故发生后，针对全市泥头车超载超限、违章行驶、死伤事故频发的问题，深圳市制定了《深圳市整治泥头车联合执法行动总体方案》，市政府发布了《关于转发市安委办市预联办关于进一步加强泥头车安全管理工作的意见的通知》，成立了市泥头车安全管理专项整治办公室，建设、交通、城管、公安联合统一行动，重点检查建筑施工场地土石方运输的组织管理、运输车辆的资质许可、运输车辆的安全技术状况、非法改装和超载超限超速、不按规定线路规定时间运输、不按规定在受纳场卸土等行为。2012 年 10 月至 2012 年底，全市共组织统一执法行动 4 次，出动 6000 多人次，累计检查违规违章泥头车 1148 台次，处罚违规运输企业 27 家次，检查处罚违规违章建筑施工场地 58 家次，取得了良好的整治效果。同时，强化道路交通安全管理，重点加大对重点车辆和人员“三超一疲劳”等交通违章、违法行为整治力度。

（五）加快安全生产“一体系三平台”建设

在学习其他市安全隐患排查治理体系经验的基础上，组织开发建设“深圳市公共安全综合管理信息系统”，加大全市安全生产“一体系三平台”建设力度。项目总投资 370 万元，分 18 个子系统，覆盖各政府部门和全市所有生产经营单位。企业基础信息平台部分已导入深圳市 86 万家企业的工商注册信息，隐患排查治理部分已明确企业分类分级办法以及 1376 项隐患排查工作指引，并在盐田区进行试点。绩效考核部分主要是对市有关部门和区（新区）开展安全生产工作，应用安全生产信息化系统的情况进行绩效考核，通过打分推动安全隐患排查治理工作的推进。

（六）严格落实事故责任追究制度

2012 年，按照“四不放过”的原则，深圳市安委会办公室牵头法院、检察院、监察局、总工会等部门，先后对宝安区“10·29”较大道路交通事故、罗湖区“12·27”较大交通事故、“5·11”深圳市空港油料有限公司中毒和窒息一般死亡事故，“7·10”较大道路交通事故、“8·3”废品收购站较大火灾事故和“10·17”较大道路交通事故开展事故调查。同时，按照《深圳市一般生产安全事故调查处理挂牌督办办法》规定，对松岗街道潭头社区工业城“3·25”生产经营性火灾死亡事故和南山区“6·1”中毒和窒息一般死亡事故调查工作实行挂牌督办，督促有关辖区和责任部门落实责任。

（七）组织开展城市公共安全评估和白皮书编制工作

深圳市立足于当前城市特征和公共安全形势，从“打造科学发展的深圳质量、建设现代化国际化先进城市”的高度出发，按照“政府主导、专业评估、公众参与”的原则，启动城市公共安全评估工作，由市应急办（安委办）牵头，各区（新区）、各部门通过分析本辖区、本行业在城市公共安全方面面临的风险以及风险承受能力、控制能力和应急准备能力，剖析存在的薄弱环节等环节，明确建立健全城市公共安全体系的工作目标、指导方针、工作重点，提出工作措施和相关保障措施，汇总形成全市公共安全评估报告，计划在2013年初以公共安全白皮书形式发布。

（八）全面开展“安全社区”创建活动

2012年，深圳市福田区获得“国际安全社区”称号，是广东省第一个荣获“国际安全社区”称号的行政区。深圳市在全面总结福田区创建“全国安全社区”和“国际安全社区”成功经验的基础上，组织召开全市动员大会，明确了全市安全社区建设的指导思想和“1+N”创建模式，点面结合，互相带动，进一步夯实社区安全基础，提高市民安全防范意识。各区（新区）制定了创建工作方案、跨界组织领导机构、重点建设单位（共11个街道），完成了市、区安委会办公室和重点建设街道分管领导和业务骨干的业务培训工作，组建了工作网络，积极开展业务交流，并开始备案和风险诊断工作。

（九）深化安全生产宣传教育培训

2012年，深圳市通过事故警示教育、执法检查、应急演练、安全知识网络竞赛、刊播公益广告、发放宣传资料等形式，组织开展了“全国安全生产月”活动，获得了市领导和市民的广泛赞誉；通过专题讲座、科普展览、现场咨询、情景模拟、文艺演出、电影播放等群众喜闻乐见的形式，组织开展了“5·12防震减灾日”和“百人百场应急知识宣讲”等专题活动，活动中群众积极参与，社会反响热烈；大力推广安全文化建设示范企业创建工作，共命名91家企业为2012年度“深圳市安全文化建设示范企业”，并择优推荐了6家参加省级“安全文化建设示范企业”评选；以门户网站为载体开展专题宣传、及时发布突发事件信息、开展安全知识竞赛等活动，共编发安全工作动态信息244篇，图片100余幅，更新公共安全法律法规、应急常识等各类信息968条；继续发挥深圳市现代安全实景模拟教育基地的宣传教育作用，采取多种形式扩大宣传，加强安全教育基地运营管理，前往教育基地参观的人数同比大幅上升，共接待参观人数214248人次，其中企业员工88276人次、中小学生101854人次、市民群众24118人次。同时，积极组织领导参加“民心桥”和“政企通”等影响力较大的访谈节目，加强与广大市民的沟通与交流，并发挥各类新闻媒体（报纸、电台、电视、政务微博等）的舆论导向作用，通过专题报道、系列报道、安全警示等，宣传安全常识，使安全理念深入人心。

大连市安全生产工作综述

2012年，大连市各类事故死亡281人，较去年同期下降13%。其中工矿商贸事故死亡30人，较去年同期下降56.5%；消防火灾事故死亡7人，较去年同期增长75%；铁路路外事故死亡5人，与去年持平；农业机械事故死亡3人，较去年同期上升50%；道路交通事故死亡239人，较去年同期下降1.65%。死亡总人数、事故总量控制在省、市考核指标之内。

一、加强行政立法工作，为行政执法提供法制保障

2012年，以大连市政府名义出台了《大连市人民政府关于坚持科学发展安全发展促进安全生产形势持续稳定好转的实施意见》，出台了《〈大连市安全生产隐患和违法行为报告与举报奖励办法〉（试行）实施细则》《大连市安全评价机构监督管理办法》《大连市危险化学品重大危险源安全监督管理规定》《大连市安全生产专家管理办法》（修订版）等行政规范性文件，印发实施了《大连市修造船企业安全生产标准化评审办法（暂行）》《大连市安全生产监督管理局法制宣传教育第六个五年规划》《大连市安全生产监督管理局2012年安全生产监管执法工作计划》《大连市安全文化"十二五"规划》等重要文件。开展了行政执法案卷及事故调查处理案卷评查工作，推行说理式执法文书，强化执法监督。这些规范性文件及重要文件的出台，规范了安全生产监督管理工作和企业的安全生产行为，健全和完善了安全生产政策法规体系，为行政执法活动的深入开展提供了较为完备的法律依据。

二、依法行政，持续深入安全生产隐患排查整治

以重要时段、敏感时期生产安全事故预防为重点，采取企业自查、政府督查、专家参与、蹲点包干等形式，持续深入开展安全生产大检查和安全隐患排查整治专项行动，促进隐患整改的经常化、制度化，确保重要节日、重大活动，特别是党的"十八大"期间全市安全稳定。2012年，先后开展了危险化学品生产经营单位安全生产隐患在排查大整治专项检查、机械企业专项安全生产执法检查、修造船、军工行业专项安全生产执法检查、夜间安全生产专项执法检查等行政执法检查。共排查事故隐患131140项，整改130615项，整改率99.6%，重点完成了大连石化公司消防系统改造、中石油大连销售公司五一路加油站搬迁、大化集团热电公司海水泵房海岸加固、大连西太平洋石化公司至大连港危险化学品管廊周边建筑物搬迁等重大隐患的整治工作，进一步提升了城市安全防控水平。

三、严格执法，广泛开展安全生产领域"打非治违"专项行动

按照国务院和辽宁省政府的部署，大连市集中开展了安全生产领域"打非治违"专项行动及"回头看"再检查工作，各区市县、先导区管委会，市政府各有关部门加强组织领导，广泛动员部署，加强督查检查，按照"四个一律"要求，深入开展监察执法行动，各企事业单位按照市政府要求，深入开展自查自纠，及时治理纠正非法违法违章行为。各地区、各相关部门共组织检查组8742个，参加检查人员20540人次，检查单位（场所）69187家，下达整改指令28656份，关闭、整顿企业（场所）1570个，罚款2020余万元。"打非治违"专项行动的具体做法受到国务院和辽宁省政府督查组的高度评价。

四、突出重点，狠抓重点行业领域安全专项整治

危险化学品行业，强化源头监管，完成生产、经营和非药品类易制毒单位安全许可证审查1066家，依法注销369家；全面启动实施《大孤山半岛化工区域定量风险评价与管控一体化实施方案》，确定首批工作任务55项，已完成22项，累计投资超过4.2亿元。结合危险化学品行业特点，先后开展了"防雷防静电安全检查"和"石油库安全专项整治"等8个专项行动，进一步强化了安全监管。非煤矿山领域，完成了井下矿山"六大系统"建设和尾矿库在线检测工作，组建了矿山应急救护队，完善了非煤矿山应急救援体系；严格整治矿山开采工程，对7家违规单位依法予以停产整顿，消除安全隐患。建筑施工领域，不断创新监管方式，进一步强化了重大危险源监控、人员和项目管理。针对季节特点，深入开展安全生产大检查，春秋两季先后检查施工现场156个，查出各类安全隐患1410条，下达责令整改通知书101份。消防安全领域，深入推进火灾隐患排查整治工作，先后开展了"清剿火患"战役、"春防"和"十八大"消防安全保卫战等专项整治行动。2012年，共检查社会单位47536家次，临时查封797家，关停422家，罚款1370余万元，拘留260人。道路、水上交通领域，强化重点车辆安全管控，严厉查处各类交通违法行为，公安、交通、安监等部门联合执法，共检查重点车辆48万余台次，取缔交通违法行为2.6万件次；采取多方联动、综合治理的方法，对危险货物运输、交通建设工程、公路基础设施等实施专项整治，排查隐患1015处，整改967处。深化港航企业隐患排查整治，排查整改各类安全隐患168项。积极开展渔业安全大检查，海上渔业部门共开展安全检查1662次，检查渔船36727艘次，纠正违章行为1836艘次。

五、严肃安全生产群众举报投诉案件查处工作

自安全生产举报投诉电话“12350”开通以来，各级安全生产监察大队采用多种形式搞好“12350”电话使用方法的宣传工作，人民群众关心安全生产工作，运用“12350”安全生产举报投诉电话，主动反映安全生产隐患苗头的积极性大幅提升。2012年，大连市监察支队共接到群众或通过有关部门、领导转来的举报14次，对举报案件市监察支队都适时组织力量进行了调查处理。

六、严格规范行政许可办事流程

按照大连市政府的要求和行政审批“两集中、两到位”的原则，对行政许可工作进行了规范、完善，将行政许可工作集中到行政服务中心窗口办理，大大提高了办事效率。制定行政审批有关管理制度，优化了行政审批工作流程，绘制了29项行政审批流程图，在法定期限内尽可能缩短了审批时限。大连市安监局安排一名副局级领导主管窗口审批工作，并由专人专门负责对行政审批材料进行复核，大大提高了行政许可（审批）工作水平，行政审批办已经编制了行政审批统计管理数据库，实现了全局的行政审批数据计算机管理，保证了行政审批数据的准确性。按照软环境建设年的要求，印发了《关于搞好软环境建设年活动改进行政审批有关工作的通知》（大安监办〔2012〕80号），进一步规范行政审批事项及操作流程，窗口接收企业行政审批申报材料、送达行政审批决定并使用市安监局行政审批专用章，使用行政审批网上行政审批系统，整个审批流程通过大连市政府行政审批平台进行操作，从网上完成审批。2012年完成的审批项目中，全部在规定时限内办结，实现了零差错服务。

七、稳步推进企业安全生产标准化创建工作

2012年共完成标准化达标创建895家，其中危险化学品生产企业117家，非煤矿山企业185家，冶金等工贸企业593家。市属机械制造企业和危险化学品生产企业以及非煤矿山企业基本完成安全生产标准化创建工作，其他行业企业正在有秩序、有步骤、分阶段、分层次的稳步推进。

八、不断强化职业卫生监管工作

完成了职业卫生监管职责划转和交接工作，14个区市县、先导区也完成了作业场所职业健康监管职能划转工作，成立了监管机构。开展了石英砂加工、木制家具制造等重点行业领域职业病危害专项治理工作，广泛开展了职业病防治法宣传普及工作，全年共开展职业病防治法新闻发布活动71次，宣传报道36次。稳步推进作业场所职业病危害申报工作，大连市共有4793家用人单位进行了网上申报，完成备案企业3722家，待审查企业36家，正在填报企业757家，已经注册未填报企业282家。已完成备案企业中，劳动者总人数555518人，职业病累计人数1798人，接触职业病危害人数144045人。

九、进一步强化安全生产应急救援体系建设

在国家安全监管总局，大连市委、市政府的关注、支持下，顺利完成了国家级危险化学品应急救援大连基地一期项目建设，并正式挂牌投入使用，初步完成了松木岛化工园区企业视频监控的安装工作，全市危险化学品事故应急保障能力大大提升。加快推进应急预案编制、评审、备案工作，积极开展生产安全事故应急演练，全市开展各种综合、专项应急演练800余次，参演人数达10余万人，提升了生产安全事故应急处置能力。

十、扎实推进安全生产宣传教育、安全社区创建工作

深入开展了以“安全发展，科学发展”为主题的第十一个“安全生产月”活动，进一步增强了全民的安全生产意识。进一步开展安全文化示范企业创建活动，全市共有28家企业获得安全文化示范企业称号，其中国家级1家，省级6家，市级21家。进一步强化安全生产培训工作，共培训企业主要负责人7386人、安全生产管理人员10552人、特种作业人员3.3万人，培训企业班组长1.7万人，培训外来务工人员5.3万人。继续深入推进安全社区创建工作，2012年，又有15个乡镇、街道获得“全国安全社区”称号，大连获得“全国安全社区”命名的单位已达91家，西岗区整区获得“国际安全社区”网络成员命名，大连获得“国际安全社区”网络成员命名的单位已达8家，大连继续成为获得“全国安全社区”最多的城市。

青岛市安全生产工作综述

2012年，青岛市发生各类生产安全事故2355起，死亡388人，同比（下同）分别下降8.9%和9.1%；较大事故3起，死亡13人，分别下降62.5%和61.8%。实现“三下降一杜绝”（各类生产安全事故总量、死亡人数和较大以上事故下降，杜绝重特大事故）工作目标，未发生重大以上事故。青岛市被山东省安委会评为2012年度全省安全生产工作“先进单位”。

一、制度与机制建设

（一）出台《青岛市安全生产考核问责的意见》

年内，通过出台《青岛市安全生产考核问责的意见》，加大安全生产在科学发展综合考核中的比重，把安全生产摆在与经济发展、社会进步同等重要位置。

（二）确立安全生产的优先地位

从源头规划布局入手，守好安全生产红线。青岛市政府安排专项资金，编制《全市安全生产基础设施专项规划》，确立安全生产在城市发展中的优先地位，除国家重大战略物资外，不再审批非煤矿山开采项目，依法关闭不符合条件的小矿山，形成地下矿山和高危、低效、高能耗企业及不良市场主体退出机制，依法注销矿山企业23家、危险化学品（简称危化品，下同）生产经营企业22家，对14个不符合安全生产条件的项目实施“一票否决”。

（三）建立新的领导体制

建立由市长任市政府安委会主任负总责，常务副市长任常务副主任分管安全生产，其他各副市长任副主任“一岗双责”抓安全生产的领导体制。

（四）创立新的运行机制

在全市确立每季度第一个月为“安全月”、第一个周为“安全周”，形成月有重点、周有调度、上下联动、齐抓共管的工作机制。

二、贯彻“预防为主”工作方针与整治行动

（一）隐患排查治理

2012年，青岛市创建企业隐患自查自纠自报功能信息平台，编制发布《企业安全生产隐患自查自纠自报指导标准》6804条，涉及行业52个，形成企业自查、政府挂牌、专家诊断、执法监管的隐患治理闭环管理系统。企业通过网格化监管系统自觉上报治理隐患32.78万项，企业本质安全水平得到提升。

（二）“打非治违”工作

启动“问安青岛——‘12350’安全生产隐患有奖举报查处”活动，设立举报奖励资金100万元，围绕17个行业领域、50项重点打击对象，开展“打非治违”专项行动，累计打击非法违法、纠正违章违规行为233万余项，吊销暂扣许可证2622个，关闭非法违法企业321家。2012年4月1日至2012年底，群众咨询举报量4200件，是上年的3.2倍；依法查处量695件，是上年的6.9倍，兑现举报奖励资金10.2万元。

（三）重点领域专项整治

开展“安全生产基层基础强化年”重点行动4次和危化品、非煤矿山、道路交通、建筑施工等专项整治18项，完成103家企业化工装置安全设计诊断和70%以上的金属非金属地下矿山“六大系统”（监测监控系统、矿山人员定位系统、压风自救系统、供水施救系统、紧急避险系统和通信联络系统）建设，推进道路中央隔离设施、塔吊起重机防倾翻仪、地下管网电子地理信息系统建设，消除一批重大安全隐患。出台《青岛市安全生产事故隐患“3+X”挂牌督办制度》，对排查确定的重大隐患实施挂牌督办。年内，省级挂牌督办的3项重大安全隐患整改完毕，市级挂牌督办的重大安全

隐患 109 项整改完毕 98 项。

（四）重大安全风险防控

组织国家级专门机构对全市重大安全风险进行研讨评估，加快推进国家危化品应急救援青岛基地建设，支持协调交通部海上救助基地落户青岛，全市海陆空联动的应急救援体系初步形成。吸取国内外危化品事故教训，推动建设危化品专用运输通道、清净下水系统和防浪堤工程，对董家口港区、平度新河化工基地实施区域安全评估和安全规划，从源头防控重大安全风险。

（五）事故查处与追责

健全“发生一起事故、健全一套机制、规范一个行业”工作机制，对发生事故企业落实约谈、“黑名单”和责任追究制度，全年依法查处工矿商贸事故 30 起，对 6 人进行责任追究；对 8 起典型事故案例制作成警示教育片，通过多种渠道进行宣传教育。通过协调处理铁路道口事故、查处“冒险鸭”水陆两栖观光巴士闪爆事故及受限空间窒息中毒等事故，推进铁路道口、前海旅游、受限空间作业环境等治理规范。

三、“问安青岛”安全文化体系建设

2012 年，青岛市开展“问安青岛”安全文化体系建设，出台了《关于加快“问安青岛”安全文化体系建设的意见》，以“五问”（求问、知问、切问、推问、试问）为主线，以“知识守护生命”为主题，以企业、社区、学校为切入点，从生产一线职工和学生抓起，培养良好的安全意识和行为习惯。

（一）“求问”——解决“我要安全”问题

实施“五公开”（公开安全诉求渠道、公开征集安全良策、公开安全承诺、公开风险隐患辨识指导标准、公开非法违法行为查处结果）制度，建立安全诉求咨询服务网络，设立“民智惠安”良策征集信箱，畅通“问安青岛”途径，听取市民意见建议，推动市民主动参与安全生产管理。

（二）“知问”——解决“我会安全”问题

开展安全文化“五进”（进企业、进学校、进社区、进乡村、进家庭）活动，营造“问安青岛”环境。创建安全文化主题公园等物态载体 21 处，创办安全文化网上超市和《问安青岛》刊物，组织开展安全文化宣传教育“大培训、大练兵”活动。年内，培训“三项岗位”人员（煤矿主要负责人、安全生产管理人员和特种作业人员）28081 人，镇、街道主要负责人及安监系统执法人员 3000 余人，重点监控企业从业人员“三级安全教育”20 万人。

（三）“切问”——解决“是否安全”问题

推行企业班组“六预”（预知、预想、预查、预警、预防、预备）行为模式，鼓励和引导企业采取班前“三讲”（讲风险、讲规范、讲要求）和“三法三卡”（“三法”即建立预防职业病、防范作业岗位事故发生、防范环境污染事件的方法体系，“三卡”即安全作业指导卡、岗位有害因素信息卡和岗位作业安全检查卡）等做法。坚持“专家帮助查隐患”制度，建立“互动式”专家服务模式，在全市所有危化品生产企业全面推行“保健式”服务。

（四）“推问”——解决“怎样安全”问题

建立警示教育常态机制，举办事故警示教育展，开展“生命安全”教育，“关注安全、关爱生命”的社会氛围日益浓厚。实施典型引领，截至 2012 年底，全市累计创建市级、省级和国家级安全文化示范企业 62 家，创建省、市级安全生产优秀班组 440 个。

（五）“试问”——解决“持续安全”问题

以安全观念文化、安全行为文化、安全管理文化、安全物态文化建设为重点，创立企业“四个一”（一个安全文化建设规划或方案、一本安全文化手册、一系列安全文化建设载体、一套安全文化测评工具），学校“六个一”（一个安全文化建设规划或方案、一套安全文化系列丛书、一份安全文化试卷、一次安全文化班会或课堂、一系列安全文化建设载体、一套安全文化测评工具），以及区市、镇（街道）、社区“六个一”（一套安全文化发展理念体系、一个安全文化建设纲要或规划、一系列安全文化建设保障政策、一批安全文化载体、一支安全文化人才和专家队伍、一系列安全文化示范创建活动）安全文化建设模式。立足企业、学校、社区，开展“问安青岛”全民安全知识竞赛和有奖答题活动，组织观摩安全文化建设成果，实施定期测评与效能评估，不断巩固“问安青岛”成果。

四、实施网格化监管

（一）责任全面覆盖

2012 年，青岛市各区市、2 个经济功能区、28

个监管部门和所有镇（街道）、村（居委会）及21万多家企业以及各级领导、工作岗位的安全生产工作均纳入网格化平台，实现领导定点、全员定责，疏通监管渠道，激活责任主体，强化责任落实。

（二）实施精准防治

完善网格化隐患排查治理、重点风险防控等6项安全生产监管信息模块，创建“企业安全生产网”，打通企业安全生产监管终端，设置企业安全生产管理10类18项工作流程，督促企业落实主体责任，排查治理隐患，实现风险隐患“精准防治”。截至2012年底，全市3400多家危化品、非煤矿山、烟花爆竹重点企业安全风险得到有效控制。

（三）开展风险评估

以网格为单元，以落实“九定制度”（领导定点、全员定责、监管定位、排查定级、应急定制、配置定量、培训定岗、信息定时、奖惩定格）为标准，借助专家力量，对辖区生产经营单位的生产工艺、要害场所、重大危险源、重大隐患等可能存在的危险因素开展风险评估，对评估分析出的安全隐患和风险实施分级管理，落实属地安全管理责任、部门监管责任及安全隐患与风险点单位的主体责任。

（四）实现动态监控

运用“信息网、管理网、监督网”信息化技术，推进网格化与重点工作融合，实现政府监管与企业自治的“双向互动”和动态监控，激励企业自觉做好安全生产。截至2012年底，对全市21万家企业的基础数据进行核查，基础信息核准率90%以上，10万多家企业实现安全生产网格化管理，近6万家企业自觉开展隐患自查自纠，网格化监管得到企业认同。

五、基本能力建设

（一）安全标准化建设

2012年，青岛市把危化品、烟花爆竹、非煤矿山等高危行业安全标准化建设作为行政许可的前置条件，强制推行达标工作，全市危化品、非煤矿山、烟花爆竹企业全部达到三级以上标准化。编制工贸行业小微企业安全生产标准化标准，分层级进行培训、定期调度督导、组织观摩交流、强化考核评价，强力推进冶金等工贸行业安全标准化创建。年内，通过一级评审企业5家、二级评审企业27家、三级评审企业284家。

（二）安全社区创建

发挥社区在安全生产工作中的基础作用，开展居家安全和居民日常生活中的主要风险管控，落实全民参与共建措施，加强安全社区创建工作。截至2012年底，青岛市创建市级安全社区448个，全国安全社区25个，国际级安全社区3个。

（三）职业危害治理

立足改善劳动者工作环境，预防和控制职业病危害因素，推行职业卫生分类分级差异化监管，对粉尘、高毒物质等职业病危害因素进行重点治理，对100家重点企业进行检测，建立职业病危害基础信息库，开展职业危害申报活动，全市10420家企业申报并通过审查备案，申报数量为全省首位、居全国领先水平。

（四）应急管理

制定《青岛市实施〈生产安全事故应急预案管理办法〉细则》，落实预案备案、专家审查和应急演练销号制度。完成237家企业283项预案的市级备案和专家审查；指导各区市完成990家企业1293项预案备案，网格化监管系统录入各类企业预案2万余项。21家地下矿山、172家危化品生产和11家烟花爆竹批发企业均组织演练。青岛市安监局与全市8支安全生产应急救援队伍签订协议，建立政府指导与协议规范相结合的救援队伍调度机制。

六、服务型机关建设

（一）执法监管

2012年，青岛市安监局推行全员上一线执法。按照分级负责要求将检查数量与频次量化到每名执法人员，建立分级量化执法机制，制定执法检查计划，提高科学监管能力，基层风险隐患得以及时发现消除。坚持以服务为主导，实施规范化“刚性执法”。编制《青岛市安全生产执法检查手册》和《安全生产行政处罚自由裁量权规范》，统一规范执法检查和自由裁量行为。全年检查企业33189家次，发现消除安全隐患32314条，行政处罚179家，罚款727.92万元；对359家市级监管企业全面检查1遍以上，对其中18家重点监管企业确保每季度检查1次。

（二）权力运行

规范行政审批、监管执法、事故查处等工作，完善权力运行机制。出台《安全生产行政审批工作管理程序》文件，通过完善审批程序、规范审批行为，工作提速30%以上。全年受理各类审批30308件，办结28397件。建立事故查处协调机制。规范事故查处工作，事故调查由安监、公安、工会、检察院等单位参加，邀请专家参与，及时发布有关信息。建立专家审查机制，发挥专家在隐患排查治理、行政审批、事故调查等流程中的作用，强化对行政权力运行过程和结果的审查监督。

厦门市安全生产工作综述

2012年，厦门市共发生各类事故1427起，死亡185人、受伤1162人、直接经济损失1121.33万元，与上年同期相比，事故起数、死亡人数、直接经济损失分别下降0.14%、7.96%、9.94%，受伤人数上升5.06%；发生3起较大事故，同比下降40%，占全年控制目标的60%；未发生重大事故。

一、进一步完善安全生产“一岗双责”制度

根据国发〔2011〕40号和闽政〔2012〕13号文件精神，2012年4月16日，厦门市政府常务会议研究通过了《厦门市人民政府关于坚持科学发展安全发展促进安全生产形势持续稳定好转的实施意见》(厦府〔2012〕132号)，提出了10个方面35条具体意见。调整充实安委会成员单位，厦门市市长刘可清担任市安委会主任，成员单位从33个增加到48个；各区、各相关部门也进行相应调整，有效落实了地方行政首长安全生产第一责任人的责任，健全了政府领导班子成员安全生产“一岗双责”制度。

二、强化安全生产目标管理考核

坚持把安全生产控制指标作为落实安全生产责任的重要抓手，始终贯穿于安全生产监管的全过程，促使各级各部门各单位进一步推动全市安全生产工作。一是分解年度责任目标。根据福建省政府下达的年度目标责任要求，严格按照“谁主管、谁负责”和“属地管理、分级负责”的原则，采取条块结合的方式，将安全生产目标责任层层分解下达、层层抓落实，严把安全生产控制指标。二是严格实施控制指标动态监控。加强对道路交通、消防、工矿商贸等行业领域事故控制指标调度分析和监测监控，定期公布各区、各重点行业领域控制指标序时进度，进行预警提醒。三是组织开展目标责任制考评工作。2012年7月13—20日，厦门市安委会组成6个督查组，对思明、湖里、集美、同安、象屿保税区管委会，以及火炬高新区管委会6个单位进行半年度考核；12月24—31日，对6个区、24个单列考核单位2012年度安全生产目标责任完成情况进行考评。2013年初，市政府对较好地完成2012年度安全生产目标管理责任制的区政府、单列考核单位进行表彰。

三、严厉打击非法违法生产经营建设行为

按照国家和福建省的统一部署，成立了以厦门市副市长李栋梁为组长的“打非治违”工作领导小组，从2012年4月20日起，在全市范围内开展以道路交通、建筑施工、消防、非煤矿山、危险化学品、烟花爆竹和民用爆炸物品、水上交通和渔业船舶、特种设备、冶金、防雷装置等10个行业(领域)为整治重点的安全生产领域“打非治违”专项行动。各级各部门密切配合，按照“四个一律”要求，通报工作不力的单位62家次，曝光公布非法违法、事故多发企业6家，取缔非法生产经营建设单位9家，严肃追究触犯安全生产法律法规单位29家、人员37人。2012年10月下旬至2012年底，全市开展“打非治违”专项行动“回头看”，坚决防范非法违法生产经营建设行为反弹回潮。据统计，开展“打非治违”专项行动以来，厦门市共出动检查人员3万余人次，检查企业1.4万余家次，打击非法违法、治理违规违章行为7.5万余起。

四、全力开展道路交通安全综合整治

以“防事故、保安全、保畅通”为目标，全面加强人、车、路、环境的安全管理和监督执法。

一是加大源头管理。确定31家客运企业、118名客运驾驶员、45辆客运车辆和1处客运隐患路段为2012年省、市级“四个一批”交通安全客运隐患，进行重点监控管理；建立涵盖656家客货运企业、5582辆客运车辆、20300辆货车、14234名营运车驾驶人的动态管理台账。二是开展道路交通安全集中整治大会战。按照福建省政府的统一部署，厦门市政府立即召开动员部署会，成立“三年行动”领导小组，并抽调公安、交通运输、安监、农业、执法、公路等部门工作人员集中办公。为推进道路交通安全综合整治“三年行动”，2012年8—10月在全市范围内开展为期3个月的道路交通安全集中整治大会战，大力推进隐患治理、秩序整治、客运管控、重点车辆管理、宣传教育等工作，共查处严重道路交通违法行为5.4万余起，死亡人数同比下降23.68%，未发生较大以上交通事故，圆满完成大会战的目标任务。三是深入开展农机安全综合整治。对全市拖拉机及驾驶人基本信息进行摸底排查，截至2012年底，全市4个农业区、26个镇（街）、333个村（社区）上报拖拉机及联合收割机数量4201台，有效在册2645台，违规使用2603台；安排专项资金25万元，对全市有机无驾驶证机手实行全额补贴培训试点工作，提升农民技能水平。四是大力排查消除安全隐患。建立道路交通安全隐患排查整改快速反应机制和市、区两级隐患专项整改资金投入机制，全市道路交通安全隐患排查率达100%，道路交通事故多发及危险路段整治完成率超过90%；投入1540多万元推进一批国省道中间隔离护栏的建设，提高道路交通事故物防能力；累计投入7000万元建成投用一批超速超载自动抓拍、区间测速、视频巡查等设施，提升道路交通事故技防水平。

五、持续抓好重点行业领域专项整治

全市各级各部门针对重点行业领域、重点企业、重点部位，不断加大隐患排查治理工作力度，提升安全生产工作水平。消防方面，推行镇（街）消防安全网格精细化管理，全市镇（街）基本完成网格化消防安全管理达标建设；先后组织“零点”行动、“春雷”行动、“飓风”行动等，共检查单位近3万家，督促整改火灾隐患8.6万处，临时查封705家，责令“三停”505家，拘留187人，跟踪督促130家重大火灾隐患单位整改销案。建筑施工方面，有针对性地开展建筑施工模板工程、预拌混凝土和现浇混凝土结构工程、外脚手架、建筑起重机械施工安全等整治行动，共发出各类整改通知单992份，记录违规行为7535分，对47家施工单位、46个项目监理部、45位项目经理和45位总监理工程师给予通报批评或记入不良记录。特种设备方面，对全市商场、公园、车站、酒店等人员密集场所、高风险锅炉、压力容器、液化气充装站和部分特种设备安装改造维修单位进行检查，共出动安全监察人员3226人次，检查各类特种设备5903台，发现隐患设备585台，发出安全监察指令书150份，下达责令整改意见176条，消除隐患设备463台。非煤矿山方面，严格落实非煤矿山企业关、转、并、停多项措施，关闭非煤矿山企业3家；严厉打击非法违法采矿行为，关闭非法采矿点37个。危险化学品方面，对全市危险化学品生产、储存以及重点经营企业的执法检查覆盖率达100%，共检查企业2435家次，排查治理安全隐患2186处，查处违法生产经营行为52家次，责令停产停业整顿1家次，移送公安机关处理6人；下发关于开展提升危险化学品领域本质安全水平专项行动工作方案的通知，着力提升危险化学品领域本质安全水平。此外，旅游、烟花爆竹、水上交通、渔业船舶、民航、民爆、电力、水利等行业领域也结合本行业领域特点深入开展专项整治。

六、扎实推进企业安全生产标准化建设

全市深入贯彻落实《国务院安委会关于深入开展企业安全生产标准化建设的指导意见》（安委〔2011〕4号），扎实推进企业安全生产标准化建设，推动企业本质安全水平的提升。一是抓培训。对全市安监站安全监管人员、企事业单位主要负责人以及有关工作人员进行有针对性的培训，共举办培训424场次。二是抓示范。选定100家规模以上工业企业、其他行业领域10家企业作为标准化建设先行示范企业，确定海沧区为建设安全生产标准化示范区。三是抓评审。确定标准化评审单位及人员，建立标准化评审专家库，共有标准化评审单位64个，评审人员378人。四是抓整改。督导企业查找隐患和管理漏洞，及时整改，共排查安全隐患173725项，已整改159827项，整改率达92%。至年末，全市开展达标创建活动企业37732家，企业覆盖率100%；已评定达标企业34102家，达标率91.56%；非煤矿山、危险化学品等13个行业全部完成达标创建；火炬高技术产业开发区和象屿保税区实现园区整体达标；13个行业外的其他行业企业达标率90.29%。

七、不断加强基层安监力量

在监管任务重、人员编制有限的情况下，各区积极创新工作思路，通过选聘基层安全协管员、安全巡查员等形式，推进基层安全监管队伍建设。思明区积极推行安全生产社区网格化管理，使社区所有的工作人员都成为兼职安监员，并对2077名社区工作人员进行安全知识培训。湖里区投入近300万元招聘73名基层安全协管员，分配给辖内50个社区。集美区杏滨街道率先在全市公开招考7名村（居）专职安监员。同安区向社会公开招聘28名编外安全生产监管员，统一分配到各镇（街、场）安监站。

八、切实增强应急救援能力

坚持典型引路，着力推广集美区、市粮食局、厦门港口管理局和湖里区殿前街道的安全生产应急管理先进经验。规范生产经营单位生产安全事故应急预案管理工作，已有114家企业完成评审工作，其中64家完成备案工作。组织开展应急救援演练，6月29日举行的危险化学品突发环境污染事故综合应急救援演练，实现了国家、省、市、企业四级专业救援队伍联合参演、海陆空三级联动救援。仅在“安全生产月”期间，厦门市组织开展各类应急救援演练900多场次。

九、加大安全生产宣传教育力度

采取多种形式，积极开展活泼生动扎实有效的宣传教育活动。一是组织安全生产宣传教育活动。各级各部门深入开展安全知识宣传“五进”活动，充分发挥各主流媒体作用，形成电视上有影、广播上有声、报纸上有文、网络上有形的全天候、立体式宣传阵势。消防部门成立妇女消防志愿宣导队，深入5万余个家庭发放消防宣传公益海报；质监局、教育局联合开展特种设备安全知识进校园活动；市预防办、市道安办协同相关职能部门在全市范围内举办“交通安全进万家巡讲”“文明交通进校园”“平安摩托”交通安全百日宣传教育活动；公交集团在14台公交车身上制作安全生产公益广告，并在各线路公交车上滚动播放安全用语；市安监局精心打造厦门市安全生产信息网，全年更新信息3156条，日均更新8.6条，并从5月份开始刊发《安全生产周讯》，共出版37期；翔安区安监局开通微博，及时发布安全生产信息。二是组织“安全生产月”活动。各级、各部门紧紧围绕“科学发展、安全发展”的主题，精心部署“安全生产月”活动，积极开展安全文化示范企业、安全社区等创建活动，通过组织开展事故警示教育、安全生产咨询服务、企业安全行、建筑施工安全技能竞赛等一系列活动，加强安全文化建设，提高全民安全素质。市安监局被授予“2012年全国安全生产月活动先进单位”荣誉称号。三是开展安全生产教育培训。为进一步规范“三项”培训的考核工作，市政府投入50多万元建设特种作业标准化考核场所，全年共培训企业负责人、安全管理人员和特种作业人员1.82万人；市水利局对全市80余个镇（街、场）主管防汛工作领导进行了培训；旅游部门对岗前旅游安全基础知识培训进行了强化。

十、认真组织事故调查处理工作

坚持“四不放过”和“依法依规、实事求是、注重实效”的原则，会同有关部门对2012年度发生的“6·1”“6·10”“7·29”三起较大事故进行调查，其中“6·1”“6·10”较大道路交通事故已查处结案，对1名责任人、1家责任单位进行了处理。以市安委会办公室名义及时下发、转发事故通报25份，要求各级、各部门认真吸取事故教训，采取有效措施，预防同类事故发生。协助福建省政府做好沈海高速公路霞浦段“6·20”重大道路交通事故的调查处理工作。

宁波市安全生产工作综述

2012年，宁波市共发生各类生产安全事故3578起、死亡778人、受伤3136人，直接经济损失4315.7万元，同比分别下降5.3%、5.2%、8.3%、8.2%，四项事故指标连续第八年下降。未发生重大事故，较大事故得到有效遏制，亿元国民生产总值生产安全事故死亡率下降11.9%，圆满地完成了各项年度目标任务。

一、加强组织领导，狠抓责任落实

宁波市委、市政府将安全生产列入《加强和创新社会管理规划纲要（2006—2012）》和十大民生实事工程。宁波市委常委会、市政府常务会议定期听取安全生产工作汇报。宁波市委、市政府主要领导、分管领导组织开展专题调研，及时研究协调解决工作中的突出矛盾和问题；发现有重大情况，都能在第一时间作出批示、指示；并多次到一线进行调研、指导、检查，督促各地、各有关部门、各企业单位做好安全生产工作。其他领导认真履行“一岗双责”，确保分管领域安全。安全生产工作主要领导全面抓、分管领导为主抓、其他领导分头抓、职能部门具体抓的齐抓共管、合力推进机制已经全面形成。狠抓安全生产目标任务分解落实，继续实施责任制考核，在内容设置上坚持共性与个性相结合，在考核方式上坚持结果与过程并重，在考核结果应用上严格与各地、各部门主要领导的年度绩效直接挂钩。进一步完善政策体系，出台《宁波市人民政府关于坚持科学发展安全发展促进安全生产形势持续稳定好转的实施意见》，作为指导今后一段时间全市安全生产工作的总要求、总抓手，进一步明确了工作指导思想、总体要求和重点任务。同时制定出台《关于加强和改进消防工作的意见》《宁波市安全生产隐患排查治理体系建设实施方案》《宁波市轨道交通工程建设管理办法》等配套政策。

二、落实主体责任，提升本质安全

一是扎实开展企业安全生产标准化建设。突出在工业、商贸、旅游、建设、交通等15个行业（领域）全面开展企业安全生产标准化建设活动。坚持氛围营造、教育培训、长效机制三注重。至2012年底宁波市安全生产达标企业4541家，基本形成高危行业“全覆盖”、规模企业“超计划”、15个行业领域“大铺开”的良好势头。鄞州区被浙江省命名为安全生产标准化建设示范县。二是全面深化事故隐患排查治理。制定出台了《宁波市安全生产隐患排查治理体系建设方案》和一系列专业领域的隐患排查治理指导意见，着力构建“信息系统支撑、企业自查自报、政府督促指导、部门执法检查、乡镇（街道）监督检查、村居协管巡查、中介委托检查、群众共同参与”的隐患排查治理体系。全市安全生产隐患排查治理信息系统自主录入率达到97.8%；全市共发现一般事故隐患156312个，治理率97.8%；39个省、市政府挂牌督办项目按期整治完成；历时2年的绕城高速公路东段省天然气主干管道重大事故隐患完成移位治理。隐患排查治理工作得到浙江省政府高度肯定，2012年3月29日，浙江省安全生产隐患排查治理现场会在宁波市召开。三是着力推进安全生产诚信机制建设。制定完善了工业企业安全生产诚信管理“2+17”激励约束机制。明确了企业安全生产信用等级状况与项目核准、用地用电、金融信贷、招投标、技改贴息、名优称号等挂钩联动，进一步增强了信用约束力。积极推进企业分级分类管理，建立完善安全生产信用科学化评定和运行机制。通过探索实践，初步建立起企业安全生产诚信“五项制度”（即等级评定、承诺公示、安全警示、信息公开和激励约束制度），对395家重点工业企业进行A、B、C、D信用等级评定，对建筑施工、道路运输和特种设备等领域开展安全生产诚信机制建设，对影响较大的事故分级实施安全生产警示。安全生产信用成为“信用宁波”建设的重要组成部分。四是积极推广先进适用技术。危险工艺事故联锁系统安装率，危险化学品运输防泄漏新技术使用率，旅游包车、三类以上班线客车和运输危险化学品、烟花爆竹、民用爆炸物品的道路专用车辆GPS监控安装率，渔船定位监控与AIS避碰系统安装率均达到100%，矿山视频监控安装率达85%。其中危险化学品运输防泄漏技术被国家安全监管总局评为科技进步三等奖，纳入全国推广范围。

三、强化执法监管，提高安全水平

一是加强制度建设，出台《宁波市安全生产监督检查程序规定（试行）》《宁波市安全生产行政处罚程序规定（试行）》宁波市生产安全事故调查程序规定（试行）等规范化文件。二是开展深化“打非治违”专项行动，2012年4—12月份，在全市范围集中开展了以打击治理安全生产非法违法行为为重点的安全生产领域“打非治违”专项行动。其中8—12月份为深化阶段。据不完全统计，活动期间全市共检查企业（单位）7.3万家，责令停产停业停止建设823家，暂扣或吊销证照442家，关闭取缔447家，纠正违规违章20多万条（不含道路交通违规违章），经济处罚5700多万元；特别是在深化阶段，全市在农村、城乡接合部共排查出无照非法生产经营建设单位21456家，治理率达93.6%。以乡镇（街道）、村为主排查，县级部门、乡镇（街道）共同治理的模式已基本形成。三是深化重点行业（领域）执法和专项整治。危险化学品领域开展“打击危化道路运输领域危险化学品非法买卖行为”专项行动，集中查处了14起案件，销毁了一批非法窝点。在工贸行业领域开展有限空间和可燃爆粉尘安全生产专项整治，排查有限空间企业584家、涉及可燃爆粉尘企业173家，自查整改率达到99.2%。在海洋渔业领域开展“三无”船舶和异地挂靠渔船的清理整顿，共计清理无证渔船62艘、船证不符渔船455艘，依法拆解涉渔“三无”船舶和非法捕捞渔船40艘。在消防领域开展全面深化“消除火患”系列整治，每周一行动、每月一攻坚，农村火灾事故明显下降，全市消防形势持续稳定。在道路交通领域开展“治超”重点行动，对重点单位提前介入形成“治超”共识，对重点工地“定点、定时、定人”控制源头超载，对重点桥隧路段加强设点设卡，对工程渣土车辆实施全天候查处。四是严格事故调查和责任追究。坚持“四不放过”原则，严格事故调查程序，依法严肃追究事故责任单位和责任人员的责任，并依法及时向社会公布调查处理结果。对死亡2人以上事故由宁波市安委会办公室挂牌督办查处，对死亡3人以上事故召开事故现场会，确保事故的责任追究和警示作用落到实处。

四、夯实基层基础，提升监管能力

一是强化队伍建设，148个乡镇（街道）设立安监站所，监管人员增加30%，各行政村均配备专（兼）职安全生产协管员，规模以上企业基本上有专（兼）职安全管理员，高危行业一律有专职安全员并根据规模设立安全管理机构。全面落实安全生产奖励制度，开展百名安全生产先进集体、百名安全生产先进个人的“双百”评选活动。同时，强化财力保障，市、县两级安监部门专项资金达8400余万元，全年用于安全生产各项重点工作资金超过亿元。二是扎实推进事故防范创新体系建设。以油气管道和轨道交通两大领域创新体系建设试点工作为突破口，建立完善创新体系建设机制，全面推进隐患排查整治常态化和安全生产管理规范化、前置化、差异化，形成了事故防范“七大体系”（即组织、责任、法制、培训、应急、信用和执法体系）和“九项制度”（即标准化、招投标、联席会议、形势分析、隐患排查、差异化监管、施工图纸审查、安全技术交底和班组安全协管员制度）等系列管理规范，出台了一批安全管理制度文件，既圆满完成了浙江省政府下达的试点任务，同时又为全市安全生产事故防范工作提供了有益的探索。事故防范创新体系建设工作成效明显，确保了两大高风险领域无亡人事故发生。三是完善应急体系，启动建设宁波市安全生产应急管理中心，扎实推进以公安消防部队为主的市综合应急救援队伍建设，加大应急救援装备和物资的保障力度。积极引导社会资源充实应急力量，首批组建6家企业为市级应急救援联动单位，发动组织关联化工企业扩大互助协作。强化应急预案编制和报备工作，全年完成重点企业预案评审备案共计822家。加强化工园区区域应急管理工作，正式启动石化区区域应急管理平台建设和区域风险评价工作。组织开展危化品泄漏应急演练，组织举办第三届“宁波市危险化学品企业员工应急处置技能大赛”，不断提升应急救援水平。首次制定出台了《宁波市危险化学品企业防台工作指导意见》。四是大力推进信息化建设。2012年，宁波被国家安全监管总局列为全国6个安全生产信息化重点试点城市之一，总投资为996万元的“宁波市安全生产综合监管服务平台”项目获批投建。开发完成行政执法检查、视频会议、“打非治违”、乡镇安监站所综合管理等一批新的业务系统，制定了安全生产领域区域代码、行业分类两项信息化基础规范，完成了5400多家工业企业安全生产基本信息采集，市、县、乡三级安全生产监管信息化协同推进、信息共享的格局初步形成。五是推进安全文化建设，紧紧围绕“科学发展、安全发展”这一主题，先后举办“安全生产月”“安康杯”竞赛、“‘11·9’消防日”“全国道路交通安全宣传日”等系列活动，与群众展开安全生产热点话题对话交流，并通过主流媒体、网络、公交、楼宇、社团等平台，进一步扩大宣传面，提升影响力，努力在全社会营造良好的舆论氛围。大力推动企业安全文化建设，扎实推进首批20家安全文化示范企业创建活动，其中欧琳厨具被国家安全监管总局命名为“全国安全文化建设示范企业”。

第十一部分

主要产煤省(自治区、直辖市)煤矿安全监察工作

北京市煤矿安全生产工作综述

2012年，北京煤监局全年计划“三项监察”44矿次，实际完成“三项监察”52矿次，完成全年计划的120%。其中重点监察22矿次，完成计划的110%；专项监察23矿次，完成计划的127%；定期监察7矿次，完成计划的116%。共查出问题和隐患183条，问题和隐患整改率100%。对煤矿安全生产中存在的违法违规行为，实施经济处罚68.6万元。全年共发生生产安全事故2起，死亡2人，百万吨死亡率为0.4。

一、深化“京煤保障行动”

（一）确定重点工作任务

北京煤监局制定印发了《关于继续深化京西煤矿安全保障行动切实做好2012年煤矿安全生产重点工作的通知》，明确了“一推进、两创建、三坚持、四加强”等重点工作，深化京煤保障行动。

（二）加强监督检查，推动重点工作的落实

北京煤监局对十项重点工作进行了细化，确定各项工作牵头部门，明确全年、季度各阶段任务目标。定期对各项工作进展情况进行监督检查，每季度组织召开一次协调会，总结十项重点工作完成情况，通报在督查中发现的问题，对下一阶段的十项重点工作进行再部署。

二、严格监管监察，强化安全责任的落实

编制2012年“三项监察”执法计划，明确全年、每季、每月“三项监察”执法主要任务和职责。编制月度监察计划，并将监察内容细化为表格形式进行检查。

（一）做好“十八大”期间煤矿安全生产保障

制定印发了《进一步加强“十八大”及四季度煤矿安全生产工作的通知》，召开煤矿安全生产及“十八大”安全生产保障部署工作会，要求煤矿在“十八大”期间不能保证安全生产的人坚决停止作业、不能正常运转的设备坚决停产检修等“六个坚决”。

“十八大”期间，成立3个督查小组，对所辖煤矿开展不间断、全覆盖的监督检查，消除事故隐患，为“十八大”召开创造了良好的安全生产环境。

11月1日，北京市安监局、北京煤监局到大安山煤矿督察“十八大”期间煤矿安全保障工作开展情况。大安山煤矿制定了“十八大”期间安全保障暨安全生产“护航”行动方案，成立了领导组织机构，落实安全责任，对重点工作进行了分工，明确了工作目标和工作措施。

（二）强化专项监察执法，突出针对性

北京煤监局结合实际，严格执行国家煤矿安监局批复的“三项监察”执法计划，突出开展专项监察执法。全年开展采掘部署及生产计划专项监察、开展矿领导下井带班专项监察、开展矿领导下井带班专项监察、开展隐患排查治理专项监察、开展运输系统专项监察、开展防治水及雨季“三防”专项监察、开展工伤急救预案及应急知识培训情况专项监察、开展煤矿安全质量标准化专项监察等，有效减少了事故发生，促进了煤矿安全生产。

——长沟峪煤矿灾后检查　7月24日，北京市安监局局长张家明带队到长沟峪煤矿检查煤矿灾

后安全生产工作。张家明听取了煤矿在暴雨期间的应急处置情况和灾情情况汇报，询问了煤矿近期安全生产的有关措施，并对下一步的安全生产工作提出了要求。一是要全面排查强降雨后可能引发的水灾事故隐患。各煤矿要停止生产，立即开展隐患排查，隐患排查不清、不能确保安全的，一律不准恢复生产，确保安全后方可生产。二是进一步完善应急预案，京煤集团昊华公司及各煤矿要认真思考，科学、合理地编制应急预案，明确各级应急预警的启动机制，明确规定什么级别的预警下撤出井下作业人员。要求井下职工发现涌水异常的立即撤人，发现工作面淋水增大的立即撤人，发现工作面不安全的立即撤人。三是加强雨后设备、设施的检查，加强对采空区积水、煤仓、矸石山等重点部位的检查。各级管理人员要提高责任心、增强责任感，以对矿工高度负责的态度分析可能存在的问题，确保安全生产。

——煤矿复工检查　1月30—31日，北京煤监局对木城涧煤矿和大台煤矿的复工情况进行了检查。检查人员对煤矿复工安全技术措施、复工申请等进行了检查，抽查了木城涧煤矿+570米水平6石门5槽综采工作面、大台煤矿-210米水平西四采区开拓4段41队工作面。针对木城涧煤矿综采工作面运输巷端头沿空留巷盲巷过长，工作面个别锚索不符合《煤矿安全规程》要求等问题，下达了责令改正的监察指令，要求煤矿严格按照复工程序和标准组织验收。已按指令整改。

——调研煤矿企业安全文化和班组建设　2月2日，北京市安监局、北京煤监局副局长到木城涧煤矿就企业安全文化和班组建设、如何创建“安全·和谐”班组工作进行了调研。与会人员对如何深入开展“安全·和谐”班组建设活动提出了很好的建议。

——煤矿班组安全建设工作座谈会　2月13日，北京市安监局、北京煤监局副局长贾太保组织京煤集团有关人员，召开了煤矿班组安全建设工作座谈会。参会人员就如何以创建“安全·和谐”示范班组工作为抓手，发挥典型引路的作用，进一步加强班组安全建设等方面进行了座谈，并提出了一些合理化建议。

——煤矿隐患排查信息系统运行调研　3月20日，北京市安监局、北京煤监局副局长贾太保、国家安全监管总局通信信息中心主任张瑞新到木城涧煤矿调研煤矿隐患排查信息系统运行情况。隐患排查信息系统为企业提供了全面、准确的有关安全隐患信息及其处置状况的统计，便于管理人员动态把握安全隐患的排查情况，从而提高煤矿安全管理的科学性和有效性，达到超前防范，保障煤矿的安全生产。与会人员就如何最大限度地发挥隐患排查信息系统的作用进行了座谈讨论。结合调研情况，调研组人员对煤矿物联网应用建设工作提出了建议。

——领导下井带班重点监察　3月20—22日，北京煤监局对大安山煤矿开展了隐患排查治理和矿领导下井带班的重点监察。监察人员重点检查了矿领导带班下井制度的制定和落实、带班下井工作计划以及工作计划执行、下井交接班记录以及矿井的隐患排查治理等相关资料，并抽查了+400米水平西大巷37队掘进工作面。针对矿领导下井带班制度的制定和执行有出入，抽查工作面的瓦斯传感器隔爆罩上沾有大量水泥喷浆等问题，监察人员下达了责令改正的监察指令，并提出了整改意见。

——检查煤矿安全培训工作　3月31日，北京煤监局对长沟峪煤矿开展了安全培训工作专项监察。检查了煤矿2012年度安全培训计划的制定情况、特种作业人员培训情况、一季度安全培训工作开展情况。针对从事井下机电设备作业的部分高、低压电工未持有井下电钳工操作证的问题，监察人员下达了限期改正的监察指令，并提出了整改意见。

——煤矿运输系统监察　4月11—12日，北京煤监局对长沟峪煤矿开展了运输系统重点监察。监察人员检查了运输系统有关安全管理制度，综采物料提升、斜坡皮带运输安全技术措施，提升设备定期检修、检验相关记录等资料，并对-140米水平北三4槽2壁综采工作面和-140～+140米水平副井提升系统进行了抽查。针对综采工作面上下端头需加强支护、综采工作面运输巷上帮超前支护不符合规定要求等问题，监察人员下达了监察指令，并提出了整改意见。已按监察指令和意见整改。

——煤矿班组长综合素质培训启动　4月16日，北京市安监局、北京煤监局副局长贾太保参加了北京昊华能源股份有限公司在北京工业职业技术学院举行的班队长综合素质培训启动仪式。培训采取综合素质培训与军事化训练相结合的方式。计划培训18期，每期脱产培训5天，共1000人参加。

——煤矿安全标准化工作专项监察 4月17—18日，北京煤监局对大安山煤矿开展安全质量标准化工作专项监察。监察人员听取了煤矿安全质量标准化工作开展情况的汇报，查阅了安全质量标准化考评办法、一季度安全质量标准化考评记录、开展安全质量标准化工作的主要措施和做法，参加了对科段、班组和岗位标准化考评的整个流程。针对科段对班组达标和岗位达标工作考评规定不明确、岗位达标监督检查考核表填写不规范等问题，监察人员提出了整改建议。

——五一前煤矿安全检查 4月23—27日，北京市安监局、北京煤监局联合市发改委对京煤集团所属煤矿开展了“五一”前安全大检查。此次检查采取听取汇报、查阅资料、现场检查的方式，分4组对大安山煤矿、长沟峪煤矿和木城涧煤矿的采掘、机电、运输、通风和规章制度建设等方面进行了检查。同时，检查组抽调煤矿有关专家参与交叉互检。此次检查共查出问题和隐患65条，每矿检查结束后，检查组及时召开检查通报会，并依法下达了责令整改的监察指令。

——工伤急救预案专项监察 5月8—10日，北京煤监局对开展了工伤急救预案及应急知识培训情况的专项监察。监察人员采取听取汇报、查阅相关资料、对段队进行抽查的方式，重点检查了大安山煤矿、长沟峪煤矿和大台煤矿工伤急救处置预案的制定，全员工伤急救知识培训，特别是班组长、队长现场急救知识的培训以及工作面急救箱器材配备是否齐全有效等情况。针对没有制定急救员相关管理制度、个别段队存在当班没有经过培训的急救员上岗等问题，监察人员下达了责令改正的监察指令，并提出了整改意见。

——煤矿“打非治违”专项行动 5月29—30日，北京市安监局、北京煤监局会同市发展改革委、市国土资源局、市国资委、市环保局等部门，对长沟峪煤矿、木城涧煤矿开展了专项执法行动。检查组分组重点检查了煤矿汛期安全生产工作情况，井下防治水制度、措施制定落实情况，井下探放水制度落实情况，水害应急救援措施落实情况；煤矿企业安全生产责任制、规章制度等健全落实情况，隐患排查治理情况；煤矿企业建设绿色矿山、开展环境保护工作情况，废弃物排放、环境治理措施建立及落实情况等。此次专项检查共发现问题和隐患11个，依法下达了责令整改的监察指令，并提出了整改意见。

——煤矿顶板控制与综合机械化监察 6月5—6日、13—14日，北京煤监局分别对大安山煤矿和木城涧煤矿进行了顶板控制和综合机械化开采专项监察。检查人员首先听取了煤矿顶板控制、综合机械化开采和深化京煤保障行动10项重点工作开展情况的汇报，查阅了综采三段的岗位责任制、作业规程、机械设备管理制度、设备检修台账等，并现场检查了综采工作面的瓦斯和通风管理、顶板监测、支架压力监测、端头管理等情况。针对检查中发现的设备管理制度与实际不符，两个班组在同一地点、同一班次作业时作业关系不明确等问题，监察人员下达了责令改正的监察指令。

——煤矿防灭火、“一通三防”检查 7月11—12日，北京煤监局对长沟峪煤矿开展了防灭火及“一通三防”专项监察。检查人员听取了煤矿防灭火及“一通三防”工作开展情况的汇报，查阅了通风、防瓦斯、防灭火及防尘各项制度的建立和落实、“一通三防”机构设置、密闭管理台账以及安全仪器仪表的标校等，并现场检查了－310米水平中三北15槽掘进三段33队工作面的局部通风，防尘系统，避灾路线安设，栅栏管理，机电硐室、电缆的灭火器材配备及防灭火等情况。针对瓦斯日报有涂改、井下栅栏缺少瓦斯检查牌板等问题，监察人员下达了责令改正的监察指令。

——煤矿井下设备安全标志专项监察 7月12日，北京煤监局对木城涧煤矿开展井下设备安全标志管理专项监察。监察人员对淘汰设备更新改造情况及重要设备检修计划制定及落实提出了整改要求。

——煤矿隐患排查治理专项监察 7月17—19日，北京煤监局对木城涧煤矿和大台煤矿开展了隐患排查治理专项监察。检查人员听取了煤矿隐患排查治理工作开展情况，较大事故隐患排查治理、危险源监控管理两个文件落实情况的汇报，查阅了隐患排查治理各项制度的建立和落实，特别是矿、段两级较大隐患和危险源排查治理、管理台账等，现场检查了木城涧煤矿＋700米水平四石门8槽机采安装工作面和大台煤矿－10米水平石炭纪三石门掘进工作面的隐患排查治理、矿段两级检查等情况。针对举报隐患没有纳入矿隐患排查体系、较大危险源管理方案不具体等问题，监察人员下达了责令改正的监察指令。

——煤矿防汛工作会　7月30日，北京市安监局、北京煤监局副局长贾太保在昊华能源公司培训中心主持召开了煤矿防汛工作专题会，对煤矿防汛工作进行了再动员、再部署。贾太保副局长传达了市委市政府关于近期防汛应急工作的有关要求，对近期煤矿防汛工作提出了“救灾、排查、应急”的工作原则，并提出工作要求。

——煤矿领导下井带班检查　8月1—2日，北京煤监局对长沟峪煤矿开展了矿领导下井带班的重点监察，并对灾后安全工作进行了再次检查。检查人员听取了煤矿领导履职及下井带班、雨季“三防”及灾后安全工作采取的措施等方面的汇报，重点检查了矿领导下井带班相关制度的建立和落实，矿领导下井带班计划制定落实、井下交接班记录、带班下井台账、“三防”有关物资的储备等情况。针对领导下井次数与文件规定有出入、矿领导下井带班检查问题没有分条记录处理等问题，下达了责令改正的监察指令。

——煤矿安全管理机制座谈　8月13日，北京煤监局组织召开了创建企业内部有效的安全管理制约工作机制座谈会。京煤集团、昊华能源公司分别从集团、公司层面就创建企业内部有效的安全管理制约工作机制进行了发言。与会人员结合工作实际，针对充分发挥安监部及驻矿安监站的综合监管职责，进一步创新企业内部的监管方式和方法，创建有效的安全管理制约工作机制进行了座谈研讨。

——煤矿领导履职检查　8月21—23日，北京煤监局对大安山煤矿开展了矿领导履职及下井带班情况的重点监察和安全许可证颁发管理及爆炸物品使用管理的专项监察。检查人员听取了大安山煤矿近期煤矿安全生产情况的汇报，对火工品使用管理制度及相关资料、矿领导下井带班管理制度及履职情况相关资料、煤矿安全生产岗位责任制和安全管理制度及落实情况相关资料进行了检查，并对+920米水平和+550米水平两个井下爆炸材料库和综采二段+550米水平西三轴10下槽东三工作面进行了现场检查，抽查了开拓二段和矿材料科两个科段的安全管理情况及有关资料。对监察中发现的问题，下达了责令立即整改和限期整改的监察指令。

——昊华能源公司班队长综合素质培训结业典礼　8月24日，北京市安全监管局、北京煤监局副局长贾太保参加了昊华能源公司班队长综合素质培训结业典礼。结业典礼上，毕业学员们分别进行了集体军训科目会演、岩巷掘进、煤巷掘进专业施工会流程演练、矿山救护创伤急救演练。

——煤矿安全文化示范矿井建设调研　8月24日，北京市安监局、北京煤监局副局长贾太保到大台煤矿调研安全文化示范矿井建设工作。大台煤矿积极探索具有首都煤矿特色的安全文化示范矿井建设工作，初步建立形成了以安全观念文化、安全诚信文化、安全制度文化、安全教育文化、安全行为文化、安全警示文化、班组安全文化为主要内容的建设工作体系。

——国庆期间安全检查　9月18—19日、25日、27日，北京煤监局对大安山煤矿开展了事故落实整改情况专项监察和国庆节前安全生产定期监察。检查人员听取了大安山煤矿有关事故整改措施落实情况及国庆节前有关维稳工作情况的汇报，重点检查了2011年发生的有关事故整改措施落实情况；国庆节前及“十八大”会议期间煤矿安全保障措施的制定及落实情况；应急值守工作情况；并抽查了井下工作面创伤急救人员的培训、劳动组织等情况。针对工作面铰接顶梁个别销子未插，作业规程有涂改现象等和工作面工艺改变后未及时修改作业规程，工作面端头支护不符合有关管理规定等问题，下达了责令改正的监察指令。

——安全生产许可证变更　9月29日，木城涧煤矿、大台煤矿、大安山煤矿分别向北京煤监局提出变更安全生产许可证申请。经过对申请人提交的相关文件、资料审核后，办理了安全生产许可证变更手续并换发了新的安全生产许可证。

——召开“安全·和谐”班组建设工作座谈会　10月9日，北京市安监局、北京煤监局、副局长贾太保主持召开了煤矿“安全·和谐”班组建设工作座谈会。2012年以来，北京市安监局、北京煤监局在煤矿企业开展安全质量标准化的基础上，创新工作思路，构建达标工作体系，积极引导煤矿企业开展岗位达标、班组达标、科段达标工作，并提出了以开展“安全·和谐”班组安全建设试点活动为抓手，促进煤矿安全生产的工作思路。

——煤矿粉尘防治专项监察　10 月 24 日，北京煤监局对木城涧煤矿开展了煤矿作业场所粉尘危害防治专项监察。木城涧煤矿按照《煤矿作业场所职业危害防治规定》建立了粉尘危害防治制度；配备了 12 名粉尘监测人员及有关设备，每半个月对全矿 234 个产尘点进行一次监测；工作面采用湿式打眼，爆破采用水炮泥，岩石工作面采用装岩洒水、冲洗巷帮等措施；综采和综掘工作面采取内外喷雾等进行降尘；工作面各转载点安装了喷雾降尘装置。针对工作面在爆破作业过程中的喷雾降尘措施不完善，转载点喷雾洒水装置喷头堵塞疏通不及时等问题，已按监察人员提出的整改建议整改。

——“六大系统”、瓦斯治理检查　11 月20—21 日，北京煤监局对木城涧煤矿开展了“六大系统”和瓦斯隐患排查治理的专项监察。检查人员首先听取了“十八大”后煤矿复工和四季度安保措施的制定、“六大系统”建设运转情况及上次“六大系统”专项检查问题整改落实情况、瓦斯隐患排查治理等情况的汇报，查阅了相关资料和台账，并对 +150 米水平首采区开拓 12 队进行了安全检查。针对个别临时栅栏没有瓦斯日检记录、井下工作面电缆吊挂混乱、文明整洁差等问题，监察人员下达了立即整改的监察指令。

——开展“一通三防”、防灭火专项监察　11 月 28—29 日，北京煤监局对大安山煤矿开展了“一通三防”和防灭火专项监察。检查人员首先听取了“十八大”后煤矿复工和四季度安保措施的制定、“一通三防”和防灭火工作及上次事故整改措施落实专项检查问题整改落实情况的汇报，查阅了相关资料和台账，并对 +550 米水平西二轴 13 槽东三下巷掘进一段 15 队掘进工作面进行了安全检查。针对“一通三防”综合管理制度落实和密闭管理台账以及作业规程与实际不符等问题，监察人员下达了立即整改的监察指令。

——煤矿安全保障措施督察　12 月 4—5 日，北京煤监局对长沟峪煤矿年底前安全保障措施制定和落实情况进行了督察。检查人员首先听取了昊华能源公司及长沟峪煤矿年底前安全生产工作的整体安排和部署，查阅了相关资料和台账，对上次“六大系统”专项检查中查出的问题进行了复查，同时抽查了 -410 米水平东二西 4 槽采煤一段 12 队的安全生产情况。针对工作面端头加强支护不合格、作业规程没有编号等问题，检查人员与矿有关部门交换了意见，要求对检查出的问题进行认真整改，整改落实情况于 12 月 15 日前报北京煤监局备案。

——煤矿安全标准化达标考核　12 月 11—20 日，北京煤监局会同市发改委，并聘请了 6 名专家，组成考核验收组，对京煤昊华能源公司所属 4 个煤矿 2012 年度安全质量标准化矿井达标工作进行了现场检查考评。考评工作分成安全管理、采煤、掘进、机运、地测防治水和“一通三防”共 6 个专业组，采取听取汇报、查阅相关资料和井下现场抽查考核的方式进行。经检查考评，核准北京昊华能源股份有限公司大安山煤矿、木城涧煤矿和大台煤矿为 2012 年度安全质量标准化一级矿井；核准北京昊华能源股份有限公司长沟峪煤矿为 2012 年度安全质量标准化二级矿井。

三、全面启动“安全健康·绿色和谐”矿山建设工作

北京煤监局制定印发了《关于在本市矿山行业建设“安全·和谐”矿山有关工作的通知》。通知明确了统筹规划、分步实施，试点先行、整体推进的建设原则，确定了建设任务和目标。通过“安全健康·绿色和谐”矿山建设，全面提升企业技术装备和安全管理水平，实现了安全生产零死亡；完善职业健康防护措施，实现了职工零伤害；开展综合利用，绿化环境、恢复生态，实现了企业废弃物零排放；以人为本，安全发展、科学发展，实现了矿山与生态环境友好、与社会环境和谐。加强定期考核，确保“安全·和谐”矿山工作顺利开展和阶段任务目标实现。

3 月 23 日，市安全监管局、北京煤监局组织召开北京市矿山安全生产工作暨建设“安全健康·绿色和谐”矿山推进会。市国资委、市发展改革委、市国土局、市环保局、市经济信息化委等有关部门参加了会议。北京市安监局、北京煤监局局长张家明指出，矿山企业建设“安全健康·绿色和谐”工作目标是：全面提升企业技术装备和安全管理水平，实现安全生产零死亡；完善职业健康防护措施，实现职工零伤害；综合利用，绿化环境、恢复生态，实现企业废弃物零排放；以人为本，科学发展、安全发展，实现矿山与周边生态环境友好、社会环境和谐。建设“安全健康·绿色和谐”矿山的主要工作任务是：突出抓好“五个提高”，即提高安全管理水平、提高安全技术水平、提高安全装备水平、提高职业危害防治水平、提高环境保护水平。

河北省煤矿安全生产工作综述

2012年，河北省共发生煤矿事故12起，死亡12人，同比事故起数减少8起，死亡人数减少17人，分别下降了40%和58.6%，杜绝了3人以上事故，事故死亡人数控制在国家下达的考核指标（46人）以内，百万吨死亡率为0.13，事故起数、伤亡人数和百万吨死亡率均创出了全省煤矿安全生产历史最好水平。

一、强化依法行政，认真严格履职，不断提高监察执法效能，进一步提升煤矿安全监察科学化水平

始终强化预防为主的执法理念，从严格落实煤矿安全监察责任入手，不断加大监察执法力度。一是扎实抓好“三项监察”。坚持全面推广了预防式监察方式，认真摸清和掌握煤矿的安全生产情况，及早确定全年的重点监察矿井和监察内容，在此基础上以查大系统、抓大隐患为主，组织开展了集中式、解剖式监察活动，切实做到了未雨绸缪、有的放矢，有效遏制了煤矿重特大事故的发生。2012年全省煤矿杜绝了瓦斯和水害事故，未发生3人以上死亡事故。坚持组织开展了煤矿“一通三防”、防治水、职业危害防治、建设项目“三同时”、安全生产许可证动态管理、紧急避险系统建设等专项监察，及时消除和纠正了大量的安全隐患和违规违章行为。坚持依法督促煤矿企业严格落实矿领导带班下井制度，不断提高安全现场管理水平，每次监察执法都严查煤矿领导班子的下井带班情况，对达不到要求的及时责令整改。坚持抓好定期监察活动，特别是在两节、两会期间，局领导带队在各产煤市对地方煤矿“双停”情况进行严格监督检查，严防非法违法生产经营建设行为。按照省政府的统一安排带队对4个市进行了为期一个月的安全大检查，查出大量隐患并督促立即整改。在“十八大”期间参加了省政府组织开展的安全专项督查“回头看”活动，确保了关键时期的安全生产。二是加大了监察执法工作力度。通过完善监察执法工作激励机制，全系统的监察执法积极性大大提高，在全省地方煤矿停产整顿的情况下，坚持监察执法“不松手”，突出加大了对国有重点煤矿的监察频次和执法力度。2012年，全系统监察矿井978矿次，“三项监察”计划完成率170.7%，查处安全隐患2077条，同比增长15%，使用各类执法文书8116份，同比增长3.15%。同时，坚持行政处罚“不松口”，加大了对煤矿重大隐患、重大违法行为的查处力度，张家口分局和邯郸分局分别办理了1起、3起煤矿违法施工案件，依法进行了重罚处理。2012年，全系统实施行政处罚600次，同比增长17.6%，实施经济罚款2582.7万元，同比增长48.3%。三是进一步规范了监察执法行为。坚持对执法案件的定期通报、备案审查、审理批复等环节加强监督检查，严格自查自纠，确保了依法行政；研究印发了“煤矿瓦斯防治”、“水害防治”和“六大系统”安全监察要点，统一规范了现场监察内容和监察方法，提高了现场监察执法水平。为不断提高监察队伍业务素质，坚持开展了执法文书评比活动，达到了学习交流、共同提高的目的，其中，冀中分局的执法案卷在省政府法制办组织的文书检查中受到了好评。

二、预防为主，突出抓好煤矿瓦斯和水害防治，推进煤矿安全基础建设，不断增强煤矿安全生产保障力

始终把加强煤矿瓦斯和水害防治作为防范重特大事故的重要措施来抓，并以此不断增强煤矿的抗灾防灾能力。一是坚持推进煤矿瓦斯防治工作。以贯彻落实《煤矿瓦斯抽采达标暂行规定》和煤矿瓦斯防治工作“十条禁令”为重点，依法督促煤矿企业积极推进瓦斯治理工作体系建设，重点督促高突矿井严格落实《防治煤与瓦斯突出规定》，完善地面永久和井下临时瓦斯抽采系统，严格落实瓦斯抽采措施，切实做到抽采达标，不断提高防突能力。2012 年河北省煤矿瓦斯抽采量为 14235.77 万立方米，瓦斯利用量为 5537.43 万立方米。同时，对全省所有煤与瓦斯突出矿井和部分高瓦斯矿井开展了解剖式重点监察，督促各煤矿企业严格落实瓦斯防治主体责任，树立“瓦斯超限就是事故”的防范理念，严格落实“两个四位一体”综合防突措施，共监察矿井 30 处，发现问题和隐患 232 条，实施经济处罚 202 万元。10 月份，省局对全省 8 处突出矿井的公司主管领导、矿井主要负责人、安全矿长、总工程师进行了专题约谈，依法督促煤矿企业对照《煤矿瓦斯抽采达标暂行规定》，健全瓦斯抽采达标评价工作体系，进一步完善瓦斯抽采各项管理制度。二是突出加强了煤矿防治水监察执法。4—9 月份，省局会同省煤管局成立了专项督查组，制定了煤矿防治水专项督查工作方案，集中对全省水文地质条件复杂和极复杂矿井防治水工作组织了专项检查执法，重点督查煤矿企业和矿井是否建立健全防治水机构，防治水基础资料是否齐备完善，探放水措施是否落实到位，水害应急救援预案是否到位等内容，共督查矿井 63 处，查出违法行为和生产安全隐患 73 条，实施经济处罚 88.4 万元。三是推进煤矿安全避险“六大系统”建设。坚持对煤矿井下供水施救、通信联络、通风自救、监测监控、人员定位系统使用维护情况严格监察执法，并配合省煤管局重点对各集团公司紧急避险系统建设示范矿井进行督促检查。到 2012 年 6 月底前全省 18 处高突矿井、开采容易自燃煤层和水文地质条件复杂的矿井完成了紧急避险系统建设。四是督促加快实施“科技兴安”战略。按照国家安全监管总局关于加强安全生产科技创新的要求，制定下发了《煤矿安全生产科学技术成果奖励工作办法》，召开了全省煤矿安全科技工作会议及成果表彰会，积极引导和激励煤矿企业围绕瓦斯和水害等重大灾害防治开展科技攻关，积极推广应用先进适用技术、工艺和装备。

三、高度重视，加强组织和协调配合，持续营造“打非治违”行动高压态势，依法规范煤矿安全生产秩序

一是在全国、全省集中开展“打非治违”专项行动电视电话会议后，迅速召开专题会议进行研究部署，成立了“打非治违”专项行动工作领导小组，并制定下发了专项行动实施方案，积极组织开展“打非治违”专项行动。各监察分局把开展“三项监察”与抓好“打非治违”专项行动有机结合起来，积极参与到各地“打非治违”行动中，及时发现和督促煤矿整改安全隐患。二是坚持加大联合执法工作力度，进一步深化煤矿“打非治违”专项行动。在省政府专题研究部署全省安全生产领域“打非治违”专项行动之后，与省煤管局联合制定了《煤矿“打非治违”专项执法行动方案》，并由 1 名副局长带队，抽调 18 名监察骨干与省煤管局联合组成了 8 个煤矿执法督导组。自 5 月 15 日起，各执法督导组奔赴全省所有产煤市县进行全面监察执法，重点对停产整顿矿井、整合技改矿井进行严查，严防非法违法生产建设行为，对国有煤矿逐个开展全面彻底的执法检查，严查煤矿重大安全隐患以及重大违法行为，同时严厉打击非法偷采盗采行为。三是按照《国务院安委会关于进一步深化“打非治违”专项行动集中开展“回头看”活动的通知》以及 10 月 23 日全国安全生产视频会议精神，在党的“十八大”召开前后，再次抽调 19 人充实煤矿“打非治违”专项督查力量，继续深入到各产煤市开展执法督查，加大检查执法力度，突出开展好“回头看”活动，确保了“十八大”期间全省煤矿安全生产。一年来，由 2 名局领导带队先后抽调 56 人参加了为期近 8 个月的全省煤矿“打非治违”专项行动，共计监察矿井 313 矿次，查处事故隐患 1783 条，实施经济处罚 826 万元。

四、强化源头治理，提高准入门槛，严格落实安全生产许可制度，积极推进地方煤矿整合技改工作

一是依法做好各项行政许可工作。为加强安全生产许可证管理，严格按照省政府 45 号文件要求以及有关规定，对申请延期办证的地方整合技改矿井严格审查把关，不符合条件的一律不予办理。为加强建设项目安全设施设计审查和竣工验收，将整合技改矿井一律纳入煤矿建设项目管理，严格按照“三同时”要求履行项目审批和验收程序，凡是安全实施设计未审批的，一律不准开工建设，凡是发现不符合有关规范、规程和标准，未严格按照安全设施设计施工的，一律不予通过验收。为加强煤矿安全技术培训，坚持严格安全资格准入，严格考试考核，全年共培训复训煤矿主要负责人143名、安全生产管理人员7106人、特种作业人员25033人、救护队员1067人、班组长8130人。为加强煤矿职业卫生“三同时”监察执法，5月份组织召开了全省煤矿《中华人民共和国职业病防治法》宣贯会议，深入宣讲了《中华人民共和国职业病防治法》修订的新规定和重要意义，明确把煤矿职业卫生纳入监察执法内容，并组织开展了职业卫生“三同时”专项监察，对凡未编制职业卫生专篇、专篇未经批准擅自施工、未按照批复的专篇施工的建设项目和整合技改矿井，严格按照相关规定进行了处理。二是积极推进地方煤矿兼并重组和整合技改工作。认真落实省政府45号文件要求，在监察执法、专项督查以及“打非治违”专项行动等工作中，依法督促各产煤市县政府严格落实省政府批准的地方煤矿整合重组方案，督促各整合主体企业加快重组整合进度，切实对整合矿井实施实质性的管理管控；依法检查督促各地政府对列入关闭范围的小煤矿关实关死，严防死灰复燃，严防私挖盗采非法行为。其中，冀中分局、张家口分局分别组织辖区产煤县市煤矿监管部门、整合主体企业、独立保留矿井的负责人召开了专题宣贯会议，阐明了煤矿整合技改工作的政策要求以及建设项目“三同时”、安全管理机构设置、三岗人员培训持证等方面的规定，有力促进了地方煤矿整合技改工作规范开展。为督促整合矿井采用先进的技术和装备，及时向各整合主体企业下发了《关于全省整合重组煤矿严禁使用禁用设备和工艺的通知》，明确严禁使用淘汰设备和工艺，为提升整合矿井安全装备和管理水平奠定了基础。

五、严格事故查处，严肃责任追究，强化事故警示教育，进一步健全完善事故调查处理工作机制

一是坚持“四不放过”原则，严肃查处煤矿事故，重点加强对举报事故的调查核查，严厉打击瞒报、迟报事故现象。全年煤矿事故应结案11起，实际结案11起，按期结案率为100%，在已结案的事故中共有86名事故责任者受到处理，其中给予行政处分85人，建议给予党纪处分1人，对事故单位罚款共计169万元。二是严肃事故责任追究。按照监察部等六部委《关于深入开展对重特大安全事故责任追究落实情况专项检查的通知》要求，6月份，配合省高级法院、省检察院、省监察厅、省总工会、省安监局等7个厅局对全省近2年来结案的1起煤矿重大事故和4起较大事故责任追究落实情况进行了全面督查，对检查中发现的问题及时依法依纪予以纠正。三是强化事故案例教育警示。为落实全国煤矿事故分析暨警示教育会和10月23日全国安全生产视频会议精神，四季度，迅速部署开展了煤矿事故分析暨安全警示教育全覆盖活动，专门制作了400多套事故案例教育光盘，由各监察分局分发到辖区各煤矿企业，广泛组织开展了警示教育活动，切实做到安全警示教育覆盖到每一个煤矿。四是进一步完善事故调查处理工作机制。在健全事故查处制度的同时，注重与事故调查相关部门加强沟通和协调，7月份，组织省直机关事故调查成员单位召开了事故调查处理座谈会，进一步完善了部门协作机制。

六、强化思想教育，完善监督机制，突出抓好作风转变，努力推进党风廉政和队伍建设

认真贯彻国家安全监管总局党风廉政建设工作会议精神，全面落实党风廉政建设责任制，以强化教育和转变作风为抓手，切实推进党风廉政建设和反腐败工作，不断提高队伍建设水平。一是突出抓好党风廉政教育活动。在全系统党员干部中先后开展了保持党的纯洁性教育活动，开展了榜样示范和案例警示教育，深化了“牢记宗旨、执法为民”主题教育，切实强化了党员干部的宗旨、责任和法律意识；深入开展了“教育规范整治”活动，自查自纠找出问题56条，提出61条整改措施，进一步深化了廉政风险防控体系建设；认真开展了廉政“警示教育周”活动，不断增强党员干部廉洁自律意识。二是加强廉政监督检查。为确保行政权力规范行使，突出加强了对重要岗位、重点环节行政权力运行过程的监督；为促进廉洁执法，严格落实了廉洁执法监督回访制度，省局监察室对全系统全年457次行政执法活动抽查回访了147次；此外，还加强了对执行财务制度、财经纪律和干部选拔任用工作的监督，有效防范了违纪问题发生。三是扎实开展了创先争优活动。先后开展了“走在前、做表率”、学习雷锋、“下基层进企业、办实事解难题”等主题实践活动，进一步提升了干部队伍的党性、宗旨和服务意识。积极参加了河北省基层建设年活动，河北省煤监局3名同志在衡水市阜城县张塔村开展了为期一年的帮扶建设活动，帮助该村圆满地解决了打井、修路等实际困难。四是全面推进队伍作风建设。坚持从加强各级领导班子作风建设抓起，营造了同心同德、风正心齐、务实干事、团结奉献的好风气，无论是省局领导、机关人员，或是分局监察员，在一年来紧张忙碌的监察执法、专项督查和驻村帮扶等工作中，都始终体现了恪守职责、敬业奉献、不辞辛苦、不计得失的好作风。五是进一步加强了干部选拔任用工作。严格考核把关，招录了6名公务员，充实了分局监察员队伍；严格选拔考察，新提拔任用了16名处级干部，交流任用了10名处级干部。

山西省煤矿安全生产工作综述

2012年，山西省煤矿共发生各类伤亡事故39起，死亡83人，百万吨死亡率为0.091，实现了年初省局制定的工作目标。

一、安全监察执法成效明显

认真贯彻党中央、国务院关于安全生产一系列指示精神，落实国家安全监管总局和省政府的部署要求，科学制定年度监察执法计划，按计划有序开展重点监察、专项监察、定期监察。认真开展煤矿安全评估，定期开展监察执法分析，完善工作措施，强化网络式监控监察，提高监察执法效能。全系统监察3320矿次（其中“三项监察”1910矿次），下达各类执法文书6661份，依法行政罚款10651万元。晋中、长治分局和朔州站每月人均下基层监察超过15天，临汾、吕梁、朔州、晋城、晋中、阳泉分局（站）全年依法行政罚款超过1000万元，太原、忻州、大同、朔州、晋中、晋城、吕梁分局（站）完成了全年安全控制指标。

二、“打非治违”活动深入推进

制定了《煤矿集中开展“打非治违”专项行动实施方案》，成立了专项行动领导小组，分阶段组织开展“打非治违”专项行动。坚持把“打非治违”专项行动与“三项监察”相结合，与安全监察日常工作相结合，针对无证、证照不全、证照过期的矿井，停产整顿未经验收擅自组织生产的矿井，违反建设项目审批程序进行建设的矿井等违法生产和建设行为，依法严肃查处，严格落实停产整顿、从重处罚、关闭取缔、严厉问责的“四个一律”措施。责令停产整顿矿井26个，暂扣和吊销安全生产许可证30个。

三、专项整治督查有序开展

按照省政府的统一部署，制定了专项整治实施方案，开展以整合技改、瓦斯治理、水害防治等为重点的集中整治、集中清理、集中整改3个“百日专项”行动。山西煤监局组成5个督查组，由5名局领导带队，抽调采煤、机电、通风等方面的专家，对太原、大同、朔州、忻州、阳泉5个市的煤矿专项整治情况进行了督促检查，按照规定一项项检查、一项项过关。对查出的每条隐患和存在问题实行督查责任挂牌明示制度，及时通报地方政府和煤炭企业，对隐患整改情况进行跟踪落实，增强检查和督查的实效。各监察分局、站在当地政府的统一领导下，坚持专项整治活动与“三项监察”相结合，与打非治违行动相结合，与日常监察工作相结合，统筹兼顾，确保了各项重点工作扎实有序开展。

四、隐患排查治理继续深化

始终不渝地狠抓瓦斯这个“第一杀手”问题，推进健全瓦斯综合治理工作体系，强化瓦斯先抽后采、抽采达标，全年煤矿瓦斯抽采量38亿立方米，利用13亿立方米。积极推进瓦斯抽采达标数据化检测工作，提高了瓦斯隐患排查治理的针对性和实效性。督促煤矿企业加强水、火等重大隐患排查治理，对兼并重组整合建设矿井实施重点监控。落实重大隐患挂牌督办、跟踪监管、整治效果评价和重大隐患约谈制度，坚持查处隐患与服务煤矿相结合，指导、帮助煤矿消除隐患，实现安全生产。全年共查处各类隐患和问题11072条（其中重大隐患130条），已督促整改10911条（重大隐患整改116条）。

五、事故调查处理更加严格

坚持“四不放过”和“科学严谨、依法依规、实事求是、注重实效”原则，依法严肃调查处理煤矿事故，严格责任追究。对造成事故的原因及存在的重大隐患，并依据国务院446号令等法律法规规定，按上限依法处罚。落实事故矿井整顿恢复制度，对发生事故的矿井，整顿结束后履行复工复产验收程序，验收合格后方可复工复产。加大对较大事故的问责力度，凡发生较大以上事故的煤矿主要负责人，吊销其主要负责人的矿长资格证和安全资格证，取消其终身担任矿长职务的资格。全年共组织调查处理煤矿事故39起，结案39起，处理相关责任人585人，其中追究刑事责任72人。在全省煤矿开展了事故警示教育活动，制作了4起典型案例光盘，下发并在煤矿企业进行宣讲。

六、安全保障能力稳步提升

全面推进井下安全避险“六大系统”建设完善工作，新建矿井和兼并重组、整合技改矿井要求建设完善“六大系统”，否则不得通过竣工验收。召开了山西煤矿安全科技工作座谈会、煤矿安全科技论坛，积极开展科研项目遴选、申报、表彰、推广等工作。加大对煤矿安全技术服务机构的监督监管力度，发挥技术支撑作用，全年全省煤矿安全生产检测检验机构共完成报告14417个，发现隐患3858处。加强矿山应急救援工作，组织19个矿山救护大队（独立中队）开展了矿山救援知识竞赛活动。指导协调襄垣善福煤业有限公司“4·12”重大透水事故和多起较大事故抢险救援工作，全年成功救出遇险矿工41名。2012年全省建成国家级标准化矿井72座，全年实现安全生产无事故矿井1020座，实现千日以上安全生产矿井达89座。

七、监察基础工作全面推进

依照规定和程序，严格实施安全生产许可。全年受理办结煤矿安全生产许可380个，审查批复建设项目安全设施设计130个，竣工验收批复67个，并及时完善全省煤矿安全许可数据库。贯彻落实国家安全监管总局第44、52号令精神，制定了煤矿安全培训机构管理办法和二、三级机构认定标准，严格资质认定，全年受理办结安全培训机构二、三级资质认证18个。开展培训机构专项检查，督促各培训机构不断提升培训质量和水平。继续加大安全宣传力度，推进安全文化建设，制定了推进省级煤矿安全文化建设示范企业创建暂行办法，召开全省安全文化建设座谈会和推进会，开展安全文化培训和宣讲，对申报示范矿进行现场评审检查。

八、班子队伍建设不断加强

认真学习贯彻张德江副总理关于安全监察人员要坚定“一个信念”、树立“三个理念”、提高“三个能力”、守住“一条底线”的重要指示精神，深入开展保持党的纯洁性学习教育活动。认真学习党的“十八大”精神，全局处级以上领导撰写学习心得体会139份。认真落实党风廉政建设责任制，开展教育规范整治活动，强化廉政风险防范，推进惩防腐败体系建设。按照“德才兼备、以德为先”的用人标准，公开、公正、民主，依照规定程序，对部分机关处室、监察分局（站）、事业单位领导干部进行了选任和交流，优化了基层领导班子成员年龄、经历、专业结构。加强监察人员培训和考核工作，举办全省煤矿安全监察行政执法案卷评查活动，全年选配14名监察人员参加国家安全监管总局组织的培训，评选出28名优秀公务员。开展目标责任考核工作，吕梁分局、朔州站全年考核得分超过了千分。

内蒙古自治区煤矿安全生产工作综述

2012年，内蒙古自治区煤炭产量持续增长，达10.8亿吨，同比增长10%，连续10年以年均近亿吨的速度增长。事故起数、死亡人数和百万吨死亡率持续下降。2012年发生生产安全事故20起，死亡33人，百万吨死亡率0.031，同比分别下降33%、34%和40%；事故起数连续10年下降，死亡人数连续7年控制在百人以内，百万吨死亡率连续8年下降。杜绝了10人以上事故，重大特大事故连续2年为零。

一、认真贯彻上级安排部署，确保落实到位

2012，内蒙古煤监局党组根据工作实际提早召开了工作会议，安排部署了全年任务。国家安全监管总局工作会议结束之后，又专题进行了传达，并布置了春节期间的安全监察工作，为全年安全监察工作开好局奠定了基础。为贯彻落实好国务院神华宁煤经验交流现场会精神，组织召开了全区国有重点煤矿企业安全生产工作座谈会。会议之前国有重点煤矿已发生事故7起，死亡12人，之后的4个月内未发生事故，会议收到了良好效果。2012年国家安全监管总局召开的“打非治违”、防治水、事故警示教育等专题视频会，以及自治区安委会的各类会议，内蒙古煤监局都在第一时间进行了安排部署，并将落实情况及时上报，保证了全年工作的顺利开展。

二、圆满完成“三项监察”，履行国家监察职责到位

2012年，共监察生产经营单位1560矿次，矿井监察覆盖率100%；使用各类执法文书5529份，查出隐患6560项，其中，重大隐患40项，全部整改，确保全年煤矿安全生产。在完成监察任务的同时，不断创新监察方式，提高执法效能。

一是抓关键时期。在春节、“两会”及“十八大”等关键时期，对煤矿安全监察工作都提出了有针对性的具体要求。组织开展了春节后复工生产及重要节假日、特殊节点的定期监察，期间未发生3人以上事故，确保了关键时期的煤矿安全生产和矿区的社会稳定。

二是抓重点地区。乌海地区的瓦斯和水害、古拉本地区的突出、鄂尔多斯地区的采空区、锡林郭勒盟的非法建设历年都被列入重点监察计划，内蒙古煤监局采取多项措施、多种手段，确保了这些重点地区的煤矿安全。乌海、阿盟未发生瓦斯事故，阿盟地区还首次实现了零死亡。鄂尔多斯采空区物探普查做法在全国推广。在锡林郭勒盟召开了座谈会，通报了非法建设情况，全年对这一地区加大了执法力度。巴盟前旗发生瓦斯爆炸事故后，内蒙古煤监局立即把这一地区列为重点地区，对该地区所有煤矿进行了重点监察，发现重大安全隐患3项，行政处罚159万元，促进了该地区采煤方式的转变。

三是抓重大系统和关键环节。“一通三防”和防治水是全年监察工作的重点，局机关及各分局均组织了相关专项监察。呼伦贝尔分局把辖区5处瓦斯较高矿井作为监察重点，增加了监察频次。乌海分局建立了雨季防洪预警系统，全年向煤矿企业发送暴雨预警8次，并成功避免了一起洪水淹井伤人的恶性事故。此外，分别组织了煤矿建设项目、安全生产许可证持证条件、煤矿设备安全、矿领导带班下井、职业危害防治等专项监察。

四是抓监察方式创新。乌海分局对辖区内规模较大企业公司所属煤矿采取“集中监察、一次通报”的监察方式，充分引起大企业的高度重视和统筹安排。鄂尔多斯分局制定了煤矿安全监察“十步工作要求”，将执法全过程细化为十个步骤，作为“规定动作”，要求监察人员必须顺序完成，缺一不可，有效地防止了执法中的疏漏。赤峰分局开展了示范监察，及时宣传一些地区和煤矿企业安全生产方面的好做法，达到了以点带面的监察效果。呼伦贝尔分局实施了重大安全隐患挂牌督办制度和煤矿企业隐患治理销号制度，隐患整改率较2011年提升3.6个百分点。监察一、二处认真落实重心下移、关口前移的监察思路，全年与自治区有关部门开展联合执法4次，并多次代表自治区政府带队开展安全督查。

三、认真开展“打非治违”，做到依法行政

按照国务院办公厅、国家安全监管总局和国家煤矿安监局对煤矿“打非治违”的有关要求，内蒙古煤监局与自治区有关部门共同制定了“打非治违”具体方案，加大了执法力度，对发现的违法行为全部按照国务院《关于预防煤矿生产安全事故的特别规定》和“四个一律”的要求，依法严肃查处。鄂尔多斯分局对违法行为实行“零容忍”，特别是对非法建设始终保持高压态势，全年行政罚款达4350万元，占全局罚款总数的45%。乌海分局认真落实各项“打非治违”要求，并及时对整改落实情况进行“回头看”，辖区154处煤矿全年死亡1人，创历史最好成绩。呼伦贝尔分局全年对辖区49处矿井罚款991万元，50万以上罚款10次，是行政处罚力度最大的一年。赤峰分局对6个非法建设矿井和13个非法外委施工队伍共处罚548万元，也是历年来力度最大的。2012年，全局共实施行政处罚 587 次，罚款 9603.76 万元。严格的执法极大震慑了煤矿企业非法、违法生产建设行为，促进了煤矿生产和建设秩序的进一步规范。

四、努力形成工作合力，督促地方落实责任到位

认真落实“国家监察、地方监管、企业负责”的煤矿安全生产格局定位，通过多种方式履行对地方政府的监督检查职责，不断加强协调合作，增强了工作合力，促进了煤矿安全生产齐抓共管。

一是开展联合执法。内蒙古煤监局全年与自治区煤炭工业局组织开展联合督查 4 次，现场检查煤矿 112 处，查出各类隐患 657 条，其中重大隐患 12 条，责令停产整顿矿井 1 处，责令停止建设煤矿 3 处，罚款 440 万元。各分局也都定期与当地煤矿安全监管部门开展联合执法行动，最多的呼伦贝尔分局全年开展联合执法 16 次，其他分局开展 4 次。

二是定期召开联席会议。全年共召开联席会议 37 次，及时通报了监察中发现的重大隐患和突出问题，并邀请旗县煤矿安全监管部门和煤矿企业参会，听取汇报。

三是下达建议书。就监察中发现的安全隐患和突出问题，及时向地方政府及监管部门送达加强和改善安全管理监察建议书，督促监管主体责任的落实，仅鄂尔多斯分局全年就下达建议书 22 份，突出了“国家监察”，确保了工作合力的形成。

五、严把安全准入关，安全许可工作到位

2012 年，继续严把安全准入关，在重点把好安全设施及条件验收、职业危害申报、许可证现场核查和变更、延期资料审查这几个关口的同时，首次开展了“煤矿企业安全生产许可证”专项监察，共监察矿井 81 处，下达各类文书 273 份，限期整改矿井 75 处，责令停产矿井 1 处，处罚矿井 14 处，罚款 198.5 万元。在许可证延期审查中，发现乌海的 3 处煤矿分别存在重大安全隐患，立即停发了这 3 个矿的安全生产许可证，责令停产整改；随后，又跟踪监察，对责令停产后仍在作业的一煤矿罚款 106 万元。改造了许可大厅，重新制作了资料报送明细牌板和办事流程图；在全局办公用房拥挤的情况下，腾出专门房间，建立了行政许可档案室，保证了重要资料的及时存档和随时查阅。全年共办理各项行政许可 726 件，其中安全生产许可证 281 个、安全设施设计审查 72 件、安全设施验收 16 件、施工队伍安全资格证 119 件、矿山救护队资质证 5 件、职业危害申报 232 件、中介机构资质证书 1 件。

六、大力推进科技支撑与宣传培训，保障监察到位

一是严格落实科技兴安战略，推广新技术。按国家安全监管总局要求上报了 2012 年安全生产重大事故防治关键技术科技项目，其中 3 个项目列入安全生产重大事故防治关键技术科技项目；在全区大力推广神华、平煤、伊泰等大型煤业集团的先进采掘技术。

二是扎实开展安全宣传。以“安全生产年”、“安全生产月”为平台通过宣传专栏、横幅标语、法律法规知识测试等方式，加强安全生产方针、政策、法规和安全基本知识的宣传普及。

三是完善煤矿应急救援体系建设。全年新建专业救护队 3 支，兼职救护队 19 支，覆盖全区的救援体系初步建设完成；制定了兼职救护队管理办法；开展了质量标准化达标工作；全年培训矿级应急管理人员 1222 人，复训救护队员 323 人。

四是加强对中介机构的监管。按照国家安全监管总局部署，对区内 2 家甲级、4 家乙级安全评价公司与 3 家乙级检测检验公司进行了现场检查考核；召开了全区煤矿中介机构座谈会，下发了《关于进一步加强煤矿安全评价工作的通知》，规范了中介行为。

五是推进信息化建设。及时通过门户网站宣传国家煤矿安全生产法律法规；按照国家安全监管总局要求，推进“金安工程”执法文书软件试点项目；通过对全区煤矿安全生产情况的调查，完成了全区煤矿基本情况统计表。

六是技术支撑体系建设取得新进展。初步构建了以内蒙古煤监局技术中心为主体的内蒙古煤矿安全技术支撑体系主体框架。下发了《关于进一步加强煤矿检测检验工作的通知》，职业危害检测检验中心添置了先进仪器设备，与全区 393 家煤矿和非煤矿山签订了监测评价技术服务合同，通过技术服务，全区煤矿职业危害申报率达 95%。矿用检验中心年完成大型矿用设备检测近 2 万台（套），安全仪器、仪表检测 15 万台（件），消除安全隐患6000多项，有效地保障了煤矿安全监控系统及重要设备的安全运行。

七是培训工作稳步推进。组织完成了3家三级培训机构的到期复审检查，并把检查情况向全区培训机构进行了通报。建成了覆盖全区的煤矿安全培训网络。培训中心全年完成培训3.5万多人次，最大限度地实现了煤矿安全人才的培养与保障。

七、认真开展事故调查，应急救援到位

2012年发生的20起事故已全部结案。对发生的3起较大事故，进行了现场督导和全区通报。全年共受理事故举报8起，全部进行了立案调查处理，现已查证核实3起，处理责任人16人，罚款554.8万元，同时按照有关规定，对3名举报人给予了奖励。呼伦贝尔分局还拓宽事故调查范围，率先开展了非伤亡事故调查处理。在全区国有重点煤矿企业安全生产工作座谈会上，内蒙古煤监局对2010年以来全区发生的5起较大以上事故进行了通报，并以三维动画的方式模拟了事故经过，分析了事故原因。这种直观形象的方式受到了国家煤矿安监局领导及参会代表的一致肯定，并在全国得到了推广。

在组织事故调查的同时，积极参与事故抢险救援工作。乌拉特前旗兴亚煤矿瓦斯事故发生后，被困人员迟迟不能升井，内蒙古煤监局认真分析事故现场情况，在确定不会发生次生灾害的情况下，组织局有关处室和分局人员带队入井，引导救护队成功将遇难矿工运出矿井。包头市杨圪楞村一处非法盗采煤炭资源点发生瓦斯爆炸事故，内蒙古煤监局又在第一时间赶赴现场，协调救援队伍和装备保障，并参与救援工作。

八、多措并举，确保队伍清正廉洁

认真贯彻落实国家安全监管总局党风廉政建设会议精神，继续以“争做安全发展忠诚卫士，创建为民务实清廉安监机构”为重要活动内容，以党的“十八大”精神为指导，以开展创先争优活动为载体，通过多种形式的警示教育活动，全面推进队伍建设。

一是认真学习贯彻党的“十八大”精神。通过组织收看、印发文件、订购材料、安排自学等方式掀起了学习“十八大”精神的热潮。

二是继续深入开展创先争优活动。按照自治区党委统一部署，完成了创先争优活动的各环节、阶段的规定动作和目标任务，成效显著，涌现出了一批先进基层党组织和优秀党员。

三是积极开展反腐倡廉工作。在年初对全年党风廉政建设工作和反腐败工作进行了安排部署，将全年工作任务逐项分解落实到各单位、部门和各位领导，做到了任务明确、责任清晰，层层抓落实。按国家安全监管总局的要求，对组织开展的“教育、规范、整治”活动进行了全面总结，针对查纠中存在的问题制定了7项整改措施、18项预防措施，修改完善8项管理制度；开展了全局第三个“警示教育周”活动；立案调查处理了乌海分局个别人员受贿违纪案件，对违纪人员进行了党纪、政纪处分，并通报全局。

四是做好迎接上级检查工作。认真迎接了国家安全监管总局巡视组的巡视工作及自治区直属机关工委的党建工作检查，内蒙古煤监局近年的工作得到了上级领导的较高评价。

五是进一步加强班子建设与队伍建设。2012年，新增了领导成员，重新调整了领导分工，使调整后的新领导成员在年龄结构和任务分工上更加合理。先后完成了17名处级干部的交流，22名处级、41名科级干部的选拔任用，对试用期满的19名处级、2名科级干部和7名新招录公务员进行了考核。通过出国培训、参加国家安全监管总局组织培训和自行培训等多种形式抓监察人员培训；通过举办“煤矿安全生产法律法规知识测试”，增强了监察人员的法律素质与履职能力；选派8名年轻干部到煤矿企业挂职锻炼，熟悉掌握新工艺、新技术和新装备，得到了国家安全监管总局领导的高度评价。

辽宁省煤矿安全生产工作综述

一、注重实效，“打非治违”和隐患排查治理深入扎实

年初，辽宁煤监局结合实际对全年煤矿安全生产工作进行了全面安排部署，明确了工作重点。同时，与省煤管局联合组织开展了持续3个月的百日安全大检查活动，确保了“两节”、“两会”期间煤矿安全形势的基本稳定。

辽阳灯塔“3·22”重大瓦斯爆炸事故发生后，辽宁煤监局与省煤管局按照国务院办公厅《关于集中开展安全生产领域“打非治违”专项行动的通知》精神，联合下发了《关于开展深刻吸取“3·22”重大瓦斯事故教训，全省煤矿“打非治违”隐患大排查大整治专项行动的通知》，共同研究制定具体的落实措施，成立了煤矿“打非治违”专项机构，从4月中旬至9月末，分自查自纠、集中整治、督查总结3个阶段开展“打非治违”和隐患排查大整治专项行动，并于10月组织开展了“打非治违”回头看活动，巩固打非治违成果，强化地方特别是县、乡政府的“打非治违”责任，同时，结合“打非治违”回头看行动，重点抓了瓦斯隐患排查治理，对已查出的隐患监督整改到位，加强了对停产矿井的巡查，严防擅自组织生产或施工；加强了对技改矿井的监管，防止以技改名义组织生产。

二、突出重点，强化基础，推进了企业主体责任落实

一是强化了国有煤矿瓦斯防治专项监察。加强了瓦斯抽采监察，督促煤矿树立“瓦斯超限就是事故”的理念，建立健全瓦斯“零超限”目标管理制度和瓦斯超限追查制度。各国有重点煤矿加强了瓦斯抽采，累计抽采量达3.3亿立方米，全省国有重点煤矿杜绝了瓦斯事故。

二是严格矿井防治水监察。开展了防汛、防治水专项监察，重点检查了煤矿雨季“三防”工作落实情况、矿井防治水规划编制情况、防治水专业技术人员的配备情况及防排水设备设施的检测维修情况，保证煤矿安全度汛。加强了对老虎台矿、大平矿、南煤公司等重点矿井防治水工作的跟踪检查，督促落实措施。

三是严格技改审批，严把安全准入。开展了技改矿井摸底调查，对批准施工一年以上未施工矿井作出了处理，撤销了27家煤矿安全专篇；组织开展建设项目专项监察，对存在的违法违规行为给予行政罚款，责令6家技改煤矿停止施工。

四是加大安全培训监察力度。开展了为期一个月的煤矿安全培训专项监察工作，共检查培训机构22家，抽查煤矿企业11家，对部分培训机构存在硬件建设和教学管理不达标、部分煤矿企业安全培训主体责任落实不到位等问题，提出限期整改要求。加强三项岗位人员现场持证上岗监察。

三、强化检查指导，推进了地方监管责任的落实

2012年初，制定下发了“地方煤矿安全监管监察工作要点”，从8个方面、27项内容提出具体工作要求，指导地方煤矿安全监管部门有针对性地开展工作。

一是严格规范了煤矿复产验收工作。下发了《加强地方煤矿复工复产工作的通知》，对各市煤矿复工复产工作提出了5个方面的工作要求，有效地指导了地方煤矿安全监管部门复工复产验收工作。

二是强化了对地方监管工作的检查指导。在辽宁煤监局组织开展的对市级监管部门指导中，改变了以往单纯听取汇报、查阅资料的方式，更加注重实效，每到一地先深入县区了解情况，先行掌握第一手资料，对照发现的问题有针对性对市级政府的工作进行检查，指出的问题切中要害，收到了良好效果。在辽东分局的指导下，本溪县不断改进管理，煤矿监管工作实现了机构、责任、经费和检查部署“四个到位”，有效维护了辖区安全生产形势稳定；有4个县区人员、装备进一步充实，监管力量得到加强。辽南分局及时向地方政府通报了16个产煤县区煤矿安全监管工作情况，提出改进意见和建议，使5个县区地方监管部门在岗位编制、人员配备、经费保障等方面得到改善和加强。

三是加快建立小煤矿有序退出机制。按省政府的要求，与省煤管局研究制定了《关于小煤矿实施有序退出工作的意见》，就小煤矿有序退出的总体要求、主要任务和相关政策，煤矿保留的技改标准和程序、工作步骤、保障措施等作出了明确细致规定；同时，积极配合指导相关地区制定小煤矿退出机制实施方案。

四、创新方式，监察执法效能逐步提升

一是优化职能，提高整体监察效率。辽东、辽北分局对内设机构、人员进行了优化调整，分别赋予各监察室行政审批、现场监察、监督检查权力。实现了行政审批、现场执法和执法监督三项权力分离，分局的监察力量得到有效整合，形成了前有监察后有监督的制衡机制，提升了总体工作效能。

二是细化规定，规范执法行为。辽南分局通过制定"编制现场监察方案主要内容及要求"、"地方乡镇煤矿重点监察20条"和编制"辖区煤矿基础情况手册"，规范了监察员日常监察执法行为；辽东分局先后制定了"工作程序"、"执法监督检查"、"行政许可受理与承办分离"、"执法文书评比"等一系列制度和办法，初步形成了用制度"管权、管人、管事"、"前有监察、后有监督、层级负责"的运行机制。两个分局还坚持季度执法文书评比，提高了执法文书制作质量，提升了执法能力和水平。

三是注重监察执法的针对性、权威性和实效性。辽西分局监察地方煤矿采取不事先通知、内部交叉执法、对煤矿违法违规行为进行约谈等方法，既利于监察中发现问题，统一了处罚标准，还有效督促了隐患整改和处罚的落实。

五、强化警示教育，事故查处力度不断加大

一是严肃查处事故追究责任。坚持"实事求是、依法依规、注重实效"基本要求和"四不放过"原则，对发生的22起事故均给予了严肃查处。共查处事故相关责任人235人，其中，厅局级1人，县处级11人，移送司法机关追究刑事责任10人、党政纪处分99人，事故罚款976.7万元，其中个人罚款201.7万元。对10万吨以下发生较大以上事故的煤矿，一律按照省委、省政府〔2008〕15号文件规定，由所在市级人民政府组织实施关闭。

二是强化事故后"四项制度"的落实。及时下发通报，分析事故原因，提出相关要求；先后约谈了朝阳、丹东、阜新市政府及沈焦、南票、北煤公司负责同志及监管机构主要负责人，查找问题和漏洞，共同研究防范措施，杜绝类似事故再次发生。

三是开展了警示案例教育。辽宁煤监局专门召开了事故警示安全分析座谈会，组织观看了其他省区典型案例教育片、分析辽宁省典型事故案例，请事故单位谈教训和整改措施落实情况。辽东分局将辖区煤矿典型事故制作成案例组织巡回宣讲，剖析原因，督促煤矿对照事故查找安全管理上存在的问题和漏洞，使其吸取教训，增强依法办矿、依法生产意识。

吉林省煤矿安全生产工作综述

2012年，吉林煤矿安全生产战线以开展"安全生产年"为载体，深入推进煤矿"打非治违"、整顿关闭和隐患治理，全省煤矿安全形势保持了稳定好转的总体态势，全年共发生煤矿事故23起，死亡59人，百万吨死亡率1.357，是吉林煤矿安全历史上第二个好年头。

一、结合实际，多措并举，强化煤矿安全监察执法的针对性

认真分析吉林煤矿安全实际，在重点灾害治理、事故超前防范、强化基层基础上狠下功夫。一是分析特点抓重点，把瓦斯治理、水害防治作为重中之重，查大系统、治大隐患、防大事故。以通化、珲春矿区为重点，紧盯高瓦斯和煤与瓦斯突出矿井，依据规程标准，对照70条监察要素，开展瓦斯治理专项监察，大力推进瓦斯抽采、监测监控和现场管理；以舒兰、蛟河矿区为重点，突出受水害威胁矿井，在企业进行水害自查自纠基础上，集中开展防治水专项监察，督促煤矿企业落实防治水规定。二是分析规律抓预防，季节更迭、气压变化、开采强度加大，导致瓦斯涌出异常，容易诱发瓦斯事故；春季融雪性积水、夏季汛期降水给煤矿安全生产带来威胁。针对这些规律特点，及早部署开展专项督查；召开了重点灾害防治技术研讨会，积极推广瓦斯预测预警、瞬变电磁探水等先进适用技术，提高防范事故的预见性。三是分析现状抓基础，开展了煤矿安全培训、矿用产品安标管理、安全费用提取、职业危害防治等专项监察，召开了以煤矿安全科技、安全文化建设、中介机构监管为主题的现场会、研讨会，督促煤矿企业加大安全生产投入，提高职工安全技能，更新改造技术装备，发挥科技、文化和中介机构对安全生产的支撑作用，强化安全基层基础。

二、狠抓关键，强化措施，提高“打非治违”专项行动的实效性

针对小煤矿数量多，规模小的状况，制定了全局“打非治违”实施方案，着力推动小煤矿安全专项整治。一是抓煤矿建设项目，把项目合法性、组织施工程序、安全责任落实三大项细化为18个小项，开展专项督查检查，严厉打击非法违法建设行为。对边技改边生产、假整合真生产、规定工期内不能完成建设的，依法提请地方政府予以关闭。2012年全省关闭煤矿18处，超额完成国家下达的10处指标。二是抓许可证颁发管理，下发了《关于加强煤矿安全生产许可证颁发管理的意见》，对期限内未实现安全质量标准化和“六大系统”建设完善的，一律不予受理和审查；对申办安全生产许可证的，规范审查程序，严格安全条件，严把矿井生产门槛。坚持许可证“月公示、季通告”，每月在局政府网站公示颁发、暂扣、注销许可证信息，每季度向各市（州）政府通报许可证持证情况，强化动态管理和社会监督，严防无证矿井非法生产。三是抓集中督导检查，“两会”和“十八大”期间，集中全局监察力量，开展了煤矿安全生产督导检查，维护特殊时段、敏感时期的煤矿安全与稳定。特别是“十八大”期间，局党组成员带队，分赴各产煤重点地区，深入基层，深入企业，监督小煤矿严格执行停产整顿指令、国有煤矿严格执行不安全不生产指令，并及时向煤矿企业、地方政府通报情况，交换意见。全省煤矿扭转了三季度事故多发的被动局面。

三、严查事故，重在警示，发挥事故教训作用的推动性

坚持事故就是命令，第一时间赶赴现场，协助地方抢险救援，尽最大努力减少灾害损失。严肃事故查处，严格责任追究，公开宣布处理结果，起到“一矿出事故，万矿受教育”的警示推动作用。一是加大处罚力度，针对舒兰市天源煤矿“1·6”瓦斯事故暴露出的超层越界、非法采煤问题，给予100万元罚款，同时建议地方政府对其实施关闭；针对蛟河市平安煤矿“7·3”顶板事故暴露出的以掘代采、隐瞒事故问题，分别给予53万元和200万元罚款。二是强化警示教育，6月份“警示教育周”期间，组织6个省直部门、8个产煤市州、27个产煤县（市、区）、近100个煤矿企业负责人，召开了全省煤矿典型事故案例分析会，由事故矿井现身说法，动画演示，分析问题，自我反省，并将事故案例纳入煤矿安全管理人员培训内容。三是吸取他省教训，认真宣传贯彻全国煤矿事故分析暨警示教育会精神，把省外发生的12起重特大事故案例刻录成光盘，分发至各产煤地区，召开警示教育会，分析吉林煤矿有哪些类似的隐患需要治理、哪些同样的漏洞需要弥补，吸取他省教训，防范本省事故。

四、创新思路，协调推进，提升监察执法的工作效能

加强调研，总结经验，不断完善监察促动、典型带动、教训推动的“三动”工作思路，坚持监察执法“四结合”。与宣传教育相结合，把监察执法的过程当作宣传法律法规、贯彻规程标准、讲解政策规定的过程。与指导服务相结合，发挥专业技术优势，不但敢于说“不”，而且善于说“行”，帮助企业解决安全生产难题。与总结经验相结合，推广安全生产好的做法，发挥典型的示范、引导、带动作用。与发挥地方监管作用相结合，把对地方政府监督检查的过程当作业务指导、征求意见、推动工作的过程。因地制宜，推广集中式、约谈式、表格式、预防式、跟踪式“五种监察”。每月召开监察执法分析会，加强执法监督，规范文书制作，推进执法闭合，提高了监察工作效能。全局累计监察矿井513矿次，排查事故隐患1905条，督促整改隐患1827条；全省煤矿发生事故23起、死亡59人，保持了总体稳定向好的态势。

五、狠抓反腐倡廉，促进了严格、公正、廉洁执法

以构建惩防体系基本框架为重点，把巩固“教育、规范、整治”活动成果贯穿于全年工作。一是发挥教育的基础作用，坚持廉政教育日常与重点、统一与分级、专题与常规、警示与执法“四个结合”，以领导干部为重点，以执法人员为主体，因人施教、分层分岗施教，增强了教育的针对性、指导性、实用性和实效性。二是以建立健全制度为核心，编制了职权目录和权力运行流程图，确立廉政风险点175个，立改废各类制度71项881条，规范权力运行。三是发挥监督的关键作用，办公区工程改造、干部任用等重大事项集体研究，公开透明，接受群众监督。推进政务公开，使安全许可、事故查处等信息公开，主动征求监督员和煤矿企业的意见建议。四是强化廉政责任落实，修订了《党风廉政建设责任考核办法》，把全年反腐倡廉4个方面40项重点工作分解到各单位，采取阶段检查促进、总结经验带动、考核监督落实、严肃责任追究等措施，促进责任制落实。目前，全局惩治和预防腐败体系基本框架初步建成，保证了监察执法和队伍建设健康发展。

六、提高素质，转变作风，努力加强监察队伍建设

一是坚持抓学习提高人。党组中心组集体学习8次，举办2期监察员培训班，引领学习型队伍建设，提高理论水平和监察技能。深入学习宣传贯彻党的“十八大”精神，党组成员带头研读报告、交流体会，把学习“十八大”精神落实到工作中，把学习成果转化为工作动力。二是坚持抓典型引导人。深入开展学习刘春权事迹活动，继承和发扬踏实肯干、爱岗敬业优良传统；充分发挥局网站的平台作用，宣传监察队伍中的好典型，树立煤监机构的好形象。三是坚持抓用人导向激励人。以德为先、注重实绩，给想干事、能干事、干成事的年轻同志提供机会和舞台，对长期坚持在一线、德才兼备的老同志优先考虑。严格执行选拔任用程序，民主推荐、集体决定、公开公布，并积极推行竞争上岗机制，调动大家干事创业的积极性。四是坚持抓作风培养人。在每周一调度例会上，局班子带头说实事，讲实情，通报情况，解决问题。调度会后，没有特殊情况就不再开会，集中精力狠抓落实。从严格考勤制度抓起，整治“庸、懒、散”等问题，积极培养“快、实、细、新”的工作作风。同时，厉行勤俭节约，把有限的资金用于改善办公条件、组织职工体检、提高伙食标准，为大家创造良好的工作环境。

黑龙江省煤矿安全生产工作综述

一、确保全省煤矿安全生产形势持续稳定好转

2012年，全省煤矿发生各类事故41起，死亡81人，百万吨死亡率为0.86。与上年同期事故45起、死亡94人、百万吨死亡率0.94相比，事故起数减少4起、下降8.8%，死亡人数减少13人、下降13.8%，百万吨死亡率下降0.08。其中3人以上事故4起、死亡41人，与去年同期8起、死亡51人比，事故起数减少4起、下降50%；死亡人数减少10人、下降19.6%，再创历史最好纪录。

为确保全省煤矿安全生产形势持续稳定好转，从年初开始，省委、省政府及有关部门就把煤矿安全生产工作放在突出位置来抓。针对黑龙江省煤矿安全生产存在的主要问题，部署重点做好5个方面工作。一是正确把握安全生产与经济发展、社会稳定的关系。二是以坚决态度，定期开展煤矿安全生产隐患大排查。三是采取超常规措施，突出以瓦斯、水害为重点的灾害防治。四是出重拳下狠手，严厉打击和治理纠正非法违法、违规违章行为。五是认真执行事故报告制度，做好事故应急响应。

全省国有重点煤矿根据省政府要求，从抓责任落实入手，进一步加大对重特大事故的防范力度。龙煤集团为进一步落实“安全第一、预防为主、综合治理”的安全生产工作“十二字”方针，强化瓦斯治理，严肃追究在工作过程中的违规相关责任人，从事故源头预防瓦斯事故发生，特制定《黑龙江龙煤矿业控股集团有限责任公司预防瓦斯事故、强化责任追究的规定》，收到明显效果。

二、突出抓好煤矿安全整顿

2012 年，黑龙江省政府深刻吸取以往煤矿事故教训，采取有力措施，坚决关停不达标、不合格、不符合安全生产条件的小煤矿。特别是进入10 月份以来，省政府办公厅下发了《关于做好全省地方煤矿停产整顿工作的紧急通知》，要求各产煤地市再利用2 个月时间停产整顿全部地方安全不达标的小煤矿，认真开展隐患排查治理、设备设施检修维护等整改达标工作。对全省 458 处地方煤矿实施停产整顿，占全省地方煤矿总数的 61.1%。

三、进一步加大煤矿安全监管监察力度

（一）明确“三项监察”侧重点，增强针对性

全省煤矿安全监察机构在继续坚持“查大系统、治大隐患、防大事故”监察原则的前提下，对作业人员集中、生产环节复杂的国有重点煤矿加大监察密度和力度，防止安全标准滑坡、安全管理放松和“三超”现象；对灾害严重的矿井继续实行覆盖式监察。针对地方煤矿关闭整顿、停产整合和建设技改矿井增多的实际，加强重点巡查和专项督查；严防不顾安全，非法违法生产，关闭矿井“死灰复燃”，停产矿井非法盗采、超层越界行为。发现上述现象，及时与地方政府和有关部门密切协作，联合执法，严厉打击。同时，严格落实执法计划，坚持预案监察，规范执法程序，依法严肃惩处，及时反馈，努力实现“监察闭合”。省局和分局（站）两级煤监机构共监察矿井 667 矿次，完成监察执法计划的 103.2%。制作各类执法文书3964 份，查处各类隐患 2371 条。在此基础上，加强对了地方政府有关工作的监督检查。坚持执法与服务并重，促进各级政府落实煤矿安全监管责任，采取有针对性的工作措施，打牢安全基础。煤矿安全监察机构进一步强化煤矿事故调查处理工作，对法定权限内应处理的41 起事故进行了调查处理和责任追究，事故结案率为100%。共有 203 名事故责任者受到处理，其中建议移交司法机关的 40 人；给予党纪、政纪处分的 163 人。用事故教训推动煤矿安全工作，促进了法律效果与社会效果的统一。

（二）推动隐患治理和“打非治违”专项行动见成效

及时调整执法监察行动，严打“三违”，严治“三超”，督促落实隐患排查治理督办闭合制度，配合地方政府开展联合执法。完成了国家煤矿安监局布置的煤矿建设项目“三同时”、煤矿在用设备、防治水、“一通三防”、安全避险“六大系统”等项专项监察和省政府组织的“打非治违”专项检查和督查。突出推动煤矿瓦斯等重大灾害治理，做到措施、责任、资金、时限和预案“五到位”。全省 39 处高瓦斯和突出矿井、35 处瓦斯高管矿井，全部按规定上齐了瓦斯监控和抽放系统。开创了有史以来全年瓦斯事故为零的纪录。

同时，深化对地方政府有关工作的监督检查，持续推进“打非治违”专项行动和隐患排查治理。一方面，主动配合地方政府，依职权开展专项行动，成为煤矿领域“打非治违”的中坚力量；另一方面，继续把煤矿安全的“九项工程”落到实处，作为对地方政府监督检查的主要内容，推进瓦斯治理和火灾、水害隐患排查治理措施的落实。“帮”、“促”结合，加强对地方政府特别是县区政府煤矿领域“打非治违”工作的监督检查，督促落实停产整顿、关闭取缔、依法处罚和严肃追责“四个一律”措施。通过专项行动和隐患排查治理的闭合，进一步落实安全监管主体责任。

（三）进一步做好行政许可工作

全年共审核受理 372 处矿井的安全生产许可，审核批准 25 处矿井安全设施设计。行政许可与监察部门执法监督网络接轨，在省局网站及时公布，接受政府和群众的双重监督。做好煤矿安全培训和安全资格认定工作。对已到期新申报的 57 家培训机构进行了资质认定；按计划完成了全年安全培训和复训工作，共培训安全管理人员 1100 人，复训5377 人，教师资格培训 337 人，再培训 607 人。加强对中介机构的资质管理。严格贯彻国家安全监管总局提出的“双五条”要求，对在省局备案的20 余家中介机构实行规范化管理。煤矿安标产品的鉴定得到国家安全监管总局安标办的认可。在实际工作中，在“入口把关”和“动态管理”两方

面适时跟进，提高行政许可水平。按照国家安全监管总局提出的“充分利用法律、经济手段，让不具备安全生产条件或安全保障能力低下的小煤矿退出市场。探索建立多部门协调一致的煤矿开发准入制度。加快推进井下安全避险系统建设和小煤矿机械化改造”的要求，提高行政许可工作质量。针对地方煤矿整顿关闭、资源整合、矿井改造数量增多的实际，特别注意执行四部委新近联合发布的《加强煤矿建设安全管理规定》，掌握有关工作进程，做好有关矿井证照的审核、暂扣、吊销，以及建设项目安全设施的审核和验收、建设工程的质量监督等工作；加强许可证专项监察，对有非法违法行为的煤矿依法严惩。继续大力推进安全监察信息化建设，特别是加快安全许可网上申请和审批的工作进度。进一步推进“受理和审批分开”制度。落实职业危害防治的监察和管理职责，明确相关工作内容和程序。其他项目的行政许可和资质认定工作，也都从严管理，适时跟进。

（四）加大煤矿安全技术支撑工作力度

切实做好信息调度统计工作。信息统计中心共收发各类传真700余份次，完成监察周报、执法分析等各类统计报告243份，排除终端故障近1000次，解决了分局IP电话网络连接问题，保证了机关政务网正常运转。加强了注册安全工程师管理，完成上报专业技术职务任职资格、初始注册、重新注册、延续和变更注册、继续教育等138人。加强了矿山应急救援建设。督促完成了国家矿山应急救援鹤岗基地建设；配合有关部门开展“点对点”4个省级基地和16支骨干应急队伍建设。完成了全省矿山救护队标准化达标验收、资质延期；监督指导开展预防性安全检查。在全年发生的4起较大以上煤矿事故的抢险救援中，共组织调动了5支专业救援队伍，井下抢险救援39批次、532人次，在事故抢险救援中发挥了关键作用。职业危害防治工作得以推进。贯彻落实新修订和颁布的部门规章，完成了职业卫生服务机构认证前准备工作。对申请职业病防护设施竣工验收的5个煤矿建设项目进行了现场验收。对原有的实验室升级改造，购置了主要仪器设备117台（套），设定了52项职业危害因素监测评价项目，开展了质量管理体系内部评审。矿用安全产品检测检验工作取得成效。检验中心共检验煤矿设备262处，主要设备2335台（套），出具检验报告4752份，发现和纠正安全隐患3500处。煤矿热风炉和在用品检验全面铺开。完成了高压电器等14项新增项目的作业指导书，进行了煤矿探水方法作业指导前期准备。煤矿建设工程质量监督认证工作再创佳绩。对已办理监督手续的35处建设矿井开展了监督，发现和纠正问题216条；对17处已完工的新建、改扩建矿井进行了安全设施工程质量认证，督促整改问题256条。煤炭监理中心在省内外16个煤矿建设工程开展监理工作，成绩明显。

（五）进一步加强执法监察队伍建设

坚持正确的干部选拔任用导向，调整、提拔、转任、交流、输送、充实机关岗位总计55人。通过干部考察和任职后回访，提拔交流干部得到广泛认可。考试录用6名公务员，近年考录的公务员全部充实到各监察分局锻炼培养，增强了一线监察力量。发展了9名预备党员，7人转为正式党员，按计划重点培养了23名党的积极分子。加强基层班子和干部考核，加强干部培训。对全体执法监察人员分2期培训157人。各单位坚持开展每周一题、每月一讲活动。坚持“以老带新”，各分局结成学习对子16对；组织25人参加了国家安全监管总局的业务培训、党校培训和中外合作培训。对政务公开和保密、信息工作进行了全局性的培训；加强“普法”工作，指导律师开展有针对性的授课，取得了较好的效果。省局党组成员同各监察分局（站）、建立了联系点；各分局（站）至少同一处地方单位或煤矿建立联系点，开展活动86次；向地方政府提出加强和改善煤矿安全工作的报告或建议130多份；协助地方政府和煤矿安全监管、行业管理部门提高执法水平；帮助企业解决安全生产难题。

四、全方位搞好防治水专项治理

5月2日，黑龙江省鹤岗市峻源二矿井下采煤工作面发生透水事故，造成13人死亡。为认真吸取“5·2”鹤岗市峻源二矿重大透水事故的教训，有效防范和坚决遏制重特大水害事故的发生，黑龙江省认真贯彻落实国家安全监管总局、国家煤矿安监局安监总煤调〔2012〕29号文件要求，展开了全方位的煤矿防治水专项治理工作。国有重点煤矿率先行动，龙煤集团结合煤矿防治水工作实际，出台的《黑龙江龙煤矿业控股集团有限责任公司煤矿防治水专项治理工作实施方案》，成为全省各类煤矿防治水专项治理的标准。

（一）明确煤矿防治水工作目标

全面开展各煤矿水文地质补充勘探工作，完善各矿水文地质基础资料；进一步明确煤矿防治水各级人员的安全责任制，强化防治水专业技术人员及探放水专业技术人员的培训，进一步提高煤矿防治水安全技术综合水平；全面落实井下采掘工作面物探工作；查清矿井老空水及周边矿井老空水分布情况；严格保证煤矿防治水工程资金投入，按照国家行业标准完善各项煤矿防治水设施和装备；消灭盲目采掘活动，坚决杜绝水害事故及伤人事故发生。

（二）建立完善煤矿防治水机构

配齐煤矿防治水专业技术人员，并根据水文地质类型划分，有针对性、可操作性地进一步完善和制定防治水岗位责任制、防治水技术管理制度、水害预测预报制度、水害隐患排查制度、密闭监测管理制度、探放水制度、防治水奖罚制度、暴雨期间巡视及停产撤人制度等，并贯彻落实。

（三）加强防治水基础资料工作

各煤矿按照《煤矿防治水规定》要求，编制完善防治水5种必备图件和15种基础台账；编制完善防治水5年规划；积极开展水文地质补充勘探工作。通过水文地质补充勘探形成水文地质勘查线与动态观测网；查清地下水流场分布，获取全区内水文地质评价、矿井突水危险性评价及涌水量评价需要的各项水文地质参数；查清区内水系发育的基本情况，大气降雨补给强度、流量及各条河流与直接充水含水层间接充水含水层的关系；查明主要含水层与煤系地层的水力联系；了解矿区煤层顶板“上三带”的发育情况。为煤层的开采进行涌水量评估，并提出针对性的防治水措施。

（四）充分发挥物探设备的作用

各煤矿采用地面瞬变电磁进行补充探测，重点查清矿区范围内大小井采空区积水及赋水区域，采取防范措施。对大井采空区积水、裂隙水、断层水、含水层水等水体绘制在采掘工程平面图上。在工程施工中坚持“逢掘必探、先探后掘、先治后采”原则。探放水工作实行探放水设计、允掘通知、工作面牌版、交接班记录、施工进度图“五结合”。特别是煤矿水害严重矿井和水患威胁区域严禁班中爆破。按照《煤矿防治水规定》要求，探放水工程采用专用钻机，由专业人员和专职队伍进行施工；探放水工经过正规培训，持证上岗。

（五）加大隐患排查治理力度

要求矿井掘进工作面必须编制水情水害预测预报，治理措施必须到位。同时确定采掘工作面的水害类型、水害特点、积水区域、积水量及重点探放水区域。对重点探放水区域进行严格的“三线”管理。回采工作面在回采前应编制专门水文地质报告，重点对工作面开采水文地质条件进行安全评价，回采工作面未通过安全评价不得组织回采。水文地质条件复杂型矿井，半月要进行一次水害隐患排查；其他矿井每月进行一次水害隐患排查。对排查出的水害隐患根据危险程度，制定管理办法和措施，对重点隐患实行重点督查和挂牌督办。

（六）加大地面及井下防治水工程的实施

龙煤集团结合“三大工程”中地面及井下防治水工程建设，各矿进一步查清矿区及其附近地面水流系统的汇水、渗漏情况、疏水能力等情况，建立健全疏水、防水和排水系统。在地表容易积水的地点，修筑沟渠排泄积水。修筑沟渠时避开露头、裂隙和导水岩层，对排水泄洪沟渠、坝堤失修的及时修缮加固，保证沟渠断面和泄洪排水能力。与矿井连通的塌陷坑填实压平，地表湖泊、河流、水库附近或易受山洪威胁的矿井，构筑防洪设施，落实防范措施。防治水工程有方案设计、施工设计、施工记录，并按规定程序审批，工程结束后有总结。

（七）全面落实水害救援应急救援措施

各煤矿根据主要水害类型和可能发生的水害事故，制定水害应急预案和现场处置方案。处置方案包括发生不可预见性水害事故时，人员安全撤离的具体措施，汛期前对应急预案进行反复救灾演练。矿井设置避水灾路线，设置清晰的标识牌，并让全体职工熟知，以便一旦突水，能够安全撤离，避免意外伤亡事故发生。在汛期前，各煤矿成立雨季“三防”指挥部，落实抢险救灾所需物质、设备和资金。

江苏省煤矿安全生产工作综述

2012 年，江苏省煤矿共发生生产安全事故 3 起，死亡 7 人，同比事故起数持平，死亡人数增加 3 人。其中原煤生产死亡事故 2 起，死亡 3 人，基本建设死亡事故 1 起，死亡 4 人。百万吨死亡率为 0.143，同比减少 0.047。

一、开展“打非治违”专项行动和隐患排查

4—9 月，集中开展“打非治违”专项行动，明确目标任务，抓住工作重点，制定方法步骤，坚决打击、治理和纠正在水害、瓦斯、冲击地压等方面出现的非法违规生产行为，各企业认真开展自查自纠，江苏煤监局领导带队开展专项督查，共排查治理各类违法生产行为 120 件。贯彻江苏省委“四项排查”部署，扎实开展煤矿安全隐患排查。江苏煤监局、省经信委、徐州煤监分局都成立了排查工作领导小组，确定了专业牵头人，处级干部实行包矿。省政府召开全省煤矿安全生产专题会议，推进以瓦斯治理为重点的安全大检查。

二、推进煤矿企业主要负责人安全生产风险抵押金制度

加强对煤矿企业主要负责人安全生产风险抵押责任考核制度，推进企业强化层级责任，使安全压力层层传递到岗位职工。2012 年，江苏省财政奖励企业主要负责人 75 万元。

三、强化重大灾害防范治理

全面部署学习神华风险预控管理体系，建立健全全省煤矿安全生产长效机制管理。加强灾害防范治理，徐州矿务集团完成了张小楼井地面瓦斯抽采系统建设。大屯公司大力推进井下无防尘化建设，有效治理尘害。

四、提高煤矿安全执法效能

紧紧盯住灾害严重矿井，实行重点监察。继续开展解剖监察，联合徐州煤监分局先后对柳新、张双楼、李堂、孔庄等 4 对矿井进行解剖监察，分析查找漏洞和问题，共查出各类问题或隐患 266 条，提出监察意见及建议 81 条，作出停头、停面的处理决定 7 次。

五、抓好“一通三防”管理，严格落实瓦斯防治措施

坚持完善优化通风系统，督促张小楼井完善通信系统。坚持从严落实瓦斯防治“十条禁令”，强化监察，发现瓦斯超限的，一律责令停产整改，并追查处理。坚持严格执行“四位一体”的防突措施，张集认真落实区域和局部两个“四位一体”的综合防突措施，在突出区域坚持不打钻不掘进、不抽放不回采、瓦斯浓度不降低不生产的原则，确保安全生产。

六、加强煤矿安全避险“六大系统”建设

初步建成全省煤矿“六大系统”，应对事故和处理突发事件的能力有新的提高。

七、提高煤矿安全标准化管理水平

全省煤矿安全标准化在全面达标的基础上不断向精细化方向迈进，国家安全监管总局抽查全省 4 个矿全部达到国家级标准。同时，深入推进煤矿安全班组建设。

安徽省煤矿安全生产工作综述

2012 年，全省有煤矿 115 对，其中国有重点煤矿（淮南矿业集团、淮北矿业集团、皖北煤电集团、国投新集公司所属矿井）53 对（基建 5 对），地方煤矿 62 对（基建 4 对）。煤矿开采地质条件极为复杂，瓦斯、水、火、热害、地压等灾害俱全，尤其是瓦斯灾害突出。全省现有煤与瓦斯突出矿井39对（国有重点煤矿34对，地方煤矿5对），高瓦斯矿井16对（国有重点煤矿13对，地方煤矿3对），煤与瓦斯突出矿井和高瓦斯矿井数量占总数的47.8%，产量占90%以上。国有重点煤矿瓦斯涌出量达到2700立方米/分钟。水文地质条件复杂类型以上矿井42对（国有重点煤矿24对，地方煤矿18对）。

2012年，全省煤炭产量14693万吨，同比增加7.4%；全省煤矿共发生24起死亡事故，死亡35人，同比分别下降22.6%和12.5%；死亡人数比国务院安委会的控制指标少12人，减幅25.5%；百万吨死亡率0.238，同比下降18.5%；没有发生一次死亡10人以上事故，创历史最好水平。

一、煤矿安全制度建设

推动省政府出台了《关于进一步深化煤矿整顿关闭工作的意见》和《安徽省地方煤矿机械化开采的意见》，其中《关于进一步深化煤矿整顿关闭工作的意见》被国务院安委会转发全国。与省直相关部门联合印发了29项煤矿安全生产工作制度；制定、修订了行政许可审批、瓦斯治理、职业危害防治、事故调查处理、安标监管等21个煤矿安全监察规范性文件。

二、煤矿瓦斯治理和防治水监察

组织开展了以煤炭企业贯彻落实国务院《关于进一步加强煤与瓦斯突出防治工作的通知》、《防治煤与瓦斯突出规定》、皖政办〔2011〕62号文等情况为主要内容的重点监察，以强化“两个四位一体”综合防突措施落实情况和瓦斯抽采系统、瓦斯抽采效果为主要内容的专项监察。2012年，四大国有重点煤炭企业保护层开采工作面49个，同比增加14%，面积693万平方米，同比增长57.9%；瓦斯抽采、利用量分别达到84943万立方米和23471万立方米，同比分别增加18.5%、28.5%；瓦斯超限11次，同比下降45%。

组织召开了全省煤矿防治水现场会，开展煤矿防治水专项监察，督促企业建立水害治理效果综合验证和评价制度。目前，全省国有重点煤矿已建成6个地面永久注浆系统、5个水化学实验室，水文地质条件复杂以上的矿井基本建立了水动态观测系统，矿井防治水能力进一步提高。

三、煤矿安全准入和退出

全年新颁发安全生产许可证4个，延期安全生产许可证15个，变更安全生产许可证26个，注销安全生产许可证34个。严格落实“三同时”制度，核准了5个建设项目，审查了7对矿井安全专篇，验收了5个建设项目安全设施。全年共关闭小煤矿34对，芜湖、宣城、马鞍山市和广德县煤矿全部退出。组织审查了5对矿井职业病防护设施、4家职业病防治技术服务机构资质，验收了2对矿井职业病防护设施；完成了116对矿井职业危害申报和126对矿井职业健康统计分析工作。

四、煤矿安全保障能力建设

组织人员赴广西专题调研小煤矿机械化开采，推动省政府出台《关于推进地方煤矿机械化开采的意见》，启动了机械化开采示范矿井建设。组织队伍参加国际性、全国性矿山救援技术竞赛，国投新集公司救护大队荣获第八届国际矿山救援技术竞赛团体第一。各救护大队主动参加各类事故应急救援，全年共抢救遇险人员27人，其中生还3人。召开了全省煤矿安全培训工作座谈会和安全培训基地建设现场会，皖北煤电集团、国投新集公司安全培训中心被国家安全监管总局命名为“煤矿安全培训示范基地”。综合考核2家甲级安全评价机构和6家乙级检测检验机构。

五、监察执法和事故查处

2012年，全局共完成监察工作日12105个，完成计划的112.5%；“三项监察”795矿次、4858个工作日，分别完成计划的112%和110%。责令18名矿长到一级培训机构复训，依法从严查处了4对矿井超能力生产、2对未批先建以及超层越界开采等非法违法生产建设行为。全年共监察971矿次，查处事故隐患4102条，下达各类执法文书4146份，责令21对矿井停产整顿、90个采掘工作面停止作业、36台（套）设备停止使用，罚款1488万元。

组织召开全省煤矿事故分析会，开展了安全生产责任制落实情况专项监察。全年共查处事故29起，处理责任人337名，其中4人被追究刑事责任。受理各类煤矿事故和隐患举报案件23起，均按规定及时组织查处。

六、信息化系统建成使用

在全国安全监管监察系统第一个建成基于物联网的远程安全监察与事故应急处置信息化项目，并于8月17日通过了国家安全监管总局的验收。建立了煤矿“两图两系统”和行政执法管理应用系统，实现了数字化执法、无纸化办公、信息化管理、远程化事故应急处置。

七、监察执法队伍建设

认真组织学习宣传贯彻党的十八大精神，深入开展了以“争做安全发展忠诚卫士，创为民务实清廉安监机构”为主题的创先争优活动。对4个单位、21名个人分别授予了“流动红旗”和“示范岗”；对5个先进集体和35名优秀个人进行了表彰；积极开展“社会主义核心价值体系践行年”活动，凝练确立了安徽煤监精神——励志煤监，公正清廉，求实创新，敬业奉献。先后选派多名优秀监察员参加国家安全监管总局组织的出国专题培训，8名干部参加了国家安全监管总局、省委党校轮训。提拔任用36名处科级干部。省局机关8位处室主要负责人实行了轮岗，省局与分局交流8名干部。

福建省煤矿安全生产工作综述

2012年，福建煤监局以科学发展观为指导，深入开展“安全生产年”活动，重点抓好煤矿“打非治违”、水害专项整治、安全质量标准建设、“六大系统”建设、隐患排查治理和安全文化建设等工作，全省煤矿安全生产形势总体平稳。全年全省煤矿共发生事故6起，死亡10人，百万吨死亡率为0.499。

一、深入开展煤矿“打非治违”专项行动

结合福建煤矿实际，积极协调、配合省直各有关部门，深入开展煤矿“打非治违”专项行动。

一是突出重点，全面部署煤矿“打非治违”专项行动。根据省情矿情，分析全省煤矿安全生产存在的主要问题，先后印发《关于进一步开展打击煤矿非法违法生产行为的紧急通知》、《关于立即贯彻福建省人民政府严厉打击非法违法采矿电视电话会议精神的通知》、《关于坚决贯彻落实省领导重要批示精神深入开展煤矿“打非治违”专项行动的通知》，研究部署全省煤矿“打非治违”工作实施步骤，制定符合全省煤矿实际的工作方案，明确工作职责，确定两大类13小项的“打非治违”重点内容，要求各级煤矿安全监管监察部门按照“三个到位”、“四个一律”要求，制定“打非治违”实施方案，严格落实“三个100%”，对煤矿“打非治违”实行“六个一批”。

二是严格执法，严厉打击煤矿违法违规生产建设行为。强力推动和健全完善由地方政府统一领导、相关部门共同参与的联合执法机制，会同各级煤矿安全监管、国土资源等部门通过明察暗访、综合执法、专项检查、联合督查、交叉检查等方式，推动煤矿“打非治违”工作制度化、常态化。福建煤监局单独及联合地方煤矿安全监管部门开展煤矿“打非治违”专项行动16次，检查煤矿28矿次，提请地方政府关闭非法采矿点2处，责令煤矿企业停工停产5处，对存在违规行为的4家煤矿予以立案查处，移交地方立案查处2起，实施行政罚款99.8万元。全省各级各部门开展煤矿“打非治违”专项行动94次，检查煤矿136矿次，关闭取缔违法矿井13处。

三是营造氛围，深化社会舆论监督。定期召开新闻通气会，及时通报全省煤矿“打非治违”进展情况，对查处的案件在新闻媒体曝光，先后在《中国安全生产报》、《福建日报》等主流媒体刊登专题文章多篇，开展跟踪报道、深度报道。全省各地通过互联网、报纸、电视、广播等媒体，加大宣传力度，注重宣传效果，动员和引导煤矿企业乃至社会广大群众全面理解、主动参与“打非治违”专项行动。加大政务信息报送力度，及时向国家安全监管总局办公厅、省政府办公厅报送煤矿“打非治违”专项行动进展动态。

二、强化执法，认真履行煤矿安全国家监察

职责

认真履行煤矿安全国家监察职责，积极探索创新，强化煤矿安全监察执法。

一是认真开展煤矿安全“三项监察”。按照年度监察计划和国家安全监管总局、省政府各个时期的工作部署，编制好每月监察执法计划，完善监察执法制度，规范监察执法程序，先后开展煤矿领导带班下井和栅栏密闭管理、安全生产许可证管理、建设项目管理、防治水、机电运输管理、“六大系统”建设完善、“一通三防”、瓦斯治理、教育培训、职业危害防治、顶板控制、设备安全、监控系统装备联网和运行管理等专项监察。针对春节后复工验收、雨季汛期等重点时段，开展定期监察。先后对5家灾害较为严重矿井或事故矿井进行重点监察。

二是强化煤矿安全监察执法。以“监察按计划、执法有总结、查处依法律、效果常提高”为目标，加大探索力度，按照《福建煤矿安全监察执法工作制度》要求，对监察执法工作各环节、程序、纪律要求等予以明确，规范安全监察执法行为，做实做细监察执法全过程，多方式、多手段地开展监察执法，做到证据链闭合和适用法律法规条款得当、程序严密。全年累计开展监察执法84矿次，其中重点监察13矿次、专项监察59矿次、定期监察12矿次；排查各类事故隐患566条，下达现场检查笔录等执法文书168份，通过跟踪落实，隐患按期整改率100%。以明察暗访形式对6家煤矿进行突击检查，对现场发现的问题和隐患依法予以查处。

三是加强对地方煤矿安全监管的监督指导。强化对地方煤矿安全监管的监督检查和服务指导，推动和落实基层部门落实安全监管责任，先后检查指导各产煤市、县（区）煤炭行业管理部门22次，并发出安全监管工作监督检查建议书，提出加强和改善安全管理建议，指导编制监管计划，规范监管执法和内部文书管理。举办煤矿安全监管监察文书评比活动，进一步规范各级煤矿安全监管监察执法行为，提高全省煤矿安全监管监察执法文书制作水平。完善省级煤矿安全生产季度联席会议制度，积极与省经贸委、发改委、安监局、国土厅、工商局、环保厅和林业厅等部门加强沟通，召开联席会议4次，及时贯彻落实国家、省政府关于安全生产工作的部署和要求，通报全省煤炭行业管理及安全生产工作动态，分析解决煤炭行业管理、煤矿安全监管监察、行政执法等新情况、新问题，推动各级煤矿安全监管部门有效落实安全监管职责。11月份，积极配合国家煤矿安全专项督查组在全省开展监察督查，组织各级各部门和煤矿企业汇报会40场次，召开座谈会、警示教育会50场次，检查煤矿25家、矿山救援队伍3个，发现各类隐患和问题113条，下达监察指令17份，责令煤矿停产整改2家、停止生产作业1家。

四是加大隐患排查治理力度。加强事故隐患排查治理体系建设，制定《福建省煤矿安全生产事故隐患排查治理暂行办法》、《福建省煤矿安全生产事故隐患分类分级标准（试行）》，规定全省煤矿隐患排查治理的具体内容、程序和要求，对煤矿隐患按照4大类45小类487种进行科学化、规范化管理。联合永定县煤管局研发福建省煤矿企业安全生产事故隐患排查治理信息系统，经调试运行后，全省煤矿可实行事故隐患排查治理信息化管理。完成全省292家煤矿的水文地质类型划分工作，其中简单类型196家、中等类型94家、复杂类型2家。会同省经贸委、国土厅要求各地煤矿安全监管部门开展岩溶水专项排查，通过调查核实，全省292家煤矿中有72家煤矿有灰岩，已停产1家，采取安全保护煤柱等措施后无岩溶水威胁的18家，无影响或岩溶水威胁的53家。针对下半年煤矿事故有所上升的态势，从9月1日起开展“百日煤矿安全隐患治理行动”，对全省煤矿逐一排查，做到“三个100%”，凡经排查不合格的，一律停产整改；对拒不执行监管监察指令的，一律按规定上限追究相关单位和责任人的责任。督促煤矿建立完善事故隐患排查、治理、报告、建档、监控、整改销号、资金使用、举报奖励等制度，按照分级管理原则，建立健全事故隐患档案，对水害、超层越界等重要情况须随时报告。全省煤矿累计排查各类事故隐患16617条，已整改16584条，整改率99.8%。

五是规范煤矿事故调查处理。规范事故报告和救援、调查取证、批复结案、责任追究、落实反馈、防范措施落实等环节，形成符合福建省实际的事故调查处理工作机制。依法查处煤矿事故7起（其中1起涉险事故），按期结案率100%，没有一起引起行政复议的案件。加大事故问责力度，依法追究54名事故责任人的责任，其中移送纪检监察机关依法予以党（政）纪处分22人，移送司法机关依法追究刑事责任5人；对7名事故责任人和7个事故责任单位依法实施行政罚款；对2个事故矿井责令停产整顿；对1个事故矿井取消建设项目。加大事故责任追究落实情况督查力度，对事故查处落实情况实行各级安委会挂牌督办制度，开展“事故矿井回头看”专项督查，加强煤矿事故预警通报，督促地方政府及其相关职能部门落实监管责任，督促煤矿吸取事故教训，采取有效措施防范同类煤矿事故发生。

三、基础强矿，不断提升煤矿安全基础管理水平

以提高煤矿安全生产基本条件和标准为重点，推进煤矿基础强矿，提升矿井安全生产条件和安全基础管理水平。

一是抓好重要时段煤矿安全生产工作。认真落实春节前后及“两会”、“十八大”期间的安全生产措施，提出“八个一律不得复工”工作要求，做到提前部署、关口前移、重心下移，确保煤矿生产安全。组织开展全省煤矿节后复工督查，监察检查煤矿节后复工情况6家，并指导各级煤矿安全监管部门开展复工验收，坚决做到不符合安全条件不复工、安全没有保障不复工。严格执行节假日及“两会”、“十八大”期间的调度值班和领导干部带班制度，强化应急值班值守。认真部署雨季汛期的煤矿各项防范措施，凡无法确保安全生产的煤矿，必须一律予以停工停产并撤出人员。

二是深化煤矿安全质量标准化建设。制定《关于全面提升我省煤矿安全质量标准化建设水平的通知》，按照“岗位达标、专业达标、企业达标”要求，深入开展安全质量标准化建设。进一步完善安全质量标准化动态考评机制，要求各煤矿企业每月对安全质量标准化考评项目中的安全基础、采煤、掘进和地测防治水等实行月度考核。将安全质量标准化作为各级煤矿安全监管部门日常执法的重要内容，促进煤矿将安全质量标准化工作落实到矿井的每个场所、每个岗位和每个员工。凡达不到二级或未落实奖惩制度、未建立档案的，安全质量标准化一律不予达标；对安全质量标准化水平下降的，一律予以降级，先后对3家煤矿企业安全质量标准化予以降级处理。

三是加强煤矿安全生产许可证管理。坚持安全生产许可证现场审查制度，严格对照审查标准，对煤矿现场存在的问题一次性指导服务到位，并将现场审查和安全设施“三同时”验收同步开展、同步验收，提高颁证效率，确保颁证质量。进一步完善安全生产许可证申请周报制度，及时研究分析各阶段出现的新问题、新情况，及时予以纠正和解决。进一步加强局受理中心管理，按照“热心服务、告知完整、严格标准、细心受理”原则，不断提高办事效率和服务质量，受到煤矿好评。开展全省煤矿安全生产许可证持证条件专项检查，监察煤矿10家，累计发现隐患81条，责令2家煤矿撤出井下生产作业人员，并进行停产整改。

四是规范煤矿建设项目管理。强化煤矿建设项目源头管理，制定《福建省煤矿建设项目安全验收评价标准（2012年）》，联合省经贸委印发《关于进一步加强煤矿建设项目管理的通知》，对煤矿安全评价的方法、单元划分、标准、程序、报告编制等提出具体要求。加强煤矿建设项目监管，严把审查、施工、运转、评价、验收、颁证等环节，促进全省煤矿建设项目安全设施“三同时”规范管理。加强煤矿建设项目动态监控，实行全省煤矿建设项目建设进展情况月调度管理，促进项目有序规范建设。

五是推进煤矿“六大系统”建设完善。开展全省煤矿安全监控系统运行管理和“六大系统”专项检查，推进煤矿压风自救、供水施救、通信联络、监测监控、人员定位等系统建设完善，积极稳妥推进井下紧急避险系统建设。全省267家煤矿的安全监控系统、228家煤矿的人员定位系统与省级监控中心进行联网调测，已延期换证矿井的安全监控系统、人员定位系统安装率100%。完成建设煤矿安全监控系统二期省级监控中心平台升级改造并通过竣工验收，建成县级永安市分控中心并实现与省、市级监控中心的联网运行。开展井下紧急避险系统建设调研探索和技术论证，积极向国家煤矿安监局争取政策支持，提出符合福建煤矿实际的建设方案建议，推动2家省属国有煤矿试点建设。

六是推动安全文化和技术人才支撑体系建设。评选表彰全省首批10家省级示范企业。制定《福建省煤矿安全文化建设评价标准》，提出全省煤矿安全文化建设发展规划，力争到“十二五”末全省煤矿50%以上达到省级安全文化水平，形成浓厚的安全文化氛围。采取校企合作、联合办学等模式，牵头省内3所高等院校开办煤矿主体专业，4年来招收煤矿专业学生859名，已毕业465名。以新一轮延期换证为契机，强制煤矿健全技术管理机构，配齐配全专业技术人员，引导企业培养人才、引进人才、用好人才，为福建省乡镇煤矿长远发展提供人才保障。

七是推进煤矿应急救援队伍建设和煤矿职业安全健康工作。推进龙岩、三明两个三级救护队组建工作，强化现有应急救援队伍运行管理，完善应急救援预案体系，加强煤矿生产安全事故应急预案管理和演练，规范应急救援的组织领导、响应等级、力量调度、处置程序、联动机制、综合保障等工作，提高应对和处置煤矿突发事件的综合能力。推进煤矿职业安全健康工作，督促各级煤炭行业管理部门、煤矿企业落实职责分工和专职机构、专职人员，明确煤矿职业安全健康工作计划。推动建立全省煤矿移动职业健康体检机制，促进煤矿职工按规定定期体检和职业病防治、康复工作的开展，全省矿工治疗康复工作积极稳妥展开。

八是开展煤矿安全生产教育宣传。广泛开展“安全宣传月”活动，全力配合好“海西安全发展行”活动，先后组织开展安全生产宣传咨询日、煤矿事故案例展览、观看警示教育片、煤矿应急预案演练、安全文化建设现场会及“送安全科技知识进矿山”等宣传教育系列活动。

江西省煤矿安全生产工作综述

2012年，江西煤监局以“打非治违”为重点，深入开展“安全生产年”活动，紧紧围绕煤矿安全监察中心工作，团结协作、狠抓落实，保持了全省煤矿安全形势的稳定好转，安全生产实现新的超越。

安全形势历史最好，全省煤矿共发生事故13起，死亡33人，同比少6起，少死亡21人，分别下降20%、36.2%，比控制考核指标少19人、低36.5%，为历史最好水平。赣中分局、赣东北分局辖区煤矿事故死亡人数控制在10人以下，吉安、九江、新余、萍乡等设区市以及丰城矿务局、乐平矿务局等单位消灭了死亡事故。

执法力度再创新高，组织开展了瓦斯防治、防治水、职业危害、建设项目、安全生产许可证、煤矿设备、易地交叉等专项监察，共监察矿井1039矿次，责令停产整顿矿井30处，实施行政处罚罚款2613.81万元，向地方政府下达加强和改善煤矿安全监管建议书16份。特别是查处了4起瞒报漏报事故，并实施了大额罚款。

监察方式不断创新，赣西南分局针对“打非治违”采取全天候突击监察，以联合执法的方式妥善处理超层越界、资源纠纷、矿井贯通等复杂问题，成效显著。赣中分局在改进和完善“五集中监察”的基础上，分专业组开展监察，提高了工作效率，同时加强督导调研，增强监察针对性。赣东北分局完善监察模式和监察程序，坚持监察工作闭合，取得较好成效。省局、分局均加大了对市、县政府和省煤炭集团公司、矿务局管理层的监督监察力度，切实提高了监察效果。

各项事业协调发展，省局机关积极开展文明单位创建活动，连续三年荣获省直机关文明单位称号，各事业单位主要指标均完成了年初下达任务，取得了新进展。

一、以“十八大”精神为统领，思想认识进一步统一

党的“十八大”提出，要强化公共安全体系和企业安全生产基础建设，遏制重特大安全事故，保障人民生命财产安全，这为我们进一步抓好煤矿安全生产指明了方向，提出了更高的要求。大会召开当天，组织全员集中收听收看了“十八大”会议盛况，会后又印发了《关于学习宣传党的“十八大”精神的通知》，在全系统掀起学习宣传贯彻落实“十八大”精神的热潮，全体党员干部以集中学习、自学等方式，认真学习宣贯“十八大”精神，进一步将全系统干部职工的思想和行动统一到党的“十八大”精神上，深刻领会全面建成小康社会目标对煤矿安全生产工作提出的新任务新要求，以高度的政治责任感和奋发有为的精神状态，立足煤矿安全监察本职，为加快实现煤矿安全生产形势根本好转而努力奋斗。“十八大”期间，配合国家安全监管总局在赣督查的同时，组织6个督查组分赴全省各产煤市、县、乡镇和省属煤矿企业，开展了为期一个月的煤矿安全专项督查，确保了会议期间全省煤矿生产安全稳定未发生一起事故。

二、以强化履职为根本，监察执法水平进一步提高

在认真编制、严格落实执法计划的基础上，严格落实“十项要求”，出台了《江西煤矿安全监察执法工作规范》，推进规范执法。以业务座谈会等形式，分析探讨煤矿安全生产面临的新形势、出现的新问题，加强了对煤矿决策层、管理层、技术层的监察和执法力度。分级对各产煤设区市及县（市、区）煤矿安全监管工作开展了监督检查，对6个产煤设区市提出关闭12对矿井的要求，进一步推动了地方政府属地管理责任和部门监管职责的落实。强化安全生产许可证管理，对270处矿井进行了安全生产许可证延期。协助省委、省政府处理境外马来西亚阿勃克煤矿火灾事故，进一步规范煤矿猝死事故处理。严格事故调查处理，全年共对13起事故立案调查，按期结案11起。开展煤矿事故警示教育，强化煤矿企业依法办矿意识和主体责任落实，警示煤监队伍进一步增强责任意识、完善监察方式、坚持执法闭合、提高执法效能。

三、以专项整治为重点，煤矿安全基础进一步夯实

一是深化“打非治违”专项行动。以资源整合矿井、预核准矿井为重点，突出近期因非法违规行为被处罚处理过的企业，加大巡查处置力度，严格落实“四个一律”，严厉打击煤矿拒不执行安全监察指令行为，强化对迟报、漏报、谎报、瞒报事故的查处力度，查实4起瞒报漏报事故，处理不按规定报告事故、迟报事故各1起，立案调查非伤害事故1起。特别是针对煤矿超深开采严重的地区，由省局领导带队进行协调沟通，督促加快整改。二是深化瓦斯治理。本着正视实际困难、积极推进治理的原则，向省政府提出了4条加强煤矿瓦斯防治工作的意见，以防突专项监察、易地监察、分片宣贯法规政策等形式，督促煤矿企业牢固树立“瓦斯超限就是事故”的理念，严格督促企业执行“十条禁令”，省属国有煤矿瓦斯超限次数大幅下降，降幅达79.5%。2012年江西省完成瓦斯抽采量12455万立方米，同比增长3.96%，利用量4665万立方米，综合利用于民用、发电、陶瓷等领域。三是深化水害治理。牢牢盯住水害重点矿区，开展防治水专项治理和专项监察，并部署安排“回头看”，全省煤矿全年未发生水害事故。四是深化职业危害防治。以法规宣讲、专题培训、专项监察与示范矿井建设相结合，煤矿职业危害防治工作得到地方监管部门和煤矿企业的高度重视，管理水平和防治意识有较大提高，为推动全省煤矿职业危害防治工作上台阶打下了基础。五是深化隐患排查治理。针对地方乡镇煤矿重大隐患实行挂牌管理，督促省煤炭集团公司建立完善集团、矿务局、矿三级安全隐患排查、治理、问责、挂牌督办、报告制度，形成了煤矿安全监察、监管、企业安全管理相结合的隐患排查治理长效机制。六是深化企业安全管理创新。省局组织编印了《煤矿安全管理与创新》，总结提炼了煤矿安全方面创新安全管理的经验做法，反响较好。

四、以科技兴安为抓手，安全保障能力进一步巩固

一是落实科技兴安战略。督促煤矿企业按时完成“六大系统”建设任务，以煤矿提升系统安全改造为重点，国家明令禁止的设备基本完成淘汰，同时强力推进煤矿实现运送上下井人员机械化，推进掘进装载机械化和大巷运输机械化，小煤矿主要巷道基本消灭木支护，提高了全省煤矿技术装备水平。二是强化应急管理。参与事故救援28起，抢救生还遇险人员32人，抢救遇难人员23人。编制完成了江西省煤矿事故应急预案和省局部门应急预案计划，做细应急预案备案工作，抓实应急演练，兼职救护队质量标准化建设取得新突破，应急管理和救护队建设获上级表扬。积极拓宽抢险排水业务，打破地域界限，承接省外排水业务，得到委托单位好评。三是狠抓检测检验。坚持为企业提供科学、公正、严肃的检测技术服务，共检测矿井320

处，检测产品4000余台（套），出具报告4000余份。特别是积极创新检测报告运用形式，服务企业安全技术研究、安全监察执法、事故调查取证，取得实效。四是狠抓安全培训。出台了相关管理办法，强化培训机构建设，加大资金投入，改善培训条件，提高培训效果，全年共完成三项岗位人员培复训16878人次。

五、以队伍建设为核心，党风廉政建设进一步深化

一是强化党建。以创先争优为载体，通过基层党组织分类定级、基层党支部规范化建设，重点开展了“基层组织建设年”活动，建立了创先争优常态化长效机制。以党建工作项目化发展为抓手，从构建廉政文化、倡导健身文化、促进和谐文化、加强行为文化4个方面，切实推进机关文化建设。用表彰先进、主题党日、走访慰问、党史竞赛等形式，纪念建党91周年。积极开展了“访民情、办实事、转作风、作表率”主题实践活动，民情日记和惠民实事分别受到省直工委通报表彰。二是抓实廉政。以加强反腐倡廉制度建设为主线，以落实党风廉政建设责任制为抓手，以“教育规范整治”活动、集中整治干部作风突出问题活动为载体，以深化教育、深化督促检查为手段，切实推进惩防体系建设，促进了源头防治腐败各项措施的落实。三是选用人才。拓宽选人用人渠道，探索实施了分局局长竞争性选拔方式。坚持“德才兼备、以德为先”的用人标准，选拔任用了7名处级干部和4名科级干部。

六、以服务大局为目标，全局各项工作进一步加强

加强公文、会议、机要、档案管理，经过努力协调，获批准列入省级党政机关搬迁置换规划，政务工作紧密服务于煤矿安全监察中心任务。通过完善管理体制、强化预算管理、加大内部控制、开展审计监督，向国家安全监管总局争取单位医疗保险、离退休和在职人员津补贴、职工公积金等经费822万元，向省财政争取办案经费824万元，财务工作为煤矿安全监察执法提供了资金保障。突出煤矿安全生产政策形势、法律法规、工作成就和正面典型为重点，畅通内外渠道，打造宣传队伍，宣传工作营造了煤矿安全工作的良好社会氛围。认真细致完成安全事故、监察执法等统计任务，统计工作为监察执法的宏观决策提供了翔实数据支持。落实以人为本，积极协调纳入省直机关事业单位职工医疗保险体系，完善了交流干部居住过渡房，以文体比赛、联欢会、全员健身和心理健康讲座等多样形式，丰富文化生活，促进身心健康。

坚持落实老同志政治、生活待遇，多措并举搞好保健工作，老干工作为实现煤监系统老同志队伍稳定做出了积极贡献。以《江西省社会管理综合治理体系建设规划纲要（2012—2015）》实施为契机，完善制度、加强培训，综治工作为全系统和谐稳定发展奠定了基础。落实节约用电、节约用水、降低公务用车耗费、节能采购、资源循环利用5项措施，节能减排工作完成了各项耗费控制指标。检测中心提高检测水平、优化服务质量，培训中心规范培训模式、严格考核标准，排水站外拓排水业务、内强业务素质，庐山疗养院强化市场竞争力、严格成本控制，各单位坚持围绕煤矿安全监察中心，工作都取得了新进展。

山东省煤矿安全生产工作综述

2012年，全省煤矿生产原煤14828万吨（调度数），发生死亡事故15起，死亡30人，百万吨死亡率0.20，同比死亡人数减少16人，死亡人数和百万吨死亡率下降35%和33%，全省煤矿安全形势总体稳定。

一、周密部署、加大力度，深入开展“打非治违”行动

一是明确执法重点。结合山东煤矿实际，明确把“一通三防”、防治水、机电运输和冲击地压4个重点专业以及“30万吨/年以下、破产改制、技术改造、资源整合、资源枯竭、管理滑坡、基础较差”7类重点矿井作为“打非治违”重点领域，把无证、证照不全等15种违法违规行为作为重点打击对象，制定针对性措施，提高监察执法针对性和实效性。二是广泛动员发动。按照国家安全监管总局和省政府一系列部署要求，及时制定下发《“打非治违”专项行动实施方案》，提出了总体要求，作出了具体安排。在局政务网站开辟专栏，成立宣传报道组，编发简报16期，广泛宣传“打非治违”行动的目的意义、工作重点和目标要求，对“打非治违”中发现的好经验、好做法及时总结推广，大力营造浓厚氛围。三是扎实开展秋季保安和安全攻坚行动。作为落实“打非治违”部署的重要举措，在党的“十八大”召开期间，集中在全省煤炭系统开展了以“查治隐患、打非治违、强化基础、预防事故”为主题的“秋季保安”和“安全攻坚战”行动。由局党组成员带队，集中优势力量、整合监察资源，对4个重点专业和7类重点矿井实施了全覆盖监察。适时召开全省煤矿紧急安全会议和事故警示教育会议，用典型事故案例进行警示教育，加大用事故教训推动工作力度。整个行动不论是时间跨度，还是参与人数、执法力度，都是煤监机构成立以来少有的。

二、突出重点、创新监察，不断提升监察执法工作绩效

一是创新监察方式。各部门、各单位结合各自工作实际，创新采取了“查、罚、督”、“五查、五监督”、菜单式、查罚分离、团队式等多种监察方式。由机关处室牵头，集中一个月的时间，抽调4个分局的技术力量，针对4个重点专业实施专项监察，增进了分局间的工作交流，取得了理想执法效果。二是继续实施安全程度和职业卫生评估。重新对《评估办法》进行修订和完善，纳入职业卫生的内容，新标准由原来的8个专项增加至20个专项。聘请36位评估专家，对全省192处煤矿进行了全面评估分析，在排查隐患的同时，帮助企业找到解决问题的办法和措施，共查出各类问题9530条，提出建议2956条。三是突出抓好职业危害防治。在全国率先设立职业健康处，积极协调理顺职能划转，制定出台《煤矿职业卫生工作实施意见》、组建职业卫生专家库，组织开展建设项目职业卫生“三同时”、作业场所粉尘危害防治专项监察，加大力度、强化监管，推动职业卫生防治工作扎实开展。四是强化执法监督。积极推行“前有监察、后有督查”工作模式，组织开展行政处罚自由裁量专项督察，进一步推进了严格执法和公正执法。2012年，共监察各类矿井668次，监察覆盖率为294%。制作笔录性文书1245份，决定性文书1506份，停头、停面78个，行政罚款1953.9万元，创历史新高。

三、严格标准、强化督导，促进安全基础建设

一是实施科技兴安战略。在全国率先开展“四个十佳”示范创建活动，组织新技术新工艺推广56项，5家单位被国家安全监管总局命名为安全生产科技创新型企业，67项科技成果在第五届全国安全生产科技大会获奖。已完成紧急避险系统设计矿井173处，已建成紧急避险系统并通过验收的矿井13处。二是推进安全文化和安全诚信建设。连续两年，被命名为国家级安全文化示范企业的煤矿数量在全国领先。连续3年，山东煤监局在国家安全监管总局相关会议上作典型发言。制定出台的《安全诚信示范企业评估办法》属全国首创，引起国家煤矿安监局的高度关注。三是组建成立矿用产品协会。协会的成立搭建起了连接政府和企业之间的桥梁，为促进地方经济发展、培育具有核心竞争力的矿用产品生产企业提供了强有力支撑。也将极大推动矿用产品安标制度的落实，保障矿用产品质量，进一步提升全省煤矿安全生产的水平，在我省煤矿矿用产品发展史上具有重大意义，在全国也是开创性的。四是强化安全培训。制定出台《煤矿安全培训机构监督管理实施办法》、《煤矿安全培训监督管理实施办法》等相关制度，强化安全培训资质管理。组织开展对重点岗位和关键人员的业务培训，全年共举办各类培训班43期，培训4730人。五是推进应急救援体系建设。率先在全国制定出台《山东省矿山救援队伍劳动保障权益保护暂行规定》，充分保护救护队员的正当合法权益。积极推进兼职救护队伍建设，健全完善应急救援网络体系。组织开展了救护技术竞赛活动，组队参加了第九届全国矿山救援技术竞赛，取得第三名的好成绩。

四、创先争优、强力推进，加强队伍建设和党风廉政建设

2012年，国家安全监管总局对山东煤监局队伍建设给予充分肯定，国家安全监管总局印发文件推广山东煤监局队伍建设经验，局机关和4个监察分局全部被授予省直文明单位称号。一是加强政治理论学习。以学习型组织创建为载体，每季一个专题，认真学习中国特色社会主义理论体系和上级一系列决策部署精神。特别是把学习宣传、贯彻落实“十八大”精神作为首要政治任务，组织全局党员干部认真收看“十八大”盛况、国家安全监管总局党组中心组学习会议实况。及时召开局党组理论中心组专题会议，各级领导干部带头宣讲“十八大”精神，出台了专门文件作出具体部署，并将学习情况纳入年度考核，全局上下迅速掀起深入、扎实学习“十八大”精神的热潮。二是强化“七型”队伍建设。坚持以创先争优活动为统领，立足当前、着眼长远，制定出台“七型”队伍建设实施意见。各部门、各单位积极推进，扎实深入。监察员纷纷撰写了多篇有水平、有功底的学习文章，刊登在省局网站，引起广泛关注；局组织撰写的《“六到位”提供新动力》发表在《中国安全生产报》专版头条；探索、实践、总结的《坚持五个强化　提高五项能力　打造务实清廉创新高效队伍》经验被国家安全监管总局办公厅转发全国安监、煤监系统予以推广。三是深化干部人事制度改革。本着“三个坚持”、“四个结合”、“三个不唯”、“五种导向”的原则，公开透明进行人事调整，进一步优化了队伍结构、激发了队伍活力，全局上下人心思上、埋头工作、团结务实之风日益浓厚，在国家安全监管总局组织的干部选拔任用“两评议”中，山东煤监局群众满意度达到98%。四是制度建设取得新成效。强化制度的“废改立”，制定出台《局党组工作规则》、《局工作规则》、《年度考核办法》等规定办法，其中有些制度在全国煤监系统都属率先和首创，不仅大大提升了山东煤监局工作的规范化和科学化水平，同时也引起国家安全监管总局及兄弟单位的高度关注。五是扎实推进党风廉政建设。认真贯彻落实上级一系列党风廉政建设会议精神，明确全年队伍和党风廉政建设35项重点工作。坚持党风廉政建设与中心工作“四同时”，落实党风廉政建设责任制。组织开展“恪守从政道德、保持党的纯洁性”、“反腐倡廉教育月”等系列教育活动，切实筑牢廉政防线。建立电子监察系统及行政执法网络平台，科技防腐工作取得明显进展。

河南省煤矿安全生产工作综述

2012年，河南省生产原煤15153万吨，发生死亡事故3起，死亡12人，同比减少5起、24人；百万吨死亡率0.079，同比减少0.113，下降58.8%；没有发生重大事故，同比减少2起、28人；连续2年杜绝了特大事故。实现了“事故总量下降、重大事故下降、特别重大事故保持零纪录”的目标，创河南煤矿安全生产历史最好水平。其中，豫北和豫东监察分局辖区，洛阳、安阳、鹤壁、新乡、许昌、三门峡、驻马店等7个省辖市，巩义、永城、汝州、固始4个省直管试点县，河南煤化集团、中国平煤神马集团、郑煤集团、义煤集团、国投河南分公司、神火集团、河南地方煤炭集团公司所辖煤矿实现了零死亡，河南煤化集团永煤公司连续9年实现了零死亡。123个煤矿实现了安全生产超千天。

一、贯彻安全发展战略，坚持五个毫不动摇

一是毫不动摇推行安全零理念。坚持以人为本，安全发展，将国家安全监管总局和省委、省政府倡导的“事故可防可控、干煤矿可以不死人”、“安全生产从零开始，向零奋斗”先进安全理念落实到执法监察、宣传教育等各项工作中。对发生事故的煤矿严格问责，对实现零死亡的企业给予重奖，促使零理念落地生根。

二是毫不动摇推进兼并重组和整顿关闭。抽调人员参与省兼并重组工作，将兼并重组政策纳入“三同时”审查验收重要内容，作为监察执法重点，促使全省498处30万吨以下的小煤矿经兼并重组关闭238处，淘汰落后产能3000多万吨，单井年生产能力提升到45万吨，推进了煤炭产业优化升级。

三是毫不动摇推进煤矿提高装备水平。大力推广综采和悬移支架支护，全面淘汰禁用设备和工

艺，取消木支护、单体液压支柱放顶煤开采；强力推广井下钻场视频监控系统；积极推进煤矿机械化，省骨干大型煤炭企业采煤和掘进机械化程度分别超过了80%和90%，地方煤矿采煤机械化程度提高了13个百分点；强力推进“六大系统”建设，促使全省生产矿井全部建成五大系统，74处突出矿井建成了紧急避险系统。

四是毫不动摇推进隐患排查治理。坚持抓大系统、除大隐患、防大事故，大力开展解剖式、体检式、集中式监察，全年监察矿井466处、876矿次，查出隐患3254条，下达执法文书4286份，罚款3583.71万元，促使企业整改了大批隐患。突出瓦斯、水害重点，强力推动突出矿井开采保护层，不具备开采保护层条件的必须进行顶底板岩巷预抽瓦斯，推动区域防突措施落实，杜绝了瓦斯突出事故发生。在小煤矿全面推进井田地面物探，消除重大水害隐患。要求煤矿企业定期上报隐患排查结果，凡自查自纠的不予处罚，调动企业排查治理隐患的积极性和主动性。

五是毫不动摇强化安全责任。依据国发23号、国发40号文件要求，强化两个主体责任的落实。对企业由现场监察为主向企业管理监察转变，对企业主要负责人进行安全约谈，促使企业自觉主动落实安全管理责任。对地方煤矿安全监管部门从7个方面34项内容进行检查指导，推动地方政府安全监管工作规范化，促进了监管责任落实。

二、强化“打非治违”，坚决打击五类违法违规行为

一是严管关闭退出煤矿，坚决打击死灰复燃行为。河南煤监局牵头，联合工信、安监等部门开展了河南煤炭领域“打非治违”。督促各地保持高压态势，严格管控，严厉打击煤矿非法违法生产、关闭矿井死灰复燃。全省严肃查处了越层越界、在河道非法设点开采、在煤球厂隐藏井筒非法开采、将关闭的主井口扒开盗采等5起案件，抓捕了盗采人，并及时将井口填实关死。

二是坚持不安全不生产，坚决打击超能力生产。支持有安全保障能力的煤矿生产，安全无保障的不准生产。2012年全省煤炭产量压减3569万吨，同比下降19.1%。严格限制高瓦斯和突出矿井生产能力，督促高瓦斯矿井产量压减10%，突出矿井产量压减20%，2012年高瓦斯和突出矿井累计压减产量1561.4万吨。

三是规范煤矿生产管理，坚决打击虚假整合行为。督促骨干煤炭企业一律取消包工队，兼并重组煤矿一律建立自己的专业队伍，规范生产组织管理。督促省骨干煤炭企业按照省政府要求，对兼并重组的小煤矿“真投入、真管理、真控股；团队到位、资金到位、措施到位”，累计投入150亿元，培训派驻技术管理人员16000多人，按照大矿标准进行升级改造、规范管理，做到实质融合。

四是积极开展警示教育，坚决打击瞒报事故行为。按照“一矿出事故、万矿受教育”的要求，及时将事故信息发送给全省630多名地方政府、监管部门和煤矿企业负责人。及时召开企业负责人事故预防座谈会，通报事故教训，研讨防范措施，开展案例宣讲。在局门户网站开辟新中国成立以来历史上的今天煤矿事故警示专栏，警钟长鸣。完善事故举报核查流程，坚持举报奖励制度，全年办理举报61件次，查实1起瞒报事故，严肃处理了21名责任人。

五是深化煤炭领域腐败问题专项治理，坚决打击非法煤矿保护伞。积极参加由省纪委牵头、13个部门参加的煤炭腐败问题专项治理，立案查处了一批腐败案件，惩治了官煤勾结、失职渎职行为，净化了社会环境，保证了煤矿安全措施的顺利推进。

在看到成绩的同时，必须清醒地认识到，河南煤矿赋存条件复杂，随着开采活动由赋存条件好向赋存条件差、由浅部向深部等变化，自然灾害越来越严重。主要表现在：一是自然灾害严重。河南煤矿开采条件复杂，自然灾害严重。全省高瓦斯矿井45处、突出矿井73处，所有煤矿均受水害威胁；深井开采数量多，最大采深达1200米，新建矿井大多超过700米；有5处矿井发生过冲击地压；有9处煤矿、61个作业地点温度超过26摄氏度，最高达到34摄氏度。二是部分企业安全零理念还停留在口号上，职工整体文化程度、安全素质还不高，个别企业在成绩面前存在麻痹思想和松懈情绪。瓦斯治理基础还不牢固，在区域防突措施落实、瓦斯预抽管理和效果达标等方面还存在薄弱环节。矿井水害威胁加剧，深部开采矿井静态承压水带压逐年增大，兼并重组小煤矿防治水措施落实不到位。三是兼并重组后的小煤矿基本都处于停产状态，所存在的问题被掩盖，潜藏着很大安全风险。

湖北省煤矿安全生产工作综述

2012年，全省煤矿安全形势进一步好转，煤矿共发生死亡事故35起，死亡42人，同比减少19起，29人，分别下降35.2%和40.8%，继续保持了稳定好转的发展态势。监察执法效果进一步增强，监察矿井68处，完成计划的94%。开展监察执法活动24次，暂扣安全生产许可证16个，严厉打击了违法违规行为。事故责任追究进一步加大，批复结案煤矿事故22起，按期结案率100%，移送司法机关追究刑事责任8人，政纪、党纪处分24人，充分发挥了事故的教育警示作用。整体办矿水平明显提升，积极推进煤矿技改扩能，大力推进示范矿井建设，推广先进适用装备和技术，全省命名表彰了33处示范矿井和26处A级矿井，有效提高了煤矿安全保障水平。

一、强化组织领导，全面贯彻落实煤矿安全工作部署

省委、省政府高度重视煤矿安全生产工作，召开了全省安全生产工作会议，安排部署了煤矿安全生产工作，召开了煤矿安全专题视频会议，安排部署煤矿“打非治违”工作。湖北煤监局会同省安监局、经信委制定了《全省煤矿安全生产工作要点》，会同省直7部门制定了《全省煤矿“打非治违”专项行动方案》，全局集中开展6次检查指导和24次监察执法活动，督促地方政府落实安全监管责任。通过深入细致的工作，有效保证了国家安全监管总局、国家煤矿安监局和省委、省政府关于煤矿安全生产工作的决策部署的落实，有效实现煤矿安全生产各项工作目标。

二、开展“打非治违”，规范煤矿安全生产秩序

按照国家安全监管总局和省政府的部署，在全省集中开展了煤矿安全“打非治违”专项行动。一是成立工作专班。协调省安监局、省经信委、省国土厅、省工商局等部门成立了全省煤矿“打非治违”专项行动领导小组，印发了专项行动方案。二是组织专项执法。责令全省9万吨及以下煤与瓦斯突出矿井全部停产整顿，开展瓦斯防治能力评估，不达标准不准恢复生产和建设。湖北煤监局先后4次对咸宁、十堰、黄石、荆门等市煤矿开展了“打非治违”专项行动，有力地打击了不按批准的设计组织施工、在技改区域违规组织生产、无证组织生产等非法违法行为，对防治水措施不落实、通风系统不完善、不可靠、瓦斯管理混乱等重大安全隐患依法实施了处罚。三是开展“回头看”活动。省安委会组织了8个督查组对全省8个产煤市州的煤矿安全“打非治违”活动进行了督办。以“打非治违”和“回头看”为重点，“十八大”期间组织对8个市州、12个产煤县市开展了检查指导和监管执法，听取地方政府汇报，组织座谈和收看事故教育警示片，现场检查矿井37处，督促地方政府对辖区煤矿进行全面检查，做到了安全警示教育全覆盖、安全检查和隐患排查治理全覆盖。

三、强化“三项监察”，认真履行国家监察职责

“三项监察”是煤监机构的重要职责，湖北煤监局将“三项监察”与检查指导有机结合，深入推进煤矿安全生产工作。一是严格“三项监察”。按照国家煤矿安监局批复的监察执法计划，全局集中开展24次监察执法活动，实施计划监察矿井68处，完成计划的94%，对煤与瓦斯突出矿井和水害威胁矿井实施了重点监察，组织了建设矿井、安全生产许可证延期矿井、煤矿职业危害、煤矿在用设备设施等专项监察，下达执法文书198份，发现并督促整改各类事故隐患719条，实施经济处罚355万元，暂扣安全生产许可证6处，责令停产整顿、停止施工作业10处。二是开展专项检查。按照国家煤矿安监局的统一安排，分别组织开展了煤矿设备、煤矿建设项目、安全生产许可证、煤矿“六大系统”、防治水、瓦斯防治等专项检查。“十八大”期间，协调省安委会对全省煤矿进行了大排查，确保了“十八大”期间煤矿安全零事故。三是创新执法方式。在执法过程中组织地方政府、监管部门、辖区煤矿业主一同参与检查，在现场贯彻国家安全监管总局、国家煤矿安监局和省委、省政府关于煤矿安全生产工作的要求，对矿井隐患进行解剖，召开会议集中反馈意见，并与地方党委政府主要负责同志交换意见，既起到了“检查一个点、触动一条线、带动一个面”的作用，又有效促进了地方政府监管责任的落实。

四、强化安全许可，提高煤矿安全保障能力

严格源头管理，严把安全准入关口。一是严格审查颁发煤矿安全许可证。在县（市、区）安监局现场检查，市（州）安监局按比例抽查的基础上，组织了许可证延期现场核查，发放煤矿安全生产许可证79个。二是严格煤矿安全专篇审查和竣工验收。审查技改项目67个，否决设计方案6个，提出整改建议1200余条，促进了矿井设计水平的提高；坚持深入矿井一线验收安全设施，验收矿井18处，做到了关口前移、源头管理。三是严格培训考核煤矿“三项岗位人员”。按照教考分离的原则，培训考核煤矿“三项岗位”人员5396人。其中培训煤矿企业主要负责人293人、安全管理人员910人、特种作业人员4193人。四是严格中介机构监管。深入开展中介机构从业行为专项治理，组织专家对7家评价、检验机构进行了监督评审，修订了煤矿安全培训机构资质认定办法，对10家培训机构开展了延期换证审查，对107名安全培训教师进行了资格培训考核。五是严格安全标志管理。配合国家安全标志中心初审、延期核发安全标志544个产品，注销16个产品，监督评审不合格49个产品。

五、强化事故查处，用事故教训推动工作

严格措施落实，通过事故教训推动工作。一是严格事故报告审查。成立了事故调查报告审查小组，对受委托调查的事故报告进行审查。要求事故调查单位对事故发生的原因、事故责任、事故教训、防范措施等进行说明，督促企业吸取事故教训。二是严格处罚和责任追究。对发生死亡事故的矿井，依法暂扣安全生产许可证，严格经济处罚，依法追究事故相关责任人的党纪政纪和刑事责任。截至目前，已批复结案煤矿事故22起，按期结案率100%，移送司法机关追究刑事责任8人，政纪、党纪处分24人，撤职9人，撤销资格证9人，辞退5人，经济处罚71人。三是严格事故矿井复工复产验收。要求事故矿井必须达到示范矿井的标准才能复产复工，达不到标准的，不返还安全生产许可证，不准恢复生产，建设矿井不准恢复建设。四是严格警示教育。举办了4期事故矿井负责人培训班，对发生事故的煤矿企业主要投资人、矿长和管理人员按照集体忏悔、个体承诺、现场参观、理论培训“四位一体”的方式进行反思再教育，用事故教训推动工作。五是加强应急救援工作。开展了矿山救护队员培训，积极协调黄石、建始、利川等地开展救援演练，组织参加了全国救援比赛，取得了优异的成绩。

六、强化指导服务，提高煤矿安全整体水平

在抓好安全监察的同时，认真做好指导服务。一是大力推进扩能技改。督促企业通过技术改造完善生产系统、完善安全设施，采用正规采煤方法，采用锚网喷支护、吊挂人车、机械装矸等先进实用技术，实现减员增效。二是建立现场办公制度。深入产煤县市区及时研究基层煤矿安全监管工作遇到的困难和问题，督促落实企业主体责任和地方政府监管责任。三是推进煤矿机械化、标准化和规范化。加强学习交流，先后组织4批次、260人赴广西、山东、重庆、河南、湖南等地学习煤与瓦斯突出防治技术、薄煤层机械化开采技术、“六大系统”建设和安全质量标准化建设经验等。四是加强职业病防治。制定了《煤矿职业病危害防治意见》，开展职业病专项监察，开展职业卫生统计试点工作。

七、加强干部队伍建设，促进了全局各项工作的顺利开展

湖北煤监局始终把领导班子和队伍建设作为首要任务来抓，从思想、能力、作风、制度和廉政建设等方面严格要求，狠抓落实，带出了一支团结的队伍、战斗的队伍、廉洁的队伍。一是加强思想政治建设。以提高干部思想政治素质为目标，组织机关干部认真学习政治理论，通过学习，使全局同志开阔了视野，丰富了思路，进一步提高了干部队伍的理论水平和责任意识。二是加强干部选拔任用。根据工作和事业发展需要，选调了1名同志担任处长，提拔了1名同志担任局属事业单位领导。在干部选拔任用工作中，严格遵守《党政领导干部选拔任用工作条例》，通过党组酝酿、民主推荐、研究决定、公示、上报批准（备案）等程序，坚持充分发扬民主、坚持集体研究、坚持严格程序。做到公平公正、任人唯贤。三是加强作风建设。开展了创先争优和“三抓一促”（抓作风、抓环境、抓落实、促跨越）主题实践活动，全局同志通过主题活动，切实改正作风不够扎实，竞争不够激烈，业绩不够突出等问题，营造了积极向上、努力工作的氛围，在全省树立了良好的形象和工作权威。四是加强制度建设。坚持用制度管事，用制度管人。制定了《局干部队伍建设实施意见》、《局党组议事规则》、《局党组执行“三重一大”制度的暂行规定》等规定，有力地提高了执行力。进一步完善了机关工作规则，加强了局务会议决定事项的检查督办，进一步完善了政务公开和财务公开制度，主要工作上网公布，财务收支定期公开，加强了财务支出预算审批管理，严格支出审批权限和程序，厉行节约，接受群众监督。五是加强廉政建设。严格遵守国家安全监管总局“九条纪律”和廉洁自律的各项规定，把党风廉政建设与煤矿安全监察队伍建设结合起来，纳入领导班子和领导干部目标管理，实行“一岗双责”。与处室签订了《党风廉政建设目标管理责任书》，并严格检查考核；制定和完善了《局党组贯彻执行〈关于实行党风廉政建设责任制的规定〉实施办法》、《廉政约谈制度》、《诫勉谈话制度》、《礼品、礼金上交制度》等一系列廉政制度；认真组织开展“警示教育周”活动，参观了警示教育展览和收看了警示教育片。党组成员严于律己，廉洁奉公，作出了表率。全体监察人员严格执法、公正执法、廉洁执法，没有发生违规违纪案件，维护了机关整体形象。

湖南省煤矿安全生产工作综述

2012 年，湖南煤监局深入开展“安全生产年”活动，积极部署“打非治违”专项行动，各项工作稳步推进，有力促进了全省煤矿安全形势稳定好转。全年煤矿共发生事故 73 起，死亡 136 人，与上年同比减少 54 起，少死亡 115 人，分别下降 43% 和 46%，比国家下达的控制指标少 94 人，百万吨死亡率由 3 下降到 1.7 左右，全省煤矿事故年死亡人数首次降到 150 人以内，创历史最好水平。

一、“打非治违”专项行动进一步推进

通过加强对耒阳、常宁、宜章 3 个县市的驻点督导，对安全基础差、灾害严重、事故多发的地区和煤矿进行重点推进，全年开展“打非治违”专项督查 117 次，督查矿井 480 处，责令停产整顿 45 矿次，暂扣安全生产许可证 81 矿次，提请关闭非法井筒或设计不予利用的井筒 19 处，全省煤矿“打非治违”工作取得阶段性成果。

二、隐患排查整治进一步深化

围绕“10 类 36 种”重点隐患，继续按 5 个战区、6 条战线推进隐患排查整治攻坚纵深战，共查处各类隐患 8338 条，督促整改重大隐患 783 条，有效增强了煤矿防范较大及以上事故的能力。

三、监察执法力度进一步加大

全年计划监察 507 矿次，实际完成监察 567 矿次；组织开展集中执法 20 次，立案查处 75 矿次，责令停产整顿 44 矿次，暂扣安全生产许可证 68 矿次，200 处重点监察矿井 95% 未发生事故。完善执法监督工作制度，规范执法有了新的起色。严格行政许可，全省 991 处煤矿已有 790 处取得安全生产许可证，煤矿持证率进一步提高。

四、事故查处的警示教育作用进一步发挥

责令事故矿井停产停工 63 处，暂扣安全生产许可证 50 个，提请关闭矿井 3 处，建议给予事故责任人党纪、政纪处分 207 人，移送司法机关追究刑事责任 11 人。加强事故警示教育，向煤矿免费赠送《湖南较大及以上事故案例汇编》等资料，组织煤矿参观图片展览，观看警示教育片，举办预防煤矿较大及以上事故安全讲座，实现了“一矿出事故，万矿受教育”的目标。

五、监察工作保障能力进一步提高

完善煤矿安全专家工作机制，积极引领煤矿科

技兴安。煤矿技术人员大配备工作全面铺开，对538对矿井、2261名技术人员进行了复核；煤矿管理人员大培训、大考察工作有序开展，对670个煤矿的实际控制人进行培训，组织48批1118人赴外地考察学习；培训机构大整治务实推进，已对38个煤矿安全培训机构开展专项监察；煤矿从业人员大考核正在进行。同时指导建设了一批瓦斯治理、水害防治，支护改革和采掘机械化、安全文化建设示范矿井。积极筹措、合理调度资金，顺利推进安全技术中心业务保障用房、监察员交流用房、执法装备和监察员防护服配备、袁家岭老干部门球场改造等项目建设，为监察工作提供了可靠的支撑和保障。

六、监察队伍建设进一步加强

组织开展“教育规范整治活动”、“反腐倡廉警示教育月”活动，自查自纠，排查廉政风险，强化监督制约，严查违纪案件，增强了党员干部拒腐防变的自觉性。开展学习型机关、单位和部门建设活动，提高了监察队伍的业务能力。强化德才兼备、注重实绩的用人导向，提高了选人用人的公信度。深入开展湖南煤监核心价值观大讨论，积极开展创先争优、“深入煤矿听民声，强化监察促安全”作风建设和文明单位创建等活动，局获得省直机关文明单位称号。

2012年工作中存在的突出问题：一是煤矿安全生产面临的形势依然严峻，尽管全省煤矿事故死亡人数连年大幅下降，但事故死亡人数仍居全国第二位，百万吨死亡率是全国平均水平的4.5倍左右；二是推进“打非治违”工作面临的问题依然突出，一些产煤地区对煤矿非法违法生产打击不严厉、不彻底，各类非法违法、违规违章行为还比较严重；三是落实煤矿主体责任面临的任务依然艰巨，一些煤矿依法办矿的意识不强，抓安全、抓投入、抓管理、抓技术等方面的责任不落实；四是加强监察队伍建设面临的环境依然复杂，在复杂的执法环境和各种压力面前，规范执法有差距，严格执法有差距，廉洁执法有差距，低水平重复执法的问题没有得到很好解决。

广西壮族自治区煤矿安全生产工作综述

2012年，广西煤矿共发生事故12起，死亡13人，没有发生较大以上的事故，事故死亡人数占国家下达的全年控制指标的46.43%。

一、加大宣传工作力度，增强推动科学发展、安全发展的自觉性和主动性

广西煤监局一直将安全生产政策法规宣传，增强各级煤矿安全监部门、企业和职工的安全发展意识作为一项重要工作来抓。

（一）加大政策宣传力度

2012年初，在本局网站做了学习宣传《国务院关于坚持科学发展安全发展促进安全生产形势持续稳定好转的意见》、《国务院关于进一步加强企业安全生产工作的通知》精神专栏；在《广西煤矿安全》杂志也作了相关政策宣传专栏；编印了相关政策文件学习资料300多套，免费发放给煤矿安全监管部门和煤矿企业；组织监察人员和专家，并深入矿区，分片召开会议，进行重点宣传学习辅导，使广大煤矿职工全面把握《意见》和《通知》的基本精神和主要内容，增强贯彻落实的自觉性。

（二）深入开展“安全生产年”宣传活动

组织开展了“安全生产月”活动和基层服务活动，面向社会、面向基层、面向企业、面向煤矿职工，宣传“安全发展”理念，弘扬煤矿安全文化，形成关爱生命、关注煤矿安全的良好氛围；大力普及煤矿安全生产知识，提高煤矿工人安全生产技能。

二、加大“三项监察”工作力度，推动企业主体责任和地方煤矿安全监管责任的落实

（一）抓好煤矿安全监察执法工作

一是抓好关键和敏感时段的煤矿安全监察督查。在国庆、元旦、春节、“两会”、中国—东盟博览会、“十八大”等重大节假日和活动前，均印发了《切实做好煤矿安全生产工作的紧急通知》，针对不同时段煤矿安全工作的特点，要求各级煤矿安全监管部门及煤矿企业落实安全措施，切实抓好安全生产工作。“十八大”前后一个月，广西煤矿安监局全部力量集中在煤矿一线，派出工作组随国家安全监管总局工作组对全区煤矿巡回督查，派出2个工作组到主要产煤市蹲点，制定严格的工作方案和安全保障措施，消除了一批事故隐患，有力地保障了一方平安。重大节假日和活动期间，全区煤矿没有发生任何伤亡事故。二是创新监察工作方式，提升监察水平。为了能从煤矿生产的大系统、各生产环节中及时发现存在的各种隐患，结合广西煤矿现场特点，推行表格式监察法，每次监察行动的主要内容和执行标准，企业存在的各种违章违规问题均能通过表格一目了然，实行表格式监察，确保每次执法行动不走样、不漏项，提高了监察效率和水平。三是抓好现场监察执法。按照国家煤矿安监局批复的执法计划，认真组织实施，狠抓任务落实。绝大多数监察执法工作都由局领导亲自带队进行，坚持关口前移、重心下移，深入煤矿井下现场排查安全隐患，把事故消灭在萌芽状态。国家煤矿安监局批复的全年“三项监察”为72矿次，实际完成监察90矿次，共查出各类事故隐患1000多条，查处重大隐患11项，实施监察经济处罚10矿次，实施监察行政处罚5次，责令停产限期整改矿井6处；使用各类监察执法文书300多份。通过开展“三项监察”工作，督促煤矿企业做好隐患排查和治理工作，有效地提升了煤矿企业安全办矿水平和提高矿井防灾抗灾能力。

（二）认真开展对地方政府煤矿安全监管工作的监督检查

根据广西煤监局“三定方案”和国家安全监管总局国家煤矿安监局关于切实加强对地方政府煤矿安全监管工作的监督检查的意见要求，认真开展对地方煤矿安全监管工作的监督检查。由局班子成员带领3个工作组，对百色、来宾、河池3个主要产煤市地方政府煤矿安全监管工作进行全面的监督检查和指导，指导帮助各级煤矿安全监管部门开展安全监管工作，并向有关地方人民政府及其有关部门提出了17条加强煤矿安全监管工作的意见和建议，收到了良好的效果。

（三）强化水害防治的专项监察

煤矿水害防治一直是广西煤矿安全工作的重中之重，广西煤矿安监局党组采取强有力措施，积极做好水害防治工作。一是认真总结教训，对水害防治工作早安排早部署。在汛期到来之前，提早部署全区煤矿防治水工作，印发了《关于进一步加强煤矿防治水工作的通知》，向各产煤市、县（市、区）煤矿安全监管部门和煤矿企业提出了进一步加强煤矿防治水基础工作、落实煤矿探放水措施。二是组织开展煤矿防治水专项治理督查。三是认真开展水害防治的专项监察执法。四是及时组织召开全区煤矿汛期安全生产工作会议，强化防汛工作责任落实。经过努力，全区杜绝了煤矿水害事故。

（四）强化瓦斯防治的专项监察

针对广西煤矿瓦斯分布情况和特点，广西煤矿安监局将罗城矿区、合山矿区、右江矿务局瓦斯异常矿井等作为监察的重点区域，并采取措施，推动企业将瓦斯防治工作落到实处。一是督促各煤矿企业确保矿井通风系统完善可靠。在行政审批时加强对矿井系统合理性审查，在监察执法中重点检查矿井通风系统的合理性、可靠性，确保大系统完善可靠，同时，加强对盲巷、扩散通风、残采工作面通风、临时串联通风的管理，防止瓦斯积聚。二是督促企业确保配足瓦斯检查员。坚持瓦斯检查员采掘工作面定点蹲守检查制度。三是督促企业确保安全监控系统保持正常运转。

（五）强化电气设备和防灭火工作监察

把是否使用国家明令淘汰的机电设备、是否按规定对电气设备进行检修检测、井下电气设备是否取得“MA”标志、煤矿企业是否按规定开展防灭火工作作为监察的重点。

（六）加强煤矿职业安全健康工作

广西煤矿安监局将煤矿职业危害防治列为煤矿安全监察的重要工作，在做好前期危害申报工作的基础上，完善执法程序和内容，落实监察计划。督促、帮助筹建煤矿职业防治中介服务机构。年内组织开展了4次煤矿职业病防治专项监察，共监察24对矿井，下达48份执法文书。重点监察煤矿企业职业病防治机构、制度建立健全情况，粉尘、噪声、高温危害防治情况，个体防护用品配备情况等，煤矿职业安全健康工作有良好的开局。

三、深入开展“打非治违”专项行动，规范煤矿安全生产秩序

（一）健全完善“打非”工作机制

制定下发了《打击非法违法生产经营建设行

为专项行动实施方案》，将非法盗采、超层越界开采、建设项目边建设边生产、关闭矿井私自打开密闭生产、未进行矿井周边水情调查、未采取防探水措施就盲目掘进、微风、无风作业等违法违规行为列为重点打击对象。成立“打非治违”专项行动领导小组，由局领导分别带领3组人马带队赴百色、河池、来宾等重点产煤的市、县（市、区）开展“打非治违”专项行动。严查煤矿企业“三超”、“三违”行为，共查处隐患107项，下达监察执法文书56份，其中对5处矿井给予停产停工整顿或经济处罚，有力地打击或纠正了部分矿井生产经营建设中的违法违规行为。加强督查，明察暗访，局领导亲自带队深入非法采矿相对较为严重的地区明察暗访，约谈宜州市、宁明县等地方政府有关领导及部门负责人，对百色市右江区政府下达了《加强和改善安全管理建议书》，督促地方政府加大对非法采矿的打击力度，打击煤矿非法违法工作机制得到了进一步完善。

（二）严厉打击煤矿非法违法生产建设行为

通过采取明察暗访、约谈、下达建议书等措施，推动地方政府打击煤矿非法违法行为，提高煤矿依法办矿意识，取得了一定成效。如合山市政府相关部门在合山煤业公司矿井进行“五查”即查矿井是否有合法手续、查矿井安全管理人员是否配备到位、查矿井是否按照自治区政府要求进行机械化改造、查矿井“六大系统”建设进度符合国家要求、查矿井是否探测矿井周边积水情况，凡有一条不合格的一律不能动工。宜州市安庆煤业公司在几场大暴雨来袭时，主动停止井下生产，把人员撤出地面，确保人员安全。在停产期间，煤矿企业专门安排人员巡查，做到万无一失。针对百色市右江区非法采矿比较严重的现象，及时给右江区政府下达了《加强和改善安全管理建议书》后，右江区政府采取有力措施，由公安局牵头，成立了专职“打非”的矿区巡查队，没收非法生产的煤炭和设备一批，拘留参加非法采煤人员12人，迅速扭转非法开采泛滥现象，有效遏制非法采矿行为。

四、严肃事故查处，用事故教训推动工作

（一）严肃煤矿事故查处

按照“四不放过”的原则，严肃事故查处，在法定范围内，加大对事故矿井和事故责任人的处罚额度。全年组织调查煤矿事故12起，到期应结案10起，已经结案10起，按期结案率100%，对事故责任人提出处理建议47人次，收缴事故罚款183.14万元。

（二）完善事故调查处理工作机制

加强与事故调查相关部门之间协调和沟通，总结推广好的合作经验、做法，提高事故按期结案率，将事故责任追究落到实处。督促上林县、南宁市兴宁区公安部门，追究非法盗采小煤窑组织者的刑事责任。

（三）事故教训推动责任落实

严格执行事故通报、约谈、分析和跟踪督导“四项制度”，如针对环江县发生3起事故，死亡3人的教训，深刻分析事故背后的深层次原因，查找事故规律，并给县政府主送了《加强和改善煤矿安全管理的监察意见》，提出了具体的加强管理、落实责任的意见，推动地方企业主体责任和政府管理责任的落实。

五、大力推进煤矿科技进步，夯实煤矿安全基础

（一）继续推进小型煤矿机械化

继续分类指导推进小煤矿机械化工作。严格执行自治区政府相关规定，凡建设矿井没有采用机械化开采设计的，一律不予评审，一律不能通过安全设施竣工验收。乡镇小煤矿机械化开采工作取得显著成效，环江县下金矿、朝阳矿、洞角矿先后实现了机械化采煤和运输，全部实现了机械化装岩；罗城县煤矿机械化改造正在有条不紊地进行，金龙煤矿、小山煤矿、北陵山一号井、古毛二号井等机械化改造工作取得重要突破。钦州矿务局综采工作面建成投产，百色矿务局那荷煤矿、都安县那精煤矿按综掘综采现代化矿井进行建设。

（二）积极推进先进适用技术和装备的应用

采取措施，积极推动先进适用技术和装备的应用，煤矿技术水平逐步提高。如积极引导百色矿务局与湖南科技大学合作软岩条件下的无煤柱开采研究试验，切实解决百色矿务局巷道支护问题；监察人员引导煤矿企业参观学习环江县下金矿采用履带式装岩工艺，大力推广煤矿机械化装岩。目前宜州、罗城、合山等地煤矿正在积极推广应用。积极帮助协调煤矿企业赴省外考察学习，推进薄煤层机械化采掘技术的应用。

六、加强技术支撑体系建设，发挥安全保障

作用

（一）建立健全煤矿应急救援管理制度

发挥新组建的统计中心（救援指挥中心）的作用，进一步加强对煤矿企业应急救援管理工作的指导，加强煤矿应急预案的检查备案工作，推动煤矿救护队伍规范化建设；进一步加强与各级政府煤矿应急指挥系统的协调。

（二）推动技术支撑体系为煤矿安全服务

加强对煤矿安全评价、检测检验、安全培训、职业卫生技术服务等机构的监督指导，严格把好资质审批关和开展业务的质量关，为煤矿安全生产提供良好技术服务。充分利用矿山实验室作用，推进煤矿在用设备和安全仪器仪表的检测检验，做到应检尽检，通过检测检验，淘汰了一大批落后的煤矿装备。

（三）加快基地和技术中心建设

5月，监察业务用房建成并投入使用，办公条件得到了明显的改善，已启动事业单位业务用房建设前期工作。加快煤矿安全技术中心建设，进一步完善管理机制和工作机制，积极开展煤矿安全评价、职业卫生防治和检测检验等工作，为煤矿安全监察工作提供技术支撑。

2012年，广西煤监局在严格监察执法，推进煤矿科技进步，严肃查处煤矿事故，深入开展"打非治违"和开展煤矿安全生产大检查督查专项行动等方面，做了大量的工作，并取得了一定的成效，但广西煤矿安全生产形势仍然严峻。广西虽然有部分煤矿实现了机械化开采和半机械化开采，但煤矿安全基础较差的局面没有从根本上得到改变。广西煤矿先天不足，安全基础薄弱的状况尚未根本改观，煤矿事故仍然没有得到有效遏制，重特大事故的隐患依然时有出现。安全风险高、事故总量高、煤矿事故发生频率高，技术装备水平低、从业人员素质低的"三高两低"问题仍然十分严重。

重庆市煤矿安全生产工作综述

2012年，全市共发生各类煤矿死亡事故91起，共死亡105人，同比减少29起、48人，下降24.17%和31.37%。事故死亡人数较国家安委会下达的153人控制指标减少48人，下降31.37%。全市原煤产量3808万吨，同比减少514万吨，下降12%。其中国有重点煤矿生产原煤1407万吨，同比增产41万吨，上升3%；区县煤矿生产原煤2401万吨，同比减少555万吨，下降19%。百万吨死亡率2.73，同比下降22.22%，创历史最好水平。其中，国有重点煤矿0.5，同比下降65.99%；国有地方煤矿2.94，同比下降27.94%；乡镇煤矿4.07，同比下降8.33%。

一、煤炭产业结构调整取得积极进展

一是完成煤矿企业兼并重组风险评估，市政府出台了加快推进煤矿企业兼并重组工作意见。除奉节县外均已完成兼并重组方案制定。二是淘汰落后煤炭产能。分解落实淘汰落后产能任务和建设工程竣工验收考核任务，实行分级验收机制。2012年竣工验收煤矿建设项目132个，关闭煤矿4个，淘汰落后产能366万吨/年。

二、煤矿安全监管能力进一步增强

一是完善市、区县煤炭监管体制。市政府在市煤管局增设了瓦斯防治与利用处并完成相关职能移交。各区县煤管局进一步健全了内设机构，充实了监管力量，768名区县煤炭监管人员编制已配备到位682人，261个产煤乡镇在岗煤炭监管人员达948人。二是加强煤矿安全监管装备建设。市、区县和市煤管局投入1245万元，全面完成煤矿安全监管"5+X"装备任务，基层安全监管条件得到极大改善。三是开展标准化煤管局创建工作。制定和实施标准化煤管局考核办法，2012年建成永川等6个标准化煤管局。四是实施监管人员素质提升工程。举办安全监管政策业务大培训、执法实务大练兵、青年岗位执法技能大比赛等活动，培训区县、乡镇监管部门负责人278人、监管执法人员932人。五是实施目标管理绩效考核。完善煤矿安全生产控制指标体系，完善区县煤管局监管工作、煤监分局（办事处）工作目标考核办法，实施了量化目标任务、季度考核排名通报、全年考核奖惩兑现和约谈帮扶机制。

三、煤矿企业安全管理能力进一步提升

一是扎实开展煤矿企业主体责任专项行动。全市具备安全级别评估定级条件的718个煤矿企业通过持续整改升级，A、B级矿井达97.2%。全市小煤矿“五长、五队”安全管理组织体系基本建成，现场安全防控能力进一步提升。二是持续推进煤矿安全质量标准化建设。创新“五级联创”、“四抓四建”工作机制，推进煤矿安全质量标准化工作。全市5个达国家级标准化矿井、150个达市一级质量标准化矿井。一级标准化矿井比例由2008年的2%提升到2012年的25%。三是建设完善煤矿安全避险“六大系统”。全市煤矿安全监测监控、压风自救、供水施救、通信联络、人员定位管理等系统已基本建成；具备建设紧急避险系统条件的煤矿已建成357个。四是实施安全生产大培训大教育。2010年启动的煤矿安全培训“31331”工程全面完成，2011年实施的“千名煤矿总工程师安全培训工程”也基本完成。2012年培训“三项岗位人员”和相关人员近3.3万人次，全部实现教考分离、计算机远程在线考试。组建了重庆能源工业职业技术教育集团，启动了煤炭行业职业技能鉴定工作，已鉴定高级工、技师1642人。

四、煤矿应急救援能力进一步提高

一是有效整合市级煤矿应急管理资源。统一了全市煤矿应急指挥平台，市矿山抢险救援队、市煤矿救援指挥中心与重庆煤监局救援指挥中心合署运行。二是建设完善煤矿应急救援体系。将国家区域矿山应急救援重庆天府（三汇）基地调整更名为国家区域矿山应急救援重庆天府（安稳）基地，并启动建设。全市已建成5支二级、11支三级煤矿救护队，煤矿应急救援实现了全覆盖。三是加强应急救援装备和队伍建设。市财政计划投入6990万元更新改造矿山抢险救援装备，2012年已完成2652万元。推进矿山救护质量标准化建设，开展救援指挥员和专（兼）职救护队员实战技能培训、应急救援演练、救护比武大赛，煤矿应急处置和救援能力进一步增强。

五、煤矿安全专项整治有力有效

一是加大安全投入。市政府建立了煤炭发展专项资金，对关闭小煤矿继续实行了“以奖代补”政策，适时取消了电煤调节基金。2012年市级财政和市级统筹安全费用投入1.55亿元，重点支持了煤炭产业结构调整、煤矿技术改造和安全专项整治。煤矿企业按规定提取使用生产安全费用，投入近13亿元整治隐患，改善煤矿安全生产条件。二是推进瓦斯治理。在部分煤矿推广应用了水冶瓦斯等一批瓦斯治理先进适用技术与装备。建成瓦斯治理工作体系示范区县6个、累计18个，建成示范矿井36个、累计99个，129个矿井已建成地面固定瓦斯抽采系统，全年抽采瓦斯4.83亿立方米，利用3.64亿立方米，综合利用率达75%，矿井瓦斯超限次数和频率、瓦斯事故明显下降。2012年发生瓦斯事故3起，死亡6人，同比分别下降62.5%、80.64%。三是推进水害防治。完成全市煤矿矿井水文地质类型划分核查，推进100个防治水示范矿井建设，坚持“有掘必探”、“有险必撤”和“掘进作业防治水允掘通知单”的防治水措施，水害死亡事故得到有效控制。四是深化顶板事故整治。采取“六个一律”整治措施，强力推进顶板控制和支护改革，顶板事故死亡人数连续2年控制在了55人以内的水平。

六、“打非治违”专项行动有力有效

一是强化“打非治违”宣传培训。各地区、各单位开展形式多样的宣传活动，印发煤矿“打非治违”宣传手册10000本、督导手册1300本。二是深入推进“打非治违”开展。对煤炭开采秩序混乱的个别地区实施挂牌整治，对非法生产较严重的地区实施重点督导，对不具备安全生产条件的煤矿实施集中停产整顿，对“打非治违”不力、事故多发的区县和煤矿企业进行约谈，扎实开展了“打非治违”百日攻坚、回头看活动。全年排查取缔非法采煤窝点153处，查处违规违章行为4.2万余起。三是建立完善“打非治违”长效机制。构建市级10个部门煤矿“打非治违”专项行动“16671”联动机制，初步建立了“打非治违”采矿权标识、日常巡查、煤矿开采动态核查、重大隐患挂牌督办、事故矿井整治、安全质量达标、举报奖励、责任追究、目标考核等9项制度。

七、安全监管监察执法有力有效

一是坚持计划执法与阶段性工作相结合，执法与帮扶相结合，突出重点与统筹兼顾相结合，有力地查处了一批违法行为，消除了一批事故隐患。全市煤矿安全监管监察系统查处隐患4.6万条，督促整治率100%。二是坚持安全生产许可证、建设项目等行政审批事项集中、集体审查制度，严格行政审批和行政许可，严把安全生产和建设准入关。三是坚持“四不放过”原则，加大事故查处和责任追究力度，2012年移送追究刑事责任8人，行政处分10人；全年查处瞒报事故4起，处理有关责任人员32人。开展了“一矿出事故，万矿受教育”警示教育活动。四是创新方式方法，开展煤矿安全生产帮扶工作，帮助指导基层监管部门和煤矿企业查找问题、解决问题、改进工作，助推煤矿企业安全管理上水平、煤矿安全监管工作上台阶，促进了全市煤矿安全生产。

重庆市煤矿安全生产虽然取得明显成效，但与党和国家的要求，与广大人民群众的期望，与全面建成小康社会目标有很大差距，全市煤矿安全生产形势仍然十分严峻，煤炭产业结构性矛盾和问题仍然十分突出，存在以下主要问题：一是事故总量大、百万吨死亡率高，煤矿安全生产指标仍然处于全国落后水平；事故起数在全国排第二，仅位于四川之后。死亡人数仍超“100”，在全国排第五，仅排在四川、贵州、云南、湖南之后。煤炭产量占全国产量比例不到1.5%，百万吨死亡率却是全国平均水平（0.374）的7倍。二是煤矿安全生产基础依然薄弱，安全生产保障能力仍然不强；煤炭赋存条件和开采条件差，自然灾害严重是影响和制约煤矿安全生产的客观因素。小煤矿多、小、散、弱、低、差的状况没有根本改变，生产集约化程度低。小煤矿开采工艺、支护方式落后，采掘机械化和安全技术装备水平低，科技支撑脆弱。煤矿应急救援体系不完善，应对突发事件的处置能力和水平有待提高。随着矿井开采深度增加，瓦斯、顶板、地热等灾害因素将更加严重，治理难度和安全压力越来越大。三是煤矿安全监管能力依然较弱，仍然不能较好适应新形势下煤矿安全监管工作要求；通过近两年的体制建设完善，全市煤矿安全监管力量得到加强，监管条件得到极大改善，但煤炭专业的安全监管力量不足，监管队伍整体素质不高，监管能力不强的问题仍然比较突出。个别区县煤矿安全监管能力十分弱化，领导不力、措施不力、监管乏力。煤矿整合技改、兼并重组工作在部分地区推进缓慢。四是企业安全生产主体责任尚未落实到位，需进一步推进落实。一些煤矿企业没有正确处理安全与生产、安全与发展的关系，落实安全生产主体责任主动性不够，“五长、五队”虚设，内部技术防控体系不健全，班组建设、安全生产诚信建设、安全质量标准化建设没有引起足够重视，安全教育培训特别是对新工人岗前培训、变更工种培训不到位。部分煤矿企业安全投入不足，制度执行不力、现场落实不到位，隐患排查治理不彻底，超层越界、滥采乱挖时有发生，现场管理混乱，“三违”现象比较严重。

四川省煤矿安全生产工作综述

2012年，全省共有各类煤矿1297处，共计生产原煤6563.07万吨。全年煤矿共发生各类事故119起，死亡200人，同比减少86起、40人，分别下降41.95%和16.67%。其中，在建矿井（新建、技改扩能、资源整合矿井）事故45起，死亡56人，分别占事故总量的37.82%和28.00%；生产矿井事故74起，死亡144人，分别占事故总量的62.18%和72.00%。百万吨死亡率3.047，同比下降5.64%。国务院安委会下达四川省2012年煤矿死亡人数控制指标为230人，实际全年全省事故死亡人数200人，比年度指标少30人，占年度指标的86.96%；下达四川省煤矿较大事故起数控制指标为5起，实际发生煤矿较大事故4起，比年度指标少1起，占年度指标的80.00%；发生重大事故1起，占年度指标的100.00%；特别重大事故突破零控制指标。

一、全面部署煤矿安全生产工作

四川省委、省政府高度重视煤矿安全生产工作，多次专题研究，安排部署，提出要求，并逐一落实责任单位。2012年8月份以来，接连发生了攀枝花市肖家湾煤矿、达州市万源市永盛煤矿等煤矿事故。为扭转四川省事故多发的被动局面，省政府印发《关于进一步加强安全生产工作的紧急通知》（川府发〔2012〕29号），对抓好当前及下一步安全生产工作提出了具体要求。并召开全省安全生产工作电视电话会议，对全省安全生产工作形势进行了深入分析，对下一阶段的安全生产工作进行了安排部署，特别指出要切实解决煤矿安全生产工作存在的突出问题。

二、扎实开展煤矿“打非治违”专项行动

2012年以来，全省各地各部门按照国务院安委会和省政府“打非治违”专项行动的工作部署，及时成立了领导机构，制订完善煤矿“打非治违”专项行动实施方案，集中力量，重拳出击，重点查处假借整合技改逃避关闭、在整合技改区域违法生产，超层越界、超能力、超强度、超定员组织生产，不严格执行《防治煤与瓦斯突出规定》等非法违法生产建设行为。全省各级煤矿安全监管监察部门共组织督查检查组4403个，参加人员22342人次，检查各类煤矿企业1200余处，查处煤矿行业非法违法和治理违规违章行为3万余起，实施警告2758次，责令限期改正和停止违法行为5292起，没收违法所得和非法生产设备22起，责令停产停业和停止建设521矿次，暂扣或吊销有关许可证和职业资格35个，关闭非法违法企业33家，罚款2270.25万元。

三、强化煤矿安全监管监察工作

以“三项监察”为抓手，突出抓好煤矿安全监察。对灾害较重的宜宾市、泸州市、达州市等市和重点地区、重点企业开展重点监察；按照国家煤矿安监局的安排部署，开展建设矿井专项监察、防治水专项监察等专项监察活动；突出春节后、“五一”、“十一”、“十八大”等重点时段，抓好监察执法工作。2012年，各煤监分局共监察各类煤矿矿井1033处，监察覆盖率84.5%。监察矿井次数1491矿次，监察复查率为44.3%，使用各类执法文书6240份。煤矿“三项监察”实际监察矿井759次，其中，重点监察385矿次，专项监察184矿次，定期监察190矿次，煤矿“三项监察”计划完成率119.5%。实施行政处罚966次，其中，对煤矿企业处罚532次，对企业主要负责人处罚285次，责令停产整顿矿井205处，暂扣安全生产许可证97个；实施经济处罚次数602次，罚款3887.91万元，实际收缴罚款3131.18万元，收缴率80.53%。其中监察罚款1441.4万元，占罚款总额的37.07%，实际收缴监督监察罚款1041.01万元，监察罚款收缴率72.22%；事故罚款2446.51万元，占罚款总额的62.93%，实际收缴事故罚款2090.18万元，事故罚款收缴率85.43%。查处生产安全事故119起，应结案113起，实际结案113起，按期结案率100.0%。同时，每半年对各煤监分局行政执法情况进行定期检查，及时查找出了各煤监分局行政执法工作存在的问题，并提出了工作建议。

四、深化煤矿瓦斯治理工作

（一）积极推进煤矿瓦斯综合治理工作体系建设

四川省在已建成达州宣汉、雅安荥经等国家级瓦斯治理示范县10个，眉山仁寿县等10个省级瓦斯治理示范县的基础上，2012年又规划建设达标县21个，截至2012年底，全省已建成达标县16个，达标矿井437处。

（二）推进煤矿瓦斯抽采利用系统建设

截至2012年底，全省共有301对矿井启动了固定瓦斯抽采系统建设，已建成固定瓦斯抽采系统230套，23个煤矿建成了瓦斯发电厂，装机近8万千瓦。共完成抽采瓦斯纯量38850.5万立方米，利用瓦斯纯量17082.97万立方米。

（三）强化煤矿瓦斯等级鉴定和突出矿井鉴定“戴帽”工作

2012年，四川省推进瓦斯等级鉴定信息化管理，启用了“四川省煤矿瓦斯等级鉴定管理系统”，认真组织专家对矿井煤层突出危险性鉴定报告评审工作，对108处矿井的鉴定报告进行了评审，评审认可30份报告，责成78处矿井重新鉴定或申请直接“戴帽”。同时，严格实施年产9万吨及以下煤与瓦斯突出矿井停产评估。

（四）认真开展煤矿企业瓦斯防治能力评估

由省能源局牵头，制定出台了《四川省煤矿企业瓦斯防治能力评估实施细则（试行）》、《关于开展煤矿企业瓦斯防治能力评估工作的通知》（川发改能源〔2012〕649号），全面启动了四川省煤矿企业瓦斯防治能力评估。

五、严格煤矿建设项目安全设施设计审查、竣

工验收

四川省将煤矿建设项目安全设施设计审查批复工作纳入四川省政府政务服务中心统一受理，限时办结。在受理煤矿企业竣工验收申请后，认真组织验收，从申请资料是否齐全、程序是否规范方面进行审核，规范验收程序，及时组织机关处室、分局和所在市、县煤矿安全监管部门赴现场进行检查验收，验收组对照安全专篇各项内容以及国家相关规定的各项要求，形成竣工验收报告书，提交局机关业务处室办理行文予以批复，并要求取得相关证照后方可正式投入生产，夯实煤矿安全管理基础。2012 年，共计审查煤矿安全专篇 48 矿次，修改安全专篇 230 矿次，组织煤矿建设项目安全设施竣工验收 92 处，新增能力 609 万吨。

六、严肃查处煤矿事故，开展煤矿安全警示教育活动

四川省按照“四不放过”的原则，加大事故查处力度，严厉打击煤矿谎报、瞒报行为。全国煤矿事故分析暨警示教育会召开后，按照国家安全监管总局领导“一矿出事故、万矿受教育”的指示要求，四川煤监局立即将有关会议精神报告分管省领导，并在 10 月 25 日召开的全省深化“打非治违”专项行动工作座谈会上进行了传达。11 月 2 日省煤监局印发了文件，在全省范围内组织开展了煤矿事故警示教育活动，将全国煤矿事故分析暨警示教育会上剖析的 14 起煤矿事故案例光盘等资料下发到各产煤市（州）及县级煤矿安全监管部门、煤监分局和所有煤矿企业，要求各地、各企业立即开展煤矿事故警示教育活动。由 5 名煤监局领导带队赴 5 个煤监分局，分片区召开各产煤市（州）、县（市、区）煤矿事故分析暨警示教育会，督促各地开展煤矿安全警示教育活动。全省各产煤市（州）、县（市、区）认真按照要求组织开展事故分析暨警示教育会，对深刻吸取事故教训起到了很好的警示教育和震慑作用。

七、进一步加强煤矿安全质量标准化、安全高效矿井建设和“六大系统”建设完善工作

（一）强化煤矿安全质量标准化工作

2012 年初，四川安监局下发了《关于推进全省煤矿安全质量标准化工作的意见》，并组织有关单位对原《四川省煤矿安全管理标准（试行）》进行修订，编制了《标准修订实施方案》。全省共 1297 处煤矿，生产矿井 476 处，2012 年度达标煤矿数量 426 处，达标率 88.2%。其中，达到一级安全质量标准化煤矿 17 处（含申报国家级 5 处），达到二级安全质量标准化矿井 300 处，达到三级安全质量标准化矿井 109 处。

（二）进一步督促煤矿企业加大了煤矿安全高效矿井建设力度

截至 2012 年底，全省累计建成安全高效矿井 236 处，其中，2012 年新报备案 22 处。采煤机械化方面，25 处矿井实现综采，145 处矿井实现高档普采；掘进机械化方面，95 处矿井实现综掘，745 处矿井实现炮掘机装；机械运送人员方面，62 处矿井开行斜井人车，88 处矿井开行平巷人车，278 处矿井安装斜井吊挂人车（猴车）。

（三）进一步加大了“六大系统”特别是紧急避险系统的建设督促力度

2012 年 5 月，四川煤监局在广安组织召开了“全省煤矿安全监管暨煤矿井下紧急避险系统建设现场会”，确定了广安煤矿、四川嘉阳煤矿等 40 处“六大系统”示范矿井。截至 2012 年底，广能集团龙滩煤矿等 27 处煤矿已初步建成了安全避险紧急系统。

八、建立煤矿重点监管制度

2012 年初，四川省出台了《四川省重点监管煤矿管理办法（试行）》，对四川省 214 处矿井进行重点监管。上半年结束后，针对各地在执行重点监管制度方面存在的一些突出问题，省煤监局及时进行了通报并提出了工作要求。9 月，省煤监局培训中心召集重点监管煤矿法定代表人、矿长，组织 4 期重点监管煤矿培训班，加大对重点监管煤矿监管指导力度。据统计，2012 年，214 对重点监管矿井发生事故 23 起，死亡 36 人，同比，事故减少 90 起，下降 79.6%，死亡人数减少 97 人，下降 72.9%。

贵州省煤矿安全生产工作综述

2012年，贵州省共有各类煤矿1704处，设计生产能力32616万吨，其中，生产矿井723处，设计生产能力15039万吨；新建矿井325处，设计生产能力6393万吨；改扩建矿井656处，设计生产能力11184万吨。全省共发生煤矿事故58起，死亡117人，同比减少87起、162人，分别下降60%和58.1%。其中，较大事故6起，死亡31人，同比减少2起、22人，分别下降25%和41.5%；重大事故2起，死亡34人，同比减少3起、48人，分别下降60%和58.5%；全年未发生特别重大事故。全省煤矿事故死亡人数比国家下达的控制考核指标少83人，全省9个市（州、地）中有7个实现了事故起数和死亡人数“双下降”目标，有8个事故死亡人数在控制考核指标范围以内。全省全年实际原煤产量为1.81亿吨，百万吨死亡率0.646，同比下降60.6%，首次降到1以下，提前3年完成了省“十二五”规划目标。

一、继续深化瓦斯治理工作

一是根据国家能源局印发的《关于下达2012年度煤矿瓦斯事故控制指标、煤矿瓦斯抽采利用目标、地面煤层气开发利用目标的通知》精神，省安监局、贵州煤监局研究制定了《关于调整2012年度全省煤矿瓦斯抽采指标并下达利用指标和瓦斯事故奋斗目标的通知》，将瓦斯抽采指标由国家的16.8亿立方米调整为17.5亿立方米，利用指标由国家的5.65亿立方米调整为6.3亿立方米；将瓦斯事故起数、死亡人数由国家的19起、65人调整为不超过16起、60人，并及时分解下达到各市（州）和有关煤矿企业。二是扎实推进了全省101处9万吨/年突出矿井停产整顿和瓦斯防治能力的评估工作。2012年，参加瓦斯防治能力评估的煤矿企业（集团公司）110家共1100处煤矿，未进入集团公司的煤矿共有400余处。三是研究制定了《关于深化煤矿瓦斯治理实现“五零”目标意见》，明确了牢固树立“三个”理念（瓦斯防治重在治本、瓦斯事故可防可控和瓦斯超限就是事故理念），以瓦斯治理“四个”转变（措施型向工程型、局部向区域、单一向综合、平面向立体转变）推动实现瓦斯防治“五零”目标（零超限、零爆炸、零燃烧、零窒息、零突出目标）为重点的瓦斯防治中长期工作措施。2012年，煤矿瓦斯治理工作取得了明显成效，完成了国家下达的目标任务。全省累计完成瓦斯抽采量19.2亿立方米（占全国的1/5），瓦斯利用量5.8亿立方米，瓦斯事故5起，死亡33人，同比分别下降72.2%和63.7%。

二、扎实推进煤矿整顿关闭和标准化建设工作

组织开展了煤矿井下安全避险“六大系统”专项检查，将6对煤矿紧急避险系统建设示范矿井项目纳入省“十大民生工程”管理，安排补助资金190万元。10月15—16日和11月1—2日省政府分别在盘县和金沙县召开全省煤矿紧急避险系统建设工作现场会和安全生产监控系统信息化建设工作现场会，进一步总结、推进煤矿井下紧急避险系统建设和安全生产监控系统信息化建设等工作。对2012年发生事故的水城矿业集团有限责任公司幺公营煤矿、林东矿业集团阳和煤矿、铜仁市沿河县新生煤矿3家煤矿按照相关程序实施了关闭，并对已作出关闭决定的黔南州福泉市谷坝煤矿、安顺市西秀区宏发煤矿、黔西南州普安县能通煤矿的关闭情况进行了跟踪督促，确保关闭到位。

三、深化煤矿安全生产专项整治

一是研究制定了两年煤矿事故死亡人数“摘帽”方案，提出了8个方面15项具体措施。二是为深刻吸取铜仁市新生煤矿“4·26”重大透水事故教训，专门下发了《关于进一步加强煤矿水害防治工作的通知》（黔安监办〔2012〕112号），组织开展了煤矿防治水专项治理行动，责令经省煤矿证照及相关事宜联合审批联席会议同意恢复建设的规模9万吨/年的202对矿井，立即停止建设并认真组织自查，经验收合格后方能恢复建设。三是为贯彻落实国家煤监局《关于组织开展煤矿建设项目安全专项监察的通知》（煤安监监察〔2012〕11号）精神，组织开展了煤矿建设项目安全专项监察，共对建设项目开展现场安全监察692矿次，查处隐患7612条，责令停建整顿236矿次。同时，针对毕节市赫章县、黔东南州凯里市、黔南州平塘县等产煤县区建设矿井存在的突出问题和倾向性问题，及时向地方人民政府通报有关情况，并提出加强煤矿安全生产的有关建议和要求。四是联合地方政府集中对全省7个瓦斯灾害较为严重的产煤市（州）开展了煤矿重大瓦斯隐患“四个重点排查”专项行动，共排查矿井490处（其中，国有重点煤矿26处、国有地方煤矿16处、乡镇煤矿448处），实施罚款1805.2万元，责令停产整顿矿井41处，责令停头、停面134个。五是为深刻吸取四川省攀枝花肖家湾煤矿“8·29”特别重大瓦斯爆炸事故教训，省政府办公厅下发了《关于进一步加强全省煤矿安全生产工作的紧急通知》（黔府办发电〔2012〕162号），对进一步加强贵州省煤矿安全生产工作提出了具体措施和要求，并从9月1日至10月底，以防瓦斯和水害为重点，在全省开展了煤矿安全生产检查。六是为加强全省国有煤矿的安全生产工作，对盘江精煤股份有限公司土城煤矿、金佳煤矿和水矿集团大河边煤矿等9个国有煤矿进行了安全检查，共26人次检查煤矿12矿次，对检查中发现的隐患和问题提出整改要求并进行整改落实情况跟踪。

四、加大煤矿安全监管监察工作力度

制定了《贵州省国有及国有控股煤矿属地监督管理办法》。建立了“部门主导，重点整治，执法同步”的煤矿安全监管监察“三位一体”执法工作机制，得到了国家安全监管总局的肯定，并作为典型经验在全国予以推广。全省各级组织开展煤矿安全“三位一体”执法整治检查工作组157组次、1917人次，检查各类煤矿693矿次，排查治理安全隐患8667项。同时，严格开展煤矿安全监察执法检查。全省煤监系统计划开展煤矿安全监察执法958矿次，实际开展1509矿次，完成全年计划的157.5%；排查煤矿一般安全事故隐患15353项，到期整改率96.8%；排查重大安全事故隐患185项，到期整改率90.8%。实施行政处罚责令停产（停建）整顿167矿次，暂扣安全生产许可证127矿次。

五、认真开展煤矿安全生产许可工作

在对行政强制事项认真进行梳理的同时，进一步规范了行政许可管理。省安监局、贵州煤监局先后制定了《行政许可工作守则》、《行政许可事项审批程序》、《行政许可事项审批问责制》、《行政许可审批工作时限》、《行政许可首问责任人工作职责》、《行政许可首问责任和服务接待制度》等工作制度。2012年，贵州煤监局共受理煤矿安全生产行政许可374家（含新办证、延期、安全设施设计），核准286家。

六、积极有效地推进煤矿安全培训工作

一是严格煤矿安全资格证管理。吊销事故煤矿主要负责人、安全管理人员安全资格证15个，对申报煤矿安全生产许可证提供虚假安全资格证资料的15家煤矿企业作不予通过的处理，对2家煤矿企业实施相应处罚33万元，对4家煤矿企业负责人进行了告诫约谈。二是强化对安全培训机构的审批监管。全年共审核批准3家安全培训机构（其中二级1家、三级2家）；检查全省安全培训机构36家（其中二级2家、三级34家），对存在违法和不规范的培训机构依法进行相应处罚，限期整改9家、取消资质1家、暂停安全培训业务1家。三是加大“三岗人员”培训力度。贵州煤监局按照“考培分离、持证上岗”的要求，继续加大对煤矿“三岗人员”的培训力度，共培训复训煤矿企业主要负责人和安全管理人员9330人，煤矿企业特种作业人员42104个。同时，培训煤矿总工程师1004人，培训考核煤矿安全培训机构教师240名。

七、进一步推进“科技兴安”战略

一是组织编制了《安全监管部门和煤矿安全监察机构能力建设规划（2011—2015）实施方案》，估算总投资为72260万元。《方案》已经省政府同意并报国务院安委办备案。二是充分利用煤矿安全专项技改资金的引导作用，大力推进重点工程项目实施。共安排煤矿安全专项技改资金（含煤调基金）9000万元，引导总投资80720万元；完成了43个县级安全监管部门监管能力建设，项目计划投资2580万元。三是组织300人参加了国际安全生产论坛暨展览会和国际煤炭发展论坛暨煤矿科技展览会。

八、强化矿山应急救援队伍建设

组队参加了全国第九届矿山救援技术竞赛，取得了团体第四名、综合体能团体第二名、医疗急救团体第三名的好成绩。指导8个市（州）及煤矿大型企业开展了针对瓦斯事故、透水事故等抢险救援的演练，总参演人数达4000余人次。同时，加强矿山专兼职救护队建设，共举办专、兼职指战员培（复）训89期，参培人员11096人次，有效提升了救援队伍的素质和能力。全省有矿山专职救护队40支、煤矿兼职救护队301支，专兼职救护队员达12000余名，有力地保障了事故抢险救援工作的顺利进行。在普安县安利来煤矿"7·25"冒落事故的救援中，经过97小时的努力，58名被困人员全部获救，创造了贵州省安全生产救援的成功范例。

九、严肃查处各类煤矿事故

及时通报了2012年发生的8起煤矿较大和重大事故，对其中6起煤矿较大事故进行了挂牌督办，依法公告了4起煤矿较大事故的调查处理情况。联合省监察厅对2009年以来贵州省发生的较大煤矿事故责任追究落实情况进行了专项检查。同时，按照"一矿出事故，万矿受教育"的要求，认真开展煤矿警示教育，将2012年以来全国发生的14起典型煤矿事故的动画演示刻制成光盘，发放到每一个煤矿企业。2012年全省发生的60起较大事故、4起重大事故均按要求进行了严肃查处，到期结案率达100%；查处煤矿事故53起，到期结案率达100%，共处理相关责任人368名，关闭煤矿6处。

十、加强煤矿安全监管监察党风廉政建设

一是严格落实党风廉政建设责任制，细化分解7项36条党风廉政建设任务分工，层层签订目标责任书，并下发了《党风廉政建设责任制考核办法》；梳理筛选出84项制度编制成《惩防建设制度体系》；制定了《贵州省安全监管局贵州煤矿安监局廉政风险点及防控措施指导》，界定4类48个廉政风险点，对应采取32项防控措施；明确了党政正职"五个不直接分管"，即党政正职不直接分管行政审批（许可）、财务、人事、工程建设招投标、物资采购。二是组织开展了警示教育周活动，收集近年来发生在全省安全监管监察系统的受贿、渎职案例汇编成教育学习读本，发送廉政格言警句3000余人次；开展了谈心谈话活动，全局谈心谈话172人次，收到意见建议70余条。开展廉政文化建设进机关活动，出台了《廉政文化建设进机关实施意见》，订阅《画说职务犯罪》读本，并在贵州安全生产信息网上开设廉政建设专栏。三是加强监管监察业务培训。全年开展组织业务和执法培训364人次，376人次参加了国家安全监管总局专题视频讲座，67人参加了国家安全监管总局组织的煤矿安全避险"六大系统"专题培训班。

云南省煤矿安全生产工作综述

2012年，云南省原煤产量大幅上升，煤矿安全生产形势总体稳定，较2011年明显好转。事故死亡总人数、较大事故起数和死亡人数、重特大事故起数和死亡人数、原煤生产百万吨死亡率同比均呈下降趋势。全省煤矿共生产原煤10384.72万吨，比2011年的9957.41万吨增加427.31万吨，上升4.29%。全省煤矿共发生生产安全事故56起，死亡110人，与2011年的79起、183人相比，减少23起、73人，分别下降29.1%和38.9%。其中，一般事故发生48起，死亡57人，与2011年的66起、74人相比，减少18起、17人，分别下降27.3%和23%；较大事故发生7起，死亡36人，与2011年的11起、54人相比，减少4起、18人，分别下降36.4%和33.3%；重大事故发生1起、死亡17人，与2011年的重大及以上事故2起、55人相比，减少1起（特别重大事故）、38人，分别下降50%和69.1%。百万吨死亡率1.059，比2011年的1.838减少0.779，下降42.38%。

一、煤矿安全监察

国家煤矿安监局下达云南煤矿安全监察局计划监察矿井710矿次，云南煤监局实际监察矿井797矿次，监察计划完成率为112.2%；制作下达各类执法文书4603份，查出各类事故隐患5382条，隐患整改率99.5%；暂扣安全生产许可证68个，责令停产整顿30矿次；实施行政处罚罚款4560.19万元，实际收缴4848.75万元，罚款收缴率106.33%（含上年度罚款收缴）。

二、煤矿安全生产准入

调整了安全许可证年检周期，由一年一检改为三年一检；实行安全生产许可证到期预警提醒制度，对办理证照延期、变更等简化程序、缩短时限，有效减轻煤炭企业负担和分局工作量。全年新颁发煤矿安全生产许可证3个，补办9个，延期455个，变更303个，批复推迟办理延期手续27个，注销4个，吊销2个。共审查建设项目安全专篇58个，批复53个；审查安全专篇变更33个，批复25个。组织对21个煤矿的安全设施进行竣工验收并全部批复，办理开工备案回执43个。

三、煤矿事故查处

全省56起煤矿死亡事故均按期查处结案，按期结案率达100%。其中，建议追究刑事责任的案件移送率达100%，司法机关追究落实备案率达88.46%，党政纪处分落实备案率达94.12%，停产整顿率、矿井关闭落实率、吊销证照实施率、事故防范措施督查率均达到100%，事故罚款追缴率达100%。同时，进一步加强对事故责任追究和防范措施落实情况的跟踪督导；加大事故约谈力度，强化对事故煤矿的安全教育培训，累计对事故煤矿企业负责人、矿长、副矿长、总工程师培训291人；重视事故警示教育，向全省所有产煤州（市）发放了事故警示教育演示片；及时向社会公布事故处理结果，在省局网站发布事故处理公告10期，充分发挥社会舆论监督作用。

四、煤矿“打非治违”专项行动

印发了《云南煤矿安全监察局关于开展煤矿“打非治违”专项行动实施方案》（云煤安发〔2012〕64号），明确提出了开展全省煤矿安全生产领域“打非治违”专项行动的指导思想、行动目标、整治的重点内容、工作步骤和工作要求，严厉打击非法违法、违规违章生产经营建设行为。期间集中组织对曲靖、玉溪市开展“打非治违”专项督查，各监察分局结合监察区域实际认真开展“打非治违”行动。累计集中开展督查7次，覆盖了两市的16县（市、区），现场检查了23个煤矿和26个非煤企业；共组织监察活动94次，出动监察人员467人次，监察矿井365个，查出各类安全隐患和问题2433条，下达执法文书1399份，实施行政处罚2026.5万元，责令停产整顿、停止建设13矿次，暂扣煤矿安全生产许可证19矿次，督促地方政府关闭非法私挖滥采矿点160余处，查处谎报、瞒报事故行为2起，打击超层越界开采违法行为18矿次，督促煤矿企业落实隐患治理资金8565余万元。

五、煤矿职业安全健康工作

在全国率先申办并实施了“煤矿职业卫生安全许可证颁发”、“煤矿职业卫生技术服务机构资质认定”、“煤矿建设项目职业病防护设施设计审查”、“煤矿建设项目职业病防护设施竣工验收”4项行政审批事项和“煤矿建设项目职业危害预评价报告审批”1项非行政许可审批事项。制定下发了《云南省煤矿职业卫生安全许可证管理办法》等5个规范性文件和《关于切实做好“煤矿职业卫生安全许可证”申请工作的通知》等7个配套文件。启动了煤矿职业卫生许可证颁发和煤矿职业病防护设施设计审查和竣工验收工作。全年新颁煤矿职业卫生安全许可证45个，正在审查320个；审查批复建设项目职业病防护设施设计8部。

六、煤矿技术装备水平

着力推进煤矿深化瓦斯治理，督促新建、改扩建高瓦斯、煤与瓦斯突出矿井修改完善安全设施设计，年产9万吨及以下的煤与瓦斯突出矿井全部进行了瓦斯防治能力评估。着力推进安全避险“六大系统”建设，全省1080对井工煤矿全部建成了监测监控系统和通信联络系统，1065对矿井建成了压风自救系统和供水施救系统，905对矿井建成了人员定位系统，45对矿井建成了紧急避险系统。着力推进煤矿安全质量标准化建设，全省有6个矿井达省一级标准、77个矿井达省二级标准、863个矿井达到省三级标准。着力推进煤矿技术升级改造，代省政府起草了《云南省人民政府关于加快推进煤矿机械化的意见》（云政发〔2012〕163号）并已下发施行，全省共建成综采工作面30个，高档普采工作面12个，壁式工作面843个，148对矿井实现了人员机械运送。

七、矿山应急救援体系建设

在全国率先推行的煤矿兼职救护队伍建设工作

全面完成，组建并验收批复煤矿兼职救护小队1226支，得到国家安全监管总局的充分肯定并在云南召开现场会议在全国进行推广。新增投入应急救援“三项”建设资金8700万元。新批组建成立了富源矿山救护大队和两支专业救护中队，东源矿山救援区域队获批准立项。成功举办了云南省第十届矿山救援技术竞赛，参加全国第九届矿山救援技术竞赛。组织开发了应急预案编制系统软件并在宣威试点。实施煤矿事故抢险救援29起，出动88队次，挽回经济损失3000万元。参与非煤矿山及地面灭火等抢险救援30起，并参与昭通彝良“9·7”地震抢险救灾，得到了社会认可和好评。

八、精神文明建设

8月，中共昆明市盘龙区委宣传部、盘龙区文明办和拓东街道、白塔社区有关领导组成的盘龙区文明办考核组，对云南煤矿安全监察局机关创建2012—2014年区级文明单位工作进行了考核验收。通过听情况汇报、查文档台账、看机关环境、作问卷调查等环节考核验收，考核组一致同意推荐云南煤监局机关申报2012—2014年区级文明单位。年底，云南煤监局机关被正式命名为区级文明单位。

九、参加全国安全生产万里行活动

6月29日，中宣部、国家安全监管总局、公安部、国家广电总局、全国总工会、共青团中央、全国妇联联合举办的2012年全国安全生产万里行活动在曲靖市举行出发仪式，正式启动。6月29日—7月3日，安全生产万里行活动媒体采访团开展了在云南段（曲靖市、昭通市）的采访报道活动。

陕西省煤矿安全生产工作综述

2012年，陕西煤监局及各监察分局积极作为、扎实工作，较好履行了煤矿安全监察职责，圆满完成了各项工作目标和任务，有力促进了全省煤矿安全生产形势持续稳定好转，为陕西经济社会实现“稳中求进、弯道超车、争先进位”的发展目标创造了良好的煤矿安全环境。煤炭产量大幅增长，全省煤矿生产煤炭4.63亿吨，同比增长14.2%，产量稳居全国第三位。事故起数和死亡人数持续下降，发生事故33起，死亡49人，同比减少19起、24人，分别下降36.54%和32.88%。死亡人数占国务院安委会下达全省年度控制指标70人的70%。百万吨死亡率0.106，同比减少0.074，下降41.11%。百万吨死亡率比国务院安委会下达全省年度控制指标0.175低39.43%。杜绝了重大及以上事故，煤矿安全形势继续保持稳定向好。

一、明晰思路，认真学习贯彻上级各项决策部署

认真组织学习领会党的十七届七中全会和十八大精神，贯彻落实全国、全省安全生产工作会议精神，思想和行动坚决与上级的决策部署保持高度一致，立场坚定，执行有力。及时召开工作会议，制定了“一个力争两个确保”奋斗目标，提出“八个更加突出”的工作思路，安排部署全年的工作任务。2月初，相继印发了《煤矿安全监察工作要点》和《煤矿安全监察工作责任分工的意见》，明确了全年8个方面、35项重点工作，并进行了分解和落实，确保各项工作开好头起好步。4、7、10月初，分别召开季度座谈会，结合国家安全监管总局阶段性的部署要求，及时总结工作，分析形势，查找存在问题，针对性开展下一步工作。国家安全监管总局视频会议后，提出切实可行的贯彻措施，确保上级的各项决策部署得到及时落实。

二、突出重点，创新“三项监察”

本着查大系统、治大隐患、防大事故的原则，严格落实执法计划，相继开展了一系列监察活动。特别是年初结合全省煤矿灾害状况，把瓦斯防治、防治水、防灭火和防治顶板灾害作为全年执法重点，制定监察方案，确定50处监察矿井名单，明确56条监察内容，抽调专业对口、业务能力较强的监察人员组成监察组，每季度进行一次解剖式监察，对发现的隐患实行跟踪督办，及时消除事故隐患，有效杜绝了瓦斯、水害和火灾事故。累计监察矿井 987 矿次，执法计划完成率 123.6%，下达执法文书 3021 份，提出监察建议意见书 75 份；查处安全隐患 4072 条，按期整改 4003 条，按期整改率 99.31%；实施行政处罚 101 次。

三、主动作为，全力推进“打非治违”专项行动和整合重组工作

联合省煤管局下发了《专项行动实施方案》，提出了具体要求。5 月下旬，由局领导带队分 4 个监察组，对建设项目进行了专项监察，共抽查矿井 38 处，下达执法文书 49 份，查处安全隐患 122 条。5、6、7、10 月，由局领导带队分赴 5 个重点产煤市进行专项检查指导，督促推进“打非治违”专项行动。9 月，组织召开了全省重点建设项目监察工作座谈会，摸清底数，掌握进度，提出措施，有效打击了非法违法建设行为。府谷瑞丰煤矿“8·16”重大涉险顶板事故、德丰煤矿“9·24”较大窒息事故后，及时调整工作思路，开展了以资源整合矿井为重点的“回头看”监察活动，逐市召开座谈会，逐矿开展专项监察，有力遏制了非法违法生产现象，保证了全省煤矿安全形势持续稳定向好。

四、严把关口，认真做好行政许可和中介机构监管工作

坚持落实“一个窗口”、“四个集中”制度，把重大隐患治理、“六大系统”建设、职业危害防治等纳入审查内容，严把资料审查和现场复核，认真做好安全生产许可证颁发延期工作。共颁证 18 处，延期 89 处，变更 50 处，注销 68 处。坚持聘请专家参与审查，分解权力，落实责任，完成安全设施设计审查 38 处、竣工验收 8 处。修订《煤矿安全培训机构管理办法》，不断加强对安全培训机构的服务与指导。开展了安全评价和检测检验机构从业行为专项检查活动，不断规范中介机构监管工作。扎实推进煤矿安全文化建设示范企业创建和安全文化引领安全工作，开展评查督导，命名表彰 7 个省级示范企业，安全文化引领安全工作取得了可喜进展。

五、健全制度，切实强化职业危害防治监察工作

与省卫生厅完成职能移交后，相继制定了职业卫生《“三同时”审查及监督检查规定》、《监管职责分工》、《技术服务机构备案管理暂行办法》等制度，明确工作职责，规范监察工作。组织了 268 处煤矿上年度职业危害因素申报，申报率 53.49%。组织了 28 处煤矿的职业病防护设施检查和验收。开展了职业危害专项监察工作，监察矿井 23 处，下达执法文书 42 份，查处隐患 128 条，有效地促进了煤矿企业职业危害防治工作，为下一步职业安全工作开了个好头。

六、严肃查处，及时教育警示强力推动工作

依法查处煤矿事故，严格责任追究，事故按期结案率 100%，建议追究刑事责任 5 人，行政处分 68 人。特别是严肃查处了府谷瑞丰煤矿“8·16”重大涉险事故，建议追究刑事责任 5 人，行政处分 16 人，实施行政处罚 1230.2 万元，并将处理结果在网上发布，接受社会监督。同时，强化事故预防作用，做到查处一起事故，分析一次原因，吸取一次教训，防范同类事故再次发生。省内每次较大事故、全国每次重大事故局领导都亲自带队，认真组织召开事故通报会，分片区召开了事故案例警示教育会，“一矿出事故，万矿受教育”，用事故教训推动工作。对事故多发或举报事故多的白水、韩城、子长等县（市）进行约谈，提出加强监管措施。高度重视事故举报案件，局领导多次带队实地督查，查实了 5 起 7 人瞒报事故，有力震慑和警示了瞒报行为。

七、完善体系，加强安全技术支撑服务工作

整合资源，拓展项目，组建了 3 个专业分中心，与大型企业集团和大型矿井签订安全生产技术服务项目合作协议，提供对口专业化技术服务。对 295 处矿井进行了安全设备检测，检测设备 2519 台套；对 42 处矿井进行了职业病危害因素检测和效果评价；对 77 处矿井进行了安全现状评价或抗灾能力评估，发现事故隐患 20 余起，提出安全建议 185 条，为矿井超前预防和事前控制提供了强有力的技术支撑。

八、监督检查，积极推动地方政府监管工作

省局和分局累计对产煤市、县监管部门监督检查 102 次，有力推动了监管责任落到实处。联合省煤管局开展 4 次联合执法活动，避免了重复检查。同时，注重加强与地方政府、产煤市及大企业集团领导和部门的沟通协调，主动融入地方经济社会发展格局之中，找准最佳结合点，争取工作上的最大支持，形成工作合力。

九、提升能力，全面推进队伍建设

通过细化部门职责、坚持“周例会、季座谈会”制度、组织考察学习、选派外出培训等一系列行之有效的措施，加强队伍建设，大力弘扬机关精神，进一步凝聚了队伍，增强了向心力。开展了“落实季”活动，确保了各项部署要求及时有效地贯彻落实，进一步提高了贯彻执行能力。开展了以“一走进两重温”为主题的警示教育周活动，即走进警示教育基地、重温入党誓词、重温长征路，用看得见、摸得着的事例对大家进行现身说法、警示教育，不断筑牢干部职工拒腐防线。为借鉴兄弟省监察执法工作的先进经验和有效做法，分批组织相关处室和中心负责人到江苏、内蒙古、山东等省区考察学习，开阔视野，消化吸收，为我所用，进一步促进工作。特别是在干部人事管理上有新突破。一是竞争上岗，二是公开选调，三是轮岗交流，进一步调动了大家的工作积极性，有效激发了干部队伍的生机和活力。

甘肃省煤矿安全生产工作综述

一、煤矿安全生产形势相对稳定

2012 年，全省共生产原煤 4878.08 万吨，同比增加 177.43 万吨，增长 3.77%。发生死亡事故 17 起，死亡 48 人（其中基本建设 2 起、12 人），同比起数减少 3 起，下降 15%；死亡人数增加 5 人，上升 11.63%。百万吨死亡率 0.738，同比下降 3.66%，控制在国家下达的控制指标以内。总体来看，全省煤矿安全生产形势在一个时期极其被动的局面下，仍然保持了相对稳定，呈现出以下几个特点。一是阶段性特征明显。1—7 月，全省共发生事故 10 起，死亡 10 人，未发生较大及以上事故；但进入 8 月之后，事故呈现出反弹势头，9 月份连续发生两起重大事故，安全生产形势极其被动；10 月之后，经过停产整顿和安全整治，安全生产形势被动局面得到切实扭转。二是大部分市州煤矿安全形势稳定。三是国有重点煤矿安全形势总体稳定。四是元旦、春节、“两会”、“五一”、“十一”、“十八大”等重点时段未发生伤亡事故，保持了安全稳定。

二、监察执法成效显著

科学制定了监察执法计划并严格组织实施，开展了“两节”、“两会”和“五一”、省十二次党代会、国庆节和“十八大”期间等重要时期的大规模重点督查监察和督导调研。对中央在甘和省管煤业集团公司开展了集中监察，组织开展了防治水、煤矿建设项目和瓦斯防治专项监察。组织召开了全省煤矿应急管理和应急救援工作座谈会、全省煤矿建设项目安全工作座谈会和全省煤矿安全培训工作座谈会。全局共监察矿井 274 处、758 矿次，监察覆盖率 100%，监察计划完成率、监察复查率分别为 112.1% 和 176.6%；实施行政处罚 176 次；暂扣安全生产许可证 231 个；实施经济处罚 129 次，罚款总额创历史最高水平；责令停产整顿生产经营单位 52 处；查处一般事故隐患 1258 项，实际完成整改 1197 项，隐患整改率 96.2%；查处重大事故隐患 76 项；查处煤矿事故 17 起，下达执法文书 1485 份。

三、“打非治违”专项行动扎实推进

认真贯彻落实国务院、国家安全监管总局、国家煤矿安监局和甘肃省委、省政府关于“打非治违”专项行动的一系列决策部署，成立了“打非治违”专项行动领导小组，制定了甘肃煤监局“打非治违”专项行动实施方案，按照“四个一律”和“六个一批”的要求，深入开展执法监察，严厉处罚了一批违法违规生产建设矿井。由局领导分别带队，对全省煤矿安全工作开展了督导调研，对各地区扎实推进煤矿“打非治违”专项行动开展情况进行了督查。

四、煤矿安全支撑体系不断加强

坚持从严执行安全准入标准，严格煤矿重大建设项目安全设施设计“三同时”工作，严格安全专篇审查，严格竣工验收。大力推进煤矿安全质量标准化建设和安全避险“六大系统”建设。进一步推动整合技改工作，督促各地、各企业加快整合技改进度。严格落实新修订的《中华人民共和国职业病防治法》和“一规定、四办法”，制定了相应的制度和办法，组织开展了职业卫生专项监察。加强了对中介机构的资质管理，组织开展了对安全评价机构从业行为专项治理。

五、事故警示教育全面覆盖

深刻吸取9月份两起重大事故教训。先后3次共派出19个重点督查监察组，与省有关部门一起组成5个联合督查组，全体人员国庆节期间放弃休假，全面组织开展全省煤矿安全重点督查和重点监察，切实扭转了被动局面。积极配合全国煤矿安全专项督查第三组，对甘肃省煤矿安全工作开展了为期近一个月的专项督查。对督查组反馈意见进行了严格的督促整改落实。分东、中、西3个片区，召开了事故警示教育会议，做到了事故警示全覆盖。对发生的事故，均严格按照“四不放过”和三项基本原则进行了认真调查处理和责任追究。

六、“联村联户、为民富民”行动扎实推进

全面贯彻落实省委“联村联户、为民富民”行动的重大决策部署，制定了“联村联户、为民富民”行动实施方案，确定了帮扶项目并积极筹措帮扶资金，各帮扶项目已基本建设完工。认真履行省直部门“双联行动”联系天祝县组长单位职责，积极做好沟通、协调和联系工作，筹备召开了联系天祝县省直各成员单位联席会议；根据省委要求，制定了天祝县双联行动年度考核评价工作方案，对联系天祝县的15个单位开展了双联工作年度考核评价工作。对甘肃煤监局联系的3个村所有农户开展了“送温暖”活动，对贫困户进行了进一步的摸底和节前走访慰问。

七、党风廉政建设和队伍建设取得新的成效

组织召开了党组中心组专题扩大会议，学习贯彻“十八大”精神。召开了全局党风廉政建设工作会议，明确了2012年全局党风廉政建设和队伍建设工作重点，签订了党风廉政责任书，组织全体干部职工签订了廉政承诺书。继续认真组织开展“一月一片”教育活动，认真组织开展了第三个反腐倡廉“警示教育周”活动，制定了《党风廉政建设责任制检查考核办法》，印发了《直属机关党建工作目标责任制实施办法》和《直属机关党建工作目标责任制考核标准》；深入贯彻落实省十二次党代会精神，深入开展了“效能风暴”行动和作风纪律集中教育整治活动，队伍作风建设进一步加强。

八、全局各项事业全面推进

按照国家安全监管总局部署，为省局机关配备发放了监察执法装备，为分局更新了监察车辆；积极争取国家安全监管总局和省资金支持，落实了离退休干部高龄补贴和在职人员生活补贴与监察津贴。安全技术协会不断壮大组织，积极开展调研，为强化煤矿安全技术工作和促进监察执法工作积极献计献策；事业单位进一步理顺了职能，落实了人员，强化了日常管理。老干部服务工作、调度统计、应急救援、机关服务等各项工作均取得积极成效。安全技术中心检测检验能力大幅增强，安全培训、职业卫生等各项工作顺利全面开展，煤矿安全技术支撑体系建设和矿山实验室工作步入新的发展阶段。

青海省煤矿安全生产工作综述

2012年，全省煤矿发生生产安全事故5起，死亡5人，同比事故起数增加1起，死亡人数减少3人，下降37.50%，未发生较大以上生产安全事故。

一、认真组织开展“三项监察”执法活动

按照年初制定的监察执法计划，全年完成“三项监察”51矿次，完成计划的104%，其中，重点监察16矿次、专项监察22矿次、定期监察13矿次，分别完成全年计划的100%、105%和108%。通过“三项监察”执法，共发现和查处煤矿各类安全隐患198条，下达监察执法文书70余份。对煤矿存在的较严重问题进行立案处理，对部分煤矿责令停产停工整顿，并实施了行政罚款，取得了良好成效。监察执法文书制作更加规范科学，认真学习和借鉴外省执法文书制作的典型做法，首次开展了执法文书考核评比工作。

二、依法开展煤矿事故调查处理工作

按照“四不放过”和“科学严谨、依法依规、实事求是、注重实效”的原则，依法对2012年发生的5起事故开展了调查处理，对事故单位和事故责任人进行了严肃处理。同时，为认真贯彻执行《生产安全事故报告和调查处理条例》和《煤矿生产安全事故报告和调查处理规定》，针对青海无分局的情况积极与相关部门沟通协调废止了《青海省煤矿生产安全事故报告和调查处理暂行规定》，进一步规范了青海省煤矿生产安全事故调查和处理工作。

三、不断加大煤矿整顿关闭工作力度

认真落实煤矿整顿关闭职责，把关闭小煤矿和资源整合作为提升全省煤矿安全生产工作的重要举措，多次对产煤地区人民政府进行约谈，督促地方政府对不能满足安全生产条件的小煤矿实施关闭，2012年，关闭了大通县桥头镇煤矿等4家小煤矿，并及时注销了关闭煤矿企业的安全生产许可证。同时，鼓励符合条件的煤矿企业通过发挥产权纽带作用实施煤炭资源整合项目和煤矿企业兼并重组，并积极协调青海省级相关部门对企业给予政策扶持。通过整顿关闭，促使小煤矿进一步加大安全投入，实施安全技术改造，落实安全生产主体责任，安全生产条件有了明显提升。

四、继续深入推进煤矿安全质量标准化建设工作

继续深入开展煤矿安全质量标准化工作，针对青海煤炭行业管理部门无独立的机构和缺乏专业人才的实际，多次召开专题会议研究部署工作，制定出台了《青海省煤矿安全质量标准化实施办法》。在实际工作中注重从组织开展达标考核验收和对已达标矿井进行动态考核两方面深入推进全省煤矿安全质量标准化工作，分析研究煤矿在达标过程中存在的主要问题，督促和引导煤矿企业提出富有针对性和操作性的整改方案，鼓励煤矿企业在巩固已取得成果的基础上，努力实现晋级，切实做到以安全质量标准化的达标来提升煤矿安全生产水平，创建本质安全型矿井。2012年全省所有生产矿井实现达标。

五、扎实开展煤矿职业病防治工作

严格贯彻落实《中华人民共和国职业病防治法》和《建设项目职业卫生“三同时”监督管理暂行办法》等法律法规，督促煤矿企业认真做好对煤矿职业病危害预评价和职业病危害控制效果评价工作，组织省内外专家首次对4处新改扩项目职业病防护设施进行了竣工验收。在逐步推进职业卫生“三同时”工作的同时，认真开展职业卫生专项监察和职业危害申报等工作，使青海省煤矿职业病危害防护工作取得了明显进展。

六、严格开展煤矿安全生产行政许可工作

依法严格开展煤矿建设项目安全设施“三同时”和安全生产许可证的颁发管理等行政许可工作，依据国家有关法律法规和煤矿建设项目安全设施“三同时”标准、规范，坚持安全设施设计和竣工验收以专家为审查主体的工作机制，及时对煤矿安全设施设计进行审查。对建设项目中安全设施设计有重大变化的及时督促企业补充变更安全设施设计，并进行严格的审查批复。对4处煤矿建设项目安全设施进行了竣工验收并批复，并在严格审查煤矿企业提交的申请资料的基础上，依法颁发了安全生产许可证。对4处决定关闭的煤矿依法注销了安全生产许可证，并在省安监局、青海煤监局网站上进行了公告；对18处企业和煤矿按程序依法办理了延期和变更安全生产许可证手续。同时，按国家煤矿安监局要求，及时将安全生产许可证颁发和管理情况录入《煤矿企业安全生产数据库》，为下一步实现网上安全生产许可证办理奠定了基础。

七、继续深入开展煤矿“打非治违”专项行动

按照国家安全监管总局、国家煤矿安监局煤矿“打非治违”专项行动实施方案和青海省继续集中开展煤矿“打非治违”专项行动方案要求，组织成立督查组，先后6次深入西宁、海北、海西等地区开展督查活动，督查煤矿覆盖率达到90%以上。针对检查中发现的28条非法违法问题，向有关煤矿企业依法下达监察执法文书15份，进行行政处罚14万元。并就督查发现的共性问题，向地方政府提出了意见和建议。通过开展“打非治违”工作，青海省煤矿违法违规生产、建设行为得到有效遏制，煤矿安全生产秩序进一步好转，煤矿安全生产形势持续稳定好转。

八、不断推进安全避险“六大系统”建设

工作

组织召开青海省“六大系统”建设工作推进会，明确工作目标、思路和建设进度，结合青海实际，认真研究部署全省“六大系统”建设各项工作，取得了阶段性成效。在工作中把“六大系统”建设工作作为办理安全生产许可证和安全质量标准化达标的重要内容，认真开展“六大系统”专项检查工作，多次深入各产煤地区和煤矿企业，大力宣传贯彻国家关于“六大系统”建设的政策要求，积极营造建设完善“六大系统”、提高煤矿安全保障能力的思想和舆论氛围，通过督查进一步落实“六大系统”建设的政策规定和技术规范。采取针对性的措施，组织开展矿井监测监控、井下人员定位、压风自救、供水施救和通信联络等系统的竣工验收。同时，针对青海实际，制定建设标准，推进紧急避险系统的建设工作。2012 年全省所有生产矿井已建成了除紧急避险系统外的其他安全避险系统。

九、大力开展煤矿瓦斯综合治理工作体系建设和煤矿安全培训工作

认真贯彻落实国家关于煤矿瓦斯防治工作的一系列部署要求和政策措施，按照《“十二五”煤矿瓦斯综合治理工作体系建设实施方案》的要求，认真组织实施“通风可靠、抽采达标、监控有效、管理到位”的煤矿瓦斯综合治理工作体系建设，取得了阶段性成效，全年未发生瓦斯事故。同时，认真贯彻落实《国务院安委会关于进一步加强安全培训工作的决定》和《煤矿安全培训规定》，加大对煤矿安全培训机构的监督管理力度，严格执行“考培分离”制度，严把安全培训质量关，强化承担安全培训和考试机构的质量保障责任，积极推进特种作业人员计算机化考试平台建设工作。2012 年，共培训主要负责人、安全管理人员 260 人，特种作业人员 1145 人，煤矿总工程师 93 人。

十、进一步加强煤矿应急救援管理工作

坚持矿山应急救援队伍建设和救护队指战员培训教育两手抓工作原则，积极组织矿山救护队指挥员参加国家安全监管总局组织的初训和复训培训班，确保全省矿山救护队指挥员按要求持证上岗。同时，督促矿山救护队强化日常训练，推动队伍训练科学化、制度化、规范化，不断提升整体素质和战斗力，确保在事故发生时能拉得出、打得赢，并组织青海义海能源公司矿山救护队参加了第九届全国矿山救援技术竞赛，荣获团体优秀奖。

宁夏回族自治区煤矿安全生产工作综述

2012 年，宁夏全区矿井 100 处，其中，神华宁煤集团 28 处，市县煤矿 33 处，乡镇煤矿 39 处。生产矿井 38 处，在建、技改、资源整合矿井 62 处。煤矿生产原煤 8597.66 万吨，同比增长 5.83%。煤矿发生事故 3 起，死亡 3 人，同比起数减少 4 起，死亡人数减少 4 人，下降 57.14%。百万吨死亡率 0.035，同比下降 59.5%。绝对和相对两项指标均控制在国家下达的指标之内。

一、牢固树立安全发展的理念，凝聚共识，将安全发展战略落到实处

利用召开会议、监察执法、举办培训等各种方法途径，宣传国务院《关于坚持科学发展安全发展促进安全生产形势持续稳定好转的意见》、《关于进一步加强企业安全生产工作的通知》和《安全生产“十二五”规划》精神，凝聚各方共识，使党中央国务院坚持科学发展、安全发展、促进安全生产形势持续稳定好转的重大决策部署和各项政策措施深入人心。制定《“安全生产月”活动实施方案》，以“科学发展、安全发展”为主题，组织开展了第 11 个“安全生产月”活动。协调宁夏广电总台等媒体宣传报道，形成安全生产舆论氛围。

二、坚持落实责任，分解控制指标，将企业主体责任和政府监管责任落到实处

一是在日常工作中，严格安全生产许可证颁发、安全设施设计审查及竣工验收等行政许可事项，加大对企业领导带班下井、安全投入、现场管理、技术管理、生态治理及灭火工程等落实情况的监察力度，跟踪落实整改措施，督促煤矿企业建立健全安全责任体系，落实主体责任。二是对隐患严重、发生事故的煤矿，约谈其主要负责人和技术负责人，督促其加强现场管理和技术管理，落实主体责任。三是将国家下达的控制指标分解落实到5个市和宁东管委会。四是对产煤市县政府煤矿安全监管工作进行了监督检查，凝聚共识，齐抓共管，形成合力，督促落实政府和部门的监管责任。

三、坚持预防为主，突出有效防范，将隐患排查治理落到实处

一是严肃制定并严格落实全年监察计划，认真开展“三项监察”，突出重点时段、敏感时期的安全防范，全年累计监察矿井494矿次，完成全年计划的106.5%。行政处罚罚款118.9万元，实际收缴罚款118.9万元，罚款收缴率100%。二是督促煤矿特别是突出矿井严格贯彻执行《防治煤与瓦斯突出规定》，落实两个“四位一体”综合防突措施，严格执行瓦斯防治“十条禁令”，强力推进抽采达标。全年抽采瓦斯14796.53万立方米，利用瓦斯10070.44万立方米，瓦斯利用率68.06%。三是制定防治水专项治理方案，会同自治区有关部门开展了专项督查和“回头看”，督促企业制定水害治理方案，落实治理措施。四是督促企业健全完善隐患排查制度，认真开展隐患排查，全过程监督指导隐患排查工作。全年共排查事故隐患1707条，实际完成事故隐患整改1665条，事故隐患按期整改率98.9%。

四、坚持依法治理，严格责任追究，将“打非治违”专项行动落到实处

一是在一季度开展煤矿安全集中行动的基础上，从二季度到年底，牵头组织开展了全区煤矿“打非治违”专项行动。会同有关部门对煤矿企业和各市县煤矿安全监管部门开展了督查。开展了十八大前后安全生产保障专项行动和“回头看”，落实煤矿事故分析和警示教育精神，打击了一批非法违法行为，解决了一些突出问题。二是对全年发生的3起死亡事故进行了调查处理，依法依规追究责任，坚持用事故教训推动煤矿安全工作。及时核查群众举报案件，依法作出了处理。

五、强化联合执法，创新监察方式，将提高监察执法效能落到实处

一是与地方政府安全监管、行业管理、国土资源、公安等有关部门开展联合执法，邀请媒体参与监督和宣传报道，使执法、警示、宣传教育形成合力。二是继续推行主办监察员制度。增强了监察员办案意识，落实了监察责任，锻炼了队伍。三是对辖区煤矿建设项目全面排查，把建设、施工、监理等单位的安全责任落到实处。四是抽调各大选煤厂业务骨干与监察人员组成检查组，对17处选煤厂开展了安全监察。

六、强化科技支撑，推广先进技术，将提高保障能力落到实处

一是收回了检测检验和安全培训中心，组建了安全技术中心。报批了检测检验收费标准，开展了检测检验、安全评价和培训工作，发挥煤矿安全技术支撑作用。二是积极推进煤巷掘进工作面打眼无电化作业。消除了掘进工作面电气失爆诱发瓦斯事故的可能性，促进了压风自救、供水施救系统的正常运行。三是推广使用煤矿先进工艺和设备，印发了指导目录。加大市县乡镇煤矿机械化改造，严格禁止淘汰落后矿用产品在煤矿的应用。四是全区煤矿已完成了除紧急避险系统外的其他5个系统建设。任家庄、乌兰煤矿两个试点矿井完成了紧急避险系统避难硐室的安装工作。

七、强化应急值守，规范救护协议，将提升应急救援能力落到实处

一是坚持24小时应急值班值守，健全完善调度统计规章制度，充分发挥调度统计工作的基础性作用。二是配合国家安监总局应急救援中心，完成了《煤矿安全监察机构应急预案框架指南》，修订完善了省局、分局应急预案。三是制定并报批了矿山应急救援服务办法和有偿服务收费标准，为救护队有偿服务提供了政策依据。四是协助做好第九届全国矿山应急救援技术竞赛的各项工作，竞赛如期举行，取得圆满成功。

八、加强安全基础，推动企业达标，将安全标准化建设落到实处

一是协助举办了全国煤矿安全生产现场交流会，推广神华集团安全管理“五个一”的先进经验。二是推动煤矿安全质量标准化建设，组织开展了考核评级工作，考核评定一级矿井12处，二级矿井11处，三级矿井15处。推荐3处矿井申报国家级，有3处矿井被降级。三是煤炭工业协会吸收了区内77家煤炭企事业单位为会员，召开了会员大会，完成了选举工作。四是制定了《宁夏煤炭资源整合、技改（扩建）矿井工程质量审核办法》。开展了建设工程质量认证审核和质量大检查。推荐申报了两项优质工程，一项“太阳杯”工程。五是强化煤矿安全培训工作，将神华宁煤集团培训中心建成全国煤矿安全培训示范基地。

九、加强职业卫生监察，落实危害申报，将职业健康防治落到实处

一是制定了职业危害监察办法，编辑了职业危害防治监察指导手册，加大了作业场所职业危害的监察力度，加强对劳保用品的发放和防护效果的监察。二是举办了两期煤矿职业危害防治培训，聘请有关专家对职业危害防治知识进行了讲解，培训人员200余人。三是开展了煤矿职业卫生情况调查工作，完成了煤矿作业场所职业危害申报、职业卫生统计和职业病防控调研工作。四是按照职责的调整，与自治区卫生厅协调沟通，做好煤矿职业卫生服务机构管理和“三同时”交接前的准备工作。

十、加强执法队伍建设，深化创先争优，将提升监察能力落到实处

一是加强思想政治建设。每季度安排政治理论学习内容，采用多种形式，强化理论武装。开展创先争优活动，弘扬艰苦奋斗、无私奉献的精神。二是加强作风建设。大力弘扬中央政治局关于改进作风、密切联系群众的八项规定，领导干部带头深入一线调查研究；监察人员重心下移，排查隐患，严格执法，热情服务，把煤矿安全监察工作做实做好。三是加强业务能力建设。积极参加国家安全监管总局举办的各类培训班和视频专题讲座培训，提高业务能力。四是加强队伍建设。认真执行民主集中制。坚持正确的用人导向选拔使用领导干部。完成了直属事业单位的组建工作，配备了领导班子。组织人员赴兄弟省局调研，学习借鉴好的经验和做法。进一步加强分局队伍建设。关心爱护一线执法人员，增强队伍的凝聚力和战斗力。五是加强党风廉政建设。认真贯彻落实上级会议精神。强化党风廉政建设“一岗双责”和责任分工，落实党风廉政建设责任制。开展了第三个反腐倡廉“警示教育周”活动。扎实开展并巩固“教育、规范、整治”活动。修订完善局党风廉政建设责任制实施办法及考核评分细则，努力形成用制度管权、按制度办事、靠制度管人的长效机制。推进政务公开，强化监督。

新疆维吾尔自治区煤矿安全生产工作综述

一、煤矿安全生产工作主要成绩

（一）煤炭产量再创新纪录

生产原煤13918.65万吨，同比增加1744.47万吨，增长14.33%，是全国8个产量过亿吨的省份之一。其中，国有重点煤矿产量达到5132.57万吨，占总产量的36.88%，同比增长23.69%；地方国有煤矿产量1337.40万吨，占总产量的9.61%，同比下降3.42%；乡镇煤矿产量7448.68万吨，占总产量的53.51%，同比增长12.19%。

（二）煤矿安全生产再创新水平

各类煤矿共发生生产安全事故33起，死亡46人，杜绝了重大以上事故，遏制了较大事故。与上年同期相比，煤矿事故起数和死亡人数分别减少29起、38人，分别下降46.8%和45.2%。百万吨死亡率0.36，同比减少0.34，下降48.6%。事故起数、死亡人数和百万吨死亡率均呈现两位数下降，好于全国平均水平。

（三）煤炭产业结构调整取得新进展

一是大型项目建设不断提速。已开工建设项目117处，总生产规模3.2亿吨/年。其中，6处通过竣工验收，能力330万吨/年；36处进入试生产或即将投入试生产，能力7455万吨/年。二是生产能力有效解放。坚持资源节约与保护原则，继续推进矿井技术改造，提高采掘综合机械化水平和资源回收率，综采机械化程度达到80.9%。加强技改矿井能力核定，新增生产能力726万吨/年。三是落后产能及时淘汰。关闭矿井6处，通过兼并重组淘汰矿井2处，淘汰落后产能58万吨/年，超额完成国家下达的目标任务。四是产业集中度不断提高。全区大中型矿井79处，占矿井总数的22.6%；大中型矿井产量突破亿吨，占总产量的 71.6%，主导作用凸显。五是大企业集团骨干作用彰显。全国百强企业、煤炭产量50强企业中，分别有30家和20家进驻新疆发展煤炭产业。其中，已投入生产的企业17家，产量7557万吨，占总产量的54%。大企业集团已成为新疆煤炭工业发展的主导力量。

（四）瓦斯治理工作体系建设有新途径

聘请中国工程学院院士袁亮作了《创新工程科技理念，实现煤与瓦斯共采》的学术报告，从理念创新、技术创新、管理创新等方面指导了煤矿瓦斯治理途径。积极支持、鼓励、协调、推动内地权威科研机构、中介组织、大型企业与区内企业进行多种形式合作，提高瓦斯治理水平。中煤科工集团重庆研究院在新疆成立分院，积极开展瓦斯治理等技术研究与服务。淮南矿业集团、国家瓦斯治理工程研究中心与新疆焦煤（集团）公司、优派能源深入开展安全技术合作，创新瓦斯矿井托管治理新模式。全区有14个主要产煤县市区148处矿井达到瓦斯治理工作体系建设标准。

（五）煤矿事故法定结案率达到百分之百

制定出台了《煤矿安全监察行政处罚自由裁量实施办法》，规范自由裁量权。坚持按照“四不放过”和“科学严谨、依法依规、实事求是、注重实效”的原则，严肃查处煤矿生产安全事故，分析研究事故深层次原因，确保事故责任追究和整改措施落实到位。全年共调查处理煤矿事故33起，应结案29起，实际结案31起，处理事故责任人员197人，煤矿事故法定结案率达到100%以上。

（六）煤矿安全生产许可持证率达到百分之百

全区煤矿应办理安全生产许可证企业311处，截至2012年底，全区持证煤矿企业311处，持证率为100%。其中，国有重点煤矿36处，地方国有煤矿27处，乡镇煤矿248处。

二、煤矿安全生产重点工作

（一）认真贯彻国务院《意见》，狠抓各项措施落实

各地政府及煤炭管理部门深入贯彻国务院《关于坚持科学发展安全发展促进安全生产形势持续稳定好转的意见》，认真组织开展“科学发展、安全发展”为主题的第十一个“安全生产月”系列活动，树立科学发展、安全发展的共识和理念。紧密结合实际，制定和细化加强煤矿安全生产监察监管工作的措施，强化现场安全管理和生产过程控制，把国务院《意见》各项要求落到实处。认真落实煤矿企业法人代表、实际控制人安全生产第一责任人的责任，督促煤矿企业严格安全生产管理，严格执行煤矿领导带班下井制度。自治区将煤炭行业管理和煤矿安全生产工作纳入对各地州市的考核内容，推动了全区煤炭工业科学发展和安全发展。哈密地区制定施行一系列规范性文件，做到“违法必究，执法必严”，规范监管行为，强化监管力度，推动煤矿安全生产法制化建设。吐鲁番地区通过签订风险抵押承诺、自律公约责任状，强化安全生产诚信制度建设，促进安全生产责任主体落实到位。

（二）开展“一矿一策”工作，创新监察监管方式

以“一矿一策”为抓手，推行专家会诊。创新安全监察监管方式，优化监察监管资源配置，引入专家支撑机制，针对80处高瓦斯、煤与瓦斯突出、水文地质条件复杂、存在大面积悬顶威胁、2010年以来累计死亡3人以上“五类矿井”，实施了重点监察监管，有步骤、分阶段地开展“一矿一策”专家会诊工作。制定会诊方案，明确会诊程序，确定会诊矿井名单，从安全机构及管理、安全投入、开拓开采、通风、瓦斯治理、顶板控制、水害治理、防灭火、监测监控、机电运输、质量标准化等11个方面全面会诊；出动专家360余人次，已完成60处煤矿企业现场会诊工作，查处各类安全问题和隐患2241条。通过专家会诊，提高了对煤矿灾害的认识，找准了解决问题的方向和方法。阿克苏地区煤炭局聘请重庆煤科院专家开展“专家会诊”，共开展瓦斯会诊4次，到矿专家63人次，下井45人次，提交会诊报告8份，提出整改和建议286项。根据会诊报告，煤矿积极配置人员、技术、资金，严格管理，量化工程，倒排工期，分阶段逐一落实。

新疆煤监局和所属三疆监察分局认真开展了“三项监察”，及时发现和督促煤矿整改安全隐患，有效防范和遏制重特大生产安全事故。全年共监察矿井397处、655矿次，监察覆盖率达到100%，监察计划完成率131.79%；查处各类隐患10813项，应完成整改10155项，已完成整改9779项，

按期整改率96.30%；下达各类监察执法文书2484份；实施行政处罚96次；实施经济处罚114次，罚款1252.58万元。

（三）认真开展“打非治违”专项行动，规范煤矿安全生产秩序

自治区政府办公厅转发了《自治区煤管局、新疆煤监局关于进一步加强2012年全区煤矿安全生产工作意见的通知》（新政办明电〔2012〕1号）及《关于印发自治区集中开展安全生产领域“打非治违”专项行动实施方案的通知》（新政办发〔2012〕60号）等文件。成立了自治区煤炭行业“打非治违”专项行动领导小组，集中开展为期6个月的打击各类非法违法生产经营建设行为专项活动，坚决治理、纠正违规违章行为。贯彻落实国家安全监管总局宁夏现场会议精神，坚持领导分工负责、积极配合、参与国家安全监管总局专项督查活动，加强了特殊时点、关键时期的安全监督检查。对无证、证照不全或过期的6处矿井，依法实施关闭。对超层越界开采，停产整顿以及新建技改、资源整合、兼并重组等煤炭企业擅自进行生产的行为，严格落实停产整顿等行政处罚措施。对“两节”、“两会”期间停产检修矿井，严把复产验收关。围绕建设项目、瓦斯治理、安全生产许可和煤矿设备等开展专项督查，共出动3000多人次，查处重大安全隐患50项，应完成整改40项，督促整改33项，按期整改率82.50%。

（四）加大煤炭产业结构优化升级，提高煤矿本质安全水平

一是加大优化升级方案审批。按照自治区统一安排部署和工作要求，全力推进煤炭产业结构优化升级方案的修改、完善和会签、上报工作。除乌鲁木齐市外，全区20个煤炭产业优化升级方案均已通过审查。二是严把准入关口。坚持专家审查制度，严格煤矿建设项目可研报告、初步设计和安全专篇的审查。加强安全生产准入管理，从初始阶段推进本质安全型现代化矿井建设。三是完善项目监督管理。严格标准，做好新建、改扩建矿井验收工作，加强在建项目工程进展动态信息平台建设。开展煤炭建设项目争优创先，提高工程质量水平，有4个单位工程被评为国家煤炭优质工程，3个单位工程被评为国家煤炭“太阳杯”工程。

（五）推进先抽后采措施，深化煤矿瓦斯防治工作

全区持有安全生产许可证矿井311处，其中高瓦斯、瓦斯突出矿井16处。根据国家和自治区关于继续深化煤矿瓦斯专项治理工作要求，各级政府及煤炭管理部门坚决贯彻落实“先抽后采、以风定产、监测监控”十二字方针，坚定“煤矿瓦斯事故是可以避免的”信念，开展“高投入、高素质、强技术、严管理、重利用”等活动，进一步强化煤矿瓦斯治理“生命工程”建设。自治区煤管局制定了《新疆维吾尔自治区矿井瓦斯等级鉴定资质资格暂行管理办法》。以严格落实瓦斯防治工作“十条禁令”为抓手，进一步推进煤矿企业落实瓦斯防治主体责任，确保瓦斯综合防治措施落实到位。全区高瓦斯矿井、煤与瓦斯突出矿井均安装瓦斯抽放系统，全年各类矿井瓦斯抽放9398.78万立方米，其中，国有重点煤矿抽放1666.18万立方米，地方国有煤矿抽放5644.66万立方米，乡镇煤矿抽放2087.94万立方米。

（六）强化基层基础工作，加快煤矿安全生产保障能力建设

一是以科技进步为支撑，加大科研项目推进力度。积极申报重大科研项目，2个项目被列入自治区安全生产科技“十二五”规划，3个项目被列入国家安全生产重大事故防治关键技术科技攻关计划。新疆焦煤（集团）公司、神新公司、中电投等33处矿井已完成或在建紧急避险系统，煤矿安全避险“六大系统”建设取得新成果。二是以提升素质为前提，加强安全教育培训。全年共培训持证“三项岗位人员”18574人；培训煤矿总工程师、矿山应急救援人员及煤矿班组长近3000人。各级煤炭管理部门引进煤矿工程、通风管理、安全管理、煤化工等相关专业人才，充实到各级培训机构，加强培训机构师资队伍建设，新老专兼职教员取长补短，共同做好培训工作，提高培训质量。《煤矿工程技术职务任职资格评审办法》经自治区批准实施，130人获得初、中、高级任职资格。一些地州煤炭局采区“走出去、请进来”的形式，组织煤炭管理部门和企业管理人员赴口内省区进行培训，邀请口内专家学者对辖区煤矿企业中层以上骨干进行再培训、教育，效果良好；一些地州出台引进人才管理办法，在人员编制、行政级别、工资及住房待遇等方面给予特殊优惠政策，煤炭紧缺人

才引进工作有效推进。三是以质量标准化为基础，改善煤矿安全生产条件。坚持定期检查和随机抽查相结合，对安全质量标准化达标煤矿进行检查、考核和命名。全区达标煤矿204处，达到一级标准煤矿43处。及时召开煤矿安全质量标准化片区会议，交流、推广工作经验，推动煤矿安全质量标准化建设。四是以救援体系建设为重心，加强应急管理工作。国家矿山救援新疆队建设取得阶段性成果，救护队质量标准化创建和达标检查验收工作取得实效。在全国矿山应急救援大比武中，新疆队获得了模拟救灾第四名的好成绩，受到国家安全监管总局的表彰。五是以保障民生为根本，加强煤矿职业危害防治。加强沟通、联系与协调，理顺并落实煤矿职业危害防治监察监管的职能。制定了《新疆煤矿职业危害防治工作的指导意见》，明确了目标、任务、责任和措施；启动煤矿建设项目职业卫生“三同时”，煤矿职业危害防治工作能力建设稳步推进。

新疆生产建设兵团煤矿安全生产工作综述

兵团现有矿井60处，均为国有地方煤矿。其中，生产矿井38处，改扩建矿井14处，其余8处为停产改制矿井。兵团煤矿分布于新疆维吾尔自治区9个地（州、市）境内，地处边远，布局分散，点多、面广、战线长。2012年，兵团煤矿共发生生产安全事故3起，死亡3人，没有发生较大及较大以上事故，百万吨死亡率0.18，死亡人数占国家下达控制考核指标的23.08%。

一、深入贯彻国务院《意见》、《通知》及兵团配套文件精神，切实落实煤矿安全监察责任

一是进一步加大宣传贯彻力度。完善并落实具体实施办法和配套措施，研究出台了《关于坚持科学发展安全发展促进安全生产形势持续稳定好转的实施意见》（新兵发〔2012〕44号）以及指导全年煤矿安全质量标准化、加快推进紧急避险“六大系统”建设、职业病防治工作等一系列重要文件，修订了《2012年度兵团安全生产考核细则》，把工作目标和任务细化分解，加大了对煤矿安全监管的考核力度。二是切实加强对各产煤师、煤矿企业贯彻落实国务院《关于坚持科学发展安全发展促进安全生产形势持续稳定好转的意见》、《关于进一步加强企业安全生产工作的通知》的检查指导。局领导多次带队赴各产煤师督导调研，全面检查各师落实安全生产“十二五”规划、安全监管部门落实工作职责、严格安全目标考核等情况。针对个别煤矿重大隐患治理进展缓慢或久拖不决等问题，及时约谈有关单位的主要负责人，加强挂牌督办和跟踪督办，采取强硬手段推进重点、难点问题的解决。

二、继续深化“安全生产年”活动，扎实开展兵团煤矿“打非治违”专项行动

一是按照国务院安委会的统一部署，对开展兵团煤矿“打非治违”专项行动进行了专题研究，制定工作方案，明确重点对象和关键环节，将“打非治违”与安全质量标准化抽查、“五类矿井”专家会诊、煤矿互检、紧急避险系统推进、“三个监察”等重点工作统筹考虑、同步推进。在“回头看”活动期间，开展了重点督查，分片召开煤矿主要负责人座谈会，传达全国煤矿事故分析及警示教育会精神。在党的十八大召开期间对排查治理隐患、加强瓦斯防治、开展煤矿警示教育进行了再动员、再部署。二是加强对各师开展煤矿“打非治违”专项行动的检查指导，与各师安监局密切配合，开展联合执法，形成“打非”工作合力，并及时向各师分管领导、有关部门通报监察情况，提出了加强和改善煤矿安全管理的监察建议和意见。三是重拳出击，对煤矿各类违法违规行为实施了重点打击、精确打击、有效打击。按照“四个一律”的要求，对照“打非治违”重点内容，严格依法依规开展监察执法，对于排查出重大隐患、未严格执行监察指令或安全管理薄弱、问题较多的煤矿企业，立即责令其停产整顿，暂扣安全生产许可证，继续保持对违法违规行为的高压态势，起到了警示和震慑作用。

三、依法履行煤矿安全监察职责，认真组织开展“三项监察”

一是统筹安排“三项监察”，推进科学监察执法。坚持深入基层、深入一线的工作作风，全年累计开展“三项监察”232矿次，监察覆盖率达到100%，共下达各类执法文书592份，查处各类事故隐患2411条，实际完成整改2353条，隐患整改率达97.6%，做到了安全监察重心下移，关口前移。二是突出抓好重点时期、重要节点、重要环节的煤矿安全生产工作。加强“两节”、“两会”、“十一”等重大活动和节日期间煤矿安全监察执法工作，为迎接党的“十八大”胜利召开，提出了“攻坚一百天，突出重点抓落实，心无旁骛抓落实，确保‘十八大’期间无事故”的工作目标，开展重点督查、督导工作，及时发现并消除了一批安全隐患，营造了安全稳定的环境。三是积极探索创新监察方式和手段，取得了良好的效果。组织开展了“五类矿井”专家会诊，充分发挥专家查隐患的优势，集中监察监管和专业技术力量，对11处矿井进行了现场会诊。由各监察室牵头组织片区师安监局、煤矿企业到其他片区开展互检活动，学习交流安全文化建设、安全基础管理、质量标准化等方面的先进经验，起到了示范带动作用。

四、认真开展以瓦斯防治为重点的专项整治，继续深化煤矿瓦斯、水、火等重大隐患的排查治理

一是牢固树立“瓦斯不治，矿无宁日”的思想，突出瓦斯治理这个重中之重。认真贯彻落实国办发〔2011〕26号、瓦斯防治“十条禁令”、《兵团煤矿瓦斯防治规定》，强力推进“通风可靠、抽采达标、监控有效、管理到位”的瓦斯综合治理工作体系，组织开展防突、瓦斯防治专项监察，强化对矿井“一通三防”管理的现场监察，督促煤矿企业做好安全监测监控远程联网系统的运行和管理工作。二是开展“六必查”活动，对煤矿通风、排水、防灭火系统及图纸、作业规程等进行全面检查，督促煤矿企业做到“三严格”、“三加强”。三是严格落实“五条禁令”，督促瓦斯灾害严重、受水害和火灾威胁的矿井补做相关地质工作，并制定落实安全技术防范措施。加强对落实事故防范措施的检查，将“逢掘必探”、掘进工作面必须使用前探梁超前支护、急倾斜煤层禁止用炮掘方式掘进上山小眼等作为重点检查内容，有效地推动了事故防范措施的落实。

五、严把安全准入关，做好煤矿建设项目设计审查和安全专项验收及安全生产许可证的审查发放工作

一是严格组织煤矿建设项目安全设施设计审查及竣工验收工作，开展建设项目“三同时”专项监察，进一步强化建设、施工、监理单位的安全职责和监督检查工作。二是做好安全生产许可证颁发管理工作。严格审查、依法办理，把发证与安全质量标准化、职业危害防治挂钩，对达不到安全质量标准化建设要求的矿井，不予发放安全生产许可证。积极开展安全生产许可专项监察工作，对降低标准、不再符合发证条件的矿井暂扣了安全生产许可证。通过强化安全生产许可管理，有力地推进煤矿企业安全生产工作。

六、以“三个强力推进”为抓手，督促煤矿企业夯实双基工作，提升煤矿安全生产整体水平

一是严格执行煤矿隐患排查治理报告制度，认真审查每季度兵团煤矿重大隐患排查报表，按季对重大隐患进行登记建档、挂牌督办，并向各师安监局、煤业公司进行通报，落实了逐级挂牌督办措施。二是继续强力推进煤矿安全质量标准化工作，认真贯彻落实兵团煤矿安全生产经验交流现场会精神，推广神新公司先进经验，出台了《兵团煤矿安全质量标准化标准及考核评级办法（试行）》，制定了2012年度达标规划，严格考核奖惩，加大推进力度。三是强力推进紧急避险“六大系统”建设，认真贯彻落实兵团煤矿井下“六大系统”建设方案和加快紧急避险系统建设的有关通知精神，开展紧急避险系统建设的专项监察，督促所有煤矿按时完成相关设计并加快施工。四是深入贯彻全国煤矿职业安全健康工作座谈会精神，研究制定《关于进一步加强兵团煤矿职业危害防治工作的通知》，按要求做好统计、分析、申报工作，组织开展作业场所职业危害防治的专项监察，大力宣传有关法律法规，稳步推进了兵团煤矿职业危害防治工作。

七、依法严肃查处煤矿事故，坚持用事故教训推动工作

一是严格按照“四不放过”和“科学严谨、

依法依规、实事求是、注重实效”的原则，积极指导和参与事故调查处理工作，与有关部门密切配合，对全年3起事故进行了调查，仔细分析事故原因，认真总结事故教训，并提出了处理建议和防范措施，全部按期批复结案。二是认真贯彻落实全国煤矿事故分析暨警示教育会和国有重点煤矿事故警示教育专题视频会精神，开展了“一矿出事故，万矿受教育”活动。对2012年全国发生的典型事故案例进行分析，向全兵团煤矿进行通报，还把全国煤矿事故分析会有关材料汇编成册，印发到各产煤师、煤矿企业，做到警示教育全覆盖。三是严格执行事故警示通报、诫勉约谈和现场分析制度。明确专人负责煤矿事故警示信息的发布，及时把2012年区内外发生的煤矿事故情况，向各师安监局、煤矿企业进行通报，提醒煤矿举一反三，查找并堵塞漏洞，落实好防范措施。与发生事故的单位主要负责人进行了约谈，与师安监局、煤矿企业召开了事故现场分析会。自觉接受社会监督，对群众举报案件进行了认真核查，并做好结案工作。

第十二部分

重点中央企业安全生产工作

中国石油天然气集团公司安全生产工作

中国石油天然气集团公司安全环保与节能部

2012年，中国石油天然气集团公司（以下简称集团公司）坚持科学发展、安全发展，认真贯彻落实《国务院关于进一步加强企业安全生产工作的通知》和《国务院关于坚持科学发展安全发展促进安全生产形势持续稳定好转的意见》等要求，遵循以“严细实”为核心的“54321”整体思路，以推进HSE体系建设为主线，利用管理提升活动有利契机，巩固深化近年来狠抓安全生产工作取得的各项成果，把强化HSE审核、推动体系建设与生产实际紧密结合作为重中之重；把强化制度建设、突出责任落实与追究作为关键之举；把强化隐患治理、提升本质安全作为治本之策，努力推动安全生产各项工作有新突破，上新台阶，安全生产总体形势继续保持稳定好转态势。杜绝了重大火灾爆炸事故、重大油气泄漏事故、井喷失控事故、重大及以上死亡事故和重大职业病危害事故。主要安全控制指标明显好转，全年没有发生较大及以上生产安全事故，完成了年度工作目标，实现了连续109天安全生产的最长周期。

回顾一年来的安全生产工作，最突出的特点是HSE体系在各专业分公司全面有效运行，一年两次的体系审核得到广泛认同；最突出的变化是从严监管、从严追究的思想得到深化落实，在全系统形成了严抓严管、敢抓敢管的浓厚氛围；最突出的成效是安全管理实现了从重视到重实的转变，有高度没力度、有广度没深度的现象得到有效遏制。

一、HSE理念不断深化，安全生产责任进一步落实

集团公司上下把安全生产作为“天字号工程”和核心价值，以深化“有感领导、直线责任和属地管理”为载体，从层层签订责任书、推进实施“个人安全行动计划”和严肃追究责任入手，推动全员落实安全生产责任。总部连续6年与各企事业单位主要负责人签订《安全环保责任书》，企业层层分解落实安全生产目标责任到各级职能部门和基层岗位员工。长城钻探总结出了“确认、告知、跟踪、提示”八字属地管理守则。渤海钻探工程有限公司坚持拟提拔干部先到安全部门挂职锻炼制度。塔里木油田公司总经理将安全作为自己的分管工作。坚持召开集团公司安全环保工作会议和季度形势分析会，及时研究分析和部署安排安全生产工作。牢固树立生产安全事故有过必究、有究必严的观念，通过诫勉问责实现警示教育，通过严肃追究实现刚性考核。总部对2012年发生的工业生产死亡事故开展内部调查，组织召开了12次事故分析会，对管道局、宝鸡石油机械有限责任公司、宝鸡石油钢管厂等3家事故企业主要负责人进行了诫勉谈话。5月，集团公司党组会议正式通过《生产安全事故与环境事件责任人员行政处分规定》后，各企业加大处罚力度，对197名事故责任人给予行政处分和组织处理，其中处级干部44名。锦州石化公司和宝鸡石油机械有限责任公司与造成死亡事故的直接责任人解除了劳动合同，辽阳石化公司与严重违章在生产现场抽烟的员工解除了劳动合同，在全系统引起了很大震动。

二、HSE审核持续深入，体系运行有效性进一步增强

集团公司始终坚持盯住现场，突出重点，狠抓关键，按照没有方案不审核、没有检查表不审核、没有培训不审核的“三不审”原则，第一次在全系统开展了参与人数最多、持续时间最长、覆盖面最广的HSE体系审核活动。先后在全系统组织866人次、组成74个审核组，对国内120家主要生产经营单位进行了两轮全覆盖的HSE体系审核。在两次审核总结视频会上，塔里木油田公司对干部安全履职能力开展全面评估的做法，宁夏石化公司一把手带头参加审核、带头进行安全培训的做法等一系列好的经验获得广泛推广，77家单位、97次受到点名批评，力度之大、反响之大、影响之大都前所未有。炼油与化工分公司按照专家审核、专业覆盖、专业部门参与的方式，开展了全覆盖的HSE管理体系审核。天然气与管道分公司编印了HSE体系审核工作管理办法，明确了工作流程，确定了工作标准。销售分公司在审核结束后，把未完成整改的问题作为各企业总经理挂牌督办事项持续跟进，直至问题销项。锦州石化公司认真接受审核意见，审核结束后立即开展了全面整治活动，明确提出“一年见成效、两年大变样”的目标。东方地球物理勘探有限责任公司、北京销售公司通过建立和落实审核标准，量化审核定级，促进了HSE管理的精细化。审核内容和形式在实践中不断丰富完善，深度和质量不断拓展提升，一些企业对审核工作也由被动接受转变到理解、认同和积极践行。以持续改进为标志的体系审核有力促进了各专业分公司体系建设的步伐，成为集团公司强化安全管理的重要抓手和有效载体。

三、制度建设持续完善，安全生产基础进一步夯实

按照实际、实用、实效原则，结合强化“三基”工作和管理提升活动，加强制度建设、教育培训和信息化管理，夯实安全管理基础。通过对比国际能源公司通行做法，总结历史事故教训，认真梳理分析现状，初步建立了总部层面新的HSE制度框架。制定、修订了集团公司《重大危险源分级管理规范》等24项HSE制度标准。整理汇编各企业在HSE管理方面的典型经验和有效做法，编写出版HSE管理体系基础知识等教材，组织举办HSE管理者代表、HSE审核员培训班，2000余人参加了培训。按照国家安全监管总局部署安排，组织企业开展安全生产标准化达标评审，并配合国家安全监管总局编制完成钻井、物探等4个上游专业的安全生产标准化实施指南及评分细则。认真抓好安全监管人员业务培训，全年共举办了30期各类业务培训班。广泛开展安全经验分享和安全观察沟通，积极推广基层HSE培训矩阵，推动企业建立实施需求型HSE培训模式。启动了HSE信息系统升级项目建设，组织开展了“安全生产月”、“应急演练周”等活动。集团公司在全系统召开4次事故案例教育视频会，有20万人次直接观看、接受教育。各企业制作教育片69部，及时组织员工观看，吸取事故教训，完善相关的操作规程和管理制度。工程建设分公司深刻吸取大连“7·16”事故教训，组织修订完善了《石油库设计规范》。吉林油田公司从提升制度执行实效出发，将基层原有60多种表单台账精简到16种，基层员工风险控制和操作能力有了较大幅度提升。

四、源头控制逐级加强，本质安全水平进一步提升

2012年是集团公司实施新一轮为期3年的安全环保隐患治理的第一年，确定4500多项隐患治理项目，计划投资400多亿元。实行重点项目领导挂牌督办制度，重大隐患项目集团公司党组成员和管理层领导亲自督办，9个重大隐患治理项目成为督办重点，各专业分公司领导也分别挂牌督办27个项目。同时，健全完善了隐患排查、立项、治理、销项的管理机制，推动隐患排查治理工作走向制度化和规范化。集团公司分3批下达治理资金100多亿元，重点加大对油田废弃井、炼化电气设施、加油站雨棚等隐患整治。积极推行危害与可操作分析（HAZOP），全年共对304个新改扩建项目、255台套在役装置的风险进行了分析研判。勘探与生产分公司把隐患治理责任按领导、处室和企业3个层面落实到人，组织了14次隐患治理方案审查，并召开了挂牌督办项目汇报视频会。各企业普遍树立“查一处隐患就是预防一次事故”的意识，把隐患排查治理作为实现风险管控的有效手段和基础性工作，推动隐患排查治理工作走向制度化和规范化。西南油气田公司计划完成废弃井治理70口，最终完成82口，有效提升了企业本质安全水平。华北石化公司将全员隐患排查治理落实情况与奖金挂钩，通过对电网和设备隐患的治理，杜绝了因电气原因导致装置停工现象。大连石化公司建立隐患排查治理奖励机制，生产装置安全可靠性大幅度提升。

五、过程监管力度继续加大，风险管控能力进一步提高

坚持严管严防严查严改，突出加强重点领域、重要部位、关键环节和敏感时段的安全监管。深化推行作业许可、工作前安全分析、能量隔离、车辆卫星定位系统等风险管理方法措施，强化对临时作业、承包商作业、车辆运输作业等关键环节风险管控。按国家要求认真开展了安全生产领域“打非治违”专项行动，组织开展了石油天然气安全生产督查、海洋石油安全生产专项督查和石油库安全专项检查与整治，首次对1万立方米以上的大型外浮顶油品储罐进行了隐患排查，对需要更换密封和局部修复的165座储罐制定了整改计划；认真抓好“两会”及春节期间安全环保专项巡视、特种设备安全专项督查、防雷防静电检查检测及海上春季开工安全检查；梳理明确了当前集团公司面临的八大安全风险，开始有针对性地研究建立从基层岗位到集团总部的风险分级防控机制。工程技术分公司坚持每年开展井控专项检查，狠抓“三高、两浅井”井控管理。大庆油田公司采油三厂扎实开展以“人人找、项项清、处处控”为主题的“写风险”活动，长庆油田公司利用安全监督站强化油气站库、重点现场和关键作业监管，西南油气田公司优化完善作业许可管理流程，独山子石化公司运用风险评估许可证系统，四川销售公司、云南销售公司积极推行基层岗位操作卡、风险管理卡、应急处置卡，提高了风险管控能力。

六、应急管理稳步改进，突发事件处置能力进一步提高

集团公司按照国家“一案三制”应急体系建设要求，以完善预案、强化演练、健全机制为重点，着力提高基层现场和第一时间应急处置能力。充分发挥专业救援、区域救援联动和集团公司整体优势，有效应对了“达维”台风强降雨、云南地震等自然灾害。组织开展了“一普三重”应急预案审核，完成对136家企业应急预案的评审工作，对大庆油田公司、中俄原油管道、昆仑燃气有限公司等28家单位进行了应急工作现场审核。深化专职消防队专业化建设，开展灭火救援战术交流研讨，进一步加强值勤战备、装备操作和预案管理，积极推动国家危险化学品应急救援基地建设。按照一年一个专题的演练计划，在东北销售公司成功组织开展了成品油库火灾爆炸应急处置演练。加快应急平台建设，认真做好各种灾害预警，组织企业及时排查防汛、防台风、防风暴潮和易滑坡等不安全因素，确保了恶劣气候条件下员工生命和企业财产安全。国际部积极应对海外复杂形势，扎实推进海外社会安全管理体系建设，暂停多个社会安全风险较高的项目立项。集团公司海上应急救援响应中心多次在应急救援中发挥重要作用。

七、职业健康得到重视，监督检查防护工作迈出重要步伐

集团公司认真贯彻落实国家新颁布的《中华人民共和国职业病防治法》和国家安全监管总局职业健康管理“一规定四办法”，组织开展职业健康制度、危害防护、作业场所及健康监护专项检查，在勘探、炼化等5个板块开展作业场所噪声、粉尘专项调查。突出高含硫油气田和炼化企业高毒危害监测与防护，加大了企业接触职业危害员工、生产作业一线员工的职业健康体检工作力度，加强了对承包商、临时用工等接害作业人员的职业健康监护管理。完成了广西石化公司1000万吨炼油工程等18个重大工程建设项目的职业病危害评价、验收和报批工作。高度重视野外施工作业以及恶劣气候条件下的健康管理和饮食饮水卫生安全工作，组织开展“送健康到一线”活动，切实做好施工期间健康管理工作。海外板块根据资源国当地气候环境、就医条件等因素，着重加强疾病预防、饮食卫生、心理咨询等医疗保障服务工作，确保了员工健康。辽河油田公司、兰州石化公司、宁夏石化公司等企业牢固树立“关心员工健康从员工健康时开始”的理念，狠抓有害场所治理、员工健康防护，收到良好成效。

中国石油化工集团公司安全生产工作

中国石化集团公司安全监管局

2012年，中国石油化工集团公司（以下简称石化集团公司）认真贯彻落实党中央、国务院关于加强安全生产工作的指示要求，以科学发展观统领安全生产全局，始终坚持“安全第一、预防为主、综合治理”的安全生产方针，牢固树立“安全高于一切、生命最为宝贵”的理念，层层落实安全生产责任制，加强重点薄弱环节监管，加大隐患治理力度，切实加强应急能力建设，继续保持了安全生产总体平稳态势，实现了“五个避免”（避免重大人身伤亡、重大井喷失控、重大火灾爆炸、重大环境污染和重大公共安全责任事故）的目标。

一、严格执行国家安全生产法律法规和集团公司规章制度，层层落实安全生产责任制

石化集团公司高度重视制度的落实和执行，按照“谁主管、谁负责”、“一岗双责”原则，不断完善安全责任体系，切实将安全责任层层落实到各级领导、职能部门和全体员工。在3月进行的集团公司党组成员分工调整时，也将安全职责纳入班子分工，为全员落实安全责任树立了榜样。

1月10—11日，石化集团公司在京召开年度HSE工作会议，传达贯彻《国务院关于坚持科学发展安全发展促进安全生产形势持续稳定好转的意见》（国发〔2011〕40号，以下简称国务院40号文），总结2011年工作，全面部署2012年安全生产工作。党组领导与各企业主要领导、主管领导签订了安全生产责任状，明确各单位安全考核指标，传递安全工作压力，严格安全业绩考核。

公司制定了贯彻落实国务院40号文的实施意见，并以集团公司1号文下发，指导企业抓好文件的贯彻落实。全面推行领导干部“两特”带班，以及下基层安全督查等管理制度，确保各级领导能深入生产一线，及时协调解决安全问题。各企业按照集团公司统一部署，层层签订安全生产责任状，严格落实安全生产“一岗一责”和全员安全承诺，促进了各项规章制度的落实。

二、坚持与时俱进，及时修订有关规章制度

集中关注安全管理的重点和薄弱点，适应新形势和新要求，制定了《炼油化工危险工艺过程安全管理规定》、《空分装置安全技术要求》、《关于规范员工工作时间手机管理的通知》等10多项安全管理制度、技术标准，规范和指导安全生产。针对上半年承包商高处作业事故多发的现状开展专题研究，细化、强化高处作业安全要求，推行“错时错位硬隔离”等措施，有效遏制了高处作业事故多发态势。在炼化企业全面推行基层安全总监制度，强化现场作业安全监管。全年有461名炼化基层安全总监经过培训上岗，提高了生产现场安全监督管理水平。

三、持续开展隐患排查治理，提高本质安全水平

隐患是安全生产的“心腹大患”。石化集团公司高度重视安全隐患排查治理工作，按照“突出重点、分级监管”的原则，实施隐患治理项目分级挂牌和后评估制度，推进隐患排查治理的常态化、规范化和科学化。总部分3批下发隐患治理资金18.9亿元，重点治理了海上油气设施、井控装置、液态烃球罐、油库消防系统、热油泵密封等隐患，有效改善了本质安全水平。

四、因人施教，不断加强安全教育培训工作

将培训教育作为提升员工安全素质的最根本措施，分层次、多形式开展安全教育培训工作。总部举办了企业高层管理人员、油田企业承包商、油品销售企业分管工程建设负责人等各类安全培训班31期，培训专业人员1226人次。在每期企业高层管理人员安全培训班上，党组领导都亲自授课，分析当前安全生产工作面临的严峻形势，讲解公司安全管理理念，提出工作要求。通过安全培训，进一步提高了企业领导干部的安全责任意识和管理能力，为全面提高企业安全管理水平奠定了基础，收到了较好效果。

为吸取国内外石油石化行业事故教训，翻译出版了《美国炼油与化工安全管理事故分析》，积极跟踪国际石油石化企业年内发生的典型事故并及时下发通报，在全系统吸取事故教训，改进自身安全管理。

五、注重实效，认真组织开展“安全生产月”活动

6月，按照国家安全监管总局等有关部委的总体部署，石化集团公司认真开展了“安全生产月”活动。为提高活动效果，石化集团公司办公厅、安全环保局、思想政治工作部联合下发文件，对“安全生产月”活动进行了布置。各企业按照总部统一要求，紧紧围绕“科学发展、安全发展”的主题，充分利用广播、电视、报刊、局域网等形势，开展了丰富多彩的安全宣传教育活动，营造了安全生产氛围，推进了安全生产工作。2012年，石化集团公司被全国“安全生产月”活动组委会评为“安全生产幸福感企业”。

六、突出抓好重点环节、企业的风险防控

一是加强井控和海（水）上石油作业的安全监管。严格执行井控安全管理规定，提高井控设计和装备本质安全水平，加强井控及防硫化氢中毒安全技能培训，坚决避免井喷失控和重大硫化氢中毒事故发生。进一步强化海（水）上石油作业安全监督，从设计、设备设施检验、人员培训、作业环节等方面入手，不断提升海（水）上石油作业的安全管理水平。上半年，总部组织了井控和海（水）上石油作业专项督查，促进了工作落实。

二是加强关键装置、要害部位的安全监管。高度关注原料劣质化、设备大型化以及老旧装置、油罐、管线超期服役等对安全生产带来的新挑战，切实加强油品罐区、长输管道、大型机组、高温油泵、火工器材、放射源等要害部位，以及油品、液体化工产品等危险化学品在生产、储存、运输、使用等各环节的安全监管。重视原油及易腐蚀轻油储罐的安全管理，严防溢油及火灾事故发生。

三是加强直接作业过程的安全监管。严格落实作业现场“七想七不干”要求，始终抓住重点工程和检维修的现场安全管理不放松，确保作业安全。继续从严承包商安全监管，严把承包商、分包商入口关，完善清理、清退和奖惩机制。2012年总部多次组织对承包商的督导检查，促进了承包商安全管理水平的提高。

四是抓好对重点企业的服务。采取专业指导、检查督导等方式，对10家管理薄弱企业进行督导和帮扶，通过召开事故现场会、汇报会等形式，促进了重点企业安全管理整体水平的提升。

七、定期开展安全检查，提升企业管理水平

石化集团公司每年组织两次全系统安全大检查，对重点企业组织不定期的安全抽查。2012年上半年组织开展了以设备安全为主的安全检查，下半年开展了安全大检查。检查分自查自改和集中检查两个阶段。在企业自查自改的基础上，总部组织有关专家，由机关部门负责人带队，对企业进行现场检查。

在下半年组织的安全大检查中，总部抽调了190名同志，分成15个组，历时24天，对67家直属企业、科研单位和1个重点工程项目部的411个二级单位、749个基层单位进行了检查。检查期间，对2340人次进行了书面考试，现场提问2378次，召开了28次座谈会，开展各类演练259次，共查出各类问题3580项。检查组与企业同志一道，对查出的问题深入分析，从安全管理、设备管理、生产运行、电气仪表专业管理等方面查找深层次原因和漏洞，制定整改措施，促进了企业安全生产管理水平的提高。

八、优化措施手段，不断提高应急救援能力

为适应安全生产新形势，石化集团公司修订完成了《中国石化重特大事件应急预案（2011版）》，进一步增强了预案的可操作性。6月，成功组织了中国石化胜利海上综合应急演练，达到了检验预案、磨合机制、锻炼队伍的目的。加强应急能力建设，完成了总部应急指挥中心的升级改造，提高了应对突发事故（事件）的能力。

九、对标国际一流，积极开展安全文化建设

石化集团公司立足公司实际，积极探索并初步形成了中国石化特色安全文化建设的基本思路。培育胜利油田、江苏油田、华北油田、镇海炼化、长岭炼化、浙江石油、北京石油、十建公司等8家安全文化典型企业，在《中国石化报》上进行系列宣传报道，以点带面、辐射全局，推动全系统安全文化建设。建成并投用中国石化胜利油田安全文化教育基地，创新安全文化教育方式，收到了较好效果。

十、悉心关爱员工，稳步推进职业健康工作

一是深入落实职业病防治措施。组织开展了苯及噪声、粉尘、灌装作业岗位的职业危害调查，进一步强化对重点现场及岗位的职业健康监管，有效防范了新增职业病发生。加强新修订的《中华人民共和国职业病防治法》的宣贯，制定了《承包商职业健康管理规定》，规范承包商职业健康管理。各企业积极实施密闭采样、密闭注剂、密闭装车等职业病危害因素防控措施，现场作业条件得到有效改善。

二是进一步改善了劳动保护条件。组织制定了《中国石化劳保服装管理规定》，配套编制了《中国石化劳保服装制作手册》，规范和指导企业开展劳保服装的“换装”工作。集团公司实现了30年来劳保服装的统一规范。完善外派人员保险工作，提高派往高风险国家（地区）人员的保险责任限额，全年组织各派出单位为约5000人次外派人员按新标准投保，充分体现了党组对员工的关爱。

三是有序开展心理健康干预工作。全面开展心理健康状况调查，完成了《中国石化职工健康状况调查报告》、《中石化国内员工身心健康状况调查报告》、《中石化海外员工身心健康状况调查报告》，为全面有序开展心理健康干预提供了基础依据。各企业大力实施“员工帮助计划”，为员工提供心理咨询、压力测试等健康服务，营造快乐工作、健康生活的氛围，提升了员工身心健康水平。

中国海洋石油总公司安全生产工作

中国海洋石油总公司质量健康安全环保部

2012年，中国海洋石油总公司（以下简称中国海油）安全环保重点工作有序推进，公司上下逐步形成与生产规模相适应的安全环保管理方式和方法，特别是借助信息化手段促进质量健康安全环保（以下简称QHSE）监管能力不断提升，安全文化在各基层组织得到普遍认可，年度QHSE目标得以实现。全年有效避免了重大恶性事故，未发生较大及以上级别生产安全事故。公司安全生产形势总体平稳，但依然严峻。

一、贯彻管理要求，落实主体责任

（一）推动安全生产主体责任落实，提升安全管理水平

中国海油根据国家关于“企业安全生产主体责任”、“一岗双责”的相关要求，结合企业自身安全生产管理特点，进一步推动安全生产主体责任落实。一是重新梳理完善了公司安全生产责任制体系，进一步明确了安全管理部门、生产管理部门、技术管理部门的安全生产职责，做到“管生产必须管安全，管技术必须管安全”，最终要落实项目全生命周期不同阶段的安全管理责任；二是强化目标管理，细化考核标准，加强绩效考核，进一步督促所属企业层层分解安全生产指标，逐级落实各级单位的安全生产主体责任；三是严格执行生产安全事故责任追究、述职检查制度，突出一把手的安全生产责任；四是进一步完善激励机制，对安全生产业绩优秀的单位和个人实施物质和精神奖励，促进整体安全管理水平的提升，提高全员安全环保意识。

在贯彻落实政府相关要求方面：一是总部QHSE部认真学习领会文件要求，确定重点适用行业、单位；二是结合实际提出公司的针对性实施意见；三是将实施意见和政府文件下发到相关单位，同时通过网络发布和电子邮件等方式保证基层单位及时获得相关要求；四是针对政府部门布置的重大活动或者涉及全局性的要求，通过专题会议、电视电话会议等形式及时安排推动；五是对各所属单位的落实情况进行督查并将其作为绩效考核的重要内容。通过这些做法，保证政府主管部门的要求得以

认真贯彻落实。

（二）精心部署，有序推进重点工作

为及早部署、统筹安排全年工作，促进所属单位QHSE年度重点工作的开展，2月19—22日分别召开了有限公司和总公司系统QHSE会议；根据安全生产形势适时组织全系统安全生产电视电话会议和专题会议，部署推动QHSE相关工作。

7月27日，组织在京各单位主管领导参加了中央企业安全生产工作电视电话会议。结合国资委的要求和公司落实“打非治违”专项行动部署，印发了《关于进一步贯彻国资委安全生产工作视频会议精神的指导意见》，提出了当前一段时期QHSE管理应重点关注的18个工作方向。

9月24日，召开安全生产电视电话会议暨QHSE管理提升部署会议，通报前三季度安全生产情况和重点事故，回顾前三季度安全管理工作进展，布置了年第四季度QHSE的重点工作。

12月20日，召开总公司安全生产委员会会议，通报了总公司2012年安全生产工作情况，讨论了2013年工作重点，审议了《安全生产委员会职责和议事规则》及新一届安委会成员调整名单，就进一步提高中国海油健康安全环保工作水平，实现本质安全进行了深入讨论。

全年共组织召开了全系统会议5次（含3次电视电话会议），先后组织召开了潜水安全管理研讨会、吊装设备管理专题研讨会、防台工作会议、职业健康工作会、BP－中海油溢油响应能力建设研讨会等专题会议14次。

二、加强体系运行，坚持持续改进

（一）持续改进，开展体系上级审核

在QHSE上级审核过程中，通过吸收防爆专业技术人员、应急管理人员和邀请投资者关系部相关人员参与审核的形式，将防爆电气专业检查、应急预案审核等多项审核任务集中、统一开展，最大限度节省了人力与时间资源。配合国家安全监管总局年度督查计划，针对天津分公司和上海分公司QHSE上级审核中发现的防爆电气管理系统性缺陷问题，在完成计划内体系审核的基础上，及时组织了对深圳分公司和湛江分公司的防爆电气管理专项检查，对于规范各分公司防爆电气管理起到了积极作用。

针对公司重大作业风险持续对潜水和直升机组织专项审核。3月，聘请职业潜水顾问有限公司专家对为中国海油提供潜水作业服务的19家承包商进行了安全符合性审核，对潜水承包商的安全管理现状作出客观判断。5月，组织直升机审核公司专家对租用的直升机进行安全技术审核。

（二）合规运营，加强QHSE前期管理

2012年，部门通过加强与政府主管部门沟通、协调各公司相关部门和各所属单位，进一步优化工作机制，加强QHSE前期管理，着力对作业项目及作业单位的行为进行规范，强化对各级单位领导层的合规运营要求，收到了明显效果。办理相关建设项目健康安全环保的行政许可共138件，包括安全“三同时”类28件、环保“三同时”类38件、职业健康“三同时”类37件，办理企业安全生产许可证35家，保证了建设项目QHSE遵法合规运行。

（三）全面动员，推进企业达标建设

年初下发总公司1号文件，分企业达标、岗位达标、专业达标和基本要求4部分，部署各所属单位全面开展安全生产标准化工作；确定本年度安全生产标准化达标工作的重点为企业达标，已完成企业达标的单位工作重点转向专业达标和岗位达标。

年内开展了多项工作：组织海油发展安全技术服务公司、油服和海工等单位，参与制定国家安全监管总局AQ标准和政府规章；组织开发总公司安全生产标准化管理信息系统，系统已试运行完毕，基本具备了正式上线的条件；发出安全生产标准化信息22期，促进各单位分享工作经验；向国家安全监管总局推荐化学公司海南二期化肥装置、福建LNG公司，作为总公司首批危险化学品安全生产标准化一级企业培植对象；督促所属单位开展企业达标建设，跟踪达标情况；重点推动所属单位组织实施班组长培训工作，并将班组长培训作为安全生产标准化建设岗位达标的工作内容之一。

总公司所属单位涉及的行业众多，企业达标以危险化学品和石油天然气行业为主。截至目前，危化行业统计的90家单位中，政府明确要求达标的有64家，全部开展了安全生产标准化建设工作；3家非金属矿山单位（磷矿、尾矿库、盐场）全部达标；电力、建筑施工、交通运输等行业的政府主管部门也陆续开始提出达标要求；石油天然气行业具体的安全生产标准化企业达标规范和工作流程等待国家安全监管总局颁布后实施。

三、突出专业重点，落实基层责任

（一）精细管理，全面加强排放监控

2012年，组织开发了环保管理信息系统，建立了覆盖中国海油所属各层级、全方位的污染物排放管理机制。一方面，对于每一家基层生产单位，要求不经任何审核和修改，直报每个排放口、每种污染物的原始数据；另一方面，对排放定额进行直管，即总公司根据历史排放数据和生产实际，直接对每家生产单位、每个排放口的每种污染物制定排放定额指标。目前已将105个基层生产单位（上游49个，下游56个）的1457个排放口纳入管理。

系统上线过程中，实地踏勘了每一家有污染物排放的基层生产单位，现场确认了每一个废气、废水排放口，并且明确了每个排放口的污染物种类、检测方法和频次、执行的排放标准、统计上报的形式、污染物总量计算的公式，掌握与减排密切相关的环境影响报告书及批复、总量控制指标等环保管理的要求，并将其固化到信息系统中，利用信息化、网络化手段，提升减排和环保管理水平。

借助系统上线实施，进一步梳理和规范各项污染物的减排管理工作，对12家所属单位的60家企业开展环保专项督查，围绕遵法合规运营、污染物达标排放、总量减排等工作，提出242项督查整改问题。

（二）以人为本，加强职业卫生管理

公司与国家安全监管总局相关部门积极沟通，于8月份发布了贯彻落实5项规章具体要求，针对《中华人民共和国职业病防治法》新规章实施初期导致的系列重大变更制定具体操作细则，有力保证了建设项目尤其是上游建设项目职业卫生“三同时”顺利进行。

适应国家关于职业卫生管理的要求，组织开发了中国海油职业健康管理系统，针对工作场所职业病危害因素种类、岗位分部、接触情况、超标情况等，提供了强大的处理功能，同时提供了对所属企业的规范性指导和管理输出功能。其良好的应用将全面提升海油的职业健康精细化管理，持续应用其长期数据积累将成为海油宝贵的管理财富。

以人为本、关爱生命是中国海油的企业文化。中国海油从保障安全生产的角度出发，逐步开展心理危机干预培训、压力模型构建、压力管理与心理健康服务等系列工作，旨在了解探索适合中国海油的压力管理服务模式、优化压力管理服务内容，深入研究员工心理压力成因、发展途径及影响结果，并在此基础上构建组织人群的压力模型，探讨压力与安全生产、身体健康、心理健康、工作绩效、企业文化等因素的相互关系，为安全生产管理、员工身心健康维护提供依据。

（三）规划引领，推动质量管理工作

根据2011年质量工作会议提出的要求，发布了《中国海洋石油总公司“十二五”质量规划》，提出在“十二五”期间质量管理的9项主要任务，包括：建设质量管理体系、加强设备设施质量监督与管理、加强内部检验检测与评估评价机构质量管理、加强供应商质量保证与质量控制、加强培训与资格认证、推广先进质量管理方法、建设质量管理信息平台、开展知名品牌培育工作、推动质量管理专项活动。提出了完成9项任务需要的落实领导责任、建设质量管理人才体系、质量管理经费投入的3项保障措施。

以知名品牌产品推动工作为切入点，推动所属单位质量管理工作。总公司QHSE部与所属单位进行了深入沟通，了解相关单位的品牌建设意愿和工作状况。公司积极与中国石油和化学工业联合会沟通，经协调推荐，石油苯和重交通道路石油沥青两类产品获得2012年中国石油和化学知名品牌产品的参评资格，其中油气利用公司的“中海油36－1”重交通道路石油沥青产品被评为2012年中国石油和化学知名品牌产品。

（四）多向交流，标准与实践共推进

加强标准识别，研究标准分类方法。通过逐年的辨识工作，目前总公司健康安全环保标准目录已收录了QHSE相关的国家标准和行业标准1160项。

多渠道开展标准宣贯，利用各种培训、工作会议的场合宣贯企业标准，累计宣贯8次，1000余人参加。组织开发了《高处作业安全要求》、《吊索具安全使用、检查和报废要求》、《热工作业安全管理要求》、《能量隔离管理规定》4个应用型标准的宣贯电子课件，并持续补充更新。

积极参与石油行业标准化委员会的工作，多次组织总部和业务单位参加油标委储罐标准整合会议，积极推动油标委将储罐安全标准整合为一项，去除不适用的标准内容，补充部分技术内容。

加强国际采标工作。《良好作业实践》是总公

司及时跟踪国内外 QHSE 管理先进经验、先进技术，在未形成法规要求和强制性标准之前，及时引进并推荐各所属单位应用的指南性的文件，也是国际标准采标的一种形式。《良好作业实践》系列目前已出版了 61 期，对于交流 QHSE 管理经验、拓展基层 QHSE 管理人员的知识、提高公司 QHSE 管理水平起到了积极作用。本年度共整理印制了 4 册国内外良好的 QHSE 经验，内容覆盖氨氮及氮氧化物减排技术指南、IMCA/ADCI 潜水作业安全规范及标准、安全警示汇编和英美挪海洋石油安全法规汇编。此外，还跟踪国外最新的文献发布情况，及时翻译了 14 份外文材料推荐给相关人员借鉴。

四、加强现场管理，提高本质安全

（一）落实跟进，推动专项治理行动

公司将落实政府要求与加强公司隐患排查治理工作紧密结合，收到了较好的效果。

5 月，公司成立了专项行动领导小组，印发《关于开展总公司安全生产领域“打非治违”专项行动的通知》，全面部署“打非治违”专项行动；建立专门的组织机构，制定本单位的具体行动方案；逐级传达政府、总公司和本单位的要求；扎实开展工作，定期报送进展情况；将专项行动结果纳入年终绩效考核。

按照国家安全监管总局等七部委通知要求，组织开展石油库安全专项检查工作。检查以各单位自检自查为主，总公司抽查了惠州国储库项目、惠炼分公司和销售公司南通油库。9 月，七部委督察组对销售公司东莞油库、深圳一湾油库进行检查。为落实督查意见，QHSE 部要求被检查单位制定整改方案，逐条组织整改落实；将督察组提出的问题和整改建议转发各二级单位，要求各二级单位进一步转发至下属三级及以下单位，安排进行对照检查，督促治理发现的隐患；在总公司视频会议上通报督查情况；将督查意见落实情况专题报告国家安全监管总局。

为保证“打非治违”行动成果，落实事故隐患排查整治职责，总公司建立了安全隐患排查整治协同工作平台及承包商 HSE 管理系统，将承包商管理也纳入隐患治理工作。系统涵盖了安全隐患排查整治工作的各项基本内容，形成以隐患排查整治为主线，总部机关同各下属单位、基层作业区块协同工作的“群防群控”常态化网络体系。安排专人跟踪隐患整改情况，建立隐患整改长效机制，实现隐患排查管理常态化。截至 12 月 31 日，重大危险源及风险隐患管理系统中登记风险 69 项、隐患 10108 项，已解决隐患 9834 项，隐患整改率达到 97.3%。

（二）突出重点，加强高风险事项管理

针对部分所属单位存在的部分防爆电气设备的标示伪造、质量低劣，一些电气设备防爆等级与危险区域等级不匹配，部分防爆电气设备的防爆功能已经丧失，电气作业人员知识与技能缺乏，未及时跟踪识别标准与法规等问题，QHSE 部及时组织了专项检查，下发了《关于加强防爆电气设备管理的通知》，从专项排查、梳理制度、源头控制、标准识别、人员培训等 5 个方面提出要求。

9 月，组织召开了中国海油吊装设备管理专题研讨会。汇报了吊机采办总体情况、运行中各类状况、备件管理和售后服务的情况、吊车事故与险情的统计与分析、设计建造过程存在的隐患与缺陷、典型事故案例、设计优化、大型吊装设备管理经验、检验检测实践、安全检验与评估等方面的内容。

9 月，组织召开了系统内铁路专用线安全管理研讨会。会议的主题是交流管理经验，学习相关知识和法规要求，分析和探讨铁路专用线安全管理现状和进一步提高安全管理的措施。根据会议成果，起草下发了总公司《关于中海油自有铁路专用线安全管理指导意见》，以促进此专项管理工作的提升。

为吸取 2011 年惠炼分公司“7·11”火灾事故教训、杜绝类似事件再次发生，质量健康安全环保部开展了多项工作：在总公司范围内，以公司文件的形式通报了事故情况；广泛分享了事故调查报告、事故三维模拟动画等资料；在质量健康安全环保专题会议和业务培训中，分析事故案例；督促、跟踪惠炼分公司整改落实事故调查报告中提出的建议。截至目前，除 2 条技术建议正在整改外，其余已整改完毕。

按照总部统一部署，山东海化从手续合规、落后工艺技术和装备等 9 个方面，系统开展安全生产隐患大排查，将企业划分为 4 个级别，确定 5 类重点治理隐患实施整改，基本形成持续提高企业本质安全水平的良性机制。8 月，QHSE 组织召开了山东海化事故风险隐患及整改汇报会。

（三）适应变革，探索非传统领域安全

油田设施安保工作是一项区别于传统安全生产管理的全新的挑战。按照总公司的部署，QHSE 部增高油田设施安保管理职能，并已经开展工作。

在国家反恐办的领导下，认真研究反恐工作范围和要求，积极开展防控防范工作，为落实国家反恐办提出的建立防控综合管理体系打下基础。公司结合四川沥青公司被国家反恐办指定为 10 个反恐重要目标联系点之一，积极推动防控试点工作。帮助、支持四川沥青公司完成制定实施规划，逐步推进防控工作，实现技防、人防、物防的落实。

此外，积极参与湾口项目的安保准备，对参与湾口作业的单位可能存在的风险进行识别，共同制定了有针对性的预防和保护措施，确保作业顺利进行。

（四）支持促进，保障海外项目作业

根据商务部、外交部、住房城乡建设部、国资委和国家安全监管总局于 2011 年底联合下发的《关于加强境外中资企业安全生产管理的通知》要求，部署海外各项目公司认真组织开展境外安全生产自查活动，并于 2012 年 1 月将自查结果上报商务部办公厅。3 月，组织了所属单位外派人员参加商务部组织的《境外中资企业机构和人员安全管理指南》培训，取得较好效果。5 月，转发商务部办公厅《关于加强境外中资企业安全生产管理工作的函》到各海外项目单位，同时督促境外单位加强安全生产管理、落实总公司有关海外安全生产风险管理制度，完善安全生产管理体系、预防境外重大事故的发生，明确了生产安全事故和其他突发事件的报告要求。

为促进海外各项目做好 QHSE 工作、保证海外项目顺利推进、防范 QHSE 事故的发生，总部层面积极做好支持协调工作。组织检查组对乌干达公司的 QHSE 现状、健康安全环保的风险进行了调研和检查，并形成《赴乌干达健康安全环保考察调研报告》；保持跟踪协调东南亚公司 Batanghari 区块 Kenanga－3 井钻井作业井喷事件处理，协助做好后续事态的控制；指导 SES 南区的 KITTY－3 废弃单桩设施平台倒塌事件处置，组织与 SES 视频会议，讨论海上废弃平台、闲置平台的管理、处置，并形成纪要。

配合总公司整体收购加拿大尼克森公司的行动，做好收购前 QHSE 方面的技术支持方案：成立 HSE 专业支持小组，对 NEXEN 项目接替小组提供 HSE 专业支持，指定专人负责联系和应急协调支持。

根据总公司海外发展战略的稳步推进，进一步制定了《海外 HSE 管理方案》：一是指导和推动国际公司建立 HSE 管理体系，与国际油气行业最新推荐做法相结合，制定作业安全相关程序；二是做好 NEXEN 项目交割期间的 HSE 支持；三是建设中国海油全球应急资源信息平台；四是完善海外应急支持联络机制；五是关注油田老旧设施带来的安全环保风险；六是研究海外承包作业不同合同条件下的 QHSE 风险控制机制。

五、重视科技引领，加大安全投入

（一）科技支撑，组织专题技术研究

QHSE 部在“十二五”科技发展顶层设计框架下重点推动了油污染科研项目的开展，扩大员工压力管理服务试点项目实施范围，配合国家安全监管总局开展了深海石油作业安全监管模式项目和《高硫油品加工安全技术研究项目》调研，目前各项目均按计划进行。此外，组织开展了氨氮（氮氧化物）减排研究、环境影响后评价研究、注聚污水处理研究、污水处理和回用技术研究以及环保督查技术研究等多项专题研究工作，部分已结题的项目取得了一系列技术成果，成为指导现场加强环保管理的重要技术手段。

（二）提升能力，丰富信息辅助手段

应对公司业务快速发展、机构迅速扩张、产业链条不断延伸的新态势，将信息化建设作为加强 HSE 管理提升的重要手段，以风险管理为主线，紧密围绕应急、安全、环保、质量、职业健康等部门主要业务，自上而下、深化应用，以落实 HSE 管理体系为目标，努力形成与“二次跨越”战略目标相匹配的 HSE 信息化保障能力。2012 年，公司重点推动实施的管理信息系统有：中国海油职业健康管理系统、重大危险源及隐患排查风险管控系统、承包商 QHSE 管理信息系统、安全生产标准化信息系统、事故管理系统、环保管理系统、海外人员动态管理系统。

六、注重基础建设，提高应急能力

为加强各作业现场的应急预案可操作性，组织编写了《中国海油现场应急处置方案编制指南》；重点推动新增的总公司二级单位编制公司应急系统建设规划和修订公司应急预案；在有限公司范围内开展了应急管理系统建设及媒体应对情况调研；推动化学公司湖北大峪口公司矿山三维管理平台的建设；海工公司 MTS 系统全面运行；有限天津分公司海上现场应急指挥船建设和海上 CCTV 系统整合等等。公司坚持开展各层级应急演习，全年共开展演习总计 19484 次，其中综合演练 2144 次，专项演练 17288 次，各二级单位公司级综合演习 52 次，参加的总人数达 480830 人次。

台风期来临之前，组织召开了总公司防台工作会，进一步明确在新的挑战下的海陆并举、避台与结构防台并举、全面防台与重点关注并举的防台管理思路。特别对海洋石油 981 的防台应急准备工作进行重点关注，并组织了总公司层面的专家审查会；同所属单位保持积极联系，共同做好台风应对工作。全年有 12 个台风对公司作业造成影响，台风撤离共动用飞机 671 架次、船舶 469 船次，安全撤离人员 31225 人次，没有造成人员伤害和重大财产损失。

2012 年内，根据事件等级，总公司与所属单位共同响应 5 起生产作业相关的突发应急事件，召集相关单位专题讨论，明确应急响应和媒体应对职责，支持所属单位圆满完成应急工作，均未发生次生事故。

七、关注队伍建设，提高人员素质

为进一步加强 QHSE 从业人员资质管理，公司启动了 QHSE 技术序列建设工作。4 月，组织召开了 QHSE 技术序列管理体系建设的启动会议，会上将 QHSE 技术序列确定为总公司技术序列体系的重要组成部分，明确其工作内涵包括建立职位通道体系、岗位技能标准体系、培训和培养体系和晋升考核评价体系的“四位一体”的管理体系。完成技术序列工作平台开发工作，安排深圳分公司和中海油服公司进行试点工作。9 月，组织了有限公司 QHSE 技术序列文件编制会议，编写小组讨论了编制思路，体现了各分公司的不同特点，上游油气生产行业的技术序列编制工作基本完成。

为了提高安全培训的质量、效率和针对性，积极应对各领域快速发展过程中作业队伍年轻化、大量使用承包商带来的风险，总公司推荐各单位结合自身情况，有计划地建立“实物培训教室”，通过有针对性的实物实践培训，达到快速提高公司和承包商员工安全素质的目的。10 月，以总公司文件形式发布了《关于开展“实物培训教室”建设的通知》，全面推进建设工作。

全年共组织总公司级综合性培训 8 期，包括 5 期上游企业主要负责人和安全管理人员安全资格培训（初训并复训），3 期中下游企业领导人员和安全管理人员 HSE 管理培训，共培训各级员工 1075 人。

按照《中央国有资本经营预算安全生产保障能力建设专项资金应急救援培训演练基地建设项目管理办法》和国家安全监管总局关于做好渤海石油培训中心应急救援培训演练基地建设的相关要求，组织有关单位和部门研究落实，明确各层级管理责任，落实配套资金来源和项目建设方案。

八、创新主题活动，丰富安全文化

重点组织部署了“安全生产月”相关活动。5 月，下发了《关于进一步组织好“安全生产月”活动及系列安全环保检查的通知》。各所属单位均成立了以各单位总经理为组长的“安全生产月”活动领导小组，制定了“安全生产月”活动实施方案，并由主管安全的公司领导签发，下发到各个部门、各所属企业、各项目组，明确活动内容及要求，确保“安全生产月”活动的有效执行。

“安全生产警示周”期间，组织印刷了一期安全警示汇编，将 2004—2012 年公司整理的近 300 期安全警示进行收集汇总，在总公司系统内下发，并在《海洋石油报》上分期摘录刊登。此外，总公司在系统内组织安全征文和安全主题原创视频征集活动，征文 243 篇，视频材料 60 份。“安全生产月”期间，还组织总公司所属危化品企业参加 2012 年“神华杯”全国危险化学品安全法规知识竞赛。

中国核工业集团公司安全生产工作

中国核工业集团公司安全环保部

2012年，中国核工业集团公司（以下简称集团公司）及所属各成员单位认真落实国家有关安全环保法律法规和要求，强化监督管理基础工作，严格控制科研生产过程中发现的异常状况，保证了集团公司安全环保基本平稳的态势，安全生产工作取得了较好的成效。一是核与辐射安全保持良好纪录。集团公司核电站、研究堆、核燃料循环设施、“三废”贮存及处理设施等全部核设施实现了安全稳定运行，全年未发生一级核事件。二是生产安全事故得到控制。杜绝了较大及以上生产安全事故，安全生产形势平稳。三是主要核设施周围环境质量良好。主要核设施环境辐射保持在本底水平，公众受照剂量远低于国家规定限值。四是职业危害得到有效控制。无新发职业病病例，职业照射个人剂量水平继续下降。近10年集团公司人均个人剂量逐年下降，得到较好控制。

一、高度重视，部署全年安全环保工作

召开集团公司工作会议，与各事业部（专业公司）领导签订《科学发展绩效考核责任书》，对安全环保管理目标进行了分解并落实，严格落实了各事业部（专业公司）的安全环保责任，并要求逐级落实、严格考核。

集团公司按季度召开安全生产委员会全体会议，研究安全环保重点工作，并召开全系统安全生产视频会议2次，及时对安全环保工作进行部署。

加强安全环保管理制度建设，集团公司总部2012年共修订安全环保管理制度9项，新制定3项。同时督促有关板块加强安全环保机构建设和制度建设，落实安全环保监管责任。

二、认真落实国家关于安全生产工作部署

集团公司按照国务院安委会、国家安全监管总局、国资委、科工局、电监会等国家有关部委要求，相继认真组织开展了“安全生产月”、“打非治违”专项行动，工程建设领域预防施工起重机械、脚手架坍塌等事故专项整治行动，电力建设项目防灾避险防止重大人身伤亡事故专项行动等活动。为确保“十八大”期间集团公司安全生产形势稳定，集团公司特别加强了安全监管，实行了安全生产日报告制度，要求各成员单位全面开展隐患排查治理，严防死守，确保安全生产万无一失。

各成员单位对行政审批手续不全、无安全资质的项目严格实施停产整顿，对安全隐患进行整改，确保了全年特别是“十八大”期间安全环保形势稳定。

三、加强核与辐射安全监督管理

核安全是核工业的生命线，是集团公司的头等大事。2012年，集团公司在加强核设施运行管理、确保核设施安全稳定运行的同时，积极推动福岛核事故后的核设施安全隐患整改工作。

一是积极落实民用核设施安全整改计划。针对国家核安全局对运行核电厂、在建核电厂、民用研究堆与核燃料循环设施的检查意见，集团公司制定了具体的整改计划，计划投资8亿多元落实安全整改。运行核电厂21项安全隐患已完成整改4项，实施整改17项；在建核电厂11项安全隐患全部正在实施整改；民用研究堆与核燃料循环设施8项安全隐患，已完成整改1项，实施整改4项，编制方案3项。

二是加强军工核设施安全监管。积极协调落实军工核安全许可，全年上报49项，获得批复35项。配合国防科工局编制完成了《军工核安全“十二五”规划》，获国务院批复，2011年军工核设施综合检查发现的隐患已列入规划整改项目。

四、加强监督检查，深化隐患排查与治理

集团公司对安全环保工作高度重视，全年集团公司领导带队对安全环保重点单位进行专题检查

20余次，对查出的问题和隐患均实行了闭环管理，有效防范了事故的发生。各成员单位全年共排查隐患15995条，整改15237条，整改率95.3%。集团公司在17家安全生产重点单位派驻了安全督查员，对加强集团公司安全监控力度，及时获取第一手信息起到了重要的作用。

五、加强环境保护监督管理

一是积极配合环保部铀矿冶综合检查专项行动。环保部组织开展了全国铀矿冶辐射安全综合检查专项行动，提出了“彻查安全隐患，强化监管，使铀矿冶辐射环境安全管理水平迈上新台阶”的目标。集团公司积极配合环保部开展了综合检查，并督促各单位针对检查意见认真进行整改，落实环保要求。

二是深化铀矿冶环保专项行动，进一步改善铀矿冶环保状况。在2011年铀矿冶专项行动的基础上，集团公司2012年继续深化开展铀矿冶环保专项整治，取得了积极成果。铀矿冶流出物及环境监测能力明显提升；环保隐患整改取得积极进展，环保风险得到控制；完善制度，建立铀矿冶环保考核机制；加强培训，实施环境监测人员持证上岗；开展了铀矿石、工艺浸出液和工艺废水的全元素分析，为今后铀矿冶环保管理和环境影响评价提供了重要依据。

三是开展“两院”和核燃料系统环保专项检查。在2011年对铀矿冶各单位全面进行环保监督检查的基础上，集团公司2012年重点对原子能院、核动力院以及核燃料系统单位进行了环保专项检查。通过专项检查进一步摸清了“两院”和核燃料系统环保状况，“两院”和核燃料系统单位核设施放射性气、液态流出物满足国家排放要求，放射性废物基本处于可控状态，环境安全受控。

四是组织开展燃料循环前端环境监测比对。为检验燃料循环前端单位的环境监测能力，组织开展了燃料循环前端环境样品监测比对工作，共有8家单位参加了比对活动，比对结果良好。

六、加强职业危害监督管理

集团公司认真贯彻落实修订后的《中华人民共和国职业病防治法》和国家职业健康工作的总体要求，加强集团公司职业卫生顶层设计工作。一是完善职业卫生体系建设，制定并发布了集团公司职业卫生工作指导意见。二是开展职业病危害因素申报、隐患排查治理和职业病危害风险分级工作，严控职业病危害风险。三是开展集团公司职业健康和个人剂量统计分析，发布了年度报告。四是加强监督检查，开展职业卫生和辐射防护专项调查和指导意见落实情况督查。五是积极参与协调国家职业卫生相关标准的制定、修订，开展重要问题和关键技术研究。

七、完善生产安全应急管理体系

借鉴日本福岛核事故教训，集团公司组织开展了应急救援能力研究，编制了集团公司核电厂应急救援预案，组织各单位完善应急预案并报集团公司备案。

积极组织开展应急演练活动，组织成员单位开展了不同层次、多种形式的应急演练，对田湾综合核应急演练等重要应急演练进行应急响应。据不完全统计，各单位共举办各类应急演练活动280次（场），参加人数达15000人次，其中，综合应急演练10次（场），专项应急演练270次（场）。

加强应急能力建设，积极推进4个国家核应急技术支持中心和6个核应急救援分队建设，10家军工单位应急能力建设项目正按计划实施。在汛期、台风期间，集团公司加强应急响应，核应急办24小时值班，指导协调各有关单位的险情应对，确保了汛期和台风期间安全生产。

八、落实建设项目“三同时”制度

集团公司2012年将加强建设项目“三同时”工作作为安全环保管理的重点工作严格执行。集团公司全年共获得环保部建设项目环评批复37项，通过环保验收10项；组织审查了75项建设项目职业安全评价，获备案75项；核工业职业卫生监督管理办公室审查批复建设项目职业卫生评价60项，验收10项。在保证建设项目合法合规、顺利开展的同时，确保了建设项目安全、环保、职业卫生设施完善有效、项目风险可控。

九、深化安全环保风险管理

2012年，集团公司进一步规范风险分级监督管理，确保集团公司级重点安全环保风险安全受控。落实了各级责任人，落实了督办、监管与治理责任，确保重点安全环保风险安全受控。制定了《中核集团公司安防环保风险管理规定》，进一步规范安全风险监督管理。各板块、各单位按照集团公司要求，开展了安全环保风险的梳理与分级监管工作。

开展安全环保风险评估，集团公司分别在6月、11月组织了两次安全环保风险评估工作，促进安全环保风险监督管理责任的落实和隐患整改。截至年底，114项集团公司重点安全环保风险，共存在隐患328项，本年度共整改58项，正在进行141项，列入计划正在研究方案或已申报79项。各单位经重新评估提出风险消除8项，风险降级4项，同时各单位自评估提出单位级风险191项，建议升级为集团公司级风险2项。

十、开展安全生产标准化工作

根据国资委《关于中央企业开展管理提升活动指导意见》及集团公司《关于印发中国核工业集团公司管理提升指导意见的通知》（中核企发〔2012〕43号）精神，安全环保是集团公司管理提升的7项重点内容之一。

为落实集团公司管理提升活动的要求，根据国家关于安全生产标准化的部署，结合集团公司安全环保急需加强的实际情况，集团公司制定了以安全生产标准化为抓手的安全环保管理提升实施方案，全面启动了集团公司安全生产标准化工作。

集团公司成立了安全生产标准化建设领导小组、标准化评审机构。组织安全环保标准化评审人员和专家共147人参加了国家国防科工局组织的资格培训。成立了安全环保标准化考核评级标准编写组，启动了标准编制工作。

中国核工业建设集团公司安全生产工作

中国核工业建设集团公司安全质量环保部

2012年，中国核工业建设集团公司（以下简称集团公司）及所属各成员单位认真贯彻落实党中央、国务院关于安全生产工作的一系列指示精神，按照国资委、国防科工局对安全生产工作的总体部署和要求，围绕开展安全生产标准化达标升级，强化安全管理机制，完善制度体系，深化隐患排查治理，加强职业健康工作，加大安全考核力度，全面加强安全生产管理。集团公司实现了年初下达的安全生产管控目标，荣获2012年度全国“安全生产月”优秀组织单位，4个在建项目部被建筑业协会评为“AAA级安全文明标准化诚信工地”，各级安全生产管理体系运行总体适宜、有效，安全生产形势持续平稳。

一、完善安全监管体系，部署安全生产工作

根据上级安全生产主管部门部署及新出台的相关管理办法，提出集团公司全年安全生产工作目标，实现集团公司对各成员单位安全工作考核、评价的科学化、制度化和规范化。

召开集团公司暨股份公司2012年安委会第一次会议，审议并通过了《中国核工业建设股份有限公司安全生产监督管理办法》、《中国核工业建设股份有限公司安全生产考核办法》、《中国核工业建设股份有限公司安全生产先进单位、个人评比和奖励办法》和《中国核工业建设股份有限公司职业健康、环境保护监督管理办法》等管理办法以及《股份公司安全生产责任书》，实现安全生产考核由定性化向定量化转变，健全了中国核建安全监督管理体系。

年初将全年安全生产工作目标和工作重点以集团公司1号文件下发全系统，提出以杜绝3人以上较大责任事故和群死群伤事故，一般安全事故死亡率控制在0.021人/亿元以下和杜绝较大以上环境事件的安全生产管理目标。并与所属成员单位签订了安全生产责任书，下达了安全生产管控指标，形成自上而下的安全生产管理体系。

为进一步强化安全监督管理和主体责任，集团公司出台了具体考核办法。年终按照安全生产责任书逐条考核，考核结果将作为每年度集团公司对子公司负责人年度经营业绩专项指标（安全生产）考核和公司对子公司评先评优的依据。

二、大力开展“打非治违”、“安全生产月”活动

为了加强安全生产过程管控，全年分阶段、分批次组织专家，对所属单位及在建工程进行监督检查，检查安全生产管理体系运行的适宜性和有效性。

5月25日，集团公司召开安委会扩大会议暨“打非治违”和“安全生产月”动员视频会议，全面部署了集团公司“打非治违”专项行动和“安全生产月”活动。要求通过“安全生产月”活动，进一步把中国核建核心企业价值观“责任、安全、品质、卓越”引向深入，做到文化入位，树立“除不可抗力外，一切事故皆可避免”的理念，自觉地把“零事故”作为工作目标。

5—7月份由集团公司领导带队的检查组，分别对西安、汉中、兰州、重庆、深圳、海阳、天津等2个子公司、11个项目部进行安全监督检查，检查子公司“打非治违”专项行动和“安全生产月”活动的开展情况，评价子公司安全管理体系在施工现场的充分性、适宜性和有效性。通过对工程项目监督检查，不断完善了现有的安全管理体系，有效防止了生产安全事故的发生，使生产安全处于受控状态、促进集团公司安全管理能力整体提升。

在“安全生产月”活动期间，各单位针对夏季高温、台风、暴雨等异常气候情况，对现场模板、脚手架、起重吊装、临时用电、危险化学品管理、文明施工组织、特种作业人员持证上岗等内容开展专项检查活动，做到“定人、定时、定措施”，有效进行跟踪关闭。在“安全生产月”期间，共检查各类安全隐患2837项，其中已整改完成2821项，整改完成率为99%，有效提升了现场安全管理的执行力。

三、推进安全生产标准化达标

为形成自我约束、自我完善、持续改进的安全管理长效机制，根据国防科工局工作部署和要求，集团公司建立安全生产标准化工作机制，开展安全生产标准化达标工作。

制定下发了《中核建设集团公司开展安全生产标准化建设工作的实施方案》，成立了安全生产标准化评审机构并开展了相关业务，按照国家有关安全生产法律法规，结合集团公司安全管理实际，组织集团公司内部专家编制《安全生产标准化考核评级标准》，形成一套具有自主知识产权的企业标准。

设立了安全生产标准化评审专家库。以安全生产标准化评审为依托，逐步开展培训、咨询等业务，培养掌握安全管理知识、流程和方法的综合型人才。建设一支中国核建安全生产业务过硬的人才队伍，满足自身安全生产标准化评审需求，并拓展对外业务。

集团公司在湖北宜昌举办了安全管理能力提升培训。培训主要针对安全标准化要求规范、标准解读和方法进行宣讲。作为安全生产标准化工作开展的良好实践单位，中核二三公司作了施工现场安全管理经验交流；中核华兴公司介绍了本单位安全生产标准化考评体系的架构及试运行情况。

为了进一步强化安全生产方针、政策、法规及安全生产规章制度、安全标准、安全措施的落实，2012年底集团公司安全主管部门对所属成员单位进行安全生产工作考核。通过对安全生产组织保障、资金保障、管理制度、教育培训、应急管理和事故、安全活动等方面的考核，实现了集团公司对成员单位安全生产绩效量化考评的目的，有效促进了集团公司安全生产标准化建设。

四、加强宣传、培训和人才队伍建设

2012年，集团公司成功组织了“核质保与核安全”论文征集活动。选送33篇论文参加国家核安全局、核能行业协会组织的研讨活动，均入选研讨会会议文集。其中，1篇论文被评为大会发言优秀论文，3篇论文入选候选优秀论文集。

中国航天科工集团公司安全生产工作

中国航天科工集团公司安全保障部

2012年，中国航天科工集团公司（以下简称集团公司）高度重视安全生产工作，在国家安全监管总局、国资委和国防科工局等上级有关部门的大力支持、指导和帮助下，认真贯彻落实“安全生产年”活动各项要求，始终牢固树立“大安全”理念，强化安全生产“铁腕”管控，结合“打非治违”专项行动组织开展安全生产大检查，排查整改隐患和问题，深化、细化日常安全生产监管，各项工作扎实开展、取得实效，集团公司安全生产形势继续保持平稳，确保了科研生产和各项经营任务安全顺利进行。

一、领导高度重视，组织部署周密有力

集团公司牢固树立“大安全”理念，强化安全生产“铁腕”管控，并提出把“安全为先”作为科学发展的基本要求，把“以人为本”作为安全发展的价值导向，把“责任落实”作为严格管理的重要抓手，把“科技兴安”作为安全工作的重要措施。与21个二级单位一把手签订的《2012年安全责任书》首次将生产安全、安全保卫、安全保密、消防安全、交通安全等多项业务工作纳入责任书中进行考核奖惩，贯彻落实“大安全”理念。

集团公司以“确保2012年不发生较大以上生产安全事故，亿元增加值生产安全事故死亡率不超过0.01”为考核目标，以强力推进安全生产闭环管理为主线，以杜绝违章作业、开展班组达标、层层签订零死亡责任状为支撑，着力在落实安全生产主体责任、每月定期开展安全生产形势分析、实施领导危险作业带班和“一岗双责”制度、治理重大事故隐患、安全生产风险控制管理、加大安全生产投入等方面狠抓落实，特别是狠抓生产作业现场和危险点监督管理，及时整改隐患和问题，确保“安全生产年”各项工作落实到位。国资委高度肯定集团公司狠抓安全生产的经验，选定集团公司为“中央企业安全生产工作对标学习典型”，集团公司安全生产经验入编国资委《中央企业安全生产管理辅导手册》。

二、狠抓“打非治违”专项行动，排查整改治理隐患

集团公司成立安全生产领域“打非治违”专项行动领导小组和办公室，召开专题视频会议，印发《关于开展安全生产领域“打非治违”专项行动和2012年安全生产大检查的通知》（天工安〔2012〕338号），部署有关工作。集团公司2012年全年接受4次国家上级部门检查，并结合“打非治违”开展5次大检查，组织集团公司级督查和对口互查40余次（境外督查1次），靶场试验队专项检查2次，共整改321项隐患和问题。各单位充分认识“打非治违”和安全生产大检查的重要性、必要性和迫切性，按照国务院开展安全生产领域“打非治违”专项行动和建立安全隐患排查治理体系的要求，积极策划、部署和实施2012年安全生产大检查和隐患整改工作；对在“打非治违”和安全生产大检查中发现的隐患和问题落实整改责任人、整改时间和整改措施，逐项进行整改和解决。

集团公司还组织对航天晨光股份公司香港观音像工程进行境外安全生产督查，这是加强境外工程施工安全监管的新举措、新模式，具有对集团公司境外单位、工程项目、试验项目安全监管的示范作用，进一步保障了集团公司国际化战略安全顺利实施。

三、深化安全生产标准化达标，夯实安全生产“双基”

按照上级统一部署和要求，集团公司重点推进安全生产标准化达标和班组安全建设，着力夯实安全生产基础工作和基层单位安全生产工作。根据国家“企业达标、专业达标、岗位达标”的要求，集团公司制定、修订了考核评级标准和达标验收办法，组织近400人次专家开展第二轮安全生产标准化达标现场复评验收，60个（累计101个，占总数的73.2%）主要科研生产单位通过第二轮达标复评验收（提前5年实现国家提出的安全生产标准化建设目标）。安全生产标准化建设工作得到国家安全监管总局、国资委和国防科工局充分肯定和表扬，安全生产标准化建设水平位居中央企业、军工企业前列。集团公司2012年制定了《安全传感器工程管理办法》、《安全生产总监管理办法》，修订了《生产安全事故责任追究办法》，不断完善安全生产规章制度体系。

集团公司以班组安全建设为抓手夯实安全生产管理基础，组织编制了《班组安全达标标准》，认真开展安全生产岗位达标和专业达标活动，着力抓好基层生产班组安全建设，开展危险源辨识和分析，制定防范事故的具体措施；明确、落实岗位职责，严守安全操作规程；将《航天科工安全生产文化手册》发放到每个班组，推进班组安全文化建设，形成班前讲安全、班中查安全、班后评安全的氛围；加强班组安全生产培训，做到“五个落实”。1077个（37.9%，共2844个）生产作业班组安全生产标准化达标通过集团公司备案审查。

集团公司军工系统安全生产标准化评审机构（航天科工安全评价中心）和考核评级标准以第一名、大比分领先第二名的成绩高质量、高标准通过国防科工局的审查和评估；组织承办两期国防科工局军工系统安全生产标准化考核评级评审专家和人员培训班，共计培训近600人，得到国防科工局的肯定和表扬。

四、依靠科技进步，从源头抓本质安全

集团公司稳步推进安全传感器工程建设和应用，100%火化工品作业Ⅰ级危险点完成工程建设。安全传感器工程成为以安全生产理论研究为基础，开展共性、关键性安全科技攻关的重要成果和典范，是加强先进、适用技术和安全技术推广应用的示范工程，得到国家安全监管总局、国资委、工信部、国防科工局的充分支持和肯定。安全传感器工程在国家首批100个“信息化与工业化融合促进安全生产重点推进项目”中唯一得到专项资金支持。

集团公司组织制定技术安全和安全生产管理的航天科工企业标准，指导规范安全生产工作；组织编写了安全生产培训教材，成为安全生产科技理论研究和应用的成果之一；组织总装、火工品作业单位开展专项安全工艺研究；结合航天行业特点，专门开展“本质安全评估体系”研究，提高重点领域本质安全水平。组织召开6个安全生产专题研讨会，积极举办具有一定影响力的安全技术交流活动，研究交流“依靠科技进步，从源头抓本质安全”的总体思路和方法。

五、强化安全生产培训，宣教活动取得圆满成功

集团公司大力开展安全生产培训工作，各单位都建立了安全生产教育制度，专门对安全生产培训工作提出了明确要求，加大奖惩力度，并将其列入每年“安全责任书”的考核项目。根据年度安全生产培训计划进行统筹安排，按照受训人员的类型组织各单位相关人员参加培训，全系统全年安全生产培训3万余人次，提高安全生产培训质量，使安全生产意识入脑入心，进一步强化了全员安全生产技能。突出航天高科技特色，加强对型号“两总”（总指挥、总设计师）、厂所领导和专职安全生产管理人员的教育培训，型号“两总”、厂所级以上领导、火化工品作业人员安全生产培训率达到100%，冲剪压作业等危险作业人员、特种作业人员、火化工品作业人员、四新作业人员等接受有针对性的安全生产专项教育培训，掌握具体操作的安全生产知识和作业技能、本岗位事故风险和应急处置措施、安全防护装置使用方法。按规定组织集团公司所属注安师继续教育，使注安师掌握的知识和技术达到“最新、最实、最全、最准”，并借鉴国外先进经验，在培训考试中首次应用“模拟情景面试法”，考核发现“三违”行为等隐患和问题的能力和水平，提高了注安师理论水平、专业研究能力和综合素质。

集团公司及各单位认真落实全国“安全生产月”活动组委会的部署，2012年专门安排“安全生产月”活动经费1100多万元，积极组织、参与安全生产事故警示教育周、宣传咨询日、安全文化周、应急预案演练周等宣教活动，成功举办演讲比赛、知识竞赛，在全系统视频直播演讲比赛决赛，编制完成1部生产安全事故警示教育录像片，安全生产宣教成效显著，得到了上级有关部门的充分肯定。集团公司荣获中共中央宣传部、国家安全生产监管总局、公安部、国家广播电影电视总局、中华全国总工会、共青团中央、中华全国妇女联合会等国家7部委联合颁发的“2012年全国安全生产月优秀组织单位”奖，全国仅25个省部级以上安全生产监管机构和央企获奖。三院、航天科工集团安全生产培训中心荣获“2012年全国安全生产月先进单位”称号，三院一五九厂入围“全国安全生产文化建设示范企业”备选名单。

集团公司还在内网建立中国航天科工安全生产网，及时发布安全生产信息，反映各单位安全生产，交流安全生产工作，宣传安全生产知识，展示安全生产形象；在外网建立集团公司安全生产QQ群，设置专人维护和发布信息，开辟了安全生产宣传和信息交流新渠道、新平台。

六、强化安全生产队伍建设，充分发挥安全支撑机构作用

集团公司建立了安全生产总监季度例会报告制度，年度工作述职制度和提交论文制度，实行季度讲评、年度考评。全系统90%以上安全生产管理人员具有国家注册安全工程师执业资格（提前10年达到国家提出的安全生产人才发展目标的5倍），安全生产管理队伍建设水平位居央企、军工前列。

安全生产“三中心”（安全生产培训中心、安全评价中心和固体推进剂安全技术研究中心）和安全生产专家组，在安全生产科技研究、安全生产标准化达标、固体推进剂安全技术研究、安全生产教育培训等方面，开展了一系列卓有成效的工作，成为集团公司安全生产工作的重要支撑机构。集团公司具体指导固体推进剂安全技术研究中心开展“本质安全理论在固体推进剂装药生产中的应用”课题研究，结合固体推进剂装药生产过程的危险特性，提出了固体推进剂装药生产本质安全评价方法，在试点单位进行了安全预评价。2012年，集团公司以及所属安全生产培训中心、安全评价中心（七院）被授予“中国安全生产协会第一届理事会优秀会员单位”奖。

七、加强应急管理，实际演练应急救援预案

集团公司以开展应急预案演练周活动为契机，要求各单位制定应急预案演练周工作方案、开展应急预案演练，重新修订备案、加强应急管理培训，不断提高应急意识和能力。各单位认真、系统地开展危险源辨识、分析和评价，制定了生产安全事故应急救援预案，开展应急演练。各单位在重大危险源、危险点等安全生产重点管理部位进行了实际演练，对总装厂房、产品库房、发动机试车台、建筑施工现场等重点部位加大应急管理和应急预案演练力度。据统计，各单位共组织各类演练近500次，18000余人参加了演练，干部职工妥善应对生产安全事故的能力不断得到提高。集团公司及所属各单位明确了节假日期间值班、带班领导和有关人员，严格值、带班制度，保证信息畅通。各单位在节假日期间涉及易燃易爆、危险化学品（特别是火化工品）等的危险作业不安排加班；其他作业确需加班的，按照规定严格履行了审批手续，做到各相关部门、科室及工种“全要素、全配置”。

为保障党的“十八大”安全召开，集团公司专门印发了《关于加强党的“十八大”期间安全保障工作的通知》，组织召开安全生产专题视频会议，要求各单位召开专题会议，层层落实责任，做到一岗双责、分级负责、分兵把守，加大安全检查和整改力度，强化“铁腕”管控，制定应急预案并落实各项要求，切实加强值班和应急值守，提高应对和处置突发事件能力，及时报送信息和进行总结，确保了在党的“十八大”期间集团公司安全生产形势平稳。

中国航空工业集团公司安全生产工作

中国航空工业集团公司质量安全管理部

2012年，中国航空工业集团公司（以下简称集团公司）全面贯彻国家安全生产各项部署以及国资委、国防科工局关于安全生产工作的各项要求，全面推进安全生产“四项重点工作”及安全生产标准化建设，有力保障了全年安全生产形势的相对稳定。2012年集团公司共发生重伤及以上事故2起，其中死亡1人，重伤1人，与2011年相比事故起数和伤亡人数均下降了66.7%，全年未发生较大、重大、特大生产安全事故。共发生轻伤事故194起，伤195人，事故起数和受伤人数分别与2011年相比下降了10.19%和9.72%；2012年未有新增职业病病例。

一、建立健全专业管理规章制度体系

2012年，集团公司修订并颁布了《中国航空工业集团公司生产安全事故应急预案》（航空质〔2012〕1587号），根据国防科工局有关要求并结合集团公司实际，制定并颁布了《中国航空工业集团公司安全生产标准化考核评级管理办法》（质字〔2013〕2号）、《中国航空工业集团公司境外企业安全生产管理办法》（质字〔2013〕1号）；结合中航工业实际，编写了《试飞场（站）安全生产标准化规范》、《发动机试车台（站）安全生产标准化规范》、《火工品安全生产标准化规范》等安全生产标准化考评标准及细则并已经完成征求意见和修改工作；修订完善了集团公司“6S”评价标准和考评细则并以中航工业企标《中航工业“6S”管理评价准则》予以发布，将安全生产标准化、精益生产、全员生产维护（TPM）、企业文化建设等有关要求和基础要素融入“6S”管理标准当中，着力打造基础管理平台。

2012年，各直属单位以集团公司规章制度为依据，根据各自管理特点，补充制定了《企事业班组安全建设管理办法》、《职业健康管理办法》、《工伤事故管理办法》、《特种设备及特种设备作业人员管理办法》、《危险点控制管理办法》、《危险作业控制管理办法》、《安全生产管理暂行办法》、《安全生产检查办法》等规章制度，进一步规范了三级管理体制。

二、稳步推进安全生产标准化建设工作

推进安全生产标准化建设是国防科工局2012年的重点工作，也是集团公司的重点工作，2012年集团公司从3个方面推进安全生产标准化建设工作。

（一）编制中航工业安全生产标准化考评标准和制度

在认真研究了以往成员单位推进安全生产标准化工作经验的基础上，结合试点经验，中航工业编制并印发了《中国航空工业集团公司安全生产标准化考核评级管理办法》，同时结合中航工业实际，将安全生产标准化考评标准确定为1+X模式，1即采用国家新版的《机械行业安全生产标准化规范》作为中航工业安全生产标准化的基础标准，并在此基础标准中增加含氰电镀场所、汽油清洗场所、硝盐槽等原标准中缺少或不完善的部分。X即同时编制中航工业特有作业场所安全标准化标准，如试飞场站安全生产标准化规范、发动机试车台（站）安全生产标准化规范、火工品安全生产标准化规范。此种结合既充分利用国家成熟的标准，又能突出航空特点。此标准经国防科工局组织专家评审通过，目前已经完成全行业征求意见并修改完成，并已经在4家试点单位中试运行，结果证明该标准比较符合中航工业科研生产现场实际，条目清晰，取分合理，判标准确，易于使用。

（二）组建安全生产标准化评审机构和评审队伍

按国防科工局安全生产标准化考评办法的要

求，中航工业确定了中航工业综合技术研究所为集团公司安全生产标准化的评审机构。该所具备保密资质，同时也是集团公司安全生产培训机构、职业健康管理体系咨询机构，专职管理人员同时具有较丰富的现场咨询组织、管理经验。为达到科工局关于安全生产标准化评审机构的相关要求，集团公司组织中航工业综合所重新梳理并修改制定了相关工作制度，试行并固化了工作流程，经过国防科工局专家评审，并经试点单位运行，已经基本满足了开展安全生产标准化评审的资质要求。

在组建评审机构的同时中国航空工业集团公司也着手抓紧安全生产标准化评审员队伍的建设。至2012年底在集团公司所属单位长期从事安全生产相关工作并具有较深厚的理论和实践经验的专业人员之中初步选择了47人纳入审核队伍，这支队伍符合科工局相关文件要求并经科工局培训取得资质，部分人员经过试点单位试评审，满足中航工业安全生产标准化评审的需要。

（三）开展安全生产标准化试点工作

中航工业先后组织中航工业制造所（625所）、中航工业导弹院（014所）、中航工业航材院（621所）、中航工业动研所（608所）开展安全生产标准化试点工作，通过试点单位安全生产标准化工作的开展，充分了解了中航工业安全生产标准化相关标准的适用性，在此指导下修订了相关标准；锻炼了审核队伍；编制、试运行了审核流程并最终修改完善后固化；确定了审核周期，核定了不同规模单位的工作量，试点工作达到了预期的目标。

三、广泛开展安全生产各项活动

2012年，集团公司根据国家统一要求和部署开展了落实国防科技工业“四项重点工作”、“军工系统安全生产交叉检查”、“安全生产月”、“应急预案演练周”、“打非治违”等多项活动，组织开展了事故隐患排查专项检查活动。与此同时，结合“6S”现场审核全面排查安全隐患，30个“6S”申请验收单位共检查出安全生产隐患1200余项，目前已全部完成整改工作。

各直属单位及各成员单位本着预防为主的原则，围绕现场管理组织各类安全生产检查累计2.5万余次，检查并消除问题3.02万余项；排查治理隐患1.29万余项，投入资金3.25亿多元；组织各类安全生产大型活动累计1000余次，参加人数达15.7万余人；组织各类应急救援演练1000余次，参加人数达5.7万余人。直属单位的安全生产活动各具特色，中航工业发动机有限责任公司制定下发了《安全技术交底工作要求》，所属各成员单位2012年完成了危险化学品存储及使用部位的安全技术说明书的制定和配备、使用，同时，分别编制完成了年内验收并投入使用的新增设备设施、现有重要设备及配套安全附件的安全技术说明书，并进行了严格评审和建档，加强了安全生产风险管理。同时中航工业发动机还搜集编制了《中航工业发动机“三违”案例库》，教育和警示全行业规避“三违”现象的发生。中航工业航电系统开展了试点班组安全建设达标工作，对成员单位明确了班组安全建设工作要求，鼓励成员单位参加班组安全建设工作培训，推进班组安全建设达标试点工作的广泛开展。中航工业机电系统、中航工业通飞、中航工业基础院等直属单位与所属成员单位的主要负责人签订了“安全生产责任书”，明确了安全生产各项要求及考核指标。所属各成员单位与本单位各部门、各岗位层层签订了“安全生产责任书”，明确责任，量化考核，实行一票否决，层层落实了安全生产责任。中航工业飞机建立并施行了安全生产督导检查机制，采取类似保密工作“飞行检查”的方式，不提前通知被查单位，不划定检查内容和范围，直接深入现场，查阅资料，检查现场安全生产状况。中航工业飞机所属成员单位积极应用新技术、新设备替代或改造危险性高的设备设施，取消危险点，提升本质安全；2012年，中航工业航空装备、中航工业直升机、中航工业机电、中航工业通飞、中航工业重机、中航工业规划建设、中航工业资产、中航工业试飞中心和中航工业基础院等直属单位均组织了由公司领导或部门领导带队的安全检查组，赴重点单位、重点地区进行安全检查，取得了良好的效果。

四、大力开展安全生产培训教育

集团公司举办各类安全生产培训班15期，培训1104人。其中，针对“一把手”和主管领导的培训1期共94人，针对安全生产专职管理人员的培训13期共944人，针对职业卫生的培训1期共66人。通过培训拓展了视野，加深了各级管理人员对安全生产的理解和认识。集团公司组织了2次“6S”管理审核员专业研讨会和1次6S管理专职管理人员培训班，先后有4个专业的67名审核员参加研讨，222名专职管理人员参加了培训。通过研讨和培训，审核员和专职管理人员加深了对审核标准的理解。

集团公司各单位针对本单位特点共组织各类安全生产讲座、培训、报告会2200余次，参加人数达15.7万余人，有效促进了各单位安全生产从业人员理论知识的丰富和技术水平的提升。各单位组织公司级“6S”管理培训2100余场，参加人员达14.7万余人，为“6S”管理工作稳步推进奠定了基础。

五、严格事故调查和事故责任追究工作

2012年，集团公司对发生生产安全死亡事故的单位派出了事故调查组进行严格的事故调查处理。同时责成相关直属单位对发生事故的成员单位有关责任人员进行了事故责任追究，并报集团公司备案。

中国船舶工业集团公司安全生产工作

中国船舶工业集团公司质量安全部

2012年，中国船舶工业集团公司（以下简称集团公司）始终坚持“科学发展、安全发展”理念，坚持“安全第一、预防为主、综合治理”的安全生产工作方针，以落实安全生产责任制为抓手，督促各成员单位夯实安全基础管理，提高体系运行水平，深入隐患排查治理，开展安全教育培训，规范职业健康管理，确保安全生产形势总体稳定。

一、贯彻安全生产工作精神，扎实开展管理工作

集团公司高度重视安全生产工作，强化组织领导，先后召开了3次集团公司安全生产工作会议，会议传达了党中央、国务院等上级主管部门有关安全生产工作的重要指示精神，深入贯彻落实相关工作部署，组织开展“打非治违”、“安全生产月”等活动，切实做好安全生产各项工作，为做强做优中央企业提供安全保障，有力推动集团公司安全生产形势稳定好转。2012年底，集团公司成立了质量安全部，进一步强化了安全生产工作的组织保障。

二、督促落实安全生产责任，完善安全管理体系

集团公司严格执行国家有关安全生产法律法规和标准，着重强化落实企业安全生产主体责任，根据国防科工局等上级安全主管部门下达的生产安全事故控制指标，结合企业实际情况，制定下发了《2012年生产安全事故控制指标》，督促各地区公司与所属企业签订安全生产责任书，并通过逐级签订责任书的形式将安全生产责任层层分解落实到企业的每个部门、每名员工，切实做到安全生产责任“横向到边、纵向到底”，实现安全生产责任制全覆盖。

三、开展安全生产专题活动，着力解决突出问题

一是“安全生产教育周”活动。集团公司结合春节后人员流动性较大的特点，组织开展以“拒绝违章作业，创建安全班组”为主题的“安全生产教育周”活动，要求各单位加强组织领导，以创建安全班组为抓手，以消除违章作业为落脚点，不断丰富安全教育培训的形式和内容，确保培训的针对性和有效性，切实提高员工的安全意识和安全技能。

二是“打非治违”活动。按照统一部署，集团公司制定下发了《关于开展安全生产“打非治违”专项活动的通知》，组织各成员单位开展打击非法违法生产经营建设行为，治理纠正违规违章作业行为的专项活动，重点突出建设项目管理、工程承包单位管理、危险源和事故易发环节控制等方面，通过自查自纠、重点抽查和巩固提高3个阶段，深入推进“打非治违”专项活动，及时发现并纠正员工“三违”作业行为，有效预防事故发生。

三是“安全生产月”活动。集团公司围绕“科学发展、安全发展”的活动主题，制定下发了《关于开展2012年“安全生产月”活动的通知》，组织各单位开展事故警示教育周、职业健康宣传周、应急预案演练周、“我为安全献计献策”征文等活动。此外，“安全生产月”期间，集团公司召开了“5S管理暨体验式安全教育现场交流会”，组织广州地区第三届“平安是福”演讲比赛优胜者到上海地区进行巡回演讲。

四是“百日安全生产无事故”活动。7—10月，集团公司组织各成员单位结合“打非治违”专项活动，开展“百日安全生产无事故”活动，深入排查并整改事故隐患，认真做好夏季高温和防汛防台风工作，广泛开展班组安全风险分析，实现班组安全生产工作规范化和制度化。

四、组织开展安全生产检查，深化隐患排查治理

一是集团公司按照国防科工局《关于组织军工系统开展安全生产交叉检查的通知》要求，作为第六检查组组长单位，对中国电子集团和中航工业集团下属的3家军工单位进行了交叉安全检查。各成员单位在地区公司指导下，按照集团公司要求，成立安全生产指导检查工作组，查找安全管理模式、三级安全教育、外包工程单位管理以及人才队伍建设等方面的问题和不足，并提出整改建议。

二是为保障非PSPC（保护涂层性能标准）船舶的安全性和完整性，确保该批重点船舶顺利交付，集团公司组织安全生产专家，对上海船厂、江南造船（集团）、文冲船厂的非PSPC（保护涂层性能标准）船舶防火灾燃爆、防起重伤害、防汛防台等方面进行了专项安全检查。

三是为确保“十八大”期间集团公司安全生产形势稳定，集团公司组织安全生产专家，于9月对集团所属在京单位进行了安全生产检查，重点突出火灾、电气等危险因素，深入排查隐患并跟踪落实整改。

五、加强安全生产教育培训，提供安全人才保障

一是集团公司以中国船舶工业安全生产培训中心为依托，积极开展企业负责人、安全生产管理人员和船舶行业特种作业人员的资质培训。2012年，共举办210期各类安全培训班，培训14326余人，其中安全管理资格893人（分管安全负责人、专职安全员等），岗位培训656人（作业长、班组长），安全监督人员2214人（涂装审批、测爆等），特种作业人员10536人（吊篮、涂装、高空作业车等）。

二是按照国防科工局要求，集团公司分别于5月、10月各举办一期船舶行业“军工生产经营单位负责人和安全生产管理人员安全生产资格培（复）训班”，对安全生产标准化、职业安全健康管理以及船舶行业典型事故案例分析等内容进行了培训和考核。此外，集团公司组织38人参加国防科工局“军工系统安全生产标准化培训班”，参训人员均已通过培训考核并取得军工系统安全生产标准化培训合格证书。

三是按照国家安全监管总局要求，集团公司于10月中旬在广州举办了一期注册安全工程师继续教育培训班，帮助注册安全工程师及时更新知识结构，提高安全技能，充分发挥其在企业安全生产工作中的骨干支撑作用。此外，为规范注册安全工程师的注册管理工作，集团公司下发了《关于做好注册安全工程师注册管理工作的通知》，明确了注册安全工程师初始、延续、变更和重新注册时，网络填报注册信息和提交注册申请材料的相关要求。

四是为进一步发挥集团公司安全生产专家作用，集团公司下发了《关于调整集团公司安全生产专家组成员的通知》，在第一批安全生产专家的基础上进行续聘和增补，形成专业互补、结构合理的安全专家队伍，调整后的安全生产专家共有61人，聘期3年。

六、推进安全生产标准建设，夯实安全生产工作

一是集团公司受国家安全监管总局委托，编制完成了《造修船企业安全生产标准化基本要求（征求意见稿）》，对集团3家成员单位进行了安全生产标准化试评审。修订完善后与国家安全监管总局监管二司联合召开了该标准安全生产行业标准预审会，通过了国家安全监管总局政法司和监管二司召开的审定会。标准发布后，将用于造修船企业安全生产标准化达标创建工作。

二是集团公司按照国防科工局统一部署，制定下发了《中船集团公司军工单位安全生产标准化建设实施方案》，组织专家编制完成了《军工单位安全生产标准化考评标准　舰船造修企业》、《军工单位安全生产标准化考评标准　武器装备制造企业》和《军工单位安全生产标准化考评标准　武器装备科研单位》3 项标准。该标准已通过国防科工局审查会审查，报国防科工局备案，作为正式考评标准用于舰船系统军工单位和相关地方军工单位的安全生产标准化达标评审。同时，推荐确定集团公司成员单位中国船舶工业综合技术经济研究院作为安全生产标准化评审机构。

三是编制完成并发布了 4 项安全生产标准，加上之前发布的 13 项标准，共颁布实施了 17 项集团标准。同时，集团公司第一批 7 项职业健康标准编制工作中已编制完成 4 项，经专家评审后形成报批稿，其余 3 项正在征求意见中。集团公司标准的发布与实施对提升企业安全生产管理水平起到了积极的促进作用。

七、开展建设项目“三同时”，落实审查备案制度

一是集团公司与国家安全监管总局监管二司联合召开了中船集团公司建设项目安全设施“三同时”管理事项审查会，对集团公司国家投资的项目实施“三同时”管理事项进行审查，确定了该批 12 个建设项目简化相关备案程序。

二是集团公司认真贯彻落实《建设项目安全设施“三同时”监督管理暂行办法》（安监总局第 36 号令），先后组织召开 6 家单位 8 个建设项目的安全验收，完成 7 个验收项目的备案工作。同时，组织评审 2 个建设项目《安全预评价报告》，已由集团公司报国家安全监管总局申请备案。

三是集团公司按照《建设项目职业卫生“三同时”监督管理暂行办法》（安监总局第 51 号令），国家投资项目到国家安全监管总局职业健康司备案，项目根据职业危害程度分一般、较重和严重 3 类，已完成一个一般项目职业卫生验收的备案工作，一个较重危害项目的职业病危害控制效果的评价正在进行中。

八、规范职业健康安全管理，预防控制职业危害

一是集团公司组织召开职业健康工作研讨会，总结交流了上海、广州地区部分单位的职业健康工作，研究讨论了职业病防治工作的重点、难点问题，介绍推广了职业健康工作的先进经验。同时，为规范管理要求，固化管理流程，制定了《关于进一步加强职业安全健康管理工作的通知》，启动了第一批 7 项职业健康标准的编制工作。

二是为预防、控制和消除职业病危害，保障作业人员的职业安全健康，下发了《关于进一步加强职业安全健康管理工作的通知》和《关于贯彻落实国家安全监管总局〈工业场所职业卫生监督管理规定〉等 6 个文件的通知》，要求各单位认真学习贯彻新修订的《中华人民共和国职业病防治法》，理清相关方的职业健康职责，规范职业健康体检，保障劳防用品的配备和使用，加强流动人员的职业健康管理。

九、强化安全生产信息交流，营造良好安全氛围

一是为规范做好安全生产信息上报工作，集团公司下发了《关于规范做好安全生产信息上报工作的通知》，规范了 6 类安全生产工作信息（安全生产工作季度总结、年度计划和总结、年度职业健康体检汇总和危害因素检测汇总、年度危险源统计汇总、安全生产专题活动报告、安全管理网发布稿件）和 3 类安全事故信息（事故快报、事故季报、事故结案报告）的报送内容和报送要求。

二是为加强各单位安全生产信息交流，每季度编制下发一期《安全生产简报》，积极传达国家和上级主管部门关于安全生产工作的指示精神，总结交流集团公司和各企事业单位安全生产工作、生产安全事故情况，使各单位相互借鉴，取长补短，提升安全管理水平。

三是为使各单位吸取事故教训，举一反三，集团公司安委会下发《安全事故情况通报》，通报事故发生情况，并提出有针对性的防范措施，要求各单位引以为戒，深入排查生产作业中的管理漏洞和事故隐患，防止类似事故再次发生。

十、开展安全管理能力提升，提高安全工作成效

为贯彻落实国务院国资委《关于开展中央企业管理能力提升活动的通知》要求，进一步掌握集团公司安全管理现状及存在的问题和不足，集团公司经济运行部、军工部和集团公司质量与可靠性中心有关人员组成调研组，对上海、广州地区17家主要造修船厂和配套企业进行了安全管理专题调研，在调研报告的基础上，形成了《安全管理能力提升工程实施方案》。《安全管理能力提升工程实施方案》旨在通过建立安全生产考核指标，创新安全理念，提升预防能力，完善制度体系，强化过程监管，持续提升企业安全生产水平。

中国船舶重工集团公司安全生产工作

中国船舶重工集团公司生产经营部

中国船舶重工集团公司（以下简称集团公司）深入贯彻落实《国务院关于进一步加强企业安全生产工作的通知》、《国务院关于坚持科学发展安全发展促进安全生产形势持续稳定好转的意见》以及2012年1月13日召开的全国安全生产电视电话会议精神，坚持“安全第一、预防为主、综合治理”的方针，全面落实安全生产主体责任，积极强化安全生产基础建设，稳步推进“安全生产年”活动的持续深入开展，积极组织开展安全生产“打非治违”专项活动，安全生产管理工作取得新成效，安全管理水平得到整体提升，有力保障了集团公司安全生产总体形势的基本稳定，为“十八大”的胜利召开创造了良好稳定的安全环境。

一、高度重视，加强组织领导，落实安全生产主体责任

集团公司安全生产委员会加强统一组织领导，按照国务院及有关部门对2012年安全生产工作部署，以集团公司1号文的形式印发《2012年安全生产工作要点》对全年安全生产工作进行总体安排。各成员单位按照集团公司安全生产工作要点要求，并结合自身实际，均印发了本单位的2012年安全生产工作计划，提前安排和布置好全年安全生产工作。集团公司安委会坚持例会制度，定期召开会议，对重大安全生产工作和活动进行专题研究、部署，检查上季度工作进展落实情况，布置下季度重点工作。

集团公司着重强化落实成员单位安全生产主体责任的管理力度，签订了安全生产责任状，明确了成员单位全年安全生产目标和责任；按照自评、考评、审议审定的工作程序和2011年安全生产责任状，对成员单位2011年安全生产业绩进行严格考核，并对落实安全生产责任较好、安全生产业绩比较突出的10家企事业单位进行了表彰，切实做到了安全责任的闭环。各成员单位对安全生产责任状进行了层层分解，最终落实到车间班组一级，与每个岗位也均开展了签状工作。

二、认真迅速落实国务院及有关部门重大工作部署

按照国务院办公厅的统一部署，集团公司把开展好“打非治违”专项行动作为深入开展“安全生产年”活动的重要举措之一，专门发文、全面部署了中船重工集团全系统安全生产领域内的“打非治违”专项行动，以事故预防为主攻方向，结合实际，明确了11项重点和4个阶段。各单位按照集团公司的统一部署和安排，集中力量，全员参与，全面开展本单位的自查自纠工作，坚决治理纠正违法、违规、违章行为，切实消除各类安全隐患。青岛北海船舶重工有限责任公司集中整治了密闭舱室、狭小空间作业，确保做到“三个有效”（有效通风、有效照明、有效专人监护），严格落实高危作业审批制度。宜昌船舶柴油机有限公司开展了“一人查一条隐患”活动，充分发挥广大员工安全生产自主管理积极性，查找并消除身边隐患。

召开了集团安全生产委员会专题会议，进一步学习贯彻国资委召开的中央企业安全生产工作视频会议精神，进一步增强做好当前安全管理工作的紧迫感和责任感，全面落实安全生产责任制，狠抓安全生产重点领域专项整治，严格事故查处和责任追究等。

三、确保安全生产投入、使用到位

集团公司明确要求，各单位要密切结合2012年生产科研实际的安全需要，认真落实《企业安全生产费用提取和使用管理办法》（财企〔2012〕16号），建立健全内部安全管理费用管理制度，编制安全生产费用预算，专款专用，特别是要保证改善现场安全条件和设备安全技术状态的投入、重大危险源和重大风险安全管理所需资金、应急管理费用的及时足额使用、标准化建设及安全生产培训教育的费用支出，并将确保安全生产投入到位作为责任条款列入安全生产责任状，实施年度考核。2012年，各成员单位都根据生产科研的实际需要继续加大了安全投入，用于安全生产的费用总计超过6亿元。集团公司唯一符合《企业安全生产费用提取和使用管理办法》有关高危行业条款要求的山西江淮重工有限责任公司，严格按照国家有关要求，制定了适用于本单位的《安全生产费用财务管理制度》，并根据国家对高危企业的安全生产费用财务管理规定和具体使用范围，在2012年实际提取和使用安全生产费用320万元。

四、广泛宣传和开展群众性安全文化活动，营造良好氛围

集团公司在2012年3月有针对性地组织开展了以“坚持预防为主，保障安全发展”为主题的集团公司“安全生产月”活动，以班组为重点，组织开展了“三查一提高”活动，深入推进“无‘三违’、无事故”班组安全生产建设，强化基层防范事故的群众性基础。6月组织开展了以“科学发展、安全发展”为主题的全国“安全生产月”活动，要求做好两个规定动作（举办好生产安全事故警示教育周和应急预案演练周）和一个自选动作（“一回顾三点检”活动）。通过开展群查群防工作，促进班组安全文化素养、作业环境安全保障水平不断提高，把“无‘三违’、无事故”班组安全建设工作落到实处。

各成员单位坚持联系实际、贴近员工、贴近科研生产现场，始终将加强安全宣传和开展群众性活动贯穿全年，充分运用各种宣传途径和手段，采取内容丰富、易于参与的多种形式，大力营造浓厚的安全生产氛围。积极引导和发动广大员工积极排查隐患、反“三违”，形成全员参与、齐抓共管、共保安全的良好局面。大连船舶重工有限责任公司、渤海船舶重工有限责任公司、重庆长征重工有限责任公司所等单位积极开展安全责任书回头看活动，认真检查安全生产责任制的分解细化和落实情况。中船重工第七二三所积极服务社会，广泛宣传安全常识，在人流密集的广场组织开展燃气安全宣传咨询活动，为市民现场解答燃气使用安全相关问题。

五、加强教育培训和安技队伍建设，提升安全管理水平

集团公司高度重视安全生产教育培训工作，认真落实安全培训主体责任。建立健全以“一把手”负总责、领导班子成员“一岗双责”为主要内容的安全培训责任体系，牢固树立“培训不到位是重大安全隐患”的意识，以落实安全培训主体责任、提高安全培训质量为着力点，严格落实“三项岗位”人员持证上岗和全员先培训后上岗制度，组织开展了一系列安全教育培训活动。根据各单位需求和安全生产管理工作需要，5月分别在秦皇岛和青岛组织开办了两期涂装审批与可燃性气体测爆技术资格培训班，本次培训班总计培训了178人，确保现场测爆人员的持证上岗。8月在北京组织开办了一期成员单位主要负责人、分管安全生产负责人安全生产管理培训班，聘请了国家安全监管总局、国资委、国防科工局等资深专家及权威人士进行授课，对安全生产标准化建设、安全管理提升进行了专题培训，115人次参加了培训。11月在天津举办了注册安全工程师继续教育培训班，104人参加了培训。

六、深入开展安全生产标准化达标建设工作，不断强化基层基础工作

集团公司以落实安全生产主体责任为主线，以完善企业安全管理体系建设为重点，以开展安全生产标准化创建为手段，以《企业安全生产标准化基本规范》为基本依据，制定了《中国船舶重工集团公司安全生产标准化建设推进工作方案》，规范和推动系统内各成员单位的安全生产标准化建设工作，明确了各成员单位阶段性目标和达标时间要求，为各单位积极有序达标提供了指导，并推动安全管理水平不断提升。

各单位按照集团公司制定的推进计划积极开展

工作，实现安全生产标准化达标的单位28家。通过开展安全生产标准化达标建设，进一步落实安全生产主体责任，完善安全管理体系建设，推进安全生产工作规范化、标准化和科学化管理，促进安全生产长效机制的建立。

七、紧密围绕工作大局，加强风险安全防范工作

集团公司以“为‘十八大’的胜利召开创造良好稳定的安全环境”为工作大局，精心策划，认真布置，进一步加强风险防范和事故预防工作力度，以优异的安全生产绩效迎接“十八大”的胜利召开。

（一）认真开展重大安全生产风险防控

一是认真组织开展重大危险源调查确认工作。经调查确认，目前集团公司系统10个单位存在重大危险源16处。各单位在确保安全风险受控可控的同时，均按照国家有关规定、重大危险源的危险特性编制了专项应急预案，配备相应的应急器材及防护用具。二是开展了危险化学品专项安全清查工作，重点清查了毒害品、火工和爆炸品、易制爆品。30余家存有危险化学品的单位均严格执行相关制度，账物相符、手续完备，危险化学品处于可控、受控状态。

（二）做好“十八大”等重要时段安全防范工作

3月初，集团公司召开了全系统的安全生产工作视频会议，强调和部署集团公司全年的安全生产工作，重点布置了“两会”期间的安全防范工作。11月初，集团公司召开了安全生产视频会议，会议围绕贯彻落实近期国务院安委会对安全生产工作的部署，密切结合集团公司实际，进一步研究部署“十八大”期间安全生产防范工作，确保“十八大”期间及全年安全生产形势稳定。

集团公司结合成员单位分布地域特点，对元旦、春节、国庆节、暑汛期等重要时段的安全生产工作进行认真布置。各成员单位严格按照集团公司的总体要求，认真组织开展了安全大检查，全面开展拉网式的隐患排查工作，并针对节日期间的生产项目，领导亲自带班，严格动态管理，严防群体性事故和重复性事故的发生。通过大家的共同努力，保证了集团公司重要时段安全生产形势的稳定。

（三）组织开展安全生产重点督查工作

为进一步促进各成员单位“十八大”期间安全生产工作的落实，集团公司组织各地区公司分别对有关重点企业进行了一次督查。各地区公司抽调安全管理专业技术骨干，分别组成5个检查组，对所属安全生产重点单位进行了监督检查；11月底，对西安地区的成员单位进行了重点督查，进一步督促各单位落实第四季度安全防范工作。

（四）切实抓好军工科研生产安全管理

面对军工任务繁重、安全压力大的特点，集团公司早策划、细安排、严管理，切实抓好军工安全工作的落实，确保重大工程型号建造现场和武器装备科研试验安全。各单位按照集团公司安排、根据任务特点对安全工作进行全面策划，组织开展风险分析，落实岗位职责和安全防范措施，建立健全预案体系，保障建造和试验顺利开展。在集团公司和成员单位的共同努力下，保证了重点型号现场人员设备和军工生产试验工作顺利进行，也为“辽宁舰”的成功交付提供了安全保障。

八、加强应急管理，提高突发事件处置能力

集团公司安全生产委员会及办公室是全系统安全生产和应急管理的顶层领导和指挥体系，一旦启动集团公司较大以上安全生产事故应急预案、总部安全生产事故应急响应预案，集团公司安全生产委员会及办公室随即转为集团公司总部安全生产应急响应指挥部和应急响应指挥部办公室，响应成员单位的应急救援工作。集团公司安全生产委员会由集团公司领导、总部各部门负责人17人组成，办公室组成人数为14人。

各成员单位进一步完善了本单位已制定的三级预案体系，确保了集团公司全系统四级预案体系的完整。2012年上半年，渤海船舶重工有限责任公司新版OHSMS文件开始实施，对全面加强该公司应急管理工作提出了要求；重新编制和完善了《生产安全事故综合应急预案》及火灾爆炸、气体泄漏、应急疏散、防台防汛、特种设备5个专项应急预案。同时该公司所属各分厂、职能处室依据自身实际情况编制了火灾、触电、中毒和窒息、高处坠落、中暑、防台防汛等多种现场处置方案。渤海船舶重工有限责任公司共编制现场处置方案82个。

九、加强职业健康管理

继续加强职业健康法规宣贯，将《工作场所职业卫生监督管理规定》、《用人单位职业健康监

护监督管理办法》、《建设项目职业卫生"三同时"监督管理暂行办法》作为主干课程，在厂所负责人、安全生产管理人员培训班上请国家安全监管总局职业健康司领导进行专题宣讲。5月，集团公司以《中华人民共和国职业病防治法》等有关法律法规及制度为依据，采取问卷调查方式，对各单位职业健康管理工作现状开展调查，实行"零"报告制度。这次调查对加强职业健康组织建设、加强职业危害因素检测、做好职业健康档案管理具有重要意义。

中国兵器工业集团公司安全生产工作

中国兵器工业集团公司质量安全与社会责任部

2012年，中国兵器工业集团公司（以下简称集团公司）认真贯彻落实《国务院关于坚持科学发展安全发展促进安全生产形势持续稳定好转的意见》、国资委《中央企业安全生产禁令》和国防科工局"四项重点工作"，坚持以确保人的安全健康为根本，以培育"零容忍"安全文化为着眼点，以安全生产标准化工作为抓手，通过加强安全监管，严格责任追究，严厉打击"三违"，强化隐患排查治理和安全培训，有效防范和遏制了较大以上事故的发生。安全生产经受住了党的"十八大"和"067工程"等重大专项任务的考验，经受住了子集团结构调整的考验，经受住了极端气候环境的考验，安全生产形势保持平稳。

一、加强监督检查和责任追究，培育"零容忍"安全文化

一是认真组织安全检查。除常规的安全检查外，集团公司组织对25家子集团和直管单位的35家下属单位进行了"飞行检查"。对查出的问题采用4种方式促进整改：个性问题由子集团和直管单位及时整改；一般问题及时通报并限期整改；系统问题警示约谈；对现场严重问题和事故直接认定并追究责任。向全集团印发了9期情况通报，对检查情况进行了通报并跟踪落实，对部分存在突出问题的子集团和直管单位的有关领导进行了责任追究。二是加强隐患整改和"反三违"工作力度。累计查出隐患19324项，已经整改19086项，隐患整改率98.8%；落实一般隐患整改资金5984万元；反"三违"查处4509人次，处罚金额107.72万元，为预防和减少事故的发生发挥了积极作用。集团公司发生一般生产安全事故2起（死亡2人），轻伤事故42起，轻伤事故同比减少54%，事故频率和严重程度处于历年较低水平。

二、狠抓责任落实，确保安全管理体系的持续改进和有效运行

一是落实考核目标，完善管理体系。分片区与44家单位签订了"不发生重伤及以上生产安全责任事故"的安全生产工作考核目标。各单位将此目标进行层层分解，签订至下属生产班组和一线员工，形成了较为完善的安全生产目标考核体系。推动安全职业健康管理体系建设，进一步完善了结构调整过程中安全生产组织管理机构。二是加强制度建设。印发了《中国兵器工业集团公司各子集团和直管单位对下属子公司安全生产分类监督管理规定》、《中国兵器工业集团公司职业卫生监督管理办法（试行）》；完成了集团公司安全生产制度的汇编和发行；在危险性科研生产单位推行安全生产风险抵押金、安全保证金、安全累进奖和领导干部现场带班制度。三是组织专项检查，突出重点时期、重点部位的安全防控。抽调安全生产专家组成巡回督导组，对重点单位进行了现场督导；强化科研试验现场管理，进一步完善了科研试验有关安全规定，确保了试验安全；加强对重点单位、重要节日及特殊时期的安全检查，部分单位对现场发现的问题采取录像讲评的方式强化检查效果，确保了节日期间和特殊时期的生产安全。四是认真开展"打非治违"专项行动。印发了《中国兵器集团公司集中开展安全生产领域“打非治违”专项行动的实施意见》；各单位认真落实《实施意见》，成立了专项行动领导小组，制定工作方案。通过专项治理行动，增强了各单位依法组织生产经营工作的法律意识，杜绝了违法生产经营事件的发生。

三、推进技术进步和精细化管理，不断提升管控能力

一是加大安全改造投入。集团公司全年安全技术改造涉及12个项目，国拨和自筹共计4.84亿元，本质安全技术水平持续提高。二是积极推动军工燃烧爆炸品安全技术专项研究工作。三是严格落实“三同时”制度。下发了《关于规范建设项目竣工验收前安全评审工作的通知》，对建设项目“三同时”执行情况进行了严格检查，完成了19个子集团32个建设项目竣工验收前的安全评审工作。四是积极开展安全生产标准化工作，逐步完善了安全生产长效机制，完成了45家单位安全生产标准化工作达标验收。按照国家安全监管总局和国防科工局的有关要求，及时启动了现有安全生产标准化考评标准、辅导教材和管理办法的修订完善工作，为适应军工系统安全生产标准化考评工作的新要求，进一步提高集团公司安全生产标准化工作水平奠定了基础。五是开展安全生产“岗位标准化”试点工作，推动安全生产精细化管理。在集团公司所属东北工业集团危险性较大的生产岗位组织开展了安全生产岗位标准化工作试点，初步明确了岗位标准化工作的目标、内容和相关要求；各单位在开展“三化”工作中，发动员工提出许多岗位安全生产合理化建议，促进了班组安全管理水平的提升。六是精心组织开展了“安全生产月”活动。在科研和生产一线员工中开展了“我的安全我负责，我的岗位请放心”宣誓活动；开展了“青年安全生产示范岗”创建活动；集团公司及9个所属单位受到了国家“安全生产月”活动组委会的表彰。

四、加强培训教育、应急管理和信息化管理，进一步夯实安全生产基础

一是加强培训教育。对全系统106名安全生产负责人、安全生产管理人员进行了安全资格培训；邀请国家安全监管总局领导对新修订的《中华人民共和国职业病防治法》进行了宣贯；相关子集团和直管单位非常重视安全生产培训工作，开展安全培训共计379159人次。二是加强应急管理。对各单位的应急预案进行了评审；在安全风险较大的单位组织开展了综合应急救援预案演练，完善了应急救援协调联动机制；全集团共组织生产安全事故应急演练1447次，参加演练50692人。三是加强安全生产信息化管理。集团公司组织专家研制开发了安全管理信息系统并投入试运行。

中国兵器装备集团公司安全生产工作

中国兵器装备集团公司改革与管理部

2012年是“十二五”规划承上启下的一年，是党的“十八大”顺利召开之年，也是中国兵器装备集团公司（以下简称集团公司）“211战略”第一步的收官之年。集团公司继续深入扎实开展“安全生产年”各项活动，严格贯彻落实年初安委会精神，坚持科学发展、安全发展，以“零事故”目标为牵引，深入推进本质安全管理体系建设，强化安全生产基层基础管理，将高风险企业作为重点进行监管，确保了安全生产形势总体平稳。

一、深入推进本质安全管理体系建设

一是强化标准的指导性，解决可操作性问题。结合国家在“十二五”期间推行的《企业安全生产标准化基本规范》，集团公司组织制定了《本质安全标准化建设与评价细则》（以下简称《细则》），在基本规范13个一级要素的基础上，增加对防范事故极为重要的风险预控管理、人的不安全行为管控2个一级要素，强调对事故风险的预先防范和控制，要求企业根据危险源辨识和风险评估结果。建立、完善设备设施安全标准和员工的作业安全标准，并有效运行，通过自评、整改不断提高本质安全条件，系统促进安全管理。对15个一级要素、48个二级要素进行细化、展开，分解为具体的工作要求800条，基本涵盖了安全管理的方方面面，成为指导企业具体、系统开展安全生产工作的标准。

二是加强宣贯和培训，解决如何推进的问题。为让企业全面理解、深入贯彻《细则》，组织各单位分管安全领导、安全部门领导和安全管理人员进行了标准的宣贯培训，促使企业深刻理解、充分认识体系建设对安全生产工作的重要性，树立用体系系统推进安全工作的理念，掌握通过体系建设推动安全生产工作的方法，明确安全责任制落实就是要将各要素对应的要求逐条分解到相应的职能部门和生产单位，企业推动本质安全标准化建设的主动性、积极性和有效性进一步提高。

三是组织开展体系评审，解决运行有效性问题。集团公司组织51名专家对48家企业的体系运行情况进行了评审。目前，多数企业已将体系建设作为抓手，开展各项具体工作，安全管理的系统性、全面性、有效性得到增强。多数企业加强了危险源辨识和风险预控管理，完善了管理标准管理措施和安全操作规程，班组坚持每周安全活动、员工坚持每日安全点检，能够在现场及时发现问题并提出改进建议，开始按照PDCA模式持续改进、提高，现场作业安全管理得到加强。

二、规范合资企业安全监管责任

近年来，随着集团公司的快速发展，合资企业数量增多，其安全管理出现真空状态。针对集团公司合资企业安全生产管理责任界定模糊的现状，为加强合资企业的安全管理，集团公司组织在全行业内进行了调研摸底，并对多家中央企业进行了外部调研，确立了对合资企业的安全管理模式，明确和规范了合资企业的安全监管责任。

三、规范安全生产费用提取和使用

一是完善制度。按照财政部、国家安全监管总局联合下发的《企业安全生产费用提取和使用管理办法》，集团公司下发了《中国兵器装备集团公司安全生产费用提取和使用管理办法》（兵装财〔2012〕337号），确定了直接从事危险品生产与存储、冶金、机械制造、武器装备研制生产与试验的各级成员单位安全生产费用的提取标准、使用范围和管理要求。

二是加强监管。为落实源头治理，集团公司在重大固定资产投资、建设项目“三同时”的规划立项、设计施工、验收投产上，保证安全资金的投入，确保设备设施本质安全水平和作业场所环境安全，会同审计部门对重点企业安全生产费用提取和使用情况开展了专项审计，确保安全费用的提取和使用规范化。

四、积极防范森林火灾威胁

针对有关单位森林防火隔离带不足、应急救援装备欠缺、应急响应不充分等现状，在国家对防火隔离带尚无明确标准的情况下，集团公司组织相关单位进行了全面清理，参照民爆行业标准要求企业设置防火隔离带、完善防火应急救援预案、配备足够的应急救援物资、定期组织演练，并对上述单位的防火应急救援预案进行了审核、备案。

五、加强班组安全建设

集团公司组织各单位班组及一线员工全面开展危险源辨识活动，并严格做到“三个确保”，即确保班组长及全员安全培训全覆盖，确保风险理解、掌握到位，确保班组安全点检不走形式。集团公司对表现优秀的13家班组授予“安全基础管理优秀班组”称号。通过系列活动，激发了基层班组安全建设的浓厚氛围。

六、完善安全专家队伍

一是扩充安全专家队伍。将各单位长期从事技术工艺、设备管理、靶场试验中安全经验丰富的人员纳入了专家队伍，进一步加强安全专家队伍建设，提升专家队伍的专业能力。

二是实行动态管理。通过培训授课、安全检查、体系评审等活动对安全专业人员进行考察和能力提升，对有潜力成长为专家的，安排经验丰富的老专家传、帮、带，对能力不足、工作不认真、安全检查不负责的，及时予以淘汰，保持安全专家队伍的高素质，更好地发挥专家对企业的带动作用，企业对安全专家队伍建设的重视程度有所提高。

七、积极开展专项活动

（一）组织开展“安全生产月”活动

围绕“科学发展、安全发展”主题，组织企业大力开展“安全生产月”活动。开展的主要活动有：积极宣贯《中华人民共和国职业病防治法》；播放事故警示录像333场，73525人观看；撰写安全征文700余篇；开展安全咨询日活动涉及205个场所，18800人参加活动；查处违章528人次；查出事故隐患2077个，整改2005个，投入整改资金355.37万元。企业从领导到员工的安全意识进一步提高，“我要安全”的良好氛围逐步形成，落实安全生产主体责任的能力进一步提升。

（二）积极开展“打非治违”专项行动

针对国务院要求的13项重点内容及科工局要求的20项重点内容，结合集团公司实际，进行细化分解，明确出24项重点内容，通过召开“打非治违”视频会议进行动员和部署，集团公司总经理和主管安全副总亲自进行部署。各成员单位对“打非治违”专项行动进行了分步骤、分阶段的策划统筹和自查整改工作。集团公司组织4个专家组对18家重点企业“打非治违”专项行动的落实情况进行重点督查，经查24项重点内容中10个方面不存在违规行为，其他14个方面仍存在问题572项，集团公司对较严重的问题，严格依照“四个一律”精神进行处理，确保了“打非治违”专项行动有效开展。国务院安委办和国防科工局对集团公司“打非治违”专项行动进行了表彰。

（三）组织应急救援演练

各单位共组织消防灭火演练、应急疏散演练、燃爆事故应急演练、危化品泄漏应急演练、职业中毒事故演练等各种演练335场，36422人次参加。通过演练应急指挥系统得到锻炼，员工应急意识得到提升，应急救援体系得到完善，企业应急救援能力得到持续提高。

八、加强安全培训、研讨和交流

（一）召开视频会议、编辑简报

全年共组织召开安全生产视频会议8次，及时通报事故，传达国家上级文件精神，并针对各个关键时间节点部署安全生产具体工作。编辑《安全生产简报》5期，通过宣贯国家最新法律法规和有关要求、报道集团公司安全工作动态、介绍安全管理的先进经验、通报国内及集团公司所属单位生产安全事故情况，促进各成员单位相互学习、相互交流、相互借鉴。

（二）开展安全培训

举办总经理和生产副总安全培训班，对所属单位高层领导进行安全教育。加大对安全部长的培训力度。培训过程中，侧重各类人员的培训重点，完善培训内容，不做表面文章，不搞形式，不走过场。集团公司按照国家安全监管总局、国防科工局要求，定期参加中央企业安全管理人员培训班、危险作业单位安全管理人员资质培训和军工系统安全生产标准化培训班。

（三）组织交流活动

组织召开安全部长座谈会，针对安全管理体系建设中的难点问题进行了交流，就如何做好安全部长进行了深入探讨。组织参加体系评审的专家组组长及专业公司安全负责人召开座谈会，对本质安全管理体系评审过程中发现的企业安全生产的亮点和存在的主要问题进行了交流，讨论了安全管理中存在的问题和不足，提出了下一步改进安全管理的建议和意见，对集团公司提升安全管理、企业落实安全生产主体责任起到促进作用。

九、强化安全监督检查

（一）开展Ⅰ级危险点检查

对存在Ⅰ级危险点的28家企业，就危险点管理制度的建立和完善情况、作业现场监督管理情况，进行重点检查，对检查发现的问题通过视频会议进行了通报，对部分单位存在的5项重大事故隐患单独下发隐患整改通知，并跟踪、督促责任单位落实整改。

（二）“十八大”召开前专项检查

“十八大”召开前夕，组织专家组对在京单位进行了安全专项检查，对部分单位存在较大的安全隐患下发立即整改通知单，并监督企业整改落实，确保了“十八大”期间京区单位的安全生产。

（三）对重点企业开展帮扶活动

集团公司个别企业连续发生事故，成为集团公司安全监管的重点。为帮扶这些企业切实改进安全管理，集团公司组织专家对此进行全面的检查、诊断、梳理、完善，帮助企业解决在安全管理中存在的若干问题，并就现场存在的安全隐患如何有效整改进行指导。

神华集团公司安全生产工作

一、2012 年安全生产总体情况

（一）安全生产创造历史最好水平

2012 年以来，神华集团公司（以下简称集团公司）生产安全事故得到有效控制，事故总量大幅下降，安全形势明显好转，各类事故起数和死亡人数同比分别下降 64.7% 和 68.4%，杜绝了 3 人以上较大事故。全集团 97.4% 的企业消灭了伤亡事故，其中有 78 个煤矿、34 个煤化工单位、104 个电厂（含 67 个火电、33 个风电、3 个水电、1 个太阳能电厂）无死亡事故，铁路、港口、航运企业在连续 2 年没有发生死亡事故基础上，2012 年再次杜绝伤亡事故，实现安全生产。

（二）原煤生产百万吨死亡率创造历史最低

到 12 月 28 日，全集团共生产煤炭 4.6 亿吨，发生生产安全事故 2 起，死亡 2 人，百万吨死亡率为 0.0043，煤矿安全生产指标创造历史最好成绩，继续保持国内领先、国际先进水平。

（三）安全生产周期持续延长

2 次创造生产亿吨煤炭零伤亡纪录，共有 45 个煤矿安全生产周期超过 1000 天、23 个超过 2000 天、6 个超过 3000 天。宁煤公司连续 4 年实现零死亡；神东公司煤炭产量突破 2 亿吨，百万吨死亡率为 0.0047；特别是宁煤灵新矿、乌海路天矿、宁煤红梁井安全生产周期分别达到 15 年、14 年和 10 年。4 个铁路公司、3 个港口、42 个运营电厂自成立以来杜绝了一般以上责任事故，27 个煤制油化工单位自开工以来消灭了伤亡事故。

（四）“本安体系提升年”活动成效显著

体系建设标准进一步完善，运行管理水平不断提高。集团公司首次对 25 个子（分）公司本安体系建设情况进行考核验收，有 6 个单位达到本安二级、16 个单位达到本安三级。同时，对 285 个三级单位进行达标评比，比 2011 年增加 94 个，增长了 21.7%；达到本安一级的企业 42 个、本安二级 99 个、本安三级 57 个、本安四级 17 个，本安一、二级企业达到 49.5%。

（五）涌现出一批安全生产先进单位和个人

先后有 14 个单位被评为集团公司 2012 年度“安康杯”竞赛优胜企业，9 个单位获得工程质量先进单位称号。并有 450 人被评为安全生产和职业健康先进个人，84 人被评为工程质量先进个人，77 人被评为安康杯竞赛优秀组织者。这些先进单位和个人在安全生产工作中做出了重要贡献。

（六）安全生产工作得到国家领导充分肯定和社会各界普遍赞扬

温家宝总理、张德江副总理做出重要批示，对神华集团安全生产工作给予充分肯定。7 月 12 日，国务院安委会专门下发《关于印发神华集团煤矿安全生产经验的通知》（安委〔2012〕7 号）。7 月 19 日，国务院召开全国煤矿安全生产经验交流现场会，全面学习推广神华集团安全生产经验，集团公司从安全理念、科学管理、先进技术、过硬队伍和优秀文化等 5 个方面进行重点介绍，神东、神宁、乌海公司等单位在会上做了交流发言。神华集团科学发展、安全发展的经验和做法，先后在《人民日报》的头版头条，《光明日报》、《工人日报》、《中国煤炭报》、《经济日报》、《中国化工报》和中央电视台 1 台和 2 台，新华网、人民网、中国安全生产网等 16 家国内主流媒体进行了深入报道。

二、2012 年安全生产重点工作

（一）紧紧抓住安全生产责任落实不放松

集团党组高度重视安全生产，始终把安全工作摆在突出位置，加强领导，明确责任，全面落实安全生产各项任务。7 次召开党组扩大会议和安委会会议、10 次召开总经理（总裁）常务会议和安全办公会议，听取安全生产工作汇报，研究解决有关问题，将 2012 年安全工作分解为 5 方面、22 项工作和 74 个具体任务，分别落实相关部门牵头办理。进一步强化“一把手”工程，认真执行“一把手”在重大节日和重要会期间的特殊请假制度。各级领导顾全大局、率先垂范，坚守岗位、靠前指挥，神东、宁煤、乌海、新疆、包头、杭锦能源、神东电力等单位还建立了领导干部带班入井公示制度，并利用井下人员跟踪定位系统加强监督，有效提高干部入井质量和效率，保证了各项工作有序推进。

（二）紧紧抓住“找抓促”活动不放松

“找差距、抓整改、促提升”活动是贯穿全年的一项重要工作。活动开展以来，各板块、各系统、各单位迅速行动，围绕“全国学神华，神华怎么办”主题，制定方案，层层动员，对标检查，扎实推进，努力将活动引向深入，不断取得新的成果。集团公司成立了活动领导小组，分板块、分系统设立了 11 个工作组，由各分管领导担任组长，分 4 个阶段开展工作。各子（分）公司按照集团的统一部署和要求，深入开展查认识、查隐患、查管理、查制度、查落实的“五查”工作，对每个单位、每个岗位、每个环节进行全面系统、深入细致的拉网式排查。仅在“找差距”阶段，全集团共查找出各类问题和差距 3588 项，90% 以上得到整改。

集团公司还组织有关单位和安全管理人员，先后到河南煤化工、郑州煤机厂、山东能源集团、兖矿集团和中石化公司等国内安全管理先进单位学习交流和对标考察，重点就企业安全管理、安全文化、煤矿瓦斯与防治水等工作进行调研，为确保集团公司安全生产形势稳定，促进安全管理水平提升发挥了重要作用。

（三）紧紧抓住重大安全风险管控不放松

进一步加强重大危险源辨识，明确重点管控对象，研究制定针对性措施。集团公司将煤炭和化工企业列入管控重点，对神东、乌海、神宁、神新和国能公司 5 个以井工开采为主的煤炭生产单位，采取特殊的安全管控方式和措施，集中力量，强化监察，坚决确保重点单位安全生产。充分发挥“三院”作用，突出加强煤矿水、火、瓦斯和冲击地压等重大灾害的防控，加强重大安全技术难题的科技攻关，督促落实安全咨询和技术服务项目，研究制定重大灾害治理措施和安全生产方案。全集团瓦斯抽采量将达到 22900 亿立方米，完成年计划的 114.2%，利用 11412 万立方米，完成年计划的 110.8%，生产指挥中心对矿井瓦斯、一氧化碳等变化情况实施 24 小时联网监控，安全监察局对中等风险以上的异常信息及时进行汇总、追查和通报，同时煤矿水害、火灾和顶板等重大灾害治理工作也取得显著成果，事故得到有效控制。2012 年，煤矿事故同比减少 13 起，少 15 人，分别下降 86.7% 和 83.3%，没有发生“一通三防”、水害及顶板事故，煤炭板块安全生产创造了历史最好水平。

（四）紧紧抓住安全隐患排查治理不放松

分别制定了各业务板块安全隐患排查治理与挂牌督办管理办法，明确重大隐患认定标准、挂牌治理、责任追究与处罚等方面规定，确立了“三级隐患排查治理”工作机制和闭环管理程序。自下而上逐级开展隐患排查治理，对历次检查发现的安全隐患和问题反复梳理，分类建档，建立台账，定期通报隐患整改情况，认真督促整改销号。集团公司高度重视安全隐患整改工作，集团安委会和总经理常务会议先后 4 次专题研究重大隐患整改措施，确定了由集团公司亲自督办的十大安全隐患。年初列入整改计划的重大安全隐患整改率为 62.2%，没有完成整改的隐患都制定了针对性的防范措施。重大安全隐患和问题的及时发现与整改，消除了潜在威胁，有力推动了安全生产工作。

（五）紧紧抓住本安体系运行管理不放松

2012 年是集团公司“本安体系提升年”，集团上下围绕完善体系建设标准，推进体系规范运行，强化体系“落地”等工作，研究制定了《神华集团本安体系提升年活动实施方案》、《神华集团子分公司本安体系考核办法》和《神华集团生产本安体系内部审核员管理制度》，进一步加强了本安体系日常管理工作。为全面总结推广神华集团安全生产管理经验，组织编写了四十多万字的《煤矿安全风险预控管理体系》宣传培训教材，并于 6 月份正式出版发行，作为全国煤炭行业安全管理人员上岗培训的主要课程和重要内容。分板块、分批次举办了 20 余期本安体系内审员培训班，共培训 3200 余人，初步建立了本安体系专业内审员队伍，为进一步开展体系认证工作奠定了基础。11 月份，组织开展了本安体系年度考核验收，集团公司共成立 24 个检查组，抽调 259 名专业技术人员，集中 1 个月时间，深入到各板块单位，严格按照标准，对每个单位进行全面系统的考核验收，并根据考核验收结果分板块进行打分排名，对达到本安一、

二、三级的单位进行表彰奖励，切实推进了本安体系建设工作全面提升。

（六）紧紧抓住安全生产监督检查不放松

在各单位自查的基础上，集团公司坚持采取定期检查、重点检查、专项检查和突击夜查等方式，持续开展动态督查。针对各板块安全生产工作的特点和规律，先后成立了83个督查组，分板块、分专业、分阶段组织开展了煤矿“一通三防”、防治水、建设项目，以及火工品、危化品、电力设备、铁路防洪、港口航运等百余次专项督查，累计检查生产、建设单位752个（次），查出各类安全隐患1270条。组织对新并购的马鞍山、孟津、舟山等6家发电公司进行了安全评价，对乌海公司苯加氢、30万吨煤制甲醇、煤制油公司洁净煤等项目进行了HAZOP分析。特别在安全生产关键时期，集团公司各分管领导分别带队，按照业务分工深入生产现场，深入煤矿井下亲自督导检查。各板块结合实际，针对特点，分别提出了煤炭企业“36不准”、煤化工企业“7不准”、路港企业“4不准”和电力企业安全生产具体要求，对严重违反安全规程，存在重大隐患的生产、建设单位及时下达停产指令，坚决做到不安全不生产。通过持续不断的督导检查，始终保持了安全生产的高压态势，保证了集团公司安全生产形势稳定。

中国中煤能源集团有限公司安全生产工作

2012年，中国中煤能源集团有限公司（以下简称中煤集团）全面实施“1353”安全工作举措，持续开展创建安保型企业三年行动（2011—2013）和安全质量标准化达标升级活动，深化以环境为基础、素质为保障、责任为纽带的“环境、素质、责任”三项建设，开展安全攻坚，夯实安全基础，安全工作得到加强和改进，煤炭生产实现零死亡，创历史最好水平。

一、推进基础建设，有效改善安全生产环境

安全生产需要以安全环境为保障，中煤集团以实现人的健康安全为目标，全力打造煤炭、化工、电力、矿建等重点产业领域的安全环境，努力确保安全生产形势稳定、持续向好。

一是推进安全质量标准化建设。中煤集团修订了《安保型企业与安全质量标准化考核办法》，力求各单位形成符合自身实际的流程化、模式化、规范化操作和运行模式。先后组织召开了基建矿井和地面企业安全质量标准化现场会，全面提升煤矿、矿建、煤化工等企业的安全质量标准化水平，不断推动行业达标升级。2012年，中煤集团8处煤矿被评为“国家级安全质量标准化煤矿”，北煤机公司被国家安全监管总局评为“一级安全生产标准化机械制造企业”。

二是健全安全技术体系。中煤集团加大安全投入，坚持“四化五高”原则，运用“系统思考、整体推进、主客观最佳结合”的工程哲学，推广先进技术装备应用，简化生产系统，改善作业环境，提高生产安全系数。中煤集团安全投入32.5亿元，淘汰国家明令禁止使用设备19351台套、落后工艺4项，完成各类系统改造工程3248项，安太堡露天矿等13处煤矿被评为全国安全高效煤矿。公司落实“十防”要求，推进业务保安，开展系统分析和安全评估，初步建立三级防治水管理体系，完成系统改造工程3200多项，淘汰禁用设备近2万台套，进一步改善了安全生产环境。

三是加强安全风险预控管理。中煤集团深化安全风险预控管理，提升超前防控能力，推进安全生产状态报告制度化、程序化、信息化，逐步建立有中煤特色的安全风险预控体系。年初，印发了煤矿安全生产状态报告范本，组织矿、厂、处全面编制安全生产状态报告，对21处生产矿井、72个生产单位的安全生产状态报告进行了评审，确保安全风险处于可控状态。不断完善安全风险排查建档、分析评估，落实专人负责，实现隐患限时整改、超时升级、闭环管理，促进二级企业、矿井（工厂、工程处）、区队（项目部、车间）、班组四级风险预控责任落实。

四是加大隐患排查治理。中煤集团强化安全监管，深入推进隐患排查治理。先后开展“两会”、国庆、“十八大”期间安全大检查，进行防治水、提升运输专项安全检查等。组织内外部专家对15处基建煤矿实施了安全会诊，梳理出隐患和问题853条，提出整改和优化建议762条。组织开展“下基层、打基础”活动，隐患和问题整改率达到99.5%。

五是增强应急救援能力。中煤集团加强安全生产应急管理，持续提升应急救援能力。扎实推进应急救援体系建设，所属二级企业发布和修订综合预案96个、专项预案630个，现场处置程序1152个。组织开展各类应急演练597次，参与人员26356人次，有效增强了安全事故应急处置能力。

二、强化宣传教育，进一步提升员工素质

员工是安全生产的核心要素，中煤集团重视知识和技能并重，着力培养一支与产业发展相适应的高素质员工队伍，力求全体员工安全素质提升到一个新水平，坚持提升素质与强化宣传教育相结合，努力提高全员安全意识，积极营造安全文化氛围。

一是加强安全培训。中煤集团高度重视员工安全教育培训和教育培训基地建设，不断增强员工做好安全工作的责任感和使命感，确保构筑安全发展的人员素质保障。2012年，中煤集团举办安全培训班2203期，培训130969人次，116名一线学员参加了为期18个月的“乌金蓝领精英班”学历教育，11088名员工通过技能鉴定，新增技师、高级技师435人，2883名技术管理人员通过了职称评定。开展了为期7个月的“三大规程”学习活动，从领导干部到基层员工共计12万余人进行了重温学习。同时，中煤集团成立了中煤职业技术学院，大屯公司培训中心被命名为“全国煤矿安全培训示范基地”，平朔公司、大屯公司培训中心被列为32家中央企业应急救援培训演练基地之一。

二是培育安全文化。中煤集团积极发挥安全文化引领作用，构建“理念、制度、行为、环境”四统一和党、政、工、团协同配合的安全文化体系，促进安全生产要素落实到位。2012年，公司召开党管安全、“五型”班组建设推进会，深化“青年安全示范岗”、“青年安全生产宣教活动”，形成党政工团对安全生产齐抓共管的新格局。公司以“警示三月行”、安全生产月、“百日安全”等特色活动为平台，开展安全文化建设，累计组织事故案例宣讲1231次，7万余人接受了事故警示教育，6万名一线员工参与了安全知识竞赛答题活动。集团公司获得了全国“安全生产月”活动优秀组织单位和全国危险化学品安全法规知识竞赛优胜单位。

三、完善制度体系，强化落实安全管理责任

中煤集团严格遵守国家安全生产法律法规，建立健全整体性、全方位、系统化的安全管理体系，为履行安全发展责任、建设具有国际竞争力的世界一流能源企业提供可靠保障。

一是完善安全制度体系。中煤集团将安全生产提升到科学发展的战略高度，突出安全生产的重要性、紧迫性和艰巨性。发布了集团公司《安全生产“十二五”规划》；出台了挂牌督办、事故约谈和安全红线规定等规章制度；修订了安全生产奖罚办法；编制了近20万字的《煤矿建设安全规范执行说明》。组织各级负责人深入基层开展安全帮扶活动，梳理完善了制度、流程，确保各项安全工作有章可循。各生产企业制定、修订各类安全生产管理制度502项、作业规程1484个、操作规程4360个，增补、修订条款数量9852条，严格规范生产运营全过程。

二是强化安全责任落实。中煤集团深入开展“落实安全主体责任，创建安保型企业”三年行动，层层签订安全生产责任书，逐级分解落实安全责任。公司按照“管生产必须管安全”和“谁主管、谁负责”的原则，各级业务保安部门和安全监管部门各负其责，共同承担安全生产责任，共同完成安全目标。中煤集团推行以正激励为主的安全预奖机制，提前给予安全奖励，推动管理人员视安全为效益、信誉和竞争力，形成有效防范安全事故发生的激励制度。2012年集团公司用于安全奖及标准化奖励共计达2830万元，对2起基建技改煤矿事故涉及的36名矿处级以上责任人给予党纪、政纪处分，并扣除事故单位安全奖350万元，奖罚力度不断加大，有力促进了安全责任落实。

三是落实党管安全责任。2012年，中煤集团党委将党管安全作为党建工作的一项重要内容，努力构建党管安全工作的长效机制，强力推进党管安全责任工程，有效促进了企业安全发展。制定了《中煤集团党委关于充分发挥党团组织在安全生产中作用的意见》，明确了落实党管安全责任的工作原则、内容和实施途径。组织召开了落实党管安全责任推进会，层层签订安全生产责任书，逐级分解落实党管安全责任。加强所属企业领导班子建设，选配政治素质高、安全意识强的党组织负责人，着力提升各级领导班子的安全管控能力，为落实党管安全责任提供了组织保证。将党管安全责任纳入党建工作考核，促进各级党组织积极参与企业重大安全生产决策，认真履行安全职责。

坚持着力基层，积极探索党管安全工作的有效形式。加强基层党组织建设，把党管安全责任落实到基层一线党支部。选好配强懂生产、会管理、重安全的党支部书记，建立健全党支部安全管理制度，明确党支部的安全责任和目标任务。建立党员安保责任区，党员与班组职工签订安全联保责任书，将职工的安全生产状况与党员的安全责任挂钩，促进广大党员主动了解安全生产情况，及时发现安全生产中存在的问题，及时制止身边的“三违”行为，确保责任区党员身边无事故、职工作业无违章、安全培训有保障。健全群众安全网络，发挥群监员、青安岗在安全生产中的作用，开展形式多样、富有特色的群监活动和安全竞赛活动，不断提高职工的安全意识和安全技能。

中远集团公司安全生产工作

2012 年，中远集团公司（以下简称集团公司）各级领导和全体员工紧紧围绕安全发展的总体目标，抓住重点、破解难点、创造亮点，通过开展丰富多彩的安全文化活动，扩展和深化了中远“24 字”安全理念的内涵；通过开展不间断的安全检查和“扫盲打黑”活动，使重大隐患得到了有效控制；通过创新安全管理手段，先后建立了安全教育培训体系、船舶安全动态检查制度、分管安全领导集中述职制度以及安全责任追究制度等；继续保持了集团公司安全形势总体稳定、趋势向好的局面。

一、重视教育、强化培训，企业安全发展意识得到进一步强化

加强安全教育和培训工作，是开展双基建设、筑牢中远安全基础的一项战略性工程。2012 年，集团公司全面启动了“安全教育培训体系建设”系统工程，各单位按照《中远集团安全教育培训纲要》的要求，着力推进安全教育培训工作，在安全培训的人次、批次和覆盖面上，同比均有 30% 以上的上升幅度，全系统共有上万人次接受了各类安全培训。在集团层面，全年共安排船长、政委、轮机长和陆地安全管理人员 5 个培训班，接受培训约 300 人次。

中远散运精品化、全覆盖、系统性的船员安全教育培训工作得到了各航运单位的普遍认同和推广。在中远航运、中远集运、中远散运等公司的配合支持下，集团公司完成了中远安全生产事故案例汇编的初稿。在各有关部门的通力合作下，把原技术性的《中远海务》成功改版为综合性的《中远安全》，使其成为海务安全、船舶技术和安全管理的交流平台。

通过开展丰富多彩的安全文化活动、编辑和播放安全文化宣传片、开展船舶和班组安全文化大讨论，继续扩展和深化了中远“24 字”安全理念的内涵，并使其潜移默化、深入人心，把安全源于责任、源于设计、源于质量、源于管理、源于防范的理念，扎根于每一个安全管理岗位、逐步渗透到每一个安全管理环节，使大家充分认识到：安全是央企的第一政治，是干部的第一责任，是员工的第一幸福，更加丰富了中远特色的安全文化。

二、严字当头、追踪问效，企业安全主体责任得到进一步落实

安全生产责任制是企业最基本、最核心的一项安全管理制度。2012 年，为了不断强化各二级单位安全管理的主体责任，根据《中华人民共和国安全生产法》等法律法规，集团公司反复征求意见，修订出台了《中远集团安全生产责任追究办法》，明确了包括集团公司总经理在内的各级领导所担负的安全责任。

各二级单位按照集团公司的精神，把安全生产的责任分解、落实到企业生产经营的每个环节和每个岗位，形成了“横到边、竖到底”的安全责任体系。按照国资委“一岗双责”的要求，一些单位还建立了安全风险抵押、安全生产承诺和安全生产承包等制度，使每个岗位都增强了承担安全责任的使命感，形成了“党委重视安全、行政主抓安全、工团协助安全”和“技术部门保障安全、生产部门落实安全、监管部门监督安全”的安全管理构架。

三、建章立制、持续改进，中远安全管理制度得到进一步完善

集团公司以制度建设为抓手，不断完善安全风险防控体系。制定了《关于加强岸基对船舶安全监督管理工作的指导意见》，并对《中远集团综合应急预案》及14个专项预案进行了细化、修订和完善。针对镍矿运输的高风险，集团公司召集专题会议，指导中散集团制定了《红土镍矿运输安全管理办法》，并与中散集团一起组织了船舶散矿运输大倾角险情发生的应急演练，为保障镍矿运输安全奠定了基础。集团公司还修订了《中远集团境外企业安全管理办法》、《船舶降速航行指导意见》和《港口国监督检查指导意见》等制度。

四、排查隐患、专项整治，中远安全生产防线得到进一步巩固

集团公司始终把抓基层、打基础作为安全管理的重要手段，通过修订、完善、强化集团公司安全督察制度和船舶督导员制度，通过不同的形式和方法，不断加大对基层单位和船舶的安全检查及安全评估力度，狠抓各项防范措施的落实，从而保持了基层单位良好的安全生产秩序，构筑了防范各类安全事故的防线。

为认真贯彻落实国务院《关于集中开展安全生产领域“打非治违”专项行动的通知》精神，集团公司先后组织开展了航行安全专项整治活动、“两防两重”专项督查活动、“安全生产月”活动、隐患排查治理暨“扫盲打黑”专项行动等，通过不间断的安全督察，有力促进了各基层单位和船舶的安全管理工作。据不完全统计，2012年集团公司和各二级单位领导带队安全检查210次，共检查下属单位、车间或班组1563次，检查船舶312艘次，查出各类隐患10268项，整改率达到97%。

自2012年1月1日起，各航运单位全面启动了船舶安全动态检查工作。除长期不回国内船舶外，中远所属11家航运单位470艘船舶安装了安全行为视频记录仪。船舶政委作为船舶安全动态检查的负责人，认真履行职责，围绕“船舶适航”和“船员适任”两大目标，在重点航区、重点时段，对船舶的关键岗位和关键部位进行了连续不断的动态检查，从而使“人的不安全行为”和设备的“不安全状态”都有不同程度的下降。

五、整顿纪律、改变作风，船舶航行安全得到进一步保障

航行安全是中远安全管理的重中之重，各航运单位按照集团公司统一部署，深刻吸取事故的教训，以“整顿驾驶作风、纠正不规范行为”为突破口，认真抓好船舶航行安全工作，尤其在下半年取得了较好的成效，航行事故率明显下降。2012年，西北太平洋共生成25个台风，大西洋上还形成了超级飓风“桑迪”。全系统890艘次船舶和部分陆上企业受到了不同程度的影响。针对台风“范围广、影响大、强度高、双台风多”的特点，集团公司先后两次召开防台专题会议，加强部署、指导工作，各单位普遍加大了对防抗台风的领导和投入力度，全面贯彻集团公司防抗台工作“十六字”方针，以铁的手腕和铁的纪律，确保了全年防抗台风100%成功。

六、科学指导、岸基支持，船舶防海盗能力得到进一步提升

针对索马里海盗活动特点和西非海盗日趋猖獗的严峻形势，集团公司加大了对防海盗工作的监督指导力度和岸基支持力度。2012年，集团公司两次召开防海盗工作会议，针对西非海盗活动猖獗情况，明确要求航经西非海域的船舶远离岸边100海里以上航行；在拉各斯港漂航等泊的船舶，要选择在远离岸边120海里附近漂航。正式颁布了《船舶防海盗工作指导手册》，进一步强化了船舶防海盗工作的“五项机制”和“两个必须”，使船舶的防海盗能力得到了明显提升。

华润（集团）有限公司安全生产工作

2012年华润（集团）有限公司（以下简称华润集团）继续坚持以人为本、科学发展的理念，坚持“安全第一、预防为主、综合治理”的方针，严格遵守国家有关安全生产法律法规，认真贯彻落实国务院、国资委、国家安全监管总局等上级主管部门的工作要求，不断完善具有华润特色的价值创造型安全生产管理体系，在安全生产、职业健康、食品药品质量安全方面组织开展了一系列工作，取得了一定成效，安全生产形势保持总体稳定，未发生较大及以上生产安全事故，为华润集团各业务的持续发展奠定了安全基础。

一、领导高度重视安全生产工作

华润集团领导对安全生产工作十分重视，多次对加强安全生产工作作出指示。集团领导分别深入辽、桂、滇、鲁等多个基层企业专门检查推动安全生产工作。集团领导对安全生产工作的重视，推动了各级企业安全管理工作的有效开展。华润集团及其所属利润中心、基层企业均成立了安全生产委员会，并根据组织机构及人员变动情况，对安委会成员进行及时调整。集团、各利润中心能够定期召开安委会工作会议，分析安全生产形势，部署安全生产工作，组织开展安全生产管理活动。各利润中心按照集团要求，正确地健全了安全生产监督管理机构，配备了专职人员，使各项安全生产管理活动得以正常开展。煤业、水泥、燃气、电力成立了独立的安全生产监督管理机构。

华润集团通过召开EHS大会、EHS管理人员季度会议，组织学习上级文件、宣贯法规制度、进行经验交流，分析安全生产形势，传达上级有关安全生产工作要求，部署集团安全生产重点工作。

二、不断完善具有华润特色的价值创造型安全生产管理体系

华润集团认真落实国资委关于“十二五”期间中央企业安全生产工作要“建立一大特色体系，创造一流安全业绩”工作要求，不断完善具有华润特色的安全生产管理体系。集团所属利润中心、基层企业在基本建成安全生产组织、制度、责任、风险控制、监督保障、文化、优化改进等基本体系的基础上，认真分析本单位的行业特点和业务特点，梳理安全管理要素，制定了行业化专业化体系建设方案，并逐步实施。华润置地建立了符合自身特点的开发项目、商业物业、住宅物业3个专业化管理体系；华润燃气建立了符合燃气行业特点的工程、场站、输配、客户4个专业化管理体系；华润资产结合所属企业的业务特点和经营状态，梳理了安全管理要素，明确了消防安全、节能投资项目安全、企业重组稳定为专业化体系内容；华润银行结合金融业务特点，梳理分析了主要风险点，明确了技术防范、保卫管理为专业化管理体系，制定了相关制度并颁布实施。

三、持续检讨和完善安全生产管理制度

华润集团及其所属利润中心、基层企业对原有的各项安全生产管理制度进行逐一梳理，查漏补缺，及时修订或废止不适用的制度，并不断地把好的经验做法及时进行标准化，形成新的制度和规范，保证了安全生产管理制度的适用性、覆盖性和可操作性。目前，集团、各利润中心总部安全生产与职业健康有效制度共有349项。基层企业重点抓好操作层面的制度建设，做到有章可循、执行有规。

四、严格安全生产责任落实，强化责任追究

华润集团各单位层层分解安全生产目标，通过签订责任书、严格考核和责任追究等一系列措施，增强了集团各级组织和各类人员的责任感，确保各项安全生产工作落实到位。集团坚持每年与各战略业务单元、一级利润中心签订了《年度安全生产责任书》，并将完成情况汇入业绩合同考核之中。各利润中心将安全生产目标和责任进行层层分解落实，制定详细的考核办法。华润水泥对关键岗位安全绩效增加了考核内容，提高了安全业绩考核比重；华润医药将药品质量安全管理要求融入责任书内容。

华润集团按照《安全生产管理处罚条例》和《安全生产年度考核办法》等制度，对发生事故的一级利润中心进行处罚和考核。集团利用通报、EHS 网站曝光台、《EHS 信息》等多种方式对事故发生的原因、造成损失、责任人等进行公布。集团所属利润中心、基层企业对发生轻伤及以上生产安全事故的责任人均进行了严肃处理，全年累计追究责任人 1701 人次，发出通报警示提醒 6168 份。

五、重视安全教育培训工作

华润集团各单位持续开展安全教育培训工作，全年累计对本企业员工安全培训达 201.65 万人次，对相关方安全培训达 70.37 万人次，提高了各级各类人员的安全意识。集团在安全生产年会上进行了“突发事件应急管理与危机处置”的专项培训；举办了两期以基层企业安全生产管理人员为对象的“行为安全及本质安全”专题培训班；分别在香港、北京、深圳华润大厦举办了 6 场办公人员安全知识和应急逃生知识讲座；组织各利润中心安全生产管理人员近 100 人参观中国国际安全生产及职业健康展览会。集团、各利润中心共有 114 人取得国家安全监管总局颁发的安全资格证书，具有安全管理资格证书 4671 人，考取国家注册安全工程师 539 人。做好全集团 31862 名特种作业人员的教育培训，确保 100% 持有效证件上岗。

六、严格安全生产监督检查

华润集团各级安全生产监督管理机构灵活应用安全生产检查、安全生产管理体系内审、安全性评价、信息收集与分析、现场作业监督、技术手段监督等方式，加强产品实现过程中人、机、环境、管理等因素的监督管理，重点抓好现场作业安全、法律法规、职业健康、危险源与隐患排查、事故和事件处理、应急管理等内容的监督检查，实现被监督单位、监督范围和监督内容的全覆盖。2012 年，对利润中心、基层企业共 66 个单位进行了安全生产、食品药品质量安全检查、抽查、管理审核等现场监督检查工作，并提出整改意见和建议。2012 年，华润集团各级企业全年共组织开展各类安全检查 84971 次，其中专项检查 54032 次。

七、广泛开展“行为安全及本质安全”管理活动

华润集团各单位把“安全行为观察”作为提升员工行为安全的有力工具，在 2011 年开展“安全行为观察”活动试点的基础上，全面开展“安全行为观察”活动。全集团已有 617 家基层企业组织开展了“安全行为观察”活动。华润燃气 10 个大区共计 70 家成员公司开展了“安全行为观察”活动，每月认真做好统计分析；华润化工通过安全行为观察，员工作业过程中的不安全行为从 30% 降低至 17.3%，落实员工合理化建议 896 项。

华润集团各单位依靠科技，不断提升“本质安全”水平，成效显著。华润置地总部深入研究建筑全寿命周期的消防系统管理，提升了消防系统的本质安全水平；华润微电子投入 200 多万元，对不具有自动监测灭火系统的机台加装了自动灭火装置。全集团安全投入达 12.66 亿元，用于完善、改造和维护安全防护设备和设施、重大危险源与事故隐患的评估和整改、信息化平台建设等，提高了安全生产保障能力。

八、完善安全生产风险控制体系

华润集团各级企业不断建立健全安全生产预警机制，完善安全生产风险控制体系，加大了对重大危险源的管理，结合“打非治违”活动要求，开展经常性的隐患排查治理和危险源辨识活动。据统计，集团各级企业全年共查出各种安全隐患 199068 项，采取多种措施，积极组织整改，使各种危险源始终处于受控状态。

华润集团各级企业加强应急管理，认真做好应急预案的修编、评审、培训、演练和应急救援队伍建设，落实应急物资和装备，提高应急处置能力。目前，集团各级企业共编制综合应急预案 2894 部，专项预案 35801 部。各利润中心模拟火灾、危化品泄漏、防洪防汛、地震等事故，组织开展实战演练。经统计，全集团开展应急演练 9451 次，其中实战演练 6482 次，累计参演人员达 95 万余人次。

九、深化安全生产管理信息化平台应用

华润集团不断完善 EHS 网站，对法律法规栏目、行为安全与本质安全栏目进行改版，开发了应急管理栏目和利润中心安全生产子网站，更广泛地宣传相关法律法规、上级要求和集团职业健康和安全生产的政策与信息，展现集团、各利润中心在安全生产方面的工作风貌和业绩。优化了华润集团安全生产管理上报系统，简化了信息在线填报操作步骤，增加了个性化统计指标，提高了工作效率和数据统计的正确性。

中国大唐集团公司安全生产工作

2012年，中国大唐集团公司以“管理提升”、“优化运行”为主线，围绕“抢电量、降煤价、控成本、争政策、调结构、抓运作、保安全、创效益”24字工作重点，以“两落实”督查为抓手，攻坚克难，大力推进规范化、标准化、精细化管理，有效控制了安全风险，保持了安全生产稳定的局面，“创金牌”工作取得新成效，节能减排指标持续优化，圆满完成了全年各项目标任务。

一、安全管理

中国大唐集团公司充分调研、论证国际和国内已经建立和成熟运行的安全生产管理体系，结合对现代安全管理理论的认识和方法的把握，依托集团公司现有的安全生产管理体制和机制，以风险管控为重点，以体系建设为载体，以标准化管理为核心，建立了具有大唐特色的本质安全生产管理体系，将安全生产标准化管理的重点要求和安全风险管控措施融入体系之中，实现安全生产管理由事件管理向风险管控的有效转变。大唐集团以“人员无伤害、设备无缺陷、系统无故障、管理无漏洞、人机环和谐统 ”，作为创建本质安全型企业的目标，分阶段推进。结合本质安全型企业建设，大唐集团积极推动企业安全生产标准化达标工作，公司系统全年共有90家企业通过了电力监管机构的安全标准化达标评级，其中16家一级达标，60家二级达标，14家三级达标，达标比例和一级达标企业数量均居发电行业首位。

扎实开展“打非治违”专项行动，突出煤矿、煤化工、发电、基本建设等重点行业，分4个阶段集中排查和整改有法不依、有章不循、违法生产经营等行为，严肃查处和整治各类违章现象，系统各二级公司组织所属企业对照中国大唐集团公司“打非治违”专项行动方案中所列的检查内容，逐条检查，中国大唐集团公司对分子公司和基层企业“打非治违”排查、发现问题及整改情况进行了抽查。同时活动期间，集团公司组织专家进行“安全生产依法依规”专项课题研究，研究火电、水电、风电等企业依法依规标准程序和控制节点，并编制印发了《安全生产依法依规指导手册》（水电、火电、风电），建立依法依规安全生产长效机制，提升企业依法依规安全生产管理水平；大唐集团锁定4项关键基础工作，以责任落实、制度落实为重点，组织全系统深入开展“两落实”督查活动。大唐集团对16个分子公司进行了现场督查，剖析深层次问题，加强督办。各分子公司结合实际，不断丰富“两落实”的形式和内容，全面加强检查和复查，以查促改，强化了履责意识；通过完善体系、细化责任、规范流程，推进了管理精细化；通过加强督查常态化机制、问责机制建设，推动了“两落实”的不断深入。

中国大唐集团公司将安全性评价升级为发电企业风险评估，在系统各发电企业全面开展。2012年，81%的火电企业实现了本质安全指标达标，水电、风电企业全部实现指标达标；各发电企业及多种产业企业2012年第一季度完成了4021项重大危险源评估工作，评估结果及时录入中国大唐集团公司重大危险源监督管理系统，其中中国大唐集团公司级一级、二级重大危险源0项，三级重大危险源12项，四级重大危险源4009项，与2011年持平；2012年，未发生各类生产安全事故，较2011年减少2起。

二、节能减排

中国大唐集团公司通过开展“优化运行”专项活动，深化“降缺陷、降非停、创金牌”活动，加强设备治理，深化节能改造，进一步提高了设备可靠性水平，各消耗性指标持续降低。非停同比减少17次，有23家火电企业实现了“零非停”，有32台火电机组连续运行超过300天，张家口1号机组不断刷新在网运行全国纪录。在可靠性金牌机组评比中，中国大唐集团公司有8台机组获奖，占行业的36.4%，创造了历史性的辉煌。发电油耗、厂用电率继续保持行业先进水平。在全国火电大机组竞赛上，中国大唐集团公司有33台机组获得

"优胜机组"称号，占获奖机组的20.24%，居五大发电集团之首。80%的火电企业能耗达到设计值，同比提高了12.3个百分点。高度重视环保与节能减排工作，践行社会责任，加大了环保设施技术改造、保护优化和运行维护，新封堵了56台机组的脱硫旁路，无旁路脱硫系统机组达到79台，占39%，超额完成了30%的计划目标；完成了27台脱硫脱硝改造任务；完成了汞排放监测任务，确保了二氧化硫、氮氧化物、烟尘等污染物达标排放，实现节能减排目标。陡河、洛河发电厂获得了四部委联合颁发的"十一五"减排先进集体荣誉称号。

三、应急管理

集团公司系统高度重视安全生产应急体系建设工作，强化企业和员工的社会责任意识，加强了与政府有关部门的沟通与协调，注重完善应急管理体系和机制，注重应急预案的完善和演练，注重危急事件预警和信息分析，初步建立起了全覆盖、全流程、快速、高效的应急管理体系。修订和完善各类突发事件的总体预案、专项预案、现场处置方案3138个，企业自建、共建专职应急队伍85个，专职救援人员2400多人，兼职应急队伍481个、22405人。建立了应急物资监管、生产、储备、调拨和紧急配送体系，实现对各类应急物资动态管理，确保突发事件处置中的应急物资保障。认真组织开展应急演练，健全应急预警机制，全年共进行应急演练2346次，其中实战演练544次。在"安全生产月"期间，大唐集团电力生产、基建、煤矿、煤化工以及多种经营企业分别结合自身生产特点，有针对性地开展应急演练664次，3万余人参加了演练。为了检验应急演练的针对性、严谨性和可操作性，共开展59次预先不通知的演练抽查，提高了应对突发事件的处置能力。成功应对了夏季强台风和强降雨等恶劣天气，在党的"十八大"保电期间，严格执行行政、生产24小时"双值班"制度和"零报告"制度，大唐托电公司成功应对了华北地区罕见突发雨雪灾害导致的电网线路跳闸应急事件，避免了全厂停电和重大设备损坏事故发生，确保了"十八大"期间电网和电厂安全。托克托、张家口和高井热电厂被国家电监会授予"十八大"保电特殊贡献奖、先进单位称号。

四、安全教育

中国大唐集团公司秉承科学发展、安全发展的理念，科学推进安全教育培训计划，积极为员工构筑素质提升和职业发展平台，加强企业培训体制机制建设，制定完善生产培训管理办法，完善各级培训机构，明确培训责任。强化生产管理岗位人员的培训工作，提升生产人员专业技术、技能水平，建立专业技术过硬的职工队伍，培养技术复合型生产管理人才，以满足生产岗位需求，适应安全生产的需要。2012年，组织安全监督人员岗位资格认定考试，897人参加了考试，659人通过考试合格，组织4期国家注册安全工程师继续教育培训班，共计培训454人次；组织开展生产技术讲座、技术比武、安全知识调考等活动，创造"学、比、赶、超"良好氛围，加大人才短缺专业的培训力度，重点加强了企业安全生产责任人员、安全监督人员、特种作业人员、技术监督人员和点检人员的培训力度，提高持证上岗率。通过组织开展形式多样、内容丰富、通俗易懂的培训以及施行奖惩机制，进一步提高了干部职工的安全素养、安全技术业务能力和安全生产意识。以"安全生产月"活动为契机，精心组织"打非治违"、"警示教育周"、"安全大讲堂"、"应急演练周"等专项活动，积极营造"生命至上，安全第一"的安全文化氛围，普及安全知识、强化安全意识和安全技能；参加政府组织的各种应急管理培训班，普及应急管理知识，提升应急管理的认识高度，提高各级领导干部应急指挥和处置能力，预防和减少突发事件的发生，控制、减轻和消除公司人身和财产的损失，全面提升公司应急管理水平。通过参加"第八届全国电力行业职业技能竞赛（继电保护工）"和行业评审，培养产生9名"全国电力行业技术能手"、7名"全国电力行业优秀技能选手"；组织开展了"第十届中国大唐专业知识和技能竞赛"点检定修、风电检修两个赛事，培养产生35名"中国大唐技术能手"、48名"中国大唐优秀技能选手"，其中前3名共9人成为"中央企业能手"。通过实施《2012年职业技能鉴定实施计划》，在业内率先培养产生168名辅控网运行人才及203名风电运检人才；共培养产生293名技师和高级技师、5105名高级工及以下技能人才。

第十三部分

安全生产协会、学会工作

中国职业安全健康协会安全生产工作综述

2012年，中国职业安全健康协会在国家安全监管总局党组和协会理事会的正确领导下，在总局各司局和协会各会员单位的大力支持下，紧紧围绕安全生产工作大局，牢牢把握为政府、为会员、为社会服务的宗旨，创新进取，扎实工作，在配合政府安全监管和推进安全社区、职业健康、科技交流等方面都取得了显著成绩，为促进全国安全生产形势持续稳定好转作出了应有的贡献。主要体现在以下几个方面：

一、安全社区创建工作稳步推进

一是成功举办全国安全社区工作会议。11月21日，全国安全社区建设工作会议在西安召开。国家安全生产监管总局党组书记、局长杨栋梁向大会发来贺信，副局长杨元元、陕西省副省长李金柱出席会议并讲话，中国职业安全健康协会理事长张宝明作工作报告。这次大会命名了104个全国安全社区，表彰了20个全国安全社会建设先进单位、50名全国安全社区建设先进工作者。2012年，通过并命名全国安全社区104个，其中新命名94个，再命名10个。截至10月底，在协会备案、已经启动和建设全国安全社区的单位达1589个（其中：2012年启动195个，完成计划的163%；发展广东、广州、重庆、成都、南京5个地区支持中心）。二是指导企业主导型社区创建工作和指导国际安全社区建设工作（对陕西、天津、四川、南京、无锡、广州、沈阳、青岛等地社区及长庆油田、华北油田、晋煤集团、平朔集团等企业主导型社区的创建进行指导、咨询）。指导11个街道的国际安全社区建设工作，并全部通过认证；指导12个已建成满5年的国际安全社区全部通过再认证。全国共有64个社区成为国际安全社区网络成员。

二、职业健康工作取得新进展

一是完成了职业卫生办公室筹备工作。起草了职业健康工作方案和成立协会职业健康领导小组和职业健康办公室的建议报告，论证了办公室承担职业健康培训、职业卫生“三同时”项目评审、法规及其他职业卫生项目调研、职业卫生技术服务机构管理等事务性工作的框架。成立了职业健康办公室，基本开始了办公室工作的正常运行。二是完成了职业卫生“三同时”项目的评审工作。受国家安全监管总局职业健康司委托，组织完成了25项职业卫生“三同时”项目预评价报告及控制效果评价报告和设计专篇的评审工作。三是组织完成了国家安全监管总局委托的职业卫生立法4个项目的调研工作。受职业健康司的委托，承担了国家安全监管总局职业卫生安全许可证发放办法、职业病危害事故调查处理办法、职业卫生技术服务机构发展规划和职业卫生监管标准5年发展规划4个课题的组织协调工作，并已按计划完成4个课题各项工作。四是顺利开展煤矿粉尘限值调研项目。组织专家参加了神华集团组织的项目答辩会，通过了专家组对项目目的、内容、方法和预算的审核，5月31日在北京召开了项目启动会议，7月完成项目合同签署。7月以来已经完成了对枣矿集团、兖矿集团和开滦集团的现场调研工作。同时召开了两次现场调研方法研讨会，使调研工作全面、有效的开展。五是完成了沈阳市职业卫生监督管理条例项目。协会组建了项目领导小组和工作小组，研究制定了《沈阳市职业卫生监督管理条例》研究项目工作方案，明确目标任务和方法，于7月5日启动，9月17日通过沈阳市法工委组织的评审并正式提交《沈阳市职业卫生监督管理条例》草案。沈阳市为更好的贯彻落实《中华人民共和国职业病防治法》切实履行赋予安全生产监管机构的职责职能，建立健全职业卫生监管队伍，做好职业卫生"三同时"监管、职业危害申报、职业健康监护、职业卫生安全许可、职业健康培训和监督检查等工作，提出协会支持沈阳市安监局研究编制《沈阳市职业卫生监督管理条例》。六是召开落实职业病防治法座谈会。职业安全健康协会在"安全生产月"期间组织召开了贯彻落实《中华人民共和国职业病防治法》高层座谈会，杨元元同志出席讲话。周国泰院士、冯长根副主席及有关企业、科研院所的近20名专家，人民日报、新华社、光明日报等主流媒体参加，座谈会达到了预期目的。七是基本完成了全国职业健康经验交流会筹备工作。国家安全监管总局、国家煤矿安监局委托中国职业安全健康协会举办全国职业安全健康经验交流会。在领导小组确定会议目的、内容和时间以后，基本完成了对拟表彰20余个单位现场职业危害控制情况进行核查，组织并审查了46个集团的经验交流材料，基本完成了筹备工作。

三、充分发挥协会网站、会刊作用，进一步加强安全生产舆论阵地建设

职业安全健康协会充分利用网站、会刊等舆论阵地，切实发挥桥梁和纽带作用，使协会的"政府之桥、会员之家"的服务宗旨落到实处。一是加强协会网站的日常管理，进一步加大宣传报道工作。配合协会重要活动和工作，策划并制作了协会专题网页，对协会重要活动和工作进行了全面报道和宣传。上传网站信息300余篇；开展专家答疑工作，组织专家解答会员提出的各种问题；配合协会科技奖，完善网站科技成果库：正式实行网站上传信息审批制度。二是高质量办好《中国安全科学学报》。2012年《中国安全科学学报》出版第11期，截至11月初，共收稿1592篇论文，1～10期共录用论文312篇，刊出率19.6%。

四、教学指导委员会工作有序开展

一是完成了3所学校的认证和3所学校的认证有效期延期认证工作。受理中南大学、山东科技大学和河南理工大学3所学校的安全工程专业认证申请，完成了对上述3所学校的认证工作。受理东北大学、辽宁工程技术大学和中国地质大学（北京）安全工程专业认证有效期的延期申请，完成了上述3所学校的认证工作。二是加强安全类专业认证分委会秘书处建设。根据安全类认证分委员会文件，秘书处设在中国职业安全健康协会。三是开展《安全工程专业认证标准与注册安全工程师任职标准衔接研究》项目研究，向国家安全监管总局积极建议，为我国安全工程专业认证建立长效发展机制。四是进一步组织开展了专家培训，扩大认证专家队伍。为适应认证工作的需要，积极开展认证专家培训，扩大认证专家队伍。

五、大力开展安全培训工作

一是完成了职业健康司交办的三个培训大纲起草工作。受国家安全监管总局职业健康司委托，完成了《用人单位主要负责人职业卫生培训大纲及考核要求》、《用人单位职业卫生管理人员培训大纲及考核要求》、《职业卫生监督执法人员职业卫生培训大纲及考核要求》三个职业卫生培训大纲的起草工作，已经提交职业健康司。二是完成了职业健康培训规划的起草工作。三是举办了12期培训班。举办了2期煤矿职业卫生管理人员培训班、2期煤矿职业卫生培训师资培训班和1期安全社区建设人员培训班，7期安全社区培训班，正在组织总局职业健康监管业务培训班，共培训3100多人。四是完成了职业健康师资培训班后续事宜。完成了职业健康"百千万"培训工程培训机构师资的课堂培训近400份试卷的判卷、成绩登记及统计、培训合格率报告以及证书制作与发放工作。

六、科技交流工作扎实推进

一是做好2011年度科技奖评奖工作。协会科技奖的设立和开展评奖工作，是协会组织科技创新、开展科技交流、促进科技成果创新和推广应用的重要环节。本届科技奖共收到项目111项，100多名专家参加了函审，共划分5个专业评审组，各专业评审组评委由7名著名专家学者组成。评出一等奖10项、二等奖18项、三等奖32项，颁奖仪式在成都召开的“第二十届海峡两岸及香港、澳门地区职业安全健康学术研讨会暨中国职业安全健康协会2012学术年会”上举行。会上还组织了一等奖获奖代表作了大会演讲，并在“安全生产报”、“安全生产网”、“劳动保护杂志”等媒体进行了专题报道。二是开展协会学术年会工作。本届年会以“安全、健康、交流、合作”为主题，会上350多名安全生产和职业卫生方面的专家学者齐聚一堂，集中展示并适时共享两岸四地在职业安全健康领域的新技术、新方法、新理论和新经验。共吸引了90多名港澳台的专家学者前来参会，70多位论文作者在安全科技、安全管理、职业卫生、个体防护等4个分会场做了专题发言。三是大力开发新技术、新项目。组织开展了煤矿井下救生舱在我国煤炭企业的应用工作；在国家安全监管总局立项的《煤矿井下瓦斯事故个体逃生装置》项目开发工作，实验室和现场试验工作正在抓紧进行；协助开展了应急救生食品在煤矿的推广应用工作；协助开展了煤矿用聚氨酯供、排水软管产品在煤矿生产和透水事故应急排水中的推广使用。

七、积极开展国际交流工作

张宝明理事长一行出席9月28日—10月8日在新西兰召开的第十一届伤害预防国际会议，并赴斐济考察职业安全健康工作，出席10月24—26日在南京举办的“2012安全科学与技术国际会议”；联系并申请加入亚太地区职业安全健康（APOSHO）组织成立的常设机构；向欧盟提供《欧盟—中国高危行业职业安全健康技术支持》项目所需的相关资料。

八、加强协会自身建设

协会秘书处根据民政部关于社团组织的要求和自身的实际，建立健全协会的规章制度和工作制度，使工作走向制度化、规范化轨道。充分发挥专业委员会的作用，把协会逐步建设成为独立公正、行为规范、运作有序、代表性强、公信力高的“学习型”协会。一是按章程规定召开协会五届三次理事会。会议通过了张宝明理事长的工作报告和协会2011年度财务报告；同意增补白海金、沈浩同志为副理事长；同意接纳中国煤炭系统新闻工作者协会为本会分支机构；同意组建行为安全专业委员会等。二是发挥党支部的战斗堡垒作用。协会第二党支部获得先进基层党组织称号。三是建立、完善协会秘书处管理制度。建章立制，完善制度，不断加强内部管理。加强理论学习。加强人才队伍建设，着力培养一支爱岗位、讲奉献、善服务的队伍。四是加强协会分支机构建设。召开2012年度分支机构、代表机构工作会议（3月，长沙）。各分支机构有序开展工作。五是进一步壮大协会会员队伍。新增加副理事长单位1家、常务理事单位3家、理事单位3家、单位会员21家、个人会员12名。六是加强财务管理。完成了2011年协会的税审和年审工作，完成对税务部门的2011年度清缴汇算。

中国化学品安全协会安全生产工作综述

2012年，在国家安全监管总局领导的亲切关怀和协会理事会的正确领导下，在广大会员单位的大力支持下，中国化学品安全协会紧紧围绕总局危险化学品安全生产中心任务，坚持“团结、敬业、创新”的协会精神，认真做好“为会员单位服务，为行业服务，为政府服务”工作，积极发挥桥梁和纽带作用，各项工作取得新的成绩和新的进步，协会的号召力和影响力进一步增强。

一、认真学习贯彻“十八大”会议精神，不断提高政治意识和履职能力

2012年11月8日，党的“十八大”隆重开幕，中国化学品安全协会组织秘书处全体人员认真收看了“十八大”会议现场直播。按照国家安全监管总局党组和杨栋梁局长的要求，协会采取多种形式，认真学习贯彻“十八大”精神。一是密切结合工作实际和自身思想状况，坚持用“十八大”精神指导实践，学以致用，同时在实践中不断加深对“十八大”精神的理解，不断提高工作人员的政治意识和履职能力。二是有针对性的学习，重点加强“十八大”报告中有关加强安全生产论述的理解和思考，加强对社会管理创新及发挥社会组织力量表述的学习和理解。三是统一思想和行动，用“十八大”精神统领和指导协会各项工作，把总局领导赋予的工作职责扛在肩上，把服务大局勤勉工作装在心中，把实实在在的成效作为行动目标。

二、召开协会二届三次理事会，安排部署协会工作

4 月 20 日，中国化学品安全协会在北京召开了第二届理事会第三次全体会议。理事会认真讨论和审议了协会工作报告，肯定了协会 2011 年的工作，对 2012 年的工作进行了安排部署。

会议邀请国家安全监管总局监管三司副司长刘强做了《2012 年总局危险化学品安全监管重点工作安排》的解读；上海瑞迈咨询公司首席顾问粟镇宇做了《欧美国家和企业化工工艺安全管理的做法和经验》的专题讲座。

会议同意接纳惠生控股（集团）有限公司、北京思创信息系统有限公司、斯堪伯奥科技（北京）有限公司、北京乐文石油化工研究院、浙江格林通科技有限公司、滨化集团股份有限公司等 6 家单位为中国化学品安全协会会员。同意惠生控股（集团）有限公司为协会常务理事单位，北京思创信息系统有限公司为协会理事单位。

三、发挥参谋助手作用，为危险化学品安全监管做好服务与支撑

（一）开展《危险化学品安全管理条例》相关配套文件及标准的制修订及宣贯工作

配合监管三司制订与《危险化学品安全管理条例》配套的 5 个部门规章，承担了《危险化学品输送管道安全管理规定》（国家安全生产监督管理总局令第 43 号）的解读及释义编写工作。在协会主办的网站、《化学品安全与应急救援通讯》、手机报等媒体及协会举办的会议、培训班等积极宣讲相关规章及配套文件。

积极参与国家和行业标准的编写工作。根据新修订的《危险化学品安全管理条例》，参加起草了《危险化学品生产企业安全评价细则》、《危险化学品经营企业安全评价细则》、《危险化学品使用企业安全评价细则》、《危险化学品建设项目安全评价细则》4 项安全生产行业标准的相关工作。《危险化学品生产企业安全评价细则》、《危险化学品建设项目安全评价细则》2 项标准将于近期发布，另 2 项标准也在审查和征求意见中。国家标准方面，2012 年完成了《化学品生产单位特殊作业安全规范》的报批工作，计划于近期发布；另外还完成了《电石生产安全技术规程》、《溶解乙炔生产安全技术规程》2 项国家标准的征求意见工作。

（二）编印《全国危险化学品典型事故汇编（2008—2011 年）》

按照国家安全监管总局监管三司的要求，会同国家安全监管总局化学品登记中心等单位编印了《全国危险化学品典型事故汇编（2008—2011 年）》，该汇编对 2008—2011 年期间全国发生的 30 起典型危险化学品事故分地区进行了整理，涉及爆炸、火灾、爆燃、物体打击、中毒窒息、中毒、机械伤害等事故类别。每起事故分别从事故调查分析、事故应急处置、反思与建议等方面图文并茂地进行了详细剖析，并总结了事故教训，提出了防范措施建议，对避免类似事故的发生具有指导作用，具有很强的针对性、实用性和警示性。2012 年中央企业安全生产座谈会、2012 年全国危险化学品及烟花爆竹安全监管暨安全生产标准化推进工作会上，均把该《事故汇编》作为重要会议材料之一。

（三）发挥行业协会作用，建立石油化工安全生产交流平台

为充分发挥各石油化工行业协会在危险化学品安全生产中的作用，按照国家安全监管总局的要求，自 2011 年起，协会每年组织各石油化工行业协会座谈会，总结石油化工各行业安全生产典型经验，研究分析各行业在安全生产反面存在的主要问题，研讨提高本质安全水平的主要措施。2012 年，中国氯碱工业协会根据氯碱行业安全生产实际，组织修改完善了《氯碱行业安全准入标准》，从技术层面提高氯碱行业准入门槛。其他行业协会也在积极研究制定相关高危化工行业安全准入条件，确实发挥了行业协会为政府当好参谋助手的作用。

（四）积极推进化工安全人才培养工作

加快化工安全人才培养是有效预防化工行业重特大事故的迫切需要，是确保化工行业安全生产形势持续稳定好转的必然要求。11 月 27 日，中国化学品安全协会承办了国家安全监管总局、教育部联

合召开高等学校化工安全复合型人才培养工作座谈会，35 所高校代表交流了化工专业、安全专业人才培养的做法和经验。协会为会议的筹备做了大量工作，通过结合我国化工行业安全生产现状、近年来危险化学品事故情况，调研分析了当前高校化工类专业的课程设置和化工人才培养方案，为会议有关文件的起草准备了基础材料，并召集部分高校化工安全专家学者，研讨了国家安全监管总局监管三司提出的高等学校化工安全复合型人才培养工作建议，起草了关于“加强高等学校化工安全人才培养的指导意见”上报监管三司。

（五）开展危险化学品建设项目安全许可相关工作

完成有关危险化学品建设项目的安全许可和试生产方案备案审查 13 项。其中，安全设施设计审查 6 项，试生产方案备案 4 项，安全设施竣工验收 3 项。另外，还完成监管四司委托的“首钢京唐钢铁联合有限责任公司钢铁厂一期工程危化项目（焦化、制氧、燃气）竣工验收”资料和“河北首钢迁安钢铁制氧工程竣工验收资料”的审核工作。

（六）积极参与国家安全监管总局危险化学品安全管理国际合作

为了提高我国光气安全生产管理水平，借鉴拜耳公司光气安全生产经验，2011 年，总局与拜耳材料科技（中国）有限公司签订合作协议。根据拜耳材料科技（中国）有限公司提交的《中国光气安全规范与管理建议书》，经过调研分析、广泛征求意见、组织专家交流研讨，编写完成了《光气安全管理指南》（征求意见稿）。参加了国家安全监管总局与陶氏化学公司二期合作和塞拉尼斯工艺安全管理合作等相关工作。

四、积极推进危险化学品企业安全生产标准化创建工作

协会是危险化学品安全生产标准化一级企业评审单位并负责全国危险化学品标准化评审人员考核发证工作。2012 年以来在推进危化品安全生产标准化中开展了以下主要工作：

一是高度重视评审人员的考核和管理工作，成立了专门的机构，明确了具体的负责人员，按照《评审人员培训大纲及考核要求》，丰富了标准化评审人员考核试题题库，对考核试题的结构、类型、题量、分值分布和重点考核知识要求等做了相应的调整，保证试题题量适中、考核内容覆盖面广，有效提升了考核的全面性、科学性和务实性，并通过严肃考场纪律等方式，逐步消除了申请考核人员培训即取证、突击复习就能达标的侥幸心理，使考核能真正体现被考人员的职业素养和业务能力，考试合格率从 7 月份开始基本控制在 85% 左右。自 2011 年 12 月底接手考核工作以来，协会已完成了 22 期评审人员的考核，有 1785 人取得协会考核合格证书。在评审工作管理办法发布前，登记中心认定了 4765 人，目前全国共有 6550 人获得危险化学品安全标准化评审人员资格，基本满足了评审工作的需要。

二是发挥协会全程参与安全标准化法规规章制修订工作的优势，通过协会工作年会、行业企业年度安全互检、企业安全生产专栏及各类媒体，对会员单位进行相关法规规章的宣讲和解读，对各企业在创建安全标准化过程中遇到的实际问题进行解答，对提出的意见和建议，及时向有关部门反馈。对行业提出的标准化企业优惠政策问题、HSE 管理体系与标准化的关系如何处理、标准化创建过程出现的走过场现象等及时反馈给监管三司，并就如何规范标准化创建和评审工作提出建议措施。目前，协会与化学品登记中心、北京首安信息公司正在开展危化品标准化与 HSE 管理体系双标融合信息管理系统、标准化监管执法信息管理系统的开发工作。

三是标准化一级企业情况调研工作。根据国家安全监管总局监管三司的要求，协会组织有关专家和人员前往重庆、宁夏、陕西、天津等地区，对重庆建峰、重庆三峡油漆、云南云天重庆分公司、中石油宁夏石化公司、神华宁夏煤业甲醇厂和聚甲醛厂、中国石油长庆石化分公司、中国石油大港石化分公司等 8 家危险化学品企业进行实地调研，了解企业标准化创建工作过程及进展情况，重点查看企业对国家安全监管总局提出的“两重点一重大”管理要求的落实情况、应急设备设施的配备情况、特殊作业的票证管理与执行情况、安全生产管理制度的制定与执行情况等。从这次调研的情况看，当前我国危险化学品企业开展标准化一级企业创建工作仍存在不少问题。

五、积极推广 HAZOP（危险性与可操作性分析）应用技术，加快 HAZOP 人才培养步伐

（一）编写 HAZOP 专业性和普及性培训教材

由于 HAZOP 分析方法在我国的应用还处在起步阶段，国内大多数的化工企业领导和各级政府的安全监管人员有很多还不很了解这种方法，国内的 HAZOP 应用人才也极其缺乏。鉴于此，中国化学品安全协会于 2012 年初筹备编写一部规范的、权威的、适合我国国情的 HAZOP 培训教材，成立了由孙华山副局长任组长，中国工程院院士、清华大学教授陈丙珍等任副组长的“HAZOP 培训教材编审委员会”。9 月初正式出版系列教材《危险与可操作性分析（HAZOP）应用指南》及《危险与可操作性分析（HAZOP）基础及应用》。该套教材是国内首部全面介绍 HAZOP 方法及应用的技术指导性用书，将为国内开展 HAZOP 分析应用人才的培养、保证培训质量和效果提供有力支持。协会邀请中国化工报、中国安全生产报、中国安全生产网、劳动保护杂志社、化工安全与环境等媒体对 HAZOP 培训系列教材出版、HAZOP 分析培训等情况进行了宣传报道。

（二）组织开展 HAZOP 应用人才培训

2012 年，中国化学品安全协会已经举办了 4 期 HAZOP 分析方法应用培训专业班，经考核有 204 人取得培训合格证书。应中国化工集团公司的要求，举办了中国化工集团安全总监 HAZOP 专题培训班。应兖矿集团的邀请，赴企业一线，为企业 100 多人开展 HAZOP 普及培训。培训班以 HAZOP 培训系列教材为基础，具有教师团队优秀、理论和实践相结合、分组实战 HAZOP 分析等特色。每期培训班结束后，组织全体教辅人员进行总结，不断改进教学内容和教学方法，改进培训的组织管理工作和服务工作。目前，协会举办的 HAZOP 培训在国内已产生影响力，促进了国内 HAZOP 培训质量的提高，规范了培训内容与方式，平抑了培训的高收费，且对会员单位优惠，受到了行业、会员单位和学员的广泛好评。

（三）举办“化工行业 HAZOP 分析方法交流研讨会”。

11 月 8 日，中国化学品安全协会与上海赛科在上海化学工业区共同举办了“化工行业 HAZOP 分析方法应用交流研讨会”。来自全国化工行业的 30 多家知名合资企业以及一批内地重点化工企业、工程设计单位、高等院校、科研院所、安全评价机构、安全生产技术服务组织等 80 多家单位，近 140 位专家和工程技术人员参加会议。杜邦、塞拉尼斯、赛科、巴斯夫、拜耳、阿克苏诺贝尔、道康宁以及中国寰球工程公司、中国石化工程建设公司、北京化工大学等国内外知名石油化工企业、科研机构提交了会议论文，并进行了大会交流，内容涉及 HAZOP 技术在本质安全设计、质量控制、风险评估与管理、间歇过程分析要点、定量分析等方面的应用以及 HAZOP 方法的局限及改进等专题，为 HAZOP 技术的应用提供了极具参考意义的示范和经验。上海赛科外方总经理称赞中国化学品安全协会举办这样的安全技术交流对企业非常有意义。这次研讨会也进一步扩大了协会在化工企业，特别是在外资企业中的影响。

六、积极探索中小化工企业安全监管新模式

山东省淄博市是危险化学品生产、使用的大市，在公布的首批重点监管的危险化工工艺目录中，淄博市有除光气及光气化、胺基化工艺之外的 13 种危险工艺。受淄博市安监局的委托，2012 年 5—11 月，中国化学品安全协会分 8 个批次，共组织 32 名不同专业的专家，对淄博市 66 家涉及 13 种重点监管危险化工工艺的企业进行了专项安全检查。检查组对每家企业检查完毕，当场与企业进行交流和沟通，并针对企业的具体情况，提出了修订完善操作规程、关键参数实施自动控制、关键进料实现紧急切断、加快自动化改造进程及加强员工教育和培训等建议。专项检查的专家书面总结由淄博市安监局转发企业，同时要求企业按照总结提出的问题限期整改。

七、成功举办中国化学品安全协会 2012 年安全生产年会

11 月 21 日，协会在浙江绍兴召开了 2012 年安全生产工作年会，来自 60 余家企业的 80 余位代表参加了会议。会议通报了协会 2012 年度主要工作进展情况，协会开展危险化学品安全生产标准化工作情况，协会为推进 HAZOP 普及应用所做的工作和开展 HAZOP 应用人才培训情况等协会开展中小企业危险化工工艺安全生产技术咨询服务情况。会议安排神华宁煤集团煤化工公司安监局局长牛勇前作了题为《煤化工生产企业安全管理》的讲座；北京思创信息系统有限公司总经理纳永良作了题为《化工安全生产与 HAZOP》的讲座。与会代表对协会积极开展为企业安全生产管理工作服务，围绕企业关心的热点问题组织开展活动，给予了充分肯定，并对今后工作提出了一些建设性意见和建议。

八、坚持“团结、敬业、创新”，不断提高协会秘书处工作水平

一是进一步加强协会秘书处自身建设。加强理论学习，提高协会专职工作人员的政治觉悟；加强制度建设，完善内部管理。修改完善各项内部管理制度，从制度上保证职能正常履行；强化决策机制，严格工作规则，重大事项由秘书长办公会集体讨论、研究决定，坚持每周召开秘书长办公会，每月召开月度工作例会；明确岗位职责，加强了部门之间的配合。

二是创建学习型协会，加强业务人员的专业培训。2012 年以来，组织秘书处工作人员参加了国家安全监管总局及监管三司举办的“GHS 制度及我国现状”、“解读《国务院关于坚持科学发展安全发展促进安全生产形势持续稳定好转的意见》”、“炼油工艺知识”等专题讲座十余次，强化了秘书处工作人员的业务知识，拓宽了秘书处工作人员的业务视野。2012 年，共有 12 人取得危险化学品标准化评审人员资格，2 人参加国家企业法律顾问资格考试，5 人参加 HAZOP 技术培训班取得合格证书，选派 2 人赴德国、澳大利亚接受安全管理和职业健康培训，1 人到中国安全生产网实训。

三是发挥协会网站、《化学品安全与应急救援通讯》、手机报等协会媒体的作用，积极做好协会宣传工作。2012 年，再次对网站进行了升级改版，网站首页的版面色调更清爽明快，栏目设置和结构更加合理，功能更方便阅读与查询。本年度共印发化学品安全通讯 12 期，向国家安全监管总局机关单位、重点省市安监局、会员单位等寄发了 5500 份。发送 12 期手机报，接收人数由 205 人逐步扩大到 414 人。加强了与中国化工报、中国安全生产报、化工安全与环境、劳动保护、现代职业安全、中国安全生产网等安全领域主流媒体的合作。邀请这些媒体记者参与协会活动，组织宣传报道，配合协会有关重要工作和计划的推进与宣传，扩大了协会影响力。

四是会员征集和会费收缴工作。完成了 2012 年度吸纳的 8 家新会员的入会程序，其中常务理事单位 1 家、理事单位 2 家、会员单位 5 家。已收入 2012 年度会费 239.4 万元，较 2011 会费收入 227.3 万元增长了 5.3%。

中煤劳保学会安全生产工作综述

在国家安全监管总局的领导下，2012 年中煤劳保学会主要做了以下工作。

一、参加《煤矿安全规程》修订前期调研工作

为搞好《煤矿安全规程》修订，2012 年下半年在国家煤矿安监局的领导下，成立了修订《煤矿安全规程》前期调研领导小组和调研工作办公室，办公室设在中煤劳保学会。制定了前期调研工作方案，下发了调研通知，在淮北等地分别召开了 3 个有煤矿企业参加的座谈会。目前已收集到关于修改意见 1050 条，其中：总则 40 条，开采 125 条，通风和瓦斯、粉尘防治 174 条，安全监控 80 条，防突 74 条，防灭火 25 条，防治水 71 条，井下爆破 39 条，运输、提升 119 条，电气 123 条，煤矿救护 52 条，露天开采 14 条，职业危害 54 条，其他 60 条。

对修改《煤矿安全规程》的反馈意见比较多，说明煤炭行业有关单位、部门、企业对煤矿安全高度重视，也说明当前执行的规程存在的问题确实很多，亟待修订。

二、认真完成了有关煤矿建设项目安全核准专家审查工作

2012 年中煤劳保学会受国家煤矿安监局安全监察司委托，审查了山西光明、安徽邹庄、云南白龙山三井、陕西朱家峁、陕西金鸡滩等 5 个煤矿建设项目安全核准专家审查。5 个煤矿中有 3 个是煤与瓦斯突出矿井，难度都比较大，中煤劳保学会本着严谨负责的态度，严格按要求审核，圆满完成任务。

三、完成了学会更名工作

对中国煤炭工业劳动保护科学技术学会的名称，不少会员单位认为不能体现学会的工作重点。为了更好地突出学会工作特色，拓展学会的业务空间，更好地适应和服务于煤炭工业安全生产，提出更改名称。通过认真研究，广泛听取有关人员、部门的意见和建议，征得国家安全监管总局同意，并报经民政部审核批准，中国煤炭工业劳动保护科学技术学会正式更名为中国煤炭工业安全科学技术学会。目前已在《中国煤炭报》和《中国安全生产报》公告，学会的章程也进行了相应修改。

四、指导学会专业委员会换届工作

中煤劳保学会有13个在民政部登记的专业委员会，每年都有专业委员会换届。对专业委员会换届，中煤劳保学会都要派员祝贺和进行工作指导。2012年先后有通风、救护专业委员会进行了换届。

五、进行了学会换届的筹备工作

在2012年初汇报2011年的工作时，国家安全监管总局领导指示，把学会换届作为2012年的重点工作。在有关部门的领导下，从2012年初开始筹备换届，准备材料、推荐新一届理事候选人。先后下发两个选理事候选人的通知，共选出100余名理事候选人。

六、开展液态二氧化碳防灭火和煤矿避险救灾技术未来发展的调查研究

针对全国煤矿50%以上具有自然发火威胁倾向，以及发生自燃火灾不但造成重大经济损失，也极易造成中毒或瓦斯爆炸伤亡事故和次生环境污染等实际问题，中煤劳保学会开展了防治煤炭自然发火方面的调研和科学技术研究工作，取得了初步成果，并在山西、陕西有关煤矿多次直接参与指导煤矿防灭火实践。同时，承担了国家安全监管总局下达的《二氧化碳防灭火技术规范》的制定工作，并已提出初稿。

中煤劳保学会通过深入部分煤炭企业进行调查，普遍反映，在井下建立避险硐室，是煤矿井下工人在工作场所发生意外灾变事故时的有效避险措施。相对于其他方案，是较优选择，经济成本较低、也易于实施。为此，中煤劳保学会承担了《煤矿井下避险硐室通用技术条件》标准的制定工作，该标准已形成初稿，拟进一步完善后提交主管部门审定。

第十四部分

重特大事故案例

矿山事故

四川省宜宾市筠连县维新镇钓鱼台煤矿“2·3”重大瓦斯爆炸事故

2012年2月3日13时20分左右，四川省宜宾市筠连县维新镇钓鱼台煤矿总回风巷与北翼1238采煤工作面运输巷垮穿处发生一起重大瓦斯爆炸事故，造成14人死亡，4人重伤，直接经济损失3505万余元。

一、事故经过

2012年2月3日上午9时许，四川省宜宾市筠连县维新镇钓鱼台煤矿安全副矿长李××带领27人陆续入井作业，另有2名电工11时40分入井安设甲烷传感器，事故发生时，井下共计30人。

入井后，李××按照业主代表毛××的工作安排和要求，与瓦斯检查员刘××、电工刘××3人到原1238采煤工作面机巷与总回风巷岔口处接水管从1298车场抽水灭火，期间，原安排参与灭火的郑××到作业地点帮助李××接水管，约20分钟后离开。经过两个半小时左右，李××等3人认为已处理好发火区域后，刘××自行到二级提升绞车处检查电气设备，李××、刘××2人则到1298回风上山空口密闭、1298进风处密闭检查，刘××检查发现1298进风处密闭内瓦斯浓度达27%、密闭外瓦斯浓度达0.9%，并向李××做了报告。12时45分左右，防突队长聂××班组将1288轨道下山上车场与1288回风联络巷密闭修复完毕，李××、刘××到此检查时，随即安排3人到1288回风巷风桥进行修复，2人随后也到风桥处检查，在1288轨道下山下行中遇见了当班1288区域瓦斯检查员张××，张××向李××报告了当班风桥以里十多米处的1288回风巷瓦斯超限(达2%~4%)情况。李××、刘××2人去1288下部区域检查。13时20分许，在1288轨道下山上部车场休息的聂××听到“轰”的一声，随后感觉有冲击波袭来，并伴有大量的粉尘与烟雾。聂××意识到是爆炸，叫大家戴上自救器朝外走，他自己戴上了自救器和贺××朝外走。

事故发生后，井口检身员严××发现主平硐井口突然有一股风吹出来，并伴有粉尘，立即打电话分别向业主代表毛××、办公室主任兼通风科科长张××进行汇报。张××随即向业主毛××报告。业主毛××立即打电话叫业主代表毛××下井救护，随后赶到了煤矿。13时35分左右，业主代表毛××到达主平硐井口，在询问了井口检身员后立即和荣××、杨××、毛××换装入井救援，途中组织多人自救出井，并发现部分遇难人员，后由于自救器氧气快要耗尽，业主代表毛××便向上撤离，之后又沿主轨道向下搜寻至1238机巷密闭处时，发现该密闭已被损坏，向下走了几米。由于无风，便返回出井，约10分钟后，荣××和杨××也相继出井。14时50分，业主毛××打电话向筠连县维新镇安办主任江××报告井下发生了事故，随后清点核实人员，安排车辆送伤员到医院救治。维新镇分管副书记陈××向业主毛××打电话询问了事故情况，维新镇庚即派人到矿；镇安委会办公室于15时向县安监局报告，县安监局立即向有关部门报告了事故情况。接到事故报告后，省、市、县三级政府立即启动事故抢险应急救援预案，成立了由省、市、县组成的抢险救灾指挥部，开展抢险救灾工作，相继调集筠连县矿山救护队、宜宾市救护大队、川南煤业公司救护大队和芙蓉集团救护大队、成都出江救护队共5支救护队、102名矿山救护队员投入现场抢险救援工作，还调集了30余名医护人员进行紧急医疗救护。

2月3日16时3分，救护队员入井展开施救，搜救被困矿工。至2月4日0时30分，救护队先后发现13名遇难矿工并全部运至井上，尚有1人（李××）下落不明。2月10日，因多次入井搜寻未果，井下仍存在发生二次爆炸危险且失踪人员已无生还可能，抢险指挥部根据专家评估研究决定暂时终止井下搜寻工作。

二、事故原因及分析

（一）事故直接原因

矿井在春节放假期间，1288轨道下山上车场与1288回风联络巷的密闭墙损坏，且1288回风巷风桥漏风短路，导致1288区域准备巷道内瓦斯积聚；矿井节后复工处理隐患，在总回风上山内煤层自然发火点未处理的情况下，违规安排井下多点交叉平行作业，修复以上密闭墙和风桥等通风设施后，积聚瓦斯随风流排至总回风巷与原1238采煤工作面运输巷垮穿点时，煤层自燃的火源引起瓦斯爆炸，导致事故发生。

（二）事故间接原因

一是矿井依法依规办矿意识差，违反有关规定安排节后复工；二是煤矿现场管理差，安全隐患排查整治不到位；三是采掘部署不合理；四是矿井安全管理人员配备不齐，安全管理、技术管理不到位；五是安全培训教育不到位，作业人员自救互救能力差；六是筠连县人民政府及有关部门履行监管职责不够到位。

（三）事故性质

经调查认定，四川省筠连县维新镇钓鱼台煤矿“2·3”重大瓦斯爆炸事故是一起责任事故。

三、事故处理结果

（1）毛××，钓鱼台煤矿业主、法人代表。因涉嫌重大责任事故罪，已被批准逮捕。

（2）毛××，钓鱼台煤矿代表业主。因涉嫌重大责任事故罪，已被批准逮捕。

（3）庞××，钓鱼台煤矿原矿长。因涉嫌重大责任事故罪，已被批准逮捕。吊销其矿长资格证和安全资格证，终身不得担任煤矿企业矿长（董事长、总经理）职务。

（4）陈××，筠连县安监局驻钓鱼台煤矿安监员。因涉嫌玩忽职守罪，已被批准逮捕。

（5）龙××，筠连县安监局执法二中队中队长。因涉嫌玩忽职守罪，已被批准逮捕。

（6）彭××，筠连县维新镇安办副主任。因涉嫌玩忽职守罪，已被批准逮捕。

（7）李××，钓鱼台煤矿安全副矿长。移送司法机关依法处理；吊销其矿长资格证和安全资格证，终身不得担任煤矿企业矿长（董事长、总经理）职务。

（8）刘××，钓鱼台煤矿瓦斯检查员。移送司法机关依法处理。

（9）张××，钓鱼台煤矿瓦斯检查员。移送司法机关依法处理。

以上人员属中共党员或行政监察对象的，待司法机关作出处理决定后，由当地纪检监察机关及时给予相应的党纪、行政处分。

（10）余××，钓鱼台煤矿原技术负责人。对事故的发生负有重要责任。处罚款5万元。

（11）张××，钓鱼台煤矿机电副矿长。对事故的发生负有重要责任。吊销其矿长资格证和安全资格证，并处罚款2万元。

（12）姜××，筠连县维新镇安办主任。对事故的发生负有重要领导责任。给予行政记过处分。

（13）陈××，筠连县维新镇党委副书记。对事故的发生负有重要领导责任。给予党内警告处分。

（14）胡××，筠连县安监局副局长。对事故的发生负有主要领导责任。给予行政记大过处分。

（15）陈××，筠连县安监局党组副书记、局长。对事故的发生负有重要领导责任。给予行政记过处分。

（16）常××，筠连县经济商务与信息化局副局长。对事故的发生负有重要领导责任。给予行政警告处分。

(17) 甘××，筠连县人民政府常务副县长。对事故的发生负有领导责任。给予行政警告处分。

责成宜宾市人民政府向省人民政府写出深刻检查。

宜宾市人民政府依法关闭钓鱼台煤矿，由四川省人民政府相关部门及四川煤监局依法吊销该矿相关证照。

辽宁省辽阳市灯塔市大黄二矿“3·22”重大瓦斯爆炸事故

2012年3月22日10时40分，辽宁省辽阳市灯塔市大黄二矿（以下简称大黄二矿）井下三段绞车道左二片一上山发生一起瓦斯爆炸事故，造成22人死亡，直接经济损失1900万元。

一、事故经过

2012年3月22日5时30分，大黄二矿白班班长周××等26人入井作业。8时30分，在地面的坑长黄××接到周××电话，告诉他左二片一上山冒顶把徐××埋住了，黄××随后打电话向崔××汇报，之后组织并带领电工王××、机修工胡××等15人入井抢救，此时井下共有41人。10时左右，井下其他作业地点作业人员先后有13人升井。10时50分，地面人员发现立井口有黑烟冒出，于××等人得知情况后，打通了三段绞车硐室电话，绞车司机刘××告诉于××三段下山下部传来爆炸声，并有一股黑烟涌上来。于××等人意识到井下发生了事故，于11时31分打电话向灯塔市安全生产和煤炭监督管理局副局长李××报告，随后打电话请求灯塔市矿山救护队救援。13时30分左右，在井下二段和三段绞车道作业的6人先后安全升井。至此，有22人被困井下。

二、事故原因及分析

（一）事故直接原因

大黄二矿未经复工验收擅自组织人员入井，在三段绞车道左二片一上山处理冒顶过程中，没有采取安全技术措施，顶板再次冒落，与上方7号煤层采空区贯通；采空区内高浓度瓦斯涌出，与新鲜风流混合稀释后，其浓度达到爆炸界限，遇采空区火区火源引起瓦斯爆炸事故。

（二）事故间接原因

(1) 大黄二矿不执行地方政府监管指令，未经验收，擅自组织人员入井作业，违法组织生产。

(2) 矿井安全管理混乱，安全管理制度不落实。安全管理机构虚设，矿长和副矿长均为挂名，实际未参与矿井管理。瓦斯检查制度、矿井监控系统不完善，作业地点未按规定设置甲烷传感器和一氧化碳传感器。没有编制防范矿井采空区自然发火措施。

(3) 瞒报、迟报事故。作业地点发生冒顶埋人事故时，矿方瞒报事故，盲目组织施救，导致瓦斯爆炸事故发生。瓦斯爆炸事故发生后，灯塔市有关部门分管领导没有及时上报。该矿实际控制人未及时组织抢救并逃匿（于23日上午抓捕归案），给事故抢险救援工作造成很大困难。

(4) 负有安全生产管理监督职责的有关部门监管不到位，工作存在漏洞，违法生产未能得到有效遏制。有关职能部门未落实监管职责，对停产期间的煤矿巡查、包保责任不落实。

(5) 辽阳市、灯塔市、西大窑镇政府对打击煤矿违法生产不力，监督管理责任没有落实到位。

（三）事故性质

经调查认定，辽宁省辽阳市灯塔市大黄二矿“3·22”重大瓦斯爆炸事故是一起责任事故。

三、事故处理结果

事故处理责任者29人，其中追究刑事责任7人，行政处罚5人，党政纪处分17人。对事故煤矿罚款200万元，并没收违法所得；吊销证照，关闭矿井。

吉林省吉林市蛟河市丰兴煤矿“4·6”重大透水事故

一、事故概况

2012年4月6日9时55分，吉林省吉林市蛟河市丰兴煤矿+40米标高南一回风巷掘进工作面发生一起透水事故，造成12人死亡，直接经济损失1370万元。

二、事故经过

2012年4月6日白班，丰兴煤矿入井作业人员共70人。其中，+40米标高南一回风巷出勤5人，运输下山掘进面出勤8人（含1名电工），回风下山掘进工作面出勤6人，+25米标高南二运输巷无人作业。该矿当班带班矿领导为矿长王××。

+40米标高南一回风巷掘进工作面作业人员在班长李××的带领下，8时入井，入井后留1人在+38.3米标高的运输下山车场倒车，李××等4人进入工作面作业。在打了11个炮眼、放了6个掏槽眼后，李××在打靠右帮的顶眼时，发现右帮已装完药的辅助眼（在右帮中部）向外淌水，就大声喊“快跑”，4人跑出20~30米后，听到掘进工作面有轰隆声，发生透水事故。

三、事故原因及分析

矿井未准确掌握老空区下限位置，+40米标高南一回风巷掘进工作面巷道测量出现偏差，导致巷道掘进过程中掘透老空积水；安排作业人员在受水害威胁区域的下部区域作业，致使透水事故发生后人员无法逃生。

（一）矿井技术管理存在严重问题

一是没有对井田范围内采空区进行详细调查。未能准确掌握矿井老空位置、积水区间和积水量等矿井水文地质资料，实际采空区下限比图上标注的要低。

二是测量工作有重大偏差。矿井采用罗盘仪对+40米标高南一回风巷进行测量，没有及时用经纬仪进行复测，实际工作面位置向采空区一侧偏差水平距离达24米，导致在图纸上标注的40米煤柱实际上已经不存在，致使+40米标高南一回风巷掘进工作面施工时透老空区。

三是没有准确估算+40米标高南一回风巷掘进工作面上部采空区积水量。在初次放水近8000立方米后，未对放水效果进行总结评估，没有掌握探放水实际效果就盲目安排掘进。

（二）重生产，轻安全，违章冒险作业

《煤矿安全规程》第二百六十二条规定“受水淹区积水威胁的区域，必须在排除积水、消除威胁后方可进行采掘作业”。该矿在明知上部采空区有积水的情况下，没有及时采取措施进行治理，而是急于组织生产，违规安排人员在受水害威胁区域的下部区域作业，致使发生透水事故后，人员无法逃生。

（三）不按规定探放水

一是未按探放水设计施工。矿井虽然编制了《南一回风巷+40米标高打钻放水设计》，规定在180米位置打钻放水，但实际上没有执行，致使该巷道在掘进到188.4米时掘透老空积水。如果按照《南一回风巷+40米标高打钻放水设计》要求，在180米位置打钻放水，这起事故就不会发生。

二是未按规定布设探放水钻孔。《煤矿防治水规定》第九十四条规定“探放老空水钻孔成组布设，并在巷道前方的水平面和竖直面内呈扇形”。丰兴煤矿编制的掘进施工探水钻孔措施违背《煤矿防治水规定》要求，只打两个探水钻孔循环前进，没有按规定在水平面和竖直面形成扇形布设，满足不了探放水效果要求，致使在掘进过程中掘透老空积水。如果按规定布设探放水钻孔，这起事故是可以避免的。

（四）矿井防治水管理工作不到位

一是防治水责任制不落实。防治水领导小组的多数成员不清楚防治水工作职责，矿井部分管理人

员不知道作业规程和探放水措施的相关内容，没有按规定对探放水工作进行检查和管理，没有真正承担起防治水工作责任。如果安全管理人员认真履行职责，加强管理，认真检查，准确掌握空区积水情况，及时纠正不按探放水设计施工、不按规定布设探放水钻孔等严重违规行为，及时总结分析初次防水效果，这起事故完全可以避免。

二是忽视安全培训工作。矿井没有安排探放水工进行探放水作业，无法保证探放水的质量和效果。

（五）当地政府及有关部门履职不到位

蛟河市煤炭管理局其内部机构设置和人员配备职责不清、落实上级有关煤矿安全生产工作要求不到位，未严格执行监管计划，对丰兴煤矿监督检查不到位，对防治水重大隐患失察。

四、事故处理结果

丰兴煤矿股东党××、矿长王××、技术副矿长刘××，对事故的发生负有主要责任，移交司法机关处理。

丰兴煤矿通风负责人高××、生产副矿长关××，对事故的发生负有重要责任，分别处以5000元罚款，吊销关××安全管理人员资格证书。

蛟河市煤炭管理局行业管理科科长田××、蛟河市煤炭管理局监管科副科长孟××，对事故的发生负有重要领导责任，分别给予行政记大过处分。

蛟河市煤炭局副局长赵××、蛟河市煤炭管理局局长修××、对事故的发生负有领导责任，分别给予行政记过处分。

蛟河市人民政府副市长马××，对事故的发生负有领导责任，给予行政警告处分。

根据《吉林省行政问责暂行办法》规定，由地方纪检监察机关对蛟河市人民政府市长谢××实施行政问责，责成蛟河市人民政府向吉林市人民政府作出书面检查。

由吉林市政府依法对丰兴煤矿实施关闭。

山西省襄垣县七一善福煤业有限公司“4·12”重大透水事故

2012年4月13日1时58分，山西省襄垣县七一善福煤业有限公司向襄垣县煤炭工业局报告，该矿井下发生透水事故。后经事故联合调查组调查，事故发生时间为2012年4月12日20时40分，事故发生地点为12—2带式输送机巷掘进工作面，共造成11人死亡，直接经济损失1931万元。

一、事故经过

经查，2012年4月12日下午15时许，普福煤矿掘进一队队长王××组织掘进一队工人召开班前会，16时左右工人陆续入井，有15名工人进入12—2带式输送机巷掘进工作面作业，到达工作面后工人开始进行爆破作业前的准备工作，在作业过程中发现巷道正头顶板有滴水现象，未进行探放水便开始爆破作业。爆破后，工作面淋头水增大，正头夹缝处已出现流水，带班长王××立即向矿调度室报告了工作面出水的情况。调度室值班员刘××立即将此情况汇报给当日值班的技术副总工程师吕××。20时许，吕××来到12—2带式输送机巷掘进工作面，查看工作面出水情况后，安排工人继续在掘进巷正头进行架棚作业，20时40分，掘进巷正头的一大块煤掉了下来，有人喊道：透水了，赶快跑。透水后，当班有3名工人跑至轨道巷，工人杨××用井下电话向调度室汇报井下透水了，掘进一队只跑出来3人，吕××和另外10人被困在里面。调度室值班员刘××立即向矿长王××、总工程师范××、安全副矿长王××、生产副矿长米××等矿领导报告了井下透水情况，并通知井下作业人员紧急撤离。

事故发生时井下共有111人，事故发生后100人安全升井，11人遇难。

二、抢险救援经过

事故发生后，矿方先行组织了抢救，长治市矿山救护大队和潞安矿山救护大队接警后共出动70余名指战员参与抢险救援。经过三天多的紧张搜救，于4月16日20时40分结束抢险救援。本次事故透水量共计3.232万立方米。

三、事故原因及分析

（一）事故直接原因

该矿布置12—2带式输送机巷时，在已查明原兴安煤矿历史上越界开采，存在采空区积水威胁的情况下，未进行探放水；12—2带式输送机巷掘进过程中没有进行探放水：在12—2带式输送机巷工作面出现明显透水征兆时，未及时撤出人员，采空区积水突出，冲淹巷道，造成人员死亡。

（二）事故间接原因

（1）煤矿企业无视国家法律法规，非法组织生产；水害防范意识淡薄，违章指挥，冒险作业。山西省襄垣县七一善福煤业有限公司法制观念不强、法律意识淡薄，无视国家法律法规及国家、山西省人民政府关于安全生产的有关规定，在《安全生产许可证》已注销、《煤炭生产许可证》等证件过期的情况下长期以维修整顿为名非法组织生产。

山西省襄垣县七一善福煤业有限公司未严格执行煤矿防治水有关规定，安全生产目标责任制不落实，防治水管理混乱，工作不到位。2009年12月中国矿业大学提交的《山西省襄垣县普福联营煤矿水文地质补充勘探报告》和2011年5月中国矿业大学提交的《山西省襄垣县善福联营煤矿矿井水文地质类型划分报告》确定矿井水文地质类型为中等，并明确提出“原兴安煤矿历史上越界开采，存在老空积水区。其老空积水对本矿生产有一定影响，需在研究生产布局和安排采掘工程时做好超前探测和防治水工作”，但该矿水害防范意识淡薄，对勘探结果未引起足够重视，在布置12—2带式输送机巷掘进工作面时，未严格执行《煤矿防治水规定》，没有进行探放水。在工作面出现淋头水增大等异常现象时，未能正确辨识并在危险状态下采取停止作业、立即撤人等有效措施，违章指挥，冒险作业。

（2）山西省三元煤业股份有限公司监管不到位。山西省三元煤业股份有限公司未认真落实安全生产目标责任制，安全监管不到位，驻矿安监人员没有认真履行职责，对该矿在《安全生产许可证》已注销、《煤炭生产许可证》等证件过期的情况下长期以维修整顿为名非法组织生产的行为未有效制止。

（3）地方政府及有关职能部门安全监管不到位，部分公职人员失职渎职。长治市、襄垣县政府没有认真落实科学发展观，贯彻党和国家的安全生产方针、政策不力，对煤矿安全生产工作重视不够，对兼并重组后煤矿企业出现的新情况、新问题认识不足、措施不力。政府及有关职能部门没有认真履行职责，对该矿在《安全生产许可证》已注销、《煤炭生产许可证》等证件过期的情况下长期以维修整顿为名非法组织生产的行为未有效制止，违反规定为煤矿企业供应火工品，安全监管不到位，执法不严格，部分公职人员失职渎职。

（三）事故性质

经调查认定，山西省襄垣县七一善福煤业有限公司“4·13”重大透水事故是一起责任事故。

四、责任追究

（1）移送司法机关追究刑事责任人员28人。

（2）给予党政纪处分或作出其他处理的人员22人。

（3）对责任单位的处理：

山西省襄垣县七一善福煤业有限公司对本起事故的发生负有责任，依据《生产安全事故报告和调查处理条例》（国务院令第493号）第三十七条之规定，给予山西省襄垣县七一善福煤业有限公司罚款人民币200万元的行政处罚。

山西省襄垣县七一善福煤业有限公司在事故发生后谎报事故发生时间和被困人数，依据《生产安全事故报告和调查处理条例》（国务院令第493号）第三十六条之规定，给予山西省襄垣县七一善福煤业有限公司罚款人民币200万元的行政处罚。

山西省襄垣县七一善福煤业有限公司在矿井存在严重水患且未采取有效措施的情况下仍然进行施工作业，依据国务院《关于预防煤矿生产安全事故的特别规定》（国务院令446号）第八条、第十条的规定，给予山西省襄垣县七一善福煤业有限公司罚款人民币200万元的行政处罚。

山西省襄垣县七一善福煤业有限公司以维修整顿为名非法组织生产，由长治市人民政府依据国务院《关于预防煤矿生产安全事故的特别规定》（国务院令446号）对非法所得依法处罚。

贵州省铜仁市沿河土家族自治县谯家镇新生煤矿“4·26”重大透水事故

2012年4月26日10时8分，贵州省铜仁市沿河土家族自治县（以下简称沿河县）谯家镇新生煤矿（以下简称新生煤矿）发生一起重大透水事故，造成11人死亡，直接经济损失1612万元。

一、事故经过

2012年4月26日早班，承包人邓××安排当班工作并带班入井，带领瓦斯检查员田××及21名工人陆续进入风井。其中，湖北籍工人都××等3人到南平巷二下山掘进，韩××等3人到南平巷一下山掘进，其余15名当地工人有12人到南平巷一、二、三上山挖煤，有3人在车场运输、抽水。

8时许，都××等3人到达二下山开始作业。约9时30分第二轮爆破后，都××等3人开始攉煤装车，10时许，都××等3人装完两车煤后，因刮板输送机按钮失灵，班长冯××就安排都××到刮板输送机机头查看情况，当都××走至距下山口约10米时，发觉后面一股风袭来，转身看见刮板输送机机头在移动，感觉是透水了，急忙往外跑，边跑边喊“透水了”，并逃出地面。

矿长黎××、承包人刘××接报后立即到矿，经清点，12人安全升井，11人被困井下。2人下井查看，发现水已淹没南平巷，无法施救，升井后向附近的青杠林等煤矿求援，一面安排安装抽水设备，一面向县有关部门报告了事故情况。

二、事故原因及分析

（一）事故直接原因

该矿井田内及周边存在采空区并大量积水，擅自开采隔水煤柱，已有透水预兆的情况下，违章指挥、冒险进行巷采出煤，爆破引发采空区积水涌出导致透水事故发生。

（二）事故间接原因

一是新生煤矿安全生产主体责任不落实，非法组织生产。二是谯家镇政府及安监站未认真履行安全监管职责。三是沿河县煤炭局煤炭行业管理不到位。四是沿河县安监局安全监管不到位。五是沿河县人民政府安全监管工作存在差距。

三、事故处理结果

（1）邓××，新生煤矿风井承包人。鉴于其已在事故中死亡，不再追究责任。

（2）刘××，新生煤矿风井承包人。移送司法机关依法处理，并吊销其安全员资格证。

（3）黎××，新生煤矿矿长。移送司法机关依法处理，并吊销其矿长资格证、安全资格证，终身不得担任煤炭行业的矿长（董事长、总经理）职务。

（4）罗××，新生煤矿主要投资人之一。移送司法机关依法处理。

（5）田××，新生煤矿法定代表人、主要投资人之一。移送司法机关依法处理，终身不得担任煤炭行业的矿长（董事长、总经理）职务。

（6）周××，沿河土家族自治县安监局党组成员、副局长。移送司法机关依法处理。

上述人员属中共党员或行政监察对象的，待司法机关作出处理决定后，当地纪检监察机关再给予相应的党纪、行政处分。

（7）崔××，谯家镇安监站站长。对事故的发生负有主要责任。给予行政撤职处分，并给予党内警告处分。

（8）何××，谯家镇党委委员、镇人民政府副镇长。对事故的发生负有主要责任。给予行政撤职处分，并给予撤销党内职务处分。

（9）谯××，谯家镇党委委员、武装部长。对事故的发生负有重要责任。给予行政记大过处分。

（10）田××，谯家镇党委副书记、镇人民政府镇长。对事故的发生负有主要责任。给予行政撤职处分，并给予撤销党内职务处分。

（11）杨××，谯家镇党委书记。对事故的发生负有主要责任。给予撤销党内职务处分。

(12) 张××，沿河土家族自治县工业与经济贸易局党组成员、县煤炭局副局长。对事故的发生负有主要责任。给予行政撤职处分，并给予撤销党内职务处分。

(13) 李××，沿河土家族自治县工业与经济贸易局党组成员、县煤炭局局长。对事故的发生负有重要责任。给予行政降级处分，并给予党内警告处分。

(14) 杨××，沿河土家族自治县工业与经济贸易局党组成员、副局长、原县煤炭局局长。对事故的发生负有重要责任。给予行政记大过处分。

(15) 宋××，沿河土家族自治县安全生产监督管理局党组书记、局长。对事故的发生负有重要责任。给予行政降级处分，并给予党内警告处分。

(16) 黄××，沿河土家族自治县委常委、县人民政府副县长。对事故的发生负有重要领导责任。给予行政记过处分。

(17) 冠××，沿河土家族自治县委常委、县人民政府常务副县长。对事故的发生负有重要领导责任。已被免去副县长职务。

(18) 依法吊销新生煤矿相关证照，撤销相应的行政许可，对其依法实施关闭。

(19) 由铜仁市纪检监察机关对沿河土家族自治县委副书记、县人民政府县长任××进行诫勉谈话，责成沿河土家族自治县委书记张××向铜仁市委写出深刻书面检查。

(20) 责成沿河土家族自治县人民政府向铜仁市人民政府作出深刻书面检查，责成沿河土家族自治县委向铜仁市委作出深刻书面检查，责成铜仁市人民政府向贵州省人民政府作出深刻书面检查。

黑龙江省鹤岗市峻源二煤矿“5·2”重大透水事故

2012年5月2日7时5分，黑龙江省鹤岗市峻源二煤矿发生一起重大透水事故，死亡13人，直接经济损失1740万元。

一、事故经过和救援情况

2012年5月1日夜班，该矿井当班出勤28人，即矿长丁××带领掘进工4人、采煤工19人、机电工2人、瓦斯检查员2人等27人入井作业。5月2日6时50分，当6名工人完成工作任务后下班走出工作面，到达+110米巷道过输送机下山口十多米处时，突然听到后面有“哗哗”的水声，随后发生透水事故，入井人员中有10人升井，18人被困。

事故发生后，峻源二煤矿挂名矿长、生产副矿长等人先后从副井入井，在井下先后发现9名遇难人员并将9名遇难人员升井。当沿+110米平巷向机道上山掘进工作面方向探查了100多米后，发现水已将巷道灌满（+110米平巷115米处变-14°下山），已经无法进入。

5月2日17时，鹤岗市委、市政府和兴安区有关人员立即赶到现场，成立了鹤岗市“5·2”事故抢险救援指挥部，启动事故抢险救援应急预案。5月2日18时55分，龙煤集团鹤岗分子公司矿山救护大队4个中队150名专业抢险救援人员和峻德矿、兴安矿150名救助人员，相继赶到事故现场参与抢险救援，加上市、区煤矿救援人员共350余名抢险人员参与抢险救援。22时30分，矿区救护队员在+180米回风道绞车处发现1名遇难人员。23时，水泵到位开始排水，+110米平巷水位逐渐下降，救援队成功将+110米掘进工作面的4名遇险人员救援升井。

根据抢险进展情况，5月3日，指挥部和专家组及时调整了救援方案。先对两个塌陷坑积水抽排后并进行回填，至5月4日3时，积水全部排干；5日17时，两处塌陷坑全部回填完毕。经过清淤、打钻、设防水墙、建防水坝等措施，救援队于5月19日2时，在+180米巷道内成功救出1名坚持了17天的生还矿工。其余3名遇难工人于5月20日14时40分，被全部找到并升至井上，抢险救援工作全部结束。

二、事故原因及分析

（一）事故直接原因

该矿越界进入已闭坑的原峻德矿多种经营公司一井范围复采17号煤层（原峻德矿多种经营公司一井开采后，地表已大面积下沉，并形成较大面积的塌陷坑，由于近期降水较大，地表塌陷坑充满积水，上覆冲积层含水达饱和状态），采煤工作面放顶后，采空区上覆岩石发生冒落，在上隅角与地表塌陷坑冒通，地表塌陷坑积水及上覆冲积层的水和泥沙溃入井下，导致透水事故发生。

（二）事故间接原因

（1）煤矿企业无视国家法律法规，越界开采。该矿矿主和煤矿管理人员法律意识、安全意识淡薄，违法违规越界开采，盗采矿产资源。发生事故的采煤工作面超出峻源二煤矿井田范围1000米，越界进入原峻德矿多种经营公司一井井田范围内，复采其17号煤层。

（2）煤矿企业主体责任不落实。一是开采前没有进行邻区、邻层及井上、下对照，采煤工作面距离地面间距小、地面有塌陷坑的情况未被发现，冒险作业；二是没有认真落实关于雨季“三防”工作的规定，在连续降雨的情况下，没有进行地面巡查和水患排查；三是煤矿制作假规程、假图纸，逃避煤矿安全监管部门的监管；四是兴星矿业集团公司在明知煤矿越界开采的情况下，仍然违法审批作业规程；五是该矿拒不执行监管部门的停产整改指令，违法组织生产。

（3）煤矿从业人员“人、证、岗”不符。一是煤矿管理人员人、证、岗不符，矿长无证上岗；二是瓦斯检查员、安全检查员等特种作业人员配备不足，持证人员不能满足实际生产工作需要。

（4）安全监管部门日常监督管理工作不到位。区驻矿安全监管员和市、区安全监管人员没有认真履行工作职责，没有发现违规越界开采行为；区安全监管人员检查发现17号煤层事故工作面与作业规程不符后，下达了停产指令，但没有采取有效措施，制止越界开采行为。

（5）行管部门技术管理工作不到位。一是兴安区煤炭局技术力量配备不足，对该矿技术管理和水文、地质测量工作检查指导不力，对井下已越界开采未能发现和制止，越界开采后，也未对开采范围内的井上、下进行对照，未能及时发现地面积水区水患；二是兴安区煤炭局在煤矿采掘作业规程审批备案工作中，把关不严，没有发现煤矿制作假规程、假图纸行为。

三、对事故责任人和事故责任单位的处理

（一）对事故责任人的处理

（1）峻源二煤矿实际矿长（无矿长资格和安全资格证），负责该矿全面工作，是该矿安全生产第一责任者。对事故的发生负有主要责任，鉴于其在事故中死亡，免于追究责任。

（2）峻源二煤矿投资人，兴星矿业集团公司经理，负责该公司全面工作。对事故的发生负有主要责任，移交司法机关依法处理。依据《〈生产安全事故报告和调查处理条例〉罚款处罚暂行办法》第十一条（二）款规定，处上一年年收入60%的罚款。

（3）峻源二煤矿法人代表、矿长（持有矿长资格证和矿长安全资格证，但只分管后勤工作）。对事故的发生负有主要责任，移交司法机关依法处理。依法撤销其矿长资格、安全资格，终身不得担任任何煤矿的矿长（董事长、总经理）职务。依据《〈生产安全事故报告和调查处理条例〉罚款处罚暂行办法》第十八条（三）款规定，处上一年年收入60%的罚款。

（4）峻源二煤矿生产副矿长（无安全资格证），负责该矿生产工作，参与组织越界开采、盗采煤炭资源。对事故的发生负有主要责任，移交司法机关依法处理。

（5）鹤岗市兴星矿业集团公司总工程师（无安全资格证），负责该公司技术全面工作。对事故的发生负有主要责任，移交司法机关依法处理。

（6）峻源二煤矿挂名技术副矿长，负责该矿对外证照延续、扩储等工作，没有从事该矿的技术矿长工作，证、岗不符，撤销其技术矿长安全资格，依据《生产安全事故报告和调查处理条例》第四十条规定，5年内不得担任任何煤矿的主要负责人。依据《安全生产违法行为行政处罚办法》第四十四条第（六）款规定，处1000元罚款。

（7）峻源二煤矿挂名生产副矿长，负责该矿输送带井建设工作，没有从事该矿的生产矿长工作，证、岗不符，撤销其生产矿长安全资格，依据《生产安全事故报告和调查处理条例》第四十条规定，5年内不得担任任何煤矿的主要负责人。依据《安全生产违法行为行政处罚办法》第四十四条第

（六）款规定，处1000元罚款。

（8）兴安区煤管局驻峻源二煤矿安全监管员，驻矿监督检查该矿安全生产工作。对事故的发生负有主要责任，移交司法机关依法处理。

（9）兴安区煤管局安全检查采掘组监察员。对事故的发生负有领导责任，鉴于检察机关已对其立案侦查，待司法机关依法处理后，再给予相应的政纪处分。

（10）兴安区煤管局安全检查采掘组监察员。对事故的发生负有领导责任，鉴于检察机关已对其立案侦查，待司法机关依法处理后，再给予相应的政纪处分。

（11）兴安区煤管局安全检查采掘组组长。对事故的发生负有领导责任，鉴于检察机关已对其立案侦查，待司法机关依法处理后，再给予相应的政纪处分。

（12）兴安区煤管局采掘副总工程师。对事故的发生负有领导责任，鉴于检察机关已对其立案侦查，待司法机关依法处理后，再给予相应的政纪处分。

（13）兴安区煤管局安全检查通风组组长。对事故的发生负有主要领导责任，给予撤职处分。

（14）兴安区煤管局安全检查机电组组长。对事故的发生负有重要领导责任，给予撤职处分。

（15）兴安区煤管局总工程师，负责兴安区煤管局生产技术管理工作。对事故的发生负有领导责任，给予降级处分。

（16）兴安区煤管局局长，负责兴安区煤管局全面工作。对事故的发生负有领导责任，给予撤职处分。

（17）鹤岗市地煤局煤矿安全监察大队监察一组监察员，负责采掘工作。对事故的发生负有领导责任，给予降级处分。

（18）鹤岗市地煤局煤矿安全监察大队监察一组组长，分管峻源二煤矿日常监管，并对兴安区煤管局对该矿的日常监管工作负有监督指导工作职责。对事故的发生负有领导责任，给予记大过处分。

（19）鹤岗市地煤局煤矿安全监察大队队长助理，协助大队长分管煤矿安全监察工作。对事故的发生负有领导责任，给予记过处分。

（20）鹤岗市地煤局煤矿安全监察大队大队长，负责鹤岗市地煤局煤矿安全监察大队全面工作。对事故的发生负有领导责任，给予警告处分。

（21）鹤岗市地煤局副局长，分管鹤岗市地煤局生产技术管理工作。对事故的发生负有领导责任，给予警告处分。

（22）兴安区副区长（在事故后鹤岗市委作出决定免去其副区长职务），主管全区煤矿安全生产工作。对事故的发生负有领导责任，给予警告处分。

（二）对事故矿井的处罚

依据《黑龙江省安全生产条例》第三十七条规定，提请黑龙江省人民政府对鹤岗市峻源二煤矿按照关闭矿井的标准予以关闭。

四川省攀枝花市西区正金工贸有限责任公司肖家湾煤矿“8·29”特别重大瓦斯爆炸事故

2012年8月29日17时38分，四川省攀枝花市西区正金工贸有限责任公司肖家湾煤矿发生特别重大瓦斯爆炸事故，造成48人死亡，54人受伤，直接经济损失4980万元。

一、矿井基本情况

（一）矿井概况

攀枝花市正金工贸有限责任公司（以下简称正金公司）肖家湾煤矿属西区大宝鼎街道办事处管辖，为资源整合矿井，设计年生产能力为9万吨，是以原正金工贸有限责任公司肖家湾煤矿（始建于1984年）为主体整合被关闭的峻峰工贸有限公司肖家湾煤矿（始建于1992年）而成的。

肖家湾煤矿整合改扩建工程于2010年5月开工，2011年2月建设完成。该矿采用平硐开拓方式，分为主平硐、辅助平硐和回风井。该矿为低瓦斯矿井，煤层不易自燃，煤尘无爆炸危险性。该矿合法开采区域（即设计及验收批准生产区域）取得了营业执照、采矿许可证、安全生产许可证、煤炭生产许可证、矿长资格证及矿长安全资格证等证照。

（二）非法违法生产情况

发生事故时，该矿合法开采区域开采标高+1464～+1270米，有1个采区，在9号煤层和10号煤层各有1个采煤工作面，10号煤层有2个掘进工作面。但该矿非法违法开采，在批准开采区域外的主平硐+1277米标高以下和辅助平硐+1327米标高以下的17个煤层中共布置41个非法采掘作业点。4个采煤队在该区域内采用非正规采煤方法，以掘代采、乱采滥挖。经查，非法违法开采区域有9个煤层不在采矿许可证批准的煤层范围内，在平面范围内巷道越界257米。自2011年至发生事故前，该矿在验收批准的开采区域仅生产煤炭1.43万吨，而在非法违法区域的产煤量达21.14万吨。

二、事故发生及抢险救援经过

2012年8月29日中班，该矿各采煤队分别召开班前会后，153名工人于15时至17时30分陆续入井，到非法违法区域作业。至事故发生时，早班有16人未升井，中班有4人提前出井，井下共有165人。应带班的安全副矿长阳××未按规定下井带班。

10号煤层提升下山处于无风微风状态，造成瓦斯积聚，17时38分，作业人员在操作提升绞车信号装置时，因失爆产生火花，发生瓦斯爆炸，2名工人当场死亡。爆炸冲击波导致+1220米平巷下部8号煤层和9号煤层部分采掘作业点积聚的高浓度瓦斯发生爆炸。爆炸波及10号煤层提升下山及上口附近、12号煤层下山、+1220米平巷、8号煤层和9号煤层一平巷至五平巷及附近采掘作业点、5号煤层和6号煤层采掘作业点。

事故发生后，在主要通风机附近的机电副矿长何××听到主要通风机声音异常，判定井下发生了事故，随即打电话通知了技术副矿长王××。王××与安全副矿长阳××组织人员入井施救并查看情况。18时11分，矿长郑××感到事态严重才向有关部门报告，并召请攀枝花煤业（集团）有限责任公司救护消防大队救援。经自救和互救，共有115人升井，其中3人在送往医院途中死亡，50人被困井下。

接到事故报告后，攀枝花市人民政府立即启动煤矿安全生产应急预案。当晚，四川省人民政府决定成立攀枝花市肖家湾煤矿“8·29”瓦斯爆炸事故抢险救援联合指挥部，由副省长刘捷任指挥长。抢险指挥部先后调集了省内外11支矿山救护队、33个作战小队、341名指战员火速赶到现场。国家安全监管总局局长杨栋梁会同四川省委、省政府主要领导同志组织指挥救援工作，国家安全监管总局副局长、国家煤矿安监局局长付建华亲自下井了解事故情况，现场指导救援工作。截至9月15日，经过17天奋力营救，抢救出5名遇险人员，找到45名遇难人员遗体。至此，事故共造成48人死亡。

三、事故原因及分析

（一）事故直接原因

肖家湾煤矿非法违法开采区域的10号煤层提升下山采掘作业点和+1220米平巷下部8号、9号煤层部分采掘作业点无风微风作业，瓦斯积聚达到爆炸浓度；10号煤层提升下山采掘作业点提升绞车信号装置失爆，操作时产生电火花，引爆瓦斯；在爆炸冲击波高温作用下，+1220米平巷下部8号、9号煤层部分采掘作业点积聚的瓦斯发生二次爆炸，造成事故扩大。

（二）事故间接原因

1. 正金公司肖家湾煤矿

（1）非法违法组织生产，超层越界非法采矿。该矿在批复区域外组织4个采煤队乱采滥挖、超层越界非法采矿，非法采煤量达21.14万吨，且采用突击临时封闭巷道的办法，隐瞒非法开采区域的真相，逃避政府及有关部门的监管。

（2）超能力、超定员、超强度生产。该矿在非法违法区域布置多煤层、多头面同时作业，矿井设计生产能力9万吨/年，而2011年实际产量为14.17万吨，2012年3—7月份为8.4万吨；矿井设计定员为274人，而事故发生时共有职工753人，其中从事采掘作业的职工共计661人。

（3）非法违法区域通风管理混乱。没有形成稳定可靠的通风系统，采用局部通风机供风，经常发生停电停风现象，并存在一台风机向多头面供风的问题；采掘作业点之间形成大串联，存在循环风，还与周边矿井连通，造成风量不足，部分采掘作业点无风微风作业；没有安装瓦斯监控传感器，在瓦斯超限时不能报警、断电，且瓦斯检查制度不落实。

（4）技术管理缺失。该矿技术资料缺乏，+1277米标高以下非法违法区域无开采设计、无作业规程、无安全技术措施，且没有与实际开采情况相符的图纸。

（5）现场管理混乱。矿井提升绞车信号装置没有使用信号综合保护；机电设备检修不及时，且使用明令禁止的淘汰设备；未使用完的火工品乱扔乱放；入井人员不携带自救器；不严格执行出入井登记管理制度，发生事故后难以核清井下实际人数；不执行矿领导带班下井制度，事故当班没有矿领导入井带班。

2. 安全生产监督管理部门

（1）攀枝花市西区安监局履行安全监管和煤炭行业管理职责不力，开展打击煤矿非法违法生产经营建设行为（以下简称“打非治违”）工作流于形式，对肖家湾煤矿监督检查走过场，未依据该矿作业规程和生产计划对核定采掘工作面推进情况、煤炭产量、火工品使用情况等进行核查，未发现该矿长期存在的在批复区域外非法违法组织生产、非法采矿和超能力、超定员、超强度生产等问题；对该矿建设期间的火工品审批工作审核把关不严，未按工程量核定火工品数量；对大宝鼎街道煤矿安全生产监督管理工作指导和督查不到位，对安全生产监督管理办公室负责人和驻矿安监员失职渎职的行为失察。

（2）攀枝花市安监局履行煤矿安全生产监督管理和煤炭行业管理职责不到位，组织开展煤矿“打非治违”和日常监督检查工作不力；到肖家湾煤矿检查或验收时，未依据作业规程和生产计划对核定采掘工作面推进情况、煤炭产量、火工品使用情况等进行核查，对该矿非法违法生产等问题失察；指导、监督西区煤矿安全生产工作不力。

3. 国土资源管理部门

（1）攀枝花市国土资源局西区国土资源所未组织开展对辖区内煤矿井下违法问题的监督工作，未发现肖家湾煤矿长期存在的超层越界非法采矿行为。

（2）攀枝花市国土资源局西区分局开展矿产资源开发利用和保护工作不力，未发现2011年以来肖家湾煤矿长期存在超层越界非法采矿的问题；未按照《国务院关于预防煤矿生产安全事故的特别规定》（国务院令第446号）和《攀枝花市人民政府关于加强煤矿矿政管理及安全管理工作的通知》（攀府发〔2007〕10号）要求，将2010年查结的肖家湾煤矿超层越界开采案件移送司法机关和有关部门处理；在该矿因超层越界非法采矿受到核查的情况下，未认真审核肖家湾煤矿采矿许可证办理资料，把关不严，使其通过初审。

（3）攀枝花市国土资源局未正确履行矿产资源监督管理职能，组织开展矿产资源领域“打非治违”工作不力，对辖区内煤矿存在的超层越界非法采矿问题失察；对该局有关处室和西区国土资源分局矿产资源监管工作督促、检查不到位。

4. 公安机关

攀枝花市公安局西区分局及分局治安大队、宝鼎派出所未正确履行民用爆炸物品安全管理职能，对肖家湾煤矿申请的火工品数量审查把关不严，未对该矿建设期间的建设实际工程量和生产期间的实际生产能力、需求量进行调查核实就审查同意企业申请的火工品数量。宝鼎派出所未督促该矿建立爆破员爆破工作日志制度，在日常检查中也未把爆破工作日志列入检查内容。攀枝花市公安局西区分局指导治安大队和宝鼎派出所开展民用爆炸物品安全管理工作不到位，对该矿未建立爆破员爆破工作日志制度等问题失察。

事故发生后，攀枝花市公安局西区分局对被控制对象兰××看管不严，致其跳楼自杀，严重影响了事故调查工作，攀枝花市公安局西区分局相关民警和领导对此负有责任。

5. 地方党委、政府

（1）大宝鼎街道党工委和办事处贯彻落实上级党委、政府关于煤矿安全生产工作的部署和要求不力。大宝鼎街道党工委对街道办事处煤矿安全生产监管工作督促不到位，对煤矿安全生产监管队伍存在的违纪违法问题失察。

（2）攀枝花市西区区委、区政府贯彻落实党和国家有关煤矿安全生产方针政策、法律法规不到位。西区人民政府组织开展煤矿“打非治违”工作不深入，多次组织检查均未发现肖家湾煤矿长期在批复区域外非法违法生产、非法采矿等问题。西区区委、区政府对有关职能部门和大宝鼎街道党工委、办事处煤矿安全生产监管工作督促检查不力，对党员干部监督管理不到位。

（3）攀枝花市人民政府贯彻落实国家有关煤矿安全生产法律法规不到位，对所辖西区人民政府及市人民政府有关职能部门煤矿安全生产监管工作督促指导不到位。

6. 煤矿安全监察机构

四川煤矿安全监察局攀西监察分局开展辖区内煤矿安全监察工作不力，在检查肖家湾煤矿时，未认真核查该矿实际生产状况，未发现其长期在批复区域外非法违法生产、非法采矿和超能力、超定员、超强度生产等问题。

事故调查组在调查过程中，还发现了安全生产监督管理部门、国土资源管理部门、街道办事处有关公职人员涉嫌渎职、收受贿赂等问题的线索，已责成地方有关部门调查处理。四川省、攀枝花市纪委已分别牵头成立了专案组深入调查。

（三）事故性质

经调查认定，四川省攀枝花市西区正金工贸有限责任公司肖家湾煤矿“8·29”特别重大瓦斯爆炸事故是一起责任事故。

四、对事故有关责任人员和责任单位的处理结果

（一）免于追究责任人员

兰××，攀枝花市、西区两级人大代表，攀枝花市正金公司实际控制人。鉴于其已于2012年8月31日在家中跳楼自杀身亡，不再追究其责任。

（二）司法机关已采取措施人员

（1）谷××，攀枝花市正金公司法定代表人。2012年9月7日，因涉嫌重大责任事故罪被刑事拘留；9月27日，因涉嫌重大责任事故罪、非法采矿罪被执行逮捕。

（2）郑××，攀枝花市正金公司总经理。2012年9月7日，因涉嫌重大责任事故罪被刑事拘留；9月27日，因涉嫌重大责任事故罪、非法采矿罪被执行逮捕。

（3）李××，攀枝花市正金公司工程师。2012年9月8日，因患重大疾病被取保候审。

（4）谷××，攀枝花市正金公司副经理。2012年9月7日，因涉嫌重大责任事故罪被刑事拘留；9月27日，因涉嫌重大责任事故罪、非法采矿罪被执行逮捕。

（5）郑××，攀枝花市正金公司肖家湾煤矿矿长。2012年9月7日，因涉嫌重大责任事故罪被刑事拘留；9月27日，因涉嫌重大责任事故罪、非法采矿罪被执行逮捕。

（6）阳××，攀枝花市正金公司肖家湾煤矿安全副矿长。2012年9月7日，因涉嫌重大责任事故罪被刑事拘留；9月27日，因涉嫌重大责任事故罪、非法采矿罪被执行逮捕。

（7）王××，攀枝花市正金公司肖家湾煤矿技术副矿长。2012年9月7日，因涉嫌重大责任事故罪被刑事拘留；9月27日，因涉嫌重大责任事故罪、非法采矿罪被执行逮捕。

（8）郑××，攀枝花市正金公司肖家湾煤矿生产副矿长。2012年9月7日，因涉嫌重大责任事故罪被刑事拘留；9月27日，因涉嫌重大责任事故罪、非法采矿罪被执行逮捕。

（9）何××，攀枝花市正金公司肖家湾煤矿机电副矿长。2012年9月11日，因涉嫌重大责任事故罪被刑事拘留；9月27日，因涉嫌重大责任事故罪、非法采矿罪被执行逮捕。

（10）刘××，攀枝花市正金公司肖家湾煤矿一队队长。2012年9月9日，因涉嫌非法采矿罪被刑事拘留；9月27日，因涉嫌非法采矿罪被执行逮捕。

（11）田××，攀枝花市正金公司肖家湾煤矿二队队长。2012年9月8日，因涉嫌重大责任事故罪被刑事拘留；9月27日，因涉嫌重大责任事故罪、非法采矿罪被执行逮捕。

（12）陈××，攀枝花市正金公司肖家湾煤矿三队队长。2012年9月9日，因涉嫌非法采矿罪被刑事拘留；9月27日，因涉嫌非法采矿罪被执行逮捕。

（13）唐××，攀枝花市正金公司肖家湾煤矿四队队长。2012年9月9日，因涉嫌非法采矿罪被刑事拘留；9月27日，因涉嫌非法采矿罪被执行逮捕。

（14）刘××，攀枝花市正金公司肖家湾煤矿安监组、通风队队长。2012年9月10日，因涉嫌重大责任事故罪被刑事拘留；9月27日，被执行

逮捕。

（15）李××，攀枝花市正金公司肖家湾煤矿运输队队长。2012年9月12日，因涉嫌重大责任事故罪被刑事拘留；9月27日，因涉嫌非法采矿罪被执行逮捕。

（16）何××，攀枝花市正金公司肖家湾煤矿二队副队长。2012年9月12日，因涉嫌重大责任事故罪被刑事拘留；9月27日，因涉嫌重大责任事故罪、非法采矿罪被执行逮捕。

（17）王××，攀枝花市西区大宝鼎街道办事处驻肖家湾煤矿安监员。2012年9月19日，因滥用职权罪被刑事拘留；9月28日，被执行逮捕。

（18）赵××，攀枝花市西区大宝鼎街道办事处安全生产监督管理办公室负责人。2012年9月14日，因涉嫌玩忽职守罪被刑事拘留；9月27日，被执行逮捕。

（19）何××，攀枝花市西区大宝鼎街道办事处副主任，分管安全生产工作。2012年9月14日，因涉嫌玩忽职守罪被刑事拘留；9月27日，被执行逮捕。

（20）夏××，攀枝花市西区大宝鼎街道办事处主任、安委会主任。2012年10月19日，因涉嫌玩忽职守罪被刑事拘留；10月26日，被执行逮捕。

（21）周××，攀枝花市仁和区太平乡煤管所副所长。2012年11月6日，因涉嫌受贿罪被刑事拘留；11月19日，被执行逮捕。

（22）赵××，攀枝花市仁和区环卫局局长，2008年—2012年5月任仁和区太平乡煤管所所长。2012年11月26日，因涉嫌受贿罪被刑事拘留。

（23）罗××，攀枝花市仁和区安监局副局长，2008年—2012年1月任仁和区太平乡人民政府副乡长，分管煤矿安全生产工作。2012年10月26日，因涉嫌受贿罪被刑事拘留；11月7日，被执行逮捕。

（24）田××，攀枝花市西区安监局煤矿监督管理科副科长，2009年10月—2012年5月兼任煤矿技术服务中心主任。2012年10月19日，主动到检察机关投案自首，同日被取保候审。

（25）周××，攀枝花市西区安监局副局长，分管煤矿安全生产工作。2012年9月14日，因涉嫌玩忽职守罪被刑事拘留；9月21日，被执行逮捕。

（26）范××，攀枝花市西区安监局局长、党组书记，分管监察执法大队。2012年10月19日，因涉嫌玩忽职守罪被刑事拘留；10月31日，被执行逮捕。

（27）谢××，攀枝花市国土资源执法监察支队西区国土资源执法监察大队队长、攀枝花市国土资源局西区分局副局长，分管执法监察大队、矿产资源管理科、西区国土资源所。2012年11月26日，因涉嫌玩忽职守罪被刑事拘留。

（28）敬××，攀枝花市国土资源局西区分局局长。2012年10月18日，因涉嫌玩忽职守罪被刑事拘留；10月26日，被执行逮捕。

（29）刘××，攀枝花市西区人民法院副院长。2012年11月26日，困涉嫌受贿罪被刑事拘留。

（30）曾××，攀枝花市安全生产监督管理局监督管理三处处长，负责全市煤矿安全监管和煤炭行业管理工作。2012年10月27日，因涉嫌受贿罪被刑事拘留；11月8日，被执行逮捕。

（31）刘××，攀枝花市疾病预防控制中心预防医学门诊部主任。2012年10月30日，因涉嫌受贿罪被刑事拘留；11月13日，被执行逮捕。

以上人员待司法机关作出处理后，由有关单位按干部人事管理权限及时给予相应的党纪、行政处分。

（三）给予党纪、行政处分人员

（1）陈××，2012年5月至今任攀枝花市西区安监局煤矿监督管理科科长兼煤矿技术服务中心主任，负责西区煤矿安全监管和煤炭行业管理工作，2012年8月起负责对肖家湾煤矿包矿监管。对事故的发生负有主要领导责任。给予行政撤职、党内严重警告处分。

（2）罗××，攀枝花市西区安监局非煤监督管理科科员，2009年10月—2012年4月任西区安监局煤矿监督管理科科长。对事故的发生负有主要领导责任。给予行政降级、党内严重警告处分。

（3）骆××，攀枝花市西区安监局执法大队大队长，兼任西区“打非治违”领导小组副组长。对事故的发生负有主要领导责任。给予行政降级、党内严重警告处分。

（4）吴××，2011年12月起任攀枝花市西区民政局局长，2008年9月—2011年12月任西区安监局局长。对事故的发生负有主要领导责任。给予行政撤职、党内严重警告处分。

（5）冯××，攀枝花市安监局监督管理三处副处长，负责全市煤矿安全监管和煤炭行业管理工作。对事故的发生负有主要领导责任。给予行政撤职处分。

（6）向××，攀枝花市安监局副局长、党组成员，分管监督管理三处。对事故的发生负有主要领导责任。给予行政撤职、撤销党内职务处分。

（7）庞××，攀枝花市安监局局长、党组书记。对事故的发生负有主要领导责任。给予行政降级、党内严重警告处分。

（8）陈××，攀枝花市国土资源局西区国土资源所所长。对事故的发生负有重要领导责任。给予行政记大过处分。

（9）陈××，攀枝花市国土资源局西区分局矿产资源管理科科长，负责矿产资源管理等工作。对事故的发生负有主要领导责任。给予行政撤职处分。

（10）于××，攀枝花市国土资源执法监察支队副支队长，主持工作。对事故的发生负有主要领导责任。给予行政降级、党内严重警告处分。

（11）余××，攀枝花市国土资源局副局长、党委委员，分管执法监察、法规监察等工作。对事故的发生负有重要领导责任。给予行政记大过处分。

（12）邓××，攀枝花市国土资源局局长、党委书记。对事故的发生负有重要领导责任。给予行政记过处分。

（13）徐××，攀枝花市公安局西区分局宝鼎派出所主任科员，民爆物品安全监管专职民警。对事故的发生负有主要领导责任。给予行政降级处分。

（14）乔××，攀枝花市公安局西区分局宝鼎派出所所长、大宝鼎街道办事处副主任。对事故的发生负有重要领导责任。给予行政记大过处分。

（15）阙××，攀枝花市公安局西区分局治安管理大队主任科员，民用爆炸物品专职民警。对事故的发生负有主要领导责任。给予行政降级、党内严重警告处分。

（16）盛××，攀枝花市公安局西区分局治安管理大队副大队长，分管民用爆炸物品管理工作。对事故的发生负有重要领导责任。给予行政记大过处分。

（17）王××，攀枝花市公安局西区分局治安管理大队民警。对兰××跳楼自杀事件负有直接责任。给予行政降级、党内严重警告处分。

（18）李××，攀枝花市公安局西区分局清香坪派出所协警。对兰××跳楼自杀事件负有直接责任。给予党内严重警告处分。

（19）罗××，攀枝花市公安局西区分局特巡警二大队副教导员，主持工作。对兰××跳楼自杀事件负有重要领导责任。给予行政记大过处分。

（20）曹××，攀枝花市公安局西区分局副局长，分管治安管理大队。对兰××跳楼自杀事件负有重要领导责任，对事故的发生负有主要领导责任。给予行政降级、党内严重警告处分。

（21）刘××，攀枝花市西区人民政府副区长、市公安局西区分局局长。对兰××跳楼自杀事件负有重要领导责任，对事故的发生负有重要领导责任。给予行政记大过处分。

（22）吴××，大宝鼎街道工作委员会书记兼武装部部长，对街道安全生产工作负总责。对事故的发生负有主要领导责任。给予撤销大宝鼎街道武装部部长职务、撤销党内职务处分。

（23）康××，攀枝花市“两新组织”工委组织处副处长，2008年5月至2012年1月任大宝鼎街道办事处副主任，分管安全生产等工作。对事故的发生负有主要领导责任。给予党内严重警告处分。

（24）杜××，攀枝花市西区区委宣传部常务副部长，2010年11月—2011年12月任大宝鼎街道办事处主任。对事故的发生负有主要领导责任。给予党内严重警告处分。

（25）代××，攀枝花市西区人民政府副区长，西区人大代表，负责安全生产工作，分管区安监局，事故发生后被停职。对事故的发生负有主要领导责任。给予行政撤职、党内严重警告处分。

（26）钟××，攀枝花市西区区委常委、宣传部长，2008年5月至2011年11月任攀枝花市西区人民政府副区长，负责安全生产等工作，分管区安全生产监督管理局。对事故的发生负有主要领导责任。给予党内严重警告处分。

（27）陈××，攀枝花市米易县委副书记、县人民政府县长，2009年2月—2011年9月任攀枝花市西区区委副书记、区人民政府区长。对事故的发生负有重要领导责任。给予行政记大过处分。

（28）李××，攀枝花市西区区委副书记，区人民政府党组书记、区长，西区人民政府安全生产第一责任人。对事故的发生负有主要领导责任。给予行政降级、党内严重警告处分。

（29）赵××，攀枝花市西区区委书记。对事故的发生负有主要领导责任。给予党内严重警告处分。

（30）刘××，攀枝花市人民政府副市长，负责全市安全生产工作，分管市安监局等部门。对事故的发生负有重要领导责任。给予行政记大过处分。

（31）王××，四川煤监局攀西监察分局监察一室副主任，负责攀枝花市西区煤矿安全监察工作。对事故的发生负有主要领导责任。给予行政撤职、党内严重警告处分。

（32）雷××，四川煤监局攀西监察分局监察一室主任，负责攀枝花市西区煤矿安全监察工作。对事故的发生负有主要领导责任。给予行政撤职、党内严重警告处分。

（33）徐××，四川煤监局攀西监察分局副局长兼总工程师，分管监察一室。对事故的发生负有主要领导责任。给予行政降级、党内严重警告处分。

责成四川省人民政府向国务院作出深刻检查。

（三）行政处罚建议

肖家湾煤矿非法违法生产引发特别重大事故，且未执行煤矿领导带班下井制度。依据《生产安全事故报告和调查处理条例》（国务院令第493号）第三十七条和《煤矿领导带班下井及安全监督检查规定》（国家安全监管总局令第33号）第二十条的规定，由四川煤监局对肖家湾煤矿处以罚款500万元。依据《煤矿领导带班下井及安全监督检查规定》第二十一条的规定，对肖家湾煤矿矿长郑××处以上一年年收入80%的罚款。

肖家湾煤矿在有关部门批复的开采区域外组织生产，且存在超层越界行为，2011年以来共非法违法生产煤炭21.14万吨。根据《中华人民共和国矿产资源法》第四十条、《中华人民共和国行政许可法》第八十条等规定，责成攀枝花市人民政府没收肖家湾煤矿非法违法所得，并处以罚款。

责成四川省人民政府相关部门及四川煤监局依法吊销肖家湾煤矿有关证照，由攀枝花市人民政府依法对肖家湾煤矿实施关闭。

甘肃省张掖市宏能煤业公司花草滩煤矿“9·6”重大提升运输事故

2012年9月6日18时6分，甘肃省张掖市宏能煤业公司花草滩煤矿副立井井筒套内壁作业过程中，距井底236.4米处的辅助盘发生倾斜、侧翻，导致在两个辅助盘上作业的10名工人坠井后全部遇难，直接经济损失501.468万元。

一、事故经过

2012年9月6日11时30分，施工队长李××组织召开班前会，参加班前会的人员有班长刘××（兼辅助盘信号工）、工人张××（吊盘信号工）、盛××（放料工）等19人。会后施工人员相继入井到达吊盘，班长刘××安排张××、盛××2人在吊盘发信号和放混凝土，刘××等12人在上辅助盘组模，吕××等5人在下辅助盘拆模板，随后施工人员进入各自岗位开始作业。17时左右，刘××安排盛××下到上辅助盘帮助组模，张××一人在吊盘发信号兼放混凝土。

18时，刘××在未给井口信号房打电话的情况下，直接发快提信号给井口信号房提升装有模板的吊筐，绞车运行后刘××又连续发了2次快提信号，在吊筐接近提升孔时速度突然加快，摇摆上升的吊筐挂住上辅助盘并使之倾斜，同时带动下辅助盘倾斜。在上辅助盘的刘××发现异常立即发出停车信号，并和韩××等7人爬到绑扎好的钢筋架和安装好的模板上。井口信号工石××接到急停信号后，马上给绞车房发了慢提和急停的信号（施工方规定绞车运行后要停车必须先发慢提信号后发急停信号），绞车司机马××接到信号后立即停车，但此时吊筐已经挂带辅助盘向上运行了7～8米，致使上、下辅助盘倾斜侧立，导致未挂安全带在上辅助盘的5名工人和下辅助盘的5名工人坠落井底。

二、事故原因及分析

（一）事故直接原因

副井套内壁施工作业过程中，信号工误传信号，在提升装有模板的吊筐时，吊筐挂带上辅助盘南侧提升孔上升，导致两层辅助盘倾斜侧立，致使在辅助盘上作业的10名工人坠井。

（二）事故间接原因

（1）技术管理薄弱。施工方未严格按照设计组织施工，变更施工组织设计未按程序上报。加装辅助盘套内壁作业未编制作业规程，安全技术措施的编制存在缺陷，技术措施审核审批把关不严。两层辅助盘、吊筐及其连接装置为施工方自行加工，对施工工艺和设备设施的安全可靠性考虑不够，对卸模、安模、绑扎钢筋、注混凝土等多项施工工序平行作业可能产生的事故隐患认识不到位。提升模板时吊筐未直接与绞车钢丝绳钩头连接，而是违章与吊桶底部连接，提升时不可避免发生摇摆。提升孔未采用喇叭口导向，在吊筐提升摇摆时不能纠偏。未及时调整安全带生根位置，任由作业人员安全带无根施工。

（2）提升信号不可靠。未按照规定在辅助盘设置声光信号，辅助盘信号工用铁丝拉打吊盘信号器时无法判断所发出信号的准确性。井下无直接发给绞车司机紧急停车的信号，导致吊筐顶到吊盘时不能立即停车。套壁作业时吊盘上升活动频繁，绞车的深度指示器标示的吊盘位置随时变化调整，导致绞车司机对吊盘的所在位置判断不准确，井下吊盘未安设视频探头，绞车司机只能听从信号开停绞车，无法完整了解吊桶及吊筐通过提升孔的运行状态。

（3）安全管理制度落实不到位。施工单位未严格落实安全主体责任，在井下作业现场未按照规定安排专职安全员和信号工，未严格落实矿领导带班下井制度和隐患排查治理制度。对井下作业人员未按规定佩戴安全带的行为未加制止，对提升信号不可靠的事故隐患未及时采取有效措施予以消除。建设单位未严格落实安全管理责任，矿长及部分管理人员未持证上岗，未督促施工方及时整改存在的事故隐患。监理单位未严格落实安全监理责任，部分监理人员无证上岗，对施工单位安全管理工作监理不到位。

（4）现场管理混乱。施工方副井作业现场无专职信号工、安全员和带班矿领导，随意调配特殊岗位人员，作业人员随意顶班替班，劳动组织混乱。建设方和监理方对施工现场安全监督管理不到位，井下未按规定安设信号装置的事故隐患未及时整改，对施工方未按施工组织设计施工未予制止。

（5）职工教育培训不到位。职工的培训时间和培训内容均达不到要求，部分新工人未经培训即下井作业；安全技术措施贯彻不到位；部分特殊工种无证上岗、特殊岗位单人单岗；从业人员安全意识淡薄，未按规定佩戴安全带，违章作业现象突出。

（6）安全防范意识不强。对8月21日发生的同类涉险事故未引起高度重视，发现事故隐患后未编制补充安全技术措施。非专职井下信号工在模板提升时未执行“先电话、后信号”的要求，未在吊筐提起适当高度后发暂停信号进行稳筐。

（7）地方政府及监管部门在落实安全生产工作方面存在差距。山丹县煤炭安监局煤矿相关技术力量薄弱，监管工作不够深入，检查工作不够细致。张掖市安监局对山丹县相关部门未正确履行职责监督管理不够。

（三）事故性质

经过调查取证，救护队现场侦察，技术认定和综合分析，认定甘肃省张掖市宏能煤业公司花草滩煤矿“9·6”重大提升运输事故是一起责任事故。

三、事故处理结果

（一）免于追究责任人员

盛××等10人，当班掘进工。作业过程中未按照规定佩戴安全带，违章作业，在辅助盘被吊筐顶翻时坠落井底，已在事故中遇难，不再追究责任。

（二）追究刑事责任的人员

（1）刘××，黑龙江龙煤矿山建设有限公司二十二工程处花草滩项目部副井掘进队班长，兼任本班辅助盘的信号工（无信号工操作证）。移交司法机关依法追究刑事责任。

（2）李××，黑龙江龙煤矿山建设有限公司二十二工程处花草滩项目部施工队长。移交司法机关依法追究刑事责任。

（3）尹××，黑龙江龙煤矿山建设有限公司二十二工程处花草滩项目部技术经理。移交司法机关依法追究刑事责任。

（4）张××，黑龙江龙煤矿山建设有限公司二十二工程处花草滩项目部安全经理。移交司法机关依法追究刑事责任。

（5）刘××，黑龙江龙煤矿山建设有限公司二十二工程处花草滩项目部项目经理。移交司法机关依法追究刑事责任。

（6）牟××，张掖市宏能煤业有限公司花草滩煤矿矿长。对施工单位存在的事故隐患监督整改不力，未严格督促监理单位执行安全监理责任，对事故负主要责任。依据《煤矿安全监察条例》第四十四条的规定，移交司法机关依法追究刑事责任。

（三）给予行政处罚、政纪和党纪处分人员

（1）马××，黑龙江龙煤矿山建设有限公司二十二工程处花草滩项目部副井副提升绞车司机。给予其行政开除处分。

（2）魏××，黑龙江龙煤矿山建设有限公司二十二工程处生产处副处长。给予其行政降级、党内严重警告处分。

（3）张××，黑龙江龙煤矿山建设有限公司二十二工程处副总工程师。给予其行政记大过、党内严重警告处分。

（4）于××，黑龙江龙煤矿山建设有限公司二十二工程处处长。给予其行政记过、党内警告处分。

（5）刘××，黑龙江龙煤矿山建设有限公司副总经理兼总工程师。给予其行政警告处分。

（6）刘××，煤炭工业济南设计院工程管理分公司花草滩煤矿监理部矿建监理。给予其行政开除处分。

（7）吴××，煤炭工业济南设计院工程管理分公司花草滩煤矿监理部矿建组组长。给予其行政降级、党内严重警告处分。

（8）郝××，煤炭工业济南设计院工程管理分公司花草滩煤矿监理部总监代表。给予其行政开除处分。

（9）邹××，煤炭工业济南设计院工程管理分公司花草滩煤矿监理部总监。给予其行政记大过、党内严重警告处分。

（10）易××，煤炭工业济南设计院工程管理分公司总经理。给予其行政记过、党内警告处分。

（11）赵××，张掖市宏能煤业有限公司花草滩煤矿安环部部长。给予其行政开除处分，并处罚款8000元。

（12）李××，张掖市宏能煤业有限公司花草滩煤矿机电部部长。给予其行政开除处分，并处罚款8000元。

（13）王××，张掖市宏能煤业有限公司花草滩煤矿总工程师。给予其行政开除处分，并处罚款8000元。

（14）齐××，甘肃丰汇矿业有限公司安环部部长。给予其罚款7000元。

（15）温××，甘肃丰汇矿业有限公司总工程师。给予其罚款7000元。

（16）赵××，甘肃丰汇矿业有限公司常务副总经理。给予其罚款7000元。

（17）李××，甘肃丰汇矿业有限公司董事长兼总经理。给予其罚款7000元。

（18）魏××，山丹县煤炭安监局科员，给予其行政记大过、党内严重警告处分。

（19）贾××，山丹县煤炭安监局监管一科科长。给予其行政撤职、党内严重警告处分。

（20）张××，山丹县煤炭安监局副局长。给予其行政撤职、党内严重警告处分。

（21）石××，山丹县安监局副局长。给予其行政降级、党内严重警告处分。

（22）唐××，山丹县安监局局长。给予其行政记过、党内警告处分。

（23）魏××，山丹县委常委、副县长，分管安全生产工作。给予其行政警告处分。

（24）何××，张掖市安监局煤矿安全监督管理科科长。对其通报批评。

（25）王××，张掖市安监局副局长，负责全市煤矿安全生产工作。对其通报批评。

（26）成××，张掖市人民政府副市长，分管全市的安全生产工作。责成其向张掖市人民政府作出检查。

（四）对事故单位的处罚

该起事故是一起责任事故，黑龙江龙煤矿山建设有限公司对事故的发生负主要责任，依据《生产安全事故报告和调查处理条例》第三十七条、《煤矿领导带班下井及安全监督检查规定》第二十条的规定，给予黑龙江龙煤矿山建设有限公司罚款200万元。

（五）对地方政府的处理

山丹县人民政府，在落实煤矿安全生产监管工作上存在不足，对相关部门履行职责督促检查不够。责令其向张掖市人民政府作出书面检查。

张掖市人民政府，在落实煤矿安全生产监管工作上存在不足，对张掖市相关部门及山丹县相关部门履行职责督促检查不够。责令其向甘肃市人民政府作出书面检查。

甘肃省白银市屈盛煤业有限公司“9·25”井下重大运输事故

2012年9月25日0时10分，甘肃省白银市屈盛煤业有限公司发生一起重大运输事故，造成20人死亡，14人受伤，直接经济损失2341.2万元。

一、事故经过及抢险救援过程

（一）事故经过

2012年9月24日15时，曾××、林××和带班副矿长赵××组织召开中班班前会，安排饶××等19人到副井总回风巷、102进回风联络巷和1450下山维修巷道，刘××等16人到102进风巷机尾以里回收钢棚，林××等7人到102进风巷第三台刮板输送机机尾处灭火，纪××等3人到1450总进风巷维修巷道，李××等2人到主副井联络巷扩帮维修，饶××负责副井车场信号把钩工，赵××负责各作业地点的安全监督检查工作。会后，中班共49人分乘人车入井按各自分工作业。23时40分，人车跟车工兼信号工饶××和中班下班人员赵××、林××等34人挤乘两节人车升井，人车刚起步就掉道了，饶××等人下车将人车抬上轨道后继续升井。9月25日0时10分，当人车提升至距井口68米处人车突然掉道，饶××发出停车信号，但掉道后的人车随即与井筒右侧的钢管法兰盘碰撞，导致钢丝绳断绳，人车跑车至距井口以下560米处碰停。事故发生后，当班其余15人从主井安全升井。

（二）事故报告和抢险救援过程

副井绞车司机符××接到停车信号后立即刹车，瞬间断开的钢丝绳弹回到绞车房内，符××发现钢丝绳断绳后，当即向矿领导进行了汇报，副矿长闫××、党××接到事故汇报后立即下井查看情况并组织人员自救，0时40分，副矿长闫××向平川区安监局办公室和红会煤管分站汇报了事故，平川区安监局相关人员在赶赴事故现场的同时立即通知靖远煤业集团有限责任公司救护大队救援，1时47分，平川区安监局向上级政府和部门汇报了事故情况。

白银市委、市政府，平川区委区政府接到事故报告后立即启动重大安全事故应急救援预案，成立了事故抢险救援指挥部，并调动白银会通煤业有限责任公司辅助救护队协助靖远煤业集团有限责任公司救护大队展开事故抢险救援工作。

经过科学合理、紧张有序的救援，至25日2时51分先后将15名受伤矿工运出井口，分别送往靖远煤业集团有限责任公司职工总医院抢救，其中1人因伤势过重抢救无效死亡。14时50分将其余19名遇难矿工遗体全部运至地面，事故抢险救援工作结束。

（三）善后处理情况

事故救援结束后，平川区人民政府认真开展了善后处理工作，对受伤人员进行了治疗并安排专人护理，对遇难职工家属进行了耐心细致的安抚工作，按照有关规定与遇难矿工家属全部签署了赔偿协议并落实到位，保持了矿区和社会稳定。

二、事故原因及分析

（一）事故直接原因

严重超员的斜井人车在提升过程中掉道，随即与巷道巷帮底部的钢管法兰盘发生碰撞，致使磨损锈蚀严重的提升钢丝绳负荷突然增大超过其承载极限而断绳，导致人车跑车，跑车后的人车在快速下滑过程中与巷道发生强烈撞击，造成斜井人车严重变形、乘车人员伤亡。

（二）事故间接原因

（1）现场安全管理混乱。井底车场没有配备安全员维持乘车秩序，带班矿领导、跟班人员和人车跟车工对工人违章挤乘人车未加制止并参与违章，人车超员严重，核定乘坐20人，事故发生时实乘34人。

（2）运输安全管理不规范。轨道敷设规格偏小，铺设质量差，导致提升中的车辆频繁掉道；浮煤、淤泥将道心和枕木掩埋，导致人车跑车落闸后插爪失效；管理人员违章指挥，增加车辆超负荷提升，加剧钢丝绳疲劳损伤。

（3）提升设备管理不到位。副井绞车保护装置不全，未按规定进行检测检验；副井筒内安设托绳轮数量不足，大多数被淤泥掩埋不能转动，导致钢丝绳磨损严重；钢丝绳使用中未进行维护保养，钢丝绳锈蚀严重；提升运输制度不落实，人车未按规定作安全运行试验。

（4）隐患排查治理不彻底。钢丝绳检查制度不健全、责任不落实，对提升过程中车辆经常掉道未及时查明原因进行整改；安全投入不足，副井绞车保护装置不全，钢丝绳磨损锈蚀严重均未及时更换，仍继续使用。

（5）安全管理机构不健全。矿井将生产经营权承包后，安全监督与生产管理脱钩；安全管理人员、工程技术人员和特殊工种作业人员配备不足，安全监督检查不到位；承包方未设置安全管理机构、配备安全管理人员，日常安全管理责任不落实。

（6）监管监察指令执行不到位。矿井没有严格执行监管监察部门下达的执法指令，违规使用安全性能不符合规定的副井绞车提升人车；回收报废巷道钢棚支架期间，作业人员为增加出煤量，违规放顶采煤。

（7）培训教育制度不落实。大部分新招工人未经过安全教育培训就安排下井作业，职工安全意识淡薄，违章指挥、违章操作、违反劳动纪律等现象突出。

（8）督促检查落实不扎实。平川区人民政府部署落实安全生产相关规定不全面，指导检查安全生产监管部门履行职责工作不细致。白银市、平川区安监局对煤矿日常监管不严不细，未严格督促落实煤矿停产整顿、隐患排查治理等工作。

（三）事故性质

经调查认定，甘肃省白银市屈盛煤业有限公司“9·25”重大运输事故是一起责任事故。

三、事故处理结果

（一）免于追究责任人员

（1）林××，甘肃省白银市屈盛煤业有限公司承包方井下负责人，中班跟班人员，分管矿井井下工作。对事故的发生负有直接责任。鉴于其已在事故中死亡，不再追究责任。

（2）赵××，甘肃省白银市屈盛煤业有限公司安全副矿长，中班带班矿领导，负责矿井安全监督检查工作。对事故的发生负有直接责任。鉴于其已在事故中死亡，不再追究责任。

（3）饶××，甘肃省白银市屈盛煤业有限公司承包方夜班人车跟车工兼信号工，负责人车安全运行和信号联络。对事故的发生负直接责任。鉴于其在事故中受重伤，且治愈恢复期限较长，不再追究责任。

（二）对事故有关责任人和责任单位的处理

（1）曾××，甘肃省白银市屈盛煤业有限公司承包方井下主要负责人。已被依法逮捕。

（2）温××，甘肃省白银市屈盛煤业有限公司承包方井上负责人。已被依法逮捕。

（3）陈××，甘肃省白银市屈盛煤业有限公司承包方主要负责人。已被依法逮捕。

（4）党××，甘肃省白银市屈盛煤业有限公司生产副矿长。已被依法逮捕。

（5）闫××，甘肃省白银市屈盛煤业有限公司副矿长。已被依法逮捕。

（6）闫××，甘肃省白银市屈盛煤业有限公司法定代表人、矿长。已被依法逮捕。吊销其矿长资格证和安全资格证，终身不得再担任煤炭行业的矿长（董事长、总经理）职务。

（7）何××，甘肃省白银市平川区安监局红会煤管分站副站长、驻甘肃省白银市屈盛煤业有限公司安全生产特派员。已被依法逮捕。

（8）邢××，甘肃省白银市平川区安监局红会煤管分站站长。已被依法逮捕。

（9）丁××，甘肃省白银市屈盛煤业有限公司机电队长。移交司法机关依法追究刑事责任。

（10）郑××，甘肃省白银市屈盛煤业有限公司承包人。移交司法机关依法追究刑事责任。

（11）胡××，甘肃省白银市平川区安监局煤炭管理总站副站长。对事故的发生负有主要领导责任。给予行政撤职处分，并给予留党察看处分。

（12）傅××，甘肃省白银市平川区安监局副局长兼煤炭管理总站站长。对事故的发生负有主要领导责任。给予行政撤职处分，并给予留党察看处分。

（13）王××，甘肃省白银市平川区安监局局长。对事故的发生负有主要领导责任。给予行政记大过处分，并给予党内严重警告处分。

（14）展××，甘肃省白银市平川区人民政府副区长。对事故的发生负有重要领导责任。给予行政记过处分，并给予党内警告处分。

（15）高××，甘肃省白银市平川区人民政府区长。对事故的发生负有重要领导责任。给予行政警告处分。

（16）冉××，甘肃省白银市安监局安全监管四科科长。对事故的发生负有重要责任。给予行政记过处分。

（17）关××，甘肃省白银市安监局安全监管五科科长。对事故的发生负有重要责任。给予行政记过处分。

（18）宋××，甘肃省白银市安监局总工程师。对事故的发生负有重要领导责任。给予行政记过处分，并给予党内警告处分。

（19）王××，甘肃省白银市安监局局长。对事故的发生负有重要领导责任。给予行政警告处分。

责成白银市人民政府向甘肃省人民政府作出书面检查。

由甘肃煤监局兰州监察分局对甘肃省白银市屈盛煤业有限公司处200万元罚款。

由证照颁发管理部门吊（注）销甘肃省白银市屈盛煤业有限公司相关证照，由白银市人民政府依法对该矿实施关闭。

四、事故防范措施

督促有关单位深刻吸取事故教训，按照事故调查报告提出的防范措施认真抓好整改；并举一反三，按照国家关于加强煤矿安全生产工作的一系列要求，切实加强煤矿安全工作，确保安全生产。

按干部管理权限落实对有关责任人员的行政处分决定，按程序向有关党组织提出给予有关责任人员党纪处分的建议，依法向司法机关提出追究有关责任人员州事责任的建议。

按照国务院安委会办公室有关要求，及时公布事故调查报告，将事故处理结果通报辖区所有煤矿企业，并将向社会公布情况和处理意见的落实情况报国务院安委会办公室备案。

云南省曲靖市富源县上厂煤矿“12·5”重大煤与瓦斯突出事故

2012年12月5日13时左右，云南省曲靖市富源县上厂煤矿一号井发生一起重大煤与瓦斯突出事故，造成17人死亡，6人受伤，直接经济损失4119万元。

富源县上厂煤矿为私营独资企业，由一号井、二号井和三号井组成，3个井均为独立的生产系统，共用采矿许可证（在有效期内）。上厂煤矿一号井位于黄泥河镇戛拉村，2004年6月建矿，2008年8月竣工验收，矿区面积2.8878平方千米，矿井设计、核定生产能力均为9万吨/年。

一、事故发生及抢险救援经过

2012年12月5日早班，上厂煤矿一号井共有66人登记入井，另有6人（牛××、王××、李××、陆××、田××、田××）未进行入井登记，实际入井人数72人。其中南翼采区39人，北翼采区33人，当班带班副矿长张××。

12时左右，北翼20212工作面运输巷补巷掘进工作面爆破出煤完成了第一个作业循环。副班长牛××因头痛，将起爆器和钥匙交给胡××、黄××2人后，牛××和本班王××等6人陆续返回地面吃饭、休息。13时左右，胡××、黄××2人在未撤出20212采煤工作面作业人员情况下，违章爆破发生煤与瓦斯突出，突出煤量83吨，瓦斯量3862.43立方米。

事故发生后，13时10分返回井下的牛××在带式输送机机尾处看见黄××、胡××趴在地上，呼喊他们的名字，没有回答。牛××立即退出20212工作面运输巷，把情况告诉在北翼采区下山安装带式输送机的陈××。陈××立即打电话向地面汇报事故情况。

事故发生后，南翼安全撤出39名作业人员，北翼采区安全撤出10人。13时30分，矿长张××带领安全副矿长姚××，组织本矿兼职救护队员和煤矿相关人员共40多人携带自救器进入20212采煤工作面区域，救出7名受伤人员（其中1人送往医院途中死亡）。14时15分，富源县煤炭工业局接到事故报告后，立即通知救护队前往救援，并向上级报告事故。17时40分，富源县、华能云南滇东能源矿山救护队将遇难矿工全部运出地面，救援工作结束。按照抢险救援指挥部要求，救护队再次对井下进行了全面搜寻，没有再发现遇难者，至此本次事故共造成17人死亡（其中1人在送往医院途中死亡），6人受伤。

二、事故原因及分析

（一）事故直接原因

20212工作面运输巷补巷掘进工作面位于地质构造带，属瓦斯应力聚积区，煤矿未采取防突措施，擅自打开密闭，爆破作业，诱发煤与瓦斯突出，导致事故发生。

（二）事故间接原因

（1）上厂煤矿一号井违法组织生产，隐瞒井下生产情况，防突措施不落实，安全管理混乱。

（2）富源县有关职能部门不正确履行职责，对上厂煤矿一号井存在违规生产行为打击不力。

（3）富源县、黄泥河镇人民政府安全监管不到位。

（三）事故性质

经调查认定，云南省曲靖市富源县上厂煤矿一号井“12·5”重大煤与瓦斯突出事故是一起责任事故。

三、事故处理情况

根据国家煤矿安监局对事故报告的批复，对事故责任单位和责任人的处理意见如下。

（1）移送司法机关人员：

姚××，上厂煤矿一号井安全副矿长，负责矿井安全工作。对事故的发生负有主要责任。移交司法机关依法追究刑事责任，同时吊销其《安全副矿长资格证》。车××，上厂煤矿一号井总工，负责技术管理工作。对事故的发生负有主要责任。移交司法机关追究刑事责任。

张××，上厂煤矿一号井矿长，全面负责和安排井下安全生产工作。对事故的发生负有主要责任，移交司法机关依法追究刑事责任，同时吊销其《煤矿矿长资格证》和《煤炭生产经营单位主要负责人安全资格证》，终身不得再担任煤炭行业的矿长（董事长、总经理）职务。

陈××，上厂煤矿矿长、投资人、实际控制人。移交司法机关依法追究刑事责任，同时吊销其《煤矿矿长资格证》和《煤炭生产经营单位主要负责人安全资格证》，终身不得再担任煤炭行业的矿长（董事长、总经理）职务。

张××，黄泥河煤炭分局派驻上厂煤矿一号井监督员。对事故的发生负有主要责任。移送司法机关追究刑事责任，并由发证机关吊销其《云南省行政执法证》。

赵××，黄泥河煤炭分局派驻上厂煤矿一号井监督员。对事故的发生负有主要责任。移送司法机关追究刑事责任。

黄××，黄泥河煤炭分局党支部书记，分管党务和煤矿安全工作，挂钩上厂煤矿一号井。对事故的发生负有主要领导责任。移送司法机关追究刑事责任。

以上人员属中共党员或行政监察对象的，待司法机关作出处理后，由当地纪检监察机关或负有管辖权的单位及时给予相应的党纪、行政处分。

（2）对黄泥河煤炭分局副局长胡××、黄泥河煤炭分局局长罗××、富源县煤炭工业局安全科副科长张××、富源县煤炭工业局安全科科长李××、富源县煤炭工业局挂钩黄泥河片区领导廖××、富源县煤炭工业局副局长毛××、富源县煤炭工业局局长尹××、黄泥河镇副镇长兼黄泥河派出所所长田××、黄泥河镇人民政府副镇长陈××、黄泥河镇人民政府镇长肖××、中共黄泥河镇党委书记叶××、富源县人民政府常务副县长段××等12名责任人给予党纪、政纪处分。

（3）对张××（上厂煤矿一号井带班副矿长，事故当班带班下井）和陈××（上厂煤矿生产副矿长，主要负责核定井下工程单价）分别给予1万元、2万元行政处罚罚款。

（4）对上厂煤矿一号井行政处罚：没收上厂煤矿一号井停产期间违法组织生产所得793万元，并处以行政处罚罚款2709万元。曲靖市人民政府责成富源县人民政府按照国家的有关规定，引进具有经济、技术和管理优势的企业对上厂煤矿一号井实施兼并重组，在实施上厂煤矿一号井重组过程中，颁发证照部门必须暂扣相关证照，禁止上厂煤矿一号井从事一切生产经营活动。

交通运输事故

贵州省沪昆高速公路“1·4”重大道路交通事故

2012年1月4日18时30分，安徽省黄山市凯鸿旅游客运公司一辆牌号为皖J06318的大型普通客车（核载53人，实载57人，其中有3名儿童和1名婴儿）由浙江省义乌市前往四川省泸州市，行驶至贵州省黔南州贵定县境内沪昆高速公路1765.5千米（小地名：裕民大桥）处时，坠入道路左侧垂高约8.8米的路坎，造成死亡18人、轻重伤39人，直接经济损失900余万元。

一、事故经过

2012年1月3日，四川省叙永县麻城乡人张××在浙江省义乌市非法组客55人，包车到四川省泸州市。安徽省黄山市凯鸿公司董事长张××承担这次包车业务，其安排公司驾驶人杨××、杨××驾驶公司未取得合法跨省营运手续的皖J06318号大型普通客车从安徽省黄山市前往浙江省义乌市载客。

客车抵达义乌市后，张××向安徽客车驾驶员陆××要了空白“省际包车”客运线路牌，并使用空白《包车协议》一并进行填写，伪造了跨省客运线路牌和包车协议，交给驾驶人杨××。当晚22时18分，皖J06318号客车出发经杭金衢高速、沪昆高速前往四川省泸州市。

1月4日，该车行至贵州境内时，正值雨雪凝冻天气（贵州省已启动凝冻灾害应急预案），但杨××未保持安全车速驾驶。18时30分，该车以55千米/小时的速度行驶至沪昆高速1765.5千米处（黔南州贵定县境内裕民大桥路段）时，车辆擦剐中央隔离带失控后向右撞击右侧路沿钢质波形防护栏，再向左冲断中央隔离带两道钢质波形防护栏，并冲断对向车道路沿钢质波形防护栏，坠入路边垂直高度8.8米的水沟中，造成事故发生。

二、事故原因及分析

（一）事故直接原因

杨××在冰雪道路上未保持安全车速驾驶，发生险情时处置不当，导致车辆方向失控，冲断中央隔离带波形护栏及对向车道路沿波形防护栏，坠入路外水沟中造成事故。

（二）事故间接原因

（1）四川省叙永县麻城乡人张××在浙江省义乌市非法设立组客点组织客源，向乘客出售伪造车票，向黄山市凯鸿公司提供伪造“省际包车”客运标志牌、《包车协议》等相关营运手续非法从事跨省包车营运。

（2）黄山市凯鸿公司董事长、法人代表张××在本公司未取得本次跨省包车客运合法营运手续的情况下，擅自安排车辆从事非法营运。

（3）黄山市凯鸿公司对安全生产工作不重视，对国家和部门道路交通法律法规及规定贯彻落实不力，制度不落实，履职不到位，管理混乱。公司总经理、安全员对车辆外派、调度情况不知晓，卫星动态监控平台无专人24小时值守。

（4）黄山市屯溪区运输管理所对客运企业日常监管工作不到位，监督检查不力，对凯鸿公司车辆非法营运失察。

三、事故处理结果

（1）杨××，皖J06318号客车驾驶人。对事故的发生负有直接责任。鉴于其已于事故中死亡，不再追究责任。

（2）张××，非法组织客源，对事故的发生负有重要责任。由贵州省司法机关依法追究刑事责任。

（3）杨××，皖J06318号客车驾驶人。对事故的发生负有重要责任。由贵州省司法机关依法追究刑事责任。

（4）陆××，非法提供空白“省际包车”客运标志牌，对事故的发生负有重要责任。由贵州省司法机关依法追究刑事责任。

（5）张××，黄山市凯鸿公司法人代表、董事长。对事故的发生负有主要管理责任。根据《生产安全事故报告和调查处理条例》第三十八条规定，由安徽省对其处以2011年个人年收入60%的罚款；按照交通运输部、公安部、安全监管总局《关于进一步加强和改进道路客运安全工作的通知》（交运发〔2010〕210号）第八条第（二）款规定，由安徽省撤销其董事长职务，5年内不得担任生产经营单位主要负责人。

（6）高××，黄山市凯鸿公司总经理。对事故的发生负有重要管理责任。根据《生产安全事故报告和调查处理条例》第三十八条规定，由安徽省对其处以2011年个人年收入60%的罚款；按照交通运输部、公安部、安全监管总局《关于进一步加强和改进道路客运安全工作的通知》（交运发〔2010〕210号）第八条第（二）款规定，由安徽省撤销其总经理职务，5年内不得担任生产经营单位主要负责人。

（7）张××，黄山市凯鸿公司卫星动态监控平台监控员。对事故的发生负有管理责任。由安徽省责成黄山市凯鸿公司与其解除劳动合同。

（8）陈××，黄山市凯鸿公司安全员。对事故的发生负有管理责任。由安徽省责成黄山市凯鸿公司与其解除劳动合同。

（9）陈××，黄山市屯溪区运输管理所教导员，分管安全生产和旅游客运工作。对事故的发生负有领导责任。由安徽省给予其行政警告处分。

（10）黄山市凯鸿公司安全工作不重视，制度不落实，违反有关法律法规安排此次非法运输经营活动，造成事故发生。根据《生产安全事故报告和调查处理条例》第三十七条规定，由安徽省对其处以90万元的行政罚款。

（11）按照交通运输部、公安部、安全监管总局《关于进一步加强和改进道路客运安全工作的通知》（交运发〔2010〕210号）第四条第（六）款规定，安徽省道路运输管理机构3年内不得受理黄山市凯鸿公司新增旅游客运车辆和客运班线业务申请。

（12）按照交通运输部、公安部、安全监管总局《关于进一步加强和改进道路客运安全工作的通知》（交运发〔2010〕210号）第八条第（二）款规定，由安徽省责令黄山市凯鸿公司停业整顿，停业整顿后仍不具备安全生产条件，由安徽省交通运输部门吊销其道路运输经营许可证或吊销相应的经营范围。

（13）黄山市屯溪区运输管理所对客运企业日常监管工作不到位，监督检查不严格，对凯鸿公司车辆非法营运失察。责成其向安徽省公路运输管理局和黄山市屯溪区政府作出深刻的书面检查，并在安徽省交通运管行业内通报批评。

（14）黄山市屯溪区人民政府对事故的发生负有领导责任，责成其向黄山市人民政府写出书面检查。

贵州省遵义市道真县“2·18”重大道路交通事故

2012年2月18日12时10分许，遵义集顺达交通运输（集团）道真华通运输有限公司一辆牌号为贵C86256的客运车（核载19人，实载35人）在207省道8.4千米（道真县大磏镇文家坝村徐氏塔沟）驶离道路左侧，翻下垂高5.9米的旱沟槽，造成13人死亡，22人受伤，车辆严重损坏，直接经济损失300余万元。

一、事故经过

2012年2月18日，遵义市道真县大磏镇赶集，驾驶人冯××驾驶贵C86256号中型普通客车载客从大磏镇街往石仁村方向行驶（核载19人，实载35人），12时10分许，车辆以47千米/小时的速度行至207省道8.4千米处时，左前转向轮内胎破裂快速泄气，车辆失控，驶离道路左侧，翻入垂高5.9米的旱沟槽，造成事故发生。

二、事故原因及分析

（一）事故直接原因

事故车辆行驶过程中，因左前轮轮辋槽底的陈旧性裂口割破内胎，致使轮胎快速泄气，车辆重心向左发生偏移，转向失控，翻坠下公路左侧路坎，导致事故发生。

（二）事故间接原因

（1）事故车辆严重超员。核载19人，实载35人，超员16人。

（2）集顺达集团和集顺达道真华通公司安全生产主体责任不落实。集顺达道真华通公司客车超员等违法行为严重，对公司客车违法行为处理不落实。集顺达集团对子公司存在的问题督促整改不力，执行遵义市政府对道真2010年“10·23”较大事故的处理决定不认真。

（3）道真县公安交警大队五中队执行公安部对7座以上客运车辆“逢车必查”制度不到位。207省道大磏镇至石仁村之间设有春运服务检查站，负责该检查站的道真县公安交警大队五中队履行职责不到位，事故当天检查站值班人员擅离值班岗位，未对严重超员的事故车辆进行检查。

（4）大磏镇政府和大磏镇派出所对辖区客运车辆安全监管不到位。大磏镇派出所赶集天没有严格按照县公安局的委托对在该镇始发的客车进行安全检查和登记。大磏镇政府未认真组织人员对赶集点始发的客车进行安全巡查。

（5）道真交通运输局和县运管所对道真华通公司安全检查不到位，对该公司存在的管理混乱等问题未及时督促整改。执行遵义市政府对道真2010年“10·23”较大事故的处理决定不认真。

（6）道真县政府贯彻落实上级文件精神不到位，对客运车辆超员违法行为整治督促、指导不力。

三、事故处理结果

（1）冯××，贵C86256号客车驾驶员。对事故的发生负有直接责任。涉嫌交通肇事罪，鉴于其在事故中死亡，不再追究责任。

（2）王××，贵C86256号客车承包人。对事故的发生负有直接责任。涉嫌交通肇事罪，移送司法机关依法处理。

（3）冉××，大磏镇春运服务检查站工作人员（系聘用的交警协勤员）。对事故的发生负有直接管理责任。解除聘用合同，其存在的渎职行为，由司法机关依法调查处理。

（4）朱××，大磏镇春运服务检查站工作人员（系聘用的交警协勤员）。对事故的发生负有直接管理责任。解除聘用合同，其存在的渎职行为，由司法机关依法调查处理。

（5）王××，集顺达道真华通公司副经理兼安全科长。对事故的发生负有重要管理责任。撤销其集顺达道真华通公司副经理职务。

（6）王××，集顺达道真华通公司经理。对事故的发生负有重要管理责任。撤销其集顺达道真华通公司经理职务，给予留党察看处分，5年内不得担任任何生产经营单位主要负责人。

（7）冉××，集顺达道真华通公司法人代表、道真县汽车队队长。对事故的发生负有重要管理责任。撤销其道真县汽车队队长职务，给予留党察看处分。由道真县政府按照遵义市政府对2010年“10·23”事故的处理决定，取消其集顺达道真华通公司法人代表资格，5年内不得担任任何生产经营单位主要负责人。

（8）胡××，集顺达集团总经理。对事故的发生负有管理责任。给予党内警告处分，按照《生产安全事故报告和调查处理条例》第三十八条规定，处2011年个人收入60%的罚款。

（9）王××，集顺达集团董事长、法人代表。对事故的发生负有管理责任。按照《生产安全事故报告和调查处理条例》第三十八条规定，处2011年个人收入60%的罚款。

（10）胡××，道真县公安交警大队五中队队长。对事故的发生负有重要管理责任。给予行政撤职、留党察看处分。

（11）白××，大磏镇派出所副所长，包保大磏村。对事故的发生负有重要管理责任。给予行政记过处分。

（12）田××，大磏镇政法委书记，分管派出所。对事故的发生负有重要管理责任。给予行政记大过、党内警告处分。

（13）简××，道真县公安交警大队副大队长，分管秩序和五中队。对事故的发生负有重要管理责任。给予行政记大过、党内警告处分。

（14）郑××，道真县公安局副局长，分管道路交通工作。对事故的发生负有领导责任。给予行政记过处分。

（15）张××，道真县运管所副所长，分管业务工作。对事故的发生负有重要管理责任。给予行政记大过、党内警告处分。

（16）胡××，道真县交通运输局副局长，分管运管所等工作。对事故的发生负有管理责任。给予行政记过处分。

（17）冉××，道真县交通运输局局长。对事故的发生负有重要管理责任。给予行政撤职、党内严重警告处分。

（18）邹××，道真县常务副县长，分管公安工作。对事故的发生负有领导责任。给予行政记过处分。

（19）集顺达道真华通公司，对事故的发生负有直接管理责任。按照《生产安全事故报告和调查处理条例》（国务院493号令）第三十七条规定，给予罚款60万元的行政处罚，并由道路运输管理机构依据相关法律、法规进行彻底整顿。

（20）集顺达集团，对子公司监督管理和检查指导不力，对事故的发生负有重要管理责任。按照《生产安全事故报告和调查处理条例》（国务院493号令）第三十七条规定，给予罚款50万元的行政处罚。

（21）由道路运输管理机构取消贵C86256号车经营班线。

（22）道路运输管理机构3年内不得受理集顺达道真华通公司新增客运班线申请。

（23）责成道真县人民政府向遵义市人民政府写出书面检查。

四川省阿坝藏族羌族自治州马尔康县“3·13”重大道路交通事故

2012年3月13日，四川省阿坝州马尔康县梭磨乡国道317线发生一起重大道路交通事故，造成15人死亡，6人受伤，直接经济损失约784万元。

一、事故经过

2012年3月13日6时，九寨运业驾驶人王××驾驶川U20777大客车载客35人从成都驶往马尔康，途中14人下车。12时27分许，行至马尔康县境内梭磨乡国道317线295.138千米处长下坡弯道（小地名：鹧鸪山隧道西洞口小隧道前）时，该车与左侧防护栏发生剐擦，其擦痕（不连贯）总长56.1米，并在路面留下一条长43米的车辆左前轮制动拖印。车辆脱离防护栏沿道路边缘前行6米后，左前轮掉入宽0.9米、深0.85米的排水沟，底盘在道路左侧边缘留下1.2米剐擦痕迹后，越过排水沟冲上路外土堆，并继续向前行驶17.1米，将土堆上的一根电杆撞倒。随后，该车继续随惯性向前行驶41米后坠于高65米的斜坡下，导致15人死亡，6人受伤，车辆损毁。

二、事故原因及分析

（一）事故直接原因

驾驶人驾驶制动、转向存在安全隐患的川U20777大客车，在车辆无调度计划安排的情况下，未进入车站进行车辆例行安全检查和对旅客验票上车；违反规定在客车站外揽客发车。该车驶出鹧鸪山隧道西洞口和小隧道进入长下坡路段后，制动效能不足，驾驶人应急处置措施不当，导致车辆剐擦护栏后冲出左侧道路坠入65米高的山崖下。

（二）事故间接原因

一是九寨运业对安全生产工作重视不够，安全管理制度不健全，未及时按照国家、省相关法律法规对安全生产管理制度修改完善；对公司从业人员的安全教育培训不到位；对客运车辆营运和驾驶人疏于管理，未采取有效措施杜绝违规站外揽客问题，违规揽客营运。对内设修理厂管理不力，未有效督促其严格按照《汽车维护、检测、诊断技术规范》对事故车辆进行二级维护，存在漏项漏保问题。二是有关单位和部门履行安全生产监管职责不到位。

（三）事故性质

经调查认定，四川省阿坝州马尔康县“3·13”重大道路交通事故是一起责任事故。

三、事故处理结果

(1) 王××，肇事车辆驾驶人。对事故的发生负有直接责任。涉嫌犯罪，鉴于其已在事故中死亡，不再追究责任。

(2) 史××，九寨运业董事长。对事故的发生负有重要领导责任。给予其2011年度个人总收入60%的经济处罚。

(3) 田××，九寨运业总经理。对事故的发生负有重要领导责任。给予其2011年度个人总收入60%的经济处罚。

(4) 张××，九寨运业副总经理。对事故的发生负有主要领导责任。处罚款5万元。

(5) 罗××，九寨运业客运分公司经理。对事故的发生负有主要领导责任。处罚款5万元。

(6) 雷××，九寨运业客运分公司副经理。对事故的发生负有主要领导责任。处罚款5万元。

(7) 刘××，汶川县公路运输管理所安全运输业务股股长。对事故的发生负有主要领导责任。给予行政记大过处分。

(8) 赵××，汶川县公路运输管理所所长。对事故的发生负有主要领导责任。给予行政记过处分。

(9) 程××，汶川县交通运输局党组书记、局长。对事故的发生负有重要领导责任。给予行政警告处分。

(10) 王××，汶川县人民政府党组成员、副县长。对事故的发生负有重要领导责任。给予行政警告处分。

(11) 郑××，马尔康县公安局交警大队大队长。对事故的发生负有主要领导责任。给予行政警告处分。

(12) 花××，阿坝州交通运输局公路运输管理处运输安全科科长。对事故的发生负有主要领导责任。给予行政记过处分。

(13) 任××，阿坝州交通运输局公路运输管理处副处长。对事故的发生负有主要领导责任。给予行政记过处分。

(14) 马××，阿坝州交通运输局党组成员、阿坝州交通运输局公路运输管理处处长。对事故的发生负有重要领导责任。给予行政警告处分。

(15) 刘××，阿坝州交通运输局党组成员、副局长。对事故的发生负有重要领导责任。给予行政警告处分。

九寨运业未有效履行企业安全生产主体责任，对事故的发生负有重要管理责任。处罚款50万元。

责成阿坝州人民政府向省人民政府作出深刻检查。

辽宁省大连市保税区"4·7"重大道路交通事故

2012 年 4 月 7 日 17 时 20 分，大连市保税区夏金线 K1 +400 米处发生一起重大道路交通事故，造成 14 人死亡，11 人受伤，直接经济损失 1500 万元。

一、事故经过

2012 年 4 月 7 日 5 时 13 分，驾驶人刘××驾驶辽 B2279W 号大型普通客车载 24 名村民驶往大连金州新区九里村的绿化植树工地，7 时许到达后，村民开始植树。17 时 20 分，刘××驾驶该车载 24 名参加当天植树的村民返回花园口经济区明阳街道途中，为躲避前方非机动车道内停放的一辆小型客车，向左变道，遇对向正常驶来的辽 B9678H 号红色大型货车，遂向右变道时，因超速导致车辆失控，重心向左偏移，驶出路外，坠入公路南侧 14.05 米深的沟内，6 人当场死亡，8 人经医疗机构抢救无效死亡，驾驶人刘××和其他乘车人共 11 人受伤，辽 B2279W 号大型普通客车报废。

二、事故原因及分析

（一）事故直接原因

驾驶人刘××持 A2 驾驶证，驾驶与其准驾车型不符的大型客车，从右侧违法超车，超速行驶，采取措施不当，导致大型客车向右侧翻坠入路外沟内，是造成事故发生的直接原因。

（二）事故间接原因

（1）车辆所有人柳××安全和法律意识淡薄。在明知刘××持有 A2 驾驶证不允许驾驶 27 座大型客车的情况下，仍不止一次雇用其驾驶 27 座大型客车，并使用该车辆从事违法运营活动。

（2）大连市公安局金州分局交警部门对道路交通秩序整治工作不到位，未能及时发现并查处驾驶人刘××的违法驾驶行为，对车辆超速行驶的行为也未能及时制止。

（3）大连市金州新区交通主管部门行业监管责任不到位，对车辆所有人柳××的非法营运行为未能及时发现并查处，对夏金线桥梁、隧道、涵洞、深沟、弯路、坡路和渐变路段的复杂路况存在的安全隐患治理不到位。

（三）事故性质

经调查认定，辽宁省大连市保税区"4·7"重大道路交通事故是一起重大道路交通责任事故。

三、有关责任者的处理

（1）刘××，肇事车辆辽 B2279W 号大型普通客车驾驶人，违法驾驶与其驾驶证准驾车型不符的大型客车，且超速行驶，导致事故发生，其行为已涉嫌交通肇事罪。移送司法机关依法处理。

（2）柳××，肇事车辆辽 B2279W 号大型普通客车车主，在明知驾驶人刘××不具备大型客车准驾资格的情况下，要求其驾驶大型客车上路行驶，导致事故发生，其行为涉嫌交通肇事罪。移送司法机关依法处理。

（3）大连市公安局金州分局交通警察大队公路中队副中队长，没有正确履行职责，在道路巡逻检查中未能发现肇事车辆辽 B2279W 号大型普通客车驾驶人没有按照驾驶证载明的准驾车型驾驶机动车这一情况，对此负有责任。给予行政记大过处分。

（4）大连市公安局金州分局交通警察大队公路中队中队长，组织开展辖区内道路巡逻检查工作不到位，未能发现肇事车辆辽 B2279W 号大型普通客车驾驶人没有按照驾驶证载明的准驾车型驾驶机动车这一情况，对此负有领导责任。给予其行政记过处分。

（5）大连市公安局金州分局交通警察大队副大队长、党总支宣传委员，没有正确履行职责，抓辖区内道路巡逻检查工作不到位，未能发现肇事车辆辽 B2279W 号大型普通客车驾驶人没有按照驾驶证载明的准驾车型驾驶机动车这一情况，对此负有领导责任。给予行政警告处分。

（6）大连市公安局金州分局交通警察大队大队长、党总支副书记，对辖区内道路巡逻检查工作督促指导不到位，未能发现肇事车辆辽 B2279W 号大型普通客车驾驶人没有按照驾驶证载明的准驾车型驾驶机动车这一情况，对此负有领导责任。建议给予行政警告处分。

（7）大连市公安局金州分局副局长、党组成员，负责交警等工作，分管交警大队等部门。鉴于大连市保税区“4・7”重大道路交通事故造成 14 人死亡，11 人受伤，在社会上造成了不良影响，要求其作出书面检查。

（8）大连市金州新区交通局运输管理所副所长，组织开展辖区内非法营运车辆检查工作措施不力，未能发现肇事车辆辽 B2279W 号大型普通客车在金州新区九里村的非法营运行为，对此负有领导责任。给予行政记大过处分。

（9）大连市金州新区交通局运输管理所所长、党总支书记，抓安全教育工作存在薄弱环节，组织开展辖区内非法营运车辆检查工作措施不力，未能发现辽 B2279W 号大型普通客车的非法营运行为，对此负有领导责任。给予行政记过处分。

（10）大连市金州新区交通局副局长、党委委员，负责运输管理等工作，分管运管所等部门。鉴于大连市保税区“4・7”重大道路交通事故造成 14 人死亡，11 人受伤，在社会上造成了不良影响，要求其作出书面检查。

四、事故防范措施

（1）大连市公安交警部门要认真履行道路交通安全管理职责，针对道路交通安全管理方面的问题，制定有效措施，认真进行整改，加强流动巡逻，加大事故多发路段和车流量大的路段管控力度，严厉查处超速、超载、强超、强会，无牌无证和准驾车型不符等交通违法行为。

（2）大连市交通管理部门要加强对县级以上公路的巡查管护，努力改善通行条件，抓好危险路段、事故多发路段治理改造工作，按照规定和需要合理设置安全警示警告标志，及时更新路面交通标线，确保道路具备必要的安全通行条件。加大营运市场秩序整治力度，严厉打击非法营运行为，加强客运车辆的全面监管，大力整顿运输市场经营秩序，有效治理非法营运行为。

（3）建议大连市由各级政府牵头，全面开展公路交通安全隐患排查，严格依照隐患路段认定标准，对照弯度、坡度、视距、照明条件、路面质量、标志标线和安全防护设施设置标准，对各级公路，特别是县乡低等级公路的整体安全状况进行逐段认定、全面排查、根本治理。对存在安全隐患的险桥险段、坡道弯道、临水临崖路段，有关部门要根据职责划分，有针对性地采取改造几何线形、完善标志标线、设置减速带、安装信号灯、安装护栏等措施，还要进一步加快公路视频监控、卡口监测和测速设备建设，全面提高公路交通安全基础防护水平。对夏金线存在的安全隐患要立即进行治理，增设安全防护设施，完善标志、标线设置。

（4）明确各级政府职能，切实理顺道路交通管理体制。此事故发生在大连市保税区界内，由于尚未建立专门的公安交通管理部门，道路安全工作处于代管状态。建议按照属地管理、分级负责的原则，尽快理顺交通安全管理体制，明确各级政府的管理责任，组建专职管理部门，有效解决影响道路交通安全的体制性问题。

（5）加强道路安全宣传教育和驾驶人培训工作，努力提高人民群众安全防范意识，增强驾驶人遵纪守法和安全意识。应针对事故暴露出的问题，以农村居民、个体驾驶人、大中型客货运输车辆所有人为重点，对非法营运、超速驾驶等重点违法行为，开展有针对性的集中宣传。要进一步深入实施“文明交通行动计划”和交通安全“五进”活动，大力开展“倡导六大文明交通行为”“摒弃六大交通陋习”“抵制六大危险驾驶行为”“完善六类道路安全及管理设施”等四项活动，组织开展全社会的交通安全宣传教育，将道路交通安全宣传作为一项全民性的公益活动，协调社会力量、群众力量、科技力量和道德力量，在全社会大力倡导文明交通行为。

（6）大连市政府及有关部门要举一反三，深刻吸取事故教训，按照“谁主管、谁负责”的原则，建立健全并严格落实道路安全责任制，切实加强对道路交通安全工作的组织领导，要深入开展道路交通安全专项整治，针对道路交通安全管理方面存在的事故隐患和问题，采取有效措施，预防和遏制重大道路交通事故。

宁夏回族自治区吴忠市同心县“4·30”重大道路交通事故

2012年4月30日7时许，宁夏回族自治区吴忠市同心县境内发生一起重大道路交通事故，造成18人死亡，6人受伤，直接经济损失850万元。

一、事故经过

2012年4月30日7时许，吴忠市同心县城乡建筑公司宁C·25628依维柯中型客车（核载17人，实载23人）从同心县城出发，驶往王团镇运送农民工上班，行驶至王团镇罗家河湾村S101线225.75千米处，与相向行驶的宁E·25889东风天龙牌大型货车（核载17.9吨，实载27.3吨）正面相撞，造成18人死亡（其中，16人当场死亡，2人送医院后抢救无效死亡）和6人受伤，两车严重损坏。

二、事故原因及分析

（一）事故直接原因

事故调查专家组结合现场勘查、当事人陈述和车辆技术检验报告、视频监控等证据评估认定，造成事故的直接原因是：在雨天低温气候下，宁C·25628中型客车超员载客、强行占道超越前方同向行驶小轿车，由于挡风玻璃产生雾气造成视线不清，避让不及与相向行驶的宁E·25889号重型货车迎面相撞，导致事故发生。

（二）事故间接原因

经事故调查组认真调查，导致事故发生还存在多方面的间接原因：客车单位车辆管理混乱，通勤车年检年审不及时；驾驶人管理不严，驾驶车辆与准驾车型不符且超速超员占道超车行驶；货车带病行驶，超速超载，制动避险不当；当地公安、交警部门对辖区道路交通安全工作监管未做到全覆盖，对事故客车多次超员上路行驶、年检年审过期等违法行为未及时查处纠正；当地政府及主管部门对道路交通安全监管不到位。

（三）事故性质

经调查认定，宁夏回族自治区吴忠市同心县城乡建筑工程公司“4·30”重大道路交通事故是一起责任事故。

三、事故处理结果

（1）对事故客车所属单位——同心县城乡建筑工程公司法人代表、总经理移交司法机关，依法追究刑事责任；对事故货车驾驶人、事故客车专职驾驶人移交公安机关处理。

（2）对负有事故责任的当地政府和公安、交警等部门的6名责任人员给予政纪处分。

（3）对负有事故责任的相关企业及其人员给予行政处罚，共计罚款122.8万元。

（4）责成同心县人民政府分别向吴忠市人民政府和自治区人民政府作出深刻书面检查。

四、事故防范措施

事故发生后，自治区党委、政府高度重视，主要领导立即作出重要批示。为深刻吸取事故教训，防范遏制同类事故发生，主要采取了以下措施：

（1）全面开展道路交通“打非治违”专项行动和客运安全专项整治。扎实开展城市、农村、校车和通勤车“三超一疲劳”排查整治，严肃查处各类交通违法违规行为。全面排查全区客运班线和通勤车辆，不符合安全营运条件、存在安全隐患的，坚决责令停业整顿。

（2）加强客货运车辆及驾驶员安全管理。制定了《审验和报废车辆管理办法》，交管部门每月定期对辖区机动车达到临界报废、逾期未检验、强制注销等情况进行统计和公告。在《自治区道路交通安全条例》修订时，大中型客货车驾驶员取证培训增加时间和考试科目，已取证的建立定期培训制度。

（3）建立机动车信息抄告制度。公安交管部门每月汇总营运机动车相关安全信息，通报道路运输管理机构和运输企业，督促企业和驾驶员完善手续、接受处理教育。对符合《道路旅客运输企业安全管理规范》有关辞退规定的驾驶人，道路运输管理机构要责令企业予以辞退。

（4）加大交通安全宣传力度。加强道路交通安全“六进”活动，充分发挥县、乡镇（街道）、村（居委会）基层组织的作用，利用各种媒体和手段，向广大群众宣传道路交通事故特别是本次事故的危害，切实提高人民群众的交通安全意识。

（5）落实政府监管责任。吴忠市、同心县各级党委、政府及相关部门要进一步加强安全生产工作，把道路交通安全作为安全生产工作的重中之重切实抓紧抓好，确保人民群众出行安全。

福建省沈海高速公路霞浦段“6·20”重大道路交通事故

一、事故概述

2012 年6 月20 日1 时45 分许，厦门市舫阳汽车运输有限公司一辆“闽 DY5719”号宇通牌大型普通卧铺客车（核载45 人，实载45 人，含2 名免票儿童），从江苏无锡开往厦门，途经沈海高速公路宁德霞浦段 A 道 K1908 +300 米处，发生车辆冲撞护栏坠入高架桥下山涧，导致 17 人死亡，28 人受伤，直接经济损失 860 多万元。

二、事故经过

2012 年6 月20 日0 时 23 分，肇事客车从沈海高速公路观美收费站（温州苍南）下高速公路，途经 104 国道，从闽浙省际口再次上沈海高速公路。1 时 45 分左右，车辆在沈海高速公路霞浦段 A 道 K1908 +300 米处，撞倒路右侧波形护栏和护栏外侧消能挡块，冲撞高架桥刚性护栏后，坠入高架桥下 36 米深的谷底。高速公路宁德监控分中心 12122 值班员 1 时 55 分接到受伤乘客报警电话后，立即通知路政大队、信息中心、高速交警、119、120 和宁德市政府。

接到事故报告后，省市县领导高度重视，立即启动道路交通事故应急救援预案，展开事故救助及善后工作。时任福建省委书记孙春兰、省长苏树林等领导分别作出重要指示批示，副省长王蒙徽立即带领省直相关部门负责人赶往事故现场，传达福建省委、省政府主要领导重要指示批示精神，看望受伤人员、指导事故善后处置工作。国家安全监管总局、公安部、交通运输部也于事故当日派员赶赴事故现场督导工作。

三、事故原因及分析

（一）事故直接原因

经过调查，认定导致事故发生的直接原因是肇事驾驶人夜间驾驶肇事客车，在车辆制动效能下降、车灯照明不良的情况下，途经路面潮湿且下坡左转弯的肇事路段，未能根据交通环境条件控制安全行车速度，且应急处置操作不当，导致事故发生。

（二）事故间接原因

一是厦门市舫阳汽车运输公司安全生产主体责任不落实；二是厦门市玖玖汽车公司湖里分公司安全管理不规范；三是厦门市交通及运管部门日常安全监管不到位；四是涉事地区公安交警部门落实上级工作部署和路面管控不到位；五是福宁高速公路有限公司道路隐患排查整治不到位。

四、事故处理结果

根据省政府的批复，事故处理结果如下：一是鉴于肇事客车驾驶人王××在事故中死亡，给予免责处理。二是给予厦门舫阳汽车运输公司总经理撤职，并处上一年年收入 60% 的罚款处理。给予厦门舫阳汽车运输公司分管安全工作的党支部书记留党察看一年处理。分别给予厦门舫阳汽车运输公司安技部经理、副经理、安全员撤职处理。分别给予厦门玖玖汽车公司湖里分公司董事长、厂长吊销《从业资格证》，并处上一年年收入 60% 的罚款处理。给予厦门玖玖汽车公司湖里分公司总质检员吊销从业资格证并撤职处理。分别给予厦门市道路运输管理处处长、副处长、厦门湖里区公安分局交警大队副大队长行政记过处理。分别给予厦门市运管处运输处安全管理科科长、维修科长和宁德高速公路交警支队二大队三中队负责人、代理指导员行政记大过处理。给予宁德高速公路养护公司副经理严重警告处分并扣发半年奖金处理。责成福宁高速公路股份有限公司养护部主任、宁德高速公路交警支队二大队大队长、厦门湖里区公安分局交警大队马垅中队长，分别作出书面检查。三是取消厦门市舫阳汽车运输公司厦门—无锡客运班线，暂停新增班线、运力行政许可（3年），企业安全主体责任降为D级，并依法处以113万元罚款。给予厦门玖玖汽车湖里分公司停止机动车二级维护业务、并处5000～2万元罚款处理。由省直相关部门、单位对厦门市交通局、厦门市公安交警支队、宁德高速公路交警支队、福宁高速公路有限公司进行通报批评。四是责成厦门市人民政府向福建省政府作出深刻检查。

福建省宁德市寿宁县“7·24”重大道路交通事故

一、事故概述

2012年7月24日7时50分许，福建省宁德市寿宁县南阳镇山坑村村民缪××驾驶其无厂牌型号的三轮汽车（套挂“闽J52530”号牌），非法载客21人，由山坑村往南阳镇方向行驶，至石板桥下坡左转弯路段时，车辆失控，向右翻入9米深的坡底，造成车上14人死亡，8人受伤，车辆严重损坏，直接经济损失达280万元。

二、事故经过

2012年7月24日7时30分许，缪××驾驶三轮汽车，乘载同村21名村民从山坑村驶往南阳镇，并向每人收取3元钱车费。7时50分许，当车辆向前行驶约500米时，车上一乘客要求停车，驾驶人缪××准备停车时发现刹车制动不良，导致车辆沿下坡路段左转弯道时失控，发生事故。寿宁县110指挥中心7时59分接到报警后，立即通知寿宁县政府、县交警大队、南阳镇政府值班室。

接到事故报告后，时任福建省委书记、省长等领导分别作出重要指示批示，副省长立即带领省直相关部门负责人赶往事故现场，传达福建省委、省政府主要领导重要指示批示精神，指导事故处置和善后处理工作。国家安全监管总局、公安部也于事故当日派员赶赴事故现场督导工作。

三、事故原因及分析

（一）事故直接原因

经过调查，认定造成本起事故的直接原因是驾驶人缪××驾驶三轮汽车，违法载客21人，行经路面潮湿的连续下坡转弯路段时，违反规定空挡滑行，因车辆制动系统故障且无驻车制动装置，以及左、右后轮胎冠花纹深度不足，造成整车制动效能下降，驾驶人缪××在发现车辆无法有效制动、又进入坡度较大的下坡路段而车速越来越快时，未采取有效避险措施，以致车辆在进入坡底弯道时失控侧翻，向右滑出路面，落入路外坡底。

（二）事故间接原因

一是寿宁县公安局对道路交通安全专项整治工作监督检查不力，对路面执法工作重视不够；二是寿宁县交警部门打击三轮汽车上路行驶工作不力；三是寿宁县交通部门对事故路段隐患排查整治不认真；四是宁德市交警支队对寿宁县打击三轮汽车违法载人行为指导监督不到位；五是寿宁县政府对安全生产工作重视不够，督促相关部门开展道路交通安全综合整治和“打非治违”工作不力；六是南阳镇政府道路交通安全综合整治和开展非法营运车辆“打非治违”工作不落实；七是山坑村对辖区内长期存在的非法营运安全问题重视不够。

四、事故处理结果

根据福建省政府批复，事故处理结果如下：一是依法对肇事驾驶人缪××追究刑事责任。二是分别给予寿宁县交通秩序管理中队中队长、县公安局交警大队事故处理中队中队长行政降级处分。分别给予寿宁县交通局工程管理站站长、寿宁县南阳镇人民政府1名副镇长、寿宁县公安局交警大队2名副大队长行政记大过处分。分别给予寿宁县公安局交警大队大队长、寿宁县南阳镇人民政府镇长、寿宁县交通局副局长、宁德市公安局交警支队交通秩序管理科科长、宁德市公安局交警支队副支队长行政记过处分。分别给予寿宁县南阳派出所所长、寿宁县公安局局长、寿宁县交通局局长、寿宁县人民政府1名副县长行政警告处分。分别给予寿宁县交通局工程管理站2名职工警告处分。分别给予寿宁县人民政府县长、宁德市公安局交警支队支队长通报批评。责令寿宁县南阳镇山坑村村民委员会主任作出书面检查。三是由宁德市、寿宁县政府按照管理权限，分别对南阳镇政府、寿宁县公安局交警大队、寿宁县公安局、寿宁县交通局、宁德市公安局交警支队进行通报批评。四是责成寿宁县人民政府、宁德市人民政府分别向宁德市政府和福建省政府作出深刻检查。

陕西省延安市境内包茂高速公路“8·26”特别重大道路交通事故

2012年8月26日2时31分许，陕西省延安市境内包茂高速公路发生一起特别重大道路交通事故，造成36人死亡，3人受伤，直接经济损失3160.6万元。

一、事故经过及应急处置情况

（一）事故经过

2012年8月25日16时55分，蒙AK1475卧铺大客车从内蒙古自治区呼和浩特市长途汽车站出发前往陕西省西安市，出站时车辆实载38人。19时，车辆在呼包高速土默特右旗萨拉齐出口匝道处搭乘一名乘客，车辆乘务员也在此处下车。22时50分，该车在包茂高速公路与榆神高速公路互通式立交桥处，搭载另外一名转乘乘客，此时卧铺大客车实载39人，期间车辆由陈××、高××轮换驾驶。8月25日19时3分，豫HD6962重型半挂货车在兖州矿业陕西榆林能化有限公司装载35.22吨甲醇后，前往陕西省韩城市昌顺化工厂，期间车辆由闪××、张××轮换驾驶。

8月26日2时15分，重型半挂货车进入安塞服务区停车休息并更换驾驶人。2时29分，闪××驾驶重型半挂货车从安塞服务区出发，违法越过出口匝道导流线驶入包茂高速公路第二车道。此时，卧铺大客车正沿包茂高速公路由北向南在第二车道行驶至安塞服务区路段。2时31分许，卧铺大客车在未采取任何制动措施的情况下，正面追尾碰撞重型半挂货车。碰撞致使卧铺大客车前部与重型半挂货车罐体尾部铰合，大客车右侧纵梁撞击罐体后部卸料管，造成卸料管竖向球阀外壳破碎，导致大量甲醇泄漏。碰撞也造成卧铺大客车电气线路绝缘层破损发生短路，产生的火花使甲醇蒸气和空气形成的爆炸性混合气体发生爆燃起火，大火迅速引燃重型半挂货车后部和卧铺大客车，并沿甲醇泄漏方向蔓延至附近高速公路路面和涵洞。事故共造成大客车内36人死亡，3人受伤，大客车报废，重型半挂货车、高速公路路面和涵洞受损，直接经济损失3160.6万元。

（二）事故应急处置情况

事故发生后，陕西省延安市公安交警、消防官兵迅速赶到事故现场进行处置，延安市、安塞县人民政府及其有关部门也迅速赶赴事故现场组织施救，卫生部门调集专家及医护人员全力救治伤员。接报后，陕西省人民政府立即启动应急救援预案，陕西省人民政府主要负责人带领安全监管、公安、交通、卫生等部门负责人赶赴现场指挥应急施救工作。随后，国家安全监管总局、公安部有关负责人及交通运输部有关司局负责人于当日下午赶到事故现场，指导协调地方政府做好前期处置和善后处理等工作。内蒙古自治区、河南省人民政府接报后，立即组织安全监管、公安、交通等部门和相关地市负责同志赶赴现场，协助做好事故善后赔付和调查工作。

8月26日17时45分，事故现场清理完毕，事发路段恢复通行。事故救援及善后处理工作平稳有序。

二、事故原因及分析

（一）事故直接原因

（1）卧铺大客车驾驶人陈××遇重型半挂货车从匝道驶入高速公路时，本应能够采取安全措施避免事故发生，但因疲劳驾驶而未采取安全措施，其违法行为在事故发生中起重要作用，是导致卧铺大客车追尾碰撞重型半挂货车的主要原因。

（2）重型半挂货车驾驶人闪××从匝道违法驶入高速公路，在高速公路上违法低速行驶，其违法行为也在事故发生中起一定作用，是导致卧铺大客车追尾碰撞重型半挂货车的次要原因。

（二）事故间接原因

（1）内蒙古自治区呼和浩特市呼运（集团）有限责任公司客运安全管理的主体责任落实不力。

（2）河南省焦作市孟州市汽车运输有限责任公司危险货物运输安全管理的主体责任落实不到位。

（3）内蒙古自治区呼和浩特市交通运输管理部门道路客运安全的监管责任落实不到位。

（4）河南省焦作市交通运输管理部门危险货物道路运输的监管责任落实不到位。

（5）陕西省延安市、内蒙古自治区呼和浩特市、河南省焦作市孟州市公安交通管理部门道路交通安全的监管责任落实不到位。

（三）事故性质

经调查认定，陕西省延安市境内包茂高速公路“8·26”特别重大道路交通事故是一起生产安全责任事故。

三、对事故有关责任人员及责任单位的处理建议

（一）司法机关已采取措施人员

（1）郭××，卧铺大客车车主。因涉嫌重大责任事故罪，2012年9月6日被刑事拘留，9月29日被取保候审。

（2）史××，卧铺大客车车主、乘务员。因涉嫌重大责任事故罪，2012年9月6日被刑事拘留，9月29日被批准逮捕，12月27日被取保候审。

（3）闪××，重型半挂货车驾驶人兼押运员。因涉嫌危险物品肇事罪，2012年9月20日被刑事拘留，10月19日被批准逮捕。2013年1月15日被移送起诉。

（4）张××，重型半挂货车驾驶人兼押运员。因涉嫌危险物品肇事罪，2012年9月15日被刑事拘留，10月19日被批准逮捕。2013年1月15日被移送起诉。

（5）李××，呼运（集团）有限责任公司客运三分公司安全员。因涉嫌重大责任事故罪，2012年9月6日被刑事拘留，9月29日被批准逮捕，12月27门被取保候审。

（6）田××，呼运（集团）有限责任公司客运三分公司经理。因涉嫌重大责任事故罪，2012年9月6日被刑事拘留，9月29日被批准逮捕，11月14日被取保候审。

（7）王××，呼运（集团）有限责任公司安全技术部GPS监控值班员。因涉嫌重大责任事故罪，2012年9月6日被刑事拘留，9月29日被批准逮捕，12月27日被取保候审。

（8）陈××，呼运（集团）有限责任公司安全技术部GPS监控值班员。因涉嫌重大责任事故罪，2012年9月6日被刑事拘留，9月29日被批准逮捕，12月27日被取保候审。

（9）高××，呼运（集团）有限责任公司安全技术部部长。因涉嫌重大责任事故罪，2012年9月6日被刑事拘留，9月29日被批准逮捕，12月27日被取保候审。

（10）史××，呼运（集团）有限责任公司副总经理，分管客运和安全技术工作。因涉嫌重大责任事故罪，2012年9月6日被刑事拘留，9月29日被批准逮捕，11月14日被取保候审。

以上人员均已被司法机关采取刑事强制措施，其中属中共党员的，待司法机关作出处理后，由当地纪检机关或有管辖权的单位按照管理权限及时给予相应的党纪处分。

（二）给予党纪、政纪处分人员

（1）彭××，内蒙古自治区呼和浩特市呼运（集团）有限责任公司董事长、党委委员。对事故的发生负有主要领导责任。给予撤销党内职务处分。

（2）李××，河南省焦作市孟州市汽车运输有限责任公司危货科科长。对事故的发生负有主要领导责任。给予撤职、党内严重警告处分。

（3）席××，河南省焦作市孟州市汽车运输有限责任公司安全科副科长（主持工作）。对事故的发生负有主要领导责任。给予降级、党内严重警告处分。

（4）姚××，河南省焦作市孟州市汽车运输有限责任公司副总经理、党支部委员，分管危货科。对事故的发生负有主要领导责任。给予撤职、撤销党内职务处分。

（5）钱××，河南省焦作市孟州市汽车运输有限责任公司副总经理、党支部委员，分管安全科。对事故的发生负有主要领导责任。给予降级、党内严重警告处分。

（6）赵××，河南省焦作市孟州市汽车运输有限责任公司董事长、总经理、党支部书记。对事故的发生负有主要领导责任。给予撤职、撤销党内职务处分。

（7）王××，内蒙古自治区呼和浩特市交通运输管理局长途客运分局驻呼运站管理所所长。对事故的发生负有主要领导责任。给予撤职、党内严重警告处分。

（8）刘××，内蒙古自治区呼和浩特市交通运输管理局长途客运分局副局长兼驻南站管理所所长，分管驻呼运站管理所。对事故的发生负有主要领导责任。给予降级、党内严重警告处分。

（9）刘××，内蒙古自治区呼和浩特市交通运输管理局长途客运分局局长。对事故的发生负有重要领导责任。给予记大过处分。

（10）兰××，内蒙古自治区呼和浩特市交通运输管理局副局长、党委委员，分管长途客运分局。对事故的发生负有重要领导责任。给予记大过处分。

（11）张××，内蒙古自治区呼和浩特市交通运输局副局长、党委委员，呼和浩特市交通运输管理局局长、党委副书记。对事故的发生负有重要领导责任。给予记大过处分。

（12）王××，内蒙古自治区呼和浩特市交通运输局局长、党委书记。对事故的发生负有重要领导责任。给予记过处分。

（13）田××，河南省焦作市孟州市公路运输管理所维修科科长，负责危货运输企业监管工作。对事故的发生负有主要领导责任。给予撤职、党内严重警告处分。

（14）邓××，河南省焦作市孟州市公路运输管理所党支部副书记，分管维修科。对事故的发生负有主要领导责任。给予撤销党内职务处分。

（15）刘××，河南省焦作市孟州市公路运输管理所所长、党支部副书记。对事故的发生负有主要领导责任。给予撤职、撤销党内职务处分。

（16）宋××，河南省焦作市孟州市交通运输局党组成员、副局长，分管孟州市汽车运输有限责任公司。对事故的发生负有主要领导责任。给予降级、党内严重警告处分。

（17）马××，河南省焦作市孟州市交通运输局党组成员、主任科员，分管孟州市公路运输管理所。对事故的发生负有主要领导责任。给予降级、党内严重警告处分。

（18）郭××，河南省焦作市孟州市交通运输局局长、党组副书记。对事故的发生负有重要领导责任。给予记大过处分。

（19）王××，河南省焦作市孟州市人民政府副市长、党组成员，分管孟州市交通运输局。对事故的发生负有重要领导责任。给予记过处分。

（20）岳××，河南省焦作市道路运输管理局货运管理科科长。对事故的发生负有重要领导责任。给予记大过处分。

（21）刘××，河南省焦作市道路运输管理局副局长，分管货运管理科。对事故的发生负有重要领导责任。给予记大过处分。

（22）郑××，河南省焦作市道路运输管理局局长，党支部副书记。对事故的发生负有重要领导责任。给予记过处分。

（23）杨××，河南省焦作市交通运输局副局长，分管焦作市道路运输管理局。对事故的发生负有重要领导责任。给予记过处分。

（24）王××，陕西省延安市公安局交警支队高速公路交警大队安塞中队中队长。对事故的发生负有重要领导责任。建议给予记大过处分。

（25）齐××，内蒙古自治区呼和浩特市公安局交警支队新城大队副大队长。对事故的发生负有重要领导责任。给予记过处分。

（26）程××，河南省焦作市孟州市公安交通警察大队车辆管理所副所长，孟州市客货运机动车及驾驶人源头管理工作领导小组办公室副主任，分管驾驶证管理工作。对事故的发生负有重要领导责任。给予记大过处分。

（三）对相关单位和人员的行政处罚

依据《安全生产法》和《生产安全事故报告和调查处理条例》（国务院令第493号）等有关法律法规的规定，内蒙古自治区相关部门对呼运（集团）有限责任公司及其主要责任人给予相应行政处罚；河南省相关部门对孟州市汽车运输有限责任公司及其主要责任人给予相应行政处罚。

四、事故防范和整改措施

针对事故暴露出来的问题，为进一步细化工作措施，切实落实企业安全生产主体责任和相关部门监管责任，有效防范类似事故再次发生，特提出以下措施。

（一）高度重视道路交通安全工作

内蒙古自治区、河南省、陕西省人民政府及其有关部门要高度重视道路交通安全工作，认真宣传贯彻《国务院关于加强道路交通安全工作的意见》（国发〔2012〕30号）和《道路交通安全“十二五”规划》（安委办〔2011〕50号）。要结合实际，抓紧制定并落实本地区实施《国务院关于加强道路交通安全工作的意见》和《道路交通安全“十二五”规划》中有关新制度、新措施的可操作性意见和办法，明确细化责任分工方案，确保道路运输企业安全生产主体责任、部门监管责任、属地管理责任、道路交通安全工作目标考核和责任追究制度等落到实处。要切实改进道路交通安全监管的手段和方法，建立由道路交通安全工作联席会议等机构牵头协调的工作机制，形成工作联动、数据共享、联合执法的道路交通安全工作合力。

（二）进一步加强长途卧铺客车安全管理

内蒙古自治区人民政府及其有关部门要结合本地区实际，认真研究制定切实有效的长途卧铺客车安全管理措施，督促运输企业切实履行交通安全主体责任。要严格客运班线审批和监管，加强班线途经道路的安全适应性评估，合理确定营运线路、车型和时段，严格控制1000千米以上的跨省长途客运班线和夜间运行时间。要加大对现有长途客运车辆的清理整顿，对于不符合安全标准、技术等级不达标的，要坚决停运并彻底整改。要督促道路客运企业严格落实长途客运车辆凌晨2—5时停止运行或实行接驳运输制度，充分利用车辆动态监控手段加大对车辆的监督检查力度，督促运输企业严格落实长途客运驾驶人停车换人、落地休息等制度，杜绝驾驶人疲劳驾驶。

（三）进一步加强危险化学品运输安全管理

河南省人民政府及其有关部门要督促危险化学品运输企业认真履行承运人的义务和职责，建立健全安全管理制度，根据化学品的危险特性采取相应的安全防护措施，并在车辆上配备必要的防护用品和应急救援器材，进一步完善应急预案，有针对性地开展不同条件下的应急预案演练活动；充分利用危险化学品运输车辆动态监控系统，加强对危险化学品运输车辆的管理，严禁危险化学品运输车辆在高速公路低速行驶、随意停靠。要对全省危险化学品运输车辆进行全面排查和清理整顿，禁止任何形式的挂靠车辆从事危险化学品道路运输经营行为；用于运输易燃易爆危险化学品的罐式车辆不符合相关安全技术标准、生产一致性要求的，要积极联系生产企业进行改造。要建立驾驶人驾驶资质、从业资质、交通违法、交通事故等信息的共享联动机制，加强对危险化学品运输车辆驾驶人的动态监管。

（四）加大道路路面秩序巡查力度

陕西省、内蒙古自治区人民政府及其有关部门要继续强化路面秩序管控，严把出站、出城、上高速、过境“四关”，对7座以上客车、旅游包车、危险品运输车实行“六必查”，坚决消除交通安全隐患，严防发生重特大道路交通事故。要加强高速公路日常巡查监管力度，针对高速公路重点交通违法行为进行专项研判，提前优化警力部署，提升工作成效。要因地制宜，在高速公路服务区等处设立临时执勤点，加强交通流量集中路段的巡逻，严查严纠违法占道、疲劳驾驶、超速超载、高速公路上下人等各类严重交通违法行为。要严格执行《国务院关于加强道路交通安全工作的意见》有关客运车辆夜间安全通行方面的新要求，科学调整勤务，改进执勤执法方式，完善交通管理设施，并督促指导运输企业相应调整动态监控系统设定的行驶速度预警指标，确保夜间客运车辆按规定运行。

（五）着力提升道路运输行业从业人员教育管理水平

内蒙古自治区、河南省要高度重视道路运输行业从业人员的安全教育培训工作，采用案例教育等多种形式，不断提高从业人员的安全意识、法制意识、责任意识和技能水平。要按照相关要求督促道路运输企业建立驾驶人安全教育、培训及考核制度，定期对客运驾驶人开展法律法规、技能训练、应急处置等教育培训，并对客运驾驶人教育与培训的效果进行考核。危险化学品道路运输企业还应当针对危险化学品的性质，强化驾驶人和押运人的应急演练，确保驾驶人、押运人在事故发生后及时采取相应的警示措施和安全措施，并按规定及时向当地公安机关报告。要督促运输企业建立驾驶员档案，定期进行考核，及时了解掌握驾驶员状况，严禁不具备相应资质的人员驾驶机动车辆。

（六）尽快完善道路交通安全法律法规和技术标准

国家有关部门要适应道路交通安全管理工作的实际需求，进一步完善罐式危险化学品运输车辆的技术标准和规范，提高危险化学品运输车辆后下部防护装置的强度，优化车辆罐体阀门等装置的连接方式，提升罐式危险化学品运输车辆的被动安全性。要进一步完善高速公路技术标准体系，结合实际情况对高速公路服务区出口加减速车道长度、导流区物理隔离设施设置标准等内容进行适当修订和细化。要借鉴剧毒化学品和爆炸品运输相关管理措施，研究进一步加强易燃危险化学品运输管理的综合措施。要进一步完善道路运输车辆动态监管机制，尽快出台动态监管工作管理办法，明确车辆动态监控系统的使用管理规定，加强对道路运输企业的指导和管理。

火灾爆炸事故

辽宁省鞍钢重型机械有限责任公司铸钢厂“2·20”重大爆炸事故

2012年2月20日23时35分，辽宁省鞍钢重型机械有限责任公司铸钢厂发生爆炸事故，造成13人死亡，17人受伤，直接经济损失3224.0万元。

一、事故经过

2012年2月20日23时30分，辽宁省鞍钢重型机械有限责任公司铸钢厂铸造车间在浇注水轮机转轮下环过程中，在浇注即将结束时，型腔冒口钢水上涨，并瞬间发生爆炸，将里芯、压铁及废砂向上喷起，钢水向周围喷溅，造成13人死亡，17人受伤。

事故发生后，辽宁省委、省政府高度重视，省委书记王珉、省长陈政高分别作出重要指示，要求务必把救人放在第一位，全力以赴组织好抢险救援工作，同时要尽快查明事故原因，做好善后处理等工作。国家安全监管总局、国务院国资委分别派员赶赴事故现场，指导事故救援和调查工作。

鞍山钢铁集团公司、鞍山市政府启动事故应急预案，相关部门立即赶赴事故现场，指挥事故抢险救援工作。截至2012年2月21日11时30分，完成搜救工作，抢险救援工作结束。

二、事故原因及分析

（一）事故直接原因

由于地坑渗水，导致砂床底部积水过多，当大量高温钢水短时间内注入砂型，砂床底部积水迅速汽化，蒸汽急剧膨胀，压力骤增，造成爆炸，将里芯、压铁及废砂向上喷起，是本次事故的直接原因。

（二）事故间接原因

（1）该下环铸件造型期间为冬季结冰期，造型人员从表面进行目测检查，未能发现地坑渗水和砂床底部积水。

（2）现行的铸造行业标准、规程等对铸件砂型合箱后砂床底部等含水率没有检测要求。铸钢厂对新工艺、新产品等铸件产品生产危险因素辨识不足，未能及时制定和采取相关措施控制风险。

（3）地坑施工及轨道铺设未按设计图纸进行施工。轨道沟槽与地坑防水墙相接，致使混砂机轨道位于地坑防水墙与北侧后期浇筑的混凝土设备基础相接处上方，导致地表用水沿轨道沟槽处渗入防水混凝土墙与防水钢板之间的缝隙中，经由防水混凝土墙的多处裂缝渗入地坑。

（4）原设计对混砂机没有用水清洗的要求，投入生产后铸钢厂根据生产实际需要，用水清洗混砂机，但未对地面采取防水防渗处理，铸钢厂利用地坑北侧设置的日常用水点，作为清洗混砂机水源，生产、生活用水等容易沿轨道沟槽处渗入地坑。

（5）该工程施工质量把关不严。地坑外墙竖向配筋钢筋间距未满足设计要求，均不符合《混凝土结构工程施工质量验收规范》（GB 50204—2002）及设计要求。9 号地坑防水墙存在多处裂纹（最大裂纹宽度为 0.9 毫米），导致地坑外墙防水功能下降。

（6）重机公司对铸钢厂贯彻执行国家有关法律法规、规程和标准情况监督检查不到位，对其开展安全隐患排查工作督促、检查、指导不力。

（7）鞍山钢铁集团公司对下属单位重机公司的安全监督检查不力。

（三）事故性质

经调查认定，辽宁省鞍钢重型机械有限责任公司铸钢厂“2·20”重大爆炸事故是一起重大责任事故。

三、事故处理结果

（一）对有关责任者的处理

（1）鞍钢重型机械有限责任公司铸钢厂造型班值班主任，具体负责 9 号地坑砂型型腔检查工作。对事故的发生负有主要责任，鉴于在事故中死亡，免于追究刑事责任。

（2）鞍钢重型机械有限责任公司铸钢厂浇筑班班长，具体负责事故当天水电下环的钢水浇注工作。对事故的发生负有主要责任，鉴于在事故中死亡，免于追究刑事责任。

（3）时任鞍钢重型机械有限责任公司设备部部长，鞍钢集团重机公司铸钢厂搬迁改造项目工程副总指挥。对工程出现的质量问题负有主要责任，司法机关依法追究刑事责任。

（4）时任鞍钢集团有限公司重机公司设备部工程师，铸钢厂搬迁改造项目工程组组长，具体负责施工现场土建工程。对工程质量问题监督检查不到位负有主要责任，司法机关依法追究刑事责任。

（5）时任鞍钢集团有限公司重机公司铸钢厂工业建筑管理员，作为鞍钢集团重机公司铸钢厂搬迁改造项目工程组和质量检查组成员，负责事故跨地坑及 1 号混砂机基础工程管理等工作。对工程出现的质量问题负有直接责任，司法机关依法追究刑事责任。

（6）时任鞍钢建设集团有限公司第三分公司第八项目部质量检查员，负责事故跨地坑及 1 号混砂机基础工程质量检查等工作。未能正确履行职责，对事故跨地坑及 1 号混砂机基础工程质量检查不认真、不细致，没有发现地坑外墙竖向配筋钢筋间距未满足设计要求的问题，对此负有责任。司法机关依法追究刑事责任。

（7）铸钢厂车间安全员，具体负责铸造车间安全管理工作。无安全员资格证上岗，在下环生产过程中没有对作业现场进行安全隐患排查，对事故的发生负有责任。给予降级处分。

（8）铸钢厂铸造车间主任，党支部书记，具体负责铸造车间全面工作。对事故的发生负有责任，给予撤销铸造车间主任职务、撤销党内职务处分。

（9）铸钢厂综合科安全员，具体负责铸钢厂安全管理工作。对事故的发生负有一定责任。给予降级处分。

（10）铸钢厂综合科科长，负责综合科全面工作。对事故的发生负有一定责任，给予撤销综合科科长职务处分。

（11）铸钢厂生产科长，负责生产科全面工作。对事故的发生负有一定责任。给予记过处分。

（12）铸钢厂副厂长，党委委员，分管生产、安全工作。对事故的发生负有一定责任，给予撤销铸钢厂副厂长职务、撤销党内职务处分。

（13）鞍钢重型机械有限责任公司铸钢厂副厂长、党委委员，分管设备工作，参与事故跨地坑及 1 号混砂机基础工程竣工验收工作。把关不严，没有发现地坑外墙竖向配筋钢筋间距未满足设计要求的问题，对此负有领导责任。给予降级、党内严重警告处分。

(14) 铸钢厂厂长，党委书记。对事故的发生负有主要领导责任，给予降级、党内严重警告处分，免去铸钢厂厂长、党委书记职务。

(15) 重机公司安全环保部副部长。对铸钢厂安全生产工作监督检查不到位，对下环作业现场安全隐患排查工作督促检查指导不够，对事故的发生负有一定责任，给予记大过处分。

(16) 鞍钢重型机械有限责任公司董事、副经理，分管设备工作，负责事故跨地坑及1号混砂机基础工程项目的指挥调度。对地坑外墙竖向配筋钢筋间距未满足设计要求的问题负有领导责任。给予记大过处分。

(17) 重机公司总经理。对事故的发生负有领导责任。给予记过处分。并依据《生产安全事故报告和调查处理条例》第三十八条第一款第三项规定，处上一年年收入60%的罚款。

(18) 时任鞍钢建设集团有限公司第三建筑工程分公司第八项目部生产副经理，负责生产管理等工作。在任职期间，抓事故跨地坑及1号混砂机基础工程施工管理措施不到位，对地坑外墙竖向配筋钢筋间距未满足设计要求的问题负有领导责任。建议给予降级，党内严重警告处分。

(19) 时任鞍钢建设集团有限公司第三建筑工程分公司第八项目部技术副经理，负责技术管理、质量检查等工作。在任职期间，组织开展对事故跨地坑及1号混砂机基础工程监督检查不到位，没有发现地坑外墙竖向配筋钢筋间距未满足设计要求的问题负有领导责任。给予撤职，撤销党内职务处分。

(20) 时任鞍钢建设集团有限公司第三建筑工程分公司第八项目部项目经理、党支部书记，负责第八项目部全面工作。作为第八项目部项目经理，对事故跨地坑及1号混砂机基础工程管理不到位，没有发现地坑外墙竖向配筋钢筋间距未满足设计要求的问题负有领导责任。给予撤职，撤销党内职务处分。

(21) 时任鞍钢建设集团有限公司第三建筑工程分公司质量管理部质量检查员，负责事故跨地坑及1号混砂机基础工程质量检查等工作。未能认真履行职责，对事故跨地坑及1号混砂机基础工程质量检查不到位，没有发现地坑外墙竖向配筋钢筋间距未满足设计要求的问题负有责任。给予降级、党内严重警告处分。

(22) 时任鞍钢建设集团有限公司第三建筑工程分公司质量管理部部长，负责质量管理部全面工作。作为质量管理部部长，组织开展工程质量检查工作存在薄弱环节，没有发现事故跨地坑及1号混砂机基础工程地坑外墙竖向配筋钢筋间距未满足设计要求的问题负有领导责任。给予撤职，党内严重警告处分。

(23) 时任鞍钢建设集团有限公司第三建筑工程分公司总经理、党委书记，负责第三建筑工程分公司全面工作。作为第三建筑工程分公司总经理、党委书记，抓干部队伍教育管理存在薄弱环节，对该公司第八项目部管理不到位，对事故跨地坑及1号混砂机基础工程地坑外墙竖向配筋钢筋间距未满足设计要求的问题失察，对上述问题负有领导责任。给予记过处分。

(24) 鞍山钢铁集团公司安全环保部部长。对下属单位重机公司的安全工作检查不到位，对事故的发生负有领导责任。要求其向鞍山钢铁集团公司作出书面检查。

(二) 对责任单位的处理

(1) 重机公司是本次事故的责任单位，依据《生产安全事故报告和调查处理条例》第三十七条第一款第三项的规定，处90万元罚款。

(2) 要求鞍钢集团公司向国务院国资委作出书面检查。

四、事故防范和整改措施

(1) 鞍钢重型机械有限责任公司特别是铸钢厂，要深刻吸取事故教训，举一反三，全面排查和治理各种隐患，抓紧补充和完善包括型芯制作、地坑清理、准备以及铸件浇注等安全技术操作规程，尤其是要制定铸件砂床厚度和含水量等监控、检测等规定，采取各种措施，及时消除各类不安全因素。特别是对混砂机清洗，要制定操作规程，加强清洗水排放控制，强化操作人员培训管理，消除地坑周围其他用水，保证安全生产。

(2) 鞍钢重型机械有限责任公司铸钢厂要立即组建专门安全管理机构，配置专职安全管理人员。要建立健全安全生产责任制和安全管理制度，加强全员培训，加强作业现场安全管理和检查。尤其是对交叉作业和危险性较大的生产作业场所，要严格控制现场人数，加强统一调度指挥，实现安全有序生产。要加强对采用新工艺、新技术等大型铸件生产过程的安全管理，制定相应安全规程、工艺要求，提高危险辨识分析及事故预防能力，及时改进安全控制技术，强化事故应对和处置能力。

（3）鞍钢重型机械有限责任公司要深刻查找安全生产工作中存在的问题，进一步落实安全生产管理责任，加强安全生产管理机构和监管队伍建设，强化对所属单位安全生产工作的监督管理和现场检查。要切实加强对基层生产单位安全管理制度制定、安全操作规程编制、生产工艺技术应用和生产作业组织程序等审核和指导，科学合理地组织生产。要进一步加强危险性较大生产项目、设备设施安全风险辨识和评估，及时排查消除各类隐患，做好生产全过程的风险防范工作，预防各类事故发生。

（4）鞍钢集团公司要采取针对性措施，严防同类事故发生。对铸钢厂地坑隐患等问题要进行认真检查，提高防水钢板高度，取消地坑周边用水点，做好地表水防渗处理措施。要监督做好对现有铸造地坑防水改造，达到设计要求，使其满足铸造工艺及现行标准和规范的安全要求后，方可重新投入使用。要对受事故影响的各作业场所、各种设备设施、电力线路和管道等破坏程度进行严格检测检查和修复，并进行安全现状评价，彻底做好复产前各项安全准备工作。

（5）鞍钢集团公司要进一步改进和完善对所属分公司（子公司）、改制和参股等企业的监管模式，加强安全管理，建立健全监管制度，强化监管措施，落实监管责任，全面开展安全生产标准化建设，强基固本，切实把安全生产主体责任落实到位。要加强集团本部和所属企业安全管理机构建设，按规定配齐配强专职安全管理人员，加大安全投入，强化责任制和考核制度落实。

（6）鞍钢集团公司要加强对所属企业新、改、扩建工程项目的安全管理，严格执行国家、省有关建设项目安全设施“三同时”的规定。要加强工程设计、施工、监理、验收等方面的监控管理，保证施工质量，切实提高生产各工艺和设备设施的本质安全度。

河北省石家庄市赵县河北克尔化工有限责任公司“2·28”重大爆炸事故

2012年2月28日9时4分左右，位于河北省石家庄市赵县工业园区生物产业园内的河北克尔化工有限责任公司（以下简称河北克尔公司）生产硝酸胍的一车间发生重大爆炸事故，造成25人死亡，4人失踪，46人受伤，直接经济损失4459万元。

一、事故企业基本情况

河北克尔公司系民营企业，成立于2005年2月份。该公司于2009年3月份开工建设的年产10000吨噁二嗪、1500吨2—氯—5—氯甲基吡啶、1500吨西林钠、1000吨N—氰基乙亚胺酸乙酯项目，总投资2.17亿元。一期工程包括一车间（硝酸胍）、二车间（硝基胍）、配电室、动力站（包括空压站和1台制冷机组）、固体库、一次水池和循环消防水池，设计单位为河北渤海工程设计有限公司（乙级资质），于2010年2月底竣工。河北克尔公司现有职工351人，2010年9月6日取得了危险化学品安全生产许可证。

二、事故经过

河北克尔公司一车间共有8个反应釜，依次为1~8号反应釜。原设计用硝酸铵和尿素为原料，生产工艺是硝酸铵和尿素在反应釜内混合加热熔融，在常压、175~220 ℃条件下，经8~10个小时的反应，间歇生产硝酸胍，原料熔解热由反应釜外夹套内的导热油提供。实际生产过程中，将尿素改用双氰胺为原料并提高了反应温度，反应时间缩短至5~6个小时。

事故发生前，一车间有5个反应釜投入生产。

2月28日8时，该车间当班人员接班时，2个反应釜空釜等待投料，3个反应釜投料生产。8时40分左右，1号反应釜底部放料阀（用导热油伴热）处导热油泄漏着火。9时4分，一车间发生爆炸事故并被夷为平地，造成重大人员伤亡，周边设备、管道严重损坏，厂区遭到严重破坏，周边2千米范围内部分居民房屋玻璃被震碎。

三、事故原因及分析

事故发生后，公安部门组织查看该公司视频监控录像，未发现无关人员在事故前进入厂区；经比对死亡、失踪人员DNA样本，分析尸体尸块分布位置，确认爆炸中死亡、失踪人员均为厂区内工作人员和施工人员；经检验鉴定爆炸点周边土样，未检出TNT成分；结合调查走访厂区工作人员、死亡和失踪人员家属及周围群众情况，并结合现场物证检验调查，综合分析，该起事故排除人为破坏因素。

（一）事故直接原因

河北克尔公司从业人员不具备化工生产的专业技能，一车间擅自将导热油加热器出口温度设定高限由215 ℃提高至255 ℃，使反应釜内物料温度接近了硝酸胍的爆燃点（270 ℃）。1号反应釜底部保温放料球阀的伴热导热油软管连接处发生泄漏着火后，当班人员处置不当，外部火源使反应釜底部温度升高，局部热量积聚，达到硝酸胍的爆燃点，造成釜内反应产物硝酸胍和未反应的硝酸铵急剧分解爆炸。1号反应釜爆炸产生的高强度冲击波，以及高温、高速飞行的金属碎片瞬间引爆堆放在1号反应釜附近的硝酸胍，引发次生爆炸，从而引发强烈爆炸。

（二）事故间接原因

一是安全生产责任不落实；二是企业管理混乱，生产组织严重失控；三是车间管理人员、操作人员专业知识低；四是企业隐患排查走过场；五是相关部门监管不力；六是政府监管不力。

四、事故处理结果

对河北克尔公司总经理、法定代表人杨××等7人移送司法机关处理，给予赵县县长张××等11名事故责任人员相应的党政纪处分和组织处理，给予河北克尔公司199万元罚款，并依法吊销危险化学品生产企业安全生产许可证，责成赵县人民政府向石家庄市人民政府写出深刻书面检查。

天津市蓟县莱德商厦“6·30”重大火灾事故

一、事故经过

2012年6月30日15时40分许，天津市蓟县莱德商厦一层2名营业员先后听到一层男鞋区库（东南角中转库房）内发出“嘶嘶”的声音和类似电闸跳闸的声响，并发现该库房内有烟冒出，其中1名营业员立即报警。同时，6名营业员使用灭火器进行现场扑救。

15时41分，市119指挥中心接到报警，15时48分，县消防支队首批赶到现场实施扑救。市119指挥中心先后调派16个消防中队和2个企业消防队，共计55部消防车、436名消防官兵到场扑救。参战官兵到场后开辟12条救生通道，从火场中成功救出被困人员53人。在火场设置了31个水枪阵地、5个水炮阵地，于19时左右将大火扑灭，22时20分左右，余火全部扑灭。大火造成10人死亡，16人受伤。

二、事故原因及分析

（一）事故直接原因

天津市蓟县莱德商厦一层东南角中转库房内空调电源线未穿金属管保护，其导线电弧持续作用，导致线路异常温升及相间绝缘性能下降，发生相间电弧性短路，引燃周围可燃物。

（二）事故间接原因

（1）天津市蓟县莱德商厦领导层对消防安全工作不重视，消防安全主体责任不落实。天津市蓟县莱德商厦作为公共聚集场所和消防安全重点单位，不落实防火巡查检查、消防设施检查检测维护等规章制度，未设专职人员负责消防安全工作，与租赁户订立的合同中未明确双方的消防安全责任，制定的应急疏散预案缺乏针对性和可操作性。近年来未对商厦员工和商户进行消防安全培训教育和应急疏散预案演练，导致部分员工在火灾发生时，无法成功脱险；负有组织疏散职责的管理人员，在发生火灾时未能组织及时有效的应急疏散。

天津市蓟县莱德商厦对消防安全设备设施的建立、完善和消防安全隐患排查工作不重视，致使消防安全隐患长期存在。一是该商厦东侧院内原设计一套增压给水设备，始终未建。二是该商厦第五层原为县青少年宫，按设计应建有一座直达地面的专供紧急情况下五楼人群疏散楼梯，在施工过程中被取消。三是该商厦2009年改扩建后未报消防部门审核验收。四是该商厦自四楼、五楼投入使用后，用电线路与用电设备功率不匹配，长期超负荷运行，商厦负责人在明知电气线路长期超负荷运行的情况下，仍未及时进行整改。五是该商厦一楼北侧的消防应急疏散门封闭，门内用作店面出租给商户；五楼南侧消防应急疏散门长期上锁，导致火灾发生后，不能发挥作用。

（2）消防安全监督管理和日常检查不到位。天津市蓟县莱德商厦在2004年消防验收和2009年商厦改扩建时，消防设施不符合建筑设计防火规范要求，天津市蓟县消防支队（原公安蓟县消防大队）作为天津市蓟县莱德商厦消防安全监管的直接责任单位，相关人员严重违规，未认真履行消防验收职责，消防安全监管不力，在天津市蓟县莱德商厦（原东方商厦购物中心）消防验收和日常消防安全监管工作中存在严重渎职行为，使不符合消防验收合格标准的莱德商厦通过消防验收，对莱德商厦在经营期间存在的重大消防安全隐患督促整改措施不到位，导致火灾事故发生重大人员伤亡和经济损失，危害后果严重扩大。

蓟县公安局作为负责实施消防安全责任制的监督管理部门，对辖区重点消防单位缺乏组织统一有效的消防安全专项检查，对消防部门的工作缺乏必要的领导和监督指导。

（3）蓟县商务委履行消防安全行业管理职责不到位。蓟县商务委作为行业管理部门对消防安全工作重视不够，行业管理指导督促不力，牵头组织进行安全检查不深不细，对天津市蓟县莱德商厦存在的火灾隐患督促整改力度不够。

（4）渔阳镇政府落实消防属地督促责任不到位。渔阳镇政府作为属地政府部门，对天津市蓟县莱德商厦落实消防安全主体责任缺乏督促指导，未纳入消防安全督促指导范围，未及时督促天津市蓟县莱德商厦开展火灾隐患自查，消除火灾隐患。

（5）县青少年宫作为天津市蓟县莱德商厦五楼的出租方，未与承租方天津市蓟县莱德商厦签订消防安全管理协议，对承租方履行消防安全责任缺乏统一协调管理。

（6）天津市电力公司蓟县分公司（原天津市蓟县供电局）未按照高压供用电合同中约定的条款对天津市蓟县莱德商厦的电工进网作业许可证的持证情况进行检查，未发现天津市蓟县莱德商厦的电工无进网作业许可证。

（7）天津市蓟县人民政府未能有效督促有关部门认真落实消防安全职责，对辖区内重点防火单位进行隐患排查，对县政府有关部门与下级政府履行消防安全职责的落实情况监督检查力度不够。

三、对事故有关责任人依法依纪处理情况

（一）司法机关处理的有关责任人

（1）姚××，天津市蓟县莱德商厦实际控制人。犯重大劳动安全事故罪，一审判处有期徒刑6年。

（2）姚××，天津市蓟县莱德商厦法定代表人。犯重大劳动安全事故罪，一审判处有期徒刑4年。

（3）高××，天津市蓟县莱德商厦副总经理。犯重大劳动安全事故罪，一审判处有期徒刑3年缓刑4年。

（4）刘××，天津市蓟县莱德商厦副总经理。犯重大劳动安全事故罪，一审判处有期徒刑3年缓刑4年。

（5）王××，天津市蓟县莱德商厦副总经理。犯重大劳动安全事故罪，一审判处有期徒刑3年缓刑4年。

（6）宗××，天津市蓟县莱德商厦电工。犯重大劳动安全事故罪，一审判处有期徒刑3年缓刑3年。

（7）吕××，原公安蓟县消防大队防火科参谋。涉嫌玩忽职守罪，已刑事拘留。

（8）杨××，原公安蓟县消防大队大队长。涉嫌滥用职权罪、受贿罪，已刑事拘留。

（二）给予行政处分的人员

（1）陈××，蓟县消防支队防火处参谋。给予记大过处分。

（2）杨××，蓟县消防支队防火处处长。给予记过处分。

（3）赵××，蓟县消防支队支队长。给予记过处分。

（4）李××，天津市公安局蓟县分局副局长。给予行政记过处分。

（5）张××，蓟县商务委内贸科副科长。给予行政记大过处分。

（6）潘××，蓟县商务委办公室主任，主持市场科工作。给予行政记过处分。

（7）胡××，蓟县商务委副主任。给予行政记过处分。

（8）高××，蓟县商务委主任、党组书记。给予行政警告处分。

（9）李××，蓟县渔阳镇党委副书记、渔阳镇镇长。给予行政警告处分。

（三）对其他相关责任人员和单位的处理

（1）马××，蓟县人民政府副县长，分管安全生产和消防工作。给予诫勉谈话并要求其作出深刻检查。

（2）刘××，蓟县人民政府副县长，分管商贸工作。给予诫勉谈话并要求其作出深刻检查。

（3）蓟县青少年宫作为将五楼出租给天津蓟县莱德商厦业主，由蓟县人民政府对蓟县青少年宫予以通报批评，依据《天津市安全生产约谈制度（试行）》由蓟县安委会对其主要负责人进行约谈。

（4）天津市电力公司蓟县分公司（原天津市蓟县供电局），由市安委会办公室对天津市电力公司蓟县分公司予以通报批评，并依据《天津市安全生产约谈制度（试行）》对其主要负责人进行约谈。

（5）责成蓟县人民政府向天津市人民政府作出书面深刻检查。

（6）依照《生产安全事故报告和调查处理条例》之规定，对事故负有主要责任的天津市蓟县莱德商厦给予罚款90万元人民币的经济处罚；对事故发生负有重要领导责任的天津市蓟县莱德商厦实际控制人姚××处以上一年年收入60%的罚款。

四、事故整改措施

这起重大火灾事故给人民生命财产带来了巨大损失，后果严重，造成了很大社会负面影响，教训十分深刻。为了防止类似事故再次发生，提出以下整改措施：

（1）全面落实消防安全责任制。各区县、各有关部门要按照《国务院关于加强和改进消防工作的意见》（国发〔2011〕46号）要求，明确各级、各部门的消防工作职责，针对不同季节、时期和本地区、本行业、本系统特点，提出相应的工作安排、部署和要求，加强监督检查，督促整改火灾隐患，强化对消防工作督促指导。公安机关、消防机构要加强消防监督管理工作，严格按照法律法规要求进行审批审查，提高建筑物消防安全水平。从严从细排查火灾隐患，从严从重惩处消防违法行为，落实基层消防工作责任，在街道、乡镇全面推行消防安全网格化管理，构建“全覆盖、无盲区”的消防管理网络。

（2）大力推进消防安全专项整治。各区县、各有关部门要深入贯彻落实《国务院办公厅关于集中开展安全生产领域“打非治违”专项行动的通知》（国办发明电〔2012〕10号）要求，认真吸取这次事故教训，举一反三，认真分析研判消防安全形势，按照消防安全“打非治违”专项行动方案的具体部署，以人员密集场所、高层地下建筑、建设工程施工工地等场所为重点开展专项整治。及时消除各类消防隐患，切实将消防安全专项整治的各项措施落到实处。

（3）强化电力行业运行管理。电力供应企业应按照《电力供应与使用条例》和《用电检查管理办法》等规定，开展对电力使用者的逐一检查，确保供用电设施维护责任划分明确，电力使用者受（送）电装置的电气设备运行安全状况符合要求，用户进网作业电工的资格合法有效、进网作业安全状况及作业安全保障措施落实到位，用电计量装置、电力负荷控制装置、继电保护和自动装置、调度通信等安全运行，供用电合同及有关协议的履行责任明确、落到实处。

（4）深化对出租、承租单位安全生产责任落实。生产经营场所有承租单位的，出租单位应当与承租单位签订专门的安全生产管理协议，在租赁合同中约定各自的安全生产管理职责，应当明确各方的消防安全责任，履行对承租单位的统一协调、管理。

（5）深入开展消防安全宣传教育培训。各区县、各有关部门要着力提高从业人员消防安全"四个能力"。特别是要重点督促商场、市场等人员密集场所和消防安全基础相对薄弱的生产经营单位加强消防安全教育培训，定期开展灭火疏散应急预案演练。充分利用广播、电视、报纸、互联网等媒体，宣传普及安全用火用电、火灾预防、初起火灾扑救以及逃生自救常识，不断提高社会公众尤其是生产经营单位从业人员的消防安全意识和能力。

（6）认真制定和落实吸取事故教训措施。蓟县要认真吸取此次事故教训，有针对性地制定整改措施，全面提升本区域消防安全水平，坚决杜绝类似事故的发生。一是蓟县人民政府要进一步加强对消防工作的领导，明确各乡镇、各部门的消防工作职责，督促其全面贯彻落实消防安全责任制，大力加强对各乡镇、各部门履行消防安全职责情况的监督检查；要加大消防安全投入，定期分析研判消防工作形势，综合评估辖区消防安全状况，针对不同季节和时期，提出相应的工作安排、部署和要求，强化对消防工作督促指导。二是蓟县消防支队要进一步加大监督检查力度，认真落实安全生产领域"打非治违"专项行动工作要求，全面落实消防安全监督责任。三是蓟县商务委要按照"管行业必须管安全"的原则，认真履行行业消防安全管理职责，定期分析本行业的消防安全形势，督促本行业单位建立消防安全管理制度，制定应急预案并加强演练，落实消防安全防范措施，消除消防安全隐患，切实做好商贸服务行业消防安全工作。四是蓟县渔阳镇人民政府要组织开展隐患排查治理工作，强化区域内消防安全监管工作，进一步完善和落实消防安全责任制，加强对无上级单位消防安全的监督检查力度。

广东省清远市英德市龙山水泥有限责任公司"8·27"重大爆炸事故

2012年8月27日14时32分，英德市民用爆破器材专卖有限公司（以下简称民爆公司）运载民爆物品的车辆在位于广东省清远市英德市望埠镇的英德龙山水泥有限责任公司（以下简称龙山公司）矿山分厂133平台发生炸药爆炸事故，造成10人死亡，18人受伤，直接经济损失1051.2万元。

一、事故经过

2012年8月27日10时30分左右，龙山公司矿山分厂采矿工段副工段长吴××打电话给民爆公司龙头山仓库主任陈××，要求于13时30分前配送炸药、雷管到矿山。12时5分左右，民爆公司龙头山仓库安排3辆车共登记装载炸药13.488吨和雷管469发，先后出发赴龙山公司133平台爆破作业现场。

13时35分左右，粤RP1429号车到达矿山133平台，该车直接开到炮孔附近，紧随其后到达矿山133平台的另外两部车（粤RP2553和粤RP0661）在爆破警戒线外等候。吴××和爆破班长指挥爆破员、手风钻工共10人将炸药从车上卸下，并将炸药直接搬到炮孔附近。约20分钟后，粤RP1429号车卸完炸药驶离爆破工作面，粤RP2553号车从警戒线外开至爆破工作面内，爆破工曾××从车厢尾部将雷管（雷管存放在专用箱中）搬下放到地上，由宣××负责清点（清点时是一捆一捆的清点，没有一发一发的清点），确认数量后由宣××分两次将雷管搬至车头左前方三四米远的地方存放。其他人员继续从车上卸下炸药并直接将炸药搬到炮孔附近。约20分钟后，粤RP2553号车卸完炸药和雷管，驶离爆破工作面。粤RP0661号车从警戒线外开至爆破工作面内，爆破工罗××和劳务公司4名手风钻工卸炸药。

14时31分，粤RP0661号车车厢内发生爆炸，该车完全炸毁，抛掷物（汽车碎片）由炸坑处向四周抛射，最远距离约500米。事故共造成10人死亡，18人受伤，经济损失重大。

二、事故原因及分析

（一）事故直接原因

此次事故的直接原因是粤 RP0661 运输车车厢炸药发生爆炸，根据综合调查结果可排除炸药质量不稳定、车辆部件起火、雷击、钻机打残眼和撞击摩擦等因素引起的炸药爆炸，存在雷管或热积累引发炸药爆炸两种可能。

（二）事故间接原因

（1）民爆公司对民爆物品管理混乱，违规发放和违法运输民爆物品。

（2）龙山公司违法使用民爆物品组织生产，爆破作业现场管理混乱。

（3）英德市祥兴保安服务有限公司（以下简称保安公司）向民爆公司派出未持证押运员（保安员），违规从事押运服务活动。

（4）公安部门违规审批，日常监管不力。

（5）经济和信息化部门审批把关不严，日常监管不力。

（6）安全监管部门监管不严，查处安全生产违法行为不力。

（7）交通运输部门监管工作不到位。

（8）英德市政府、英德市望埠镇政府贯彻落实国家安全生产工作方针政策和法律法规不到位。

（三）事故性质

经事故调查组调查确认，这是一起由于相关企业严重违法违规生产经营造成的重大责任事故。

三、事故处理结果

（1）凌××、陈××、周××、魏××、吴××、宣××、巫××、吴××、丘××等9人对事故的发生负有直接责任。移交司法机关追究刑事责任。

上述人员中属中共党员或行政监察对象的，待司法机关作出处理后，由当地纪检监察机关或负有管辖权的单位及时给予相应的党纪、政纪处分。

（2）郑××等2人对事故的发生负有主要领导责任。鉴于其在其他案件中还有涉嫌违纪问题，由清远市纪检监察机关另案一并处理。

（3）凌××等9人对事故的发生负有重要领导责任。分别给予撤职、行政记大过、行政记过处分。

（4）朱××、范××、蔡××、侯××、廖××等5人对该事故的发生负有责任。由清远市纪检监察机关对其诫勉谈话。

（5）钟××、吴××、武××等3人对该事故的发生负有责任。由广东省安监局依法对其进行行政处罚。周××对事故的发生负有责任，由清远市公安局依法撤销其《爆破作业人员许可证》。

（6）民爆公司、龙山公司、保安公司等3家企业对事故的发生负有责任。由有关行政机关对其进行行政处罚。

（7）刘××，英德市公安局在编职工，保安公司法定代表人。对事故的发生负有责任。由英德市公安局依照有关法律法规对其作出处理。

责令英德市委、市政府分别向清远市委、市政府作出深刻书面检讨。

建筑施工事故

湖北省武汉市东湖景园工地“9·13”重大施工升降机坠落事故

一、事故基本情况

2012年9月13日13时许，湖北省武汉市洪山区东湖景园还建楼工程C区7－1楼建筑工地，一台SCD200/200型施工升降机的一侧机笼升至约100米处时发生坠落，事故造成机笼内的19名作业人员死亡，直接经济损失约1800万元。

二、事故原因及分析

（一）事故直接原因

事故发生时，事故施工升降机导轨架第 66、67 节标准节连接处的 4 个连接螺栓只有左侧 2 个螺栓有效连接，而右侧（受力边）2 个螺栓的螺母脱落，无法受力。在此工况下，事故升降机左侧吊笼超过备案额定承载人数（12 人），承载 19 人和约 245 千克物件，上升到第 66 节标准节上部（33 楼顶部）接近平台位置时，产生的倾翻力矩大于对重体、导轨架等固有的平衡力矩，造成事故施工升降机左侧吊笼顷刻倾翻，并连同第 67～70 节标准节坠落地面。

（二）事故间接原因

湖北省祥和建设集团有限公司作为东湖景园 C 区施工总承包单位，管理混乱，将施工总承包一级资质出借给其他单位和个人承接工程；使用非公司人员吴××的资格证书，并在投标时将吴××作为东湖景园项目经理，但未安排吴××实际参与项目投标和施工管理活动；未落实企业安全生产主体责任，未建立安全隐患排查整治制度，未落实教育培训制度，未认真贯彻落实相关监管部门有关建设工程安全生产专项检查和隐患排查文件精神，对东湖景园施工和施工升降机安装使用的安全生产检查和隐患排查流于形式，未能及时发现和整改事故施工升降机存在的重大安全隐患，造成严重后果。

东湖景园 C 区施工项目部是湖北省祥和建设集团有限公司股东、党委书记易××以湖北省祥和建设集团有限公司名义组织成立的。该项目部现场负责人和主要管理人员均非湖北省祥和建设集团有限公司人员，现场负责人易××及大部分安全员不具备岗位执业资格；安全生产管理制度不健全、不落实，在东湖景园无《建设工程规划许可证》《建筑工程施工许可证》《中标通知书》《开工通知书》的情况下，违规进场施工，且施工过程中忽视安全管理，现场管理混乱，并存在非法转包；未依照《武汉市建筑起重机械备案登记与监督管理实施办法》对施工升降机加节进行申报和验收，并擅自使用；联系购买并使用伪造的施工升降机《建筑施工特种作业操作资格证》；对施工人员私自操作施工升降机的行为，制止管控不力；未认真贯彻落实相关监管部门有关建设工程安全生产专项检查和隐患排查文件精神，对东湖景园施工和施工升降机安装使用的安全生产检查和隐患排查流于形式，未能及时发现和整改事故施工升降机存在的重大安全隐患，造成严重后果。

武汉中汇机械设备有限公司作为东湖景园 C 区 C7－1 楼施工升降机的设备产权及安装、维护单位，安全生产主体责任不落实，安全生产管理制度不健全、不落实，安全培训教育不到位，企业主要负责人、项目主要负责人、专职安全生产管理人员和特种作业人员等安全意识薄弱；公司内部管理混乱，起重机械安装、维护制度不健全、不落实，施工升降机加节和附着安装不规范，安装、维护记录不全不实；安排不具备岗位执业资格的员工杜××负责施工升降机维修保养；未依照《武汉市建筑起重机械备案登记与监督管理实施办法》对施工升降机加节进行验收和使用管理；未认真贯彻落实相关监管部门有关建设工程安全生产专项检查和隐患排查文件精神，对施工升降机使用安全生产检查和维护流于形式，未能及时发现和整改事故施工升降机存在的重大安全隐患，造成严重后果。

武汉万嘉置业有限责任公司作为东湖村委会委托的东湖景园建设管理单位，不具备工程建设管理资质，在东湖景园无《建设工程规划许可证》《建筑工程施工许可证》和未履行相关招投标程序的情况下，违规组织施工、监理单位进场开工。未经规划部门许可和放、验红线，擅自要求施工方以前期勘测的三个测量控制点作为依据，进行放线施工；在《建筑规划方案》之外违规多建一栋两单元住宅用房；在施工过程中违规组织虚假招投标活动。未落实企业安全生产主体责任，安全生产责任制不落实，未与项目管理部签订安全生产责任书；安全生产管理制度不健全、不落实，未建立安全隐患排查整治制度。武汉万嘉置业有限责任公司东湖景园项目管理部只注重工程进度，忽视安全管理，未依照《武汉市建筑起重机械备案登记与监督管理实施办法》，督促相关单位对施工升降机进行加节验收和使用管理；未认真贯彻落实相关监管部门有关建设工程安全生产专项检查和隐患排查文件精神，对项目施工和施工升降机安装使用安全生产检查和隐患排查流于形式，未能及时发现和督促整改事故施工升降机存在的重大安全隐患，造成严重后果。

武汉博特建设监理有限责任公司作为东湖景园

C 区监理单位，安全生产主体责任不落实，未与分公司、监理部签订安全生产责任书，安全生产管理制度不健全，落实不到位；公司内部管理混乱，对分公司管理、指导不到位，未督促分公司建立健全安全生产管理制度；对东湖景园《监理规划》和《监理细则》审查不到位；武汉博特建设监理有限责任公司使用非公司人员曾××的资格证书，在投标时将曾××作为东湖景园项目总监，但未安排曾××实际参与项目投标和监理活动。东湖景园项目监理部负责人（总监代表）丁××和部分监理人员不具备岗位执业资格；安全管理制度不健全、不落实，在项目无《建设工程规划许可证》《建筑工程施工许可证》和未取得《中标通知书》的情况下，违规进场监理；未依照《武汉市建筑起重机械备案登记与监督管理实施办法》，督促相关单位对施工升降机进行加节验收和使用管理，自己也未参加验收；未认真贯彻落实相关监管部门有关建设工程安全生产专项检查和隐患排查文件精神，对项目施工和施工升降机安装使用安全生产检查和隐患排查流于形式，未能及时发现和督促整改事故施工升降机存在的重大安全隐患，造成严重后果。

武汉市东湖生态旅游风景区东湖村委会作为东湖景园建设单位，违反有关规定选择无资质的项目建设管理单位；对项目建设管理单位、施工单位、监理单位落实安全生产工作监督不到位；未认真贯彻落实武汉市城乡建设委员会等部门有关建设工程安全生产专项检查和隐患排查文件精神，对施工现场存在的安全生产问题督促整改不力，造成严重后果。

武汉市城乡建设委员会作为全市建设行业主管部门，虽然对全市建设工程安全隐患排查、安全生产检查工作进行了部署，但组织领导不力，监督检查不到位；对武汉市城建安全生产管理站领导、指导和监督不力。该委员会建筑业管理办公室指定洪山区建筑管理站为东湖景园建设安全监管单位，后续监督检查工作不到位，未能及时发现并制止东湖景园违法施工行为，造成严重后果。

武汉市城建安全生产管理站作为全市建设安全监管主管机构，对洪山区建筑管理站业务指导不力，监督检查不到位，未能制止东湖景园违法施工行为，安全生产工作落实不力，造成严重后果。

武汉市洪山区建筑管理站及下属和平分站作为东湖景园建设安全监管单位，在该项目无《建设工程规划许可证》《建筑工程施工许可证》的情况下，未能有效制止违法施工，对参建各方安全监管不到位。对工程安全隐患排查、起重机械安全专项大检查的工作贯彻执行不力，未能及时有效督促参建各方认真开展自查自纠和整改，致使事故施工升降机存在的重大安全隐患未及时得到排查整改，造成严重后果。

武汉市城市管理局作为全市违法建设行为监督执法部门，在接到东湖景园违法施工举报后，没有严格执法；该局查违处处长林××到现场进行调查和了解后，于 2011 年 11 月 25 日主持召开市查违办月度绩效考核例会，将非市重点工程的东湖景园当做市重点工程，同意了东湖生态旅游风景区查违办提供的《会议纪要》对该项目作出“暂缓拆除，并督促其补办、完善相关手续”的意见，之后没有进一步检查督办是否停工补办相关手续，使得该项目得以继续违法施工，造成严重后果。

东湖生态旅游风景区城管执法局作为该风景区违法建设行为监督执法部门，在接到东湖景园违法施工举报后，虽然对该项目下达了《违法通知书》《违法建设停工通知书》《违法建设拆除通知书》《强制拆除决定书》，但没有严格执行，在按照该风景区管委会有关领导“争取变通解决办法”的要求，争取到武汉市城市管理局对该项目同意“暂缓拆除”后，没有督促有关单位停工补办相关手续，使得该项目得以继续违法施工，造成严重后果。

东湖生态旅游风景区管委会城乡工作办事处作为该风景区管委会派出的负责东湖村在内有关区域行政管理工作的机构，未认真贯彻落实安全生产责任制，未正确领导东湖景园参建各方严格执行国家、省、市有关安全生产法律法规和文件精神，造成严重后果。

东湖生态旅游风景区管委会作为武汉市政府派出的负责该区域行政管理工作的机构，未认真贯彻落实安全生产责任制，未有效领导东湖景园参建各方和监管部门严格执行国家、省、市有关安全生产法律法规和文件精神，造成严重后果。

三、事故处理结果

事故调查组依据有关法律法规，对武汉市东湖生态旅游风景区“9·13”重大建筑施工事故责任单位和责任人提出了处理意见，省政府决定：给予28名责任人相应的处理和处罚，责成武汉市东湖生态旅游风景区管委会及主要负责人、武汉市城乡建设委员会及主要负责人、武汉市城市管理局及主要负责人向武汉市人民政府作出深刻检查，责成武汉市东湖生态旅游风景区管委会城乡工作办事处向东湖生态旅游风景区管委会作出深刻检查，责成省住房和城乡建设厅依法依规对湖北省祥和建设集团有限公司、武汉博特建设监理有限责任公司、武汉中汇机械设备有限公司的资质从严作出处理，责成省安监局依法依规对湖北省祥和建设集团有限公司、武汉博特建设监理有限责任公司、武汉中汇机械设备有限公司、武汉万嘉置业有限责任公司、武汉市东湖生态旅游风景区东湖村委会给予规定上限的行政处罚，责成武汉市政府对违规多建的一栋东湖景园住宅楼予以没收。

第十五部分

国务院办公厅、国务院安委会文件，有关部门规章、文件和地方性法规、规章及文件

国务院办公厅和国务院安委会文件（目录）

国家安全生产监督管理总局、国家煤矿安全监察局规章及文件（目录）

1. 部门规章

危险化学品输送管道安全管理规定（国家安全监管总局令　第43号）

安全生产培训管理办法（国家安全监管总局令　第44号）

危险化学品建设项目安全监督管理办法（国家安全监管总局令　第45号）

煤层气地面开采安全规程（试行）（国家安全监管总局令　第46号）

工作场所职业卫生监督管理规定（国家安全监管总局令　第47号）

职业病危害项目申报办法（国家安全监管总局令　第48号）

用人单位职业健康监护监督管理办法（国家安全监管总局令　第49号）

职业卫生技术服务机构监督管理暂行办法（国家安全监管总局令　第50号）

建设项目职业卫生“三同时”监督管理暂行办法（国家安全监管总局令　第51号）

煤矿安全培训规定（国家安全监管总局令　第52号）

危险化学品登记管理办法（国家安全监管总局令　第53号）

烟花爆竹生产企业安全生产许可证实施办法（国家安全监管总局令　第54号）

危险化学品经营许可证管理办法（国家安全监管总局令　第55号）

安全生产监管监察部门信息公开办法（国家安全监管总局令　第56号）

危险化学品安全使用许可证实施办法（国家安全监管总局令　第57号）

2. 综合监管

(1) 综合协调

中共国家安全监管总局党组关于印发全国安全监管监察系统2012年深入开展创先争优活动上作要点的通知（安监总党〔2012〕6号）

中共国家安全监管总局党组关于在全国安全监管监察系统深入开展学雷锋活动的实施意见（安监总党〔2012〕9号）

中共国家安全监管总局党组关于2012年党风廉政建设工作任务分工的意见（安监总党〔2012〕10号）

中共国家安全监管总局党组关于在煤矿安全监管监察领域开展“深化执政为民教育规范安全执法行为　整治突出问题”活动情况的通报（安监总党〔2012〕12号）

中共国家安全监管总局党组关于在全国安全监管监察系统开展第三个反腐倡廉“警示教育周”的通知（安监总党〔2012〕15号）

中共国家安全监管总局党组关于贯彻落实《关于部分中央和国家机关对所属单位开展巡视工作的意见（试行）》的实施意见（安监总党〔2012〕16号）

中共国家安全监管总局党组关于认真学习宣传贯彻党的十八大精神的通知（安监总党〔2012〕23号）

中共国家安全监管总局党组关于推进创先争优常态化长效化的意见（安监总党〔2012〕27号）

中共国家安全监管总局党组印发贯彻落实中央政治局关于改进工作作风密切联系群众八项规定实施办法的通知（安监总党〔2012〕28号）

国家安全监管总局　国家煤矿安监局关于表彰安全生产监管监察先进单位和先进个人的决定（安监总人事〔2012〕6号）

国家安全监管总局关于印发2012年工作要点的通知（安监总政法〔2012〕18号）

国家安全监管总局关于印发国家安全生产监督管理

总局领导同志工作分工的通知（安监总办〔2012〕26号）

国家安全监管总局 财政部关于印发安全生产举报奖励办法的通知（安监总财〔2012〕63号）

关于印发《企业安全生产费用提取和使用管理办法》的通知（财企〔2012〕16号）

关于促进安全产业发展的指导意见（工信部联安〔2012〕388号）

国务院安委会办公室关于认真学习贯彻落实《国务院办公厅关于继续深入扎实开展“安全生产年”活动的通知》的通知（安委办〔2012〕9号）

国务院安委会办公室关于切实加强汛期安全生产工作的通知（安委办〔2012〕17号）

国务院安委会办公室关于加强生产安全事故信息公开工作的意见（安委办〔2012〕27号）

国务院安委会办公室关于进一步做好重大事故查处挂牌督办有关工作的通知（安委办〔2012〕30号）

国务院安委会办公室关于转发人民日报报道《且看山西新探索 安全生产大如天》的通知（安委办〔2012〕33号）

国务院安委会办公室关于认真贯彻落实国务院第六次全体会议和全国安全生产电视电话会议精神切实加强第一季度安全生产工作的通知（安委办明电〔2012〕3号）

国务院安委会办公室关于开展安全生产督导调研的通知（安委办明电〔2012〕4号）

国务院安委会办公室关于认真贯彻落实中央领导同志重要批示精神 进一步加强安全生产工作的通知（安委办明电〔2012〕6号）

国务院安委会办公室关于印发“打非治违”专项行动办公室工作方案 扎实推进专项行动深入开展的通知（安委办明电〔2012〕9号）

国务院安委会办公室关于开展安全生产督导调研的通知（安委办明电〔2012〕15号）

国务院安委会办公室关于加强2012年国庆节期间及节后安全生产工作的通知（安委办明电〔2012〕22号）

国务院安委会办公室关于学习借鉴北京市经验做法加强人员密集场所安全检查的通知（安委办明电〔2012〕23号）

国务院安委会办公室关于做好冬季和2013年元旦春节期间安全生产工作的通知（安委办明电〔2012〕29号）

国家安全监管总局办公厅关于实行公文错情通报制度的通知（安监总厅〔2012〕2号）

国家安全监管总局办公厅关于印发贯彻落实《国务院关于坚持科学发展安全发展促进安全生产形势持续稳定好转的意见》重点工作责任分工方案的通知（安监总厅〔2012〕11号）

国家安全监管总局办公厅关于印发总局继续深入扎实开展“安全生产年”活动重点工作责任分工意见的通知（安监总厅〔2012〕28号）

国家安全监管总局办公厅关于进一步做好安全生产信息公开工作的通知（安监总厅〔2012〕74号）

国家安全监管总局办公厅关于印发节庆活动管理实施办法（试行）的通知（安监总厅〔2012〕143号）

国家安全监管总局办公厅关于印发山东煤矿安监局加强队伍建设经验的通知（安监总厅人事〔2012〕160号）

（2）政策研究与执法监督

国家安全监管总局关于印发2012年立法计划的通知（安监总政法〔2012〕21号）

国家安全监管总局关于下达2012年安全生产行业标准制修订项目计划的通知（安监总政法〔2012〕42号）

国家安全监管总局关于进一步深化安全生产行政执法工作的意见（安监总政法〔2012〕157号）

国家安全监管总局办公厅转发最高人民法院关于进一步加强危害生产安全刑事案件审判工作意见的通知（安监总厅政法〔2012〕10号）

国家安全监管总局办公厅关于组织开展安全生产专题调研的通知（安监总厅政法〔2012〕76号）

（3）规划科技

国家安全监管总局关于进一步发挥省级安全生产技术中心实验室支撑作用的指导意见（安监总规划〔2012〕74号）

国家安全监管总局 国家煤矿安监局关于印发煤矿在用安全设备检测检验目录（第一批）的通知（安监总规划〔2012〕99号）

国家安全监管总局关于加强安全生产科技创新工作

的决定（安监总科技〔2012〕119号）

国家安全监管总局关于加快中央预算内投资计划执行进度的通知（安监总规划〔2012〕120号）

国家安全监管总局关于建立健全政府投资项目社会稳定风险评估机制的通知（安监总规划〔2012〕121号）

国家安全监管总局关于印发煤矿安全监察执法装备管理办法的通知（安监总规划〔2012〕135号）

国家安全监管总局关于做好2013年市县级安全监管部门监管执法专业装备项目可行性研究报告编制批复前期工作的通知（安监总规划〔2012〕146号）

国家安全监管总局关于印发政府投资项目后评价管理暂行办法的通知（安监总规划〔2012〕151号）

国家发展改革委　国家安全监管总局关于印发安全生产监管部门和煤矿安全监察机构监管监察能力建设规划（2011—2015年）的通知（发改投资〔2012〕611号）

国务院安委会办公室关于《安全生产"十二五"规划》实施情况的通报（安委办〔2012〕51号）

国家安全监管总局办公厅关于落实安全生产"十二五"规划主要目标和任务内部工作分工的通知（安监总厅规划〔2012〕5号）

国家安全监管总局办公厅　国家发展改革委办公厅关于做好安全生产监管部门和煤矿安全监察机构监管监察能力建设规划（2011—2015年）2012年实施工作的通知（安监总厅规划〔2012〕65号）

国家安全监管总局办公厅关于开展深化安全评价检测检验机构监管和从业行为专项治理活动的通知（安监总厅规划〔2012〕85号）

国家安全监管总局办公厅关于加强煤与瓦斯突出矿井鉴定机构监管的通知（安监总厅规划〔2012〕87号）

国家安全监管总局办公厅关于印发落实安全科技"四个一批"项目职责分工方案的通知（安监总厅科技〔2012〕142号）

（4）应急管理与调度统计

国家安全监管总局关于加快推进国家和区域矿山应急救援队建设的意见（安监总应急〔2012〕50号）

国家安全监管总局关于举办第九届全国矿山救援技术竞赛的通知（安监总应急〔2012〕62号）

国家安全监管总局关于进一步加强安全生产统计工作的指导意见（安监总统计〔2012〕111号）

国家安全监管总局关于进一步加强安全生产应急平台体系建设的意见（安监总应急〔2012〕114号）

国家安全监管总局等单位关于表彰第九届全国矿山救援技术竞赛优胜单位和个人的决定（安监总应急〔2012〕126号）

国家安全监管总局关于印发国家矿山应急救援队管理办法的通知（安监总应急〔2012〕131号）

国家安全监管总局关于加强科学施救　提高生产安全事故灾难应急救援水平的指导意见（安监总应急〔2012〕147号）

国务院安委会办公室关于2011年全国安全生产隐患排查治理情况的通报（安委办〔2012〕5号）

国务院安委会办公室关于实行安全生产事故隐患排查治理情况月通报的通知（安委办〔2012〕23号）

国务院安委会办公室关于加快推进国家矿山应急救援队项目建设工作的通知（安委办〔2012〕8号）

国家安全监管总局办公厅关于印发安全生产信息报告和统计工作规范的通知（安监总厅统计〔2012〕130号）

国家安全监管总局办公厅关于总局应急指挥大厅使用管理有关工作的通知（安监总厅应急〔2012〕173号）

3. 安全生产监管

（1）工作部署

国家安全监管总局关于贯彻落实《职业病防治法》认真做好职业卫生监管工作的通知（安监总安健〔2012〕10号）

国家安全监管总局　公安部　交通运输部　国家工商总局国家质检总局关于做好2012年春节期间烟花爆竹安全监管工作的通知（安监总管三〔2012〕13号）

国家安全监管总局关于印发危险化学品安全生产监管部际联席会议第四次会议纪要的通知（安监总管三〔2012〕24号）

国家安全监管总局　国家发展改革委　工业和信息

化部　国土资源部　环境保护部关于进一步加强尾矿库监督管理工作的指导意见（安监总管一〔2012〕32号）

国家安全监管总局　国务院国资委关于切实加强中央企业安全生产工作的通知（安监总管四〔2012〕36号）

国家安全监管总局　国家煤矿安监局关于切实加强矿山提升运输安全管理工作的通知（安监总管一〔2012〕37号）

国家安全监管总局关于印发金属非金属矿山建设项目安全专篇编写提纲等文书格式的通知（安监总管一〔2012〕45号）

国家安全监管总局关于印发非煤矿山危险化学品烟花爆竹冶金等行业领域“打非治违”专项行动工作方案的通知（安监总办〔2012〕64号）

国家安全监管总局　国家烟草专卖局关于做好烟草企业安全生产标准化建设工作的通知（安监总管四〔2012〕66号）

国家安全监管总局关于公布建设项目职业病危害风险分类管理目录（2012年版）的通知（安监总安健〔2012〕73号）

国家安全监管总局关于贯彻落实《职业病危害项目申报办法》进一步加强职业病危害项目申报工作的通知（安监总安健〔2012〕75号）

国家安全监管总局关于进一步加强非药品类易制毒化学品监管工作的指导意见（安监总管三〔2012〕79号）

关于印发全国尾矿库专项整治行动2011年工作总结和2012年重点工作安排的通知（安监总管一〔2012〕85号）

关于开展提升危险化学品领域本质安全水平专项行动的通知（安监总管三〔2012〕87号）

国家安全监管总局关于印发职业卫生技术服务机构资质认可条件评审项目标准及认可工作程序的通知（安监总安健〔2012〕88号）

关于印发防暑降温措施管理办法的通知（安监总安健〔2012〕89号）

国家安全监管总局关于开展工贸企业有限空间作业专项治理的通知（安监总管四〔2012〕93号）

国家安全监管总局　国家工商总局　公安部关于印发烟花爆竹安全买卖合同（示范文本）的通知（安监总管三〔2012〕94号）

国家安全监管总局关于认真贯彻落实《烟花爆竹生产企业安全生产许可证实施办法》的通知（安监总管三〔2012〕100号）

国家安全监管总局关于印发危险化学品企业事故隐患排查治理实施导则的通知（安监总管三〔2012〕103号）

国家安全监管总局　公安部　交通运输部　工业和信息化部关于湖南省常德市“7·4”卧铺客车严重超员问题查处情况的通报（安监总管二〔2012〕109号）

最高人民法院　最高人民检察院　公安部　国家安全监管总局关于依法加强对涉嫌犯罪的非法生产经营烟花爆竹行为刑事责任追究的通知（安监总管三〔2012〕116号）

国家安全监管总局关于认真做好烟花爆竹生产经营旺季安全生产工作的通知（安监总管三〔2012〕125号）

国家安全监管总局关于印发烟花爆竹安全监管部际联席会议第二次全体会议纪要的通知（安监总管三〔2012〕132号）

国家安全监管总局关于加强金属非金属矿山选矿厂安全生产工作的通知（安监总管一〔2012〕134号）

国家安全监管总局关于印发职业卫生技术服务甲级机构跨省（自治区、直辖市）服务备案管理办法的通知（安监总安健〔2012〕137号）

国家安全监管总局　国务院南水北调办关于加强丹江口库区及上游尾矿库安全监管及水污染防治工作的通知（安监总管一〔2012〕149号）

国家安全监管总局关于调整陆上石油天然气长输管道建设项目安全设施设计审查与竣工验收工作职责的通知（安监总管一〔2012〕150号）

国家安全监管总局　公安部　交通运输部　国家工商总局　国家质检总局关于做好2013年元旦春节期间烟花爆竹安全监管工作的通知（安监总管三〔2012〕154号）

国家安全监管总局关于印发陆上石油天然气长输管道建设项目初步设计安全专篇编写提纲等文书格式的通知（安监总管一〔2012〕155号）

关于印发“道路客运安全年”活动方案的通知（交运发〔2012〕112号）

关于进一步保障环卫行业职工合法权益的意见（建城〔2012〕73号）

关于街道乡镇推行消防安全网格化管理的指导意见

（公通字〔2012〕28号）

关于印发《非法制贩爆炸物品和违法采矿专项治理工作实施方案》的通知（公治〔2012〕397号）

关于集中开展旅游包车客运安全专项整治行动的通知（交运发〔2012〕304号）

教育部等20部门关于贯彻落实《校车安全管理条例》进一步加强校车安全管理工作的通知（教基一〔2012〕10号）

交通运输部　安全监管总局关于组织公路水运建设项目平安工程冠名工作的通知（交质监发〔2012〕639号）

关于大力开展2012年“全国交通安全日”主题宣传活动的通知（公交管〔2012〕320号）

国务院安委会办公室关于建立安全隐患排查治理体系的通知（安委办〔2012〕1号）

国务院安委会办公室关于工程建设领域建筑施工预防坍塌事故专项整治工作情况的通报（安委办〔2012〕11号）

国务院安委会办公室关于进一步加强道路交通安全工作的通知（安委办〔2012〕18号）

国务院安委会办公室关于印发工贸行业企业安全生产标准化建设和安全生产事故

隐患排查治理体系建设实施指南的通知（安委办〔2012〕28号）

国务院安委会办公室关于进一步加强化工园区安全管理的指导意见（安委办〔2012〕37号）

国务院安委会办公室关于深入开展铝镁制品机加工企业安全生产专项治理的通知（安委办〔2012〕38号）

国务院安委会办公室关于认真学习贯彻落实《国务院关于加强道路交通安全工作的意见》的通知（安委办〔2012〕39号）

国务院安委会办公室关于贯彻落实国务院办公厅文件精神　扎实做好金属非金属矿山整顿工作的通知（安委办〔2012〕53号）

国务院安委会办公室关于认真贯彻落实国务院领导同志重要批示精神　进一步加强建筑施工和道路交通安全工作的通知（安委办明电〔2012〕13号）

国务院安委会办公室关于印发道路交通安全专题形势分析会议纪要的通知（安委办函〔2012〕11号）

国务院安委会办公室关于印发工程建设领域预防施工起重机械脚手架等坍塌事故专项整治工作方案的通知（安委办函〔2012〕25号）

国务院安委会办公室关于开展烟花爆竹安全专项督查的通知（安委办函〔2012〕81号）

国家安全监管总局办公厅关于切实加强海洋石油安全监管工作的通知（安监总厅海油〔2012〕38号）

国家安全监管总局办公厅关于印发职业卫生专家管理办法和公布职业卫生专家名单（第一批）的通知（安监总厅安健〔2012〕49号）

关于组织开展石油库安全专项检查的通知（安监总厅管三〔2012〕57号）

国家安全监管总局办公厅关于加强职业卫生技术服务机构资质管理的通知（安监总厅安健〔2012〕86号）

国家安全监管总局办公厅关于深化石英砂加工等四项职业病危害专项治理的通知（安监总厅安健〔2012〕110号）

国家安全监管总局办公厅关于印发职业卫生业务文件管理暂行办法的通知（安监总厅安健函〔2012〕221号）

（2）事故通报

国家安全监管总局关于鞍钢集团公司重型机械有限责任公司“2·20”喷爆重大事故的通报（安监总管四〔2012〕28号）

国家安全监管总局关于河北克尔化工有限责任公司“2·28”重大爆炸事故情况的通报（安监总管三〔2012〕31号）

国家安全监管总局关于山东省济钢集团石门铁矿有限公司“3·15”重大坠罐事故的通报（安监总明电〔2012〕3号）

国家安全监管总局关于近期两起较大烟花爆竹事故情况的通报（安监总明电〔2012〕8号）

国务院安委会办公室关于近期三起重大道路交通事故情况的通报（安委办〔2012〕3号）

国务院安委会办公室关于2011年17起非法违法、瞒报谎报较大事故调查处理情况的通报（安委办〔2012〕4号）

国务院安委会办公室关于近期两起水上事故情况的通报（安委办〔2012〕6号）

国务院安委会办公室关于贵州省遵义市“2·18”

重大道路交通事故情况的通报（安委办〔2012〕7号）

国务院安委会办公室关于山西晋城“2·25”重大道路交通事故情况的通报（安委办〔2012〕10号）

国务院安委会办公室关于两起职业中毒事故的通报（安委办〔2012〕12号）

国务院安委会办公室关于近期两起重大交通事故情况的通报（安委办〔2012〕14号）

国务院安委会办公室关于近期两起重大道路交通事故情况的通报（安委办〔2012〕16号）

国务院安委会办公室关于近期两起重大道路交通事故情况的通报（安委办〔2012〕19号）

国务院安委会办公室关于近期盲目施救导致较大事故多发情况的通报（安委办〔2012〕20号）

国务院安委会办公室关于近期水上和道路交通事故情况的通报（安委办〔2012〕22号）

国务院安委会办公室关于近期高速公路多车尾随相撞交通事故情况的通报（安委办〔2012〕24号）

国务院安委会办公室关于福建省宁德市“6·20”重大道路事故情况的通报（安委办〔2012〕25号）

国务院安委会办公室关于天津市蓟县莱德商厦“6·30”重大火灾事故情况的通报（安委办〔2012〕29号）

国务院安委会办公室关于广东省清远市英德龙山水泥有限责任公司“8·27”重大爆炸事故的通报（安委办〔2012〕42号）

国务院安委会办公室关于近期四起重特大道路交通事故情况的通报（安委办〔2012〕43号）

国务院安委会办公室关于湖北省武汉市东湖景园工地“9·13”重大施工升降机坠落事故情况的通报（安委办〔2012〕47号）

国务院安委会办公室关于广东省广州市“6·29”重大事故情况的通报（安委办明电〔2012〕18号）

国家安全监管总局办公厅关于近期三起非煤矿山较大事故的通报（安监总厅管一〔2012〕124号）

（3）事故处理

国家安全监管总局关于“7·23”甬温线特别重大铁路交通事故结案的通知（安监总管二〔2012〕5号）

国家安全监管总局关于京珠高速河南信阳“7·22”特别重大卧铺客车燃烧事故结案的通知（安监总管二〔2012〕80号）

国家安全监管总局关于河南航空有限公司黑龙江伊春“8·24”特别重大飞机坠毁事故结案的通知（安监总管二〔2012〕81号）

国家安全监管总局关于滨保高速天津“10·7”特别重大道路交通事故结案的通知（安监总管二〔2012〕83号）

4. 煤矿安全监察

（1）工作部署

国家安全监管总局　国家煤矿安监局关于煤矿井下紧急避险系统建设管理有关事项的通知（安监总煤装〔2012〕15号）

国家安全监管总局　国家煤矿安监局关于开展煤矿防治水专项治理的通知（安监总煤调〔2012〕29号）

国家安全监管总局　国家煤矿安监局关于下达2012年煤炭行业标准制修订项目计划的通知（安监总煤装〔2012〕35号）

国家安全监管总局　国家煤矿安监局　国家能源局关于切实做好9万吨及以下煤与瓦斯突出矿井停产整顿有关工作的通知（安监总煤装〔2012〕43号）

国家安全监管总局　国家煤矿安监局关于2011年煤矿领导带班下井制度执行情况的通报（安监总煤行〔2012〕48号）

国家安全监管总局　国家煤矿安监局关于命名表彰2011年度国家级安全质量标准化煤矿的通知（安监总煤行〔2012〕56号）

国家安全监管总局　国家煤矿安监局关于印发煤矿“打非治违”专项行动实施方案的通知（安监总煤监〔2012〕65号）

国家安全监管总局　国家煤矿安监局关于进一步加强煤矿职业病危害项目申报和煤矿职业卫生技术服务机构管理工作的通知（安监总煤调〔2012〕76号）

国家安全监管总局　国家煤矿安监局　中华全国总工会关于印发煤矿班组安全建设规定（试行）的通知（安监总煤行〔2012〕86号）

国家安全监管总局　国家煤矿安监局关于开展煤矿安全专项督查的通知（安监总办〔2012〕127号）

国家安全监管总局　国家煤矿安监局关于进一步加强煤矿安全监管监察工作的通知（安监总煤监〔2012〕130号）

国家安全监管总局　国家煤矿安监局关于命名“煤矿安全培训示范基地”的通知（安监总煤行〔2012〕133号）

国家安全监管总局　国家煤矿安监局　国家发展改革委　国家能源局　住房城乡建设部关于印发加强煤矿建设安全管理规定的通知（安监总煤监〔2012〕153号）

关于深化“打非治违”专项行动　规范煤矿建设生产秩序的通知（发改能源〔2012〕2480号）

财政部　国家能源局　国家煤矿安全监察局关于支持煤炭行业淘汰落后产能的通知（财建〔2012〕818号）

国务院安委会办公室关于进一步加强当前煤矿安全生产工作的紧急通知（安委办明电〔2012〕25号）

（2）事故通报

国家安全监管总局　国家煤矿安监局关于四川省宜宾市筠连县钓鱼台煤矿“2·3”重大瓦斯爆炸事故的通报（安监总煤调〔2012〕19号）

国家安全监管总局　国家煤矿安监局关于辽宁省辽阳市灯塔市大黄二矿“3·22”重大瓦斯爆炸事故情况的通报（安监总煤调〔2012〕39号）

国家安全监管总局　国家煤矿安监局关于吉林省吉林市蛟河市丰兴煤矿“4·6”重大透水事故的通报（安监总煤调〔2012〕49号）

国家安全监管总局　国家煤矿安监局关于近期三起煤矿透水事故的通报（安监总煤调〔2012〕54号）

国家安全监管总局　国家煤矿安监局关于近期三起煤矿顶板事故的通报（安监总煤调〔2012〕71号）

国家安全监管总局　国家煤矿安监局关于三起较大以上运输事故情况的通报（安监总煤调〔2012〕97号）

国家安全监管总局　国家煤矿安监局关于近期几起煤矿迟报瞒报事故情况的通报（安监总煤调〔2012〕102号）

国家安全监管总局　国家煤矿安监局关于贵州省2起煤矿顶板事故的通报（安监总煤调〔2012〕104号）

国家安全监管总局　国家煤矿安监局关于近期三起重特大瓦斯爆炸事故的通报（安监总煤调〔2012〕115号）

国家安全监管总局　国家煤矿安监局关于贵州省盘南煤炭开发有限责任公司响水煤矿“11·24”重大煤与瓦斯突出事故的通报（安监总煤调〔2012〕142号）

国家安全监管总局　国家煤矿安监局关于湖南省衡阳市耒阳市宏发煤矿“2·16”重大运输事故的通报（安监总明电〔2012〕2号）

（3）事故处理

国家安全监管总局关于云南省曲靖市师宗县私庄煤矿“11·10”特别重大煤与瓦斯突出事故结案的通知（安监总煤调〔2012〕110号）

2012年煤矿一次死亡10～29人重大事故批复目录

5. 安全培训与宣传教育

关于进一步加强安全生产群众监督工作的指导意见（安监总政法〔2012〕8号）

关于开展2012年全国“安全生产月”活动的通知（安监总政法〔2012〕30号）

国家安全监管总局关于进一步加强安全培训监督检查工作的意见（安监总培训〔2012〕57号）

国家安全监管总局关于命名全国安全文化建设示范企业的通知（安监总政法〔2012〕58号）

国家安全监管总局关于印发一级安全培训机构认定标准（试行）的通知（安监总培训〔2012〕158号）

国务院安委会办公室关于大力推进安全生产文化建设的指导意见（安委办〔2012〕34号）

国务院安委会办公室关于表彰2012年全国安全生产月活动先进单位和优秀组织单位的决定（安委办〔2012〕36号）

国务院安委会办公室关于做好《国务院安委会关于进一步加强安全培训工作的决定》宣传贯彻工作的通知（安委办〔2012〕55号）

国家安全监管总局办公厅关于撤销华电国际邹县电

厂“全国安全文化建设示范企业”称号的通报（安监总厅政法〔2012〕70号）

国家安全监管总局办公厅关于印发安全培训教师培训大纲及考核标准（试行）的通知（安监总厅培训〔2012〕175号）

6. 机构编制管理

中共国家安全监管总局党组关于成立巡视工作领导小组的通知（安监总党〔2012〕17号）

国家安全监管总局办公厅关于调整总局人民防空委员会组成人员的通知（安监总厅〔2012〕12号）

国家安全监管总局办公厅关于调整人事司（国家安全生产监察专员办公室）处室设置的通知（安监总厅〔2012〕67号）

国家安全监管总局办公厅关于成立国家安全生产监督管理总局党校校务委员会的通知（安监总厅〔2012〕68号）

国家安全监管总局办公厅关于调整纠正部门和行业不正之风工作领导小组组成人员的通知（安监总厅〔2012〕73号）

国家安全监管总局办公厅关于调整总局有关非常设机构的通知（安监总厅〔2012〕91号）

国家安全监管总局办公厅关于调整社会治安综合治理领导小组等8个非常设机构的通知（安监总厅〔2012〕113号）

国家安全监管总局办公厅关于成立总局安全科技工作领导小组的通知（安监总厅科技〔2012〕121号）

国家安全监管总局办公厅关于成立中欧高危行业职业安全与健康项目领导小组的通知（安监总厅国际〔2012〕146号）

国家安全监管总局办公厅关于职业安全卫生研究所等直属事业单位更名的通知（安监总厅〔2012〕149号）

国务院有关部门规章及文件（目录）

公安部

公安部关于修改《建设工程消防监督管理规定》的决定（公安部令第119号，2012年7月17日发布）

公安部关于修改《消防监督检查规定》的决定（公安部令第120号，2012年7月17日发布）

公安部关于修改《火灾事故调查规定》的决定（公安部令第121号，2012年7月17日发布）

公安部、国家工商行政管理总局、国家质量监督检验检疫总局联合发布《消防产品监督管理规定》（公安部令第122号，2012年8月13日发布）

公安部、交通运输部联合发布《关于进一步加强客货运驾驶人安全管理工作的意见》（公通字〔2012〕5号，2012年1月20日发布）

工业和信息化部

关于提升工业炸药生产线本质安全生产水平的指导意见（工信部安〔2012〕301号）

工业和信息化工部关于开展工业炸药现场混装生产系统“打非治违”专项行动的通知（工信部安〔2012〕402号，2012年8月23日发布）

关于加强工业雷管安全生产基础条件建设的指导意见（工信部安〔2012〕431号）

罐式危险品运输车及半挂车补充安全技术要求（工信部产业〔2012〕504号，2012年10月26日发布）

工业和通信业安全生产领域行业标准制定管理办法实施细则（工信安字〔2012〕113号，2012年11月27日发布）

还原棕BR（C.I. 还原棕1）生产安全技术规范（HG 30000—2012）

电子废弃物的运输安全规范（YS/T 765—2012）

交通运输部

关于修改《船舶载运危险货物安全监督管理规定》的决定（中华人民共和国交通运输部令第4号，2012年3月14日发布并施行）

关于修改《内河交通事故调查处理规定》的决定（中华人民共和国交通运输部令第3号，2012年3月14日发布并施行）

港口危险货物安全管理规定（中华人民共和国交通运输部令第9号，2012年12月11日发布，2013年2月1日起施行）

交通运输部关于贯彻落实安全生产“十二五”规划主要目标和任务工作分工方案的通知（交安监发〔2012〕91号，2012年3月7日发布）

交通运输部关于贯彻落实《国务院关于强加道路交通安全工作的意见》的通知（交运发〔2012〕490号，2012年9月27日发布）

农业部

微耕机安全技术要求（中华人民共和国农业部公告第1869号公告，2012年12月7日发布）

常温烟雾机安全施药技术规范（中华人民共和国农业部公告第1869号公告，2012年12月7日发布）

渔业船舶水上安全事故报告和调查处理规定（中华人民共和国农业部令第9号，2012年12月25日发布，2013年2月1日起施行）

国家林业局

森林工程 林业架空索道 使用安全规程（LY/T 1133—2012）

森林火灾名称命名方法（LY/T 2014—2012）

便携式储能灭火水枪（LY/T 2081—2012）

国防科工局

国防科工局军工系统安全生产标准化建设实施方案（科工安密〔2012〕269号）

国防科工局关于组织军工系统开展安全生产交叉检查的通知（科工安密〔2012〕329号）

国防科工局军工系统安全生产标准化考核评级办法（科工安密〔2012〕1097号）

国防科工局关于组织军工系统开展安全生产交叉检查的通知（科工安密〔2012〕329号）

中国民航局

民用航空空中交通管制培训管理规则（中国民用航空局第211号令，2012年3月12日发布，2012年7月1日实施）

民用机场建设管理规定（中国民用航空局第215号令，2012年12月1日发布，2013年2月1日实施）

2012民用航空网络与信息安全管理规范（MH/T 0035—2012，2012年2月8日发布，2012年6月1日实施）

民用航空网络与信息安全评估规范（MH/T 0036—2012，2012年2月8日发布，2012年6月1日实施）

航空旅客乘机安全信息告知（MH/T 1048—2012，2012年10月10日发布，2012年12月20日实施）

民用航空器维修 职业安全健康 第10部分：职业安全健康管理体系实施指南（MH/T 3013.10—2012，2012年2月8日发布，2012年6月1日实施）

民用航空燃料运输船舶适航性要求（MH/T 6081—2012，2012年4月10日发布，2012年8月1日实施）

民用航空燃料码头管理及作业规范（MH/T 6082—2012，2012年4月10日发布，2012年8月1日实施）

国家质检总局特种设备局

关于加强中小学特种设备安全工作的意见（国质检特联〔2012〕213号）

关于印发《电梯安全乘用常识》的通知（质检特函〔2012〕54号）

关于《移动式压力容器安全技术监察规程》的实施意见（质检特函〔2012〕36号）

关于进一步加强公共交通领域电梯安全工作的指导意见（质检特函〔2012〕8号）

电梯监督检验和定期检验规则——液压电梯（TSG T7004—2012）

电梯监督检验和定期检验规则——自动扶梯与自动人行道（TSG T7005—2012）

电梯监督检验和定期检验规则——杂物电梯（TSG T7006—2012）

锅炉安全技术监察规程（TSG G0001—2012）

电监会

电力安全事故调查处理程序规定（电监会31号令，2012年6月13日发布，2012年8月1日起施行）

关于印发电力安全事件监督管理暂行规定的通知（电监安全〔2012〕11号，2012年1月12日发布）

关于加强风电安全工作的意见（电监安全〔2012〕16号，2012年3月1日发布）

发电机组并网安全条件及评价（GB/T 28566—2012）

行业主管单位文件（目录）

中国石油天然气集团公司

生产安全事故与环境事件责任人员行政处分规定（2012年5月1日起实施）

中国石油化工集团公司

关于印发《中国石化安全生产责任制》的通知（中国石化安〔2012〕53号，2012年2月3日发布）

关于印发《中国石化重特大事件应急预案》（2011版）的通知（中国石化安〔2012〕155号，2012年3月14日发布）

关于印发《中国石化空分装置安全运行规定》的通知（中国石化安〔2012〕547号，2012年8月16日发布）

关于印发《中国石化炼油化工危险工艺分级管理规定（试行）》的通知（中国石化安〔2012〕548号，2012年8月16日发布）

关于印发《中国石化海底管道安全管理规定（试行）》的通知（中国石化安〔2012〕549号，2012年8月16日发布）

关于印发《中国石化境外项目承包商HSE管理规定》的通知（中国石化安〔2012〕614号，2012年9月11日发布）

中国海洋石油总公司

中国海洋石油总公司关于加强防爆电气设备管理的通知（2012发布）

中国海洋石油总公司关于中海油自有铁路专用线安全管理指导意见（2012发布）

中国核工业集团公司

中核集团公司安防环保风险管理规定（2012发布）

中国核工业建设集团公司

中国核工业建设股份有限公司职业健康、环境保护监督管理办法（中国核建发〔2012〕10号，2012年2月20日发布）

中国核工业建设股份有限公司安全生产监督管理办法（中国核建发〔2012〕11号，2012年2月20日发布）

中国核工业建设股份有限公司安全生产考核办法（中国核建发〔2012〕14号，2012年2月22日发布）

中国核工业建设集团公司“十二五”安全生产发展规划（中国核建发〔2012〕26号，2012年2月27日发布）

中国航天科工集团公司

中国航天科工集团公司安全传感器工程管理办法（天工法安〔2012〕1036号　2012年12月17日发布并实施）

中国航天科工集团公司安全生产总监管理办法（天工法安〔2012〕1055号　2012年12月24日发布并实施）

中国航空工业集团公司

中国航空工业集团公司生产安全事故应急预案（航空质〔2012〕1587号，2012年10月31日发布并实施）

中国兵器工业集团公司

中国兵器集团公司关于规范建设项目竣工验收前安全评审工作的通知（兵质安字〔2012〕31号，2012年5月7日发布并实施）

中国兵器工业集团公司各子集团和直管单位对下属子公司安全生产分类监督管理的规定（试行）（兵器质安字〔2012〕300号，2012年5月18日发布并实施）

中国兵器装备集团公司

中国兵器装备集团公司安全生产费用提取和使用管理办法（兵装财〔2012〕337号）

省、自治区、直辖市及部分计划单列市有关安全生产的地方性法规、规章及文件（目录）

北京市

北京市安全生产监督管理局关于做好危险化学品生产企业安全生产许可证颁发管理工作的通知（京安监发〔2012〕17号，2012年4月6日发布）

北京市安全生产监督管理局关于实施危险化学品建设项目安全审查有关工作事项的通知（京安监发〔2012〕28号，2012年5月17日发布）

北京市安全生产监督管理局关于启用新版特种作业操作证并调整复审时限的通知（京安监发〔2012〕53号，2012年8月29日发布）

北京市安全生产监督管理局关于危险化学品经营许可证办理工作有关事项的通知（京安监发〔2012〕68号，2012年12月26日发布）

北京市安全生产监督管理局办公室、北京煤矿安全监察局综合办公室关于印发《北京市生产安全事故应急预案管理办法》的通知（京安监办发〔2012〕8号，2012年2月22日发布）

地下有限空间作业安全技术规范（DB11/852.1—2012，2012年5月7日发布，2012年12月1日起实施）

天津市

天津市受限空间作业施工队登记管理办法（津安监管职〔2012〕17号，2012年3月29日发布并实施）

天津市高处悬吊作业安全监督管理暂行规定（津安监管二〔2012〕36号，2012年6月26日发布并实施）

天津市安全评价机构"黑名单"管理制度（津安监管规〔2012〕58号，2012年9月17日发布并实施）

天津市重大危险源登记备案工作程序规定（暂行）（津安监管急〔2012〕66号，2012年10月15日发布并实施）

天津市受限空间作业施工队登记管理办法（津安监管职〔2012〕17号，2012年3月29日发布并实施）

河北省

河北省工伤保险实施办法（河北省人民政府令〔2012〕第21号，2011年12月31日发布，2013年3月1日起实施）

河北省特种设备安全监察规定（河北省人民政府令〔2012〕第18号，2012年12月28日发布，2013年2月1日起实施）

河北省安全生产应急管理规定（河北省人民政府令〔2012〕第15号，2012年12月28日发布，2013年2月1日起实施）

内蒙古自治区

内蒙古自治区安全评价机构管理规定实施细则（内安监规划科技字〔2012〕64号，2012年3月20日发布）

辽宁省

关于加强城镇燃气安全管理工作的意见（辽安委〔2012〕8号，2012年5月31日发布）

辽宁省安全生产培训机构管理办法（辽安监办〔2012〕174号，2012年10月29日发布并实施）

关于进一步明确职业卫生监管部门职责分工的通知（辽编办发〔2011〕231号）

吉林省

吉林省人民政府办公厅关于印发吉林省安全生产"十二五"规划的通知（吉政办发〔2012〕8号）

吉林省安全生产委员会关于印发《吉林省较大生产安全事故查处挂牌督办办法》的通知（吉安委〔2012〕3号）

吉林省安委会办公室关于印发《2012年安全生产工作目标责任制考核实施细则》的通知（吉安委办明电〔2012〕43号）

关于印发《吉林省冶金等工贸企业安全生产标准化评审工作管理办法》的通知（吉安监管行管

〔2012〕23 号）

关于印发《2012 年全省建设项目安全设施“三同时”专项治理整顿方案》的通知（吉安监管审批〔2012〕34 号）

关于印发《吉林省职业健康规范企业考评标准（试行）》的通知（吉安监管职卫〔2012〕79 号）

关于印发吉林省加油站安全生产标准化评审标准的通知（吉安监管危化〔2012〕104 号）

吉林省安全监管局关于印发《吉林省生产安全事故应急预案评审备案管理办法》的通知（吉安监管应急〔2012〕184 号）

吉林省煤矿瓦斯等级鉴定管理暂行办法（吉能煤炭〔2012〕131 号，2012 年 5 月 11 日发布并实施）

吉林省煤矿领导带班下井及安全监督检查实施细则（吉能煤炭〔2012〕132 号，2012 年 5 月 11 日发布并实施）

黑龙江省

黑龙江省安全生产“十二五”规划（黑政办〔2012〕10 号，2012 年 2 月 9 日发布）

黑龙江省安全生产重大事项督办办法（黑安发〔2012〕23 号，2012 年 9 月 28 日发布）

黑龙江省生产安全事故调查处理办法（黑政发〔2012〕63 号，2012 年 11 月 7 日发布）

建设项目安全设施职业病防护设施“三同时”审查综合管理办法（试行）（黑安监发〔2012〕48 号，2012 年 4 月 5 日发布）

黑龙江省危险化学品建设项目安全监督管理实施意见（试行）（黑安监发〔2012〕60 号，2012 年 4 月 18 日发布）

黑龙江省《危险化学品生产企业安全生产许可证实施办法》的实施意见（黑安监发〔2012〕61 号，2012 年 4 月 18 日发布）

关于进一步加强全省各级安全生产应急平台建设工作的通知（黑安监发〔2012〕191 号，2012 年 9 月 25 日发布）

关于取消采水、采土、采砂企业安全生产许可的通知（黑安监发〔2012〕207 号，2012 年 11 月 2 日发布）

黑龙江省道路运输企业安全生产管理办法（试行）（黑交发〔2012〕347 号，2012 年 9 月 1 日发布）

关于印发《黑龙江省注册助理安全工程师执业资格制度暂行规定》、《黑龙江省注册助理安全工程师执业资格认定办法》和《黑龙江省注册助理安全工程师执业资格考试实施办法》的通知（黑人社发〔2012〕80 号，2012 年 12 月 10 日发布）

上海市

上海市安全生产事故隐患排查治理办法（沪府令第 91 号，2012 年 11 月 20 日发布　2013 年 1 月 1 日起实施）

上海市较大以上生产安全事故查处督办办法（沪府办发〔2012〕65 号，2012 年 11 月 23 日发布）

特种设备使用安全管理要求（DB31/T 582—2012）

在用工业换热器能效测试及评价方法（DB31/T 628—2012）

爆炸危险场所防爆安全导则（GB/T 29304—2012）

建设项目职业病危害评价要求（DB31/T 679—2012）

电梯主要部件判废技术要求（DB31/T 610—2012）

造船行业职业病危害控制规范（DB31/635—2012）

木质家具制造业职业病预防控制规范（DB31/T 677—2012）

江苏省

江苏省安全生产应急救援工作联络员联系制度（苏安办〔2012〕35 号，2012 年 5 月 18 日发布并实施）

江苏省危险化学品建设项目安全监督管理实施细则（苏安监〔2012〕153 号，2012 年 6 月 14 日发布）

江苏省危险化学品建设项目工艺安全可靠性论证实施办法（试行）（苏安监〔2012〕152 号，2012 年 6 月 19 日发布）

江苏省危险化学品建设项目安全审查要点（试行）（苏安监〔2012〕157 号，2012 年 6 月 29 日发布）

江苏省木制家具制造企业职业卫生安全许可证实施办法（试行）（苏安监规〔2012〕1 号）

江苏煤矿安全监察局关于矿用产品安全标志认证监管的暂行规定（苏煤安〔2012〕71 号，2012 年 12 月 11 日发布并实施）

浙江省

浙江省交通建设工程质量和安全生产管理办法（省政府令第 300 号，2012 年 5 月 16 发布，2012 年 8 月 1 日起施行）

浙江省生产安全事故报告和调查处理规定（省政府

令第310号，2012年12月31日发布，2013年3月1日起施行）

浙江省人民政府关于加强和改进消防工作的实施意见（浙政发〔2012〕40号，2012年5月8日发布并实施）

浙江省安全生产委员会办公室关于推进安全生产事故防范创新体系建设试点工作的意见（浙安委办〔2012〕22号，2012年4月9日发布）

安徽省

安徽省安全生产监督管理局贯彻《安全生产培训管理办法》的实施意见（皖安监人〔2012〕37号，2012年4月9日发布）

2012年度省安全生产监督管理局安全生产执法计划（皖安监法〔2012〕56号，2012年5月18日发布）

工贸行业规模以下企业安全生产标准化基本要求（DB34/T 1666—2012，2012年8月9日发布，2012年9月9日起实施）

福建省

福建省人民政府关于下达2012年安全生产目标责任的通知（闽政文〔2012〕114号，2012年3月23日发布并实施）

福建省人民政府办公厅转发贯彻落实福建省人民政府关于坚持科学发展安全发展促进安全生产形势持续稳定好转的实施意见主要工作分工方案的通知（闽政办〔2012〕106号，2012年5月30日发布并实施）

福建省人民政府办公厅关于补充下达2012年安全生产相对控制指标的通知（闽政办〔2012〕116号，2012年6月20日发布并实施）

福建省人民政府安委会关于进一步推进安全生产标准化建设工作的通知（闽安委〔2012〕1号，2012年2月17日发布并实施）

福建省人民政府安全生产委员会关于印发县乡政府领导和相关部门负责人挂钩尾矿库安全工作制度的通知（闽安委〔2012〕20号，2012年9月5日发布并实施）

福建省人民政府安委会关于印发福建省安全生产宣传教育工作厅际联席会议制度的通知（闽安委〔2012〕27号，2012年11月2日发布并实施）

福建省人民政府安委会关于印发福建省危险化学品重大危险源监督管理暂行规定的通知（闽安委〔2012〕28号，2012年11月12日发布并实施）

福建省人民政府安委会关于印发福建省2012年安全生产目标责任考评办法的通知（闽安委〔2012〕29号，2012年11月19日发布并实施）

江西省

江西省危险化学品生产企业安全生产许可证实施细则（赣安监管二字〔2012〕30号，2012年2月6日发布并实施）

江西省用人单位主要负责人和职业卫生管理人员培训大纲及考核标准（试行）（赣安监管安健字〔2012〕59号，2012年2月28日发布）

江西省关于进一步加强高危行业企业生产安全事故应急预案管理规定（暂行）（赣安监管应急字〔2012〕63号，2012年3月5日发布）

江西省安全生产监督管理职责暂行规定（赣府厅发〔2012〕24号，2012年4月17日发布并实施）

关于印发《江西省烟花爆竹安全生产标准化创建条件标准》的通知（赣安监管花炮字〔2012〕304号，2012年9月28日发布）

山东省

山东省突发事件应对条例（2012年5月31日山东省第十一届人民代表大会常务委员会第三十一次会议通过，2012年9月1日起实施）

山东省核事故应急管理办法（山东省人民政府令第254号，2012年8月21日公布，2012年10月1日起实施）

山东省道路交通安全责任制规定（山东省人民政府令第256号，2012年11月19日发布，2013年1月1日起实施）

山东省人民政府关于印发山东省突发事件总体应急预案的通知（鲁政发〔2012〕5号，2012年2月6日发布并实施）

山东省人民政府办公厅关于印发山东省“十二五”安全生产规划的通知（鲁政办发〔2012〕6号，2012年1月19日发布并实施）

普通劳动防护鞋安全技术要求（DB 37/T 2006—2012，2012年2月7日发布，2012年3月1日起实施）

普通劳动防护服安全技术条件（DB 37/T 2007—2012，2012年2月7日发布，2012年3月1日起实施）

金属矿山尾矿干排安全技术标准（DB 37/T 2040—

2012，2012年3月1日发布，2012年4月1日起实施）

金属地下矿山中深孔落矿作业安全技术标准（DB 37/T 2041—2012，2012年3月1日发布，2012年4月1日起实施）

金属地下矿山浅孔落矿作业安全技术标准（DB 37/T 2043—2012，2012年3月1日发布，2012年4月1日起实施）

金属高温液体道路运输安全规程（DB 37/T 2118—2012，2012年4月25日发布，2012年5月20日起实施）

转炉煤气干法电除尘安全规程（DB 37/T 2119—2012，2012年4月25日发布，2012年5月20日起实施）

转炉余热蒸汽发电安全规程（DB 37/T 2120—2012，2012年4月25日发布，2012年5月20日起实施）

河南省

河南省安全评价机构监督管理办法（豫安监管〔2012〕6号，2012年1月6日发布并实施）

河南省安全生产检测检验管理暂行办法（豫安监管〔2012〕44号，2012年3月27日发布）

河南省安全生产培训管理实施细则（试行）（豫安监管〔2012〕99号，2012年6月21日发布并实施）

河南省工贸行业小微企业安全生产标准化考评办法考评说明（豫安监管办〔2012〕103号，2012年8月7日发布）

湖北省

湖北省生产安全事故报告和调查处理办法（湖北省人民政府令第354号，2012年8月21日发布，2012年11月1日起实施）

湖北省煤矿井下安全避险“六大系统”管理办法和湖北省煤矿井下安全避险“六大系统”验收标准及评分办法（鄂煤监察〔2012〕168号，2012年7月13日发布）

湖南省

关于进一步加强非煤矿山安全生产标准化建设工作的通知（湘安监非煤〔2012〕9号，2012年2月15日发布并实施）

湖南省危险化学品生产企业安全生产许可证实施意见（湘安监危化〔2012〕10号，2012年2月10日发布并实施）

关于印发全省提升危险化学品领域本质安全水平专项行动方案的通知（湘安监危化〔2012〕61号，2012年9月7日发布并实施）

湖南省危化品企业安全生产许可证意见（湘安监危化〔2012〕10号，2012年2月20日发布并实施）

关于印发《湖南省石英砂加工等四项职业病危害专项治理方案》的通知（湘安监职业函〔2012〕109号，2012年9月5日发布并实施）

广东省

广东省安全生产专家组工作规范（粤安〔2012〕8号，2012年5月25日发布并实施）

广东省较大生产安全事故调查处理挂牌督办工作细则（粤安监办〔2012〕18号，2012年5月29日发布并实施）

广东省安全监管局安全生产专项资金项目管理规范（试行）（粤安监〔2012〕120号，2012年6月20日发布并实施）

广东省安全生产诫勉约谈制度（粤安〔2012〕17号，2012年11月21日发布并实施）

广西壮族自治区

广西壮族自治区人民政府办公厅关于建设项目安全准入的实施意见（桂政发〔2012〕41号，2012年4月28日发布并实施）

广西壮族自治区安全生产“十二五”规划（桂政办发〔2012〕4号）

海南省

海南省人民政府关于进一步加强安全生产工作的意见（琼府〔2012〕77号，2012年12月22日发布）

海南省发展改革委、海南省安全生产监督管理局《关于印发海南省安全生产“十二五”专项规划的通知》（琼安法〔2012〕5号，2012年1月16日发布）

海南省安全生产监督管理局《关于印发海南省危险化学品从业单位安全生产标准化评审实施细则的通知》（琼安监管三〔2012〕37号，2012年3月16日发布）

海南省安全生产监督管理局《关于印发海南省加油站安全生产标准化评审标准（试行）的通知》（琼安监管三〔2012〕160号，2012年7月25日发布）

海南省安全生产委员会办公室《关于印发海南省道路交通安全“十二五”规划的通知》（琼安委办〔2012〕54号，2012年6月20日发布）

四川省

四川省安全生产监督管理局关于印发《四川省危险化学品生产企业安全生产许可证实施细则》的通知（川安监〔2012〕109号，2012年5月21日发布并实施）

四川省安全生产监督管理局关于印发《四川省危险化学品建设项目安全监督管理实施细则》的通知（川安监〔2012〕111号，2012年5月21日发布并实施）

四川省安全生产监督管理局关于印发《四川省烟花爆竹生产企业安全生产许可证实施细则》的通知（川安监〔2012〕212号，2012年9月24日发布，2012年10月1日起实施）

关于规范四川省建设项目职业卫生“三同时”分级分类监督管理工作的通知（川安监〔2012〕252号，2012年11月20日发布）

贵州省

关于印发《贵州省非煤矿山最小开采规模和最低服务年限及安全生产管理制度（试行）》的通知（黔府办发〔2012〕65号，2012年12月30日发布，2013年1月1日起实施）

关于印发《贵州省煤矿事故摘帽工作方案》的通知（黔安〔2012〕8号，2012年6月7日发布并实施）

关于印发《2012年全省安全生产工作要点》的通知（黔安发〔2012〕1号，2012年2月8日发布并实施）

省安委办关于印发《贵州省十二五安全文化建设纲要》的通知（黔安发〔2012〕15号，2012年3月5日发布并实施）

省安委办关于印发《贵州省安全生产事故隐患排查治理体系总体方案》的通知（黔安办〔2012〕17号，2012年3月12日发布并实施）

省安委办关于印发《贵州省安全文化建设工作方案》的通知（黔安办〔2012〕50号，2012年7月13日发布并实施）

省安全监管局贵州煤监局关于加强行政复议工作规范化建设的实施意见（黔安办监政法〔2012〕44号，2012年3月5日发布并实施）

关于印发《贵州省安全监管局 贵州煤矿安监局2012年全省50项重点工作任务分解落实方案》的通知（黔安监办〔2012〕60号，2012年3月23日发布并实施）

省安全监管局贵州煤监局关于印发《贵州省煤矿防治水专项治理工作方案》的通知（黔安监煤矿〔2012〕67号，2012年3月30日发布并实施）

省安全监管局贵州煤监局关于印发《贵州省煤矿安全监管监察“三位一体”执法办法（试行）》的通知（黔安监办〔2012〕85号，2012年4月17日发布并实施）

省安全监管局关于印发《贵州省职业卫生监督管理工作联席会议制度》的通知（黔安监职安健〔2012〕107号，2012年5月10日发布并实施）

省安全监管局关于印发《贵州省提升危险化学品领域本质安全水平专项行动方案》的通知（黔安监管三〔2012〕188号，2012年8月1日发布并实施）

省安全监管局关于贯彻落实贵州省地方标准《金属冶炼行业自吸过滤式防尘口罩》（DB52/T 743—2012）的通知（黔安监职安健〔2012〕197号，2012年8月13日发布并实施）

省安全监管局关于印发《贵州省职业卫生技术服务机构专业技术人员培训考核办法》的通知（黔安监职安健〔2012〕215号，2012年9月4日发布并实施）

云南省

云南省危险化学品生产企业安全生产许可证实施细则（云府登〔2012〕932号，2012年3月8日发布，2012年4月1日起实施）

云南省安全生产日调度周分析制度（云安办〔2012〕48号，2012年6月15日发布，2012年7月1日起实施）

西藏自治区

自治区安委会关于印发《西藏自治区较大生产安全事故查处挂牌督办办法》的通知（藏安委〔2012〕3号）

西藏自治区“十二五”时期安全生产规划（藏政发〔2012〕58号）

陕西省

陕西省生产经营单位安全生产主体责任规定（陕西

省人民政府第156号令，2012年3月19日发布，2012年5月1日实施）

陕西省城市公共经营场所安全管理若干意见（陕政办发〔2012〕82号，2012年7月19日发布并实施）

陕西省烟花爆竹燃放管理规定（陕政发〔2011〕74号，2011年12月1日发布，2012年1月1日实施）

甘肃省

甘肃省人民政府关于进一步加强安全生产基层基础工作的意见（甘政发〔2012〕114号，2012年10月11日发布）

甘肃省安全生产预警制度（甘安委发〔2012〕3号，2012年6月6日发布）

甘肃省安全生产委员关于省外建筑企业入甘安全生产监督管理办法（甘安委发〔2012〕5号，2012年7月12日发布）

甘肃省安全生产委员会关于进一步加强中央在甘肃省属企业安全生产分级属地监管工作的意见（甘安委发〔2012〕6号，2012年7月23日发布）

甘肃省安委办关于大力推进安全生产文化建设的实施意见（甘安办〔2012〕76号，2012年12月10日发布）

甘肃省旅游包车客运交通安全管理暂行办法（甘旅发〔2012〕24号，2012年8月7日发布）

甘肃省危险化学品生产企业安全生产许可证实施细则（试行）（甘安监管三〔2012〕323号，2012年11月21日发布）

甘肃省危险化学品建设项目安全监督管理办法实施细则（试行）（甘安监管三〔2012〕324号，2012年11月21日发布）

青海省

安全生产应急管理执法检查表（青安监应急〔2012〕64号，2012年4月27日发布并实施）

关于深入贯彻落实《青海省支持小型和微型企业发展的若干政策措施》的意见（青安监法规〔2012〕62号，2012年4月24日发布并实施）

宁夏回族自治区

宁夏回族自治区有限空间作业安全生产监督管理办法（自治区政府令第50号，2012年12月3日发布，2013年2月1日实施）

煤矿巷道沥青铺装层施工技术规范（DB64/T 801—2012，2012年10月30日发布并实施）

有限空间作业安全技术规范（DB64/T 802—2012，2012年11月20日发布并实施）

宁夏安全生产应急预案备案编号规则（宁安监应急〔2012〕90号，2012年5月1日发布）

宁夏回族自治区安全生产行政许可委托暂行办法（宁安监法规〔2012〕49号，2012年3月30日发布）

新疆维吾尔自治区

新疆维吾尔自治区重大危险源监督管理暂行办法（新政办发〔2012〕40号，2012年3月21日发布并实施）

新疆维吾尔自治区安全生产举报奖励办法（新政办发〔2012〕167号，2012年10月31日发布并实施）

加快推行安全生产领域责任保险工作的意见（新政办发〔2012〕168号，2012年10月31日发布并实施）

深圳市

深圳市突发事件应急预案管理办法（深府办函〔2012〕117号，2012年8月7日发布并实施）

深圳市工业和商贸企业安全生产主体责任规定（深圳市人民政府令第244号，2012年6月28日发布并实施）

大连市

大连市安全生产隐患和违法行为报告与举报奖励办法（试行）实施细则（大安监发〔2012〕13号，2012年1月6日发布，2012年2月6日实施）

大连市安全评价机构监督管理办法（大安监法规〔2012〕103号，2012年4月12日发布，2012年5月12日实施）

大连市危险化学品重大危险源安全监督管理规定（大安监应急〔2012〕214号，2012年7月30日发布，2012年8月30日实施）

大连市安全生产专家管理办法（大安监法规〔2012〕153号，2012年5月26日发布，2012年6月26日实施）

青岛市

关于进一步加强安全生产行政审批工作的通知（青安监〔2012〕7号，2012年1月12日发布）

关于印发《青岛市安全生产事故隐患"3+X"挂牌督办暂行制度》的通知（青安〔2012〕36号，2012年9月13日发布并实施）

青岛市企业安全生产隐患自查自纠自报实施方案（青安〔2012〕16号，2012年3月28日发布）

宁波市

宁波市轨道交通建设管理办法（宁波市人民政府令第198号，2012年8月17日发布，2012年9月20日起实施）

关于加强和改进消防工作的实施意见（甬政发〔2012〕65号，2012年6月19日发布并实施）

宁波市人民政府关于坚持科学发展安全发展促进安全生产形势持续稳定好转的实施意见（甬政发〔2012〕113号，2012年11月8日发布并实施）

宁波市安全生产监督检查程序规定（试行）（甬安监管法〔2012〕20号，2012年7月5日发布，2012年8月5日起实施）

宁波市安全生产行政处罚程序规定（试行）（甬安监管法〔2012〕26号，2012年8月21日发布，2012年9月20日起实施）

宁波市安全生产事故调查程序规定（试行）（甬安监管法〔2012〕32号，2012年10月29日发布并实施）

第十六部分

安全生产大事记

2012 年安全生产大事记

1 月

1 月 4 日　全国政协委员、中国煤炭工业协会会长王显政在《中国煤炭报》上致新年献词。

1 月上旬　“同煤杯·第二届寻找感动中国的矿工”活动中，“百名感动中国的矿工”人物评选揭晓。此次活动，由国家煤矿安监局、中国煤炭工业协会、中国煤矿文化艺术联合会、中国能源化学工会全国委员会、中国煤矿文化宣传基金会主办，中国煤炭报社、国家煤炭工业网、中国煤矿文化网、《阳光》杂志社协办，大同煤矿集团承办。评选活动于 2011 年 6 月拉开帷幕。

1 月 13 日　国务院召开全国安全生产电视电话会议。中共中央政治局委员、国务院副总理、国务院安委会主任张德江在会上强调，要深入贯彻落实科学发展观，认真贯彻落实党中央、国务院的决策部署，坚持以人为本，深入扎实开展“安全生产年”活动，以科学发展安全发展为总要求，以进一步减少事故总量、有效防范和坚决遏制重特大事故为工作目标，切实把各项责任落实到位，把各项政策措施落到实处，全力以赴做好安全生产各项工作，全面促进全国安全生产形势持续稳定好转，以安全生产的新成效迎接党的十八大胜利召开。

1 月 14—15 日　全国安全生产工作会议在京召开。中共中央政治局委员、国务院副总理、国务院安委会主任张德江接见了全国安全生产监管监察系统先进代表，并发表重要讲话。国家安全监管总局党组书记、局长骆琳做了题为《认真学习全面贯彻国务院〈意见〉精神扎实工作全力促进安全生产形势持续稳定好转》的工作报告。国家安全监管总局副局长、煤矿安监局局长赵铁锤在会上做了煤矿安全生产专题报告。国家安全监管总局副局长杨元元作会议总结讲话。

1 月 19 日　国务院对国务院安全生产委员会组成人员进行调整。安委会组成人员由原来的 39 人增加至 43 人。

同日　根据国务院工作部署，国务院副总理张德江担任国家安委会主任，国家安全监管总局局长骆琳、公安部常务副部长杨焕宁、国务院副秘书长肖亚庆担任副主任。

同日　调整教育部副部长鲁昕、科技部副部长王伟中、工业和信息化部副部长苏波、司法部副部长张苏军、铁道部部长盛光祖、农业部副部长张桃林、林业局副局长赵树丛、法制办副主任安建、中宣部副部长申维辰、总参谋部应急办主任李海洋、武警部队副司令员薛国强为安委会成员。

同日　新增能源局副局长吴吟、国防科工局副局长黄强、民航局副局长李键、全国妇联书记处书记范继英为安委会成员。

同日　国务院安委会办公室主任由安全监管总局局长骆琳兼任、副主任由安全监管总局副局长杨元元、安全监管总局副局长、煤矿安监局局长赵铁锤和安全监管总局副局长王德学、孙华山、付建华担任。

1 月 31 日　国务院总理温家宝在北京主持召开国务院第六次全体会议，会上温家宝总理指出，要切实抓好经济运行调节和安全生产，重点抓好煤电油气运保障工作，落实安全生产措施，加强校车交通安全工作，坚决遏制各类重特大事故发生。

2　月

2 月 3 日　国务院安委会联络员座谈会在北京召开。国务院安委会办公室副主任、国家安全监管总局副局长孙华山出席会议。

同日　国家安全监管总局印发《2012 年工作要点》的通知，国家煤矿安监局印发《2012 年煤矿安全工作要点》的通知。

同日　13 时 20 分，四川省宜宾市筠连县钓鱼台煤矿 1298 区域进行维修作业过程中，发生瓦斯爆炸事故，当班下井 30 人，经抢救，16 人获救，造成 14 人死亡，4 人重伤。

2 月 6 日　国务院印发《质量发展纲要(2011—2020)》指出，要把“安全为先”作为质量发展的基本要求。

2 月 14 日　中共中央、国务院在北京举行国家科学技术奖励大会。党和国家领导人胡锦涛、温家宝、李长春、李克强出席大会并为获奖代表颁奖。李克强主持大会，中共中央政治局委员、国务委员刘延东在会上宣读了《国务院关于 2011 年度国家科学技术奖励的决定》。获奖项目中，有 9 个涉煤项目获得国家科学技术进步二等奖，2 个涉煤项目获得 2011 年度国家技术发明二等奖。

2 月 15—18 日　国家安全监管总局党组书记、局长骆琳到贵州省贵阳、六盘水、安顺、遵义等地，深入煤矿井下、采砂作业点、化工企业车间、加油站、危险化学品应急救援基地、高铁建设施工工地、交通运输企业和基层安监机构，考察调研安全生产、应急处置、职业危害防治和基层安监队伍建设等情况，对贵州省近年来安全生产工作给予了充分肯定。

2 月 21—22 日　全国煤矿安全质量标准化工作座谈会在山东省泰安市召开。据统计，全国煤矿安全质量标准化达标率达 94%，同比提高 31 个百分点。

2 月 22 日　国家安全监管总局公布《煤层气地面开采安全规程（试行)》(国家安全生产监督管理总局令 46 号)，自 2012 年 4 月 1 日起施行。

2 月 23 日　中国（太原）煤炭交易中心现货交易平台在太原启动，这是我国第一个由国务院批准建设的国家级煤炭交易中心和煤炭高端现货交易平台。

2 月 24—25 日　全国煤炭工作会议在北京召开。国家能源局副局长吴吟作工作报告，各产煤省（自治区、直辖市）及新疆生产建设兵团发改委（能源局)、煤炭行业管理部门，中国煤炭工业协会、部分重点煤炭企业和煤炭地质、设计、科研、教育等单位的负责同志参加了会议，国务院有关部门的同志应邀参加了会议。

2 月 28 日　9 时 30 分，河北省石家庄市赵县克尔化工厂生产硝酸胍的车间发生重大爆炸事故，造成 29 人死亡，46 人受伤。

2 月 29 日　国务院安全生产委员会办公室下发《国务院安委会办公室关于认真贯彻落实中央领导同志重要批示精神 进一步加强安全生产工作的通知》，要求各地区安全生产委员会、国务院安委会各成员单位、各中央企业要认真贯彻落实中央领导同志的批示精神，严格落实安全生产责任，坚决防范重特大事故发生。

2 月下旬　经中央批准，王德学任国家安全监管总局党组副书记，付建华兼任国家煤矿安监局局长，赵铁锤不再担任国家安全监管总局副局长、党组成员和国家煤矿安监局局长职务。

3　月

3 月 5—6 日　国家矿山应急救援队项目建设工作会议在北京召开。此次会议的主要任务是进一步统一思想、研究措施，加快国家矿山应急救援队项目建设。国家安全监管总局党组副书记、副局长、应急指挥中心主任王德学出席会议并讲话。

3 月 11 日　13 时 25 分，广西壮族自治区贵港市桂平市羊栏滩白沙洲尾水域，一艘摆渡船（石明客渡 035，核载 30 人，实载 50 人）与一艘贵港籍货船（锐丰 329）发生碰撞，导致摆渡船沉没，造成 20 人死亡。

3月13日　12时25分，四川省阿坝州马尔康县境内国道317线295.1千米处，一辆客车冲出路面，坠入高10余米路坎下，造成15人死亡，6人重伤。

3月18日　国家发展改革委下发关于印发《煤炭工业发展“十二五”规划》的通知（发改能源〔2012〕640号）。

3月22日　国家能源局召开新闻发布会，正式发布《煤炭工业发展“十二五”规划》。

3月23日　国土资源部公告第二批国家级绿色矿山试点单位名单，其中北京昊华能源股份有限公司大安山煤矿等64家煤矿入选。

3月28日，交通运输部、公安部、国家安全监管总局联合召开电视电话会议，动员部署“道路客运安全年”活动。交通运输部副部长冯正霖、公安部副部长黄明、国家安全监管总局副局长王德学参加了会议并讲话。

4　月

4月5日　国家安全监管总局、国家煤矿安监局、国家能源局下发《关于切实做好9万吨及以下煤与瓦斯突出矿井停产整顿有关工作的通知》（安监总煤装〔2012〕43号），要求加快煤矿企业瓦斯防治能力评估工作，切实做好9万吨/年及以下煤与瓦斯突出矿井停产整顿有关工作。

同日　国务院公布《校车安全管理条例》，自发布之日起施行。

4月7日　“同煤杯·第二届寻找感动中国的矿工”颁奖大会在北京隆重召开，国家安全监管总局副局长、国家煤矿安监局局长付建华主持会议，中国煤炭工业协会副会长、中国煤矿文联主席梁嘉琨致辞。中国能源化学工会全国委员会主席秦鲁隼宣读表彰决定，有关部门和单位领导出席了会议。

同日　17时20分，大连市保税区夏金线K1+400米处发生一起重大道路交通事故，造成14人死亡，11人受伤。

4月上旬　“同煤杯·第二届寻找感动中国的矿工”活动评选揭晓，十大杰出矿工、十大杰出人物、3名特殊贡献矿工上榜。

4月13日　全国石油天然气安全生产工作视频会议在北京召开。全国石油天然气行业百万工时可记录和损失工时伤害率在全国各行业中继续保持领先水平。国家安全监管总局副局长王德学出席会议并讲话。

4月16日　国务院办公厅发出《关于集中开展安全生产领域“打非治违”专项行动的通知》（国办发明电〔2012〕10号），要求于2012年4月中旬至9月底，在全国集中开展打击非法违法生产经营建设、治理纠正违规违章行为（简称“打非治违”）专项行动。

4月18日　国务院总理温家宝主持召开国务院常务会议，会议审议并通过《女职工劳动保护特别规定（草案）》。《女职工劳动保护特别规定（草案）》调整了女职工禁忌从事的劳动范围，将女职工生育享受的产假由90天延长至98天。

4月23日　中华宝钢环境奖第七届颁奖典礼在人民大会堂举行，中煤集团平朔公司获得“第七届中华宝钢环境优秀奖”。

4月26日　全国煤矿充填开采现场会在山东省泰安市召开，国家能源局副局长吴吟出席会议并讲话。

4月26—27日　国家煤矿安监局在四川省成都市召开煤矿安全监察执法座谈会。围绕“打非治违”、整顿关闭、隐患排查、基础管理、创新执法等主题进行了探讨。国家煤矿安监局局长付建华出席会议并讲话。

4月28日　国务院总理温家宝签署国务院令，公布《女职工劳动保护特别规定》，并自公布之日起施行。

4月下旬　全国五一劳动奖章、全国五一劳动奖状、全国工人先锋号评选揭晓，煤炭系统42人获全国五一劳动奖章，13个单位获全国五一劳动奖状，34个班组获全国工人先锋号称号。

5　月

5月3日　国务院安委会办公室组织召开了加强道路交通安全工作视频会议。会议传达了国务院领导同志的重要批示精神，通报了近期发生的多起重大道路交通事故情况，分析了事故发生的原因，查找了存在的突出问题，部署了进一步加强道路交通安全的各项工作。国家安全监管总局副局长王德学出席会议并讲话。

5月9—10日 中国煤炭工业协会在安徽淮南矿业集团组织召开煤炭工业和谐矿区建设现场会。中国煤炭工业协会会长王显政作主题报告，安徽省副省长黄海嵩、国家能源局副局长吴吟到会讲话。来自全国主要产煤省（自治区、直辖市）煤炭行业管理部门、行业协会、大型煤炭企业的代表共300余人参加了会议。

同日 全国安全生产宣传工作会议暨安全文化建设现场会在甘肃省金川集团召开。国家安全监管总局党组成员、副局长杨元元出席会议并讲话，国家安全监管总局党组成员、总工程师黄毅主持会议并作会议总结。

5月12日 中国煤炭工业协会在北京人民大会堂组织召开了煤炭行业企业社会责任报告发布会。19家大型煤炭企业围绕保障供应、安全生产、回报社会等内容发布了2011年度社会责任报告。

5月15日 国家安全生产监管总局、国家煤矿安监局发布公告（2012年第13号），公布2011年全国煤炭产量超过1000万吨且全年实现安全生产零死亡的26家企业（含二级企业）名单。

5月19日 8时30分许，湖南省株洲市炎陵县中铁三局集团第五工程有限公司承建的湖南省炎汝高速公路第十三合同段八面山隧道左洞进洞1862米处，一辆运输炸药的农用车在距离掌子面50米左右发生爆炸，造成20人死亡。

5月22日 国家安全监管总局与中国航天科技集团公司、中国航天科工集团公司分别签署科技战略合作协议，在安全生产科学技术研究应用等方面开展深入合作。

5月24日 世界煤炭协会在南非约翰内斯堡举行第55届理事会会议，首次推选中国神华集团董事长张喜武担任新一届轮值主席。

5月26日 “冀中能源杯”第四届中国煤矿艺术节隆重开幕。全国政协常委、中国煤炭工业协会会长王显政，河北省人民政府党组副书记张和，中国文联党组成员、书记处书记夏潮，中华全国总工会党组成员、经费审查委员会主任李世明、中国煤炭工业协会副会长赵岸青等出席了开幕式。中国煤炭工业协会副会长、中国煤矿文联主席梁嘉琨致开幕词，中国煤炭工业协会副会长孙之鹏主持开幕式。

5月28日 国家安全监管总局发布《煤矿安全培训规定》，自2012年7月1日起施行。

5月29日 国家安全监管总局召开领导干部会议，中央组织部副部长王尔乘同志在会上宣布了中央关于国家安全监管总局主要负责人调整的决定：杨栋梁同志任国家安全监管总局局长、党组书记，骆琳同志不再担任国家安全监管总局局长、党组书记职务。

5月31日 中宣部、国家安全监管总局、公安部、国家广电总局、全国总工会、共青团中央、全国妇联在北京联合召开2012年全国“安全生产月”活动动员视频会。国家安全监管总局副局长杨元元，中宣部副部长申维辰，全国总工会书记处书记张鸣起出席会议并讲话。此为第十一届全国“安全生产月”活动，以“科学发展、安全发展”为主题。

6 月

6月9日 北京市“安全生产月”宣传咨询日暨“护航”联合行动第二战役启动仪式在中华世纪坛举办。国家安全监管总局党组书记、局长杨栋梁，北京市委副书记、市长郭金龙出席。国家安全监管总局党组成员、副局长杨元元，国家煤矿安监局副局长李万疆等出席活动。

6月14—15日 国家安全监管总局党组书记、局长杨栋梁到河北省唐山市考察调研安全生产工作，就“打非治违”专项行动进行督查。

6月18日 2012年度中国国际煤炭加工利用及煤化工展览会在北京农业展览馆开幕。全国政协常委、中国煤炭工业协会会长王显政，国家安全监管总局副局长、国家煤矿安监局局长付建华，全中国煤炭工业协会副会长梁嘉琨、路耀华，印度选煤协会主席萨奇德夫，乌克兰选煤协会主席耶古诺夫·亚历山大等出席开幕式。付建华宣布展览会开幕，梁嘉琨致开幕词，中国煤炭工业协会副会长兼秘书长姜智敏主持开幕式。

6月18日 10时30分，河南省周口市淮阳县鲁台镇东屯行政村东屯花炮厂在许可证到期停产整改期间私自组织生产，发生爆炸事故，造成28人死亡，14人受伤。

6月21—25日　国家安全监管总局副局长孙华山率队在赞比亚调研考察中资企业安全生产工作。调研期间，孙华山一行听取了中国有色集团驻赞出资企业安全生产工作情况汇报，与相关企业进行了交流，并深入井下进行了实地调研考察，充分肯定了中国有色集团驻赞出资企业的持续健康快速发展和安全生产工作成效。

6月26日　为进一步规范和加强煤矿班组安全建设，充分发挥煤矿班组安全生产第一道防线的作用，提高煤矿现场管理水平，促进全国煤矿安全生产形势持续稳定好转，国家安全监管总局、国家煤矿安监局和中华全国总工会联合发布了《关于印发〈煤矿班组安全建设规定（试行）〉的通知》（安监总煤行〔2012〕86号）。

同日　国家安全监管总局、国家煤矿安监局和中华全国总工会联合制定印发《煤矿班组安全建设规定（试行）》，10月1日起施行。

6月27—29日　国家安全监管总局党组书记、局长杨栋梁在云南督导调研"打非治违"专项行动。杨栋梁在调研时要求要突出重点，攻坚克难，务求实效；统筹兼顾，标本兼治，确保实现"安全生产年"各项目标任务。

6月28日　山东兖州煤业控股的兖煤澳大利亚有限公司正式在澳大利亚证券交易所挂牌交易，格罗斯特资产与兖煤澳大利亚部分资产正式合并。这标志着兖州煤业成为我国首家在上海、香港、纽约、澳大利亚四地上市的公司。

6月29日　2012年安全生产万里行出发仪式在云南省曲靖市隆重举行。这标志着第14次全国"安全生产万里行"活动正式拉开帷幕。国家安全监管总局党组书记、局长杨栋梁发表重要讲话并宣布2012年安全生产万里行出发。

6月30日　15时40分许，天津市蓟县莱德商厦因一楼仓库电线短路发生火灾事故，造成10人死亡，16人受伤。

本月　国内最大的井下永久避难硐室在神华神东煤炭集团布尔台煤矿建成。硐室可为不能及时撤离的避险人员提供100人、96小时的井下安全生存保障。

本月　我国首个450米超长综采工作面在神华神东煤炭集团哈拉沟煤矿建成投产，计划月生产原煤20万吨。

7　月

7月1日　国家安全监管总局发布《危险化学品登记管理办法》，自2012年8月1日起施行。原国家经济贸易委员会于2002年10月8日公布的《危险化学品登记管理办法》同时废止。

同日　国家安全监管总局发布《烟花爆竹生产企业安全生产许可证实施办法》，自2012年8月1日起施行。于2004年5月17日公布的《烟花爆竹生产企业安全生产许可证实施办法》同时废止。

7月2日　国务院安全生产委员会发布《国务院安委会关于调整国务院安全生产委员会组成人员的通知》（安委〔2012〕6号），对国务院安全生产委员会组成人员进行相应调整。

同日　根据通知，国务院副总理张德江任国务院安全生产委员会主任，国家安全监管总局局长杨栋梁、公安部常务副部长杨焕宁、国务院副秘书长肖亚庆任国务院安全生产委员会副主任。

同日　国务院安全生产委员会办公室主任由国家安全监管总局局长杨栋梁兼任，副主任由国家安全监管总局副局长杨元元、王德学、孙华山和国家安全监管总局副局长、国家煤矿安监局局长付建华担任。

7月3日，国务院安委会全体会议在北京召开，国务委员兼国务院秘书长马凯主持会议并讲话。国家安全监管总局局长杨栋梁、公安部常务副部长杨焕宁分别就上半年安全生产和道路交通、消防安全工作做了汇报。

7月4日　国家质检总局发布《关于开展特种设备使用单位分类监管和使用安全管理标准化试点工作的通知》。

7月4—5日　国家安全监管总局党组书记、局长杨栋梁，国家安全监管总局党组副书记、副局长王德学，国家安全监管总局党组成员、副局长兼国家煤矿安监局局长付建华，国家安全监管总局党组成员、总工程师黄毅等在重庆市调研安全生产工作。期间，中共中央政治局委员、国务院副总理、重庆市委书记张德江接见了杨栋梁一行。

7月9日　财富中文网同步发布2012年财富世界500强排行榜，中国共有73家公司上榜，超过日本，仅次于美国（132家公司上榜），实现历史性突破。其中，有6家煤炭企业上榜，3家为首次上榜。此次上榜的煤炭企业分别为神华集团（43355.9百万美元，排名第234），冀中能源集团（33660.8百万美元，排名第330），河南煤业化工集团（27919.2百万美元，排名第397），山西煤炭运销集团（24533.4百万美元，排名第447），山东能源集团（24131.3百万美元，排名第460），开滦集团（22519.3百万美元，排名第490）。

7月9—10日　全国煤炭行业淘汰落后产能工作座谈会在北京召开。国家煤矿安监局副局长黄玉治出席会议并讲话，强调要充分认识淘汰落后产能工作的重要性和紧迫性，顺势而为、迎难而上，加快淘汰落后产能，优化煤炭产业结构，提高煤矿安全保障能力。

7月10日　国家发展改革委下发了《关于印发〈煤炭工业发展"十二五"规划2012年度实施方案〉的通知》（发改能源〔2012〕2027号）。《关于印发〈煤炭工业发展"十二五"规划2012年度实施方案〉的通知》提出了推进煤矿企业兼并重组、培育大型企业集团、有序建设大型煤炭基地、稳步建设大型现代化煤矿、加强重大灾害防治、大力发展循环经济、发展现代煤炭物流等21个工作重点及相应的保障措施。

7月10—11日　全国煤炭基本建设工作座谈会在陕西煤业化工集团彬长矿区召开，会议全面总结了"十一五"以来我国煤炭建设领域改革发展的经验，探讨新时期煤炭发展思路。中国煤炭工业协会会长王显政、陕西省副省长李金柱到会并讲话。

7月11日　国家安全监管总局党组书记、局长杨栋梁，中国安全生产协会会长赵铁锤，中国职业安全健康协会理事长张宝明一行前往中国安全生产科学研究院调研考察。杨栋梁先后考察了该院中日项目、职业危害、矿山安全、公共安全、危化品安全、重大危险源监控等实验室，充分肯定了该院近年来为提供安全生产科技支撑所作出的努力和取得的成绩。

7月17日　公安部发布《公安部关于〈消防监督检查规定〉的决定》，自2012年11月1日起施行。

同日　国家安全监管总局发布《危险化学品经营许可证管理办法》，自2012年9月1日起实施。原国家经济贸易委员会于2002年10月8日发布的《危险化学品经营许可证管理办法》同时废止。

同日　中国安全生产协会矿山安全专业委员会第一次会员代表大会在北京召开，通过投票选举产生了第一届矿山安全专业委员会。中国安全生产协会会长赵铁锤同志在会上为矿山安全生产专业委员会揭牌，中国安全生产协会矿山安全专业委员会筹备组组长、中国安全生产科学研究院党委书记何学秋出席会议并讲话。

7月19日　全国煤矿安全生产经验交流现场会在宁夏银川召开，国务委员兼国务院秘书长马凯出席会议并讲话。他强调，要牢固树立科学发展安全发展理念，认真学习借鉴神华集团加强煤矿安全生产工作的经验做法，以确保广大矿工生命安全为根本，狠抓煤矿瓦斯治理和整顿关闭，深入开展"打非治违"专项行动，切实强化安全风险预控管理，不断提高煤矿安全生产保障能力，进一步减少事故总量，有效防范和坚决遏制重特大事故发生，扎实推进煤矿安全生产形势持续稳定好转。

7月25日　国家安全监管总局党组书记、局长杨栋梁在中国煤炭科工集团调研时强调："国家队要勇担责任，积极开展与安全生产紧密相关的重大课题研究，加快科研成果的转化和推广，将科研成果切实转化为煤矿安全保障能力。"

同日　陪同杨栋梁一同调研的还有国家安全监管总局党组成员、副局长兼国家煤矿安监局局长付建华，中国煤炭工业协会会长王显政，中国职业安全健康协会理事长张宝明，国家煤矿安监局副局长兼总工程师王树鹤，国家煤矿安监局副局长李万疆等。

7月27日　《国务院关于加强道路交通安全工作的意见》对外公布。根据《国务院关于加强道路交通安全工作的意见》，我国将加大道路交通事故责任追究力度。

本月　教育部下发《关于建设国家级工程实践教育中心的通知》。经过有关行业专家论证，教育部等23个部门近日决定批准中国建筑工程总公司等626家企事业单位为首批国家级工程实践教育中心建设单位，有31家涉煤企业入围。

本月　国务院全文印发了《节能减排"十二五"规划》。按照规划，到2015年，全国万元国内生产总值能耗下降到0.869吨标准煤（按2005

年价格计算），比2010年的1.034吨标准煤下降16%。“十二五”期间，我国将节约能源6.7亿吨标准煤。

本月　根据人力资源社会保障部、中国煤炭工业协会《关于评选全国煤炭工业先进集体、劳动模范和先进工作者的通知》（人社部函〔2011〕357号）精神，经各省、自治区、直辖市及新疆生产建设兵团人力资源社会保障部门、煤炭工业管理部门、煤炭工业协会逐级推荐和评选，报请全国煤炭工业先进集体、劳动模范和先进工作者评选表彰工作领导小组审核，拟表彰全国煤炭工业先进集体219个、全国煤炭工业劳动模范376名、全国煤炭工业先进工作者38名。

本月　中国煤炭价格指数（China Coal Price Index，简称CCPI）正式在国家煤炭工业网和中国煤炭市场网发布。中国煤炭价格指数由中国煤炭工业协会和中国煤炭运销协会编制发布。该指数以2006年1月1日为基期（100点），每周作为一个基本采价周期和发布周期，在每周五编制、每周一发布。

8　月

8月1日　国家安全监管总局印发关于认真贯彻落实《烟花爆竹生产企业安全生产许可证实施办法》的通知。新修订的《烟花爆竹生产企业安全生产许可证实施办法》已于2012年7月1日颁布，自8月1日起施行。

8月6日　教育部、公安部、国家安全监管总局等20部门联合发出《关于贯彻落实〈校车安全管理条例〉进一步加强校车安全管理工作的通知》，就各地贯彻落实《校车安全管理条例》作出部署。

8月24日　国家安全监管总局在国务院新闻办召开新闻发布会。国家安全监管总局党组成员、总工程师、新闻发言人黄毅在发布会上通报了党的十六大以来10年间我国安全生产基本情况及下一步工作重点，回答了记者提问。

8月26日　凌晨2时31分许，陕西省延安市包茂高速公路安塞段由北向南484.095千米处，一辆客车（蒙AK1475，核载、实载均39人）与一辆装载甲醇的货车（豫HD6962，核载40吨，实载35吨）追尾相撞，导致甲醇泄漏起火并引燃客车。事故共造成36人死亡，3人受伤。

8月27日　由国家安全监管总局、国家煤矿安监局、中华全国总工会、中国共产主义青年团中央委员会、宁夏回族自治区人民政府主办的第九届全国矿山救援技术竞赛在宁夏石嘴山市拉开帷幕。

8月29日　17时左右，四川省攀枝花市正金工贸有限责任公司肖家湾煤矿发生特别重大瓦斯爆炸事故。造成48人死亡，54人受伤（其中17人重伤）。

9　月

9月1日　于2012年7月31公布的《烟花爆竹作业安全技术规程》（GB 11652—2012）开始实施。代替原《烟花爆竹劳动安全技术规程》（GB 11652—1989）。

9月4日　国务院安委会办公室召开全国煤矿安全生产专题视频会议。国家安全监管总局党组书记、局长杨栋梁出席会议并讲话。

9月5日　国家安全监管总局、国家煤矿安监局研究决定采取6项措施，防范遏制重特大事故发生。

9月10日　“十一五”国家科技支撑计划“特厚煤层大采高综放开采成套技术与装备研发”项目通过科技部组织的验收。该项目围绕特厚煤层大采高综放开采工艺、开采工作面装备、辅助设备、巷道支护技术、安全保障技术、标准与规范等进行了攻关研究，研制出大采高综放液压支架、采煤机、后部刮板输送机等装备，以及顶煤运移跟踪系统、锚杆扭矩倍增器、强力锚索张拉千斤顶等新产品，开发了特厚煤层大采高综放开采和高精度螺纹加工等新工艺，成功研发出适用于14~20米特厚煤层大采高综放开采的成套技术与装备。

9月12—14日　第二十届海峡两岸及香港、澳门地区职业安全健康学术研讨会暨中国职业安全健康协会2012年学术年会在成都召开。本次会议主题是“安全、健康、交流、合作”。国家安全监管总局副局长杨元元、四川省副省长刘捷出席会议开幕式并讲话。

9月13日　14时许，湖北省祥和建设集团有限公司在洪山区冬湖景苑还建楼C区7-1号楼建筑工地上使用的一台施工升降机（载19人）在升至约100米时发生坠落，造成机笼内的作业人员随笼高坠，造成19人死亡。

9月14日　人力资源社会保障部、中国煤炭工业协会决定，授予北京昊华能源股份有限公司大安山煤矿综采一段等218个单位“全国煤炭工业先进集体”荣誉称号，授予陈德怀等376名同志“全国煤炭工业劳动模范”荣誉称号，授予于财等37名同志“全国煤炭工业先进工作者”荣誉称号的同志，享受省部级劳动模范和先进工作者待遇。

9月17日　国家安全监管总局发布《国家安全监管总局关于加强安全生产科技创新工作的决定》，要求加强安全科技创新工作，加快提升安全科技创新能力。

9月18日　第六届中国国际安全生产论坛暨安全生产及职业健康展览会在北京开幕。国务委员兼国务院秘书长马凯出席并讲话。国务院安委会办公室主任、国家安全监管总局局长杨栋梁出席开幕式并做了主旨演讲。

同日　国家安全监管总局局长杨栋梁在京会见了来华出席第六届中国国际安全生产论坛暨安全生产及职业健康展览会的加拿大劳工部部长莉萨·雷特一行。他向雷特一行简要介绍了中国安全生产情况和下一步的重点工作。

同日　国家安全监管总局召开全国安全生产信息系统试点和应用推进工作视频会，国家安全监管总局副局长、总局信息化领导小组组长杨元元出席会议并讲话。

同日　国家安全监管总局与中国电信集团公司签署战略合作协议，在安全生产信息化研究与应用等方面开展深入合作。国家安全监管总局副局长杨元元出席签字仪式。

9月19—21日　国家安全监管总局党组书记、局长杨栋梁在广东省深入企业现场、基层安全监管机构等考察调研安全生产工作，并召开座谈会。期间，中共中央政治局委员、广东省委书记汪洋会见了杨栋梁一行，并就加强安全生产工作交换了意见。

9月20日　第三届中欧安全生产对话会议暨中欧高危行业职业安全与健康项目发布会在北京召开。国家安全监管总局副局长孙华山出席会议并讲话。

同日　国家安全监管总局副局长孙华山在京会见了来华参加第六届中国国际安全生产论坛暨展览会的俄罗斯联邦环境、技术与核能监督总局副局长博瑞斯·克拉斯内赫一行，双方签署了《在工业安全监管领域开展合作的备忘录》。

9月21日　国家安全监管总局发布《安全生产监管监察部门信息公开办法》，自2012年11月1日起施行。

10　月

10月10日　由国家能源局、国家煤矿安监局、中国煤炭工业协会共同主办的2012中国国际煤炭展览会在北京全国农业展览馆开幕。全国人大常委会副委员长严隽琪出席开幕式并宣布开幕。国家安全监管总局副局长、国家煤矿安监局局长付建华，国家能源局副局长吴吟，中国煤炭工业协会副会长梁嘉琨出席了展览会开幕式。

同日　陕西省西安市周至县中国铁建股份有限公司中铁十八局集团职工宿舍发生重大火灾事故，造成13人死亡，24人受伤。

10月11日　2012中国国际煤炭发展高层论坛在北京昆仑饭店举行，此次论坛主题为“布局‘十二五’，谋划煤炭工业新发展”。本届论坛主办方真诚邀请世界各地的嘉宾参与论坛，围绕“布局‘十二五’，谋划煤炭工业新发展”这一主题共同探讨和研究煤炭绿色开采、低碳发展的先进理念、科学技术和管理经验，共同分享本届论坛的成果。论坛的召开得到国内外各界的高度关注。国家发展改革委、国家能源局、国家煤矿安监局、中国煤炭工业协会等相关政府部门的领导同志出席论坛并讲话，各省、自治区、直辖市、新疆生产建设兵团、计划单列市发改委、能源局、煤炭行业管理部门、各省级煤矿安全监察机构的领导同志出席论坛，以及来自印尼、越南、南非、乌克兰、波兰、俄罗斯、捷克、英国、澳大利亚、法国、沙特、巴西、印度、美国、新西兰、日本、欧盟等国的政府官员和国际能源署、世界能源理事会等国际机构的专家学者，国内外知名跨国大企业的代表也积极参与论坛。论坛以其最权威、最前沿的内容向国际社会全面展示了我国煤炭工业的发展成就及未来能源发展总体战略。

同日　国家安全监管总局在京召开信息化工作领导小组会议。国家安全监管总局副局长、信息化工作领导小组组长杨元元出席会议并讲话。

10月11—12日，国家煤矿安监局在云南省昆明市召开全国煤矿事故分析暨警示教育会。国家安全监管总局副局长、国家煤矿安监局局长付建华出席会议并讲话。

10月12—13日，国家安全监管总局党组书记、局长杨栋梁，党组副书记、副局长王德学在河南考察调研安全生产工作。

10月15日　第二十一届孙越崎科技教育基金会颁奖大会在北京召开。大会对获得能源大奖、优秀青年科技奖、优秀学生奖及家乡教育奖的207人进行了表彰和奖励。全国政协原副主席、孙越崎科技教育基金会顾问孙孚凌，中国煤炭工业协会名誉会长、中国煤炭学会理事长、孙越崎科技教育基金会副主任濮洪九，全国政协常委、民革中央副主席何丕洁，国家煤矿安监局副局长彭建勋出席会议。共有4人获得能源大奖（其中有2人来自煤炭系统），另外还有10位来自煤炭系统的代表获得青年科技奖。

10月16日　北煤南运铁路大通道——蒙西华中铁路荆州至岳阳段开建，标志着纵贯我国南北、途经7省区、衔接多条煤炭集疏运线路的大能力煤炭运输通道进入全面建设实施阶段。

10月17日　国务委员兼国务院秘书长马凯在京召开国务院安委会全体会议，听取“打非治违”专项行动和安全生产督查情况汇报，安排部署下一阶段安全生产工作。马凯强调，要以对人民高度负责的精神，全力以赴做好安全生产工作，努力实现全年“事故总量继续下降、重大事故由升转降、特别重大事故低于去年”的目标任务。

同日　中共中央政治局常委、中央纪委书记贺国强在神华集团公司考察时强调，要认真学习贯彻中央决策部署，紧扣主题主线，瞄准世界一流，总结经验，再接再厉，进一步做强做优做大国有企业，为保障我国能源战略安全、促进经济社会长期平稳较快发展作出积极贡献，以优异成绩迎接党的“十八大”胜利召开。

10月22日　财政部、国家能源局、国家煤矿安监局联合下发《关于支持煤炭行业淘汰落后产能的通知》。“十二五”期间，中央财政将安排专项资金对经济欠发达地区淘汰煤炭落后产能工作给予奖励。

10月24日　国家安全监管总局召开全国煤矿安全生产专项督查动员会。国家安全监管总局党组副书记、副局长王德学，国家安全监管总局党组成员、副局长、国家煤矿安监局局长付建华出席会议并讲话。

同日　国务院安委会办公室在京召开建筑施工安全生产形势分析会，国务院安委会办公室副主任、国家安全监管总局党组副书记、副局长王德学主持会议并讲话。他强调，要切实落实各方安全责任，严格基层现场安全管理。

10月24—25日　国家安全监管总局党组书记、局长杨栋梁在江苏省考察调研安全生产工作，期间主持召开了江苏省、浙江省、福建省、江西省、陕西省及南京市等地安全监管监察局长座谈会。

10月30日　国家安全监管总局召开全国安全生产宣传工作视频会，国家安全监管党组成员、副局长、宣传工作领导小组组长杨元元出席会议并讲话。他强调，要切实加强正面宣传，弘扬为民奉献精神，大力促进安全生产形式持续稳定好转。

10月31日　国务院安委会办公室召开视频会议，部署开展提升危险化学品领域本质安全水平专项行动，要求各地区、各单位积极防范冬季危险化学品安全生产事故。国务院安委会办公室副主任、国家安全监管总局副局长孙华山出席会议并讲话。

本月　为进一步加强煤矿安全生产，遏制重特大事故发生，国家安全监管总局和国家煤矿安监局决定于10月下旬至11月下旬，组织20个督查组开展全国煤矿安全生产专项督查，范围覆盖21个省级产煤单位。

11　月

11月1日　国家矿山应急救援队建设工作推进会议在北京召开。会议的主要任务是加快国家矿山应急救援队建设工作进度，确保实现既定目标。国家安全监管总局党组副书记、副局长、国家安全生产应急救援中心主任王德学出席会议并讲话。

11月2—3日　国家安全监管总局党组副书记、副局长、国家安全生产应急救援指挥中心主任王德学在北京对部分中央建筑施工企业确保做好“十八大”期间安全生产工作进行了督促检查和调研。听取了中国建筑工程总公司的安全生产工作汇报，并率队到中国有色矿业集团有限公司和中国铁建股份有限公司调研检查安全生产工作。

11月4日　国务院办公厅转发安全监管总局、发展改革委、工信部、公安部、财政部、国土资源部、工商总局、电监会等部门《关于依法做好金属非金属矿山整顿工作意见的通知》。

11月14日　首届中美安全生产与职业健康对话会议在北京举行。国家安全监管总局副局长孙华山、美国劳工国际事务副部长马克·麦特尔哈瑟出席会议并致辞。

11月23日　全国安全社区建设工作会议在西安召开。国家安全监管总局党组成员、副局长杨元元出席会议并讲话。中国职业安全健康协会理事长张宝明作工作报告。陕西省副省长李金柱出席并致辞。

11月24日　10时55分，贵州省六盘水市盘南煤炭开发有限公司响水矿河西采区1135掘进工作面发生一起煤与瓦斯突出事故。事故共造成23人死亡，5人受伤。

11月24—25日　由中国国家行政学院、公安部、民政部、卫生部、国务院国资委和国家安全监管总局共同举办的2012年应急管理国际研讨会在京举行。国家煤矿安监局副局长王树鹤出席研讨会开幕式并发表题为“以人为本、科学发展，建设更加高效的安全生产应急救援体系”的主题演讲。

11月26日　国家发展改革委发出《关于印发资源综合利用“双百工程”示范基地和骨干企业名单（第一批）及有关事项的通知》（发改办环资〔2012〕3309号），公布首批24个资源综合利用“双百工程”示范基地、26家资源综合利用“双百工程”骨干企业，其中包括2家煤炭企业。

11月27日　以“安全、健康、发展”为主题的第六届北京安全文化论坛在北京会议中心举办，国家安全监管总局党组成员、副局长杨元元出席论坛并讲话。

11月28—29日　全国安全生产监管监察行政执法工作会议在广东佛山召开。这是国家安全监管总局召开的第一次以行政执法为主题的工作会议。

11月29日　危险化学品安全生产监管部际联席会议第五次全体会议在北京召开。国务院安委会副主任，国家安全监管总局党组书记、局长杨栋梁强调，要以党的“十八大”精神为指引进一步完善齐抓共管机制，切实推进全国危险化学品安全监管工作，努力确保危险化学品安全生产形势持续稳定好转。

同日　国家安全监管总局在京召开部分重点煤炭企业主要负责人座谈会。国家安全监管总局党组书记、局长杨栋梁主持会议并讲话，他强调要认真贯彻落实党的“十八大”精神，以科学发展观为指导，大力实施安全发展战略，进一步完善安全生产责任体系，严格落实企业安全生产主体责任，强化安全生产基础建设，有效防范事故发生，为全面建成小康社会提供可靠的安全保障。

11月30日　国家安全监管总局、国家煤矿安监局召开国有重点煤矿事故警示教育专题视频会议。国家安全监管总局副局长、国家煤矿安监局局长付建华出席会议并讲话，他强调，要认真贯彻落实总局党组书记、局长杨栋梁同志11月29日在部分重点煤炭企业主要负责人座谈会上的讲话精神，深刻吸取贵州省六盘水市盘南煤炭开发有限公司响水煤矿“11·24”重大煤与瓦斯突出事故教训，强化煤矿安全生产基础建设，提高煤矿科技水平和管理水平，落实隐患排查和警示教育“两个全覆盖”，切实防范大矿发生大事故，促进全国安全生产形势持续稳定好转。

本月　山东能源龙矿集团北皂煤矿负责海域采掘专项线路供电的工作人员向海底巷道合闸送电，电流瞬间通过万米高压电缆，依次经过2台干式变压器、28台高低压防爆开关，到达海底巷道，并一次通电调试成功。这标志着海底采煤经陆地分站辗转供电的历史结束，我国首个海底采掘区域变电所正式投入运行。

12　月

12月2日　国务院正式批准将每年的12月2日确定为“全国交通安全日”。公安部、中央文明办、教育部、司法部、交通运输部、国家安全监管总局联合下发通知，联合部署开展以“遵守交通信号，安全文明出行”为主题的“全国交通安全日”宣传活动。

12月3日　国家安全监管总局召开全国安全生产调度视频会议，国家安全监管总局党组书记、局长杨栋梁出席会议并讲话。他强调，要认真吸取近期发生的重大事故教训，举一反三，加大工作力度，强化抓落实，重在见效果，确保今年“三项目标任务”实现。

12月6日　华东地区首届职业安全与健康工作研讨会在上海举行。国家安全监管总局副局长杨元元出席会议并讲话。上海市政府副秘书长肖贵玉出席会议并致辞。

12月10日　国务院安委会办公室召开安全生产调度分析会议。国务院安委会副主任、安委会办公室主任、安全监管总局局长杨栋梁出席会议并讲话，国务院安委会办公室副主任、安全监管总局副局长王德学主持会议。

12月13日　全国煤矿安全培训示范基地建设座谈会在山西同煤集团召开，国家煤矿安监局副局长彭建勋出席会议并讲话。彭建勋指出，煤矿安全生产形势不断好转，但形势依然十分严峻，问题仍然十分突出，实现煤矿安全生产状况持续稳定好转，强化安全培训至关重要。

12月22日　经山西省政府批准，由山西省焦炭集团有限责任公司牵头，山西焦化集团、太原煤气化集团等33家大型焦化企业和钢铁企业共同发起设立的山西焦炭（国际）交易中心正式启动运营，是中国首家集商流、物流、信息流、资金流为一体的大型综合性焦炭现货交易平台。

12月25日　国家安全监管总局在其官网发布公告，通报了第一批“十二五”期间关闭煤矿名单。河北、山西、内蒙古、安徽、江西、河南、广西、贵州、云南和陕西等10个省（区）643个矿井被关闭。

12月28日　2013年全国安全生产控制指标汇报会在北京召开，国家安全监管总局党组副书记、副局长王德学主持会议并讲话，国家煤矿安监局副局长兼总工程师王树鹤出席会议并讲话。

第十七部分

全国事故与职业病统计资料

2012年全国安全生产事故情况

一、事故起数和死亡人数“双下降”

据国家安全监管总局调度统计，2012年全国发生各类事故336988起，死亡71983人，同比分别下降3.1%和4.7%。

二、较大以上事故明显减少

其中，一次死亡3~9人的较大事故同比减少243起，降幅14.7%；一次死亡10~29人的重大事故同比减少11起，降幅15.7%；一次死亡30人以上的特大事故同比减少2起。

三、工矿商贸各行业事故普遍下降

与2011年相比，2012年全国工矿商贸事故起数和死亡人数分别下降约13.6%和12.7%，其中煤矿事故分别下降约35%和30%，金属与非金属矿山事故分别下降15.4%和12.4%，危险化学品事故分别下降33.3%和22.7%，烟花爆竹事故分别下降17.3%和22.6%，建筑施工事故分别下降7.1%和7.5%，列在“工矿商贸其他”项下的冶金机械等事故同比分别下降12.4%和10%。

四、交通运输等行业领域安全生产工作取得较好成绩

与2011年相比，2012年道路交通事故起数和死亡人数分别下降3.1%和3.8%，水上交通事故分别下降9.4%和4.8%，铁路交通事故分别下降6.2%和6.7%。农业机械事故分别下降2.7%和33.9%。火灾事故分别下降3.2%和25.5%。渔业船舶事故死亡人数下降8.4%。

五、大部分地区安全生产状况比较稳定

全国各省（区、市）和新疆生产建设兵团，事故起数和死亡人数均比上年下降。32个省级统计单位中，有21个单位事故起数和死亡人数双下降，14个单位重特大事故下降，其中北京、内蒙古、上海、海南、青海、新疆兵团6个单位没有发生重特大事故，天津、江苏、安徽、福建、广西、西藏、重庆、宁夏、新疆9个单位的工矿商贸领域没有发生重特大事故。

六、安全生产整体水平的各项相对指标进一步趋好

其中，亿元GDP事故死亡率降幅18%，工矿商贸10万从业人员事故死亡率降幅13%，道路交通万车死亡率降幅11%，煤矿百万吨死亡率降幅34%。

七、安全生产控制指标实施情况较好

年度指标实施进度低于控制目标2.7个百分点。工矿商贸6个行业和道路交通、水上交通、铁路交通、民航飞行、农业机械、渔业船舶、消防等行业领域和32个省级统计单位，事故死亡人数下降幅度均完成了控制目标任务。

2012 年各地区、各行业（领域）、

	各类事故死亡人数（各地区为工矿商贸、道路交通、火灾、铁路交通、农业机械五项合计）		工矿商贸死亡人数		煤矿死亡人数		生产经营性道路交通死亡人数		生产经营性火灾死亡人数	
	全年实际/人	占全年控制指标/%	全年实际/人	占全年控制指标/%	全年实际/人	占全年控制指标/%	全年实际/人	占全年控制指标/%	全年实际/人	占全年控制指标/%
全国	71983	97.3	8469	89.5	1384	72.0	21147	91.6	212	59.7
北京	1073	93.0	99	68.8	2	22.2	283	89.8	10	66.7
天津	997	96.5	90	94.7			334	99.7	13	260.0
河北	2902	99.5	263	92.9	38	82.6	964	98.5	2	25.0
山西	2536	97.7	175	85.4	87	69.6	1025	95.8	1	12.5
内蒙古	1565	93.4	290	99.0	33	73.3	412	97.6	5	38.5
辽宁	2566	97.5	436	96.5	65	100.0	720	91.1	9	69.2
吉林	1617	97.4	167	97.1	59	107.3	415	91.6		
黑龙江	1521	93.4	215	87.4	81	86.2	383	83.1	1	10.0
上海	1206	96.4	248	91.2			255	94.4	9	75.0
江苏	5252	99.3	383	97.7	7	100.0	1616	100.0	19	79.2
浙江	5629	96.5	575	92.0			1503	87.1	21	91.3
安徽	3148	98.1	335	89.6	35	74.5	1152	92.2	2	18.2
福建	2788	94.3	203	92.7	10	83.3	836	90.1	7	58.3
江西	1686	92.1	216	87.8	30	57.7	590	86.1	5	41.7
山东	4217	95.3	231	78.3	30	150.0	1379	98.5	5	41.7
河南	2044	96.4	202	73.5	12	12.6	644	93.2	10	125.0
湖北	2363	96.4	430	99.5	42	58.3	720	86.3	3	20.0
湖南	2583	93.1	351	69.6	136	59.1	730	91.3	11	64.7
广东	6336	96.3	512	98.3			1740	88.5	30	66.7
广西	2698	98.3	366	98.9	13	46.4	736	90.4	16	145.5
海南	538	96.8	71	93.4			123	86.6		
四川	3493	96.3	602	87.2	200	87.0	909	94.7	6	60.0
贵州	1301	78.1	296	52.9	117	40.5	317	79.3	4	33.3
云南	2295	98.3	413	94.3	114	105.6	621	97.0	2	25.0
西藏	353	71.7	10	22.2			119	59.5	3	100.0
重庆	1466	94.1	421	85.9	105	68.6	392	99.2	3	37.5
陕西	2102	96.1	201	84.8	49	70.0	682	84.7	4	44.4
甘肃	1673	97.6	195	99.5	48	111.6	507	78.8	4	80.0
青海	644	95.0	79	95.2	5	62.5	194	80.8		
宁夏	488	94.0	76	89.4	3	18.8	175	99.4	1	33.3
新疆	2315	98.8	283	92.5	49	59.8	671	91.0	6	85.7
新疆兵团	26	96.3	26	96.3	10	76.9				

说明：各省（区、市）各类事故死亡人数中不含水上交通、民航飞行、渔业船舶和其他事故死亡人数，全年为 581 人；较大事故起数中不死亡 2437 人，占全年控制指标 95.0%（其中房屋建筑及市政工程事故死亡 631 人，占全年控制指标 87.6%）；危险化学品事故死亡渔业船舶事故死亡 261 人，占全年控制指标 93.5%。

安全生产控制指标实施情况表

铁路交通死亡人数		农业机械死亡人数		较大事故起数（各地区为工矿商贸、道路交通、火灾、铁路交通、农业机械五项合计）		煤矿较大事故起数		重大事故起数		煤矿重大事故起数	
全年实际/人	占全年控制指标/%	全年实际/人	占全年控制指标/%	全年实际/起	占全年控制指标/%	全年实际/起	占全年控制指标/%	全年实际/起	占全年控制指标/%	全年实际/起	占全年控制指标/%
1420	95.3	692	67.5	1408	88.9	71	86.6	57	87.7	15	78.9
29	90.6	1	25.0	17	73.9						
15	88.2	4	66.7	16	69.6			1			
77	122.2	43	84.3	30	93.8	3	100.0	1	100.0		
39	177.3	16	53.3	50	87.7	8	160.0	3	75.0	1	100.0
44	91.7	3	10.0	46	70.8	3	100.0				
57	81.4	23	63.9	27	54.0	4	100.0	4	133.3	1	
59	90.8	1	11.1	23	74.2	1	33.3	2	100.0	2	200.0
61	96.8	35	100.0	43	78.2	1	25.0	3	300.0	3	300.0
2	33.3	1	33.3	11	84.6						
3	27.3	61	95.3	36	80.0	1		1	33.3		
5	33.3	18	72.0	33	60.0			1	50.0		
74	123.3	15	75.0	52	80.0	2	66.7	2			
35	100.0	40	80.0	51	86.4	2	200.0	2	200.0		
49	98.0	4	22.2	62	87.3	1	33.3	2	200.0	1	
75	93.8	56	86.2	50	90.9	3	300.0	3	100.0		
122	97.6	68	97.1	49	111.4	1	33.3	4	80.0		
73	96.1	31	49.2	58	100.0	2	66.7	1	25.0		
217	105.9	26	46.4	57	76.0	9	100.0	5	83.3	1	33.3
14	46.7			93	93.9			2	66.7		
74	98.7	29	58.0	79	98.8			2	200.0		
		4	66.7	13	81.3						
103	100.0	42	84.0	86	96.6	4	80.0	3	150.0	1	100.0
38	65.5	5	50.0	63	67.0	6	60.0	4	80.0	2	50.0
21	95.5	48	96.0	80	88.9	8	100.0	2	200.0	1	100.0
2	28.6			27	150.0			1	33.3		
39	95.1	6	100.0	25	69.4	4	66.7	1	100.0		
51	100.0	17	44.7	30	100.0	2	66.7	1	33.3		
19	82.6	13	37.1	60	109.1	1	50.0	2	66.7	2	
3	37.5	24	50.0	19	90.5						
5	62.5	2	28.6	14	77.8			2	200.0		
15	93.8	56	96.6	59	96.7	4	133.3	1	33.3		
				1	100.0	1	100.0				

含水上交通、民航飞行、渔业船舶和其它事故起数，全年为44起。金属与非金属矿事故死亡929人，占全年控制指标89.8%；建筑施工事故99人，占全年控制指标78.6%；烟花爆竹事故死亡127人，占全年控制指标78.4%；水上交通事故死亡277人，占全年控制指标95.2%；

（资料来源：国家安全监管总局网站）

2012年全国道路交通事故情况

2012年，全国共发生涉及人员伤亡的道路交通事故20.4万起，造成59997人死亡，22.4万人受伤，同比分别下降3.1%、3.8%和5.5%；发生一次死亡10人以上重特大道路交通事故25起，同比减少2起；道路交通事故万车死亡率为2.5，同比降低0.3。分析全年道路交通事故主要有以下特点：

（1）生产经营性道路交通事故下降。全国生产经营性道路交通事故起数、死亡人数同比分别下降9.1%和10.3%。其中，客运车辆事故死亡人数同比下降17.7%。

（2）超速行驶、疲劳驾驶导致的事故明显下降。超速行驶、疲劳驾驶导致的事故死亡人数分别下降15%和28.2%，其中超速行驶导致的事故死亡人数同比减少1286人，占减少总量的54.6%。

（3）高等级公路、城市快速路事故总量下降。高速公路和二级公路事故下降，高等级公路事故下降4.2%，城市快速路事故下降28.6%。

（4）私家车肇事增多。私家车肇事导致事故起数、死亡人数分别上升5.5%和6.5%。私人机动车肇事的事故起数、死亡人数已分别占到机动车肇事总数的68.7%和58.8%，比2011年分别上升6.4个百分点和6.2个百分点。

（5）新驾驶人肇事增长幅度大。1年以下驾龄驾驶人肇事明显增多，造成伤亡事故起数、死亡人数同比分别上升22.6%和25.7%，死亡人数已占机动车驾驶人肇事总数的15.4%，比2011年高出3.7个百分点。

（6）乡村道路、一般城市道路事故总量、高速公路重特大事故上升。乡道上发生的交通事故起数、死亡人数分别上升9.1%和13.9%。一般城市道路事故起数、死亡人数分别上升3.3%和4.8%。25起一次死亡10人以上事故中8起发生在高速公路，同比增加2起。

（7）正面碰撞、剐撞行人及坠车事故上升明显。正面碰撞和剐撞行人事故总量最大，造成死亡人数分别上升10.8%和22.4%。坠车事故造成的事故起数、死亡人数分别上升10.4%和25.7%。

（资料来源：公安部交通管理局）

2012年全国特种设备事故情况

一、事故总体情况

2012年全国共发生各类特种设备事故228起，死亡292人，受伤354人，与2011年相比，事故总起数减少47起，下降17.1%；死亡人数减少8人，下降2.7%；受伤人数增加22人，上升6.6%。全年228起特种设备事故中，锅炉事故29起，压力容器事故26起，气瓶事故26起，压力管道事故8起，电梯事故42起，起重机械事故76起，场（厂）内专用机动车辆事故17起，客运索道事故2起，大型游乐设施事故2起。2012年万台设备死亡率为0.517，比上一年下降13.11%，实现了国务院安委会下达的特种设备事故死亡率低于0.56的工作目标，事故总体呈稳中有降态势。

二、事故特点

发生的事故中，承压类设备事故的主要特征是爆炸或泄漏着火，机电类设备事故的主要特征是倒塌、坠落、撞击和剪切等。

228起特种设备事故中，按设备类别划分，起重机械和电梯事故起数较多，分别占33.3%、18.4%；起重机械事故死亡人数较多，占总死亡人数的44.2%。按发生环节划分，发生在使用环节179起，占78.5%；发生在安装拆卸环节12起，占5.3%；发生在维修检验环节19起，占8.3%；发生在充装运输环节14起，占6.1%；其他4起，占1.8%。按涉及行业划分，制造业105起，占46.1%；建设工地和建筑业47起，占20.6%；交通运输与物流业事故9起，占3.9%；社会及公共服务业事故67起，占29.4%。

三、事故原因

统计数据显示，违规违章仍是导致事故发生的主要原因。从技术层面来看，各类设备事故主要原因集中度最高的分别为：锅炉是违章作业和操作不当以及设备缺陷和安全附件失效，其中，9起为小锅炉缺水事故，5起为安全附件或保护装置失灵事故；压力容器是违章作业或设备缺陷和安全附件失效，其中，4起为快开门式压力容器事故，2起为烫平机不锈钢烘筒爆炸事故；气瓶是违章作业或操作不当，其中，3起为氧气瓶混入可燃介质的事故，2起为非法改装气瓶和非法倒装事故，2起为野蛮装卸事故；压力管道是设备隐患，其中，2起为设备爆炸事故，2起为设备泄漏事故；电梯是管理不善和安全附件或保护装置失灵，其中，15起为作业人员违章作业，9起为乘客违章或家长监护不当，4起为与三角钥匙保管不善有关联，3起为救援逃生方法不当，2起为安全保护装置失灵；起重机械是违章作业或操作不当以及设备隐患，其中，4起为吊具坠落，2起为与钢丝绳有关联，2起为设备部件断裂；场（厂）内专用机动车辆是违章作业或操作不当，全部是叉车事故；客运索道和大型游乐设施是设备隐患和非法使用。

（资料来源：国家质检总局网站）

2012年全国职业病情况

根据30个省、自治区、直辖市（不包括西藏自治区）和新疆生产建设兵团职业病报告，2012年共报告职业病27420例。其中尘肺病24206例，急性职业中毒601例，慢性职业中毒1040例，其他职业病1573例。从行业分布看，煤炭、铁道、有色金属和建材行业的职业病病例数较多，分别为13399例、2706例、2686例和1163例，共占报告总数的72.77%。

（1）尘肺病。共报告尘肺病新病例24206例，较2011年减少2195例。其中，煤工尘肺和硅肺分别为12405例和10592例。尘肺病报告病例数占2012年职业病报告总例数的88.28%。

（2）急性职业中毒。共报告各类急性职业中毒事故296起，中毒601例，死亡20例。其中，重大职业中毒事故（同时中毒10人以上或死亡5人以下）16起，中毒185例，死亡20例。引起急性职业中毒的化学物质主要是一氧化碳、二氯乙烷和氯气，此3种物质共发生中毒291例；病死率最高的是硫化氢中毒，中毒38例，死亡9例。

（3）慢性职业中毒。共报告各类慢性职业中毒1040例。引起慢性职业中毒的化学物质主要是苯、铅及其化合物（不包含四乙基铅）、砷及其化合物，分别为329例、197例和164例。

（4）职业性肿瘤。共报告各类职业性肿瘤95例，以轻工、化工行业为主。其中苯所致白血病53例，石棉所致肺癌、间皮瘤19例，焦炉工人肺癌17例，联苯胺所致膀胱癌3例，铬酸盐制造业工人肺癌3例。

（5）职业性放射性疾病。共报告32例，其中放射性肿瘤10例，外照射慢性放射病12例，放射性白内障5例，放射性甲状腺疾病3例，放射性皮肤疾病2例。

（6）职业性耳鼻喉口腔等疾病。共报告1446例。职业性耳鼻喉口腔疾病639例，其中噪声聋597例；职业性眼病94例，其中化学性眼部灼伤64例；物理因素所致职业病201例，其中手臂振动病130例，中暑54例；生物因素所致职业病293例，其中布氏杆菌病244例，森林脑炎49例；职业性皮肤病148例，其中皮炎64例；其他职业病71例，其中职业性哮喘为46例。

（稿件来源：中华人民共和国国家卫生和计划生育委员会网站）

内蒙古蒙泰不连沟煤业有限责任公司

不连沟煤业有限责任公司成立于2006年5月，是由华电煤业集团和内蒙古蒙泰煤电集团共同组建的以煤为主，集煤、电、路、物流于一体的大型企业，华电煤业持股51%，蒙泰集团持股49%。公司项目包括年产1500万吨的煤矿、年入洗能力2000万吨的选煤厂、一期正线长4.25公里的自备铁路专用线、年周转能力500万吨的大路煤炭物流配送中心和正在建设的大路工业园区4×300MW（一期2×300MW）坑口煤矸石热电厂。

煤矿及选煤厂

不连沟煤矿井田面积33平方公里，煤炭储量11.45亿吨，煤矿原设计生产能力1000万吨/年。2007年11月开工建设，2009年12月底开始试生产，仅用25个月的时间，其建设速度在全国煤炭行业处于领先水平，创造了煤矿建设的“不连沟速度”，在工程的建设速度上创造了高效的成绩，同时在工程质量的管理上也取得了优异的成绩。煤矿主、副斜井工程荣获煤炭行业“太阳杯”荣誉，不连沟煤矿整体项目（含选煤厂）荣获“鲁班奖”，率先成为鲁班奖创立26年来获此殊荣的煤炭项目。煤矿2011年6月通过国家综合验收。2012年，矿井生产能力重新核定为1500万吨/年。

不连沟煤矿选煤厂为矿井型动力煤选煤厂，年处理原煤能力2000万吨，并预留末煤洗选车间的位置和接口、矸石电厂供煤接口及末煤洗选接口，主厂房预留部分末煤、煤泥、末矸到矸石电厂的设备接口和通道，从2009年10月开工建设至2010年7月投产，仅用了8个月的时间。

不连沟煤矿的煤种为长焰煤，原煤平均发热量为3600大卡左右，经过洗选，矸石洗出率在26%左右，目前商品煤的品种有三个：发热量在5300大卡左右的块煤（约占3%）、发热量在5200大卡左右的精煤（约占26%）和发热量在4000大卡左右的末煤（约占45%）。

铁路专用线

不连沟铁路专用线是矿井及物流园区项目的配套工程，铁路装车站西接呼准铁路何家塔站，初期运输能力900万吨/年，远期运输能力2500万吨/年。于2010年11月18日开工建设，2012年8月16日开通运营。该专用线既为煤炭生产提供运输保证，也是支撑煤炭物流配送中心建设的起点，可有效降低煤炭运输成本。

煤矸石热电厂

煤矸石热电厂规划容量4×300MW，其中一期工程为2×300MW，该项目一期建成后可消耗不连沟煤矿产生的280万吨劣质混煤（煤矸石、煤泥、末煤混成），是市政配套的热电联产、集中供暖项目，具有上网的优越性和公益性。目前，项目已具备核准条件，并已于2011年6月25日开工建设，工程建设工作进展顺利。2012年底，启动锅炉安装、调试完成，具备供热条件。

煤炭物流配送中心

物流配送中心主要收集周边地方中、小型煤矿生产的原煤，利用不连沟煤矿2000万吨选煤厂初期的富余洗选能力，经过加工、洗选，通过铁路、公路外运销售。项目规划周转能力2000万吨/年，一期建设一个条形储煤仓，年吞吐量可达500万吨，后期根据项目实施情况以及铁路建设情况再行考虑逐步建设其余储煤场地。

移民工程

为保证矿区搬迁人员居住，按照准格尔旗统一规划，在大路镇建设新农村，新农村位于103省道93公里处北侧，不连沟煤矿东2.5公里，总占地95公顷，定位为矿区居民搬迁安置房。总规划建筑面积为50.8万平方米，其中居住面积为45万平方米，公共建筑面积为5.8万平方米，规划一期容纳2000人居住，二期容纳3000人居住，逐步形成10000人规模的现代化小城镇。矿区移民搬迁工程进展顺利，项目已经落成。

“十二五”期间，公司将紧紧抓住国家加快建设大型煤炭基地和华电集团建设蒙西亿吨级煤炭基地的机遇，依托煤炭资源优势、市场优势，打造以煤炭为基础，煤-电-路-材一体化发展的产业格局。“十二五”期间的发展思路是：夯实煤炭主业，优先铁路建设，配套电力、物流产业，强化管理创新，实现循环发展。不连沟煤业公司中长期发展是：规划到2015年，公司形成“一矿三厂二路一园”的1321循环经济体系，即1座煤矿、1座电厂、一座选煤厂、一座制砖厂、两段支线专用铁路和1个物流园；实现煤炭经营量2500万吨，洗精煤700万吨，年销售收入近70亿元，利税约16亿元；企业具备较强的发展基础，并在铁路运输方面拥有突出的竞争优势。

近年来，在山西省转型跨越发展战略鼓舞下，阳煤集团抢抓机遇，追求跨越，形成了煤炭和煤炭化工两大主导产业，铝电、装备制造、建筑地产、贸易服务四大辅助产业强劲发展的产业格局。目前集团拥有阳泉股份、山西三维、太化股份和阳煤化工四个上市公司在内的567个分、子公司，总资产1262亿元，位列中国企业500强第93 位，中国煤炭企业100强第10位。

2012年，集团公司面对世界经济危机加剧、国内经济持续下行等重重挑战，紧紧围绕“收入、投资、安全、利润、效率”五大目标，齐心协力、逆势突击，保持了蓬勃强劲的发展势头，全年企业营业收入达到1686亿元，煤炭产量6520万吨，地面单位全面杜绝了重伤及以上人身事故，煤矿百万吨死亡率为0.116，90%的煤矿稳定实现瓦斯零超限。

阳煤集团始终把安全工作作为一项重点工作来抓，通过安全生产实践，创造性地提出了煤矿“1・4・2”安全管理模式：

“1个传承”——继承和发扬集团公司安全生产实践中形成的行之有效的传统管理手段和方法。

“4个方面8项重点工作”——强化通风和抽采“两个能力”建设，建立隐患排查信息反馈、瓦斯地质预测预报“两个系统”，加强顶板构造、瓦斯构造“两构管理”，开展零打碎敲事故和矿井运输“两个专项整治”。

“2个基础保障”——安全管理体制机制和安全科技装备创新，干部队伍和员工队伍技能素质提升。

“十二五”期间，阳煤集团将完成投资1000亿元以上，建成亿吨煤炭基地，建成“山西较大、中国五强”煤炭化工企业，打造晋东百万吨铝工业循环基地，打造山西大型地产开发企业，建设山西较大的煤机化机制造企业，建成山西较大综合贸易商社，提前实现“双千亿”目标，并实现企业的“全面安全、本质安全、持久安全”。

现代化的采煤工作面

井下巷道

安全第一

预防为主

综合治理

建筑建材地产

铝电产业

装备制造业

煤层气开发利用

阳煤三维集团BDO生产线

内蒙古恒东能源集团有限责任公司

内蒙古恒东能源集团有限责任公司成立于2006年4月，主营煤炭生产和销售,为内蒙古自治区“双百亿工程”重点培育企业和自治区“AAA”诚信企业。集团公司现有煤矿10个，井田面积78.2平方公里，储量6.14亿吨。自2009年以来，井工矿投产5个，露天矿投产1个，现有4个矿在建。公司所属煤矿主要分布在鄂尔多斯市东胜煤田和准格尔煤田，产品为高热值、低灰分、低硫、低磷的优质绿色环保动力煤。

恒东集团公司一直将安全视为生产、建设的基本前提和头等大事，坚持“以人为本，科学发展”的发展理念和“安全第一，预防为主，综合治理”的方针，以严密的组织机构、权责明确的运行体系保证了安全管理的效率和水平。2012年，恒东集团公司产煤798万吨，全年无安全事故，安全隐患整改率达100%，百万吨死亡率为零，恒东集团公司实现了成立以来的又一个安全生产年。

成绩的背后是恒东集团公司对安全管理孜孜不倦的探索和完善。

健全机构，强化管理

公司建立了“集团监管、煤矿全面负责”的安全责任体系和“统一管理、分级负责”的安全工作运行机制，公司层面成立了以总经理为主任委员、其他主管安全领导及各煤矿矿长为主要成员的安全生产委员会，各煤矿成立了以矿长为组长，安全、生产、机电副矿长、总工程师及安监科长及主要技术骨干为成员的安全生产领导小组，不断增强安全管理的专业力量。

教育先行，狠抓培训

公司采取多种形式加强安全教育，包括悬挂宣传标语、印发宣传材料和开展“安全知识竞赛”、“安全知识抽奖问答”、“安全在我心中”主题演讲等活动，取得了良好的教育效果。狠抓特种作业人员培训和从业人员培训，各煤矿多次邀请省、市煤监部门培训中心人员对岗位工人进行安全知识培训，邀请矿山救护队现场进行应急救援演练，要求特殊工种人员必须取得上岗资格证方可上岗。

明确职责，制度保障

公司和各煤矿、各煤矿内部层层签订安全生产责任状，逐级分解落实岗位责任。全面推行安全风险抵押金制度，将个人安全工作成果与经济收入挂起钩来，促进了整体安全管控水平的提升。

严格检查，积极整改

公司深入推进“安全生产年”和“设备管理年”活动，以专项整治活动为抓手，认真开展了查认识、查隐患、查管理、查制度、查落实的“五查”工作，对所有工作岗位和作业环节进行了隐患排查和整治工作。同时，严格按照规程和行业标准要求，集中整改矿井采掘机运通生产系统存在的问题，有效弥补了影响安全生产的薄弱环节，进一步夯实了安全基础。

安全责任重于山，安全工作无止境。下一步，恒东集团公司将全力推进安全文化建设，努力在全体员工中形成“生命高于一切”的道德价值观、“安全第一”的思想意识、遵章守纪的思维定势和行动自觉、“预防为主”的管理智慧、以人为本和对员工负责的行为操守、依靠科技支撑保障本质安全的科学素养、沉着应变的应急能力，构筑起牢不可破的安全长城。

文化领衔构建和谐企业，安全护航共筑幸福路桥

广东省路桥建设发展有限公司路达分公司

广东省路桥建设发展有限公司路达分公司是广东省交通集团有限公司属下国有控股企业。公司所辖汕梅高速公路北接福建龙岩，南至汕头澄海，横跨粤东地区四市六县，总里程226.3公里，总投资约100亿人民币。公司共有收费广场20个，员工1000多人，是广东省经营里程长、管理规模大的高速公路营运公司。

汕梅高速公路是广东省通山区高速公路网的重要组成部分，是贯彻实施广东省区域协调发展战略，实现“山区崛起”的重点项目，是一条实践“三个代表”重要思想的康庄大道，是粤东北山区数百万人民群众的致富之路。通过汕梅高速公路，广袤的粤东北山区，向东北可直达福建，快速融入“海西”经济区；往东南可快速通往潮汕平原，高效对接汕头特区，成为沟通潮汕平原、珠三角地区与“海西”经济区的重要交通枢纽，对促进粤东北边远山区变成区域发展的前沿阵地，推动广东省地方经济与社会协调发展具有重要的现实意义。

有关领导到路达分公司视察安全文化建设工作

交通集团副总经黄建跃(前右一)、省路桥公司董长吴光勇(前右二)检查路达分公司沥青罩面工作

省交通集团总经理李静(左一)、省路桥公司总经理古水灵(左二)检查五一保安全保畅通工作

有关领导在路达分公司组织召开治理超限超载专项行动启动大会

汕梅高速公路横穿莲花山脉，是一条典型的山区重丘区高速公路，沿线地形、地质复杂，山高谷深，受山区地形的制约，汕梅高速公路弯多、坡陡和高填深挖路段多，全线有几百处高边坡，隧道、桥涵密集，桥隧比高，特别汕梅段高速公路隧道累计长度达12公里，保障高速公路安全畅通的责任重大。高速公路正常运营所需机电等四大系统设备共计几万台套，设备完好率及功能保障直接影响道路运营安全，随着粤东经济的发展和腾飞，汕梅高速公路的货运车辆不断增长，汕梅高速公路道路交通安全面临巨大挑战。

路达分公司开展打非治违专项检查行动

面对日益严峻的安全生产形势，在广东省交通集团、省路桥公司的指导下，公司总经理吕大伟提出：“安全高于一切!安全就是生命，安全就是效益！”的安全理念。围绕这一理念，公司全体员工以科学发展观统领全局，认真贯彻落实安全生产责任制、完善安全管理体系、普及安全宣传教育、改善安全生产条件，实现了公司安全生产状况持续稳定。公司先后荣获全国安全生产应急知识竞赛优胜单位、全国“安康杯”知识竞赛优胜单位、全国落实安全生产主体责任知识竞赛优胜单位、全国安全文化建设示范企业等多项国家级荣誉称号。

为顾客提供安全、快捷、舒适的服务，推动汕梅高速公路沿线地区经济持续向前发展，是全体路达人的愿望和追求。路达人的理想是：希望汕梅高速公路的建成和通车，能够促进粤东山区经济蓬勃发展；希望通过提供高品质的服务产品，让行驶高速公路的车辆顺畅平安；希望随着高速公路的不断延伸，路达的事业能够展翅腾飞；希望随着公司的快速发展，路达的员工能够前程似锦，一路通达！

沪东中华造船(集团)有限公司

有关领导来公司指导工作

沪东中华造船（集团）有限公司于2001年4月由原沪东造船集团和原中华造船厂联合重组成立，是中国船舶工业集团公司旗下的既造民用船舶、军用船舶，又造海洋工程防大型钢结构的特大型企业集团。公司总部位于上海浦东新区，主要生产区域分布在黄浦江两岸，占地面积约170万平方米，码头岸线长2800米；拥有系泊码头11座，VLCC级干船坞1座，5万吨级至17.5万吨级浮船坞3座，12万吨级和8万吨级船台各1座，2万吨级以下船台2座，700吨龙门式起重机2台。目前，公司拥有职工约6000名，总资产达128亿人民币。

公司具有雄厚的船舶开发、设计和建造实力，具有80多年的丰富的造船经验，先后为国内外船东建造过各类大中型集装箱船、液化天然气（LNG）船、化学品船、滚装船、浮式储油船、成品油船、原油船、散货船、军舰和军辅船等民用、军用船舶共计3000多艘。产品除满足国内用户需要外，还远销亚洲、欧洲、非洲、大洋洲、南美洲和北美洲等40多个国家和地区，广受国内外船东和各界的好评。国内LNG船的建造，提高了我国造船工业的水平和国际地位，标志着公司的生产技术和能力达到国际先进水平。

公司拥有先进的国家标准企业技术中心、博士后工作站，科研开发力量强大。信息化管理手段先进；公司以“关爱生命，安全发展，环境优先，持续改进”的安全环保理念，全面推进HSE（职业健康安全环境）管理，通过了英国劳氏质量认证公司的ISO 14001环境管理体系、OHSAS 18001职业健康安全管理体系的审核认证。

公司坚持以人为本思想，在“团结拼搏、争创先进”的企业精神基础上，创建“和谐、向上”的企业文化，注重企业全面、持续的发展。公司新建崇明基地和长兴造船基地，并相继投入生产，进一步扩大了生产能力，为公司未来的发展奠定了基础。

徐淮大地上璀璨的明珠
——新兴集团淮北刘东煤矿

矿长 宋成标

党委书记 徐建慧

安徽淮北，自古以来，就是人杰地灵之地。清朝乾隆皇帝御书题词“惠我南黎”。公元1991年11月，一群来自黄海之滨盐阜儿女，从古城徐州转战到淮北市面上相山西麓，肩负着6000名新光员工建设接续矿井的重托与希望，在绿油油的山坡旁、绿葱葱的高粱地里，安营扎寨，兴建刘东煤矿，再次揭开了盐阜儿女异地办矿的新篇章。

转眼间，20年过去了，勤劳勇敢的盐阜儿女以“打造省内先进，国内知名，管理领先，建设极具创新和竞争力的行业优秀企业”为目标，提高“五优创建”战略，开拓进取，顽强拼搏，一座现代化的矿井拔地而起，在优秀企业林立徐淮大地上，把名不见经传的刘东煤矿打造成一颗璀璨的明珠。

狠抓安全，科学管理，企业安全生产管理持续向好。

矿井稳定保持一级安全质量标准化水平，企业安全生产管理持续向好，企业安全文化建设亮点纷呈，管理队伍作风扎实，职工队伍稳定，质量标准化工作日新月异、硕果累累，矿井和谐健康发展；煤炭产量稳定地保持核定生产能力水平，矿井“三大接续”稳定、正常，中长期战略发展目标明确。

科技创新，管理创优，生产组织水平明显提高，采掘布局进一步优化，率先建成新光历史上使用悬移支架配合机械化采煤的机械化采煤工作面和二个综掘工作面；原煤产量持续保持稳定，掘进效率明显提升；在安徽省地方煤矿中率先开展充填开采试验，获得上级有关部门的肯定和认可，率先迈进绿色开采、环境友好型矿井的行列；“管理强矿、创优兴矿”的内涵不断得到丰富、拓展和延伸，初步建成安徽省省级地方煤矿机械化示范矿井。

加大装备投入，提高硬件设施，“信息化、数字化”管理平台已经形成。购置防爆电机车、人员安位系统、新型轻质罐笼等，完成了二水平全部生产系统安装工程和10千伏变电所改造工程，采用国际先进的RFID技术开发的2.4G人员定位考勤系统正式投入运行。考勤系统、视屏监控系统、核子秤系统、数字化液晶显示系统及刘东网站等工程的启用，初步建成具有“刘东特色”的数字化网络信息管理平台；在地方煤矿中率先建成瓦斯监控系统、人员定位系统、压风自救系统、供水施救及通信联络系统等五大系统，紧急避险系统方案已委托中国矿业大学进行进行，即将投入施工。

EBZ-200型综掘机地面联合试运转剪彩

相关人员来煤矿开展安全生产专项检查

调度员在指挥中心

井口送西瓜

海南山金矿业有限公司

——安全是海南山金发展的永恒主题

海南山金矿业有限公司抱伦金矿是集采、选、冶一体的现代化黄金矿山，秉承“关怀、公平、忠诚、责任”的核心价值观，履行“争做环境保护、民族团结、企业发展典范”的发展承诺。几年来，公司在安全环保等方面取得了显著成绩：通过了清洁生产审核，被国土资源管理部门评为国家绿色矿山建设试点企业，达到了非煤矿山安全生产标准化二级企业，并被国家安监管理部门授予国家安全文化建设示范企业称号。

抱伦金矿位于海南省乐东黎族自治县境内，是国内近年发现的特大型金矿成矿区之一。生产系统主要采用平硐—竖井—斜井联合开拓方式，采矿方法为浅孔留矿法，选矿采用全泥氰化—活性炭吸附工艺，冶炼采用目前国内先进、高效、低碳、环保的无氰高温解析电解工艺。

在安全管理方面，抱伦金矿始终坚持“山东黄金生态矿业”、“‘双零’是天国泰民安”的管理理念，强势推进安全生产，从而为实现矿山本质安全奠定了坚实基础。公司通过清洁生产、安全文化、节能降耗、安全标准化等工作的开展，逐步建立健全了各项规章制度以及检查、考核、奖惩等办法。

为完善矿山管理体系，目前抱伦金矿正准备通过ISO9001质量管理体系、ISO14001环境管理体系和OSHMS18000安全职业健康管理体系认证工作，实现公司质量、安全、环保管理体系合一的目标。

抱伦金矿为大力推广绿色开采理念，通过提高设备机械化、现代化程度，采用新技术、新材料、新工艺来提高资源综合利用率，从而使“三率”指标达到了国内领先水平，矿区含氰废水零排放，实现了循环利用。

科技创新是企业的生命之源，是提升企业核心竞争力的重要途径。公司坚持“科技是第一生产力”的指导方针，不断加大科技投入，完善科技创新体系，走出了一条依靠科技进步推动矿山发展之路。公司几年来先后在地采选、安全专业方面与科研院所开展9个项目技术攻关，累计投入科研资金1381万元，共有288人、11个科技项目受到山金集团的表彰和奖励，完成了与卷扬联动的斜井阻车器、井筒捞车网等先进的安全防护设施，以及大断层的支护项目、全矿防雷网络工程、平硐出口与道路交叉处新设的自动升降挡车杆、竖井口的司控道岔等一大批科技含量较高的安全科技项目。

抱伦金矿始终坚持“依法生产、保护环境”的办矿宗旨，倡导“科技、绿色、发展”的经营方针，按照“开发与保护并重，发展与利用同步”的要求，正确处理发展生产与环境保护的关系，依靠科学技术，实施节能减排，以小的资源和环境成本，充分实现经济、环境和社会效益。

安全生产教育先行，公司根据外委施工单位从业人员流动性大、文化水平低、安全素质差的特点，不断强化人员安全教育，配备了先进的电教设备和培训场所、订购了教材、光盘和安全管理软件，并充分利用晚上对从业人员进行安全教育，使培训教育得到了显著提升。

在职业危害与健康管理方面，为控制和减少生产过程中粉尘、有毒有害气体、噪声对人体健康造成危害，公司制定了职业病防治工作计划，定期对各作业点的粉尘、一氧化炭、温度、风速、风量、噪声进行检测，同时将检测结果公布在网上，从而加强了职业病预防和管理。

为提高公司的应急救援能力，尽可能地降低事故后果，公司建立完善了应急救援体系，成立了矿山应急救援队伍，配备了必要的应急救援器材、设备。组织了代号为“BLJK0913、BLK0314、BLJK0618”炮烟中毒、消防、尾矿坝漫顶事故模拟演练。

艰苦的安全生产工作告诉我们，抓好安全是一项长期、责任重大的艰巨任务，海南山金的安全工作任重道远，安全工作只有起点没有终点，安全发展——是我们永恒的主题。

曲靖众一精细化工股份有限公司

曲靖众一精细化工股份有限公司始建于2006年10月，位于曲靖市越州工业园区内，占地面积237亩，资产总额14亿元，员工1000余人，是一家集生产、销售、科研为一体的新型民营精细化工企业。公司已通过了质量管理、环境管理、职业健康安全管理三体系认证及ISO/TS16949行业体系认证，发展成为国家级高新技术企业、省级百户优强民营企业、省级科技计划项目承担单位、省级企业技术中心、市级60户重点骨干工业企业。公司已拥有25万吨/年煤焦油精细化加工能力、13万吨/年炭黑生产能力。主要产品有橡胶用炭黑（N220、N330、N234、N375）、ZY系列特品炭黑、煤化工系列（工业萘、改质沥青、蒽油、洗油、精蒽、咔唑）等50多个品种，申报专利36项，获得专利20项。

每年年初，公司安全生产第一责任人及主管公司安全生产的常务副总经理与公司各厂、部门负责人层层签订安全生产(环保)目标责任书，同时各生产厂负责人与生产线领导及班组成员之间签订责任书，形成“横向到边，纵向到底”的安全生产（环保）管理格局，确实将安全责任做到层层分解、层层落实。

公司严格执行国家及行业安全管理相关法律法规，认真落实安监部门的各项规章制度，始终将安全管理工作作为公司重点工作来抓，以综合性安全检查、专项安全检查、季节性安全检查、部门自检自查和日常巡查等方式，认真排查治理事故隐患和安全隐患，隐患整改率达100%，为企业的安全生产运行打下了坚实基础。

公司不断加大对安全生产费用的投入，在公司内配置完善了空气呼吸器、氧气呼吸器、一氧化碳呼吸器、防化服、消防隔热服、医用氧气瓶等救援物资，组织修订完善了公司《事故应急救援预案》，以保卫消防部为主成立了一支80余人的专业应急救援队伍，并组织了综合性、专项性事故应急救援、消防演练活动。

公司积极响应国家政策，以管理标准化为基础、现场标准化为条件、操作标准化为核心，全面开展安全生产标准化创建工作，公司于2010年顺利通过了三级安全标准化企业考核。为切实加强公司安全生产工作，夯实安全生产管理基础，提升企业本质安全水平，构建安全生产长效机制，于2013年全面推进公司安全管理工作规范化、标准化进程，争取年底达到“国家二级安全标准化”，使曲靖众一精细化工股份有限公司的安全生产管理工作更上一个新台阶。

内蒙古自治区特种设备检验院

内蒙古自治区特种设备检验院是内蒙古自治区质量技术监督部门直属的从事综合性安全生产与机电类特种设备检验检测的科研事业单位。前身是1986年成立的“内蒙古自治区劳动安全卫生检测中心站”、“内蒙古自治区劳动防护用品监督检验站”、“内蒙古自治区矿山检测中心站”、“内蒙古自治区劳动保护宣传教育中心” 四块牌子一套人员机构，原隶属于自治区劳动人事部门，2000年整体划转到自治区质量技术监督部门，2012年正式更名为内蒙古自治区特种设备检验院，简称内蒙古特检院。

内蒙古特检院具有国家核准的机电类特种设备检验资质和内蒙古安监部门颁发的职业卫生检测与评价乙级资质，是全国较早开展职业卫生检测与评价的单位之一。业务范围主要有三大块，涵盖安全生产的各个领域，其一是安全生产检测的金属、非金属矿采选业和工程建筑业、冶金、建材业、化工、石化及医药业、轻工、纺织、烟草加工制造业、机械、设备、电器制造业、电力、燃气及水的生产和供应业；其二是机电类特种设备电梯、起重机械、厂内机动车辆、大型游乐设施等设备检验和无损检验；其三是电气安全、防静电、防雷、气体报警系统、消防电气及设备、烟花爆竹、劳动防护用品、加油机防爆、防坠安全器、汽车举升机等的检验检测。

内蒙古特检院下设办公室、总工办、业务管理部、职业卫生有害因素检测部、职业卫生评价部、职业卫生质控部、防爆电气检测部、电梯检验部、起重游乐厂车检验部、护品烟花爆竹检验部等10个部室。全院现有职工108名，专业技术人员82名，其中高级职称11人，中级职称52人。博士生2名，研究生15名，在读工程硕士5名，大学本科75人，大专8人。国家注册安全工程师13人，国家安全评价师6人，电梯、起重、游乐设施等国家级检验师27人，国家职业卫生评价人员15人、检测人员17人，国家游乐设施检验员14人，无损检测人员8人，省级检验员80人。并建有技术专家库和各类数据库，拥有一支雄厚的技术力量人才队伍。现拥有职业卫生检测实验室、防坠安全器检测实验室、劳保防护用品检测试验室、烟火爆竹检测、防雷防静电检测实验室、消防电气及消防设施检测等6个实验室，有各种高、精、尖检验检测仪器设备600余台（套），涉及现场检测设备530台（套），实验室固定大型检测设备70台（套），固定资产4500多万元。

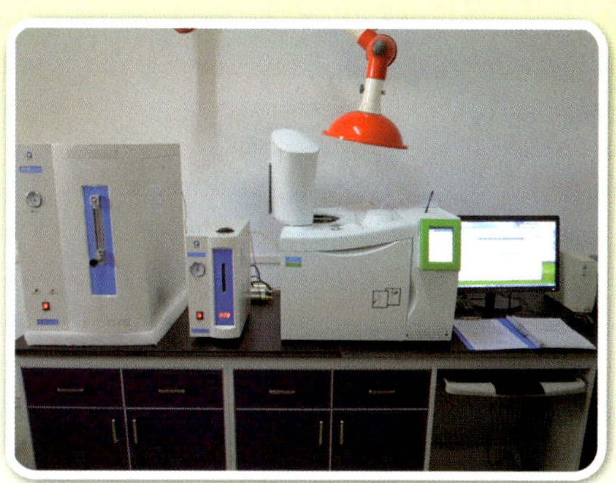

内蒙古特检院自成立以来，为确保安全生产，保障人民身体健康和生命财产安全，发挥着保驾护航的重要作用。未来的几年内我院将紧紧围绕“十八大”精神和自治区“8337”工作思路，本着“民生为本、民信为天”的核心理念，构建“电梯、起重、职业卫生、重大危险源”检验检测四轮发展框架，打造“四型团队”（既开拓进取的经营管理团队；科学创新的科研专家团队；公正严谨的技术检验团队；优质服务的后勤保障团队），提升人员能力素质；不断加大仪器设备投入，提升检验检测基础能力，切实为企业的安全生产把好关，做好对行政监察部门的技术支撑，进而为内蒙古自治区“8337”发展思路的落实，提供强有力的保障。

山东新阳能源有限公司

2005年,在黄河以北煤田，一座现代化的矿井—山东新阳能源有限公司拔地而起。山东新阳能源有限公司隶属于山东能源新矿集团，地处济南市济阳县崔寨镇，是山东省煤炭工业“十一五”规划开发的黄河北煤田重点项目。新阳能源公司是山东能源新矿集团建企50多年来自行设计、自行施工、自行建设的早批矿井。矿井于2005年1月26日开工建设，2008年8月正式投产，核定生产能力75万吨，现有员工1640人。矿井投产以来，坚持以科学发展观为指导，秉持以人为本、安全发展，以先进理念导航定位，不断创新安全文化建设的形式和载体，培育形成了独具特色的“X6”安全文化体系，充分实现了企业文化导向、凝聚、规范和激励功能。矿井已实现建井以来连续安全生产3000多天。企业先后获得国家煤炭行业“优质工程”和“太阳杯”工程、“国家安全质量标准示范化煤矿”、“企业信用等级AAA级企业”、“全国安全文化建设示范企业”荣誉称号。

发展循环经济，建设绿色矿山，着力打造生态文化。新阳能源以绿色生态理念推进安全高效可持续发展，按照循环经济协调发展的思路，配套建设有装机容量30MW的济阳热电厂，率先在黄洒北建成了利用煤矸石与黄河淤泥进行掺配制砖、年产1.2亿块标砖的矸石砖厂，形成了“煤—电—建”产业链条，推动了资源综合利用、节能减排，取得了良好的经济和社会效益。通过完善矿井配套选煤系统建设，实现了原煤的深加工，实现了固体废弃物零排放，改变了以往老矿区矸石堆积成山、污染物大量排放的现象。

发展低碳经济，实施节能减排，低碳文化建设步履坚实。建设了井下水处理系统，处理后的矿井水用于井下防尘，排至地面后用于绿化、消防、洗煤，并作为职工生活区及矿内工业广场水源热泵供暖之水源，年节约标煤1000多吨，实现了资源的循环利用。此外，该单位自行设计建成了全国早批矿井重介浅槽排矸选煤车间，使煤与矸石在井下分离，实现了矸石不升井、井上不见矸石山。除此以外，通过对矿井全部带式输送机进行慢速化改造、对机电设备进行变频改造等一系列节能减排的有效举措，在每年创造上千万元经济效益的同时，也使井上环境面貌发生了质的飞跃。

打造园林式矿井，建设美丽新阳。新阳能源着力打造“矿在林中、人在景中”的绿色矿区，先后在矿区内建立景点8处、绿化长廊7处、花园5处，建造景观河2处。栽植各种花树1万余棵，花卉数万株；草坪面积达到1万多平方米，绿化覆盖率保持在68%以上，人均公共绿地达到35平方米。卓有成效的绿化美化工作，有效改善了矿区以及周边环境，促进了企业文明、和谐、健康发展。

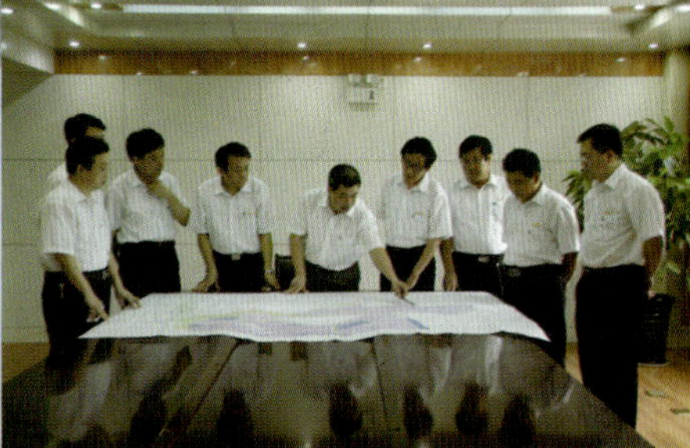
团结奋进的领导班子

有关领导莅临公司督导检查工作

召开X6安全文化研讨座谈会

全国早批井下浅槽重介煤矸分离系统

神东煤炭集团公司

神华神东煤炭集团公司是神华集团的核心煤炭生产企业，于2009年5月在神东矿区四公司的基础上整合成立。公司地跨蒙、陕、晋三省区，自1985年开发建设，拥有19个矿井，整体产能超过2亿吨。

神东在快速发展过程中，充分依托神华集团矿电路港一体化、产运销一条龙运营模式，坚持"高起点、高技术、高质量、高效率、高效益"的建设方针，大胆进行技术和管理创新，形成了"生产规模化、技术现代化、队伍专业化、管理信息化"为特征的新型集约化安全高效千万吨矿井群生产模式，积极创建"本质安全型、质量效益型、科技创新型、资源节约型、和谐发展型"企业。从1998年起，公司煤炭产量平均每年以千万吨速度递增，2005年率先建成亿吨级矿区，2011年建成全国早批2亿吨商品煤生产基地。矿区开建以来百万吨死亡率控制在0.02以下。安全、生产、技术、经济等主要指标达到国内乃至世界的领先水平。

公司立足世界前沿，创新采煤技术，形成了千万吨矿井群建设核心技术体系。先后建成全国早批年产1000万吨、1200万吨、1400万吨综采队，年产1500万吨、2000万吨、2500万吨、3000万吨矿井；相继创新了300米、360米、400米、450米加长工作面；实现了世界上早批5.5米、6.3米、7米大采高重型工作面和中厚偏薄煤层自动化工作面。煤炭采掘机械化率达到100%，资源回采率达到80%以上，最高全员工效达124吨/工。累计创造中国企业新纪录99项，获得授权专利280项。2011年启动实施了以"安全、绿色、高效、智能"为标志的大柳塔世界先进示范矿井建设，动态引领全球煤炭工业发展10到20年。

公司累计获得省部级以上荣誉80多项，其中2003年《神东现代化矿区建设与生产技术》荣获国家科技进步一等奖；2005年公司获得"全国五一劳动奖状"；2006年，获得第三届中华环境奖；2007年获得"全国质量奖"；2008年《荒漠化地区大型煤炭基地生态环境综合防治技术》、《煤炭自燃理论及其防治技术研究与应用》获国家科技进步二等奖；2011年被评为"第七次全国煤炭工业科技创新先进企业"。2012年被评为中央企业首批企业文化建设示范单位。多位党和国家领导人先后视察了矿区，对神东矿区的生产建设成就给予了高度评价。

公司将以党的十八大精神为指针，以科学发展观为统领，进一步解放思想，加快自主创新，全面深化"提高四化五型发展水平，建设世界先进煤炭企业"战略实施，加快发展方式转变，为集团"科学发展，再造神华，五年经济总量再翻番，建设具有国际竞争力的世界先进煤炭综合能源企业"战略目标实现，促进国民经济又好又快发展作出新的更大贡献。

中海石油技术检测有限公司

国家海洋石油安全中介机构
资质证书

中海石油技术检测有限公司：

依据《中华人民共和国安全生产法》及国家海洋石油安全生产的有关规定，授予你单位海洋石油生产设施专业设备检测检验机构资质。

国家安全生产监督管理总局制

中海石油技术检测有限公司成立于2008年，具有独立法人资格，注册资金5000万元，是中国海洋石油总公司设立培育开展第三方检验业务的专业技术服务机构。公司下设3个专业分公司和1个拥有独立法人资格的湛江分部（湛江中海石油检测工程有限公司）。公司现有员工333人，其中拥有大专以上学历227人，占总人数68%。

公司主营业务：

· 海上设施结构检测、检验、评估服务；
· 海上钻修井机、锅炉等专业设备的法定发证检验服务；
· 海上安全救生设备发证检验服务；
· 电仪控制系统检验服务
· 水下工程服务及水下检测、检验服务。

10kV高压盘测试

主要人员资质

公司持有ASNT无损检测二级证书、注册焊接工程师、注册安全工程师、潜水监督及CCS无损检测三级证书等各类特种检测、检验资质证书共计270余个。

主要检测设备

公司拥有近千台套的设备基本上满足了不同业务的需要。主要包括电仪类：综合继电保护测试仪、断路器特性分析仪、氧化锑避雷测试仪、变频谐振高压试验装置、交流（直流）耐压试验装置、过程仪表认证校准器、压力回路校验仪、温度校验炉等；检验类：各类探伤、测厚仪、试重水袋、长距离超声管道检测仪、液氮装置、水下磁粉探伤仪HCM25、水下数码摄像机GR-D53AC、水下电位仪、多波束测深系统、数字声纳系统、海底管线仪、地质脉冲剖面仪5000型、海底地貌仪系统3050型等等。近几年，公司核心设备投资1500多万元，引进国内外先进检测设备160多套。例如声发射、低频导波、ACFM等专业检测设备。

气胀式救生筏检修

移动式钻机仪表综合检验装置

大流量标定装置（原天津市第八流量站）

海上石油平台水下ACFM
检验潜水深度38米

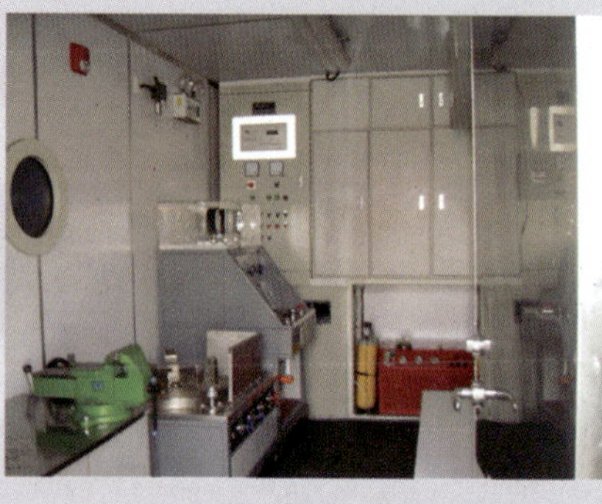

移动式安全阀校验实验室

海上石油平台水下焊接

中海油安全技术服务有限公司

CNOOC SAFETY & TECHNOLOGY SERVICES CO,.LTD.

中海油安全技术服务有限公司是经中国海洋石油总公司批准设立的独立法人机构，隶属于中海油能源发展股份有限公司人力资源服务分公司，是一所的集安全评估评价、安全管理咨询、安全监督服务、安全技术研发、安保产品服务为主导的综合性专业安全技术服务机构，为石油石化行业提供QHSE一体化技术支撑服务。

公司成立于2004年，注册资金5000万元，具有“海洋石油安全评价机构”、“安全评价机构”、“海上设备维修资格”、“海上石油安全生产标准化评审单位资质”及“职业卫生技术服务机构”等31项资质。多年来，公司凭借资深的专业优势、人才储备、行业资源、人脉网络，整体规模持续扩大，先后为中海油、中石油、中石化、伊朗、缅甸、伊拉克、科威特、苏丹等众多工程项目提供了大量的安全技术服务。2010年3月，公司实现整合改制，一跃成为中海油能源发展股份有限公司的两大朝阳产业之一。

公司自成立以来，一方面加强内部员工的专业技术培养，另一方面注重引进石油、石化行业及安全管理高端技术人才，聘请业内技术专家，加强内部管理，逐步形成了一支专业化的QHSE技术支持和服务团队。目前，公司拥有员工400余人，本科及以上学历员工占员工总人数的95%以上。

公司业务板块简介 The Company Services Overview

公司始终追求“以市场为导向，以专业为方向，以客户满意为志向”的服务理念，不断创新发展、开拓进取，努力打造全面而专业的业务板块，竭诚为客户提供“一站式”服务。目前，公司的主要的业务请见“安技服客户化的综合性QHSE解决方案”。

安技服客户化的综合性QHSE解决方案

- 研发与信息服务
  - 重点实验室
  - 国家委派-检查机构
  - 课题组
  - 信息类
- 法定服务
  - 安全评价
  - 安全标准化达标
  - 职业卫生
  - 法规符合性
  - 标准规范
  - 环境评价
  - 节能评价
- 安全产品
  - 安全救逃生装备
  - 个人防护用品
  - 环保设施
  - 防爆防静电产品
  - 监测器具、安全工具
  - 应急抢险装备
  - 消防装备
  - 安全可视化产品
- 应急与消防
  - 应急管理体系建设
  - 应急综合响应能力
  - 事故调查管理
  - 安保管理
  - 消防专项服务
- 管理咨询
  - 管理建设
  - QHSE审核
  - 设施完整性
  - 安全文化
- 风险评估评价
  - 设施运行前（投产前）法定评价
  - 作业风险分析
  - 设施风险专项技术分析
  - 工艺安全
- 监督监理
  - 监督外派
  - 工程建造监理
  - 质量监督站

中海油安全技术服务有限公司
CNOOC SAFETY & TECHNOLOGY SERVICES CO.,LTD.

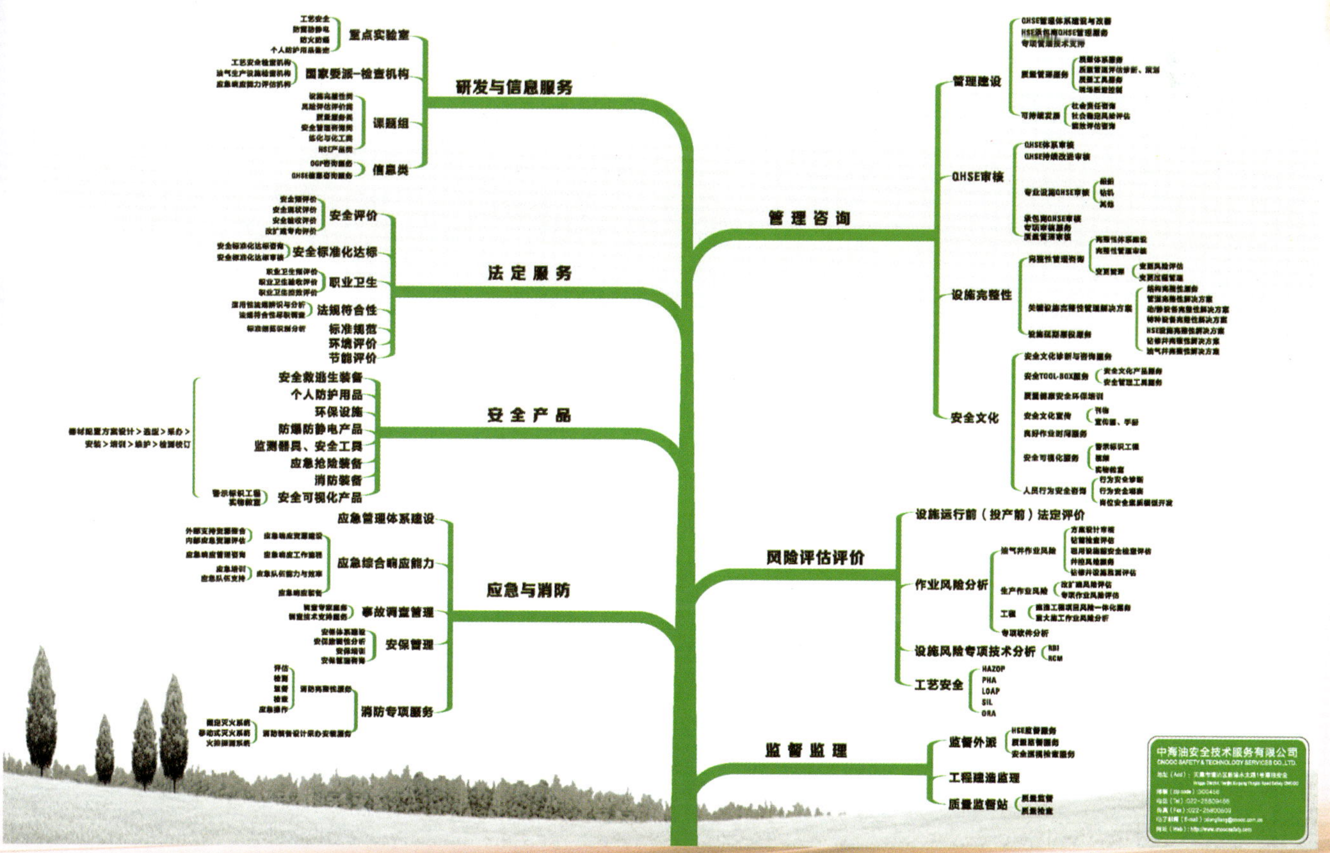

加强安全细节管理 打造本质安全企业

大唐七台河发电公司

大唐七台河发电公司是东北地区的主力发电企业之一，多年来，以打造本质安全为目的，秉承“生命至上、细节安全”的管理理念，把安全责任落实到每一个环节、每一个人，保持了良好的安全生产局面，截至2012年底，实现连续安全生产11周年。先后荣获“全国企业文化建设示范单位”等多项荣誉称号。

深化“大安全”思想，安全理念深入人心

大唐七台河发电公司提炼了“生命至上，细节安全”的安全文化理念，全员、全方位、全过程控制安全，做到人员零违章、设备零缺陷、管理零漏洞、每天零起点。从结果控制变为事前提醒，事中预防，事后再教育的良性循环，安全工作深入人心；安全理念无处不在。进入现场第一关：语音提示“进入现场请带好安全帽……”，第二关：着装提示，安装着装自查穿衣镜，将安全的氛围和理念营造在各个角落；不断推动安全设施标准化。消除空间盲点、层次盲点、系统盲点，所有区域均处于有人管理、有人检查的状态，杜绝“真空地带”；安全教育室为新入厂人员提供了有效的教育手段；编制了《安全管理实用手册》，把国家、集团各类安全规章制度以简练的语言、用简单的形式阐述出来，让人能直观、通俗的理解和接受；树立安全高压线。把反违章的突破口放在提升执行力上，重点实行违章积分A+1连带机制，设立违章曝光栏，实行违章积分制，积分达到一定分值者下岗学习；推进6S管理，实现安全文明生产水平。大力开展设备治理上水平活动，加大现场文明生产治理力度，努力达到行业先进水平；完善机制，为安全生产保驾护航。持续完善安全管理机制，建立健全了涵盖安全生产管理领域的82个安全管理标准和46个应急预案。

注重安全管理，在行为文化上求实效大唐七台河发电公司将安全理念体现在员工行动上，不断夯实安全基础。反违章从“万一”抓起。出台了《反违章行动计划》，形成了公司监督，层层管理的格局。紧抓“两票”，守住安全管理第一关。不断优化“两票”管理，以“两票”星评查评因子为依据，开展全面的“两票”动态检查。星级考评，把标准“提”起来；量化常态工作任务，形成了员工岗位指导手册，开展绩效管理，调动了员工的积极性；效能监察向执行结果“亮剑”。把监督与教育、惩处与预防、挽回损失与避免损失有机结合，充分实现了监察效益，及时堵塞了管理漏洞，有力促进了安全生产工作。

多年来，大唐七台河发电公司在细节管理上不断灌输“生命至上，细节安全”的安全理念，建立起了以“人”为核心的企业安全管理对策和手段，使“我要安全”成为员工从事生产工作的出发点和落脚点，用扎实的工作作风、稳健的工作态度使企业的安全生产管理逐步规范化和科学化，公司发展的安全基石不断筑牢。

建立现代安全管理系统 推进武船本质安全发展

武昌船舶重工有限责任公司

武船始建于1934年6月6日。当时名为武昌机厂，“一五”期间被国家列为156个重点建设项目，2009年2月改制为武昌船舶重工有限责任公司，2011年3月实施军民分立，设立武昌造船厂集团有限公司和新的武昌船舶重工有限责任公司。武船总占地面积600万平方米，拥有员工万余人，下设16个子公司，1个特种船舶制造部，形成了武昌总部、青岛海西湾、武汉双柳三大制造基地和军品军贸、民船、桥梁装备、海洋工程装备、大型成套设备及建筑钢结构六大产品板块，是军民融合、有限相关多元化发展的大型现代化综合性企业。

武船董事长、总经理 杨志钢

武船自2001年7月开始，根据国标GB/T 28001—2001建立了职业健康安全管理体系，并于2002年12月30日通过了中国安全生产科学研究院认证中心的认证审核,取得职业安全健康管理体系认证证书，2004年开始建立并取得环境管理体系证书，是国内船舶行业早批建立并获取认证的企业。2010年根据公司化改制的要求，8个实体子公司先后取得了独立体系证书。通过十多年体系化管理，公司将PDCA思想融入各项管理过程中，公司各类风险得到了有效的控制，体系正常有效运行并持续改进，为公司的持续发展提供了有效的保障。为改进作业环境，从2003年在公司范围内推行“5S”管理活动，促使公司员工逐步养成遵章守纪的习惯，为公司的稳步发展打下坚实的基础，2011年公司出台《“6S”目视管理标准》，推行可视化管理，2011年至今，公司共计投入上千万对现场“6S”实施可视化改造，取得了突破性成果，公司面貌焕然一新，作业现场一目了然，极大地改善了公司生产作业环境，创建了文明、整洁的作业环境。为推进本质安全发展，从源头消除和减少事故发生，全面提升安全管理水平。公司从2009年开始推行源头化安全管理，从承接建造任务安全准备要求、安全生产工艺设计、船体下料加工安全技术规范、分段制造安全技术规范、船台总装安全技术规范等全过程制定源头化管理规范。通过几年来本质化安全工作的推进，公司本质化安全工作不断的强化，在专项产品上，建立了比较完善的安全保障体系。通过几年来本质化安全工作的推进，公司本质化安全工作不断的强化，在专项产品上，建立了比较完善的安全保障体系，公司水下、水上等主要船舶产品都编制了安全生产保障大纲，对产品全过程建造做好了策划，明确了安全保障措施并严格实施；重型装备公司承制的水工产品、大型舞台设备、压力容器产品都进行了本质安全策划并严格实施；涂装作业方面，重新修订了涂装作业安全标准，涂装作业过程中实现了严格审批制度和完善的安全保障措施，改善了涂装作业安全；不断对产品通风和照明工艺进行研究，深化推进舱室通风和照明安全要求。深入推进本质安全发展，公司先后获得了武汉市、湖北省和省工办三家安全生产红旗单位，中船重工集团公司安全生产先进单位，为公司获得更多的订单打下了安全基础，取得了无法衡量的经济效益和社会效益。2012年公司按照开展安全生产标准化达标创要求，开展安全生产标准化对标建设，并于2013年3月份通过了安全生产标准化一级企业现场审核，也是国内船厂首家通过安全生产标准化一级企业审核的单位。

武船安全管理工作多次获得先进单位称号。2007年至2012年连续5年获得全国“安康杯”竞赛先进单位，公司董事长、总经理杨志钢获得全国“安康企业家”称号。

神华准能集团公司

神华准能有限公司（正在设立）为中国神华能源股份有限公司(以下简称股份公司）以管理为主要职能的全资子公司，在股份公司授权下，负责统一管理股份公司在准格尔地区已设立的神华准格尔能源有限责任公司、中国神华哈尔乌素煤炭分公司、神华准能资源综合开发公司和神华准池铁路公司。负责制订在准格尔地区产业发展战略，统筹煤炭、铁路、循环经济等业务发展规划及拓展，研究协调解决煤炭、铁路、循环经济一体化发展过程中遇到的问题，推进区域经济发展模式的不断创新。截至2012年12月，集团总资产317.9亿元,在册员工16000余人。

准格尔煤田位于内蒙古自治区鄂尔多斯市准格尔旗，地处蒙、晋、陕交界处，东临黄河，北距首府呼和浩特市120公里。煤田已探明地质储量267.6亿吨（公司拥有煤炭资源储量30.98亿吨），煤层平均厚32.8米，属低硫、特低磷、高灰熔点、较高挥发分和较高发热量的长焰煤，应用基底位发热量为4000～5600大卡/千克，是优质动力和气化及化工用煤，以低污染而闻名，被誉为“绿色煤炭”。

目前，公司主营业务有煤炭开采、坑口电厂发电、铁路运输。随着公司粉煤灰提取氧化铝项目的积极推进，公司将煤炭开采、电厂发电、铁路运输一体化的产业结构模式延伸为由煤炭开采、铁路运输、循环经济一体化的产业结构模式。建立循环经济工业园区是准能公司转变经济发展方式的重大举措，是公司调整产业结构的重点建设目标，形成“煤炭开采—劣质煤及煤矸石发电—粉煤灰提炼氧化铝—电解铝”的产业链，实现煤炭资源的综合利用，大力发展循环经济，充分挖掘废弃物资源利用价值，打造环保新型的战略型产业，充分实现企业效益。

公司拥有年生产能力2500万吨的黑岱沟露天煤矿、洗选能力为2500万吨的选煤厂；受神华集团公司委托管理年生产能力2000万吨的哈尔乌素露天煤矿及配套的选煤厂和全长16.187公里的点（岱沟）–南（坪）运煤铁路专线;装机容量2×100MW的坑口发电厂、装机容量2×150MW和2×330MW的煤矸石发电厂；正线全长264公里、年运输能力7000万吨的大（同）—准（格尔）电气化铁路专用线。2010年开工建设粉煤灰提取氧化铝工程中试工厂，目前工艺流程已全面贯通，正在筹备建设年产100万吨氧化铝示范厂；还有配套的供电、供水、通信、计算机网络、污水处理等生产辅助设施。

公司目前拥有年产4000吨的氧化铝中试厂。准格尔矿区产出的原煤，通过运用已有的采矿及洗选加工控制技术，燃烧后产生粉煤灰中氧化铝含量可达50%左右，同时富含镓及硅资源。基于高铝富镓准格尔地区煤炭资源，中国神华从2004年开始自主研发粉煤灰制取氧化铝“酸碱联合法”、“水酸联合法”、“一步酸溶法”等工艺技术及镓、硅提取技术。2010年10月18日，以“一步酸溶法”工艺技术为核心的循环流化床粉煤灰生产4000吨/年氧化铝工业化中试装置正式开工建设，工艺系统流程已于2011年8月25日一次性全面贯通，同年底在达产的同时，品质达到国家冶金氧化铝一级品标准。公司煤炭伴生资源综合利用研发及工程示范中心为公司研发机构。主要进行循环流化床粉煤灰酸法生产氧化铝工艺系统参数进一步优化，煤粉炉粉煤灰生产氧化铝工艺技术深入研究，粉煤灰酸法生产的氧化铝电解工艺技术研究以及镓系列产品、硅系列产品工艺技术研究等工作。

2012年，公司全年生产煤炭6383万吨，发电43.98亿千瓦时；铁路运输7769万吨。两公司主营业预计总收入195.84亿元，总利润46亿元，缴纳税费47亿元。

当前，公司鲜明地提出“4+3”七彩准能发展战略。“4”是四项产业，是公司发展的硬实力，即：黑色煤炭产业、白色氧化铝循环经济产业、金色铁路运输物流网络、绿色生态农牧业。“3”是三项工程，是公司发展的软实力，即：橙色管理提升再造工程、蓝色幸福员工工程、红色企地和谐共赢工程。探索一条煤炭企业“科技引领、绿色发展、低碳高效、综合利用、和谐共赢”的科学可持续工业化发展道路。最终形成国家转变经济发展方式形势下的准格尔煤炭开采、循环经济、铁路运输一体化区域经济升级模式，彰显准格尔区域经济一体化管理的竞争优势，为国家经济社会的发展做出新的更大的贡献。

内蒙古大唐国际托克托发电股份有限责任公司

内蒙古大唐国际托克托发电股份有限责任公司工程是国家“十五”期间重点建设项目，也是国家“西部大开发”和“西电东送”的重点工程。目前已建成投产8台600MW机组和2台300MW机组，总装机容量达到5400MW，是中国大陆大型的火力发电企业，同时也是大唐国际蒙西煤电灰铝效益基地中心。

内蒙古大唐国际托克托发电股份有限公司（以下简称“托克托发电公司”）位于呼和浩特市南约70公里的托克托县境内，地处呼、包、鄂金三角经济开发区内，大准、呼准铁路贯穿其间，西南距黄河取水口12公里，南距准格尔大型煤田50公里，煤、水资源极其丰富，交通网络四通八达。

托克托发电公司是中国大唐集团公司所属大唐国际发电股份有限公司旗下的控股子公司。2008年6月份，托克托发电公司、托克托第二发电公司、呼和浩特热电公司三家公司为简化管理关系、提升管理效率、充分利用公共资产、获得更大的经济效益，按照“一套人马、三块牌子、独立核算、有偿使用、统一管理、协调发展”的原则，实施“一体化管理”。

托克托发电公司以创建本质安全型企业为目标，逐步完善以设备点检定修制、集控运行制、检修项目管理为基础的管理体制，并形成了具有托电特色的“一体化、大监督”安全管理机制，实现了国家安全生产标准化一级达标，截至2012年底，连续安全运行达到2330天。

托克托发电公司以积极推动企业全面发展，先后获得“全国五一劳动奖状”、“全国电力行业优秀企业”、“全国精神文明建设先进单位”、“中央企业先进集体”等荣誉称号。

2007年11月19日，国家有关领导人到托电视察时指示我们说：“托电现在已经有的设备很先进，效益也很好，下一步要培养的人才、创建的管理，一定要将托电经营好、管理好，努力建设国际先进的火力发电厂，在国家西电东送工程中发挥更大的作用。”领导对托电的期望和勉励不仅使全体员工倍受鼓舞，而且为我们建设“国际先进火力发电厂”和“世界大型火力发电厂”指引了方向、明确了目标。

盘南电厂

盘南电厂是在“西部大开发”历史背景下，为实施“西电东送”、“黔电送粤”的战略决策而规划实施的“十一五”“西电东送”第二批骨干电源项目之一，对实施西电东送战略和促进贵州经济的发展具有重要意义。盘南电厂位于素有“江南煤海”之称的贵州省盘县响水镇，地处滇黔边境，与盘县新县城红果相距约43公里,东距贵阳市约330公里,西距云南省昆明市约240公里,镇胜高速公路横跨盘县东西,南昆铁路威红段纵贯盘县南北且毗连厂区东侧。

2007年11月4日，盘南电厂四台60万千瓦机组全部建成投产，总装机容量达240万千瓦，成为贵州单机容量及总装机容量较大的火力发电厂。

盘南电厂的业主单位为贵州粤黔电力有限责任公司，由广东粤电控股西部投资有限公司和贵州西电电力股份有限公司分别以55%、45%股份出资组建。

盘南电厂自2003年12月18日正式开工以来，得到了国家相关部委、省、市、县各级领导的关心和大力支持，省、市领导多次亲临工地现场视察。在各级领导的关心和参建单位的共同努力下，各项工程进展顺利，1号、2号、3号、4号机组分别于2006年4月7日、2006年11月3日、2007年6月22日及2007年11月4日建成投产。

紧贴实际 创新管理
构建“三和”安全文化新模式

安全文化指的是企业在将它对待安全的态度和价值观传递给它的员工时使用的一系列标志、仪式和习惯，是企业全体员工对安全工作养成的一种共识，是实现安全长治久安的强有力支撑。我厂历来高度重视安全文化的建设与推进，近几年来将安全文化建设作为安全工作的一个重点工作来抓，通过《弟子规》的学习，将传统文化融合在安全文化建设中，不断提高员工向“我要安全”观念的彻底转变，打造“三合”安全文化。

一、融合传统文化。首孝悌，次谨信。《弟子规》开篇即点名了百善孝为先，孝是中国人的传统美德。《弟子规》之规就是指规范，其在谨篇中从规范日常行为习惯中养成良好的自律习惯。从安全管理的角度来说，企业既要有制度，又要有自觉遵守的习惯，达到自律和他律的完美结合。积极倡导“确保安全是普通员工最好的尽孝之道和忠于国家之道”，在安全管理中引入传统文化。一方面加强刚性的制度建设，逐步建立起有法可依、有法必依的安全制度文化体系，强调法度，狠抓执行，督促员工自觉遵守企业制度，注意各种日常行为细节，做一个安全素质高、有教养的员工。另一方面强调以人为本的安全亲情文化建设，以《弟子规》等传统文化教育为依托，积极培养安全情感和安全价值观，让安全成为员工最好的忠孝之道，明白“违章就是不孝”、“诚信是做人之本”的具体表现形式，自觉遵章守纪，从而实现“要我安全”真正转化为“我要安全”。

二、结合生产实际。定期召开安委会、安全网例会和部门安全分析会，对安全形势进行分析总结，提出当前生产中的安全重点；对各专业在生产中存在的问题进行梳理，提出整改措施，及时进行落实。一是加强反违章管理。重点对作业性违章、装置性违章、指挥性违章、管理性违章要同样重视，对发现的各类违章，都要按教育、曝光、处罚、整改四个步骤进行处理，按“四不放过”的原则进行分析，找出原因，分清责任，提出并落实防范措施。二是加强危险点预控管理。制定并不断完善了《危险点预控安全管理规定》，在检修工作和运行操作中坚持使用危险点预知卡，开展危险点分析和预控，并不断完善危险点和预控措施，每年汇总，逐步形成了典型和完善的危险点预控措施。开展安全专责月安全评估工作，按照评估表分区域对全厂的安全管理的各个方面进行评估，及时发现问题，及时解决。三是加强特种作业管理。在特种作业人员的管理上，严格按照《中华人民共和国安全生产法》的要求执行，坚持持证上岗，在坚持持证上岗的同时，我们经常开展有关培训，不断提高作业人员的安全及技术技能，为特种人员的作业的安全提供保证。同时对特种设备按时检验、按照规定注册。四是严格发包管理，由于我厂检修队伍人员少，日常维护和大小修时需要外包较多的检修工程，但由于外包工程人员安全素质交底，违章行为时有发生，发包工程已成为我厂安全管理中非常重要的部分。为此，制定和完善了《外委工程管理规定》，严格审查发包工程的相关资质，切实做好入场前的安全交底工作，制定完备的《安全措施》、《组织措施》和《技术措施》，严肃考核。到目前为止，外委工程没有发生人身和设备事故。

三、整合现代安全管理方法。基于安全科学的价值定向和安全文化建设的客观需要，把员工身心健康作为安全创新管理的重点，不断整合和拓展安全管理新途径。一是注重安全人格塑造。健全的人格应该是人的理性、情感和意志的有机统一。人的心理过程的这三种表现形式，构成了人格的基本框架，缺一不可。这三方面得到平衡协调发展，就完成了健全人格的塑造。二是注重安全心理培训。在以往安全教育培训中，往往强调他们的思想素质、技术素质和身体素质，而忽视了他们的心理素质，虽然思想素质、技术素质、身体素质不可少，但它们都要受心理素质的制约，必须要以心理素质作为共同基础。对员工进行安全心理培训，建立安全心理模型，形成安全心理定势，提高安全心理容量，从而使员工在生产中能够根据客观情况的变化做出适应性的反应，用心理指导行为达到安全生产的目的。

盘南电厂安全文化建设，着力在安全理念宣贯、安全素养提升、安全品格塑造上下功夫，旨在形成一种能够统领全员安全思想和行为意识的精神力量，促进企业持续安全健康发展，2013年荣获“全国安全文化建设示范企业”荣誉称号。

中国移动通信集团广东有限公司珠海分公司

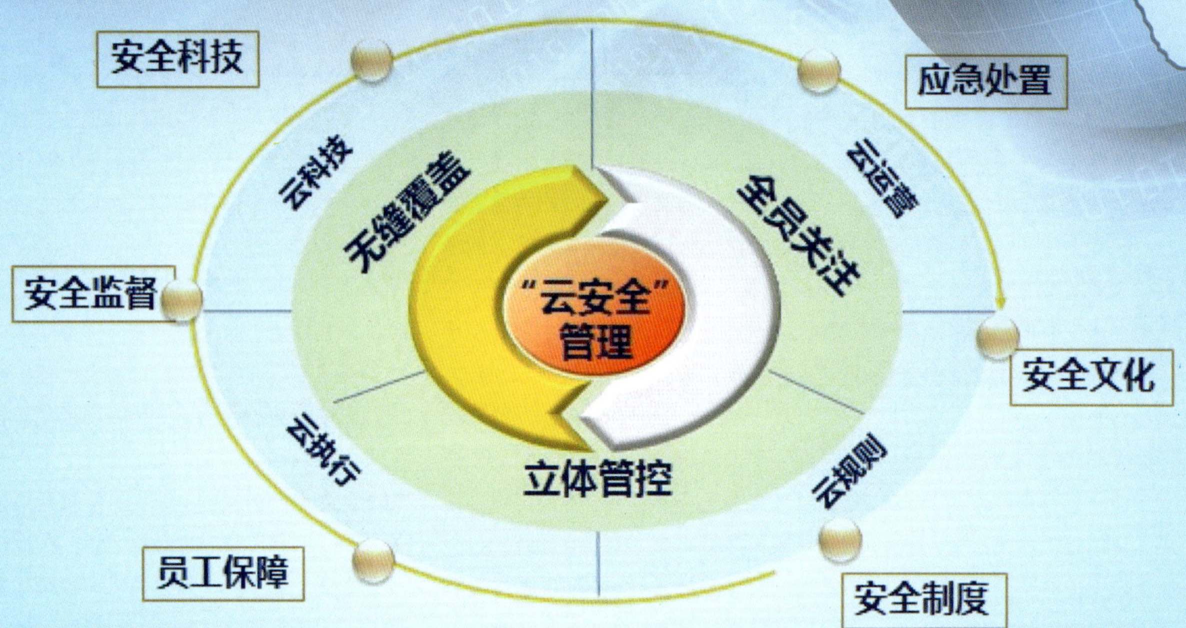

中国移动广东公司珠海分公司将"云计算"引入企业安全管理，推进"云安全"模式探索与实践。该模式以"立体管控、无缝覆盖、关注全员"为核心安全理念，围绕云规则、云执行、云支撑、云运营四大维度，统领企业安全制度、安全保障、安全监督、科技支撑、安全文化、应急处置六大体系建设，致力于建立起涵括企业全岗位的"立体管控"，覆盖全场所的"移动可视化监控"，辐射全员的"共建共享"安全文化氛围，确保企业安全生产"五无"目标实现。2012年5月，珠海移动被国家安监部门授予"全国安全文化建设示范企业"称号，成为全市早批获此殊荣的企业。

2012年珠海移动公司认真贯彻落实国家安全生产法律法规有关要求，深入创新与精细管理内涵提升安全管理工作水平。

一是创新安全组织模式，落实安全生产责任。公司领导层高度重视安全生产工作，成立了安全运营委员会，下设八大安全专业委员会，构建了"统筹有力、上下联动、专业支撑"的安全管理组织体系。严格落实安全生产责任制"一岗双责"，完善公司安全管理制度，不断强化安全生产责任考核、问责和奖惩。

二是创新安全管理模式，提升安全应急能力。启用消防安防集中监控中心，开发运营了11套安全信息化系统，同时对7389个安全节点进行实时采样监控，对机房、办公场所、服务厅等725处生产场地进行双人双岗点对点监控，切实增强了安全监控和应急能力。

三是创新安全文化建设模式，打造"云安全"文化品牌。以生产安全、信息安全为主线，从规则、执行、运营、支撑四大维度出发，以平安宣讲堂、平安训练营、平安挑战赛、平安贴示总动员等系列活动，打造珠海特色的云安全文化品牌，营造公司安全文化氛围。

神华北电胜利能源有限公司

神华北电胜利能源有限公司（以下简称胜利能源公司）位于内蒙古锡林浩特市北郊五公里，成立于2003年12月30日，由中国神华股份公司（控股）、北方联合电力公司、锡林郭勒盟国有资产经营公司共同出资组建。主要任务是开发胜利煤田西一号露天矿，建设大型煤电基地。

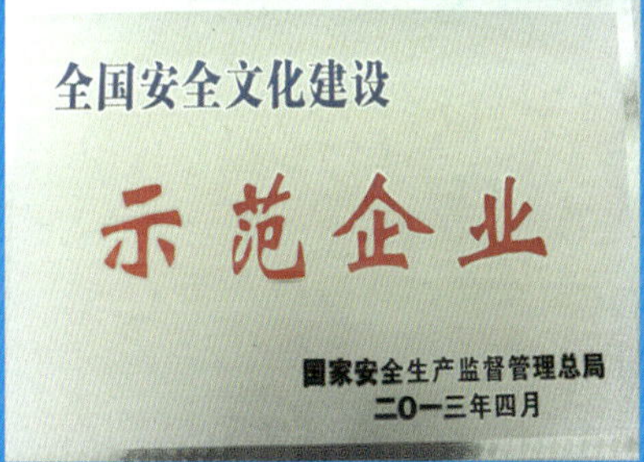

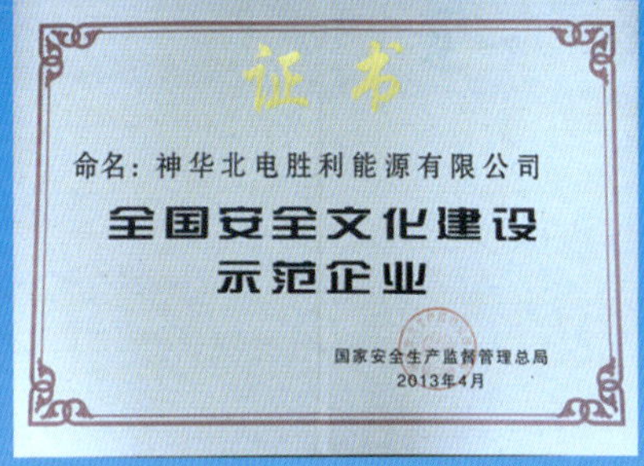

胜利西一号露天矿于2006年2月17日获国家有关管理部门核准，建设规模为2000万吨/年。2009年，露天矿一期1000万吨/年项目通过国家能源管理部门验收，移交生产；二期2000万吨/年项目2011年11月已达产，目前正在验收，预计年内可完成总体验收。

坑口电厂规划分期建设6台66万千瓦机组，目前坑口电厂一期2台66万千瓦机组项目已获批29个支持性文件，等待国家有关部门核准。

公司始终坚持"安全第一，预防为主"的方针，秉承露天矿能够做到零伤害、三违就是事故的安全生产理念，大力推广本质安全管理体系建设，安全生产一直平稳有序运行。露天矿已连续四年被中国煤炭有关部门评为安全高效矿井，已经实现安全生产1349天（截止到2013年5月14日）。并于2013年4月被国家安监部门评为"全国安全文化建设示范企业"。

在"十二五"和未来的发展中，神华胜利能源公司将继续坚持科学发展，建设先进的、和谐的现代化新型能源基地，力争做到"零伤害"，为神华集团建设世界先进的综合能源企业的战略目标和地区经济发展做出新的更大的贡献。

宁夏回族自治区安全生产监督管理局

近年来，宁夏安监局认真贯彻落实中央及自治区关于安全生产的一系列重大部署和工作要求，以控压事故、减少伤亡、遏制重特大事故为目标，狠抓责任落实，着力构建“大安全”工作格局；狠抓专项整治，着力改善重点行业领域安全形势；狠抓长效机制，着力夯实企业安全生产基础；狠抓建章立制，不断完善安全生产法规制度体系；狠抓宣教培训，大力提升公众安全意识能力；狠抓自身建设，全面提高安全监管履职能力，促进了全区安全生产形势稳定好转，事故总量和死亡人数持续下降，自2002年安监局成立以来全区未发生特别重大事故，主要指标实现了“十一连降”。

目前，全局设有职能处室7个，分别是办公室（含审批办）、政策法规处、规划科技处、矿山监管处、综合监管处、危险化学品监管处和职业卫生监管处。设有机关党委专职副书记负责党务工作，安委办专职副主任及专职工作人员负责自治区安委办日常工作，并由自治区纪检委、监察厅派驻了纪检组和监察室。下设事业单位4个，分别是自治区安全生产应急救援指挥中心（参公管理）、监察总队（参公管理）、宣传教育中心和技术检测检验中心。

面对安全生产形势要求的不断变化，局党组带领全局干部职工积极应对，大胆创新，一些工作受到国务院安委会、安委办和国家安全监管总局的肯定，并在全国推广。2004年以来，通过地方立法，在全国率先实行烟花爆竹特许经营，实现了经营销售“六统一”，即统一连锁销售、统一专营供货、统一商品检封、统一市场监管、统一连锁配送、统一批发价格，从源头上规范了市场经营秩序，9年来全区杜绝了烟花爆竹死亡事故；2011年起在宁夏电视台开办了安全生产电视专栏，就安全生产重点、热点、难点工作采编制作《平安宁夏》电视节目，在黄金时段每周一期连续5次播放，收视率高，受到社会广泛关注；2012年，在全区启动实施了以演一场戏、赠一本书、讲一堂课、设一个专栏、开展一次竞赛“五个一”活动为主的公众安全教育工程，以整治公共安全隐患、提升公共安全保障能力为目的的公共安全保障工程，与十八大“强化公共安全体系建设”的要求相契合。特别是编排的安全生产舞台剧《平安是福》和编印的《撑起生命之伞——公民生产生活安全知识读本》均属优秀作品。公众安全教育工程实施经验由《中国安全生产报》采访编发，公共安全保障工程《实施方案》由国务院安委办全文转发，向全国进行了推广；针对硫化氢中毒事故多发的现状，2012年以政府规章出台了《有限空间作业安全监督管理办法》，在全国首创将有限空间作业纳入特种作业管理，有效遏止了事故的发生；连续两年深入开展作风制度能力“三项建设”活动，积极开展监管职能转变工作，主动取消了不采用爆破方式开采且开采深度低于6米的砖瓦粘土采沙场的安全许可，将冶金、有色、建材等八大行业建设项目“三同时”审查改为备案，取消了安全评价报告审查，将80%审批事项调整或委托至市级安监局、96%由政务大厅直接办理，2012年政风行风测评排名全区同类机构第四，年度效能考核获得一等奖。

十八大召开后，按照自治区党委、政府的总体要求，宁夏安监局认真落实强化领导、强化责任、加大督查、加大惩处的“两强化、两加大”安全生产工作思路，以公众安全教育、公共安全保障、企业本质安全提升和监管能力建设“四大工程”为抓手，制定了“一年打基础、两年大变化、三年上台阶”的工作目标，力争用三年时间实现安全监管工作的标准化、信息化、规范化和法制化，为全区建设和谐富裕新宁夏、与全国同步进入全面小康社会努力营造良好的安全生产环境！

曹志斌局长调研固原山区道路交通安全

曹志斌局长陪同自治区领导检查安全生产月咨询日活动现场

曹志斌局长在检查中认真查看重大危险记录

西安浐灞生态区：安全发展构建和谐家园

西安浐灞生态区得名于“长安八水”著名的“浐、灞”水系，素有“玄灞素浐”之称。位于西安城区东部。浐灞生态区成立于2004年9月，是西安市委、市政府在广泛综合国内外城市发展经验基础上设立的生态型城市新区，是西北地区早期国家级生态区、早期国家级水生态系统保护与修复示范区、早期国家绿色生态示范城区，是2007F1摩托艇世界锦标赛、2011西安世界园艺博览会和2013环中国国际公路自行车赛举办地，是欧亚经济论坛永久会址所在地。

浐灞生态区的产业发展突出“绿色、环保、低碳、休闲”四大理念，重点打造以金融服务为核心，以旅游休闲、现代商贸、会议会展为支撑，以文化创意为特色，以战略性新兴产业为补充的产业体系。先后引进世界500强企业9家，引进中国知名企业9家，引进陕西出版集团数字出版基地等重点产业项目40多个，初步形成了集群化、高端化、国际化的现代服务业发展格局。

浐灞生态区的快速发展，与良好的安全生产环境是分不开的。今年以来，浐灞生态区以推动区域安全生产形势稳定向好为目标，认真开展“安全生产年”活动和“打非治违”专项活动，健全安全生产责任制度，细化安全生产各项举措，加大安全生产宣传力度，形成了全区上下“强化安全责任、落实安全措施”的浓厚氛围。深入开展隐患排查治理和安全生产宣传教育，严格安全执法检查和隐患整改，确保了安全生产工作各项重点任务和工作的有力推进。在原有安全管理制度的基础上，制定了《西安浐灞生态区查处取缔无证无照经营联席会议制度》和《西安浐灞生态区城市公共经营场所安全管理工作联席会议制度》等安全管理制度，全面构建区域安全生产管理体系。

同时，广泛开展形式新颖、内容丰富的宣传活动，推动行业和企业牢固树立“科学发展、安全发展、安全生产、平安生活”的理念，全面落实安全生产责任，为有效防范和坚决遏制重特大事故，促进安全生产形势持续稳定好转。举办“安全知识进万家”活动，将安全知识送进了社区、企业和家庭，广泛宣传生产安全、道路交通安全、消防等安全防范知识，增强群众的安全生产意识。

2013年6月28日，西安浐灞生态区举行了一场2013年建筑工地基坑坍塌事故应急救援演练，来自建设管理部门、入区建设单位、监理单位以及施工企业的约350人观摩了演练活动，通过组织事故应急演练，充分展现了浐灞生态区应急救援实战能力，提高了全员风险防范意识和应急救援能力，提高了安全事故防范和自救互救能力，确保全区安全生产形势稳定，构建和谐幸福的美好家园。

夯实安全基础 服务榆林经济社会发展

以安全促发展，以安全促跨越，以安全促和谐

近年来，榆林市各级党委、政府坚持以科学发展观为指导，认真贯彻落实"安全第一，预防为主，综合治理"的方针，积极实施"依法治安"、"文化促安"、"科技兴安"战略，持续开展安全检查和隐患排查工作，不断深化"打非治违"专项行动，各项指标逐年下降，安全生产形势持续稳定好转，为全市经济社会发展奠定了良好的安全基础。

有关领导在榆树湾煤矿，检查矿井安全

以制度建设为抓手，严格落实基层责任

在落实责任方面，紧紧围绕落实政府的领导责任、部门的监管责任、企业的主体责任三个关键层次，制定和修改了一系列制度和办法。

榆林市先后下发了《榆林市人民政府关于进一步落实市政府领导班子成员安全生产一岗双责制度的通知》、《榆林市安全生产监管办法》，明确了市长、各分管副市长、分管安全生产工作的副市长在安全生产管理中的具体职责。明确了38个部门和县区政府在安全生产管理方面的职责，不少县区也出台了相应的办法，落实部门和乡镇的责任，从制度上解决了部门在安全生产日常监管中存在的职能不清、责任不明的问题。形成了"齐抓共管、群防群治"的安全生产工作新格局，建立了"关口前移、重心下移"的安全生产管理机制。同时，建立了安全生产黄牌警告、"一票否决"、综合监管联席会议、专题协调会议、情况通报、事故信息报送统计、事故调查分工协作、隐患治理挂牌督办、执法监督检查、安全生产约谈、目标管理考核、隐患举报奖励等制度。形成了政府监管、企业负责、社会监督的安全生产格局

2012年9月，有关领导调研企业安全生产责任落实情况

以三大体系建设为重点，强化基础能力建设

2013年6月，榆林市下发了《关于进一步加强安全生产三基工作的通知》为榆林市强化安全生产基层基础工作提供了政策依据。市级安全生产专项经费预算由过去的1000万元增加到了1500万元，县区安全生产专项经费按照北部县区每年300万元，南部县区100万元标准预算。市、县区安监部门工作经费按照辖区内总人口每人1元和1.5元的标准安排，其中吴堡县按照辖区总人口每人2元的标准安排。部分乡镇也开始安排安全生产专项经费。府谷县每年为每个乡镇安排2万元专项经费和7500元人员经费。安全生产体制机制不断健全，全市各乡镇都成立了安全生产监管办公室，各行政村都配备了安全生产协管员，初步形成了市、县、乡、村四级安全监管网络，安全监管工作已经覆盖到了企业、农村村组等基层单位。

以安全生产标准化建设为抓手，推进企业本质安全建设工作。在全市危化企业和工矿商贸企业全面开展安全生产标准化建设。目前，危险化学品和烟花爆竹、非煤矿山企业已有982户实现标准化达标。通过以会代培的形式，加大对企业安全管理人员的培训、教育。召开了危化企业风险预控评估性工作现场会，进一步推动企业积极开展风险预控管理，建立本质安全管理体系，提高事故防范能力；以贯彻落实职业卫生"一法、三条例、一规定、四办法"为主要任务，加强监督检查，推动了全市职业卫生管理工作尽快步入规范化、法制化、常态化管理轨道。

实施"科技兴安"战略，提升企业本质安全水平和预控安全事故的能力。在全市加油站大力推广安装阻隔防爆材料提升了加油站防火、防爆能力；在危运车辆和客运车辆推广安装行车记录仪6900多台（凡安装了行车记录仪的客运车辆连续两年未发生较大安全责任事故），120户采石（砂）企业推广中深孔爆破技术，在全市推广安装天然气可燃气体报警仪，充分发挥先进技术和装备在安全管理中的保障作用。

加强应急管理，提高救援能力。按照重大危险源《GB 18218—2009》标准，对全市重大危险源进行了普查、登记、备案。制定完善了2000多个事故应急救援案，基本形成了"以市级预案为主导，以县区和部门预案为配套，以企业应急预案为支撑"的安全生产应急救援预案体系。多次策划、组织了省、市级甲醇泄漏火灾、重大液氯泄露、石油天然气管道事故等应急救援预案演练，安全生产应急救援能力不断提高。成功对府谷"8·16"煤矿大面积冒顶、榆阳区"8·22"建筑施工坍塌等事故的应急救援，大幅度降低了事故损失。

2013年长北项目企地联动应急演练现场。

以安全文化建设为抓手，全面提升基本素质

从2008年起，榆林市率先在全民中开展安全文化建设活动，市委、市政府先后出台了《关于加强安全文化建设的决定》和《安全文化建设实施意见》。今年市政府又印发了《关于加强安全文化建设工作的通知》和《关于进一步推进安全社区建设工作的通知》，出台了乡镇、社区、企业、学校、行政村安全文化建设标准，指导全市开展安全文化进企业、进校园、进社区、进农村、进家庭的“五进”活动。各级政府、各企业都将安全文化建设活动纳入重要工作议事日程，细划任务，落实相关责任，广泛开展安全文化建设活动宣传月、安全文艺汇演、安全文化宣传一条街、“打非治违”知识竞赛、安全文化建设长廊、在主流媒体开设安全知识宣传专栏等形式多样、内容丰富的活动，全面宣传党和国家安全生产方针政策和法律法规、普及安全生产知识，提高全民安全意识和安全技能。按照《国务院安委会关于进一步加强培训工作的通知》（以下简称《通知》）精神，结合春节、春季安全生产大检查和督查，认真组织对《通知》宣贯及落实情况进行督促检查，及时下发了贯彻实施意见，督促指导有关行业监管部门加强对高危行业和特种作业人员培训工作，仅今年就举办各类培训47期，培训人员8016人。活动开展至今，已建成市级安全文化建设示范点432个，累计开展各种宣传教育活动4729次，设立安全文化宣传专栏12867块，发放各种宣传资料和书籍310多万份，安全文艺巡演134场次。

截至2012年底，全市共建成安全文化建设示范单位432个，其中乡镇200多个，社区20多个学校70多所，企业30多户，行政村50多个，农村覆盖率达到60%以上，起到了示范引领、以点带面，全面建设的良好效果。

十二五”以来，榆林市安全生产形势保持了持续稳定好转的发展态势，整体工作和一些单项工作多次受到了国家安监总局和省政府的充分肯定和表彰奖励。在安全生产责任书考评中，市政府连续五年被省政府授予安全生产工作先进单位，市安监局连续两次被国家安监总局授予安全生产工作先进单位。在“安全生产月”活动中，市政府先后6次被全国“安全生产月”活动组委会评为“安全生产月”活动优秀单位。安全生产监管水平总体上有了显著提高。

榆林市“安全生产月”活动之一，安全生产榆林行——走进校园

北元化工的班组长讲解作业现场的风险源辨识及防护措施

东营港经济开发区
努力构建安全生产长效机制 实现港区经济社会安全发展

东营港经济开发区基本情况

东营港经济开发区是黄河三角洲高效生态经济区建设的优先发展区，是“山东半岛蓝色经济区”的重要组成部分，是国家化工园区，是全市“四大主体产业区”之一和东营市将重点突破的区域，起步区102平方公里，规划控制区232平方公里，远景发展区466平方公里，主要发展生态化工、现代物流、船舶配件制造、新兴能源四大主导产业。东营港是国家一类开放口岸，黄河三角洲区域中心港、山东省地区性重要港口，是黄河三角洲对外开放的桥头堡和鲁晋冀部分地区的极佳出海通道，也是东营经济发展的强大引擎，肩负着重大的历史使命。近年来，全区上下坚持以科学发展为指导，牢牢把握“新港口、新港区、新港城”的定位，抢抓黄蓝经济区建设和港区一体化发展两大机遇，紧紧围绕建设“国际物流港”、“现代产业区”和“生态滨海城”目标，大力发展生态化工、现代物流、船舶配件制造、新兴能源四大主导产业，解放思想，大胆创新，发挥能动作用，科学谋划发展，全区各项工作呈现出蓬勃发展的良好态势。截至目前，全区投产和在建项目达到64个，总投资超过800亿元。已投产生态化工项目7个，年石油加工能力200万吨；正在建设的投资110亿元的东营联合化工，年加工石油能力500万吨、投资20亿元的山东赫邦化工有限公司30万吨/年离子膜烧碱项目、投资21亿元的万达集团26万吨/年丙烯腈项目、投资26亿美元的韩国GS集团芳烃项目等项目已经成为区域范围乃至全国大型化工项目。预计到2015，年全区年石油加工能力达到2000万吨，精细化工产品年生产能力达到240万吨。现代物流产业区正在建设总投资80多亿元的中海油102万立方米油库区、万通236万立方米油库区、宝港国际100万立方米海关监管精细化工品罐区以及中海油1500万吨渤海湾原油上岸终端项目，到2015年一次性仓储能力达到1000万吨。东营港现有码头21个，在建码头12个（危险货物接卸码头8个），到2015年吞吐能力达到5000万吨。

2012年安全生产工作情况

东营港经济开发区在东营市有关部门的正确领导、社会各界的关心支持和国家、省、市安监部门强有力的指导下，坚持“安全第一、以防为主、综合治理”方针，认真落实各级党委、政府关于安全生产工作的各项决策部署。以建立安全生产长效机制为目标，积极预防，加强监管，落实责任，狠抓重点领域的治理整顿和监督检查，强化“双基”工作及综合保障能力建设，有效预防了各类事故发生，保持了建区6年以来安全生产零事故的纪录，全区安全生产形势持续稳定。主要做了以下几方面的工作：

（一）严格“两个主体责任”，全面落实安全生产职责：

一是完善组织领导保障机制。党工委、管委会高度重视，牢固树立安全发展理念，切实加强对安全生产工作的领导。在抓好“一把手负总责、分管领导‘一岗双责’、部门分工负责、企业落实到人”的责任制体系建设的基础上，进一步完善了安全生产工作目标责任考核和奖惩，严格“一票否决”制度，确保了安全生产各项工作措施的落实和目标任务的实现。二是进一步强化政府主体责任的落实。形成了一级抓一级、层层抓落实的安全生产目标管理责任体系。领导班子严格落实进车间、入工地、检查等制度，今年以来，各主任带队到基层、企业进行督查调研和现场办公16人次。三是进一步加强对安全生产工作的研究部署。党工委常委会议、管委会常务会议、主任办公会议，专题研究解决安全生产工作中遇到的困难和问题。印发了《关于进一步加强安全生产工作的意见》，确保了政府、企业两个主体责任的落实。四是进一步强化企业安全生产主体责任。实行安全生产告诫谈话制度，以宣传教育、摆查问题、督促整改为手段，以规范管理制度、消除安全隐患为目的，引导部门、企业强化安全意识，落实主体安全责任。五是定期召开安委会成员（扩大）会议。研究部署安全生产工作，针对安全生产领域存在的突出问题，及时召开联席会和专题会议协调解决有关问题，促进了安全生产责任制的全面落实。六是充分发挥专家作用。帮助企业查找安全隐患，制定整改措施，有效解决安全生产中存在的薄弱环节。七是强化安全发展示范城市创建。按照全市创建国家级安全发展示范城市的统一部署，细化目标任务，把东营港经济开发区创建成标准化化工园区，确保安全发展示范城市创建工作扎实有序推进。

（二）坚持面向基层，扎实开展“安全生产基层基础强化年”活动：

按照东营市的安排部署，安委会及时下发了《关于认真开展“安全生产基层基础强化年”活动的通知》，印发了实施方案。一是细化为“四次集中行动”。每一个季度突出一个工作重点，逐阶段地抓好“安全生产基层基础强化年”各项工作措施落实。为切实打一场隐患排查治理的攻坚战，安委会从年初开始在全区部署开展安全生产隐患自查自纠行动。分宣传发动、自查自纠、专家“会诊”、督导落实、巩固提高五个阶段展开，全面排查安全生产基本条件、基础设施、技术装备、作业环境以及思想认识、工作作风、规章制度、劳动纪律、现场管理等方面存在的问题，集中进行整治，切实解决安全管理上存在的突出问题和薄弱环节，建立完善安全生产长效机制，确保安全生产形势持续稳定。全区共排查生产经营单位120家（次），查出隐患945条，整改率100%。二是加强重点时段的值班备勤。春节、全国全省全市“两会”、“五一”、“十一”前后，负有安全生产监管职责的各职能部门每日一名班子成员在岗带班，两名同志调度安全生产运行情况，全面做好生产安全事故和其他紧急突发事件的信息报送和处理工作；安委会加强工作调度和督导检查，督促各职能部门做好抢险救援准备工作，确保一旦发生灾害或事故，联合行动，迅速有效地展开救援。

（三）统筹规划安全布局，严格把好入园企业准入关：

一是坚持“安全第一、高效生态、布局合理、环境优化”的发展战略，高起点、高层次编制了化工园区发展规划、《十二五港城消防规划》。实行“一次规划、分步实施”。二是充分考虑化工园区产业链的合理性和科学性，有重点、有选择地接纳危化品建设项目。把符合安全生产标准作为危化品企业准入的前置条件，大力支持产业匹配、工艺先进的项目入园建设。三是按照国家规定严格审查设立安全条件，涉及危险工艺的建设项目，将是否装备自动化监测控制和安全联锁技术纳入设立安全条件的内容，严把高危行业准入关。严把建设项目安全设施“三同时”关，对未经安全设施、设计审查的项目，一律不准开工建设。四是建立了由经发、工商、规划、安监、环保、国土等部门参加的项目联审制度，突出了开发建设的“高效生态”，从源头上确保项目落地安全。五是加快完善园区基础设施、公用工程配套和安全保障设施建设，遵循“高质、高效、高端”及“安全、生态”的原则，优化培育化工产业链条，集中布局建设供热、供气、供电管廊和线路，鼓励企业对易燃、易爆、剧毒等危化产品进行产业链延伸，实行管道密闭传送，减少中间环节储存和车辆运输。建设围网对危化品码头、管廊带、危化品储备库实行“封闭式管理、开放式运营”，降低安全风险，努力打造国家级新型的化工产业基地。共有12个危化品建设项目通过专家审查，审查通过率100%。其中亚通石化、东辰集团2个市政府重点推进项目通过审查批复。

（四）深化重点领域专项整治，严防各类安全事故发生：

结合东营港区实际，突出重点，持续不断地强化组织了危险化学品、建筑施工、道路和水上交通、消防、特种设备、港口等重点领域的安全检查和专项整治，有效改善了重点行业领域安全生产状况，杜绝了较大及以上生产安全事故的发生。在整治过程中，主要做到了“五突出”：一是突出关键和薄弱环节。各行业部门围绕着各自领域影响安全生产、容易发生事故的关键和薄弱环节，有针对性地开展治理。危险化学品突出了炼化企业和非法化工生产储存经营方面的监管和打非工作，今年开始在化工生产储存企业开展安全技能建设活动，不断提高员工岗位操作技能、隐患排查技能、风险辨识技能、设施使用技能、事故应急技能。加强了停产、复产和新开工企业的安全监管，督促5家危险化学品企业制定并严格落实试生产、复产时的安全保障技术措施，试（复）产前制定了详细工作方案并进行全面、系统的安全检查，设备一次开车成功率100%，没有出现任何事故；建筑施工突出了防坠落、防坍塌、防触电整治。加强对作业薄弱环节和部位的综合治理，督促建筑施工企业做好施工现场安全管理。着重加强了对施工坍塌，高处坠落，物体打击，机械伤害，施工现场临边防护等为重点的专项治理，对容易出现重大安全隐患的工程做到随时抽查、随时整改。组织建设部门、安监部门、电业部门等有关单位对施工现场进行安全专项大检查2次，发出整改通知单11份；道路交通突出了酒后驾驶和“四小”车辆的整治及危险化学品运输车辆、客运车辆超载、超速、超限，大型沙石运输车辆长时间停车占用车道，机动车涉牌涉证专项整治行动。园区主要道路路口全部安装了红绿灯；水上交通突出了危化品运输车辆、砂石运输船舶和渔业船舶及航运企业、港口企业、水运施工企业的整治，进一步规范了水上交通安全生产经营秩序，有效避免了事故的发生；消防突出了以企业、公众聚集场所为重点的整治。结合旅馆等特种行业年审工作，共检查单位30余家，督促整改火灾隐患50条；增补市政消火栓50个。对东营华懋新材料有限公司、山东爱克森化学有限公司等多家单位进行了消防业务培训和演练指导， 300余人参加了演练。并送出15家单位30人参加市消防支队化工企业及宾馆、商场消防安全培训。特种设备突出了锅炉、压力容器、管道、电梯为重点的整治。共组织特种设备安全监察18余次，共检查特种设备相关单位20余家，下达《特种设备安全监察指令书》3份，责令整改8项。电力突出了影响园区企业生产建设安全的供电线路改造。重点对排查出的海港线、河港线、海五连线、河净线、河西线、港西中线、港西三线、桩西线24处隐患的治理和迁移。二是突出打击非法、违法行为。始终将打击非法、违法行为作为安全生产专项整治的重点，始终保持对重点领域的“打非”高压态势，专项行动中努力做到“四个一律”，沉重打击了各类非法违法生产经营建设行为。三是突出联合执法。为切实提高整治效果，安监、经发、公安、边防、工商、建设、港航、交警、行政执法、质检、油区、国土等部门采取联合执法形式，对运土车辆无牌无证、沉船碍航、内河船舶运输砂石料、内港池重大安全隐患等进行集中治理，收到显著成效。四是突出部门联席会议作用。针对安全监管过程中发现的跨行业、需要几个部门共同解决的安全生产问题，安委会办公室及时组织有关部门召开联席会议研究、协调，促进了相关问题的解决，收到了良好的效果。五是突出隐患整改。紧紧抓住事故隐患整改不放松，对专项整治过程中查处的隐患进行挂牌跟踪治理。

重大事故隐患由安委会专题会议进行专题研究，确定牵头单位和负责的相关主任进行集中治理。按期高质量地完成了省、安监部门挂牌督办的：东营永兴陶瓷厂工艺落后，现场用电、用气、用火等管理混乱，缺乏安全设备、设施，极易引发事故隐患；东营市亚通石化有限公司占压胜利油田桩西采油厂输油管道150米重大安全隐患；东营港内港池商渔混港存在碰撞隐患和三无砂石料船影响水上交通运输安全重大隐患，并全部按期通过了验收，受到了省市各级领导的高度评价。

2012年，共检查化工企业59家次，查处各类安全隐患196条；巡查建筑施工工程112个次，查处各类安全隐患56条；查处非法改装车辆5辆，纠正违章车辆8836辆次，排查治理道路安全隐9处；开展水上综合安全检查7次，检查各类运输船舶156艘，检查生产码头90个次，检查渔船251艘，发现并整改隐患66处；排查企业、人员密集场所及"九小场所"310家次，发现火灾隐患159处，当场整改火灾隐患104处；组织特种设备安全检查10次，检查使用单位20余家、设备施工单位23家。检查检测特种设备794台、工业压力管道100公里，查处隐患10余处；排查治理砂石料场9处，下达《隐患整改指令书》9份；停产、停业整顿危化品生产经营单位2家，依法取缔非法罐装经营乙炔氧气点1处、非法销售柴油窝点3处、拆除非法储油罐6个；对4个工程施工现场责令停工整改；打击非法运输船舶28艘次；查处非法挖掘航道、非法使用岸线建设码头、码头建设违章施工各1次、查处港口经营违章作业4次；内港池综合整治投入资金640万元，集中90天的时间进行了集中整治。共组织开展了8次大规模集中整治行动，派出联合执法船舶102艘（次），出动执法人员520余人次，向各渔船船主发送告知短信300余条次，发放告知通知200余份，检查各类船舶90余艘，依法查扣、查处非法渔业捕捞、砂石料运输、海上施工等"三无"船舶37艘，集中治理非法砂场9处，集中整治工作取得了巨大成效。

（五）强化安全生产监管，不断提升企业本质安全：

一是在全区开展了创建安全生产双基工作先进企业、安全标准化示范企业、等级评定先进企业和安全标准化园区活动。尤其是狠抓了班组安全建设，做到了安全责任全员化、制度建设规范化、现场管理精细化、教育培训常规化，企业本质安全水平不断提高。二是认真执行安全费用提取制度。坚持按比例提取安全生产费用，并对使用情况认真检查落实。三是加强安全教育培训力度。重点培训企业负责人、企业安全管理人员、和特种作业人员，切实提高"三方面"人员安全素质。督促企业依法进行全员培训，经考核合格后方可持证上岗。四是严格落实企业隐患排查治理机制。建立健全企业自身事故隐患排查治理和建档监控等制度，切实做到整改措施、责任、资金、时限和预案、隐患整改效果评价"六到位"。目前，全区已开工投产危险程度较高的7家企业，全部缴纳了安全生产责任保险，事故赔付保额达840万元。累计提取安全生产费用5807万元。通过市级等级评定工作验收的生产经营单位5家，其中达到A级的4家、B级的1家；2家企业达到安全生产标准化三级。通过初审、复核，各企业共建立健全各项安全制度和标准300多条，消除安全隐患60多处，投入整改资金100余万元，全区企业安全管理进一步规范，安全管理水平进一步提高。

（六）加大安全生产宣传教育培训力度，营造良好的安全生产氛围：

以增强全民安全意识为目标，以创新形式、充实内容、增强效果为重点，强化部门联动协调，全方位、多层次广泛宣传和普及安全生产法律法规、安全常识、自我保护知识。加大对企业负责人、安全生产管理人员和特种作业人员的培训力度，举办了2期培训班，培训238人。举办消防知识培训班2起，培训267人。全面落实"三级教育培训"制度，强化企业全员培训。以加强企业从业人员素质建设为核心，深化职工安全认知。实施"绿卡工程"，企业组织员工培训532人。尤其6月份"安全生产月"期间，积极组织参加省、市安全生产月活动，在全区创新开展了安全文化创建活动、安全标准化达标活动、事故隐患集中治理活动和事故应急处置逃生自救演练等4项活动，营造了浓厚的安全生产氛围。悬挂安全生产横幅96幅，制作宣传橱窗12个，制作宣传展板42块，征收安全生产知识答题257份、发放宣传资料2000余份。

（七）认真开展"找出身边的安全生产事故隐患"、"双优"创建活动，强化企业隐患排查治理责任：

为进一步落实企业安全生产主体责任，强化企业员工的安全意识，查找整改安全管理上存在的突出问题和薄弱环节，建立健全隐患排查治理长效机制，在全区开展"找出身边的安全生产事故隐患"、"双优"创建活动。督促指导企业组织员工，认真查找在安全管理、教育培训、规章制度、操作行为、设施设备、工艺流程等方面存在的隐患，发动企业广泛开展自查自纠，查隐患、纠违章、遵章守纪，并以此为抓手，进一步深化"安全生产基层基础强化年"集中行动。对排查出的事故隐患，按照事故隐患的等级进行登记，建立事故隐患信息档案，并按照职责分工实施监控治理。对发现的重大事故隐患，按照隐患整改"五落实"的要求扎实进行整改。自活动开展以来，全区企业共查找安全隐患128条，整改128条，采纳员工安全管理合理化建议55条，活动取得明显成效，有5个企业、班组受到表彰。

（八）强化安全生产监察执法，规范安全生产秩序：

一是加强日常安全监管执法。按照网格化监管要求，明确检查重点，对重点区域、重点企业进行"拉网式"检查，及时查处违法行为，取得明显成效。今年组织检查生产经营单位198家（次），下发隐患整改指令书12份，督促整改隐患263条。二是积极组织安全生产联合执法。多次联合公安、环保、建设、质监等部门，开展以消除安全隐患为重点的联合执法行动。三是全面排查危化品领域事故隐患。摸清了危化品领域生产经营单位、重大危险源、重大事故隐患“三方面”底数，建立了安全生产隐患排查台账。对码头引桥大型危化品运输车辆严重超载、亚通石化未批先建储存设施、科宏化工建设管理不到位存在安全隐患等问题，及时下达了《重大安全隐患整改指令书》。通过下发安全许可告知函督促办理安全许可手续、邀请专家对重点生产企业把脉、口头或书面反馈检查情况等方式，实现了在建设过程中不留安全隐患、在生产过程中符合安全生产的要求。今年共邀请专家8人次参与5家企业的试生产（复产）前安全综合检查和安全隐患排查工作。四是严格企业安全生产“三同时”执法监察。确保安全设施设计审查制度落实到位，力求从源头上确保项目落地安全。督促新设立的爱克森化工、赫邦化工、科宏化工、德阳化工等一批重点入园建设项目，严格按有关规定办理设立审查、安全设施设计审查、试生产备案、验收审查等安全许可手续。

（九）加强应急救援能力建设，提高应对事故灾害的能力：

全面落实市政府《关于全面加强应急管理工作的意见》，狠抓应急救援工作。一是修订完善了各类应急救援预案。结合港区实际，修订完善了《安全生产事故灾难应急预案》、《危险化学品事故灾难应急预案》、《重大火灾事故应急救援预案》等16个预案。积极开展应急救援演练，切实增强了应急救援反应能力和实战能力。二是加快园区安全生产基础设施建设。投资2500万元完成了危化品码头、储存罐区一级消防站建设，招收合同制消防员50人；采购原装进口水灌泡沫车两部、涡轮增压消防车一部、工业消防车和云梯消防车各一部，常规消防车四部，该消防站2012年10月份投入执勤；投资4500万元的化工园区消防特勤站已完成立项等手续办理和工程招投标程序并开始施工建设；投资1.9亿元新增220千伏、110 千伏化工园区供电站2座；投资1.2亿元建设的危化品移动压力容器检测中心正在建设中；安全生产综合监管信息指挥平台、应急救援物资储备中心等安全设施建设项目已启动，园区保障能力得以提高。三是建立了由安监、公安、海事、海洋与渔业、港航、边防等部门联合组成的预警反应联动机制。及时发布防风、防雨、防雷、防汛、防风暴潮等预警预报信息21件，确定预警重点，强化值班备勤工作，为做好事故防范争得了主动。

存在的主要问题

（一）全社会的安全意识不强：

一是部分负有安全生产监管职责的政府部门仍然存在对安全生产重视不够的问题，责任意识不强，安全工作不能与主要业务工作同时考虑、同时部署；二是部分企业重生产、轻安全，重效益、轻管理，重发展、轻投入的问题比较突出；三是从业人员特别是农民工安全意识淡薄；四是民众的安全意识普遍较差。全社会安全法制观念不强，大多数民众不懂安全常识，自我防范能力较差。

（二）安全基础工作依然薄弱，事故隐患还大量存在：

企业安全投入不够，管理水平滞后，安全措施落实不到位，安全培训不足，从业人员安全技能差，安全保障能力偏低。虽然排查治理了大量安全隐患，但仍然存在事故隐患常查常有现象。

（三）安全监管的手段和方式还需创新：

安全监管中抓一般性检查多，综合治理少；偏重事故查处，全方位落实预防为主的方针不够，特别是如何用事故教训来推动安全生产工作的力度和效果还有差距；传统监管方法多，运用安全管理新知识、利用科技手段监管不够，安全科技在安全生产工作中的作用发挥不够。

（四）部分重点工作进展缓慢：

安全标准化达标工作、等级评定管理工作、安全园区创建工作由于企业人员技术水平低、缺少有效指导、推进措施力度不够等因素的制约，进展缓慢。

下一步工作重点

（一）坚持安全发展理念，强化政府主体责任落实：

围绕全区经济发展整体布局和结构调整，以行政审批为切入点，加强危化品项目统一规划。依托中国安全生产科学研究院尽快修编完成《东营港经济开发区安全生产发展规划》。从产业布局、项目布局、安全功能区划分、公用工程、安全基础设施、消防设施、道路交通、绿色隔离带设置等方面进行产业园区安全规划建设。

（二）研究制定产业布局政策，确保源头有效控制：

研究制定优先、限制、禁止发展的项目指导目录，为有重点、有选择地接纳危化品建设项目提供依据，以此支持产业匹配、工艺先进的企业入园建设。建立包括入园安全门槛、施工建设管理、生产运行管理和应急救援管理在内的安全监管标准体系。严格准入条件，对危险工艺安全提出开展危险与可操作性分析、建立安全仪表系统、装备自动化监测控制和安全联锁技术等控制要求，通过工艺过程安全风险评估来确保工艺的先进性和安全可靠性，确保建设项目具有较高的本质安全水平。

（三）强化安全科技保障措施，提升本质安全保障水平：

按照“企业提取、政府监管、确保需要、规范使用”要求，加强对企业安全费用提取、使用情况的监督检查，确保安全隐患治理、安全技术改造等安全投入。引导企业采用符合安全生产要求的新工艺、新设备、新技术和新材料，提高安全技术水平和安全准备水平，从硬件上保障安全。今后，管委会将推行企业标准化、厂长专业化、班组长资格化、员工职业化等，安全投入预算化、安全设备设施优良化、推进隐患排查治理制度化、教育培训经常化，从本质上保障安全生产。

（四）建立“横向到边、纵向到底”的应急预案体系，实行一体化的应急救援工作机制：

扎实推进应急救援平台建设，实现管委会与重点监控企业互联互通，发挥好应急救援平台科学辅助监管和救援的作用。参照《国家危险化学品应急救援基地建设指南》，将化工园区消防特勤站打造成具有开发区产业特色的危化品应急救援基地，督促有条件的企业按规定建立自身的专兼职应急队伍，形成以消防特勤为主、以企业消防为辅，专业和专职相结合的港区应急队伍体系。构建应急一体化的应急联动机制，形成开发区与企业之间、企业与企业之间、企业与专职救援队伍之间的应急联动机制，通过应急响应中心，统一受理、协调、指挥、处置各类生产安全事故。

中钢集团武汉安全环保研究院有限公司

SINOSTEEL WUHAN SAFETY & ENVIRONMENTAL PROTECTION RESEARCH INSTITUTE CO. LTD

三大亮点：

1. 对单台起重机运行全过程、全方位实时连续监控
2. 同时对多台起重机运行进行实时监控
3. 综合信息分析与管理

效果：

规范运行操作、强化维护保养、降低运行成本，及时消灭事故于萌芽，提升起重机运行安全和经常性的。

车载监控系统典型配置

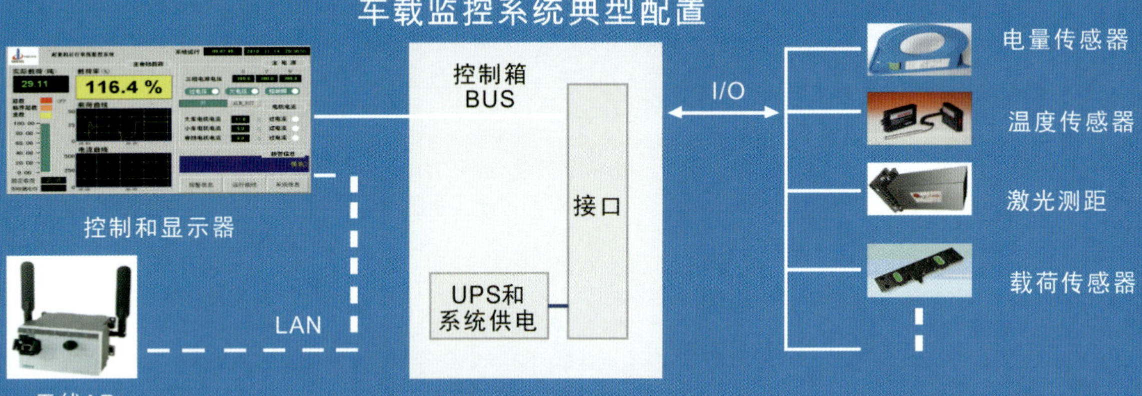

集中监控与信息管理系统

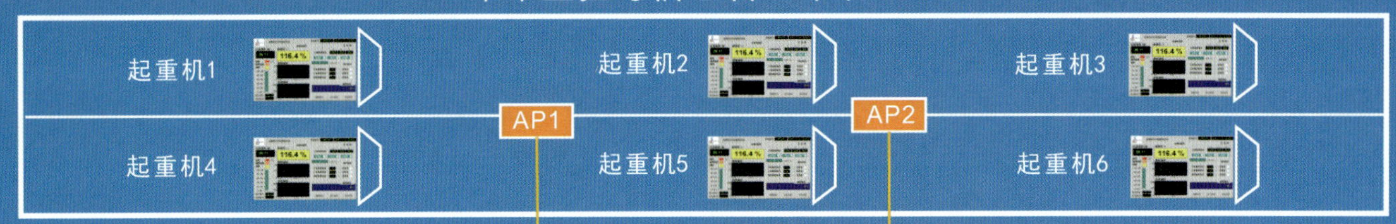

交换机

安全监控智能化

监督管理网络化

责任分析数据化

成本控制最优化

起重机地面管理站

车载系统

无线局域网接入装置

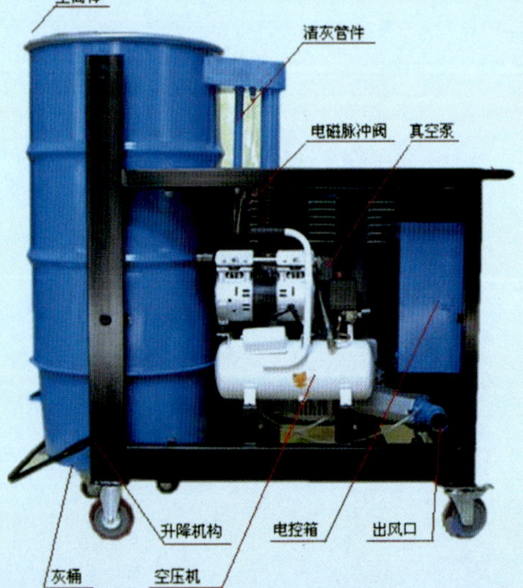

概述

YGX-320移动式工业吸尘机，是我公司研发、生产的一种清洁生产管理环境的设备，专利号：“ZL201220448917.4”，主要用于清洁地面及设备上颗粒状、粉末状的物料和积灰。该产品具有能耗低、吸尘除尘效率高、清灰智能化等优点。

工作原理

利用真空泵产生的负压气流将散落的颗粒状、粉末状的物料和积灰吸入吸尘器灰桶，从而达到清扫、收集物料粉尘的目的。载着物料粉尘的气流在吸尘器内分离，物料粉尘落入灰桶，过滤后的洁净空气经消音器排入大气。

PLC自动脉冲清灰系统在吸尘清扫过程中全自动对滤袋进行清灰。

地址：中国武汉青山区和平大道1244号　邮编：430081　http://www.sepri.com
电话：027-86546579　传真：027-86538735　189018631982　E-mail:wuhanahy@126.com

甘肃省安全生产科学研究院

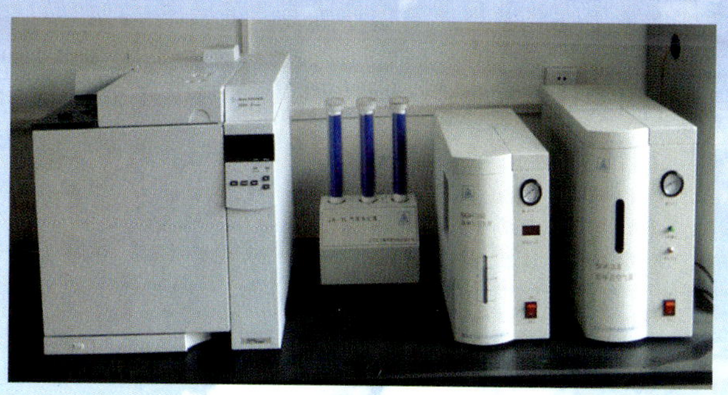

甘肃省安全生产科学研究院（以下简称甘肃省安科院）成立于1980年3月，隶属于甘肃省安全安全生产监督管理部门，是从事安全生产科研、安全评价、检测检验、安全生产标准化评审、职业危害因素检测评价防治、煤矿灾害防治等业务的专业性机构。

甘肃省安科院现已建成和正在建设有“矿山安全检测实验室”、“非矿山及重大危险源监控实验室”、“职业危害因素检测实验室”、“烟花爆竹检测实验室”、“劳动防护用品检测实验室”、“煤矿灾害防治测试分析实验室”及“煤矿建设工程质量检测实验室”共7个实验室。

甘肃省安科院已经取得的资质主要有：国家安监部门安全生产技术支撑体系省级专业中心实验室资质；安全评价甲级资质；安全生产检测检验乙级资质；职业病危害因素检测与评价职业卫生技术服务乙级资质；非煤矿山、危险化学品、烟花爆竹及冶金等工贸行业安全生产标准化二级、三级评审单位资质；煤矿生产能力核定资质；计量认证（CMA）资质和煤矿职业经理人培训资质等。

甘肃省安科院先后为中石油兰州石化公司、金川集团股份有限公司、白银有色集团股份有限公司、酒泉钢铁(集团)有限责任公司、甘肃烟草公司等大型企业提供了检测检验、安全生产标准化评审、职业危害因素评估评价、安全评价等技术咨询服务工作。

甘肃省安科院积极开展安全生产理论、政策研究，大力推进安全生产新产品、新技术、新装备等的研发，《基于航天技术的矿山应急避险及应急救援装备研发》、《新型高泡灭火装备》、《机（人）载应急救援安全防护全站仪》、《甘肃省煤矿灾害防治技术创新服务平台》等项目属于全国领先地位。

地址：甘肃省兰州市城关区天水南路333号　　邮编：730000
电话：0931-8834112　　传真：0931-8824451
网址：www.gansusafety.com　　邮箱：gsaky@sina.com